PLUS

CBT/실기 대비

무료 동영상 강의
중요 이론에 대한
QR코드 무료강의 제공

최신 기출복원문제
2011~2024년
필기&실기 기출문제 풀이

필기+실기 핵심요점
필수이론을 정리한
시험대비 요약본 수록

2025
더 플러스+

더 **쉽게** 더 **빠르게** 합격 플러스

저자직강
동영상
강의교재
성안당 이러닝
bm.cyber.co.kr

**무료
강의**

CBT
온라인
모의고사

위험물기능장
필기+실기 제1권 | 이론

공학박사 현성호 지음

BM (주)도서출판 성안당

PLUS⁺ 더 쉽게 더 빠르게 합격 플러스 위험물기능장 필기+실기

무료 동영상 강의 안내

이 책에는 현성호 교수의 강의가 QR코드로 수록되어 있어, 공부하면서 휴대폰으로 간편하게 수강할 수 있습니다.

❶ 1권 이론의 중간중간에 삽입된 QR코드를 스캔하여 해당 이론과 관련된 강의 수강

ⓒ 강력한 산화제로 가연성 분말, 유기물, 환원성 물질과 혼합 시 가열, 충격으로 폭발
하며, 흑색화약(질산칼륨 75%+유황 10%+목탄 15%)의
원료로 이용된다. ★★

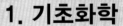
흑색화약의
제조

$$16KNO_3 + 3S + 21C \rightarrow 13CO_2 + 3CO + 8N_2 + 5K_2CO_3 + K_2SO_4 + 2K_2S$$

❷ 2권 35개 핵심요점의 요점 제목 부분에 삽입된 QR코드를 스캔하여 해당 핵심요점 강의 수강

무료강의

1. 기초화학

❶ 밀도	밀도$=\dfrac{질량}{부피}$ 또는 $\rho = \dfrac{M}{V}$	
❷ 증기비중	증기의 비중$=\dfrac{증기의\ 분자량}{공기의\ 평균\ 분자량}$	$=\dfrac{증기의\ 분자량}{28.84(또는\ 29)}$

더플러스 +

더 쉽게 더 빠르게 합격 플러스

위험물기능장

필기+실기 제1권 | 이론

공학박사 현성호 지음

BM (주)도서출판 성안당

■ 도서 A/S 안내

성안당에서 발행하는 모든 도서는 저자와 출판사, 그리고 독자가 함께 만들어 나갑니다.

좋은 책을 펴내기 위해 많은 노력을 기울이고 있습니다. 혹시라도 내용상의 오류나 오탈자 등이 발견되면 "좋은 책은 나라의 보배"로서 우리 모두가 함께 만들어 간다는 마음으로 연락주시기 바랍니다. 수정 보완하여 더 나은 책이 되도록 최선을 다하겠습니다.

성안당은 늘 독자 여러분들의 소중한 의견을 기다리고 있습니다. 좋은 의견을 보내 주시는 분께는 성안당 쇼핑몰의 포인트(3,000포인트)를 적립해 드립니다.

잘못 만들어진 책이나 부록 등이 파손된 경우에는 교환해 드립니다.

저자 문의 : shhyun063@hanmail.net(현성호)

본서 기획자 e-mail : coh@cyber.co.kr(최옥현)

홈페이지 : http://www.cyber.co.kr   전화 : 031) 950-6300

고도의 산업화와 과학기술의 발전으로 현대사회는 화학물질 및 위험물의 종류가 다양해졌고, 사용량의 증가로 인한 안전사고도 증가되어 많은 인명 및 재산상의 손실이 발생하고 있다. 특히, 최근 5년간 위험물제조소 등의 화재발생 누적 건수를 살펴 본 결과 주유취급소와 제조소에서의 화재 건수가 거의 50%를 넘게 차지하면서, 사용자의 잘못된 상식 및 부주의로 인하여 큰 사고로 이어질 수 있지만 현대산업사회에서의 위험물의 사용은 불가피한 실정이다. 위험물은 제대로 이해하여 바로 알고 사용하면 매우 유용하게 사용될 수 있다. 이에 저자는 위험물 안전관리·취급자에 대한 수요가 급증하는 현 시점에서 위험물의 전반적인 이해 및 올바른 위험물 취급에 유용코자 본 교재를 집필하게 되었다.

본 교재에서는 시중에 나와 있는 기존 교재에 비해 위험물 학문의 기본이 될 수 있는 일반화학을 보다 자세하게 설명함으로써 물질의 본질 및 위험물의 성질, 조성, 구조를 바로 알게 하였고, 시험에 대비하여 핵심요점을 준비하였으며, 위험물기능장 자격시험을 한 번에 합격할 수 있도록 최근 출제경향 및 출제기준을 분석·연구하여 교재의 목록을 재구성하였다. 또한, 제4류 위험물의 물리 화학적 특성치는 국가위험물정보센터의 자료를 반영하여 수험생들의 혼란을 줄이고자 하였다.

저자는 위험물 학문에 대한 오랜 강의 경험을 통하여 이해하기 쉽게 체계적으로 집필하고자 하였다. 특히, 실기시험의 경우 해가 바뀔수록 어느 한 분야에 집중되는 것이 아니라 출제범위 전체에 걸쳐 골고루 출제되는 경향이 있어 가급적 고득점 취득이 가능한 분야를 집중적으로 학습할 수 있도록 편집하고자 하였다. 또한, 본 교재로 위험물 분야에 대한 전문지식 및 숙련기능을 습득할 수 있는 지식을 배양하며, 산업현장에서 위험물 및 소방시설 점검 등을 수행할 수 있는 능력을 갖출 수 있도록 준비하였다.

최근에는 국민의 안전을 위협하는 부분에 대한 정부의 규제가 강화될 움직임이 보이고 있다. 따라서 한번 사고가 나면 대형화재로 이어질 수 있는 위험물에 대한 각종 등록기준이 강화될 것으로 예측된다.

정성을 다하여 교재를 만들었지만 오류가 많을까 걱정된다. 본 교재 내용의 오류부분에 대해서는 여러분의 지적을 바라며, shhyun063@hanmail.net으로 알려주시면 다음 개정판 때 보다 정확성 있는 교재로 거듭날 것을 약속드리면서 위험물기능장 자격증을 준비하는 수험생들의 합격을 기원한다.

본 교재의 **특징**을 소개하고자 한다.
1. 새롭게 바뀐 한국산업인력공단의 출제기준에 맞게 교재 구성
2. 최근 다년간 출제된 문제들에 대한 분석 및 연구를 통해 이론정리
3. 두 권으로 분권 구성하여 학습의 편리성 제공
4. QR코드를 통한 무료 동영상강의 제공
5. 위험물기능장 필기 14개년 기출문제 수록
6. 위험물기능장 CBT 대비 온라인 모의고사 2회 제공
7. 위험물기능장 실기 14개년 기출복원문제 수록

마지막으로 본서가 출간되도록 많은 지원을 해 주신 성안당 임직원 여러분께 감사의 말씀을 드린다.

저자 현성호

<위험물기능장 시험정보 안내>

✦ **자격명** : 위험물기능장(Master Craftsman Hazardous material)
✦ **관련부처** : 소방청
✦ **시행기관** : 한국산업인력공단(q-net.or.kr)

1 기본정보

(1) 개요

위험물은 발화성, 인화성, 가연성, 폭발성 때문에 사소한 부주의에도 커다란 재해를 가져올 수 있다. 또한 위험물의 용도가 다양해지고 제조시설도 대규모화되면서 생활공간과 가까이 설치되는 경우가 많아짐에 따라 위험물의 취급과 관리에 대한 안전성을 높이고자 자격제도가 제정되었다.

(2) 수행직무

위험물 관리 및 점검에 관한 최상급 숙련기능을 가지고 산업현장에서 작업관리, 위험물 취급 기능자의 지도 및 감독, 현장훈련, 경영층과 생산계층을 유기적으로 결합시켜 주는 현장의 중간관리 등의 업무를 수행한다.

(3) 진로 및 전망

위험물(제1류~제6류)의 제조 · 저장 · 취급 전문업체에 종사하거나 도료 제조, 고무 제조, 금속 제련, 유기합성물 제조, 염료 제조, 화장품 제조, 인쇄잉크 제조 업체 및 지정수량 이상의 위험물 취급 업체에 종사할 수 있으며, 일부는 소방직 공무원이나 위험물관리와 관련된 직업능력개발훈련 교사로 진출하기도 한다. 산업의 발전과 더불어 위험물은 그 종류가 다양해지고 범위도 확산추세에 있다. 특히 「소방법」상 1급 방화관리대상물의 방화관리자로 선임하도록 되어 있고 또 소방법으로 정한 위험물 제1류~제6류에 속하는 위험물 제조 · 저장 · 운반 시설업자 역시 위험물안전관리자로 자격증 취득자를 선임하도록 되어 있어 위험물을 안전하게 취급 · 관리하는 전문가의 수요는 꾸준할 전망이다.

(4) 연도별 검정현황

연도	필기			실기		
	응시	합격	합격률	응시	합격	합격률
2023년	7,531명	4,516명	60%	6,725명	3,305명	49.1%
2022년	5,275명	3,244명	61.5%	4,972명	1,739명	35%
2021년	5,799명	3,510명	60.5%	5,161명	1,966명	38.1%
2020년	4,839명	3,086명	63.8%	4,873명	2,580명	52.9%
2019년	5,258명	3,211명	61.1%	5,321명	1,445명	27.2%
2018년	4,575명	2,321명	50.7%	3,253명	1,452명	44.6%

2 응시자격 및 취득방법

(1) 응시자격

① 응시하려는 종목이 속하는 동일 및 유사 직무분야의 산업기사 또는 기능사 자격을 취득한 후 「근로자직업능력 개발법」에 따라 설립된 기능대학의 기능장 과정을 마친 이수자 또는 그 이수예정자

② 산업기사 등급 이상의 자격을 취득한 후 응시하려는 종목이 속하는 동일 및 유사 직무분야에서 5년 이상 실무에 종사한 사람

③ 기능사 자격을 취득한 후 응시하려는 종목이 속하는 동일 및 유사 직무분야에서 7년 이상 실무에 종사한 사람

④ 응시하려는 종목이 속하는 동일 및 유사 직무분야에서 9년 이상 실무에 종사한 사람

⑤ 응시하려는 종목이 속하는 동일 및 유사직무분야의 다른 종목의 기능장 등급의 자격을 취득한 사람

⑥ 외국에서 동일한 종목에 해당하는 자격을 취득한 사람

※ 관련학과 : 산업안전, 산업안전시스템, 화학공업, 화학공학 등 관련학과 또는 공공 직업훈련원, 정부 직업훈련원, 시도 직업훈련원, 사업체내 직업훈련원의 과정 등

※ 동일직무분야 : 경영 · 회계 · 사무 중 생산관리, 광업자원 중 채광, 기계, 재료, 섬유 · 의복, 안전관리, 환경 · 에너지

(2) 취득방법

① 시험과목
- 필기 : 화재 이론, 위험물의 제조소 등의 위험물안전관리 및 공업경영에 관한 사항
- 실기 : 위험물취급 실무

② 검정방법
- 필기 : CBT – 4지 택일형, 객관식 60문항(1시간)
- 실기 : 필답형(2시간)

③ 합격기준
- 필기 : 100점을 만점으로 하여 60점 이상
- 실기 : 100점을 만점으로 하여 60점 이상

★ 위험물기능장은 1년에 2회의 시험이 시행됩니다. 자세한 시험일정과 원서접수에 관한 사항은 한국산업인력공단에서 운영하는 국가기술자격 사이트인 큐넷(q-net.or.kr)을 참고해 주시기 바랍니다. ★

3 자격증 취득과정

(1) 원서 접수 유의사항

① 원서 접수는 온라인(인터넷, 모바일앱)에서만 가능하다.

(스마트폰, 태블릿 PC 사용자는 모바일앱 프로그램을 설치한 후 접수 및 취소/환불 서비스를 이용할 수 있다.)

② 원서 접수 확인 및 수험표 출력기간은 접수 당일부터 시험 시행일까지이다.

(이외 기간에는 조회가 불가하며, 출력장애 등을 대비하여 사전에 출력하여 보관하여야 한다.)

③ 원서 접수 시 반명함 사진 등록이 필요하다.

(사진은 6개월 이내 촬영한 3.5cm×4.5cm 컬러사진으로, 상반신 정면, 탈모, 무 배경을 원칙으로 한다.)

※ 접수 불가능 사진 : 스냅사진, 스티커사진, 측면사진, 모자 및 선글라스 착용 사진, 혼란한 배경사진, 기타 신분확인이 불가한 사진

STEP 01	STEP 02	STEP 03	STEP 04
필기시험 원서 접수	필기시험 응시	필기시험 합격자 확인	실기시험 원서 접수
• 필기시험은 온라인 접수만 가능 • Q-net(q-net.or.kr) 사이트 회원가입 및 응시자격 자가진단 확인 후 접수 진행	• 입실시간 미준수 시 시험 응시 불가 (시험 시작 20분 전까지 입실) • 수험표, 신분증, 필기구 지참 (공학용 계산기 지참 시 반드시 포맷)	• 문자메시지, SNS 메신저를 통해 합격 통보 (합격자만 통보) • Q-net 사이트 또는 ARS(1666-0100)를 통해서 확인 가능 • CBT 형식으로 시행되므로 시험 완료 즉시 합격 여부 확인 가능	• Q-net 사이트에서 원서 접수 • 응시자격서류 제출 후 심사에 합격 처리된 사람에 한하여 원서 접수 가능 (응시자격서류 미제출 시 필기시험 합격예정 무효)

(2) 시험문제와 가답안 공개

① 필기

위험물기능장 필기는 CBT(Computer Based Test)로 시행되므로 시험문제와 가답안은 공개되지 않는다.

② 실기

필답형 실기시험 시 특별한 시설과 장비가 필요하지 않고 시험장만 있으면 시험을 치를 수 있기 때문에 전 수험자를 대상으로 토요일 또는 일요일에 검정을 시행하고 있으며, 시험 종료 후 본인 문제지를 가지고 갈 수 없으며 별도로 시험문제지 및 가답안은 공개하지 않는다.

STEP 05	STEP 06	STEP 07	STEP 08
실기시험 응시	실기시험 합격자 확인	자격증 교부 신청	자격증 수령

- 수험표, 신분증, 필기구, 공학용 계산기, 종목별 수험자 준비물 지참 (공학용 계산기는 허용된 종류에 한하여 사용 가능하며, 지참 시 반드시 포맷)

- 문자메시지, SNS 메신저를 통해 합격 통보 (합격자만 통보)
- Q-net 사이트 또는 ARS(1666-0100)를 통해서 확인 가능

- Q-net 사이트에서 신청 가능
- 상장형 자격증, 수첩형 자격증 형식 신청 가능

- 상장형 자격증은 합격자 발표 당일부터 인터넷으로 발급 가능 (직접 출력하여 사용)
- 수첩형 자격증은 인터넷 신청 후 우편 수령만 가능

<NCS(국가직무능력표준) 기반 위험물기능장>

☑ 국가직무능력표준(NCS)이란?

국가직무능력표준(NCS, National Competency Standards)은 산업현장에서 직무를 행하기 위해 요구되는 지식·기술·태도 등의 내용을 국가가 체계화한 것이다.

(1) 국가직무능력표준(NCS) 개념도

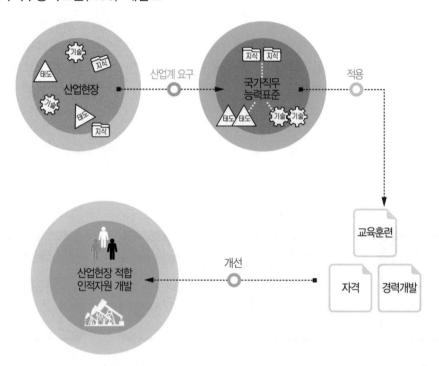

〈직무능력〉

능력＝직업기초능력＋직무수행능력

① **직업기초능력** : 직업인으로서 기본적으로 갖추어야 할 공통능력

② **직무수행능력** : 해당 직무를 수행하는 데 필요한 역량(지식, 기술, 태도)

〈보다 효율적이고 현실적인 대안 마련〉

① 실무 중심의 교육·훈련 과정 개편

② 국가자격의 종목 신설 및 재설계

③ 산업현장 직무에 맞게 자격시험 전면 개편

④ NCS 채용을 통한 기업의 능력중심 인사관리 및 근로자의 평생경력 개발·관리·지원

(2) 학습모듈의 개념

국가직무능력표준(NCS)이 현장의 '직무 요구서'라고 한다면, NCS 학습모듈은 NCS 능력단위를 교육훈련에서 학습할 수 있도록 구성한 '교수·학습 자료'이다.

NCS 학습모듈은 구체적 직무를 학습할 수 있도록 이론 및 실습과 관련된 내용을 상세하게 제시하고 있다.

2 국가직무능력표준(NCS)이 왜 필요한가?

능력 있는 인재를 개발해 핵심 인프라를 구축하고, 나아가 국가경쟁력을 향상시키기 위해 국가직무능력표준이 필요하다.

(1) 국가직무능력표준(NCS) 적용 전/후

Q 지금은,
- 직업 교육·훈련 및 자격제도가 산업현장과 불일치
- 인적자원의 비효율적 관리 운용

국가직무능력표준

⊕ 바뀝니다.
- 각각 따로 운영되었던 교육·훈련, 국가직무능력표준 중심 시스템으로 전환(일－교육·훈련－자격 연계)
- 산업현장 직무 중심의 인적자원 개발
- 능력중심사회 구현을 위한 핵심 인프라 구축
- 고용과 평생 직업능력개발 연계를 통한 국가경쟁력 향상

(2) 국가직무능력표준(NCS) 활용범위

기업체
Corporation

교육훈련기관
Education and training

자격시험기관
Qualification

- 현장 수요 기반의 인력 채용 및 인사관리 기준
- 근로자 경력개발
- 직무기술서

- 직업교육 훈련과정 개발
- 교수계획 및 매체, 교재 개발
- 훈련기준 개발

- 자격종목의 신설·통합·폐지
- 출제기준 개발 및 개정
- 시험문항 및 평가방법

★ 좀 더 자세한 내용에 대해서는 **NCS** 국가직무능력표준 National Competency Standards 홈페이지(ncs.go.kr)를 참고해 주시기 바랍니다. ★

<CBT(컴퓨터 기반 시험) 관련 안내>

1 CBT란?

CBT란 Computer Based Test의 약자로, 컴퓨터 기반 시험을 의미한다. 컴퓨터로 시험을 보는 만큼 수험자가 답안을 제출함과 동시에 합격 여부를 확인할 수 있다.
위험물기능장은 2018년 제64회 시험부터 CBT 방식으로 시행되었다.

2 CBT 시험과정

한국산업인력공단에서 운영하는 홈페이지 **큐넷(Q-net)**에서는 누구나 쉽게 **CBT 시험**을 볼 수 있도록 실제 자격시험 환경과 동일하게 구성한 **가상 웹 체험 서비스를 제공**하고 있으며, 그 과정을 요약한 내용은 아래와 같다.

(1) 시험시작 전 신분 확인절차

수험자가 자신에게 배정된 좌석에 앉아 있으면 신분 확인절차가 진행되며, 시험장 감독위원이 컴퓨터에 나온 수험자 정보와 신분증이 일치하는지를 확인한다.

(2) CBT 시험안내 진행

신분 확인이 끝난 후 시험시작 전 CBT 시험안내가 진행된다.

> **안내사항 > 유의사항 > 메뉴 설명 > 문제풀이 연습 > 시험준비 완료**

① 시험 [**안내사항**]을 확인한다.
  - 응시하는 시험의 문제 수와 진행시간이 안내된다.
  - 시험도중 수험자 PC 장애 발생 시 손을 들어 시험감독관에게 알리면 긴급장애조치 또는 자리이동을 할 수 있다.
  - 시험이 끝나면 합격 여부를 바로 확인할 수 있다.

② 시험 [**유의사항**]을 확인한다.
  시험 중 금지되는 행위 및 저작권 보호에 관한 유의사항이 제시된다.

③ 문제풀이 [**메뉴 설명**]을 확인한다.
  문제풀이 기능 설명을 유의해서 읽고 기능을 숙지해야 한다.

④ 자격검정 CBT [**문제풀이 연습**]을 진행한다.
  실제 시험과 동일한 방식의 문제풀이 연습을 통해 CBT 시험을 준비한다.
  - CBT 시험 문제 화면의 글자가 크거나 작을 경우 크기를 변경할 수 있다.
  - 화면배치는 1단 배치가 기본 설정이며, 2단 배치와 한 문제씩 보기 설정이 가능하다.
  - 답안은 문제의 보기번호를 클릭하거나 답안표기 칸의 번호를 클릭하여 입력할 수 있다.
  - 입력된 답안은 문제화면 또는 답안표기 칸의 보기번호를 클릭하여 변경할 수 있다.
  - 페이지 이동은 아래의 페이지 이동 버튼 또는 답안표기 칸의 문제번호를 클릭하여 할 수 있다.

• 응시종목에 계산문제가 있을 경우 좌측 하단의 계산기 기능을 이용할 수 있다.

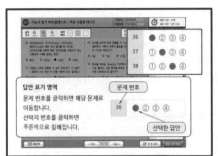

• 안 푼 문제 확인은 답안 표기란 좌측에 안 푼 문제 수를 확인하거나 답안 표기란 하단 [안 푼 문제] 버튼을 클릭하여 확인할 수 있다. 안 푼 문제 번호 보기 팝업창에 안 푼 문제 번호가 표시된다. 번호를 클릭하면 해당 문제로 이동한다.

• 시험문제를 다 푼 후 답안 제출을 하거나 시험시간이 모두 경과되었을 경우 시험이 종료되며 시험결과를 바로 확인할 수 있다.

• [답안 제출] 버튼을 클릭하면 답안 제출 승인 알림창이 나온다. 시험을 마치려면 [예] 버튼을 클릭하고 시험을 계속 진행하려면 [아니오] 버튼을 클릭하면 된다. 답안 제출은 실수 방지를 위해 두 번의 확인 과정을 거친다.

⑤ [시험준비 완료]를 한다.

시험 안내사항 및 문제풀이 연습까지 모두 마친 수험자는 [시험준비 완료] 버튼을 클릭한 후 잠시 대기한다.

(3) CBT 시험 시행

(4) 답안 제출 및 합격 여부 확인

★ 좀 더 자세한 내용에 대해서는 Q-Net 홈페이지(q-net.or.kr)를 참고해 주시기 바랍니다. ★

< 필기 출제기준 >

직무분야	화학	중직무분야	위험물	자격종목	위험물기능장

• 직무 내용 : 위험물의 저장 · 취급 및 운반과 이에 따른 안전관리와 제조소 등의 설계 · 시공 · 점검을 수행하고, 현장 위험물 안전관리에 종사하는 자 등을 지도 · 감독하며, 화재 등의 재난이 발생한 경우 응급조치 등의 총괄 업무를 수행하는 직무

필기 검정방법	객관식	문제 수	60	시험시간	1시간

[필기 과목명] 화재이론, 위험물제조소 등의 위험물 안전관리 및 공업경영에 관한 사항

주요 항목	세부 항목	세세 항목
1. 화재이론 및 유체역학	(1) 화학의 이해	① 물질의 상태　② 물질의 성질과 화학반응 ③ 화학의 기초법칙　④ 무기화합물의 특성 ⑤ 유기화합물의 특성　⑥ 화학반응식을 이용한 계산
	(2) 유체역학 이해	① 유체 기초이론　② 배관 이송설비 ③ 펌프 이송설비　④ 유체 계측
2. 위험물의 성질 및 취급	(1) 위험물의 연소 특성	① 위험물의 연소이론 ② 위험물의 연소형태 ③ 위험물의 연소과정 ④ 위험물의 연소생성물 ⑤ 위험물의 화재 및 폭발에 관한 현상 ⑥ 위험물의 인화점, 발화점, 가스분석 등의 측정법 ⑦ 위험물의 열분해 계산
	(2) 위험물의 유별 성질 및 취급	① 제1류 위험물의 성질, 저장 및 취급 ② 제2류 위험물의 성질, 저장 및 취급 ③ 제3류 위험물의 성질, 저장 및 취급 ④ 제4류 위험물의 성질, 저장 및 취급 ⑤ 제5류 위험물의 성질, 저장 및 취급 ⑥ 제6류 위험물의 성질, 저장 및 취급
	(3) 소화원리 및 소화약제	① 화재 종류 및 소화이론 ② 소화약제의 종류, 특성과 저장 관리
3. 시설 기준	(1) 제조소 등의 위치 · 구조 · 설비 기준	① 제조소의 위치 · 구조 · 설비 기준 ② 옥내저장소의 위치 · 구조 · 설비 기준 ③ 옥외탱크저장소의 위치 · 구조 · 설비 기준 ④ 옥내탱크저장소의 위치 · 구조 · 설비 기준 ⑤ 지하탱크저장소의 위치 · 구조 · 설비 기준 ⑥ 간이탱크저장소의 위치 · 구조 · 설비 기준 ⑦ 이동탱크저장소의 위치 · 구조 · 설비 기준 ⑧ 옥외저장소의 위치 · 구조 · 설비 기준 ⑨ 암반탱크저장소의 위치 · 구조 · 설비 기준 ⑩ 주유취급소의 위치 · 구조 · 설비 기준 ⑪ 판매취급소의 위치 · 구조 · 설비 기준 ⑫ 이송취급소의 위치 · 구조 · 설비 기준 ⑬ 일반취급소의 위치 · 구조 · 설비 기준
	(2) 제조소 등의 소화설비, 경보 · 피난 설비 기준	① 제조소 등의 소화난이도등급 및 그에 따른 소화설비 ② 위험물의 성질에 따른 소화설비의 적응성 ③ 요소단위 및 능력단위 산정법 ④ 옥내소화전설비의 설치기준 ⑤ 옥외소화전설비의 설치기준 ⑥ 스프링클러설비의 설치기준 ⑦ 물분무소화설비의 설치기준 ⑧ 포소화설비의 설치기준

주요 항목	세부 항목	세세 항목
		⑨ 불활성가스소화설비의 설치기준 ⑩ 할로젠화합물소화설비의 설치기준 ⑪ 분말소화설비의 설치기준 ⑫ 수동식 소화기의 설치기준 ⑬ 경보설비의 설치기준 ⑭ 피난설비의 설치기준
4. 위험물 안전관리	(1) 사고대응	① 소화설비의 작동원리 및 작동방법 ② 위험물 누출 등 사고 시 대응조치
	(2) 예방규정	① 안전관리자의 책무 ② 예방규정 관련 사항 ③ 제조소 등의 점검방법
	(3) 제조소 등의 저장·취급 기준	① 제조소의 저장·취급 기준 ② 옥내저장소의 저장·취급 기준 ③ 옥외탱크저장소의 저장·취급 기준 ④ 옥내탱크저장소의 저장·취급 기준 ⑤ 지하탱크저장소의 저장·취급 기준 ⑥ 간이탱크저장소의 저장·취급 기준 ⑦ 이동탱크저장소의 저장·취급 기준 ⑧ 옥외저장소의 저장·취급 기준 ⑨ 암반탱크저장소의 저장·취급 기준 ⑩ 주유취급소의 저장·취급 기준 ⑪ 판매취급소의 저장·취급 기준 ⑫ 이송취급소의 저장·취급 기준 ⑬ 일반취급소의 저장·취급 기준 ⑭ 공통기준 ⑮ 유별 저장·취급 기준
	(4) 위험물의 운송 및 운반 기준	① 위험물의 운송기준 ② 위험물의 운반기준 ③ 국제기준에 관한 사항
	(5) 위험물 사고 예방	① 위험물 화재 시 인체 및 환경에 미치는 영향 ② 위험물 취급 부주의에 대한 예방대책 ③ 화재 예방대책 ④ 위험성평가 기법 ⑤ 위험물 누출 시 안전대책 ⑥ 위험물 안전관리자의 업무 등의 실무사항
5. 위험물안전관리법 행정사항	(1) 제조소 등 설치 및 후속 절차	① 제조소 등 허가 ② 제조소 등 완공검사 ③ 탱크안전성능검사 ④ 제조소 등 지위승계 ⑤ 제조소 등 용도폐지
	(2) 행정처분	① 제조소 등 사용정지, 허가취소 ② 과징금 처분
	(3) 정기점검 및 정기검사	① 정기점검 ② 정기검사
	(4) 행정감독	① 출입·검사 ② 각종 행정명령 ③ 벌금 및 과태료
6. 공업경영	(1) 품질관리	① 통계적 방법의 기초 ② 샘플링 검사 ③ 관리도
	(2) 생산관리	① 생산계획 ② 생산통계
	(3) 작업관리	① 작업방법 연구 ② 작업시간 연구
	(4) 기타 공업경영에 관한 사항	① 기타 공업경영에 관한 사항

< 실기 출제기준 >

직무분야	화학	중직무분야	위험물	자격종목	위험물기능장

• 직무 내용 : 위험물을 저장·취급 및 운반과 이에 따른 안전관리와 제조소 등의 설계·시공·점검을 수행하고, 현장 위험물 안전관리에 종사하는 자 등을 지도·감독하며, 화재 등의 재난이 발생한 경우 응급조치 등의 총괄 업무를 수행하는 직무

• 수행 준거
1. 위험물 성상에 대한 전문지식 및 숙련기능을 가지고 작업을 할 수 있다.
2. 위험물 화재 등의 재난 예방을 위한 안전조치 및 사고 시 대응조치를 할 수 있다.
3. 산업현장에서 위험물시설 점검 등을 수행할 수 있다.
4. 위험물 관련 법규에 대한 전반적 사항을 적용하여 작업을 수행할 수 있다.
5. 위험물 운송·운반에 대한 전문지식 및 숙련기능을 가지고 작업을 수행할 수 있다.
6. 위험물 안전관리에 종사하는 자를 지도, 감독 및 현장 훈련을 수행할 수 있다.
7. 위험물 업무 관련하여 경영자와 기능 인력을 유기적으로 연계시켜 주는 작업 등 현장관리 업무를 수행할 수 있다.

실기 검정방법	필답형	시험시간	2시간

[실기 과목명] 위험물 취급 실무

주요 항목	세부 항목	세세 항목
1. 위험물 성상	(1) 위험물의 유별 특성을 파악하고 취급하기	① 제1류 위험물 특성을 파악하고 취급할 수 있다. ② 제2류 위험물 특성을 파악하고 취급할 수 있다. ③ 제3류 위험물 특성을 파악하고 취급할 수 있다. ④ 제4류 위험물 특성을 파악하고 취급할 수 있다. ⑤ 제5류 위험물 특성을 파악하고 취급할 수 있다. ⑥ 제6류 위험물 특성을 파악하고 취급할 수 있다.
	(2) 화재와 소화 이론 파악하기	① 위험물의 인화, 발화, 연소범위 및 폭발 등의 특성을 파악할 수 있다. ② 화재의 종류와 소화이론에 관한 사항을 파악할 수 있다. ③ 일반화학에 관한 사항을 파악할 수 있다.
2. 위험물 소화 및 화재, 폭발 예방	위험물의 소화 및 화재, 폭발 예방하기	① 적응소화제 및 소화설비를 파악하여 적용할 수 있다. ② 화재예방법 및 경보설비 사용법을 이해하여 적용할 수 있다. ③ 폭발 방지 및 안전장치를 이해하여 적용할 수 있다. ④ 위험물제조소 등의 소방시설 설치, 점검 및 사용을 할 수 있다.
3. 시설 및 저장·취급	(1) 위험물의 시설 및 저장·취급에 대한 사항 파악하기	① 유별을 달리하는 위험물 재해발생 방지와 적재방법을 설명할 수 있다. ② 위험물제조소 등의 위치, 구조 설비를 파악할 수 있다. ③ 위험물제조소 등의 위치, 구조 및 설비에 대한 기준을 파악할 수 있다. ④ 위험물제조소 등의 소화설비, 경보설비 및 피난설비에 대한 기준을 파악할 수 있다.
	(2) 설계 및 시공하기	① 위험물제조소 등의 소방시설 설치 및 사용방법을 파악할 수 있다. ② 위험물제조소 등의 저장·취급 시설의 사고 예방대책을 수립할 수 있다. ③ 위험물제조소 등의 설계 및 시공을 이해할 수 있다.

주요 항목	세부 항목	세세 항목
4. 관련 법규 적용	(1) 위험물제조소 등 허가 및 안전관리법규 적용하기	① 위험물제조소 등과 관련된 안전관리법규를 검토하여 허가, 완공 절차 및 안전기준을 파악할 수 있다. ② 위험물안전관리법규의 벌칙규정을 파악하고 준수할 수 있다.
	(2) 위험물제조소 등 관리	① 예방규정 작성에 대해 파악할 수 있다. ② 위험물시설의 일반점검표 작성에 대해 파악할 수 있다.
5. 위험물 운송·운반 시설기준 파악	(1) 운송·운반 기준 파악하기	① 운송기준을 검토하여 운송 시 준수사항을 확인할 수 있다. ② 운반기준을 검토하여 적합한 운반용기를 선정할 수 있다. ③ 운반기준을 확인하여 적합한 적재방법을 선정할 수 있다. ④ 운반기준을 조사하여 적합한 운반방법을 선정할 수 있다. ⑤ 국제기준을 검토하여 국내법과 비교 설명할 수 있다.
	(2) 운송시설의 위치·구조·설비 기준 파악하기	① 이동탱크저장소의 위치기준을 검토하여 위험물을 안전하게 관리할 수 있다. ② 이동탱크저장소의 구조기준을 검토하여 위험물을 안전하게 운송할 수 있다. ③ 이동탱크저장소의 설비기준을 검토하여 위험물을 안전하게 운송할 수 있다. ④ 이동탱크저장소의 특례기준을 검토하여 위험물을 안전하게 운송할 수 있다.
	(3) 운반시설 파악하기	① 위험물 운반시설(차량 등)의 종류를 분류하여 안전하게 운반을 할 수 있다. ② 위험물 운반시설(차량 등)의 구조를 검토하여 안전하게 운반할 수 있다.
6. 위험물 운송·운반 관리	운송·운반 안전조치하기	① 입·출하 차량 동선, 주정차, 통제 관련 규정을 파악하고 적용하여 운송·운반 안전조치를 취할 수 있다. ② 입·출하 작업 전에 수행해야 할 안전조치사항을 파악하고 적용하여 운송·운반 안전조치를 취할 수 있다. ③ 입·출하 작업 중 수행해야 할 안전조치사항을 파악하고 적용하여 운송·운반 안전조치를 취할 수 있다. ④ 사전 비상대응 매뉴얼을 파악하여 운송·운반 안전조치를 취할 수 있다.

★ 해당 위험물기능장 필기/실기 출제기준의 적용기간은 2025. 1. 1. ~ 2028. 12. 31.입니다. ★

〈 제1권 이론 〉

제1편 ┃ 일반화학 및 유체역학

제2편 ┃ 위험물의 성질 및 취급

제5편 ┃ 위험물안전관리법 규제의 구도

제6편 ┃ 공업경영

〈 제2권 요점&기출문제 〉

부록 I ∣ 필기 + 실기 핵심요점

부록Ⅱ ┃ 필기 과년도 출제문제

부록Ⅲ ┃ 필기 CBT 핵심기출 100선

부록 Ⅳ | 실기 과년도 출제문제

이 책에 수록된 원소와 화합물의 이름은 대한화학회에서 규정한 명명법에 따라 표기하였습니다. 자격시험에서는 새 이름과 옛 이름을 혼용하여 출제하고 있으므로 모두 숙지해 두는 것이 좋습니다.

다음은 대한화학회(new.kcsnet.or.kr)에서 발표한 원소와 화합물 명명의 원칙과 변화의 주요 내용 및 위험물기능장을 공부하는 데 필요한 주요 원소의 변경사항을 정리한 것입니다. 학습에 참고하시기 바랍니다.

〈주요 접두사와 변경내용〉

접두사	새 이름	옛 이름
di –	다이 –	디 –
tri –	트라이 –	트리 –
bi –	바이 –	비 –
iso –	아이소 –	이소 –
cyclo –	사이클로 –	시클로 –

■ alkane, alkene, alkyne은 각각 "알케인", "알켄", "알카인"으로 표기한다.

> 예 methane   메테인
> ethane   에테인
> ethene   에텐
> ethyne   에타인

■ "-ane"과 "-an"은 각각 "-에인"과 "-안"으로 구별하여 표기한다.

> 예 heptane   헵테인
> furan   퓨란

■ 모음과 자음 사이의 r은 표기하지 않거나 앞의 모음에 ㄹ 받침으로 붙여 표기한다.

> 예 carboxylic acid   카복실산
> formic acid   폼산(또는 개미산)
> chloroform   클로로폼

■ "-er"은 "-ㅓ"로 표기한다.

> 예 ester   에스터
> ether   에터

■ "-ide"는 "-아이드"로 표기한다.

> 예 amide   아마이
> carbazide   카바자이드

- g 다음에 모음이 오는 경우에는 "ㅈ"으로 표기할 수 있다.

  예 halogen   할로젠

- hy-, cy-, xy-, ty- 는 각각 "하이-", "사이-", "자이-", "타이-"로 표기한다.

  예 hydride   하이드라이드

      cyanide   사이아나이드

      xylene   자일렌

      styrene   스타이렌

      aldehyde   알데하이드

- u는 일반적으로 "ㅜ"로 표기하지만, "ㅓ", 또는 "ㅠ"로 표기하는 경우도 있다.

  예 toluen   톨루엔

      sulfide   설파이드

      butane   뷰테인

- i는 일반적으로 "ㅣ"로 표기하지만, "ㅏ이"로 표기하는 경우도 있다.

  예 iso   아이소

      vinyl   바이닐

〈기타 주요 원소와 화합물〉

새 이름	옛 이름
나이트로 화합물	니트로 화합물
다이아조 화합물	디아조 화합물
다이크로뮴	중크롬산
망가니즈	망간
브로민	브롬
셀룰로스	셀룰로오스
아이오딘	요오드
옥테인	옥탄
저마늄	게르마늄
크레오소트	클레오소트
크로뮴	크롬
펜테인	펜탄
프로페인	프로판
플루오린	불소
황	유황

※ 나트륨은 소듐으로, 칼륨은 포타슘으로 개정되었지만, 「위험물안전관리법」에서 옛 이름을 그대로 표기하고 있으므로, 나트륨과 칼륨은 변경 이름을 적용하지 않았습니다.

PART

1

위험물기능장 필기+실기

일반화학 및 유체역학

제1장. 일반화학

제2장. 유체역학

제1편

일반화학 및 유체역학

제1장 | 일반화학

1-1. 물질의 상태와 변화

물질의 특성

(1) 물질과 물체

① 물질 : '공간을 채우고, 질량을 갖는 것'이라고 정의. 즉, 부피와 질량을 동시에 가져야만 물질이라고 정의할 수 있다.

  예 나무, 쇠, 유리 등

② 물체 : '물질로 만들어진 것'이라고 정의. 즉, 무게와 형태를 가지고 있는 것을 물체라고 한다.

  예 나무책상, 못, 유리병

(2) 물질의 성질(물리적 성질과 화학적 성질)

① 물리적 성질 : 물질의 고유특성은 변화없이 상태만 변화할 때 나타나는 성질

  예 밀도, 녹는점, 끓는점, 어는점, 색 및 용해도 등

  → 얼음에서 물로 녹을 때의 현상인데 이는 얼음과 물이 상태만 다를 뿐 물질의 고유특성은 같다.

  ㉮ 물질의 상태변화

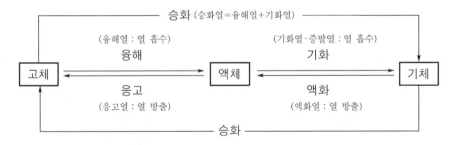

  ㉠ 융해 : 고체가 액체로 되는 변화   ㉡ 응고 : 액체가 고체로 되는 변화
  ㉢ 기화 : 액체가 기체로 되는 변화   ㉣ 액화 : 기체가 액체로 되는 변화
  ㉤ 승화 : 고체가 기체로 되는 변화 또는 기체가 고체로 되는 변화

물질의 상태와 성질

상태 구분	고 체	액 체	기 체
성질	규칙	인력	자유
모양	일정	용기에 따라 다르다.	일정하지 않다.
부피	일정	일정	일정하지 않다.
분자운동	일정 위치에서 진동운동	위치가 변하며, 느린 진동, 회전, 병진 운동	고속 진동, 회전, 병진 운동
분자 간 인력	강하다.	조금 강하다.	극히 약하다.
에너지 상태	최소(안정한 상태)	보통(보통 상태)	최대(무질서한 상태)

- 진동운동 : 입자를 구성하는 단위입자 사이의 거리가 늘었다 줄었다 하는 운동(고체의 주요 열운동)
- 회전운동 : 입자의 무게중심을 축으로 회전하는 원운동(액체의 주요 열운동)
- 병진운동 : 입자가 평행이동할 때와 같은 직선운동, 즉 평행이동을 하는 운동(기체의 주요 열운동)

예제 **다음에 일어나는 현상들의 상태변화를 구분하여라.**

① 양초의 촛농이 흘러내리다가 굳는다.
② 풀잎에 맺힌 이슬이 한낮이 되면 사라진다.
③ 차가운 음료수 병 표면에 물방울이 맺힌다.
④ 옷장 속에 넣어 둔 좀약의 크기가 작아진다.
⑤ 늦가을 맑은 날 아침, 들판에 서리가 내린다.

풀이 ① 응고, ② 기화, ③ 액화, ④ 승화(고체 → 기체), ⑤ 승화(기체 → 고체)

㉮ 물의 상태변화 및 삼상태★

ㄱ 물의 현열 : 100cal/g
ㄴ 얼음의 융해열(잠열) : 80cal/g
ㄷ 물의 기화열(잠열) : 539cal/g
ㄹ 물의 비열 : 1cal/g · ℃
ㅁ 얼음의 비열 : 0.5cal/g · ℃
ㅂ 수증기의 비열 : 0.47~0.5cal/g · ℃

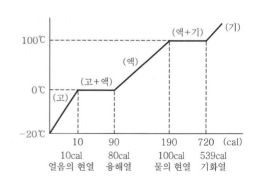

> - 현열($Q = mC\Delta t$) : 물질의 상태는 그대로이고 온도의 변화가 생길 때의 열량
> - 잠열(숨은열, $Q = m\gamma$) : 온도는 변하지 않고 물질의 상태변화에 사용되는 열량
> - 비열($C = Q/m\Delta t$) : 물질 1g을 1℃ 올리는 데 필요한 열량

여기서, Q : 열량(cal), C : 비열(cal/℃), m : 질량(g), Δt : 온도차(℃), γ : 잠열(cal/g)

② **화학적 성질** : 물질이 화학적 변화를 수반해야 알 수 있는 성질이며, 화학적 변화의 결과
는 변화 전과 후가 완전히 다르다.

　예 화합, 분해, 치환, 복분해, 반응열, 엔탈피 등
　　→ 수소와 산소가 반응하여 물을 만들 때 반응 전후의 수소와 산소를 만들 수 없다.

(3) 물질의 분류

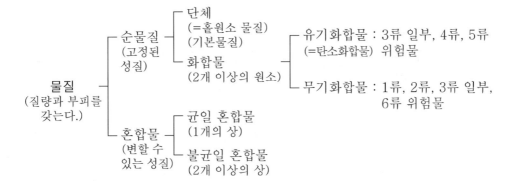

① **순물질** : 조성과 물리적·화학적 성질이 일정한 물질이다.

　㉮ **단체** : 한 가지 성분으로만 된, 더 이상 분해시킬 수 없는 물질

　　예 O_2(산소), Cl_2(염소), He(헬륨), Fe(철) 등

　㉯ **화합물** : 두 가지 이상의 성분으로 되어 있으나 성분 원소가 일정한 순물질

　　예 H_2O(물), CO_2(탄산가스), $C_6H_{12}O_6$(포도당), C_2H_5OH(알코올) 등

② **혼합물** : 두 가지 이상의 순물질이 단순히 섞여 있는 물질이다. 또한 일정한 조성을 갖지
도 않고, 혼합된 순물질 간에 화학반응으로 결합되지도 않았다.

　예 공기, 음료수, 우유, 시멘트 등

　㉮ **균일 혼합물** : 혼합물의 조성이 용액 전체에 걸쳐 동일한 것이다.

　　예 소금물, 설탕물, 바닷물, 사이다
　　　→ 설탕 한 수저를 컵에 들어 있는 물에 넣고, 잘 저어주어 완전히 녹이면 설탕 성분이 용액 전체
　　　에 걸쳐 똑같아진다.

④ 불균일 혼합물 : 혼합물이 용액 전체에 걸쳐 일정한 조성을 갖지 못한 것이다.

예 우유, 찰흙, 화강암, 콘크리트

→ 물에 고운 모래를 넣은 후 잘 저으면 처음에는 균일하게 보이지만 잠시 후 무게를 갖는 모래는 중력의 영향을 받아 컵 바닥에 가라앉는다.

 순물질과 혼합물의 구별법
■ 순물질과 혼합물이 끓을 때의 성질 비교

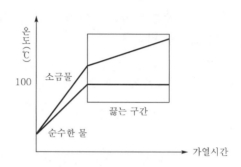

예 ・순수한 물 : 0℃에서 얼고, 100℃에서 끓는다(1기압 상태).
・소금물 : 끓는점은 100℃보다 높으며, 끓는 동안 소금물은 계속 농축되므로 시간이 흐를수록 끓는점은 높아진다.

(4) 측정

① 밀도 $=\dfrac{질량}{부피}=\dfrac{M}{V}$

(암기법)  $\dfrac{M}{V}$　　　※ 사랑하는 사람이 나타나면 큐피드 화살을 쏜다.

② 온도

$$℃=\dfrac{5}{9}(℉-32),\ ℉=\dfrac{9}{5}℃+32,\ K=℃+273.15$$

③ 압력

$$1기압=76cmHg=760mmHg=14.7psi=14.7lbf/in^2=1.033227kg_f/cm^2$$
$$=101.325kPa=29.92inHg=10.332mH_2O$$

④ 열량

$$Q=mc\Delta T$$

여기서, Q : 열량, m : 질량, c : 비열, ΔT : 온도차

② 원자와 분자

(1) 원자의 구조

① 원소와 원자

㉮ 원소 : 화학적으로 독특한 성질을 갖는 것으로 주기율표에 표시된 것

㉯ 원자 : 원소를 구성하며 화학적 성질을 유지하는 최소 입자

② 원자의 구조

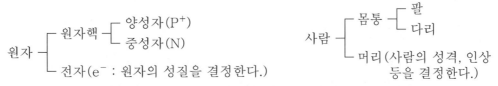

※ 사람에게 가장 중요한 것이 머리이듯, 원자에서는 전자가 가장 중요하다.

■ 원자 : 그 중심부에 (+)전기를 띤 원자핵이 있고, 그 주위를 일정한 궤도에 따라 돌고 있는 (−)전기를 띤 전자가 있다.

■ 원소 : 원자에 붙여진 명칭

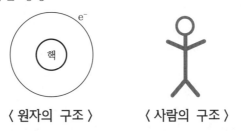

〈 원자의 구조 〉　　　〈 사람의 구조 〉

(2) 원자핵

질량이 거의 같은 양성자와 중성자로 구성되어 있으며, 원자핵 중 양성자와 중성자의 합을 그 원자의 질량수(원자량)라 한다.

$$원자번호 = 양성자수 = 전자수$$
$$질량수 = 양성자수 + 중성자수$$
$${}_{n}^{m}X$$

- m(질량수)
- n(원자번호) = 양성자수 또는 전자수

(3) 동위원소

양성자수는 같으나 중성자수가 다른 원소, 즉 원자번호는 같으나 질량수가 다른 원소, 또한 동위원소는 양성자수가 같아서 화학적 성질은 같으나 물리적 성질이 다른 원소이다.

- 수소(H)의 동위원소 ………… ^1_1H(수소), ^2_1H(중수소), ^3_1H(삼중수소)

- 염소(Cl)의 동위원소 ………… $^{35}_{17}Cl$, $^{37}_{17}Cl$

- 탄소(C)의 동위원소 ………… $^{12}_6C$, $^{13}_6C$

- 우라늄(U)의 동위원소 ………… $^{235}_{92}U$, $^{238}_{92}U$

 동위원소의 평균 원자량 구하는 법

$$X의\ 원자량 = \left(A의\ 원자량 \times \frac{A의\ 백분율}{100}\right) + \left(B의\ 원자량 \times \frac{B의\ 백분율}{100}\right)$$

∴ 동위원소의 백분율 합은 100이 되어야 한다.

예 ·탄소 : $^{12}_6C$ = 99%, $^{13}_6C$ = 1%이므로

$$C = 12 \times \frac{99}{100} + 13 \times \frac{1}{100} = 12.01115 ≒ 12$$

·염소 : $^{34.97}_{17}Cl$ = 75.5%, $^{36.97}_{17}Cl$ = 24.5%

$$Cl = 34.97 \times \frac{75.5}{100} + 36.97 \times \frac{24.5}{100} ≒ 35.5$$

※ 중수(산화중수소(D₂O), $M \cdot W$ = 20)
중수소와 산소의 화합물로서 원자로에서 중성자의 속도를 줄이는 감속제로 사용한다.

(4) 동중원소

원자번호는 다르나 원자량이 같은 원소, 즉 화학적 성질이 다른 원소이다.

예 $^{40}_{18}Ar$와 $^{40}_{20}Ca$

(5) 동소체

같은 원소로 되어 있지만 원자의 배열이 다르거나, 같은 화학조성을 가지나 결합양식이 다른 물질

구성원소	종류	연소생성물
산소(O)	산소(O₂), 오존(O₃)	–
탄소(C)	다이아몬드(금강석), 흑연, 숯	이산화탄소(CO_2)
인(P)	황린(P_4, 노란인), 적린(P, 붉은인)	오산화인(P_2O_5)
황(S)	사방황, 단사황, 고무상황	이산화황(SO_2)

※ **동소체 확인방법**
연소생성물이 같은가를 확인하여 동소체임을 구별한다.

(6) 분자

순물질(단체, 화합물)의 성질을 띠고 있는 가장 작은 입자로서 1개 또는 그 이상의 원자가 모여 형성된 것으로서 원자수에 따라 구분된다.

① 분자의 종류

㉮ 단원자 분자 : 1개의 원자로 구성된 분자

　　예 He, Ne, Ar 등 주로 불활성기체

㉯ 이원자 분자 : 2개의 원자로 구성된 분자

　　예 H_2, N_2, O_2, CO, F_2, Cl_2, HCl 등

㉰ 삼원자 분자 : 3개의 원자로 구성된 분자

　　예 H_2O, O_3, CO_2 등

㉱ 다원자 분자 : 여러 개의 원자로 구성된 분자

　　예 $C_6H_{12}O_6$, $C_{12}H_{23}O_{11}$ 등

㉲ 고분자 : 다수의 원자로 구성된 분자

　　예 녹말, 수지 등

② 아보가드로의 분자설

㉮ 물질을 세분하면 분자가 된다.

㉯ 같은 물질의 분자는 크기, 모양, 질량, 성질이 같다.

㉰ 분자는 다시 깨져 원자로 된다.

㉱ 아보가드로의 법칙 : 같은 온도, 같은 압력, 같은 부피 속에서 모든 기체는 같은 수의 기체 분자수가 존재한다.

(7) 이온

중성인 원자가 전자를 잃거나(양이온), 얻어서(음이온) 전기를 띤 상태를 이온이라 하며 양이온, 음이온, 라디칼(radical)이온으로 구분한다.

① 양이온 : 원자가 전자를 잃어서 (+)전기를 띤 전하가 되는 것

예　• Na 원자 ⟶ $Na^+ + e^-$
　　　(양성자 11, 전자 11)　　(양성자 11, 전자 10개)
　　• Ca 원자 ⟶ $Ca^{2+} + 2e^-$
　　　(양성자 20개, 전자 20개)　(양성자 20개, 전자 18개)

② 음이온 : 원자가 전자를 얻어서 (−)전기를 띤 전하가 되는 것

예　• Cl 원자 $+ e^-$ ⟶ Cl^- 이온
　　　(양성자 17개, 전자 17개)　(양성자 17개, 전자 18개)
　　• O 원자 $+ 2e^-$ ⟶ O^{2-} 이온
　　　(양성자 8개, 전자 8개)　　(양성자 8개, 전자 10개)

③ 라디칼(radical : 원자단, 기)이온 : 원자단(2개 이상의 원자가 결합되어 있는 것)이 전하를 띤 이온(＋, －)으로 되는 것 또는 짝지어지지 않은 홀전자를 가진 원자나 분자

　예 NH_4^+, SO_4^{2-}, OH^-, ClO_3^-, NO_3^-, MnO_4^-, CrO_4^{2-}, $Cr_2O_7^{2-}$, CrO_7^{2-}, BrO_3^- 등

④ 이온화 경향 : 금속 원자가 그 최외각전자(원자가전자)를 잃고 양이온이 되려는 성질

　㉮ 이온화 경향이 큰 금속은 화학적 성질이 크다.

　㉯ 이온화 경향이 수소보다 큰 금속은 산화력이 없는 산에 녹아서 수소가 발생한다.

　㉰ 이온화 경향이 작은 금속염의 수용액에 이온화 경향이 큰 금속을 담그면, 이온화 경향이 큰 금속은 이온으로 되고 작은 금속이 석출된다.

 금속의 이온화 경향 서열에 따른 찬물, 뜨거운 물, 산과의 반응범위

K Ca Na	Mg Al Zn Fe	Ni Sn Pb	(H) Cu Hg Ag Pt Au
찬물과 반응하여 수소가스 발생	끓는 물과 반응하여 수소가스 발생	묽은산과 반응하여 수소가스 발생	반응하지 않음.

* ▨ 는 양쪽성 원소

③ 화학식량(원자량, 분자량, 몰)

(1) 원자량

원자의 질량을 기준 원자에 대한 상대적 질량으로 나타낸 값이다.

① 원자량 : 탄소 원자 C의 질량을 12로 정하고(C의 실제 질량은 1.992×10^{-23}g), 이와 비교한 다른 원자들의 질량비를 원자량이라 한다.

$$탄소-12원자\ 1개의\ 질량 = 12amu$$

$$1amu = \frac{탄소-12원자\ 1개의\ 질량}{12}$$

$$= 1.992 \times 10^{-23} \times \frac{1}{12} = 1.66 \times 10^{-24}$$

따라서 1g을 amu 단위와 관련시키면 다음과 같다.

$$1g = 6.022137 \times 10^{23} amu(아보가드로수)$$

예 칼슘(Ca)의 원자량을 40.08로 정한 것은 칼슘이 탄소－12에 비해 (40.08/12)＝3.34배 무겁다는 뜻이 된다.

② **g 원자량** : 원자량에 g을 붙여 나타낸 값, 즉 어느 원자 6.023×10^{23}개의 모임을 그 원자의 1g 원자라 한다.

　예 탄소(C) 1g 원자는 12g

③ 원자량을 구하는 방법

㉮ 듀롱페티(Dulong－Petit)의 법칙(금속의 원자량 측정) : 주로 고체물질의 원자량 측정에 사용되는 근사적인 실험식이다.

$$원자량 \times 비열 ≒ 6.4$$

㉯ 원자가와 당량으로 원자량을 구하는 법

$$원자가 \times 당량 = 원자량$$

(2) 분자량

① 분자량 : 상대적 질량을 나타내는 분자량도 원자량처럼 수치로 표시한다.

 분자량 : 각 분자의 구성 원소 원자량의 총합을 분자량이라 한다.
- H_2 분자량＝2(H의 원자량)＝2×1＝2
- H_2O 분자량＝2(H의 원자량)＋(O의 원자량)＝2×1＋16＝18
- NH_3 분자량＝(N의 원자량)＋3(H의 원자량)＝14＋3×1＝17

② g 분자량(mol) : 분자량에 g 단위를 붙여 질량을 나타낸 값으로서 6.02×10^{23}개 분자의 질량을 나타낸 값이며 1mol이라고도 한다.

예 ㆍO_2 : 1mol(1g 분자량)＝32g, 2mol(2g 분자량)＝64g
ㆍCO_2 : 1mol(1g 분자량)＝44g, 2mol(2g 분자량)＝88g

(3) 몰(mole)

물질의 양을 표현할 때 사용하는 단위로 1몰이란 원자, 분자, 이온의 개수가 6.02×10^{23}개 (아보가드로수)일 때를 말한다.

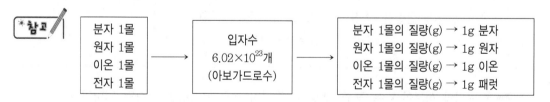

즉, 물질의 수를 세는 단위는 여러 가지가 있다. 예를 들면, 마늘 1접은 마늘 100개, 연필 1다스는 연필 12자루라는 약속이다. 원자나 분자는 너무 작아 저울로 측정하기 어려워서 이와 같이 몰이라는 단위로 약속을 정한 것이다. 즉, 1몰(mol)은 6.02×10^{23}개의 집단인 것이다.

〈표. 1〉

원자	원자량	1g 원자(1몰)	부피	원자수	원자 1개의 실제 무게
C	12	12g	22.4L	6.02×10^{23}개	$12g/6.02 \times 10^{23}$개
N	14	14g	22.4L	6.02×10^{23}개	$14g/6.02 \times 10^{23}$개
O	16	16g	22.4L	6.02×10^{23}개	$16g/6.02 \times 10^{23}$개
Na	23	23g	22.4L	6.02×10^{23}개	$23g/6.02 \times 10^{23}$개

→ 원자 1몰의 질량은 그 수치가 원자량과 같다.

〈표. 2〉

분자	분자량	1g 분자(1몰)	부피	분자수	분자 1개의 실제 무게
O_2	32	32g	22.4L	6.02×10^{23}개	$32g/6.02 \times 10^{23}$개
H_2	2	2g	22.4L	6.02×10^{23}개	$2g/6.02 \times 10^{23}$개
NH_3	17	17g	22.4L	6.02×10^{23}개	$17g/6.02 \times 10^{23}$개
H_2O	18	18g	22.4L	6.02×10^{23}개	$18g/6.02 \times 10^{23}$개

→ 1몰의 질량＝화학식량＝그 화학식에 포함된 모든 원자의 원자량 총합

① **1몰의 질량** : 화학식량에 g을 붙인 값으로 원자, 분자, 이온은 6.02×10^{23}개의 질량이다.
　예 탄소(C) 원자 6.02×10^{23}개의 질량은 12g

② **물질의 몰수** : 물질의 질량값을 화학식량으로 나눈다.

$$몰수＝물질의 \ 질량/화학식량$$

③ **1몰의 부피** : 아보가드로 법칙에 의하여 0℃, 1기압에서 기체 1몰의 부피는 22.4L이다.

$$기체의 \ 몰수＝표준상태에서의 \ 기체부피(L)/22.4(L)$$

④ **기체 분자량의 측정** : 0℃, 1기압에서 1몰의 기체가 22.4L를 차지하므로 0℃, 1기압에서 기체의 부피와 질량을 측정하여 22.4L의 질량을 구한다.

$$기체의 \ 분자량＝분자 \ 1L의 \ 질량 \times 22.4L$$

 공기의 성분이 다음 표와 같을 때 공기의 평균 분자량을 구하면 얼마인가?

성분	분자량	부피 함량(%)
질소	28	78
산소	32	21
아르곤	40	1

① 28.84　　　② 28.96　　　③ 29.12　　　④ 29.44

풀이 $28 \times \dfrac{78}{100} + 32 \times \dfrac{21}{100} + 40 \times \dfrac{1}{100} ≒ 28.96$　　　**정답** : ②

④ 화학식

(1) 실험식(조성식)

물질의 조성을 원소기호로서 간단하게 표시한 식이다.

예

물질	분자식	조성식
물	H_2O	H_2O
벤젠	C_6H_6	CH
과산화수소	H_2O_2	HO

※ 실험식을 구하는 방법

화학식 $A_mB_nC_p$라고 하면

$$m : n : p = \frac{A의\ 질량(\%)}{A의\ 원자량} : \frac{B의\ 질량(\%)}{B의\ 원자량} : \frac{C의\ 질량(\%)}{C의\ 원자량}$$

즉, 화합물 성분 원소의 질량 또는 백분율을 알면 그 실험식을 알 수 있으며, 실험식을 정수배하면 분자식이 된다.

(2) 분자식

한 개의 분자를 구성하는 원소의 종류와 그 수를 원소기호로써 표시한 화학식을 분자식이라 한다.

$$조성식 \times n = 분자식\ (단,\ n은\ 정수)$$

$$분자량 = 실험식량 \times n$$

예 아세틸렌 : $(CH)_{\times 2} = C_2H_2$, 물 : H_2O, 이산화탄소 : CO_2, 황산 : H_2SO_4

(3) 시성식

분자식 속에 원자단(라디칼)의 결합상태를 나타낸 화학식으로 유기화합물에서 많이 사용되며 분자식은 같으나 전혀 다른 성질을 갖는 물질을 구분하는 데 사용한다.

예 아세트산 : CH_3COOH(카복실기 : 산성을 나타내는 작용기)
폼산메틸 : $HCOOCH_3$, 수산화암모늄 : NH_4OH

원자단(라디칼, 기)
화학변화가 일어날 때 분해되지 않고 한 분자에서 다른 분자로 이동하는 원자의 모임
예 포밀기($-CHO$), 카복실기($-COOH$), 하이드록실기($-OH$), 에터기($-O-$),
에스터기($-COO-$), 케톤기($-CO-$) 등

(4) 구조식

화합물에서 원자를 결합선으로 표시하여 원자가와 같은 수의 결합선으로 분자 내의 원자들을 연결하여 결합상태를 표시한 식이다.

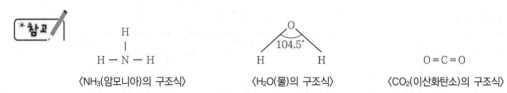

〈NH₃(암모니아)의 구조식〉　　〈H₂O(물)의 구조식〉　　〈CO₂(이산화탄소)의 구조식〉

실험식	분자식	시성식	구조식
CH_2O	$C_2H_4O_2$	CH_3COOH	

⑤ 화학의 기본법칙

(1) 질량보존의 법칙

화학변화에서 생성물질의 총 질량은 변화 전 반응물질의 총 질량과 같다.

$$2H_2 + O_2 \longrightarrow 2H_2O$$

$2 \times 2g$　$32g$　　　$2 \times 18g$

반응 전 전체 질량 : 36g＝반응 후 전체 질량 : 36g

(2) 일정성분비의 법칙

화합물을 구성하는 성분요소의 질량비는 항상 일정하다.

$$2H_2 + O_2 \longrightarrow 2H_2O$$

$4g$　　$32g$　　　　$36g$

1　:　8　　　:　　9

수소 2g과 산소 21g을 반응시키면 물 몇 g이 생성되겠는가? 또 이 중에서 반응하지 않고 남는 것은 무엇이며 몇 g인가?

풀이
$$2H_2 \ + \ O_2 \ \longrightarrow \ 2H_2O$$

$$\begin{array}{ccccc} 4g & 32g & & 36g \\ 1 & : & 8 & : & 9 \\ 2g & : & x & : & y \end{array}$$

따라서, $x = 16g$, $y = 18g$

∴ 물 18g, 남는 것은 O_2가 5g

(3) 배수비례의 법칙

한 원소의 일정량과 다른 원소가 반응하여 두 가지 이상의 화합물을 만들 때 다른 원소의 무게비는 간단한 정수비가 성립한다.

$$\begin{cases} CO \\ CO_2 \end{cases} \quad \begin{cases} H_2O \\ H_2O_2 \end{cases} \quad \begin{cases} N_2O \\ NO \end{cases} \quad \begin{cases} SO_2 \\ SO_3 \end{cases} \quad (○)$$

$$\begin{cases} {}^1_1H \\ {}^2_1H \end{cases} \quad \begin{cases} CH_4 \\ CCl_4 \end{cases} \quad \begin{cases} NH_3 \\ BH_3 \end{cases} \quad (×) \begin{cases} \text{i) 원소가 한 가지일 때} \\ \text{ii) 한 원소가 결합하는 원소가 다를 때} \end{cases}$$

(4) 기체반응의 법칙

같은 온도, 같은 압력에서 기체가 반응할 때 반응하는 기체와 반응에 의해 생성되는 기체 부피 사이에는 간단한 계수비가 나타난다.

$$2H_2 \ + \ O_2 \ \longrightarrow \ 2H_2O$$

2부피 : 1부피 : 2부피

 일정한 온도와 압력에서 수소 15mL와 산소 5mL를 반응시키면 몇 mL의 수증기가 발생하는가? 또 남은 것은 무엇이며 몇 mL인가?

풀이
$$2H_2 \ + \ O_2 \ \longrightarrow \ 2H_2O$$

$$\begin{array}{ccccc} 2 & : & 1 & : & 2 \\ 10mL & 5mL & & 10mL \end{array}$$

∴ 수증기가 10mL 생기고, 수소가 5mL 남는다.

(5) 아보가드로의 법칙(출제빈도 높음)★★★

모든 기체는 같은 온도, 같은 압력, 같은 부피 속에서는 같은 수의 분자가 존재한다.

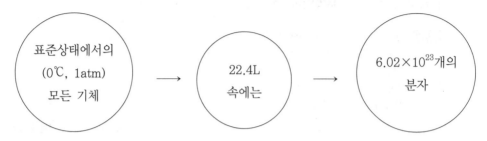

 예제 1 표준상태에서 질량이 0.8g이고 부피가 0.4L인 혼합기체의 평균 분자량(g/mol)은?

① 22.2   ② 32.4   ③ 33.6   ④ 44.8

풀이 아보가드로의 법칙에 의하면 모든 기체 1mol의 부피는 표준상태에서 22.4L를 차지한다.

$0.8g : 0.4L = x(g) : 22.4L$

$\therefore x = \dfrac{0.8 \times 22.4}{0.4} = 44.8g$

정답 : ④

예제 2 64g의 메탄올이 완전연소되면 몇 g의 물이 생성되는가?

① 36   ② 64   ③ 72   ④ 144

풀이 $2CH_3OH + 3O_2 \rightarrow 2CO_2 + 4H_2O$

$$\frac{64g-CH_3OH}{} \left| \frac{1mol-CH_3OH}{32g-CH_3OH} \right| \frac{4mol-H_2O}{2mol-CH_3OH} \left| \frac{18g-H_2O}{1mol-H_2O} \right| = 72g-H_2O$$

정답 : ③

---

⑥ 화학반응식과 화학양론

(1) 화학반응식

① 화학식 : 화합물을 구성하는 원소들을 간단한 기호로 나타낸 것으로 구성 원소의 수와 종류를 나타낸 식

예 실험식, 시성식, 분자식, 구조식

② 화학반응식 : 화학반응에 참여하는 물질을 화학식으로 표시하여 반응식을 나타내는 표현으로 반응물(reactants)과 생성물(products)의 관계를 기호법으로 나타낸 식

※ **화학반응식을 통해 알 수 있는 내용**
- 반응물(반응하는 물질), 생성물(생성되는 물질)
- 화학반응에 참여하는 물질들의 화학양론적 관계
- 물질의 상태

㉮ 화학반응식에서는 반응물을 화살표 왼쪽에, 생성물을 화살표 오른쪽에 표기

반응물 → 생성물

㉯ 기본식을 세운다(반응물과 생성물의 분자식을 표기한다).

프로페인(C_3H_8)과 산소(O_2)의 반응을 가정한다.

$$C_3H_8 + O_2 \rightarrow CO_2 + H_2O$$

㉰ 양변에 각각의 원자수를 동일하게 계수를 맞춘다.

$$aC_3H_8 + bO_2 \rightarrow cCO_2 + dH_2O$$

$$C : 3a = c$$

$$H : 8a = 2d$$

$$O : 2b = 2c + d$$

미지수가 4이고, 식이 3개이므로 임의로 a를 1로 놓고 계산한다.

$$\therefore a = 1, \ b = 5, \ c = 3, \ d = 4$$

㉱ 계수를 정수로 맞춘다.

$$C_3H_8 + 5O_2 \rightarrow 3CO_2 + 4H_2O$$

예제 1 $C_3H_8(g) + 5O_2(g) \rightarrow 3CO_2(g) + 4H_2O(l)$ **반응식에서 2.30mol의 C_3H_8이 연소할 때, 다음 물음에 답하시오.**

① 필요한 O_2의 몰수를 구하시오.
② 생성되는 CO_2의 몰수를 구하시오.

풀이 $C_3H_8(g) + 5O_2(g) \rightarrow 3CO_2(g) + 4H_2O(l)$

① $\dfrac{2.3\text{mol} - C_3H_8}{} \bigg| \dfrac{5\text{mol} - O_2}{1\text{mol} - C_3H_8} = 11.5\text{mol} - O_2$ $\qquad \therefore 11.5\text{mol} - O_2$

② $\dfrac{2.3\text{mol} - C_3H_8}{} \bigg| \dfrac{3\text{mol} - CO_2}{1\text{mol} - C_3H_8} = 6.9\text{mol} - CO_2$ $\qquad \therefore 6.9\text{mol} - CO_2$

예제 2 다음 반응식을 이용하여 리튬 6.5몰로부터 생성되는 산화리튬의 질량을 구하여라.

$$4Li(s) + O_2(g) \rightarrow 2Li_2O(s)$$

풀이

$$\frac{6.5\text{mol}-Li}{} \left| \frac{2\text{mol}-Li_2O}{4\text{mol}-Li} \right| \frac{30\text{g}-Li_2O}{1\text{mol}-Li_2O} = 97.5\text{g} \qquad \therefore 97.5\text{g}$$

(2) 화학방정식을 이용한 계산

① 반응물질과 생성물질을 확인한다.

② 반응에 관여한 물질의 화학식과 물질의 상태를 쓴다.

③ 화학반응식을 완성한다(계수비를 맞춘다).

④ 분자량과 mole수를 사용하여 mole을 g으로 환산하고 g을 mole로 환산한다.

 예제 프로페인(propane) C_3H_8을 산소(O_2) 중에서 연소하면 다음 식과 같이 이산화탄소(CO_2)와 물(H_2O)이 생성된다. 다음 물음에 답하시오.

$$C_3H_8 + 5O_2 \rightarrow 3CO_2 + 4H_2O$$

① 22g의 프로페인이 연소하면 몇 mole의 이산화탄소가 생성되는가?

② 22g의 프로페인이 연소하면 몇 g의 물이 생성되는가?

풀이 ① $\dfrac{22\text{g}-C_3H_8}{} \left| \dfrac{1\text{mol}-C_3H_8}{44\text{g}-C_3H_8} \right| \dfrac{3\text{mol}-CO_2}{1\text{mol}-C_3H_8} = 1.5\text{mol}-CO_2 \qquad \therefore 1.5\text{mol}-CO_2$

② $\dfrac{22\text{g}-C_3H_8}{} \left| \dfrac{1\text{mol}-C_3H_8}{44\text{g}-C_3H_8} \right| \dfrac{4\text{mol}-H_2O}{1\text{mol}-C_3H_8} \left| \dfrac{18\text{g}-H_2O}{1\text{mol}-H_2O} \right| = 36\text{g}-H_2O$

$$\therefore 36\text{g}-H_2O$$

(3) 화학양론(한계반응물과 이론적 수득량 및 실제 수득량)

① 화학양론(stoichiometry) : 화합물을 이루는 원소들의 구성비를 수량적 관계로 다루는 이론(반응물과 생성물 간의 정량적 관계)

㉮ 일정성분비의 법칙(화합물을 구성하는 각 성분 원소의 질량 비는 일정하다.)

㉯ 배수비례의 법칙(2종의 원소가 2종 이상의 화합물을 형성할 때 한쪽 원소의 일정량과 결합하는 다른 쪽 원소의 질량에는 간단한 정수비가 성립되는 것)

② **과잉반응물(excess reactant)** : 한계반응물과 반응하고 남은 반응물. 즉 이론량보다 많은 양의 반응물이 첨가된 반응물

③ **한계반응물(limiting reactant)** : 반응을 종료한 후 미반응물이 없는 반응물. 즉, 전부 다 반응하는 반응물로 이론량만큼 첨가된 반응물

④ **화학양론을 이용한 계산**

㉮ 반응물질과 생성물질을 확인한다.

㉯ 반응에 관여한 물질의 화학식과 물질의 상태를 쓴다.

㉰ 화학반응식을 완성한다(계수비를 맞춘다).

㉱ 한계량에 맞추어 구하려는 생성물의 양을 구한다.

㉲ 분자량과 mole수를 사용하여 mole을 g으로 환산하고 g을 mole로 환산한다.

 16.0g의 CH_4가 48.0g의 O_2와의 반응에 의해 생성하는 CO_2의 양(g)은?

$$CH_4 + 2O_2 \rightarrow CO_2 + 2H_2O$$

풀이 〈CH_4의 mole수〉

$$\frac{16g-CH_4}{} \cdot \frac{1mol-CH_4}{16g-CH_4} = 1mol-CH_4$$

→ **과잉**

〈O_2의 mole수〉

$$\frac{48g-O_2}{} \cdot \frac{1mol-O_2}{32g-O_2} = 1.5mol-O_2$$

→ **한계**

∴ 생성되는 CO_2의 몰수는 한계반응물인 O_2가 결정

$1mol-CH_4$와 반응하는 O_2는 2mol이며, $1.5mol-O_2$와 반응하는 CH_4는 0.75mol이다. **따라서 한계반응물은 O_2, 과잉반응물은 CH_4이다.**

〈CO_2의 g수〉

$$\frac{1.5mol-O_2}{} \cdot \frac{1mol-CO_2}{2mol-O_2} \cdot \frac{44g-CO_2}{1mol-CO_2} = 33g-CO_2 \qquad \therefore 33g-CO_2$$

(4) 화학방정식으로부터 이론공기량 구하기

연소란 열과 빛을 동반한 산화반응이라고 정의되는 것처럼 연소와 산화라는 단어는 화재화학 영역에서는 어느 정도 동의어적 의미로 사용되고 있다. 일반적으로 메테인의 연소상태를 설명할 때 공기 중의 산소와 결합하여 생성물로서 이산화탄소와 물이 생성되는 화학방정식은 다음과 같이 나타낼 수 있다.

$$CH_4 + 2O_2 \rightarrow CO_2 + 2H_2O$$

이와 같은 화학방정식에서 1몰의 메테인이 2몰의 산소와 반응하여 1몰의 이산화탄소와 2몰의 물이 생성된다는 것을 알 수 있다. 즉, 이론적으로 요구되는 산소량과 공기량을 구할 수 있는 것이다.

만약 16g의 메테인이 연소하는 데 필요한 이론적 공기량을 구하고자 한다면 다음과 같다.

$$\frac{16g - CH_4}{} \left| \frac{1mol - CH_4}{16g - CH_4} \right| \frac{2mol - O_2}{1mol - CH_4} \left| \frac{100mol - Air}{21mol - O_2} \right| \frac{28.84g - Air}{1mol - Air} = 274.67g - Air$$

이와 유사한 방법으로 아보가드로의 법칙에 의해 각각의 생성되는 CO_2 및 H_2O의 양도 g, L, 분자의 개수 등의 단위로 얼마든지 환산해 낼 수 있다.

$$\frac{16g - CH_4}{} \left| \frac{1mol - CH_4}{16g - CH_4} \right| \frac{2mol - O_2}{1mol - CH_4} \left| \frac{22.4L - O_2}{1mol - O_2} \right. = 44.8L - O_2$$

$$\frac{16g - CH_4}{} \left| \frac{1mol - CH_4}{16g - CH_4} \right| \frac{2mol - O_2}{1mol - CH_4} \left| \frac{6.02 \times 10^{23}개의 \ O_2}{1mol - O_2} \right. = 12.04 \times 10^{23}개의 \ O_2$$

$$\frac{16g - CH_4}{} \left| \frac{1mol - CH_4}{16g - CH_4} \right| \frac{1mol - CO_2}{1mol - CH_4} \left| \frac{44g - CO_2}{1mol - CO_2} \right. = 44g - CO_2$$

$$\frac{16g - CH_4}{} \left| \frac{1mol - CH_4}{16g - CH_4} \right| \frac{1mol - CO_2}{1mol - CH_4} \left| \frac{22.4L - CO_2}{1mol - CO_2} \right. = 22.4L - CO_2$$

$$\frac{16g - CH_4}{} \left| \frac{1mol - CH_4}{16g - CH_4} \right| \frac{1mol - CO_2}{1mol - CH_4} \left| \frac{6.02 \times 10^{23}개의 \ CO_2 \ 분자}{1mol - CO_2} \right.$$

$$= 6.02 \times 10^{23}개의 \ CO_2 \ 분자$$

$$\frac{16g - CH_4}{} \left| \frac{1mol - CH_4}{16g - CH_4} \right| \frac{2mol - H_2O}{1mol - CH_4} \left| \frac{18g - H_2O}{1mol - H_2O} \right. = 36g - H_2O$$

$$\frac{16g - CH_4}{} \left| \frac{1mol - CH_4}{16g - CH_4} \right| \frac{2mol - H_2O}{1mol - CH_4} \left| \frac{22.4L - H_2O}{1mol - H_2O} \right. = 44.8L - H_2O$$

$$\frac{16g - CH_4}{} \left| \frac{1mol - CH_4}{16g - CH_4} \right| \frac{2mol - H_2O}{1mol - CH_4} \left| \frac{6.02 \times 10^{23}개의 \ H_2O}{1mol - H_2O} \right. = 12.04 \times 10^{23}개의 \ H_2O$$

CH₄+2O₂ → CO₂+2H₂O인 메테인의 연소반응에서 메테인 1L에 대해 필요한 공기 요구량은 약 몇 L인가? (단, 0℃, 1atm이고, 공기 중의 산소는 21%로 계산한다.)

① 2.4   ② 9.5
③ 15.3   ④ 21.1

$$\frac{1L-CH_4}{}\left|\frac{1mol-CH_4}{22.4L-CH_4}\right|\frac{2mol-O_2}{1mol-CH_4}\left|\frac{100mol-Air}{21mol-O_2}\right|\frac{22.4L-Air}{1mol-Air}=9.52L-Air$$

정답 : ②

⑦ 기체

(1) 보일(Boyle)의 법칙

등온의 조건에서 기체의 부피는 압력에 반비례한다.

$$V \propto \frac{1}{p}$$

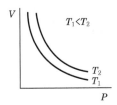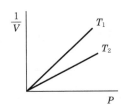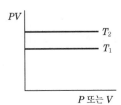

〈 보일의 법칙에서 부피, 온도, 압력 관계 〉

비례식은 상수 k를 대입함으로써 등식으로 변형시킬 수 있다.

$$V = k\frac{1}{P} \ \text{또는} \ PV = k(\text{일정})$$

$$\therefore P_1V_1 = P_2V_2$$

1atm에서 1,000L를 차지하는 기체가 등온의 조건 10atm에서는 몇 L를 차지하 겠는가?

풀이 $P_1 V_1 = P_2 V_2$

$P_1 = 1\text{atm}$, $V_1 = 1,000\text{L}$, $P_2 = 10\text{atm}$

$V_2 = \dfrac{P_1 V_1}{P_2} = \dfrac{1\text{atm} \cdot 1,000\text{L}}{10\text{atm}} = 100\text{L}$ ∴ $V_2 = 100\text{L}$

(2) 샤를(Charles)의 법칙

등압의 조건에서 기체의 부피는 절대온도에 비례한다.

$$V \propto T$$

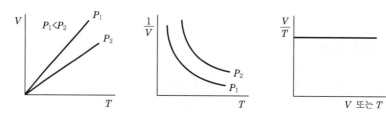

⟨ 샤를의 법칙에서 부피, 온도, 압력 관계 ⟩

비례식은 상수 k를 대입함으로써 등식으로 변형시킬 수 있다.

$$V = kT \text{ 또는 } \frac{V}{T} = k(\text{일정})$$

$$\therefore \ \frac{V_1}{T_1} = \frac{V_2}{T_2} = k(\text{일정})$$

 15℃에서 3.5L를 차지하는 기체가 있다. 같은 압력 38℃에서는 몇 L를 차지하는가?

풀이 $\dfrac{V_1}{T_1} = \dfrac{V_2}{T_2}$

$T_1 = 15℃ + 273.15\text{K} = 288.15\text{K}$, $T_2 = 38℃ + 273.15\text{K} = 311.15\text{K}$

$V_1 = 3.5\text{L}$, $V_2 = \dfrac{V_1 T_2}{T_1} = \dfrac{3.5\text{L} \cdot 311.15\text{K}}{288.15\text{K}} = 3.78\text{L}$ ∴ $V_2 = 3.78\text{L}$

(3) 보일(Boyle)−샤를(Charles)의 법칙

보일(Boyle)의 법칙과 샤를(Charles)의 법칙으로 다음을 유도할 수 있다.

일정량의 기체가 차지하는 부피는 압력에 반비례하고 절대온도에 비례한다.

$$V \propto \frac{T}{P}$$

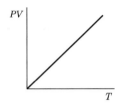
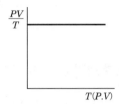

비례식은 상수 k를 대입함으로써 등식으로 변형시킬 수 있다.

$$V = k\frac{T}{P} \ \text{또는} \ PV = kT \ \text{또는} \ \frac{PV}{T} = k(\text{일정})$$

$$\therefore \ \frac{P_1 V_1}{T_1} = \frac{P_2 V_2}{T_2} = k(\text{일정})$$

예제 273℃, 2atm에 있는 수소 1L를 819℃, 압력 4atm으로 하면 부피(L)는 얼마가 되겠는가?

풀이 $\dfrac{P_1 V_1}{T_1} = \dfrac{P_2 V_2}{T_2}$

$P_1 = 2\text{atm}, \ P_2 = 4\text{atm}, \ V_1 = 1\text{L},$

$T_1 = (273 + 273.15)\text{K}, \ T_2 = (819 + 273.15)\text{K}$

$$\frac{2\text{atm} \cdot 1\text{L}}{(273 + 273.15)\text{K}} = \frac{4\text{atm} \cdot V_2}{(819 + 273.15)\text{K}}$$

$$V_2 = \frac{2\text{atm} \cdot 1\text{L} \cdot (819 + 273.15)\text{K}}{4\text{atm} \cdot (273 + 273.15)\text{K}} = 1\text{L} \qquad \therefore \ V_2 = 1\text{L}$$

---

(4) 아만톤(Amanton's law)의 법칙

보일(Boyle)−샤를(Charles)의 법칙 중 등적의 조건에서 다음을 유도할 수 있다.

$$\frac{P_1}{T_1} = \frac{P_2}{T_2}$$

이 식을 아만톤의 법칙이라 한다.

예제 27℃, 용기의 어떤 기체 압력이 10atm이었다. 이 용기의 온도를 327℃로 올리면 용기 내의 전체 압력은 몇 기압인가?

풀이 $\dfrac{P_1}{T_1} = \dfrac{P_2}{T_2} \Rightarrow \dfrac{10\text{atm}}{(27+273.15)\text{K}} = \dfrac{P_2}{(327+273.15)\text{K}}$

$P_2 = \dfrac{10\text{atm} \cdot (327+273.15)\text{K}}{(27+273.15)\text{K}} = 20\text{atm}$ ∴ 20atm

(5) 이상기체 법칙(출제빈도 높음)★★★

① 아보가드로(Avogadro)의 법칙

부피는 몰(mole)수에 비례한다.

$$V \propto n$$

비례식은 상수 k를 대입함으로써 등식으로 변형시킬 수 있다.

$$V = kn$$

보일(Boyle)의 법칙, 샤를(Charles)의 법칙, 아보가드로(Avogadro)의 법칙으로부터 다음을 유도할 수 있다.

$$V \propto \frac{1}{P}, \quad V \propto T, \quad V \propto n$$

$$\therefore \ V \propto \frac{Tn}{P}$$

위의 관계에 비례상수를 R(기체상수)이라 하면 다음과 같다.

$$V = \frac{nRT}{P} \ \text{또는} \ PV = nRT$$

※ R(기체상수)

보일(Boyle)의 법칙과 샤를(Charles)의 법칙+아보가드로(Avogadro)의 법칙

$R = \dfrac{PV}{nT}$ $\xrightarrow{\text{표준상태(S.T.P, 0℃, 1atm)에서 1mol은 22.4L임.}}$ $\dfrac{1\text{atm} \cdot 22.4\text{L}}{1\text{mol} \times (0+273.15)\text{K}} = 0.082\text{atm} \cdot \text{L/K} \cdot \text{mol}$

H₂(수소 기체)가 0℃에서 부피는 9.65L이며 압력은 2.5atm이다. 수소 기체의 몰 (mole)수를 구하여라.

풀이 $PV=nRT$, $n=\dfrac{PV}{RT}=\dfrac{2.5\text{atm} \cdot 9.65\text{L}}{(0.082\text{atm} \cdot \text{L/K} \cdot \text{mol}) \cdot (0+273.15)\text{K}}=1.08\text{mol}$

$$\therefore n=1.08\text{mol}$$

(6) 기체의 분자량

이상기체 방정식을 이용하여 기체의 분자량을 구할 수 있다.

$$PV=nRT$$

n은 몰(mole)수이며 $n=\dfrac{w(\text{g})}{M(\text{분자량})}$ 이므로,

$$PV=\dfrac{wRT}{M}$$

$$\therefore M=\dfrac{wRT}{PV}$$

 40℃, 190mmHg에서 1.6L의 기체 질량은 0.5g이다. 이 기체의 분자량을 구하여라.

풀이 $M=\dfrac{wRT}{PV}=\dfrac{0.5\text{g} \cdot (0.082\text{atm} \cdot \text{L/K} \cdot \text{mol}) \cdot (40+273.15)\text{K}}{(190/760)\text{atm} \cdot 1.6\text{L}}=32.1\text{g/mol}$

$$\therefore 32.1\text{g/mol}$$

(7) 실제기체 법칙

① 이상기체와 실제기체

구분	이상기체	실제기체
분자	질량은 있으나 부피는 없다.	질량과 부피를 모두 갖는다.
분자 간의 힘	없다.	있다.
낮은 온도와 높은 압력	기체로만 존재한다.	액체나 고체로 변한다.
−273℃에서 상태	부피=0	고체
보일−샤를의 법칙	정확히 적용된다.	대략 맞는다.

② 반 데르 발스(van der Waals) 식 : 실제기체에 적용되는 식으로는 여러 가지가 있으나 반 데르 발스(van der Waals)의 식이 가장 널리 사용된다.

$$\left[P+a\left(\frac{n}{V}\right)^2\right](V-nb)=nRT$$

이상기체 식과 비교할 때 P는 $\left(P+\dfrac{n^2a}{V^2}\right)$만큼 V는 $(V-nb)$만큼의 차이를 가지고 있으며, 반 데르 발스(van der Waals) 상수 a와 b는 실험을 통해서 구할 수 있으며 다음과 같다.

기체	$a\left(\dfrac{atm \cdot L^2}{mol^2}\right)$	$b\left(\dfrac{L}{mol}\right)$
He	0.034	0.0237
Ne	0.211	0.0171
Ar	1.35	0.0322
Kr	2.32	0.0398
Xe	4.19	0.0511
H_2	0.244	0.0266
N_2	1.39	0.0391
O_2	1.36	0.0318
Cl_2	6.49	0.0562
CO_2	3.59	0.0427
CH_4	2.25	0.0428
NH_3	4.17	0.0371
H_2O	5.46	0.0305

> **예제** 48℃에서 CO_2 1몰의 체적이 1.32L가 되는 압력을 이상기체 상태방정식과 반 데르 발스 상태방정식으로 계산하여라.
>
> **풀이** $PV=nRT$ 에서
> $$P=\frac{nRT}{V}=\frac{1mol \cdot 0.082atm \cdot L/K \cdot mol \cdot (48+273.15)K}{1.32L}=19.95atm$$
> $$\left[P+a\left(\frac{n}{V}\right)^2\right](V-nb)=nRT$$
> $$\left[P+3.59\left(\frac{1}{1.32}\right)^2\right](1.32-1\times0.0427)=1\times0.082\times(48+273.15)$$
> $$=20.617-2.06=18.557atm$$
> $$\therefore 18.557atm$$

(8) 돌턴(Dalton)의 분압법칙

서로 반응하지 않는 혼합기체가 나타내는 전체 압력은 성분 기체들 각각의 압력(분압)을 합한 것과 같다는 것으로 다음과 같다.

$$P_{total} = P_A + P_B + P_C + \cdots\cdots$$

돌턴(Dalton)의 법칙인

$$P_{total} = P_A + P_B + P_C + \cdots\cdots$$

각각의 압력을 이상기체 법칙으로 나타내면

$$P_A = \frac{n_A RT}{V}, \; P_B = \frac{n_B RT}{V}, \; P_C = \frac{n_C RT}{V}, \; \cdots\cdots$$

기체 혼합물의 총 압력은

$$
\begin{aligned}
P_{total} &= P_A + P_B + P_C + \cdots\cdots \\
&= \frac{n_A RT}{V} + \frac{n_B RT}{V} + \frac{n_C RT}{V} + \cdots\cdots \\
&= (n_A + n_B + n_C + \cdots\cdots)\left(\frac{RT}{V}\right) \\
&= n_{total}\left(\frac{RT}{V}\right)
\end{aligned}
$$

따라서 P_A를 P_T로 나누면

$$\frac{P_A}{P_T} = \frac{n_A}{n_T}, \; P_A = P_T \cdot \left(\frac{n_A}{n_T}\right)$$

여기서 $\dfrac{n_A}{n_T}$는 A의 몰분율이라 한다. 이는 전체 mol수에 대해 기체 A의 mol수가 차지하는 분율을 나타낸다. 이때 X를 몰분율이라고 한다면 다음과 같다.

$$X_A = \frac{n_A}{n_T}$$

따라서 기체의 부분 압력은 전체 압력에 그 기체의 몰분율을 곱한 값이다.

$$P_A = P_T \cdot X_A$$

용기에 산소, 질소, 아르곤이 채워져 있다. 이들의 몰분율은 각각 0.78, 0.21, 0.01 이며, 전체 압력이 2atm일 때 기체들의 부분 압력을 각각 구하여라.

풀이 $P_A = P_T \cdot X_A$

$P_{O_2} = 0.78 \cdot 2\text{atm} = 1.56\text{atm}$ $\therefore 1.56\text{atm}$

$P_{N_2} = 0.21 \cdot 2\text{atm} = 0.42\text{atm}$ $\therefore 0.42\text{atm}$

$P_{Ar} = 0.01 \cdot 2\text{atm} = 0.02\text{atm}$ $\therefore 0.02\text{atm}$

(9) 그레이엄(Graham)의 법칙

기체의 분출속도를 온도와 압력이 동일한 조건하에서 비교하여 보면 분출속도가 기체 밀도의 제곱근에 반비례한다는 결과가 나타난다. 이 관계를 그레이엄(Graham)의 법칙이라고 하며, 다음과 같은 식으로 나타낼 수 있다.

$$\text{분출속도} \propto \sqrt{\frac{1}{d}}$$

$$\therefore \frac{\text{A의 분출속도}}{\text{B의 분출속도}} = \sqrt{\frac{d_B}{d_A}}$$

$$= \sqrt{\frac{M_B}{M_A}}$$

 어떤 기체가 프로페인 기체보다 약 1.6배 더 빠른 속도로 확산하였다. 이 기체의 분자량을 계산하여라.

풀이 $\dfrac{v_A}{v_B} = \sqrt{\dfrac{M_B}{M_A}}$

$\dfrac{1.6\,V_{C_3H_8}}{V_{C_3H_8}} = \sqrt{\dfrac{44\text{g/mol}}{M_A}}$

$M_A = \dfrac{44\text{g/mol}}{1.6^2} ≒ 17.19\text{g/mol}$ $\therefore 17.19\text{g/mol}$

액체(liquid)

액체는 모양은 변하나 부피는 일정하다(진동, 회전 운동).

(1) 액체의 일반성

① 압력을 가해도 분자 간 거리가 별로 가까워지지 않으므로 압축이 잘 안 된다.

② 일정량의 액체의 부피는 일정하고 모양은 담긴 그릇의 모양이 된다.

③ 액체 분자는 한 자리에 고정되어 있지 않고 유동성이 있다.

(2) 증기압력과 끓는점

① 동적 평형 : 액체 분자가 증발되는 속도와 기체 분자가 액체로 응축되는 속도가 같은 상태

　예 어떤 온도에서 물과 수증기가 동적 평형상태에 있다면, 수증기가 물로 되는 속도와 물이 수증기로 되는 속도가 같다.

② 증기압력 : 일정한 온도에서 증기(기체)가 나타내는 압력

> 증기압력이 크다.=휘발성이 크다.=끓는점이 낮다.
>
> 　　　　　=몰 증발열이 작다.=분자 간 인력이 약하다.

③ 끓는점 : 액체의 증기압이 외부압력과 같아지는 온도로, 외부압력이 1기압일 때 끓는점을 기준 끓는점이라 하고, 따라서 외부압력이 달라지면 끓는점도 달라지며 외부압력이 커지면 끓는점이 높아진다.

1. 증발 : 액체를 공기 중에 방치하여 가열하면 액체 표면의 분자 가운데 운동에너지가 큰 것은 분자 간의 인력을 이겨내어 표면에서 분자가 기체 상태로 튀어나가는 현상
2. 증발열 : 액체 1g이 같은 온도에서 기체 1g으로 되는 데 필요한 열량(물의 증발열은 539cal/g)
3. 증발과 끓음 : 액체의 표면에서만 기화가 일어나면 증발이고, 표면뿐 아니라 액체의 내부에서도 기화가 일어나면 끓음이라 한다.

 물이 들어 있는 밀폐된 용기가 계속 가열되고 있다. 이때 증기압력과 끓는점의 변화는 어떻게 되는가?

　　풀이 밀폐되어 있는 용기를 압력밥솥으로 생각하면 끓는점이 높아지면 쌀이 잘 익는다고 볼 때 온도가 올라감에 따라 증기압력이 커지고 끓는점도 높아진다.

　　　　　　　　　　　　　　　　　∴ 증기압력과 끓는점이 모두 높아진다.

---

⑨ 고체(solid)

고체는 모양과 부피가 일정하다(진동운동).

(1) 고체의 일반성

① 고정된 위치에서 진동운동만 한다.
② 유동성이 없고 일정한 모양과 부피를 가진다.

(2) 융해와 녹는점

① **융해열** : 녹는점에서 고체 1g을 액체로 변화시키는 데 필요한 열량
  예 얼음의 융해열은 80cal/g
② **몰 융해열** : 녹는점에서 고체 1몰을 액체로 변화시키는 데 필요한 열량

(3) 고체의 승화

① 분자 사이의 인력이 약한 고체는 액체상태를 거치지 않고 직접 기체상태로 변한다.
  예 나프탈렌, 아이오딘, 드라이아이스 등

(4) 결정성 고체와 비결정성 고체

① **결정성 고체** : 입자들이 규칙적으로 배열되어 있는 고체로 녹는점이 일정하다.
  예 다이아몬드, 수정, 드라이아이스, 염화나트륨, 얼음
② **비결정성 고체** : 입자들이 불규칙하게 배열된 고체로 녹는점이 일정하지 않다.
  예 유리, 플라스틱, 아교, 엿, 아스팔트

결정의 종류
1. 분자성 결정 : 결정을 구성하는 입자가 분자인 결정
   예 드라이아이스, 나프탈렌, 얼음 등
2. 이온성 결정 : 정전기적 인력에 의한 결정
   예 $NaCl$, $CaCl_2$, CaO, $CsCl$
3. 원자성 결정 : 결정을 구성하는 입자가 원자로서 공유결합에 의한 결정
   예 다이아몬드, 흑연
4. 금속성 결정 : 금속 양이온과 자유전자 사이의 금속결합
   예 알루미늄, 철 등의 금속
• 고체의 결합력 세기
  원자성 결정 > 이온성 결정 > 금속성 결정 > 분자성 결정
• 고체의 분자 : 분자 사이의 간격이 극히 짧아서 분자와 분자 간의 인력이 크다.

1-2. 원자의 구조와 원소의 주기율

① 원자의 구성

(1) 원자구조

① 원자는 (+)전기를 띤 원자핵과 그 주위에 구름처럼 퍼져 있는 (-)전기를 띤 전자로 되어 있다(원자의 크기는 10^{-8}cm 정도).

② 원자핵은 (+)전기를 띤 양성자와 전기를 띠지 않는 중성자로 되어 있다(크기는 10^{-12}cm 정도).

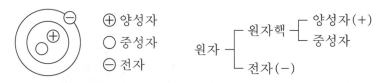

구성입자		실제 질량(g)	상대적 질량	실제 전하(C)	상대적 전하	관련 특성
원자핵	양성자 (proton)	1.673×10^{-24}	1	$+1.6 \times 10^{-19}$	$+1$	원자번호 결정
	중성자 (neutron)	1.675×10^{-24}	1	0	0	동위원소
전자(e^-)		9.109×10^{-28}	$\dfrac{1}{1,837}$	-1.6×10^{-19}	-1	화학적 성질 결정

(2) 원자번호와 질량수

① 원자번호 : 중성원자가 가지는 양성자수

$$\text{원자번호} = \text{양성자수} = \text{전자수}$$

② 질량수 : 원자핵의 무게인 양성자와 중성자의 무게를 각각 1로 했을 경우 상대적인 질량값

$$\text{질량수} = \text{양성자수} + \text{중성자수}$$

※ 모든 원자들의 양성자수는 같은 것이 하나도 없으므로 양성자의 수대로 원자번호를 부여한다. 또한 원자가 전기적으로 중성이므로 양성자수와 전자수는 동일하다.

원자모형과 전자배치

(1) 원자모형의 변천

① **돌턴의 모형(1809년)** : 원자는 단단하고 쪼갤 수 없는 공과 같다.

② **톰슨의 모형(1903년)** : 양전하를 띤 공 모양에 전자가 고루 박혀 있는 푸딩 모양과 같다.

③ **러더퍼드의 모형(1903년)** : 원자의 중심에는 질량이 크고 양전하를 띤 핵이 있고, 그 주위에 원자핵의 양전하와 균형을 이룰 수 있는 수만큼의 전자가 빠르게 돌고 있다.

④ **보어의 모형(1913년)** : 전자가 원자핵을 중심으로 일정한 궤도를 돌고 있다.

⑤ **현재의 모형** : 전자가 원자핵 주위에 구름처럼 퍼져 있다(전자 구름 모형).

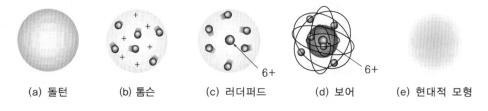

| (a) 돌턴 | (b) 톰슨 | (c) 러더퍼드 | (d) 보어 | (e) 현대적 모형 |

〈 원자모형의 변천 〉

 돌턴의 원자설

1. 돌턴의 원자설 내용
   ① 모든 물질은 세분하면 더 이상 쪼갤 수 없는 단위 입자 "원자"로 되어 있다.
   ② 같은 물질의 원자의 크기, 모양, 질량은 모두 같다.
   ③ 원소는 만들어지거나 없어지지 않으며 화합물의 원자(현재의 분자)는 그 성분 원소의 원자에 의해 생긴다.
   ④ 화합물은 성분 원소의 원자가 모여서 된 복합 원자로 되어 있다. 그때 결합비는 간단한 정수비로 되어 있다(배수비례의 법칙).

2. 돌턴의 원자설 중 보완해야 할 점
   ① 원자는 더 이상 쪼갤 수 없는 작은 단위가 아니다. 원자는 양성자, 중성자, 전자 등으로 쪼갤 수 있으며, 원자력발전은 원자가 쪼개지는 핵분열을 이용한 것이다. 또 양성자, 중성자, 전자도 최소 단위는 아니다(쿼크 입자로 구성).
   ② 동위원자가 발견됨으로써 같은 물질의 원자라도 질량이 다른 것이 있다는 것이 밝혀졌다.

(2) 전자배치

원자핵의 둘레에는 양자수와 같은 수의 전자가 원자핵을 중심으로 몇 개의 층을 이루어 배치되어 있다. 이 전자층을 전자각이라 한다.

① **전자껍질** : 원자핵을 중심으로 에너지 준위가 다른 몇 개의 전자층을 이루는데 이 전자층을 전자껍질이라 하며, 주전자껍질(K, L, M, N, …… 껍질)과 부전자껍질(s, p, d, f 껍질)로 나누어진다.

전자껍질	K($n=1$)	L($n=2$)	M($n=3$)	N($n=4$)
최대 전자수($2n^2$)	2	8	18	32
부전자껍질	$1s^2$	$2s^2, 2p^6$	$3s^2, 3p^6, 3d^{10}$	$4s^2, 4p^6, 4d^{10}, 4f^{14}$

㉮ 부전자껍질(s, p, d, f)에 수용할 수 있는 전자수

  s : 2개, p : 6개, d : 10개, f : 14개

㉯ 주기율표에서 족의 수＝전자껍질의 수

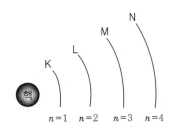

② **최외각전자(원자가전자 또는 가전자)**

㉮ 전자껍질에 전자가 채워졌을 때 제일 바깥 전자껍질에 들어 있는 전자를 최외각전자라고 하며, 그 원자의 화학적 성질을 결정한다.

㉯ 8개일 때는 안정하다(K껍질만은 원자 2개 안정) : 주기율표 0족 원소의 전자배열

㉰ n번에 들어갈 수 있는 전자의 최대수는 $2n^2$이다.

팔우설(octet theory)
모든 원자들은 주기율표 0족에 있는 비활성 기체(Ne, Ar, Kr, Xe 등)와 같이 최외각전자 8개를 가져서 안정하려는 경향(단, He은 2개의 가전자를 가지고 있으며 안정하다.)

(3) 궤도함수(오비탈)

현대에는 원자의 전자배치상태를 원자핵 주위의 어느 위치에서 전자가 발견될 수 있는 확률의 분포상태로 나타낸다.

오비탈의 이름	$s-$오비탈	$p-$오비탈	$d-$오비탈	$f-$오비탈
전자수	2	6	10	14
오비탈의 표시법	s^2 ↑↓	p^6 ↑↓ ↑↓ ↑↓	d^{10} ↑↓ ↑↓ ↑↓ ↑↓ ↑↓	f^{14} ↑↓ ↑↓ ↑↓ ↑↓ ↑↓ ↑↓ ↑↓

① 오비탈의 에너지 준위 : 한 전자껍질에서 각 오비탈의 에너지 준위의 크기는 $s < p < d < f$의 순으로 커진다. 즉, $1s < 2s < 2p < 3s < 3p < 4s < 3d < 4p < 5s \cdots$ 순으로 전자가 채워진다.

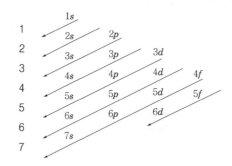

⟨ 축조원리에 의한 부껍질 내 전자배치 방식 ⟩

 Cl의 전자배열은?

풀이 → $1s^2\ 2s^2\ 2p^6\ 3s^2\ 3p^5$

 K의 전자배열은?

풀이 → $1s^2\ 2s^2\ 2p^6\ 3s^2\ 3p^6\ 4s^1$

② 전자배치의 원리

㉮ 쌓음의 원리 : 전자는 낮은 에너지 준위의 오비탈부터 차례로 채워진다.

㉯ 파울리의 배타원리 : 한 오비탈에는 전자가 2개까지만 배치될 수 있다.

㉰ 훈트의 규칙 : 같은 에너지 준위의 오비탈에는 먼저 전자가 각 오비탈에 1개씩 채워진 후, 두 번째 전자가 채워진다. 홀전자 수가 많을수록 전자의 상호 반발력이 약화되어 안정된다.

〈 p 오비탈에 전자가 채워지는 순서 〉

① ④	② ⑤	③ ⑥

※ 훈트의 규칙에 따라 먼저 각 오비탈에 1개씩 채워져야 한다.

(4) 원자가전자와 원소의 성질

원자들은 최외곽에 전자 8개(H, He은 2개)를 채워 주어 안정한 모양으로 되기 위하여 서로 전자를 주고 받음으로써 모든 화합물이 이루어지며, 이때 최외각의 전자를 원자가전자(＝가전자)라 하고, 원자가전자에 의해 원소의 성질이 결정된다.

예를 들면, $_{11}Na$은 최외각에 전자 1개가 있으므로 7개를 받는 것보다는 1개를 내어 주려는 성질이 있으며, $_{17}Cl$은 최외각에 전자 7개가 있으므로 1개를 받으려 한다. 따라서, Na와 Cl이 만난다면 전자 1개를 주고받음으로써 소금(NaCl)이란 화합물을 만든다. 이때 전자를 준 Na는 Na^+(양이온), 전자를 받은 Cl은 Cl^-(음이온)이 된다.

(5) 부전자각

① 에너지 준위(energy level) : 원자핵에 있는 전자각은 K, L, M, …… 등으로 층이 커짐에 따라 에너지가 많아지는데, 이를 에너지 준위라 한다. 전자각에 있는 전자들은 다시 에너지 준위에 따라 $s \cdot p \cdot d \cdot f$의 궤도로 나눌 수 있다.

이때 에너지는 $s < p < d < f$의 차례로 증가하며, 각 궤도에 들어갈 수 있는 최대 전자수는 $s = 2$, $p = 6$, $d = 10$, $f = 14$이다.

　　　전자각 K 각에는 $n = 1$로서　　　s 오비탈만이 존재

　　　　　　L 각에는 $n = 2$　　　　　　$s \cdot p$ 오비탈이 존재

　　　　　　M 각에는 $n = 3$　　　　　　$s \cdot p \cdot d$ 3개의 오비탈이 존재

즉, 전자각을 자세히 설명하면

전자각	K	L	M	N
오비탈	$1s$	$2s$, $2p$	$3s$, $3p$, $3d$	$4s$, $4p$, $4d$, $4f$

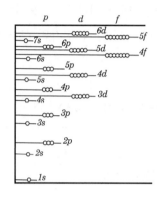

〈 전자궤도의 에너지 준위 〉

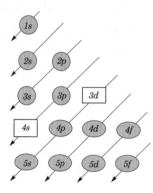

〈 부전자각의 배열순서 〉

예

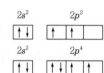

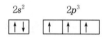

참고 p궤도를 보면 각 방에 스핀 양자수가 하나씩 다 찬 후에야 반대방향의 스핀 양자수가 쌍을 지어 들어 간다. 이와 같이 방이 한 개의 전자로 차기 전에는 전자가 쌍을 이루지 않는다는 것을 훈트(Hunt)의 규칙 또는 최대 다중도의 원칙이라 한다.

② 부대전자 : 질소 원자의 전자배열을 부전자각으로 나타냈을 때 ⇅⇅↑↑↑로 되며, 이 때 쌍을 이루지 않은 스핀 양자수를 부대전자라 한다. 따라서 7N의 경우 3개의 부대전자 가 있게 된다.

예 8O의 경우 $1s^2$, $2s^2$, $2p^4$이므로 부대전자수는 훈트의 규칙에 의해 2개가 된다.

③ 가전자(최외각전자) : 전자는 각 궤도에 $2n^2$개 들어갈 수 있으나, 실제 원자의 제일 바깥 쪽의 전자(최외각전자)수는 주기율표의 족의 수와 일치한다. 그러나 원자는 최외각전자 8개를 만들어 안정한 상태로 되려고 한다. 이러한 설을 팔우설(octet rule)이라 한다.

최외각 궤도에 존재하는 전자수로써 모든 원자의 원자가가 결정되므로 이 최외각전 자를 원자가 전자 또는 가전자라 한다. 가전자수가 같으면 화학적 성질이 비슷하다.

참고 자기 양자수

각 부껍질의 에너지 준위는 일정하므로, 이 사이의 전자의 이동으로 생기는 스펙트럼은 1개이어야만 되지만, 원자를 자기장(磁氣場)에 걸어 보면, 스펙트럼선은 몇 개로 나뉘어진다. 이와 같은 사실은 같은 에너지 준위의 부껍질이라 하더라도 서로 방향이 다른 것이 있음을 의미한다.

③ 원소의 주기율

(1) 주기율

① 멘델레예프(D.I. Mendeleev)의 주기율 : 1869년 러시아의 멘델레예프는 당시에 발견된 63종의 원소를 계통적으로 분류하여 다음과 같은 것을 발견하였다.

> 원소를 원자량의 크기에 따라 배열하면 원소의 성질이 주기적으로 변한다는 법칙을 알았는데 이 성질을 원소의 주기율이라 한다.

② 모즐리(Moseley)의 주기율 : 1913년 영국의 물리학자 모즐리는 원자량의 순서와 원소의 성질이 일치하지 않는 곳이 있다는 것을 알고, 각 원소로부터 나오는 X선의 파장을 측정하여 이 파장이 짧은 것부터 순서대로 번호를 정하였다. 이 번호가 원자번호이다.

(2) 이온화 에너지(출제빈도 높음)★★★

① 이온화 에너지 : 기체상태의 원자로부터 전자 1개를 제거하는 데 필요한 에너지를 이온화 에너지라 한다. 같은 족에서는 주기가 작을수록 이온화 에너지가 크다. 이온화 에너지가 가장 작은 것은 알칼리금속이며 양이온이 되기 쉬우며, 이온화 에너지가 가장 큰 것은 불활성기체(He, Ne, Ar, Kr, Xe, Rn)이며 이온이 되기 어렵다. 같은 족에서는 위로 올라갈수록, 같은 주기에서는 오른쪽으로 갈수록 이온화 에너지는 커진다.

 기체 원자+에너지 ⟶ +1가의 기체 양이온+기체 전자
$$\Downarrow$$
이때 필요한 에너지가 이온화 에너지이다.

예 $Na(g) + 에너지 \longrightarrow Na^+(g) + e^-(g)$
　　$Mg(g) + 에너지 \longrightarrow Mg^+(g) + e^-(g)$
　　$Al(g) + 에너지 \longrightarrow Al^+(g) + e^-(g)$
　　$S(g) + 에너지 \longrightarrow S^+(g) + e^-(g)$
　　$Cl(g) + 에너지 \longrightarrow Cl^+(g) + e^-(g)$
　　$He(g) + 에너지 \longrightarrow He^+(g) + e^-(g)$
　　금속, 비금속, 불활성기체 모두를 +1가의 양이온으로 한다는 점에 주의할 것

② 이온화 에너지와 전자 친화력

㉮ 이온화 에너지 : 원자가 전자를 잃으면 양이온, 전자를 얻으면 음이온이 된다. 즉, 원자의 외부로부터 에너지를 가하면 전자는 에너지 준위가 높은 전자껍질에 있는 전자가 바깥으로 달아나 양이온이 된다.

원자로부터 최외각의 전자 1개를 떼어 양이온으로 만드는 데 필요한 최소의 에너지를 제1 이온화 에너지라 하며 원자 1몰 단위로 표시한다. 또한 전자 1개를 잃은 이온으로부터 제2의 전자를 떼어 내는 데 필요한 에너지를 제2 이온화 에너지라 한다. 이하 제3, 제4, …… 이온화 에너지도 같은 방법으로 정의한다.

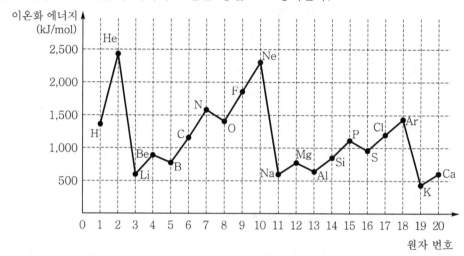

㉯ 전자 친화력 : 비활성 기체는 전자배열이 안정한 상태이다. 그러므로 비활성 기체보다 전자수가 몇 개 적은 원소는 전자를 얻어 비활성 기체와 같은 전자배열을 취하려고 한다.

원자번호가 17인 염소 원자 Cl은 전자 1개를 얻어 비활성 기체인 $_{18}Ar$과 같은 전자배열을 취한다. 이때 에너지가 발생하는데 이 에너지를 전자 친화력이라 한다.

$$Cl(g)+e^- \rightarrow Cl^-(g)$$

(3) 원자 반지름과 이온 반지름

① 같은 주기에서는 Ⅰ족에서 Ⅶ족으로 갈수록 **원자 반지름이 작아져서** 강하게 전자를 잡아당겨 **비금속성이 증가**하며, **같은 족에서는** 원자번호가 커짐에 따라서 **원자 반지름이 커져**서 전자를 잃기 쉬워 **금속성이 증가**한다.

② 이온 반지름도 원자 반지름과 같은 경향을 가지나 양이온은 그 원자로부터 전자를 잃게 되므로 원자보다는 작고 음이온은 전자를 얻으므로 전자는 서로 반발하여 원자가 커진다.

(4) 전기음성도

원자가 전자를 공유하면서 결합할 때 원자마다 전자를 끌어당기는 힘이 다르기 때문에 전자쌍은 어느 한쪽으로 치우치게 된다. 이처럼 분자에서 공유 전자쌍을 끌어당기는 능력을 상대적수치로 나타낸 것을 전기음성도라고 한다. 미국의 과학자 폴링(Pauling, L.C. : 1901~1994)

은 전자쌍을 끌어당기는 힘이 가장 큰 플루오린(F)의 전기음성도를 4.0으로 정하고 다른 원자들의 전기음성도를 상대적으로 정하였다.

1H 수소 2.1																	
3Li 리튬 1.0	4Be 베릴륨 1.5											5B 붕소 2.0	6C 탄소 2.5	7N 질소 3.0	8O 산소 3.5	9F 플루오린 4.0
11Na 나트륨 0.9	12Mg 마그네슘 1.2											13Al 알루미늄 1.5	14Si 규소 1.8	15P 인 2.1	16S 황 2.5	17Cl 염소 3.0
19K 칼륨 0.8	20Ca 칼슘 1.0	21Sc 스칸듐 1.3	22Ti 타이타늄 1.5	23V 바나듐 1.6	24Cr 크로뮴 1.6	25Mn 망가니즈 1.5	26Fe 철 1.8	27Co 코발트 1.9	28Ni 니켈 1.9	29Cu 구리 1.9	30Zn 아연 1.6	31Ga 갈륨 1.6	32Ge 저마늄 1.8	33As 비소 2.0	34Se 셀레늄 2.4	35Br 브로민 2.8

같은 주기에서 원자번호가 커질수록 전기음성도가 커진다. 원자번호가 커지면 원자반지름은 작아지고 유효핵 전하는 커지므로 원자핵과 전자 간의 인력이 강하게 작용하여 다른 원자와의 결합에서 공유전자쌍을 세게 끌어당기기 때문이다. 한편, 같은 족에서는 원자번호가 커질수록 원자반지름이 증가하여 원자핵과 전자 간의 인력이 감소하므로 다른 원자와의 결합에서 공유전자쌍을 끌어당기는 힘이 약하다.

1-3. 화학결합

 이온결합

(1) 이온결합의 형성

금속 원소와 비금속 원소 사이에 이루어지는 결합으로서 전기 음성도 차이가 클 때에 일어난다. 오른쪽 그림에서 Na는 전자를 Cl에게 줌으로써 Na^+, Cl은 전자를 받음으로써 Cl^-로 되어 정전기적 인력으로 이루어지는 결합형태이다.

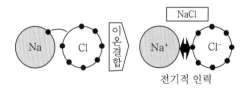

$$Na + 에너지 \rightarrow Na^+ + e^-$$

$$Cl + e^- \rightarrow Cl^-$$

이온결합 ⇨ $\left\{\begin{array}{l}\text{금속성이 강한 원소} \\ \text{비금속성이 강한 원소}\end{array}\right\}$ 사이의 결합

일반적으로 금속은 양이온으로 되기 쉽고 비금속은 음이온으로 되기 쉬우므로, 금속과 비금속 사이의 많은 화합물은 이온결합이다.

(2) 이온결합과 에너지

(+), (−) 이온 간의 정전기적 인력과 전자껍질 간의 반발력에 의해 전체 에너지가 최소가 되는 거리에서 결합이 형성된다.

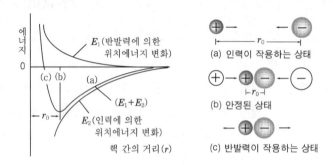

〈 이온 사이의 거리와 에너지 〉

(3) 이온결합 물질의 성질

① 금속 원소와 비금속 원소 사이의 결합형태이다.
② 이온 간의 인력이 강하여 융점이나 비등점이 높은 고체이며, 휘발성이 없다.
③ 물과 같은 극성 용매에 잘 녹는다.
④ 고체상태에서는 전기 전도성 없으나 수용액상태 또는 용융상태에서는 전기 전도성이 있다.
⑤ 외부에서 힘을 가하면 쉽게 부스러진다.

② 공유결합

전기 음성도가 거의 비슷한 두 원자가 스핀(spin)이 서로 반대인 원자가전자를 1개씩 제공하여 한 쌍의 전자대(쌍)를 이루어 이것을 공유함으로써 안전한 전자배치로 되어 결합하는 화학결합을 공유결합이라 한다.

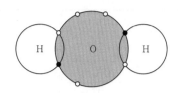

〈 공유결합의 예(H₂O 분자) 〉

(1) 가표의 종류

전자대(:)를 간단히 ― 가표(bond)로도 표시한다.

① 전자대로 표시한 화학식은 전자식, 가표로 표시한 화학식은 구조식이라 한다.

② 한 원자가 가지는 가표의 수를 공유결합 원자가라 한다.

③ 가표(bond)의 종류에는 다음의 세 가지가 있다.

　㉮ ‥ ― 단중 결합 : single bond(단일 결합)

　㉯ ∷ = 이중 결합 : double bond

　㉰ ⫶ ≡ 삼중 결합 : triple bond

(2) 전자 구조식

구조식에서 공유결합을 하고 있는 부분은 그대로 두고, 비공유 전자대를 가지는 원자에 대하여서만 이 비공유 전자대를 표시한 화학식을 전자 구조식이라 한다.

(a) 전자식　　　　(b) 전자 구조식

① **공유결합의 형성** : 비금속 원자들이 각각 원자가전자(최외각전자)를 내놓아 전자쌍을 만들고, 이 전자쌍을 공유함으로써 형성되는 결합이다.

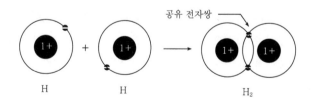

공유 전자쌍

H　　　+　　　H　　　→　　　H₂

〈 수소 분자(H₂)의 형성 〉

② **공유결합의 표시**

　㉮ 루이스 전자점식 : 원자가전자를 점으로 표시

　㉯ 구조식 : 공유 전자쌍을 결합선으로 표시

족	13	14	15	16	17
원소	×B×	×C×	××N×	××O×	××F×
화학식	BF_3	CH_4	NH_3	H_2O	HF
전자점식	:F:B:F: :F:	H:C:H (H above and below)	H:N:H H	H:O: H	H:F:
구조식	F−B−F | F	H | H−C−H | H	H−N−H | H	H−O | H	H−F

③ 공유결합 에너지

㉮ 공유결합 1몰을 끊어서 각각의 원자로 만드는 데 필요한 에너지이다.

$$H(g) + H(g) \rightarrow H_2(g) + 435kJ(결합\ 에너지)$$

㉯ 결합 에너지와 결합 길이

결합 에너지가 강할수록 결합 길이는 짧다.

> * 결합 에너지 : 단일 결합 < 이중 결합 < 삼중 결합
>
> * 결합 길이 : 단일 결합 > 이중 결합 > 삼중 결합

원소	구조식	결합 에너지(kJ/mol)	결합 길이(nm)
F_2	F−F	154.4	0.143
O_2	O=O	493.7	0.121
N_2	N≡N	941.4	0.109

④ 종류

㉮ 극성 공유결합(비금속+비금속) : 서로 다른 종류의 원자 사이의 공유결합으로, 전자쌍이 한쪽으로 치우쳐 부분적으로 (−)전하와 (+)전하를 띠게 된다. 주로 비대칭구조로 이루어진 분자이다.

예 HCl, HF 등

㉯ 비극성 공유결합(비금속 단체) : 전기 음성도가 같거나 비슷한 원자들 사이의 결합으로 극성을 지니지 않아 전기적으로 중성인 결합이며 단체 및 대칭 구조로 이루어진 분자이다.

예 Cl_2, O_2, F_2, CO_2, H_2 등

㉰ 탄소화합물

예 가솔린(C_5~C_9의 포화 · 불포화 탄화수소)과 물이 섞이지 않는 이유는 물은 극성 공유결합이고, 가솔린은 비극성 공유결합이기 때문이다.

⑤ 공유결합 물질의 성질

㉮ 녹는점과 끓는점이 낮다(단, 공유 결정은 결합력이 강하여 녹는점과 끓는점이 높다).

㉯ 전기 전도성이 없다. 즉, 모두 전기의 부도체이다.

㉔ 극성 공유결합 물질은 극성용매(H_2O 등)에 잘 녹고, 비극성 공유결합 물질은 비극성 용매(C_6H_6, CCl_4, CS_2 등)에 잘 녹는다.

㉕ 반응속도가 느리다.

③ 배위결합

비공유 전자쌍을 가지는 원자가, 이 비공유 전자쌍을 일방적으로 제공하여 이루어진 공유결합을 배위결합이라 하며 화살표 기호(→)로 표시한다.

> 예 암모늄 이온(Ammonium ion, NH_4^+)은 암모니아(Ammonia, NH_3)가스를 염산용액에 통할 때 염화암모늄이 생성되면서 생기는 라디칼임.
>
> $NH_3 + HCl \rightarrow NH_4Cl$
>
> 이것을 이온 방정식으로 표시하면
>
> $NH_3 + H^+ + Cl^- \rightarrow NH_4^+ + Cl^-$
>
> 즉, $NH_3 + H^+ \rightarrow NH_4^+$로 된다.

④ 금속결합

금속 단체일 경우 최외각전자를 내어놓고 양이온상태로 되어서 전자를 사이에 두고 간접적으로 이루는 결합 형태로 이때 쫓겨나온 전자를 자유전자라 하며, 이는 전기의 좋은 양도체이다.

이러한 결합을 금속결합이라 하며 이때 전자는 금속 속에서 자유롭게 움직일 수 있으므로 자유전자라 한다.

$$\left(\begin{array}{l} \oplus : \text{양이온} \\ \bullet : \text{자유전자} \end{array} \right)$$

〈 금속결합 〉

5 분자 구조

(1) 결합 거리

공유결합을 이루고 있는 원자의 핵과 핵 사이의 거리를 결합 거리라 하며, 또한 이 결합 거리는 동일한 원자 사이의 결합일 때와 결합의 형식이 같을 때에는 분자나 결정의 종류와는 관계 없이 거의 일정하다.

예 다이아몬드(C)의 C−C 시이의 결합 거리는 1.542Å
에테인 $CH_3−CH_3$의 C−C 사이의 결합 거리는 1.536Å
뷰테인 $CH_3−CH_2−CH_2−CH_3$의 C−C 사이의 결합 거리는 1.539Å
} 로 거의 같다.

〈 중요한 원자 간의 결합 거리 〉

결합	결합 거리(Å)	결합	결합 거리(Å)	결합	결합 거리(Å)
C−C	1.54	C−O	1.43	Cl−Cl	1.99
C=C	1.34	C−Cl	1.77	H−Cl	1.27
C≡C	1.20	O−H	0.96	O−O	1.32
C−H	1.09	N−H	1.01	Si−Si	2.34

※ 공유결합 반지름은 같은 족에서는 원자번호가 큰 원자일수록 크고 같은 원자에서는 결합이 겹칠수록 작아진다.

(2) 결합각

① H_2O의 분자 구조(V자형 : p^2형) : 산소 원자를 궤도함수로 나타내면 그림과 같이 3개의 p궤도 중 쌍을 이루지 않은 전자는 p_y, p_z 축에 각각 1개씩 있으므로 부대전자가 2개가 되어 2개의 수소 원자와 p_y, p_z 축에서 각각 공유되며 그 각도는 90°이어야 하나 수소 원자 간의 척력이 생겨 104.5°의 각도를 유지한다. 이것을 V자형 또는 굽은자형이라 한다.

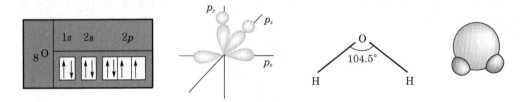

② **NH₃의 분자 구조(피라미드형 : p^3형)** : 질소 원자는 그 궤도함수가 $1s^2 2s^2 2p^3$로서 $2p$궤도 3개에 쌍을 이루지 않은 전자(부대전자)가 3개여서 3개의 H 원자의 $1s^1$과 공유결합을 하여 Ne형의 전자배열을 만든다. 이때 3개의 H는 N 원자를 중심으로 그 각도는 이론상 90°이나 실제는 107°를 유지하여 그 모형이 피라미드형을 형성한다.

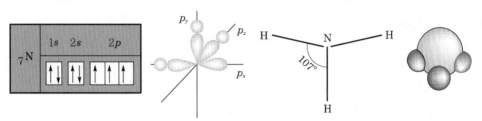

③ **CH₄의 분자 구조(정사면체형 : sp^3형)** : 정상상태의 C는 $1s^2 2s^2 2p^2$의 궤도함수로 되어 있으나 이 탄소가 수소와 화학결합을 할 때는 약간의 에너지를 얻어 $2s$궤도의 전자 중 1개가 $2p$로 이동하여 여기상태가 되며 쌍을 이루지 않은 부대전자는 1개의 $2s$와 3개의 $2p$로 모두 4개가 되어 4개의 H 원자와 공유결합을 하게 되어 정사면체의 입체적 구조를 형성한다. 이와 같이 s와 p가 섞인 궤도를 혼성궤도(hybridization)라 한다.

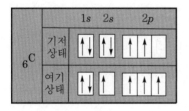
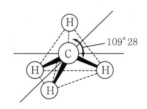

④ **HF의 분자 구조(선형 : p형)** : 플루오린 원자를 궤도함수로 나타내면 그림과 같이 3개의 p궤도 중 쌍을 이루지 않은 전자(부대전자)는 p_z축에 1개 있으므로 수소 원자로부터 $1s^1$을 공유하여 완전한 결합공유 전자쌍을 이룬다.

이때 F 원자는 Ne와 같은 전자배열을 형성하며, H 원자는 He와 같은 전자배열을 형성하여 안정한 상태가 된다. 따라서 플루오린과 수소 원자는 서로 직선으로 결합된다.

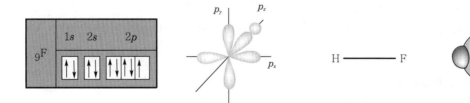

1-4. 산과 염기

① 산과 염기

(1) 산(HⒶ)의 성질
비금속

① 수용액은 신맛을 가진다.

② 수용액은 푸른색 리트머스 종이를 붉은색으로 변화시킨다.

③ 많은 금속과 작용하여 수소(H_2)가 발생한다.

④ 염기와 작용하여 염과 물을 만든다.

$$Zn + 2HCl \rightarrow ZnCl_2 + H_2$$

$$Fe + H_2SO_4 \rightarrow FeSO_4 + H_2$$

(2) 염기(ⓂOH)의 성질
금속

① 쓴맛이 있고, 수용액은 미끈미끈하다.

② 수용액은 붉은 리트머스 종이를 푸르게 변화시킨다.

③ 산과 만나면 산의 수소 이온(H^+)의 성질을 해소시킨다.

④ 염기 중 물에 녹아서 OH^-을 내는 것을 알칼리라 한다.

(3) 산과 염기의 개념

① 아레니우스(Arrhenius)의 산과 염기

Ⓓ 산 : 수용액 중에서 수소 이온(H^+)을 내놓는 물질

Ⓔ 염기 : 수용액 중에서 수산화 이온(OH^-)을 내놓는 물질

② 브뢴스테드-로우리(Brønsted-Lowry)의 산과 염기

Ⓓ 산 : H^+(양성자)을 내놓는 물질(양성자주게)

Ⓔ 염기 : H^+(양성자)을 받아들이는 물질(양성자받게)

Ⓕ 양쪽성 물질 : 양성자를 받을 수도 있고, 양성자를 낼 수도 있는 물질

예 H_2O, HCO_3^-, HS^-, $H_2PO_4^-$, HPO_4^-, HPO_4^{2-} 등

③ 루이스(Lewis)의 산과 염기

Ⓓ 산 : 비공유 전자쌍을 제공받는 물질(전자쌍받게)

Ⓔ 염기 : 비공유 전자쌍을 제공하는 물질(전자쌍주게)

〈 산 · 염기에 대한 여러 가지 개념 〉

학설 \ 분류	산	염기
아레니우스설	수용액에서 H^+(또는 H_3O^+)을 내는 것	수용액에서 OH^-을 내는 것
브뢴스테드설	H^+을 줄 수 있는 것	H^+을 받을 수 있는 것
루이스설	비공유 전자쌍을 받는 것	비공유 전자쌍을 가진 것(제공하는 것)

(4) 산화물(출제빈도 높음)★★★

물에 녹으면 산 · 염기가 될 수 있는 산소와의 결합물을 산화물이라 한다.

① **산성 산화물(무수산)** : 물과 반응하여 산이 되거나 또는 염기와 반응하여 염과 물을 만드는 비금속 산화물을 산성 산화물이라 한다.

  예 $CO_2 + H_2O \rightarrow H_2CO_3 \rightleftharpoons 2H^+ + CO_3^{2-}$
  　　　　　　　(탄산)

② **염기성 산화물(무수염기)** : 물과 반응하여 염기가 되거나 또는 산과 반응하여 염과 물을 만드는 산화물을 염기성 산화물이라 한다.

  예 $CaO + H_2O \rightarrow Ca(OH)_2 \rightleftharpoons Ca^{2+} + 2OH^-$

산성 산화물은 비금속의 산화물, 염기성 산화물은 금속의 산화물이다.
CO_2, SO_3, N_2O_5는 물에 녹아 H_2CO_3, H_2SO_3, HNO_3가 되어 산이 된다. 또한 Na_2O, CaO는 물에 녹아 $NaOH$, $Ca(OH)_2$가 된다.

③ **양쪽성 산화물** : 산에도 녹고 염기에도 녹아서 수소가 발생하는 원소(Al, Zn, Sn, Pb 등)를 양쪽성 원소라 하며, 이들의 산화물(Al_2O_3, ZnO, SnO 등)을 양쪽성 산화물이라 한다. 이들은 산 · 염기와 작용하여 물과 염을 만든다.

양쪽성 산화물 ⇨ 산 · 염기와 반응
양쪽성 원소 Al, Zn, Sn, Pb의 산화물은 산과 염기와 반응하여 염이 된다.
　　　　　　　알　아　주　납 ? (양쪽성)

② 산·염기의 당량

(1) 산의 당량

염산(HCl) 1몰이 만드는 수소 이온(H^+)은 1g 이온(아보가드로수 6.02×10^{23}개의 이온)이며, 황산(H_2SO_4) 1몰이 만드는 수소 이온(H^+)은 2g 이온이 된다.

$$\text{산의 당량} = \frac{\text{산의 식량}}{\text{산의 원자가(1분자 중의 } H^+ \text{의 수)}}$$

(2) 염기의 당량

수산화나트륨(NaOH) 1몰이 만드는 수산 이온(OH^-)은 1g 이온이다.

수산화칼슘 1몰이 만드는 수산 이온(OH^-)은 2g 이온이다.

$$\text{염기의 당량} = \frac{\text{염기의 식량}}{\text{염기의 원자가(1분자 중의 } OH^- \text{의 수)}}$$

③ 산과 염기의 세기

(1) 전해질과 비전해질

① 전해질 : 수용액상태에서 전기가 통하는 물질이고, 수용액에서 이온화하는 물질이다.

   예 $NaCl \rightarrow Na^+ + Cl^-$

② 비전해질 : 물에 녹았을 때 이온으로 나누어지지 않는 물질로서, 주로 공유결합 화합물이다.

(2) 이온화도

전해질수용액에서 용해된 전해질의 몰수에 대한 이온화된 전해질의 몰수의 비(이온화 : 양이온과 음이온으로 분리)

$$\therefore \text{이온화도}(\alpha) = \frac{\text{이온화된 전해질의 몰수}}{\text{전해질의 전체 몰수}} \quad (0 < \alpha < 1)$$
$$(=\text{전리도})$$

※ 같은 물질인 경우 이온화도는 온도가 높을수록, 전해질의 농도가 묽을수록 커진다.

4 물의 이온적과 수소이온농도

(1) 물의 이온적

물은 상온에서 이온화되어 다음과 같이 평형상태를 유지한다.

$$H_2O \rightleftharpoons H^+ + OH^-$$

$$\text{전리상수 } K = \frac{[H^+][OH^-]}{[H_2O]}$$

$$\text{물의 이온적 } K_w = K \cdot [H_2O] = [H^+][OH^-] = 10^{-14}$$

(2) 수소이온농도

수용액에서의 수소이온농도는 매우 작기 때문에 pH로 산성도를 나타내는 것이 편리하다. pH는 수소이온에 몰농도의 음의 대수값으로 정의된다.

※ 수소이온지수

수소이온농도의 역수를 상용대수로 나타낸 값을 pH라 하며 이것을 수소이온지수라고 한다.
수소이온지수를 사용하면 용액의 산성, 염기성을 더욱 간단한 값으로 나타낼 수 있다.

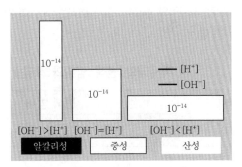

〈 $[H^+]$ 과 $[OH^-]$ 의 관계 〉

$$pH = \log\frac{1}{[H^+]} = -\log[H^+] : [H^+] = N \text{농도}$$

용액의 성질과 수소이온농도		
산성 용액	$[H^+] > 10^{-7}(g \text{ 이온/L})$	$[H^+] > [OH^-]$
중성 용액	$[H^+] = 10^{-7}(g \text{ 이온/L})$	$[H^+] = [OH^-]$
알칼리성 용액	$[H^+] < 10^{-7}(g \text{ 이온/L})$	$[H^+] < [OH^-]$

⑤ 산 · 염기의 중화 반응

(1) 중화 반응과 염

염산 수용액에 수산화나트륨 수용액을 더해 가면 염산의 산성은 차츰 약해져서 나중에는 산성도 알칼리성도 아닌 중성이 되어 버린다. 이와 같은 반응을 중화 반응이라 하며 중화로 생성된 물질(이 반응에서는 NaCl)을 염이라 한다.

(2) 중화 적정과 염

① 중화 반응 : 산과 염기가 반응하여 물과 염이 생성되는 반응

　㉮ 중화 반응의 알짜 이온 방정식 : $H^+(aq) + OH^-(aq) \longrightarrow H_2O(l)$

　㉯ 중화 반응에서의 양적 관계 : 산과 염기가 완전히 중화되면 산이 내놓은 H^+의 몰수와 염기가 내놓은 OH^-의 몰수가 같다.

$$nMV = n'M'V'$$

　여기서, n, n' : 가수, M, M' : 몰 농도, V, V' : 부피

※ **여러 가지 지시약의 변색 범위**
지시약의 변색 범위란 지시약의 색깔이 점차 변하는 pH 영역이다. 몇 가지 중요한 지시약들의 색깔과 변색 범위는 다음 표와 같다.

〈 지시약의 변색 범위와 색깔 〉

지시약	약호	변색 범위	pH 값
티몰블루	TB	빨강 → 노랑 ‖ 노랑 → 파랑	1.2~2.8 8.0~9.6
메틸옐로	MY	빨강 → 노랑	2.9~4.0
브로민페놀블루	BPB	노랑 → 파랑	3.0~4.6
메틸오렌지	MO	빨강 → 노랑 — 주황	3.1~4.5
브로민크레졸그린	BCG	노랑 → 파랑	3.8~5.4
메틸레드	MR	빨강 → 노랑	4.2~6.3
브로민크레졸퍼플	BCP	노랑 → 자주	5.2~6.8
브로민티몰블루	BTB	노랑 → 파랑	6.0~7.6
페놀레드	PR	노랑 → 빨강	6.8~8.4
페놀프탈레인	PP	무색 → 빨강	8.3~10.0
티몰프탈레인	TP	무색 → 파랑	9.3~10.0
리트머스	—	빨강 → 파랑	4.5~8.3

pH=0　1　2　3　4　5　6　7　8　9　10　11　12

■ pH 측정 : 정확한 pH를 측정할 때는 pH미터를 사용한다.
■ 페놀프탈레인
  • 산성, 중성 ⇨ 무색
  • 염기성 ⇨ 붉은색
  • 변색 범위 : 8.3~10.0
  • 강한 염기로 중화 적정할 때 쓰인다.

② **염의 의의 및 종류** : 염이란 산의 음이온과 염기의 양이온이 만나서 이루어진 이온성 물질이다.

㉮ 산성염

산의 H^+(수소 원자) 일부가 금속으로 치환된 염을 산성염이라 한다.

예 $H_2SO_4 + NaOH \longrightarrow NaHSO_4 + H_2O$
         황산수소나트륨

$H_2CO_3 + KOH \longrightarrow KHCO_3 + H_2O$
         탄산수소칼륨

㉯ 염기성염

염기 중의 OH^- 일부가 산기(할로젠)로 치환된 염을 염기성염이라 한다.

예 $Mg(OH)_2 + HCl \longrightarrow Mg(OH)Cl + H_2O$
         하이드록실
         염화마그네슘

산성염 ⇨ H^+을 포함하는 염, 염기성염 ⇨ OH^-을 포함하는 염
H_2SO_4의 H 1개가 Na로 치환되어 $NaHSO_4$로 된 염을 산성염이라 한다.

㉰ 정염

산 중의 수소 원자(H) 전부가 금속으로 치환된 염을 정염이라 한다.

예 $NaOH + HCl \longrightarrow NaCl + H_2O$
  $2NaOH + H_2SO_4 \longrightarrow Na_2SO_4 + 2H_2O$
              황산나트륨

㉱ 복염

두 가지 염이 결합하여 만들어진 새로운 염으로서 이들 염이 물에 녹아서 성분염이 내는 이온과 동일한 이온을 낼 때 이 염을 복염이라 한다.

예 $K_2SO_4 + Al_2(SO_4)_3 + 24H_2O \longrightarrow 2KAl(SO_4)_2 \cdot 12H_2O$
                칼륨알루미늄백반

이때 성분염이 물에 녹아서 내는 이온 $K_2SO_4 \longrightarrow 2K^+ + SO_4^{2-}$
                          $Al_2(SO_4)_3 \longrightarrow 2Al^{3+} + 3SO_4^{2-}$

생성염이 물에 녹아서 내는 이온 $2KAl(SO_4)_2 \longrightarrow 2K^+ + 2Al^{3+} + 4SO_4^{2-}$

성분염과 생성염은 물에 녹아서 동일한 이온을 내므로 $KAl(SO_4)_2$는 복염이다.

㉲ 착염

성분염과 다른 이온을 낼 때 이 염을 착염이라 한다.

예 $FeSO_4 + 2KCN \longrightarrow Fe(CN)_2 + K_2SO_4$

$Fe(CN)_2 + 4KCN \longrightarrow K_4Fe(CN)_6$

사이안화철(II)산칼륨

이때 성분염이 물에 녹아서 내는 이온 $Fe(CN)_2 \longrightarrow Fe^{2+} + 2CN^-$

$4KCN \longrightarrow 4K^+ + 4CN^-$

생성염이 물에 녹아서 내는 이온 $K_4Fe(CN)_6 \longrightarrow 4K^+ + Fe(CN)_6^{4-}$

사이안화철(II)산화철   사이안화철(II)산이온

즉, 성분염과 생성염이 물에 녹아서 동일한 이온을 내지 않으므로 $K_4Fe(CN)_6$은 착염이다.

(3) 염의 가수분해

염으로부터 해리되어 나온 이온이 물과 반응하여 H_3O^+이나 OH^-을 내는 반응이다.

(4) 완충 용액

적정곡선에서 알 수 있는 것처럼 중성에 가까운 수용액에서는 염산이나 수산화나트륨을 소량 가하면 pH가 크게 변화한다. 그러나 약산에 그 약산의 염을 혼합한 수용액에 소량의 산이나 염기를 가해도 pH는 그다지 변화하지 않는다. 이런 용액을 완충 용액이라 한다.

완충 용액 ⇨ 산이나 염기를 가해도 pH가 거의 일정

약산에 염을 혼합한 용액은 산이나 염기를 가해도 별로 pH가 변화하지 않는다. 이것은 전리 평형과 공통 이온에 의해 평형 이동을 응용한 것이다.

1-5. 용액과 용해도

 용액

(1) 용액

물질이 액체에 혼합되어 전체가 균일한 상태로 되는 현상을 용해라 하며, 이때 생긴 균일한 혼합 액체를 용액이라 한다.

이때 녹이는 데 사용한 액체를 용매, 녹는 물질을 용질이라 하며, 특히 용매가 물인 경우의 용액을 수용액이라 한다.

물 + 소금 ⟶ 소금물
(용매) (용질)   (용액)

(2) 극성 용매와 비극성 용매

극성 분자는 극성 용매에, 비극성 분자는 비극성 용매에 녹는다.

예 알코올은 물에 잘 녹는다(알코올과 물은 극성이다).
　　가솔린은 물에 녹지 않는다(가솔린은 무극성, 물은 극성이다).

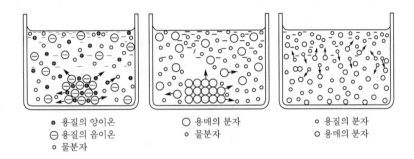

● 용질의 양이온	○ 용매의 분자	○ 용질의 분자
⊖ 용질의 음이온	● 물분자	○ 용매의 분자
○ 물분자		

〈 용해의 모식도 〉

(3) 용액의 분류

구분	농도	비고
불포화 용액	용질이 더 녹을 수 있는 상태의 용액	석출속도 ＜ 용해속도
포화 용액	일정한 온도, 압력하에서 일정량의 용매에 용질이 최대한 녹아 있는 용액	더 이상 녹일 수 없으며 더 이상 넣으면 고체로 가라앉는다(석출속도＝용해속도).
과포화 용액	용질이 한도 이상으로 녹아 있는 상태의 용액	용질을 더 넣어도 녹지 않고 외부의 충격에 의해 포화상태 이상으로 녹은 용질이 석출된다(석출속도＞용해속도).

(4) 용해도 곡선

온도에 따른 용해도의 변화를 나타낸 그래프

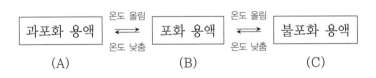

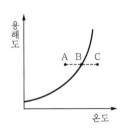

② 용해도

(1) 고체의 용해도

용매 100g에 용해되는 용질의 최대 g수, 즉 포화 용액에서 용매 100g에 용해된 용질의 g수를 그 온도에서 용해도라 한다.

예 물 100g에 소금은 20℃에서 35.9g 녹으면 포화된다. 따라서, 20℃일 때 소금의 물에 대한 용해도는 35.9이다.

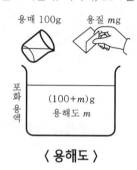

〈 용해도 〉

예제 20℃의 물 500g에는 설탕이 몇 g까지 녹을 수 있는가?
(단, 20℃의 물에 대한 설탕의 용해도는 204이다.)

풀이 20℃의 물 100g에 설탕은 204g까지 녹을 수 있다. 따라서 500g에 녹을 수 있는 설탕 $x(\text{g})$은?
$100 : 204 = 500 : x$ ∴ $x = 1,020\,\text{g}$

---

(2) 기체의 용해도

① 온도의 영향 : 기체가 용해되는 과정은 발열반응이므로 온도가 높을수록 기체의 용해도는 감소한다.

② 압력의 영향(헨리의 법칙)

 ㉮ 용액에서 기체의 용해도는 그 기체의 압력에 비례한다.

 ㉯ 기체의 용해도는 여러 종류의 기체가 혼합되어 있을 경우 그 기체의 부분 압력과 몰분율에 비례한다.

 ㉰ 일정한 온도에서 용매에 녹는 기체의 질량은 압력에 비례하나, 압력이 증가하면 밀도가 커지므로 녹는 기체의 부피는 일정하다.

녹는 기체의 질량 $w = kP(T$ 일정)

헨리의 법칙은 용해도가 작은 기체이거나 무극성 분자일 때 잘 적용된다. 차가운 탄산음료수의 병마개를 뽑으면 거품이 솟아오르는데, 이는 탄산음료수에 탄산가스가 압축되어 있다가 병마개를 뽑으면 압축된 탄산가스가 분출되어 용기의 내부압력이 내려가면서 용해도가 줄어들기 때문이다.
  예 H_2, O_2, N_2, CO_2 등 무극성 분자

③ 재결정 : 온도에 따른 용해도 차가 큰 물질에 불순물이 섞여 있을 때 고온에서 물질을 용해시킨 후 냉각시켜 용해도 차이로 결정을 석출시키는 방법

(3) 수화물

결정수를 가진 결정을 가열하여 결정수를 일부 또는 전부 제거하면, 일반적으로 결정이 파괴되어 다른 결정형으로 되거나 분말(가루)로 된다.

예 $CuSO_4 \cdot 5H_2O(s) \underset{\text{수분 흡수}}{\overset{\text{가열}}{\rightleftarrows}} CuSO_4(s) + 5H_2O(g)$
  청색 $\qquad\qquad$ 백색 분말

이 반응은 가역 반응이며, 색깔의 변화를 이용하여 수분의 검출에 이용된다.

① 풍해(風解) : 결정수를 가진 결정, 즉 수화물이 스스로 공기 중에서 결정수의 일부나 전부를 잃어 분말로 되는 현상을 풍해라 한다.

예 $Na_2CO_3 \cdot 10H_2O(s) \xrightarrow{\text{실온}} Na_2CO_3 \cdot 9H_2O(s) + H_2O(g)$
  결정 $\qquad$ (풍해)

  $CuSO_4 \cdot 5H_2O(s) \xrightarrow{100℃} CuSO_4 \cdot H_2O(s) \xrightarrow{200℃ \text{ 이상}} CuSO_4(s)$
  청색 $\qquad\qquad$ 연한 청색 $\qquad\qquad\qquad$ 백색 분말

② 조해(潮解) : 고체 결정이 공기 중의 수분을 흡수하여 스스로 용해하는 현상을 조해라 한다. 일반적으로 조해성을 가진 물질은 물에 대한 용해도가 크다.
  1류 위험물(산화성 고체)은 조해성 물질이다.

예 $NaOH(s) \cdot \underbrace{KOH \cdot CaCl_2}_{\text{건조제로 이용}} \cdot P_2O_5 \cdot MgCl_2$

③ 용액의 농도

(1) 몰분율(X_A)

혼합물 속에 한 성분의 몰수를 모든 성분의 몰수로 나눈 값

$$X_A = \frac{n_A}{n_A + n_B + \cdots}$$

몰분율의 합은 1이다.

$$X_A + X_B + X_C + \cdots = 1$$

(2) 퍼센트 농도(%)

용액에 대한 용질의 질량 백분율

$$\text{퍼센트 농도}(\%) = \frac{\text{용질의 질량}(g)}{\text{용액의 질량}(g)} \times 100 = \frac{\text{용질의 질량}(g)}{(\text{용매}+\text{용질})\text{의 질량}(g)} \times 100$$

(3) 몰농도(M)

용액 1L(1,000mL)에 포함된 용질의 몰수

$$\text{몰농도}(M) = \frac{\text{용질의 몰수}}{\text{용액의 부피}(L)} = \frac{\dfrac{g}{M}}{\dfrac{V}{1,000}}$$

여기서, g : 용질의 g수, M : 분자량, V : 용액의 부피(mL)

(4) 몰랄농도(m)

용매 1,000g에 녹아 있는 용질의 몰수(m)인 몰랄농도는 질량(kg)을 사용하기 때문에 온도가 변하는 조건에서 이 몰랄농도를 사용한다.

$$\text{몰랄농도}(m) = \frac{\text{용질의 몰수}}{\text{용매의 질량}(kg)}$$

(5) 노말농도(N)

용액 1L(1,000mL) 속에 녹아 있는 용질의 g당량수를 나타낸 농도

$$\text{노말농도}(N) = \frac{\text{용질의 당량수}}{\text{용액 1L}}$$

$$\therefore \ \frac{\dfrac{g}{D}}{\dfrac{V}{1,000}} \ \left(D = \frac{M \cdot W}{H^+\text{이온 or } OH^-\text{이온의 개수}} \right)$$

당량

전자 1개와 반응하는 양을 당량이라고 표현하는데 정확히 수소 1g 또는 산소 8g과 반응할 수 있는 그 물질의 양을 1g당량이라 정의한다.

- 계산식 : $\text{당량} = \dfrac{M \cdot W}{H^+\text{이온 or } OH^-\text{이온의 개수}}$

예 1g당량 값

$$\text{NaOH 1g당량} = \frac{40g}{1} = 40g, \ \text{Ca(OH)}_2 \ \text{1g당량} = \frac{74g}{2} = 37g$$

$$\text{HCl 1g당량} = \frac{36.5g}{1} = 36.5g, \ \text{H}_2\text{SO}_4 \ \text{1g당량} = \frac{98g}{2} = 49g$$

(6) 농도의 환산

① **중량 %를 몰농도로 환산하는 법** : 중량 %를 몰농도로 환산할 때는 다음과 같이 용액 1L에 대하여 계산한다.

중량백분율 $a(\%)$ 용액의 몰농도 x를 구하여 보자.

이 용액의 비중을 S, 용질의 질량 $w(g)$는

$$w = 1,000 \times S \times \frac{a}{100} (g)$$

용질 $w(g)$의 몰수는 용질의 분자량(식량) M으로부터 $\frac{w}{M}$, 따라서

$$몰농도 \ x = 1,000 \times S \times \frac{a}{100} \times \frac{1}{M}$$

② **몰농도를 중량 %로 환산하는 법** : 몰농도를 중량 %로 환산할 때도 용액 1L의 질량과 이 속에 녹아 있는 용질의 질량을 구하여야 한다.

n몰 농도 용액의 중량백분율 $x(\%)$를 구하여 보자.

이 용액의 비중을 S, 용질의 분자량을 M이라 하면 이 용액 1L의 질량 $w(g)$은

$$w = 1,000 \times S (g)$$

이 용액 1L 속의 용질의 질량 $m(g)$은

$$m = nM (g)$$

중량백분율 $x(\%)$는 용액의 질량 100g에 대한 g 수이므로

$$1,000 \times S : nM = 100 : x$$

$$\therefore \ x = \frac{nM}{1,000S} \times 100 (\%)$$

(7) 혼합용액의 농도

$$MV \pm M'V' = M''(V + V') \ (액성이 \ 같으면 \ +, \ 액성이 \ 다르면 \ -)$$
$$NV \pm N'V' = N''(V + V')$$

(8) 끓는점 오름과 어는점 내림

용액의 증기압력이 낮아지므로 용액의 끓는점은 순수 용매의 끓는점보다 높아지고, 용액의 어는점은 순수한 용매의 어는점보다 낮아진다. 이는 몰랄농도에 비례하여 변한다.

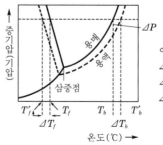

여기서,
ΔT_f : 어는점 내림
ΔT_b : 끓는점 오름
ΔP : 증기압 내림

① 끓는점 오름

㉮ 용액의 끓는점은 용매의 끓는점보다 높다.

㉯ 끓는점 오름(ΔT_b)은 용액의 몰랄농도(m)에 비례한다.

$$\Delta T_b = k_b m \ \ (k_b : \text{몰랄 오름 상수})$$

② 어는점 내림

㉮ 용액의 어는점은 용매의 어는점보다 낮다.

㉯ 어는점 내림(ΔT_f)은 용액의 몰랄농도(m)에 비례한다.

$$\Delta T_f = k_f m \ \ (k_f : \text{몰랄 내림 상수})$$

③ **전해질 용액의 끓는점 오름과 어는점 내림** : 1분자가 2개의 이온으로 전리하는 전해질 용액의 전리도를 α라 하면, 전해질 1mol은 비전해질의 $(1+\alpha)$ mol에 해당한다. 따라서, 전해질 용액은 같은 몰수의 비전해질 용액보다 $(1+\alpha)$배 끓는점이 높고 어는점이 낮다.

④ **삼투압** : 용액 중 작은 분자의 용매는 통과시키나 분자가 큰 용질은 통과시키지 않는 막을 반투막이라 한다.

㉠ 동식물의 원형질막, 방광막, 콜로디온막, 셀로판 황산지 등은 불완전 반투막이다.

반투막을 경계로 하여 동일 용매에 농도가 다른 용액을 접촉시키면 양쪽의 농도가 같게 되려고 묽은 쪽 용매가 반투막을 통하여 진한 용액쪽으로 침투한다. 이런 현상을 삼투라 하며, 이때 작용하는 압력을 삼투압이라 한다.

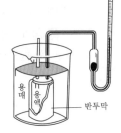

〈 삼투압의 측정 〉

 비전해질의 묽은 수용액의 삼투압은 용액의 농도(몰농도)와 절대온도(T)에 비례하며, 용매나 용질의 종류와는 관계없다.

⑤ **반트호프 법칙** : 일정한 부피 속에 여러 가지 비전해질 1몰씩을 녹인 용액의 삼투압은 모두 같다.

이것을 반트호프의 법칙이라 한다.

$$\pi V = \frac{w}{M} RT$$

지금 V(L)의 묽은 용액 속에 어떤 물질 n몰이 녹아 있을 때 농도는 $\dfrac{n}{V}$(몰/L)가 될 것이며, 이때 절대온도가 T라고 하면 이 용액의 삼투압 π는 다음과 같은 관계식이 성립된다.

$$\pi \propto \frac{n}{V} T$$

$$\therefore \ \pi = k\frac{n}{V} T \ (k\text{는 상수})$$

$$\pi V = knT$$

실험에 의하면 k는 기체상수 R과 같다. 따라서 위의 식은 기체의 상태방정식과 같은 관계식 $\pi V = nRT$로 표시할 수 있다. 또 V(L) 속에 분자량이 M인 물질 w(g)가 포함되어 있다면 $n = \dfrac{w}{M}$이므로,

$$\pi V = \frac{w}{M} RT$$

 삼투압은 $\pi V = nRT$의 단위에 주의하여야 한다. π는 삼투압, V는 L, n은 몰수, T는 절대온도, $R = 0.0821$(기압·L/몰·K)이다.

④ 콜로이드 용액

(1) 콜로이드 입자

전분, 단백질 등은 분자량이 크고, 분자의 크기가 $10\sim100\text{Å}$의 범위에 있으며 결정이 잘 되지 않는다. 이러한 크기의 입자를 콜로이드 입자라 한다.

(2) 콜로이드 용액의 성질

① 틴들현상 : 콜로이드 용액에 강한 빛을 통하면 콜로이드 입자가 빛을 산란하기 때문에 빛의 통로가 보이는 현상을 말한다.

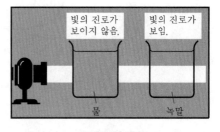

〈 틴들현상 〉

　※ **한외 현미경** : 틴들현상을 이용하여 콜로이드 입자의 수와 운동상태를 볼 수 있도록 만든 현미경

　　예 • 어두운 곳에서 손전등으로 빛을 비추면 먼지가 보인다.
　　　 • 흐린 밤중에서 자동차 불빛의 진로가 보인다.

② 브라운운동 : 콜로이드 입자들이 불규칙하게 움직이는 것

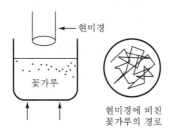

〈 브라운운동 〉

③ 투석 : 콜로이드 입자는 거름종이를 통과하나 반투막(셀로 판지, 황산지, 원형질막)은 통과하지 못하므로 반투막을 이용하여 보통 분자나 이온과 콜로이드를 분리, 정제하는 것 (콜로이드 정제에 이용)이다. 이와 같은 성질을 이용한 것이 투석이다.

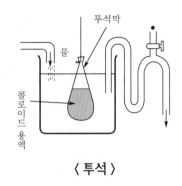

〈 투석 〉

 콜로이드 입자는 투석막을 통과하지 못 한다.
셀로판지와 같은 투석막은 보통의 이온이나 분자 등은 통과시키나, 콜로이드 입자는 통과시키지 못한다.

④ 전기 영동 : 전기를 통하면 콜로이드 입자가 어느 한쪽 극으로 이동한다.
예 집진기를 통해 매연 제거

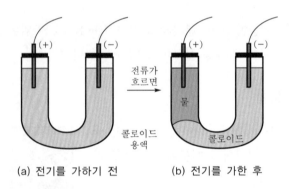

(a) 전기를 가하기 전   (b) 전기를 가한 후

콜로이드 전기를 띠고 있어 (+)콜로이드는 (−)극으로, (−)콜로이드는 (+)극으로 이동한다.

⑤ 엉김과 염석 : 콜로이드가 전해질에 의해 침전되는 현상이다. 이 현상은 몰수와 상관없이 전해질의 전하량이 클수록 효과적이다.
예 (+) 콜로이드일 경우 → 음이온 비교 : $PO_4^{3-} > SO_4^{2-} > Cl^-$
  (−) 콜로이드일 경우 → 양이온 비교 : $Al^{3+} > Mg^{2+} > Na^+$

㉮ 엉김 : 소수 콜로이드[1]가 소량의 전해질에 의해 침전
  예 흙탕물에 백반(전해질)을 넣어 물을 정제한다.

㉯ 염석 : 친수 콜로이드[2]가 다량의 전해질에 의해 침전
  예 $MgCl_2$를 넣어 두부를 만든다.
    (전해질)

---

1) 물과 친하지 않아 소량의 물분자로 둘러싸여 있는 콜로이드 예 $Fe(OH)_2$, $Al(OH)_3$

2) 물과 친하여 다량의 물분자로 둘러싸여 있는 콜로이드 예 전분, 젤라틴, 한천 등

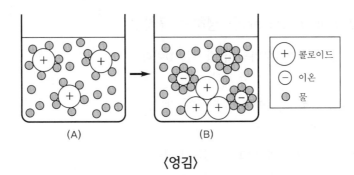

〈엉김〉

(A) : 입자들이 같은 부호의 전하를 띠고 있기 때문에 서로 반발하여 안정하다.
(B) : 반대부호의 이온이 첨가되어서 전하를 잃고 콜로이드가 엉긴다.

1-6. 산화 · 환원

① 산화 · 환원의 개념

(1) 산소와의 관계

물질이 산소와 결합하는 것이 산화이며, 화합물이 산소를 잃는 것이 환원이다.

(2) 수소와의 관계

어떤 물질이 수소를 잃는 것이 산화이며, 수소와 결합하는 것이 환원이다.

(3) 전자와의 관계

원자가 전자를 잃는 것이 산화이며, 전자를 얻는 것이 환원이다.

② 산화수(출제빈도 높음)★★★

(1) 산화수

물질을 구성하는 원소의 산화상태를 나타낸 수(＝물질의 산화된 정도를 나타내는 수)

(2) 산화수(oxidation number)를 정하는 규칙

① **자유상태**에 있는 원자, 분자의 산화수는 **0**이다.

　예 H_2, Cl_2, O_2, N_2 등

② **단원자 이온**의 산화수는 **이온의 전하**와 같다.

　예 Cu^{2+} : 산화수 +2, Cl^- : 산화수 -1

③ 화합물 안의 모든 원자의 **산화수 합은 0**이다.

　예 H_2SO_4 : $(+1\times2)+(+6)+(-2\times4)=0$

④ **다원자 이온**에서 산화수 합은 그 **이온의 전하**와 같다.

　예 MnO_4^- : $(+7)+(-2\times4)=-1$

⑤ 알칼리금속, 알칼리토금속, III_A족 금속의 산화수는 +1, +2, +3이다.

⑥ 플루오린 화합물에서 플루오린의 산화수는 -1, 다른 할로젠은 -1이 아닌 경우도 있다.

⑦ 수소의 산화수는 금속과 결합하지 않으면 +1, 금속의 수소화물에서는 -1이다.

　예 ・HCl, NH_3, H_2O　　　　　　　　　　　・NaH, MgH_2, CaH_2, BeH_2

⑧ 산소의 산화수 $=-2$, 과산화물 $=-1$, 초과산화물 $=-\dfrac{1}{2}$, 불산화물 $=+2$

　예 Na_2O, Na_2O_2, NaO_2, OF_2

⑨ 주족원소 대부분은 [I_A족 +1], [II_A족 +2], [III_A족 +3], [IV_A족 ±4], [V_A족 -3, +5], [VI_A족 -2, +6], [VII_A족 -1, +7]

　예

・$\underline{H}O_2$	$(+1)+2x=0$	$\therefore\ x=-\dfrac{1}{2}$
・$\underline{N}O$	$x+(-2)=0$	$\therefore\ x=+2$
・$\underline{Cr}^{3+}$	$x=+3$	$\therefore\ x=+3$
・$\underline{Mn}O_2$	$x+(-2)\times2=0$	$\therefore\ x=+4$
・$\underline{Pb}(OH)_3^-$	$x+(-1)\times3=-1$	$\therefore\ x=+2$
・$\underline{Fe}(OH)_3$	$x+(-1)\times3=0$	$\therefore\ x=+3$
・$\underline{Cl}O^-$	$x+(-2)=-1$	$\therefore\ x=+1$
・$K_4\underline{Fe}(CN)_6$	$4+x+(-1)\times6=0$	$\therefore\ x=+2$
・$\underline{Cl}O_2$	$x+(-2)\times2=0$	$\therefore\ x=+4$
・$\underline{Cl}O_2^-$	$x+(-2)\times2=-1$	$\therefore\ x=+3$
・$\underline{Mn}(CN)_6^{4-}$	$x+(-1)\times6=-4$	$\therefore\ x=+2$
・$\underline{N}_2$	$x=0$	

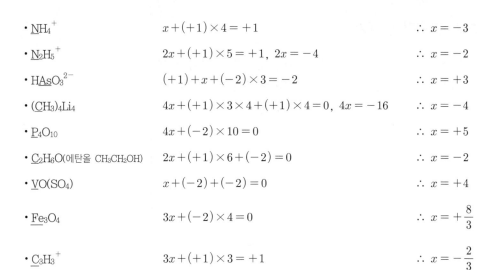

- $\underline{N}H_4^+$ $x+(+1)\times 4=+1$ $\therefore\ x=-3$
- $\underline{N}_2H_5^+$ $2x+(+1)\times 5=+1,\ 2x=-4$ $\therefore\ x=-2$
- $H\underline{As}O_3^{2-}$ $(+1)+x+(-2)\times 3=-2$ $\therefore\ x=+3$
- $(\underline{C}H_3)_4Li_4$ $4x+(+1)\times 3\times 4+(+1)\times 4=0,\ 4x=-16$ $\therefore\ x=-4$
- $\underline{P}_4O_{10}$ $4x+(-2)\times 10=0$ $\therefore\ x=+5$
- $\underline{C}_2H_6O$(에탄올 CH_3CH_2OH) $2x+(+1)\times 6+(-2)=0$ $\therefore\ x=-2$
- $\underline{V}O(SO_4)$ $x+(-2)+(-2)=0$ $\therefore\ x=+4$
- $\underline{Fe}_3O_4$ $3x+(-2)\times 4=0$ $\therefore\ x=+\dfrac{8}{3}$
- $\underline{C}_3H_3^+$ $3x+(+1)\times 3=+1$ $\therefore\ x=-\dfrac{2}{3}$

③ 산화제와 환원제

(1) 산화제와 환원제

① 산화제 : 자신은 환원되면서 다른 물질을 산화시키는 물질 → 즉, 자신은 환원되고 남을 산화시킴.
② 환원제 : 자신은 산화되면서 다른 물질을 환원시키는 물질 → 즉, 자신은 산화되고 남은 환원시킴.
③ 산화제의 조건
  ㉮ 전자를 얻기 쉬울 것 : 17족(F_2, Cl_2, Br_2, I_2)
  ㉯ 산화수가 큰 원자를 가질 것 : MnO_2, $KMnO_4$, $K_2Cr_2O_7$
④ 환원제의 조건
  ㉮ 전자를 내기 쉬울 것 : 금속(K, Na, Ca)
  ㉯ 산화수가 작은 원자를 가질 것 : C, SCl_2, H_2S

   예 $2K\underline{I}+\underline{O}_3+H_2O \longrightarrow 2K\underline{O}H+\underline{I}_2+O_2$
     산소 O에 대하여 $\underline{O}_3 \longrightarrow K\underline{O}H$ ∴ 산소는 산화수가 0에서 −2로 감소하였으므로 환원되었다.
     아이오딘 I에 대하여 $K\underline{I} \longrightarrow \underline{I}_2$ ∴ 아이오딘은 산화수가 −1에서 0으로 증가하였으므로 산화되었다.
     ⇒ 산화제 : O_3, 환원제 : KI

(2) 산화력, 환원력의 세기

- 산화(산화수 증가)되는 물질 ⇒ 환원제이고 환원력이 세다.
- 환원(산화수 감소)되는 물질 ⇒ 산화제이고 산화력이 세다.

⇒ 주기율표로 간단히 나타내면,

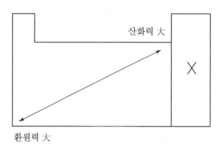

(3) 산화수와 산화 · 환원의 관계

① 산화 : 산화수가 증가하는 반응(전자를 잃음).
② 환원 : 산화수가 감소하는 반응(전자를 얻음).

④ 산화 · 환원 방정식(산화수법)

① 산화수를 조사하여 산화수의 증가, 감소량을 구한다.

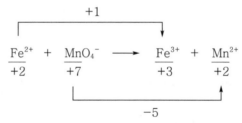

② 산화반반응식 : $Fe^{2+} \rightarrow Fe^{3+} + e^-$ .... ①

환원반반응식 : $5e^- + MnO_4^- \rightarrow Mn^{2+}$ .... ②

① × 5 : $5Fe^{2+} \rightarrow 5Fe^{3+} + 5e^-$ .... ③

② + ③ : $5Fe^{2+} + MnO_4^- \rightarrow 5Fe^{3+} + Mn^{2+}$ .... ④

③ 산소 원자의 개수는 H_2O로 맞춰준다. 따라서 ④식에서 우측에 4몰의 H_2O를 더해 준다.

$5Fe^{2+} + MnO_4^- \rightarrow 5Fe^{3+} + Mn^{2+} + 4H_2O$

④ H_2O로 인해 수소 원자 개수를 왼쪽의 H^+로 맞춰준다.

$5Fe^{2+} + MnO_4^- + 8H^+ \rightarrow 5Fe^{3+} + Mn^{2+} + 4H_2O$

⑤ 전기화학

(1) 금속의 이온화 경향

금속 원소는 여러 가지 비금속 원소나 원자단과 화합물을 만든다. 화합물 중의 금속 원자는 전자를 잃어버리고 양이온으로 되어 존재한다. 이처럼 금속 원자는 한 개 또는 수 개의 최외 각전자를 잃어 양이온이 되려는 성질이 있다. 이를 이온화 경향이라 한다.

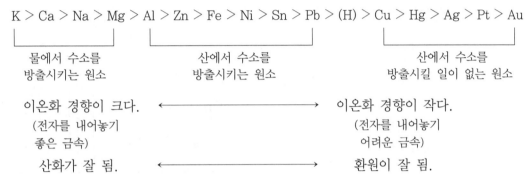

$$K > Ca > Na > Mg > Al > Zn > Fe > Ni > Sn > Pb > (H) > Cu > Hg > Ag > Pt > Au$$

| 물에서 수소를 방출시키는 원소 | 산에서 수소를 방출시키는 원소 | 산에서 수소를 방출시킬 일이 없는 원소 |

이온화 경향이 크다. ⟵⟶ 이온화 경향이 작다.
(전자를 내어놓기 좋은 금속) (전자를 내어놓기 어려운 금속)
산화가 잘 됨. ⟵⟶ 환원이 잘 됨.

(2) 금속의 이온화와 화학적 성질

① 금속의 반응성 : 금속이 비금속과 화합할 때 금속은 양이온이 되고, 비금속은 음이온이 된다. 따라서 금속 단체가 반응하는 경우, 전자를 상대에게 주고 양이온이 되는 반응이다. 그러므로 일반적으로 이온화 경향이 큰 금속일수록 반응하기 쉬운 금속이다.

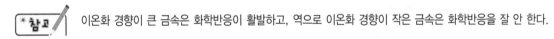

＊참고 이온화 경향이 큰 금속은 화학반응이 활발하고, 역으로 이온화 경향이 작은 금속은 화학반응을 잘 안 한다.

② 공기 중 산소와의 반응 : 이온화 경향에 따라 다음과 같이 반응한다.
　㉮ K, Ca, Na, Mg : 상온의 건조된 공기 중에서 산화한다.
　㉯ Al, Zn, Fe, Ni, Sn, Pb, Cu : 습한 공기 중에서 산화되고 건조한 공기 중에서는 표면 만 산화된다.
　㉰ Hg, Ag, Pt, Au : 공기 중에서는 변화없다.
③ 물과의 반응 : 이온화 경향에 따라 다음과 같이 반응한다.
　㉮ K, Ca, Na : 상온에서 물과 격렬하게 반응하여 수산화물이 생성되고, 수소가 발생한다.
　㉯ Mg, Al, Zn : 찬물과는 반응하지 않으나 더운물 또는 수증기와 반응하여 수소가 발생한다.
　㉰ Fe는 고온에서 고온의 수증기와 반응하며 가역 반응이다.

(3) 화학전지

자발적 산화 · 환원 반응을 이용하여 화학에너지를 전기에너지로 바꾸는 장치로서, 다시 말해 화학변화를 이용하여 전자를 흐르게 하는 장치를 말한다.

(4) 화학전지의 종류

① 볼타전지 : 구리는 수소보다 이온화 경향이 작아 반응하지 않는다. 아연은 수소보다 반응성이 크기 때문에 묽은 황산과 반응하여 아연이 산화되고(전자 잃음) 수소이온이 수소기체로 환원된다.

$$(-)Zn \mid H_2SO_4 \mid Cu(+), \ E° = 1.1V$$

㉮ (-)극(아연판) : 질량 감소

$$Zn \rightarrow Zn^{2+} + 2e^- \ (산화)$$

㉯ (+)극(구리판) : 질량 불변

$$2H^+(aq) + 2e^- \rightarrow H_2(g) \ (환원)$$

㉰ 전체 반응

$$Zn + 2H^+ \rightarrow Zn^{2+} + H_2$$

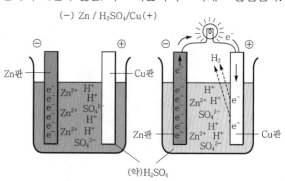

〈 볼타전지의 원리 〉

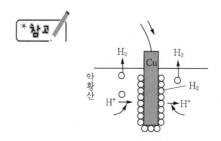

분극작용

왼쪽 그림과 같이 Cu판 표면에 H_2 기체가 발생하므로 전지의 기전력이 떨어진다. 따라서 이러한 분극작용을 없애기 위해서 MnO_2와 같은 감극제를 사용한다.

② 다니엘전지 : 분극현상이 나타나는 볼타전지의 단점을 보완하여 개발

$$(-)Zn \mid ZnSO_4 \parallel CuSO_4 \mid Cu(+), \ E° = 1.1V$$

㉮ (-)극(아연판) : 질량 감소

$$Zn \rightarrow Zn^{2+} + 2e^- \ (산화)$$

㉯ (+)극(구리판) : 질량 증가

$$Cu^{2+} + 2e^- \rightarrow Cu \ (환원)$$

㉰ 전체 반응

$$Zn + Cu^{2+} \rightarrow Zn^{2+} + Cu$$

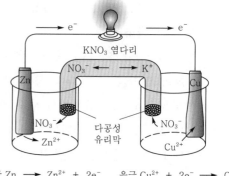

양극 $Zn \rightarrow Zn^{2+} + 2e^-$ 음극 $Cu^{2+} + 2e^- \rightarrow Cu$

③ 건전지

$$(-)Zn \mid NH_4Cl \mid MnO_2, \ C(+), \ E° = 1.5V$$

㉮ (−)극(아연)

$$Zn \rightarrow Zn^{2+} + 2e^- \ (산화)$$

㉯ (+)극(탄소)

$$2NH_4 + 2e^- \rightarrow 2NH_3 + H_2 \ (환원)$$

건전지에서 NH_4Cl은 전해질, MnO_2는 감극제로 사용

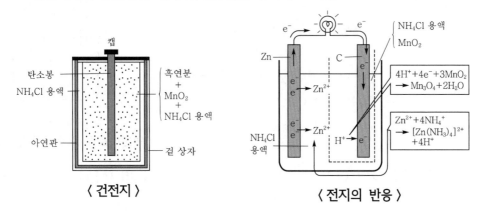

〈 건전지 〉   〈 전지의 반응 〉

④ 납축전지

$$(-) \ Pb \mid H_2SO_4 \mid PbO_2(+), \ E° = 2.0V$$

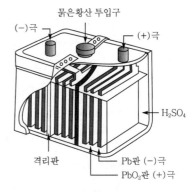

㉮ (−)극(Pb판)

$$Pb(s) + SO_4{}^{2-}(aq) \rightarrow PbSO_4(s) + 2e^- \ (산화)$$

㉯ (+)극(PbO$_2$판)

$$PbO_2(s) + SO_4{}^{2-}(aq) + 4H^+(aq) + 2e^-$$
$$\rightarrow PbSO_4(s) + 2H_2O(l) \ (환원)$$

㉰ 전체 반응

〈 납축전지 〉

$$Pb(s) + PbO_2(s) + 2H_2SO_4(aq) \underset{충전}{\overset{방전}{\rightleftharpoons}} 2PbSO_4(s) + 2H_2O(l)$$

이와 같이 납축전지는 충전과 방전이 가능한 2차 전지이다. 반면 건전지와 같이 충전이 어려운 전지를 1차 전지라 한다.

⑤ 전기분해

전해질 수용액이나 용융 전해질에 직류 전류를 통하면 그 전해질은 두 전극에서 화학변화를 일으킨다. 이를 전기분해라 한다.

전기분해의 원리(A⁺B⁻) → 비자발적 반응($\Delta G > 0$)

전해질 ⇌ ⊕이온 + ⊖이온

$\begin{cases} (+)극 \ominus이온 \ -e^- \rightarrow 중성 \ (산화), \ B^- \rightarrow B+e^- \ (음이온 \rightarrow 홀원소물질+e^-) \\ (-)극 \oplus이온 \ +e^- \rightarrow 중성 \ (환원), \ A^+ +e^- \rightarrow A \ (양이온+e^- \rightarrow 홀원소물질) \end{cases}$

그러나 이온화 경향이 큰 이온이나 몇 가지 원자단은 방전하기 어려워 대신 수용액 중 H^+이나 OH^-이 방전한다(K, Na, Ca, Ba, SO_4, CO_3, PO_4, NO_3은 방전하기 어렵다).

㉮ 소금물의 전기분해

소금물 : $NaCl + H_2O \rightarrow Na^+ + Cl^- + H_2O$

(−)극 : 이온화 경향이 작은 것이 석출

$2H_2O(l) + 2e^- \rightarrow H_2(g) + 2OH^-(aq\cdot)$

(+)극 : 원자단과 아닌 것이 있으면 아닌 것이 석출, 같은 원자단이면 $OH^-(O_2\uparrow)$이 석출

$2Cl^-(aq\cdot) \rightarrow Cl_2(g) + 2e^-$

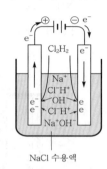

〈 염화나트륨 수용액의 전기분해 〉

〈전체 반응〉 $2Cl^-(aq\cdot) + 2H_2O(l) \rightarrow Cl_2(g) + H_2(g) + 2OH^-(aq\cdot)$

예 Ⅰa족(Na, K), Ⅱa족(Ca) 등은 물과 반응한다.

㉯ $CuSO_4$ 용액의 전기분해

$CuSO_4 \rightarrow Cu^{2+} + SO_4$

(−)극에서는 Cu^{2+}이 방전되어 Cu로 극판에 석출된다.

$Cu^{2+} + 2e^- \rightarrow Cu$

(+)극에서 SO_4^{2-}은 방전되지 않고 이 이온의 작용으로 구리판이 산화된다.

$Cu - 2e^- \rightarrow Cu^{2+}$

두 극을 백금(Pt)을 사용하면 (−)극에서는 구리가 석출되고, (+)극에서는 SO_4^{2-}이 방전되지 않고 물이 방전되어 산소 (O_2)가 발생하는 것은 묽은 H_2SO_4 용액을 전기분해할 때 (+)극에서 일어나는 방전과 같다.

$2H_2O - 4e^- \rightarrow 4H^+ + O_2\uparrow$

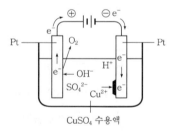

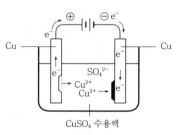

〈 $CuSO_4$ 수용액의 전기분해 〉

(5) 패러데이의 법칙

① $Q = it$

여기서, Q : 통해준 전기량(쿨롬), i : 전류(ampere), t : 통해준 시간(sec)

[제1법칙] 같은 물질에 대하여 전기분해로써 전극에서 일어나는 물질의 (화학변화로 생긴) 양은 통한 전기량에 비례한다.

[제2법칙] 일정한 전기량에 의하여 일어나는 화학변화의 양은 그 물질의 화학당량에 비례한다.

② 전기량의 단위 : 전기량은 전류의 세기(ampere)에 전류가 통과한 시간을 곱한 값과 같다.

1A의 전류가 1초 동안 흐른 전기량을 $1Q$(쿨롬)이라 한다.

i(A)의 전류가 t초 동안 흐르는 전기량 Q는 다음과 같이 표시된다.

$$Q(쿨롬) = i(암페어) \times t(초)$$

5암페어의 전기량이 한 시간 동안 흐른 전기량은 다음과 같다.

$$Q = 5 \times 60 \times 60 = 18,000C$$

1패럿
각 극의 석출량 : 전자 1mol의 전하량 = $(1.6 \times 10^{-19}C/개) \times (6.02 \times 10^{23}개/mol)$ ⎫ 1g당량
96,500쿨롬

농도, 온도, 물질의 종류에 관계없이 1패럿, 즉 96,500쿨롬의 전기량으로 1g당량의 원소가 석출된다.

1-7. 무기화합물

① 금속과 그 화합물

(1) 알칼리금속(출제빈도 높음)★★★

원자가 : +1
전자 1개 잃고 +1가 이온이 되기 쉽다.
$$M \longrightarrow M^+ + e^-$$

〈 알칼리금속(단체)의 성질 비교 〉

성질 \ 원소	Li	Na	K	Rb	Cs
상태	어느 것이나 은백색의 금속 광택, 가볍고 연하다. 공기 속에서 광택을 잃는다.				
융점(℃)	179	97.9	63.6	38.5	28.5
비등점(℃)	1,336	883	760	700	670
불꽃반응	빨강	노랑	보라	진한 빨강	청자

① 결합력이 약하여 연하고 가벼운 은백색 광택이 나는 밀도가 작은 금속이다. 밀도가 매우 작아 물에 뜰 정도로 가볍다.

② 반응성이 매우 크다.

 알칼리금속은 화학반응이 가장 활발한 금속이다.
화학반응은 원자번호가 클수록 활발하다.

$$_{55}Cs \;>\; _{37}Rb \;>\; _{19}K \;>\; _{11}Na \;>\; _3Li$$

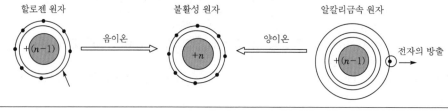

원자번호 $n-1$	n	$n+1$
만들어진 이온 −1가		+1가

③ 공기 중에서 쉽게 산화된다. 알칼리금속을 공기 중에 노출시키면 순식간에 산화되어 색이 변한다.

예 $4Na + O_2 \rightarrow 2Na_2O$

④ 알칼리금속은 찬물과 격렬히 반응함은 물론 공기 중의 수증기와도 반응하여 수소 기체를 발생시키며 수산화물을 만들고, 많은 열을 낸다. 따라서 알칼리금속은 반드시 석유나 유동성 파라핀 속에 보관하여 공기 중의 산소와 수분으로부터 격리시켜야 한다.

예 $2Na + 2H_2O \rightarrow 2NaOH + H_2$

⑤ 불꽃반응을 한다. 알칼리금속은 공기 중에서 연소하면서 특유의 빛을 낸다. 이 반응을 이용하여 알칼리금속을 구별할 수 있다.

Li(빨강), Na(노랑), K(보라), Rb(빨강), Cs(청자)

⑥ 산화물의 수용액은 모두 강한 염기성을 나타낸다.

$M_2O + 2H_2O \rightarrow 2MOH + H_2$

$MOH \rightarrow M^+ + OH^-$

예 $2Na(s)+H_2O(l) \rightarrow 2NaOH(s)$
$NaOH \rightarrow Na^++OH^-$

⑦ 끓는점과 녹는점이 낮다. 원자번호가 클수록 원자 반경이 급속히 커져 원자 간의 인력이 작아지기 때문에 녹는점과 끓는점이 낮아진다.

$Li > Na > K > Rb > Cs$

(2) 알칼리토금속

① 알칼리토금속의 일반적 성질

알칼리토금속은 주기율표 Ⅱ족에 속하는 원소들이다. Be, Mg, Ca, Sr, Ba, Ra 6개 원소가 이에 속한다.

이들은 반응성이 강하며 최외각에 2개의 전자를 갖고 있어 2가의 양이온이 된다.

㉮ 알칼리금속 원소와 흡사하며 은회백색의 금속으로 가볍고 연하다.

㉯ 알칼리금속처럼 활발하지 않지만 공기 중에서 산화되며 물과 반응하여 수소를 만든다.

㉰ 금속의 염은 무색이고, 염화물, 질산염은 모두 물에 잘 녹는다.

㉱ Ca, Sr, Ba의 탄산염, 황산염은 물에 녹기 어렵다.

㉲ Be, Mg을 제외한 금속은 불꽃반응으로 고유한 색을 나타낸다.

 양쪽성 산화물과 알칼리의 반응
$Al_2O_3+2NaOH \rightarrow 2NaAlO_2+H_2O$
산화알루미늄　　　　　　　알루민산나트륨

〈 알칼리토금속의 일반적 성질 〉

Ⅱ족	Be	Mg	Ca, Sr, Ba, Ra
물과의 반응	반응 안 됨.	끓는물과 반응	물과 반응하여 수소 발생
산화물, 수산화물	물에 녹지 않는다.		녹음. $Ca(OH)_2 < Sr(OH)_2 < Ba(OH)_2$
황산염	물에 녹는다.		물에 녹지 않는다.
탄산염	물에 녹지 않는다.		

㉳ 알칼리금속과 같이 원자번호가 증가할수록 활성이 커진다.

$Be < Mg < Ca < Sr < Ba$

(3) 단물과 센물

① 단물(연수) : 물속에 Ca^{2+}, Mg^{2+}이 비교적 적게 녹아 있어 비누가 잘 풀리는 물

예 수돗물

② **센물(경수)** : 물속에 Ca^{2+}, Mg^{2+}이 많이 녹아 있어 비누가 잘 풀리지 않는 물

　예 우물물, 지하수

③ **비누와 센물의 반응** : 물속의 Mg^{2+}, Ca^{2+}이 비눗물의 음이온($RCOO^-$)과 결합하여 물에 녹지 않는 염을 수면 위에 거품형태로 만든다.

$$2RCOONa + Ca(HCO_3)_2 \rightarrow (RCOO)_2Ca \downarrow + 2NaHCO_3$$

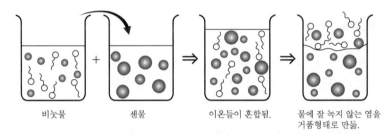

비눗물　　　　　센물　　　　이온들이 혼합됨.　　물에 잘 녹지 않는 염을
　　　　　　　　　　　　　　　　　　　　　　　거품형태로 만듦.

② 비금속 원소

(1) 비활성 기체

① 기본 성질

㉮ 비활성 기체는 다른 원소와 화합하지 않고 원자 구조상 전자배열이 극히 안정하고, 화합물을 거의 만들지 않는 단원자 분자이다.

㉯ He을 제외하고는 원자가전자가 모두 8개로서 다른 원자도 이와 같은 전자배열을 취하여 안정한 화합물을 만든다.

㉰ 비활성 기체는 방전할 때 특유한 색을 내므로 야간 광고용에 이용된다.

㉱ 비활성 기체라 할지라도 원자번호가 큰 것은 여러 가지 화합물로 발견되었다.

② 비활성 기체의 화합물

㉮ 안정한 전자배치를 하고 있기 때문에 화합물을 형성하지 않으며, 상온에서 단원자 분자로 안정하게 존재할 수 있다.

㉯ 몇 가지 인공적으로 합성한 화합물이 존재하기는 하나 매우 불안정하여 쉽게 분해된다.

　예 XeF_6, XeF_2, XeF_4, $XePtF_6$

(2) 할로젠 원소

① 기본 성질

> **Key Point** 원자가전자가 7개, 원자가 -1
>
> 　　　　　　전자 1개를 받아 -1가 이온이 되기 쉽다.

㉮ 수소와 금속에 대해서 화합력(산화력)이 매우 강하다.

㉯ 최외각의 전자수가 7개이며 따라서 한 개의 전자를 밖에서 얻음으로써 안정한 전자배열을 갖고자 하기 때문에 −1가의 이온이 된다.

㉰ 수소 화합물은 무색, 발연성의 자극성 기체로서 물에 쉽게 녹으며 강한 산성 반응을 나타낸다.

㉱ 금속 화합물은 F를 제외한 다른 할로젠 원소의 은염, 제1수은연염(鉛鹽) 등을 제외하고는 다 물에 녹는다.

물에 녹지 않는 염 : $AgCl\downarrow$, $Hg_2Cl_2\downarrow$, $PbCl_2\downarrow$, $Cu_2Cl_2\downarrow$ 등

② 할로젠 원소의 반응성

㉮ 알칼리금속과 직접 반응하여 이온결합 물질을 만든다.

$2Na(s)+Cl_2(g) \longrightarrow 2NaCl(s)$

㉯ 할로젠화수소의 결합력 세기

$HF > HCl > HBr > HI$

㉰ 할로젠화수소산의 산의 세기 비교

할로젠화수소는 모두 강산이나 HF는 분자 간의 인력이 강하여 약산이다.

$HF < HCl < HBr < HI$

강산이란 수용액에서 H^+이 많이 생기는 산이다. 따라서 결합력이 약할수록 이온화가 잘 되어 강한 산이다.

③ 각 원소의 성질

구분	F_2	Cl_2	Br_2	I_2
상태	담황색 기체	황록색 기체	적갈색 액체	흑자색 고체
수소와의 반응성	어두운 곳에서 폭발적으로 반응	빛의 존재하에서 폭발적으로 반응	촉매 존재하에서 반응	촉매와 열의 존재하에서 반응
할로젠화수소	HF(약산)	HCl(강산)	HBr(강산)	HI(강산)
산의 세기	약함 ⟶ 강함			
물과의 반응성	격렬히 반응	일부분 반응	일부분 반응	용해 어려움
결합력의 세기	강함 ⟶ 약함			
Na과의 화합물	NaF	NaCl	NaBr	NaI
반응성의 세기	강함 ⟶ 약함			
은과의 반응성	AgF	AgCl	AgBr	AgI
	무색 수용성	백색 침전	연노란색 침전	노란색 침전

③ 방사성 원소

(1) 방사선의 종류와 작용

① 방사선 핵충돌 반응

㉮ 방사선 붕괴 : 핵이 자연적으로 붕괴되어 방사선(α, β, γ)을 발생

㉯ 핵충돌 반응 : 핵입자가 충분한 에너지를 가지고 충돌할 때 새로운 핵 생성

② α선 : 전기장을 작용하면 ($-$)쪽으로 구부러지므로 그 자신은 ($+$)전기를 가진 입자의 흐름임을 알게 되었다. 이것은 헬륨의 핵(He^{2+})으로, ($+$)전하의 질량수가 4이다. 투과력은 가장 약하다.

③ β선 : 전기장의 ($+$)쪽으로 구부러지므로 그 자신은 ($-$)전기를 띤 입자의 흐름, 즉 전자의 흐름이다. 투과력은 α선보다 크고 γ선보다 작다.

④ γ선 : 전기장에 대하여 영향을 받지 않고 곧게 나아가므로 그 자신은 전기를 띤 알맹이가 아니며, 광선이나 X선과 같은 일종의 전자파이다. γ선의 파장은 X선보다 더 짧으며 X선보다 투과력이 더 크다.

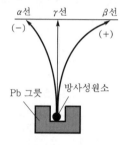

〈 방사선의 종류 〉

⑤ 방사선의 작용

㉮ 투과력이 크며, 사진 건판을 감광한다.

㉯ 공기를 대전시킨다.

㉰ 물질에 에너지를 줌으로써 형광을 내게 한다.

㉱ 라듐(Ra)의 방사선은 위암의 치료에 이용된다.

방사선	본체	붕괴 후		방사선의 작용
		원자번호	질량수	
α선	$^4_2$He 원자핵	-2	-4	투과 작용, $\alpha < \beta < \gamma$
β선	e^-의 흐름	$+1$	변동 없음.	전리 작용(공기를 대전)
γ선	전자파	변동 없음.	변동 없음.	형광 작용(형광 물질의 형광)

⑥ 핵방정식 : α입자의 방출($_2^4$He 핵을 잃음.)에 의한 $_{92}^{238}$U 의 방사성 붕괴의 핵방정식은 다음과 같다.

$$_{92}^{238}U \longrightarrow {}_{90}^{234}Th + {}_2^4He$$

 핵반응에 있어서 화학적인 환경은 영향을 미치지 않으므로 표시할 필요는 없다.

양성자(proton) : $_1^1$H 혹은 $_1^1$P   중성자(neutron) : $_0^1$n

전자(electron) : $_{-1}^0$e 혹은 $_{-1}^0\beta$ 양전자(positron) : $_1^0$e 혹은 $_1^0\beta$

감마광자(gamma proton) : $_0^0\gamma$

(2) 원소의 붕괴

방사성원소는 단체이든 화합물의 상태이든, 온도 · 압력에 관계없이 방사선을 내고 다른 원소로 된다. 이와 같은 현상을 원소의 붕괴라 한다.

① α붕괴 : 어떤 원소에서 α붕괴가 일어나면 질량수가 4 감소되고 원자번호가 2 적은 새로운 원소로 된다. 따라서 주기율표에서는 두 칸 앞자리의 원소로 된다.

예) $_{88}Ra^{226} \xrightarrow[\alpha\text{선}]{\alpha\text{붕괴}} {}_2He^4 + {}_{86}Rn^{222}$

→ α붕괴에 의하여 원자번호는 2, 질량수는 4 감소된다.

② β붕괴 : 어떤 원소에서 β붕괴가 일어나면 질량수는 변동없고, 원자번호가 하나 증가하여 새로운 원소로 된다. 따라서 주기율표에서 한 칸 뒷자리의 원소로 된다.

예) $_{82}^{214}RaB \xrightarrow[\beta\text{선 방출}]{} {}_{-1}^0e + {}_{83}^{214}RaC$

→ β붕괴에 의하여 원자번호는 1 증가하고, 질량수는 변동없다.

③ γ선 : γ선은 방출되어도 질량수나 원자번호는 변하지 않는다.

예제 $_{92}^{238}$U 이 α붕괴와 β붕괴를 각각 4번씩 했을 때, 새로 생긴 이 원소의 원자번호와 질량수는?

$$_{92}^{238}U \longrightarrow {}_{84}^{222}A \longrightarrow {}_{88}^{222}B$$

풀이

구분	원자번호	질량수
α붕괴	-2	-4
β붕괴	$+1$	변화 없음.
γ붕괴	변화 없음.	변화 없음.

∴ **원자번호** : 88, **질량수** : 222

---

(3) 핵반응

원자핵이 자연 붕괴되거나 가속 입자로 원자핵이 붕괴되는 현상을 핵반응이라 하며, 이 반응을 화학식으로 표시한 식을 핵반응식이라 한다. 이때 왼쪽과 오른쪽의 질량수의 총합과 원자번호의 총합은 반드시 같아야 한다.

$$_4Be^9 + _2He^4 \longrightarrow _6C^{12} + _0n^1$$

$$_3Li^7 + _1H^1 \longrightarrow _2He^4 + _2He^4$$

예제 ^9_4Be의 원자핵에 α입자를 충격하였더니 중성자 ^1_0n이 방출되었다. 다음 방정식을 완결하기 위하여 [ㅤㅤ] 속에 넣어야 할 것은?

$$^9_4Be + ^4_2He \longrightarrow \boxed{} + ^1_0n$$

풀이 왼쪽과 오른쪽 핵의 질량수의 총합과 양성자수의 총합은 같으므로

질량수 $= (9+4) - 1 = 12$

양성자수 $= (4+2) - 0 = 6$　　　　　　　　　　　∴ $^{12}_6C$

---

(4) 반감기

방사성 핵의 반감기는 핵의 반이 붕괴하는 데 걸리는 시간으로 정의한다.

즉, A ⟶ 생성물이며, 반감기는 A의 반이 반응하는 데 걸리는 시간이다.

붕괴되는 속도는 붕괴되기 전의 원소의 양(원자수, 방사능 세기)이 반으로 감소하기까지에 걸리는 기간으로 나타내는데, 이 기간을 반감기라 하는 것이다.

$$M = m \times \left(\frac{1}{2}\right)^{\frac{t}{T}}$$

여기서, M : 최후의 질량, m : 최초의 질량

　　　T : 반감기, t : 경과시간

예제 어떤 방사능 물질의 반감기가 10년이라면 10g의 물질이 20년 후에는 몇 g이 남는가?

풀이 $M = m\left(\frac{1}{2}\right)^{\frac{t}{T}}$ 에서 $M = 10 \times \left(\frac{1}{2}\right)^{\frac{20}{10}} = 2.5g$　　　　　∴ 2.5g

---

(5) 원자에너지

아인슈타인의 일반 상대성원리에 의하면 물질의 질량과 에너지는 서로 바뀔 수 있으며,

$$E = mc^2$$

여기서, E : 생성되는 에너지(erg)

m : 질량결손(원자핵이 파괴될 때 없어진 질량)

c : 광속도(cm/s)$=3 \times 10^{10}$cm/s

와 같은 관계가 성립한다.

1-8. 유기화합물

유기화합물의 특성

(1) 유기화합물의 특성

① 유기화합물은 대개 가연성이다.

② 분자 간의 인력이 작아서 녹는점과 끓는점(300℃ 이하)이 낮으며 물리적 · 화학적 변화의 영향도 쉽게 받는다.

③ 물에는 녹기 어려우나 알코올, 아세톤, 에터, 벤젠 등의 유기용매에는 잘 녹는다.

　예 알코올, 알데하이드, 아세트산, 설탕, 포도당, 아미노산은 잘 녹는다.

④ 분자를 이루고 있는 원자 간의 결합력이 강하여 반응하기 어렵고, 반응속도가 매우 느리다.

⑤ 무기화합물보다 구조가 복잡하며 이성질체가 많다.

⑥ 대부분 공유결합을 하고 있으므로 비전해질이다.

　예 저급유기산(폼산, 아세트산, 옥살산 등)은 약전해질이다.

⑦ 무기화합물의 수가 6~7만인데 비하여 100만 이상이나 된다.

⑧ 유기화합물의 성분원소는 주로 C, H, O, N, P, S, 할로젠 원소 등 몇 종류밖에 되지 않는다. 유기화합물 중에서 가장 간단한 메테인의 분자는 정사면체의 중심에 탄소 1원자와 그 정점에 수소 4원자가 위치하고 있으며, 구조식은 단지 원자의 결합선(가표)으로 연결한 것이고, 분자의 참된 모형까지는 표시할 수 없다. 실제의 분자는 입체적인 구조이나, 구조식은 평면상에 투영된 그림에 지나지 않는다.

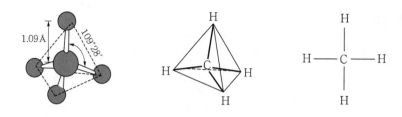

(2) 구조상의 표시방법

〈 유기화합물의 표시방법 〉

구분	전자배치	실선으로 결합 표시방법	간략화 표시방법	3차원 구조식
ethane	H:C:C:H	H−C−C−H	CH_3CH_3	H−C=C−H
ethylene	C::C	C=C	$CH_2=CH_2$	C=C
acetylene	H:C:::C:H	H−C≡C−H	$CH≡CH$	H−C≡C−H

(3) 이성질체

탄소 원자가 중심이 되어 여기에 수소, 산소가 결합하여 분자를 만들 경우, 탄소 골격의 배열의 차이로 인하여 같은 분자식으로 표시되어도 분자를 구성하는 원자배열이 다른 것이 생기게 된다. 이것을 이성질체라 한다.

① 메테인계 탄화수소 : CH_4부터 C_3H_8까지는 이성질체가 없고 그 이상에서는 다음과 같이 이성질체가 있다.

㉮ 뷰테인(C_4H_{10}) : 프로페인(C_3H_8)의 H 1개가 메틸기(CH_3)로 치환된 것이다.

$$−C−C−C−C− \qquad −C−C−C− \\ \qquad\qquad\qquad\qquad −C−$$

(a) n−뷰테인   (b) iso−뷰테인

㉯ 펜테인(C_5H_{12}) : 펜테인에는 세 가지 이성질체가 있다.

(a) *n*-펜테인   (b) *iso*-펜테인   (c) *neo*-펜테인

(4) 위치 이성질체

위치 이성질체 현상은 사슬상의 작용기의 위치가 변화한다. 아래 표에서, hydroxyl기는 *n*-펜테인 사슬상의 3가지 다른 위치를 차지하여 3가지 서로 다른 화합물이 형성될 수 있다.

〈 example of position 이성질체 현상 〉

1-펜탄올	2-펜탄올	3-펜탄올

(5) 분자골격에 따른 분류

① 사슬화합물

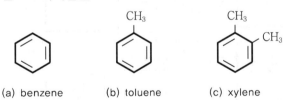

② 탄소고리화합물

CH₃ 표기는 이미지 내 라벨

(a) benzene   (b) toluene   (c) xylene

③ 헤테로고리화합물 : 탄소 이외의 원자, 즉 헤테로 원자를 적어도 1개 이상 가지고 있어야 한다.
　예 O, N, S 등

(6) 구조식 약식화

$$\begin{matrix} & H & H & \\ & | & | & \\ H- & C & -C & -OH \\ & | & | & \\ & H & H & \end{matrix} \rightarrow CH_3-CH_2-OH \text{ 또는 } CH_3CH_2OH$$

$$\begin{matrix} & H & & H & \\ & | & & | & \\ H- & C & -O- & C & -H \\ & | & & | & \\ & H & & H & \end{matrix} \rightarrow CH_3-O-CH_3 \text{ 또는 } CH_3OCH_3$$

$$CH_3 - CH_2 - CH_2 - CH_2 - CH_3$$

$$\begin{matrix} & & CH_3 & \\ & & | & \\ CH_3 - & C & - CH_3 \\ & & | & \\ & & CH_3 & \end{matrix}$$

$$\begin{matrix} CH_3 - CH_2 - CH - CH_3 \\ | \\ CH_3 \end{matrix}$$

        (a) *n*-펜테인   (b) *neo*-펜테인   (c) *iso*-펜테인

       $CH_3(CH_2)_3CH_3$ $(CH_3)_4C$ $(CH_3)_2CHCH_2CH_3$

구조식을 완전히 줄여서 쓴다면 탄소 골격만을 나타내서 쓸 수 있다.

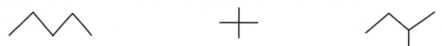

② 유기화합물의 분류

(1) 결합형태에 따른 분류

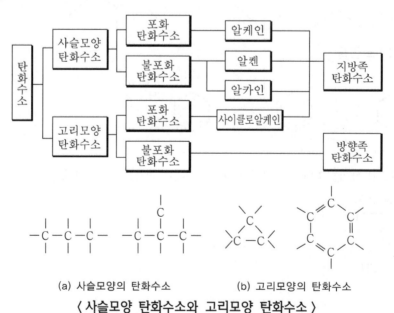

      (a) 사슬모양의 탄화수소   (b) 고리모양의 탄화수소

〈 사슬모양 탄화수소와 고리모양 탄화수소 〉

(2) 작용기에 의한 분류

화합물을 구성하는 원소나 이온 중에서 그 물질의 특성을 결정하는 원자단을 유기화합물에 있어서 치환기 또는 작용기라 하며, 이 작용기에 따라 유기화합물의 특성이나 명명법이 뚜렷이 구별된다.

〈 몇 가지 작용기와 화합물 〉

관능기	이름	관능기를 가지는 화합물의 일반식	일반명	화합물의 예
$-OH$	하이드록실기	$R-OH$	알코올	CH_3OH C_2H_5OH
$-O-$	에터 결합	$R-O-R'$	에터	CH_3OCH_3 $C_2H_5OC_2H_5$
$-C\underset{H}{\overset{O}{\lessgtr}}$	포밀기	$R-C\underset{H}{\overset{O}{\lessgtr}}$	알데하이드	$HCHO$ CH_3CHO
$-\underset{O}{\overset{\|}{C}}-$	카보닐기 (케톤기)	$R-\underset{\|}{\overset{O}{C}}-R'$	케톤	$CH_3COC_2H_5$
$-C\underset{O-H}{\overset{O}{\lessgtr}}$	카복실기	$R-C\underset{O-H}{\overset{O}{\lessgtr}}$	카복실산	$HCOOH$ CH_3COOH
$-C\underset{O-}{\overset{O}{\lessgtr}}$	에스터 결합	$R-C\underset{O-R'}{\overset{O}{\lessgtr}}$	에스터	$HCOOCH_3$ CH_3COOCH_3
$-NH_2$	아미노기	$R-NH_2$	아민	CH_3NH_2 $CH_3CH_2NH_2$

〈 주요 알킬기 〉

명칭	관능기의 구조(R−)
메틸(methyl)	CH_3-
에틸(ethyl)	CH_3CH_2-
n-프로필(n-propyl)	$CH_3CH_2CH_2-$
아이소프로필(isopropyl)	$\underset{CH_3}{\overset{CH_3}{>}}CH-$
n-뷰틸(n-butyl)	$CH_3CH_2CH_2CH_2-$
sec-뷰틸(s-butyl)	$CH_3CH_2\underset{\|}{CH}CH_3$
아이소뷰틸(isobutyl)	$\underset{CH_3}{\overset{CH_3}{>}}CHCH_2-$

명칭	관능기의 구조(R-)
$tert-$뷰틸($t-$butyl)	$\begin{array}{c} CH_3 \\ \mid \\ CH_3-C- \\ \mid \\ CH_3 \end{array}$
$n-$펜틸($n-$pentyl)	$CH_3CH_2CH_2CH_2CH_2-$

③ 알케인

(1) 알케인을 이용한 IUPAC 명명법

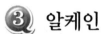 탄소수에 따른 불꽃반응 색상

알케인류는 모두 단일결합($C-C$, $C-H$)으로 이루어졌으며, 탄소원자는 sp^3 혼성궤도이다. 사슬모양(鎖狀) 알케인의 분자식은 일반식 C_nH_{2n+2}로 나타내며, 그 중에서 분자량이 가장 작은 ($n=1$) 것은 메테인(CH_4)이다. 그리고 에테인(C_2H_6) · 프로페인(C_3H_8) · 뷰테인(C_4H_{10})과 같이 CH_2의 단위가 증가함에 따라서 기체로부터 액체 · 고체로 물리적 성질도 변화된다.

〈 주요 사슬모양 알케인(C_nH_{2n+2}) 〉

구분	명칭	분자식	구조식	비점(b.p.)(℃)	융점(m.p.)(℃)	밀도(g/mL, 20℃)	이성질체수
기체 ($C_1 \sim C_4$)	methane	CH_4	CH_4	-161.5			1
	ethane	C_2H_6	CH_3CH_3	-83.6	-		1
	propane	C_3H_8	$CH_3CH_2CH_3$	-42.1			1
	butane	C_4H_{10}	$CH_3(CH_2)_2CH_3$	-0.5	-138.4		2
액체 ($C_5 \sim C_{17}$)	pentane	C_5H_{12}	$CH_3(CH_2)_3CH_3$	36.1	-129.7	0.626	3
	hexane	C_6H_{14}	$CH_3(CH_2)_4CH_3$	68.7	-95.3	0.659	5
	heptane	C_7H_{16}	$CH_3(CH_2)_5CH_3$	98.4	-90.6	0.684	9
	octane	C_8H_{18}	$CH_3(CH_2)_6CH_3$	125.7	-56.8	0.703	18
	nonane	C_9H_{20}	$CH_3(CH_2)_7CH_3$	150.8 증가	-53.5 증가	0.718 증가	35 증가
	decane	$C_{10}H_{22}$	$CH_3(CH_2)_8CH_3$	174.1	-29.7	0.730	75
	undecane	$C_{11}H_{24}$	$CH_3(CH_2)_9CH_3$	195.9	-25.6	0.741	
	dodecane	$C_{12}H_{26}$	$CH_3(CH_2)_{10}CH_3$	216.3	-9.6	0.751	
	(헵타데칸)	....	....	....	....	....	
고체 (C_{18} 이상)	eicosane	$C_{20}H_{42}$	$CH_3(CH_2)_{18}CH_3$	149.5(1)*	36.8	0.778(36℃)	366,319
	triocontane	$C_{30}H_{62}$	$CH_3(CH_2)_{28}CH_3$	258.5(3)	65.8	0.768(90℃)	
	tetracontane	$C_{40}H_{82}$	$CH_3(CH_2)_{38}CH_3$	150.0(10^{-5})	81.0	0.779(84℃)	

※ ( ) 안은 감압하 mmHg임.

수	1	2	3	4	5	6	7	8	9	10
접두어	mono	di	tri	tetra	penta	hexa	hepta	octa	nona	deca

① 분자 중에서 가장 긴 탄소사슬을 골라 그 탄소사슬의 알케인 명칭을 모체로 하여 명명하고 치환기를 갖는 것은 그 화합물의 유도체로 생각한다.

② 치환기의 결합 위치를 탄소번호로 나타낸다. 이때 번호의 숫자가 가능한 한 작게 되도록 모체 알케인의 어느 한 쪽으로부터 번호를 붙인다.

③ 치환기가 있는 화합물의 명칭은 모체가 되는 탄소사슬의 명칭 앞에 치환기의 이름을 붙인다.

④ 같은 치환기가 분자 중에 2개 이상 있을 경우는 그 수를 접두어인 다이(di－=2), 트라이(tri－=3), 테트라(terta－=4) 등을 사용하여 표시한다. 또한 2개 이상의 치환기가 같은 탄소에 결합되어 있는 경우에는 그 탄소번호 사이에 ‘, ’를 붙이고 이어서 붙여나간다. 접두어는 알파벳 순을 고려하지 않아도 된다.

⑤ 모체가 되는 가장 긴 사슬이 여러 개 있는 경우는 치환 정도가 가장 높은 것을 우선하여 명명한다.

⑥ 아이소프로페인, 아이소뷰테인, 아이소펜테인, 네오펜테인 등과 같이 관용어로 불려지는 알케인이 치환기로 되는 경우는 아이소프로필기, 아이소뷰틸기, 아이소펜틸기, 네오펜틸기 등으로 부른다.

⑦ 할로젠 치환기는 어미 인(ine)을 오(－o)로 명명한다.

　F(fluoro), Cl(chloro), Br(bromo), I(iodo)

예 $CH_3 - CH_2 - CH_2 - CH_2$
　　　　　　　　　　　　　|
　　　　　　　　　　　　　Br

$CH_3 - CH_2 - \overset{\overset{CH_2CH_3}{|}}{CH} - CH - CH_2 - CH_3$
　　　　　　　　　　　　|
　　　　　　　　　　　 CH_3

(3-ethyl-4-methyl hexane)

$CH_3 - \overset{\overset{CH_3}{|}}{CH} - CH - CH_2 - CH_2 - \overset{\overset{CH_3}{|}}{CH} - CH_2 - CH_3$
　　　　　　　　　　|
　　　　　　　　　 CH_3

(2,3,6-trimethyl octane)

$CH_3 - CH_2 - \overset{\overset{Cl}{|}}{CH} - CH - CH_3$
　　　　　　　　　　　　|
　　　　　　　　　　　 Br

(3-bromo-2-chloro pentane)

$CH_3 - CH_2 - \overset{\overset{Br}{|}}{CH} - \overset{\overset{Br}{|}}{CH} - \overset{\overset{Cl}{|}}{CH} - CH - CH_3$
　　　　　　　　　　　　　　　　　　|
　　　　　　　　　　　　　　　　　 Cl

(3,4-dibromo-2,5-dichloro heptane)

(2) 알케인의 물리적 성질

① 알케인의 특성은 비극성(nonpolar)이므로 비점(b.p. : 끓는점)과 융점(m.p. : 녹는점)이 다른 극성(polar)이 있는 화합물에 비하여 낮아진다.

② 실온에서 탄소수가 적은 C_1의 메테인에서 C_4의 뷰테인까지는 기체이고, C_5에서 C_{17}까지는 액체이며, 탄소수가 많은 C_{18} 이상은 고체이다.

③ 물에 대한 용해도(solubility)는 비극성 때문에 대단히 낮고, 가장 높은 메테인인 경우에는 물 100mL 중에 0.0025g밖에 용해되지 않는다.

④ 알케인은 물에는 불용해성이지만 비극성인 알케인, 알켄, 벤젠 등의 탄화수소에는 잘 용해되고 사염화탄소(CCl_4), 클로로폼($CHCl_3$), 염화메틸렌(CH_2Cl_2) 등의 염소계 유기화합물에도 잘 녹는다. "비슷한 것끼리는 잘 녹는다."라고 하는 일반 법칙이 잘 맞으며 이것은 극성에 관계되고 있다.

⑤ 알케인의 화학적 특징은 일반적으로 반응성이 낮고 불활성인 것이다. 알케인은 파라핀(paraffin)이라고도 한다.

⑥ 알케인은 실내온도 조건하에서 알칼리, 산, 과망가니즈산칼륨, 금속나트륨 등과는 반응하지 않는다. 그러나 조건을 강하게 하면 독특한 반응을 일으키기도 한다.

(3) 알케인의 반응

① **알케인의 할로젠화** : 보통의 조건하에서 알케인은 할로젠에 의하여 할로젠화(halogenation)되지 않는다. 그러나 알케인 및 할로젠을 가열하거나 자외선(ultraviolet ray)을 비춰주면 반응이 개시되고 알케인의 수소 1원자가 할로젠 1원자와 치환반응(substitution reaction)을 일으킨다. 이때에 할로젠화수소가 1분자 생성된다.

$$-\overset{|}{\underset{|}{C}}-H \ + \ X_2 \ \xrightarrow[\text{자외선}]{\text{가열 또는}} \ -\overset{|}{\underset{|}{C}}-X \ + \ HX$$

알케인   할로젠   할로젠화수소

여기서 X는 할로젠을 나타내며 알케인이 할로젠 분자와 반응하는 속도는 $F_2 \gg Cl_2 > Br_2 > I_2$의 순이다.

② **알케인의 산화** : 알케인은 고온하에서 산소와 반응하여 이산화탄소와 물을 생성한다. 이 산화반응(oxidation reaction)을 일반적으로 연소(combustion)라고 하는데 발열반응(發熱反應)이다. 알케인의 methylene기($-CH_2-$) 1개당 약 160kcal/mol의 열을 방출한다.

$$\underset{\text{propane}}{CH_3CH_2CH_3} + 5O_2 \xrightarrow{\text{고온}} 3CO_2 + 4H_2O, \ \Delta H = -531\text{kcal}$$

③ **알케인의 열분해** : 석유의 높은 끓는점 유분(留分)의 긴 사슬알케인을 고압하에서 가열(500~700℃)하여 저분자량의 알케인이나 알켄으로 변화하는 방법을 가열 크래킹(cracking)이라고 하는데 프로페인의 열분해(thermolysis)에서는 프로필렌, 에틸렌, 메테인, 수소가 각각 생성된다.

$$\underset{\text{propane}}{CH_3CH_2CH_3} \xrightarrow{600℃} \underset{\text{propylene}}{CH_3CH=CH_2} + \underset{\text{ethylene}}{CH_2=CH_2} + \underset{\text{methane}}{CH_4} + \underset{\text{수소}}{H_2}$$

④ 고리모양 알케인

(1) 고리모양 알케인의 명명법

고리모양 알케인의 명명은 알케인과 같으며, 고리를 형성하고 있는 탄소수를 모체의 이름으로 하고, 그 앞에 고리를 나타내는 접두어 사이클로(cyclo)를 붙인다.

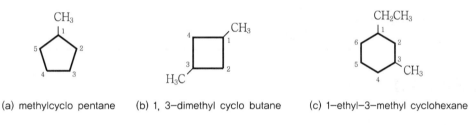

    (a) cyclopropane   (b) cyclobutane   (c) cyclohexane

〈 고리모양 알케인의 표시 〉

치환기가 1개 있는 경우에는 치환기의 명칭을 먼저 붙이고 사이클로알케인을 명명한다. 치환기가 2개 이상 있는 경우는 알파벳 순으로 치환기 명칭을 배열한 후 최초 치환기가 붙어 있는 탄소원자를 C_1으로 하고, 다른 치환기가 붙는 번호를 가급적 작게 하는 방향으로 고리에 따라서 번호를 붙인다.

    (a) methylcyclo pentane   (b) 1, 3-dimethyl cyclo butane   (c) 1-ethyl-3-methyl cyclohexane

〈 사이클로알케인의 명명법 〉

(2) 고리모양 알케인의 변형과 형태

2종 화합물의 $C-C$ 결합은 약하고 수소첨가에 의하여 용이하게 환원되어 고리가 열려 사슬알케인이 된다. 사이클로프로페인이 사이클로뷰테인보다 쉬운 조건에서 개환하는 것은 그만큼 변형이 크다는 것이다.

cyclopropane   propane

알켄

(1) 알켄

지방족불포화탄화수소 중에 탄소-탄소 이중결합을 갖는 유기화합물을 알켄(alkene 또는 olefine)이라고 총칭한다.

〈 알켄의 성질 〉

명칭	구조식	b.p.(℃)	m.p.(℃)
에텐(ethene)	$CH_2{=}CH_2$	-104	-169
프로펜(propene)	$CH_2{=}CHCH_3$	-48	-185
1-뷰텐(1-butene)	$CH_2{=}CHCH_2CH_3$	-6	-185
1-펜텐(1-pentene)	$CH_2{=}CHCH_2CH_2CH_3$	30	-165
1-헥센(1-hexene)	$CH_2{=}CHCH_2CH_2CH_2CH_3$	64	-140
1-헵텐(1-heptene)	$CH_2{=}CHCH_2CH_2CH_2CH_2CH_3$	94	-119
1-옥텐(1-octene)	$CH_2{=}CHCH_2CH_2CH_2CH_2CH_2CH_3$	121	-102
1-노넨(1-nonene)	$CH_2{=}CHCH_2CH_2CH_2CH_2CH_2CH_2CH_3$	147	-81
1-데센(1-decene)	$CH_2{=}CHCH_2CH_2CH_2CH_2CH_2CH_2CH_2CH_3$	171	-66
사이클로펜텐(cyclopentene)		44	-135
사이클로헥센(cyclohexene)		83	-104

(2) 알켄의 명명법

$$\begin{array}{c} CH_3 \\ | \\ CH_3C{=}CHCH_2CHCH_2CH_3 \\ | \\ CH_3 \end{array}$$

① 2중 결합을 가진 가장 긴 탄소사슬을 모체로 정한다.

② 모체의 탄소사슬에 대응하는 알케인의 명칭을 선정하여 그 어미의 '에인(-ane)'을 '엔(-ene)'으로 표시한다.

③ 2중 결합을 형성하는 탄소의 번호가 가장 작게 되도록 모체의 탄소사슬에 번호를 붙인다.

④ 2중 결합의 위치는 2중 결합을 형성하는 최초의 탄소번호로서 표시한다. 따라서 위의 예에서는 좌측에서 번호를 붙이고 모체는 2-heptene이 된다. 5-heptene(우측에서 번호를 붙일 경우)이라고 해서는 안 된다.

⑤ 모체에 결합되어 있는 치환기의 위치는 결합된 탄소의 번호를 그 치환기 명칭 앞에 붙인다. 치환기는 알파벳 순으로 배열한다.

앞의 예에서는 2, 5−dimethyl이 되며, 그 화합물의 IUPAC 명칭은 2, 5−dimethyl−2−heptene이 된다.

옆 사슬기는 일반적 방법으로 명명한다.

$$\overset{1}{C}H_2 = \overset{2}{C} - \overset{3}{C}H_3 \qquad \overset{1}{C}H_2 = \overset{2}{C} - \overset{3}{C}H_2\overset{4}{C}H_3 \qquad \overset{1}{C}H_3 - \overset{2}{C} = \overset{3}{C}H\overset{4}{C}H_3$$

(a) methylpropene   (b) 2−methyl−1−butene   (c) 2−methyl−2−butene
(isobutylene)

다음 예에서 규칙들이 어떻게 적용되는지를 알 수 있다.

$$\overset{1}{C}H_3 - \overset{2}{C}H = \overset{3}{C}H - \overset{4}{C}H - \overset{5}{C}H_3 \qquad \overset{1}{C}H_2 = \overset{2}{C} - \overset{3}{C}H_2\overset{4}{C}H_3 \qquad \overset{1}{C}H_2 = \overset{2}{C}H - \overset{3}{C}H = \overset{4}{C}H_2$$

(a) 4−methyl−2−pentene   (b) 2−ethyl−1−butene   (c) 1, 3−butadiene

(a) cyclopentene   (b) 3−methyl cyclo−pentene   (c) 1, 3, 5−cyclo−hexatriene   (d) 1, 4−cyclo−hexadiene

(1개의 구조만 가능하기 때문에 번호가 필요 없다.)

(이중결합에서 번호가 시작되고 이중결합을 거쳐 치환기가 가장 적은 번호를 갖도록 한다. 5−메틸사이클로펜텐 또는 1−메틸−2−사이클로 펜텐은 옳지 않다.)

(3) 알켄의 이성질체

분자식이 C_4H_8인 butene(=butylene)의 구조식을 보면, 다음 그림에서와 같이 4개의 탄소 원자가 직쇄상으로 배열된 구조인 것 3종[그림의 (a), (b), (c)]과 가지가 있는 구조인 것 1종 [그림의 (d)] 등이 있다. 이러한 4종은 서로 이성체이다.

그 중에서 (a)와 (b)·(c)는 2중 결합의 위치가 서로 다르며, 이것을 위치 이성질체(positional isomer)라고 한다. 또 (b)와 (c)는 2중 결합에 대하여 치환기 또는 치환 원자가 공간적으로 서로 다른 위치에 있는 이성질체로서 이것을 기하 이성질체(geometric isomer) 또는 시스트란 스 이성질체(cistrans isomer)라고 한다.

즉, 치환기가 2중 결합을 중심으로 같은 쪽에 있는 것을 시스화합물(ciscompound)이라 하고, 반대쪽에 있는 것을 트란스화합물(transcompound)이라고 한다.

1-butene[그림 (a)], isobutylene[그림 (d)]과 같이 2중 결합탄소의 한쪽에 2개의 같은 원자 [(a)의 경우는 $\underset{H}{\overset{H}{>}}C=$], 또는 동일치환기 [(d)의 경우는 $\underset{CH_3}{\overset{CH_3}{>}}C=$]가 결합하고 있는 경우, 이러한 기하 이성질체는 존재하지 않는다.

$$CH_2 = CH - CH_2CH_3$$

$$\underset{H}{\overset{CH_3}{>}}C = C\underset{H}{\overset{CH_3}{<}}$$

(a) 1-butene   (b) cis-2-butene
(α-butylene)   (cis-β-butylene)

$$\underset{H}{\overset{CH_3}{>}}C = C\underset{CH_3}{\overset{H}{<}}$$

$$\underset{CH_3}{\overset{CH_3}{>}}C = CH_2$$

(c) trans-2-butene   (d) methyl propene
(trans-β-butylene)   (isobutylene)

⟨ butene의 이성질체 ⟩

(4) 알켄의 반응

① 수소의 첨가반응 : 여러 가지 촉매(Ni, Pd, Pt)를 사용하여 수소 분자를 탄소-탄소 2중 결합 위치에 첨가시킨다.

② 할로겐의 첨가반응 : 염소 또는 브로민이 2중 결합의 탄소에 첨가되어 인접 배치되는 (vicinal) 다이할로젠화 알킬을 생성한다.

⑥ 알카인의 명명법 및 반응

알카인은 탄소-탄소 3중 결합을 갖는 화합물류를 말하며, 일반적으로 C_nH_{2n-2}로 표시된다.

(1) 알카인의 명명법

알카인의 명명법은 알케인 또는 알켄에 준하지만 탄소사슬 모체의 어미에 3중 결합을 나타내는 '아인(-yne)'을 붙인다. 예를 들면, 탄소사슬이 4인 화합물은 뷰타인(butyne)이 되고 탄소사슬이 6인 화합물은 헥사인(hexyne)이 된다. 또 다음의 예에서와 같이 치환기가 붙어 있는 화합물은 4-ethyl-6-methyl-2-octyne이 된다.

$$\overset{\qquad\qquad\qquad \overset{CH_3}{|}}{\underset{1\quad 2\qquad 3\ 4\ 5\quad 6\ 7\ 8}{CH_3C \equiv CCHCH_2CHCH_2CH_3}}$$
$$\underset{CH_2CH_3}{|}$$

예 3-methyl-1-pentyne, 2-hexyne

(2) 알카인의 반응

① **수소의 첨가** : 알카인에 백금, 니켈, 파라듐 등의 촉매를 사용하여 수소를 첨가하면 최종 생성물로서 알케인이 얻어진다. 또한 활성을 저하시키는 촉매(觸媒), 예를 들면, $Pd/BaSO_4$ 또는 $Pd/Pb(OCOCH_3)_2$ 등을 사용하면 1mol의 수소만을 흡수하고 반응이 정지되며 cis-알켄이 생성된다.

$$R-C \equiv C-R' \xrightarrow[\text{Pd/BaSO}_4]{\text{H}_2} \overset{H}{\underset{R}{>}}C=C\overset{H}{\underset{R'}{<}} \xrightarrow[\text{Pt}]{\text{H}_2} \begin{matrix} & H & H & \\ & | & | & \\ H-&C&-C&-H \\ & | & | & \\ & R & R & \end{matrix}$$

② **할로젠의 첨가** : 탄소-탄소 3중 결합에 2mol의 할로젠을 첨가하면 1, 1, 2, 2-테트라할로젠화합물이 된다. 일반적으로 염소와 브로민이 반응을 잘 한다.

$$R-C \equiv C-R' + 2X_2 \longrightarrow \begin{matrix} & X & X & \\ & | & | & \\ R-&C&-C&-R' \\ & | & | & \\ & X & X & \end{matrix}$$

(3) 알케인(C_nH_{2n+2}), 알켄(C_nH_{2n}), 알카인(C_nH_{2n-2})의 특징 비교

① 결합력 : $C_nH_{2n+2} < C_nH_{2n} < C_nH_{2n-2}$

② 안정성 : $C_nH_{2n+2} < C_nH_{2n} < C_nH_{2n-2}$

③ 반응성 : $C_nH_{2n+2} < C_nH_{2n} < C_nH_{2n-2}$

④ 결합 길이 : $C_nH_{2n+2} < C_nH_{2n} < C_nH_{2n-2}$

⑤ 끓는점 : $C_nH_{2n+2} < C_nH_{2n} < C_nH_{2n-2}$

⑦ 방향족 화합물

(1) 벤젠

벤젠 구조의 표현방법은 공명구조이론에 의한 것이다. 벤젠에는 2종류의 기여구조(寄與構造)가 있고 그것들이 공명혼성체(resonance hybrid)로 된다. 따라서 Kekule의 구조식은 그 한쪽만을 나타내고 있고 실제의 구조식은 π 전자가 6개의 탄소 사이에 비편재화(delocalization)된 π 결합으로 되어 있는데 보통 다음과 같은 구조식을 사용한다.

즉 6개의 수소 원자는 등가(等價)이고 6개의 탄소-탄소 원자 간의 거리도 각각 1.40 Å 이며, σ 결합의 거리 1.54 Å 과 π 결합의 1.33 Å 의 거의 중간치이다.

이 구조를 통하여 1, 2-dichlorobenzene이 1개 종류 밖에 존재하지 않는 이유도 이해된다.

(2) 방향족 화합물의 명명법

① **치환벤젠의 명명법** : 벤젠의 6개의 탄소 원자가 등가이어서 1치환 벤젠에서는 그 치환 위
치를 나타낼 필요가 없고 치환기의 명칭 뒤엔 '벤젠(−benzene)'을 붙이면 된다.

(a) bromobenzene　(b) chlorobenzene　(c) ethylbenzene　(d) nitrobenzene

또한, 방향족 탄화수소에는 많은 관용명이 사용되고 있으며, 그 예는 다음과 같다.

(a) toluene　(b) phenol　(c) anisole　(d) aniline　(e) benzaldehyde　(f) benzoic acid　(g) acetophenone

(h) 1−bromo−2−chlorobenzene　　(i) 1, 3−difluorobenzene　　(j) 4−nitrotoluene
　　또는 o−bromo · chlorobenzene　　　또는 m−difluorobenzene　　　또는 p−nitrotoluene

관용명으로 불리는 2치환 벤젠의 예는 다음과 같다.

(a) o−xylene　　　　(b) m−cresol　　(c) catechol　　(d) resorcinol
　　(m, −p도 있음.)

(e) hydroquinone　　(f) o−toluidine　　(g) salicyliclic acid　　(h) phthalic acid

(3) 다치환 벤젠의 명명법

(a) 1-bromo-2-chloro-3-nitro benzene

(b) 4-hydroxy-3-methoxy
-benzaldehyde(vanillin)

(c) 2, 4, 6-trinitro toluene
(T.N.T.)

〈 벤젠형 방향족 화합물 및 그 성질 〉

벤젠형	방향족 화합물	분자식	비점(b.p.) (℃)	융점(m.p.) (℃)
벤젠 (benzene)		C_6H_6	80	6
나프탈렌 (naphthalene)		$C_{10}H_8$	218	80
안트라센 (anthracene)		$C_{14}H_{10}$	355	217
페난트렌 (phenanthrene)		$C_{14}H_{10}$	340	100
크리센 (chrysene)		$C_{18}H_{12}$	448	255
코로넨 (coronene)		$C_{24}H_{12}$	-	442

지방족 탄화수소의 유도체

(1) 알코올류(R-OH)

① 알코올의 분류

분류 기준	종류	설명	보기
-OH가 있는 C에 붙어 있는 알킬기의 수	1차 알코올	알킬기가 1개	CH_3-CH_2-OH
	2차 알코올	알킬기가 2개	$H - \overset{\overset{\displaystyle CH_3}{\mid}}{\underset{\underset{\displaystyle CH_3}{\mid}}{C}} - OH$
	3차 알코올	알킬기가 3개	$CH_3 - \overset{\overset{\displaystyle CH_3}{\mid}}{\underset{\underset{\displaystyle CH_3}{\mid}}{C}} - OH$
-OH의 수	1가 알코올	-OH가 1개	C_2H_5OH
	2가 알코올	-OH가 2개	$C_2H_4(OH)_2$
	3가 알코올	-OH가 3개	$C_3H_5(OH)_3$

② 주요 알코올

구조식	명칭 (( )는 알코올식 명명법)	융점(m.p.) (℃)	비점(b.p.) (℃)
CH_3OH	methanol(methyl alc)	-97	65
CH_3CH_2OH	ethanol(ethyl alc)	-114	78
$CH_3CH_2CH_2OH$	1-propanol(n-propyl alc)	-126	97
$(CH_3)_2CHOH$	2-propanol(isopropyl alc)	-89	82
$CH_3CH_2CH_2CH_2OH$	1-butanol(n-butyl alc)	-90	118
$(CH_3)_2CHCH_2OH$	2-methyl-1-propanol (isobutyl alc)	-108	108
$\overset{\overset{\displaystyle OH}{\mid}}{CH_3CH_2CHCH_3}$	2-butanol(sec-butyl alc)	-115	100
$(CH_3)_3COH$	2-methyl-2-propanol (tert-butyl alc)	26	83
$CH_2(CH_2)_4OH$	1-pentanol(n-pentyl alc)	-79	138

※ C_4H_9OH(뷰틸알코올)은 화학적으로는 알코올류에 해당하지만, 위험물안전관리법에서는 탄소원자수 1~3개
까지 포화 1가 알코올로 한정하므로 위험물안전관리법상 알코올류에는 해당되지 않는다. 다만, 인화점이
35℃로서 제2석유류(인화점 21~70℃ 미만)에 해당한다.

③ 알코올의 일반성

㉮ 저급일수록 물에 잘 녹으며 고급 알코올은 친유성을 띤다.

　㉠ 분자량이 작은 것을 저급, 분자량이 큰 것을 고급이라 한다.

　㉡ R−OH 중 R은 친유성을, −OH는 친수성을 띠고 있으며 R이 작으면 −OH의 친수성이 강해서 물에 잘 녹고, R이 크면 친유성이 강해지고 상대적으로 친수성은 작아져 물에 잘 녹지 않는다.

㉯ 저급 알코올이 물에 이온화되지 않아 중성을 띤다.

㉰ 알칼리금속과 반응하여 수소 기체가 발생한다.

$$2R-OH+2Na \longrightarrow 2R-ONa+H_2$$

※ **알칼리금속과 반응하여 수소를 발생시키는 물질**

　알킬기에 −OH가 붙어 있는 물질은 모두 반응하며, NaOH와 같은 염기와는 반응하지 않는다 (−OH 검출 반응).

　예 H−OH, R−OH, R−CO·OH, −OH, −CO·OH 등

㉱ 극성을 띠고 있으며, 강한 수소 결합을 하여 분자량이 비슷한 알케인족 탄화수소보다 끓는점이 높다.

㉲ 산화반응을 잘 한다.

㉳ 에터와 이성질체 관계에 있다.

④ 알코올의 산화반응

㉮ 1차 알코올의 산화

1차 알코올을 1번 산화시키면 알데하이드, 다시 산화시키면 카복실산이 된다.

$$\underset{\text{1차 알코올}}{R-CH_2-OH} \xrightarrow[-H_2]{\text{산화}} \underset{\text{알데하이드}}{R-CHO} \xrightarrow[+O]{\text{산화}} \underset{\text{카복실산}}{R-COOH}$$

$$\underset{\text{메탄올}}{CH_3OH} \xrightarrow[CuO]{-H_2} \underset{\text{폼알데하이드}}{HCHO} \xrightarrow[Pt]{+O} \underset{\text{폼산}}{HCOOH}$$

$$\underset{\text{에탄올}}{C_2H_5OH} \xrightarrow{-H_2} \underset{\text{아세트알데하이드}}{CH_3CHO} \xrightarrow[Pt]{+O} \underset{\text{아세트산}}{CH_3COOH}$$

㉯ 2차 알코올의 산화

2차 알코올을 산화시키면 케톤이 된다.

$$\underset{\substack{|\\R'\\\text{2차 알코올}}}{R-CH-OH} \xrightarrow[-H_2]{\text{산화}} \underset{\substack{|\\R'\\\text{케톤}}}{R-C=O}$$

$$CH_3-CH-OH \xrightarrow[-H_2]{\text{산화}} CH_3-C=O$$

$$\underset{\text{2-프로판올}}{\overset{|}{CH_3}} \qquad \underset{\text{아세톤}}{\overset{|}{CH_3}}$$

(2) 에터류(R−O−R′)

산소 원자에 2개의 알킬기가 결합된 화합물이다.

다이메틸에터[CH_3OCH_3(b.p. −23.7℃)]와 다이에틸에터[$C_2H_5OC_2H_5$(b.p. 34.6℃)]의 두 가지가 있다.

① **제법** : 알코올에 진한황산을 넣고 가열한다.

$$R-O\;\boxed{H+HO}-R' \xrightarrow[130℃]{\text{진한 }H_2SO_4} \underset{\text{에터}}{R-O-R'}+H_2O$$

$$C_2H_5\;\boxed{OH+H}\;OC_2H_5 \xrightarrow{\text{진한 }H_2SO_4} \underset{\text{에틸에터}}{C_2H_5OC_2H_5}+H_2O$$

② **일반적 성질**

㉮ 물에 난용성인 휘발성 액체이며, 인화성 및 마취성이 있다.

㉯ 기름 등 유기물을 잘 녹인다(유기용매).

㉰ 수소 원자를 알킬기로 치환한다.

  예 $(C_2H_5)_2O$　　[에틸에터]
  　$C_2H_5OCH_3$　　[에틸메틸에터]

보통 사용하고 있는 에터는 다이에틸에터로서 단지 에터라고 부르기도 한다.

③ **용도** : 용매, 마취제로 사용된다.

예제 다음 중 에터의 일반식은 어느 것인가?

　① R−O−R　　　　　　　② R−CHO
　③ R−COOH　　　　　　④ R−CO−R

풀이 R−O−R($C_2H_5OC_2H_5$)　　　　　　　　**정답** : ①

---

(3) 알데하이드류(R−CHO)

알데하이드는 일반적으로 R−CHO로 표시되고(R은 알킬기) 원자단 −CHO를 알데하이드기라고 한다.

① 알데하이드기(−CHO)는 산화되어서 카복실기로 되는 경향이 강하므로 일반적으로 강한 환원성을 가지고 있다. 이 경우에 알데하이드는 카복실산으로 된다.

$$-C{\overset{O}{\underset{H}{\big<}}} \xrightarrow{O} -C{\overset{O}{\underset{O-H}{\big<}}}$$

② 펠링 용액을 환원하여 산화 제일구리의 붉은 침전(Cu_2O)을 만들거나 암모니아성 질산은 용액을 환원하여 은을 유리시켜 은거울 반응을 한다. 알데하이드 검출에 이용한다.

(4) 케톤(R−CO−R′)

일반적으로 R−CO−R′로 표시되는 (R, R′은 알킬기) 물질을 케톤이라 한다. 케톤은 카보닐기($>C=O$)를 가진 두 개의 알킬기로 연결된 화합물을 말한다. 양쪽에 모두 알킬기로 결합한 카보닐기를 케톤기라 한다.

예 다이메틸케톤 : CH_3COCH_3, 에틸메틸케톤 : $C_2H_5COCH_3$, 아세톤 : $CH_3-CO-CH_3$

(5) 카복실산류(R−COOH)

① 일반적인 성질

㉮ 유기산이라고도 하며, 유기물 분자 내에 카복실기(−COOH)를 갖는 화합물을 말한다.

㉯ 알데하이드(R−CHO)를 산화시키면 카복실산(R−COOH)이 된다.

㉰ 물에 녹아 약산성을 나타낸다.

예 $CH_3COOH + H_2O = CH_3COO^- + H_3O^+$

㉱ 수소 결합을 하므로 비등점이 높다.

㉲ 알코올(R−OH)과 반응하여 에스터(R−O−R′)가 생성된다.

$CH_3COOH + C_2H_5OH \xrightarrow[\text{탈수 축합}]{c-H_2SO_4} CH_3COOC_2H_5 + H_2O$

㉳ 염기와 중화 반응을 한다.

예 $RCOOH + NaOH \rightarrow RCOONa + H_2O$

㉴ 알칼리금속(K, Na 등)과 반응하여 수소(H_2)를 발생시킨다.

예 $2R-COOH + 2Na \rightarrow 2RCOONa + H_2$

(6) 에스터류(R−COO−R′)

① 일반식 : R−COO−R′로 표시되며 산의 −COOH와 알코올의 −OH로부터 물이 빠져서 생긴 물질을 말한다.

$$R - C \overset{\displaystyle \nearrow O}{\underset{\boxed{O - H}}{}} + H\boxed{O - R'} \longrightarrow R - C \overset{\displaystyle \nearrow O}{\underset{O - R'}{}} + H_2O$$

에스터

② 용도 : 저급 알코올의 초산에틸은 좋은 향기를 가지므로 과실 에센스로 사용되며 용매로도 사용된다.

> 예   • 초산에틸($CH_3COOC_2H_5$) : 딸기 냄새
>   • 초산아밀($CH_3COOC_5H_{11}$) : 배 냄새
>   • 낙산에틸($C_3H_7COOC_2H_5$) : 파인애플 냄새

1-9. 반응속도와 화학평형

❶ 화학반응과 에너지

(1) 화학반응과 에너지

물이 항상 낮은 곳으로 흐르는 것과 같이 자연계의 변화도 에너지가 높은 상태로부터 낮은 상태, 즉 불안정한 상태로부터 안정한 상태로 되려고 한다. 그림에서와 같이 A의 물이 산을 넘지 못하면 B로 흘러가지 못한다.

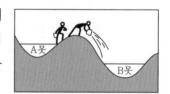

〈 활성화 에너지 〉

산을 넘기 위해서는 A못의 물을 B못으로 퍼 올려야 하는데 이러한 조작을 활성화한다고 하며, 이때 필요한 에너지를 활성화 에너지라 한다.

(2) 열화학반응식

물질이 화학변화를 일으키는 경우에는 열을 방출하거나 흡수한다. 이 열의 출입을 나타낸 식을 열화학반응식이라 한다.

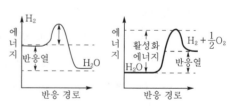

① 발열반응 : 발열반응이 클수록 생성되기 쉽고 안정하다.

② 흡열반응 : 흡열반응을 일으키기 위해서는 계속 열을 가해야 하며, 반응이 일어나기 힘들다.

③ 반응 엔탈피(enthalpy of reaction) : 어떤 물질이 생성되는 동안 그 물질 속에 축적된 에너지이다. 화학반응에서 열효과란 생성물질의 엔탈피와 반응물질의 엔탈피 간의 차이다.

ΔH＝생성물질의 엔탈피－반응물질의 엔탈피

(3) 헤스의 법칙(Hess's law)

최초 물질의 종류와 상태, 최후 물질의 종류와 상태가 결정되면 그 도중의 반응은 어떤 단계로 일어나도 **발생하는 열량, 또는 흡수하는 열량의 총합은 같다.** 이것을 헤스의 법칙이라 한다.

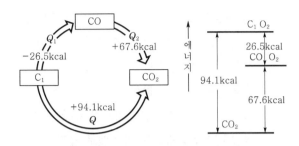

$$Q(94.1\text{kcal}) = Q_1(26.5\text{kcal}) + Q_2(67.6\text{kcal})$$

즉, i) $C + O_2 \rightarrow CO_2 + 94.1\text{kcal}$

ii) $C + \dfrac{1}{2}O_2 \rightarrow CO + 26.5\text{kcal}$

iii) $CO + \dfrac{1}{2}O_2 \rightarrow CO_2 + 67.6\text{kcal}$

헤스의 법칙에 의해서

$Q = Q_1 + Q_2$, $94.1\text{kcal} = 26.5\text{kcal} + 67.6\text{kcal}$

$C + \dfrac{1}{2}O_2 \rightarrow CO + 26.5\text{kcal}$

$+ \Big) \ CO + \dfrac{1}{2}O_2 \rightarrow CO_2 + 67.6\text{kcal}$

$\overline{\hspace{3cm}}$

$C + O_2 \rightarrow CO_2 + 94.1\text{kcal}$

② 반응속도

(1) 반응속도

화학반응이 얼마나 빨리 일어나는지를 양적으로 취급할 때 이 빠르기를 반응속도라고 하는데, 반응속도는 온도, 농도, 압력, 촉매, 작용하는 물질의 입자 크기, 빛, 전기, 교반, 효소 등에 따라 달라진다.

반응속도
⇨ 단위시간에 감소 또는 증가한 물질의 농도로 표시
　금속과 산과의 반응에서 금속은 양으로(g수), 산은 농도로 나타낸다.

(2) 반응속도에 영향을 주는 요소

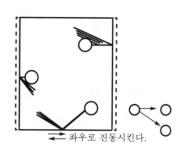

좌우로 진동시킨다.

① **농도(농도 표시 → [   ])** : 일정한 온도에서 반응물질의 농도(몰/L)가 클수록 반응속도가 커지는데, 반응속도는 반응하는 순간에 반응물질의 농도의 곱에 비례한다.
② **반응속도와 온도 활성화 에너지** : 온도를 상승시키면 반응속도는 증가한다. 일반적으로 수용액의 경우 온도가 10℃ 상승하면 반응속도는 약 2배로 증가하고, 기체의 경우는 그 이상이다.

 온도가 상승할수록 반응속도가 커진다.
열을 가하여 온도를 높게 하면 활성화하는 분자의 수가 증가하기 때문에 반응속도는 그만큼 커진다.

(3) 반응속도와 촉매

촉매는 자신은 변하지 않고 반응속도만을 증가시키거나 혹은 감소시키는 물질이다.
① **정촉매** : 반응속도를 빠르게 하는 촉매
② **부촉매** : 반응속도를 느리게 하는 촉매

예 $2H_2O_2 \longrightarrow 2H_2O + O_2$

 정촉매 → 활성화 에너지 낮아짐 → 반응속도 증가
부촉매 → 활성화 에너지 높아짐 → 반응속도 감소

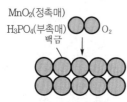

MnO₂(정촉매)
H₃PO₄(부촉매)
백금

산소가 흡착된다.

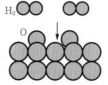

산소는 원자상태로 흡착되어 이것에 수소가 충돌한다.

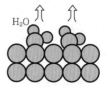

물의 분자가 되어 백금에서 분리된다.

 가역반응
⇨ 조건의 변화로 정 · 역 방향으로 진행하는 반응
온도나 농도, 압력 등의 조건 변화에 따라 반응이 정 · 역 어느 방향으로도 진행되는 반응을 가역반응이라 한다.

③ 반응속도론과 화학평형

화학반응이 일어나면 반응이 진행됨에 따라 반응물질의 농도 감소가 처음에는 빨리 일어나다가 점점 천천히 일어난다. 어느 시간에 이르러서는 더 이상 감소하지 않게 되는 상태가 되는데, 이러한 상태를 정반응과 역반응의 속도가 같은 상태, 즉 화학평형상태(chemical equilibrium state)라 한다.

화학평형상태의 계를 이루고 있는 생성물과 반응물의 상대적 비율을 결정하기 위해 다음의 일반적 반응식을 생각해 보자.

$$a\mathrm{A(g)} + b\mathrm{B} \rightleftarrows c\mathrm{C(g)} + d\mathrm{D(g)}$$

A와 B를 한 용기에 혼합하고 시간에 따른 A, B의 농도를 측정하여 다음 그림에 나타내었다.

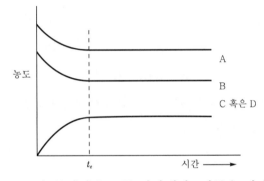

여기서 [A], [B], [C], [D]는 각 물질의 농도를 나타낸다. 이들은 시간 t_e에서 농도의 변화없이 일정한 값을 보인다. 이 상태를 화학적 평형에 도달했다고 한다.

위 반응에서 C와 D가 생성되는 정반응과 A와 B가 생성되는 역반응의 속도는 각각 다음과 같다.

$$정반응\ 속도 = k_f[\mathrm{A}]^a[\mathrm{B}]^b$$

$$역반응\ 속도 = k_r[\mathrm{C}]^c[\mathrm{D}]^d$$

k_f와 k_r은 정반응 속도정수, 역반응 속도정수를 나타낸다. 정반응과 역반응의 속도가 같은 상태를 화학평형상태라 하고, 이를 식으로 나타내면 다음과 같다.

$$k_f[\mathrm{A}]^a[\mathrm{B}]^b = k_r[\mathrm{C}]^c[\mathrm{D}]^d$$

화학평형상태에서 생성물과 반응물의 농도는 k_f와 k_r의 비에 의하여 결정되는 이 값을 평형 상수 K_C라고 한다. 이 관계는 질량작용의 법칙이라고 하며, 이 식을 질량작용식이라 한다.

$$\frac{k_f}{k_r} = \frac{[\mathrm{C}]^c[\mathrm{D}]^d}{[\mathrm{A}]^a[\mathrm{B}]^b}$$

$$K_C = \frac{[\mathrm{C}]^c[\mathrm{D}]^d}{[\mathrm{A}]^a[\mathrm{B}]^b}$$

압력으로 나타낸 평형상수

기체의 농도는 그 물질의 분압으로 나타낼 수 있다. 따라서 기체의 화학반응에서의 평형상수도 기체의 농도 대신 분압으로 표시할 수 있다. 평형상수와 구분하기 위해 농도에 대한 평형상수를 K_C, 압력에 의한 평형상수를 K_P로 표시한다.

예로 다음 반응의 평형상수는

$$N_2(g) + 3H_2(g) \rightleftarrows 2NH_3(g)$$

$$K_C = \frac{[NH_3]^2}{[N_2][H_2]^3}$$

$$K_P = \frac{(P_{NH_3})^2}{(P_{N_2})(P_{H_2})^3}$$

로 나타낸다. 이때 P_{NH_3}, P_N, P_{H_2}는 평형상태를 유지하는 NH_3, N_2, H_2의 분압이다.

$$K_P = K_C \cdot (RT)^{\Delta n}$$

여기서, Δn은 생성물의 몰수－반응물의 몰수이다. 생성물과 반응물의 몰수가 같으면 $\Delta n = 0$ 으로 K_C와 K_P는 같은 값을 보인다.

 Le Chatelier의 원리

평형계의 조건인 온도와 압력이 변화하면 그 평형계는 어떻게 될까? 1884년 Le Chatelier는 평형에 이른 계가 외부에서 교란을 받으면 그 교란을 없애려는 방향으로 반응하여 새로운 평형상 태에 이른다고 설명하였다. 이것을 Le Chatelier의 원리라 한다.

(1) 농도변화

> ㉮ 물질의 농도를 증가시키면, 증가된 물질의 농도를 감소시키는 방향으로 반응이 진행된다.
> ㉯ 물질의 농도를 감소시키면, 감소된 물질의 농도를 증가시키는 방향으로 반응이 진행된다.

다음 계가 평형을 이루었다고 하자.

$$H_2(g) + I_2(g) \rightleftarrows 2HI(g)$$

반응물이나 생성물의 농도를 조금이라도 변화시키면 이 평형이 깨진다. 예를 들면 H_2의 농도를 증가시키면 평형이 깨지고 다시 새로운 평형을 이루기 위해 H_2의 농도를 감소시키는 방향, 즉 오른쪽으로 반응이 진행된다. H_2가 소모됨으로써 HI가 더 생성되어 처음의 평형상태에서의 HI 농도보다 더 증가하게 된다. 이때 평형의 위치가 오른쪽으로 이동하였다고 한다.

(2) 온도변화

> ㉮ 온도를 높이면, 온도를 낮추는 방향인 흡열반응으로 평형이 이동한다.
> ㉯ 온도를 낮추면, 온도를 높이는 방향인 발열반응으로 평형이 이동한다.

평형상수는 온도함수이다. 그러므로 온도가 변하면 평형의 위치도 변하고 평형상수값 자체도 영향을 받는다.

다음의 발열반응을 예로 들어보자.

$3H_2(g) + N_2(g) \rightleftarrows 2NH_3(g) + 22.0kcal$

이 계가 평형에 이르렀을 때 온도를 가해 주면 평형은 깨지고 가해진 열의 일부를 소모하는 방향으로 반응이 진행한다. 그러므로 흡열변화를 일으켜 NH_3의 분해반응이 진행된다. 따라서 발열반응의 경우 계의 온도를 높이면 평형의 위치는 왼쪽으로 이동한다. NH_3의 농도는 작아지고 N_2와 H_2의 농도가 커지므로,

$$K_C = \frac{[NH_3]^2}{[H_2]^3[N_2]}$$

K_C 값은 식에 따라 작아진다.

(3) 압력변화

> ㉮ 압력을 높이면, 압력이 낮아지는 방향으로 평형이 이동하므로 기체의 몰수가 감소하는 방향으로 평형이 이동한다.
> ㉯ 압력을 낮추면, 압력이 높아지는 방향으로 평형이 이동하므로 기체의 몰수가 증가하는 방향으로 평형이 이동한다.

일정 온도에서 어떤 계의 외부압력을 높이면 부피는 감소한다(Boyle의 법칙).

$$PV = 상수$$

평형계의 압력이 증가하면 평형은 계의 부피가 작아지는 방향으로 이동하고, 압력이 감소하면 계의 부피가 커지는 방향으로 이동한다. NH_3 생성반응을 상기하자.

$N_2(g) + 3H_2(g) \rightleftarrows 2NH_3(g)$

이 반응은 Δn이 -2이므로 이 평형계에 압력을 증가시키면 반응이 오른쪽으로 진행하여 부피를 감소시킨다.

반응물과 생성물이 모두 고체나 액체일 경우 이들은 비압축성이므로 압력변화가 평형의 위치에 영향을 미치지 않는다. 또한 반응 전후의 기체몰수에 변화가 없는 경우 즉, $\Delta n = 0$인 경우도 마찬가지다.

(4) 촉매의 영향

화학평형에서는 정반응과 역반응의 속도는 같다. 여기에 촉매를 가하면 정반응의 속도가 증가하며, 그것과 비례하여 역반응의 속도 또한 증가한다. 따라서 평형상태는 변화가 없다. 촉매는 화학반응의 속도를 증가시키는 작용을 하지만, 화학평형을 이동시킬 수는 없다.

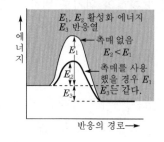
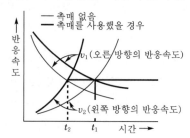

⑥ 산의 이온화 평형

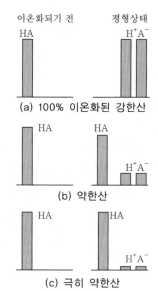

Arrhenius의 산은 물과 반응하여 수소 이온과 짝염기 이온을 만든다. 이 과정을 산이온화 또는 산해리(acid ionization or acid dissociation)라 한다.

강한산이라면 용액에서 완전히 이온화되고 이온의 농도는 산의 처음 농도로부터 화학양론적인 반응으로 결정된다. 그러나 약한산은 용액에서 이온의 농도를 구할 때 그 산의 이온화에 대한 평형상수인 산이온화(해리) 상수로 결정된다.

약한 1가의 산 HA를 생각해 보자.

$HA(aq) + H_2O(l) \rightleftarrows H_3O^+(aq) + A^-(aq)$

간단히, $HA(aq) \rightleftarrows H^+(aq) + A^-(aq)$

이 산의 이온화에 대한 평형상수(또는 산이온화 상수) K_a는 아래와 같다.

$$K_a = \frac{[H^+][A^-]}{[HA]}$$

주어진 온도에서 산 HA의 세기는 K_a가 크면 클수록 산의 세기는 더욱 크고 결국 그것은 산의 이온화때문에 평형에서 H^+ 이온의 농도가 더 크다는 것을 의미한다.

약한산의 이온화는 결코 완전할 수 없기 때문에 모든 화학종(이온화되지 않은 산, 수소이온 및 A^-이온)이 평형에서 존재한다.

용해도곱

염의 포화 용액을 만들면 해리된 이온과 용기 밑바닥에 있는 녹지 않은 고체 사이에 동적평형이 이루어진다. 염화은의 포화 용액에서 평형을 이루고 있다고 가정하면 다음과 같이 나타낼 수 있다.

$$AgCl(s) \rightleftharpoons Ag^+(aq) + Cl^-(aq)$$

이 상태에 대한 평형상수는 다음과 같다.

$$K = \frac{[Ag^+][Cl^-]}{[AgCl(s)]}$$

순수한 고체의 농도는 존재하는 고체의 양과는 무관하다. 즉, 고체의 농도는 일정하며 상수 K 속에 포함시킬 수 있다. 따라서, 평형상수 K에 고체 $AgCl$의 농도를 곱한 것은 여전히 상수이며, 이것을 K_{sp}로 표시하고 용해도곱 상수라고 부른다.

$$K[AgCl(s)] = K_{sp} = [Ag^+][Cl^-]$$

$Mg(OH)_2$와 같이 녹지 않는 고체의 경우에는 해리평형의 계수가 전부 1이 아니다.

$$Mg(OH)_2(s) \rightleftharpoons Mg^{2+}(aq) + 2OH^-(aq)$$

$Mg(OH)_2$의 K_{sp}는 다음과 같다.

$$K_{sp} = [Mg^{2+}][OH^-]^2$$

용해도곱 상수는 포화 용액에서의 이온농도들을 해리반응식의 화학양론적 계수만큼 거듭 제곱한 다음 서로 곱해 준 것과 같다.

포화 용액은 이온곱, 즉 알맞게 제곱승한 이온농도들의 곱이 엄밀하게 K_{sp}와 같을 때만 존재할 수 있다. 이온곱이 K_{sp}보다 작을 때는 이것과 같아질 때까지 더 많은 염이 녹아서 이온농도를 증가시키므로 불포화 용액이다. 반면에 이온곱이 K_{sp}보다 클 때는 이온농도를 낮추려고 염의 일부가 침전되며 이를 과포화 용액이라 한다.

제2장 | 유체역학

2-1. 유체의 정의와 분류

유체(fluid)란 형상이 일정하지 않아 전단력에 의해 변형이 쉽고 자유로이 흐를 수 있는 물질을 말하며, 통상적으로 액체와 기체 상태로 존재한다.

유체는 전단력이 작용하였을 때의 특성에 따라 점성 유체(viscous fluid)와 비점성 유체(inviscid fluid)로 분류되는데, 점성 유체는 유체가 흐를 때 유체의 점성으로 인해 유체 간 또는 유체와 경계면 사이에 전단응력이 발생하는 유체로, 실제유체(real fluid)라고도 한다. 반면, 비점성 유체는 유체의 점성이 없어 유체 유동 시 유체 간 또는 유체와 경계면 사이에 전단응력이 발생하지 않는 유체로, 이상유체(ideal fluid) 또는 완전유체(perfect fluid)라 한다.

또한, 유체에 가해지는 압력에 의해 밀도가 변화하는 압축성 유체와 밀도의 변화가 없는 비압축성 유체가 있으며, 실제유체는 압축성 유체, 이상유체는 비압축성 유체이다.

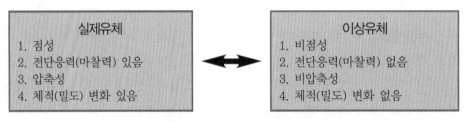

〈 실제유체와 이상유체의 성질 비교 〉

2-2. 단위와 차원

물리량을 측정할 때는 같은 종류의 일정량을 기준으로, 주어진 양이 일정량의 몇 배가 되는가를 측정하게 되는데, 그 기준이 되는 일정량을 단위(unit)라고 한다. 절대단위계는 길이(Meter), 질량(Kilogram), 시간(Second)의 MKS 단위를 기본으로 하고, 이는 국제단위계인 SI 단위(International System of Units)로 사용한다.

이외에도 길이(Centimeter), 질량(Gram), 시간(Second)을 기본으로 하는 CGS 단위, 길이(Foot), 질량(Pound), 시간(Second)을 기본으로 하는 FPS 단위가 있다.

측정될 수 있는 특성값인 질량(Mass), 힘(Force), 길이(Length), 시간(Time) 등 측정의 기본이 되는 개념을 차원(dimension)이라고 하며, 질량 "M", 힘 "F", 길이 "L", 시간 "T"로 표시한다.

기본량	공학단위	FLT 차원	SI 단위	MLT 차원
길이	m	L	m	L
시간	s	T	s	T
속도	m/s	LT^{-1}	m/s	LT^{-1}
가속도	m/s^2	LT^{-2}	m/s^2	LT^{-2}
면적	m^2	L^2	m^2	L^2
힘, 무게	kg$_f$	F	kg·m/s^2	MLT^{-2}
압력	kg$_f$/cm^2	FL^{-2}	kg/m·s^2(N/m^2)	$ML^{-1}T^{-2}$
운동량	kg$_f$·s	FT	kg·m/s	MLT^{-1}
부피, 체적	m^3	L^3	m^3	L^3
질량	kg$_f$·s^2/m	$FL^{-1}T^2$	kg	M
밀도	kg$_f$·s^2/m^4	$FL^{-4}T^2$	kg/m^3	ML^{-3}
일, 에너지	kg$_f$·m	FL	kg·m^2/s^2	ML^2T^{-2}
동력	kg$_f$·m/s	FLT^{-1}	kg·m^2/s^3	ML^2T^{-3}
점성계수	kg$_f$·s/m^2	$FL^{-2}T$	kg/m·s	$ML^{-1}T^{-1}$
동점성계수	m^2/s	L^2T^{-1}	m^2/s	L^2T^{-1}

뉴턴의 제2법칙(가속도의 법칙)에 따라 힘(F)과 질량(m) 간의 함수에 의한 변환이 가능하다.

$$F = m \times a$$

여기서, F : 힘(force)
　　　　m : 질량(mass)
　　　　a : 가속도(acceleration)

2-3. 유체의 특성

① 뉴턴의 점성법칙

점성(Viscosity)이란 유체가 이동하려고 할 때 이동하고자 하는 유체에 대한 내부저항으로서 유체 유동에 대한 저항의 척도가 된다.

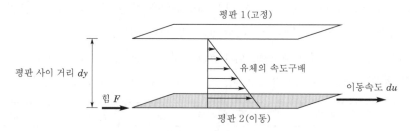

〈 평행한 두 평판 사이의 유체 전단 〉

그림과 같이 평행한 두 평판의 간격은 dy이고, 평판 사이에 유체가 채워져 있다. 평판 1은 고정되어 있고 평판 2에 F의 힘을 가했을 때 평판 2의 이동속도는 du만큼 발생한다. 이때 내부에 채워진 유체의 속도구배는 다음과 같이 나타낼 수 있다.

$$\frac{F}{A} = \mu \frac{du}{dy}$$

$$\tau = \frac{F}{A} \propto \frac{du}{dy}$$

$$\therefore \ \tau = \mu \frac{du}{dy} \ (\text{뉴턴의 점성법칙})$$

여기서, τ : 전단응력

  μ : 점성계수

  $\dfrac{du}{dy}$: 속도구배

뉴턴의 점성법칙에 의하면 유체가 이동할 때 그 유체에 가해지는 전단응력(τ)은 유체의 속도구배에 비례하는 것을 알 수 있다.

② 질량유량, 중량유량, 체적유량

연속방정식(continuity equation)은 어떤 물리량이 보존되는 상태로 이송되는 것을 기술하는 방정식이다. 이를 통해 유관 내 흐르는 유체의 질량은 항상 일정하다는 것을 알 수 있으며, 이를 질량보존의 법칙으로 설명할 수 있다.

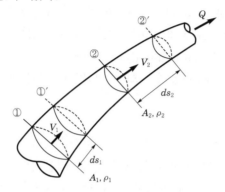

〈 배관 속에서 정상류의 흐름 〉

단면 ①에서의 평균속도, 밀도, 단면적을 V_1, ρ_1, A_1이라 하고, 단면 ②에서의 평균속도, 밀도, 단면적을 V_2, ρ_2, A_2라고 할 때, 단면 ①에서의 질량유량($\overline{m}$)과 단면 ②에서의 질량유량(mass flow rate)은 일정하다.

①에서의 질량유량 $\overline{m}_1 = \rho_1 \times A_1 \times V_1$

②에서의 질량유량 $\overline{m}_2 = \rho_2 \times A_2 \times V_2$

질량보존법칙에 의해 $\overline{m}_1 = \overline{m}_2$일 때, $\rho_1 \times A_1 \times V_1 = \rho_2 \times A_2 \times V_2 =$ 일정(constant)

또한, 질량유량에 중력가속도를 곱한 중량유량도 일정한 것을 알 수 있다.

①에서의 중량유량 $\overline{G}_1 = \rho_1 \cdot g \times A_1 \times V_1$

②에서의 중량유량 $\overline{G}_2 = \rho_1 \cdot g \times A_2 \times V_2$

$\rho \cdot g = \gamma$이고, $\overline{G}_1 = \overline{G}_2$일 때, $\gamma_1 \times A_1 \times V_1 = \gamma_2 \times A_2 \times V_2 =$ 일정(constant)

체적유량(volumetric flow rate)은 질량유량(mass flow rate)을 밀도(ρ)로 나눈 값이며, 질량유량 식에 적용하면

①에서의 체적유량 $Q_1 = A_1 \times V_1$

②에서의 체적유량 $Q_2 = A_2 \times V_2$

$Q_1 = Q_2$일 때, $A_1 \times V_1 = A_2 \times V_2 =$ 일정(constant)

③ 베르누이(Bernoulli) 방정식

유체가 관 내부를 흐르고 있을 때 유체의 흐름 방향과 직각으로 작용하는 압력을 정압이라 하며, 일반적으로 유체의 흐름이 없을 때 또는 유체의 흐름을 고려하지 않을 때 나타내는 압력으로 위치에너지의 형태로 나타낸다. 반면, 유체가 이동하는 방향으로 작용하는 압력을 동압이라 하며, 운동하고 있는 유체 중에만 존재하는 압력으로 운동에너지의 형태로 나타낸다. 또한 유체가 위치한 높이에 따라 갖는 에너지를 위치에너지라고 하는데, 정압과 동압 그리고 위치에너지를 합하여 높이로 환산한 것을 전수두(total head)라고 한다.

베르누이 방정식은 유체의 흐름과 압력 변화를 해석하는 유체역학의 핵심원리로, 베르누이 방정식의 가정조건은 다음과 같다.

첫째, 흐름이 정상류일 것

둘째, 마찰에 의한 에너지 손실이 발생하지 않는 이상유체일 것

셋째, 베르누이 방정식을 적용하고자 하는 임의의 두 점은 같은 유선상에 있을 것

이러한 가정으로 유선상의 각 점에 있어서 압력수두, 속도수두, 위치수두의 합을 전수두라고 하며, 전수두는 항상 일정하다.

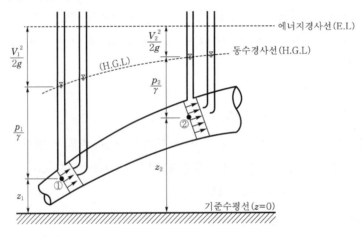

그림에서 같은 유선상의 ①의 위치에서의 전수두와 ②의 위치에서의 전수두는 같음을 의미하며, 식으로 나타내면 아래와 같다.

$$\frac{p}{\gamma} + \frac{V^2}{2g} + z = H = 일정$$

$$\frac{p_1}{\gamma} + \frac{V_1^2}{2g} + z_1 = \frac{p_2}{\gamma} + \frac{V_2^2}{2g} + z_2$$

여기서, $\frac{p}{\gamma}$: 압력수두. $\frac{V^2}{2g}$: 속도수두

z : 위치수두, H : 전수두

2-4. 유체에서의 손실

① 레이놀즈수(Reynolds number)

레이놀즈 수는 '관성에 의한 힘과 점성에 의한 힘의 비'로서, 주어진 유동조건에서 이 두 종류 힘의 상대적인 역학관계를 정량적으로 나타내며, 유체의 동역학에서 가장 중요한 무차원수 중 하나이다.

$$Re = \frac{관성력}{점성력} = \frac{\rho \cdot D \cdot V}{\mu} = \frac{D \cdot V}{\nu}$$

여기서, Re : 레이놀즈수, ρ : 유체의 밀도, D : 배관의 직경

V : 유체의 속도, μ : 유체의 점성계수, ν : 유체의 동점성계수

또한 유체의 유동은 층류, 천이구역, 난류로 구분하는데, 층류는 점성력이 지배적인 유동으로서 레이놀즈수가 낮고 평탄하면서도 일정한 유동이 특징이며, 반면 난류는 관성력이 지배적인 유동으로서 레이놀즈수가 높고 임의적인 와류나 소용돌이가 발생하는 것이 특징이다. 유동이 층류에서 난류로 전이되는 지점에서의 레이놀즈수를 '임계 레이놀즈수'라고 하는데, 실제로 이러한 전이는 점차적으로 진행되기 때문에 임계 레이놀즈수 값은 대략적인 값으로 보아야 하며, 원형 파이프 내의 유동과 같은 관수로 흐름의 경우 임계 레이놀즈수는 약 2,100 정도이나, 레이놀즈수 약 2,100~4,000 사이에서는 유동의 성질을 정확하게 말할 수 없는 '천이구역'이라고 한다.

〈 레이놀즈수에 따른 층류, 난류, 천이구역의 구분 〉

레이놀즈수	구분
$Re < 2{,}100$	층류
$2{,}100 < Re < 4{,}000$	천이구역
$4{,}000 < Re$	난류

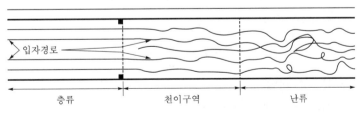

〈 층류, 난류, 천이구역의 입자 유동 〉

② 달시-바이스바하(Darcy-Weisbach) 식

달시-바이스바하 공식은 유체가 원형관을 층류로 통과 시 유체와 관벽 사이에서 발생하는 마찰손실을 계산하는 식이다. 다음 그림과 같이 내경 d인 배관의 관로를 속도 V로 유체가 흐르고 있을 때, 임의의 거리 l만큼 떨어진 두 점의 압력 p_1, p_2를 통해 유체에 의한 압력손실에 따른 마찰손실수두 H를 구할 수 있다.

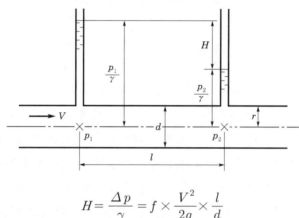

$$H = \frac{\Delta p}{\gamma} = f \times \frac{V^2}{2g} \times \frac{l}{d}$$

여기서, H : 마찰손실수두(mAq)

Δp : 압력차(pa 또는 N/m^2)

γ : 유체의 비중량(물의 비중량 $\gamma_w = 9,800\text{N/m}^3$)

f : 관마찰계수

V : 유체의 속도(m/s), g : 중력가속도(m/s^2)

l : 배관의 길이(m), d : 배관의 내경(m)

③ 패닝의 법칙(Fanning's law)

달시-바이스바하 공식에 의해 층류 유동에서의 손실수두를 구했다면, 패닝의 법칙으로는 난류 유동에서의 손실수두를 구할 수 있다.

$$H = f \times \frac{2V^2}{g} \times \frac{l}{d}$$

여기서, H : 마찰손실수두(mAq)

Δp : 압력차(pa 또는 N/m^2)

f : 관마찰계수

V : 유체의 속도(m/s), g : 중력가속도(m/s^2)

l : 배관의 길이(m), d : 배관의 내경(m)

④ 하젠-윌리엄스(Hazen-Williams) 식

하젠-윌리엄스 식은 비압축성 유체인 물이 배관에서 흐를 때 발생되는 마찰손실압을 계산할 때 적용하며, 유량, 배관의 조도(배관 재질의 매끄러운 정도) 및 직경과 손실압력 간의 함수로 나타낸다.

$$P = 6.053 \times 10^4 \times \frac{Q^{1.85}}{C^{1.85} \times d^{4.87}} \times L$$

여기서, P : 마찰손실압력(MPa)

   Q : 유체의 유량(L/min)

   C : 배관의 조도

   d : 배관의 내경(mm)

   L : 배관의 길이(m)

⑤ 관로에서의 부차적 손실

관로에 사용되는 밸브(valve), 엘보(elbow), 유니언(union) 등의 부속품이나 단면의 변화, 곡관(bend pipe) 등에 의하여 생기는 손실을 부차적 손실(minor loss)이라고 한다. 부차적 손실은 긴 관로일 때는 대체로 무시할 수 있으나, 짧은 관로에서는 관마찰손실과 마찬가지로 중요하고 미치는 영향을 무시할 수 없다.

일반적으로 부차적 손실수두는 다음과 같은 식으로 나타낸다.

$$H = K \frac{V^2}{2g}$$

여기서, H : 부차적 손실(m)

   K : 부차적 손실계수

   V : 유체의 속도(m/s)

   g : 중력가속도(m/s^2)

① 관로가 급격히 확대될 때(급확대관)

관로가 A_1에서 A_2로 급격히 확대될 때 유체 흐름상 와류에 의한 손실로 인해 A_2에서 속도수두가 감소한 만큼 압력수두로 변환되지 못한다.

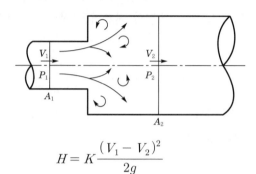

$$H = K\frac{(V_1 - V_2)^2}{2g}$$

여기서, H : 급확대관에서의 손실(m)

K : 부차적 손실계수

V_1 : 축소관 유속(m/s)

V_2 : 확대관 유속(m/s)

g : 중력가속도(m/s²)

② 관로가 급격히 축소될 때(급축소관)

관로가 A_1에서 A_2로 급격히 축소될 때 유체 흐름상 유속의 가속과 감속이 발생되는데, 급축소관에서의 손실은 가속과 감속으로 인한 손실의 합으로 나타낼 수 있다.

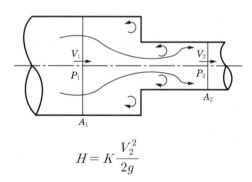

$$H = K\frac{V_2^2}{2g}$$

여기서, H : 급확대관에서의 손실(m)

K : 부차적 손실계수

V_2 : 확대관 유속(m/s)

g : 중력가속도(m/s²)

③ 밸브와 콕에 의한 손실

관로 속의 유량 또는 흐름의 방향을 제어(control)하기 위하여 각종 밸브가 사용되는데, 그때의 손실은 밸브 구조에 따라 유체의 흐름 방향과 단면적의 변화에 의해 다르게 발생한다.

㉠ 슬루스 밸브(sluice valve) : 슬루스 밸브는 주로 밸브 디스크를 기준으로 배관 내경의 급축소와 급확대로 인해 손실수두가 발생한다.

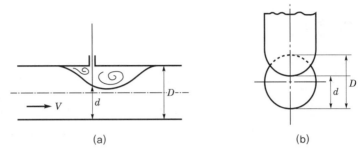

㉡ 글로브 밸브(glove valve) : 글로브 밸브는 주로 유체의 흐름 방향의 변화에 따른 와류로 인해 손실수두가 발생한다.

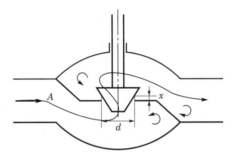

㉢ 버터플라이밸브(butterfly valve) : 버터플라이밸브는 디스크의 회전에 의해 유체의 흐름을 조절하는데, 디스크 축이 배관의 중심부 위치에 있어 손실수두가 발생한다.

㉣ 볼밸브(ball valve) : 볼밸브는 타공된 구체를 밸브 내부에 삽입하여 구체의 회전에 의해 유체의 흐름을 조절하는데, 타공부가 밸브와 평행하게 되면 유수의 흐름이 발생되고, 타공부가 밸브와 직각을 이루게 되면 유수의 흐름이 멈추게 된다. 볼이 회전할 때 회전각에 따라서 유수의 흐름 방향과 유로의 내경이 바뀌어 손실수두가 발생된다.

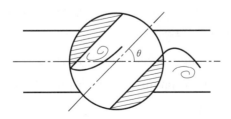

2-5. 펌프 이송설비

 펌프의 분류

형태	방식	펌프의 종류
터보형	원심식	벌류트펌프
		터빈펌프
	사류식	사류펌프
	축류식	축류펌프
용적형	왕복식	피스톤펌프
		다이어프램펌프
	회전식	기어펌프
		스크루펌프
특수형	─	진공펌프
		와류펌프

(1) 원심펌프

회전차(impeller)의 회전운동에 의하여 발생하는 원심력(centrifugal force)을 이용하여 가압하는 펌프를 원심펌프라 한다.

① 안내날개의 유무에 따른 분류

㉮ 벌류트펌프(volute pump) : 회전차의 형상이 벌류트형으로 되어 있으며 안내날개가 없는 펌프로, 주로 양정이 낮고 양수량이 많은 곳에서 사용

㉯ 터빈펌프(turbin pump) : 회전차의 형상이 터빈형으로 되어 있으며 안내날개가 있는 펌프로, 양정이 높고 방출압력이 높은 곳에 사용

② 흡입방식에 의한 분류

㉮ 단흡입펌프(single suction pump) : 회전차의 한쪽에서만 유체를 흡입하는 펌프

㉯ 양흡입펌프(double suction pump) : 회전차의 양쪽에서 유체를 흡입하는 펌프

③ 회전차의 개수에 의한 분류

㉮ 단단펌프(single stage pump) : 하나의 케이싱 내에 1개의 회전차로 구성된 펌프

㉯ 다단펌프(multi stage pump) : 하나의 케이싱 내의 동일한 축에 2개 이상의 회전차를 직렬로 배치한 펌프

④ 축의 형상에 의한 분류

    ㉮ 횡축식 펌프(horizontal type pump) : 펌프의 주축이 수평으로 설치된 펌프로, 대다수의 펌프가 횡축식 형태를 가짐

    ㉯ 종축식 펌프(vertical type pump) : 주축이 수직으로 설치된 펌프로, 공동현상의 발생이 우려가 되는 곳에 설치

    ㉰ 사류펌프 : 회전차의 형상이 프로펠러형으로 되어 있으며, 오물을 양수하기에 용이하게 회전날개가 칼날과 같이 절단할 수 있게 되어 있는 펌프

    ㉱ 축류펌프 : 회전차의 형상이 나사모양의 스크루와 같은 형상으로 되어 있는 펌프

(2) 축류펌프

축류펌프는 다수(보통 3~5)의 깃을 가진 회전차를 동력장치에 직접 연결하여 작은 용량으로 큰 유량을 수송할 수 있게 설계된 펌프이다.

(3) 왕복펌프

왕복펌프는 펌프를 구성하고 있는 피스톤 등의 왕복운동에 의해 실린더 내를 진공에 가까운 압력상태로 만들어 낮은 곳에 있는 물을 흡입하고 여기에 압력을 가하여 필요한 거리로 수송하는 설비를 통칭한다.

 펌프의 양정 및 동력

(1) 펌프의 양정

펌프의 전양정＝실양정＋마찰손실수두＋방수압력 환산수두

(이때, 실양정＝흡입양정＋토출양정)

① 전양정이란 펌프를 이용하여 높은 곳으로 물을 양수할 때 펌프의 사용에 있어 필요한 전체의 수두를 말하며, 실양정, 마찰손실수두, 방수압력 환산수두를 모두 합한 값을 펌프의 전양정이라 한다.

② 실양정이란 펌프를 이용하여 액체를 낮은 위치로부터 높은 위치로 이송할 때 흡입면에서 토출면까지의 수직거리를 말하며, 흡입면에서 펌프의 중심까지의 수직거리를 '흡입양정', 펌프의 중심에서 토출면까지의 수직거리를 '토출양정'이라 한다.

③ 마찰손실수두란 배관 또는 호스 내 유체가 흐를 때 발생하는 마찰로 인한 손실수두를 말하며, 배관 및 호스의 마찰손실계수, 배관의 길이, 유속, 배관경 등에 따라 손실수두가 다르게 나타난다.

④ 방수압력 환산수두란 방수압력에 의해 유체가 수직으로 상승할 수 있는 높이를 말하며,
소방설비별 규정 방수압이 각각 다르게 규정되어 있다.

(2) 펌프 소요동력의 산출

힘(F)은 질량(m)에 가속도(g)가 가해진 값이며, 일(W)은 힘(F)에 거리 변화가 발생한 값과
같다. 또한 동력은 일(W)을 시간으로 나눈 값과 같은 의미를 가진다. 그러므로 유체를 수송
하는 펌프의 동력값에 대해 살펴보면 다음과 같이 나타낼 수 있다.

$$동력 = \frac{일}{시간} = \frac{힘 \times 거리}{시간} = F \times V = PAV = PQ = \gamma QH$$

펌프의 효율이 η이고 축동력 전달계수를 K라 하면 펌프의 동력은 다음과 같다.

$$P = \frac{\gamma \times Q \times H}{\eta} \times K$$

여기서, P : 동력($kg_f \cdot m/s$)

γ : 비중량(kg_f/m^3)

Q : 펌프의 토출량(m^3/s)

H : 전양정(m)

η : 효율(%)

K : 전달계수

③ 펌프에서 발생하는 현상

(1) 공동현상(cavitation)

액체 속을 고속도로 움직이는 물체의 표면은 액체의 압력이 저하하는데, 이때의 압력이 액체
의 포화증기압보다 낮아진 범위에 증기가 발생하거나 액체 속에 녹아 있던 기체가 나와서 공
동을 이룬다. 이것은 수력터빈이나 선박용 프로펠러를 운전할 때 자주 발생하는 현상으로,
압력 면에 발생하는 경우도 있지만, 주로 날개의 등 부분에 발생한다. 발생한 기포는 압력이
높은 부분에 이르면 급격히 부서져 소음이나 진동의 원인이 되며, 터빈이나 프로펠러의 효율
을 떨어뜨린다.

① 발생원인

㉮ 펌프 임펠러 깃에서 물의 압력이 포화증기압 이하로 내려가면 증발하여 기포가 발생

㉯ 펌프의 흡입측 낙차가 클 경우

㉰ 이송하는 유체가 고온일 경우

㉱ 펌프 흡입측 배관의 마찰손실이 클 경우

㉲ 임펠러 속도가 지나치게 클 경우

② 발생현상

㉮ 소음과 진동이 발생한다.

㉯ 펌프의 성능(토출량, 양정, 효율)이 감소한다.

㉰ 임펠러(impeller)의 침식이 발생한다.

㉱ 심하면 양수불능상태가 된다.

③ 방지대책

㉮ 펌프 내에서 포화증기압 이하의 부분이 발생하지 않도록 조치한다.

㉯ 펌프의 설치위치는 가능한 낮게 한다.

㉰ 펌프의 회전수를 낮추고, 흡입 비속도를 크게 한다.

㉱ 펌프 흡입측 배관의 마찰손실을 작게 한다.

(2) 수격작용(water hammering)

관 내를 흐르고 있는 물의 유속이 급히 바뀌면 유체의 운동에너지가 압력에너지로 변하여 관 내 압력이 이상 상승하게 되어 배관과 펌프에 손상을 주는 현상으로 수격작용은 펌프의 운전 중은 물론이고 펌프가 정지될 때에도 발생할 수 있으므로 대용량인 펌프와 배관이 길어지는 경우에는 적절한 대비책이 있어야 한다.

① 발생원인

㉮ 정전 등으로 갑자기 펌프가 정지할 경우

㉯ 밸브를 급히 개폐할 경우

㉰ 펌프의 정상운전 시 유체의 압력변동이 있는 경우

② 발생현상

㉮ 압력상승에 의해 펌프, 밸브, 플랜지, 관로 등 여러 기기가 파손된다.

㉯ 압력강하에 의해 관로가 압괴하거나 수주분리가 생겨 재결합 시에 발생하는 격심한 충격파에 의해 관로가 파손된다.

㉰ 소음과 진동의 원인이 된다.

㉱ 주기적인 압력변동때문에 자동제어계 등 압력을 컨트롤하는 기기들이 난조를 일으킨다.

③ 방지대책

㉮ 관경을 굵게 하여 가능한 유속을 낮춘다.

㉯ 펌프 회전축에 플라이휠(flywheel)을 설치하여 펌프의 급격한 속도 변화를 방지한다.

㉰ 펌프 토출측에 조압수조(surge tank) 또는 수격방지기(water hammer cusion)를 설치한다.

㉱ 유량조절 밸브를 펌프 토출측 직후에 설치하고 적당한 밸브 제어를 한다.

(3) 맥동현상(surging)

펌프의 운전 중에 압력계기의 눈금이 어떤 주기를 가지고 큰 진폭으로 흔들림과 동시에 토출량은 어떤 범위에서 주기적으로 변동이 발생하고 흡입 및 토출 배관의 주기적인 진동과 소음을 수반한다. 이를 맥동(surging)현상이라 한다.

① 발생원인

㉮ 펌프의 $H - Q$ 곡선이 오른쪽 상승부에서 운전 시

㉯ 펌프의 토출관로가 길고, 배관 중간에 수조 또는 기체가 존재 시

㉰ 수조 또는 기체상태가 있는 부분의 하류측 밸브에서 토출량을 조절 시

② 발생현상

㉮ 흡입 및 토출 배관에 주기적인 진동과 소음을 수반한다.

㉯ 한 번 발생하면 그 변동주기는 비교적 일정하고, 송출밸브로 송출량을 조작하여 인위적으로 운전상태를 바꾸지 않는 한 이 상태가 지속된다.

③ 방지대책

㉮ 펌프의 $H - Q$ 곡선이 오른쪽 하향구배 특성을 가진 펌프를 채용한다.

㉯ 회전차나 안내깃의 형상 치수를 바꾸어 그 특성을 변화시킨다.

㉰ 바이패스관을 사용하여 운전점이 펌프 $H - Q$ 곡선의 오른쪽 하향구배 특성범위 위치에 오도록 한다.

㉱ 배관 중간에 수조 또는 기체상태인 부분이 존재하지 않도록 배관한다.

㉲ 유량조절 밸브를 펌프 토출측 직후에 위치시킨다.

㉳ 불필요한 공기탱크나 잔류공기를 제어하고, 관로의 단면적, 유속, 저항 등을 바꾼다.

PART

2

위험물의 성질 및 취급

제2편
위험물의 성질 및 취급

제1장 | 위험물의 연소 특성

1-1. 연소 이론

① 연소의 정의

연소(combustion)는 **열과 빛을 동반하는 산화반응**으로서 F_2, Cl_2, CO_2, NO_2, 그리고 산소의 존재가 없는 몇몇 다른 가스(기체) 중에서 일어날 수도 있다(예를 들면, 금속분 등은 CO_2 중에서도 점화될 수 있다).

(1) 완전연소

더 이상 연소할 수 없는 연소생성물이 생성되는 연소이다.

① 탄소(흑연의 경우)의 연소 : $C + O_2(g) \rightarrow CO_2(g)$

② 프로페인(C_3H_8)의 연소 : $C_3H_8(g) + 5O_2(g) \rightarrow 3CO_2(g) + 4H_2O(l)$

③ 수소의 연소 : $H_2(g) + \dfrac{1}{2}O_2(g) \rightarrow H_2O(g)$ (기체인 경우)

$$H_2(g) + \dfrac{1}{2}O_2(g) \rightarrow H_2O(l) \text{ (액체인 경우)}$$

(2) 불완전연소

부분적인 연소, 재연소가 가능한 생성물이 발생하는 연소이다.

$$C + \dfrac{1}{2}O_2 \rightarrow CO, \ CO + \dfrac{1}{2}O_2 \rightarrow CO_2$$

(3) 산화반응이지만 연소반응이라 할 수 없는 경우

① 산화반응이나 발열이 아니거나 아주 미약한 발열반응인 경우

$4Fe + 3O_2 \rightarrow 2Fe_2O_3$

② 산화반응이나 흡열반응인 경우

$N_2 + O_2 \rightarrow 2NO - 43.2kcal$(산화반응이지만 흡열반응임.)

(4) 유기화합물의 대기 중 연소 시 완전연소 생성물은 CO_2와 H_2O이며, 불완전연소의 경우에는 C, CO, CO_2, H_2O, H_2 등이 생성된다.

② 연소의 구비조건

(1) 연소의 필수요소

연소는 타는 물질인 가연성 물질, 가연성 물질을 산화시키는 데 필요한 조연성 물질(산소 공급원), 가연성 물질과 조연성 물질을 활성화시키는 데 필요한 에너지인 점화원이 필요하며, 이러한 3가지 요소를 연소의 3요소라 한다. 그러나 일반적으로 연소가 계속적으로 진행되기 위해서는 연소의 3요소 이외에 연속적인 연쇄반응이 수반되어야 한다. 이와 같이 **가연성 물질, 산소 공급원, 점화원 및 연쇄반응을 연소의 4요소**라 한다.

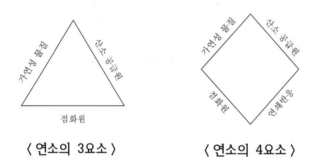

〈 연소의 3요소 〉　　　　〈 연소의 4요소 〉

(2) 연소의 4요소 특징

① 가연성 물질 : 연소가 일어나는 물질로 발열을 일으키며, 산화반응을 하는 모든 물질로 환원제이며 다음과 같은 조건이 필요하다.
　㉮ **산소와의 친화력**이 클 것
　㉯ 고체·액체에서는 분자구조가 복잡해질수록 **열전도율**이 작을 것
　　(단, 기체분자의 경우 단순할수록 가볍기 때문에 확산속도가 빠르고 분해가 쉽다. 따라서 열전도율이 클수록 연소폭발의 위험이 있다.)
　㉰ **활성화 에너지**가 적을 것
　㉱ **연소열**이 클 것
　㉲ 크기가 작아 **접촉면적**이 클 것
② 산소 공급원(조연성 물질) : 가연성 물질의 산화반응을 도와주는 물질로 산화제이다. 공기, 산화제(제1류 위험물, 제6류 위험물 등), 자기반응성 물질(제5류 위험물), 할로젠 원소 등이 대표적인 조연성 물질이다.

③ **점화원(열원, heat energy sources)** : 어떤 물질의 발화에 필요한 최소 에너지를 제공할 수 있는 것으로 정의할 수 있으며, 일반적인 불꽃과 같은 점화원 외에 다음과 같은 것들이 있다.

    ㉮ 화학적 에너지원 : 반응열 등으로 산화열, 연소열, 분해열, 융해열 등

    ㉯ 전기적 에너지원 : 저항열, 유도열, 유전열, 정전기열(정전기 불꽃), 낙뢰에 의한 열, 아크방전(전기불꽃 에너지) 등

    ㉰ 기계적 에너지원 : 마찰열, 마찰 스파크 열(충격열), 단열 압축열 등

④ **연쇄반응** : 가연성 물질이 유기화합물인 경우 불꽃 연소가 개시되어 열을 발생하는 경우 발생된 열은 가연성 물질의 형태를 연소가 용이한 중간체(화학에서 자유 라디칼이라 함)로 형성하여 연소를 촉진시킨다. 이와 같이 에너지에 의해 연소가 용이한 라디칼의 형성은 연쇄적으로 이루어지며, 점화원이 제거되어도 생성된 라디칼이 완전하게 소실되는 시점까지 연소를 지속시킬 수 있다. 이러한 현상을 연쇄반응이라고 말하며, 이것을 연소의 3요소에 추가하여 연소의 4요소라고도 한다.

 ## 온도에 따른 불꽃의 색상

불꽃의 온도	불꽃의 색깔	불꽃의 온도	불꽃의 색깔
500℃	적열	1,100℃	황적색
700℃	암적색	1,300℃	백적색
850℃	적색	1,500℃	휘백색
950℃	휘적색	–	–

 ## 연소의 분류

(1) 정상연소

가연성 물질이 서서히 연소하는 현상으로 연소로 인한 열의 발생속도와 열의 확산속도가 평형을 유지하면서 연소하는 형태이다. 가연물의 성질에 따라서 그 연소속도는 일정하지 않으며 난연성(難燃性), 이연성(易燃性), 속연성(速燃性) 등의 말로 표현되나 어떠한 경우에 있어서도 연소의 경우는 열의 전도이다. 작게는 성냥개비와 담배가 타는 경우에서부터 크게는 보일러 등에서 연료가 타는 경우 등이다. 즉, 화원으로부터 끊임없이 타는 것이 연소의 특징이다.

(2) 접염연소

불꽃이 물체와 접촉함으로써 착화되어 연소되는 현상이다. 불꽃의 온도가 높을수록 타기 쉽다. 이 경우 불꽃이 직접 닿는 곳에는 전도 불꽃이, 가까운 곳에는 복사에 의하여, 멀어질수록 대류에 의하여 주로 발생한다. 그러나 불꽃은 끊임없이 동요하므로 결국은 전도, 복사, 대류가 다 같이 작용하는 것이라고 보아야 할 것이다.

(3) 대류연소

열기가 흘러 그 기류가 가연성 물질을 가열함으로써 끝내는 그 물질을 착화하여 연소로 유도하는 현상을 말한다. 대류연소는 기류의 온도가 그다지 높지 아니한 때는 문제될 것이 없으나 불꽃이 연소되는 고열이나 또는 고열상태에 있을 때에는 대단히 위험하다.

(4) 복사연소

연소체로부터 발산하는 열에 의하여 주위의 가연성 물질에 인화하여 연소를 전개하는 현상이다. 복사열은 그 자체는 육안으로는 식별되지 않으므로 당장 그 작용이 격렬히 진행되고 있어도 대상물에 발화될 때까지는 판별을 못하여 결국 화재방어에 실패하는 때도 있다. 복사열은 본래 열원의 작용이며 그 작용은 열원의 쌍방에서 사방으로 파급된다.

(5) 비화연소

불티가 바람에 날리거나 혹은 튀어서 발화점에서 떨어진 곳에 있는 대상물에 착화하여 연소되는 현상이다. 비화연소에 대한 화재방어상의 문제는 화원에서 상당한 거리에 있는 장소에 다수의 새로운 발화점을 만든다는 것이다. 이 불티는 대소가 있으며 그것이 크면 클수록 위험률이 높은 것이다. 그러나 때로는 작은 불티라도 바람, 온도 등의 관계로 화재에 이르게 하는 수가 있다. 또한 불티의 비산거리와 범위는 연소 중인 물질의 종류, 발화점의 분화력, 풍력 등에 따라서 달라진다.

⑤ 연소의 형태(물질의 상태에 따른 분류)

(1) 기체의 연소

① 확산연소(불균일연소) : '가연성 가스'와 공기를 미리 혼합하지 않고 산소의 공급을 '가스'의 확산에 의하여 주위에 있는 공기와 혼합, 연소하는 것. 산소의 공급을 주위의 공기로부터 얻으므로 특별한 경우를 제외하고는 불꽃의 위치나 모양이 변하지 않는 정상연소이

기는 하나, 확산에 의해 공기와 접촉할 수 있는 부분에서만 연소가 일어나므로 불의 세기는 약하며 충분한 연소가 일어나기 어렵다.

② **예혼합연소(균일연소)** : '가연성 가스'와 공기를 혼합하여 연소시키는 것. 즉, 가연성 기체를 공기와 일정한 비율로 혼합시켜 놓고 혼합기체를 점화원에 의해 점화하여 연소하는 방식으로 '가연성 가스'와 공기가 적당히 잘 혼합되어 있어 반응이 빠르고 온도도 높아 폭발적인 연소가 일어나기도 하며, 이러한 형식의 불꽃을 예혼염이라 한다.

(2) 액체의 연소

① **액면연소** : 열원으로부터 연료 표면에 열이 전달되어 증발이 일어나고 발생된 증기가 공기와 접촉하여 유면의 상부에서 확산연소를 하지만 화염 시에 볼 수 있을 뿐 실용 예는 거의 없는 연소 형태이다.

② **심화연소** : 모세관현상에 의해 심지의 일부분으로부터 연료를 빨아 올려서 다른 부분으로 전달되어 거기서 연소열을 받아 증발된 증기가 확산연소하는 형태이다.

③ **분무연소(액적연소)** : 점도가 높고, 비휘발성인 액체를 안개상으로 분사하여 액체의 표면적을 넓혀 연소시키는 형태이다.

④ **증발연소** : 가연성 액체를 외부에서 가열하거나 연소열이 미치면 그 액표면에 가연 가스(증기)가 증발하여 연소되는 현상을 말한다. 예를 들어, 등유에 점화하면 등유의 상층 액면과 화염 사이에는 어느 정도의 간격이 생기는데, 이 간격은 바로 등유에서 발생한 증기의 층이다(알코올, 휘발유).

> 가솔린의
> 유증기
> 연소실험

⑤ **분해연소** : 비휘발성이거나 끓는점이 높은 가연성 액체가 연소할 때는 먼저 열분해하여 탄소가 석출되면서 연소하는데, 이와 같은 연소를 말한다.

　예 중유, 타르 등의 연소

(3) 고체의 연소 ★★★

① **표면연소(직접연소)** : 열분해에 의하여 가연성 가스가 발생하지 않고 그 자체가 연소하는 형태로서 연소반응이 고체의 표면에서 이루어지는 형태이다.

　예 목탄, 코크스, 금속분 등

② **분해연소** : '가연성 가스'가 공기 중에서 산소와 혼합되어 타는 현상이다.

　예 목재, 석탄, 종이 등

③ **증발연소** : 가연성 고체에 열을 가하면 융해되어 여기서 생긴 액체가 기화되고 이로 인한 연소가 이루어지는 형태이다.

　예 **양초, 황, 나프탈렌, 장뇌 등**

④ 내부연소(자기연소) : 물질 자체의 분자 안에 산소를 함유하고 있는 물질이 연소 시 외부에서의 산소 공급을 필요로 하지 않고 물질 자체가 갖고 있는 산소를 소비하면서 연소하는 형태이다.

예 질산에스터류, 나이트로화합물류 등

⑥ 연소에 관한 물성

(1) 인화점(flash point)

가연성 액체를 가열하면서 액체의 표면에 점화원을 주었을 때 증기가 인화하는 액체의 최저 온도를 인화점 혹은 인화온도라 하며 이는 인화가 일어나는 액체의 최저 온도이다.

〈 인화성 액체의 인화점 〉

액체	화학식	인화점
아세톤(acetone)	$CH_3-CO-CH_3$	-18.5℃
메틸알코올(methyl alcohol)	CH_3-OH	11℃
에틸알코올(ethyl alcohol)	C_2H_5-OH	13℃
벤젠(benzene)	C_6H_6	-11℃
가솔린(gasoline)	$C_5{\sim}C_9$	-43℃
등유(kerosene)	$C_9{\sim}C_{18}$	39℃ 이상

(2) 연소점(fire point)

상온에서 액체상태로 존재하는 가연성 물질의 연소상태를 5초 이상 유지시키기 위한 온도를 의미하며, 일반적으로 인화점보다 약 5~10℃ 정도 높은 온도이다.

(3) 발화점(ignition point, 발화온도, 착화점, 착화온도)

가열에 의한 등유의 발화

① 가연성 물질 또는 혼합물을 공기 중에서 일정한 온도 이상으로 가열하면 가연성 가스가 발생되어 계속적인 가열에 의하여 화염이 존재하지 않는 조건에서 점화한다. 즉, 점화원을 부여하지 않고 가연성 물질을 조연성 물질과 공존하는 상태에서 가열하여 발화하는 최저의 온도이다.

② 발화점이 낮을수록 위험성은 증가한다.

③ 발화점은 조건에 따라 다양한 수치가 나오므로 비점이나 증기압과 같은 물리적인 상수값은 아니다.

④ 발화점에 미치는 중요한 요인으로 가열하는 시간, 촉매 유무, 가연물과 산화제의 혼합, 혼합물의 양, 용기의 상태, 압력, 점화원의 종류 등이 있으며 표는 가연성 가스의 공기 중 발화점을 여러 가지 측정방법으로 측정한 값들을 요약하였다.

〈 가연성 물질의 발화온도(착화온도) 〉

물질	발화온도(℃)	물질	발화온도(℃)	물질	발화온도(℃)
메테인	615~682	가솔린	약 300	코크스	450~550
프로페인	460~520	목탄	250~320	건조한 목재	280~300
뷰테인	430~510	석탄	330~450	등유	약 210

인화점이 낮다고 발화점도 낮은 것은 아니다. 예를 들어, 가솔린의 경우 인화점은 −43℃로 등유보다 낮지만, 발화점은 300℃로 등유보다 높다.

(4) 최소 착화에너지(최소 점화에너지)

① 가연성 혼합가스에 전기불꽃으로 점화 시 착화하기 위해 필요한 최소 에너지를 말한다.
② 최소 착화에너지는 혼합가스의 종류, 농도, 압력에 따라 다르며, 이론 농도 혼합기 부근에서 일반적으로 최소가 된다.
③ 최소 착화에너지가 적을수록 폭발하기 쉽고 위험하다.
④ 최소 착화에너지(E)를 구하는 공식★★★

$$E = \frac{1}{2}Q \cdot V = \frac{1}{2}C \cdot V^2$$

여기서, E : 착화에너지(J)

　　　　Q : 전기량(C)

　　　　V : 방전전압(V)

　　　　C : 전기(콘덴서)용량(F)

(5) 연소범위(연소한계, 가연범위, 가연한계, 폭발범위, 폭발한계)

연소가 일어나는 데 필요한 조연성 가스(일반적으로 공기) 중의 가연성 가스의 농도(vol%)이다.

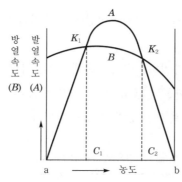

여기서, C_1 : 연소 하한
C_2 : 연소 상한

① 연소 하한(LEL) : 공기 또는 조연성 가스 중에서 연소가 발생할 수 있는 가연성 가스의 최소의 농도

② 연소 상한(UEL) : 공기 또는 조연성 가스 중에서 연소가 발생할 수 있는 가연성 가스의 최고의 농도

③ 연소범위 : 혼합가스의 연소가 발생하는 상한값과 하한값 사이

  ㉮ 온도의 영향 : **온도가 증가하면** 연소 하한은 낮아지고 연소 상한은 높아지는 경향에 의해 **연소범위는 넓어진다.**

  ㉯ 압력의 영향 : **압력이 증가할수록** 연소 하한값은 변화하지 않지만, 연소 상한값이 증가하여 **연소범위는 넓어진다.**

  ㉰ 농도의 영향 : **조연성 가스의 농도가 증가할수록** 연소 상한이 증가하므로 **연소범위는 넓어진다.**

⑦ 연소의 이상 현상

(1) 선화(lifting)

연료가스의 **분출속도가 연소속도보다 빠를 때** 불꽃이 버너의 노즐에서 떨어져 나가서 연소하는 현상으로 완전연소가 이루어지지 않으며 역화의 반대현상

(2) 역화(back fire)

① 역화 : 연료가스의 **분출속도가 연소속도보다 느릴 때** 불꽃이 연소기 내부로 들어가 혼합관 속에서 연소하는 현상

② 역화의 원인

  ㉮ 버너가 과열될 때

  ㉯ 혼합가스량이 너무 적을 때

④ 연료의 분출속도가 연소속도보다 느릴 때

㉐ 압력이 높을 때

㉑ 노즐의 부식으로 분출 구멍이 커진 경우

(3) 블로오프(blow-off) 현상

선화상태에서 연료가스의 분출속도가 증가하거나 주위 공기의 유동이 심하면 화염이 노즐에서 연소하지 못하고 떨어져서 화염이 꺼지는 현상

1-2. 발화

가연성 물질에 불이 붙는 현상을 발화, 착화 등으로 표현한다.

❶ 발화의 조건

발화되기 위한 첫째 조건은 화학반응이 발열반응이어야 하며, 이와 같은 충분한 온도에 도달하기 위해서는 화학반응이 비교적 활발하게 일어나야 하므로 외부에서 어떤 '에너지'가 가해지거나 그렇지 않으면 자체 내부에서 점차 산화나 분해 반응이 일어나서 자연히 온도가 상승하여야 한다.

❷ 자연발화

외부에서 점화에너지를 부여하지 않았는데도 상온에서 물질이 공기 중 화학변화를 일으켜 오랜 시간에 걸쳐 열의 축적이 발생하여 발화하는 현상이다.

(1) 자연발화의 조건

① 열의 발생

㉮ 온도 : 온도가 높으면 반응속도가 증가하여 열 발생을 촉진

㉯ 발열량 : 발열량이 클수록 열의 축적이 큼(단, 반응속도가 낮으면 열의 축적 감소)

㉰ 수분 : 고온다습한 경우 자연발화 촉진(적당한 수분은 촉매 역할)

㉱ 표면적 : 표면적이 클수록 자연발화가 용이

㉲ 촉매 : 발열반응 시 정촉매에 의해 반응이 빨라짐

② 열의 축적

㉮ 열전도도 : 분말상, 섬유상의 물질이 열전도율이 적은 공기를 다량 함유하므로 열의 축적이 쉽다.

㉯ 저장방법 : 여러 겹의 중첩이나 분말상과 대량 집적물의 중심부가 표면보다 단열성이 높아 자연발화가 용이하다.

㉰ 공기의 흐름 : 통풍이 잘 되는 장소가 열의 축적이 곤란하여 자연발화가 곤란하다.

(2) 자연발화의 분류

① 완만한 온도상승을 일으키는 경우

자연발화 원인	자연발화 형태
산화열	건성유(정어리기름, 아마인유, 들기름 등), 반건성유(면실유, 대두유 등)가 적셔진 다공성 가연물, 원면, 석탄, 금속분, 고무조각 등
분해열	나이트로셀룰로스, 셀룰로이드류, 나이트로글리세린 등의 질산에스터류
흡착열	탄소 분말(유연탄, 목탄 등), 가연성 물질+촉매
중합열	아크릴로나이트릴, 스타이렌, 바이닐아세테이트 등의 중합반응
미생물발열	퇴비, 먼지, 퇴적물, 곡물 등

② 비교적 온도가 빨리 상승하는 경우

㉮ 발화점이 상온에 가깝고 산화열에 의해 물질 자신이 발화하는 물질 : 황린, 다이메틸마그네슘, 다이에틸아연, 알킬리튬, 액체 인화수소 등

㉯ 공기 중의 수분을 흡수하거나 물과 접촉 시 발열 또는 발화하는 물질

㉠ 가연성 가스를 발생시키고 자신이 발화하는 물질 : 칼륨, 나트륨, 알칼리금속류, 알루미늄분 등

㉡ 발열하여 다른 가연성 물질을 발화시키는 물질 : 무기과산화물류, 삼산화크로뮴, 진한황산 등

㉰ 다른 물질과 접촉 또는 혼합하면 발열하고 발화하는 물질(혼촉발화)

㉠ 혼합 시 즉시 발화하는 물질 : 삼산화크로뮴+에틸알코올, 아염소산나트륨+황산+에터 등

㉡ 원래 물질보다 발화가 쉬운 물질 : 염소산칼륨+알루미늄, 과산화나트륨+황 등

(3) 영향을 주는 인자

열의 축적, 열의 전도율, 퇴적방법, 공기의 유동, 발열량, 수분(습도), 촉매물질 등은 자연발화에 직접적인 영향을 끼치는 요소들이다.

(4) 예방대책

① 통풍, 환기, 저장방법 등을 고려하여 **열의 축적을 방지한다.**
② 저장실의 온도를 **저온으로 유지**한다.
③ **습도를 낮게 유지한다**(일반적으로 여름날 해만 뜨겁게 내리쪼이는 날보다 비가 오는날 더 땀이 잘 배출되며, 더위를 느끼는 원리와 같다. 즉 습한 경우 그만큼 축적된 열은 잘 방산되지 않기 때문이다).

③ 혼촉발화

(1) 개요

2가지 이상의 물질을 혼합, 접촉시키는 경우 위험한 상태가 생기는 것을 말하며, 혼촉발화가 모두 발화를 일으키는 것은 아니며 유해 위험도 포함된다. 이러한 혼촉발화 현상은 다음과 같이 분류할 수 있다.
① 혼촉 즉시 반응이 일어나 발열, 발화하거나 폭발을 일으키는 것
② 혼촉 후 일정시간이 경과하여 급격히 반응이 일어나거나 발열, 발화하거나 폭발을 일으키는 것
③ 혼촉에 의해 폭발성 혼합물을 형성하는 것
④ 혼촉에 의해 발열, 발화하지는 않지만 원래의 물질보다 발화하기 쉬운 상태로 되는 것

(2) 혼촉 위험물질

① **산화성 물질과 환원성 물질의 혼촉** : 1류와 6류 위험물, 액체 산소나 액체 할로젠 원소 등의 강산화성 물질과 탄화수소류, 아민류, 알코올 등과 같은 유기화합물과 금속분, 목탄, 황, 인 등과 같은 환원성 물질 간의 접촉은 혼촉 위험을 갖는다.
② **산화성 염류와 강산의 혼촉** : 강산화성을 갖는 1류 위험물인 $MClO_2$, $MClO_3$, $MClO_4$, $MMnO_4$ 등은 진한황산과 접촉하면 불안정한 아염소산, 염소산, 과염소산, 망가니즈산 혹은 Cl_2O_3, Cl_2O_5, Cl_2O_7, Mn_2O_7 등 무수물을 생성하여 더욱 강한 산화성이 생기고 주위 가연물을 착화시켜 폭발하는 경우가 있다.
③ 불안정한 혼촉물질이 상호 간에 접촉하여 화학반응을 일으켜 극히 불안정한 물질을 생성하는 경우도 있다. 이것은 마찰, 충격, 가열 등에 의해 폭발의 위험이 있으며, 다음은 몇 가지 예이다.
　㉮ 암모니아＋염소산칼륨 → 질산암모늄
　㉯ 아세트알데하이드＋산소 → 과초산
　㉰ 암모니아＋할로젠 원소 → 할로젠화 질소

(3) 혼촉 시 위험한 화학반응

혼촉 위험 반응은 2종류 이상의 물질이 혼합하여 일어나는 경우이므로 화학반응, 지진, 수송, 폐기 처리 중일 때 가장 위험하며, 위험한 화학반응에서는 증류, 여과(주로 감압), 증발, 추출 조작, 결정화, 응축, 교반, 승온 조작 시 및 반응 중 누출이나 폐기 시에 혼촉 위험성이 있으므로 각별히 주의해야 한다.

(4) 예방대책

① (산화제와 환원제, 가연물, 강산류), (강산과 강염기), (자연발열형 유기과산화물, 폭발성 물질, 질산에스터 등) 등을 동일 실내에 저장하지 말아야 한다.
② 불확실한 물질은 물질 자체의 위험성과 혼촉발화성 등을 문헌을 통해 조사, 관리한다.
③ 사용빈도가 적은 물질은 폐기하고, 인화성 및 가연성 물질은 소분하여 저장한다.
④ 천재지변 등의 요인에 의한 전도, 추락, 파손 및 수송 중 누출, 비산 등의 조건에 주의한다.
⑤ 약품장은 불연재로 하고 약품의 양, 소재 등을 대장을 만들어 구분, 기록 관리한다.
⑥ 화학반응 시 발화 위험성에 철저히 대비한다.
⑦ 유별을 달리하는 위험물의 저장 및 혼합 적재되지 않도록 주의하며 특히 산화제인 1류, 6류 위험물과 환원제인 2류, 3류, 4류, 5류 위험물을 혼합 보관하지 않는다.

1-3. 폭발(explosion)

정의

(1) 돌발적으로 발생하는 소리를 동반하는 파괴나 화재를 수반하는 예기치 않는 현상

(2) 급격한 압력의 발생 결과로서 심한 폭음이 발생하며 파괴하거나 팽창하는 현상

(3) 폭음을 수반하는 연소 또는 파열 현상

(4) 화학변화에 동반하여 발생하는 급격한 압력의 상승 현상

(5) 기체의 발생을 동반한 고속의 연소 현상

(6) 압력의 급격한 발생 또는 해방의 결과, 용기가 파괴되거나, 기체가 급격하게 팽창하여 파괴작용을 수반하는 현상

② 폭발의 종류

(1) 공정에 의한 분류

① 핵폭발 : 원자핵의 분열이나 융합에 의한 폭발
② 물리적 폭발 : 물리적인 변화에 의한 폭발
  예 용기의 파열, 탱크의 감압 파손, 폭발적인 증발 등
③ 화학적 폭발 : 화학반응에 의한 폭발
  예 연소, 중축합, 분해, 반응 폭주 등
④ 물리 · 화학적 폭발의 병립에 의한 폭발

(2) 물리적인 상태에 의한 분류

① 기상폭발 : 폭발하는 물질이 기체상태
② 응상폭발 : 폭발하는 물질이 액체나 고체 상태

(3) 기상폭발

가스폭발, 분무폭발, 분진폭발, 가스의 분해폭발 등으로 가연성 가스나 가연성 액체의 증기와 지연성 가스의 혼합물이 일정한 에너지에 의해 폭발하는 경우를 말한다. 기상폭발은 화학적으로 연소의 특별한 형태로 착화에너지가 필요하며, 화염의 발생을 수반한다.

① 가스폭발
  ㉮ 조성 조건 : 연소범위 또는 폭발범위
  ㉯ 발화원의 존재 : 에너지 조건
    ㉠ 발화온도
    ㉡ 발화원 : 정전기불꽃, 전기불꽃, 화염, 고온물질, 자연발화, 열복사, 충격, 마찰, 단열압축

② 증기운폭발 : 다량의 가연성 가스 또는 기화하기 쉬운 가연성 액체가 지표면에 유출되어 다량의 가연성 혼합기체를 형성하여 폭발이 일어나는 경우의 가스폭발

③ 분무폭발 : 고압의 유압설비의 일부가 파손되어 내부의 가연성 액체가 공기 중에 분출되어 이것이 미세한 액적이 되어 무상(霧狀)으로 공기 중에 현탁하여 존재할 때 착화에너지에 의해 폭발이 일어나는 현상

④ 박막폭굉 : 고압의 공기 또는 산소배관에 윤활유가 박막상으로 존재할 때, 비록 박막의 온도가 배관에 부착된 윤활유의 인화점보다 낮을지라도, 배관이 높은 에너지를 갖는 충격파에 노출되면 관벽의 윤활유가 안개화되어 폭발하는 현상

⑤ 분진폭발 : 가연성 고체의 미분이 공기 중에 부유하고 있을 때 어떤 착화원에 의해 에너지가 주어지면 폭발하는 현상 ⇒ 부유분진, 퇴적분진(층상분진)

⑥ 분해폭발 : 아세틸렌, 에틸렌, 하이드라진, 메틸아세틸렌 등과 같은 유기화합물은 다량의 열을 발생하며 분해(분해열)된다. 이때, 이 분해열은 분해가스를 열 팽창시켜 용기의 압력상승으로 폭발이 발생한다.

③ 응상폭발

(1) 수증기폭발(증기폭발)

고온의 물질이 갖는 열이 저온의 물로 순간적으로 열을 전달하면 일시적으로 물은 과열상태가 되고 급격하게 비등하여 상변화에 따른 폭발현상이 발생한다(액상 → 기상 간 전이 폭발).

(2) 전선폭발

알루미늄제 전선에 한도 이상의 과도한 전류가 흘러 순식간에 전선이 과열되고 용융과 기화가 급속하게 진행되어 일어나는 폭발현상이다(고상 → 액상 → 기상 간 전이폭발).

(3) 혼촉폭발

단독으로는 안전하나 두 가지 이상의 화합물이 혼합되어 있을 때 미소한 충격 등에 의해 발열분해를 일으켜 폭발하는 현상이다.

(4) 기타

감압상태의 용기의 일부가 파괴되어 고압용기의 파열과 달리 외기가 급속히 유입되고, 이때 큰 폭음과 함께 파편이 주위로 비산하며 발생하는 폭발이다.

④ 폭발의 성립 조건

(1) 가연성 가스, 증기 및 분진 등이 조연성 가스인 공기 또는 산소 등과 접촉, 혼합되어 있을 때

(2) 혼합되어 있는 가스, 증기 및 분진 등이 어떤 구획되어 있는 방이나 용기 같은 밀폐공간에 존재하고 있을 때

(3) 그 혼합된 물질(가연성 가스, 증기 및 분진＋공기)의 일부에 점화원이 존재하고 그것이 매개가 되어 어떤 한도 이상의 에너지(활성화에너지)를 줄 때

⑤ 폭발의 영향인자

(1) 온도

발화온도가 낮을수록 폭발하기 쉽다.

(2) 조성(폭발범위)

폭발범위가 넓을수록 폭발의 위험이 크다.

아세틸렌, 산화에틸렌, 하이드라진, 오존 등은 조성에 관계없이 **단독으로도 조건이 형성**되면 **폭발**할 수도 있으며, 일반적으로 가연성 가스의 폭발범위는 공기 중에서보다 산소 중에서 더 넓어진다.

⟨ 주요 물질의 공기 중 폭발범위(1atm, 상온기준) ⟩

가스	하한계	상한계	위험도	가스	하한계	상한계	위험도
수소	4.0	75.0	17.75	벤젠	1.4	8.0	4.71
일산화탄소	12.5	74.0	4.92	톨루엔	1.27	7.0	4.5
사이안화수소	5.6	40.0	6.14	메틸알코올	6.0	36.0	5.0
메테인	5.0	15.0	2.00	에틸알코올	4.3	19.0	3.42
에테인	3.0	12.4	3.13	아세트알데하이드	4.1	57.0	12.90
프로페인	2.1	9.5	3.31	에터	1.9	48.0	24.26
뷰테인	1.8	8.4	3.67	아세톤	2.5	12.8	4.12
에틸렌	3.1	32.0	9.32	산화에틸렌	3.0	100.0	32.33
프로필렌	2.0	11.1	4.55	산화프로필렌	2.8	37.0	12.21
아세틸렌	2.5	81.0	31.4	염화바이닐	4.0	22.0	4.5
암모니아	15.0	25.0	0.6	**이황화탄소**	1.0	50.0	49.0
황화수소	4.0	44.0	10	**가솔린**	1.2	7.6	5.33

※ 굵은 글씨의 물질은 시험에 자주 출제되어 반드시 암기가 필요함.

① 폭굉범위(폭굉한계) : 폭발범위 내에서도 특히 격렬한 폭굉을 생성하는 조성 범위

② 르 샤틀리에(Le Chatelier)의 혼합가스 폭발범위를 구하는 식★★★

$$\frac{100}{L} = \frac{V_1}{L_1} + \frac{V_2}{L_2} + \frac{V_3}{L_3} + \cdots$$

$$\therefore L = \frac{100}{\left(\dfrac{V_1}{L_1} + \dfrac{V_2}{L_2} + \dfrac{V_3}{L_3} + \cdots\right)}$$

여기서, L : 혼합가스의 폭발 한계치

L_1, L_2, L_3 : 각 성분의 단독 폭발 한계치(vol%)

V_1, V_2, V_3 : 각 성분의 체적(vol%)

③ 위험도(H) : 가연성 혼합가스의 연소범위에 의해 결정되는 값이다.

$$H = \frac{U - L}{L}$$

여기서, H : 위험도

U : 연소 상한치(UEL)

L : 연소 하한치(LEL)

④ 산소평형(OB, Oxygen Balance) : 화학물질로부터 완전연소 생성물을 만드는 데 필요한 산소의 과부족량을 나타낸 지수로서 어떤 물질 100g이 연소할 때의 산소의 과부족량을 g으로 나타낸 값이다. 0에 가까울수록 폭발위력이 크다.

OB 지수	±0~45	±45~90	±90~135
폭발위험성	강	중	소
예	나이트로글리콜 : OB=0	피크르산 : OB=−45	나이트로에테인 : OB=−96

㉮ 나이트로글리콜

$C_2H_4(ONO_2)_2 \rightarrow 2CO_2 + 2H_2O + N_2$에서 O_2가 없으므로 OB=0

㉯ 나이트로글리세린

$4C_3H_5(ONO_2)_3 \rightarrow 12CO_2 + 10H_2O + 6N_2 + O_2$

100g에 대한 산소평형값을 구하면

$(4 \times 227) : 1 \times 32 = 100 : OB$에서 OB=3.52

(3) 압력

가스 압력이 높아질수록 발화온도는 낮아지고 폭발범위는 넓어지는 경향이 있다. 따라서, 가스 압력이 높아질수록 폭발의 위험이 크다.

(4) 용기의 크기와 형태

온도, 조성, 압력 등의 조건이 갖추어져 있어도 용기가 작으면 발화하지 않거나, 발화해도 화염이 전파되지 않고 도중에 꺼져 버린다.

① 소염(quenching, 화염일주)현상 : 발화된 화염이 전파되지 않고 도중에 꺼져 버리는 현상이다.

② 안전간극(MESG, 최대 안전틈새, 화염일주한계, 소염거리) : 안전간극이 작은 물질일수록 폭발하기 쉽다.

㉮ 정의 : 폭발성 혼합가스의 용기를 금속제의 좁은 간극에 의해 두 부분으로 격리한 경우 한쪽에 착화한 경우 화염이 간극을 통과하여 다른 쪽의 혼합가스에 인화가 가능한지 여부를 측정할 때 화염이 전파하지 않는 간극의 최대 허용치를 말하며 내용적이 8L, 틈새길이가 25mm인 표준용기를 사용하며 압력방폭구조에 있어서 대상가스의 폭발등급을 구분하는 데 사용하며, 역화방지기 설계의 중요한 기초자료로 활용된다.

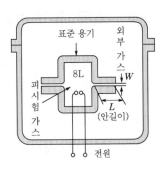

㉯ 안전간극에 따른 폭발등급 구분

　　㉠ 폭발 1등급(안전간극 : 0.6 mm 초과) : LPG, 일산화탄소, 아세톤, 에틸에터, 암모니아 등

　　㉡ 폭발 2등급(안전간극 : 0.4mm 초과, 0.6mm 이하) : 에틸렌, 석탄가스 등

　　㉢ 폭발 3등급(안전간극 : 0.4mm 이하) : 아세틸렌, 수소, 이황화탄소, 수성가스($CO+H_2$) 등

❻ 연소파와 폭굉파

(1) 연소파

가연성 가스와 공기를 혼합할 때 그 농도가 연소범위에 이르면 확산의 과정은 생략하고 전파속도가 매우 빠르게 되어 그 진행속도가 대체로 **0.1~10m/s 정도의 속도**로 연소가 진행하게 되는데, 이 영역을 **연소파**라 한다.

(2) 폭굉파

폭굉이란 **연소속도 1,000~3,500m/s 이상의 극렬한 폭발**을 의미하며, 가연성 가스와 공기의 혼합가스가 밀폐계 내에서 연소하여 폭발하는 경우 발생한다. 그때 발생하는 전파속도를 폭굉파라 한다.

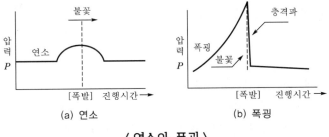

〈 연소와 폭굉 〉

⑦ 폭굉 유도거리(DID)★★★

관 내에 폭굉성 가스가 존재할 경우 최초의 완만한 연소가 격렬한 폭굉으로 발전할 때까지의 거리이다. 일반적으로 짧아지는 경우는 다음과 같다.

(1) 정상연소속도가 큰 혼합가스일수록

(2) 관 속에 방해물이 있거나 관 지름이 가늘수록

(3) 압력이 높을수록

(4) 점화원의 에너지가 강할수록

⑧ 방폭구조(폭발을 방지하는 구조)

(1) 압력방폭구조

용기 내부에 질소 등의 보호용 가스를 충전하여 외부에서 폭발성 가스가 침입하지 못하도록 한 구조

(2) 유입방폭구조

전기불꽃, 아크 또는 고온이 발생하는 부분을 기름 속에 넣어 폭발성 가스에 의해 인화가 되지 않도록 한 구조

(3) 안전증방폭구조

기기의 정상운전 중에 폭발성 가스에 의해 점화원이 될 수 있는 전기불꽃 또는 고온이 되어서는 안 될 부분에 기계적, 전기적으로 특히 안전도를 증가시킨 구조

(4) 본질안전방폭구조

폭발성 가스가 단선, 단락, 지락 등에 의해 발생하는 전기불꽃, 아크 또는 고온에 의하여 점화되지 않는 것이 확인된 구조

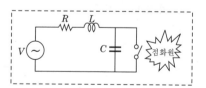

(5) 내압방폭구조

대상 폭발성 가스에 대해서 점화능력을 가진 전기불꽃 또는 고온부위에 있어서도 기기 내부에서 폭발성 가스의 폭발이 발생하여도 기기가 그 폭발압력에 견디고 또한 기기 주위의 폭발성 가스에 인화 · 파급하지 않도록 되어있는 구조를 말한다.

⑨ 정전기

두 물체를 마찰시키면 그 물체는 전기를 띠게 되는데 이것을 마찰전기라고도 하며, 이때 발생하는 전기를 정전기(靜電氣 : static electricity)라 한다.

(1) 정전기의 발생요인

① **물질의 특성** : 정전기의 발생은 접촉, 분리되는 두 물질의 상호작용에 의해 결정되는데, 이것은 대전 서열에서 두 물질이 가까운 위치에 있으면 정전기의 발생량이 적고 반대로 먼 위치에 있으면 발생량이 증가하게 된다.
② **물질의 표면 상태** : 물질의 표면이 깨끗하면 정전기 발생이 적어지고 표면이 기름과 같은 부도체에 의해 오염되면 산화, 부식에 의해 정전기 발생이 많아진다.
③ **접촉면과 압력** : 일반적으로 접촉면의 면적이 클수록, 접촉압력이 증가할수록 정전기의 발생량도 증가한다.
④ **분리속도** : 분리속도가 빠를수록, 전하의 완화시간이 길면 전하분리에 주는 에너지도 커져서 발생량이 증가한다.

(2) 정전기 대전의 종류

① **마찰대전** : 두 물체의 마찰에 의하여 발생하는 현상
② **유동대전** : 부도체인 액체류를 파이프 등으로 수송할 때 발생하는 현상
③ **분출대전** : 분체류, 액체류, 기체류가 단면적이 작은 분출구에서 분출할 때 발생하는 현상
④ **박리대전** : 상호 밀착해 있는 물체가 벗겨질 때 발생하는 현상
⑤ **충돌대전** : 분체에 의한 입자끼리 또는 입자와 고체 표면과의 충돌에 의하여 발생하는 현상
⑥ **유도대전** : 대전 물체의 부근에 전열된 도체가 있을 때 정전유도를 받아 전하의 분포가 불균일하게 되어 대전되는 현상
⑦ **파괴대전** : 고체나 분체와 같은 물질이 파손 시 전하분리로부터 발생된 현상
⑧ **교반대전 및 침강대전** : 액체의 교반 또는 수송 시 액체 상호 간에 마찰접촉 또는 고체와 액체 사이에서 발생된 현상

(3) 정전기로 인한 재해의 원인

비전도성 물질의 유동, 분출, 마찰, 전기 부도체 유체의 흐름, 인체의 운동 등이 있다.

① 정전기의 재해 종류

㉮ 생산재해

㉯ 전기충격 : 정전기가 대전되어 있는 인체로부터 혹은 대전물체로부터 인체로 방전이 일어나면 인체에 전류가 흘러 전격재해가 발생

㉰ 화재 및 폭발 : 정전기 방전이 점화원이 되어 가연성 물질이 공기와 혼합되어 폭발성 혼합가스를 생성할 때 착화되어 연소(화재)와 폭발

② 정전기의 예방대책

㉮ **접지를 한다.**

㉯ **공기 중의 상대습도를 70% 이상으로 한다.**

㉰ **유속을 1m/s 이하로 유지한다.**

㉱ **공기를 이온화시킨다.**

㉲ **제진기를 설치한다.**

(4) 정전기 방전

정전기 방전에 의해 가연성 증기나 기체 또는 분진을 점화시킬 수 있다.

$$E = \frac{1}{2} CV^2 = \frac{1}{2} QV$$

여기서, E : 정전기에너지(J)

C : 정전용량(F)

V : 전압(V)

Q : 전기량(C)

$Q = CV$

(5) 방전

전지나 축전기 따위의 전기를 띤 물체에서 전기가 밖으로 흘러나오는 현상이다.

① **기체방전** : 원래는 중성인 기체 분자가 특정한 상황에서 이온화되어 방전하는 현상

② **진공방전** : 진공상태의 유리관 속에 있는 두 개의 전극 사이에 높은 전압을 흐르게 하였을 때 일어나는 방전

③ **글로방전** : 전압을 가하면 전류가 흐름에 따라 글로(희미한 빛)가 발생하는 현상

④ **아크방전** : 기체방전이 절정에 달하여 전극 재료의 일부가 증발하여 기체가 된 상태

⑤ **코로나방전** : 기체방전의 한 형태로서 불꽃방전이 일어나기 전에 대전체 표면의 전기장이 큰 곳이 부분적으로 절연, 파괴되어 발생하는 발광방전이며 빛은 약함

⑥ **불꽃방전** : 기체방전에서 전극 간의 절연이 완전히 파괴되어 강한 불꽃을 내면서 방전하는 현상

1-4. 연소생성물과 특성

화재 시 발생되는 연소생성물은 연소가스(fire gas), 연기(smoke), 화염(flame) 및 열(heat)로 대별된다. 그러나 화재발생 시 연소가스와 연기는 혼합되어 이동하므로 통상적으로 구분 없이 연기로 통칭하여 사용되기도 한다.

1 화재 시의 인간 행동

① 불안감으로 인한 행동
② 공포(panic)로 인한 행동

2 연소생성물의 유해성

고분자 물질 등 유기물의 구성원소는 일반적으로 탄소, 수소를 중심으로 산소, 질소를 함유하는 경우가 있고, 여기에 황, 인, 할로젠(염소, 플루오린, 브로민 등) 등을 포함하는 경우가 있다. 완전연소의 경우 생성물의 수는 적으며, 탄소는 탄산가스, 수소는 물, 산소는 탄산가스 및 물 등의 산화물, 질소는 질소가스, 황은 아황산가스, 인은 오산화인으로 또한 할로젠은 염화수소 등의 할로젠화수소로 된다. 그러나 불완전연소의 경우 상기 생성물 외에 다수의 산화물이나 분해생성물이 발생한다. 발생 가능성이 있는 화합물에는 다음과 같은 것들이 있다.

① 시각적 유해성
② 심리적 유해성
③ 생리적 유해성

3 연소가스(fire gas)

연소생성물 중 기체로 발생되는 것을 총칭하여 연소가스 또는 화재가스라고 한다. 건축 재료 및 일반 건축물 내에서 사용하고 있는 각종 재료의 연소생성 가스 중에서 일산화탄소(CO) 및 이산화탄소(CO_2) 이외의 유해성분으로서 cyan계 물질, 염화수소계 물질 및 기타 합성수지류 등에서 발생되는 사이안화수소(HCN), 염화수소(HCl) 및 포스젠($COCl_2$) 등 여러 가지 유독가스를 들

수 있으며, 이들은 그 독성이 상당히 강하여 극히 미량으로도 인체에 위험한 영향을 끼치는 것으로 밝혀졌다. 연소물질에 따라 다음과 같은 생성가스가 발생한다.

연소생성 가스	연소물질
일산화탄소 및 탄산가스	탄화수소류 등
질소산화물	셀룰로이드, 폴리우레탄 등
사이안화수소	질소성분을 갖고 있는 모사, 비단, 피혁 등
아크릴로레인	합성수지, 레이온 등
아황산가스	나무, 종이 등
수소의 할로젠화물 (HF, HCl, HBr, 포스겐 등)	나무, 치오콜 등
	PVC, 방염수지, 플루오린수지류 등의 할로젠화물
암모니아	멜라민, 나일론, 요소수지 등
알데하이드류(RCHO)	페놀수지, 나무, 나일론, 폴리에스터수지 등
벤젠	폴리스타이렌(스티로폼) 등

특히 일산화탄소, 이산화탄소, 황화수소, 아황산가스, 암모니아, 사이안화수소, 염화수소, 이산화질소, 아크릴로레인 및 포스겐 등이 인체에 가장 치명적인 연소가스로 알려진 대표적인 예에 속한다.

연소가스	장시간 노출에서의 최대허용농도(ppm)	단시간 노출에서의 위험농도(ppm)
이산화탄소(CO_2)	5,000	100,000
암모니아(NH_3)	100	4,000
일산화탄소(CO)	100	4,000
벤젠(C_6H_6)	25	12,000
황화수소(H_2S)	20	600
사이안화수소(HCN)	10	300
염화수소(HCl)	5	1,500
아황산가스(SO_2)	5	500
이산화질소(NO_2)	5	120
플루오린화수소(HF)	3	100
염소(Cl_2)	1	50
포스겐($COCl_2$)	1	25
삼염화인(PCl_3)	0.5	70
아크릴로레인(CH_2CHCHO)	0.5	20

(1) 일산화탄소(CO : carbon monoxide)

일산화탄소는 가장 유독한 연소가스는 아니지만 양에 있어서는 가장 큰 독성가스 성분이다. 무색, 무취, 무미의 환원성을 가진 가연성 기체이다. 비중은 0.97로 공기보다 가벼우며(분자량=28), 폭발범위는 12.5~74%이고, 물에 녹기는 어렵고 공기 속에서 점화하면 청색 불꽃을 내면서 타서 이산화탄소가 된다. 일산화탄소는 혈액 중의 산소운반 물질인 헤모글로빈과 결합하여 카복시헤모글로빈을 만듦으로써 산소의 혈중 농도를 저하시키고 질식을 일으키게 된다. 헤모글로빈의 산소와의 결합력보다 일산화탄소와의 결합력이 약 250~300배 높다. 다음 표는 일산화탄소의 공기 중 농도에 대한 증상이다.

공기 중 농도(ppm)	증상
100(0.01%)	8시간 흡입으로 거의 무증상
500(0.05%)	1시간 흡입으로 무증상 또는 경도의 증상(두통, 현기증, 메슥거림(악심), 주의력 · 사고력의 둔화, 마비 등)
700(0.07%)	두통, 메슥거림(악심)이 심하고 때로는 구토, 호흡곤란과 동시에 시각 · 청각장애, 심한 보행장애
0.1~0.2%	1~2시간 중에 의식이 몽롱한 상태로부터 호흡곤란, 혼수, 의식상실, 때로는 경련, 2~3시간으로 사망
0.3~0.5%	전기증상이 나타나 20~30분 내에 급사

(2) 사이안화수소(청산가스, HCN)

목재와 종이류의 연소 시에도 발생하지만 주로 양모, 명주, 우레탄, 폴리아마이드 및 아크릴 등이 연소할 때 생성된다.

(3) 염화수소가스(HCl)

염화수소가스의 흡입만큼 인체에 장애가 심한 것은 없다. 이 가스는 전신을 부식시키고 인간의 기도를 상하게 한다. 잠깐 동안 HCl 50ppm에 노출되면 피난능력을 상실하게 된다. 또한 이 가스는 사람의 축축한 눈에 닿아 염산이 되며, 이로 인해 눈의 통증과 눈물이 심해져 시야를 가릴 만큼 자욱하지는 않더라도 볼 수가 없게 된다.

(4) 질소산화물(NO$_x$)

인체에 영향이 문제가 되는 것은 많은 질소산화물 중 NO₂와 NO이고 양자를 총칭하여 NO$_x$(녹스)라 부르고 있다. 특히 NO₂는 대단히 위험도가 높아서 수분이 있으면 질산을 생성하여 강철도 부식시킬 정도이며 고농도의 경우 눈, 코, 목을 강하게 자극하여 기침, 인후통을 일으키고 현기증, 두통, 악심 등의 증상을 나타내며 흡입량이 많으면 5~10시간 후 입술이 파랗게 되고 지아노제 증상을 일으켜 폐수종을 초래한다. 중상의 경우 의식불명, 사망에 이른다.

(5) 이산화탄소(CO_2 : carbon dioxide)

화재 시 대량으로 발생하고 호흡속도를 매우 빠르게 하여 함께 존재하는 독성가스의 흡입속도를 증대시킨다. 기체인 것은 탄산가스, 고체인 것은 드라이아이스(dry ice)라고도 하며 공기 중에 약 0.03% 정도가 들어 있고 천연가스나 광천가스 등에도 섞여 있는 경우가 많다. 순수한 이산화탄소는 무색, 무취, 불연성, 비조연성 가스이다. 1~2%의 공기 중에서는 수 시간, 3~4%에서는 1시간 동안 안전하지만 5~7%에서는 30분~1시간이 위험하고, 20%에서는 단시간 내에 사망한다.

(6) 암모니아(NH_3)

암모니아는 눈, 코, 인후 및 폐에 매우 자극성이 큰 유독성 가스로서 사람들이 그 장소로부터 본능적으로 피하고자 할 정도로 역한 냄새가 난다. 대체로 0.25~0.65%의 농도를 가진 암모니아의 환경 속에 30분 정도 노출되면 사망하기 쉬우며, 또한 그렇지 않게 될 경우라도 생체의 내부조직이 심한 손상을 입어 매우 위험하게 된다.

(7) 황화수소(H_2S : hydrogen sulfide)

고무, 동물의 털과 가죽 및 고기 등과 같은 물질에는 황 성분이 포함되어 있어, 화재 시에 이들의 불완전연소로 인해 황화수소가 발생한다. 황화수소는 유화수소라고도 하며 **달걀 썩는 냄새**와 같은 특유한 냄새가 있어 쉽게 감지할 수가 있으나, 0.02% 이상의 농도에서는 후각이 바로 마비되기 때문에 불과 몇 회만 호흡하면 전혀 냄새를 맡을 수 없게 되며, 환원성이 있고 발화온도는 260℃로 비교적 낮아 착화되기 쉬운 가연성 가스로서 폭발범위는 4.0~44%이다.

(8) 아황산가스(SO_2 : sulfur dioxide)

공기보다 훨씬 무겁고 무색이며 자극성이 있는 냄새를 가진 기체로서 이산화황이라고도 한다. 아황산가스는 자극성이 있어 눈 및 호흡기 등의 점막을 상하게 하기 때문에 약 0.05%의 농도에 단시간 노출되어도 위험하다.

(9) 아크릴로레인(CH$_2$CHCHO : acrylolein)

자극성 냄새를 가진 무색의 기체(또는 액체)로서 아크릴알데하이드라고도 하는데 이는 점막을 침해한다. 아크릴로레인은 석유 제품 및 유지류 등이 탈 때 생성되는데, 너무도 자극성이 크고 맹독성이어서 1ppm 정도의 농도만 돼도 견딜 수 없을 뿐만 아니라, 10ppm 이상의 농도에서는 거의 즉사한다. 다만 일상적인 화재에서는 발생되는 경우가 극히 드물기 때문에 그다지 큰 문제가 되지 않는다.

(10) 포스겐(COCl$_2$)

2차 세계대전 당시 독일군이 유태인의 대량 학살에 이 가스를 사용한 것으로 알려짐으로써, 전시에 사용하는 **인명살상용 독가스**라면 이를 연상할 정도로 알려져 있다.

1-5. 열 및 연기의 유동 특성

 열(heat)

계 내부에 온도구배가 발생하거나 온도가 서로 다른 두 계가 서로 접촉하고 있을 경우 온도가 높은 곳에서 낮은 곳으로 열이 흐르게 된다. 즉 에너지가 높은 곳에서 낮은 곳으로 전달된다. 이러한 열이 흐르는 과정을 열전달이라고 한다. 열전달의 형태는 전도(conduction), 대류(convection) 및 복사(radiation)의 3가지 형태로 구별되며, 고체나 정지하고 있는 유체 내에 온도구배가 존재할 경우 그 매질을 통하여 이루어지는 열전달의 형태를 전도라고 한다. 대류는 표면과 이와 다른 온도를 가진 유체 사이에서 발생하는 열전달을 말한다. 또한 복사는 서로 다른 온도의 두 표면 사이에서 전자기파의 방식으로 에너지를 방출하면서 일어난다. 일반적으로 3가지 형태의 열전달이 복합적으로 발생한다.

② **전도(conduction)**

물질의 열전도는 다음과 같은 2가지 경우의 현상으로 인해 일어난다.

① 물질의 구성분자들이 온도의 상승에 따라 진동이 심해져서 점차로 인접 분자들과 충돌하여 그 운동에너지(열에너지는 분자들의 운동에너지로 보존된다)의 일부를 인접 분자에게 전달함으로써 열의 이동이 일어나는 경우로, 일반적으로 비결정체와 비금속 고체에서의 열전달이 이에 따른다.

② 분자들 사이의 공간에 자유전자가 존재하는 물질에서 분자 상호 간의(진동에 의한) 충돌에 의한 열전달은 물론, 온도의 상승과 더불어 자유전자의 흐름이 일어나면서 이 흐름이 열이동에 동시에 기여하는 경우인데, 일반적으로 결정체 및 고체 금속의 열전도는 이 현상에 의한 것이다. 어느 경우에 의한 전도이든 그 물질 내의 분자들은 원위치에서 진동한다.

물질의 어느 구간을 통하여 어느 시간 동안 전도에 의해 전달되는 열에너지의 양 즉, 전도열은 그 구간의 온도차, 그 구간에 있어서의 열전달 경로의 단면적 및 경로의 길이, 열전달 시간, 그리고 그 경로가 갖는 고유한 열전달 능력, 즉 열전도율과 함수관계가 있다.

열전달 경로를 구성하는 물질이 균질성(homogeneous)의 것이면서 그 경로를 통해 정상열류(steady-state flow of heat)가 일어날 경우, 이 물리적인 양들 간에는 다음과 같은 비교적 간단한 관계식이 성립되는데 이것을 "푸리에(Fourier)의 방정식"이라고 한다.

$$\frac{dQ}{dt} = -kA\frac{dT}{dx}$$

여기서, Q : 전도열[cal]

t : 전도시간[sec]

k : 열전도율[cal/sec · cm · ℃]

A : 열전달 경로의 단면적[cm^2]

T : 경로 양단 간의 온도차[℃]

x : 경로의 길이[cm]

dT/dx : 열전달 경로의 온도구배[℃/cm]

어떤 물질의 특성 가운데에 열전도와 가장 밀접한 관계가 있는 것은 그 물질의 열전도율, 밀도 및 비열이다. 이들을 각각 K, ρ 및 C라고 할 때 ρC는 열전도에서 특히 흥미 있는 물리적 양이 된다. ρC는 어떤 물질의 단위체적을 단위온도로 상승시키는 데 필요한 열량이 된다. 즉 단위체적당의 열용량이 된다.

열전도가 교량 역할을 한 화재는 화재발생 시까지 상당히 장시간이 경과되는 경우도 흔해서 사전에 발생 위험성을 알아차리지 못하는 경우가 잦다.

대류(convection)

증기를 포함한 기체류, 안개와 같이 공간에 분산되어 농무상태를 형성하고 있는 액체상태의 미세 입자들, 그리고 액체류에 있어서 고온의 분자(또는 응축입자)들이 한 장소에서 다른 장소로 움직임으로써 열을 이동시키는 것을 대류라고 한다.

(1) 자연대류

물질의 밀도 차로 인해 고온의 이동성 분자들(또는 응축입자들)이 별도의 기계적 도움 없이도 중력에 의하여 위치를 변화함으로써 일어난 경우이다.

(2) 강제대류

송풍기나 펌프를 사용하여 고온의 물질을 강제로 이동시켜 대류가 일어나게 하는 것이다. 대규모 건물의 공조설비들은 대부분 강제대류에 의한 열전달 방식을 활용하고 있다. 반면에 난로에 의하여 방안의 공기가 더워지는 현상은 자연대류의 일례로, 난로에 가까운 공기가 전도에 의하여 더워져서 팽창하여 상승하기 때문에 열을 받는 물질이 이동, 순환하는 이른바 자연대류에 의해 열이 실내의 공간에 전달되는 것이다.

④ 복사(radiation)

전도와 대류에 의한 열전달에 있어서는 반드시 물질이 열전달매체로 작용하기 때문에 물질의 존재 없이는 전도와 대류는 일어나지 않는다. 다시 말하여 절대진공에서는 전도와 대류에 의한 열전달은 이루어지지 않는다. 그럼에도 불구하고 열에너지는 절대진공상태의 공간을 가로질러 이동할 수 있을 뿐 아니라 때로는 물질을 통하여 전달될 수 있는데 그것은 열에너지가 전자파의 한 형태로 이동되기 때문이다. 이러한 에너지 전달의 유형을 복사라고 부른다. 태양으로부터 오는 복사열은 진공상태의 공간을 아무런 손실 없이 진행한다. 그러므로 지상의 물체에 닿아 흡수된다. 복사열은 분자구조가 대칭인 기체, 예를 들면 수소, 산소, 질소 등의 기체 속을 통과할 때는 손실이 없다. 그러므로 공기 중을 통과할 때는 수증기, 탄산가스, 아황산가스, 탄화수소와 같은 비대칭성 구조의 분자들, 그리고 기타 오염물질(연기 등)에 의한 것 외에는 손실 없이 진행한다. 그러나 이들 오염물질들이 공기 중에서 차지하는 농도는 매우 낮으므로 이것에 의해 흡수되는 열은 무시할 수 있을 정도이다. 그러나 대기 중에서 수증기와 탄산가스의 농도가 매우 커지면 복사열의 흡수량은 무시 못할 정도로 현저히 증가한다. 습도가 높은 날의 삼림화재(森林火災)나 대형의 액화천연가스(LNG) 화재가 습도가 낮은 날에 비하여 상대적으로 위험성이 보다 덜한 것은 이런 이유 때문이다.

분무상태의 미세한 물방울들은 복사열을 거의 대부분 흡수할 수 있기 때문에 물분무를 사용한 복사열의 차단은 매우 효과적인 방법이 될 수 있다. 대형 화재에서 대량의 복사열이 발산되면 호스를 사용하여 방수함으로써 열을 제거하지 않으면 주위의 가연물로 불이 급속히 확대될 것인데, 이때 분무노즐을 사용하여 방수하면 열복사를 차단하는 데 탁월한 효과를 얻을 수 있다. 물분무는 복사열의 차단 및 흡수뿐 아니라 표면에서 반사하는 효과도 있어 복사열을 주위의 공간으로 분산시켜 열에너지를 희석시켜 주기도 한다.

복사체로부터 방사되는 복사열은 복사체의 단위표면적당 방사열로 정의하여 정량적으로 파악하게 되는데, 그 양은 복사표면의 절대온도의 4승에 비례한다. 이것을 **슈테판−볼츠만(Stefan−Boltzman)의 법칙**이라고 하며, 다음과 같은 식으로 나타낸다.

$$q = \varepsilon \sigma T^4 = \sigma A F(T_1^{\ 4} - T_2^{\ 4})$$

여기서, q : 복사체의 단위표면적으로부터 단위시간당 방사되는 복사에너지($Watts/cm^2$)

ε : 보정계수(적외선 파장범위에서 비금속 물질의 경우에는 거의 1에 가까운 값이므로 무시할 수 있음)

σ : 슈테판−볼츠만 상수($≒ 5.67 \times 10^{-12} Watts/cm^2 \cdot K^4$)

T : 절대온도[K]

A : 단면적

F : 기하학적 factor

⑤ 화상

1도 화상(홍반성)	최외각 피부의 손상으로 분홍색이 되어 심한 통증을 느끼는 상태
2도 화상(수포성)	화상 부위가 분홍색을 띠고 분비액이 많이 분비되는 화상의 정도
3도 화상(괴사성)	화상 부위가 벗겨지고 열이 깊숙이 침투되어 검게 되는 현상
4도 화상(탄화성)	피부의 전 층과 함께 근육, 힘줄, 신경 또는 골조직까지 손상되는 정도

⑥ 공기 온도와 생존 한계시간

공기 온도[℃]	143	120	100	65
생존 한계시간[분]	5 이하	15 이하	25 이하	60 이하

1-6. 화재의 분류 및 특성

① 화재의 정의

(1) 실화 또는 방화 등 사람의 의도와는 반대로 발생한 연소현상

(2) 사회 공익 · 인명 및 물적 피해를 수반하기 때문에 소화해야 할 연소현상

(3) 소화시설이나 그 정도의 효과가 있는 것을 사용해야 할 연소현상

② 화재 성장

(1) 일반적인 화재 확대현상

① 발생된 증기가 산소와 발열반응을 하여 고온의 연소생성물을 형성
② 고온의 연소생성물은 자연대류에 의해 위로 상승하고 주위로부터 공기가 유입
③ 유입된 공기는 연료와 혼합되어 가연성 증기가 생성
④ 가연성 증기가 주위의 열에 의해 다시 발열반응

(2) 건물 내에서의 화재 확대현상

① 일반화재에 의해 형성된 고온의 연소생성물이 온도 차이에 의해 천장면으로 부상
② 수평면에 도달 후 천장면을 따라 이동
③ 이런 유동현상이 개구부가 있으면 연기 및 불기둥이 대기로 방출되거나 화재가 상층으로 확대
④ 만일 밀폐되어 있을 경우 불기둥 또는 연기가 아랫부분으로 모임

③ 화재 발생원인

(1) 화재 발생의 직접적인 원인

발화원 · 가연물의 사용 부주의, 방화 등 인위적인 것, 자연발화(천둥, 벼락 등)

(2) 통계에 의한 원인 유형

전기, 마찰, 과열물질, 과열기계, 버너화염, 스파크, 자연발화, 절단 및 용접, 연소(인접 건물로부터의 인화), 방화, 화학적 작용, 기타(정전기, 낙뢰 등)

화재 발생단계

(1) 발화 조건의 형성

물질 조건과 에너지조건

(2) 발화가 일어나기 위한 이상한 사상의 생성

물질이나 에너지의 불안전한 상태＋인간의 불안전한 행동

(3) 이를 뒷받침하는 지배적 요인의 존재

재료나 장치의 결함 · 고장＋설계 · 시공 불량

(4) 이들의 배경이 되는 사회요인

 화재의 분류

화재 분류	명칭	비고	소화
A급 화재	일반화재	연소 후 재를 남기는 화재	냉각소화
B급 화재	유류화재	연소 후 재를 남기지 않는 화재	질식소화
C급 화재	전기화재	전기에 의한 발열체가 발화원이 되는 화재	질식소화
D급 화재	금속화재	금속 및 금속의 분, 박, 리본 등에 의해서 발생되는 화재	피복소화
K급 화재 (또는 F급 화재)	주방화재	가연성 튀김기름을 포함한 조리로 인한 화재	냉각 · 질식 소화

[비고] 1. 주방화재는 유면상의 화염을 제거하여도 유온이 발화점 이상이기 때문에 곧 다시 발화한다. 따라서 유온을 20~50℃ 이상 기름의 온도를 낮춰서 발화점 이하로 냉각해야 소화할 수 있다.
2. 소화기구 및 자동소화장치의 화재안전기준(NFSC 101)에서는 D급(금속화재)과 E급(가스화재)에 대한 분류기준은 없으며, 또한 각 화재에 대한 색상기준도 없다.

⑥ 건축물의 화재 성상

건축물 내에서의 화재는 발화원의 불씨가 가연물에 착화하여 서서히 진행되다 세워져 있는 가연물에 착화가 되면서 천장으로 옮겨 붙어 본격적인 화재가 진행된다.

(1) 목조건축물

① 화재 성상 : 고온단기형
② 최고 온도 : 약 1,300℃

(2) 내화건축물

① 화재 성상 : 저온장기형
② 최고 온도 : 약 900~1,000℃

(3) 성장기(초기~성장기)

내부 공간 화재에서의 성장기는 제1성장기(초기 단계)와 제2성장기(성장기 단계)로 나눌 수 있다. 초기 단계에서는 가연물이 열분해하여 가연성 가스를 발생하는 시기이며 실내온도가 아직 크게 상승되지 않은 발화단계로서 화원이나 착화물의 종류들에 따라 달라지기 때문에 조건에 따라 일정하지 않은 단계이고 제2성장기(성장기 단계)는 실내에 있는 내장재에 착화하여 flash over에 이르는 단계이다.

(4) 최성기

flash over 현상 이후 실내에 있는 가연물 또는 내장재가 격렬하게 연소되는 단계로서 화염이 개구부를 통하여 출화하고 실내온도가 화재 중 최고 온도에 이르는 시기이다.

(5) 감쇠기

쇠퇴기, 종기, 말기라고도 하며 실내에 있는 내장재가 대부분 소실되어 화재가 약해지는 시기이며 완전히 타지 않은 연소물들이 실내에 남아 있을 경우 실내온도는 200~300℃ 정도를 나타내기도 한다.

⑦ 건축물의 화재

(1) 플래시 오버(flash over=순발연소, 순간연소)

화재로 인하여 실내의 온도가 급격히 상승하여 가연물이 일시에 폭발적으로 착화현상을 일으켜 화재가 순간적으로 실내 전체에 확산되는 현상이다.

※ **실내온도** : 약 400~500℃

(2) 백 드래프트(back draft)

밀폐된 공간에서 화재가 발생하면 산소농도 저하로 불꽃을 내지 못하고 가연성 물질의 열분해로 인하여 발생한 가연성 가스가 축적되게 된다. 이때 진화를 위해 출입문 등이 개방되면 개구부가 생겨 신선한 공기의 유입으로 폭발적인 연소가 다시 시작되는 현상이다.

 ※ 플래시 백 : 환기가 잘 되지 않는 곳
백 드래프트 : 밀폐된 공간

(3) 롤 오버(roll over)

연소의 과정에서 천장 부근에서 산발적으로 연소가 확대되는 것을 말하며, 불덩이가 천장을 굴러다니는 것처럼 뿜어져 나오는 현상이다.

(4) 프레임 오버(flame over)

벽체, 천장 또는 마루의 표면이 과열하여 발생하는 가연성 증기에 점화원이 급속히 착화하여 그 물체의 표면상에 불꽃을 전파하는 현상이다.

⑧ 유류탱크 및 가스탱크에서 발생하는 폭발현상

(1) 보일 오버(boil-over)

① 중질유의 탱크에서 장시간 조용히 연소하다가 탱크 내의 잔존 기름이 갑자기 분출하는 현상이다.
② 유류탱크에서 탱크 바닥에 물과 기름의 에멀션이 섞여 있을 때 이로 인하여 화재가 발생하는 현상이다.
③ 연소 유면으로부터 **100℃ 이상의 열파가 탱크 저부에 고여 있는 물을 비등하게** 하면서 연소유를 탱크 밖으로 **비산시키며 연소하는 현상**이다.

(2) 슬롭 오버(slop-over)

① **물이 연소유의 뜨거운 표면에 들어갈 때,** 기름 표면에서 화재가 발생하는 현상이다.
② 유화제로 소화하기 위한 물이 수분의 급격한 증발에 의하여 액면이 거품을 일으키면서 열유층 밑의 냉유가 급히 열팽창하여 기름의 일부가 불이 붙은 채 탱크 벽을 넘어서 일출하는 현상이다.

(3) 블레비(BLEVE ; Boiling Liquid Expanding Vapor Explosion) 현상

가연성 액체 저장탱크 주위에서 화재 등이 발생하여 기상부의 탱크 강판이 국부적으로 가열 되면 그 부분의 강도가 약해져 그로 인해 탱크가 파열된다. 이때 내부에서 가열된 액화가스 가 급격히 유출, 팽창되어 화구(fire ball)를 형성하며 폭발하는 형태를 말한다.

(4) 증기운 폭발(UVCE ; Unconfined Vapor Cloud Explosion)

개방된 대기 중에서 발생하기 때문에 자유공간 중의 증기운 폭발(Unconfined Vapor Cloud Explosion)이라고 부르며 UVCE라 한다. 대기 중에 대량의 가연성 가스나 인화성 액체가 유 출되어 그것으로부터 발생되는 증기가 대기 중의 공기와 혼합하여 폭발성인 증기운(vapor cloud)을 형성하고 이때 착화원에 의해 화구(fire ball) 형태로 착화, 폭발하는 형태이다.

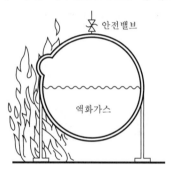

(5) 프로스 오버(froth-over)

탱크 속의 물이 점성을 가진 뜨거운 기름의 표면 아래에서 끓을 때 기름이 넘쳐 흐르는 현상 으로 이는 화재 이외의 경우에도 물이 고점도 유류 아래에서 비등할 때 탱크 밖으로 물과 기 름이 거품과 같은 상태로 넘치는 현상이다. 전형적인 예는 뜨거운 아스팔트가 물이 약간 채 워진 무게 탱크차에 옮겨질 때 일어난다. 고온의 아스팔트에 의해서 탱크차 속의 물이 가열 되고 끓기 시작하면 아스팔트는 탱크차 밖으로 넘치게 된다. 비슷한 경우가 유류탱크의 아래 쪽에 물이나 물-기름 혼합물이 있을 때 폐유 등이 물의 비점 이상의 온도로 상당량 주입될 때도 froth over가 일어난다.

(6) 오일 오버(oil over)

저장탱크 내에 저장된 유류 저장량이 내용적의 50% 이하로 충전되어 있을 때 화재로 인하 여 탱크가 폭발하는 현상이다.

(7) 파이어 볼(fire ball)

증기가 공기와 혼합하여 연소범위가 형성되어서 공모양의 대형화염이 상승하는 현상이다.

(8) 액면 화재(pool fire)

개방된 용기에 탄화수소계 위험물이 저장된 상태에서 증발되는 연료에 착화되어 난류 확산 화염을 발생하는 화재로서 화재 초기에 진화하지 않으면 진화가 어려워 보일 오버 또는 슬롭 오버 등의 탱크화재 이상현상이 발생한다.

(9) 분출 화재(jet fire)

탄화수소계 위험물의 이송배관이나 용기로부터 위험물이 고속으로 누출될 때 점화되어 발생 하는 난류 확산형 화재로 복사열에 의한 막대한 피해가 발생하는 화재의 유형이다.

1-7. 피뢰설비

① 설치대상

지정수량의 10배 이상의 위험물을 취급하는 제조소(제6류 위험물을 취급하는 위험물제조소 를 제외한다.)

② 설치기준

낙뢰의 우려가 있는 건축물 또는 높이 20미터 이상의 건축물에는 피뢰설비를 설치해야 한다.
① 피뢰설비는 한국산업표준이 정하는 피뢰레벨 등급에 적합한 피뢰설비일 것. 다만, 위험물저 장 및 처리시설에 설치하는 피뢰설비는 한국산업표준이 정하는 피뢰시스템 레벨 Ⅱ 이상이 어야 한다.
② 돌침은 건축물의 맨 윗부분으로부터 25센티미터 이상 돌출시켜 설치하되, 건축물 구조기준 에 따른 설계하중에 견딜 수 있는 구조일 것
③ 피뢰설비의 재료는 최소 단면적이 피복이 없는 동선을 기준으로 수뢰부, 인하도선 및 접지 극은 50제곱밀리미터 이상이거나 이와 동등 이상의 성능을 갖출 것

④ 피뢰설비의 인하도선을 대신하여 철골조의 철골구조물과 철근콘크리트조의 철근구조체 등을 사용하는 경우에는 전기적 연속성이 보장될 것. 이 경우 전기적 연속성이 있다고 판단되기 위하여는 건축물 금속 구조체의 최상단부와 지표레벨 사이의 전기저항이 0.2옴 이하이어야 한다.

⑤ 측면 낙뢰를 방지하기 위하여 높이가 60미터를 초과하는 건축물 등에는 지면에서 건축물 높이의 5분의 4가 되는 지점부터 최상단부분까지의 측면에 수뢰부를 설치하여야 하며, 지표레벨에서 최상단부의 높이가 150미터를 초과하는 건축물은 120미터 지점부터 최상단부분까지의 측면에 수뢰부를 설치할 것. 다만, 건축물의 외벽이 금속부재(部材)로 마감되고, 금속부재 상호 간에 ④ 후단에 적합한 전기적 연속성이 보장되며 피뢰시스템 레벨 등급에 적합하게 설치하여 인하도선에 연결한 경우에는 측면 수뢰부가 설치된 것으로 본다.

⑥ 접지(接地)는 환경오염을 일으킬 수 있는 시공방법이나 화학 첨가물 등을 사용하지 아니할 것

1-8. 위험장소의 분류

(1) 0종 장소

정상상태에서 폭발성 분위기가 연속적으로 또는 장시간 생성되는 장소

(2) 1종 장소

정상상태에서 폭발성 분위기가 주기적 또는 간헐적으로 생성될 우려가 있는 장소

(3) 2종 장소

이상상태에서 폭발성 분위기가 생성될 우려가 있는 장소

제2장 | 위험물의 유별 성질 및 취급

〈 위험물 및 지정수량(위험물안전관리법 시행령 제2조 및 제3조 관련 별표 1) 〉

유별	성질	품명	지정수량
제1류	산화성 고체	1. 아염소산염류	50킬로그램
		2. 염소산염류	50킬로그램
		3. 과염소산염류	50킬로그램
		4. 무기과산화물	50킬로그램
		5. 브로민산염류	300킬로그램
		6. 질산염류	300킬로그램
		7. 아이오딘산염류	300킬로그램
		8. 과망가니즈산염류	1,000킬로그램
		9. 다이크로뮴산염류	1,000킬로그램
		10. 그 밖에 행정안전부령으로 정하는 것 11. 제1호 내지 제10호의 1에 해당하는 어느 하나 이상을 함유한 것	50킬로그램, 300킬로그램 또는 1,000킬로그램
제2류	가연성 고체	1. 황화인	100킬로그램
		2. 적린	100킬로그램
		3. 황	100킬로그램
		4. 철분	500킬로그램
		5. 금속분	500킬로그램
		6. 마그네슘	500킬로그램
		7. 그 밖에 행정안전부령으로 정하는 것 8. 제1호 내지 제7호의 1에 해당하는 어느 하나 이상을 함유한 것	100킬로그램 또는 500킬로그램
		9. 인화성 고체	1,000킬로그램
제3류	자연 발화성 물질 및 금수성 물질	1. 칼륨	10킬로그램
		2. 나트륨	10킬로그램
		3. 알킬알루미늄	10킬로그램
		4. 알킬리튬	10킬로그램
		5. 황린	20킬로그램
		6. 알칼리금속(칼륨 및 나트륨을 제외한다) 및 알칼리토금속	50킬로그램

위험물			지정수량
유별	성질	품명	
제3류	자연 발화성 물질 및 금수성 물질	7. 유기금속화합물(알킬알루미늄 및 알킬리튬을 제외한다)	50킬로그램
		8. 금속의 수소화물	300킬로그램
		9. 금속의 인화물	300킬로그램
		10. 칼슘 또는 알루미늄의 탄화물	300킬로그램
		11. 그 밖에 행정안전부령으로 정하는 것 12. 제1호 내지 제11호의 1에 해당하는 어느 하나 이상을 함유한 것	10킬로그램, 20킬로그램, 50킬로그램 또는 300킬로그램
제4류	인화성 액체	1. 특수 인화물	50리터
		2. 제1석유류 / 비수용성 액체	200리터
		2. 제1석유류 / 수용성 액체	400리터
		3. 알코올류	400리터
		4. 제2석유류 / 비수용성 액체	1,000리터
		4. 제2석유류 / 수용성 액체	2,000리터
		5. 제3석유류 / 비수용성 액체	2,000리터
		5. 제3석유류 / 수용성 액체	4,000리터
		6. 제4석유류	6,000리터
		7. 동식물유류	10,000리터
제5류	자기 반응성 물질	1. 유기과산화물	• 제1종 : 10킬로그램 • 제2종 : 100킬로그램
		2. 질산에스터류	
		3. 나이트로화합물	
		4. 나이트로소화합물	
		5. 아조화합물	
		6. 다이아조화합물	
		7. 하이드라진유도체	
		8. 하이드록실아민	
		9. 하이드록실아민염류	
		10. 그 밖에 행정안전부령으로 정하는 것 11. 제1호 내지 제10호의 1에 해당하는 어느 하나 이상을 함유한 것	
제6류	산화성 액체	1. 과염소산	300킬로그램
		2. 과산화수소	300킬로그램
		3. 질산	300킬로그램
		4. 그 밖에 행정안전부령으로 정하는 것	300킬로그램
		5. 제1호 내지 제4호의 1에 해당하는 어느 하나 이상을 함유한 것	300킬로그램

비고

1. "산화성 고체"라 함은 고체[액체(1기압 및 20도에서 액상인 것 또는 20도 초과, 40도 이하에서 액상인 것을 말한다. 이하 같다) 또는 기체(1기압 및 20도에서 기상인 것을 말한다) 외의 것을 말한다. 이하 같다]로서 산화력의 잠재적인 위험성 또는 충격에 대한 민감성을 판단하기 위하여 소방청장이 정하여 고시(이하 "고시"라 한다)하는 시험에서 고시로 정하는 성질과 상태를 나타내는 것을 말한다. 이 경우 "액상"이라 함은 수직으로 된 시험관(안지름 30밀리미터, 높이 120밀리미터의 원통형 유리관을 말한다)에 시료를 55밀리미터까지 채운 다음 해당 시험관을 수평으로 하였을 때 시료액면의 선단이 30밀리미터를 이동하는 데 걸리는 시간이 90초 이내에 있는 것을 말한다.

2. "가연성 고체"라 함은 고체로서 화염에 의한 발화의 위험성 또는 인화의 위험성을 판단하기 위하여 고시로 정하는 시험에서 고시로 정하는 성질과 상태를 나타내는 것을 말한다.

3. 황은 순도가 60중량퍼센트 이상인 것을 말한다. 이 경우 순도측정에 있어서 불순물은 활석 등 불연성 물질과 수분에 한한다.

4. "철분"이라 함은 철의 분말로서 53마이크로미터의 표준체를 통과하는 것이 50중량퍼센트 미만인 것은 제외한다.

5. "금속분"이라 함은 알칼리금속 · 알칼리토류금속 · 철 및 마그네슘 외의 금속의 분말을 말하고, 구리분 · 니켈분 및 150마이크로미터의 체를 통과하는 것이 50중량퍼센트 미만인 것은 제외한다.

6. 마그네슘 및 제2류 제8호의 물품 중 마그네슘을 함유한 것에 있어서는 다음의 어느 하나에 해당하는 것은 제외한다.
   가. 2밀리미터의 체를 통과하지 아니하는 덩어리상태의 것
   나. 직경 2밀리미터 이상의 막대모양의 것

7. 황화인 · 적린 · 황 및 철분은 제2호의 규정에 의한 성상이 있는 것으로 본다.

8. "인화성 고체"라 함은 고형알코올, 그 밖에 1기압에서 인화점이 40도 미만인 고체를 말한다.

9. "자연발화성 물질 및 금수성 물질"이라 함은 고체 또는 액체로서 공기 중에서 발화의 위험성이 있거나 물과 접촉하여 발화하거나 가연성 가스를 발생하는 위험성이 있는 것을 말한다.

10. 칼륨 · 나트륨 · 알킬알루미늄 · 알킬리튬 및 황린은 제9호의 규정에 의한 성상이 있는 것으로 본다.

11. "인화성 액체"라 함은 액체(제3석유류, 제4석유류 및 동식물유류의 경우 1기압과 섭씨 20도에서 액체인 것만 해당한다)로서 인화의 위험성이 있는 것을 말한다. 다만, 다음의 어느 하나에 해당하는 것을 법 제20조 제1항의 중요기준과 세부기준에 따른 운반용기를 사용하여 운반하거나 저장(진열 및 판매를 포함한다)하는 경우는 제외한다.
    가. 「화장품법」 제2조 제1호에 따른 화장품 중 인화성 액체를 포함하고 있는 것
    나. 「약사법」 제2조 제4호에 따른 의약품 중 인화성 액체를 포함하고 있는 것
    다. 「약사법」 제2조 제7호에 따른 의약외품(알코올류에 해당하는 것은 제외한다) 중 수용성인 인화성 액체를 50부피퍼센트 이하로 포함하고 있는 것
    라. 「의료기기법」에 따른 체외진단용 의료기기 중 인화성 액체를 포함하고 있는 것
    마. 「생활화학제품 및 살생물제의 안전관리에 관한 법률」 제3조 제4호에 따른 안전확인대상생활화학제품(알코올류에 해당하는 것은 제외한다) 중 수용성인 인화성 액체를 50부피퍼센트 이하로 포함하고 있는 것

12. "특수 인화물"이라 함은 이황화탄소, 다이에틸에터, 그 밖에 1기압에서 발화점이 100도 이하인 것 또는 인화점이 영하 20도 이하이고 비점이 40도 이하인 것을 말한다.

13. "제1석유류"라 함은 아세톤, 휘발유, 그 밖에 1기압에서 인화점이 21도 미만인 것을 말한다.

14. "알코올류"라 함은 1분자를 구성하는 탄소 원자의 수가 1개부터 3개까지인 포화1가 알코올(변성알코올을 포함한다)을 말한다. 다만, 다음의 어느 하나에 해당하는 것은 제외한다.
    가. 1분자를 구성하는 탄소 원자의 수가 1개 내지 3개의 포화1가 알코올의 함유량이 60중량퍼센트 미만인 수용액
    나. 가연성 액체량이 60중량퍼센트 미만이고 인화점 및 연소점(태그개방식 인화점측정기에 의한 연소점을 말한다. 이하 같다)이 에틸알코올 60중량퍼센트 수용액의 인화점 및 연소점을 초과하는 것

15. "제2석유류"라 함은 등유, 경유, 그 밖에 1기압에서 인화점이 21도 이상, 70도 미만인 것을 말한다. 다만, 도료류, 그 밖의 물품에 있어서 가연성 액체량이 40중량퍼센트 이하이면서 인화점이 40도 이상인 동시에 연소점이 60도 이상인 것은 제외한다.

16. "제3석유류"라 함은 중유, 크레오소트유, 그 밖에 1기압에서 인화점이 70도 이상, 200도 미만인 것을 말한다. 다만, 도료류, 그 밖의 물품은 가연성 액체량이 40중량퍼센트 이하인 것은 제외한다.

17. "제4석유류"라 함은 기어유, 실린더유, 그 밖에 1기압에서 인화점이 200도 이상, 250도 미만의 것을 말한다. 다만, 도료류, 그 밖의 물품은 가연성 액체량이 40중량퍼센트 이하인 것은 제외한다.

18. "동식물유류"라 함은 동물의 지육 등 또는 식물의 종자나 과육으로부터 추출한 것으로서 1기압에서 인화점이 250도 미만인 것을 말한다. 다만, 법 제20조 제1항의 규정에 의하여 행정안전부령으로 정하는 용기기준과 수납·저장기준에 따라 수납되어 저장·보관되고 용기의 외부에 물품의 통칭명, 수량 및 화기엄금(화기엄금과 동일한 의미를 갖는 표시를 포함한다)의 표시가 있는 경우를 제외한다.

19. "자기반응성 물질"이란 고체 또는 액체로서 폭발의 위험성 또는 가열분해의 격렬함을 판단하기 위하여 고시로 정하는 시험에서 고시로 정하는 성질과 상태를 나타내는 것을 말한다. 이 경우 해당시험 결과에 따라 위험성 유무와 등급을 결정하여 제1종 또는 제2종으로 분류한다.

20. 제5류 제11호의 물품에 있어서는 유기과산화물을 함유하는 것 중에서 불활성 고체를 함유하는 것으로서 다음의 어느 하나에 해당하는 것은 제외한다.
    가. 과산화벤조일의 함유량이 35.5중량퍼센트 미만인 것으로서 전분가루, 황산칼슘2수화물 또는 인산수소칼슘2수화물과의 혼합물
    나. 비스(4-클로로벤조일)퍼옥사이드의 함유량이 30중량퍼센트 미만인 것으로서 불활성 고체와의 혼합물
    다. 과산화다이쿠밀의 함유량이 40중량퍼센트 미만인 것으로서 불활성 고체와의 혼합물
    라. 1·4비스(2-터셔리뷰틸퍼옥시아이소프로필)벤젠의 함유량이 40중량퍼센트 미만인 것으로서 불활성 고체와의 혼합물
    마. 사이클로헥사논퍼옥사이드의 함유량이 30중량퍼센트 미만인 것으로서 불활성 고체와의 혼합물

21. "산화성 액체"라 함은 액체로서 산화력의 잠재적인 위험성을 판단하기 위하여 고시로 정하는 시험에서 고시로 정하는 성질과 상태를 나타내는 것을 말한다.

22. 과산화수소는 그 농도가 36중량퍼센트 이상인 것에 한하며, 제21호의 성상이 있는 것으로 본다.

23. 질산은 그 비중이 1.49 이상인 것에 한하며, 제21호의 성상이 있는 것으로 본다.

24. 위 표의 성질란에 규정된 성상을 2가지 이상 포함하는 물품(이하 이 호에서 "복수성상물품"이라 한다)이 속하는 품명은 다음의 어느 하나에 의한다.
    가. 복수성상물품이 산화성 고체의 성상 및 가연성 고체의 성상을 가지는 경우 : 제2류 제8호의 규정에 의한 품명
    나. 복수성상물품이 산화성 고체의 성상 및 자기반응성 물질의 성상을 가지는 경우 : 제5류 제11호의 규정에 의한 품명
    다. 복수성상물품이 가연성 고체의 성상과 자연발화성 물질의 성상 및 금수성 물질의 성상을 가지는 경우 : 제3류 제12호의 규정에 의한 품명
    라. 복수성상물품이 자연발화성 물질의 성상, 금수성 물질의 성상 및 인화성 액체의 성상을 가지는 경우 : 제3류 제12호의 규정에 의한 품명
    마. 복수성상물품이 인화성 액체의 성상 및 자기반응성 물질의 성상을 가지는 경우 : 제5류 제11호의 규정에 의한 품명

25. 위 표의 지정수량란에 정하는 수량이 복수로 있는 품명에 있어서는 해당 품명이 속하는 유(類)의 품명 가운데 위험성의 정도가 가장 유사한 품명의 지정수량란에 정하는 수량과 같은 수량을 해당 품명의 지정수량으로 한다. 이 경우 위험물의 위험성을 실험·비교하기 위한 기준은 고시로 정할 수 있다.

26. 동 표에 의한 위험물의 판정 또는 지정수량의 결정에 필요한 실험은 「국가표준기본법」에 의한 공인시험기관, 한국소방산업기술원, 중앙소방학교 또는 소방청장이 지정하는 기관에서 실시할 수 있다.

2-1. 제1류 위험물 – 산화성 고체

① 제1류 위험물의 종류와 지정수량

성질	위험등급	품명	대표 품목	지정수량
산화성 고체	Ⅰ	1. 아염소산염류 2. 염소산염류 3. 과염소산염류 4. 무기과산화물류	$NaClO_2$, $KClO_2$ $NaClO_3$, $KClO_3$, NH_4ClO_3 $NaClO_4$, $KClO_4$, NH_4ClO_4 K_2O_2, Na_2O_2, MgO_2	50kg
	Ⅱ	5. 브로민산염류 6. 질산염류 7. 아이오딘산염류	$KBrO_3$ KNO_3, $NaNO_3$, NH_4NO_3 KIO_3	300kg
	Ⅲ	8. 과망가니즈산염류 9. 다이크로뮴산염류	$KMnO_4$ $K_2Cr_2O_7$	1,000kg
	Ⅰ~Ⅲ	10. 그 밖에 행정안전부령이 정하는 것 　① 과아이오딘산염류 　② 과아이오딘산 　③ 크로뮴, 납 또는 아이오딘의 산화물 　④ 아질산염류 　⑤ 차아염소산염류 　⑥ 염소화아이소사이아누르산 　⑦ 퍼옥소이황산염류 　⑧ 퍼옥소붕산염류 11. 1~10호의 하나 이상을 함유한 것	KIO_4 HIO_4 CrO_3 $NaNO_2$	300kg
			$LiClO$	50kg
			$OCNClONClCONCl$ $K_2S_2O_8$ $NaBO_3$	300kg

② 공통 성질, 저장 및 취급 시 유의사항, 예방대책 및 소화방법

(1) 일반 성질 및 위험성

① 대부분 **무색 결정** 또는 **백색 분말**로서 **비중이 1보다 크다.**

② **대부분 물에 잘 녹으며**, 분해하여 산소를 방출한다.

③ 일반적으로 다른 가연물의 연소를 돕는 **지연성 물질(자신은 불연성)**이며 **강산화제**이다.

④ 조연성 물질로 **반응성이 풍부하여** 열, 충격, 마찰 또는 분해를 촉진하는 약품과의 접촉으로 인해 폭발할 위험이 있다.

⑤ **착화온도(발화점)가 낮으며** 폭발 위험성이 있다.

⑥ **대부분 무기화합물**이다(단, 염소화아이소사이아누르산은 유기화합물에 해당함).

⑦ **유독성과 부식성**이 있다.

(2) 저장 및 취급 시 유의사항

① **대부분 조해성을 가지므로** 습기 등에 주의하며 밀폐하여 저장한다.

② 취급 시 용기 등의 파손에 의한 위험물의 누설에 주의한다.

③ 가열, 충격, 마찰 등을 피하고 분해를 촉진하는 약품류 및 가연물과의 접촉을 피한다.

④ 열원과 산화되기 쉬운 물질 및 화재 위험이 있는 곳을 멀리한다.

⑤ 통풍이 잘 되는 차가운 곳에 저장한다.

⑥ 환원제 또는 다른 류의 위험물(제2, 3, 4, 5류)과 접촉 등을 엄금한다.

⑦ 알칼리금속의 과산화물 저장 시에는 다른 1류 위험물과 분리된 장소에 저장하며 가연물 및 유기물 등과 같이 있을 경우에 충격 또는 마찰 시 폭발할 위험이 있기 때문에 주의한다.

(3) 예방대책

① 가열 금지, 화기엄금, 직사광선을 차단한다.

② 충격, 타격, 마찰 등을 피하여야 한다.

③ 용기의 가열, 누출, 파손, 전도를 방지한다.

④ 분해 촉매, 이물질과의 접촉을 금지한다.

⑤ 강산류와는 어떠한 경우에도 접촉을 방지한다.

⑥ 조해성 물질은 방습하며, 용기는 밀전한다.

(4) 소화방법

① **원칙적으로 제1류 위험물은 산화성 고체로서 불연성 물질이므로 소화방법이 있을 수 없다. 다만, 가연물의 성질에 따라 아래와 같은 소화방법이 있을 수 있다.**

  ㉮ 산화제의 분해온도를 낮추기 위하여 물을 주수하는 **냉각소화**가 효과적이다.

  ㉯ 무기과산화물 중 **알칼리금속의 과산화물은 물과 급격히 발열반응을 하므로 건조사에 의한 피복소화**를 실시한다(단, 주수소화는 절대엄금).

② 소화작업 시 공기 호흡기, 보안경, 방호의 등 보호장구를 착용한다.

③ 소화약제는 무기과산화물류를 제외하고는 냉각소화가 유효(다량의 주수)하다.

④ 연소 시 방출되는 산소로 인하여 가연성이 커지고 격렬한 연소현상이 발생하므로 충분한 안전거리 확보 후 소화작업을 실시한다.

위험물의 시험방법

(1) 산화성 시험방법

① 분립상(매분당 160회의 타진을 받으며 회전하는 2mm의 체를 30분에 걸쳐 통과하는 양이 10wt% 이상인 것을 말한다. 이하 같다) 물품의 산화성으로 인한 위험성의 정도를 판단하기 위한 시험은 연소시험으로 하며 다음과 같다.

  ㉮ 표준물질의 연소시험

    ㉠ 표준물질(시험에 있어서 기준을 정하는 물질을 말한다. 이하 같다)로서 150μm 이상, 300μm 미만(입자의 크기의 측정방법은 매분당 160회의 타진을 받으며 30분간 회전하는 해당 규격의 체를 통과하는지 여부를 확인하여 행한다. 이하 같다)인 **과염소산칼륨**과 250μm 이상, 500μm 미만인 **목분(木粉)**을 중량비 1 : 1로 섞어 혼합물 30g을 만들 것

    ㉡ 혼합물을 온도 20℃, 기압 1기압의 실내에서 높이와 바닥면의 직경비가 1 : 1.75가 되도록 원추형으로 무기질의 단열판 위에 쌓고 직경 2mm의 원형 니크롬선에 통전(通電)하여 온도 1,000℃로 가열된 것을 점화원으로 하여 원추형 혼합물의 아랫부분에 착화할 때까지 접촉할 것

    ㉢ 착화부터 불꽃이 없어지기까지의 시간을 측정할 것

    ㉣ ㉠ 내지 ㉢의 시험을 5회 이상 반복하여 평균연소시간을 구할 것

  ㉯ 시험물품의 연소시험

    ㉠ 시험물품(시험을 하고자 하는 물품을 말한다. 이하 같다)을 직경 1.18mm 미만으로 부순 것과 250μm 이상, 500μm 미만인 목분을 중량비 1 : 1 및 중량비 4 : 1로 섞어 혼합물 30g을 각각 만들 것

    ㉡ 두 혼합물을 ㉮의 ㉡ 내지 ㉣의 방법에 의하여 각각 평균연소시간을 구한 다음, 둘 중 짧은 연소시간을 택할 것

② 분립상 외의 물품의 산화성으로 인한 위험성의 정도를 판단하기 위한 시험은 대량연소시험으로 하며 그 방법은 다음과 같다.

  ㉮ 표준물질의 대량연소시험

    ㉠ 표준물질로서 150μm 이상, 300μm 미만인 과염소산칼륨과 250μm 이상, 500μm 미만인 목분을 중량비 4 : 6으로 섞어 혼합물 500g을 만들 것

    ㉡ 혼합물을 온도 20℃, 기압 1기압의 실내에서 높이와 바닥면의 직경비가 1 : 2가 되도록 원추형으로 무기질의 단열판 위에 쌓고 점화원으로 원추형 혼합물의 아랫부분에 착화할 때까지 접촉할 것

ⓛ 시험물품의 대량연소시험

시험물품과 250μm 이상, 500μm 미만인 목분을 체적비 1 : 1로 섞어 혼합물 500g을 만들 것

(2) 충격민감성 시험방법

① 분립상 물품의 민감성으로 인한 위험성의 정도를 판단하기 위한 시험은 낙구타격감도시험으로 하며 그 방법은 다음과 같다.

㉮ 표준물질의 낙구타격감도시험

㉠ 온도 20℃, 기압 1기압의 실내에서 직경 및 높이 12mm의 강제(鋼製) 원기둥 위에 적린(180μm 미만인 것. 이하 같다) 5mg을 쌓고 그 위에 표준물질로서 질산칼륨 (150μm 이상, 300μm 미만인 것. 이하 같다) 5mg을 쌓은 후 직경 40mm의 쇠구슬을 10cm의 높이에서 혼합물의 위에 직접 낙하시켜 발화 여부를 관찰할 것. 이 경우에 폭발음, 불꽃 또는 연기를 발생하는 경우에는 폭발한 것으로 본다.

㉡ 앞 시험에 의한 결과 폭발한 경우에는 낙하높이(H, 강제의 원기둥의 상면에서 강구의 하단까지의 높이)를 해당 낙하높이의 상용대수($\log H$)와 비교하여 상용대수의 차가 0.1이 되는 높이로 낮추고, 폭발하지 않는 경우에는 낙하높이를 해당 낙하높이의 상용대수와 비교하여 상용대수의 차가 0.1이 되는 높이로 높이는 방법 (up-down법)에 의하여 연속 40회 이상(최초로 폭발될 때부터 폭발되지 않을 때 또는 폭발되지 않을 때부터 폭발이 될 때까지의 횟수) 반복하여 강구를 낙하시켜 폭점산출법으로 표준물질과 적린과의 혼합물의 50% 폭점(폭발확률이 50%가 되는 낙하높이를 말한다. 이하 같다)을 구할 것. 다만, 낙하높이의 상용대수의 표준편차가 0.05에서 0.2까지의 범위 내에 있지 않는 경우에는 시험을 반복한다.

㉢ 50% 폭점(H_{50}, 단위 : cm) 및 상용대수의 표준편차(S)는 다음 식으로 산출할 것

$$\log H_{50} = C + d(A/N_s \pm 5)$$

$$N_s = \Sigma n, \ A = \Sigma(j \times n)$$

여기서, j : 낙하높이의 순차값(최저 낙하높이를 0으로 하여 낙하높이의 순차에 따라 1씩 증가한다.)

n : 폭발의 횟수 또는 폭발하지 않은 횟수(전체 낙하에서 발생횟수의 합계가 적은 쪽으로 한다.)

C : 시험을 행한 최저 낙하높이($j=0$에 대한 낙하높이)의 수치의 상용대수

d : $\log H$의 간격($=0.1$)

± : n이 폭발한 횟수인 때는 "－" 부호를, 폭발하지 않은 횟수인 때는
"＋" 부호를 쓴다.

$$S = 1.62d\left\{(N_s \cdot B - A^2)/N_s^2 + 0.029\right\}$$

$$B = \Sigma(j^2 \times n)$$

㉯ 시험물품의 낙구타격감도시험

    ㉠ 시험물품을 직경 1.18mm 미만으로 부순 것을 ㉮의 ㉠에 의하여 시험을 10회 실시
할 것. 이 경우 ㉮의 ㉡에서 구한 50% 폭점을 낙하높이로 한다.

    ㉡ ㉠에 의한 시험결과 폭발하는 경우 및 폭발하지 아니하는 경우가 모두 발생하는 경
우에는 추가로 30회 이상의 시험을 실시할 것

    ㉢ ㉠ 및 ㉡에 의하여 시험물품과 적린과의 혼합물이 폭발하는 확률을 구할 것

② 분립상 외의 물품의 민감성으로 인한 위험성의 정도를 판단하기 위한 시험은 철관시험으
로 하며 그 방법은 다음과 같다.

㉮ 아랫부분을 강제마개(외경 60mm, 높이 38mm, 바닥두께 6mm)로 용접한 외경 60mm,
두께 5mm, 길이 500mm의 이음매 없는 철관에 플라스틱제의 포대를 넣을 것

㉯ 시험물품(건조용 실리카겔을 넣은 데시케이터 속에 온도 24℃로 24시간 이상 보존되어
있는 것)을 적당한 크기로 부수어 셀룰로스분(건조용 실리카겔을 넣은 데시케이터 속
에 온도 24℃로 24시간 이상 보존되어 있는 것으로 53μm 미만의 것)과 중량비 3 : 1로
혼합하여 ㉮의 포대에 균일하게 되도록 넣고 50g의 전폭약(전폭약 ; 트라이메틸렌트라
이나이트로아민과 왁스를 중량비 19 : 1로 혼합한 것을 150MPa의 압력으로 직경
30mm, 높이 45mm의 원주상에 압축 성형한 것을 말한다. ㉣에서 같다)을 삽입할 것

㉲ 구멍이 있는 나사 플러그의 뚜껑을 철관에 부착할 것

㉣ 뚜껑의 구멍을 통해 전폭약의 구멍에 전기뇌관을 삽입할 것

㉤ 철관을 모래 중에 매설하여 기폭할 것

㉥ ㉮ 내지 ㉤의 시험을 3회 이상 반복하고, 1회 이상 철관이 완전히 파열하는지 여부를
관찰할 것

④ 각론

─ 지정수량 50kg

(1) 아염소산염류

아염소산($HClO_2$)의 수소(H)가 금속 또는 다른 양이온으로 치환된 화합물을 아염소산염이라 하고, 이들 염을 총칭하여 아염소산염류라 한다. 가열, 충격, 마찰에 의해 분해되어 산소를 방출하기 쉽고, 가연물과 혼합되어 있는 것은 특히 위험성이 높아 경우에 따라서는 폭발적으로 반응하는 것이 있다. 일반적으로는 물에 잘 녹는다.

① 아염소산나트륨($NaClO_2$)

  ㉮ 일반적 성질

    ㉠ 분자량 : 90.5, 분해온도 ─ 수화물 : 120~130℃, 무수물 : 350℃

    ㉡ 무색 또는 백색의 결정성 분말로 조해성이 있고 무수염은 안정하며, 물에 잘 녹는다.

    ㉢ 수분이 있는 경우 120~140℃에서 발열, 분해된다.

      $3NaClO_2 \rightarrow 2NaClO_3 + NaCl$, $NaClO_3 \rightarrow NaClO + O_2$

  ㉯ 위험성

    ㉠ 비교적 안정하나 130~140℃ 이상의 온도에서 발열, 분해하여 폭발한다.

    ㉡ 암모니아, 아민류 등과 반응하여 폭발성 물질을 생성하고, 황, 금속분 등의 환원제와 혼촉 시 발화한다.

      $2NaClO_2 + 3S \rightarrow Cl_2 + 2SO_2 + Na_2S$

      $4Al + 3NaClO_2 \rightarrow 2Al_2O_3 + 3NaCl$

    ㉢ 싸이오황산나트륨, 다이에틸에터 등과 혼합 시 혼촉발화의 위험이 있다.

    ㉣ 산과 접촉 시 이산화염소(ClO_2)가스가 발생한다.★★

      $3NaClO_2 + 2HCl \rightarrow 3NaCl + 2ClO_2 + H_2O_2$

  ㉰ 저장 및 취급 방법

    ㉠ 환원성 물질과 격리, 저장한다.

    ㉡ 건조한 냉암소에 저장, 습기에 주의하여 용기는 밀봉한다.

  ㉱ 소화방법 : 화재 시 초기에는 포, 분말도 유효하나, 기타의 경우 다량의 물로 냉각소화한다.

  ㉲ 용도 : 폭약의 기폭제로 이용한다.

② 아염소산칼륨($KClO_2$)

  ㉮ 분자량 : 106.5, 분해온도 : 160℃

  ㉯ 백색의 침상결정 또는 결정성 분말로 조해성이 있다.

  ㉰ 가열하면 160℃에서 산소가 발생하며 열, 일광 및 충격으로 폭발의 위험이 있다.

  ㉱ 황린, 황, 황화합물, 목탄분과 혼합한 것은 발화폭발의 위험이 있다.

  ㉲ 기타는 $NaClO_2$에 준한다.

(2) 염소산염류

염소산($HClO_3$)의 수소(H)가 금속 또는 다른 양이온으로 치환된 화합물을 염소산염이라 하고, 이러한 염을 총칭하여 염소산염류라 한다. 가열, 충격, 강산의 첨가에 의해 단독으로 폭발하는 것도 있으나, 황, 목탄, 마그네슘분, 알루미늄분, 유기물질 등의 산화되기 쉬운 물질과 혼합되어 있을 때는 특히 위험하여 급격한 연소 또는 폭발을 일으킨다. 또한, 염소산칼륨은 낙구식 타격감도시험에서 표준물질의 하나이다.

① 염소산칼륨($KClO_3$)

  ㉮ 일반적 성질

   ㉠ 분자량 : 122.5, 비중 : 2.32, 분해온도 : 400℃, 융점 : 368.4℃, 용해도(20℃) : 7.3

   ㉡ 무색의 결정 또는 백색 분말

   ㉢ **찬물, 알코올에는 잘 녹지 않고, 온수, 글리세린 등에는 잘 녹는다.**

  ㉯ 위험성

   ㉠ 인체에 독성이 있다.

   ㉡ **약 400℃ 부근에서 열분해되기 시작하여** 540~560℃에서 과염소산칼륨($KClO_4$)을 생성하고 다시 분해하여 **염화칼륨(KCl)과 산소(O_2)를 방출한다.**

열분해반응식★★★

$$2KClO_3 \rightarrow 2KCl + 3O_2$$

◀ 염소산칼륨의 열분해

$2KClO_3 \rightarrow KCl + KClO_4 + O_2$, $KClO_4 \rightarrow KCl + 2O_2$　　　(at 540~560℃)

   ㉢ 촉매인 이산화망가니즈(MnO_2) 등이 존재 시 분해가 촉진되어 200℃에서 완전분해되어 산소를 방출하고 다른 가연물의 연소를 촉진한다.

   ㉣ 상온에서 단독으로는 안정하나 강산화성 물질(황, 적린, 목탄, 알루미늄의 분말, 유기물질, 염화철 및 차아인산염 등), 강산, 중금속염 등 분해촉매와 혼합 시 약한 자극에도 폭발할 수 있다.

   ㉤ 황산 등 강산과의 접촉으로 격렬하게 반응하여 폭발성의 이산화염소가 발생하고 발열, 폭발한다.

◀ 염소산칼륨과 황산의 반응

$$4KClO_3 + 4H_2SO_4 \rightarrow 4KHSO_4 + 4ClO_2 + O_2 + 2H_2O + 열$$

ⓓ 저장 및 취급 방법

　　㉠ 산화되기 쉬운 물질(환원제, 2 · 3 · 4 · 5류 위험물)이나 강산, 분해를 촉진하는 중금속류와의 혼합을 피하고 가열, 충격, 마찰 등에 주의할 것

　　㉡ 환기가 잘 되는 차가운 곳에 저장할 것

　　㉢ 용기가 파손되거나 공기 중에 노출되지 않도록 밀봉하여 저장할 것

ⓔ 소화방법 : 다량의 물에 의한 주수소화

ⓕ 용도 : 폭약, 성냥, 염색, 소독 · 표백, 제초제, 방부제, 인쇄잉크 등

② 염소산나트륨($NaClO_3$)

㉮ 일반적 성질

　　㉠ 분자량 : 106.5, 비중(20℃) : 2.5, 분해온도 : 300℃, 융점 : 240℃

　　㉡ 무색무취의 입방정계 주상 결정

　　㉢ **조해성, 흡습성이 있고 물, 알코올, 글리세린, 에터 등에 잘 녹는다.**

㉯ 위험성

　　㉠ 흡습성이 좋아 강한 산화제로서 철제용기를 부식시킨다.

　　㉡ **산과의 반응이나 분해반응으로 독성이 있으며 폭발성이 강한 이산화염소(ClO_2)가 발생한다.★★**

　　　$2NaClO_3 + 2HCl \rightarrow 2NaCl + 2ClO_2 + H_2O_2$

　　　$3NaClO_3 \rightarrow NaClO_4 + Na_2O + 2ClO_2$

　　㉢ 분진이 있는 대기 중에 오래 있으면 피부, 점막 및 시력을 잃기 쉬우며, 다량 섭취할 경우에는 위험하다.

　　㉣ 300℃에서 가열분해되어 염화나트륨과 산소가 발생한다.

　　　$2NaClO_3 \rightarrow 2NaCl + 3O_2$

　　㉤ 암모니아와 반응하여 혼촉발화하므로 접촉을 피해야 한다.

㉰ 저장 및 취급 방법

　　㉠ 조해성이 크므로 습기에 주의하고 환기가 잘 되는 냉암소에 보관한다.

　　㉡ 가열, 충격, 마찰 등을 피하고 분해되기 쉬운 약품과의 접촉을 피한다.

㉱ 소화방법 : 다량의 물에 의한 주수소화

㉲ 용도 : 폭약, 성냥, 잡초의 제초제, 의약 등 염소산칼륨의 대용으로 사용한다.

③ 염소산암모늄(NH_4ClO_3)

㉮ 일반적 성질

　　㉠ 분자량 : 101.5, 비중(20℃) : 1.8, 분해온도 : 100℃

　　㉡ 조해성과 금속의 부식성, 폭발성이 크며, 수용액은 산성

㉯ 위험성 : 폭발기(NH_4^+)와 산화기(ClO_3^-)가 결합되었기 때문에 폭발성이 크다.

㉰ 저장, 취급 방법 및 소화방법 : 염소산칼륨($KClO_3$)에 준한다.

(3) 과염소산염류

과염소산($HClO_4$)의 수소(H)가 금속 또는 다른 양이온으로 치환된 화합물을 과염소산염이라 하고, 이들 염을 총칭하여 과염소산염류라 한다. 상온에서는 염소산염류보다 안정하나 가열, 충격 등에 의해 분해된다. 인, 황, 목탄 분말, 기타 가연물과 혼합되어 있는 경우에는 급격하게 연소하고, 경우에 따라서는 폭발한다. 또한, 과염소산칼륨은 연소시험 및 대량연소시험에 있어 표준물질로 되어 있다.

① 과염소산칼륨($KClO_4$)

  ㉮ 일반적 성질

    ㉠ 분자량 : 138.5, 비중 : 2.52, 분해온도 : 400℃, 융점 : 610℃

    ㉡ 무색무취의 결정 또는 백색 분말로 불연성이지만 강한 산화제

    ㉢ 물에 약간 녹으며, 알코올이나 에터 등에는 녹지 않는다.

    ㉣ 염소산칼륨보다는 안정하나 가열, 충격, 마찰 등에 의해 분해된다.

  ㉯ 위험성

    ㉠ **약 400℃에서 열분해되기 시작하여 약 610℃에서 완전분해되어 염화칼륨과 산소를 방출하며** 이산화망가니즈 존재 시 분해온도가 낮아진다. ★★

       $KClO_4 \rightarrow KCl + 2O_2$

    ㉡ 진한황산과 접촉하면 폭발성 가스를 생성하고 튀는 듯이 폭발할 위험이 있다.

    ㉢ 금속분, 황, 강환원제, 에터, 목탄 등의 가연물과 혼합된 경우 착화에 의해 급격히 연소를 일으키며 충격, 마찰 등에 의해 폭발한다.

  ㉰ 저장 및 취급 방법 : 강한 환원제(가연물)와 함께 저장하지 않는다.

  ㉱ 소화방법 : 화재 시 초기에는 포, 분말도 유효하나, 기타의 경우 다량의 물로 냉각소화한다.

  ㉲ 용도 : 폭약, 섬광제, 의약, 시약 등

② 과염소산나트륨($NaClO_4$)

  ㉮ 일반적 성질

    ㉠ 분자량 : 122.5, 비중 : 2.50, 분해온도 : 400℃, 융점 : 482℃

    ㉡ 무색무취의 결정 또는 백색 분말로 조해성이 있는 불연성 산화제이다.

    ㉢ 물, 알코올, 아세톤에는 잘 녹으나 에터에는 녹지 않는다.

ⓝ 위험성

 ㉠ 가연물과 유기물 등이 혼합되어 있을 때 가열, 충격, 마찰 등에 의해 폭발한다.

 ㉡ 130℃ 이상에서 분해되어 산소가 발생하고 촉매(MnO_2)의 존재하에서 분해가 촉진된다.

 ㉢ 하이드라진, 가연성 분말, 비소, 유기물 등의 가연물과 혼합된 경우 착화에 의해 급격히 연소를 일으키며 충격, 마찰 등에 의해 폭발한다.

 ㉣ 종이 등과 상온에서 습기 또는 직사광선을 받으면 발화 위험이 있다.

ⓓ 저장, 취급 방법 및 소화방법 : 과염소산칼륨에 준한다.

ⓔ 용도 : 폭약이나 나염 등에 이용한다.

③ 과염소산암모늄(NH_4ClO_4)

 ㉮ 일반적 성질

  ㉠ 분자량 : 117.5, 비중(20℃) : 1.87, 분해온도 : 130℃

  ㉡ 무색무취의 결정 또는 백색 분말로 조해성이 있는 불연성 산화제이다.

  ㉢ 물, 알코올, 아세톤에는 잘 녹으나 에터에는 녹지 않는다.

 ㉯ 위험성

  ㉠ 강산과 접촉하거나 가연물 또는 산화성 물질 등과 혼합 시 폭발의 위험이 있다.

  $NH_4ClO_4 + H_2SO_4 \rightarrow NH_4HSO_4 + HClO_4$

  ㉡ 상온에서는 비교적 안정하나 약 130℃에서 분해되기 시작하여 약 300℃ 부근에서 급격히 분해되어 폭발한다.

  $2NH_4ClO_4 \rightarrow N_2 + Cl_2 + 2O_2 + 4H_2O$

  ㉢ 촉매(MnO_2)의 존재하에서 분해가 촉진된다.

  ㉣ 기타 염소산칼륨에 준한다.

 ㉰ 저장, 취급 방법 및 소화방법 : 염소산칼륨에 준한다.

 ㉱ 용도 : 폭약, 성냥이나 나염 등에 이용한다.

(4) 무기과산화물

무기과산화물이란 분자 내에 $-O-O-$ 결합을 갖는 산화물의 총칭으로, 과산화수소의 수소분자가 금속으로 치환된 것이 무기과산화물이다. 또한 단독으로 존재하는 무기과산화물외에 어떤 물질에 과산화수소가 부가된 형태로 존재하는 과산화수소 부가물도 무기과산화물에 속한다.

과산화물의 화학적 특징은 그 분자 내에 갖고 있는 $-O-O-$ 결합에 기인한다. 다시 말하면, 과산화물은 일반적으로 불안정한 물질로서 가열하면 분해되고, 산소를 방출한다. 무기과산화물은 그 자체가 연소되는 것은 없으나, 유기물 등과 접촉하여 분해되어 산소를 방출하고, 특히 알칼리금속(리튬, 나트륨, 칼륨, 세슘, 루비듐)의 무기과산화물은 물과 격렬하게 발열반응하여 분해되고, 다량의 산소가 발생한다. 따라서 소화작업 시에 주수는 위험하고, 탄산소다, 마른 모래 등으로 덮어 행하나 소화는 대단히 곤란하다. 알칼리토금속(마그네슘, 칼슘, 스트론튬, 바륨)의 무기과산화물은 알칼리금속의 무기과산화물에 비해 물과 반응하는 반응성은 낮다.

① 과산화칼륨(K_2O_2)

    ㉮ 일반적 성질

        ㉠ 분자량 : 110, 비중(20℃) : 2.9, 융점 : 490℃

        ㉡ 순수한 것은 백색이나 보통은 오렌지색의 분말 또는 과립상으로 흡습성, 조해성이 강하다.

    ㉯ 위험성

        ㉠ 불연성이나 물과 접촉하면 발열하며, 대량일 경우에는 폭발한다.

        ㉡ 가열하면 위험하며 가연물의 혼입, 마찰 또는 습기 등과의 접촉은 매우 위험하다.

    ㉰ 저장 및 취급 방법★★★

        ㉠ 가열, 충격, 마찰 등을 피하고 가연물, 유기물, 황분, 알루미늄분의 혼입을 방지한다.

        ㉡ 물과 습기가 들어가지 않도록 용기는 밀전, 밀봉한다.

        ㉢ **가열하면 열분해하여 산화칼륨(K_2O)과 산소(O_2)가 발생한다.**

            $2K_2O_2 \rightarrow 2K_2O + O_2$

        ㉣ **흡습성이 있으며 물과 접촉하면 발열하며 수산화칼륨(KOH)과 산소(O_2)가 발생한다.**

            $2K_2O_2 + 2H_2O \rightarrow 4KOH + O_2$

        ㉤ **공기 중의 탄산가스를 흡수하여 탄산염이 생성된다.**

            $2K_2O_2 + CO_2 \rightarrow 2K_2CO_3 + O_2$

        ㉥ 에틸알코올에는 용해되며, 묽은산과 반응하여 과산화수소(H_2O_2)를 생성한다.

            $K_2O_2 + 2CH_3COOH \rightarrow 2CH_3COOK + H_2O_2$

        ㉦ 황산과 반응하여 황산칼륨과 과산화수소를 생성시킨다.

            $K_2O_2 + H_2SO_4 \rightarrow K_2SO_4 + H_2O_2$

    ㉱ 소화방법 : 초기화재는 이산화탄소, 분말 소화기가 유효하며 주수는 엄금하며, 물은 인접 가연물의 연소확대방지에 국한하여 사용하고, 건조사, 암분 등으로 질식소화한다.

    ㉲ 용도 : 표백제, 소독제, 제약, 염색 등

② 과산화나트륨(Na_2O_2)

마찰에 의한 과산화나트륨의 발화

　㉠ 일반적 성질

　　㉠ 분자량 : 78, 비중(20℃) : 2.805, 융점 및 분해온도 : 460℃

　　㉡ 순수한 것은 백색이지만 보통은 담홍색을 띠고 있는 정방정계 분말이다.

　　㉢ **가열하면 열분해하여 산화나트륨(Na_2O)과 산소(O_2)가 발생한다.★★**

　　　$2Na_2O_2 \rightarrow 2Na_2O + O_2$

　㉯ 위험성★★

　　㉠ 상온에서 물과 급격히 반응하며, 가열하면 분해되어 산소(O_2)가 발생한다.

　　㉡ 불연성이나 물과 접촉하면 발열하며, 대량의 경우에는 폭발한다.

　　㉢ 탄산칼슘, 마그네슘, 알루미늄 분말, 초산(아세트산), 에터 등과 혼합하면 폭발의 위험이 있다.

　　㉣ **흡습성이 있으므로 물과 접촉하면 발열 및 수산화나트륨($NaOH$)과 산소(O_2)가 발생한다.**

　　　$2Na_2O_2 + 2H_2O \rightarrow 4NaOH + O_2$

　　㉤ **공기 중의 탄산가스(CO_2)를 흡수하여 탄산염이 생성된다.**

　　　$2Na_2O_2 + 2CO_2 \rightarrow 2Na_2CO_3 + O_2$

　　㉥ 피부 점막을 부식시킨다.

　　㉦ 에틸알코올에는 녹지 않으나 묽은산과 반응하여 과산화수소(H_2O_2)를 생성한다.

　　　$Na_2O_2 + 2CH_3COOH \rightarrow 2CH_3COONa + H_2O_2$

　　㉧ 산과 반응하여 과산화수소가 발생한다.

　　　$Na_2O_2 + 2HCl \rightarrow 2NaCl + H_2O_2$

　㉰ 저장 및 취급 방법

　　㉠ 가열, 충격, 마찰 등을 피하고, 가연물이나 유기물, 황분, 알루미늄분의 혼입을 방지한다.

　　㉡ 냉암소에 보관하며 저장용기는 밀전하여 수분의 침투를 막는다.

　　㉢ 물에 용해되어 강알칼리가 되어 피부나 의복을 부식시키므로 주의해야 한다.

　　㉣ 용기의 파손에 유의하며 누출을 방지한다.

　㉱ 소화방법 : 화재 시 가연물과 격리하여 연소확대에 주의해야 하고, 다량의 마른 모래, 건조 석회 등을 사용하며 물을 사용하는 경우 화재를 확대하므로 주수는 엄금하며, 이산화탄소도 효과가 없다.

　㉲ 용도 : 표백제, 소독제, 방취제, 약용비누, 열량측정 분석시험 등

③ 과산화마그네슘(MgO_2)

  ㉮ 일반적 성질

    ㉠ 백색 분말로, 시판품은 MgO_2의 함량이 15~25% 정도이다.

    ㉡ 물에 녹지 않으며, 산(HCl)에 녹아 과산화수소(H_2O_2)를 발생시킨다.

      $MgO_2 + 2HCl \rightarrow MgCl_2 + H_2O_2$

    ㉢ 습기 또는 물과 반응하여 발열하며, 수산화마그네슘과 산소(O)를 발생시킨다.

      $MgO_2 + H_2O \rightarrow Mg(OH)_2 + O$

  ㉯ 위험성

    ㉠ 환원제 및 유기물과 혼합 시 마찰 또는 가열, 충격에 의해 폭발의 위험이 있다.

  ㉰ 저장 및 취급 방법

    ㉠ 유기물질의 혼입, 가열, 충격, 마찰을 피하고, 습기나 물에 접촉되지 않도록 용기를 밀봉, 밀전한다.

    ㉡ 산류와 격리하고 용기 파손에 의한 누출이 없도록 한다.

  ㉱ 소화방법 : 주수소화도 사용되지만, 건조사에 의한 질식소화(피복소화)가 효과적이다.

④ 과산화칼슘(CaO_2)

  ㉮ 일반적 성질

    ㉠ 분자량 : 72, 비중 : 1.7, 분해온도 : 275℃

    ㉡ 무정형의 백색 분말이며, 물에 녹기 어렵고 알코올이나 에터 등에는 녹지 않는다.

    ㉢ 수화물($CaO_2 \cdot 8H_2O$)은 백색 결정이며, 물에는 조금 녹고 온수에서는 분해된다.

  ㉯ 위험성

    ㉠ 가열하면 275℃에서 분해되어 폭발적으로 산소를 방출한다.

      $2CaO_2 \rightarrow 2CaO + O_2$

    ㉡ 산(HCl)과 반응하여 과산화수소를 생성한다.

      $CaO_2 + 2HCl \rightarrow CaCl_2 + H_2O_2$

  ㉰ 저장 및 취급 방법 : 과산화나트륨에 준한다.

  ㉱ 소화방법 : 주수소화도 사용되나 건조사에 의한 질식소화(피복소화)가 효과적이다.

  ㉲ 용도 : 표백제, 소독제 등

⑤ 과산화바륨(BaO_2)

과산화바륨과 물과의 반응성

  ㉮ 일반적 성질

    ㉠ 분자량 : 169, 비중 : 4.96, 분해온도 : 840℃, 융점 : 450℃

    ㉡ 정방형의 백색 분말로 냉수에는 약간 녹으나, 묽은산에는 잘 녹는다.

    ㉢ 알칼리토금속의 과산화물 중 매우 안정적인 물질이다.

    ㉣ 무기과산화물 중 분해온도가 가장 높다.

④ 위험성

　㉠ 수분과의 접촉으로 수산화바륨과 산소가 발생한다.

　　$2BaO_2 + 2H_2O \rightarrow 2Ba(OH)_2 + O_2 + 발열$

　㉡ 묽은산류에 녹아서 과산화수소가 생성된다.

　　$BaO_2 + 2HCl \rightarrow BaCl_2 + H_2O_2$

　　$BaO_2 + 2H_2SO_4 \rightarrow BaSO_4 + H_2O_2$

㉱ 저장 및 취급 방법 : 금속용기에 밀폐, 밀봉하여 둔다.

㉲ 용도 : 테르밋의 점화제 등

－ 지정수량 300kg

(5) 브로민산염류

브로민산($HBrO_3$)의 수소(H)가 금속 또는 다른 양이온과 치환된 화합물을 브로민산염이라 하고, 이들 염의 총칭을 브로민산염류라 한다. 가열, 충격, 마찰에 의해 분해되어 산소를 방출하기 쉽고 또한, 가연물과 혼합한 상태는 격렬하게 연소한다. 또한 브로민산칼륨은 연소시험에서 표준물질의 하나이다.

① 브로민산칼륨($KBrO_3$)

　㉮ 일반적 성질

　　㉠ 분자량 : 167, 비중 : 3.27, 융점 : 379℃ 이상으로 무취, 백색의 결정 또는 결정성 분말이다.

　　㉡ 물에는 잘 녹으나 알코올에는 잘 안 녹으며, 가열하면 산소를 방출한다.

　　　$2KBrO_3 \rightarrow 2KBr + 3O_2$

　㉯ 위험성

　　㉠ 황화합물, 나트륨, 다이에틸에터, 이황화탄소, 아세톤, 헥세인, 에탄올, 등유 등과 혼촉발화한다.

　　㉡ 분진을 흡입하면 구토나 위 장애가 발생할 수 있으며, 메타헤모글로빈증을 일으킨다.

　㉰ 저장 및 취급 방법

　　㉠ 분진이 비산되지 않도록 조심히 다루며, 밀봉 · 밀전한다.

　　㉡ 습기에 주의하고 열원을 멀리하며, 유사시 다량의 물을 사용할 수 있는 장소가 적당하다.

　㉱ 소화방법 : 초기에는 물, CO_2, 분말 소화기가 유효하나, 기타의 경우에는 다량의 물을 이용한 냉각소화가 적당하다.

　㉲ 용도 : 분석 시약, 콜드파마용제, 브로민산염 적정

② 브로민산나트륨($NaBrO_3$)

  ㉮ 일반적 성질

    ㉠ 분자량 : 151, 비중 : 3.3, 융점 : 381℃, 무취, 백색의 결정 또는 결정성 분말로 물에 잘 녹는다.

    ㉡ 강한 산화력이 있고 고온에서 분해되어 산소를 방출한다.

  ㉯ 위험성, 저장 및 취급 방법, 소화방법 : 브로민산칼륨에 준한다.

③ 브로민산아연[$Zn(BrO_3)_2 \cdot 6H_2O$]

  ㉮ 일반적 성질

    ㉠ 분자량 : 429.4, 비중 : 2.56, 융점 : 100℃, 무색의 결정

    ㉡ 물, 에탄올, 이황화탄소, 클로로폼에 잘 녹는다.

  ㉯ 위험성

    ㉠ 가연물과 혼합되어 있을 때는 폭발적으로 연소한다.

    ㉡ 플루오린과 격렬하게 반응하여 플루오린화취소가 생성된다.

    ㉢ 연소 시 유독성 증기가 발생하고, 부식성이 강하며, 금속 또는 유기물을 침해한다.

  ㉰ 저장 및 취급 방법 : 브로민산칼륨에 준한다.

  ㉱ 소화방법 : 초기소화는 CO_2, 분말소화약제, 기타의 경우는 다량의 물로 냉각소화한다.

(6) 질산염류

질산(HNO_3)의 수소가 금속 또는 다른 양이온으로 치환된 화합물을 질산염이라 하고, 이들 염의 총칭을 질산염류라 한다. 일반적으로 흡습성이 있고, 물에 잘 녹는다. 염소산염류, 아염소산염류보다 충격, 가열에 대하여 안정하나, 가연물과 혼합하면 위험하다. 또한 질산칼륨은 낙구식 타격감도시험에서 표준물질로 되어 있다.

① 질산칼륨(KNO_3, 질산카리, 초석)

  ㉮ 일반적 성질

    ㉠ 분자량 : 101, 비중 : 2.1, 융점 : 339℃, 분해온도 : 400℃, 용해도 : 26

    ㉡ 무색의 결정 또는 백색 분말로 차가운 자극성의 짠맛이 난다.

    ㉢ 물이나 글리세린 등에는 잘 녹고, 알코올에는 녹지 않는다. 수용액은 중성이다.

    ㉣ 약 400℃로 가열하면 분해되어 아질산칼륨(KNO_2)과 산소(O_2)가 발생하는 강산화제이다.

      $$2KNO_3 \rightarrow 2KNO_2 + O_2$$

  ㉯ 위험성

    ㉠ 강한 산화제이므로 가연성 분말이나 유기물과 접촉 시 폭발한다.

ⓛ 강력한 산화제로 가연성 분말, 유기물, 환원성 물질과 혼합 시 가열, 충격으로 폭발하며, 흑색화약(질산칼륨 75%+황 10%+목탄 15%)의 원료로 이용된다.★★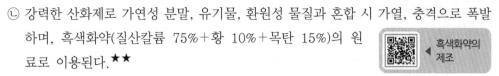

$$16KNO_3+3S+21C \rightarrow 13CO_2+3CO+8N_2+5K_2CO_3+K_2SO_4+2K_2S$$

ⓒ 황린, 황 및 나트륨과 같은 금속분, 에터, 이황화탄소, 아세톤 등과 같은 유기화합물 등과 혼촉발화의 위험이 있다.

ⓒ 저장 및 취급 방법

ⓛ 유기물과의 접촉을 피한다.

ⓛ 건조한 냉암소에 보관하며, 특히 화재 시 밖으로 배출이 용이한 위치에 보관하는 것이 좋다.

ⓒ 가연물과 산류 등과의 혼합 시 가열, 충격, 마찰 등을 피한다.

ⓡ 소화방법 : 초기화재 시에는 다량의 물로 냉각소화가 가장 적당하나 대형화재의 경우 융해하여 비산할 우려가 있으므로 주의한다.

ⓜ 용도 : 흑색화약, 불꽃놀이의 원료, 의약, 비료, 촉매, 야금, 금속 열처리제, 유리 청정제 등

② **질산나트륨($NaNO_3$, 칠레초석, 질산소다)**

ⓐ 일반적 성질

ⓛ 분자량 : 85, 비중 : 2.27, 융점 : 308℃, 분해온도 : 380℃, 무색의 결정 또는 백색 분말로 조해성 물질이다.

ⓛ 물이나 글리세린 등에는 잘 녹고 알코올에는 녹지 않는다.

ⓒ 약 380℃에서 분해되어 아질산나트륨($NaNO_2$)과 산소(O_2)를 생성한다.

$$2NaNO_3 \rightarrow 2NaNO_2+O_2$$

ⓑ 위험성

ⓛ 강한 산화제로서 황산과 접촉 시 분해되어 질산을 유리시킨다.

ⓛ 가연물, 유기물, 차아황산나트륨 등과 함께 가열하면 폭발한다.

ⓒ 강력한 산화제로서 가연성 분말, 유기물과 혼합 시 가열, 충격으로 발화하여 격렬히 연소한다.

ⓡ 싸이오황산나트륨과 가열하면 폭발하며, 사이안화합물과 접촉하면 발화하고, 기타의 혼촉발화가 가능한 물질은 질산칼륨과 유사하다.

ⓒ 저장 및 취급 방법, 소화방법 : 질산칼륨에 준한다.

ⓡ 용도 : 유리 발포제, 열처리제, 비료, 염료, 의약, 담배 조연제 등

③ 질산암모늄(NH_4NO_3, 초안, 질안, 질산암몬)

　㉮ 일반적 성질

　　㉠ 분자량 : 80, 비중 : 1.73, 융점 : 165℃, 분해온도 : 220℃, 무색, 백색 또는 연회색
　　　의 결정이다.

　　㉡ 조해성과 흡습성이 있고, 물에 녹을 때 열을 대량 흡수하여
　　　한제로 이용된다(흡열반응).

질산암모늄의
흡열반응

　　㉢ **약 220℃에서 가열하면 분해되어 아산화질소(N_2O)와 수증기(H_2O)를 발생시키고**
　　　계속 가열하면 폭발한다.★★

　　　$$2NH_4NO_3 \rightarrow 2N_2O + 4H_2O$$

　㉯ 위험성

　　㉠ 강력한 산화제로 화약의 재료이며 200℃에서 열분해하여 산화이질소와 물을 생성
　　　한다. 특히 ANFO폭약은 NH_4NO_3와 경유를 94%와 6%로 혼합하여 기폭약으로 사
　　　용하며 단독으로도 폭발의 위험이 있다.

　　㉡ **급격한 가열이나 충격을 주면 단독으로 폭발한다.**★★★

　　　$$2NH_4NO_3 \rightarrow 4H_2O + 2N_2 + O_2$$

　　㉢ 상온에서 아연분과의 혼합물은 수분이 가해지면 연소하며 $(NH_4)_2SO_4$와 혼합된 것에
　　　충격을 가하면 폭발하고, 기타의 혼촉발화가 가능한 물질은 질산칼륨과 유사하다.

　㉰ 저장 및 취급 방법, 소화방법 : 질산칼륨에 준한다.

　㉱ 용도 : 폭약, 불꽃놀이의 원료, 비료, 오프셋 인쇄, 질산염 제조 등

④ 질산은($AgNO_3$)

　㉮ 무색무취의 투명한 결정으로 물, 아세톤, 알코올, 글리세린에 잘 녹는다.

　㉯ 분자량 : 170, 융점 : 212℃, 비중 : 4.35, 445℃로 가열하면 산소가 발생한다.

　㉰ 아이오딘에틸사이안과 혼합하면 폭발성 물질이 형성되며, 햇빛에 의해 변질되므로 갈
　　색병에 보관해야 한다. 사진 감광제, 부식제, 은도금, 사진제판, 촉매 등으로 사용된다.

　㉱ 분해반응식

　　$$2AgNO_3 \rightarrow 2Ag + 2NO_2 + O_2$$

(7) 아이오딘산염류

아이오딘산(HIO_3)의 수소가 금속 또는 다른 양이온과 치환되어 있는 화합물을 아이오딘산염
이라 하고, 이들 염의 총칭을 아이오딘산염류라 한다. 일반적으로 상온에서는 염소산염이나
브로민산염에 비해 약간 안정되어 있으나, 가연물과 혼합된 상태에서는 가열, 충격, 마찰에
의해 발화, 폭발의 위험성이 있다.

① 아이오딘산칼륨(KIO_3)

   ㉮ 일반적 성질

      ㉠ 분자량 : 214, 비중 : 3.89, 융점 : 560℃

      ㉡ 무색 또는 광택 나는 무색의 결정성 분말로 수용액은 중성이다.

   ㉯ 위험성

      ㉠ 염소산염류나 브로민산염류보다 안정하지만 융점 이상으로 가열하면 분해되어 산소가 발생한다.

      ㉡ 유기물, 가연물, 황린, 목탄, 금속분, 인화성 액체류, 황화합물과 혼합한 것은 가열, 충격, 마찰에 의해 폭발한다.

   ㉰ 저장 및 취급 방법

      ㉠ 가연성 물질과 황화합물과 분리, 저장하며, 화기와 직사광선을 피하여 보관한다.

      ㉡ 이물질의 혼합, 혼입을 방지한다.

   ㉱ 소화방법 : 초기소화 시는 포, 분말 소화제를 사용하며, 기타의 경우는 다량의 물로 냉각소화한다.

   ㉲ 용도 : 의약 분석시약, 용량 분석, 침전제

② 아이오딘산나트륨($NaIO_3$)

   ㉮ 일반적 성질

      ㉠ 융점 42℃로 백색 결정 또는 백색의 결정성 분말로 수용액은 중성이다.

   ㉯ 위험성, 저장 및 취급 방법, 소화방법 : 아이오딘산칼륨에 준한다.

   ㉰ 용도 : 의약, 탈취 소독제

③ 아이오딘산암모늄(NH_4IO_3)

   ㉮ 일반적 성질

      ㉠ 무색의 결정, 비중 : 3.3

   ㉯ 위험성

      ㉠ 금속과 접촉하면 심하게 분해되며, 150℃ 이상으로 가열하면 분해된다.

$$NH_4IO_3 \rightarrow NH_3 + I_2 + O_2$$

      ㉡ 황린, 인화성 액체류, 칼륨, 나트륨 등과 혼촉에 의해 폭발의 위험이 있다.

   ㉰ 저장 및 취급 방법, 소화방법 : 아이오딘산칼륨에 준한다.

   ㉱ 용도 : 산화제

— **지정수량 1,000kg**

(8) 과망가니즈산염류

과망가니즈산($HMnO_4$)의 수소가 금속 또는 양이온과 치환된 화합물을 과망가니즈산염이라 하고, 이들 염을 총칭하여 과망가니즈산염류라 한다. 공기 중에서는 안정되어 있고, 일반적으로 질산염류보다 위험성은 적으나, 질산염류와 같이 강력한 산화제이다.

① 과망가니즈산칼륨($KMnO_4$)

◀ 과망가니즈산칼륨과 글리세린의 혼촉발화

㉮ 일반적 성질

㉠ 분자량 : 158, 비중 : 2.7, 분해온도 : 약 200~250℃, **흑자색 또는 적자색의 결정**

㉡ 수용액은 산화력과 살균력(3%-피부살균, 0.25%-점막살균)을 나타낸다.

㉢ 240℃로 가열하면 망가니즈산칼륨, 이산화망가니즈, 산소가 발생한다.

$$2KMnO_4 \rightarrow K_2MnO_4 + MnO_2 + O_2$$

㉯ 위험성

㉠ 에터, 알코올류, [진한황산+(가연성 가스, 염화칼륨, 테레빈유, 유기물, 피크르산)]과 혼촉되는 경우 발화하고 폭발의 위험성을 갖는다.

> **(묽은황산과의 반응식)★★**
>
> $$4KMnO_4 + 6H_2SO_4 \rightarrow 2K_2SO_4 + 4MnSO_4 + 6H_2O + 5O_2$$
>
> **(진한황산과의 반응식)★★**
>
> $$2KMnO_4 + H_2SO_4 \rightarrow K_2SO_4 + 2HMnO_4$$

㉡ 고농도의 과산화수소와 접촉 시 폭발하며 황화인과 접촉 시 자연발화의 위험이 있다.

㉢ 환원성 물질(목탄, 황 등)과 접촉 시 폭발할 위험이 있다.

㉣ 망가니즈산화물의 산화성의 크기 : $MnO < Mn_2O_3 < KMnO_2 < Mn_2O_7$

㉰ 저장 및 취급 방법

㉠ 일광을 차단하고 냉암소에 저장, 저장, 취급, 운반 시 가열, 충격, 마찰을 피한다.

㉡ 용기는 금속 또는 유리용기를 사용하며 산, 가연물, 유기물 등과의 접촉을 피한다.

㉱ 소화방법

㉠ 폭발위험에 대비하여 안전거리를 충분히 확보한다.

㉡ 공기호흡기 등의 보호장비를 착용한다.

㉢ 초기소화는 건조사 질식소화(피복소화)하거나 다량의 물로 주수소화한다.

㉣ 대량화재의 경우 비산에 의한 연소확대방지에 노력해야 한다.

㉲ 용도 : 살균제, 의약품(무좀약 등), 촉매, 표백제, 사카린의 제조, 특수 사진 접착제 등

② 과망가니즈산나트륨(NaMnO₄)

    ㉮ 일반적 성질

        ㉠ 분자량 : 142, 조해성의 적자색 결정으로 물에 매우 잘 녹는다.

        ㉡ 가열하면 융점(170℃) 부근에서 분해되어 산소가 발생한다.

    ㉯ 위험성

        ㉠ 적린, 황, 금속분, 유기물과 혼합하면 가열, 충격에 의해 폭발한다.

        ㉡ 나트륨, 다이에틸에터, 이황화탄소, 아세톤, 톨루엔, 진한황산, 질산, 삼산화크로뮴 등과 혼촉발화한다.

    ㉰ 저장 및 취급 방법, 소화방법 : 과망가니즈산칼륨에 준한다.

    ㉱ 용도 : 살균제, 소독제, 사카린 원료, 중독 해독제 등

(9) 다이크로뮴산염류

다이크로뮴산($H_2Cr_2O_7$)의 수소가 금속 또는 다른 양이온으로 치환된 화합물을 다이크로뮴산이라 하고, 이들 염을 총칭하여 다이크로뮴산염류라 한다. 일반적으로 질산염류보다 위험성은 적으나 질산염류와 같이 강력한 산화제이다.

① 다이크로뮴산칼륨($K_2Cr_2O_7$)

    ㉮ 일반적 성질

        ㉠ 분자량 : 294, 비중 : 2.69, 융점 : 398℃, 분해온도 : 500℃, **등적색의 결정 또는 결정성 분말**

        ㉡ 쓴맛, 금속성 맛, 독성이 있다.

        ㉢ 흡습성이 있는 등적색의 결정, 물에는 녹으나 알코올에는 녹지 않는다.

        ㉣ 산성 용액에서 강한 산화제이다.

$$K_2Cr_2O_7 + 4H_2SO_4 \rightarrow K_2SO_4 + Cr_2(SO_4)_3 + 4H_2O + 3O$$

    ㉯ 위험성

        ㉠ 강산화제이며, 500℃에서 분해되어 산소가 발생하며, 가연물과 혼합된 것은 발열, 발화하거나 가열, 충격 등에 의해 폭발할 위험이 있다.

$$4K_2Cr_2O_7 \rightarrow 4K_2CrO_4 + 2Cr_2O_3 + 3O_2$$

        ㉡ 부식성이 강해 피부와 접촉 시 점막을 자극한다.

        ㉢ 수산화칼슘, 하이드록실아민, (아세톤＋황산)과 혼촉하면 발화, 폭발할 위험이 있다.

        ㉣ 분진은 기관지를 자극하며, 상처와 접촉하면 염증을 일으키고, 흡입 시 중독증상이 발생한다.

　　　ⓓ 저장 및 취급 방법

　　　　㉠ 화기엄금, 가열, 충격, 마찰을 피하여 냉암소에 보관한다.

　　　　㉡ 산, 황, 유기가연물 등의 혼합을 금지한다.

　　　　㉢ 용기는 밀봉하여 저장한다.

　　　ⓔ 소화방법 : 초기소화는 물, 포 소화약제가 유효하며, 기타의 경우 다량의 물로 주수소
　　　　화하며, 안전거리를 확보하는 것이 중요하다.

　　　ⓕ 용도 : 산화제, 성냥, 의약, 피혁 다듬질, 방부제, 인쇄잉크, 사진 인쇄, 유리기구의 클
　　　　리닝 용액 등

② 다이크로뮴산나트륨($Na_2Cr_2O_7$)

　　㉮ 일반적 성질

　　　　㉠ 분자량 : 262, 비중 : 2.52, 융점 : 356℃, 분해온도 : 400℃

　　　　㉡ 흡습성과 조해성이 있는 **등황색 또는 등적색의 결정**

　　　　㉢ 물에는 녹으나 알코올에는 녹지 않는다.

　　㉯ 위험성

　　　　㉠ 가열될 경우에는 분해되어 산소가 발생하여 근처에 있는 가연성 물질을 연소시킬
　　　　　수 있다.

　　　　㉡ 황산, 하이드록실아민, (에탄올+황산), (T.N.T+황산)과 혼촉 시 발화폭발의 위험
　　　　　이 있다.

　　　　㉢ 눈에 들어가면 결막염이 생길 위험이 있다.

　　㉰ 저장 및 취급 방법, 소화방법 : 다이크로뮴칼륨에 준한다.

　　㉱ 용도 : 화약, 염료, 촉매, 분석시약, 전지, 목재의 방부제, 유리기구 세척용 용액 등

③ 다이크로뮴산암모늄[$(NH_4)_2Cr_2O_7$]

　　㉮ 일반적 성질

　　　　㉠ 분자량 : 252, 비중 : 2.15, 분해온도 : 185℃

　　　　㉡ 물, 알코올에는 녹지만, 아세톤에는 녹지 않는다.

　　　　㉢ 적색 또는 등적색의 침상결정으로 융점(185℃) 이상 가열하면 분해된다.

　　　　　$(NH_4)_2Cr_2O_7 \rightarrow N_2+4H_2O+Cr_2O_3$

　　㉯ 위험성

　　　　㉠ 강산화제이나 단독으로는 안정하고 가열하거나 강산과 접촉 시 산화성이 증가한다.

　　　　㉡ 유기물, 가연물과 혼합된 것은 발열, 발화하거나 가열, 충격 등에 의해 폭발하며 카
　　　　　바이드나 사이안화수은 혼합물에 마찰을 가하면 연소한다.

　　　　㉢ 하이드라진과 그 수화물, 하이드록실아민 염류와 혼촉에 의해 폭발하며 밀폐용기
　　　　　를 가열하면 심하게 폭발한다.

　　㉣ 분진은 눈을 자극하고, 상처에 접촉 시 염증을 일으키며, 흡입 시에는 기관지의 점막
　　　에 침투하고, 중독증상이 나타난다.

　㉰ 저장 및 취급 방법 : 다이크로뮴산칼륨에 준한다.

　㉱ 소화방법 : 건조사, 분말, CO_2가 유효하나 기타의 경우 다량의 물로 냉각소화한다.

　㉲ 용도 : 인쇄 제판, 매염제, 피혁 정제, 불꽃놀이 제조, 양초 심지, 도자기의 유약 등

(10) 삼산화크로뮴(무수크로뮴산, CrO_3) － 300kg

삼산화크로뮴과
메틸알코올의 혼촉발화

① 일반적 성질

　㉮ 분자량 : 100, 비중 : 2.7, 융점 : 196℃, 분해온도 : 250℃

　㉯ 암적색의 침상결정으로 물, 에터, 알코올, 황산에 잘 녹는다.

　㉰ 진한 다이크로뮴산나트륨 용액에 황산을 가하여 만든다.

　　$Na_2Cr_2O_7 + H_2SO_4 \rightarrow 2CrO_3 + Na_2SO_4 + H_2O$

② 위험성

　㉮ 융점 이상으로 가열하면 200~250℃에서 분해되어 산소를 방출하고 녹색의 삼산화이
　　크로뮴으로 변한다.★

　　$4CrO_3 \rightarrow 2Cr_2O_3 + 3O_2$

　㉯ 강력한 산화제이며, 크로뮴산화물의 산화성의 크기는 다음과 같다.

　　$CrO < Cr_2O_3 < CrO_3$

　㉰ 물과 접촉하면 격렬하게 발열하고, 따라서 가연물과 혼합하고 있을 때 물이 침투되면
　　발화 위험이 있다.

　㉱ 인체에 대한 독성이 강하다.

③ 저장 및 취급 방법

　㉮ 화기엄금, 가열금지, 직사광선을 피하도록 한다.

　㉯ 물 또는 습기와의 접촉을 피하며 냉암소에 보관한다.

　㉰ 철제용기에 밀폐하여 차고 건조한 곳에 보관한다.

④ 소화방법 : 가연물과 격리하고 마른 모래로 덮어 질식소화한다.

⑤ 용도 : 합성촉매, 고무안료, 전지, 사진, 유기합성 등

2-2. 제2류 위험물-가연성 고체

 제2류 위험물의 종류와 지정수량

성질	위험등급	품명	대표 품목	지정수량
가연성 고체	II	1. 황화인 2. 적린(P) 3. 황(S)	P_4S_3, P_2S_5, P_4S_7	100kg
	III	4. 철분(Fe) 5. 금속분 6. 마그네슘(Mg)	Al, Zn	500kg
		7. 인화성 고체	고형 알코올	1,000kg

공통 성질, 저장 및 취급 시 유의사항, 예방대책 및 소화방법

(1) 공통 성질

① 비교적 낮은 온도에서 착화하기 쉬운 가연성 고체로서 **이연성, 속연성 물질**이다.

② 연소속도가 매우 빠르고, 연소 시 유독가스가 발생하며, 연소열이 크고, 연소온도가 높다.

③ **강환원제**로서 비중이 1보다 크며, 대부분 물에 잘 녹지 않는다.

④ 인화성 고체를 제외하고 무기화합물이다.

⑤ 산화제와 접촉, 마찰로 인하여 착화되면 급격히 연소한다.

⑥ **철분, 마그네슘, 금속분은 물, 산과의 접촉 시 발열한다.**

⑦ 금속은 양성원소이므로 산소와의 결합력이 일반적으로 크고, 이온화 경향이 큰 금속일수록 산화되기 쉽다.

(2) 저장, 취급 시 유의사항

① 점화원을 멀리하고 가열을 피한다.

② 산화제와의 접촉을 피한다.

③ 용기 등의 파손으로 위험물이 누출되지 않도록 한다.

④ 금속분(철분, 마그네슘, 금속분 등)은 물이나 산과의 접촉을 피한다.

⑤ 용기는 밀전, 밀봉하여 누설에 주의한다.

(3) 예방대책

① 화기엄금, 가열엄금, 고온체와의 접촉을 피한다.
② 산화제인 제1류 위험물, 제6류 위험물 같은 물질과 혼합, 혼촉을 방지한다.
③ 통풍이 잘 되는 냉암소에 보관, 저장하며, 폐기 시는 소량씩 소각 처리한다.

(4) 소화방법

① 주수에 의한 냉각소화
② 황화인, 철분, 금속분, 마그네슘의 경우 건조사 등에 의한 질식소화

③ 위험성 시험방법

가연성 고체에 해당하는 착화의 위험성 시험방법 및 판정기준은 다음의 규정에 따른다.

(1) 착화의 위험성 시험방법 및 판정기준

① 착화의 위험성 시험방법은 작은 불꽃 착화시험에 의하며, 그 방법은 다음과 같다.
　㉮ 시험장소는 온도 20℃, 습도 50%, 1기압, 무풍의 장소로 할 것
　㉯ 두께 10mm 이상의 무기질 단열판 위에 시험물품(건조용 실리카겔을 넣은 데시케이터 속에 온도 20℃로 24시간 이상 보존되어 있는 것) 3cm^3 정도를 둘 것. 이 경우 시험물품이 분말상 또는 입자상이면 무기질의 단열판 위에 반구상(半球狀)으로 둔다.
　㉰ 액화석유가스의 불꽃[선단이 봉상(棒狀)인 착화기구의 확산염으로서 화염의 길이가 해당 착화기구의 구멍이 위로 향한 상태로 70mm가 되도록 조절한 것]을 시험물품에 10초간 접촉(화염과 시험물품의 접촉면적은 2cm^{2}로 하고 접촉각도는 30°로 한다)시킬 것
　㉱ ㉯ 및 ㉰의 조작을 10회 이상 반복하여 화염을 시험물품에 접촉할 때부터 시험물품이 착화할 때까지의 시간을 측정하고, 시험물품이 1회 이상 연소(불꽃 없이 연소하는 상태를 포함한다)를 계속하는지 여부를 관찰할 것
② ①의 방법에 의한 시험결과 불꽃을 시험물품에 접촉하고 있는 동안에 시험물품이 모두 연소하는 경우, 불꽃을 격리시킨 후 10초 이내에 연소물품 전부 연소한 경우 또는 불꽃을 격리시킨 후 10초 이상 계속하여 시험물품이 연소한 경우에는 가연성 고체에 해당하는 것으로 한다.

(2) 고체의 인화 위험성 시험방법

인화 위험성 시험은 인화점 측정에 의하며, 그 방법은 다음과 같다.

① 시험장치는 「페인트, 바니시, 석유 및 관련제품 - 인화점 시험방법 - 신속평형법」(KS M ISO 3679)에 의한 인화점측정기 또는 이에 준하는 것으로 할 것

② 시험장소는 1기압의 무풍의 장소로 할 것

③ 다음 그림의 신속평형법 시료컵을 설정온도(시험물품이 인화하는지의 여부를 확인하는 온도를 말한다. 이하 같다)까지 가열 또는 냉각하여 시험물품(설정온도가 상온보다 낮은 온도인 경우에는 설정온도까지 냉각시킨 것) 2g을 시료컵에 넣고 뚜껑 및 개폐기를 닫을 것

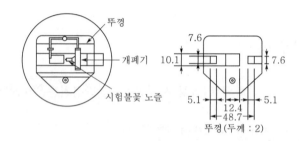

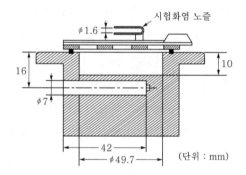

④ 시료컵의 온도를 5분간 설정온도로 유지할 것

⑤ 시험불꽃을 점화하고 화염의 크기를 직경 4mm가 되도록 조정할 것

⑥ 5분 경과 후 개폐기를 작동하여 시험불꽃을 시료컵에 2.5초간 노출시키고 닫을 것. 이 경우 시험불꽃을 급격히 상하로 움직이지 아니하여야 한다.

⑦ ⑥의 방법에 의하여 인화한 경우에는 인화하지 않게 될 때까지 설정온도를 낮추고, 인화하지 않는 경우에는 인화할 때까지 높여 ③ 내지 ⑥의 조작을 반복하여 인화점을 측정할 것

각론

- 지정수량 100kg

(1) 황화인

① 일반적 성질

성질 \ 종류	P_4S_3(삼황화인)	P_2S_5(오황화인)	P_4S_7(칠황화인)
분자량	220	222	348
색상	황색 결정	담황색 결정	담황색 결정 덩어리
물에 대한 용해성	불용성	조해성, 흡습성	조해성
비중	2.03	2.09	2.19
비점(℃)	407	514	523
융점	172.5	290	310
발생물질	P_2O_5, SO_2	H_2S, H_3PO_4	H_2S
착화점	약 100℃	142℃	—

㉮ 삼황화인(P_4S_3) : 물, 황산, 염산 등에는 녹지 않고, **질**산이나 **이**황화탄소(CS_2), **알**칼리 등에 녹는다.

㉯ 오황화인(P_2S_5) : **알**코올이나 **이**황화탄소(CS_2)에 녹으며, 물이나 알칼리와 반응하면 분해되어 황화수소(H_2S)와 인산(H_3PO_4)으로 된다. ★★

$$P_2S_5 + 8H_2O \rightarrow 5H_2S + 2H_3PO_4$$

㉰ 칠황화인(P_4S_7) : **이**황화탄소(CS_2), 물에는 약간 녹으며, 더운물에서는 급격히 분해되어 황화수소(H_2S)와 인산(H_3PO_4)이 생성된다.

② 위험성

㉮ 황화인의 미립자를 흡수하면 기관지 및 눈의 점막을 자극한다.

㉯ 가연성 고체 물질로서 약간의 열에 의해서도 대단히 연소하기 쉬우며, 조건에 따라 폭발한다.

㉰ 연소생성물은 매우 유독하다.

$$P_4S_3 + 8O_2 \rightarrow 2P_2O_5 + 3SO_2$$

$$2P_2S_5 + 15O_2 \rightarrow 2P_2O_5 + 10SO_2$$

㉱ 알코올, 알칼리, 아민류, 유기산, 강산 등과 접촉하면 심하게 반응한다.

㉲ 단독 또는 무기과산화물류, 과망가니즈산염류, 납 등의 금속분, 유기물 등과 혼합하는 경우 가열, 충격, 마찰에 의해 발화 또는 폭발한다.

③ 저장 및 취급 방법

㉮ 소량인 경우 유리병에 저장, 대량인 경우 양철통에 넣은 후 나무상자에 보관한다.

㉯ 산화제, 과산화물류, 알코올, 알칼리, 아민류, 유기산, 강산 등과의 접촉을 피하고 용기는 차고 건조하며 통풍이 잘 되는 안전한 곳에 저장한다.

㉰ 가열 금지, 직사광선 차단, 화기를 엄금하고, 충격과 마찰을 피한다.

㉱ 용기는 밀폐하여 보존하고, 물과 반응하므로 습기의 차단과 빗물 등의 침투에 항상 주의하여 보관한다.

④ **소화방법** : 화재 시 CO_2, 건조 소금 분말, 마른 모래 등으로 질식소화하며, 누설된 증기에 대해서는 물분무에 의하여 회수하여야 한다. 특히 연소생성물이 대단히 유독하므로 보호장구의 착용은 필수이다.

⑤ 용도

㉮ 삼황화인 : 성냥, 유기합성 탈색 등

㉯ 오황화인 : 선광제, 윤활유 첨가제, 농약 제조 등

㉰ 칠황화인 : 유기합성 등

(2) 적린(P, 붉은인)

① 일반적 성질

㉮ 원자량 : 31, 비중 : 2.2, 융점 : 600℃, 발화온도 : 260℃, 승화온도 : 400℃

㉯ 조해성이 있으며, 물, 이황화탄소, 에터, 암모니아 등에는 녹지 않는다.

㉰ **암적색의 분말로 황린의 동소체**이지만 자연발화의 위험이 없어 안전하며, 독성도 황린에 비하여 약하다.

② 위험성

㉮ 염소산염류, 과염소산염류 등 강산화제와 혼합하면 불안정한 폭발물과 같이 되어 약간의 가열, 충격, 마찰에 의해 폭발한다.

$$6P + 5KClO_3 \rightarrow 5KCl + 3P_2O_5$$

▸ 염소산칼륨과 적린의 혼촉발화

㉯ 연소하면 황린이나 황화인과 같이 유독성이 강한 **백색의 오산화인이 발생**하며, 일부 포스핀도 발생한다.★★

$$4P + 5O_2 \rightarrow 2P_2O_5$$

㉰ 불순물로 황린이 혼재하는 경우 자연발화의 위험이 있다.

㉱ 강알칼리와 반응하여 포스핀을 생성하고 할로젠 원소 중 Br_2, I_2와 격렬히 반응하면서 혼촉발화한다.

③ 저장 및 취급 방법

㉮ 화기엄금, 가열 금지, 충격, 타격, 마찰이 가해지지 않도록 한다.

㉯ 제1류 위험물과 절대 혼합되지 않게 하고, 화약류, 폭발성 물질, 가연성 물질 등과 격리하여 냉암소에 보관한다.

④ 소화방법 : 다량의 물로 소화하고 소량인 경우에는 모래나 CO_2도 효과가 있다. 그러나 폭발의 위험이 있으므로 안전거리의 확보와 연소생성물이 독성이 강하므로 보호장구를 반드시 착용해야 한다.

⑤ 용도 : 성냥, 불꽃놀이, 의약, 농약, 유기합성, 구리의 탈탄, 폭음제 등

(3) 황(S)

황은 순도가 60wt% 미만인 것을 제외한다. 이 경우 순도 측정에 있어서 불순물은 활석 등 불연성 물질과 수분에 한한다.

① 일반적 성질

구분	단사황(S_8)	사방황(S_8)	고무상황(S_8)
결정형	바늘 모양(침상)	팔면체	무정형
비중	1.95	2.07	−

㉮ 황색의 결정 또는 미황색의 분말로서 단사황, 사방황 및 고무상황 등의 동소체가 있다(동소체 : 같은 원소로 되어 있으나 구조가 다른 단체).

㉯ 물, 산에는 녹지 않으며 알코올에는 약간 녹고, 이황화탄소(CS_2)에는 잘 녹는다(단, 고무상황은 녹지 않는다).

㉰ **공기 중에서 연소하면 푸른 빛을 내며 아황산가스(SO_2)가 발생한다.**

◀ 황의 연소

$S + O_2 \rightarrow SO_2$

㉱ 고온에서 탄소와 반응하여 이황화탄소(CS_2)를 생성하며, 금속이나 할로겐 원소와 반응하여 황화합물을 만든다.

㉲ 분자량 32, 융점 120℃, 비점 444℃, 인화점 207℃, 발화점 232℃, 비중 2.07

② 위험성

㉮ 연소가 매우 쉬운 가연성 고체로 유독성의 이산화황가스가 발생하고, 연소할 때 연소열에 의해 액화하고 증발한 증기가 연소한다.

㉯ 제1류 위험물과 같은 산화성 물질과 혼합 시 약간의 가열이나 충격 등에 의해 발화, 폭발한다(예 흑색화약).

㉰ 황가루가 공기 중에 부유할 때 분진폭발의 위험이 있다.

③ 저장 및 취급 방법

㉮ 산화제와 멀리하고 화기 등에 주의한다.

㉯ 절연성으로 인해 정전기에 의한 발화가 가능하므로 정전기의 축적을 방지하고, 가열, 충격, 마찰 등은 피한다.

㉰ 분말은 분진폭발의 위험이 있으므로 취급 시 유의하여야 한다.

㉱ 제1류 위험물과 같은 강산화제, 유기과산화물, 탄화수소류, 화약류, 목탄분, 산화성 가스류와의 혼합을 피한다.

④ **소화방법** : 소규모의 화재 시는 모래로 질식소화하나, 보통은 직사주수는 비산의 위험이 있으므로 다량의 물로 분무주수에 의해 냉각소화한다.

⑤ **용도** : 화약, 고무상황, 이황화탄소(CS_2)의 제조, 성냥, 의약, 농약, 살균, 살충, 염료, 표백 등

─ 지정수량 500kg

(4) 마그네슘(Mg)

마그네슘 또는 마그네슘을 함유한 것 중 2mm의 체를 통과하지 아니하는 덩어리는 제외한다.

① 일반적 성질

㉮ 알칼리토금속에 속하는 대표적인 경금속으로 은백색의 광택이 있는 금속이며 공기 중에서 서서히 산화하여 광택을 잃는다.

㉯ 열전도율 및 전기전도도가 큰 금속이다.

㉰ **산 및 온수와 반응하여 많은 양의 열과 수소(H_2)가 발생한다.**★★

$Mg + 2HCl \rightarrow MgCl_2 + H_2$

$Mg + 2H_2O \rightarrow Mg(OH)_2 + H_2$

마그네슘과
염산과의 반응

㉱ 공기 중 부식성은 적지만, 산이나 염류에는 침식된다.

㉲ 원자량 : 24, 비중 : 1.74, 융점 : 650℃, 비점 : 1,107℃, 착화온도 : 473℃

② 위험성

㉮ 공기 중에서 미세한 분말이 밀폐공간에 부유할 때 스파크 등 작은 점화원에 의해 분진 폭발한다.

㉯ 얇은 박, 부스러기도 쉽게 발화하고, PbO_2, Fe_2O_3, N_2O, 할로젠 및 1류 위험물과 같은 강산화제와 혼합된 것은 약간의 가열, 충격, 마찰 등에 의해 발화, 폭발한다.

㉰ 상온에서는 물을 분해하지 못하여 안정하지만 뜨거운 물이나 과열 수증기와 접촉 시 격렬하게 수소가 발생하며 염화암모늄 용액과의 반응은 위험을 초래한다.

㉣ 가열하면 연소가 쉽고 양이 많은 경우 맹렬히 연소하며 강한 빛을 낸다. 특히 연소열이 매우 높기 때문에 온도가 높아지고 화세가 격렬하여 소화가 곤란하다.

$$2Mg+O_2 \rightarrow 2MgO$$

㉤ CO_2 등 질식성 가스와 접촉 시에는 가연성 물질인 C와 유독성인 CO가스가 발생한다.

$$2Mg+CO_2 \rightarrow 2MgO+C$$

$$Mg+CO_2 \rightarrow MgO+CO$$

㉥ 사염화탄소(CCl_4)나 C_2H_4ClBr 등과 고온에서 작용 시에는 맹독성인 포스겐($COCl_2$)가스가 발생한다.

㉦ 가열된 마그네슘을 SO_2 속에 넣으면 SO_2가 산화제로 작용하여 연소한다.

$$3Mg+SO_2 \rightarrow 2MgO+MgS$$

㉧ 질소 기체 속에도 타고 있는 마그네슘을 넣으면 직접 반응하여 공기나 CO_2 속에서보다 활발하지는 않지만 연소한다.

$$3Mg+N_2 \rightarrow Mg_3N_2$$

③ 저장 및 취급 방법

㉮ 가열, 충격, 마찰 등을 피하고 산화제, 수분, 할로젠 원소와의 접촉을 피한다.

㉯ 분진폭발의 위험이 있으므로 분진이 비산되지 않도록 취급 시 주의한다.

④ 소화방법 : 일단 연소하면 소화가 곤란하나 초기소화 또는 대규모 화재 시는 석회분, 마른 모래 등으로 소화하고, 기타의 경우 다량의 소화분말, 소석회, 건조사 등으로 질식소화한다. 특히 물, CO_2, N_2, 포, 할로젠화합물 소화약제는 소화 적응성이 없으므로 절대 사용을 엄금한다.

⑤ 용도 : 환원제(Grignard 시약), 주물 제조, 섬광분, 사진 촬영, 알루미늄 합금에의 첨가제 등으로 이용

(5) 철분(Fe)

철분이라 함은 철의 분말로서 $53\mu m$의 표준체를 통과하는 것이 50wt% 미만인 것은 제외한다.

① 일반적 성질

㉮ 비중 : 7.86, 융점 : 1,535℃, 비등점 : 2,750℃

㉯ 회백색의 분말이며 강자성체이지만 766℃에서 강자성을 상실한다.

㉰ 공기 중에서 서서히 산화하여 산화철(Fe_2O_3)이 되어 은백색의 광택이 황갈색으로 변한다.

$$4Fe+3O_2 \rightarrow 2Fe_2O_3$$

㉱ 강산화제인 발연질산에 넣었다 꺼내면 산화피복을 형성하여 부동태가 된다.

② 위험성

㉮ 연소하기 쉽고 기름이 묻은 철분을 장기 방치하면 자연발화의 위험이 있다. 특히 미세한 분말일수록 작은 점화원에 의해 발화, 폭발한다.

㉯ 뜨거운 철분, 철솜과 브로민이 접촉하면 격렬하게 발열반응을 일으키고 연소한다.

$$2Fe + 3Br_2 \rightarrow 2FeBr_3$$

㉰ 가열되거나 금속의 온도가 높은 경우 더운물 또는 수증기와 반응하면 수소가 발생하고 경우에 따라 폭발한다. 또한 묽은산과 반응하여 수소가 발생한다.★★

$$2Fe + 3H_2O \rightarrow Fe_2O_3 + 3H_2$$

$$Fe + 2HCl \rightarrow FeCl_2 + H_2$$

$$2Fe + 6HCl \rightarrow 2FeCl_3 + 3H_2$$

㉱ $KClO_3$, $NaClO_3$와 혼합한 것은 약간의 충격에 의해서 폭발하며 $HClO_4$와 격렬히 반응하여 산화물을 만든다.

③ 저장 및 취급 방법

㉮ 가열, 충격, 마찰 등을 피한다.

㉯ 산화제와 격리하고 수분의 접촉을 피한다.

㉰ 직사광선을 피하고, 냉암소에 저장한다.

④ **소화방법** : 주수엄금, 마른 모래, 소금분말, 건조분말, 소석회로 질식소화한다.

⑤ **용도** : 각종 철화합물의 제조, 유기합성 시 촉매, 환원제 등으로 이용한다.

(6) 금속분

금속분이라 함은 알칼리금속, 알칼리토금속, 철 및 마그네슘 이외의 금속분을 말하며, 구리, 니켈분과 $150\mu m$의 체를 통과하는 것이 50wt% 미만인 것을 제외한다.

① 알루미늄분(Al)

㉮ 일반적 성질

㉠ 녹는점 : 660℃, 비중 : 2.7, 연성(퍼짐성), 전성(뽑힘성)이 좋으며, 열전도율, 전기전도도가 큰 은백색의 무른 금속으로 진한질산에서는 부동태가 되며 묽은질산에는 잘 녹는다.

㉡ 공기 중에서는 표면에 산화피막(산화알루미늄)을 형성하여 내부를 부식으로부터 보호한다.

$$4Al + 3O_2 \rightarrow 2Al_2O_3$$

㉢ 다른 금속 산화물을 환원한다. 특히 Fe_3O_4와 강렬한 산화반응을 한다.

$$3Fe_3O_4 + 8Al \rightarrow 4Al_2O_3 + 9Fe(테르밋 반응)$$

ⓝ 위험성

　ⓐ 알루미늄 분말이 발화하면 다량의 열이 발생하며, 불꽃 및 흰 연기를 내면서 연소하므로 소화가 곤란하다.

　　$4Al + 3O_2 \rightarrow 2Al_2O_3$

　ⓑ 대부분의 산과 반응하여 수소가 발생한다(단, 진한질산 제외).

　　$2Al + 6HCl \rightarrow 2AlCl_3 + 3H_2$

　ⓒ 알칼리 수용액과 반응하여 수소가 발생한다.

　　$2Al + 2NaOH + 2H_2O \rightarrow 2NaAlO_2 + 3H_2$

　ⓓ 제1류 위험물 같은 강산화제와의 혼합물은 약간의 가열, 충격, 마찰에 의해 발화 폭발한다.

　ⓔ 물과 반응하면 수소가스가 발생한다.★★

　　$2Al + 6H_2O \rightarrow 2Al(OH)_3 + 3H_2$

ⓓ 저장 및 취급 방법, 소화방법 : Mg에 준한다.

ⓔ 용도 : 도료, 인쇄, 전선 등에 이용

② 아연분(Zn)

ⓖ 일반적 성질

　ⓐ 비중 : 7.142, 융점 : 420℃, 비점 : 907℃

　ⓑ 흐릿한 회색의 분말로 양쪽성원소이므로 산, 알칼리와 반응하여 수소가 발생한다.

　ⓒ 황아연광을 가열하여 산화아연을 만들어 1,000℃에서 코크스와 반응하여 환원시킨다.

　　$2ZnS + 3O_2 \rightarrow 2ZnO + 2SO_2$

　　$ZnO + C \rightarrow Zn + CO$

　ⓓ 아연분은 공기 중에서 표면에 흰 염기성의 탄산아연의 얇은 막을 만들어 내부를 보호한다.

　　$2Zn + CO_2 + H_2O + O_2 \rightarrow Zn(OH)_2 \cdot ZnCO_3$

　ⓔ KCN 수용액과 암모니아수에 용해되며, 산소가 존재하는 물과 반응하여 수산화아연과 과산화수소를 생성한다.

　ⓕ 아연이 산과 반응하면 수소가스가 발생한다.★★

　　$Zn + 2HCl \rightarrow ZnCl_2 + H_2$

　　$Zn + H_2SO_4 \rightarrow ZnSO_4 + H_2$

아연분말과 염산과의 반응

ⓝ 위험성

　ⓐ 공기 중에서 융점 이상 가열 시 연소가 잘 된다.

　　$2Zn + O_2 \rightarrow 2ZnO$

　　　ⓛ 하이드록실아민, 염소산염류, 과염소산염류와 혼합한 것은 가열, 충격 등으로 발화, 폭발하며, NH_4NO_3와의 혼합물에 소량의 물을 가하면 발화의 위험이 있다.

　　　ⓒ 석유류, 황 등의 가연물이 혼입되면 산화발열이 촉진된다. 따라서, 윤활유 등이 혼입되면 기름의 특성에 따라 자연발화의 위험이 있다.

　　㉰ 저장 및 취급 방법 : 직사광선, 높은 온도를 피하며, 냉암소에 저장한다.

　　㉱ 소화방법 : 화재 초기에는 마른 모래 또는 건조분말로 질식소화하며, 물, 포에 의한 냉각소화는 적당하지 않다.

　　㉲ 용도 : 연막, 의약, 도료, 염색 가공, 유리 화학반응, 금속 제련 등에 이용

③ 안티몬분(Sb)

　㉮ 일반적 성질

　　　㉠ 비중 : 6.68, 융점 : 630℃, 비점 : 1,750℃, 은백색의 광택이 있는 금속으로 여러 가지의 이성질체를 갖는다.

　　　ⓛ 진한황산, 진한질산 등에는 녹으나 묽은황산에는 녹지 않는다.

　　　ⓒ 물, 염산, 묽은황산, 알칼리 수용액에 녹지 않고, 왕수, 뜨겁고 진한황산에는 녹으며, 뜨겁고 진한질산과 반응을 한다.

　　　　$2Sb + 10HNO_3 \rightarrow Sb_2O_3 + 5NO_2 + H_2O$

　㉯ 위험성

　　　㉠ 흑색 안티몬은 공기 중에서 발화한다.

　　　ⓛ 무정형 안티몬은 약간의 자극 및 가열로 인하여 폭발적으로 회색 안티몬으로 변한다.

　　　ⓒ 약 630℃ 이상 가열하면 발화한다.

　㉰ 저장 및 취급 방법, 소화방법 : 아연분에 준한다.

　㉱ 용도 : 활자의 주조, 베어링 합금, 촉매 등에 이용

④ 지르코늄분(Zr)

　㉮ 일반적 성질

　　　㉠ 비중 : 6.5, 융점 : 1,850℃, 비점 : 4,400℃, 물리적으로 단단하고 겉모양은 은백색의 스테인리스와 유사하다.

　　　ⓛ 강도가 매우 크고 내부식성이 있어 유용한 금속재료로 쓰인다.

　㉯ 위험성

　　　㉠ 플루오린화수소산과 반응하여 수소가 발생한다.

　　　　$Zr + 7HF \rightarrow H_3ZrF_7 + 2H_2$

ⓛ 실온의 공기 중에서 산화피막을 형성하여 반응성은 적으나 분말이거나 가열하면 활성을 가지며 발화하여 이산화지르코늄(ZrO_2)이 된다.

ⓒ 이산화탄소 중에서도 연소한다.

㉼ 저장 및 취급 방법, 소화방법 : 아연분에 준한다.

㉳ 용도 : 합금, 섬광탄의 내관, 전자관 부품재료 등

─ 지정수량 1,000kg

(7) 인화성 고체

인화성 고체라 함은 고형 알코올과 그 밖에 1기압에서 인화점이 40℃ 미만인 고체를 말한다.

① 고형 알코올

㉮ 합성수지에 메탄올을 혼합, 침투시켜 한천상으로 만든 것이다.

㉯ 30℃ 미만에서 가연성 증기가 발생하기 쉽고 인화하기 매우 쉽다.

㉰ 가열 또는 화염에 의한 화재의 위험이 매우 높다.

② 메타알데하이드[metaldehyde, $(CH_3CHO)_4$]

㉮ 분자량 : 176, 인화점 : 36℃, 융점 : 246℃, 비점 : 112~116℃, 무색의 침상 또는 판상의 결정이다.

㉯ 물에 녹지 않으며 에터, 에탄올, 벤젠에는 녹기 어렵다.

㉰ 증기는 공기보다 무거워서 낮은 곳에 체류할 위험이 있다.

㉱ 80℃에서 일부 분해되어 인화성이 강한 액체인 아세트알데하이드로 변해 더욱 위험해진다.

③ 제삼뷰틸알코올[tert-butyl alcohol, $(CH_3)_3COH$]

㉮ 분자량 : 74, 인화점 : 11℃, 유점 : 25.6℃, 비점 : 83℃, 무색의 고체로서 물보다 가볍고 물에 잘 녹는다.

㉯ 정뷰틸알코올에 비해서 알코올로서의 특성이 적고 탈수제에 의해 가연성 기체로 변하여 더욱 위험해진다.

㉰ 상온에서 가연성의 증기 발생이 용이하고 증기는 공기보다 무거워서 낮은 곳에 체류하며 밀폐공간에서는 인화폭발의 위험이 크다.

㉱ 연소 열량이 커서 소화가 곤란하다.

2-3. 제3류 위험물 - 자연발화성 물질 및 금수성 물질

❶ 제3류 위험물의 종류와 지정수량

성질	위험등급	품명	대표 품목	지정수량
자연발화성 물질 및 금수성 물질	I	1. 칼륨(K) 2. 나트륨(Na) 3. 알킬알루미늄(R · Al 또는 R · Al · X) 4. 알킬리튬(R · Li) 5. 황린(P₄)	$(C_2H_5)_3Al$ C_4H_9Li	10kg 20kg
	II	6. 알칼리금속류(칼륨 및 나트륨 제외) 및 알칼리토금속 7. 유기금속화합물(알킬알루미늄 및 알킬리튬 제외)	Li, Ca $Te(C_2H_5)_2$, $Zn(CH_3)_2$	50kg
	III	8. 금속의 수소화물 9. 금속의 인화물 10. 칼슘 또는 알루미늄의 탄화물	LiH, NaH Ca_3P_2, AlP CaC_2, Al_4C_3	300kg
		11. 그 밖에 행정안전부령이 정하는 것 　　염소화규소화합물	$SiHCl_3$	300kg

❷ 공통 성질, 저장 및 취급 시 유의사항, 예방대책 및 소화방법

(1) 공통 성질

① 대부분 무기물의 고체이며, 알킬알루미늄과 같은 액체도 있다.

② 금수성 물질로서 물과 접촉하면 발열 또는 발화한다.

③ 자연발화성 물질로서 대기 중에서 공기와 접촉하여 자연발화하는 경우도 있다.

(2) 저장 및 취급 시 유의사항

① 물과 접촉하여 가연성 가스가 발생하는 금수성 물질이므로 용기의 파손이나 부식을 방지하고 수분과의 접촉을 피할 것

② 충격, 불티, 화기로부터 격리하고, 강산화제와도 분리하여 저장할 것

③ 보호액 속에 저장하는 경우에는 위험물이 보호액 표면에 노출되지 않도록 주의할 것

④ 다량으로 저장하지 말고 소분하여 저장할 것

(3) 예방대책

① 용기는 완전히 밀전하고 공기 또는 물과의 접촉을 방지할 것

② 강산화제, 강산류, 기타 약품 등과 접촉에 주의할 것

③ 용기가 가열되지 않도록 하며, 보호액이 들어 있는 것은 용기 밖으로 누출되지 않도록 주의할 것

④ 알킬알루미늄, 알킬리튬, 유기금속화합물류는 화기를 엄금하며, 용기 내 압력이 상승하지 않도록 주의할 것

(4) 소화방법

① 건조사, 팽창질석 및 팽창진주암 등을 사용한 질식소화를 한다.

② 금속화재용 분말소화약제에 의한 질식소화를 실시한다.

③ 주수소화는 발화 또는 폭발을 일으키고, 이산화탄소와는 심하게 반응하므로 절대 엄금한다.

③ 위험물 시험방법

(1) 자연발화성의 시험방법 및 판정기준

① 고체의 공기 중 발화 위험성의 시험방법 및 판정기준은 다음과 같다.

㉮ 시험장소는 온도 20℃, 습도 50%, 1기압, 무풍의 장소로 할 것

㉯ 시험물품(300μm의 체를 통과하는 분말) 1cm^{3}를 직경 70mm인 자기[「화학분석용 자기케세롤」(KS L 1584)에서 규정하는 것으로 한다] 위에 설치한 직경 90mm인 여과지의 중앙에 두고 10분 이내에 자연발화하는지 여부를 관찰할 것. 이 경우 자연발화하지 않는 경우에는 같은 조작을 5회 이상 반복하여 1회 이상 자연발화하는지 여부를 관찰한다.

㉰ 분말인 시험물품이 ㉯의 방법에 의하여 자연발화하지 않는 경우에는 시험물품 2cm^{3}를 무기질의 단열판 위에 1m의 높이에서 낙하시켜 낙하 중 또는 낙하 후 10분 이내에 자연발화 여부를 관찰할 것. 이 경우 자연발화하지 않는 경우에는 같은 조작을 5회 이상 반복하여 1회 이상 자연발화하는지 여부를 관찰한다.

㉱ ㉮ 내지 ㉰의 방법에 의한 시험결과 자연발화하는 경우에는 자연발화성 물질에 해당하는 것으로 할 것

② 액체의 공기 중 발화 위험성의 시험방법 및 판정기준은 다음과 같다.

㉮ 시험장소는 온도 20℃, 습도 50%, 1기압, 무풍의 장소로 할 것

㉯ 시험물품 0.5cm³를 직경 70mm인 자기에 20mm의 높이에서 전량을 30초간 균일한 속도로 주사기 또는 피펫을 써서 떨어뜨리고 10분 이내에 자연발화하는지 여부를 관찰할 것. 이 경우 자연발화하지 않는 경우에는 같은 조작을 5회 이상 반복하여 1회 이상 자연발화하는지 여부를 관찰한다.

㉰ ㉯의 방법에 의하여 자연발화하지 않는 경우에는 시험물품 0.5cm³를 직경 70mm인 자기 위에 설치한 직경 90mm인 여과지에 20mm의 높이에서 전량을 30초간 균일한 속도로 주사기 또는 피펫을 써서 떨어뜨리고 10분 이내 자연발화하는지 또는 여과지를 태우는지 여부(여과지가 갈색으로 변하면 태운 것으로 본다. 이하 이 항에서 같다)를 관찰할 것. 이 경우 자연발화하지 않는 경우 또는 여과지를 태우지 않는 경우에는 같은 조작을 5회 이상 반복하여 1회 이상 자연발화하는지 또는 여과지를 태우는지 여부를 관찰한다.

㉱ ㉮ 내지 ㉰의 방법에 의한 시험결과 자연발화하는 경우 또는 여과지를 태우는 경우에는 자연발화성 물질에 해당하는 것으로 할 것

(2) 금수성의 시험방법 및 판정기준

① 물과 접촉하여 발화하거나 가연성 가스가 발생할 위험성의 시험방법은 다음과 같다.

㉮ 시험장소는 온도 20℃, 습도 50%, 1기압, 무풍의 장소로 할 것

㉯ 용량 500cm³의 비커 바닥에 여과지 침하방지대를 설치하고 그 위에 직경 70mm의 여과지를 놓은 후 여과지가 뜨도록 침하방지대의 상면까지 20℃의 순수한 물을 넣고 시험물품 50mm³를 여과지의 중앙에 둔(액체 시험물품에 있어서는 여과지의 중앙에 주사한다) 상태에서 발생하는 가스가 자연발화하는지 여부를 관찰할 것. 이 경우 자연발화하지 않는 경우에는 같은 방법으로 5회 이상 반복하여 1회 이상 자연발화하는지 여부를 관찰한다.

㉰ ㉯의 방법에 의하여 발생하는 가스가 자연발화하지 않는 경우에는 해당 가스에 화염을 가까이하여 착화하는지 여부를 관찰할 것

㉱ ㉯의 방법에 의하여 발생하는 가스가 자연발화하지 않거나 가스의 발생이 인지되지 않는 경우 또는 ㉰의 방법에 의하여 착화되지 않는 경우에는 시험물품 2g을 용량 100cm³의 원형 바닥의 플라스크에 넣고 이것을 40℃의 수조에 넣어 40℃의 순수한 물 50cm³를 신속히 가한 후 직경 12mm의 구형의 교반자 및 자기교반기를 써서 플라스크 내를 교반하면서 가스 발생량을 1시간마다 5회 측정할 것

㉮ 1시간마다 측정한 시험물품 1kg당의 가스 발생량의 최대치를 가스 발생량으로 할 것

㉯ 발생하는 가스에 가연성 가스가 혼합되어 있는지 여부를 검지관, 가스크로마토그래피 등에 의하여 분석할 것

② ①의 방법에 의한 시험결과 자연발화하는 경우, 착화하는 경우 또는 가연성 성분을 함유한 가스의 발생량이 200L 이상인 경우에는 금수성 물질에 해당하는 것으로 한다.

④ 각론

― 지정수량 10kg

(1) 금속 칼륨(K)

① 일반적 성질

㉮ **은백색의 광택이 있는 경금속**으로 흡습성, 조해성이 있고, 석유 등 보호액에 장기보존 시 표면에 K_2O, KOH, K_2CO_3가 피복되어 가라앉는다.

㉯ 녹는점 이상으로 가열하면 보라색 불꽃을 내면서 연소한다.

$4K + O_2 \rightarrow 2K_2O$

㉰ 물 또는 알코올과 반응하지만, 에터와는 반응하지 않는다.

㉱ 비중 : 0.86, 융점 : 63.7℃, 비점 : 774℃

② 위험성

㉮ 고온에서 수소와 수소화물(KH)을 형성하며, 수은과 반응하여 아말감을 만든다.

㉯ 가연성 고체로 농도가 낮은 산소 중에서도 연소 위험이 있으며, 연소 시 불꽃이 붙은 용융상태에서 비산하여 화재를 확대하거나 몸에 접촉하면 심한 화상을 초래한다.

㉰ **물과 격렬히 반응하여 발열하고 수산화칼륨과 수소가 발생한다.** 이때 발생된 열은 점화원의 역할을 한다.

$2K + 2H_2O \rightarrow 2KOH + H_2$

㉱ **CO_2, CCl_4와 격렬히 반응하여 연소, 폭발의 위험이 있으며,** 연소 중에 모래를 뿌리면 규소(Si) 성분과 격렬히 반응한다.

$4K + 3CO_2 \rightarrow 2K_2CO_3 + C$ (연소 · 폭발)

$4K + CCl_4 \rightarrow 4KCl + C$ (폭발)

㉲ **알코올과 반응하여 칼륨에틸레이트를 만들며 수소가 발생한다.**

$2K + 2C_2H_5OH \rightarrow 2C_2H_5OK + H_2$

㉳ 대량의 금속 칼륨이 연소할 때 적당한 소화방법이 없으므로 매우 위험하다.

③ 저장 및 취급 방법

㉮ 습기나 물에 접촉하지 않도록 보호액(석유, 벤젠, 파라핀 등) 속에 저장할 것

㉯ 보호액 속에 저장 시 용기 파손이나 보호액 표면에 노출되지 않도록 할 것

㉰ 저장 시에는 소분하여 소분병에 밀전 또는 밀봉할 것

㉱ 용기의 부식을 예방하기 위하여 강산류와의 접촉을 피할 것

④ **소화방법** : 화재 시 마른 흙, 잘 건조된 소금 분말, 탄산칼슘 분말 혼합물을 다량으로 피복하여 질식소화한다. 다량의 칼륨 화재 시는 적당한 소화수단이 없고 확대방지에 노력한다.

⑤ **용도** : 금속 나트륨(Na)과의 합금은 원자로의 냉각제, 감속제 등으로 이용

(2) 금속 나트륨(Na)

① 일반적 성질

㉮ **은백색의 무른 금속**으로 물보다 가볍고 **노란색 불꽃**을 내면서 연소한다.

㉯ 실온에서 산화되어 NaOH의 염홍색 피막을 형성한다.

㉰ 고온에서 수소와 화합하여 불안정한 수소화합물을 만들고 할로젠과 할로젠화합물을 생성한다.

㉱ 수은과 아말감을 생성하며, 액체 암모니아와 나트륨아마이드($NaNH_2$)와 수소를 생성한다.

㉲ 원자량 : 23, 비중 : 0.97, 융점 : 97.7℃, 비점 : 880℃, 발화점 : 121℃

㉳ 고온으로 공기 중에서 연소시키면 과산화나트륨이 된다.

$$4Na + O_2 \rightarrow 2Na_2O \ (회백색)$$

② 위험성

㉮ 가연성 고체로 장기간 방치 시 자연발화의 위험이 있으며, 융점 이상으로 가열하면 쉽게 황색 불꽃을 내며 연소한다.

㉯ **물과 격렬히 반응하여 발열하고 수소를 발생하며**, 산과는 폭발적으로 반응한다. 수용액은 염기성으로 변하고, 페놀프탈레인과 반응 시 붉은색을 나타낸다.

$$2Na + 2H_2O \rightarrow 2NaOH + H_2$$

나트륨과 물의 반응성

㉰ **알코올과 반응하여 나트륨알코올레이트와 수소가스가 발생한다.**

$$2Na + 2C_2H_5OH \rightarrow 2C_2H_5ONa + H_2$$

나트륨과 알코올의 반응

㉱ 용융나트륨과 암모니아를 Fe_2O_3 촉매하에서 반응시키거나 액체 암모니아에 나트륨이 녹을 때 수소가스가 발생한다.

$$2Na + 2NH_3 \rightarrow 2NaNH_2 + H_2$$

㉲ 피부에 접촉할 경우 화상을 입는다.

㉳ 할로젠화합물과 접촉하면 폭발적으로 반응하고 CO_2와도 반응한다.

③ 저장 및 취급 방법, 소화방법 : 금속 칼륨에 준한다.

④ 용도 : 금속 Na-K 합금은 원자로의 냉각제, 감속제, 수은과 아말감 제조, Na 램프 등

(3) 알킬알루미늄(RAl 또는 RAl · X)

알킬알루미늄은 알킬기(alkyl, R-)와 알루미늄이 결합한 화합물을 말한다. 대표적인 알킬알루미늄(RAl)의 종류는 다음과 같다.

화학명	화학식	끓는점(b.p.)	녹는점(m.p.)	비중
트라이메틸알루미늄	$(CH_3)_3Al$	127.1℃	15.3℃	0.748
트라이에틸알루미늄	$(C_2H_5)_3Al$	186.6℃	-45.5℃	0.832
트라이프로필알루미늄	$(C_3H_7)_3Al$	196.0℃	-60℃	0.821
트라이아이소뷰틸알루미늄	iso-$(C_4H_9)_3Al$	분해	1.0℃	0.788
에틸알루미늄다이클로로라이드	$C_2H_5AlCl_2$	194.0℃	22℃	1.252
다이에틸알루미늄하이드라이드	$(C_2H_5)_2AlH$	227.4℃	-59℃	0.794
다이에틸알루미늄클로라이드	$(C_2H_5)_2AlCl$	214℃	-74℃	0.971

① 트라이에틸알루미늄[$(C_2H_5)_3Al$]

㉮ 무색투명한 액체로 외관은 등유와 유사한 가연성으로 C_1~C_4는 자연발화성이 강하다. 공기 중에 노출되어 공기와 접촉하여 백연을 발생하며 연소한다. 단, C_5 이상은 점화하지 않으면 연소하지 않는다.

$$2(C_2H_5)_3Al+21O_2 \rightarrow 12CO_2+Al_2O_3+15H_2O$$

㉯ 물, 산, 알코올과 접촉하면 폭발적으로 반응하여 에테인을 형성하고 이때 발열, 폭발에 이른다.

$$(C_2H_5)_3Al+3H_2O \rightarrow Al(OH)_3+3C_2H_6$$

$$(C_2H_5)_3Al+HCl \rightarrow (C_2H_5)_2AlCl+C_2H_6$$

$$(C_2H_5)_3Al+3CH_3OH \rightarrow Al(CH_3O)_3+3C_2H_6$$

㉰ 인화점의 측정치는 없지만 융점(-46℃) 이하이기 때문에 매우 위험하며 200℃ 이상에서 폭발적으로 분해되어 가연성 가스가 발생한다.

$$(C_2H_5)_3Al \rightarrow (C_2H_5)_2AlH+C_2H_4$$

$$2(C_2H_5)_2AlH \rightarrow 2Al+3H_2+4C_2H_4$$

㉱ 염소가스와 접촉하면 삼염화알루미늄이 생성된다.

$$(C_2H_5)_3Al+3Cl_2 \rightarrow AlCl_3+3C_2H_5Cl$$

㉲ 메탄올, 에탄올 등 알코올류, 할로젠과 폭발적으로 반응하여 가연성 가스가 발생한다.

㉳ 할론이나 CO_2와 반응하여 발열하므로 소화약제로 적당하지 않으며 저장용기가 가열되면 용기의 파열이 심하게 발생한다.

⑪ 화기엄금, 저장용기는 밀전하고 냉암소에서 환기를 잘하여 보관한다.

⑫ 실제 사용 시는 희석제(벤젠, 톨루엔, 헥세인 등 탄화수소 용제)로 20~30%로 희석하여 사용한다.

⑬ 화재 시 주수엄금, 팽창질석, 팽창진주암, 흑연분말, 규조토, 소다회, $NaHCO_3$, $KHCO_3$를 주재로 한 건조분말로 질식소화하고, 주변은 마른 모래 등으로 차단하여 화재의 확대방지에 주력한다.

② 트라이아이소뷰틸알루미늄[(iso－C_4H_9)$_3$Al]

㉠ 무색투명한 가연성 액체로 물과 쉽게 반응한다.

㉡ 공기 중에 노출되면 자연발화하며, 물, 산화제, 알코올류, 강산과 반응한다.

㉢ 저장용기가 가열되면 용기의 파열이 심하게 발생한다.

㉣ 안전을 위해 사용된 희석제가 누출되어 증발하면 제4류 위험물의 석유류와 같은 유증기화재, 폭발의 위험이 있다.

㉤ 저장 및 취급 방법은 트라이에틸알루미늄에 준한다.

㉥ 화재 시 주수엄금, 팽창질석, 팽창진주암, 흑연분말, 규조토, 소다회, 건조한 소금 분말로 일시에 소화한다.

(4) 알킬리튬(RLi)

알킬리튬은 알킬기에 리튬이 결합된 것을 말하고 일반적으로 RLi로 표기된다.

① 뷰틸리튬(C_4H_9Li)

㉠ 무색의 가연성 액체로, 용제의 종류에 따라 성질이 달라지며, 1기압에서 수소 기체와 반응하여 LiH, C_4H_8을 생성한다.

㉡ 산소와 빠른 속도로 반응하여 공기 중 노출되면 어떤 온도에서도 자연발화하며, 물 또는 수증기와 심하게 반응한다.

㉢ 증기는 공기보다 무겁고 점화원에 의해 역화의 위험이 있고 CO_2와는 격렬하게 반응하여 위험성이 높아진다.

㉣ 자연발화의 위험이 있으므로 저장용기에 펜테인, 헥세인, 헵테인 등의 안전 희석용제를 넣고 불활성가스로 봉입한다.

㉤ 용제의 증발을 막기 위하여 저장용기를 완전밀봉하고 냉암소에 저장하며 통풍, 환기 및 건조상태를 유지한다.

㉥ 주수엄금, 물분무는 용기 외부의 냉각에만 사용하며, 마른 모래, 건조분말을 사용하여 소화하며 소화는 가능한 짧은 시간에 실시한다.

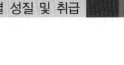

② 에틸리튬(C_2H_5Li), 메틸리튬(CH_3Li)

대부분의 특성은 뷰틸리튬에 준하며 다이에틸에터, 아이오딘화리튬, 브로민화리튬 속에 넣어 저장한다.

─ 지정수량 20kg

(5) 황린(P_4, 백린)

① 일반적 성질

㉮ 비중 : 1.82, 융점 : 44℃, 비점 : 280℃, 발화점 : 34℃, **백색 또는 담황색의 왁스상 가연성 자연발화성 고체**이다. 증기는 공기보다 무겁고, 매우 자극적이며 맹독성 물질이다.

㉯ 물에는 녹지 않으나 벤젠, 알코올에는 약간 녹고, 이황화탄소 등에는 잘 녹는다.

㉰ **물속에 저장하고**, 상온에서 서서히 산화하며 어두운 곳에서 청백색의 인광을 낸다.

㉱ **공기를 차단하고 약 260℃로 가열하면 적린이 된다.**

㉲ 다른 원소와 반응하여 인화합물을 만든다.

② 위험성

㉮ **공기 중에서 격렬하게 오산화인의 백색 연기를 내며 연소하고**, 일부 유독성의 포스핀(PH_3)도 발생하며 환원력이 강하여 산소농도가 낮은 곳에서도 연소한다.

$$P_4 + 5O_2 \rightarrow 2P_2O_5$$

㉯ 증기는 매우 자극적이며 맹독성이다(치사량은 0.05g).

㉰ 할로젠, PbO, K_2O_2 등 강산화성 물질 및 NaOH와 혼촉 시 발화위험이 있다. 그리고 (황린+CS_2+염소산염류)는 폭발한다. 즉, 황린을 CS_2 중에 녹인 후 $KClO_3$ 등의 염소산염류와 접촉시키면 발열하면서 심하게 폭발한다.

㉱ 수산화칼륨 용액 등 강한 알칼리 용액과 반응하여 가연성, 유독성의 포스핀가스가 발생한다.

$$P_4 + 3KOH + 3H_2O \rightarrow PH_3 + 3KH_2PO_2$$

③ 저장 및 취급 방법

㉮ **자연발화성이 있어 물속에 저장하며**, 온도 상승 시 물의 산성화가 빨라져서 용기를 부식시키므로 직사광선을 피하여 저장한다.

㉯ 맹독성이 있으므로 취급 시 고무장갑, 보호복, 보호안경을 착용한다.

㉰ **인화수소(PH_3)의 생성을 방지하기 위해 보호액은 약알칼리성(pH 9)으로 유지하기 위하여 알칼리제(석회 또는 소다회 등)로 pH를 조절한다.**

㉱ 이중용기에 넣어 냉암소에 저장하고, 피부에 접촉하였을 경우 다량의 물로 세척하고, 탄산나트륨이나 피크르산액 등으로 씻는다.

④ 소화방법 : 초기소화에는 물, 포, CO_2, 건조분말 소화약제가 유효하나 불꽃에 일시 주수하면 비산하여 연소확대의 우려가 있으므로 물은 분무주수한다.

⑤ 용도 : 적린 제조, 인산, 인화합물의 원료, 쥐약, 살충제, 연막탄 등

─ 지정수량 50kg

(6) 알칼리금속류(K, Na은 제외) 및 알칼리토금속(Mg은 제외)

- 알칼리금속류 : Li(리튬), Rb(루비듐), Cs(세슘), Fr(프랑슘)
- 알칼리토금속 : Ca(칼슘), Be(베릴륨), Sr(스트론튬), Ba(바륨), Ra(라듐)

① 리튬(Li)

㉮ 일반적 성질

㉠ 은백색의 금속으로 금속 중 가장 가볍고, 금속 중 비열이 가장 크다. 비중 : 0.53, 융점 : 180℃, 비점 : 1,350℃

㉡ 알칼리금속이지만 K, Na보다는 화학반응성이 크지 않다.

㉢ 가연성 고체로서 건조한 실온의 공기에서 반응하지 않지만 100℃ 이상으로 가열하면 적색 불꽃을 내면서 연소하여 미량의 Li_2O_2와 Li_2O로 산화가 된다.

㉣ 가연성 고체로 활성이 대단히 커서 대부분의 다른 금속과 직접 반응하며 질소와는 25℃에서 서서히 400℃에서는 빠르게 적색 결정의 질화물을 생성한다.

㉯ 위험성

㉠ 피부 등에 접촉 시 부식작용을 한다.

㉡ 물과는 상온에서 천천히, 고온에서 격렬하게 반응하여 수소가 발생한다. 알칼리금속 중에서는 반응성이 가장 작은 편으로 적은 양은 반응열로 연소를 못하지만 다량의 경우 발화한다.

$$2Li + 2H_2O \rightarrow 2LiOH + H_2$$

㉢ 공기 중에서 서서히 가열해도 발화하여 연소하며, 연소 시 탄산가스(CO_2) 속에서도 꺼지지 않고 연소한다.

㉣ 산, 알코올류와는 격렬히 반응하여 수소가 발생한다.

㉤ 산소 중에서 격렬히 반응하여 산화물을 생성한다.

$$4Li + O_2 \rightarrow 2LiO$$

㉰ 저장 및 취급 방법

㉠ 건조하며 환기가 잘 되는 실내에 저장한다.

㉡ 수분과의 접촉, 혼입을 방지하고, 누출에 주의한다.

㉱ 소화방법 : 주수를 엄금하고 잘 건조된 소금분말, 건조 소다회, 마른 모래, 건조분말 소화약제에 의해 질식소화한다.

ⓜ 용도 : 중합반응의 촉매, 비철금속의 가스 제거, 냉동기 등
② **칼슘(Ca)**
　㉮ 일반적 성질
　　㉠ 은백색의 금속이며, 고온에서 수소 또는 질소와 반응하여 수소화합물과 질화물을 형성하며 할로젠과 할로젠화합물을 생성한다.
　　㉡ 비중 : 1.55, 융점 : 851℃, 비점 : 약 1,200℃
　㉯ 위험성
　　㉠ 공기 중에서 가열하면 연소한다.
　　㉡ 대량으로 쌓인 칼슘 분말은 습기 중에 장시간 방치되거나 금속 산화물이 습기하에서 접촉하면 자연발화의 위험이 있다.
　　㉢ 산, 에탄올과 반응하여 수소가 발생하고 1류 위험물, 6류 위험물 등과 반응 시 발열의 위험이 있고 하이드록실아민과 혼합한 것은 가열, 충격 등에 의해 발화한다.
　　㉣ 물과 반응하여 상온에서는 서서히, 고온에서는 격렬히 수소가 발생하며 Mg에 비해 더 무르며 물과의 반응성은 빠르다.
　　　$Ca + 2H_2O \rightarrow Ca(OH)_2 + H_2$
　㉰ 소화방법 : 주수, CO_2, 할로젠화물은 사용을 금하며 마른 모래, 흙으로 질식소화한다.
　㉱ 용도 : 석회, 시멘트, 탄화석회의 제조원료 등

(7) 유기금속화합물류(알킬알루미늄과 알킬리튬은 제외)

알킬기 또는 알릴기 등 탄화수소기에 금속 원자가 결합된 화합물이다.
① **다이에틸텔루르[Te(C₂H₅)₂]**
　㉮ 유기화합물의 합성, 반도체 공업 등의 원료로 쓰이며, 무취, 황적색의 유동성의 가연성 액체이다.
　㉯ 물 또는 습기 찬 공기와의 접촉에 의해 인화성 증기와 열이 발생하며 이는 2차적인 화재의 원인이 된다.
　㉰ 메탄올, 산화제, 할로젠과 심하게 반응하고 열에 불안정하여 저장용기가 가열되면 심하게 파열된다.
　㉱ 탄소수가 적은 것일수록 자연발화하며 물과 격렬하게 반응한다.
　㉲ 차고 건조한 곳에 보관하며 통풍이 잘 되도록 유지한다.
② **다이메틸아연[Zn(CH₃)₂]**
　㉮ 무색의 유동성의 가연성 액체로 공기와 접촉 시 자연발화하고 푸른 불꽃을 내며 연소한다.

ⓙ 물 또는 습기 찬 공기와의 접촉에 의해 인화성 증기와 열이 발생하며 이는 2차적인 화재의 원인이 된다.

ⓓ 메탄올, 산화제, 할로젠과 심하게 반응하고 열에 불안정하여 저장용기가 가열되면 심하게 파열된다.

ⓡ 탄소수가 적은 것일수록 자연발화하며 물과 격렬하게 반응한다.

ⓜ 기타 저장, 취급, 소화 방법은 다이에틸텔루르와 유사하며 대량저장 시는 헥세인, 톨루엔 등 안정제를 넣어 준다.

③ 기타 유기금속화합물

㉮ 다이메틸카드뮴[$(CH_3)_2Cd$]

㉯ 다이메틸텔르륨[$Te(CH_3)_2$]

㉰ 사에틸납[$(C_2H_5)_4Pb$] : 자동차, 항공기 연료의 안티노킹제로서 다른 유기금속화합물과 상이한 점은 자연발화성도 아니고 물과 반응하지도 않으며, 인화점 93℃로 제3석유류(비수용성)에 해당한다.

㉱ 나트륨아마이드($NaNH_2$) : 회백색의 고체로, 발화점 450℃, 녹는점 210℃, 끓는점 400℃이다.

─ **지정수량 300kg**

(8) 금속수소화합물

알칼리금속이나 알칼리토금속이 수소와 결합하여 만드는 화합물로서 MH 또는 M_2H 형태의 화합물이다.

① 수소화리튬(LiH)

㉮ 일반적 성질

㉠ 비중 : 0.82, 융점 : 680℃의 무색무취 또는 회색의 유리모양의 불안정한 가연성 고체로 빛에 노출되면 빠르게 흑색으로 변한다.

㉡ 물과 실온에서 격렬하게 반응하여 수소가 발생하며 공기 또는 습기, 물과 접촉하면 자연발화의 위험이 있다.

$$LiH + H_2O \rightarrow LiOH + H_2$$

㉢ 400℃에서 리튬과 수소로 분해된다.

$$2LiH \rightarrow 2Li + H_2$$

㉣ 저급 알코올, 카본산(카르본산), 염소, 암모니아 등과 반응하여 수소가 발생하고 C_6H_5Cl, H_2SO_4, CCl_4, HCl, $AlCl_3$와 혼합 시 심하게 반응하고 혼촉발화의 위험성이 있다.

㉯ 저장 및 취급 방법 : 대량의 저장용기 중에는 아르곤 또는 질소를 봉입한다.

㉰ 소화방법 : 화재 시 주수, 포는 엄금이며 마른 모래, 건조흙에 의해 질식소화한다.

㉱ 용도 : 유기합성의 촉매, 건조제, 수소화알루미늄의 제조 등

② 수소화나트륨(NaH)

　㉮ 일반적 성질

　　㉠ 비중 : 0.93, 분해온도 : 약 800℃로 회백색의 결정 또는 분말이며, 불안정한 가연성 고체로 물과 격렬하게 반응하여 수소가 발생하고 발열하며, 이때 발생한 반응열에 의해 자연발화한다.

$$NaH + H_2O \rightarrow NaOH + H_2$$

　　㉡ 습기 중에 노출되어도 자연발화의 위험이 있으며, 425℃ 이상 가열하면 수소를 분해한다.

　　㉢ 강산화제와의 접촉에 의해 발열, 발화하며 S, C_6H_5Cl, SO_2와 혼촉 시 격렬하게 반응하고 글리세롤과 혼합 시 발열하며 입도가 감소하면 인화성이 증가한다.

　㉯ 저장 및 취급 방법 : 물과의 접촉을 피하고 건조하며 환기가 잘 되는 실내의 밀폐된 용기 중에 저장하고, 대량의 저장용기 중에는 아르곤 또는 질소를 봉입한다.

　㉰ 소화방법 : 화재 시 주수, CO_2, 할로젠화합물 소화약제는 엄금이며 마른 모래, 소석회, D급 소화약제, 건조흙 등에 의해 질식소화한다.

　㉱ 용도 : 건조제, 금속 표면의 스케일 제거제 등

③ 수소화칼슘(CaH_2)

　㉮ 일반적 성질

　　㉠ 백색 또는 회백색의 결정 또는 분말이며, 건조공기 중에 안정하며 환원성이 강하다. 물과 격렬하게 반응하여 수소가 발생하고 발열한다.

$$CaH_2 + 2H_2O \rightarrow Ca(OH)_2 + 2H_2$$

　　㉡ 습기 중에 노출되어도 자연발화의 위험이 있으며, 600℃ 이상 가열하면 수소를 분해한다.

　　㉢ 염소산염류, 황산, 브로민산염류와 혼합 시 마찰에 의해 격렬하게 폭발할 위험이 있으며, 입도가 감소하면 인화성이 증가한다.

　　㉣ 비중 : 1.7, 융점 : 841℃, 분해온도 : 675℃로 물에는 용해되지만 에터에는 녹지 않는다.

　㉯ 저장, 취급 및 소화 방법 : NaH에 준한다.

　㉰ 용도 : 건조제, 환원제, 축합제, 수소 발생제 등

④ 수소화알루미늄리튬[Li(AlH₄)]

　㉮ 일반적 성질

　　㉠ 흰색의 결정성 분말이며, 가연성 고체로 125℃에서 리튬, 알루미늄, 수소로 분해되고, 물과 접촉 시 수소가 발생하고 발화한다.

　　㉡ 입도가 감소하면 인화성이 증가하며 분쇄 중 발화가능성이 있다.

ⓒ 다이벤조일퍼옥사이드, 에터, 아세토나이트릴, 초산메틸, 트라이클로로 초산과 혼합
   시 폭발할 위험이 있다.

ⓛ 물과의 접촉을 피하고 건조하며 환기가 잘 되는 실내의 밀폐된 용기 중에 저장
   한다.

㉯ 저장 및 취급 방법 : 대량의 저장용기 중에는 아르곤 또는 질소를 봉입하며 분진 발생
   장소에는 국소배기장치를 설치한다.

㉰ 소화방법 : 주수, CO_2, 할로젠화합물 소화약제는 엄금이며 마른 모래, 건조흙 등에 의해
   질식소화한다.

㉱ 용도 : 유기합성제 등의 환원제, 수소 발생제 등

(9) 금속 인화합물

① 인화석회(Ca_3P_2, 인화칼슘)

  ㉮ 일반적 성질

  적갈색의 고체이며, 비중 : 2.51, 융점 : 1,600℃

  ㉯ 위험성 : 물 또는 약산과 반응하여 가연성이며 독성이 강한 인화수소(PH_3, 포스핀)가
     스가 발생한다.

  $$Ca_3P_2 + 6H_2O \rightarrow 3Ca(OH)_2 + 2PH_3$$

  $$Ca_3P_2 + 6HCl \rightarrow 3CaCl_2 + 2PH_3$$

  ㉰ 소화방법 : 건조사 등에 의한 질식소화

  ㉱ 용도 : 살서제(쥐약)의 원료 등

② 인화알루미늄(AIP)

  ㉮ 일반적 성질

  ㉠ 분자량 : 58, 융점 : 1,000℃ 이하, 암회색 또는 황색의 결정 또는 분말로 가연성이
     며, 공기 중에서 안정하나 습기 찬 공기, 물, 스팀과 접촉 시 가연성, 유독성의 포
     스핀가스가 발생한다.

     $$AlP + 3H_2O \rightarrow Al(OH)_3 + PH_3$$

  ㉡ 강산, 강알칼리, 카바민산암모늄(NH_2COONH_2), 탄산암모늄, H_2O와 격렬하게 반
     응하여 포스핀을 생성한다.

  ㉯ 저장 및 취급 방법 : 저장 시 물기를 금하고, 밀폐된 용기 중에 저장하며 건조상태를
     유지해야 하고 누출 시에는 점화원을 제거하고 마른 모래, 건조흙으로 흡수, 회수한다.

  ㉰ 소화방법 : 주수엄금, 마른 모래나 건조흙으로 덮어 질식소화한다.

③ 인화갈륨(GaP)

　㉮ 일반적인 성질

　　㉠ 무색 또는 황갈색의 결정으로 물과 접촉 시 가연성, 유독성의 포스핀가스가 발생한다.

　　㉡ 강산과 반응하여 포스핀을 생성한다.

　㉯ 저장 및 취급 방법 : 물기를 금하고 밀폐된 용기 중에 저장하며 건조상태를 유지해야 하고 누출 시에는 점화원을 제거하고 불연성 물질로 흡수, 회수한다.

　㉰ 소화방법 : 주수엄금, CO_2, 할로젠화합물 소화약제의 사용 금지, 마른 모래나 건조흙으로 덮어 질식소화한다.

(10) 칼슘 또는 알루미늄의 탄화물

칼슘 또는 알루미늄과 탄소와의 화합물로서 CaC_2(탄화칼슘), 탄화알루미늄(Al_4C_3) 등이 있다.

① 탄화칼슘(CaC_2, 카바이드, 탄화석회)

　㉮ 일반적 성질

　　㉠ 분자량 : 64, 비중 : 2.22, 융점 : 2,300℃로 순수한 것은 무색투명하나 보통은 흑회색이며 불규칙한 덩어리로 존재한다. 건조한 공기 중에서는 안정하나 350℃ 이상으로 열을 가하면 산화한다.

　　　　$2CaC_2+5O_2 \rightarrow 2CaO+4CO_2$

　　㉡ 건조한 공기 중에서는 안정하나 350℃ 이상에서는 산화되며, 고온에서 강한 환원성을 가지므로 산화물을 환원시킨다.

　　㉢ 질소와는 약 700℃ 이상에서 질화되어 칼슘사이안아마이드($CaCN_2$, 석회질소)가 생성된다.

　　　　$CaC_2+N_2 \rightarrow CaCN_2+C$

　　㉣ 물과 격렬하게 반응하여 수산화칼슘과 아세틸렌을 만들며 공기 중 수분과 반응하여도 아세틸렌이 발생한다.

카바이드와 물과의 반응성

　　　　$CaC_2+2H_2O \rightarrow Ca(OH)_2+C_2H_2$

　㉯ 위험성

　　㉠ 물 또는 습기와 작용하여 폭발성 혼합가스인 아세틸렌(C_2H_2)가스가 발생하며, 생성되는 수산화칼슘[$Ca(OH)_2$]은 독성이 있기 때문에 인체에 부식작용(피부점막 염증, 시력장애 등)을 한다.

　　㉡ 아세틸렌은 연소범위가 2.5~81%로 대단히 넓고 인화가 쉬우며, 때로는 폭발하기도 하며 단독으로 가압 시 분해폭발을 일으키는 물질이다.

　　　　$2C_2H_2+5O_2 \rightarrow 2H_2O+4CO_2$

　　　　$C_2H_2 \rightarrow H_2+2C$

ⓒ 아세틸렌가스는 많은 금속(Cu, Ag, Hg 등)과 직접 반응하여 수소가 발생하고 금속 아세틸레이트를 생성한다.

$$C_2H_2 + 2Ag \rightarrow Ag_2C_2 + H_2$$

ⓔ CaC$_2$(탄화칼슘)은 여러 가지 불순물을 함유하고 있어 물과 반응 시 아세틸렌가스 외에 유독한 가스(AsH$_3$, PH$_3$, H$_2$S, NH$_3$ 등)가 발생한다.

ⓜ Na$_2$O$_2$, S, C$_6$H$_5$Cl, H$_2$SO$_4$, HCl, CCl$_4$의 혼합 시 가열, 충격 등에 의해 발열하거나 발화위험이 있다.

㉯ 저장 및 취급 방법

ⓞ 습기가 없는 밀폐용기에 저장하고 용기에는 질소가스 등 불연성 가스를 봉입시킨다.

ⓛ 용기 내에 C$_2$H$_2$가 생성 시 고압으로 인해 용기의 변형 또는 용기 과열이 있을 수 있으므로 대량저장 시는 불연성 가스를 봉입하여 C$_2$H$_2$의 연소확대를 방지해야 한다.

ⓒ 빗물 또는 침수 우려가 없고 화기가 없는 장소에 저장해야 한다.

ⓔ 가스가 발생하므로 밀전하며 건조하고 환기가 잘 되는 장소에 보관한다.

㉰ 소화방법 : 주수, 포, CO$_2$, 할론은 절대 엄금이며, 다량의 마른 모래, 흙, 석회석 또는 건조분말로 질식소화한다.

㉱ 용도 : 용접 및 용단 작업, 유기합성, 금속산화물의 환원 등

② **탄화알루미늄(Al$_4$C$_3$)**

㉮ 일반적 성질

ⓞ 순수한 것은 백색이나 보통은 황색의 결정이며 건조한 공기 중에서는 안정하나 가열하면 표면에 산화피막을 만들어 반응이 지속되지 않는다.

ⓛ 비중 : 2.36, 분해온도 : 1,400℃ 이상

㉯ 위험성

ⓞ 물과 반응하여 가연성, 폭발성의 메테인가스를 만들며 밀폐된 실내에서 메테인이 축적되는 경우 인화성 혼합기를 형성하여 2차 폭발의 위험이 있다.

$$Al_4C_3 + 12H_2O \rightarrow 4Al(OH)_3 + 3CH_4$$

ⓛ NaClO$_4$, H$_2$O$_2$, Na$_2$O$_2$, HNO$_3$, NaBrO$_3$ 등 제1, 6류 위험물과 반응 시 심하게 발열한다.

㉰ 저장 및 취급 방법 : 밀폐된 저장용기 중에 저장하며, 산화제와의 접촉을 방지하여 차고 건조하고 환기가 잘 되는 장소에 보관한다.

㉱ 소화방법 : 주수, 포, 할론은 절대 엄금이며, CO$_2$, 마른 모래, 흙, 건조분말로 질식소화한다.

㉲ 용도 : 촉매, 메테인가스의 발생, 금속산화물의 환원, 질화알루미늄의 제조 등

③ 기타

㉮ 물과 반응 시 아세틸렌가스를 발생시키는 물질 : LiC_2, Na_2C_2, K_2C_2, MgC_2

㉠ $LiC_2 + 2H_2O \rightarrow 2LiOH + C_2H_2$　　㉡ $Na_2C_2 + 2H_2O \rightarrow 2NaOH + C_2H_2$

㉢ $K_2C_2 + 2H_2O \rightarrow 2KOH + C_2H_2$　　㉣ $MgC_2 + 2H_2O \rightarrow Mg(OH)_2 + C_2H_2$

㉯ 물과 반응 시 메테인가스를 발생시키는 물질

$BeC_2 + 4H_2O \rightarrow 2Be(OH)_2 + CH_4$

㉰ 물과 반응 시 메테인과 수소 가스를 발생시키는 물질

$Mn_3C + 6H_2O \rightarrow 3Mn(OH)_2 + CH_4 + H_2$

2-4. 제4류 위험물-인화성 액체

1 제4류 위험물의 종류와 지정수량

성질	위험등급	품명		품목	지정수량
인화성 액체	Ⅰ	특수인화물		• 비수용성 : 다이에틸에터, 이황화탄소 • 수용성 : 아세트알데하이드, 산화프로필렌	50L
	Ⅱ	제1석유류	비수용성	가솔린, 벤젠, 톨루엔, 사이클로헥세인, 콜로디온, 메틸에틸케톤, 초산메틸, 초산에틸, 의산에틸, 헥세인 등	200L
			수용성	아세톤, 피리딘, 아크롤레인, 의산메틸, 사이안화수소 등	400L
		알코올류		메틸알코올, 에틸알코올, 프로필알코올, 아이소프로필알코올	400L
	Ⅲ	제2석유류	비수용성	등유, 경유, 스타이렌, 자일렌(o−, m−, p−), 클로로벤젠, 장뇌유, 뷰틸알코올, 알릴알코올, 아밀알코올 등	1,000L
			수용성	폼산, 초산, 하이드라진, 아크릴산 등	2,000L
		제3석유류	비수용성	중유, 크레오소트유, 아닐린, 나이트로벤젠, 나이트로톨루엔 등	2,000L
			수용성	에틸렌글리콜, 글리세린 등	4,000L
		제4석유류		기어유, 실린더유, 윤활유, 가소제	6,000L
		동식물유류		• 건성유 : 아마인유, 들기름, 동유, 정어리기름, 해바라기유 등 • 반건성유 : 참기름, 옥수수기름, 청어기름, 채종유, 면실유(목화씨유), 콩기름, 쌀겨유 등 • 불건성유 : 올리브유, 피마자유, 야자유, 땅콩기름, 동백유 등	10,000L

※ 석유류 분류기준 : 인화점의 차이

② 공통 성질, 저장 및 취급 시 유의사항 등

(1) 공통 성질

① 액체는 물보다 가볍고, 대부분 물에 잘 녹지 않는다.

② 상온에서 액체이며 인화하기 쉽다.

③ 대부분의 증기는 공기보다 무겁다.

④ 착화온도(착화점, 발화온도, 발화점)가 낮을수록 위험하다.

⑤ 연소하한이 낮아 증기와 공기가 약간 혼합되어 있어도 연소한다.

(2) 저장 및 취급 시 유의사항

① 화기 및 점화원으로부터 멀리 저장할 것

② 인화점 이상으로 가열하지 말 것

③ 증기 및 액체의 누설에 주의하여 저장할 것

④ 용기는 밀전하고 통풍이 잘 되는 찬 곳에 저장할 것

⑤ 부도체이므로 정전기 발생에 주의하여 저장, 취급할 것

(3) 예방대책

① 점화원을 제거한다.

② 폭발성 혼합기의 형성을 방지한다.

③ 누출을 방지한다.

④ 보관 시 탱크 등의 관리를 철저히 한다.

(4) 소화방법

이산화탄소, 할로젠화물, 분말, 물분무 등으로 질식소화한다.

(5) 화재의 특성

① 유동성 액체이므로 연소속도와 화재의 확대가 빠르다.

② 증발연소하므로 불티가 나지 않는다.

③ 인화점이 낮은 것은 겨울철에도 쉽게 인화한다.

④ 소화 후에도 발화점 이상으로 가열된 물체 등에 의해 재연소 또는 폭발한다.

③ 위험물의 시험방법

(1) 인화성 액체의 인화점 시험방법(위험물안전관리에 관한 세부기준 제13조)

① 인화성 액체의 인화점 측정은 다음 (2) 태그밀폐식 인화점측정기에 의한 인화점을 측정한 방법으로 측정한 결과에 따라 다음 각 호로 정한다.

㉮ 측정결과가 0℃ 미만인 경우에는 해당 측정결과를 인화점으로 할 것

㉯ 측정결과가 0℃ 이상 80℃ 이하인 경우에는 동점도 측정을 하여 동점도가 $10mm^2/s$ 미만인 경우에는 해당 측정결과를 인화점으로 하고, 동점도가 $10mm^2/s$ 이상인 경우에는 (3) 신속평형법 인화점측정기에 의한 인화점 측정시험으로 다시 측정할 것

㉰ 측정결과가 80℃를 초과하는 경우에는 (4) 클리브랜드개방컵 인화점측정기에 의한 인화점 측정시험에 따른 방법으로 다시 측정할 것

② **인화성 액체 중 수용성 액체란 온도 20℃, 기압 1기압에서 동일한 양의 증류수와 완만하게 혼합하여 혼합액의 유동이 멈춘 후 해당 혼합액이 균일한 외관을 유지하는 것을 말한다.**

(2) 태그(Tag)밀폐식 인화점측정기에 의한 인화점 측정시험

① 시험장소는 기압 **1기압, 무풍의 장소**로 할 것

② 「원유 및 석유제품 인화점 시험방법」(KS M 2010)에 의한 태그(Tag)밀폐식 인화점측정기의 시료컵에 시험물품 $50cm^3$를 넣고 시험물품의 표면의 기포를 제거한 후 뚜껑을 덮을 것

③ 시험불꽃을 점화하고 화염의 크기를 **직경이 4mm**가 되도록 조정할 것

④ 시험물품의 온도가 60초간 1℃의 비율로 상승하도록 수조를 가열하고 시험물품의 온도가 설정온도보다 5℃ 낮은 온도에 도달하면 개폐기를 작동하여 시험불꽃을 시료컵에 1초간 노출시키고 닫을 것. 이 경우 시험불꽃을 급격히 상하로 움직이지 아니하여야 한다.

⑤ ④의 방법에 의하여 인화하지 않는 경우에는 시험물품의 온도가 0.5℃ 상승할 때마다 개폐기를 작동하여 시험불꽃을 시료컵에 1초간 노출시키고 닫는 조작을 인화할 때까지 반복할 것

⑥ ⑤의 방법에 의하여 인화한 온도가 60℃ 미만의 온도이고 설정온도와의 차가 2℃를 초과하지 않는 경우에는 해당 온도를 인화점으로 할 것

⑦ ④의 방법에 의하여 인화한 경우 및 ⑤의 방법에 의하여 인화한 온도와 설정온도와의 차가 2℃를 초과하는 경우에는 ② 내지 ⑤에 의한 방법으로 반복하여 실시할 것

⑧ ⑤의 방법 및 ⑦의 방법에 의하여 인화한 온도가 60℃ 이상의 온도인 경우에는 ⑨ 내지 ⑬의 순서에 의하여 실시할 것

⑨ ② 및 ③과 같은 순서로 실시할 것

⑩ 시험물품의 온도가 60초간 3℃의 비율로 상승하도록 수조를 가열하고 시험물품의 온도가 설정온도보다 5℃ 낮은 온도에 도달하면 개폐기를 작동하여 시험불꽃을 시료컵에 1초간 노출시키고 닫을 것. 이 경우 시험불꽃을 급격히 상하로 움직이지 아니하여야 한다.

⑪ ⑩의 방법에 의하여 인화하지 않는 경우에는 시험물품의 온도 1℃ 상승마다 개폐기를 작동하여 시험불꽃을 시료컵에 1초간 노출시키고 닫는 조작을 인화할 때까지 반복할 것

⑫ ⑪의 방법에 의하여 인화한 온도와 설정온도와의 차가 2℃를 초과하지 않는 경우에는 해당 온도를 인화점으로 할 것

⑬ ⑩의 방법에 의하여 인화한 경우 및 ⑪의 방법에 의하여 인화한 온도와 설정온도와의 차가 2℃를 초과하는 경우에는 ⑨ 내지 ⑪과 같은 순서로 반복하여 실시할 것

(3) 신속평형법 인화점측정기에 의한 인화점 측정시험

① 시험장소는 **1기압, 무풍의 장소**로 할 것

② 신속평형법 인화점측정기의 시료컵을 설정온도까지 가열 또는 냉각하여 시험물품(설정온도가 상온보다 낮은 온도인 경우에는 설정온도까지 냉각한 것) 2mL를 시료컵에 넣고 즉시 뚜껑 및 개폐기를 닫을 것

③ 시료컵의 온도를 **1분간 설정온도**로 유지할 것

④ 시험불꽃을 점화하고 화염의 크기를 **직경 4mm**가 되도록 조정할 것

⑤ 1분 경과 후 개폐기를 작동하여 시험불꽃을 시료컵에 2.5초간 노출시키고 닫을 것. 이 경우 시험불꽃을 급격히 상하로 움직이지 아니하여야 한다.

⑥ ⑤의 방법에 의하여 인화한 경우에는 인화하지 않을 때까지 설정온도를 낮추고, 인화하지 않는 경우에는 인화할 때까지 설정온도를 높여 ② 내지 ⑤의 조작을 반복하여 인화점을 측정할 것

(4) 클리브랜드(Cleaveland)개방컵 인화점측정기에 의한 인화점 측정시험

① 시험장소는 **1기압, 무풍의 장소**로 할 것

② 「인화점 및 연소점 시험방법-클리브랜드개방컵 시험방법」(KS M ISO 2592)에 의한 인화점측정기의 시료컵의 표선까지 시험물품을 채우고 시험물품의 표면의 기포를 제거할 것

③ 시험불꽃을 점화하고 화염의 크기를 **직경 4mm**가 되도록 조정할 것

④ 시험물품의 온도가 60초간 **14℃의 비율로 상승**하도록 가열하고 설정온도보다 55℃ 낮은 온도에 달하면 가열을 조절하여 설정온도보다 28℃ 낮은 온도에서 60초간 **5.5℃의 비율**로 온도가 상승하도록 할 것

⑤ 시험물품의 온도가 설정온도보다 28℃ 낮은 온도에 달하면 시험불꽃을 시료컵의 중심을 횡단하여 일직선으로 **1초간 통과**시킬 것. 이 경우 시험불꽃의 중심을 시료컵 위쪽 가장자리의 상방 **2mm 이하**에서 수평으로 움직여야 한다.

⑥ ⑤의 방법에 의하여 인화하지 않는 경우에는 시험물품의 온도가 2℃ 상승할 때마다 시험불꽃을 시료컵의 중심을 횡단하여 일직선으로 **1초간 통과시키는 조작**을 인화할 때까지 반복할 것

⑦ ⑥의 방법에 의하여 인화한 온도와 설정온도와의 차가 **4℃를 초과하지 않는 경우**에는 해당 온도를 인화점으로 할 것

⑧ ⑤의 방법에 의하여 인화한 경우 및 ⑥의 방법에 의하여 인화한 온도와 설정온도와의 차가 **4℃를 초과하는 경우**에는 ② 내지 ⑥과 같은 순서로 반복하여 실시할 것

④ 각론

– 지정수량 50L

(1) 특수 인화물류

"특수 인화물"이라 함은 이황화탄소, 다이에틸에터, 그 밖의 1기압에서 **발화점이 100℃ 이하인 것** 또는 **인화점이 영하 20℃ 이하**이고 **비점이 40℃ 이하**인 것을 말한다.

① 다이에틸에터($C_2H_5OC_2H_5$, 산화에틸, 에터, 에틸에터) – 비수용성 액체

분자량	비중	증기비중	비점	인화점	발화점	연소범위
74.12	0.72	2.6	34℃	−40℃	180℃	1.9~48%

$$H-\overset{\overset{\displaystyle H}{|}}{\underset{\underset{\displaystyle H}{|}}{C}}-\overset{\overset{\displaystyle H}{|}}{\underset{\underset{\displaystyle H}{|}}{C}}-O-\overset{\overset{\displaystyle H}{|}}{\underset{\underset{\displaystyle H}{|}}{C}}-\overset{\overset{\displaystyle H}{|}}{\underset{\underset{\displaystyle H}{|}}{C}}-H$$

다이에틸에터의 유증기 역화실험

㉮ 일반적 성질

  ㉠ 무색투명한 유동성 액체로 휘발성이 크며, 에탄올과 나트륨이 반응하면 수소가 발생하지만 에터는 나트륨과 반응하여도 수소가 발생하지 않으므로 구별할 수 있다.

  ㉡ 물에는 약간 녹고 알코올 등에는 잘 녹고, **증기는 마취성이 있다.**

  ㉢ **전기의 부도체로서 정전기가 발생하기 쉽다.**

④ 위험성

　㉠ 인화점이 낮고 휘발성이 강하다.

　㉡ 증기 누출이 용이하며 장기간 저장 시 공기 중에서 산화되어 구조 불명의 불안정하고 폭발성의 과산화물을 만드는데 이는 유기과산화물과 같은 위험성을 가지기 때문에 100℃로 가열하거나 충격, 압축으로 폭발한다.

　㉢ 증기와 공기의 혼합가스는 발화점이 낮고, 폭발성이 있다.

　㉣ 건조과정이나 여과를 할 때 유체마찰에 의해 정전기가 발생, 축적하기 쉽고 소량의 물을 함유하고 있는 경우 이 수분으로 대전되기 쉬우므로 비닐관 등의 절연성 물체 내를 흐르면 정전기가 발생한다. 이 정전기 발생으로 인한 스파크는 에터 증기의 연소폭발을 일으키는 데 충분하다.

　㉤ 강산화제와 접촉 시 격렬하게 반응하고 혼촉발화한다. 특히 $NaClO_3$와 혼합한 것은 습기 또는 햇빛에 의해 발화한다.

⑤ 저장 및 취급 방법

　㉠ 직사광선에 분해되어 과산화물을 생성하므로 갈색병을 사용하여 밀전하고 냉암소 등에 보관하며 용기의 공간용적은 2% 이상으로 해야 한다.

　㉡ 불꽃 등 화기를 멀리하고 통풍이 잘 되는 곳에 저장한다.

　㉢ 대량저장 시에는 불활성가스를 봉입하고, 운반용기의 공간용적으로 10% 이상 여유를 둔다. 또한, 옥외저장탱크 중 압력탱크에 저장하는 경우 40℃ 이하를 유지해야 한다.

　㉣ 점화원을 피해야 하며 특히 정전기를 방지하기 위해 약간의 $CaCl_2$를 넣어 두고, 또한 폭발성의 **과산화물 생성 방지를 위해 40mesh의 구리망을 넣어 둔다.**

　㉤ **과산화물의 검출은 10% 아이오딘화칼륨(KI) 용액과의 황색반응으로 확인한다.** 또한, 생성된 과산화물을 제거하는 시약으로는 황산제일철($FeSO_4$)을 사용한다.

⑥ 소화방법 : 소규모 화재 시는 물분무, CO_2, 건조분말도 유효하나, 대형 화재의 경우는 다량의 알코올포 방사에 의한 질식소화가 적당하다.

⑦ 용도 : 유기용제, 무연화약 제조, 시약, 의약, 유기합성 등에 사용

② 이황화탄소(CS_2) - 비수용성 액체

분자량	비중	녹는점	비점	인화점	발화점	연소범위
76	1.26	−111℃	34.6℃	−30℃	90℃	1.0~50%

㉮ 일반적 성질

　㉠ 순수한 것은 무색투명하고 클로로폼과 같은 약한 향기가 있는 액체지만 통상 불순물이 있기 때문에 **황색을 띠며 불쾌한 냄새가** 난다.

ⓛ 물보다 무겁고 물에 녹지 않으나, 알코올, 에터, 벤젠 등에는 잘 녹으며, 유지, 수지 등의 용제로 사용된다.

ⓒ 독성이 있어 피부에 장시간 접촉하거나 증기 흡입 시 인체에 유해하다.

ⓔ 제4류 위험물 중 발화점(90℃ or 100℃)이 가장 낮고 연소범위(1.0~50%)가 넓으며 증기압(300mmHg)이 높아 휘발이 높고 인화성, 발화성이 강하다.

㉯ 위험성

㉠ 휘발하기 쉽고 발화점이 낮아 백열등, 난방기구 등의 열에 의해 발화하며, **점화하면 청색을 내고 연소하는데 연소생성물 중 SO_2는 유독성이 강하다.**

$$CS_2 + 3O_2 \rightarrow CO_2 + 2SO_2$$

ⓛ 강산화제와 접촉 시 격렬하게 반응하고 혼촉발화한다. 특히 $NaClO_3$와 혼합한 것은 습기 또는 햇빛에 의해 발화한다.

ⓒ 증기는 공기와 혼합하여 인화폭발의 위험이 있으며 나트륨 같은 알칼리금속류와 접촉하면 발화 또는 폭발한다.

ⓔ 고온의 물과 반응하면 이산화탄소와 황화수소가 발생한다.

$$CS_2 + 2H_2O \rightarrow CO_2 + 2H_2S$$

㉰ 저장 및 취급 방법

㉠ 착화온도가 낮으므로 화기를 멀리하고, 직사광선을 피해 통풍이 잘 되는 냉암소에 저장한다.

ⓛ 밀봉, 밀전하여 액체나 증기의 누설을 방지한다.

ⓒ **물보다 무겁고 물에 녹기 어렵기 때문에 가연성 증기의 발생을 억제하기 위하여 물(수조)속에 저장한다.**

㉱ 소화방법 : 화재확대위험이 없거나 고정된 탱크나 밀폐용기 중의 화재인 경우 표면에 조심스럽게 주수하여 물을 채워 피복소화할 수 있다. 또한 초기소화 시 CO_2, 분말, 할론이 유효하나, 대형 화재의 경우는 다량의 포방사에 의한 질식소화가 적당하다.

㉲ 용도 : 유기용제, 고무가황 촉진제, 살충제 등

③ 아세트알데하이드(CH_3CHO, 알데하이드, 초산알데하이드) - 수용성 액체

분자량	비중	녹는점	비점	인화점	발화점	연소범위
44	0.78	−121℃	21℃	−40℃	175℃	4.1~57%

$$\text{H}-\overset{\overset{\displaystyle \text{H}}{|}}{\underset{\underset{\displaystyle \text{H}}{|}}{\text{C}}}-\overset{\displaystyle \text{H}}{\underset{\displaystyle \text{O}}{\text{C}}}$$

㉮ 일반적 성질

㉠ 무색이며 고농도는 자극성 냄새가 나며 저농도의 것은 과일 같은 향이 나는 휘발성이 강한 액체로서 물, 에탄올, 에터에 잘 녹고, 고무를 녹인다.

　　　ⓒ 환원성이 커서 **은거울반응**을 하며, I_2와 NaOH를 넣고 가열하는 경우 황색의 아이오딘폼(CH_3I) 침전이 생기는 **아이오딘폼반응**을 한다.

$$CH_3CHO + I_2 + 2NaOH \rightarrow HCOONa + NaI + CH_3I + H_2O$$

　　　ⓒ 진한황산과의 접촉에 의해 격렬히 중합반응을 일으켜 발열한다.

　　　ⓔ 산화 시 초산, 환원 시 에탄올이 생성된다.

$$2CH_3CHO + O_2 \rightarrow 2CH_3COOH \text{ (산화작용)}$$
$$CH_3CHO + H_2 \rightarrow C_2H_5OH \text{ (환원작용)}$$

　　　ⓜ 발화점(175℃)이 매우 낮고 연소범위(4.1~57%)가 넓으나 증기압(750mmHg)이 높아 휘발이 잘 되고, 인화성, 발화성이 강하며 수용액상태에서도 인화의 위험이 있다.

　　　ⓗ 제조방법
　　　　ⓐ 에틸렌의 직접 산화법 : 에틸렌을 염화구리 또는 염화팔라듐의 촉매하에서 산화반응시켜 제조한다.

$$2C_2H_4 + O_2 \rightarrow 2CH_3CHO$$

　　　　ⓑ 에틸알코올의 직접 산화법 : 에틸알코올을 이산화망가니즈 촉매하에서 산화시켜 제조한다.

$$2C_2H_5OH + O_2 \rightarrow 2CH_3CHO + 2H_2O$$

　　　　ⓒ 아세틸렌의 수화법 : 아세틸렌과 물을 수은 촉매하에서 수화시켜 제조한다.

$$C_2H_2 + H_2O \rightarrow CH_3CHO$$

　　㉯ 위험성
　　　ⓒ **구리, 수은, 마그네슘, 은 및 그 합금으로 된 취급설비는 아세트알데하이드와의 반응에 의해 이들 간에 중합반응을 일으켜 구조 불명의 폭발성 물질을 생성한다.**

　　　ⓒ 강산화제와 접촉 시 격렬히 반응하여 혼촉발화의 위험이 있고 가압하에서 공기와 접촉 시 폭발성의 과산화물을 생성한다.

　　　ⓒ 자극성이 강해 증기 및 액체는 인체에 유해하다.

　　㉰ 저장 및 취급 방법
　　　ⓒ 공기와의 접촉 시 폭발성의 과산화물이 생성된다.

　　　ⓒ 산의 존재하에서는 격심한 중합반응을 하기 때문에 접촉을 피하도록 한다.

　　　ⓒ 탱크저장 시에는 불활성가스 또는 수증기를 봉입하고 냉각장치 등을 이용하여 저장온도를 비점 이하로 유지시켜야 한다. **보냉장치가 없는 이동저장탱크에 저장하는 아세트알데하이드의 온도는 40℃로 유지하여야 한다.**

　　　ⓔ 자극성이 강하므로 증기의 발생이나 흡입을 피하도록 한다.

　　㉱ 소화방법 : 수용성이므로 소화 시 분무상의 물을 대량 주수하여 희석소화하고 소량의 경우는 CO_2, 할론, 분말, 물분무도 유효하며, 경우에 따라서는 다량의 포를 사용한다.

　　㉲ 용도 : 플라스틱, 합성고무의 원료, 곰팡이 방지제, 사진 현상용, 용제 등에 이용

④ 산화프로필렌(CH_3CHOCH_2, 프로필렌옥사이드) - 수용성 액체

분자량	비중	증기비중	비점	인화점	발화점	연소범위
58	0.82	2.0	35℃	−37℃	449℃	2.8~37%

$$H-\underset{\underset{O}{|}}{\overset{\overset{H}{|}}{C}}-\underset{\underset{H}{|}}{\overset{\overset{H}{|}}{C}}-\overset{\overset{H}{|}}{C}-H$$

㉮ 일반적 성질

　㉠ 에터 냄새를 가진 무색의 휘발성이 강한 액체이다.

　㉡ 반응성이 풍부하며 물 또는 유기용제(벤젠, 에터, 알코올 등)에 잘 녹는다.

　㉢ 증기는 공기와 혼합하여 작은 점화원에 의해 인화폭발의 위험이 있으며 연소속도가 빠르다.

㉯ 위험성

　㉠ 수용액상태에서도 인화의 위험이 있으며, 밀폐용기를 가열하면 심하게 폭발하고 공기 중에서 폭발적으로 분해할 위험이 있다.

　㉡ 증기는 눈, 점막 등을 자극하며 흡입 시 폐부종 등을 일으키고, 액체가 피부와 접촉할 때에는 동상과 같은 증상이 나타난다.

　㉢ 반응성이 풍부하여 구리, 마그네슘, 수은, 은 및 그 합금 또는 산, 염기, 염화제이철 등과의 접촉에 의해 폭발성 혼합물인 아세틸라이드를 생성한다.

　㉣ 증기압이 매우 높으므로(20℃에서 45.5mmHg) 상온에서 쉽게 위험농도에 도달한다.

　㉤ 강산화제와 접촉 시 격렬히 반응하여 혼촉발화의 위험이 있다.

㉰ 저장 및 취급 방법, 소화방법 : 아세트알데하이드에 준한다.

㉱ 용도 : 용제, 안료, 살균제 등의 제조

⑤ 기타

㉮ 아이소프렌 : 인화점 −54℃, 착화점 220℃, 연소범위 2~9%

㉯ 아이소펜테인 : 인화점 −51℃

(2) 제1석유류

"제1석유류"라 함은 아세톤, 휘발유, 그 밖의 1기압에서 **인화점이 21℃ 미만인 것**을 말한다.

─ 지정수량 : 비수용성 액체 200L

인화성 액체의 연소성 실험

① 가솔린(C_5~C_9, 휘발유)

액비중	증기비중	비점	인화점	발화점	연소범위
0.65~0.8	3~4	32~220℃	−43℃	300℃	1.2~7.6%

㉮ 일반적 성질

    ㉠ 무색투명한 액상 유분으로 **주성분은 $C_5 \sim C_9$의 포화 · 불포화 탄화수소**, 비전도성으로 정전기를 발생, 축적시키므로 대전하기 쉽다.

    ㉡ 물에는 녹지 않으나 유기용제에는 잘 녹으며 고무, 수지, 유지 등을 잘 용해시킨다.

    ㉢ 노킹현상 발생을 방지하기 위하여 첨가제 MTBE(Methyl Tertiary Butyl Ether)를 넣어 옥테인가를 높이며 착색한다. 1992년 12월까지는 사에틸납[$(C_2H_5)_4Pb$]으로 첨가제를 사용했지만 1993년 1월부터는 현재의 MTBE[$(CH_3)_3COCH_3$]를 사용하여 무연휘발유를 제조한다.

$$
\begin{array}{c}
\quad\quad CH_3 \\
\quad\quad | \\
CH_3-C-O-CH_3 \\
\quad\quad | \\
\quad\quad CH_3
\end{array}
$$

        ⓐ 공업용(무색), 자동차용(오렌지색), 항공기용(청색 또는 붉은 오렌지색)

        ⓑ **옥테인가** $= \dfrac{\text{아이소옥테인(vol\%)}}{\text{아이소옥테인(vol\%)} + \text{노말헵테인(vol\%)}} \times 100$

            ■ **옥테인가란 아이소옥테인을 100, 노말헵테인을 0으로 하여 가솔린의 성능을 측정하는 기준값을 의미한다.**

            ■ 일반적으로 옥테인가가 높으면 노킹현상이 억제되어 자동차 연료로서 연소효율이 높아진다.

        ⓒ 사에틸납은 인화점이 85~105℃로 제3석유류 비수용성 액체에 해당한다.

    ㉣ 증기는 공기와 혼합하여 연소범위를 형성하고 낮은 곳에 체류하여 먼 곳에서도 인화가 쉽다.

㉯ 위험성

    ㉠ 제1류 위험물과 같은 강산화제와 혼합하거나, (휘발유＋강산화제)에 강산류를 혼합하면 혼촉발화한다.

    ㉡ 휘발, 인화하기 쉽고 증기는 공기보다 3~4배 정도 무거워 누설 시 낮은 곳에 체류되어 연소를 확대시킬 수 있으며, 비전도성이므로 정전기 발생에 의한 인화의 위험이 있다.

    ㉢ 황 불순물에 의해 연소 시 유독한 아황산(SO_2)가스를 발생시키며, 고온에 의해 질소산화물을 생성시킨다.

㉰ 저장 및 취급 방법

    ㉠ 화기엄금, 불꽃, 불티 접촉 방지, 가열 금지, 직사광선을 차단하고 증기의 누설이나 액체의 누출을 방지하고 환기가 잘 되는 냉암소에 저장한다.

    ㉡ 정전기의 발생 및 축적을 방지하고 방폭조치를 해야 한다.

    ㉢ 온도 상승에 의한 체적 팽창을 감안하여 밀폐용기는 저장 시 약 10% 정도의 여유 공간을 둔다.

    ㉝ 소화방법 : 초기화재 시 또는 소규모 화재인 경우 포, CO_2, 건조분말, 할론 소화약제에 의한 질식소화를 하며, 다량인 경우 냉각주수는 불가하며 포에 의한 질식소화가 적절하고, 대형 화재의 경우 유증기 폭발의 우려가 있으므로 주의해야 한다.

    ㉞ 용도 : 자동차 및 항공기의 연료, 공업용 용제, 희석제 등

② 벤젠(C_6H_6)

분자량	비중	증기비중	녹는점	비점	인화점	발화점	연소범위
78	0.9	2.8	7℃	79℃	−11℃	498℃	1.4~8.0%

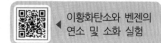
이황화탄소와 벤젠의
연소 및 소화 실험

㉮ 일반적 성질

    ㉠ 무색투명하며 독특한 냄새를 가진 휘발성이 강한 액체로 위험성이 강하며 인화가 쉽고 다량의 흑연이 발생하며 뜨거운 열을 내며 연소한다.

        $2C_6H_6 + 15O_2 \rightarrow 12CO_2 + 6H_2O$

    ㉡ 물에는 녹지 않으나 알코올, 에터 등 유기용제에는 잘 녹으며 유지, 수지, 고무 등을 용해시킨다.

    ㉢ 80.1℃에서 끓고, 5.5℃에서 응고되며, 겨울철에는 응고된 상태에서도 연소가 가능하다.

    ㉣ 증기는 공기와 혼합하여 연소범위를 형성하고 낮은 곳에 체류하며 이때 점화원에 의해 불이 일시에 역화할 위험이 있다.

㉯ 위험성

    ㉠ 증기는 마취성이고 독성이 강하여 2% 이상 고농도의 증기를 5~10분간 흡입 시에는 치명적이고, 저농도(100ppm)의 증기도 장기간 흡입 시에는 만성중독이 일어난다.

    ㉡ 제1류 위험물과 같은 강산화제와 반응하면 혼촉발화의 위험이 있다.

㉰ 저장 및 취급 방법

    ㉠ 화기엄금, 불꽃, 불티 접촉 방지, 가열 금지, 직사광선을 차단하고 증기의 누설이나 액체의 누출을 방지하며 환기가 잘 되는 냉암소에 보관한다.

    ㉡ 저장, 취급 중 정전기의 발생 및 축적을 방지하고 방폭조치를 해야 한다.

    ㉢ 온도 상승에 의한 체적 팽창을 감안하여 밀폐용기는 저장 시 약 10% 정도의 여유 공간을 둔다.

㉱ 소화방법 : 물분무, 알코올형 포, CO_2, 건조분말에 의한 질식소화를 하며, 불이 난 용기는 물분무로 집중 냉각한다. 파이프라인의 화재인 경우 CO_2, 분말에 의해 소화한다.

㉲ 용도 : 합성원료, 농약(BHC), 용제 등에 이용

③ 톨루엔($C_6H_5CH_3$)

분자량	액비중	녹는점	비점	인화점	발화점	연소범위
92	0.871	$-93℃$	$110℃$	$4℃$	$490℃$	1.27~7.0%

㉮ 일반적 성질
  ㉠ 무색투명하며 벤젠향과 같은 독특한 냄새를 가진 액체로 **진한질산과 진한황산을 반응시키면 나이트로화하여 T.N.T의 제조에 이용**된다.
  ㉡ 벤젠보다 독성이 약하며 휘발성이 강하고 인화가 용이하며 연소할 때 자극성, 유독성 가스가 발생한다.
  ㉢ 증기는 공기와 혼합하여 연소범위를 형성하고 낮은 곳에 체류하며 이때 점화원에 의해 인화, 폭발한다.
  ㉣ 물에는 녹지 않으나 유기용제 및 수지, 유지, 고무를 녹이며 벤젠보다 휘발하기 어려우며, 강산화제에 의해 산화하여 벤조산(C_6H_5COOH, 안식향산)이 된다.
㉯ 위험성
  ㉠ 연소 시 자극성, 유독성 가스가 발생하며, 고농도의 이산화질소 또는 삼플루오린화취소와 혼합 시 폭발한다.
  ㉡ 제1류 위험물, 제6류 위험물, 사염화탄소, 염산 등과 격렬히 반응하여 혼촉발화의 위험이 있다.
  ㉢ 1몰의 톨루엔과 3몰의 질산을 황산 촉매하에 반응시키면 나이트로화에 의해 T.N.T.가 만들어진다.

$$C_6H_5CH_3 + 3HNO_3 \xrightarrow[\text{나이트로화}]{c-H_2SO_4} \underset{\text{T.N.T.}}{\text{(NO}_2\text{)}} + 3H_2O$$

㉰ 저장 및 취급 방법 : 벤젠에 준한다.
㉱ 소화방법 : 포, CO_2, 건조분말에 의해 일시에 소화한다. 소규모의 화재인 경우에는 물분무에 의해 소화가 가능하다. 기타의 경우 직접 화염에 주수하지 말고 주수는 용기냉각과 화재확대방지에 주력한다.
㉲ 용도 : 잉크, 합성 원료, 용제 등

④ 사이클로헥세인(C_6H_{12})

분자량	증기비중	녹는점	비점	인화점	발화점	연소범위
84.2	2.9	6℃	82℃	−18℃	245℃	1.3~8.0%

㉮ 일반적 성질

   ㉠ 무색, 석유와 같은 자극성 냄새를 가진 휘발성이 강한 액체이다.

   ㉡ 물에 녹지 않고 광범위하게 유기화합물을 녹인다.

㉯ 위험성

   ㉠ 증기는 공기과 혼합하여 폭발성 가스를 형성하여 인화, 폭발의 위험이 있으며 연소 시 액화의 위험이 있다.

   ㉡ 가열에 의해 발열발화하며, 산화제와 혼촉 시 발열발화한다.

㉰ 소화방법 : 초기화재 시 분말, CO_2, 알코올형 포가 유효하며, 대형화재인 경우 알코올형 포로 일시 소화하고 무나 방수포를 이용하는 것이 좋다.

㉱ 용도 : 용제

⑤ 콜로디온[$C_{12}H_{16}O_6(NO_3)_4C_{13}H_{17}O_7(NO_3)_3$] : 질소 함유율 11~12%의 낮은 질화도의 질화면을 에탄올과 에터 3 : 1 비율의 용제에 녹인 것이다.

㉮ 일반적 성질

   ㉠ 무색 또는 끈기 있는 미황색 액체로 인화점은 −18℃며, 질소의 양, 용해량, 용제, 혼합률에 따라 다소 성질이 달라진다.

   ㉡ 에탄올, 에터 용제는 휘발성이 매우 크고 가연성 증기가 쉽게 발생하기 때문에 콜로디온은 인화가 용이하다.

㉯ 위험성 : 용제가 증발하여 질화면만 남으면 제5류 위험물과 같이 격렬하게 분해, 연소 폭발의 위험이 있다.

㉰ 저장 및 취급 방법 : 화기엄금, 가열 금지, 직사광선을 피하고 외부 요인에 의한 용제의 증발을 막고 저장하며 저장용기의 밀전 및 밀폐로 액체의 누설을 방지한다.

㉱ 소화방법 : 소화 시 직접 주수는 효과가 없고 물분무는 외벽의 냉각에 이용하며, 대규모 화재 시는 다량의 알코올포로 질식소화한다.

㉲ 용도 : 필름 제조, 질화면 도료, 접착제 제조 등

⑥ 메틸에틸케톤(MEK, $CH_3COC_2H_5$)

분자량	액비중	녹는점	비점	인화점	발화점	연소범위
72	0.806	−80℃	80℃	−7℃	505℃	1.8~10%

```
      H   H H
      |   | |
  H－C－C－C－H
      ‖   | |
      H O H H
```

㉮ 일반적 성질

　㉠ 아세톤과 유사한 냄새를 지닌 무색의 휘발성 액체로 유기용제로 이용된다. **수용성**
　이지만 위험물 안전관리에 관한 세부기준 판정기준으로는 비수용성 위험물로 분류
　된다.

　㉡ 열에 비교적 안정하나 500℃ 이상에서 열분해된다.

　㉢ 2차 알코올인 아이소뷰틸알코올이 산화되면 메틸에틸케톤이 된다.

　㉣ 공기 중에서 연소 시 물과 이산화탄소가 생성된다.

　　$2CH_3COC_2H_5 + 11O_2 \rightarrow 8CO_2 + 8H_2O$

㉯ 위험성

　㉠ 비점, 인화점이 낮아 인화에 대한 위험성이 크며, 증기비중이 높아 낮은 곳에 체류
　하므로 인화의 위험성이 증가한다.

　㉡ 탈지작용이 있으므로 피부에 접촉하지 않도록 주의한다.

　㉢ 다량의 증기를 흡입하면 마취성이 있으며 구토 증세가 발생한다.

㉰ 저장 및 취급 방법

　㉠ 화기 등을 멀리하고 직사광선을 피하며, 통풍이 잘 되는 찬 곳에 저장한다.

　㉡ 용기는 갈색병을 사용하여 밀전하고, 저장 시에는 용기 내부에 10% 이상의 여유
　공간을 둔다.

㉱ 소화방법 : 분무주수, CO_2, 알코올포 소화약제

㉲ 용도 : 용제, 인쇄 잉크, 가황 촉진제 등

⑦ 초산메틸(CH_3COOCH_3) — 지정수량 200L

분자량	액비중	증기비중	비점	녹는점	인화점	발화점	연소범위
74	0.93	2.6	58℃	−98℃	−10℃	502℃	3.1~16%

```
    H       O  H
    |      //   |
H − C − C      H
    |      \
    H       O − C − H
                |
                H
```

㉮ 일반적 성질

　㉠ 무색 액체로 휘발성, 마취성이 있다.

　㉡ 물에 잘 녹으며 수지, 유지를 잘 녹인다.

　㉢ 피부에 닿으면 탈지작용을 한다.

㉯ 위험성

　㉠ **수용액이지만 위험물 안전관리 세부기준의 수용성 액체 판정기준에 의해 비수용성**
　위험물로 분류된다.

ⓒ 초산에스터류 중 수용성이 가장 크다.

ⓒ 나이트로셀룰로스 용제, 향료, 페인트, 유지 추출제, 래커, 시너 등으로 쓰인다.

⑧ 초산에틸, 아세트산에틸($CH_3COOC_2H_5$)

분자량	액비중	증기비중	비점	발화점	인화점	연소범위
88	0.9	3.05	77.5℃	429℃	−3℃	2.2~11.5%

㉮ 일반적 성질

ⓐ 과일향을 갖는 무색투명한 인화성 액체로 물에는 약간 녹고, 유기용제에 잘 녹는다.

ⓑ 가수분해하여 초산과 에틸알코올로 된다.

$$CH_3COOC_2H_5 + H_2O \rightleftarrows CH_3COOH + C_2H_5OH$$

ⓒ 유기물, 수지, 초산 섬유소 등을 잘 녹인다.

㉯ 위험성

ⓐ 수용액상태에서도 인화의 위험이 있다.

ⓑ 증기는 공기보다 무거워 낮은 곳으로 흐르며, 공기와 혼합하여 인화폭발의 위험이 있다.

ⓒ 강산화제와 혼촉 시 발열, 발화하며, 연소 시 유독성 가스를 생성한다.

㉰ 저장 및 취급 방법

ⓐ 화기 등을 멀리하고 통풍이 잘 되는 찬 곳에 저장한다.

ⓑ 증기 누출에 주의하고 전기설비는 방폭조치를 한다.

ⓒ 강산, 산화제 등과의 혼합을 방지하고 누출에 주의한다.

㉱ 소화방법 : 분무주수, CO_2, 알코올포 소화약제

㉲ 용도 : 향료의 원료, 도료 등

⑨ 의산에틸, 폼산에틸($HCOOC_2H_5$)

분자량	증기비중	융점	비점	비중	인화점	발화점	연소범위
74.1	2.55	−80℃	54℃	0.9	−19℃	440℃	2.7~16.5%

㉮ 일반적 성질

무색 액체로 물, 글리세린, 유기용제에 잘 녹는다.

㉯ 위험성

ⓐ 증기는 공기와 혼합하여 인화 폭발의 위험이 있다.

ⓑ 산화성 물질과 혼촉에 의해 발열발화의 위험이 있다.

ⓒ 물에 녹지만 위험물 안전관리 세부기준의 수용성 액체 판정기준에 의해 비수용성 위험물로 분류된다.

　　　ⓓ 소화방법 : 초기화재 시 물, CO_2, 분말, 할론이 효과적이며 대형화재의 경우 다량의 물
　　　　로 일시에 소화한다. 포는 소화효과가 없다.

　　　ⓔ 용도 : 각종 과실 및 음료용 향료의 원료, 훈증제

　⑩ 아크릴로나이트릴(CH_2＝CHCN)

분자량	액비중	증기비중	녹는점	비점	인화점	발화점	연소범위
53	0.81	1.8	−83℃	77℃	−5℃	481℃	3.0~17.0%

$$\begin{array}{c} H\quad H \\ |\quad\ | \\ C{=}C{-}C{\equiv}N \\ | \\ H \end{array}$$

　　　ⓐ 일반적 성질

　　　　아세틸렌을 $CuCl_2 - NH_4Cl$의 염산 산성 용액에서 사이안화수소와 반응시켜 만든다.

　　　ⓑ 위험성

　　　　㉠ 증기는 공기보다 무겁고 공기와 혼합하여 아주 작은 점화원에 의해 인화, 폭발의
　　　　　위험성이 높고, 낮은 곳에 체류하여 흐른다.

　　　　㉡ 강산화제와의 혼촉에 의해 발열하거나 발화한다.

　　　ⓒ 저장 및 취급 방법 : 증기발생 억제, 화염, 불꽃, 화기엄금, 가열 금지, 직사광선 차단,
　　　　용기는 차고 건조하여 환기가 잘 되는 안전한 곳에 저장한다.

　　　ⓓ 소화방법 : 초기소화는 물분무, 분말, 이산화탄소, 알코올형 포가 유효하나 대형 화재
　　　　인 경우는 알코올형 포로 일시에 소화한다.

　　　ⓔ 용도 : 아크릴계 합성수지의 원료, 합성고무의 원료

─ 지정수량 : 수용성 액체 400L

　⑪ 아세톤(CH_3COCH_3, 다이메틸케톤, 2 – 프로파논)

분자량	비중	녹는점	비점	인화점	발화점	연소범위
58	0.79	−94℃	56℃	−18.5℃	465℃	2.5~12.8%

$$\begin{array}{c} H\quad\ \ H \\ |\qquad | \\ H{-}C{-}C{-}C{-}H \\ |\quad\ |\quad | \\ H\quad O\ \ H \end{array}$$

　　　ⓐ 일반적 성질

　　　　㉠ 무색, 자극성의 휘발성, 유동성, 가연성 액체로, **보관 중 황색으로 변질되며 백광을**
　　　　　쪼이면 분해된다.

　　　　㉡ 물과 유기용제에 잘 녹고, 아이오딘폼반응을 한다. I_2와 NaOH를 넣고 60~80℃로
　　　　　가열하면, 황색의 아이오딘폼(CH_3I) 침전이 생긴다.

　　　　　$CH_3COCH_3 + 3I_2 + 4NaOH \rightarrow CH_3COONa + 3NaI + CH_3I + 3H_2O$

ⓒ 휘발이 쉽고 상온에서 인화성 증기가 발생하며 작은 점화원에도 쉽게 인화한다.

ⓓ 증기는 공기와 혼합하여 연소범위를 형성하고 낮은 곳에 체류한다.

ⓝ 위험성

　　ⓐ 제1류 위험물이나 제6류 위험물과 혼촉 시 발화 가능성이 매우 높고 과염소산나이트릴, 과염소산나이트로실 등의 과염소산염류와 혼촉 시 발화 또는 폭발의 위험이 있다.

　　ⓑ 10%의 수용액상태에서도 인화의 위험이 있으며 햇빛 또는 공기와 접촉하면 폭발성의 과산화물을 만든다.

　　ⓒ 독성은 없으나 피부에 닿으면 탈지작용을 하고 장시간 흡입 시 구토가 일어난다.

ⓓ 저장 및 취급 방법

　　ⓐ 저장은 직사광선을 피하고 밀폐용기나 탱크 중에 한다.

　　ⓑ 낮은 온도의 유지와 통풍, 환기가 잘 되는 곳에 저장하며 일부 사용 시는 반드시 밀전하고 빈 용기도 밀전해야 한다.

　　ⓒ 증기의 누설 시 모든 점화원을 제거하고 물분무로 증기를 제거한다. 액체의 누출 시는 모래 또는 불연성 흡수제로 흡수하여 제거한다. 또한 취급소 내의 전기설비는 방폭조치하고 정전기의 발생 및 축적을 방지해야 한다.

ⓔ 소화방법 : 알코올형 포, CO_2, 건조분말에 의해 질식소화하며, 기타의 경우 다량의 알코올형 포를 사용한다. 특히 수용성 석유류이므로 대량 주수하거나 물분무에 의해 희석소화가 가능하다.

ⓕ 용도 : 용제, 도료 등에 이용

⑫ 피리딘(C_5H_5N)

분자량	액비중	비중	비점	인화점	발화점	연소범위
79	0.98	2.7	115.4℃	16℃	482℃	1.8~12.4%

ⓐ 일반적 성질

순수한 것은 무색이나, 불순물을 포함하면 황색 또는 갈색을 띤 알칼리성 액체이다.

ⓝ 위험성

　　ⓐ 증기는 공기와 혼합하여 인화 폭발의 위험이 있으며, 수용액상태에서도 인화성이 있다.

　　ⓑ 용기 가열 시 파열하며, 연소 시 유독성 가스가 발생한다(질소산화물, CO 등).

　　ⓒ 강산류, 산화제와 혼합 시 가열, 충격 등에 의해 발열, 발화한다.

⑷ 저장 및 취급 방법

㉠ 화기 등을 멀리하고 통풍이 잘 되는 찬 곳에 저장한다.

㉡ 독성이 있으므로 취급 시에는 액체에 접촉하거나 증기를 흡입하지 않도록 주의한다.

㉢ 강산, 산화제 등과의 혼합을 방지하고 누출에 주의한다.

㉣ 증기 누출에 주의하고 전기설비는 방폭조치를 한다.

㉰ 소화방법 : 초기화재에는 분무주수, CO_2, 알코올포 소화약제, 건조분말 등을 사용하여 질식소화하고 그 밖의 경우에는 알코올형 포로 소화한다.

㉱ 용도 : 용제, 유기합성의 원료 등

⑬ 아크롤레인($CH_2=CHCHO$, 아크릴산, 아크릴알데하이드, 2-프로펜알)

분자량	액비중	증기비중	인화점	비점	발화점	연소범위
56	0.83	1.9	−29℃	53℃	220℃	2.8~31%

```
 H  H
 |  |    H
 C=C−C
 |     \\
 H      O
 |
 H
```

㉮ 일반적 성질

㉠ 무색투명하며 불쾌한 자극성의 인화성 액체이다.

㉡ 물, 에터, 알코올에 잘 용해된다.

㉢ 상온, 상압하에서 산소와 반응하여 쉽게 아크릴산이 된다.

㉣ 장기 보존 시 암모니아와 반응하여 수지형의 고체가 된다.

㉯ 위험성

㉠ 휘발성이 강하고 인화가 쉬우며 연소 시 역화의 위험이 있으며 점화원에 의해 폭발 위험이 높다.

㉡ 산화제, 과산화물, 강산, 알칼리, 직사광선 등에 의해 중합반응을 하며 발열한다.

㉢ 밀폐된 저장용기가 가열되면 심하게 파열하며, 폭발할 수도 있다.

㉰ 저장 및 취급 방법

㉠ 화기 등을 멀리하고 통풍이 잘 되는 찬 곳에 저장한다.

㉡ 공기와의 접촉을 방지하고 저장용기의 상부에 불활성가스를 봉입한다.

㉢ 산화제, 과산화물, 강산, 강알칼리류와 철저히 격리한다.

㉱ 소화방법 : 초기화재에는 분무주수, CO_2, 알코올포 소화약제, 건조분말 등을 사용하여 질식소화하고 그 밖의 경우에는 알코올형 포로 소화한다.

㉲ 용도 : 글리세린의 원료, 향료, 염료, 약품 합성 원료 등

⑭ 의산메틸, 폼산메틸(HCOOCH₃)

분자량	비중	증기비중	녹는점	비점	발화점	인화점	연소범위
60	0.97	2.07	−100℃	32℃	449℃	−19℃	5~23%

$$H-C \underset{O-\underset{\underset{H}{|}}{\overset{|}{C}}-H}{\overset{\diagup O}{\diagdown}} \overset{H}{\underset{}{}}$$

㉮ 일반적 성질

　　㉠ 달콤한 향이 나는 무색의 휘발성 액체로 물 및 유기용제 등에 잘 녹는다.

　　㉡ 수용성이지만, 위험물 안전관리 세부기준에 의해 비수용성 위험물로 분류된다.

㉯ 위험성

　　㉠ 인화 및 휘발의 위험성이 크다.

　　㉡ 습기, 알칼리 등과의 접촉을 방지한다.

　　㉢ 쉽게 가수분해하여 의산과 맹독성의 메탄올이 생성된다.

　　　$HCOOCH_3 + H_2O \rightarrow HCOOH + CH_3OH$

㉰ 저장 및 취급 방법 : 통풍이 잘 되는 곳에 밀봉하여 저장하고, 방폭조치를 한다.

㉱ 소화방법 : 건조분말, 알코올포, 이산화탄소가 유효하며, 충분한 안전거리를 확보한다.

㉲ 용도 : 향료, 용제, 유기합성 원료 등

⑮ 사이안화수소(HCN, 청산)

분자량	비중	증기비중	비점	인화점	발화점	연소범위
27	0.69	0.94	26℃	−17℃	538℃	5.6~40%

$H-C \equiv N$

㉮ 일반적 성질

　　독특한 자극성의 냄새가 나는 무색의 액체(상온에서)이다. 물, 알코올에 잘 녹으며 수용액은 약산성이다.

㉯ 위험성

　　㉠ 맹독성 물질이며, 휘발성이 높아 인화 위험도 매우 높다. 증기는 공기보다 약간 가벼우며 연소하면 푸른 불꽃을 내면서 탄다.

　　㉡ 순수한 것은 저온에서 안정하나 소량의 수분 또는 알칼리가 혼입되면 불안정하게 되어 중합폭발할 위험이 있다.

　　㉢ 매우 불안정하여 장기간 저장하면 암갈색의 폭발성 물질로 변한다.

㉰ 저장 및 취급 방법

　　㉠ 직사광선 차단, 용기는 차고 건조하며 통풍, 환기가 잘 되는 안전한 곳에 저장한다.

　　㉡ 안정제로 철분 또는 황산 등의 무기산을 소량 넣어준다.

    ㉪ 소화방법 : 초기화재 시는 알코올형 포, 건조분말, 이산화탄소가 유효하다.

    ㉫ 용도 : 염료, 향료, 의약, 농약, 야금, 기타 유기합성 원료

⑯ 기타

    ㉮ 원유(crude oil) : 인화점 − 20℃ 이하, 발화점 − 400℃ 이상, 연소범위 − 0.6~15vol%

    ㉯ 시너(thinner) : 인화점은 21℃ 미만으로, 휘발성이 강하며 상온에서 증기를 다량 발
       생하므로 공기와 약간만 혼합하여도 연소폭발이 일어나기 쉽다.

⑰ 기타 − 수용성

    아세토나이트릴(CH₃CN) : 인화점 − 20℃, 발화점 − 524℃, 연소범위 − 3~16vol%

(3) 알코올류(R−OH) − 지정수량 400L, 수용성 액체

"알코올류"라 함은 1분자를 구성하는 **탄소 원자의 수가 1개부터 3개까지인 포화 1가 알코올**
(변성알코올을 포함한다)을 말한다. 다만, 다음에 해당하는 것은 제외한다.

■ 1분자를 구성하는 탄소 원자의 수가 1개 내지 3개인 포화 1가 알코올의 함유량이 60wt%
미만인 수용액

■ 가연성 액체량이 60wt% 미만이고 인화점 및 연소점(태그개방식 인화점측정기에 의한 연소
점을 말한다. 이하 같다)이 에틸알코올 60wt% 수용액의 인화점 및 연소점을 초과하는 것

① 메틸알코올(CH₃OH, 메탄올)

분자량	비중	증기비중	녹는점	비점	인화점	발화점	연소범위
32	0.79	1.1	−97.8℃	64℃	11℃	464℃	7.3~36%

$$H-\overset{\displaystyle H}{\underset{\displaystyle H}{C}}-OH$$

  ㉮ 일반적 성질

    ㉠ 무색투명하고 인화가 쉬우며, **연소는 완전연소를 하므로 불꽃이 잘 보이지 않는다.**
       $2CH_3OH + 3O_2 \rightarrow 2CO_2 + 4H_2O$

    ㉡ 물에는 잘 녹고, 유기용매 등에는 농도에 따라 녹는 정도가 다르며, 수지 등을 잘
       용해시킨다.

    ㉢ 백금(Pt), 산화구리(CuO) 존재하의 **공기 속에서 산화되면 폼알데하이드(HCHO)가**
       되며, 최종적으로 폼산(HCOOH)이 된다.

    ㉣ 연소범위가 넓어서 용기 내 인화의 위험이 있으며 용기를 파열할 수도 있다.

  ㉯ 위험성

    ㉠ 수용액농도가 높을수록 인화점이 낮아져 더욱 위험해지며 KMnO₄, CrO₃, HClO₄
       와 접촉하면 폭발하고 고농도의 과산화수소와 혼합한 것은 충격에 의해 폭발한다.

ⓛ Na, K 등 알칼리금속과 반응하여 인화성이 강한 수소가 발생한다.

$$2Na + 2CH_3OH \rightarrow 2CH_3ONa + H_2$$

ⓒ **독성이 강하여 먹으면 실명하거나 사망에 이른다(30mL의 양으로도 치명적!).**

ⓓ 저장 및 취급 방법

ⓐ 화기 등을 멀리하고 액체의 온도가 인화점 이상으로 올라가지 않도록 한다.

ⓛ 밀봉, 밀전하며 통풍이 잘 되는 냉암소 등에 저장하고 취급소 내 방폭조치를 해야 한다.

ⓔ 소화방법 : 초기화재 시 알코올형 포, CO_2, 건조분말, 할론이 유효하며, 대규모의 화재인 경우는 알코올형 포로 소화하고 소규모 화재 시는 다량의 물로 희석소화한다.

ⓜ 용도 : 용제, 의약, 염료, 포르말린의 원료 등

② 에틸알코올(C_2H_5OH, 에탄올)

분자량	비중	증기비중	비점	인화점	발화점	연소범위
46	0.789	1.59	80℃	13℃	363℃	4.3~19%

$$
\begin{array}{c}
\quad\ \ H\ \ H \\
\quad\ \ | \quad\ | \\
H - C - C - OH \\
\quad\ \ | \quad\ | \\
\quad\ \ H\ \ H
\end{array}
$$

ⓐ 일반적 성질

ⓐ 당밀, 고구마, 감자 등을 원료로 하는 발효방법으로 제조한다.

ⓛ 무색투명하고 인화가 쉬우며, 공기 중에서 쉽게 산화한다. 또한 연소는 완전연소를 하므로 불꽃이 잘 보이지 않으며 그을음이 거의 없다.

$$C_2H_5OH + 3O_2 \rightarrow 2CO_2 + 3H_2O$$

ⓒ 물에는 잘 녹고, 유기용매 등에는 농도에 따라 녹는 정도가 다르며, 수지 등을 잘 용해시킨다.

ⓓ **산화되면 아세트알데하이드(CH_3CHO)가 되며, 최종적으로 초산(CH_3COOH)이 된다.**

ⓜ 에틸렌을 물과 합성하여 제조한다.

$$C_2H_4 + H_2O \xrightarrow[300℃,\ 70kg/cm^2]{인산} C_2H_5OH$$

ⓗ 연소범위가 넓어서 용기 내 인화의 위험이 있으며 용기를 파열할 수도 있다.

ⓢ 에틸알코올은 아이오딘폼반응을 한다. 수산화칼륨과 아이오딘을 가하여 아이오딘폼의 황색침전이 생성되는 반응을 한다.

$$C_2H_5OH + 6KOH + 4I_2 \rightarrow CHI_3 + 5KI + HCOOK + 5H_2O$$

ⓞ 140℃에서 진한황산과 반응하여 다이에틸에터를 생성한다.

$$2C_2H_5OH \xrightarrow{c-H_2SO_4} C_2H_5OC_2H_5 + H_2O$$

  ④ 위험성

    ㉠ 연소 시 불꽃이 잘 보이지 않으므로 화상의 위험이 있다.

    ㉡ 인화점(13℃) 이상으로 올라가면 폭발성 혼합가스가 생성되어 밀폐된 상태에서 폭
      발한다.

    ㉢ 수용액농도가 높을수록 인화점이 낮아져 더욱 위험해지며 $KMnO_4$, CrO_3, $HClO_4$
      와 접촉하면 발화하고, (에틸알코올＋산화제＋강산)은 혼촉발화한다.

    ㉣ Na, K 등 알칼리금속과 반응하여 인화성이 강한 수소가 발생한다.

      $2Na + 2C_2H_5OH \rightarrow 2C_2H_5ONa + H_2$

  ⑤ 저장 및 취급 방법, 소화방법 : 메틸알코올에 준한다.

  ⑥ 용도 : 용제, 음료, 화장품, 소독제, 세척제, 알칼로이드의 추출, 생물 표본 보존제 등

③ **프로필알코올[$CH_3(CH_2)_2OH$]**

분자량	비중	증기비중	비점	인화점	발화점	연소범위
60	0.80	2.07	97℃	15℃	371℃	2.1~13.5%

    H H H
    | | |
  H－C－C－C－OH
    | | |
    H H H

  ㉮ 일반적 성질

    ㉠ 무색투명하며 안정한 화합물이다.

    ㉡ 물, 에터, 아세톤 등 유기용매에 녹으며 유지, 수지 등을 녹인다.

  ㉯ 위험성, 저장 및 취급 방법, 소화방법 : 메탄올에 준한다.

④ **아이소프로필알코올[$(CH_3)_2CHOH$]**

분자량	비중	증기비중	비점	인화점	발화점	연소범위
60	0.78	2.07	83℃	12℃	398.9℃	2.0~12%

    H H H
    | | |
  H－C－C－C－H
    | | |
    H OH H

  ㉮ 일반적 성질

    ㉠ 무색투명하며 물, 에터, 아세톤에 녹고 유지, 수지 등 많은 유기화합물을 녹인다.

    ㉡ 산화하면 알데하이드(C_2H_5CHO)를 거쳐 산(C_2H_5COOH)이 된다.

  ㉯ 위험성, 저장 및 취급 방법, 소화방법 : 메탄올에 준한다.

⑤ **변성알코올** : 에틸알코올에 메틸알코올, 가솔린, 피리딘을 소량 첨가하여 공업용으로 사
 용하고, 음료로는 사용하지 못하는 알코올을 말한다.

(4) 제2석유류

"제2석유류"라 함은 등유, 경유, 그 밖의 1기압에서 **인화점이 21℃ 이상, 70℃ 미만인 것을** 말한다. 다만, 도료류, 그 밖의 물품에 있어서 가연성 액체량이 40wt% 이하이면서 인화점이 40℃ 이상인 동시에 연소점이 60℃ 이상인 것은 제외한다.

― 지정수량 : 비수용성 액체 1,000L

① 등유(케로신)

탄소수	비중	증기비중	비점	녹는점	인화점	발화점	연소범위
$C_9 \sim C_{18}$	0.8	4~5	156~300℃	−46℃	39℃ 이상	210℃	0.7~5.0%

㉮ 일반적 성질

　㉠ 탄소수가 $C_9 \sim C_{18}$이 되는 포화, 불포화 탄화수소의 혼합물이다.

　㉡ 물에는 불용이며 여러 가지 유기용제와 잘 섞이고 유지, 수지 등을 잘 녹인다.

　㉢ 무색 또는 담황색의 액체이며 형광성이 있다.

㉯ 위험성

　㉠ 상온에서는 인화의 위험이 적으나, 가열하면 용기가 폭발하며 증기는 공기와 혼합 하여 염소산염류 등의 1류 위험물과 6류 위험물이 혼촉되면 발화한다.

　㉡ 화재 진압 후에도 액온이 높아 가연성 증기가 발생하여 재발화의 위험이 있고, 분무 상이나 종이 등에 배어 있는 경우 위험성이 증가한다. 또한 정전기에 유의해야 한다.

㉰ 저장 및 취급 방법

　㉠ 강산화제, 강산류, 다공성 물질 등과의 접촉을 방지하고 방폭조치한 장소에서 취급한다.

　㉡ 화기를 피하고, 용기는 통풍이 잘 되는 냉암소에 저장한다.

㉱ 소화방법 : 초기화재 시는 포, 분말, CO_2, 할론이 유효하며, 기타의 경우 다량의 포에 의한 질식소화한다. 소규모 화재 시는 물분무도 유효하다.

㉲ 용도 : 연료, 살충제의 용제 등

② 경유(디젤)

탄소수	비중	증기비중	비점	인화점	발화점	연소범위
$C_{10} \sim C_{20}$	0.82~0.58	4~5	150~375℃	41℃ 이상	257℃	0.6~7.5%

㉮ 일반적 성질

　㉠ 탄소수가 $C_{10} \sim C_{20}$인 포화, 불포화 탄화수소의 혼합물이다.

　㉡ 다갈색 또는 담황색 기름이며, 원유의 증류 시 등유, 중유 사이에서 유출되는 유분이다.

　㉢ 물에는 불용이며 여러 가지 유기용제와 잘 섞이고 유지, 수지 등을 잘 녹인다.

　　　㉯ 위험성, 저장 및 취급 방법, 소화방법 : 등유에 준한다.

　　　㉰ 용도 : 디젤기관의 연료, 보일러의 연료

③ 스타이렌($C_6H_5CH=CH_2$, 바이닐벤젠, 페닐에틸렌)

분자량	비중	증기비중	비점	인화점	발화점	연소범위
104.16	0.91	3.6	146℃	32℃	490℃	1.1~6.1%

　　㉮ 일반적 성질

　　　㉠ 독특한 냄새가 나는 무색투명한 액체로서 물에는 녹지 않으나 유기용제 등에 잘 녹
　　　　 는다.

　　　㉡ 빛, 가열 또는 과산화물에 의해 중합되어 중합체인 폴리스타이렌수지를 만든다.

　　㉯ 위험성

　　　㉠ 실온에서 인화의 위험이 있으며, 화재 시 폭발성 유기과산화물이 생성된다.

　　　㉡ 산화제, 과산화물과 같은 중합촉매에 의해 중합이 촉진되므로 주의한다.

　　　㉢ 강산성 물질과의 혼촉 시 발열, 발화한다.

　　㉰ 저장 및 취급 방법 : 중합 방지제를 첨가하고, 기타는 등유에 준한다.

　　㉱ 소화방법 : 등유에 준한다.

　　㉲ 용도 : 폴리스타이렌수지, 합성고무, ABS수지, 이온교환수지, 합성수지 및 도료의 원료 등

④ 자일렌[$C_6H_4(CH_3)_2$, 크실렌] : 벤젠핵에 메틸기($-CH_3$) 2개가 결합한 물질

　　㉮ 일반적 성질

　　　㉠ 무색투명하고, 단맛이 있으며, 방향성이 있다.

　　　㉡ 3가지 이성질체가 있다.

명칭	ortho-자일렌	meta-자일렌	para-자일렌
비중	0.88	0.86	0.86
융점	-25℃	-48℃	13℃
비점	144.4℃	139.1℃	138.4℃
인화점	32℃	25℃	25℃
발화점	106.2℃	-	-
연소범위	1.0~6.0%	1.0~6.0%	1.1~7.0%
구조식			

　　　㉢ 혼합 자일렌은 단순 증류 방법으로는 비점이 비슷하기 때문에 분리해 낼 수 없다.

㉯ 위험성

       ㉠ 염소산염류, 질산염류, 질산 등과 반응하여 혼촉발화 폭발의 위험이 높다.

       ㉡ 연소 시 자극적인 유독가스가 발생한다.

    ㉰ 저장 및 취급 방법, 소화방법 : 벤젠에 준한다.

    ㉱ 용도 : 용제, 도료, 시너, 합성 섬유 등

⑤ 클로로벤젠(C_6H_5Cl, 염화페닐)

분자량	비중	증기비중	녹는점	비점	인화점	발화점	연소범위
112.6	1.11	3.9	$-45℃$	132℃	27℃	638℃	1.3~7.1%

    ㉮ 일반적 성질

       ㉠ 마취성이 있고 석유와 비슷한 냄새를 가진 무색의 액체이다.

       ㉡ 물에는 녹지 않으나 유기용제 등에는 잘 녹고 천연수지, 고무, 유지 등을 잘 녹인다.

       ㉢ 벤젠을 염화철 촉매하에서 염소와 반응하여 만든다.

    ㉯ 위험성 : 마취성이 있고 독성이 있으나 벤젠보다 약하다.

    ㉰ 저장 및 취급 방법, 소화방법 : 등유에 준한다.

    ㉱ 용도 : 용제, 염료, 향료, DDT의 원료, 유기합성의 원료 등

⑥ 장뇌유($C_{10}H_{16}O$, 캠플유)

    ㉮ 일반적 성질

       ㉠ 주성분은 장뇌($C_{10}H_{16}O$)로서 엷은 황색의 액체이며 유출 온도에 따라 백색유, 적색유, 감색유로 분류한다.

       ㉡ 물에는 녹지 않으나 알코올, 에터, 벤젠 등 유기용제에 잘 녹는다.

    ㉯ 위험성, 저장 및 취급 방법, 소화방법 : 등유에 준한다.

    ㉰ 용도 : 백색유(방부제, 테레빈유의 대용 등), 적유(비누의 향료 등), 감색유(선광유 등)

⑦ 뷰틸알코올(butyl alcohol, C_4H_9OH)

분자량	비중	증기비중	융점	비점	인화점	발화점	연소범위
74.12	0.8	2.6	$-90℃$	117℃	35℃	343℃	1.4~11.2%

$$\begin{array}{ccccc} & H & H & H & \\ & | & | & | & \\ H-C&-C&-C&-C&-OH \\ & | & | & | & \\ & H & H & H & \end{array}$$

    ㉮ 일반적 성질

    포도주와 비슷한 냄새가 나는 무색투명한 액체이다.

    ㉯ 위험성

       ㉠ 증기는 공기와 혼합하여 폭발성 가스로 되어 인화폭발의 위험이 있다.

ⓒ 가열에 의해 발열, 발화하며 연소 시 자극성, 유독성 가스가 발생한다.

ⓒ 산화제와 혼합된 것은 가열, 충격, 마찰에 의해 발열, 발화한다.

ⓒ 금속제 용기는 화재 시 발생한 열에 의해 폭발한다.

㉰ 저장 및 취급 방법

ⓒ 가열 금지, 화기엄금, 직사광선 차단, 용기는 차고 건조하며 환기가 잘 되는 곳에 저장한다.

ⓒ 증기의 누설 및 액체의 누출 방지를 위하여 용기를 완전히 밀폐한다.

ⓒ 취급소 내 정전기의 발생 및 축적을 방지한다.

ⓒ 알칼리금속류, 산화제, 강산류와의 접촉을 방지한다.

㉱ 소화방법 : 물, 분말, CO_2, 할론, 알코올형 포가 유효하며 대량 연소하는 경우는 물분무 알코올형 포에 의해 일시에 소화하여야 한다.

㉲ 용도 : 안정제, 가소제(DBP)의 제조원료, 의약품의 원료, 알코올 정제용, 과실향 원료

⑧ 알릴알코올(allyl alcohol, $CH_2{=}CHCH_2OH$)

분자량	비중	증기비중	융점	비점	인화점	발화점	연소범위
58.1	0.85	2.0	−129℃	98℃	22℃	37℃	2.5~18.0%

㉮ 일반적 성질

ⓒ 자극성이 겨자 같은 냄새가 나는 무색의 액체이다.

ⓒ 물보다 가볍고 물과 잘 혼합한다.

㉯ 위험성

ⓒ 증기는 공기보다 무겁고 낮은 곳으로 흐르며, 점화원에 의해 쉽게 인화, 폭발하고, 연소 시 역화위험이 있다.

ⓒ 연소할 때는 자극성, 유독성의 연소생성물을 만든다.

㉰ 저장 · 취급

ⓒ 화기엄금, 차고 건조하며 통풍과 환기가 잘 되는 곳에 저장한다.

ⓒ 강산화제, 과산화물류와의 접촉을 방지한다.

㉱ 소화방법 : 초기소화는 물분무, 건조분말, 알코올형 포, CO_2가 유효하며, 기타의 경우는 다량의 알코올형 포를 사용한다. 직접주수는 효과가 없다.

㉲ 용도 : 합성수지 제조원료, 의약, 향료

⑨ 아밀알코올(amyl alcohol, $C_5H_{11}OH$)

분자량	비중	증기비중	비점	융점	인화점	발화점	연소범위
88.15	0.8	3.0	138℃	−78℃	33℃	300℃	1.2~10.0%

㉮ 일반적 성질

불쾌한 냄새가 나는 무색의 투명한 액체이다. 물, 알코올, 에터에 녹는다.

㉯ 위험성, 저장 및 취급 방법, 소화방법들은 뷰틸알코올에 준한다.

⑩ 큐멘[(CH₃)₂CHC₆H₅]

분자량	비중	증기비중	비점	인화점	발화점	연소범위
120.19	0.86	4.1	152℃	31℃	424℃	0.9~6.5%

H₃C CH₃

㉮ 일반적 성질

㉠ 방향성 냄새가 나는 무색의 액체이다.

㉡ 물에는 녹지 않으며, 알코올, 에터, 벤젠 등에 녹는다.

㉯ 위험성

㉠ 연소 시 자극성, 유독성의 가스가 발생한다.

㉡ 산화성 물질과 반응하며 질산, 황산과 반응하여 열을 방출한다.

㉢ 공기 중에 노출되면 유기과산화물을 생성한다.

㉰ 저장, 취급 방법 : 용기는 차고 건조하며 환기가 잘 되는 곳에 저장하며, 산화성 물질, 질산, 황산 등의 강산류와의 접촉을 방지한다.

─ 지정수량 : 수용성 액체 2,000L

⑪ 폼산(HCOOH, 개미산, 의산)

분자량	비중	증기비중	녹는점	비점	인화점	발화점	연소범위
46.03	1.22	1.59	8.5℃	108℃	55℃	540℃	18~51%

H−C〈O / O−H

㉮ 일반적 성질

㉠ 가장 간단한 구조의 카복실산(R−COOH)이며, 알데하이드(−CHO)와 카복실기 (−COOH)를 모두 가지고 있다.

㉡ 무색 투명한 액체로 물, 에터, 알코올 등과 잘 혼합한다.

㉢ 강한 자극성 냄새가 있고 강한 산성, 신맛이 난다.

㉣ CH₃OH와 에스터화 반응을 한다.

㉯ 위험성

㉠ 피부에 닿으면 수포상의 화상을 일으키고, 진한증기를 흡입하는 경우에는 점막을 자극하는 염증을 일으킨다.

ⓛ 고농도 폼산은 휘발하여 연소가 용이하며, 연소 시 자극성, 유독성 가스를 생성한다.

ⓒ 진한황산에 탈수하여 일산화탄소를 생성한다.

$$HCOOH \xrightarrow{c-H_2SO_4} H_2O + CO$$

ⓔ 알칼리금속과 반응하여 수소를 발생하고, 알칼리, 과산화물, 크로뮴산 등과 반응한다.

ⓓ 저장 및 취급 방법 : 용기는 내산성 용기를 사용하고, 밀봉하여 냉암소에 보관한다. 산화성 물질, 강산, 강알칼리류, 과산화물 등과 격리한다.

ⓔ 소화방법 : 알코올포, 분무상의 주수 또는 다량의 물에 의한 희석소화를 한다.

ⓕ 용도 : 용제, 염색 조제, 에폭시 가소용, 살충제, 향료, 도금 등

⑫ 초산(CH_3COOH, 아세트산, 빙초산, 에탄산)

분자량	비중	증기비중	비점	융점	인화점	발화점	연소범위
60	1.05	2.07	118℃	16.2℃	40℃	485℃	5.4~16%

$$H-\overset{\overset{\displaystyle H}{|}}{\underset{\underset{\displaystyle H}{|}}{C}}-C\overset{\displaystyle O}{\underset{\displaystyle O-H}{<}}$$

㉮ 일반적 성질

ⓐ 강한 자극성의 냄새와 신맛을 가진 무색 투명한 액체이며, 겨울에는 고화한다.

ⓑ 연소 시 파란 불꽃을 내면서 탄다.

$$CH_3COOH + 2O_2 \rightarrow 2CO_2 + 2H_2O$$

ⓒ 알루미늄 이외의 금속과 작용하여 수용성인 염을 생성한다.

ⓓ 묽은 용액은 부식성이 강하나, 진한 용액은 부식성이 없다.

ⓔ 많은 금속을 강하게 부식시키고, 금속과 반응하여 수소를 발생한다.

$$Zn + 2CH_3COOH \rightarrow (CH_3COO)_2Zn + H_2$$

㉯ 위험성

ⓐ 피부에 닿으면 화상을 입게 되고 진한증기를 흡입 시에는 점막을 자극하는 염증을 일으킨다.

ⓑ 상온에서는 인화의 위험이 적으나, 고농도의 것은 증기와 더불어 공기와 쉽게 혼합하여 폭발성의 가스를 만든다.

ⓒ 많은 금속을 부식시키고 금속과 반응하여 수소를 발생하고, Na_2O_2, HNO_3 등 강산화성 물질과 혼촉하면 발화 폭발한다.

㉰ 저장 및 취급 방법, 소화방법 : 폼산에 준한다.

㉱ 용도 : 초산바이닐, 초산에스터, 아세톤, 소독제, 염료 등의 제조원료 등

⑬ 하이드라진(N_2H_4)

분자량	증기비중	융점	비점	인화점	발화점	연소범위
32	1.01	20℃	113.5℃	38℃	270℃	4.7~100%

$$H_2N-NH_2$$

㉮ 외형은 물과 같으나 무색의 가연성 고체로 원래 불안정한 물질이나 상온에서는 분해가 완만하다. 이때 Cu, Fe은 분해촉매로 작용한다.

㉯ 열에 불안정하여 공기 중에서 가열하면 약 180℃에서 암모니아, 질소를 발생한다. 밀폐용기를 가열하면 심하게 파열한다.

$$2N_2H_4 \rightarrow 2NH_3 + N_2 + H_2$$

㉰ 환원성 금속산화물인 CuO, CaO, HgO, BaO와 접촉할 때 불꽃이 발생하면서 분해하고 혼촉발화한다. 화염접촉 시 강산화제와 접촉하면 폭발한다.

㉱ 강산, 강산화성 물질과 혼합 시 위험성이 현저히 증가하고 H_2O_2와 고농도의 하이드라진이 혼촉하면 심하게 발열반응을 일으키고 혼촉발화한다.

$$2H_2O_2 + N_2H_4 \rightarrow 4H_2O + N_2$$

㉲ 하이드라진 증기와 공기가 혼합하면 폭발적으로 연소한다.

㉳ 저장 시 화기, 가열, 직사광선을 차단하고 통풍이 잘 되는 안전한 곳에 보관한다.

㉴ 누출 시 다량의 물로 세척하고 $Ca(OCl)_2$ 중화제로 중화하며 수용액 35% 이상이면 인화점이 형성되지 않으므로 저장, 취급 시 물을 이용하여 안전을 기한다.

㉵ 초기소화에는 분말, CO_2가 유효하며 포 사용 시는 다량 사용한다. 경우에 따라서는 안개상의 물분무와 다량의 물로 희석 냉각소화한다.

㉶ 로켓, 항공기, 연료 환원제로 사용한다.

⑭ 아크릴산($CH_2=CHCOOH$)

분자량	비중	비점	인화점	발화점	연소범위
72	1.05	139℃	46℃	438℃	2.4~8.0%

$$\begin{array}{c} H \quad O \\ | \quad \| \\ C=C-C-OH \\ | \quad | \\ H \quad H \end{array}$$

㉮ 일반적 성질

무색, 초산과 같은 냄새가 나며, 겨울에는 고화한다.

㉯ 위험성

㉠ 증기는 공기와 혼합할 때는 인화, 폭발의 위험이 있다.

㉡ 강산화제와 혼촉하거나 여기에 가열, 충격, 마찰에 의해 발열하거나 발화한다.

ⓒ 중합반응을 일으킬 때 증기압이 상승하여 폭발위험이 높다.

ⓓ 중합반응은 강산화제, 과산화물, 햇빛, 고온에서 일어나기 쉽다.

ⓔ 200℃ 이상 가열하면 CO, CO_2 및 증기를 발생하며, 강산, 강알칼리와 접촉 시 심하게 반응한다.

㉮ 저장 및 취급 방법 : 가열, 화기를 금하고 냉암소에 보관하며, 알칼리류, 강산화제, 강산류와 격리한다.

㉯ 소화방법 : 초기화재 시는 알코올형 포, 분말, CO_2, 물이 유효하며, 그 밖의 경우 다량의 알코올형 포를 집중방사로 일시에 소화한다.

㉰ 용도 : 에스터의 원료, 섬유 개질제 등

(5) 제3석유류

"제3석유류"라 함은 중유, 크레오소트유, 그 밖의 1기압에서 **인화점이 70℃ 이상 200℃ 미만인 것**을 말한다. 다만, 도료류, 그 밖의 물품은 가연성 액체량이 40wt% 이하인 것은 제외한다.

─ 지정수량 : 비수용성 액체 2,000L

① 중유(heavy oil)

비중	비점	인화점	발화점	연소범위
0.92~1.0	200℃ 이상	70℃ 이상	400℃ 이상	1.0~5.0℃

㉮ 일반적 성질

㉠ 원유의 성분 중 비점이 300~350℃ 이상인 갈색 또는 암갈색의 액체로, 직류 중유와 분해 중유로 나눌 수 있다.

ⓐ 직류 중유(디젤기관의 연료용) : 원유를 300~350℃에서 추출한 유분 또는 이에 경유를 혼합한 것으로 포화 탄화수소가 많으므로 점도가 낮고 분무성이 좋으며 착화가 잘 된다.

ⓑ 분해 중유(보일러의 연료용) : 중유 또는 경유를 열분해하여 가솔린을 제조한 잔유에 이 계통의 분해 경유를 혼합한 것으로 불포화 탄화수소가 많아 분무성도 좋지 않아 탄화수소가 불안정하게 형성된다.

㉡ 등급은 동점도(점도/밀도) 차에 따라 A중유, B중유, C중유로 구분하며, 벙커C유는 C중유에 속한다.

㉯ 위험성

㉠ 석유 냄새가 나는 갈색 또는 암갈색의 끈적끈적한 액체로 상온에서는 인화 위험성이 없으나 가열하면 제1석유류와 같은 위험성이 있으며 가열에 의해 용기가 폭발하며 연소할 때 CO 등의 유독성 가스와 다량의 흑연을 생성한다.

㉡ 분해 중유는 불포화 탄화수소이므로 산화, 중합하기 쉽고, 액체의 누설은 자연발화의 위험이 있다.

㉢ 강산화제와 혼합하면 발화 위험이 생성된다. 또한 대형탱크에 화재가 발생하면 보일 오버(boil over) 또는 슬롭 오버(slop over) 현상을 초래한다.

　　ⓐ 슬롭 오버(slop over) 현상 : 포말 및 수분이 함유된 물질의 소화는 시간이 지연되면 수분이 비등 증발하여 포가 파괴되어 화재면의 액체가 포말과 함께 혼합되어 넘쳐흐르는 현상

　　ⓑ 보일 오버(boil over) 현상 : 원유나 중질유와 같은 성분을 가진 유류탱크화재 시 탱크 바닥의 물 등이 뜨거운 열유층(heat layer)의 온도에 의해서 물이 수증기로 변하면서 부피 팽창에 의해서 유류가 갑작스럽게 탱크 외부로 넘쳐 흐르는 현상

㉰ 저장 및 취급 방법

㉠ 가열, 화기를 금하고 냉암소에 보관하며, 중유가 들어 있는 용기나 탱크에 직접 용접 시 공간의 저비점 유증기폭발을 일으킬 수 있으므로 주의해야 한다.

㉡ 강산화제, 강산류와 격리하며, 누출로 인해 다공성 가연물에 스며들지 않게 한다.

㉱ 소화방법 : 소규모 화재 시는 마른 모래, 물분무 소화도 유효하나 초기화재 시는 포, CO_2, 할론, 분말이 유효하며 주수는 연소방지 및 탱크의 외벽을 냉각하는 데 사용하고, 대형탱크 화재 시는 슬롭 오버 또는 보일 오버 현상을 방지하는 데 주력한다.

㉲ 용도 : 디젤기관 또는 보일러의 연료, 금속 정련용 등

② 크레오소트유(타르유, 액체 피치유, 콜타르)

비중	비점	인화점	발화점
1.02~1.03	194~400℃	74℃	336℃

㉮ 일반적 성질

㉠ 콜타르를 증류할 때 혼합물로 얻으며 나프탈렌, 안트라센을 포함하고 자극성의 타르 냄새가 나는 황갈색의 액체로 목재 방부제로 사용한다.

㉡ 콜타르를 230~300℃에서 증류할 때 혼합물로 얻으며, 주성분으로 나프탈렌과 안트라센을 함유하고 있는 혼합물이다.

㉯ 위험성, 저장 및 취급 방법, 소화방법 : 중유에 준한다.

㉰ 용도 : 카본블랙의 제조, 목재의 방부제, 살충제, 도료 등

③ 아닐린($C_6H_5NH_2$, 페닐아민, 아미노벤젠, 아닐린오일)

분자량	비중	증기비중	녹는점	비점	인화점	발화점	연소범위
93.13	1.02	3.2	−6℃	184℃	70℃	615℃	1.3~11%

㉮ 일반적 성질

  ㉠ 무색 또는 담황색의 기름상 액체로 공기 중에서 적갈색으로 변색한다.

  ㉡ 알칼리금속 또는 알칼리토금속과 반응하여 수소와 아닐라이드를 생성한다.

㉯ 위험성

  ㉠ 인화점(70℃)이 높아 상온에서는 안정하나 가열 시 위험성이 증가하며 증기는 공기와 혼합할 때 인화, 폭발의 위험이 있다.

  ㉡ 강산화제, 황산과 같은 강산류와 접촉 시 격렬하게 반응한다.

㉰ 저장 및 취급 방법 : 가열, 화기, 직사광선을 피하고, 냉암소에 보관하며, 증기 방출을 억제하고 방출된 증기는 배출한다.

㉱ 소화방법 : 화재 시는 분말, 물분무, CO_2가 유효하며 대형 화재 시는 알코올형 포로 일시에 소화한다.

㉲ 용도 : 염료, 고무 유화 촉진제, 의약품, 유기합성, 살균제, 페인트, 향료 등의 원료

④ 나이트로벤젠($C_6H_5NO_2$, 나이트로벤졸)

분자량	비중	비점	녹는점	인화점	발화점	연소범위
123.1	1.2	211℃	5℃	88℃	482℃	1.8~40%

㉮ 일반적 성질

  ㉠ 물에 녹지 않고 유기용제에 잘 녹는 특유한 냄새를 지닌 담황색 또는 갈색의 액체이다.

  ㉡ 벤젠에 진한황산과 진한질산을 사용하여 나이트로화시켜 제조한다.

  ㉢ 산이나 알칼리에는 안정하나 금속 촉매에 의해 염산과 반응하면 환원되어 아닐린이 생성된다.

㉯ 위험성

  ㉠ 상온에서는 안정하나 가열하면 비점 부근에서 인화의 위험이 있다.

  ㉡ 가열하면 용기가 심하게 폭발한다.

  ㉢ 연소 시 유독성 가스가 발생하며, 산화제와 혼촉 시 발열, 발화한다.

㉰ 저장 및 취급 방법, 소화방법 : 아닐린에 준한다.

㉱ 용도 : 연료, 향료, 독가스(아담사이드의 원료), 산화제, 용제 등

⑤ 나이트로톨루엔[nitro toluene, $C_6H_4(NO_2)CH_3$]

구분	o-nitro toluene	m-nitro toluene	p-nitro toluene
분자량		137.1	
증기비중		4.72	
비중		1.16	
융점	-10℃	14℃	54℃
비점	222℃	231℃	238℃
인화점	106℃	102℃	106℃
발화점	305℃	-	390℃
연소범위	2.2%~	1.6%~	1.6%~
구조식	(구조식)	(구조식)	(구조식)

㉮ 일반적 성질

㉠ 방향성 냄새가 나는 황색의 액체이다. 물에 잘 녹지 않는다.

㉡ p-nitro toluene은 20℃에서 고체상태이므로 제3석유류에서 제외된다.

㉢ 알코올, 에터, 벤젠 등 유기용제에 잘 녹는다.

㉯ 위험성

㉠ 상온에서의 연소 위험성은 없으나 가열하면 위험하다.

㉡ 연소 시 질소산화물을 포함한 자극성, 유독성의 가스가 발생한다.

㉢ 강산화제, 환원제, 강산류, 알칼리 등 여러 물질과 광범위하게 반응한다.

㉰ 저장 및 취급 방법

㉠ 가열 금지, 화기엄금, 용기는 차고 건조하며 환기가 잘 되는 곳에 저장한다.

㉡ 강산화제, 환원제, 강산류, 알칼리, 기타 화학물질과의 접촉을 방지한다.

㉱ 소화방법 : 초기소화는 건조분말, CO_2, 물분무로 질식소화한다. 기타의 경우는 물분무, 포, 알코올형 포를 사용한다. 급격히 직사주수하면 비산한다. 용기의 외벽은 물분무로 냉각시킨다. 연소생성물 및 유증기를 피하고 바람을 등지고 분사해야 하며 공기호흡기 등의 안전장구를 착용한다.

㉲ 용도 : 염료, 유기합성, 톨루이딘 및 다이나이트로톨루엔의 중간체

⑥ 아세트사이안하이드린[$(CH_3)_2C(OH)CN$]

분자량	증기비중	녹는점	비점	인화점	발화점	연소범위
85.1	2.9	-19℃	120℃	74℃	688℃	2.2~12.0%

⑦ 일반적 성질 : 무색 또는 미황색의 액체로 매우 유독하고 착화가 용이하며, 가열이나 강알칼리에 의해 아세톤과 사이안화수소가 발생한다.

⑭ 위험성 : 강산화제와 혼합하면 인화, 폭발의 위험이 있으며, 강산류, 환원성 물질과 접촉 시 반응을 일으킨다.

⑮ 저장 및 취급 방법 : 저장 시 가열, 화기, 직사광선을 피하고, 냉암소에 보관하며, 증기 방출을 억제하고 방출된 증기는 배출한다.

⑯ 소화방법 : 초기 또는 소규모 화재 시는 분말, 물분무, CO_2, 알코올형 포 소화도 유효하나 대형 화재 시는 물분무, 알코올형 포로 일시에 소화한다.

⑰ 용도 : 합성 화학원료, 살충제, 메타아크릴수지의 원료

⑦ 염화벤조일(C_6H_5COCl)

분자량	비중	증기비중	비점	인화점	발화점	녹는점	연소범위
140.6	1.21	4.88	74℃	72℃	197.2℃	−1℃	2.5~27%

⑦ 자극성 냄새가 나는 무색의 액체로 물에는 분해되고 에터에 녹는다.

⑭ 위험성 : 산화성 물질과 혼합 시 폭발할 우려가 있다.

— **지정수량 : 수용성 액체 4,000L**

⑧ 에틸렌글리콜[$C_2H_4(OH)_2$, 글리콜, 1,2 – 에탄디올]

분자량	비중	비점	융점	인화점	발화점	연소범위
62.1	1.1	198℃	−13℃	120℃	398℃	3.2~15.3%

```
    H  H
    |  |
H — C — C — H
    |  |
    OH OH
```

⑦ 일반적 성질

　㉠ 무색무취의 단맛이 나고 흡습성이 있는 끈끈한 액체로서 **2가 알코올**이다.

　㉡ 물, 알코올, 에터, 글리세린 등에는 잘 녹고 사염화탄소, 이황화탄소, 클로로폼에는 녹지 않는다.

　㉢ 독성이 있으며, 무기산 및 유기산과 반응하여 에스터를 생성한다.

⑭ 위험성

　㉠ 산화제와 혼합한 것은 가열, 충격, 마찰 등에 의해 발열, 발화한다.

　㉡ 1류 위험물과 가연성 황, 적린 등이 혼합된 상태에서 에틸렌글리콜이 첨가되면 발화한다.

⑮ 저장 및 취급 방법, 소화방법 : 중유에 준한다.

⑯ 용도 : 부동액, 유기합성, 부동 다이너마이트, 계면활성제의 제조원료, 건조방지제 등

⑨ 글리세린[$C_3H_5(OH)_3$]

분자량	증기비중	비중	융점	비점	인화점	발화점
92	3.1	1.26	20℃	182℃	160℃	370℃

```
    H  H  H
    |  |  |
H − C − C − C − H
    |  |  |
   OH OH OH
```

㉮ 일반적 성질

  ㉠ 물보다 무겁고 단맛이 나는 무색 액체로서, **3가의 알코올**이다.

  ㉡ 물, 알코올, 에터에 잘 녹으며 벤젠, 클로로폼 등에는 녹지 않는다.

㉯ 위험성 : 비점 부근에서 인화의 위험이 있으며 기타 위험성은 에틸렌글리콜에 준한다.

㉰ 저장 및 취급 방법 : 에틸렌글리콜에 준한다.

㉱ 소화방법 : 초기화재에는 CO_2, 포, 분말이 유효하며, 소규모 화재 시 다량의 물로 냉각 소화한다. 기타의 경우 알코올형 포로 소화한다.

㉲ 용도 : 용제, 윤활제, 투명비누, 화장품 등

(6) 제4석유류 − 지정수량 6,000L

"제4석유류"라 함은 기어유, 실린더유, 그 밖에 1기압에서 **인화점이 200℃ 이상 250℃ 미만인 것**을 말한다. 다만, 도료류, 그 밖의 물품은 가연성 액체량이 40wt% 이하인 것은 제외한다.

① 기어유(gear oil)

㉮ 기계, 자동차 등에 이용한다.

㉯ 비중 : 0.90, 인화점 : 220℃, 유동점 : −12℃, 수분 : 0.2%

② 실린더유(cylinder oil)

㉮ 각종 증기기관의 실린더에 사용된다.

㉯ 비중 : 0.90, 인화점 : 250℃, 유동점 : −10℃, 수분 : 0.5%

③ 윤활유 : 기계에서 마찰을 많이 받는 부분의 마찰을 덜기 위하여 사용하는 기름

종류	용도
기계유	윤활유 중 가장 많이 사용, 마찰 부위에 쓰이는 외부 윤활용 오일이다. 인화점 200~300℃, 계절에 따라 적당한 점도, 인화점을 주어 여러 종류가 있다.
실린더유	각종 증기기관의 실린더에 사용, 인화점 230~370℃, 과열 수증기를 사용하는 경우 인화점은 280℃가 적당하다.
모빌유	항공 발전기, 자동차엔진, 디젤엔진, 가스엔진에 사용
엔진오일	기관차, 증기기관, 가스엔진 등의 외부 윤활유로 사용
컴프레서오일	에어컴프레서에 사용, 공기와의 접촉 시 산화중합 및 연소 위험성이 적어야 한다.

④ 가소제 : 성형 가공을 용이하게 하기 위해 제품에 유연성과 내한성 등의 성능을 부여해 주는 물질로 다음 표에 간단히 몇 가지만을 나타내었다.

〈 대표적인 가소제의 일반적인 특성 〉

물질명	융점(℃)	비점(℃)	비중	인화점(℃)	용도
아디핀산다이아이소데실	−18~43	349	0.92	219	가소제
세바신산다이뷰틸	−12	345	0.94	202	가소제
세바신산다이옥틸	−62	377	0.91	215	가소제, 윤활유
인산트라이크레실(TCP)	−33	250	1.13	255	가소제
프탈산다이옥틸(DOP)	−50	230	0.98	216	가소제, 안정제
프탈산다이아이소데실(DIOP)	−37	420	0.97	232	전선 필름

⑤ 전기절연유 : 변압기 등에 쓰이는 인화점이 200℃ 이상인 광물유
⑥ 절삭유 : 금속 재료를 절삭가공할 때 공구와 재료와의 마찰열을 감소시키고 절삭물을 냉각시키기 위해 사용하는 인화점이 200℃ 이상인 기름
⑦ 방청유 : 수분의 침투를 방지하여 철제가 녹슬지 않도록 해 주는 기름

(7) 동식물유류 – 지정수량 10,000L

"동식물유류"라 함은 동물의 지육 또는 식물의 종자나 과육 등으로부터 추출한 것으로서 1기압에서 인화점이 250℃ 미만인 것을 말한다. 다만, 법 제20조 제1항의 규정에 의하여 행정안전부령이 정하는 용기기준, 수납 · 저장 기준에 따라 수납되어 저장 · 보관되고 용기의 외부에 물품의 통칭명, 수량 및 화기엄금(화기엄금과 동일한 의미를 갖는 표시를 포함한다)의 표시가 있는 경우 제외한다.

물질명	원료	인화점(℃)	아이오딘값	용도	비고
동유	오동의 열매	289	145~176	도료의 도막 형성 요소, 방식용, 고무 충전제, 니스	건성유
아마인유	아마의 열매	222	168~190	페인트, 기름, 바니스의 도막 형성 요소	건성유
들기름	들깨	272	192~208	도료, 식용	건성유
어유	바닷고기의 어체 및 내장	−	92~150	경화유	반건성 및 건성유
채종유	겨자씨	163	97~107	식용, 윤활유	반건성유
면실유	목화씨	252	88~121	식용, 의약품, 경화유, 방수용	반건성유
올리브유	올리브 열매	225	75~90	화장품	불건성유
피마자유	아주까리씨	229	81~91	도료, 화장품, 윤활유, 브레이크유	불건성유
낙화생유	땅콩	282	82~109	식용	불건성유

① **종류** : 유지의 불포화도를 나타내는 아이오딘값에 따라 건성유, 반건성유, 불건성유로 구분한다.

※ **아이오딘값** : 유지 100g에 부가되는 아이오딘의 g수, 불포화도가 증가할수록 아이오딘값이 증가하며, 자연발화 위험이 있다.

㉮ 건성유 : 아이오딘값이 130 이상인 것

이중결합이 많아 불포화도가 높기 때문에 공기 중에서 산화되어 액 표면에 피막을 만드는 기름

예 **아**마인유, **들**기름, **동**유, **정**어리기름, **해**바라기유 등

㉯ 반건성유 : 아이오딘값이 100~130인 것

공기 중에서 건성유보다 얇은 피막을 만드는 기름

예 **참**기름, **옥**수수기름, **청**어기름, **채**종유, **면**실유(**목**화씨유), **콩**기름, **쌀**겨유 등

㉰ 불건성유 : 아이오딘값이 100 이하인 것

공기 중에서 피막을 만들지 않는 안정된 기름

예 **올**리브유, **피**마자유, **야**자유, **땅**콩기름, **동**백유 등

② **위험성**

㉮ 인화점 이상에서는 가솔린과 같은 인화의 위험이 있다.

㉯ 화재 시 액온이 상승하여 대형 화재로 발전하기 때문에 소화가 곤란하다.

㉰ 건성유는 헝겊 또는 종이 등에 스며들어 있는 상태로 방치하면 분자 속의 불포화 결합이 공기 중의 산소에 의해 산화중합반응을 일으켜 자연발화의 위험이 있다.

③ **저장 및 취급 방법**

㉮ 화기 및 점화원을 멀리할 것

㉯ 증기 및 액체의 누설이 없도록 할 것

㉰ 가열 시 인화점 이상 가열하지 말 것

④ **소화방법**

㉮ 안개상태의 분무주수

㉯ 탄산가스, 분말, 할로젠화합물 등에 의한 질식소화

2-5. 제5류 위험물 – 자기반응성 물질

① 제5류 위험물의 종류와 지정수량

성질	품명	대표 품목
자기 반응성 물질	1. 유기과산화물	과산화벤조일, MEKPO, 아세틸퍼옥사이드
	2. 질산에스터류	나이트로셀룰로스, 나이트로글리세린, 질산메 틸, 질산에틸
	3. 나이트로화합물	T.N.T, 피크르산, 다이나이트로벤젠, 다이나 이트로톨루엔
	4. 나이트로소화합물	파라나이트로소벤젠
	5. 아조화합물	아조다이카본아마이드
	6. 다이아조화합물	다이아조다이나이트로벤젠
	7. 하이드라진유도체	다이메틸하이드라진
	8. 하이드록실아민(NH_2OH)	–
	9. 하이드록실아민염류	황산하이드록실아민
	10. 그 밖의 행정안전부령이 정하는 것 　① 금속의 아지드화합물 　② 질산구아니딘	–

※ "자기반응성 물질"이란 고체 또는 액체로서 폭발의 위험성 또는 가열분해의 격렬함을 판단하기 위하여 고시로
정하는 시험에서 고시로 정하는 성질과 상태를 나타내는 것을 말한다. 이 경우 해당 시험 결과에 따라 위험성
유무와 등급을 결정하여 제1종 10kg, 제2종 100kg으로 분류한다.

② 공통 성질, 저장 및 취급 시 유의사항 및 소화방법

(1) 공통 성질

① 가연성 물질로서 연소 또는 분해 속도가 매우 빠르다.

② 분자 내 조연성 물질을 함유하여 쉽게 연소를 한다.

③ 가열이나 충격, 마찰 등에 의해 폭발한다.

④ 장시간 공기 중에 방치하면 산화반응에 의해 열분해하여 자연발화를 일으키는 경우도 있다.

(2) 저장 및 취급 시 유의사항

① 가열이나 마찰 또는 충격에 주의한다.

② 화기 및 점화원과 격리하여 냉암소에 보관한다.

③ 저장실은 통풍이 잘 되도록 한다.

④ 관련 시설은 방폭구조로 하고, 정전기 축적에 의한 스파크가 발생하지 않도록 적절히 접지한다.

⑤ 용기는 밀전, 밀봉하고 운반용기 및 포장 외부에는 "화기엄금", "충격주의" 등의 주의사항을 게시한다.

(3) 소화방법

① 대량의 물을 주수하여 **냉각소화**를 한다.

② 화재 발생 시 사실상 폭발을 일으키므로, 방어대책을 강구한다.

 위험물의 시험방법

(1) 폭발성 시험방법

폭발성으로 인한 위험성의 정도를 판단하기 위한 시험은 열분석시험으로 하며, 그 방법은 다음에 의한다.

① 표준물질의 발열개시온도 및 발열량

   ㉮ 표준물질인 2·4-다이나이트로톨루엔 및 기준물질인 산화알루미늄을 각각 1mg씩 파열압력이 5MPa 이상인 스테인리스강재의 내압성 셀에 밀봉한 것을 시차주사(示差走査)열량측정장치(DSC) 또는 시차(示差)열분석장치(DTA)에 충전하고 2·4-다이나이트로톨루엔 및 산화알루미늄의 온도가 60초간 10℃의 비율로 상승하도록 가열하는 시험을 5회 이상 반복하여 발열개시온도 및 발열량의 각각의 평균치를 구할 것

   ㉯ 표준물질인 과산화벤조일 및 기준물질인 산화알루미늄을 각각 2mg씩으로 하여 ㉮에 의할 것

② 시험물품의 발열개시온도 및 발열량 시험은 시험물질 및 기준물질인 산화알루미늄을 각각 2mg씩으로 할 것

(2) 폭발성 판정기준

폭발성으로 인하여 자기반응성 물질에 해당하는 것은 다음에 의한다.

① 발열개시온도에서 25℃를 뺀 온도(이하 "보정온도"라 한다)의 상용대수를 횡축으로 하고 발열량의 상용대수를 종축으로 하는 좌표도를 만들 것

② ①의 좌표도상에 2·4-다이나이트로톨루엔의 발열량에 0.7을 곱하여 얻은 수치의 상용대수와 보정온도의 상용대수의 상호대응 좌표점 및 과산화벤조일의 발열량에 0.8을 곱하여 얻은 수치의 상용대수와 보정온도의 상용대수의 상호대응 좌표점을 연결하여 직선을 그을 것

③ 시험물품의 발열량 상용대수와 보정온도(1℃ 미만일 때에는 1℃로 한다) 상용대수의 상호대응 좌표점을 표시할 것

④ ③에 의한 좌표점이 ②에 의한 직선상 또는 이보다 위에 있는 것을 자기반응성 물질에 해당하는 것으로 할 것

(3) 가열분해성 시험방법

가열분해성으로 인한 위험성의 정도를 판단하기 위한 시험은 압력용기시험으로 하며 그 방법은 다음에 의한다.

① 압력용기시험의 시험장치는 다음에 의할 것

㉮ 압력용기는 다음 그림과 같이 할 것

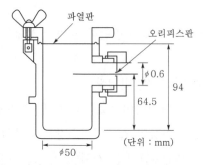

㉯ 압력용기는 그 측면 및 상부에 각각 플루오린고무제 등의 내열성 가스켓을 넣어 구멍의 직경이 0.6mm, 1mm 또는 9mm인 오리피스판 및 파열판을 부착하고 그 내부에 시료용기를 넣을 수 있는 내용량 200cm^{3}의 스테인리스강재로 할 것

㉰ 시료용기는 내경 30mm, 높이 50mm, 두께 0.4mm의 것으로 바닥이 평면이고 상부가 개방된 알루미늄제의 원통형의 것으로 할 것

㉱ 오리피스판은 구멍의 직경이 0.6mm, 1mm 또는 9mm이고 두께가 2mm인 스테인리스강재로 할 것

㉲ 파열판은 알루미늄, 기타 금속제로서 파열압력이 0.6MPa인 것으로 할 것

㉳ 가열기는 출력 700W 이상의 전기로를 사용할 것

② 압력용기의 바닥에 실리콘유 5g을 넣은 시료용기를 놓고 해당 압력용기를 가열기로 가열 하여 해당 실리콘유의 온도가 100℃에서 200℃ 사이에서 60초간 40℃의 비율로 상승하 도록 가열기의 전압 및 전류를 설정할 것

③ 가열기를 30분 이상에 걸쳐 가열을 계속할 것

④ 파열판의 상부에 물을 바르고 압력용기를 가열기에 넣고 시료용기를 가열할 것

⑤ ② 내지 ④에 의하여 10회 이상 반복하고 1/2 이상의 확률로 파열판이 파열되는지 여부 를 관찰할 것

(4) 가열분해성 판정기준 등

가열분해성으로 인하여 자기반응성 물질에 해당하는 것은 가열분해성 시험결과 파열판이 파 열되는 것으로 하되, 그 지정수량은 다음과 같다(2 이상에 해당하는 경우에는 지정수량이 낮 은 쪽으로 한다).

① 구멍의 직경이 1mm인 오리피스판을 이용하여 파열판이 파열되는 물질 : 지정수량 100kg

② 구멍의 직경이 9mm인 오리피스판을 이용하여 파열판이 파열되는 물질 : 지정수량 10kg

 각론

"자기반응성 물질"이란 고체 또는 액체로서 폭발의 위험성 또는 가열분해의 격렬함을 판단하기 위하여 고시로 정하는 시험에서 고시로 정하는 성질과 상태를 나타내는 것을 말한다. 이 경우 해 당 시험 결과에 따라 위험성 유무와 등급을 결정하여 제1종 또는 제2종으로 분류한다.

(1) 유기과산화물

일반적으로 peroxy기($-O-O-$)를 가진 산화물을 과산화물(peroxide)이라 하며 공유결합 형태의 유기화합물에서 이같은 구조를 가진 것을 유기과산화물이라 한다. $-O-O-$ 그룹 은 반응성이 매우 크고 불안정하다. 따라서 유기과산화물은 매우 불안정한 화합물로서 쉽 게 분해하고 활성산소를 방출한다.

① 벤조일퍼옥사이드[$(C_6H_5CO)_2O_2$, 과산화벤조일]

◎-C-O-O-C-◎
　　‖　　　　‖
　　O　　　　O

㉮ 일반적 성질

　㉠ 비중 1.33, 융점 103~105℃, 발화온도 125℃

　㉡ 무미, 무취의 백색분말 또는 무색의 결정성 고체로 물에는 잘 녹지 않으나 알코올 등에는 잘 녹는다.

ⓒ 운반 시 30% 이상의 물을 포함시켜 풀 같은 상태로 수송된다. ★★

ⓔ 상온에서는 안정하나 산화작용을 하며, 가열하면 약 100℃ 부근에서 분해한다.

ⓝ 위험성

ⓐ 폭발성이 강한 물질로 유기물, 환원성 물질, 기타 가연성 물질과 접촉하면 화재 또는 폭발을 일으킨다.

ⓑ 100℃ 전후에서 격렬하게 분해하며, 착화하면 순간적으로 폭발한다. 진한황산이나 질산, 금속분, 아민류 등과 접촉 시 분해폭발한다.

ⓒ 폭발감도는 TNT, 피크르산보다 강하고 물, 불활성 용매 등의 희석제에 의해 폭발성이 약화되므로 저장, 취급 중 희석제의 증발을 막아야 한다.

ⓓ 가소제, 용제 등의 안정제가 함유하지 않은 건조상태의 경우 약간의 충격 등에 의해 폭발한다.

ⓔ 상온에서는 안정하나 열, 빛, 충격, 마찰 등에 의해 폭발의 위험이 있으며, 수분이 흡수되거나 비활성 희석제(프탈산다이메틸, 프탈산다이뷰틸 등)가 첨가되면 폭발성을 낮출 수 있다.

ⓓ 저장 및 취급 방법

ⓐ 저장 시 직사광선, 화기 등 에너지원을 차단하고, 희석제로 희석하여 폭발성을 낮추며 희석제의 증발을 최대한 억제한다.

ⓑ 고체인 경우 희석제로 물 30%, 페이스트인 경우 DMP 50%, 탄산칼슘, 황산칼슘을 첨가한다.

ⓒ 가급적 소분하여 저장하고 용기는 완전히 밀전, 밀봉하여 누출 방지 및 파손에 주의한다.

ⓓ 분진 등을 취급 시에는 눈이나 폐 등을 자극하므로 반드시 보호구를 착용하여야 한다.

ⓔ 소화방법 : 양이 적은 경우 물분무, 포, 분말, 마른모래로 질식소화가 유효하나 다량의 물로 냉각소화한다.

ⓕ 용도 : 합성수지의 중합 개시제, 방부제, 소독제 등

② 메틸에틸케톤퍼옥사이드[$(CH_3COC_2H_5)_2O_2$, MEKPO, 과산화메틸에틸케톤]

$$CH_3 \diagdown \underset{C_2H_5}{C} \diagup \overset{O-O}{\underset{O-O}{}} \diagdown \underset{C_2H_5}{C} \diagup CH_3$$

ⓝ 일반적 성질

ⓐ 인화점 58℃, 융점 −20℃, 발화온도 205℃

ⓑ 무색, 투명한 기름상의 액체로 촉매로 쓰이는 것은 대개 가소제로 희석되어 있다.

ⓒ 강력한 산화제임과 동시에 가연성 물질로 화기에 쉽게 인화하고 격렬하게 연소한다. 순수한 것은 충격 등에 민감하며 직사광선, 수은, 철, 납, 구리 등과 접촉 시 분해가 촉진되고 폭발한다.

ㄹ 물에는 약간 녹고 알코올, 에터, 케톤류 등에는 잘 녹는다.

ⓘ 위험성

ㄱ 상온에서는 안정하며 80~100℃ 전후에서 격렬하게 분해하며, 100℃가 넘으면 심하게 백연을 발생하고 이때 분해가스에 이물질이 접촉하면 발화, 폭발한다.

ㄴ 다공성 가연물과 접촉하면 30℃ 이하에서도 분해하고, 나프텐산코발트와 접촉하면 폭발하며, 알칼리성 물질과 접촉 시 분해가 촉진된다.

ⓓ 저장 및 취급 방법 : 직사광선, 화기 등 에너지원을 차단하고, 희석제(DMP, DBP를 40%) 첨가로 그 농도가 60% 이상 되지 않게 하며, 저장온도는 30℃ 이하를 유지한다.

ⓔ 소화방법 : 초기소화의 경우 CO_2, 건조분말소화약제도 유효하며, 소규모의 경우 포가 유효하지만 기타의 경우 다량의 물로 냉각소화한다.

ⓕ 용도 : 도료 건조촉진제, 산화제, 섬유강화제 등

③ 다이아이소프로필퍼옥시다이카보네이트

$$H_3C \underset{H_3C}{\overset{H_3C}{>}} C - O - \overset{O}{\overset{\|}{C}} - O - O - O - O - \overset{O}{\overset{\|}{C}} - O - C \overset{H}{\underset{CH_3}{<}} CH_3$$

ⓐ 일반적 성질 : 순수한 것은 융점이 8~10℃이므로 액체이며 가열, 충격, 마찰에 민감하다.

ⓘ 위험성

ㄱ 강산류, 알코올류, 아민류, 기타 가연성 물질과 혼합 시 혼촉발화하거나 발화위험성이 현저히 증가한다.

ㄴ 중금속분과 접촉한 것은 폭발의 위험이 있다.

ⓓ 저장 및 취급 방법 : 희석제로 톨루엔 70%를 첨가하고 저장온도는 영하를 유지한다.

ⓔ 소화방법 : 다량의 물로 냉각소화하여 산소의 분해 방출 방지 및 연소확대 방지에 주력한다.

ⓕ 용도 : 염화바이닐, 염화바이닐덴, 다이에틸렌글리콜 등의 중합개시제

④ 아세틸퍼옥사이드[$(CH_3CO)_2O_2$]

$$H_3C - \overset{O}{\overset{\|}{C}} - O - O - \overset{O}{\overset{\|}{C}} - CH_3$$

ⓐ 일반적 성질

ㄱ 인화점 45℃, 발화점 121℃인 가연성 고체로 가열 시 폭발하며 충격마찰에 의해서 분해한다.

ㄴ 희석제 DMF를 75% 첨가시키고 저장온도는 0~5℃를 유지한다.

ⓘ 위험성, 저장, 취급 방법 및 소화방법 : 과산화벤조일에 준한다.

⑤ 과초산(CH₃COOOH)

㉮ 일반적 성질

㉠ 강한 초산 냄새가 나는 무색의 액체이다. 물, 알코올, 에터에 녹는다.

㉡ 분자량 76.1, 증기비중 2.62, 융점 0℃, 인화점 41℃, 발화점 200℃

㉯ 위험성 : 매우 불안정한 유기과산화물로서 가연성, 폭발성 물질이다. 56% 이상의 고농도의 것은 충격 또는 마찰에 예민하다.

(2) 질산에스터류

알코올기를 가진 화합물을 질산과 반응시켜 알코올기가 질산기로 치환된 에스터화합물을 총칭한다. 질산메틸, 질산에틸, 나이트로셀룰로스, 나이트로글리세린, 나이트로글리콜 등이 있다.

$$R-OH+HNO_3 \rightarrow R-ONO_2(질산에스터)+H_2O$$

① 나이트로셀룰로스($[C_6H_7O_2(ONO_2)_3]_n$, 질화면, 질산섬유소)

㉮ 일반적 성질

㉠ 천연 셀룰로스를 진한질산(3)과 진한황산(1)의 혼합액에 작용시켜 제조한다.

㉡ 맛과 냄새가 없으며 물에는 녹지 않고 아세톤, 초산에틸 등에는 잘 녹는다.

㉢ 에터(2)와 알코올(1)의 혼합액에 녹는 것을 약면약(약질화면), 녹지 않는 것을 강면약(강질화면)이라 한다. 또한 질화도가 12.5~12.8% 범위인 것을 피로콜로디온이라 한다.

㉣ 인화점 : 13℃, 발화점 : 160~170℃, 끓는점 : 83℃, 분해온도 : 130℃, 비중 : 1.7

㉯ 위험성

㉠ 130℃에서 서서히 분해되고 180℃에서 격렬하게 연소하며 다량의 CO_2, CO, H_2, N_2, H_2O 가스가 발생한다.

$$2C_{24}H_{29}O_9(ONO_2)_{11} \rightarrow 24CO_2+24CO+12H_2O+11N_2+17H_2$$

㉡ 다이너마이트, 무연화약의 원료로 질화도가 큰 것일수록 분해도, 폭발성, 위험도가 증가한다. 질화도에 따라 차이가 있지만 점화 등에 격렬히 연소하고 양이 많을 때는 압축상태에서도 폭발한다.

㉢ 에탄올, 에터 혼액에 침윤시킨 것은 인화성이 강하며, 습윤상태에서 건조되면 충격, 마찰 시 예민하고 발화폭발의 위험이 증대된다.

㉣ 강산류, 수은염을 함유한 것은 건조상태에서 가열, 충격 등에 의해 폭발 위험성이 높아진다.

㉤ 저장용기가 가열되면 심하게 폭발하고 연소속도가 빠르며 아민류, 유기과산화물류, 강산화제와 혼촉에 의해 자연발화의 위험이 있다.

ⓑ 물이 침윤될수록 위험성이 감소하므로 운반 시 물(20%), 용제 또는 알코올(30%) 을 첨가하여 습윤시킨다. 건조 시 위험성이 증대되므로 주의한다.

ⓢ 직사일광 및 산·알칼리의 존재하에서 자연발화의 위험이 있다.

㉱ 저장 및 취급 방법

㉠ 폭발을 방지하기 위해 안정용제로 물(20%) 또는 알코올(30%)로 습윤시켜 저장한다.

㉡ 점화원 요소를 차단하고 냉암소에 소분하여 저장한다.

㉴ 소화방법 : 질식소화는 효과가 없으며 CO_2, 건조분말, 할론은 적응성이 없고 다량의 물로 냉각소화한다.

② 나이트로글리세린[$C_3H_5(ONO_2)_3$]

$$
\begin{array}{ccccc}
 & H & & H & & H \\
 & | & & | & & | \\
H- & C & - & C & - & C & -H \\
 & | & & | & & | \\
 & O & & O & & O \\
 & | & & | & & | \\
 & NO_2 & & NO_2 & & NO_2
\end{array}
$$

㉮ 일반적 성질

㉠ 다이너마이트, 로켓, 무연화약의 원료로 순수한 것은 무색투명한 기름성의 액체(공업용 시판품은 담황색)이며 점화하면 즉시 연소하고 폭발력이 강하다.

㉡ 물에는 거의 녹지 않으나 메탄올, 벤젠, 클로로폼, 아세톤 등에는 녹는다.

㉢ 다공질 물질인 규조토에 흡수시켜 다이너마이트를 제조한다.

㉣ 분자량 : 227, 비중 : 1.6, 융점 : 2.8℃, 비점 : 160℃

㉤ 제법 : 질산과 황산의 혼산 중에 글리세린을 반응시켜 제조한다.

$$C_3H_5(OH)_3 + 3HNO_3 \xrightarrow{H_2SO_4} C_3H_5(ONO_2)_3 + 3H_2O$$

㉯ 위험성

㉠ 40℃에서 분해되기 시작하고 145℃에서 격렬히 분해되며 200℃ 정도에서 스스로 폭발한다.

$$4C_3H_5(ONO_2)_3 \rightarrow 12CO_2 + 10H_2O + 6N_2 + O_2$$

㉡ 점화, 가열, 충격, 마찰에 대단히 민감하며 타격 등에 의해 폭발하고 강산류와 혼합 시 자연분해를 일으켜 폭발할 위험이 있으며, 겨울철에는 동결할 우려가 있다.

㉢ 강산화제, 유기용제, 강산류, Na, NaOH 등과 혼촉 시 발화폭발한다.

㉣ 공기 중 수분과 작용하여 가수분해하여 질산을 생성하고 질산과 나이트로글리세린의 혼합물은 특이한 위험성을 가진다. 따라서 장기간 저장할 경우 자연발화의 위험이 있다.

㉤ 증기는 유독성이다.

    ㉰ 저장 및 취급 방법

        ㉠ 액체상태로 수송하지 않고 다공성 물질에 흡수시켜 운반하며 점화원으로부터 방지하기 위하여 환기가 잘 되는 냉암소에 보관한다.

        ㉡ 저장 시 용기는 구리제를 사용하며, 화재 시에는 폭굉을 일으키므로 안전거리를 유지한다.

        ㉢ 증기는 유독성이므로 피부 보호나 보호구 등을 착용하여야 한다.

    ㉱ 소화방법 : 다량의 물로 냉각소화하며 소화 중에 있을 수 있는 폭발의 위험에 항시 대비한다.

    ㉲ 용도 : 젤라틴, 다이너마이트, 무연화약의 원료 등

③ **질산메틸(CH_3ONO_2)**

    ㉮ 일반적 성질

        ㉠ 분자량은 약 77, 비중은 1.2(증기비중 : 2.67), 비점은 66℃

        ㉡ 무색투명한 액체이며 향긋한 냄새가 있고 단맛이 난다.

        ㉢ 위험성, 저장 및 취급 방법, 소화방법 : 질산에틸에 준한다.

④ **질산에틸($C_2H_5ONO_2$)**

    ㉮ 일반적 성질

        ㉠ 무색투명한 액체로 냄새가 나며 단맛이 난다.

        ㉡ 물에는 녹지 않으나 알코올, 에터 등에 녹는다.

        ㉢ 비중 : 1.11, 융점 : -112℃, 비점 : 88℃, 인화점 : -10℃

    ㉯ 위험성

        ㉠ 인화점(-10℃)이 낮아 인화하기 쉬워 비점 이상으로 가열하거나 아질산(HNO_2)과 접촉시키면 폭발한다(겨울에도 인화하기 쉬움).

        ㉡ 휘발하기 쉽고 증기는 낮은 곳에 체류하고 인화점(-10℃)이 낮으며 비점(88℃) 이상 가열 시 격렬하게 폭발하고, 기타의 위험성은 제1석유류와 유사하다.

    ㉰ 저장 및 취급 방법

        ㉠ 불꽃, 화기, 직사광선을 피하고 용기를 밀봉하여 환기가 잘 되는 냉암소에 보관한다.

        ㉡ 용기는 갈색병을 사용하여 밀전, 밀봉한다.

    ㉱ 소화방법 : 초기소화는 모래, CO_2, 분말소화약제도 유효하나 보통 다량의 물로 냉각소화한다.

⑤ **펜트리트[$C(CH_2ONO_2)_4$, 페틴, PETN]**

    ㉮ 백색 분말 또는 결정으로 도폭선의 심약, 군용 폭약의 원료로 사용된다.

    ㉯ 충격에 예민하고 210℃에서 폭발하며 폭발속도는 약 8,000m/s로 빠르며 저장용기에 안정제로 아세톤을 첨가한다.

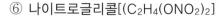

⑥ 나이트로글리콜[(C$_2$H$_4$(ONO$_2$)$_2$]

```
        H   H
        |   |
    H - C - C - H
        |   |
      ONO₂ ONO₂
```

㉮ 액비중 : 1.5(증기비중은 5.2), 융점 : -11.3℃, 비점 : 105.5℃, 응고점 : -22℃, 발
화점 : 215℃, 폭발속도 : 약 7,800m/s, 폭발열은 1,550kcal/kg이다. 순수한 것은 무
색이나, 공업용은 담황색 또는 분홍색의 무거운 기름상 액체로 유동성이 있다.

㉯ 알코올, 아세톤, 벤젠에 잘 녹는다.

㉰ 산의 존재하에 분해촉진되며, 폭발할 수 있다.

㉱ 다이너마이트 제조에 사용되며, 운송 시 부동제에 흡수시켜 운반한다.

⑦ 셀룰로이드

㉮ 발화온도 : 180℃, 비중 : 1.4

㉯ 무색 또는 반투명 고체이나 열이나 햇빛에 의해 황색으로 변색된다.

㉰ 습도와 온도가 높을 경우 자연발화의 위험이 있다.

㉱ 나이트로셀룰로스와 장뇌의 균일한 콜로이드 분산액으로부터 개발한 최초의 합성플라
스틱물질이다.

(3) 나이트로화합물

나이트로기(NO$_2$)가 2 이상인 유기화합물을 총칭하며 트라이나이트로톨루엔(T.N.T), 트라이
나이트로페놀(피크르산) 등이 대표적인 물질이다.

① 트라이나이트로톨루엔[T.N.T, C$_6$H$_2$CH$_3$(NO$_2$)$_3$]

```
           CH₃
    NO₂        NO₂
      \  ◯  /
         |
        NO₂
```

㉮ 일반적 성질

㉠ 순수한 것은 무색 결정 또는 담황색의 결정이나, 직사광선에 의해 다갈색으로
변하며 중성으로 금속과는 반응이 없으며 장기저장해도 자연발화의 위험 없이
안정하다.

㉡ 물에는 불용이며, 에터, 아세톤 등에는 잘 녹고 알코올에서는 가열하면 약간 녹는다.

㉢ 충격감도는 피크르산보다 둔하지만 급격한 타격을 주면 폭발한다.

㉣ 몇 가지 이성질체가 있으며 2, 4, 6-트라이나이트로톨루엔이 폭발력이 가장 강하다.

㉤ 비중 : 1.66, 융점 : 81℃, 비점 : 280℃, 분자량 : 227, 발화온도 : 약 300℃

ⓑ 제법 : 1몰의 톨루엔과 3몰의 질산을 황산 촉매하에 반응시키면 나이트로화에 의해 T.N.T가 만들어진다.

$$C_6H_5CH_3 + 3HNO_3 \xrightarrow[\text{나이트로화}]{c-H_2SO_4} \begin{array}{c} CH_3 \\ NO_2 \overset{\displaystyle}{\bigcirc} NO_2 \\ NO_2 \end{array} + 3H_2O$$

ⓙ 위험성

㉠ 강력한 폭약으로, 피크르산보다는 약하나 점화하면 연소하지만 기폭약을 쓰지 않으면 폭발하지 않는다.

㉡ K, KOH, HCl, $Na_2Cr_2O_7$과 접촉 시 조건에 따라 발화하거나 충격, 마찰에 민감하며 폭발 위험성이 있고, 분해되면 다량의 기체가 발생하고 불완전연소 시 유독성의 질소산화물과 CO를 생성한다.

$$2C_6H_2CH_3(NO_2)_3 \longrightarrow 12CO + 2C + 3N_2 + 5H_2$$

㉢ NH_4NO_3와 T.N.T를 3 : 1(wt%)로 혼합하면 폭발력이 현저히 증가하여 폭파약으로 사용된다.

ⓒ 저장 및 취급 방법

㉠ 저온의 격리된 지정 장소에서 엄격히 관리한다.

㉡ 운반 시 10%의 물을 넣어 운반하면 안전하다.

㉢ 화기, 충격, 마찰, 직사광선, 알칼리, 강산, 강산화제를 피하고 분말로 취급 시 정전기 발생을 억제한다.

ⓓ 소화방법 : 다량의 주수소화를 하지만 소화가 곤란하다.

② 트라이나이트로페놀[$C_6H_2OH(NO_2)_3$, 피크르산]

$$\begin{array}{c} OH \\ NO_2 \overset{\displaystyle}{\bigcirc} NO_2 \\ NO_2 \end{array}$$

ⓐ 일반적 성질

㉠ 순수한 것은 무색이나 보통 공업용은 휘황색의 침전 결정이며 충격, 마찰에 둔감하고 자연분해하지 않으므로 장기저장해도 자연발화의 위험 없이 안정하다.

㉡ 찬물에는 거의 녹지 않으나 온수, 알코올, 에터, 벤젠 등에는 잘 녹는다.

㉢ 비중 : 1.8, 융점 : 122.5℃, 인화점 : 150℃, 비점 : 255℃, 발화온도 : 약 300℃, 폭발온도 3,320℃, 폭발속도 약 7,000m/s

㉣ 강한 쓴맛이 있고 유독하며 물에 전리하여 강한 산이 된다.

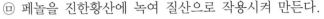

　　　　ⓜ 페놀을 진한황산에 녹여 질산으로 작용시켜 만든다.

$$C_6H_5OH + 3HNO_3 \xrightarrow{\ H_2SO_4\ } \text{(T.N.P)} + 3H_2O$$

　　　　ⓑ 벤젠에 수은을 촉매로 하여 질산을 반응시켜 제조하는 물질로 DDNP(diazo-dinitro phenol)의 원료로 사용되는 물질이다.

　　㉯ 위험성

　　　　㉠ 강력한 폭약으로, 점화하면 서서히 연소하나 뇌관으로 폭발시키면 폭굉한다. 금속과 반응하여 수소가 발생하고 금속분(Fe, Cu, Pb 등)과 금속염을 생성하여 본래의 피크르산보다 폭발강도가 예민하여 건조한 것은 폭발 위험이 있다.

　　　　㉡ 산화되기 쉬운 유기물과 혼합된 것은 충격, 마찰에 의해 폭발한다. 300℃ 이상으로 급격히 가열하면 폭발한다. 폭발온도는 3,320℃, 폭발속도는 약 7,000m/s이다.

$$C_6H_2OH(NO_2)_3 \rightarrow 6CO + 2C + 3N_2 + 3H_2 + 4CO_2$$

　　㉰ 저장 및 취급 방법

　　　　㉠ 화기, 충격, 마찰, 직사광선을 피하고 황, 알코올 및 인화점이 낮은 석유류와의 접촉을 멀리한다.

　　　　㉡ 운반 시 10~20% 물로 습윤하면 안전하다.

　　㉱ 소화방법 : 초기소화는 포소화약제도 효과가 있지만 보통은 다량의 물로 냉각소화한다.

　　㉲ 용도 : 황색 염료, 농약, 도폭선의 심약, 군용 폭파약, 뇌관의 첨장약, 피혁공업

③ 트라이메틸렌트라이나이트로아민($C_3H_6N_6O_6$, 헥소겐)

　　㉮ 일반적 성질

　　　　㉠ 백색 바늘모양의 결정이다.

　　　　㉡ 물, 알코올에는 녹지 않고, 뜨거운 벤젠에 극히 소량 녹는다.

　　　　㉢ 비중 : 1.8, 융점 : 202℃, 발화온도 : 약 230℃, 폭발속도 : 8,350m/s

　　　　㉣ 헥사메틸렌테트라민을 다량의 진한질산에서 나이트롤리시스하여 만든다.

$$(CH_2)_6N_4 + 6HNO_3 \rightarrow (CH_2)_3(N-NO_2)_3 + 3CO_2 + 6H_2O + 2N_2$$

　　　　이때 진한질산 중에 아질산이 존재하면 분해가 촉진되기 때문에 과망가니즈산칼륨을 가한다.

④ 테트릴[$C_6H_2(NO_2)_4NCH_3$]

　　㉮ 비중 1.73, 융점 120~130℃, 발화온도는 약 190~195℃

　　㉯ 황백색의 침상결정으로 물에는 녹지 않고 벤젠에는 녹는다.

　　㉰ 피크르산이나 TNT보다 더 민감하고 폭발력이 높다.

⑤ 기타 : 다이나이트로벤젠[DNB, $C_6H_4(NO_2)_2$], 다이나이트로톨루엔[DNT, $C_6H_3(NO_2)_2CH_3$], 다이나이트로페놀[(DNP, $C_6H_4OH(NO_2)_2$]

(4) 나이트로소화합물

하나의 벤젠핵에 2 이상의 나이트로소기가 결합된 것으로 파라다이나이트로소벤젠, 다이나이트로소레조르신, 다이나이트로소펜타메틸렌테드라민(DPT) 등이 있다.

① 파라다이나이트로소벤젠

㉮ 황갈색의 분말로 가연물로서 분해가 용이하고 가열 등에 의해 폭발한다.

㉯ 화기, 직사광선, 가열, 마찰을 피하고 환기가 양호한 찬 곳에 저장한다.

㉰ 다량 저장하지 않고 저장용기에 파라핀을 첨가하여 안정을 기한다.

㉱ 질식소화는 효과가 없고 다량의 물로 냉각소화한다.

② 다이나이트로소레조르신

㉮ 흑회색의 결정으로 폭발성이 있으며 약 160℃에서 분해된다.

㉯ 기타 저장, 취급 방법, 위험성, 소화방법은 파라다이나이트로소벤젠에 준한다.

(5) 아조화합물

아조화합물이란 아조기(−N=N−)가 주성분으로 함유된 물질을 말하며 아조다이카본아마이드, 아조비스아이소뷰티로나이트릴, 아조벤젠, 하이드록시아조벤젠, 아미노아조벤젠, 하이드라조벤젠 등이 있다.

① 아조다이카본아마이드(ADCA)

㉮ 담황색 또는 미황색의 미세분말로 250℃에서 분해되어 N_2, CO, CO_2 가스가 발생하며 발포제 용도로 가열에 의한 발포공정 시 순수한 것은 폭발적으로 분해할 위험이 있다.

㉯ 건조상태, 고농도인 것은 고온에서 매우 위험하고 강한 타격에 의해서도 위험하며 유기산과 접촉한 것은 분해온도가 낮아진다.

② 아조비스아이소뷰티로나이트릴(AIBN)

$$H_3C-\overset{\overset{\displaystyle CH_3}{|}}{\underset{\underset{\displaystyle CN}{|}}{C}}-N=N-\overset{\overset{\displaystyle CH_3}{|}}{\underset{\underset{\displaystyle CN}{|}}{C}}-CH_3$$

㉮ 백색 결정성 분말로 100℃ 전후에서 분해되어 N_2가 쉽게 발생하며 약간의 유독성 물질인 HCN이 발생한다.

㉯ 기타의 특성은 ADCA와 유사하다.

③ 아조벤젠($C_6H_5N=NC_6H_5$)

㉮ 트랜스아조벤젠은 등적색 결정이며, 융점은 68℃, 비점은 293℃이며, 물에는 잘 녹지 않고 알코올, 에터 등에는 잘 녹는다.

㉯ 시스형 아조벤젠은 융점이 71℃로 불안정하여 실온에서 서서히 트랜스형으로 이성질화한다.

(6) 다이아조화합물

다이아조화합물이란 다이아조기($-N{\equiv}N$)를 가진 화합물로서 다이아조다이나이트로페놀, 다이아조카복실산에스터 등이 대표적이다.

① 다이아조다이나이트로페놀[DDNP, $C_6H_2ON_2(NO_2)_2$]

$$\begin{array}{c}\overset{\displaystyle N{\equiv}N}{}\\ \text{(구조식)}\end{array}$$

㉮ 빛나는 황색 또는 홍황색의 미세한 무정형 분말 또는 결정으로 매우 예민하여 가열, 충격, 타격 또는 작은 압력에 의해 폭발한다.

㉯ 점화하면 폭발하고 기폭제 중 맹도가 가장 크며 폭발속도가 6,900m/s로 기폭제로 사용할 때 이것이 폭발하면 폭약류의 폭약을 유도한다.

㉰ 저장용기에 물을 10% 이상 첨가하여 운반하고 대량 누출 시 누출량의 10배로 10% NaOH 용액으로 처리한다.

㉱ 가능한 습식상태에서 저장, 취급 또는 제조하여야 한다.

㉲ 고농도, 건조상태로 취급하는 경우 충격 조건을 배제해야 한다.

② 다이아조아세토나이트릴(C_2HN_3)

$N{\equiv}N-CHCN$

㉮ 담황색 액체로 물에 용해되고 에터 중에 안정하다.

㉯ 공기 중에서 매우 불안정하며 고농도의 것은 가열, 충격 등에 의해서 폭발한다.

(7) 하이드라진유도체

하이드라진 및 그 유도체류의 수용액으로서 80vol% 미만은 제외한다. 다만, 40vol% 이상의 수용액은 석유류로 취급하며, 하이드라진, 하이드라조벤젠, 하이드라지드 등이 대표적이다.

① 다이메틸하이드라진[$(CH_3)_2NNH_2$]

⑦ 암모니아 냄새가 나는 무색 또는 미황색의 기름상 액체로 고농도의 것은 충격, 마찰, 작은 점화원에 의해서도 인화, 폭발하며 연소 시 역화의 위험이 있다.

⑭ 연소 시 유독성의 질소산화물 등이 발생한다.

⑮ 강산, 강산화성 물질, 구리, 철, 수은 및 그 화합물과 격리한다.

⑯ 저장 시 화기, 가열, 직사광선을 차단하고 통풍이 잘 되는 안전한 곳에 보관하며 누출 시 불연성 물질로 희석하여 회수한다.

⑰ 안개상 분무, 건조분말, 알코올포, CO_2가 유효하며 소규모 화재 시 다량의 물로 희석 소화한다. 대형 화재의 경우 폭발의 위험이 있으므로 용기 외벽을 냉각하는 데 주력한다.

② 하이드라조벤젠($C_6H_5NHHNC_6H_5$)

⑦ 무색 결정으로 융점이 126℃이며 물, 아세트산에는 녹지 않으나 유기용매에는 녹는다.

⑭ 아조벤젠의 환원으로 얻어지며 산화되어 아조벤젠이 되기 쉽다.

⑮ 강하게 환원시키면 아닐린($C_6H_5NH_2$)이 된다.

③ 염산하이드라진($N_2H_4 \cdot HCl$)

⑦ 백색 결정성 분말로 피부 접촉 시 부식성이 매우 강하다.

⑭ 융점은 890℃, 흡습성이 강하며, 질산은과 반응하여 백색 침전이 생성된다.

④ 메틸하이드라진(CH_3NHNH_2)

⑦ 암모니아 냄새가 나는 가연성 액체로 물에 용해되며, 독성이 강하다.

⑭ 융점 : -52℃, 비점 : 88℃, 인화점 : 70℃, 발화점 : 196℃

⑮ 상온에서 안정하나 발화점이 낮아 가열 시 연소 위험이 있으며, 연소 시 역화의 위험이 있다.

⑯ 강산류, 산화성 물질, 할로젠화합물, 공기와 접촉 시 심하게 반응하고 발화하는 경우도 있다.

⑰ 대량 주수소화, 용기 외벽은 물분무로 냉각하고 바람을 등지고 보호장구를 착용한다.

⑤ 황산하이드라진($N_2H_4 \cdot H_2SO_4$)

⑦ 무색무취의 결정 또는 백색 결정성 분말로 피부 접촉 시 부식성이 매우 강하다.

⑭ 융점은 85℃, 흡습성이 강하며, 유기물과 접촉 시 위험하다.

⑮ 주위 가연물의 소화에 주력하고 누출 시 소다회로 중화한다.

(8) 하이드록실아민(NH₂OH)

① 백색의 침상결정, 비중 : 1.204, 융점 : 33.05℃, 비점 : 70℃

② 가열 시 폭발의 위험이 있다. 129℃에서 폭발한다.

③ 환원성 유기합성원료, 알데하이드와 케톤에서 옥심을 합성하는 데 사용한다. 옥심은 쉽게 아민으로 환원되며, 염료, 플라스틱, 합성섬유, 의약품, 사진정착액 등을 만드는 데 이용된다.

④ 하이드록실아민과 그 무기염은 강력한 환원제로 중합체, 사진 현상액의 구성 성분으로도 사용된다.

⑤ 하이드록실아민 제조방법 : 나이트로알케인(RCH₂NO₂)의 가수분해법과 산화질소(NO)의 촉매 수소화반응이 기술적으로 널리 중요하게 사용된다.

⑥ 불안정한 화합물로, 산화질소와 수소로 분해되기 쉬우므로 대개 염 형태로 취급된다.

⑦ 과산화바륨, 과망가니즈산칼륨, 나트륨, 칼륨, 염화인, 염소 등과 혼촉 시 발화, 폭발의 위험성이 있다.

(9) 하이드록실아민염류

① 황산하이드록실아민[(NH₂OH)₂ · H₂SO₄]

  ㉮ 백색 결정, 융점 170℃, 강력한 환원제이며 약한 산화제이다.

  ㉯ 수용액은 산성이며, 금속을 부식시키므로 유리, 스테인리스제, 폴리에틸렌 용기에 저장한다.

  ㉰ 독성이 있으므로 주의하고 취급 시 보호장구를 착용한다.

② 염산하이드록실아민(NH₂OH · HCl)

  ㉮ 무색의 조해성 결정으로 물에 거의 안 녹고, 에탄올에 잘 녹는다.

  ㉯ 습한 공기 중에서 서서히 분해된다.

③ N-벤조일-N-페닐하이드록실아민

  ㉮ 백색 결정이며, 에틸알코올, 벤젠에 쉽게 녹는다.

  ㉯ 물에 녹지 않으며, 킬레이트 적정 지시약으로 사용된다.

2-6. 제6류 위험물-산화성 액체

 제6류 위험물의 종류와 지정수량

성질	위험등급	품명	지정수량
산화성 액체	I	1. 과염소산($HClO_4$)	300kg
		2. 과산화수소(H_2O_2)	
		3. 질산(HNO_3)	
		4. 그 밖의 행정안전부령이 정하는 것 　- 할로젠간화합물(ICl, IBr, BrF_3, BrF_5, IF_5 등)	

공통 성질, 저장 및 취급 시 유의사항 및 소화방법

(1) 공통 성질

① 상온에서 액체이고 산화성이 강하다.
② 유독성 증기가 발생하기 쉽고, 증기는 부식성이 강하다.
③ 산소를 함유하고 있으며, 불연성이나 다른 가연성 물질을 착화시키기 쉽다.
④ 모두 무기화합물로 이루어져 있으며, 불연성이다.
⑤ 과산화수소를 제외하고 강산에 해당한다.

(2) 저장 및 취급 시 유의사항

① 피부에의 접촉 또는 유독성 증기를 흡입하지 않도록 한다.
② 과산화수소를 제외하고 물과 반응 시 발열하므로 주의한다.
③ 용기는 밀폐용기를 사용하고, 파손되지 않도록 적절히 보호한다.
④ 가연성 물질과 격리시킨다.
⑤ 소량 누출 시 마른 모래나 흙으로 흡수하고 대량 누출 시 과산화수소는 물로, 나머지는 약알칼리 중화제(소다회, 중탄산나트륨, 소석회 등)로 중화한 후 다량의 물로 씻어 낸다.

(3) 소화방법

원칙적으로 제6류 위험물은 산화성 액체로서 불연성 물질이므로 소화방법이 있을 수 없다. 다만, 가연물의 성질에 따라 아래와 같은 소화방법이 있을 수 있다.
① 가연성 물질을 제거한다.

② 보호의, 보호장갑, 공기호흡기 등의 보호장비를 갖춘다.

③ 소량인 경우 다량의 주수에 의한 희석소화를 한다.

④ 대량의 경우 마른 모래나 CO_2, 분말소화약제를 이용한다.

❸ 위험물의 시험방법

(1) 연소시간의 측정시험

① 목분(수지분이 적은 삼에 가까운 재료로 하고 크기는 $500\mu m$의 체를 통과하고 $250\mu m$의 체를 통과하지 않는 것), 질산 90% 수용액 및 시험물품을 사용하여 온도 20℃, 습도 50%, 1기압의 실내에서 ② 및 ③의 방법에 의하여 실시한다. 다만, 배기를 행하는 경우에는 바람의 흐름과 평행하게 측정한 풍속이 0.5m/s 이하이어야 한다.

② 질산 90% 수용액에 관한 시험순서는 다음과 같다.

  ㉮ 외경 120mm의 평저증발접시[「화학분석용 자기증발접시」 (KS L 1561)] 위에 목분(온도 105℃에서 4시간 건조하고 건조용 실리카겔을 넣은 데시케이터 속에 온도 20℃로 24시간 이상 보존되어 있는 것. 이하 ②에서 같다) 15g을 높이와 바닥면의 직경의 비가 1 : 1.75가 되도록 원추형으로 만들어 1시간 둘 것

  ㉯ ㉮의 원추형 모양에 질산 90% 수용액 15g을 주사기로 상부에서 균일하게 떨어뜨려 목분과 혼합할 것

  ㉰ 점화원(둥근바퀴모양으로 한 직경 2mm의 니크롬선에 통전하여 온도 약 1,000℃로 가열되어 있는 것)을 위쪽에서 ㉯의 혼합물 원추형 체적의 바닥부 전 둘레가 착화할 때까지 접촉할 것. 이 경우 점화원의 해당 바닥부에의 접촉시간은 10초로 한다.

  ㉱ 연소시간(혼합물에 점화한 경우 ㉯의 원추형 모양의 바닥부 전 둘레가 착화하고 나서 발염하지 않게 되는 시간을 말하며 간헐적으로 발염하는 경우에는 최후의 발염이 종료할 때까지의 시간으로 한다. 이하 ②에서 같다)을 측정할 것

  ㉲ ㉮ 내지 ㉱의 조작을 5회 이상 반복하여 연소시간의 평균치를 질산의 90% 수용액과 목분과의 혼합물의 연소시간으로 할 것

  ㉳ 5회 이상의 측정에서 1회 이상의 연소시간이 평균치에서 ±50%의 범위에 들어가지 않는 경우에는 5회 이상의 측정결과가 그 범위에 들어가게 될 때까지 ㉮ 내지 ㉲의 조작을 반복할 것

③ 시험물품에 관한 시험순서는 다음과 같다.

  ㉮ 외경 120mm 및 외경 80mm의 평저증발접시의 위에 목분 15g 및 6g을 높이와 바닥면의 직경의 비가 1 : 1.75가 되도록 원추형으로 만들어 1시간 둘 것

    ㉯ ㉮의 목분 15g 및 6g의 원추형의 모양에 각각 시험물품 15g 및 24g을 주사기로 상부에서 균일하게 주사하여 목분과 혼합할 것

    ㉰ ㉯의 각각의 혼합물에 대하여 ②의 ㉰ 내지 ㉶와 같은 순서로 실시할 것. 이 경우 착화 후에 소염하여 훈염 또는 발연 상태로 목분의 탄화가 진행하는 경우 또는 측정종료 후에 원추형 모양의 내부 또는 착화위치의 위쪽에 목분이 연소하지 않고 잔존하는 경우에는 ②의 ㉮ 내지 ㉱와 같은 조작을 5회 이상 반복하고, 총 10회 이상의 측정에서 측정횟수의 1/2 이상이 연소한 경우에는 그 연소시간의 평균치를 연소시간으로 하고, 총 10회 이상의 측정에서 측정횟수의 1/2 미만이 연소한 경우에는 연소시간이 없는 것으로 한다.

    ㉱ 시험물품과 목분과의 혼합물의 연소시간은 ㉰에서 측정된 연소시간 중 짧은 쪽의 연소시간으로 할 것

  ④ 시험물품과 목분과의 혼합물의 연소시간이 표준물질(질산 90% 수용액)과 목분과의 혼합물의 연소시간 이하인 경우에는 산화성 액체에 해당하는 것으로 한다.

④ 각론

"산화성 액체"라 함은 액체로서 산화력의 잠재적인 위험성을 판단하기 위하여 고시로 정하는 시험에서 고시로 정하는 성질과 상태를 나타내는 것을 말한다.

(1) 과염소산($HClO_4$) − 지정수량 300kg

  ① 일반적 성질

    ㉮ 무색무취의 유동하기 쉬운 액체이며 흡습성이 대단히 강하고 대단히 불안정한 강산이다. 순수한 것은 분해가 용이하고 격렬한 폭발력을 가진다.

    ㉯ 순수한 것은 농도가 높으면 모든 유기물과 폭발적으로 반응하고 알코올류와 혼합하면 심한 반응을 일으켜 발화 또는 폭발한다.

    ㉰ $HClO_4$는 염소산 중에서 가장 강한 산이다.

      $HClO < HClO_2 < HClO_3 < HClO_4$

    ㉱ Fe, Cu, Zn과 격렬하게 반응하고 산화물이 된다.

    ㉲ 가열하면 폭발하고 분해되어 유독성의 HCl이 발생한다.

      $HClO_4 \rightarrow HCl + 2O_2$

    ㉳ 비중은 3.5, 융점은 −112℃이고, 비점은 130℃이다.

    ㉴ 물과 접촉하면 발열하며 안정된 고체 수화물을 만든다.

② 위험성

㉮ 사이안화합물과 반응하여 유독성, 가연성의 사이안화수소(HCN)가스가 발생한다.

㉯ 92℃ 이상에서는 폭발적으로 분해된다.

㉰ 염화바륨($BaCl_2$)과 발열, 발화하며 암모니아(NH_3)와 접촉 시 격렬하게 반응하여 폭발 비산한다.

㉱ 물과 접촉하면 심하게 반응하여 발열한다.

③ 저장 및 취급 방법

㉮ 가열, 화기, 직사광선을 차단하며 물, 가연물, 유기물 등과의 접촉을 피하여 보관한다.

㉯ 유리나 도자기 등의 밀폐용기를 사용하고 누출 시 가연물과 접촉을 피한다.

④ **소화방법** : 마른 모래 또는 분말소화약제를 사용할 수 있다.

⑤ **용도** : 산화제, 전해 연마제 등

(2) 과산화수소(H_2O_2) ─ 지정수량 300kg : 농도가 36wt% 이상인 것

① 일반적 성질

㉮ 순수한 것은 청색을 띠며 점성이 있고 무취, 투명하며 질산과 유사한 냄새가 난다.

㉯ 산화제뿐 아니라 환원제로도 사용된다.

ⓐ 산화제 : $2KI + H_2O_2 \rightarrow 2KOH + I_2$

ⓑ 환원제 : $2KMnO_4 + 3H_2SO_4 + 5H_2O_2 \rightarrow K_2SO_4 + 2MnSO_4 + 8H_2O + 5O_2$

㉰ 강한 산화성이 있고, 물, 알코올, 에터 등에는 녹으나 석유나 벤젠 등에는 녹지 않는다.

과산화수소의 용해성

㉱ 알칼리 용액에서는 급격히 분해되나 약산성에서는 분해되기 어렵다. 3%인 수용액을 옥시풀이라 하며 소독약으로 사용하고, 고농도의 경우 피부에 닿으면 화상(수종)을 입는다.

㉲ 일반 시판품은 30~40%의 수용액으로, **분해되기 쉬워 인산(H_3PO_4), 요산($C_5H_4N_4O_3$) 등의 안정제를 가하거나 약산성으로 만든다.**

㉳ 가열에 의해 산소가 발생한다.

$2H_2O_2 \rightarrow 2H_2O + O_2$

과산화수소로부터 산소가스의 발생   과산화수소와 이산화망가니즈

㉴ 비중 : 1.462, 융점 : $-0.89℃$

② 위험성

㉮ 강력한 산화제로 분해하여 발생기 산소가 발생하며 농도가 높을수록 불안정하고 온도가 높아지면 분해속도가 증가하여 비점 이하에서도 폭발한다.

㉯ **농도 60% 이상인 것은 충격에 의해 단독폭발의 위험이 있으며**, 고농도의 것은 알칼리, 금속분, 암모니아, 유기물 등과 접촉 시 가열이나 충격에 의해 폭발한다.

   ⒟ 고농도의 과산화수소는 (에터＋과산화수소), (메탄올＋과산화수소), (벤젠＋과산화수소) 등은 혼촉발화한다.

   ⒠ $SnCl_2 \cdot 2H_2O$, 나이트로글리세린, 하이드라진과 접촉 시 발화 또는 폭발한다.

   $2H_2O_2 + N_2H_4 \rightarrow 4H_2O + N_2$

   ⒡ 농도가 진한 것은 피부와 접촉하면 수종을 일으킨다.

③ **저장 및 취급 방법**

   ㉮ 유리는 알칼리성으로 분해를 촉진하므로 피하고 가열, 화기, 직사광선을 차단하며 농도가 높을수록 위험성이 크므로 분해방지안정제(인산, 요산 등)를 넣어 발생기 산소의 발생을 억제한다.

   ㉯ 용기는 밀봉하되 작은 구멍이 뚫린 마개를 사용한다.

   ㉰ 누출 시는 다량의 물로 희석하고 다량 누출 시는 토사 등으로 막고 다량의 물로 씻는다.

④ **소화방법** : 화재 시 용기를 이송하고 불가능한 경우 다량의 물로 냉각소화한다.

⑤ **용도** : 표백제, 발포제, 로켓 원료, 의약 등

(3) 질산(HNO_3) − 지정수량 300kg : 비중이 1.49 이상의 것

① **일반적 성질**

   ㉮ 3대 강산 중 하나로 흡습성이 강하고 자극성, 부식성이 강하며 휘발성, 발연성이다. **직사광선에 의해 분해되어 이산화질소(NO_2)를 생성시킨다.**

   $4HNO_3 \rightarrow 4NO_2 + 2H_2O + O_2$

   ㉯ **피부에 닿으면 노란색으로 변색이 되는 크산토프로테인반응(단백질 검출)을 한다.**

   ㉰ **염산과 질산을 3부피와 1부피로 혼합한 용액을 왕수**라 하며, 이 용액은 금과 백금을 녹이는 유일한 물질로 대단히 강한 혼합산이다.

   ㉱ 직사광선으로 일부 분해되어 과산화질소를 만들기 때문에 황색을 나타내며 Ag, Cu, Hg 등은 다른 산과는 반응하지 않으나 질산과 반응하여 질산염과 산화질소를 형성한다.

   $3Cu + 8HNO_3 \rightarrow 3Cu(NO_3)_2 + 2NO + 4H_2O$ (묽은질산)

   $Cu + 4HNO_3 \rightarrow Cu(NO_3)_2 + 2NO_2 + 2H_2O$ (진한질산)

   ㉲ 비중은 1.49, 융점은 $-50℃$이며, 비점은 $86℃$이다.

   ㉳ **반응성이 큰 금속과 산화물 피막을 형성하여 내부를 보호한다. → 부동태**(Fe, Ni, Al)

   ㉴ 질산을 가열하면 적갈색의 유독한 갈색증기(NO_2)와 발생기 산소가 발생한다.

   $2HNO_3 \rightarrow H_2O + 2NO_2 + O$

② 위험성

㉮ 산화력과 부식성이 강해 피부에 닿으면 화상을 입는다.

㉯ 목탄분 등 유기가연물에 스며들어 서서히 갈색증기가 발생하며 자연발화한다.

㉰ 암모니아와 접촉 시 폭발, 비산하며 가연성 물질, 산화성 물질, 유기용제, 알칼리, 사이안화합물 등과 반응 시 심하게 반응한다.

㉱ 물과 접촉하면 심하게 발열하며, 가열 시 발생하는 증기(NO_2)는 유독성이다.

③ 저장 및 취급 방법

㉮ 화기, 직사광선을 피하고 물기와의 접촉을 피하며 냉암소에 보관한다. 소량의 경우 갈색병에 보관한다.

㉯ 누출 시 톱밥, 금속분, 환원성 물질 등 가연성 물질과 섞이지 않도록 주의하며 중화제 (소석회, 소다회 등)로 중화시킨 후 물로 희석한다.

④ **소화방법** : 대규모 화재를 제외하고는 일반 화재의 소화방법과 같다. 소규모 화재 시는 다량의 물로 희석하고 대규모 화재의 경우 포, 건조사 등으로 소화한다. 뜨거워진 질산에 주수하면 비산하므로 주의한다.

⑤ **용도** : 야금용, 폭약 및 나이트로화합물의 제조, 질산염류의 제조, 유기합성

(4) 할로젠간화합물

두 할로젠 X와 Y로 이루어진 2원 화합물로서 보통 성분의 직접 작용으로 생긴다. X가 Y보다 무거운 할로젠으로 하여 $XY_n(n=1, 3, 5, 7)$으로 나타낸다. 모두 휘발성이고 최고 비점은 BrF_3에서 127℃로 나타난다. 대다수가 불안정하나 폭발하지는 않는다. IF는 얻어지지 않고 $IFCl_2$, IF_2Cl과 같은 3종의 할로젠을 포함하는 것도 소수있다.

① 삼플루오린화브로민(BrF_3)

㉮ 자극성 냄새가 나는 무색 액체로서, 비점은 125℃, 융점은 8.7℃이다.

㉯ 물과 접촉하면 폭발할 수 있으며, 가연물질을 점화할 수 있다.

㉰ 부식성이 있다.

② 오플루오린화브로민(BrF_5)

㉮ 심한 냄새의 무색 액체로서, 비점은 40.76℃, 융점은 -60.5℃이다.

㉯ 부식성이 있으며 산과 반응하여 부식성 가스를 발생시킨다.

㉰ 물과 접촉하면 폭발의 위험이 있다.

③ 오플루오린화아이오딘(IF_5)

㉮ 자극성 냄새가 나는 액체로, 비점은 100.5℃, 융점은 9.4℃이다.

㉯ 물과 격렬하게 반응하여 유독물질 또는 인화성 가스가 발생한다.

제3장 소화원리 및 소화약제

3-1. 소화이론

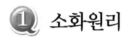 소화원리

물질이 연소하려면 가연성 물질, 산소 공급원(조연성 물질), 점화원이 구비되어야 하며, 가연성 물질이 계속 연소하려면 연속적인 연쇄반응이 수반되어야 한다. 연소의 3요소에 연속적인 연쇄반응을 합하여 연소의 4요소라고 한다. 연소현상이 계속되면 화재로 전환될 수 있는데 이러한 화재를 소화하기 위해서는 연소의 4요소인 가연성 물질, 조연성 물질(산소 공급원), 점화원, 연쇄반응 중 한 가지 요소 이상을 제거 또는 변화시키는 소화의 원리가 중요하게 이용되고 있다.

위와 같이 화재를 소화하려면, 연소의 4요소 중 점화원을 활성화 에너지값 이하로 낮추거나 냉각시켜 연속적인 연소현상을 정지시키는 냉각소화, 가연성 물질을 연소(화재)장소로부터 안전한 장소로 이동시켜 화재를 소화시키는 제거소화, 가연물질에 공급되는 조연성 물질(산소 공급원)의 양을 적게 하거나 차단시켜 화재를 소화시키는 질식소화 및 연소에 의해 가연성 물질에서 발생하는 활성화된 수산기($-OH$)와 수소기($-H$)의 연속적인 연쇄반응을 차단, 억제 또는 방해하는 부촉매소화 등 소화의 4대 원리를 이용하여야 한다.

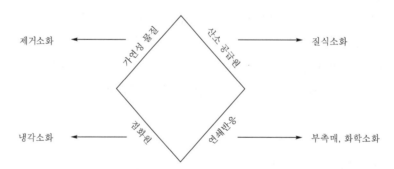

〈 연소의 4요소와 소화원리의 관계 〉

2 소화이론

(1) 화학적 소화방법을 이용한 소화이론

소화약제(화학적으로 제조된 소화약제)를 사용하여 소화하는 방법을 화학적 소화방법이라고 한다.

(2) 물리적 소화방법을 이용한 소화이론

① 화재를 강풍으로 불어 소화한다.
② 화재의 온도를 점화원 이하로 냉각시켜 소화한다.
③ 혼합기의 조성을 변화시켜 소화한다.
④ 그 밖의 물리적 방법을 이용하여 화재를 소화한다.

3 소화방법

화재를 소화하기 위해서는 화재의 초기단계인 가연물질의 연소현상을 유지하기 위한 연소의 3요소 또는 연소의 4요소에 관계되는 소화원리를 응용한 소화방법이 요구되고 있다.

(1) 제거소화

연소에 필요한 가연성 물질을 제거하여 소화시키는 방법이다.

(2) 질식소화

공기 중의 **산소의 양을 15% 이하**가 되게 하여 산소 공급원의 양을 변화시켜 소화하는 방법이다.

(3) 냉각소화

연소 중인 가연성 물질의 온도를 인화점 이하로 냉각시켜 소화하는 방법이다.

(4) 부촉매(화학)소화

가연성 물질의 연소 시 연속적인 연쇄반응을 억제·방해 또는 차단시켜 소화하는 방법이다.

(5) 희석소화

수용성, 가연성 물질 화재 시 다량의 물을 일시에 방사하여 연소범위의 하한계 이하로 희석하여 화재를 소화시키는 방법이다.

3-2. 소화약제 및 소화기

 소화약제

(1) 소화약제의 구비조건

① 가격이 저렴하고 구하기 쉬워야 하며 연소의 4요소 중 하나 이상을 제거하는 능력이 있어야 한다.

② 인체 독성이 낮고 환경오염이 없어야 한다.

③ 장기 안정성이 있어야 한다.

(2) 소화약제의 종류

① 액체상의 소화약제

㉮ 물 소화약제 : 인체에 무해하며 다른 약제와 혼합사용이 가능하고 가격이 저렴하며 장기보존이 가능하다. 모든 소화약제 중에서 가장 많이 사용되고 있으며 냉각의 효과가 우수하며, 무상주수일 때는 질식, 유화 효과가 있다. 0℃ 이하의 온도에서는 동절기에 동파 및 응고 현상이 있고 물 소화약제 방사 후 물에 의한 2차 피해의 우려가 있다. 전기화재나 금속화재에는 적응성이 없다.

㉯ 강화액 소화약제★★★ : 강화액 소화약제는 물 소화약제의 성능을 강화시킨 소화약제로서 **물에 탄산칼륨(K_2CO_3)을 용해시킨 소화약제**이다. 강화액은 −30℃에서도 동결되지 않으므로 **한랭지에서도 보온의 필요가 없을 뿐만 아니라** 탈수·탄화 작용으로 목재, 종이 등을 불연화하고 재연방지의 효과도 있어서 A급 화재에 대한 소화능력이 증가된다.

㉰ 포 소화약제 : 포 소화약제는 주제인 화학물질에 포 안정제 및 기타 약제를 첨가한 혼합화학물질로, 물과 일정한 비율 및 농도를 유지하여 화학반응에 일어나는 기체나 공기와 불활성기체(N_2, CO_2 등)를 기계적으로 혼입시켜 소화에 사용하는 약제이다.

〈 성분상 포 소화약제의 분류 〉

화학포	화학물질을 반응시켜 이로 인해 나오는 기체가 포 형성
기계포	기계적 방법으로 공기를 유입시켜 공기로 포 형성

〈 팽창률에 따른 포 소화약제의 분류 〉

팽창 형식	팽창률	약제
저팽창	20 미만	단백포 소화약제 수성막포 소화약제 화학포 소화약제
고팽창	제1종 : 80~250 제2종 : 250~500 제3종 : 500~1,000	합성계면활성제포 소화약제

㉠ 포 소화약제의 구비조건

　ⓐ 포의 안정성이 좋아야 한다.

　ⓑ 독성이 적어야 한다.

　ⓒ 유류와의 접착성이 좋아야 한다.

　ⓓ 포의 유동성이 좋아야 한다.

　ⓔ 유류의 표면에 잘 분산되어야 한다.

㉡ 화학포 소화약제 : A제[탄산수소나트륨, $NaHCO_3$와 B제(황산알루미늄, $Al_2(SO_4)_3$ · $18H_2O$]의 화학반응에 의해 생성되는 이산화탄소를 이용하여 포를 발생시키는 것으로서 포의 안정제로서 카제인, 젤라틴, 사포닌, 계면활성제, 수용성 단백질 등을 사용한다. 화학포의 방정식은 다음과 같다.

$6NaHCO_3 + Al_2(SO_4)_3 · 18H_2O \rightarrow 3Na_2SO_4 + 2Al(OH)_3 + 6CO_2 + 18H_2O$

화학포 소화약제는 사용 시 물에 혼입하여 용해시키는 방식(건식)과 미리 수용액으로 용해시키는 방식(습식)이 있다. 건식에 의한 소화약제를 화학포 소화약제라고 하고, 습식의 경우를 화학포 소화액이라고 한다.

〈 화학포 소화약제의 구성 〉

구분	품명
A제	탄산수소나트륨
B제	황산알루미늄
첨가제	수용성 단백질
	사포닌
	안식향산나트륨

ⓒ 기계포(공기포) 소화약제 : 소량의 포 소화약제 원액을 다량의 물에 녹인 포 수용액을 발포기에 의하여 기계적인 수단으로 공기와 혼합교반하여 거품을 발생시키는 포 소화약제

  ⓐ 단백포 소화약제 : 소의 뿔, 발톱, 동물의 피 등 단백질의 가수분해 생성물을 기제로 하고 여기에 포 안정제로 황산제1철($FeSO_4$)염이나 염화철($FeCl_2$) 등의 철염을 물에 혼입시켜 규정 농도(3%형과 6%형)의 수용액에 방부제를 첨가하고, 동결방지제로서 에틸렌글리콜, 모노뷰틸에터를 첨가 처리한 것이다. 색상은 흙갈색으로 특이한 냄새가 나며 끈끈한 액체로서 pH 6~7.5, 비중은 1.10 이상 1.20 이하이다.

  ⓑ 플루오린계계면활성제포(수성막포) 소화약제 : AFFF(Aqueous Film Forming Foam)라고도 하며, 저장탱크나 그 밖의 시설물을 부식시키지 않는다. 또한 피연소물질에 피해를 최소화할 수 있는 장점이 있으며, 방사 후의 처리도 용이하다. 유류화재에 탁월한 소화성능이 있으며, 3%형과 6%형이 있다. 분말소화약제와 병행사용 시 소화효과가 배가된다(twin agent system).

  ⓒ 합성계면활성제포 소화약제 : 계면활성제를 기제로 하고 여기에 안정제 등을 첨가한 것이다. 역시 단백포와 마찬가지로 물과 혼합하여 사용한다. 이 약제는 1%, 1.5%, 2%, 3%, 6%의 여러 가지형이 있다. 즉, 다음 식에 의하여 산출한 것을 팽창비라 하며, 이 수치에 따라 다음과 같은 명칭으로 분류되고 3%, 6%형은 저발포용으로, 1%, 1.5%, 2%의 것은 고발포용으로 사용된다.

$$팽창비 = \frac{포\ 방출구에서\ 방출되어\ 발생하는\ 포의\ 체적}{포를\ 발생시키는\ 데\ 필요한\ 포\ 수용액의\ 체적}$$

팽창비	포의 종별	포 방출구의 종별
20 이하	저발포	포 헤드
80 이상, 1,000 미만	고발포	고발포용 고정 포 방출구

합성계면활성제포 소화약제는 유류 표면을 가벼운 거품(포말)으로 덮어 질식소화하는 동시에 포말과 유류 표면 사이에 유화층인 유화막을 형성하여 화염의 재연을 방지하는 포 소화약제로서 소화성능은 수성막포에 비하여 낮은 편이다.

  ⓓ 수용성, 가연성 액체용 포 소화약제(알코올형 포 소화약제) : 알코올류, 케톤류, 에스터류, 아민류, 초산글리콜류 등과 같이 물에 용해되면서 불이 잘 붙는 물질 즉 수용성, 가연성 액체의 소화용 소화약제를 말하며, 이러한 물질의 화재에 포 소화약제의 거품이 닿으면 거품이 순식간에 소멸되므로 이런 화재에는

특별히 제조된 포 소화약제가 사용되는데, 이것을 알코올포(alcohol foam)라고도 한다.

 ⓔ 산 · 알칼리 소화약제 : 산 · 알칼리 소화약제는 산으로 진한황산을 사용하며, 알칼리로는 탄산수소나트륨($NaHCO_3$)을 사용하는 소화약제로서 진한황산과 탄산수소나트륨을 혼합하여 발생되는 포로 화재를 소화한다.

$$H_2SO_4 + 2NaHCO_3 \rightarrow Na_2SO_4 + 2CO_2 + 2H_2O$$

② 기체상의 소화약제

 ㉮ 할론소화약제 : 할론소화약제는 탄소수 1~2개의 포화 탄화수소의 수소 일부 또는 전부를 할로젠 원소로 치환하여 제조한 소화약제로서 할론의 번호는 탄소수, 플루오린수, 염소수, 브로민수, 아이오딘 순으로 한다. **할론약제의 소화성능 효과는 F(플루오린) < Cl(염소) < Br(브로민) < I(아이오딘)의 순서**이며, 할론소화약제의 안정성은 소화성능과 반대로 F(플루오린) > Cl(염소) > Br(브로민) > I(아이오딘) 순이다. 대표적인 할론소화약제를 다음의 표에 나타내었다.

Halon No.	분자식	명명법	비고
할론 104	CCl_4	Carbon Tetrachloride (사염화탄소)	법적 사용 금지 ($\because$ 유독가스 $COCl_2$ 방출)
할론 1011	$CBrClH_2$	Bromo Chloro Methane (일취화일염화메테인)	―
할론 1211	CF_2ClBr	Bromo Chloro Difluoro Methane (일취화일염화이플루오린화메테인)	상온에서 기체, 증기비중 : 5.7 액비중 : 1.83, 소화기용 방사거리 : 4~5m
할론 2402	$C_2F_4Br_2$	Dibromo Tetrafluoro Ethane (이취화사플루오린화에테인)	상온에서 액체 (단, 독성으로 인해 국내외 생산되는 곳이 없으므로 사용 불가)
할론 1301	CF_3Br	Bromo Trifluoro Methane (일취화삼플루오린화메테인)	상온에서 기체, 증기비중 : 5.1 액비중 : 1.57, 소화설비용 인체에 가장 무해함 방사거리 : 3~4m

할론 소화약제 명명법 : 할론 XABC

   → Br원자의 개수
   → Cl원자의 개수
   → F원자의 개수
   → C원자의 개수

그러나 할론의 경우 지하층, 무창층, 거실 또는 사무실로서 바닥면적이 $20m^2$ 미만인 곳에는 설치를 금지한다(할론 1301 또는 청정소화약제는 제외).

할론 104는 공기 중 산소 및 수분과 접촉하여 유독한 포스겐가스를 발생시킨다.

$2CCl_4 + O_2 \rightarrow 2COCl_2 + 2Cl_2$ (공기 중)

$CCl_4 + H_2O \rightarrow COCl_2 + 2HCl$ (습기 중)

⑭ 이산화탄소 소화약제 : 기체 이산화탄소는 일반적으로 무색, 무미, 무취이나 고체상태 의 이산화탄소인 드라이아이스의 경우 반투명 백색으로 약간 자극성 냄새를 나타낸 다. 지구온난화를 유발하는 대표적인 물질이며, 기체, 액체, 고체의 3가지 상태의 존 재가 가능한 유일한 물질로 삼중점을 가지고 있다($-56.5℃$ 및 $5.11kg/cm^2$). 이산화 탄소 소화약제는 탄소를 완전연소한 연소생성물이므로 불연성인 동시에 화학적으로 안정되어 있어서 방호대상물에 화학적 변화를 일으킬 우려가 거의 없다. 또한 소화 후 오염과 잔유물이 남지 않는 점이 편리하다. 그러나 소화기 또는 소화설비에 충전 시 고압을 필요로 하며, **질식 및 동상의 우려**가 있으므로 저장, 취급 및 사용 시 많은 주 의가 필요하다. 이산화탄소 소화약제의 소화원리는 공기 중의 산소를 15% 이하로 저 하시켜 소화하는 질식작용과 **CO_2가스 방출 시 Joule-Thomson 효과**[기체 또는 액 체가 가는 관을 통과하여 방출될 때 온도가 급강하(약 $-78℃$)하여 고체로 되는 현상] 에 의해 기화열의 흡수로 인하여 소화하는 냉각작용이다. 그러나 소화기로 사용하는 경우 이산화탄소는 할론소화약제와 마찬가지로 지하층, 무창층, 거실 또는 사무실로 서 바닥면적이 $20m^2$ 미만인 곳에는 설치를 금지한다.

이산화탄소의 농도산출 공식

$$CO_2의\ 최소소화농도(\%) = \frac{21 - 한계산소농도}{21} \times 100$$

이러한 이산화탄소 소화약제의 장단점을 다음 표에 정리하였다.

장점	1. 진화 후 소화약제의 **잔존물이 없다.** 2. **심부화재에 효과적**이다. 3. 약제의 수명이 **반영구적**이며 가격이 저렴하다. 4. 전기의 부도체로서 **C급 화재에 매우 효과적**이다. 5. 기화잠열이 크므로 열흡수에 의한 **냉각작용**이 크다.
단점	1. **밀폐공간**에서 질식과 같은 **인명피해**를 입을 수 있다. 2. 기화 시 온도가 급랭하여 **동결 위험**이 있으며 정밀기기에 손상을 줄 수 있다. 3. 방사 시 소음이 매우 크며 **시야를 가리게 된다.**

④ 할로젠화합물 및 불활성기체 소화약제

㉠ CFC 규제와 오존층 파괴 : 오존층은 지상으로부터 25~30km 부근의 성층권이라고 부르는 층에 존재한다. 이 오존은 성층권 내의 O_2가 태양의 빛에너지에 의해 생성과 파괴를 반복하여 생성되며 균형을 이루고 있으나, 할로젠화합물 및 프레온가스 등에 의해 이 균형이 무너지고 오존층이 파괴되고 있으며, 이는 인공위성 등에 의해 확인되고 있다.

오존층의 파괴는 생태계에 다음과 같은 심각한 영향을 미치고 있으며 따라서 CFC(염화플루오린화탄소)의 규제는 불가피하게 여겨진다.

ⓐ 오존층 파괴의 영향

- 인체에 유해한 자외선이 지표까지 도달하는 양이 많아서 피부암, 백내장 등을 유발한다.
- 식물의 광합성작용을 방해하여 식물의 성장을 저해하고 이에 따라 농작물 등의 수확량이 감소하게 된다.
- 지구의 온실효과 증대로 인한 해수면 상승이 우려된다.
- 바다의 플랑크톤 감소 등으로 먹이사슬의 붕괴 등이 염려된다.
- 할론 대체 소화약제는 특성에 따라 제1세대 대체 물질과 제2세대 대체 물질로 구분된다.
    - 제1세대 대체 물질 : ODP는 낮지만 소화성능이 낮은 물질
    - 제2세대 대체 물질 : ODP도 낮고 소화성능도 우수한 물질

㉡ CFC 규제에 관한 주요사항

ⓐ 몬트리올 의정서(1987년 9월)의 규제 대상물질

- Group Ⅰ : CFC-11, 12, 113, 114, 115
- Group Ⅱ : Halon 1211, Halon 1301, Halon 2402

ⓑ UNEP(국제연합환경계획)에서 우리나라에 몬트리올 의정서 가입 요청(1987년 12월)

ⓒ 정부에서 오존층 보호를 위한 특정물질 규제 등에 관한 법률 공포(1991. 1. 14.)

ⓓ 코펜하겐 몬트리올 의정서 회의(1992. 11.) - Group Ⅱ

- 선진국 : 1994. 1. 1.부터 전면 사용 중지
- 개발도상국 : 2010. 1. 1.부터 사용 중지[2003년까지 국민 1인당 0.3kg 이내에 한하여 사용연장 허용(우리나라 포함)]

㉢ 할로젠화합물 및 불활성기체 소화약제의 분류

ⓐ 정의

전기적으로 비전도성이며 증발하기 쉽고 방사 시 잔류물이 없는 가스상태의 소화약제

ⓑ 분류

■ 할로젠화합물 소화약제 : 플루오린, 염소, 브로민 또는 아이오딘 중 하나 이상의 원소를 포함하고 있는 유기화합물을 기본성분으로 하는 소화약제

− HFC(Hydro Fluoro Carbon) : 플루오린화탄화수소

− HBFC(Hydro Bromo Fluoro Carbon) : 브로민플루오린화탄화수소

− HCFC(Hydro Chloro Fluoro Carbon) : 염화플루오린화탄화수소

− FC or PFC(Perfluoro Carbon) : 플루오린화탄소

− FIC(Fluoroiodo Carbon) : 플루오린화아이오딘화탄소

할로젠화합물 소화약제의 일반적 특징

① 전기적으로 비전도성이다.

② 증발하기 쉽고 방사 시 잔류물이 없다.

③ 액화가스 또는 압축성 액체이다.

④ Halon 1301과 유사한 저장 및 방사 시간(HFC−23을 제외, Halon과 거의 유사한 40Bar로 축압)을 갖는다.

⑤ HFC−23을 제외하고는 방사압력을 가장 적절하게 유지하기 위하여 질소가스(N_2)로 축압한다.

⑥ 단위저장체적 또는 약제 중량의 관점에서 Halon 1301보다 소화효과가 떨어진다.

⑦ 전역방출방식의 경우 노즐 설계 및 공기 혼합 시 주의를 요한다.

⑧ 주어진 화재모형, 화재크기, 방사시간에서 Halon 1301보다 분해분산물[플루오린화수소(HF)]이 더 발생한다.

■ 불활성기체 소화약제 : 헬륨, 네온, 아르곤 또는 질소가스 중 하나 이상의 원소를 기본성분으로 하는 소화약제. 불활성기체 소화약제는 압축가스로서 저장되며, 전기적으로 비전도성이고 공기와의 혼합이 안정적이며 방사 시 잔류물이 없다.

ⓔ 할로젠화합물 및 불활성기체 소화약제의 구비조건

ⓐ 소화성능이 기존의 할론소화약제와 유사하여야 한다.

ⓑ 독성이 낮아야 하며 설계농도는 최대허용농도(NOAEL) 이하이어야 한다.

ⓒ 환경영향성 ODP, GWP, ALT가 낮아야 한다.

ⓓ 소화 후 잔존물이 없어야 하고 전기적으로 비전도성이며 냉각효과가 커야 한다.

ⓔ 저장 시 분해되지 않고 금속용기를 부식시키지 않아야 한다.

ⓕ 기존의 할론소화약제보다 설치비용이 많이 들지 않아야 한다.

ⓜ 관련 용어 정리

ⓐ NOAEL(No Observed Adverse Effect Level) : 농도를 증가시킬 때 아무런 악영향도 감지할 수 없는 최대허용농도 → 최대허용설계농도

ⓑ LOAEL(Lowest Observed Adverse Effect Level) : 농도를 감소시킬 때 아무런 악영향도 감지할 수 있는 최소허용농도

ⓒ ODP(Ozone Depletion Potential) : 오존층 파괴지수

$$ODP = \frac{물질\ 1kg에\ 의해\ 파괴되는\ 오존량}{CFC-11\ 1kg에\ 의해\ 파괴되는\ 오존량}$$

여기서, CFC-11은 염화플루오린화탄소($CFCl_3$), 할론 1301의 ODP는 14.1, 할론 2402의 ODP는 6.6, 할론 1211의 ODP는 2.4이다.

ⓓ GWP(Global Warming Potential) : 지구온난화지수

$$GWP = \frac{물질\ 1kg이\ 영향을\ 주는\ 지구온난화\ 정도}{CO_2\ 1kg이\ 영향을\ 주는\ 지구온난화\ 정도}$$

ⓔ ALT(Atmospheric Life Time) : 대기권 잔존수명

물질이 방사된 후 대기권 내에서 분해되지 않고 체류하는 잔류기간(단위 : 년)

ⓕ LC_{50} : 4시간 동안 쥐에게 노출했을 때 그 중 50%가 사망하는 농도

ⓖ ALC(Approximate Lethal Concentration) : 사망에 이르게 할 수 있는 최소농도

ⓜ 할로젠화합물 소화약제의 종류

소화약제	화학식
펜타플루오로에테인(HFC-125)	CHF_2CF_3
헵타플루오로프로페인(HFC-227ea)	CF_3CHFCF_3
트라이플루오로메테인(HFC-23)	CHF_3
도데카플루오로-2-메틸펜테인-3-원(FK-5-1-12)	$CF_3CF_2C(O)CF(CF_3)_2$

※ HFC X Y Z 명명법(첫째자리 반올림)

　└→ 분자 내 플루오린수

└→ 분자 내 수소수+1

└→ 분자 내 탄소수-1(메테인계는 0이지만 표기안함)

ⓗ 불활성기체 소화약제의 종류

소화약제	화학식
불연성 · 불활성 기체 혼합가스(IG-01)	Ar
불연성 · 불활성 기체 혼합가스(IG-100)	N_2
불연성 · 불활성 기체 혼합가스(IG-541)	N_2 : 52%, Ar : 40%, CO_2 : 8%
불연성 · 불활성 기체 혼합가스(IG-55)	N_2 : 50%, Ar : 50%

※ 명명법(첫째자리 반올림)

불연성 · 불활성 기체 혼합가스 IG- A B C

　└→ CO_2의 농도

└→ Ar의 농도

└→ N_2의 농도

③ 고체상의 소화약제

소화기구, 소화설비에 분말상태로 사용하는 소화약제이며 간이소화
약제로 건조사(마른 모래), 팽창질석, 팽창진주암 등이 있다.

◀ 팽창질석

종류	주성분	화학식	착색	적응화재
제1종	탄산수소나트륨 (중탄산나트륨)	$NaHCO_3$	–	B, C급 화재
제2종	탄산수소칼륨 (중탄산칼륨)	$KHCO_3$	담회색	B, C급 화재
제3종	제1인산암모늄	$NH_4H_2PO_4$	담홍색 또는 황색	A, B, C급 화재
제4종	탄산수소칼륨+요소	$KHCO_3+CO(NH_2)_2$	–	B, C급 화재

※ 제1종과 제4종에 해당하는 착색에 대한 법적 근거 없음.

㉮ 제1종 분말소화약제

㉠ 소화효과

ⓐ 주성분인 탄산수소나트륨이 열분해될 때 발생하는 이산화탄소에 의한 질식효과

ⓑ 열분해 시의 물과 흡열반응에 의한 냉각효과

ⓒ 분말운무에 의한 열방사의 차단효과

ⓓ 연소 시 생성된 활성기가 분말 표면에 흡착되거나, 탄산수소나트륨의 Na 이
온에 의해 안정화되어 연쇄반응이 차단되는 효과(부촉매효과)

ⓔ 일반 요리용 기름화재 시 기름과 중탄산나트륨이 반응하면 금속비누가 만들
어져 거품을 생성하여 기름의 표면을 덮어서 질식소화 효과 및 재발화억제
효과를 나타내는 **비누화현상**

㉡ 열분해 : 탄산수소나트륨은 약 60℃ 부근에서 분해되기 시작하여 270℃와 850℃
이상에서 다음과 같이 열분해한다.

$$2NaHCO_3 \;\rightarrow\; Na_2CO_3 + H_2O + CO_2 \qquad\qquad (at\ 270℃)$$
(중탄산나트륨)　　(탄산나트륨)　(수증기) (탄산가스)

$$2NaHCO_3 \rightarrow Na_2O + H_2O + 2CO_2 \qquad\qquad (at\ 850℃\ 이상)$$

㉯ 제2종 분말소화약제

㉠ 소화효과 : 소화약제에 포함된 칼륨(K)이 나트륨(Na)보다 반응성이 더 크기 때문
에 소화능력은 제1종 분말소화약제보다 약 2배 우수하다. 기타 질식, 냉각 부촉매
작용은 제1종 분말소화약제와 동일한 효과를 나타낸다.

㉡ 열분해 : 탄산수소칼륨의 열분해반응식은 다음과 같다.

$$2KHCO_3 \;\rightarrow\; K_2CO_3 + H_2O + CO_2 \qquad\qquad\qquad 흡열반응$$
(탄산수소칼륨)　　(탄산칼륨)　　(수증기) (탄산가스)

④ 제3종 분말소화약제

       ⊙ 소화효과

         ⓐ 열분해 시 흡열반응에 의한 **냉각효과**

         ⓑ 열분해 시 발생하는 불연성 가스(NH_3, H_2O 등)에 의한 **질식효과**

         ⓒ 반응과정에서 생성된 메타인산(HPO_3)의 **방진효과**

         ⓓ 열분해 시 유리된 NH_4^+과 분말 표면의 흡착에 의한 **부촉매효과**

         ⓔ 분말운무에 의한 방사의 차단효과

         ⓕ ortho인산에 의한 섬유소의 탈수 탄화작용 등이다.

       ⊙ 열분해 : 제1인산암모늄의 열분해반응식은 다음과 같다.

$$NH_4H_2PO_4 \rightarrow NH_3 + H_2O + HPO_3$$

$NH_4H_2PO_4 \rightarrow NH_3 + H_2PO_4$ (인산, 올소인산)	at 190℃
$2H_3PO_4 \rightarrow H_2O + H_4P_2O_7$ (피로인산)	at 215℃
$H_4P_2O_7 \rightarrow H_2O + 2HPO_3$ (메타인산)	at 300℃
$2HPO_3 \rightarrow P_2O_5 + H_2O$	at 1,000℃

    ⑤ 제4종 분말소화약제

       ⊙ 소화효과

         ⓐ 열분해 시 흡열반응에 의한 냉각효과

         ⓑ 열분해 시 발생되는 CO_2에 의한 **질식효과**

         ⓒ 열분해 시 유리된 NH_3에 의한 부촉매효과

       ⊙ 열분해 : 열분해반응식은 다음과 같다.

         $2KHCO_3 + CO(NH_2)_2 \rightarrow K_2CO_3 + NH_3 + CO_2$

    ⑥ CDC(Compatible Dry Chemical) 분말소화약제

       분말소화약제와 포소화약제의 장점을 이용하여 소포성이 거의 없는 소화약제를 CDC 분말소화약제라 하며 ABC 소화약제와 수성막포 소화약제를 혼합하여 제조한다.

(3) 소화약제의 소화성능

〈 소화약제의 소화성능비(%) 〉

소화약제의 명칭	소화성능	소화력의 크기
할론 1301	100	3
분말소화약제	66	2
할론 2402	57	1.7
할론 1211	46	1.4
이산화탄소	33	1

② 소화기

(1) 소화기의 정의

물이나 가스, 분말 및 그 밖의 소화약제를 일정한 용기에 압력과 함께 저장하였다가 화재 시에 방출시켜 소화하는 초기소화용구를 말한다. 소화기의 분류는 소화능력단위, 가압방식, 소화약제의 종류에 따라 구분한다.

(2) 소화기의 종류

① 소화능력단위에 의한 분류

소화약제	약제 양	단위
마른 모래	50L(삽 1개 포함)	0.5
팽창질석, 진주암	160L(삽 1개 포함)	1
소화전용 물통	8L	0.3
수조	190L(소화전용 물통 6개 포함)	2.5
	80L(소화전용 물통 3개 포함)	1.5

※ 능력단위 : 소방기구의 소화능력

소요단위 : 소화설비의 설치대상이 되는 건축물의 규모 또는 위험물 양에 대한 기준단위		
1단위	제조소 또는 취급소용 건축물의 경우	내화구조 외벽을 갖춘 연면적 100m^2
		내화구조 외벽이 아닌 연면적 50m^2
	저장소 건축물의 경우	내화구조 외벽을 갖춘 연면적 150m^2
		내화구조 외벽이 아닌 연면적 75m^2
	위험물의 경우	지정수량의 10배

※ 소화기 종류별 규정 충전량 기준 : 분말소화기(20kg), 포말소화기(20L), 할론소화기(30kg), 이산화탄소소화기(50kg), 강화액소화기(60L)

㉮ 소형 소화기 : 능력단위 1단위 이상이면서 대형 소화기의 능력단위 미만인 소화기

㉯ 대형 소화기 : 능력단위가 A급 소화기는 10단위 이상, B급 소화기는 20단위 이상인 것

② 가압방식에 의한 분류

㉮ 축압식 : 소화기의 내부에 소화약제와 압축공기 또는 불연성 가스인 **이산화탄소, 질소를 충전**시켜 기체의 압력에 의해 약제가 방출되도록 한 것으로 압력지시계가 부착되어 내부의 압력을 표시하고 있으며, 압력계의 지시침이 황색이나 적색 부분을 지시하면 비정상 압력이며 녹색 부분을 지시하면 정상압력상태이다. 일반적으로 0.7~0.98MPa 정도 충전시킨다. 다만, 강화액소화기의 경우 압력지시계가 없으며 안전밸브와 액면표시가 되어 있다.

ⓐ 가압식 : 수동펌프식, 화학반응식, 가스가압식으로 분류되며 수동펌프식은 피스톤식 수동펌프에 의한 가압으로 소화약제를 방출시키고, 화학반응식은 소화약제의 화학반응에 의해서 생성된 가스의 압력에 의해 소화약제가 방출되며, 가스가압식은 소화약제의 방출을 위한 가압용 가스용기가 소화기의 내부나 외부에 따로 부설되어 가압가스의 압력에 의해서 소화약제가 방출되도록 한 것이다.

ㄱ 설치상의 주의 : 직사광선이나 고온을 받는 장소에는 축압식 소화기를 설치해서는 아니 되며, 가스가압식의 경우 안전핀이 이탈되지 않도록 하고 가스가압식의 경우 한 번 작동시키면 내부의 약제가 모두 방사되므로 필히 분말약제와 가압용 가스를 재충전하여야 한다.

ⓑ 간이소화기

ㄱ 건조사 : 모래는 반드시 건조하여야 하며, 가연물이 함유되어 있지 않은 것으로 반절된 드럼통 또는 벽돌담 안에 저장하며, 양동이, 삽 등의 부속기구를 항상 비치할 것

ㄴ 팽창질석, 팽창진주암 : 질석을 1,000℃ 이상의 고온으로 처리해서 팽창시킨 것으로 비중이 아주 낮고, 발화점이 낮은 알킬알루미늄 등의 화재에 적합

ㄷ 중조 톱밥 : 중조($NaHCO_3$)에 마른 톱밥을 혼합한 것으로 인화성 액체의 소화에 적합

ㄹ 수증기 : 보조 소화약제의 역할을 하는 데 사용

ㅁ 소화탄 : $NaHCO_3$, Na_3PO_4 등의 수용액을 유리용기에 넣은 것으로 연소면에 투척하면 유리가 깨지면서 소화액이 분출하여 분해되면서 불연성 이산화탄소가 발생하여 소화

③ 전기설비의 소화설비 : 제조소 등에 전기설비(전기배선, 조명기구 등은 제외한다)가 설치된 경우에는 해당 장소의 면적 100m²마다 소형 수동식소화기를 1개 이상 설치할 것

(3) 소화기의 유지관리

① 각 소화기의 공통 사항

ⓐ 소화기는 바닥으로부터 **1.5m 이하의 높이**에 설치할 것

ⓑ 소화기가 설치된 주위의 잘 보이는 곳에 '소화기'라는 표시를 할 것

ⓒ 각 소화약제가 동결, 변질 또는 분출하지 않는 장소에 비치할 것

ⓓ 통행이나 피난 등에 지장이 없고 사용할 때에는 쉽게 반출할 수 있는 위치에 설치할 것

② 소화기의 사용방법

㉮ 각 소화기는 **적응화재**에만 사용할 것

㉯ 성능에 따라 **화점 가까이** 접근하여 사용할 것

㉰ 소화 시는 **바람을 등지고** 소화할 것

㉱ 소화작업은 좌우로 **골고루** 소화약제를 **방사**할 것

③ 소화기 관리상 주의사항

㉮ 겨울철에는 소화약제가 동결되지 않도록 보온에 주의할 것

㉯ 전도되지 않도록 안전한 장소에 설치할 것

㉰ 사용 후에도 반드시 내 · 외부를 깨끗하게 세척한 후 허가받은 제조업자에게 규정된 검정약품으로 재충전할 것

㉱ 소화기 상부에는 어떠한 물품도 올려놓지 말 것

㉲ 비상시를 대비하여 정해진 기간마다 소화약제의 변질 상태 및 작동 이상 유무를 확인할 것

㉳ 직사광선을 피하고 건조하며 서늘한 곳에 둘 것

④ 소화기 외부표시사항

㉮ 소화기의 명칭

㉯ 적응화재 표시

㉰ 용기 합격 및 중량 표시

㉱ 사용방법

㉲ 능력단위

㉳ 취급상 주의사항

㉴ 제조년월일

〈 소화약제 총정리 〉

소화약제	소화효과	종류		성상	주요내용
물	• 냉각 • 질식(수증기) • 유화(에멀션) • 희석 • 타격	동결방지제 (에틸렌글리콜, 염화칼슘, 염화나트륨, 프로필렌글리콜)		• 값이 싸고, 구하기 쉬움 • 표면장력=72.7dyne/cm, 용용열=79.7cal/g • 증발잠열=539.63cal/g • 증발 시 체적 : 1,700배 • 밀폐장소 : 분무희석소화효과	• 극성분자 • 수소결합 • 비압축성 유체
강화액	• 냉각 • 부촉매	• 축압식 • 가스가압식		• 물의 소화능력 개선 • 알칼리금속염의 탄산칼륨, 인산암모늄 첨가 • $K_2CO_3 + H_2O \rightarrow K_2O + CO_2 + H_2O$	• 침투제, 방염제 첨가로 소화능력 향상 • $-30℃$ 사용 가능
산-알칼리	질식+냉각	–		$2NaHCO_3 + H_2SO_4 \rightarrow Na_2SO_4 + 2CO_2 + 2H_2O$	방사압력원 : CO_2
포소화	질식+냉각	기계포	단백포 (3%, 6%)	• 동식물성 단백질의 가수분해생성물 • 철분(안정제)으로 인해 포의 유동성이 나쁘며, 소화속도 느림 • 재연방지효과 우수(5년 보관)	Ring fire 방지
			합성계면활성제포 (3%, 6%)	• 유동성 우수, 내유성은 약하고 소포 빠름 • 유동성이 좋아 소화속도 빠름 (유출유화재에 적합)	• 고팽창, 저팽창 가능 • Ring fire 발생
			수성막포(AFFF) (3%, 6%)	• **유류화재에 가장 탁월**(일명 라이트워터) • 단백포에 비해 1.5 내지 4배 소화효과 • Twin agent system(with 분말약제) • 유출유화재에 적합	Ring fire 발생으로 탱크화재에 부적합
	희석		내알코올포 (3%, 6%)	• 내화성 우수 • 거품이 파포된 불용성 젤(gel) 형성	• 내화성 좋음 • 경년기간 짧고, 고가
			* **성능 비교** : 수성막포＞계면활성제포＞단백포		
	질식+냉각	화학포		• A제 : $NaHCO_3$, B제 : $Al_2(SO)_4$ • $6NaHCO_3 + Al_2SO_4 \cdot 18H_2O$ $\rightarrow 3Na_2SO_4 + 2Al(OH)_3 + 6CO_2 + 18H_2O$	• Ring fire 방지 • 소화속도 느림
CO_2	질식+냉각	–		• 표준설계농도 : 34%(산소농도 15% 이하) • 삼중점 : 5.1kg/cm², $-56.5℃$	• ODP=0 • 동상 우려, 피난 불편 • 줄-톰슨 효과
할론	• 부촉매작용 • 냉각효과 • 질식작용 • 희석효과 * **소화력** F＜Cl＜Br * **화학안정성** F＞Cl＞Br	할론 104 (CCl_4)		• 최초 개발 약제 • 포스겐 발생으로 사용 금지 • 불꽃연소에 강한 소화력	법적으로 사용 금지
		할론 1011 ($CClBrH_2$)		• 2차대전 후 출현 • 불연성, 증발성 및 부식성 액체	–
		할론 1211(ODP=2.4) (CF_2ClBr)		• 소화농도 : 3.8% • 밀폐공간 사용 곤란	• 증기비중 5.7 • 방사거리 4~5m, 소화기용
		할론 1301(ODP=14) (CF_3Br)		• 5%의 농도에서 소화(증기비중=5.11) • 인체에 가장 무해한 할론 약제	• 증기비중 5.1 • 방사거리 3~4m, 소화설비용
		할론 2402(ODP=6.6) ($C_2F_4Br_2$)		• 할론 약제 중 유일한 에테인의 유도체 • 상온에서 액체	독성으로 인해 국내외 생산 무

※ **할론 소화약제 명명법** : 할론 XABC

               → Br원자의 개수
            → Cl원자의 개수
         → F원자의 개수
      → C원자의 개수

소화약제	소화효과	종류	성상	주요내용
분말	• 냉각효과 (흡열반응) • 질식작용 (CO$_2$ 발생) • 희석효과 • 부촉매작용	1종 (NaHCO$_3$)	• (B · C급) • **비누화효과(식용유화재 적응)** • 방습가공제 : 스테아린산 Zn, Mg • 열분해반응식 $2NaHCO_3 \rightarrow Na_2CO_3 + CO_2 + H_2O$	• 가압원 : N$_2$, CO$_2$ • 소화입도 : 10~75μm • 최적입도 : 20~25μm • Knock down 효과 : 10~20초 이내 소화
		2종 (KHCO$_3$)	• 담회색(B · C급) • 1종보다 2배 소화효과 • 1종 개량형 • 열분해반응식 $2KHCO_3 \rightarrow K_2CO_3 + CO_2 + H_2O$	
		3종 (NH$_4$H$_2$PO$_4$)	• 담홍색 또는 황색(A · B · C급) • 방습가공제 : 실리콘 오일 • 열분해반응식 $NH_4H_2PO_4 \rightarrow HPO_3 + NH_3 + H_2O$	
		4종 [CO(NH$_2$)$_2$ +KHCO$_3$]	• (B · C급) • 2종 개량 • 국내생산 무 • 열분해반응식 $2KHCO_3 + CO(NH_2)_2 \rightarrow K_2CO_3 + 2NH_3 + 2CO_2$	

※ **소화능력** : 할론 1301=3 > 분말=2 > 할론 2402=1.7 > 할론 1211=1.4 > 할론 104=1.1 > CO$_2$=1

소화약제	화학식
펜타플루오로에테인(HFC-125)	CHF$_2$CF$_3$
헵타플루오로프로페인(HFC-227ea)	CF$_3$CHFCF$_3$
트라이플루오로메테인(HFC-23)	CHF$_3$
도데카플루오로-2-메틸펜테인-3-원(FK-5-1-12)	CF$_3$CF$_2$C(O)CF(CF$_3$)$_2$

할로젠 화합물

※ **명명법**(첫째 자리 반올림)

HFC X Y Z

↳ 분자 내 플루오린수

↳ 분자 내 수소수+1

↳ 분자 내 탄소수-1(메테인계는 0이지만 표기안함)

소화약제	화학식
불연성 · 불활성 기체 혼합가스(IG-01)	Ar
불연성 · 불활성 기체 혼합가스(IG-100)	N$_2$
불연성 · 불활성 기체 혼합가스(IG-541)	N$_2$: 52%, Ar : 40%, CO$_2$: 8%
불연성 · 불활성 기체 혼합가스(IG-55)	N$_2$: 50%, Ar : 50%

불활성가스

※ **명명법**(첫째 자리 반올림)

IG-A B C

↳ CO$_2$의 농도

↳ Ar의 농도

↳ N$_2$의 농도

PART

3

위험물기능장 필기+실기

시설 기준

제3편

시설 기준

제1장 | 제조소 등의 위치·구조 및 설비 기준

1-1. 위험물 시설의 구분

제조소

위험물제조소
시설기준

(1) 안전거리

제조소(제6류 위험물을 취급하는 제조소를 제외한다)는 건축물의 외벽 또는 이에 상당하는 공작물의 외측으로부터 해당 제조소의 외벽 또는 이에 상당하는 공작물의 외측까지의 사이에 규정에 의한 수평거리(이하 "안전거리"라 한다)를 두어야 한다.

건축물	안전거리
사용전압 7,000V 초과 35,000V 이하의 특고압 가공전선	3m 이상
사용전압 35,000V 초과 특고압 가공전선	5m 이상
주거용으로 사용되는 것(제조소가 설치된 부지 내에 있는 것 제외)	10m 이상
고압가스, 액화석유가스 또는 도시가스를 저장 또는 취급하는 시설	20m 이상
학교, 병원(종합병원, 치과병원, 한방·요양 병원), 극장(공연장, 영화상영관, 수용인원 300명 이상 시설), 아동복지시설, 노인복지시설, 장애인복지시설, 모·부자복지시설, 보육시설, 성매매자를 위한 복지시설, 정신보건시설, 가정폭력피해자 보호시설, 수용인원 20명 이상의 다수인 시설	30m 이상
유형문화재, 지정문화재	50m 이상

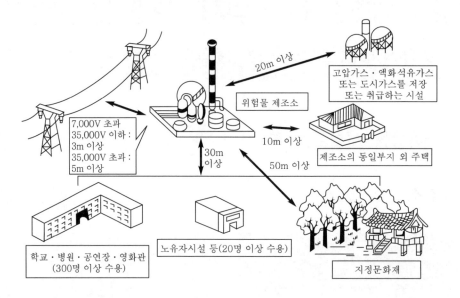

(2) 제조소 등의 안전거리 단축기준

취급하는 위험물이 최대수량(지정수량 배수)의 10배 미만이고, 주거용 건축물, 문화재, 학교 등의 경우 불연재료로 된 방화상 유효한 담 또는 벽을 설치하는 경우에는 안전거리를 단축할 수 있다.

① 방화상 유효한 담을 설치한 경우의 안전거리는 다음 표와 같다.

(단위 : m)

구분	취급하는 위험물의 최대수량 (지정수량의 배수)	안전거리(이상)		
		주거용 건축물	학교 · 유치원 등	문화재
제조소 · 일반취급소(취급하는 위험물의 양이 주거지역에 있어서는 30배, 상업지역에 있어서는 35배, 공업지역에 있어서는 50배 이상인 것을 제외한다)	10배 미만	6.5	20	35
	10배 이상	7.0	22	38
옥내저장소(취급하는 위험물의 양이 주거지역에 있어서는 지정수량의 120배, 상업지역에 있어서는 150배, 공업지역에 있어서는 200배 이상인 것을 제외한다)	5배 미만	4.0	12.0	23.0
	5배 이상 10배 미만	4.5	12.0	23.0
	10배 이상 20배 미만	5.0	14.0	26.0
	20배 이상 50배 미만	6.0	18.0	32.0
	50배 이상 200배 미만	7.0	22.0	38.0
옥외탱크저장소(취급하는 위험물의 양이 주거지역에 있어서는 지정수량의 600배, 상업지역에 있어서는 700배, 공업지역에 있어서는 1,000배 이상인 것을 제외한다)	500배 미만	6.0	18.0	32.0
	500배 이상 1,000배 미만	7.0	22.0	38.0
옥외저장소(취급하는 위험물의 양이 주거지역에 있어서는 지정수량의 10배, 상업지역에 있어서는 15배, 공업지역에 있어서는 20배 이상인 것을 제외한다)	10배 미만	6.0	18.0	32.0
	10배 이상 20배 미만	8.5	25.0	44.0

② 방화상 유효한 담의 높이

㉮ $H \leq pD^2 + a$인 경우, $h = 2$

㉯ $H > pD^2 + a$인 경우, $h = H - p(D^2 - d^2)$

㉰ D, H, a, d, h 및 p는 다음과 같다.

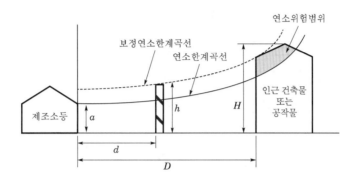

여기서, D : 제조소 등과 인근 건축물 또는 공작물과의 거리(m)

　　　H : 인근 건축물 또는 공작물의 높이(m)

　　　a : 제조소 등의 외벽의 높이(m)

　　　d : 제조소 등과 방화상 유효한 담과의 거리(m)

　　　h : 방화상 유효한 담의 높이(m)

　　　p : 상수

구분	제조소 등의 외벽의 높이(a)	비고
제조소 · 일반취급소 · 옥내저장소		벽체가 내화구조이고, 인접 축에 면한 개구부가 없거나, 개구부에 60분+방화문 또는 60분방화문이 있는 경우
		벽체가 내화구조이고, 개구부에 60분+방화문 또는 60분방화문이 없는 경우
	$a=0$	벽체가 내화구조 외의 것인 경우
		옮겨 담는 작업장에 공작물이 있는 경우

구분	제조소 등의 높이(a)	비고
옥외탱크저장소		옥외에 있는 세로형 탱크
옥외탱크저장소		옥외에 있는 가로형 탱크(다만, 탱크 내의 증기를 상부로 방출하는 구조로 된 것은 탱크의 최상단까지의 높이로 한다.)
옥외저장소		—

인근 건축물 또는 공작물의 구분	p의 값
• 학교·주택·문화재 등의 건축물 또는 공작물이 목조인 경우 • 학교·주택·문화재 등의 건축물 또는 공작물이 방화구조 또는 내화구조이고, 제조소 등에 면한 부분의 개구부에 60분+방화문·60분방화문 또는 30분방화문이 설치되지 않은 경우	0.04
• 학교·주택·문화재 등의 건축물 또는 공작물이 방화구조인 경우 • 학교·주택·문화재 등의 건축물 또는 공작물이 방화구조 또는 내화구조이고, 제조소 등에 면한 부분의 개구부에 30분방화문이 설치된 경우	0.15
학교·주택·문화재 등의 건축물 또는 공작물이 내화구조이고, 제조소 등에 면한 개구부에 60분+방화문 또는 60분방화문이 설치된 경우	∞

㉛ ㉮ 내지 ㉰에 의하여 산출된 수치가 2 미만일 때에는 담의 높이를 2m로, 4 이상일 때에는 담의 높이를 4m로 하되, 다음의 소화설비를 보강하여야 한다.

   ㉠ 해당 제조소 등이 소형소화기 설치대상인 것에 있어서는 대형소화기를 1개 이상 증설할 것

   ㉡ 해당 제조소 등이 대형소화기 설치대상인 것에 있어서는 대형소화기 대신 옥내소화전설비·옥외소화전설비·스프링클러설비·물분무소화설비·포소화설비·불활성가스소화설비·할로젠화합물소화설비·분말소화설비 중 적응소화설비를 설치할 것

   ㉢ 해당 제조소 등이 옥내소화전설비·옥외소화전설비·스프링클러설비·물분무소화설비·포소화설비·불활성가스소화설비·할로젠화합물소화설비 또는 분말소화설비 설치대상인 것에 있어서는 반경 30m마다 대형소화기를 1개 이상 증설할 것

② 방화상 유효한 담의 길이는 제조소 등의 외벽의 양단(a1, a2)을 중심으로 ①에 정한 인근 건축물 또는 공작물(②에서 "인근 건축물 등"이라 한다)에 따른 안전거리를 반지름으로 한 원을 그려서 해당 원의 내부에 들어오는 인근 건축물 등의 부분 중 최외측 양단(p1, p2)을 구한 다음, a1과 p1을 연결한 선분(l1)과 a2와 p2를 연결한 선분(l2) 상호 간의 간격(L)으로 한다.

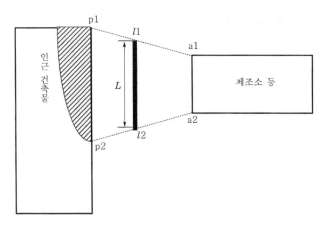

③ 방화상 유효한 담은 제조소 등으로부터 5m 미만의 거리에 설치하는 경우에는 내화구조로, 5m 이상의 거리에 설치하는 경우에는 불연재료로 하고, 제조소 등의 벽을 높게 하여 방화상 유효한 담을 갈음하는 경우에는 그 벽을 내화구조로 하고 개구부를 설치하여서는 아니된다.

(3) 보유공지

① 위험물을 취급하는 건축물, 그 밖의 시설(위험물을 이송하기 위한 배관, 그 밖에 이와 유사한 시설을 제외한다)의 주위에는 그 취급하는 위험물의 최대수량에 따라 다음 표에 의한 너비의 공지를 보유하여야 한다.(보유공지란 위험물을 취급하는 건축물 및 기타 시설의 주위에서 화재 등이 발생하는 경우 화재 시에 상호 연소방지는 물론 초기소화 등 소화활동공간과 피난상 확보해야 할 절대공지를 말한다.)

취급하는 위험물의 최대수량	공지의 너비
지정수량 10배 이하	3m 이상
지정수량 10배 초과	5m 이상

② 제조소의 작업공정이 다른 작업장의 작업공정과 연속되어 있어 제조소의 건축물, 그 밖의 공작물의 주위에 공지를 두게 되면 그 제조소의 작업에 현저한 지장이 생길 우려가 있는 경우 해당 제조소와 다른 작업장 사이에 다음의 기준에 따라 방화상 유효한 격벽을 설치한 때에는 해당 제조소와 다른 작업장 사이에 ①의 규정에 의한 공지를 보유하지 아니할 수 있다.

㉮ 방화벽은 내화구조로 할 것. 다만 취급하는 위험물이 제6류 위험물인 경우에는 불연재료로 할 수 있다.

㉯ 방화벽에 설치하는 출입구 및 창 등의 개구부는 가능한 한 최소로 하고, 출입구 및 창에는 자동폐쇄식의 60분+방화문 또는 60분방화문을 설치할 것

㉰ 방화벽의 양단 및 상단이 외벽 또는 지붕으로부터 50cm 이상 돌출하도록 할 것

(4) 제조소의 표지판 및 게시판

① **규격** : 한 변의 길이 0.3m 이상, 다른 한 변의 길이 0.6m 이상

② **색깔** : 백색바탕에 흑색문자

③ **표지판 기재사항** : 제조소 등의 명칭

④ **게시판 기재사항**

    ㉮ 취급하는 위험물의 ㉴별 및 ㉵명

    ㉯ 저장 최대㉶량 및 취급 최대수량, 지정수량의 ㉷수

    ㉰ 안전관리㉸ 성명 또는 직명

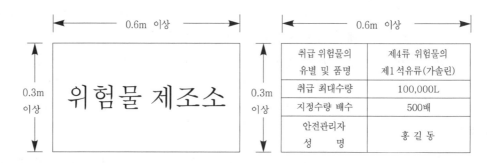

취급 위험물의 유별 및 품명	제4류 위험물의 제1 석유류(가솔린)
취급 최대수량	100,000L
지정수량 배수	500배
안전관리자 성 명	홍 길 동

〈 위험물 제조소의 표지판 〉　　　　　〈 위험물 제조소의 게시판 〉

⑤ **주의사항 게시판**

    ㉮ **규격** : 방화에 관하여 필요한 사항을 기재한 게시판 이외의 것이다. 한 변의 길이 0.3m 이상, 다른 한 변의 길이 0.6m 이상으로 한다.

    ㉯ **색깔**

        ㉠ 화기엄금(적색바탕 백색문자) : 제2류 위험물 중 인화성 고체, 제3류 위험물 중 자연발화성 물품, 제4류 위험물, 제5류 위험물

        ㉡ 화기주의(적색바탕 백색문자) : 제2류 위험물(인화성 고체 제외)

        ㉢ 물기엄금(청색바탕 백색문자) : 제1류 위험물 중 무기과산화물, 제3류 위험물 중 금수성 물품

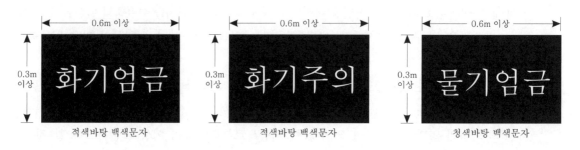

적색바탕 백색문자　　　　　　적색바탕 백색문자　　　　　　청색바탕 백색문자

(5) 제조소 건축물의 구조기준

① **지하층이 없도록 하여야** 한다.

② **벽 · 기둥 · 바닥 · 보 · 서까래 및 계단은 불연재료**로 하고, **연소의 우려가 있는 외벽은 개구부가 없는 내화구조의 벽**으로 하여야 한다. 연소의 우려가 있는 외벽은 다음에 정한 선을 기산점으로 하여 3m(2층 이상의 층에 대해서는 5m) 이내에 있는 제조소 등의 외벽을 말한다.

 ㉮ 제조소 등이 설치된 부지의 경계선

 ㉯ 제조소 등에 인접한 도로의 중심선

 ㉰ 제조소 등의 외벽과 동일 부지 내 다른 건축물의 외벽 간의 중심선

③ **지붕은 폭발력이 위로 방출될 정도의 가벼운 불연재료**로 덮어야 한다.

④ **출입구와 비상구는 60분＋방화문 · 60분방화문 또는 30분방화문으로 설치**하되, 연소의 우려가 있는 외벽에 설치하는 출입구에는 수시로 열 수 있는 자동폐쇄식의 60분＋방화문 또는 60분방화문을 설치하여야 한다.

⑤ 위험물을 취급하는 건축물의 창 및 출입구에 유리를 이용하는 경우에는 **망입유리**로 하여야 한다.

⑥ 액체의 위험물을 취급하는 **건축물의 바닥은 위험물이 스며들지 못하는 재료를 사용**하고, 적당한 경사를 두어 그 **최저부에 집유설비**를 하여야 한다.

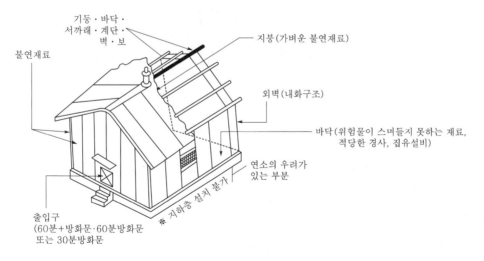

〈 제조소 건축물의 구조 〉

※ 60분＋방화문 또는 60분방화문과 30분방화문의 구조기준

① 60분＋방화문 또는 60분방화문

㉮ 철판을 양면으로 할 경우 한 면의 두께가 0.5mm 이상인 것

㉯ 철판을 한 면으로 할 경우 두께가 1.5mm 이상인 것

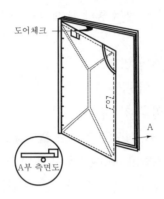

② 30분방화문

㉮ 철판을 한 면으로 할 경우 두께가 0.8mm 이상, 1.5mm 미만인 것

㉯ 망이 든 유리(망입유리)를 사용한 문

㉰ 망입유리의 종류

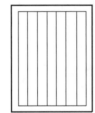  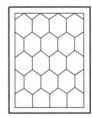

(6) 채광설비

불연재료로 하고, 연소의 우려가 없는 장소에 설치하되 채광면적을 최소로 한다.

(7) 조명설비

① 가연성 가스 등이 체류할 우려가 있는 장소의 조명등은 방폭등으로 한다.

② 전선은 내화 · 내열 전선으로 한다.

③ 점멸스위치는 출입구 바깥 부분에 설치한다. 다만, 스위치의 스파크로 인한 화재 · 폭발의 우려가 없는 경우에는 그러하지 아니하다.

(8) 환기설비

① 환기는 자연배기방식으로 한다.

② 급기구는 해당 급기구가 설치된 실의 **바닥면적 150m²마다 1개 이상으로 하되, 급기구의 크기는 800cm² 이상으로 한다.** 다만, 바닥면적이 150m² 미만인 경우에는 다음의 크기로 하여야 한다.

바닥면적	급기구의 면적
60m² 미만	150cm² 이상
60m² 이상, 90m² 미만	300cm² 이상
90m² 이상, 120m² 미만	450cm² 이상
120m² 이상, 150m² 미만	600cm² 이상

③ 급기구는 낮은 곳에 설치하고, 가는 눈의 구리망 등으로 인화방지망을 설치한다.

④ 환기구는 지붕 위 또는 지상 2m 이상의 높이에 회전식 고정 벤틸레이터 또는 루프팬방식으로 설치한다.

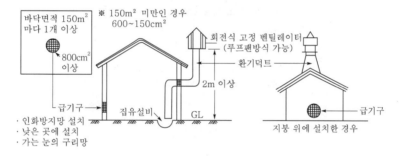

〈 자연배기식 환기장치 〉

(9) 배출설비

가연성의 증기 또는 미분이 체류할 우려가 있는 건축물에는 그 증기 또는 미분을 옥외의 높은 곳으로 배출할 수 있도록 배출설비를 설치하여야 한다.

① 배출설비는 국소방식으로 하여야 한다.

② 배출설비는 배풍기, 배출덕트, 후드 등을 이용하여 강제적으로 배출하는 것으로 하여야 한다.

③ **배출능력은 1시간당 배출장소 용적의 20배 이상인 것으로 하여야 한다.** 다만, 전역방식의 경우에는 바닥면적 1m²당 18m³ 이상으로 할 수 있다.

④ 배출설비의 급기구 및 배출구는 다음의 기준에 의하여야 한다.

㉮ 급기구는 높은 곳에 설치하고, 가는 눈의 구리망 등으로 인화방지망을 설치할 것

㉴ 배출구는 지상 2m 이상으로서 연소의 우려가 없는 장소에 설치하고, 배출덕트가 관통
하는 벽 부분의 바로 가까이에 화재 시 자동으로 폐쇄되는 방화댐퍼를 설치할 것

⑤ 배풍기는 강제배기방식으로 하고, 옥내덕트의 내압이 대기압 이상이 되지 않는 위치에 설
치하여야 한다.

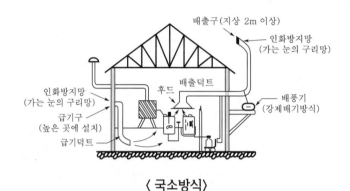

〈 국소방식 〉

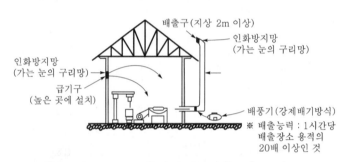

〈 전역방식 〉

(10) 정전기 제거설비의 설치기준

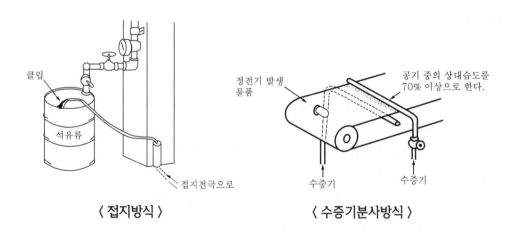

〈 접지방식 〉   〈 수증기분사방식 〉

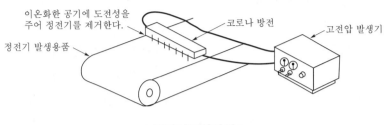

〈 공기이온화방식 〉

① 접지방식 : 접지에 의한 방법
② 수증기분사방식 : 공기 중의 상대습도를 70% 이상으로 하는 방법
③ 공기이온화방식 : 공기를 이온화하는 방식

(11) 방유제 설치

① 옥내 설치
　㉮ 탱크 1기 : 해당탱크에 수납하는 위험물의 양을 전부 수용할 수 있는 양
　㉯ 탱크 2기 이상 : 해당탱크에 수납하는 위험물의 최대탱크의 양을 전부 수용할 수 있
　　는 양
② 옥외 설치
　㉮ 하나의 취급탱크 : 해당탱크 용량의 50% 이상
　㉯ 둘 이상의 취급탱크 : 용량의 최대인 것의 50%에 나머지 탱크용량 합계의 10%를 가
　　산한 양

(12) 배관 설치

① 배관의 재질은 강관, 그 밖에 이와 유사한 금속성으로 하여야 한다. 다만, 다음의 기준에
　적합한 경우에는 그러하지 아니다.
　㉮ 배관의 재질은 한국산업규격의 유리섬유강화플라스틱 · 고밀도폴리에틸렌 또는 폴리
　　우레탄으로 할 것
　㉯ 배관의 구조는 내관 및 외관의 이중으로 하고, 내관과 외관의 사이에는 틈새공간을 두
　　어 누설여부를 외부에서 쉽게 확인할 수 있도록 할 것. 다만, 배관의 재질이 취급하는
　　위험물에 의해 쉽게 열화될 우려가 없는 경우에는 그러하지 아니다.
　㉰ 국내 또는 국외의 관련 공인시험기관으로부터 안전성에 대한 시험 또는 인증을 받을 것
　㉱ 배관은 지하에 매설할 것. 다만, 화재 등 열에 의하여 쉽게 변형될 우려가 없는 재질이
　　거나 화재 등 열에 의한 악영향을 받을 우려가 없는 장소에 설치되는 경우에는 그러하
　　지 아니하다.

② 배관은 다음의 구분에 따른 압력으로 내압시험을 실시하여 누설 또는 그 밖의 이상이 없는 것으로 해야 한다.

㉮ 불연성 액체를 이용하는 경우에는 최대상용압력의 1.5배 이상

㉯ 불연성 기체를 이용하는 경우에는 최대상용압력의 1.1배 이상

③ 배관을 지상에 설치하는 경우에는 지진·풍압·지반침하 및 온도변화에 안전한 구조의 지지물에 설치하되, 지면에 닿지 아니하도록 하고 배관의 외면에 부식방지를 위한 도장을 하여야 한다. 다만, 불변강관 또는 부식의 우려가 없는 재질의 배관의 경우에는 부식방지를 위한 도장을 아니할 수 있다.

④ 배관의 지하 매설 기준

㉮ 금속성 배관의 외면에는 부식방지를 위하여 도복장·코팅 또는 전기방식 등의 필요한 조치를 할 것

㉯ 배관의 접합부분(용접에 의한 접합부 또는 위험물의 누설의 우려가 없다고 인정되는 방법에 의하여 접합된 부분을 제외한다)에는 위험물의 누설여부를 점검할 수 있는 점검구를 설치할 것

㉰ 지면에 미치는 중량이 해당 배관에 미치지 아니하도록 보호할 것

⑤ 배관에 가열 또는 보온을 위한 설비를 설치하는 경우에는 화재예방상 안전한 구조로 하여야 한다.

(13) 기타 설비

① **위험물의 누출·비산 방지 설비** : 위험물을 취급하는 기계·기구, 그 밖의 설비는 위험물이 새거나 넘치거나 비산하는 것을 방지할 수 있는 구조로 하여야 한다. 다만, 해당 설비에 위험물의 누출 등으로 인한 재해를 방지할 수 있는 부대설비(되돌림관·수막 등)를 한 때에는 그러하지 아니하다.

② **가열·냉각 설비 등의 온도측정장치** : 위험물을 가열하거나 냉각하는 설비 또는 위험물의 취급에 수반하여 온도변화가 생기는 설비에는 온도측정장치를 설치하여야 한다.

③ **가열건조설비** : 위험물을 가열 또는 건조하는 설비는 직접 불을 사용하지 아니하는 구조로 하여야 한다. 다만, 해당 설비가 방화상 안전한 장소에 설치되어 있거나 화재를 방지할 수 있는 부대설비를 한 때에는 그러하지 아니하다.

④ **압력계 및 안전장치** : 위험물의 압력이 상승할 우려가 있는 설비에 설치하는 안전장치

㉮ 자동적으로 압력의 상승을 정지시키는 장치

㉯ 감압측에 안전밸브를 부착한 감압밸브

㉰ 안전밸브를 병용하는 경보장치

㉱ 파괴판(위험물의 성질에 따라 안전밸브의 작동이 곤란한 가압설비에 한한다.)

⑤ 피뢰설비 : **지정수량의 10배 이상의 위험물을 취급하는 제조소**(제6류 위험물을 취급하는 위험물 제조소를 제외한다)에는 피뢰침을 설치하여야 한다. 다만, 제조소의 주위의 상황에 따라 안전상 지장이 없는 경우에는 피뢰침을 설치하지 아니할 수 있다.

⑥ 전동기 등 : 전동기 및 위험물을 취급하는 설비의 펌프 · 밸브 · 스위치 등은 화재예방상 지장이 없는 위치에 부착하여야 한다.

(14) 위험물의 성질에 따른 제조소의 특례사항

① 아세트알데하이드 등을 취급하는 제조소

㉮ 은 · 수은 · 동 · 마그네슘 또는 이들을 성분으로 하는 합금으로 만들지 아니할 것

㉯ 연소성 혼합기체의 생성에 의한 폭발을 방지하기 위한 불활성기체 또는 수증기를 봉입하는 장치를 갖출 것

㉰ 아세트알데하이드 등을 취급하는 탱크에는 냉각장치 또는 저온을 유지하기 위한 장치(이하 "보냉장치"라 한다) 및 연소성 혼합기체의 생성에 의한 폭발을 방지하기 위한 불활성기체를 봉입하는 장치를 갖출 것

② 하이드록실아민 등을 취급하는 제조소

㉮ 지정수량 이상의 하이드록실아민 등을 취급하는 제조소의 안전거리

$$D = 51.1 \times \sqrt[3]{N}$$

여기서, D : 거리(m)

N : 해당 제조소에서 취급하는 하이드록실아민 등의 지정수량의 배수

㉯ 제조소의 주위에는 담 또는 토제(土堤)를 설치할 것

㉠ 담 또는 토제는 해당 제조소의 외벽 또는 이에 상당하는 공작물의 외측으로부터 2m 이상 떨어진 장소에 설치할 것

㉡ 담 또는 토제의 높이는 해당 제조소에 있어서 하이드록실아민 등을 취급하는 부분의 높이 이상으로 할 것

㉢ 담은 두께 15cm 이상의 철근콘크리트조 · 철골철근콘크리트조 또는 두께 20cm 이상의 보강콘크리트블록조로 할 것

㉣ 토제의 경사면의 경사도는 60° 미만으로 할 것

㉰ 하이드록실아민 등을 취급하는 설비에는 철이온 등의 혼입에 의한 위험한 반응을 방지하기 위한 조치를 강구할 것

③ 위험물안전관리법상 제조소의 기술기준을 적용함에 있어 위험물의 성질에 따른 강화된 특례기준을 적용하는 위험물

㉮ 제3류 위험물 중 알킬알루미늄 · 알킬리튬 또는 이 중 어느 하나 이상을 함유하는 것

      ㉯ 제4류 위험물 중 특수 인화물의 아세트알데하이드 · 산화프로필렌 또는 이 중 어느 하나 이상을 함유하는 것

      ㉰ 제5류 위험물 중 하이드록실아민 · 하이드록실아민염류 또는 이 중 어느 하나 이상을 함유하는 것

(15) 고인화점 위험물의 제조소

인화점이 100℃ 이상인 제4류 위험물(이하 "고인화점 위험물"이라 한다)만을 100℃ 미만의 온도에서 취급하는 제조소

(16) 알킬알루미늄 등, 아세트알데하이드 등 및 다이에틸에터 등(다이에틸에터 또는 이를 함유한 것을 말한다. 이하 같다)의 저장기준(중요기준)

① 옥외저장탱크 또는 옥내저장탱크 중 압력탱크(최대상용압력이 대기압을 초과하는 탱크를 말한다. 이하 (16)에서 같다)에 있어서는 알킬알루미늄 등의 취출에 의하여 해당 탱크 내의 압력이 상용압력 이하로 저하하지 아니하도록, 압력탱크 외의 탱크에 있어서는 알킬알루미늄 등의 취출이나 온도의 저하에 의한 공기의 혼입을 방지할 수 있도록 불활성의 기체를 봉입할 것

② 옥외저장탱크 · 옥내저장탱크 또는 이동저장탱크에 새롭게 알킬알루미늄 등을 주입하는 때에는 미리 해당 탱크 안의 공기를 불활성기체와 치환하여 둘 것

③ 이동저장탱크에 알킬알루미늄 등을 저장하는 경우에는 20kPa 이하의 압력으로 불활성의 기체를 봉입하여 둘 것

④ 옥외저장탱크 · 옥내저장탱크 또는 지하저장탱크 중 압력탱크에 있어서는 아세트알데하이드 등의 취출에 의하여 해당 탱크 내의 압력이 상용압력 이하로 저하하지 아니하도록, 압력탱크 외의 탱크에 있어서는 아세트알데하이드 등의 취출이나 온도 저하에 의한 공기의 혼입을 방지할 수 있도록 불활성기체를 봉입할 것

⑤ 옥외저장탱크 · 옥내저장탱크 · 지하저장탱크 또는 이동저장탱크에 새롭게 아세트알데하이드 등을 주입하는 때에는 미리 해당 탱크 안의 공기를 불활성기체와 치환하여 둘 것

⑥ 이동저장탱크에 아세트알데하이드 등을 저장하는 경우에는 항상 불활성의 기체를 봉입하여 둘 것

⑦ 옥외저장탱크 · 옥내저장탱크 또는 지하저장탱크 중 압력탱크 외의 탱크에 저장하는 다이에틸에터 등 또는 아세트알데하이드 등의 온도는 산화프로필렌과 이를 함유한 것 또는 다이에틸에터 등에 있어서는 30℃ 이하로, 아세트알데하이드 또는 이를 함유한 것에 있어서는 15℃ 이하로 각각 유지할 것

⑧ 옥외저장탱크 · 옥내저장탱크 또는 지하저장탱크 중 압력탱크에 저장하는 아세트알데하이드 등 또는 다이에틸에터 등의 온도는 40℃ 이하로 유지할 것

⑨ 보냉장치가 있는 이동저장탱크에 저장하는 아세트알데하이드 등 또는 다이에틸에터 등의 온도는 해당 위험물의 비점 이하로 유지할 것

⑩ 보냉장치가 없는 이동저장탱크에 저장하는 아세트알데하이드 등 또는 다이에틸에터 등의 온도는 40℃ 이하로 유지할 것

(17) 알킬알루미늄 등 및 아세트알데하이드 등의 취급기준(중요기준)

① 알킬알루미늄 등의 제조소 또는 일반취급소에 있어서 알킬알루미늄 등을 취급하는 설비에는 불활성의 기체를 봉입할 것

② 알킬알루미늄 등의 이동탱크저장소에 있어서 이동저장탱크로부터 알킬알루미늄 등을 꺼낼 때에는 동시에 200kPa 이하의 압력으로 불활성의 기체를 봉입할 것

③ 아세트알데하이드 등의 제조소 또는 일반취급소에 있어서 아세트알데하이드 등을 취급하는 설비에는 연소성 혼합기체의 생성에 의한 폭발의 위험이 생겼을 경우에 불활성의 기체 또는 수증기[아세트알데하이드 등을 취급하는 탱크(옥외에 있는 탱크 또는 옥내에 있는 탱크로서 그 용량이 지정수량의 5분의 1 미만의 것을 제외한다)에 있어서는 불활성의 기체]를 봉입할 것

④ 아세트알데하이드 등의 이동탱크저장소에 있어서 이동저장탱크로부터 아세트알데하이드 등을 꺼낼 때에는 동시에 100kPa 이하의 압력으로 불활성의 기체를 봉입할 것

② 옥내저장소

(1) 옥내저장소의 기준

① 옥내저장소의 안전거리 제외대상

㉮ 제4석유류 또는 동식물유류의 위험물을 저장 또는 취급하는 옥내저장소로서 그 최대 수량이 지정수량의 20배 미만인 것

㉯ 제6류 위험물을 저장 또는 취급하는 옥내저장소

㉰ 지정수량의 20배(하나의 저장창고 바닥면적이 150m² 이하인 경우에는 50배) 이하의 위험물을 저장 또는 취급하는 옥내저장소로서 다음의 기준에 적합한 것

㉠ 저장창고의 벽 · 기둥 · 바닥 · 보 및 지붕이 내화구조인 것

㉡ 저장창고의 출입구에 수시로 열 수 있는 자동폐쇄방식의 60분＋방화문 또는 60분 방화문이 설치되어 있을 것

㉢ 저장창고에 창을 설치하지 아니할 것

② 옥내저장소의 보유공지

저장 또는 취급하는 위험물의 최대수량	공지의 너비	
	벽 · 기둥 및 바닥이 내화구조로 된 건축물	그 밖의 건축물
지정수량의 5배 이하	−	0.5m 이상
지정수량의 5배 초과, 10배 이하	1m 이상	1.5m 이상
지정수량의 10배 초과, 20배 이하	2m 이상	3m 이상
지정수량의 20배 초과, 50배 이하	3m 이상	5m 이상
지정수량의 50배 초과, 200배 이하	5m 이상	10m 이상
지정수량의 200배 초과	10m 이상	15m 이상

단, 지정수량의 20배를 초과하는 옥내저장소와 동일한 부지 내에 있는 다른 옥내저장소와의 사이에는 공지너비의 $\frac{1}{3}$(해당 수치가 3m 미만인 경우는 3m)의 공지를 보유할 수 있다.

③ 옥내저장소의 저장창고

㉮ 저장창고는 위험물의 저장을 전용으로 하는 독립된 건축물로 하여야 한다.

㉯ 저장창고는 지면에서 처마까지의 높이(이하 "처마높이"라 한다)가 6m 미만인 단층건물로 하고 그 바닥을 지반면보다 높게 하여야 한다. 다만, 제2류 또는 제4류의 위험물만을 저장하는 창고로서 다음의 기준에 적합한 창고의 경우에는 20m 이하로 할 수 있다.

　㉠ 벽 · 기둥 · 보 및 바닥을 내화구조로 할 것

　㉡ 출입구에 60분+방화문 또는 60분방화문을 설치할 것

　㉢ 피뢰침을 설치할 것. 다만, 주위상황에 의하여 안전상 지장이 없는 경우에는 그러하지 아니하다.

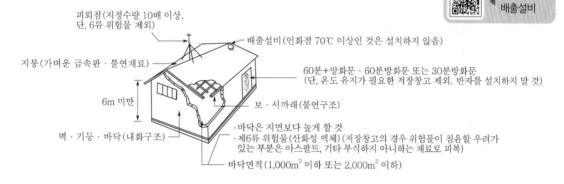

〈 옥내저장소의 구조 〉

㉰ 하나의 저장창고의 바닥면적

위험물을 저장하는 창고	바닥면적
㉠ 제1류 위험물 중 아염소산염류, 염소산염류, 과염소산염류, 무기과산화물, 그 밖에 지정수량이 50kg인 위험물 ㉡ 제3류 위험물 중 칼륨, 나트륨, 알킬알루미늄, 알킬리튬, 그 밖에 지정수량이 10kg인 위험물 및 황린 ㉢ 제4류 위험물 중 특수 인화물, 제1석유류 및 알코올류 ㉣ 제5류 위험물 중 유기과산화물, 질산에스터류, 그 밖에 지정수량이 10kg인 위험물 ㉤ 제6류 위험물	1,000m^2 이하
㉠~㉤ 외의 위험물을 저장하는 창고	2,000m^2 이하
내화구조의 격벽으로 완전히 구획된 실에 각각 저장하는 창고	1,500m^2 이하

㉑ 저장창고의 벽·기둥 및 바닥은 내화구조로 하고, 보와 서까래는 불연재료로 하여야 한다. 다만, 지정수량의 10배 이하의 위험물의 저장창고 또는 제2류와 제4류의 위험물(인화성 고체 및 인화점이 70℃ 미만인 제4류 위험물을 제외한다)만의 저장창고에 있어서는 연소의 우려가 없는 벽·기둥 및 바닥은 불연재료로 할 수 있다.

㉒ 저장창고는 지붕을 폭발력이 위로 방출될 정도의 가벼운 불연재료로 하고, 천장을 만들지 아니하여야 한다. 다만, 제2류 위험물(분상의 것과 인화성 고체를 제외한다)과 제6류 위험물만의 저장창고에 있어서는 지붕을 내화구조로 할 수 있고, 제5류 위험물만의 저장창고에 있어서는 해당 저장창고 내의 온도를 저온으로 유지하기 위하여 난연재료 또는 불연재료로 된 천장을 설치할 수 있다.

㉓ 저장창고의 출입구에는 60분+방화문·60분방화문 또는 30분방화문을 설치하되, 연소의 우려가 있는 외벽에 있는 출입구에는 수시로 열 수 있는 자동폐쇄식의 60분+방화문 또는 60분방화문을 설치하여야 한다.

㉔ 저장창고의 창 또는 출입구에 유리를 이용하는 경우에는 망입유리로 하여야 한다.

㉕ 바닥은 물이 스며 나오거나 스며들지 아니하는 구조로 해야 하는 위험물
  ㉠ 제1류 위험물 중 알칼리금속의 과산화물 또는 이를 함유하는 것
  ㉡ 제2류 위험물 중 철분·금속분·마그네슘 또는 이 중 어느 하나 이상을 함유하는 것
  ㉢ 제3류 위험물 중 금수성 물질
  ㉣ 제4류 위험물

㉖ 액상 위험물의 저장창고의 바닥은 위험물이 스며들지 아니하는 구조로 하고, 적당하게 경사지게 하여 그 최저부에 집유설비를 하여야 한다.

〈 옥내저장소 수납장 1 〉

〈 옥내저장소 수납장 2 〉

ⓒ 선반 등의 수납장 설치기준

   ⓐ 수납장은 불연재료로 만들어 견고한 기초 위에 고정할 것

   ⓑ 수납장은 해당 수납장 및 그 부속설비의 자중, 저장하는 위험물의 중량 등의 하중에 의하여 생기는 응력에 대하여 안전한 것으로 할 것

   ⓒ 수납장에는 위험물을 수납한 용기가 쉽게 떨어지지 아니하게 하는 조치를 할 것

ⓚ 저장창고에는 채광 · 조명 및 환기의 설비를 갖추어야 하고, 인화점이 70℃ 미만인 위험물의 저장창고에 있어서는 내부에 체류한 가연성의 증기를 지붕 위로 배출하는 설비를 갖추어야 한다.

ⓣ 지정수량의 10배 이상의 저장창고(제6류 위험물의 저장창고를 제외한다)에는 피뢰침을 설치하여야 한다.

ⓟ 제5류 위험물 중 셀룰로이드, 그 밖에 온도의 상승에 의하여 분해 · 발화할 우려가 있는 것의 저장창고는 해당 위험물이 발화하는 온도에 달하지 아니하는 온도를 유지하는 구조로 하거나 다음의 기준에 적합한 비상전원을 갖춘 통풍장치 또는 냉방장치 등의 설비를 2 이상 설치하여야 한다.

   ⓐ 상용전력원이 고장인 경우에 자동으로 비상전원으로 전환되어 가동되도록 할 것

   ⓑ 비상전원의 용량은 통풍장치 또는 냉방장치 등의 설비를 유효하게 작동시킬 수 있는 정도일 것

ⓗ 담 또는 토제는 다음에 적합한 것으로 하여야 한다. 다만, 지정수량의 5배 이하인 지정과산화물의 옥내저장소에 대하여는 해당 옥내저장소의 저장창고의 외벽을 두께 30cm 이상의 철근콘크리트조 또는 철골철근콘크리트조로 만드는 것으로서 담 또는 토제에 대신할 수 있다.

   ⓐ 담 또는 토제는 저장창고의 외벽으로부터 2m 이상 떨어진 장소에 설치할 것. 다만, 담 또는 토제와 해당 저장창고와의 간격은 해당 옥내저장소의 공지의 너비의 5분의 1을 초과할 수 없다.

   ⓑ 담 또는 토제의 높이는 저장창고의 처마높이 이상으로 할 것

   ⓒ 담은 두께 15cm 이상의 철근콘크리트조나 철골철근콘크리트조 또는 두께 20cm 이상의 보강콘크리트블록조로 할 것

   ⓓ 토제의 경사면의 경사도는 60° 미만으로 할 것

   ⓔ 지정수량의 5배 이하인 지정과산화물의 옥내저장소에 해당 옥내저장소의 저장창고의 외벽을 상기 규정에 의한 구조로 하고 주위에 상기 규정에 의한 담 또는 토제를 설치하는 때에는 건축물 등까지의 사이의 거리를 10m 이상으로 할 수 있다.

(2) 다층건물의 옥내저장소 기준[제2류 또는 제4류의 위험물(인화성 고체 및 인화점이 70℃ 미만인 제4류 위험물을 제외한다.)]

① 저장창고는 각층의 바닥을 지면보다 높게 하고, 바닥면으로부터 상층의 바닥(상층이 없는 경우에는 처마)까지의 높이(이하 "층고"라 한다)를 6m 미만으로 하여야 한다.

② 하나의 저장창고의 바닥면적 합계는 1,000m^2 이하로 하여야 한다.

③ 저장창고의 벽 · 기둥 · 바닥 및 보를 내화구조로 하고, 계단을 불연재료로 하며, 연소의 우려가 있는 외벽은 출입구 외의 개구부를 갖지 아니하는 벽으로 하여야 한다.

④ 2층 이상의 층의 바닥에는 개구부를 두지 아니하여야 한다. 다만, 내화구조의 벽과 60분＋방화문 · 60분방화문 또는 30분방화문으로 구획된 계단실에 있어서는 그러하지 아니하다.

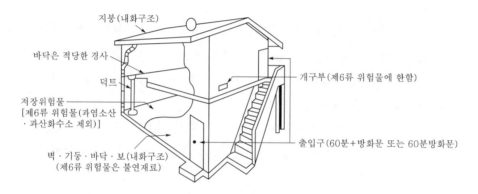

⟨ 단층건물 이외의 건축물의 구조 ⟩

(3) 복합용도 건축물의 옥내저장소 기준(지정수량의 20배 이하의 것 제외)

① 옥내저장소는 벽 · 기둥 · 바닥 및 보가 내화구조인 건축물의 1층 또는 2층의 어느 하나의 층에 설치하여야 한다.

② 옥내저장소의 용도에 사용되는 부분의 바닥은 지면보다 높게 설치하고 그 층고를 6m 미만으로 하여야 한다.

③ 옥내저장소의 용도에 사용되는 부분의 바닥면적은 75m^2 이하로 하여야 한다.

④ 옥내저장소의 용도에 사용되는 부분은 벽 · 기둥 · 바닥 · 보 및 지붕(상층이 있는 경우에는 상층의 바닥)을 내화구조로 하고, 출입구 외의 개구부가 없는 두께 70mm 이상의 철근콘크리트조 또는 이와 동등 이상의 강도가 있는 구조의 바닥 또는 벽으로 해당 건축물의 다른 부분과 구획되도록 하여야 한다.

⑤ 옥내저장소의 용도에 사용되는 부분의 출입구에는 수시로 열 수 있는 자동폐쇄방식의 60분＋방화문 또는 60분방화문을 설치하여야 한다.

⑥ 옥내저장소의 용도에 사용되는 부분에는 창을 설치하지 아니하여야 한다.

⑦ 옥내저장소의 용도에 사용되는 부분의 환기설비 및 배출설비에는 방화상 유효한 댐퍼 등을 설치하여야 한다.

(4) 소규모 옥내저장소의 특례

지정수량의 50배 이하인 소규모의 옥내저장소 중 저장창고의 처마높이가 6m 미만인 것으로서 저장창고가 다음 기준에 적합한 것에 대하여는 상기의 규정은 적용하지 아니한다.

① 저장창고의 주위에는 다음 표에 정하는 너비의 공지를 보유할 것

저장 또는 취급하는 위험물의 최대수량	공지의 너비
지정수량의 5배 이하	–
지정수량의 5배 초과, 20배 이하	1m 이상
지정수량의 20배 초과, 50배 이하	2m 이상

② 하나의 저장창고의 바닥면적은 $150m^2$ 이하로 할 것

③ 저장창고는 벽 · 기둥 · 바닥 · 보 및 지붕을 내화구조로 할 것

④ 저장창고의 출입구에는 수시로 개방할 수 있는 자동폐쇄방식의 60분＋방화문 또는 60분 방화문을 설치할 것

⑤ 저장창고에는 창을 설치하지 아니할 것

(5) 위험물의 성질에 따른 옥내저장소의 특례

① 다음에 해당하는 위험물을 저장 또는 취급하는 옥내저장소에 있어서는 해당 위험물의 성질에 따라 강화되는 기준은 아래 ② 내지 ④에 의하여야 한다.

㉮ 제5류 위험물 중 유기과산화물 또는 이를 함유하는 것으로서 지정수량이 10kg인 것 (이하 "지정과산화물"이라 한다)

㉯ 알킬알루미늄 등

㉰ 하이드록실아민 등

② 지정과산화물을 저장 또는 취급하는 옥내저장소에 대하여 강화되는 기준

㉮ 옥내저장소는 해당 옥내저장소의 외벽으로부터 규정에 의한 건축물의 외벽 또는 이에 상당하는 공작물의 외측까지의 사이에 안전거리를 두어야 한다.

㉯ 옥내저장소의 저장창고 주위에는 규정에서 정하는 너비의 공지를 보유하여야 한다. 다만, 2 이상의 옥내저장소를 동일한 부지 내에 인접하여 설치하는 때에는 해당 옥내저장소의 상호 간 공지의 너비를 (4)의 ①표에 정하는 공지너비의 3분의 2로 할 수 있다.

㉰ 옥내저장소의 저장창고의 기준

㉠ 저장창고는 $150m^2$ 이내마다 격벽으로 완전하게 구획할 것. 이 경우 해당 격벽은

두께 30cm 이상의 철근콘크리트조 또는 철골철근콘크리트조로 하거나 두께 40cm 이상의 보강콘크리트블록조로 하고, 해당 저장창고의 양측의 외벽으로부터 1m 이상, 상부의 지붕으로부터 50cm 이상 돌출하게 하여야 한다.

ⓒ 저장창고의 외벽은 두께 20cm 이상의 철근콘크리트조나 철골철근콘크리트조 또는 두께 30cm 이상의 보강콘크리트블록조로 할 것

ⓒ 저장창고의 지붕

ⓐ 중도리 또는 서까래의 간격은 30cm 이하로 할 것

ⓑ 지붕의 아래쪽 면에는 한 변의 길이가 45cm 이하의 환강(丸鋼) · 경량형강(輕量形鋼) 등으로 된 강제(鋼製)의 격자를 설치할 것

ⓒ 지붕의 아래쪽 면에 철망을 쳐서 불연재료의 도리 · 보 또는 서까래에 단단히 결합할 것

ⓓ 두께 5cm 이상, 너비 30cm 이상의 목재로 만든 받침대를 설치할 것

ⓔ 저장창고의 출입구에는 60분+방화문 또는 60분방화문을 설치할 것

ⓜ 저장창고의 창은 바닥면으로부터 2m 이상의 높이에 두되, 하나의 벽면에 두는 창의 면적의 합계를 해당 벽면의 면적의 80분의 1 이내로 하고, 하나의 창의 면적을 $0.4m^2$ 이내로 할 것

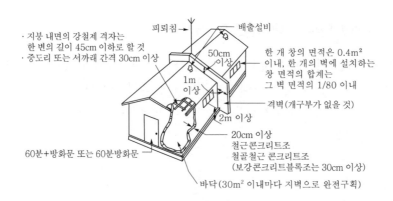

〈 지정과산화물의 저장창고 〉

③ 알킬알루미늄 등을 저장 또는 취급하는 옥내저장소에 대하여 누설범위를 국한하기 위한 설비 및 누설한 알킬알루미늄 등을 안전한 장소에 설치된 조(槽)로 끌어들일 수 있는 설비를 설치하여야 한다.

④ 하이드록실아민 등을 저장 또는 취급하는 옥내저장소에 대하여 강화되는 기준은 하이드록실아민 등의 온도 상승에 의한 위험한 반응을 방지하기 위한 조치를 강구하는 것으로 한다.

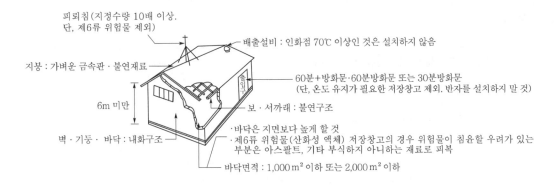

피뢰침(지정수량 10배 이상.
단, 제6류 위험물 제외)

배출설비 : 인화점 70℃ 이상인 것은 설치하지 않음

지붕 : 가벼운 금속판 · 불연재료

60분+방화문 · 60분방화문 또는 30분방화문
(단, 온도 유지가 필요한 저장창고 제외. 반자를 설치하지 말 것)

6m 미만

보 · 서까래 : 불연구조

벽 · 기둥 · 바닥 : 내화구조

· 바닥은 지면보다 높게 할 것
· 제6류 위험물(산화성 액체) 저장창고의 경우 위험물이 침윤할 우려가 있는
부분은 아스팔트, 기타 부식하지 아니하는 재료로 피복

바닥면적 : 1,000 m² 이하 또는 2,000 m² 이하

〈 옥내저장소의 구조 〉

③ 옥외저장소

옥외저장소
시설기준

(1) 옥외저장소의 기준

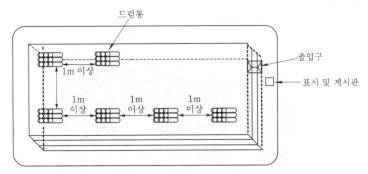

드럼통

1m 이상

1m
이상

1m
이상

1m
이상

출입구

표시 및 게시판

① 안전거리를 둘 것

② 습기가 없고 배수가 잘 되는 장소에 설치할 것

③ 위험물을 저장 또는 취급하는 장소의 주위에는 경계표시(울타리의 기능이 있는 것에 한
함)를 하여 명확하게 구분한다.

(2) 보유공지

저장 또는 취급하는 위험물의 최대수량	공지의 너비
지정수량의 10배 이하	3m 이상
지정수량의 10배 초과, 20배 이하	5m 이상
지정수량의 20배 초과, 50배 이하	9m 이상
지정수량의 50배 초과, 200배 이하	12m 이상
지정수량의 200배 초과	15m 이상

제4류 위험물 중 제4석유류와 제6류 위험물을 저장 또는 취급하는 보유공지는 공지너비의 $\frac{1}{3}$ 이상의 너비로 할 수 있다.

(3) 옥외저장소의 선반 설치기준

① 선반은 불연재료로 만들고 견고한 지반면에 고정할 것
② 선반은 해당 선반 및 그 부속설비의 자중 · 저장하는 위험물의 중량 · 풍하중 · 지진의 영향 등에 의하여 생기는 응력에 대하여 안전할 것
③ 선반의 높이는 6m를 초과하지 아니할 것
④ 선반에는 위험물을 수납한 용기가 쉽게 낙하하지 아니하는 조치를 강구할 것

(4) 과산화수소 또는 과염소산을 저장하는 옥외저장소의 기준

과산화수소 또는 과염소산을 저장하는 옥외저장소에는 불연성 또는 난연성의 천막 등을 설치하여 햇빛을 가릴 것

(5) 눈 · 비 등을 피하거나 차광 등을 위하여 옥외저장소에 캐노피 또는 지붕을 설치하는 경우의 기준

〈 캐노피 설치 옥외저장소 〉

눈 · 비 등을 피하거나 차광 등을 위하여 옥외저장소에 캐노피 또는 지붕을 설치하는 경우에는 환기 및 소화활동에 지장을 주지 아니하는 구조로 할 것. 이 경우 기둥은 내화구조로 하고, 캐노피 또는 지붕을 불연재료로 하며, 벽을 설치하지 아니하여야 한다.

(6) 옥외저장소 중 덩어리상태의 황만을 지반면에 설치한 경계표시의 안쪽에서 저장 또는 취급하는 것에 대한 기준

① 하나의 경계표시의 내부의 면적은 $100m^2$ 이하일 것

② 2 이상의 경계표시를 설치하는 경우에 있어서는 각각의 경계표시 내부의 면적을 합산한 면적은 $1,000m^2$ 이하로 하고, 인접하는 경계표시와 경계표시와의 간격은 공지의 너비의 2분의 1 이상으로 할 것. 다만, 저장 또는 취급하는 위험물의 최대수량이 지정수량의 200배 이상인 경우에는 10m 이상으로 하여야 한다.

③ 경계표시는 불연재료로 만드는 동시에 황이 새지 아니하는 구조로 할 것

④ 경계표시의 높이는 1.5m 이하로 할 것

⑤ 경계표시에는 황이 넘치거나 비산하는 것을 방지하기 위한 천막 등을 고정하는 장치를 설치하되, 천막 등을 고정하는 장치는 경계표시의 길이 2m마다 한 개 이상 설치할 것

⑥ 황을 저장 또는 취급하는 장소의 주위에는 배수구와 분리장치를 설치할 것

(7) 옥외저장소에 저장할 수 있는 위험물

① 제2류 위험물 중 황, 인화성 고체(인화점이 0℃ 이상인 것에 한함)

② 제4류 위험물 중 제1석유류(인화점이 0℃ 이상인 것에 한함), 제2석유류, 제3석유류, 제4석유류, 알코올류, 동식물유류

③ 제6류 위험물

(8) 인화성 고체, 제1석유류 또는 알코올류의 옥외저장소의 특례

① 인화성 고체, 제1석유류 또는 알코올류를 저장 또는 취급하는 장소에는 해당 위험물을 적당한 온도로 유지하기 위한 살수설비 등을 설치하여야 한다.

② 제1석유류 또는 알코올류를 저장 또는 취급하는 장소의 주위에는 배수구 및 집유설비를 설치하여야 한다. 이 경우 제1석유류(20℃의 물 100g에 용해되는 양이 1g 미만인 것에 한한다)를 저장 또는 취급하는 장소에 있어서는 집유설비에 유분리장치를 설치하여야 한다.

④ 옥외탱크저장소

옥외탱크저장소
시설기준

(1) 안전거리 : 제조소의 안전거리에 준용한다.

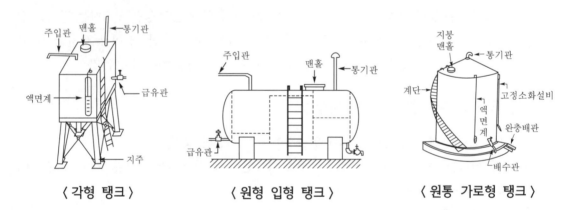

〈 각형 탱크 〉　　　　〈 원형 입형 탱크 〉　　　　〈 원통 가로형 탱크 〉

(2) 보유공지

저장 또는 취급하는 위험물의 최대수량	공지의 너비
지정수량의 500배 이하	3m 이상
지정수량의 500배 초과, 1,000배 이하	5m 이상
지정수량의 1,000배 초과, 2,000배 이하	9m 이상
지정수량의 2,000배 초과, 3,000배 이하	12m 이상
지정수량의 3,000배 초과, 4,000배 이하	15m 이상
지정수량의 4,000배 초과	해당 탱크의 수평 단면의 최대지름(가로형인 경우에는 긴 변)과 높이 중 큰 것과 같은 거리 이상. 다만, 30m 초과의 경우에는 30m 이상으로 할 수 있고, 15m 미만의 경우에는 15m 이상으로 하여야 한다.

※ 특례 : 제6류 위험물을 저장, 취급하는 옥외저장탱크의 경우

- 보유공지의 $\frac{1}{3}$ 이상의 너비로 할 수 있다(단, 1.5m 이상일 것).

- 동일 대지 내에 2기 이상의 탱크를 인접하여 설치하는 경우에는 보유공지 너비의 $\frac{1}{3}$ 이상에 다시 $\frac{1}{3}$ 이상의 너비로 할 수 있다(단, 1.5m 이상일 것).

(3) 탱크 구조기준

① 재질 및 두께 : 두께 3.2mm 이상의 강철판
② 시험기준
 ㉮ 압력탱크의 경우 : 최대상용압력의 1.5배의 압력으로 10분간 실시하는 수압시험에서 각각 새거나 변형되지 아니하여야 한다.
 ㉯ 압력탱크 외의 탱크일 경우 : 충수시험
③ 부식방지조치
 ㉮ 탱크의 밑판 아래에 밑판의 부식을 유효하게 방지할 수 있도록 아스팔트 샌드 등의 방식재료를 댄다.
 ㉯ 탱크의 밑판에 전기방식의 조치를 강구한다.
④ 탱크의 내진풍압구조 : 지진 및 풍압에 견딜 수 있는 구조로 하고, 그 지주는 철근콘크리트조, 철골콘크리트조로 한다.
⑤ 탱크 통기장치의 기준
 ㉮ 밸브 없는 통기관
  ㉠ 통기관의 직경 : 30mm 이상
  ㉡ 통기관의 선단은 수평으로부터 45° 이상 구부려 빗물 등의 침투를 막는 구조일 것
  ㉢ 인화점이 38℃ 미만인 위험물만을 저장 · 취급하는 탱크의 통기관에는 화염방지장치를 설치하고, 인화점이 38℃ 이상 70℃ 미만인 위험물을 저장 · 취급하는 탱크의 통기관에는 40mesh 이상의 구리망으로 된 인화방지장치를 설치할 것
  ㉣ 가연성의 증기를 회수하기 위한 밸브를 통기관에 설치하는 경우에 있어서는 해당 통기관의 밸브는 저장탱크에 위험물을 주입하는 경우를 제외하고는 항상 개방되어 있는 구조로 하는 한편, 폐쇄하였을 경우에 있어서는 10kPa 이하의 압력에서 개방되는 구조로 할 것. 이 경우 개방된 부분의 유효단면적은 777.15mm^2 이상이어야 한다.
 ㉯ 대기밸브 부착 통기관
  ㉠ 5kPa 이하의 압력 차이로 작동할 수 있을 것
  ㉡ 가는 눈의 구리망 등으로 인화방지장치를 설치할 것

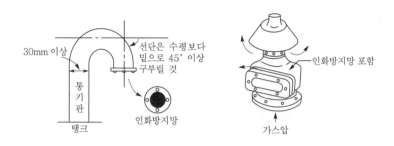

〈 밸브 없는 통기관 〉　　　〈 밸브 부착 통기관 〉

⑥ 자동계량장치 설치기준

　㉮ 위험물의 양을 자동적으로 표시할 수 있도록 한다.

　㉯ 종류

　　㉠ 기밀부유식 계량장치

　　㉡ 부유식 계량장치(증기가 비산하지 않는 구조)

　　㉢ 전기압력자동방식 또는 방사성 동위원소를 이용한 자동계량장치

　　㉣ 유리게이지(금속관으로 보호된 경질유리 등으로 되어 있고, 게이지가 파손되었을
　　　 때 위험물의 유출을 자동으로 정지할 수 있는 장치가 되어 있는 것에 한한다.)

⑦ 탱크 주입구 설치기준

　㉮ 화재예방상 지장이 없는 장소에 설치할 것

　㉯ 주입호스 또는 주유관과 결합할 수 있도록 하고 위험물이 새지 않는 구조일 것

　㉰ 주입구에는 밸브 또는 뚜껑을 설치할 것

　㉱ 휘발유, 벤젠, 그 밖의 정전기에 의한 재해가 발생할 우려가 있는 액체 위험물의
　　 옥외저장탱크 주입구 부근에는 정전기를 유효하게 제거하기 위한 접지전극을 설치
　　 한다.

〈 옥외탱크 접지설비 〉

⑭ 인화점이 21℃ 미만인 위험물 탱크 주입구에는 보기 쉬운 곳에 게시판을 설치한다.

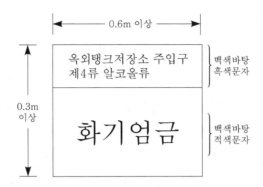

ⓐ 기재사항 : 옥외저장탱크 주입구, 위험물의 유별과 품명, 주의사항

ⓑ 크기 : 한 변의 길이 0.3m 이상, 다른 한 변의 길이 0.6m 이상인 직사각형

ⓒ 색깔 : 백색바탕에 흑색문자, 주의사항은 백색바탕에 적색문자

⑧ 옥외탱크저장소의 금속 사용제한 및 위험물 저장기준

㉮ 금속 사용제한 조치기준 : 아세트알데하이드 또는 산화프로필렌의 옥외탱크저장소에는 은, 수은, 구리, 마그네슘 또는 이들 합금과는 사용하지 말 것

㉯ 아세트알데하이드, 산화프로필렌 등의 저장기준

ⓐ 옥외저장탱크에 아세트알데하이드 또는 산화프로필렌을 저장하는 경우에는 그 탱크 안에 불연성 가스를 봉입해야 한다.

ⓑ 옥외저장탱크 중 압력탱크 외의 탱크에 저장하는 경우

ⓐ 에틸에터 또는 산화프로필렌 : 30℃ 이하

ⓑ 아세트알데하이드 : 15℃ 이하

ⓒ 옥외저장탱크 중 압력탱크에 저장하는 경우 : 아세트알데하이드 또는 산화프로필렌의 온도 : 40℃ 이하

⑨ 탱크의 높이가 15m를 초과하는 경우의 물분무소화설비의 가압송수장치 기준

㉮ 토출량 : 탱크의 높이 15m마다 원주둘레 길이 1m당 37L를 곱한 양 이상일 것

㉯ 수원의 양 : 토출량을 20분 이상 방수할 수 있는 양 이상일 것

㉰ 물분무헤드의 설치기준 : 탱크의 높이를 고려하여 적절하게 설치할 것

⑩ 옥외저장탱크의 배수관은 탱크의 옆판에 설치하여야 한다. 다만, 탱크와 배수관과의 결합 부분이 지진 등에 의하여 손상을 받을 우려가 없는 방법으로 배수관을 설치하는 경우에는 탱크의 밑판에 설치할 수 있다.

⑪ 옥외저장탱크에 부착되는 부속설비(교반기, 밸브, 폼챔버, 화염방지장치, 통기관대기밸브, 비상압력배출장치를 말한다)는 기술원 또는 소방청장이 정하여 고시하는 국내 · 외 공인시험기관에서 시험 또는 인증 받은 제품을 사용하여야 한다.

(4) 옥외탱크저장소의 펌프설비 설치기준

① 펌프설비 보유공지

⑦ 설비 주위에 너비 3m 이상의 공지를 보유한다.

⑭ 펌프설비와 탱크 사이의 거리는 해당

탱크의 보유공지 너비의 $\frac{1}{3}$ 이상의 거

리를 유지한다.

⑯ 보유공지 제외기준

㉠ 방화상 유효한 격벽으로 설치된 경우

㉡ 제6류 위험물을 저장, 취급하는 경우

㉢ 지정수량 10배 이하의 위험물을 저
장, 취급하는 경우

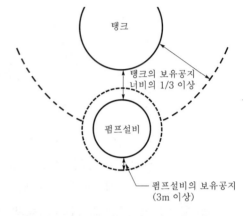

〈 옥외탱크저장소 펌프설비의 보유공지 〉

② 옥내 펌프실의 설치기준

⑦ 바닥의 기준

㉠ 재질은 콘크리트, 기타 불침윤 재료로 한다.

㉡ 턱 높이는 0.2m 이상으로 한다.

㉢ 적당히 경사지게 하고 집유설비를 설치한다.

⑭ 출입구는 60분+방화문·60분방화문 또는 30분방화문을 설치한다.

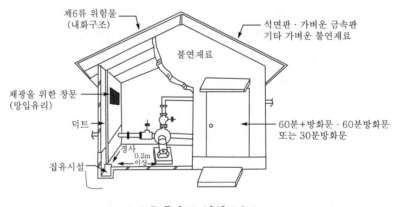

〈 옥내펌프 설치모습 〉

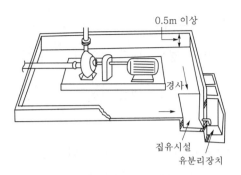

0.5m 이상

경사

집유시설
유분리장치

〈 옥내펌프설비 〉

③ 펌프실 외에 설치하는 펌프설비의 바닥기준

㉮ 재질은 콘크리트, 기타 불침윤 재료로 한다.

㉯ 턱 높이는 0.15m 이상으로 한다.

㉰ 해당 지반면은 위험물이 스며들지 아니하는 재료로 적당히 경사지게 하고 최저부에 집유설비를 설치한다.

㉱ 이 경우 제4류 위험물(20℃의 물 100g에 용해되는 양이 1g 미만인 것에 한한다)을 취급하는 곳은 집유설비, 유분리장치를 설치한다.

(5) 옥외탱크저장소의 방유제 설치기준

① 설치목적 : 저장 중인 액체 위험물이 주위로 누설 시 그 주위에 피해 확산을 방지하기 위하여 설치한 담

② 용량 : 방유제 안에 설치된 탱크가 하나인 때에는 그 **탱크용량의 110% 이상**, **2기 이상인 때에는 그 탱크 중 용량이 최대인 것의 용량의 110% 이상**으로 한다. 다만, 인화성이 없는 액체 위험물의 옥외저장탱크의 주위에 설치하는 방유제는 "110%"를 "100%"로 본다.

③ **높이는 0.5m 이상 3.0m 이하, 면적은 80,000m² 이하**, 두께는 0.2m 이상, 지하매설깊이는 1m 이상으로 할 것. 다만, 방유제와 옥외저장탱크 사이의 지반면 아래에 불침윤성 구조물을 설치하는 경우에는 지하매설깊이를 해당 불침윤성 구조물까지로 할 수 있다.

④ 방유제 외면의 2분의 1 이상은 자동차 등이 통행할 수 있는 3m 이상의 노면폭을 확보한 구내도로에 직접 접하도록 할 것

⑤ **하나의 방유제 안에 설치되는 탱크의 수는 10기 이하**(단, 방유제 내 전 탱크의 용량이 20만kL 이하이고, 인화점이 70℃ 이상 200℃ 미만인 경우에는 20기 이하). 다만, 인화점이 200℃ 이상인 위험물을 저장 또는 취급하는 옥외저장탱크의 경우 제한없다.

⑥ 방유제와 탱크 측면과의 이격거리

㉮ 탱크 지름이 15m 미만인 경우 : 탱크 높이의 $\frac{1}{3}$ 이상

㉯ 탱크 지름이 15m 이상인 경우 : 탱크 높이의 $\frac{1}{2}$ 이상

⑦ 방유제의 구조

㉮ 방유제는 철근콘크리트로 하고, 방유제와 옥외저장탱크 사이의 지표면은 불연성과 불침윤성이 있는 구조(철근콘크리트 등)로 할 것. 다만, 누출된 위험물을 수용할 수 있는 전용유조(專用油槽) 및 펌프 등의 설비를 갖춘 경우에는 방유제와 옥외저장탱크 사이의 지표면을 흙으로 할 수 있다.

㉯ 방유제 내에는 해당 방유제 내에 설치하는 옥외저장탱크를 위한 배관(해당 옥외저장탱크의 소화설비를 위한 배관을 포함한다), 조명설비 및 계기 시스템과 이들에 부속하는 설비, 그 밖의 안전 확보에 지장이 없는 부속설비 외에는 다른 설비를 설치하지 아니한다.

㉰ 방유제 또는 간막이둑에는 해당 방유제를 관통하는 배관을 설치하지 아니한다. 다만, 위험물을 이송하는 배관의 경우에는 배관이 관통하는 지점의 좌우방향으로 각 1m 이상까지의 방유제 또는 간막이둑의 외면에 두께 0.1m 이상, 지하매설깊이 0.1m 이상의 구조물을 설치하여 방유제 또는 간막이둑을 이중구조로 하고, 그 사이에 토사를 채운 후, 관통하는 부분을 완충재 등으로 마감하는 방식으로 설치할 수 있다.

㉱ 방유제에는 그 내부에 고인 물을 외부로 배출하기 위한 배수구를 설치하고 이를 개폐하는 밸브 등을 방유제의 외부에 설치한다.

㉲ 용량이 100만L 이상인 위험물을 저장하는 옥외저장탱크에 있어서는 밸브 등에 그 개폐상황을 쉽게 확인할 수 있는 장치를 설치한다.

㉳ **높이가 1m를 넘는 방유제 및 간막이둑의 안팎에는 방유제 내에 출입하기 위한 계단 또는 경사로를 약 50m마다 설치한다.**

㉴ 용량이 1,000만L 이상인 옥외저장탱크의 주위에 설치하는 방유제에는 다음의 규정에 따라 해당 탱크마다 간막이둑을 설치할 것

㉠ 간막이둑의 높이는 0.3m(방유제 내에 설치되는 옥외저장탱크의 용량의 합계가 2억L를 넘는 방유제에 있어서는 1m) 이상으로 하되, 방유제의 높이보다 0.2m 이상 낮게 할 것

㉡ 간막이둑은 흙 또는 철근콘크리트로 할 것

㉢ 간막이둑의 용량은 칸막이둑 안에 설치된 탱크용량의 10% 이상일 것

㉒ 용량이 50만L 이상인 옥외탱크저장소가 해안 또는 강변에 설치되어 방유제 외부로 누출된 위험물이 바다 또는 강으로 유입될 우려가 있는 경우에는 해당 옥외탱크저장소가 설치된 부지 내에 전용유조(專用油槽) 등 누출위험물 수용설비를 설치할 것

㉓ 그 밖에 방유제의 기술기준에 관하여 필요한 사항은 소방청장이 정하여 고시한다.

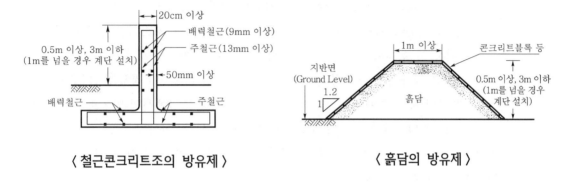

〈 철근콘크리트조의 방유제 〉　　　　　〈 흙담의 방유제 〉

- 금수성 위험물의 옥외탱크저장소 설치기준 : 탱크에는 방수성의 불연재료로 피복할 것
- **이황화탄소의 옥외저장탱크는 벽 및 바닥의 두께가 0.2m 이상이고 누수가 되지 아니하는 철근콘크리트의 수조에 넣어 보관**하여야 한다. 이 경우 보유공지 · 통기관 및 자동계량장치는 생략할 수 있다.

(6) 특정 옥외저장탱크의 기초 및 지반

① 옥외탱크저장소 중 그 저장 또는 취급하는 액체 위험물의 최대수량이 100만L 이상의 것 (이하 "특정 옥외탱크저장소"라 한다)의 옥외저장탱크(이하 "특정 옥외저장탱크"라 한다)의 기초 및 지반은 해당 기초 및 지반상에 설치하는 특정 옥외저장탱크 및 그 부속설비의 자중, 저장하는 위험물의 중량 등의 하중(이하 "탱크하중"이라 한다)에 의하여 발생하는 응력에 대하여 안전한 것으로 하여야 한다.

② 기초 및 지반 기준

㉮ 지반은 암반의 단층, 절토 및 성토에 걸쳐 있는 등 활동(滑動)을 일으킬 우려가 있는 경우가 아닐 것

㉯ 지반은 다음 중 하나에 적합할 것

㉠ 소방청장이 정하여 고시하는 범위 내에 있는 지반이 표준관입시험(標準貫入試驗) 및 평판재하시험(平板載荷試驗)에 의하여 각각 표준관입시험치가 20 이상 및 평판재하시험치가 1m³당 100MN 이상의 값일 것

㉡ 소방청장이 정하여 고시하는 범위 내에 있는 지반이 다음의 기준에 적합할 것

ⓐ 탱크하중에 대한 지지력 계산에 있어서의 지지력 안전율 및 침하량 계산에 있어서의 계산 침하량이 소방청장이 정하여 고시하는 값일 것

ⓑ 기초의 표면으로부터 3m 이내의 기초직하의 지반부분이 기초와 동등 이상의 견고성이 있고, 지표면으로부터의 깊이가 15m까지의 지질(기초의 표면으로부터 3m 이내의 기초직하의 지반부분을 제외한다)이 소방청장이 정하여 고시하는 것 외의 것일 것

ⓒ 점성토 지반은 압밀도시험에서, 사질토 지반은 표준관입시험에서 각각 압밀하중에 대하여 압밀도가 90%[미소한 침하가 장기간 계속되는 경우에는 10일간(이하 이 호에서 "미소침하측정기간"이라 한다) 계속하여 측정한 침하량의 합의 1일당 평균침하량이 침하의 측정을 개시한 날부터 미소침하측정기간의 최종일까지의 총 침하량의 0.3% 이하인 때에는 해당 지반에서의 압밀도가 90%인 것으로 본다] 이상 또는 표준관입시험치가 평균 15 이상의 값일 것

㉰ 지반이 바다, 하천, 호수와 늪 등에 접하고 있는 경우에는 활동에 관하여 소방청장이 정하여 고시하는 안전율이 있을 것

㉱ 기초는 사질토 또는 이와 동등 이상의 견고성이 있는 것을 이용하여 소방청장이 정하여 고시하는 바에 따라 만드는 것으로서 평판재하시험의 평판재하시험치가 $1m^3$당 100MN 이상의 값을 나타내는 것(이하 "성토"라 한다) 또는 이와 동등 이상의 견고함이 있는 것으로 할 것

㉲ 기초(성토인 것에 한한다. 이하 ㉳에서 같다)는 그 윗면이 특정 옥외저장탱크를 설치하는 장소의 지하수위와 2m 이상의 간격을 확보할 것

㉳ 기초 또는 기초의 주위에는 소방청장이 정하여 고시하는 바에 따라 해당 기초를 보강하기 위한 조치를 강구할 것

③ 풍하중의 계산방법(1m²당 풍하중)

$$q = 0.588k\sqrt{h}$$

여기서, q : 풍하중(kN/m²)

k : 풍력계수(원통형 탱크의 경우는 0.7, 그 외의 탱크는 1.0)

h : 지반면으로부터의 높이(m)

④ 에뉼러판을 설치해야 하는 경우

㉮ 특정 옥외저장탱크의 옆판의 최하단 두께가 15mm를 초과하는 경우

㉯ 내경이 30m를 초과하는 경우

㉰ 저장탱크 옆판을 고장력강으로 사용하는 경우

⑤ 옥외저장탱크의 밑판[에뉼러판(특정 옥외저장탱크의 옆판의 직하에 설치하여야 하는 판을 말한다)을 설치하는 특정 옥외저장탱크에 있어서는 에뉼러판을 포함한다]을 지반면에 접하게 설치하는 경우에는 다음 기준에 따라 밑판 외면의 부식을 방지하기 위한 조치를 강구하여야 한다.

㉮ 탱크의 밑판 아래에 밑판의 부식을 유효하게 방지할 수 있도록 아스팔트샌드 등의 방식재료를 댈 것

㉯ 탱크의 밑판에 전기방식의 조치를 강구할 것

㉰ 밑판의 부식을 방지할 수 있는 조치를 강구할 것

⑥ **특정 옥외저장탱크의 용접(겹침보수 및 육성보수와 관련되는 것을 제외한다)방법**은 다음에 정하는 바에 의한다. 이러한 용접방법은 소방청장이 정하여 고시하는 용접시공방법 확인시험의 방법 및 기준에 적합한 것이거나 이와 동등 이상의 것임이 미리 확인되어 있어야 한다.

㉮ 옆판의 용접은 다음에 의할 것

　㉠ 세로이음 및 가로이음은 **완전용입 맞대기용접**으로 할 것

　㉡ 옆판의 세로이음은 단을 달리하는 옆판의 각각의 세로이음과 동일선상에 위치하지 아니하도록 할 것. 이 경우 해당 세로이음 간의 간격은 서로 접하는 옆판 중 두꺼운 쪽 옆판의 5배 이상으로 하여야 한다.

㉯ 옆판과 에눌러판(에눌러판이 없는 경우에는 밑판)과의 용접은 **부분용입 그룹용접** 또는 이와 동등 이상의 용접강도가 있는 용접방법으로 용접할 것. 이 경우에 있어서 용접 비드(bead)는 매끄러운 형상을 가져야 한다.

㉰ 에눌러판과 에눌러판은 **뒷면에 재료를 댄 맞대기용접**으로 하고, 에눌러판과 밑판 및 밑판과 밑판의 용접은 **뒷면에 재료를 댄 맞대기용접 또는 겹치기용접**으로 용접할 것. 이 경우에 에눌러판과 밑판의 용접부의 강도 및 밑판과 밑판의 용접부의 강도에 유해한 영향을 주는 흠이 있어서는 아니 된다.

㉱ 필렛용접의 사이즈(부등사이즈가 되는 경우에는 작은 쪽의 사이즈를 말한다)는 다음 식에 의하여 구한 값으로 할 것

$$t_1 \geq S \geq \sqrt{2t_2} \ \text{(단, } S \geq 4.5)$$

여기서, t_1 : 얇은 쪽 강판의 두께(mm)

　　　　t_2 : 두꺼운 쪽 강판의 두께(mm)

　　　　S : 사이즈(mm)

(7) 준특정 옥외저장탱크의 기초 및 지반

옥외탱크저장소 중 그 저장 또는 취급하는 액체 위험물의 최대수량이 50만L 이상, 100만L 미만의 것(이하 "준특정 옥외탱크저장소"라 한다)의 옥외저장탱크(이하 "준특정 옥외저장탱크"라 한다)의 기초 및 지반은 탱크하중에 의하여 발생하는 응력에 대하여 안전한 것으로 하여야 한다.

(8) 지중탱크에 관계된 옥외탱크저장소의 특례

① 지중탱크의 옥외탱크저장소는 다음에 정하는 장소와 그 밖에 소방청장이 정하여 고시하는 장소에 설치하지 아니할 것

㉠ 급경사지 등으로서 지반 붕괴, 산사태 등의 위험이 있는 장소

㉡ 융기, 침강 등의 지반 변동이 생기고 있거나 지중탱크의 구조에 지장을 미치는 지반 변동이 발생할 우려가 있는 장소

② 지중탱크의 옥외탱크저장소의 위치는 해당 옥외탱크저장소가 보유하는 부지의 경계선에서 지중탱크의 지반면의 옆판까지의 사이에, 해당 지중탱크 수평단면의 내경의 수치에 0.5를 곱하여 얻은 수치 또는 50m(해당 지중탱크에 저장 또는 취급하는 위험물의 인화점이 21℃ 이상 70℃ 미만의 경우에 있어서는 40m, 70℃ 이상의 경우에 있어서는 30m) 중 큰 것과 동일한 거리 이상의 거리를 유지할 것

③ 지중탱크(위험물을 이송하기 위한 배관, 그 밖의 이에 준하는 공작물을 제외한다)의 주위에는 해당 지중탱크 수평단면의 내경의 수치에 0.5를 곱하여 얻은 수치 또는 지중탱크의 밑판 표면에서 지반면까지 높이의 수치 중 큰 것과 동일한 거리 이상의 너비의 공지를 보유할 것

⑤ 옥내탱크저장소

옥내탱크저장소 시설기준

안전거리와 보유공지에 대한 기준이 없으며, 규제내용 역시 없다.

(1) 옥내탱크저장소의 구조

① 단층건축물에 설치된 탱크 전용실에 설치할 것

② 옥내저장탱크와 탱크 전용실의 벽과의 사이 및 옥내저장탱크의 상호 간에는 0.5m 이상의 간격을 유지할 것

③ 옥내탱크저장소에는 기준에 따라 보기 쉬운 곳에 "위험물 옥내탱크저장소"라는 표시를 한 표지와 방화에 관하여 필요한 사항을 게시한 게시판을 설치하여야 한다.

④ **옥내저장탱크의 용량(동일한 탱크 전용실에 옥내저장탱크를 2 이상 설치하는 경우에는 각 탱크의 용량의 합계를 말한다)은 지정수량의 40배(제4석유류 및 동식물유류 외의 제4류 위험물에 있어서 해당 수량이 20,000L를 초과할 때에는 20,000L) 이하일 것**

⑤ 압력탱크(최대상용압력이 부압 또는 정압 5kPa을 초과하는 탱크를 말한다) 외의 탱크에 있어서는 밸브 없는 통기관을 다음의 기준에 따라 설치하고, 압력탱크에 있어서는 안전 장치를 설치할 것

⑥ 통기관 설치기준

    ㉠ 통기관의 선단은 건축물의 창 · 출입구 등의 개구부로부터 1m 이상 떨어진 옥외의 장소에 지면으로부터 4m 이상의 높이로 설치하되, 인화점이 40℃ 미만인 위험물의 탱크에 설치하는 통기관에 있어서는 부지경계선으로부터 1.5m 이상 이격할 것. 다만, 고인화점 위험물만을 100℃ 미만의 온도로 저장 또는 취급하는 탱크에 설치하는 통기관은 그 선단을 탱크 전용실 내에 설치할 수 있다.

    ㉡ 통기관은 가스 등이 체류할 우려가 있는 굴곡이 없도록 할 것

⑦ 액체 위험물의 옥내저장탱크에는 위험물의 양을 자동적으로 표시하는 장치를 설치할 것

(2) 탱크 전용실의 구조

① 탱크 전용실은 벽 · 기둥 및 바닥을 내화구조로 하고 보를 불연재료로 하며, 연소의 우려가 있는 외벽은 출입구 외에는 개구부가 없도록 할 것. 다만, 인화점이 70℃ 이상인 제4류 위험물만의 옥내저장탱크를 설치하는 탱크 전용실에 있어서는 연소의 우려가 없는 외벽 · 기둥 및 바닥을 불연재료로 할 수 있다.

② 탱크 전용실은 지붕을 불연재료로 하고, 천장을 설치하지 아니할 것

③ 탱크 전용실의 창 및 출입구에는 60분+방화문 · 60분방화문 또는 30분방화문을 설치하는 동시에, 연소의 우려가 있는 외벽에 두는 출입구에는 수시로 열 수 있는 자동폐쇄식의 60분+방화문 또는 60분방화문을 설치할 것

④ 탱크 전용실의 창 또는 출입구에 유리를 이용하는 경우에는 망입유리로 할 것

⑤ 액상의 위험물의 옥내저장탱크를 설치하는 탱크 전용실의 바닥은 위험물이 침투하지 아니하는 구조로 하고, 적당한 경사를 두는 한편 집유설비를 설치할 것

⑥ 탱크 전용실의 출입구의 턱의 높이를 해당 탱크 전용실 내의 옥내저장탱크(옥내저장탱크가 2 이상인 경우에는 최대용량의 탱크)의 용량을 수용할 수 있는 높이 이상으로 하거나 옥내저장탱크로부터 누설된 위험물이 탱크 전용실 외의 부분으로 유출하지 아니하는 구조로 할 것

⑦ 탱크 전용실의 채광 · 조명 · 환기 및 배출의 설비는 규정에 의한 옥내저장소의 채광 · 조명 · 환기 및 배출 설비의 기준을 준용할 것

(3) 탱크 전용실을 단층건물 외의 건축물에 설치하는 것

① 옥내저장탱크는 탱크 전용실에 설치할 것. 이 경우 제2류 위험물 중 황화인 · 적린 및 덩어리 황, 제3류 위험물 중 황린, 제6류 위험물 중 질산의 탱크 전용실은 건축물의 1층 또는 지하층에 설치하여야 한다.

② 옥내저장탱크의 주입구 부근에는 해당 옥내저장탱크의 위험물의 양을 표시하는 장치를 설치할 것

③ 탱크 전용실이 있는 건축물에 설치하는 옥내저장탱크의 펌프설비

  ⑦ 탱크 전용실 외의 장소에 설치하는 경우

    ㉠ 이 펌프실은 벽 · 기둥 · 바닥 및 보를 내화구조로 할 것

    ㉡ 펌프실은 상층이 있는 경우에 있어서는 상층의 바닥을 내화구조로 하고, 상층이 없는 경우에 있어서는 지붕을 불연재료로 하며 천장을 설치하지 아니할 것

    ㉢ 펌프실에는 창을 설치하지 아니할 것. 다만, 제6류 위험물의 탱크 전용실에 있어서는 60분+방화문 · 60분방화문 또는 30분방화문이 있는 창을 설치할 수 있다.

    ㉣ 펌프실의 출입구에는 60분+방화문 또는 60분방화문을 설치할 것. 다만, 제6류 위험물의 탱크 전용실에 있어서는 30분방화문을 설치할 수 있다.

    ㉤ 펌프실의 환기 및 배출의 설비에는 방화상 유효한 댐퍼 등을 설치할 것

  ⑭ 탱크 전용실에 펌프설비를 설치하는 경우에는 견고한 기초 위에 고정한 다음 그 주위에는 불연재료로 된 턱을 0.2m 이상의 높이로 설치하는 등 누설된 위험물이 유출되거나 유입되지 아니하도록 하는 조치를 할 것

④ 탱크 전용실은 벽 · 기둥 · 바닥 및 보를 내화구조로 할 것

⑤ 탱크 전용실은 상층이 있는 경우에 있어서는 상층의 바닥을 내화구조로 하고, 상층이 없는 경우에 있어서는 지붕을 불연재료로 하며 천장을 설치하지 아니할 것

⑥ 탱크 전용실에는 창을 설치하지 아니할 것

⑦ 탱크 전용실의 출입구에는 수시로 열 수 있는 자동폐쇄식의 60분+방화문 또는 60분방화문을 설치할 것

⑧ 탱크 전용실의 환기 및 배출 설비에는 방화상 유효한 댐퍼 등을 설치할 것

⑨ 탱크 전용실의 출입구의 턱 높이를 해당 탱크 전용실 내의 옥내저장탱크(옥내저장탱크가 2 이상인 경우에는 모든 탱크)의 용량을 수용할 수 있는 높이 이상으로 하거나 옥내저장탱크로부터 누설된 위험물이 탱크 전용실 외의 부분으로 유출하지 아니하는 구조로 할 것

⑩ 옥내저장탱크의 용량(동일한 탱크 전용실에 옥내저장탱크를 2 이상 설치하는 경우에는 각 탱크의 용량의 합계를 말한다)은 1층 이하의 층에 있어서는 지정수량의 40배(제4석유류 및 동식물유류 외의 제4류 위험물에 있어서 해당 수량이 2만L를 초과할 때에는 2만L) 이하, 2층 이상의 층에 있어서는 지정수량의 10배(제4석유류 및 동식물유류 외의 제4류 위험물에 있어서 해당 수량이 5천L를 초과할 때에는 5천L) 이하일 것

⑥ 지하탱크저장소

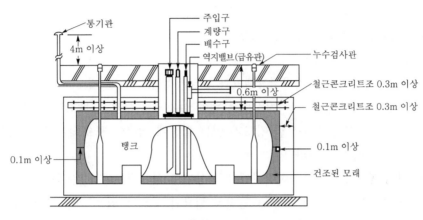

〈 지하탱크 매설도 〉

(1) 지하탱크저장소의 구조

① **지하저장탱크의 윗부분은 지면으로부터 0.6m 이상 아래**에 있어야 한다.

② 지하저장탱크를 2 이상 인접해 설치하는 경우에는 그 상호 간에 1m(해당 2 이상의 지하저장탱크의 용량의 합계가 지정수량의 100배 이하인 때에는 0.5m) 이상의 간격을 유지하여야 한다. 다만, 그 사이에 탱크 전용실의 벽이나 두께가 20cm 이상인 콘크리트 구조물이 있는 경우에는 그러하지 아니하다.

③ 액체 위험물의 지하저장탱크에는 위험물의 양을 자동적으로 표시하는 장치 및 계량구를 설치하고, 계량구 직하에 있는 탱크의 밑판에 그 손상을 방지하기 위한 조치를 하여야 한다.

④ 지하저장탱크는 용량에 따라 압력탱크(최대상용압력이 46.7kPa 이상인 탱크를 말한다) 외의 탱크에 있어서는 70kPa의 압력으로, 압력탱크에 있어서는 최대상용압력의 1.5배의 압력으로 각각 10분간 수압시험을 실시하여 새거나 변형되지 아니하여야 한다. 이 경우 수압시험은 소방청장이 정하여 고시하는 기밀시험과 비파괴시험을 동시에 실시하는 방법으로 대신할 수 있다.

⑤ **지하저장탱크의 액중 펌프설비기준**

㉮ 액중 펌프설비의 전동기의 구조

㉠ 고정자는 위험물에 침투되지 아니하는 수지가 충전된 금속제의 용기에 수납되어 있을 것

㉡ 운전 중에 고정자가 냉각되는 구조로 할 것

㉢ 전동기의 내부에 공기가 체류하지 아니하는 구조로 할 것

㉯ 전동기에 접속되는 전선은 위험물이 침투되지 아니하는 것으로 하고, 직접 위험물에 접하지 아니하도록 보호할 것

ⓓ 액중 펌프설비는 체절운전에 의한 전동기의 온도상승을 방지하기 위한 조치가 강구될 것

ⓔ 액중 펌프설비는 다음의 경우에 있어서 전동기를 정지하는 조치가 강구될 것

ㄱ 전동기의 온도가 현저하게 상승한 경우

ㄴ 펌프의 흡입구가 노출된 경우

ⓕ 액중 펌프설비의 설치

ㄱ 액중 펌프설비는 지하저장탱크와 플랜지접합으로 할 것

ㄴ 액중 펌프설비 중 지하저장탱크 내에 설치되는 부분은 보호관 내에 설치할 것. 다만, 해당 부분이 충분한 강도가 있는 외장에 의하여 보호되어 있는 경우에 있어서는 그러하지 아니하다.

ㄷ 액중 펌프설비 중 지하저장탱크의 상부에 설치되는 부분은 위험물의 누설을 점검할 수 있는 조치가 강구된 안전상 필요한 강도가 있는 피트 내에 설치할 것

ⓖ 지하저장탱크의 배관은 해당 탱크의 윗부분에 설치하여야 한다.

ⓗ **액체 위험물의 누설을 검사하기 위한 관**을 다음의 기준에 따라 **4개소 이상 적당한 위치에 설치**하여야 한다.

ㄱ **이중관으로 할 것**. 다만, 소공이 없는 상부는 단관으로 할 수 있다.

ㄴ **재료는 금속관 또는 경질합성수지관으로 할 것**

ㄷ **관은 탱크 전용실의 바닥 또는 탱크의 기초까지 닿게** 할 것

ㄹ **관의 밑부분으로부터 탱크의 중심 높이까지의 부분에는 소공이 뚫려 있을 것**. 다만, 지하수위가 높은 장소에 있어서는 지하수위 높이까지의 부분에 소공이 뚫려 있어야 한다.

ㅁ 상부는 물이 침투하지 아니하는 구조로 하고, 뚜껑은 검사 시에 쉽게 열 수 있도록 할 것

ⓘ **과충전방지장치**

ㄱ 탱크용량을 초과하는 위험물이 주입될 때 자동으로 그 주입구를 폐쇄하거나 위험물의 공급을 자동으로 차단하는 방법

ㄴ **탱크용량의 90%가 찰 때 경보음을 울리는 방법**

⑥ 통기관 설치기준(제4류 위험물 탱크 해당)

ⓐ 밸브 없는 통기관

ㄱ 통기관은 지하저장탱크의 윗부분에 연결할 것

ㄴ 통기관 중 지하의 부분은 그 상부의 지면에 걸리는 중량이 직접 해당 부분에 미치지 아니하도록 보호하고, 해당 통기관의 접합부분에 대하여는 해당 접합부분의 손상유무를 점검할 수 있는 조치를 할 것

ⓑ 대기밸브 부착 통기관

제4류 제1석유류를 저장하는 탱크는 다음의 압력 차이에서 작동하여야 한다.

ㄱ 정압 : 0.6kPa 이상, 1.5kPa 이하

ㄴ 부압 : 1.5kPa 이상, 3kPa 이하

(2) 탱크 전용실의 구조

① 탱크 전용실은 지하의 가장 가까운 벽·피트·가스관 등의 시설물 및 대지경계선으로부터 **0.1m 이상 떨어진 곳에 설치**하고, 지하저장탱크와 탱크 전용실의 안쪽과의 사이는 0.1m 이상의 간격을 유지하도록 하며, **해당 탱크의 주위에 마른 모래 또는 습기 등에 의하여 응고되지 아니하는 입자지름 5mm 이하의 마른 자갈분을 채워야 한다.**

② 탱크 전용실은 벽·바닥 및 뚜껑을 다음 기준에 적합한 철근콘크리트구조 또는 이와 동등 이상의 강도가 있는 구조로 설치하여야 한다.

　㉮ 벽·바닥 및 뚜껑의 두께는 0.3m 이상일 것

　㉯ 벽·바닥 및 뚜껑의 내부에는 직경 9mm부터 13mm까지의 철근을 가로 및 세로로 5cm부터 20cm까지의 간격으로 배치할 것

　㉰ 벽·바닥 및 뚜껑의 재료에 수밀콘크리트를 혼입하거나 벽·바닥 및 뚜껑의 중간에 아스팔트층을 만드는 방법으로 적정한 방수조치를 할 것

(3) 맨홀 설치기준

① 맨홀은 지면까지 올라오지 아니하도록 하되, 가급적 낮게 할 것

② 보호틀 설치

　㉮ 보호틀을 탱크에 완전히 용접하는 등 보호틀과 탱크를 기밀하게 접합할 것

　㉯ 보호틀의 뚜껑에 걸리는 하중이 직접 보호틀에 미치지 아니하도록 설치하고, 빗물 등이 침투하지 아니하도록 할 것

　㉰ 배관이 보호틀을 관통하는 경우에는 해당 부분을 용접하는 등 침수를 방지하는 조치를 할 것

⑦ 이동탱크저장소

차량(견인되는 차를 포함)의 고정탱크에 위험물을 저장하는 저장시설

(1) 상치장소

① 옥외에 있는 상치장소는 화기를 취급하는 장소 또는 인근의 건축물로부터 5m 이상(인근의 건축물이 1층인 경우에는 3m 이상)의 거리를 확보하여야 한다.

② 옥내에 있는 상치장소는 벽·바닥·보·서까래 및 지붕이 내화구조 또는 불연재료로 된 건축물의 1층에 설치하여야 한다.

(2) 탱크 구조기준

압력탱크(최대상용압력이 46.7kPa 이상인 탱크) 외의 탱크는 70kPa의 압력으로, 압력탱크는 최대상용압력의 1.5배의 압력으로 각각 10분간 수압시험을 실시하여 새거나 변형되지 아니하여야 한다.

탱크 강철관의 두께는 다음과 같다.

① 본체 : 3.2mm 이상

② 측면틀 : 3.2mm 이상

③ 안전칸막이 : 3.2mm 이상

④ 방호틀 : 2.3mm 이상

⑤ 방파판 : 1.6mm 이상

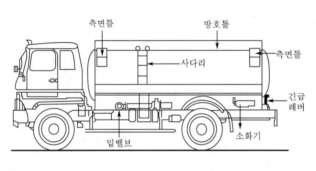

〈 이동저장탱크 측면 〉

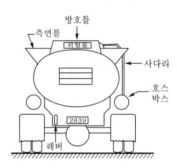

〈 이동저장탱크 후면 〉

(3) 안전장치 작동압력

① 설치목적 : 이동탱크의 내부압력이 상승할 경우 안전장치를 통하여 압력을 방출하여 탱크를 보호하기 위해 설치한다.

② 상용압력이 20kPa 이하 : 20kPa 이상, 24kPa 이하의 압력

③ 상용압력이 20kPa 초과 : 상용압력의 1.1배 이하의 압력

(4) 측면틀 설치기준

① 설치목적 : 탱크가 전도될 때 탱크 측면이 지면과 접촉하여 파손되는 것을 방지하기 위해 설치한다(단, 피견인차에 고정된 탱크에는 측면틀을 설치하지 않을 수 있다).

② 측면틀의 설치위치

㉮ 탱크 상부 네 모퉁이에 설치

㉯ 탱크의 전단 또는 후단으로부터 1m 이내의 위치에 설치

〈 이동저장탱크 측면틀의 위치 〉

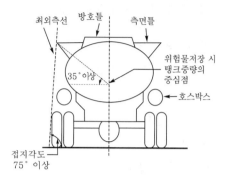

〈 탱크 후면의 입면도 〉

④ 측면틀 부착기준

㉮ 외부의 하중에 견딜 수 있는 구조로 할 것

㉯ 최외측선(측면틀의 최외측과 탱크의 최외측을 연결하는 직선)의 수평면에 대하여 내각이 75° 이상일 것

㉰ 최대수량의 위험물을 저장한 상태에 있을 때의 해당 탱크중량의 중심선과 측면틀의 최외측을 연결하는 직선과 그 중심선을 지나는 직선 중 최외측선과 직각을 이루는 직선과의 내각이 35° 이상이 되도록 할 것

⑤ 측면틀의 받침판 설치기준

측면틀에 걸리는 하중에 의해 탱크가 손상되지 않도록 측면틀의 부착부분에 설치할 것

(5) 방호틀 설치기준

① 설치목적 : 탱크의 운행 또는 전도 시 탱크 상부에 설치된 각종 부속장치의 파손을 방지하기 위해 설치한다.

② 재질은 두께 2.3mm 이상의 강철판으로 제작할 것

③ 산 모양의 형상으로 하거나 이와 동등 이상의 강도가 있는 형상으로 할 것

④ 정상부분은 부속장치보다 50mm 이상 높게 하거나 동등 이상의 성능이 있는 것으로 할 것

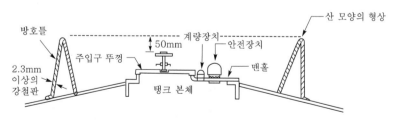

〈 방호틀의 구조 〉

(6) 안전칸막이 및 방파판의 설치기준

① 안전칸막이 설치기준

㉮ 재질은 두께 3.2mm 이상의 강철판으로 제작

㉯ 4,000L 이하마다 구분하여 설치

② 방파판 설치기준

㉮ 재질은 두께 1.6mm 이상의 강철판으로 제작

㉯ 출렁임 방지를 위해 하나의 구획부분에 2개 이상의 방파판을 이동탱크저장소의 진행 방향과 평행으로 설치하되, 그 높이와 칸막이로부터의 거리를 다르게 할 것

㉰ 하나의 구획부분에 설치하는 각 방파판의 면적 합계는 해당 구획부분의 최대수직단면 적의 50% 이상으로 할 것. 다만, 수직단면이 원형이거나 짧은 지름이 1m 이하의 타 원형인 경우에는 40% 이상으로 할 수 있다.

(7) 표지판

① **설치위치** : 차량의 전면 또는 후면에 보기 쉬운 곳

② **규격** : 한 변의 길이 0.6m 이상, 다른 한 변의 길이 0.3m 이상

③ **색깔** : 흑색바탕 황색문자로 위험물 표시

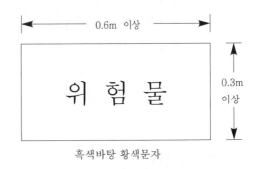

흑색바탕 황색문자

(8) 이동탱크저장소의 위험성 경고 표지

① 위험물의 분류

분류	구분	정의
1. 폭발성 물질 및 제품	1.1	순간적인 전량폭발이 주위험성인 폭발성 물질 및 제품
	1.2	발사나 추진현상이 주위험성인 폭발성 물질 및 제품
	1.3	심한 복사열 또는 화재가 주위험성인 폭발성 물질 및 제품
	1.4	중대한 위험성이 없는 폭발성 물질 및 제품
	1.5	순간적인 전량폭발이 주위험성이지만, 폭발 가능성은 거의 없 는 물질
	1.6	순간적인 전량폭발 위험성을 제외한 그 이외의 위험성이 주위 험성이지만, 폭발 가능성은 거의 없는 제품

분류	구분	정의
2. 가스	2.1	인화성 가스
	2.2	비인화성 가스, 비독성 가스
	2.3	독성 가스
3. 인화성 액체		
4. 인화성 고체, 자연발화성 물질 및 물과 접촉 시 인화성 가스를 생성하는 물질	4.1	인화성 고체, 자기반응성 물질 및 둔감화된 고체 화약
	4.2	자연발화성 물질
	4.3	물과 접촉 시 인화성 가스를 생성하는 물질
5. 산화성 물질과 유기과산화물	5.1	산화성 물질
	5.2	유기과산화물
6. 독성 및 전염성 물질	6.1	독성 물질
	6.2	전염성 물질
7. 방사성 물질		
8. 부식성 물질		
9. 분류 1 내지 분류 8에 속하지 않으나, 운송 위험성이 있는 것으로 UN의 TDG(ECOSOC Sub-Committee of Experts on the Transport of Dangerous Goods, 유엔 경제 사회 이사회에 설치된 위험물 운송전문가 위원회, 이하 "TDG"라 한다)가 지정한 물질이나 제품		

② 표지 · 그림문자 및 UN번호의 세부기준

㉮ 표지

㉠ 부착위치 : 이동탱크저장소의 전면 상단 및 후면 상단

㉡ 규격 및 형상 : 60cm 이상×30cm 이상의 가로형 사각형

㉢ 색상 및 문자 : 흑색바탕에 황색의 반사도료로 "위험물"이라 표기할 것

㉣ 위험물이면서 유해화학물질에 해당하는 품목의 경우에는 「화학물질관리법」에 따른 유해화학물질 표지를 위험물 표지와 상하 또는 좌우로 인접하여 부착할 것

㉯ UN번호

㉠ 그림문자의 외부에 표기하는 경우

ⓐ 부착위치 : 이동탱크저장소의 후면 및 양 측면(그림문자와 인접한 위치)

ⓑ 규격 및 형상 : 30cm 이상×12cm 이상의 가로형 사각형

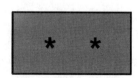

ⓒ 색상 및 문자 : 흑색테두리 선(굵기 1cm)과 오렌지색으로 이루어진 바탕에 UN번호(글자의 높이 6.5cm 이상)를 흑색으로 표기할 것

ⓛ 그림문자의 내부에 표기하는 경우

    ⓐ 부착위치 : 이동탱크저장소의 후면 및 양 측면

    ⓑ 규격 및 형상 : 심벌 및 분류 · 구분의 번호를 가리지 않는 크기의 가로형 사각형

    ⓒ 색상 및 문자 : 흰색바탕에 흑색으로 UN번호(글자의 높이 6.5cm 이상)를 표기할 것

㉱ 그림문자

    ㉠ 부착위치 : 이동탱크저장소의 후면 및 양 측면

    ⓛ 규격 및 형상 : 25cm 이상×25cm 이상의 마름모 꼴

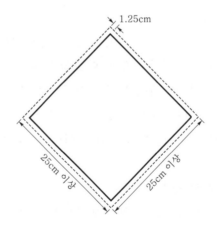

    ㉢ 색상 및 문자 : 위험물의 품목별로 해당하는 심벌을 표기하고 그림문자의 하단에 분류 · 구분의 번호(글자의 높이 2.5cm 이상)를 표기할 것

    ㉣ 위험물의 분류 · 구분별 그림문자의 세부기준 : 다음의 분류 · 구분에 따라 주위험성 및 부위험성에 해당되는 그림문자를 모두 표시할 것

ⓐ 분류 1 : 폭발성 물질

구분 1.1 구분 1.2 구분 1.3	구분 1.4 구분 1.5 구분 1.6

가. 명칭	폭발성 물질(구분 1.1 내지 구분 1.6)
나. 최소 크기	25cm×25cm
다. 구조	상부 절반에는 심벌 또는 구분의 번호, 하부의 모서리 부분에 분류번호 1 기입
라. 심벌의 명칭	폭탄의 폭발(1.1/1.2/1.3)과 구분번호(1.4/1.5/1.6)
마. 심벌의 색깔	검정
바. 분류번호의 색깔	검정
사. 배경	오렌지(Pantone Color No, 151U)
아. 기타	명칭("폭발성 물질")을 하부의 절반에 표시할 수 있음

ⓑ 분류 2 : 가스(해당 없음)

ⓒ 분류 3 : 인화성 액체의 표지

가. 명칭	인화성 액체
나. 최소 크기	25cm×25cm
다. 구조	상부 절반에는 심벌 하부의 모서리 부분에 분류번호 3 기입
라. 심벌의 명칭	화염
마. 심벌의 색깔	검정 혹은 흰색
바. 분류번호의 색깔	검정 혹은 흰색
사. 배경	빨강(Pantone Color No, 186U)
아. 기타	1. 명칭("인화성 액체")을 하부의 절반에 표시할 수 있음 2. 심벌과 분류번호의 색깔은 동일하게 사용

ⓓ 분류 4 : 인화성 고체 등

구분 4.1 인화성 고체	구분 4.2 자연발화성 물질	구분 4.3 금수성 물질	
항목	구분 4.1	구분 4.2	구분 4.3
가. 명칭	인화성 고체	자연발화성	금수성
나. 최소 크기	25cm×25cm		
다. 구조	상부 절반에는 심벌 하부의 모서리 부분에 분류번호 4 기입		
라. 심벌의 명칭	화염		
마. 심벌의 색깔	검정	검정	검정 혹은 흰색
바. 분류번호의 색깔	검정	검정	검정 혹은 흰색
사. 배경	흰색 바탕에 7개의 빨강 수직 막대 (No. 186U)	상부 절반 흰색 하부 절반 빨강 (No. 186U)	파랑 (No. 285U)
아. 기타	1. 각각의 명칭을 하부의 절반에 표시할 수 있음 2. 구분 4.3의 경우 심벌과 분류번호의 색깔은 동일하게 사용		

ⓔ 분류 5 : 산화성 물질과 유기과산화물

구분 5.1 산화(제)성 물질	구분 5.2 유기과산화물	
항목	구분 5.1	구분 5.2
가. 명칭	산화제	유기과산화물
나. 최소 크기	25cm×25cm	
다. 구조	상부 절반에는 심벌 하부의 모서리 부분에 각각의 구분번호 5.1, 5.2 기입	
라. 심벌의 명칭	원 위의 화염	화염
마. 심벌의 색깔	검정	검정 혹은 흰색
바. 분류번호의 색깔	검정	검정
사. 배경	노랑(No. 109U)	상부 절반 빨강(No. 186U) 하부 절반 노랑(No. 109U)
아. 기타	1. 각각의 명칭을 하부의 절반에 표시할 수 있음 2. 구분 5.2의 경우 구분번호는 검정 색깔임	

ⓕ 분류 6 : 독성 물질과 전염성 물질

구분 6.1	구분 6.2

항목	구분 6.1	구분 6.2
가. 명칭	독성	감염성 물질
나. 최소 크기	25cm×25cm	
다. 구조	상부 절반에는 심벌 하부의 모서리 부분에 분류번호 6 기입	
라. 심벌의 명칭	해골과 교차 대퇴골	원으로 묶은 3개의 반달
마. 심벌의 색깔	검정	검정
바. 분류번호의 색깔	검정	검정
사. 배경	흰색	흰색
아. 기타	각각의 명칭을 하부 절반에 표시할 수 있음	

ⓖ 분류 7 : 방사성 물질(해당 없음)

ⓗ 분류 8 : 부식성 물질

가. 명칭	부식성
나. 최소 크기	25cm×25cm
다. 구조	상부 절반에는 심벌 하부의 모서리 부분에 분류번호 8 기입
라. 심벌의 명칭	2개의 용기에서 손과 금속에 떨어지는 액체
마. 심벌의 색깔	검정
바. 분류번호의 색깔	흰색
사. 배경	상부 절반 흰색, 하부 절반 검정
아. 기타	명칭을 하부 절반에 표시할 수 있음

ⓘ 분류 9 : 기타 위험물(해당 없음)

(8) 이동탱크저장소의 위험물 취급기준

① 액체 위험물을 다른 탱크에 주입할 경우 취급기준

㉮ 해당 탱크의 주입구에 이동탱크의 급유호스를 견고하게 결합할 것

㉯ 펌프 등 기계장치로 위험물을 주입하는 경우 : 토출압력을 해당 설비의 기준압력범위 내로 유지할 것

㉰ 이동탱크저장소의 원동기를 정지시켜야 하는 경우 : 인화점이 40℃ 미만인 위험물을 주입 시

② 정전기에 의한 재해발생의 우려가 있는 액체 위험물(휘발유, 벤젠 등)을 이동탱크저장소에 주입하는 경우의 취급기준

㉮ 주입관의 선단을 이동저장탱크 안의 밑바닥에 밀착시킬 것

㉯ 정전기 등으로 인한 재해발생방지 조치사항

㉠ 탱크의 위쪽 주입관을 통해 위험물을 주입할 경우의 주입속도는 1m/s 이하로 한다.

㉡ 탱크의 밑바닥에 설치된 고정주입배관을 통해 위험물을 주입할 경우 주입속도는 1m/s 이하로 한다.

㉢ 기타의 방법으로 위험물을 주입하는 경우 : 위험물을 주입하기 전에 탱크에 가연성 증기가 없도록 조치하고 안전한 상태를 확인한 후 주입할 것

㉰ 이동저장탱크는 완전히 빈 탱크 상태로 차고에 주차할 것

(9) 이동탱크저장소의 구조 및 재료 기준

① 이동저장탱크의 탱크 · 칸막이 · 맨홀 및 주입관의 뚜껑

KS 규격품인 스테인리스 강판, 알루미늄합금판, 고장력강판으로서 두께가 다음 식에 의하여 산출된 수치(소수점 2자리 이하는 올림) 이상으로 하고 판두께의 최소치는 2.8mm 이상일 것. 다만, 최대용량이 20kL를 초과하는 탱크를 알루미늄합금판으로 제작하는 경우에는 다음 식에 의하여 구한 수치에 1.1을 곱한 수치로 한다.

$$t = \sqrt[3]{\frac{400 \times 21}{\sigma \times A}} \times 3.2$$

여기서, t : 사용 재질의 두께(mm)

σ : 사용 재질의 인장강도(N/mm^2)

A : 사용 재질의 신축률(%)

② 이동저장탱크의 방파판

KS 규격품인 스테인리스강판, 알루미늄합금판, 고장력강판으로서 두께가 다음 식에 의하여 산출된 수치(소수점 2자리 이하는 올림) 이상으로 한다.

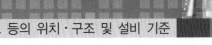

$$t = \sqrt{\frac{270}{\sigma}} \times 1.6$$

여기서, t : 사용 재질의 두께(mm)

σ : 사용 재질의 인장강도(N/mm^2)

③ 이동저장탱크의 방호틀

KS 규격품인 스테인리스강판, 알루미늄합금판, 고장력강판으로서 두께가 다음 식에 의하여 산출된 수치(소수점 2자리 이하는 올림) 이상으로 한다.

$$t = \sqrt{\frac{270}{\sigma}} \times 2.3$$

여기서, t : 사용 재질의 두께(mm)

σ : 사용 재질의 인장강도(N/mm^2)

(10) 컨테이너방식의 이동탱크저장소의 기준

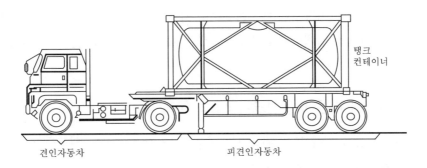

① 이동저장탱크는 옮겨 싣는 때에 이동저장탱크 하중에 의하여 생기는 응력 및 변형에 대하여 안전한 구조로 한다.

② 컨테이너식 이동탱크저장소에는 이동저장탱크 하중의 4배의 전단하중에 견디는 걸고리 체결금속구 및 모서리 체결금속구를 설치할 것. 다만, 용량이 6,000L 이하인 이동저장탱크를 싣는 이동탱크저장소의 경우에는 이동저장탱크를 차량의 섀시 프레임에 체결하도록 만든 구조의 유(U)자 볼트를 설치할 수 있다.

③ 다음의 기준에 적합한 이동저장탱크로 된 컨테이너식 이동탱크저장소에 대하여는 안전칸막이 내지 방호틀 규정을 적용하지 아니한다.

㉮ 이동저장탱크 및 부속장치(맨홀 · 주입구 및 안전장치 등을 말한다)는 강재로 된 상자 형태의 틀(이하 "상자틀"이라 한다)에 수납할 것

⑭ 상자틀의 구조물 중 이동저장탱크의 이동방향과 평행한 것과 수직인 것은 해당 이동 저장탱크·부속장치 및 상자틀의 자중과 저장하는 위험물의 무게를 합한 하중(이하 "이동저장탱크 하중"이라 한다)의 2배 이상의 하중에, 그 외 이동저장탱크의 이동방향 과 직각인 것은 이동저장탱크 하중 이상의 하중에 각각 견딜 수 있는 강도가 있는 구 조로 할 것

⑮ 이동저장탱크·맨홀 및 주입구의 뚜껑은 두께 6mm(해당 탱크의 직경 또는 장경이 1.8m 이하인 것은 5mm) 이상의 강판 또는 이와 동등 이상의 기계적 성질이 있는 재 료로 할 것

㉠ 이동저장탱크에 칸막이를 설치하는 경우에는 해당 탱크의 내부를 완전히 구획하는 구 조로 하고, 두께 3.2mm 이상의 강판 또는 이와 동등 이상의 기계적 성질이 있는 재료 로 할 것

㉡ 이동저장탱크에는 맨홀 및 안전장치를 할 것

㉢ 부속장치는 상자틀의 최외측과 50mm 이상의 간격을 유지할 것

④ 컨테이너식 이동탱크저장소에 대하여는 이동저장탱크의 보기 쉬운 곳에 가로 0.4m 이상, 세로 0.15m 이상의 백색바탕에 흑색문자로 허가청의 명칭 및 완공검사번호를 표시하여 야 한다.

(11) 위험물의 성질에 따른 이동탱크저장소의 특례

① 알킬알루미늄 등을 저장 또는 취급하는 이동탱크저장소는 해당 위험물의 성질에 따라 강 화되는 기준은 다음에 의하여야 한다.

㉮ 이동저장탱크는 두께 10mm 이상의 강판 또는 이와 동등 이상의 기계적 성질이 있는 재료로 기밀하게 제작되고 1MPa 이상의 압력으로 10분간 실시하는 수압시험에서 새 거나 변형되지 아니하는 것일 것

㉯ 이동저장탱크의 용량은 1,900L 미만일 것

㉰ 안전장치는 이동저장탱크의 수압시험 압력의 3분의 2를 초과하고 5분의 4를 넘지 아 니하는 범위의 압력으로 작동할 것

㉱ 이동저장탱크의 맨홀 및 주입구의 뚜껑은 두께 10mm 이상의 강판 또는 이와 동등 이 상의 기계적 성질이 있는 재료로 할 것

㉲ 이동저장탱크의 배관 및 밸브 등은 해당 탱크의 윗부분에 설치할 것

㉳ 이동탱크저장소에는 이동저장탱크 하중의 4배의 전단하중에 견딜 수 있는 걸고리 체 결금속구 및 모서리 체결금속구를 설치할 것

⑷ 이동저장탱크는 불활성의 기체를 봉입할 수 있는 구조로 할 것

⑻ 이동저장탱크는 그 외면을 적색으로 도장하는 한편, 백색문자로서 동판(胴板)의 양측 면 및 경판(鏡板)에 주의사항을 표시할 것

② 아세트알데하이드 등을 저장 또는 취급하는 이동탱크저장소는 해당 위험물의 성질에 따라 강화되는 기준은 다음에 의하여야 한다.

㉮ 이동저장탱크는 불활성의 기체를 봉입할 수 있는 구조로 할 것

㉯ 이동저장탱크 및 그 설비는 은·수은·동·마그네슘 또는 이들을 성분으로 하는 합금으로 만들지 아니할 것

③ 하이드록실아민 등을 저장 또는 취급하는 이동탱크저장소는 하이드록실아민 등을 저장 또는 취급하는 옥외탱크저장소의 규정을 준용하여야 한다.

④ 휘발유를 저장하던 이동저장탱크에 등유나 경유를 주입할 때 또는 등유나 경유를 저장하던 이동저장탱크에 휘발유를 주입할 때에는 다음의 기준에 따라 정전기 등에 의한 재해를 방지하기 위한 조치를 할 것

㉮ 이동저장탱크의 상부로부터 위험물을 주입할 때에는 위험물의 액표면이 주입관의 선단을 넘는 높이가 될 때까지 그 주입관 내의 유속을 초당 1m 이하로 할 것

㉯ 이동저장탱크의 밑부분으로부터 위험물을 주입할 때에는 위험물의 액표면이 주입관의 정상부분을 넘는 높이가 될 때까지 그 주입배관 내의 유속을 초당 1m 이하로 할 것

(12) 이동저장탱크의 외부도장

유별	도장의 색상	비고
제1류	회색	① 탱크의 앞면과 뒷면을 제외한 면적의 40% 이내의 면적은 다른 유별의 색상 외의 색상으로 도장하는 것이 가능하다. ② 제4류에 대해서는 도장의 색상 제한이 없으나 적색을 권장한다.
제2류	적색	
제3류	청색	
제5류	황색	
제6류	청색	

⑧ 간이탱크저장소

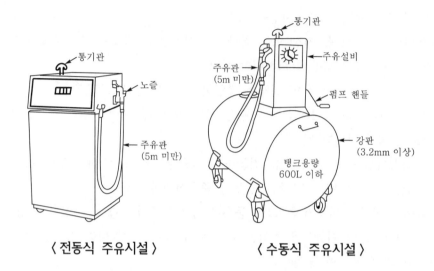

〈 전동식 주유시설 〉　　　　　〈 수동식 주유시설 〉

(1) 간이탱크저장소의 설비기준

① 옥외에 설치한다.

② 전용실 안에 설치하는 경우 채광 · 조명 · 환기 및 배출 설비를 한다.

③ 탱크의 구조기준

　㉮ **두께 3.2mm 이상의 강판으로 흠이 없도록 제작**

　㉯ 시험방법 : 70kPa 압력으로 10분간 수압시험을 실시하여 새거나 변형되지 아니할 것

　㉰ **하나의 탱크용량은 600L 이하로 할 것**

　㉱ 탱크의 외면에는 녹을 방지하기 위한 도장을 한다.

④ 탱크의 설치방법

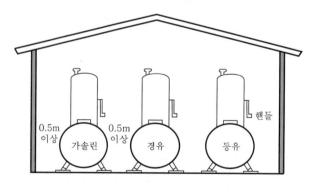

〈 탱크 전용실의 간이탱크저장소 〉

⑦ 하나의 간이탱크저장소에 설치하는 **탱크의 수는 3기 이하로 할 것**(단, 동일한 품질의 위험물 탱크를 2기 이상 설치하지 말 것)

⑭ 탱크는 움직이거나 넘어지지 않도록 지면 또는 가설대에 고정시킬 것

㉓ 옥외에 설치하는 경우에는 그 탱크 주위에 너비 1m 이상의 공지를 보유할 것

㉕ 탱크를 전용실 안에 설치하는 경우에는 탱크와 전용실 벽과의 사이에 0.5m 이상의 간격을 유지할 것

⑤ 간이탱크저장소의 통기장치(밸브 없는 통기관)기준

⑦ 통기관의 지름 : 25mm 이상

⑭ 옥외에 설치하는 통기관

㉠ 선단 높이 : 지상 1.5m 이상

㉡ 선단 구조 : 수평면에 대하여 45° 이상 구부려 빗물 등이 침투하지 아니하도록 한다.

㉓ 가는 눈의 구리망 등으로 인화방지장치를 할 것

⑨ 암반탱크저장소

암반을 굴착하여 형성한 지하 공동에 석유류 위험물을 저장하는 저장소

(1) 암반탱크 설치기준

① 암반탱크는 암반 투수계수가 1초당 10만 분의 1m 이하인 천연암반 내에 설치한다.

② 암반탱크는 저장할 위험물의 증기압을 억제할 수 있는 지하수면 하에 설치한다.

③ 암반탱크의 내벽은 암반 균열에 의한 낙반을 방지할 수 있도록 볼트, 콘크리트 등으로 보강한다.

(2) 암반탱크의 수리조건기준

① 암반탱크 내로 유입되는 지하수의 양은 암반 내의 지하수 충전량보다 적을 것

② 암반탱크의 상부로 물을 주입하여 수압을 유지할 필요가 있는 경우에는 수벽공을 설치할 것

③ 암반탱크에 가해지는 지하수압은 저장소의 최대운영압보다 항상 크게 유지할 것

(3) 지하수위 관측공

암반탱크저장소 주위에는 지하수위 및 지하수의 흐름 등을 확인 · 통제할 수 있는 관측공을 설치하여야 한다.

(4) 계량장치

암반탱크저장소에는 위험물의 양과 내부로 유입되는 지하수의 양을 측정할 수 있는 계량구와 자동측정이 가능한 계량장치를 설치하여야 한다.

(5) 배수시설

암반탱크저장소에는 주변 암반으로부터 유입되는 침출수를 자동으로 배출할 수 있는 시설을 설치하고 침출수에 섞인 위험물이 직접 배수구로 흘러 들어가지 아니하도록 유분리장치를 설치하여야 한다.

(6) 펌프설비

암반탱크저장소의 펌프설비는 점검 및 보수를 위하여 사람의 출입이 용이한 구조의 전용 공동에 설치하여야 한다.

1-2. 위험물취급소 구분

주유취급소

- 차량, 항공기, 선박에 주유(등유, 경유 판매시설 병설 가능)
- 고정된 주유설비에 의하여 위험물을 자동차 등의 연료탱크에 직접 주유하거나 실소비자에게 판매하는 위험물취급소

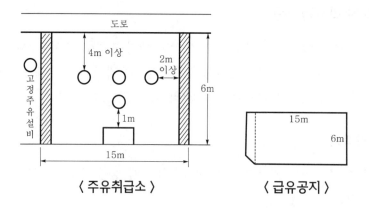

〈 주유취급소 〉　　　　〈 급유공지 〉

(1) 주유공지 및 급유공지

① 자동차 등에 직접 주유하기 위한 설비로서(현수식 포함) 너비 15m 이상, 길이 6m 이상의 콘크리트 등으로 포장한 공지를 보유한다.

② 공지의 기준

㉮ 바닥은 주위 지면보다 높게 한다.

㉯ 그 표면을 적당하게 경사지게 하여 새어나온 기름, 그 밖의 액체가 공지의 외부로 유출되지 아니하도록 배수구 · 집유설비 및 유분리장치를 한다.

(2) 주유취급소의 표지판과 게시판 기준

① 화기엄금 게시판기준

㉮ 규격 : 한 변의 길이 0.3m 이상, 다른 한 변의 길이 0.6m 이상

㉯ 색깔 : **적색바탕에 백색문자**

② 주유 중 엔진 정지 표지판기준

㉮ 규격 : 한 변의 길이 0.3m 이상, 다른 한 변의 길이 0.6m 이상

㉯ 색깔 : **황색바탕에 흑색문자**

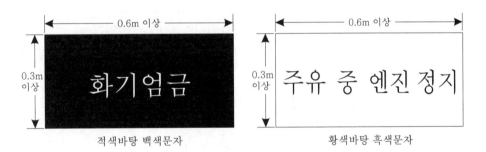

적색바탕 백색문자   황색바탕 흑색문자

(3) 탱크의 용량기준

① 자동차 등에 주유하기 위한 고정주유설비에 직접 접속하는 전용 탱크는 50,000L 이하

② 고정급유설비에 직접 접속하는 전용 탱크는 50,000L 이하

③ 보일러 등에 직접 접속하는 전용 탱크는 10,000L 이하

④ 자동차 등을 점검 · 정비하는 작업장 등에서 사용하는 폐유 · 윤활유 등의 위험물을 저장하는 탱크로서 용량이 2,000L 이하인 탱크

⑤ 고속국도 도로변에 설치된 주유취급소의 탱크용량은 60,000L

(4) 고정주유설비 등

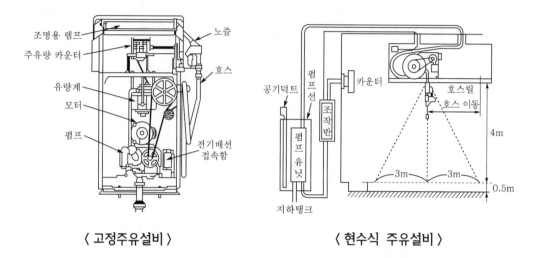

〈 고정주유설비 〉　　　　　　　　〈 현수식 주유설비 〉

① 펌프기기의 주유관 선단에서 최대토출량

　㉮ 제1석유류 : 50L/min 이하

　㉯ 경유 : 180L/min 이하

　㉰ 등유 : 80L/min 이하

　㉱ 이동저장탱크에 주입하기 위한 고정급유설비 : 300L/min 이하

　㉲ 분당 토출량이 200L 이상인 것의 경우에는 주유설비에 관계된 모든 배관의 안지름을 40mm 이상으로 한다.

② 고정주유설비 또는 고정급유설비의 중심선을 기점으로

　㉮ 도로경계선까지 : 4m 이상

　㉯ 부지경계선 · 담 및 건축물의 벽까지 : 2m 이상

　㉰ 개구부가 없는 벽까지 : 1m 이상

　㉱ 고정주유설비와 고정급유설비 사이 : 4m 이상

③ 주유관의 기준

　㉮ 고정주유설비 또는 고정급유설비의 주유관의 길이 : 5m 이내

　㉯ 현수식 주유설비 길이 : 지면 위 0.5m 반경 3m 이내

　㉰ 노즐선단에서는 정전기제거장치를 한다.

④ 고정주유설비 또는 고정급유설비의 본체 또는 노즐 손잡이에 주유작업자의 인체에 축적된 정전기를 유효하게 제거할 수 있는 장치를 설치할 것

(5) 주유취급소에 설치할 수 있는 건축물

① 주유 또는 등유 · 경유를 옮겨 담기 위한 **작업장**
② 주유취급소의 업무를 행하기 위한 **사무소**
③ 자동차 등의 점검 및 간이**정비를 위한 작업장**
④ 자동차 등의 **세정을 위한 작업장**
⑤ 주유취급소에 출입하는 사람을 대상으로 한 **점포 · 휴게음식점 또는 전시장**
⑥ 주유취급소의 관계자가 거주하는 **주거시설**
⑦ **전기자동차용 충전설비**(전기를 동력원으로 하는 자동차에 직접 전기를 공급하는 설비를 말한다. 이하 같다)
⑧ 그 밖의 소방청장이 정하여 고시하는 건축물 또는 시설
⑨ 상기 ②, ③ 및 ⑤의 용도에 제공하는 부분의 **면적의 합은 1,000m²를 초과할 수 없다.**

(6) 옥내주유취급소의 기준

소방청장이 정하여 고시하는 용도로 사용하는 부분이 없는 건축물(옥내주유취급소에서 발생한 화재를 옥내주유취급소의 용도로 사용하는 부분 외의 부분에 자동적으로 유효하게 알릴 수 있는 자동화재탐지설비 등을 설치한 건축물에 한한다)에 설치할 수 있다.
① 건축물 안에 설치하는 주유취급소
② 캐노피 · 처마 · 차양 · 부연 · 발코니 및 루버의 수평투영면적이 주유취급소의 공지면적(주유취급소의 부지면적에서 건축물 중 벽 및 바닥으로 구획된 부분의 수평투영면적을 뺀 면적을 말한다)의 3분의 1을 초과하는 주유취급소

(7) 건축물 등의 구조

① 벽 · 기둥 · 바닥 · 보 및 지붕을 내화구조 또는 불연재료로 하고, 창 및 출입구에는 방화문 또는 불연재료로 된 문을 설치할 것
② 사무실 등의 창 및 출입구에 유리를 사용하는 경우에는 망입유리 또는 강화유리로 할 것
③ 건축물 중 사무실, 그 밖의 화기를 사용하는 곳의 구조
　㉮ 출입구는 건축물의 안에서 밖으로 수시로 개방할 수 있는 자동폐쇄식의 것으로 할 것
　㉯ 출입구 또는 사이 통로의 문턱의 높이를 15cm 이상으로 할 것
　㉰ 높이 1m 이하의 부분에 있는 창 등은 밀폐시킬 것
④ 자동차 등의 점검 · 정비를 행하는 설비
　㉮ 고정주유설비로부터 4m 이상, 도로경계선으로부터 2m 이상 떨어지게 할 것
　㉯ 위험물을 취급하는 설비는 위험물의 누설 · 넘침 또는 비산을 방지할 수 있는 구조로 할 것

⑤ 자동차 등의 세정을 행하는 설비

㉮ 증기세차기를 설치하는 경우에는 그 주위에 불연재료로 된 높이 1m 이상의 담을 설치하고 출입구가 고정주유설비에 면하지 아니하도록 할 것. 이 경우 담은 고정주유설비로부터 4m 이상 떨어지게 하여야 한다.

㉯ 증기세차기 외의 세차기를 설치하는 경우에는 고정주유설비로부터 4m 이상, 도로경계선으로부터 2m 이상 떨어지게 할 것

⑥ 주유원 간이대기실

㉮ 불연재료로 할 것

㉯ 바퀴가 부착되지 아니한 고정식일 것

㉰ 차량의 출입 및 주유작업에 장애를 주지 아니하는 위치에 설치할 것

㉱ 바닥면적이 2.5m² 이하일 것. 다만, 주유공지 및 급유공지 외의 장소에 설치하는 것은 그러하지 아니하다.

(8) 담 또는 벽

① 주유취급소의 주위에는 자동차 등이 출입하는 쪽 외의 부분에 높이 2m 이상의 내화구조 또는 불연재료의 담 또는 벽을 설치하되, 주유취급소의 인근에 연소의 우려가 있는 건축물이 있는 경우에는 소방청장이 정하여 고시하는 바에 따라 방화상 유효한 높이로 하여야 한다.

② 상기 내용에도 불구하고 다음 기준에 모두 적합한 경우에는 담 또는 벽의 일부분에 방화상 유효한 구조의 유리를 부착할 수 있다.

㉮ 유리를 부착하는 위치는 주입구, 고정주유설비 및 고정급유설비로부터 4m 이상 이격될 것

㉯ 유리를 부착하는 방법은 다음의 기준에 모두 적합할 것

㉠ 주유취급소 내의 지반면으로부터 70cm를 초과하는 부분에 한하여 유리를 부착할 것

㉡ 하나의 유리판의 가로의 길이는 2m 이내일 것

㉢ 유리판의 테두리를 금속제의 구조물에 견고하게 고정하고 해당 구조물을 담 또는 벽에 견고하게 부착할 것

㉣ 유리의 구조는 접합유리(두 장의 유리를 두께 0.76mm 이상의 폴리바이닐뷰티랄 필름으로 접합한 구조를 말한다)로 하되, 「유리구획 부분의 내화시험방법(KS F 2845)」에 따라 시험하여 비차열 30분 이상의 방화성능이 인정될 것

㉰ 유리를 부착하는 범위는 전체의 담 또는 벽의 길이의 10분의 2를 초과하지 아니할 것

(9) 캐노피

① 배관이 캐노피 내부를 통과할 경우에는 1개 이상의 점검구를 설치할 것

② 캐노피 외부의 점검이 곤란한 장소에 배관을 설치하는 경우에는 용접이음으로 할 것

③ 캐노피 외부의 배관이 일광열의 영향을 받을 우려가 있는 경우에는 단열재로 피복할 것

(10) 고속국도 주유취급소의 특례

고속국도의 도로변에 설치된 주유취급소에 있어서는 규정에 의한 탱크의 용량을 60,000L 까지 할 수 있다.

(11) 고객이 직접 주유하는 주유취급소의 특례

① 셀프용 고정주유설비의 기준

㉮ 주유호스의 선단부에 수동개폐장치를 부착한 주유노즐을 설치할 것. 다만, 수동개폐장치를 개방한 상태로 고정시키는 장치가 부착된 경우에는 다음의 기준에 적합하여야 한다.

㉠ 주유작업을 개시함에 있어서 주유노즐의 수동개폐장치가 개방상태에 있는 때에는 해당 수동개폐장치를 일단 폐쇄시켜야만 다시 주유를 개시할 수 있는 구조로 할 것

㉡ 주유노즐이 자동차 등의 주유구로부터 이탈된 경우 주유를 자동적으로 정지시키는 구조일 것

㉯ 주유노즐은 자동차 등의 연료탱크가 가득 찬 경우 자동적으로 정지시키는 구조일 것

㉰ 주유호스는 200kg중 이하의 하중에 의하여 파단(破斷) 또는 이탈되어야 하고, 파단 또는 이탈된 부분으로부터의 위험물 누출을 방지할 수 있는 구조일 것

㉱ 휘발유와 경유 상호 간의 오인에 의한 주유를 방지할 수 있는 구조일 것

㉲ 1회의 연속주유량 및 주유시간의 상한을 미리 설정할 수 있는 구조일 것. 이 경우 연속주유량 및 주유시간의 상한은 다음과 같다.

㉠ 휘발유는 100L 이하, 4분 이하로 할 것

㉡ 경유는 600L 이하, 12분 이하로 할 것

② 셀프용 고정급유설비의 기준

㉮ 급유호스의 선단부에 수동개폐장치를 부착한 급유노즐을 설치할 것

㉯ 급유노즐은 용기가 가득찬 경우에 자동적으로 정지시키는 구조일 것

㉰ 1회의 연속급유량 및 급유시간의 상한을 미리 설정할 수 있는 구조일 것. 이 경우 급유량의 상한은 100L 이하, 급유시간의 상한은 6분 이하로 한다.

② 판매취급소

용기에 수납하여 위험물을 판매하는 취급소

(1) 제1종 판매취급소

저장 또는 취급하는 위험물의 수량이 **지정수량의 20배 이하인 판매취급소**

① 건축물의 1층에 설치한다.

② 배합실은 다음과 같다.

    ㉮ **바닥면적은 6m^2 이상, 15m^2 이하**이다.

    ㉯ **내화구조** 또는 **불연재료**로 된 벽으로 구획한다.

    ㉰ 바닥은 위험물이 침투하지 아니하는 구조로 하여 적당한 경사를 두고 **집유설비**를 한다.

    ㉱ 출입구에는 수시로 열 수 있는 자동폐쇄식의 60분＋방화문 또는 60분방화문을 설치한다.

    ㉲ 출입구 문턱의 높이는 **바닥면으로부터 0.1m 이상**으로 한다.

    ㉳ 내부에 체류한 가연성 증기 또는 가연성의 미분을 지붕 위로 방출하는 설치를 한다.

(2) 제2종 판매취급소

저장 또는 취급하는 위험물의 수량이 **지정수량의 40배 이하인 취급소**

① 벽 · 기둥 · 바닥 및 보를 내화구조로 하고, 천장이 있는 경우에는 이를 불연재료로 하며, 판매취급소로 사용하는 부분과 다른 부분과의 격벽을 내화구조로 한다.

② 상층이 있는 경우에는 상층의 바닥을 내화구조로 하는 동시에 상층으로의 연소를 방지하기 위한 조치를 강구하고, 상층이 없는 경우에는 지붕을 내화구조로 한다.

③ 연소의 우려가 없는 부분에 한하여 창을 두되, 해당 창에는 60분＋방화문 · 60분방화문 또는 30분방화문을 설치한다.

④ 출입구에는 60분＋방화문 · 60분방화문 또는 30분방화문을 설치한다. 단, 해당 부분 중 연소의 우려가 있는 벽 또는 창의 부분에 설치하는 출입구에는 수시로 열 수 있는 자동폐쇄식의 60분＋방화문 또는 60분방화문을 설치한다.

(3) 제2종 판매취급소 작업실에서 배합할 수 있는 위험물의 종류

    ① 황

    ② 도료류

    ③ 제1류 위험물 중 염소산염류 및 염소산염류만을 함유한 것

③ 이송취급소

(1) 설치하지 못하는 장소

① 철도 및 도로의 터널 안

② 고속국도 및 자동차 전용도로의 차도 · 길 어깨 및 중앙분리대

③ 호수, 저수지 등으로서 수리의 수원이 되는 곳

④ 급경사지역으로서 붕괴의 위험이 있는 지역

(2) 지상 설치에 대한 배관 설치기준

① 배관이 지표면에 접하지 아니하도록 할 것

② 배관[이송기지(펌프에 의하여 위험물을 보내거나 받는 작업을 행하는 장소를 말한다. 이하 같다)의 구내에 설치되어진 것을 제외한다]은 다음의 기준에 의한 안전거리를 둘 것

㉮ 철도(화물수송용으로만 쓰이는 것을 제외한다) 또는 도로의 경계선으로부터 25m 이상

㉯ 학교, 종합병원, 병원, 치과병원, 한방병원, 요양병원, 공연장, 영화상영관, 복지시설로부터 45m 이상

㉰ 유형문화재, 지정문화재 시설로부터 65m 이상

㉱ 고압가스, 액화석유가스, 도시가스 시설로부터 35m 이상

㉲ 공공공지 또는 도시공원으로부터 45m 이상

㉳ 판매시설 · 숙박시설 · 위락시설 등 불특정다중을 수용하는 시설 중 연면적 1,000m² 이상인 것으로부터 45m 이상

㉴ 1일 평균 20,000명 이상 이용하는 기차역 또는 버스터미널로부터 45m 이상

㉵ 수도시설 중 위험물이 유입될 가능성이 있는 것으로부터 300m 이상

㉶ 주택 또는 ㉮ 내지 ㉲과 유사한 시설 중 다수의 사람이 출입하거나 근무하는 것으로부터 25m 이상

③ 배관의 양측면으로부터 해당 배관의 최대상용압력에 따른 공지의 너비

배관의 최대상용압력	공지의 너비
0.3MPa 미만	5m 이상
0.3MPa 이상 1MPa 미만	9m 이상
1MPa 이상	15m 이상

④ 배관은 지진 · 풍압 · 지반침하 · 온도변화에 의한 신축 등에 대하여 안전성이 있는 철근콘크리트조 또는 이와 동등 이상의 내화성이 있는 지지물에 의하여 지지되도록 할 것

⑤ 자동차 · 선박 등의 충돌에 의하여 배관 또는 그 지지물이 손상을 받을 우려가 있는 경우에는 견고하고 내구성이 있는 보호설비를 설치할 것

⑥ 배관은 다른 공작물(해당 배관의 지지물을 제외한다)에 대하여 배관의 유지관리상 필요한 간격을 가질 것

⑦ 단열재 등으로 배관을 감싸는 경우에는 일정구간마다 점검구를 두거나 단열재 등을 쉽게 떼고 붙일 수 있도록 하는 등 점검이 쉬운 구조로 할 것

(3) 지하매설에 대한 배관 설치기준

① 안전거리 기준(다만, ④ 또는 ④의 공작물에 있어서는 적절한 누설확산방지조치를 하는 경우에 그 안전거리를 2분의 1의 범위 안에서 단축할 수 있다.)
  ㉮ 건축물(지하가 내의 건축물을 제외한다) : 1.5m 이상
  ㉯ 지하가 및 터널 : 10m 이상
  ㉰ 수도시설(위험물의 유입우려가 있는 것에 한한다) : 300m 이상

② 배관은 그 외면으로부터 다른 공작물에 대하여 0.3m 이상의 거리를 보유할 것

③ 배관의 외면과 지표면과의 거리는 산이나 들에 있어서는 0.9m 이상, 그 밖의 지역에 있어서는 1.2m 이상으로 할 것

④ 배관은 지반의 동결로 인한 손상을 받지 아니하는 적절한 깊이로 매설할 것

⑤ 성토 또는 절토를 한 경사면의 부근에 배관을 매설하는 경우에는 경사면의 붕괴에 의한 피해가 발생하지 아니하도록 매설할 것

⑥ 배관의 입상부, 지반의 급변부 등 지지조건이 급변하는 장소에 있어서는 굽은 관을 사용하거나 지반 개량, 그 밖에 필요한 조치를 강구할 것

⑦ 배관의 하부에는 사질토 또는 모래로 20cm(자동차 등의 하중이 없는 경우에는 10cm) 이상, 배관의 상부에는 사질토 또는 모래로 30cm(자동차 등의 하중이 없는 경우에는 20cm) 이상 채울 것

(4) 지진 시의 재해방지조치

① 이송취급소를 설치한 지역에 있어서 진도계 5 이상의 지진 정보를 얻은 경우에는 펌프의 정지 및 긴급차단밸브의 폐쇄를 행할 것

② 이송취급소를 설치한 지역에 있어서 진도계 4 이상의 지진 정보를 얻은 경우에는 해당 지역에 대한 지진재해정보를 계속 수집하고 그 상황에 따라 펌프의 정지 및 긴급차단밸브의 폐쇄를 행할 것

③ 펌프의 정지 및 긴급차단밸브의 폐쇄를 행한 경우 또는 안전제어장치가 지진에 의하여 작동되어 펌프가 정지되고 긴급차단밸브가 폐쇄된 경우에는 위험물을 이송하기 위한 배관 및 펌프에 부속하는 설비의 안전을 확인하기 위한 순찰을 신속히 실시할 것

④ 배관계가 강한 과도한 지진동을 받은 때에는 해당 배관에 관계된 최대상용압력의 1.25배의 압력으로 4시간 이상 수압시험을 하여 이상이 없음을 확인할 것

⑤ 최대상용압력의 1.25배의 압력으로 수압시험을 하는 것이 적당하지 아니한 때에는 해당 최대상용압력의 1.25배 미만의 압력으로 수압시험을 실시할 것. 이 경우 해당 수압시험의 결과가 이상이 없다고 인정된 때에는 해당 시험압력을 1.25로 나눈 수치 이하의 압력으로 이송하여야 한다.

(5) 내압시험의 방법 및 판정기준

① 내압시험은 수압에 의하여 실시하고 시험 중에 물이 동결할 우려가 있는 경우에는 동결을 방지하는 조치를 강구할 것. 다만, 부득이한 이유로 물을 채우는 것이 부적당한 경우에는 공기 또는 위험성이 없는 기체의 압력에 의하여 할 수 있다.

② 수압시험은 배관 등 내부의 공기를 빼고 실시할 것. 이 경우 끝부분이 없어 배관에 공기 배출구를 설치하는 때에는 시험에 의하여 해당 부분이 손상을 받지 아니하는 구조로 하고 시험 후에는 해당 부분의 강도를 감소시키지 아니하도록 공기 배출구를 폐쇄하고 보강하여야 한다.

③ 배관 등 내의 물의 온도와 배관 등의 주위 온도가 대략 평형상태가 된 후에 시험을 실시할 것

④ 시험 중에는 배관 등의 시험구간의 양끝부분에서 배관 등 내부의 압력 및 온도를 기록할 것. 이 경우 압력을 측정하는 장치는 시험을 실시하기 전과 후에 분동식 압력기(중량평형식 압력검정기)를 이용하여 검정하여야 한다.

⑤ 내압시험의 결과 시험압력에서 배관 등의 팽창, 누설 등의 이상이 없을 것

⑥ 내압시험을 공기 등의 기체압력에 의하여 하는 경우에는 먼저 상용압력의 50%까지 승압하고 그 후에는 상용압력의 10%씩 단계적으로 승압하여 내압시험압력에 달하였을 때 누설 등의 이상이 없고 그 후 압력을 내려 상용압력으로 하였을 때 팽창, 누설 등의 이상이 없을 것

(6) 위치표지, 주의표지 등

① 위치표지는 지하매설의 배관경로에 설치할 것

　㉮ 배관 경로 약 100m마다의 개소, 수평곡관부 및 기타 안전상 필요한 개소에 설치할 것

　㉯ 위험물을 이송하는 배관이 매설되어 있는 상황 및 기점에서의 거리, 매설위치, 배관의 축방향, 이송자명 및 매설연도를 표시할 것

② 주의표시는 지하매설의 배관경로에 설치할 것. 다만, 방호구조물 또는 이중관, 기타의 구조물에 의하여 보호된 배관에 있어서는 그러하지 아니하다.

　㉮ 배관의 바로 위에 매설할 것

　㉯ 주의표시와 배관의 윗부분과의 거리는 0.3m로 할 것

　㉰ 재질은 내구성을 가진 합성수지로 할 것

　㉱ 폭은 배관의 외경 이상으로 할 것

　㉲ 색은 황색으로 할 것

　㉳ 위험물을 이송하는 배관이 매설된 상황을 표시할 것

③ 주의표지는 지상배관의 경로에 설치할 것

　㉮ 일반인이 접근하기 쉬운 장소, 기타 배관의 안전상 필요한 장소의 배관 직근에 설치할 것

　㉯ 주의표지에 따른 주의사항

　　㉠ 금속제의 판으로 할 것

　　㉡ 바탕은 백색(역정삼각형 내는 황색)으로 하고, 문자 및 역정삼각형의 모양은 흑색으로 할 것

　　㉢ 바탕색의 재료는 반사도료, 기타 반사성을 가진 것으로 할 것

　　㉣ 역정삼각형 정점의 둥근 반경은 10mm로 할 것

　　㉤ 이송품명에는 위험물의 화학명 또는 통칭명을 기재할 것

(7) 안전유지를 위한 설비

① 경보설비

㉮ 이송기지에는 비상벨장치 및 확성장치를 설치할 것

㉯ 가연성 증기를 발생하는 위험물을 취급하는 펌프실 등에는 가연성 증기 경보설비를 설치할 것

② 제어기능을 가진 안전제어장치

㉮ 압력안전장치 · 누설검지장치 · 긴급차단밸브, 그 밖의 안전설비의 제어회로가 정상으로 있지 아니하면 펌프가 작동하지 아니하도록 하는 제어기능

㉯ 안전상 이상상태가 발생한 경우에 펌프 · 긴급차단밸브 등이 자동 또는 수동으로 연동하여 신속히 정지 또는 폐쇄되도록 하는 제어기능

③ 배관 내의 압력이 최대상용압력을 초과하지 아니하도록 제어하는 장치

④ 압력안전장치

배관계에는 배관 내의 압력이 최대상용압력을 초과하거나 유격작용 등에 의하여 생긴 압력이 최대상용압력의 1.1배를 초과하지 아니하도록 제어하는 장치(이하 "압력안전장치"라 한다)를 설치할 것

⑤ 누설검지장치 등

㉮ 배관계에는 다음의 기준에 적합한 누설검지장치를 설치할 것

㉠ 가연성 증기를 발생하는 위험물을 이송하는 배관계의 점검상자에는 가연성 증기를 검지하는 장치

㉡ 배관계 내의 위험물의 양을 측정하는 방법에 의하여 자동적으로 위험물의 누설을 검지하는 장치 또는 이와 동등 이상의 성능이 있는 장치

㉢ 배관계 내의 압력을 측정하는 방법에 의하여 위험물의 누설을 자동적으로 검지하는 장치 또는 이와 동등 이상의 성능이 있는 장치

㉣ 배관계 내의 압력을 일정하게 정지시키고 해당 압력을 측정하는 방법에 의하여 위험물의 누설을 검지하는 장치 또는 이와 동등 이상의 성능이 있는 장치

㉯ 배관을 지하에 매설한 경우에는 안전상 필요한 장소(하천 등의 아래에 매설한 경우에는 금속관 또는 방호구조물의 안을 말한다)에 누설검지구를 설치할 것. 다만, 배관을 따라 일정한 간격으로 누설을 검지할 수 있는 장치를 설치하는 경우에는 그러하지 아니하다.

(8) 기타 설비 등

① 내압시험

배관 등은 최대상용압력의 1.25배 이상의 압력으로 4시간 이상 수압을 가하여 누설 그 밖의 이상이 없을 것

② 비파괴시험

배관 등의 용접부는 비파괴시험을 실시하여 합격할 것. 이 경우 이송기지 내의 지상에 설치된 배관 등은 전체 용접부의 20% 이상을 발췌하여 시험할 수 있다.

③ 위험물 제거조치

배관에는 서로 인접하는 2개의 긴급차단밸브 사이의 구간마다 해당 배관 안의 위험물을 안전하게 물 또는 불연성 기체로 치환할 수 있는 조치를 하여야 한다.

④ 감진장치 등

배관의 경로에는 안전상 필요한 장소와 25km의 거리마다 감진장치 및 강진계를 설치하여야 한다.

④ 일반취급소

주유취급소, 판매취급소 및 이송취급소에 해당하지 않는 모든 취급소로서, 위험물을 사용하여 일반 제품을 생산, 가공 또는 세척하거나 버너 등에 소비하기 위하여 1일에 지정수량 이상의 위험물을 취급하는 시설을 말한다.

(1) 분무도장작업 등의 일반취급소

도장, 인쇄 또는 도포를 위하여 제2류 위험물 또는 제4류 위험물(특수 인화물 제외)을 취급하는 일반취급소로서 지정수량의 30배 미만의 것

(2) 세정작업의 일반취급소

세정을 위하여 위험물(인화점이 40℃ 이상인 제4류 위험물에 한한다)을 취급하는 일반취급소로서 지정수량의 30배 미만의 것

(3) 열처리작업 등의 일반취급소

열처리작업 또는 방전가공을 위하여 위험물(인화점이 70℃ 이상인 제4류 위험물에 한한다)을 취급하는 일반취급소로서 지정수량의 30배 미만의 것

(4) 보일러 등으로 위험물을 소비하는 일반취급소

보일러, 버너, 그 밖의 이와 유사한 장치로 위험물(인화점이 38℃ 이상인 제4류 위험물에 한한다)을 소비하는 일반취급소로서 지정수량의 30배 미만의 것

(5) 충전하는 일반취급소

이동저장탱크에 액체 위험물(알킬알루미늄 등, 아세트알데하이드 등 및 하이드록실아민 등을 제외한다)을 주입하는 일반취급소

일반취급소
시설기준

(6) 옮겨담는 일반취급소

고정급유설비에 의하여 위험물(인화점이 38℃ 이상인 제4류 위험물에 한한다)을 용기에 옮겨 담거나 4,000L 이하의 이동저장탱크(용량이 2,000L를 넘는 탱크에 있어서는 그 내부를 2,000L 이하마다 구획한 것에 한한다)에 주입하는 일반취급소로서 지정수량의 40배 미만인 것

(7) 유압장치 등을 설치하는 일반취급소

위험물을 이용한 유압장치 또는 윤활유 순환장치를 설치하는 일반취급소(고인화점 위험물만을 100℃ 미만의 온도로 취급하는 것에 한한다)로서 지정수량의 50배 미만의 것

(8) 절삭장치 등을 설치하는 일반취급소

절삭유의 위험물을 이용한 절삭장치, 연삭장치, 그 밖의 이와 유사한 장치를 설치하는 일반취급소(고인화점 위험물만을 100℃ 미만의 온도로 취급하는 것에 한한다)로서 지정수량의 30배 미만의 것

(9) 열매체유 순환장치를 설치하는 일반취급소

위험물 외의 물건을 가열하기 위하여 위험물(고인화점 위험물에 한한다)을 이용한 열매체유 순환장치를 설치하는 일반취급소로서 지정수량의 30배 미만의 것

(10) 화학실험의 일반취급소

화학실험을 위하여 위험물을 취급하는 일반취급소로서 지정수량의 30배 미만의 것(위험물을 취급하는 설비를 건축물에 설치하는 것만 해당).

1-3. 일반점검표

(1) 제조소, 일반취급소 일반점검표

건축물	벽 · 기둥 · 보 · 지붕	균열 · 손상 등의 유무	육안		
	방화문	변형 · 손상 등의 유무 및 폐쇄기능의 적부	육안		
	바닥	체유 · 체수의 유무	육안		
		균열 · 손상 · 파임 등의 유무	육안		
	계단	변형 · 손상 등의 유무 및 고정상황의 적부	육안		
환기 · 배출 설비 등		변형 · 손상의 유무 및 고정상태의 적부	육안		
		인화방지망의 손상 및 막힘 유무	육안		
		방화댐퍼의 손상 유무 및 기능의 적부	육안 및 작동확인		
		팬의 작동상황의 적부	작동확인		
		가연성 증기 경보장치의 작동상황	작동확인		
위험물취급탱크	방유제 · 방유턱	변형 · 균열 · 손상의 유무	육안		
		배수관의 손상의 유무	육안		
		배수관의 개폐상황의 적부	육안		
		배수구의 균열 · 손상의 유무	육안		
		배수구 내의 체유 · 체수 · 토사 등의 퇴적의 유무	육안		
		수용량의 적부	측정		

(2) 옥내저장소 일반점검표

건축물	벽 · 기둥 · 보 · 지붕	균열 · 손상 등의 유무	육안		
	방화문	변형 · 손상 등의 유무 및 폐쇄기능의 적부	육안		
	바닥	체유 · 체수의 유무	육안		
		균열 · 손상 · 파임 등의 유무	육안		
	계단	변형 · 손상 등의 유무 및 고정상황의 적부	육안		
	다른 용도부분과 구획	균열 · 손상 등의 유무	육안		
	조명설비	손상의 유무	육안		
환기 · 배출 설비 등		변형 · 손상의 유무 및 고정상태의 적부	육안		
		인화방지망의 손상 및 막힘 유무	육안		
		방화댐퍼의 손상 유무 및 기능의 적부	육안 및 작동확인		
		팬의 작동상황의 적부	작동확인		
		가연성 증기 경보장치의 작동상황	작동확인		

(3) 옥외탱크저장소 일반점검표

방유제 등	방유제	변형 · 균열 · 손상의 유무	육안		
	배수관	배수관의 손상의 유무	육안		
		배수관의 개폐상황의 적부	육안		
	배수구	배수구의 균열 · 손상의 유무	육안		
		배수구 내의 체유 · 체수 · 토사 등의 퇴적의 유무	육안		
	집유설비	체유 · 체수 · 토사 등의 퇴적의 유무	육안		
	계단	변형 · 손상의 유무	육안		
전기설비	배전반 · 차단기 · 배선 등	변형 · 손상의 유무	육안		
		고정상태의 적부	육안		
		기능의 적부	육안 및 작동확인		
		배선접합부의 탈락의 유무	육안		

(4) 지하탱크저장소 일반점검표

통기관		인화방지망의 손상 · 막힘의 유무	육안		
		밸브의 작동상황	작동확인		
		관 내의 장애물의 유무	육안		
		도장상황 및 부식의 유무	육안		
주입구		폐쇄 시의 누설의 유무	육안		
		변형 · 손상의 유무	육안		
		접지전극손상의 유무	육안		
		접지저항치의 적부	접지저항측정		
펌프설비 등	전동기	손상의 유무	육안		
		고정상태의 적부	육안		
		회전부 등의 급유상태	육안		
		이상진동 · 소음 · 발열 등의 유무	작동확인		
	펌프	누설의 유무	육안		
		변형 · 손상의 유무	육안		
		도장상태 및 부식의 유무	육안		
		고정상태의 적부	육안		
		회전부 등의 급유상태	육안		
		유량 및 유압의 적부	육안		
		이상진동 · 소음 · 발열 등의 유무	작동확인		
		기초의 균열 · 손상의 유무	육안		

(5) 이동탱크저장소 일반점검표

안전장치	작동상황	육안 및 조작시험		
	본체의 손상의 유무	육안		
	인화방지망의 손상 및 막힘의 유무	육안		
가연성 증기 회수설비	회수구의 변형 · 손상의 유무	육안		
	호스결합장치의 균열 · 손상의 유무	육안		
	완충이음 등의 균열 · 변형 · 손상의 유무	육안		
정전기제거설비	변형 · 손상의 유무	육안		
	부착부의 이탈의 유무	육안		
방호틀 · 측면틀	균열 · 변형 · 손상의 유무	육안		
	부식의 유무	육안		

(6) 옥외저장소 일반점검표

지반면 등	지반면	파임의 유무 및 배수의 적부	육안		
	배수구	균열 · 손상의 유무	육안		
		체유 · 체수 · 토사 등의 퇴적의 유무	육안		
	유분리 장치	균열 · 손상의 유무	육안		
		체유 · 체수 · 토사 등의 퇴적의 유무	육안		
선반		변형 · 손상의 유무	육안		
		고정상태의 적부	육안		
		낙하방지조치의 적부	육안		

(7) 암반탱크저장소 일반점검표

압력계	작동의 적부	육안 및 작동확인		
	부식 · 손상의 유무	육안		
안전장치	작동상황	육안 및 조작시험		
	본체의 손상의 유무	육안		
	인화방지망의 손상 및 막힘의 유무	육안		
정전기제거설비	변형 · 손상의 유무	육안		
	부착부의 이탈의 유무	육안		

(8) 주유취급소 일반점검표

공지 등	주유 · 급유 공지	장애물의 유무	육안		
	지반면	주위지반과 고저 차의 적부	육안		
		균열 · 손상의 유무	육안		
	배수구 · 유분리장치	균열 · 손상의 유무	육안		
		체유 · 체수 · 토사 등의 퇴적의 유무	육안		
	방화담	균열 · 손상 · 경사 등의 유무	육안		
건축물	벽 · 기둥 · 바닥 · 보 · 지붕	균열 · 손상의 유무	육안		
	방화문	변형 · 손상의 유무 및 폐쇄기능의 적부	육안		
	간판등	고정의 적부 및 경사의 유무	육안		
	다른 용도와의 구획	균열 · 손상의 유무	육안		
	구멍 · 구덩이	구멍 · 구덩이의 유무	육안		
	감시대 등	감시대	위치의 적부	육안	
		감시설비	기능의 적부	육안 및 작동확인	
		제어장치	기능의 적부	육안 및 작동확인	
		방송기기 등	기능의 적부	육안 및 작동확인	

(9) 이송취급소 일반점검표

이송기지		울타리 등	손상의 유무	육안		
	유출방지설비	성토상태	손상·갈라짐의 유무	육안		
			경사·굴곡의 유무	육안		
			배수구개폐상황 및 막힘의 유무	육안		
		유분리장치	균열·손상의 유무	육안		
			체유·체수·토사 등의 퇴적의 유무	육안		
	펌프설비	안전거리	보호대상물의 신설의 여부	육안		
		보유공지	허가 외 물건의 존치 여부	육안		
		펌프실	지붕·벽·바닥·방화문의 균열·손상의 유무	육안		
			환기·배출 설비의 손상의 유무 및 기능의 적부	육안 및 작동확인		
			조명설비의 손상의 유무	육안		
		펌프	누설의 유무	육안		
			변형·손상의 유무	육안		
			이상진동·소음·발열 등의 유무	작동확인		
			도장상황 및 부식의 유무	육안		
			고정상황의 적부	육안		
		펌프기초	균열·손상의 유무	육안		
			고정상황의 적부	육안		
		펌프접지	단선의 유무	육안		
			접합부의 탈락의 유무	육안		
			접지저항치의 적부	저항치측정		
		주위·바닥·집유설비·유분리장치	균열·손상의 유무	육안		
			체유·체수·토사 등의 퇴적의 유무	육안		
	피그장치	보유공지	허가 외 물건의 존치 여부	육안		
		본체	누설의 유무	육안		
			변형·손상의 유무	육안		
			내압방출설비의 기능의 적부	작동확인		
		바닥·배수구·집유설비	균열·손상의 유무	육안		
			체유·체수·토사 등의 퇴적의 유무	육안		

제2장 │ 제조소 등의 소화, 경보, 피난 설비의 기준

2-1. 제조소 등의 소화설비, 경보설비, 피난설비의 기준

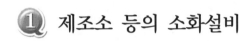

① 제조소 등의 소화설비

(1) 소화난이도 등급 Ⅰ의 제조소 등 및 소화설비

① 소화난이도 등급 Ⅰ에 해당하는 제조소 등

제조소 등의 구분	제조소 등의 규모, 저장 또는 취급하는 위험물의 품명 및 최대수량 등
제조소 일반취급소	**연면적 1,000m² 이상인 것**
	지정수량의 100배 이상인 것(고인화점 위험물만을 100℃ 미만의 온도에서 취급하는 것 및 제48조의 위험물을 취급하는 것은 제외)
	지반면으로부터 6m 이상의 높이에 위험물 취급설비가 있는 것(고인화점 위험물만을 100℃ 미만의 온도에서 취급하는 것은 제외)
	일반취급소로 사용되는 부분 외의 부분을 갖는 건축물에 설치된 것(내화구조로 개구부 없이 구획된 것, 고인화점 위험물만을 100℃ 미만의 온도에서 취급하는 것 및 화학실험의 일반취급소는 제외)
주유취급소	[별표 13] Ⅴ 제2호에 따른 면적의 합이 500m²를 초과하는 것
옥내저장소	**지정수량의 150배 이상인 것**(고인화점 위험물만을 저장하는 것 및 제48조의 위험물을 저장하는 것은 제외)
	연면적 150m²를 초과하는 것(150m² 이내마다 불연재료로 개구부 없이 구획된 것 및 인화성 고체 외의 제2류 위험물 또는 인화점 70℃ 이상의 제4류 위험물만을 저장하는 것은 제외)
	처마높이가 6m 이상인 단층건물의 것
	옥내저장소로 사용되는 부분 외의 부분이 있는 건축물에 설치된 것(내화구조로 개구부 없이 구획된 것 및 인화성 고체 외의 제2류 위험물 또는 인화점 70℃ 이상의 제4류 위험물만을 저장하는 것은 제외)
옥외탱크저장소	**액표면적이 40m² 이상인 것**(제6류 위험물을 저장하는 것 및 고인화점 위험물만을 100℃ 미만의 온도에서 저장하는 것은 제외)
	지반면으로부터 탱크 옆판의 상단까지 높이가 6m 이상인 것(제6류 위험물을 저장하는 것 및 고인화점 위험물만을 100℃ 미만의 온도에서 저장하는 것은 제외)
	지중탱크 또는 해상탱크로서 지정수량의 100배 이상인 것(제6류 위험물을 저장하는 것 및 고인화점 위험물만을 100℃ 미만의 온도에서 저장하는 것은 제외)
	고체 위험물을 저장하는 것으로서 지정수량의 100배 이상인 것

제조소 등의 구분	제조소 등의 규모, 저장 또는 취급하는 위험물의 품명 및 최대수량 등
옥내탱크저장소	**액표면적이 40m² 이상인 것**(제6류 위험물을 저장하는 것 및 고인화점 위험물만을 100℃ 미만의 온도에서 저장하는 것은 제외)
	바닥면으로부터 탱크 옆판의 상단까지 높이가 6m 이상인 것(제6류 위험물을 저장하는 것 및 고인화점 위험물만을 100℃ 미만의 온도에서 저장하는 것은 제외)
	탱크 전용실이 단층건물 외의 건축물에 있는 것으로서 인화점 38℃ 이상, 70℃ 미만의 위험물을 지정수량의 5배 이상 저장하는 것(내화구조로 개구부 없이 구획된 것은 제외한다)
옥외저장소	**덩어리상태의 황을 저장하는 것으로서 경계표시 내부의 면적**(2 이상의 경계표시가 있는 경우에는 각 경계표시의 내부의 면적을 합한 면적)이 100m² 이상인 것
	인화성 고체, 제1석유류 또는 알코올류의 위험물을 저장하는 것으로서 지정수량의 100배 이상인 것
암반탱크저장소	**액표면적이 40m² 이상인 것**(제6류 위험물을 저장하는 것 및 고인화점 위험물만을 100℃ 미만의 온도에서 저장하는 것은 제외)
	고체 위험물만을 저장하는 것으로서 지정수량의 100배 이상인 것
이송취급소	모든 대상

② 소화난이도 등급 Ⅰ의 제조소 등에 설치하여야 하는 소화설비

제조소 등의 구분			소화설비
제조소 및 일반취급소			옥내소화전설비, 옥외소화전설비, 스프링클러설비 또는 물분무 등 소화설비(화재발생 시 연기가 충만할 우려가 있는 장소에는 스프링클러설비 또는 이동식 외의 물분무 등 소화설비에 한한다)
주유취급소			스프링클러설비(건축물에 한정한다), 소형 수동식 소화기 등(능력단위의 수치가 건축물, 그 밖의 공작물 및 위험물의 소요단위 수치에 이르도록 설치할 것)
옥내 저장소	처마높이가 6m 이상인 단층건물 또는 다른 용도의 부분이 있는 건축물에 설치한 옥내저장소		**스프링클러설비 또는 이동식 외의 물분무 등 소화설비**
	그 밖의 것		옥외소화전설비, 스프링클러설비, 이동식 외의 물분무 등 소화설비 또는 이동식 포소화설비(포소화전을 옥외에 설치하는 것에 한한다)
옥외 탱크 저장소	지중탱크 또는 해상탱크 외의 것	**황만을 저장, 취급하는 것**	**물분무소화설비**
		인화점 70℃ 이상의 제4류 위험물만을 저장, 취급하는 것	**물분무소화설비 또는 고정식 포소화설비**
		그 밖의 것	고정식 포소화설비(포소화설비가 적응성이 없는 경우에는 분말소화설비)
	지중탱크		고정식 포소화설비, 이동식 이외의 불활성가스소화설비 또는 이동식 이외의 할로젠화합물소화설비
	해상탱크		**고정식 포소화설비, 물분무포소화설비, 이동식 이외의 불활성가스소화설비 또는 이동식 이외의 할로젠화합물소화설비**

제조소 등의 구분		소화설비
옥내 탱크 저장소	황만을 저장, 취급하는 것	물분무소화설비
	인화점 70℃ 이상의 제4류 위험물만을 저장, 취급하는 것	물분무소화설비, 고정식 포소화설비, 이동식 이외의 불활성가스소화설비, 이동식 이외의 할로젠화합물소화설비 또는 이동식 이외의 분말소화설비
	그 밖의 것	고정식 포소화설비, 이동식 이외의 불활성가스소화설비, 이동식 이외의 할로젠화합물소화설비 또는 이동식 이외의 분말소화설비
옥외저장소 및 이송취급소		옥내소화전설비, 옥외소화전설비, 스프링클러설비 또는 물분무 등 소화설비(화재발생 시 연기가 충만할 우려가 있는 장소에는 스프링클러설비 또는 이동식 이외의 물분무 등 소화설비에 한한다)
암반 탱크 저장소	황만을 저장, 취급하는 것	물분무소화설비
	인화점 70℃ 이상의 제4류 위험물만을 저장, 취급하는 것	물분무소화설비 또는 고정식 포소화설비
	그 밖의 것	고정식 포소화설비(포소화설비가 적용성이 없는 경우에는 분말소화설비)

(2) 소화난이도 등급 Ⅱ의 제조소 등 및 소화설비

① 소화난이도 등급 Ⅱ에 해당하는 제조소 등

제조소 등의 구분	제조소 등의 규모, 저장 또는 취급하는 위험물의 품명 및 최대수량 등
제조소 일반취급소	연면적 600m^2 이상인 것
	지정수량의 10배 이상인 것(고인화점 위험물만을 100℃ 미만의 온도에서 취급하는 것 및 제48조의 위험물을 취급하는 것은 제외)
	일반취급소로서 소화난이도 등급 Ⅰ의 제조소 등에 해당하지 아니하는 것(고인화점 위험물만을 100℃ 미만의 온도에서 취급하는 것은 제외)
옥내저장소	단층건물 이외의 것
	제2류 또는 제4류의 위험물(인화성 고체 및 인화점 70℃ 미만 제외)만을 저장·취급하는 다층건물 또는 지정수량의 50배 이하인 소규모 옥내저장소
	지정수량의 10배 이상인 것(고인화점 위험물만을 저장하는 것 및 제48조의 위험물을 저장하는 것은 제외)
	연면적 150m^2 초과인 것
	지정수량 20배 이하의 옥내저장소로서 소화난이도 등급 Ⅰ의 제조소 등에 해당하지 아니하는 것
옥외탱크저장소 옥내탱크저장소	소화난이도 등급 Ⅰ의 제조소 등 외의 것(고인화점 위험물만을 100℃ 미만의 온도로 저장하는 것 및 제6류 위험물만을 저장하는 것은 제외)

제조소 등의 구분	제조소 등의 규모, 저장 또는 취급하는 위험물의 품명 및 최대수량 등
옥외저장소	덩어리상태의 황을 저장하는 것으로서 경계표시 내부의 면적(2 이상의 경계표시가 있는 경우에는 각 경계표시의 내부의 면적을 합한 면적)이 5m² 이상, 100m² 미만인 것
	인화성 고체, 제1석유류, 알코올류의 위험물을 저장하는 것으로서 지정수량의 10배 이상, 100배 미만인 것
	지정수량의 100배 이상인 것(덩어리상태의 황 또는 고인화점 위험물을 저장하는 것은 제외)
주유취급소	옥내주유취급소로서 소화난이도 등급 I의 제조소 등에 해당하지 아니하는 것
판매취급소	제2종 판매취급소

② 소화난이도 등급 Ⅱ의 제조소 등에 설치하여야 하는 소화설비

제조소 등의 구분	소화설비
제조소 옥내저장소 옥외저장소 주유취급소 판매취급소 일반취급소	방사능력범위 내의 해당 건축물, 그 밖의 공작물 및 위험물이 포함되도록 대형 수동식소화기를 설치하고, 해당 위험물 소요단위의 1/5 이상에 해당되는 능력단위의 소형 수동식소화기 등을 설치할 것
옥외탱크저장소 옥내탱크저장소	대형 수동식소화기 및 소형 수동식소화기 등을 각각 1개 이상 설치할 것

(3) 소화난이도 등급 Ⅲ의 제조소 등 및 소화설비

① 소화난이도 등급 Ⅲ에 해당하는 제조소 등

제조소 등의 구분	제조소 등의 규모, 저장 또는 취급하는 위험물의 품명 및 최대수량 등
제조소 일반취급소	화약류에 해당하는 위험물을 취급하는 것
	화약류에 해당하는 위험물 외의 것을 취급하는 것으로서 소화난이도 등급 I 또는 소화난이도 등급 Ⅱ의 제조소 등에 해당하지 아니하는 것
옥내저장소	화약류에 해당하는 위험물을 취급하는 것
	화약류에 해당하는 위험물 외의 것을 취급하는 것으로서 소화난이도 등급 I 또는 소화난이도 등급 Ⅱ의 제조소 등에 해당하지 아니하는 것
지하탱크저장소 간이탱크저장소 이동탱크저장소	모든 대상
옥외저장소	덩어리상태의 황을 저장하는 것으로서 경계표시 내부의 면적(2 이상의 경계표시가 있는 경우에는 각 경계표시의 내부의 면적을 합한 면적)이 5m² 미만인 것
	덩어리상태의 황 외의 것을 저장하는 것으로서 소화난이도 등급 I 또는 소화난이도 등급 Ⅱ의 제조소 등에 해당하지 아니하는 것
주유취급소	옥내주유취급소 외의 것으로서 소화난이도 등급 I의 제조소 등에 해당하지 아니하는 것
제1종 판매취급소	모든 대상

② 소화난이도 등급 Ⅲ의 제조소 등에 설치하여야 하는 소화설비

제조소 등의 구분	소화설비	설치기준	
지하탱크저장소	소형 수동식소화기 등	능력단위의 수치가 3 이상	2개 이상
이동탱크 저장소	자동차용 소화기	무상의 강화액 8L 이상	2개 이상
		이산화탄소 3.2kg 이상	
		브로모클로로다이플루오로메테인(CF$_2$ClBr) 2L 이상	
		브로모트라이플루오로메테인(CF$_3$Br) 2L 이상	
		다이브로모테트라플루오로에테인(C$_2$F$_4$Br$_2$) 1L 이상	
		소화분말 3.3kg 이상	
	마른 모래 및 팽창질석 또는 팽창진주암	마른 모래 150L 이상	
		팽창질석 또는 팽창진주암 640L 이상	
그 밖의 제조소 등	소형 수동식소화기 등	능력단위의 수치가 건축물, 그 밖의 공작물 및 위험물의 소요단위의 수치에 이르도록 설치할 것. 다만, 옥내소화전설비, 옥외소화전설비, 스프링클러설비, 물분무 등 소화설비 또는 대형 수동식소화기를 설치한 경우에는 해당 소화설비의 방사능력범위 내의 부분에 대하여는 수동식소화기 등을 그 능력단위의 수치가 해당 소요단위의 수치의 1/5 이상이 되도록 하는 것으로 족하다.	

(4) 소화설비의 적응성★★★

소화설비의 구분			건축물 · 그 밖의 공작물	전기설비	제1류 위험물		제2류 위험물			제3류 위험물		제4류 위험물	제5류 위험물	제6류 위험물
					알칼리금속 과산화물 등	그 밖의 것	철분 · 금속분 · 마그네슘 등	인화성 고체	그 밖의 것	금수성 물품	그 밖의 것			
옥내소화전 또는 옥외소화전설비			○			○		○	○		○		○	○
스프링클러설비			○			○		○	○		○	△	○	○
물분무 등 소화설비	물분무소화설비		○	○		○		○	○		○	○	○	○
	포소화설비		○			○		○	○		○	○	○	○
	불활성가스소화설비			○				○				○		
	할로젠화합물소화설비			○				○				○		
	분말 소화 설비	인산염류 등	○	○		○		○	○			○		○
		탄산수소염류 등		○	○		○	○		○		○		
		그 밖의 것			○		○			○				

대상물의 구분 / 소화설비의 구분			건축물·그 밖의 공작물	전기설비	제1류 위험물		제2류 위험물			제3류 위험물		제4류 위험물	제5류 위험물	제6류 위험물
					알칼리금속 과산화물 등	그 밖의 것	철분·금속분·마그네슘 등	인화성 고체	그 밖의 것	금수성 물품	그 밖의 것			
대형·소형 수동식 소화기		봉상수(棒狀水)소화기	○			○		○	○		○		○	○
		무상수(霧狀水)소화기	○	○		○		○	○		○		○	○
		봉상강화액소화기	○			○		○	○		○		○	○
		무상강화액소화기	○	○		○		○	○		○	○	○	○
		포소화기	○			○		○	○		○	○	○	○
		이산화탄소소화기		○				○				○		△
		할로젠화합물소화기		○				○				○		
	분말 소화기	인산염류소화기	○	○		○		○	○		○	○		○
		탄산수소염류소화기		○	○		○	○		○		○		
		그 밖의 것			○		○			○				
기타		물통 또는 수조	○			○		○	○		○		○	○
		건조사			○	○	○	○	○	○	○	○	○	○
		팽창질석 또는 팽창진주암			○	○	○	○	○	○	○	○	○	○

※ "○"표시는 해당 소방대상물 및 위험물에 대하여 소화설비가 적응성이 있음을 표시하고, "△"표시는 제4류 위험물을 저장 또는 취급하는 장소의 살수기준면적에 따라 스프링클러설비의 살수밀도가 기준 이상인 경우에는 해당 스프링클러설비가 제4류 위험물에 대하여 적응성이 있음을, 제6류 위험물을 저장 또는 취급하는 장소로서 폭발의 위험이 없는 장소에 한하여 이산화탄소소화기가 제6류 위험물에 대하여 적응성이 있음을 각각 표시한다.

경보설비

(1) 제조소 등별로 설치하여야 하는 경보설비의 종류

제조소 등의 구분	제조소 등의 규모, 저장 또는 취급하는 위험물의 종류 및 최대수량 등	경보설비
1. 제조소 및 일반취급소	• 연면적 500m² 이상인 것 • 옥내에서 지정수량의 100배 이상을 취급하는 것(고인화점 위험물만을 100℃ 미만의 온도에서 취급하는 것을 제외한다) • 일반취급소로 사용되는 부분 외의 부분이 있는 건축물에 설치된 일반취급소(일반취급소와 일반취급소 외의 부분이 내화구조의 바닥 또는 벽으로 개구부 없이 구획된 것을 제외한다)	자동화재 탐지설비
2. 옥내저장소	• 지정수량의 100배 이상을 저장 또는 취급하는 것(고인화점 위험물만을 저장 또는 취급하는 것을 제외한다) • 저장창고의 연면적이 150m²를 초과하는 것[해당 저장창고가 연면적 150m² 이내마다 불연재료의 격벽으로 개구부 없이 완전히 구획된 것과 제2류 또는 제4류의 위험물(인화성 고체 및 인화점이 70℃ 미만인 제4류 위험물을 제외한다)만을 저장 또는 취급하는 것에 있어서는 저장창고의 연면적이 500m² 이상의 것에 한한다] • 처마높이가 6m 이상인 단층건물의 것 • 옥내저장소로 사용되는 부분 외의 부분이 있는 건축물에 설치된 옥내저장소[옥내저장소와 옥내저장소 외의 부분이 내화구조의 바닥 또는 벽으로 개구부 없이 구획된 것과 제2류 또는 제4류의 위험물(인화성 고체 및 인화점이 70℃ 미만인 제4류 위험물을 제외한다)만을 저장 또는 취급하는 것을 제외한다]	
3. 옥내탱크저장소	단층건물 외의 건축물에 설치된 옥내탱크저장소로서 소화난이도 등급 I에 해당하는 것	
4. 주유취급소	옥내주유취급소	
5. 제1호 내지 제4호의 자동화재탐지설비 설치대상에 해당하지 아니하는 제조소 등	지정수량의 10배 이상을 저장 또는 취급하는 것	자동화재탐지설비, 비상경보설비, 확성장치 또는 비상방송설비 중 1종 이상

(2) 자동화재탐지설비의 설치기준★★★

① 자동화재탐지설비의 경계구역(화재가 발생한 구역을 다른 구역과 구분하여 식별할 수 있는 최소단위의 구역을 말한다. 이하 이 호 및 제2호에서 같다)은 건축물, 그 밖의 공작물의 2 이상의 층에 걸치지 아니하도록 할 것. 다만, 하나의 경계구역의 면적이 $500m^2$ 이하이면서 해당 경계구역이 두 개의 층에 걸치는 경우이거나 계단·경사로·승강기의 승강로, 그 밖에 이와 유사한 장소에 연기감지기를 설치하는 경우에는 그러하지 아니하다.

② **하나의 경계구역의 면적은 $600m^2$ 이하로 하고 그 한 변의 길이는 50m(광전식분리형감지기를 설치할 경우에는 100m)이하로 할 것.** 다만, 해당 건축물, 그 밖의 공작물의 주요한 출입구에서 그 내부의 전체를 볼 수 있는 경우에 있어서는 그 면적을 $1,000m^2$ 이하로 할 수 있다.

③ 자동화재탐지설비의 감지기는 지붕(상층이 있는 경우에는 상층의 바닥) 또는 벽의 옥내에 면한 부분(천장이 있는 경우에는 천장 또는 벽의 옥내에 면한 부분 및 천장의 뒷부분)에 유효하게 화재의 발생을 감지할 수 있도록 설치할 것

④ 자동화재탐지설비에는 비상전원을 설치할 것

❸ 피난 설비

(1) 종류

① 피난기구 : 피난사다리, 완강기, 간이완강기, 공기안전매트, 다수인피난장비, 승강식피난기, 하향식 피난구용 내림식사다리, 구조대, 미끄럼대, 피난교, 피난로프, 피난용 트랩 등
② 인명구조기구, 유도등, 유도표지, 비상조명 등

(2) 설치기준

① 주유취급소 중 건축물의 2층 이상의 부분을 점포·휴게음식점 또는 전시장의 용도로 사용하는 것에 있어서는 해당 건축물의 2층 이상으로부터 주유취급소의 부지 밖으로 통하는 출입구와 해당 출입구로 통하는 통로·계단 및 출입구에 **유도등**을 설치하여야 한다.

② 옥내주유취급소에 있어서는 해당 사무소 등의 출입구 및 피난구와 해당 피난구로 통하는 통로·계단 및 출입구에 **유도등**을 설치하여야 한다.

③ **유도등**에는 비상전원을 설치하여야 한다.

2-2. 운반용기의 최대용적 또는 중량

 ## 고체 위험물

운반용기				수납위험물의 종류									
내장용기		외장용기		제1류			제2류		제3류			제5류	
용기의 종류	최대용적 또는 중량	용기의 종류	최대용적 또는 중량	I	II	III	II	III	I	II	III	I	II
유리용기 또는 플라스틱 용기	10L	나무상자 또는 플라스틱상자(필요에 따라 불활성의 완충재를 채울 것)	125kg	○	○	○	○	○	○	○	○	○	○
			225kg		○	○		○		○	○		○
		파이버판상자(필요에 따라 불활성의 완충재를 채울 것)	40kg	○	○	○	○	○	○	○	○	○	○
			55kg		○	○		○		○	○		○
금속제 용기	30L	나무상자 또는 플라스틱상자	125kg	○	○	○	○	○	○	○	○	○	○
			225kg		○	○		○		○	○		○
		파이버판상자	40kg	○	○	○	○	○	○	○	○	○	○
			55kg		○	○		○		○	○		○
플라스틱 필름포대 또는 종이포대	5kg	나무상자 또는 플라스틱상자	50kg	○	○	○	○	○	○	○	○		○
	50kg		50kg		○	○	○	○					○
	125kg		125kg			○		○					
	225kg		225kg			○		○					
	5kg	파이버판상자	40kg	○	○	○	○	○	○	○	○		○
	40kg		40kg		○	○	○	○					○
	55kg		55kg			○		○					
		금속제 용기(드럼 제외)	60L	○	○	○	○	○	○	○	○		○
		플라스틱용기(드럼 제외)	10L		○	○	○	○		○	○		○
			30L			○		○			○		○
		금속제 드럼	250L	○	○	○	○	○	○	○	○		○
		플라스틱드럼 또는 파이버드럼(방수성이 있는 것)	60L	○	○	○	○	○	○	○	○		○
			250L		○	○		○		○	○		○
		합성수지포대(방수성이 있는 것), 플라스틱필름포대, 섬유포대(방수성이 있는 것) 또는 종이포대(여러 겹으로서 방수성이 있는 것)	50kg		○	○	○	○		○	○		○

1. "○"표시는 수납 위험물의 종류별 각 난에 정한 위험물에 대하여 해당 각 난에 정한 운반용기가 적응성이 있음을 표시한다.
2. 내장용기는 외장용기에 수납하여야 하는 용기로서 위험물을 직접 수납하기 위한 것을 말한다.
3. 내장용기의 용기의 종류란이 공란인 것은 외장용기에 위험물을 직접 수납하거나 유리용기, 플라스틱용기, 금속 제용기, 폴리에틸렌포대 또는 종이포대를 내장용기로 할 수 있음을 표시한다.

② 액체 위험물

| 운반용기 | | | | 수납위험물의 종류 | | | | | | | | |
| 내장용기 | | 외장용기 | | 제3류 | | | 제4류 | | | 제5류 | | 제6류 |
용기의 종류	최대용적 또는 중량	용기의 종류	최대용적 또는 중량	I	II	III	I	II	III	I	II	I
유리 용기	5L	나무 또는 플라스틱상자 (불활성의 완충재를 채울 것)	75kg	○	○	○	○	○	○	○	○	○
	10L		125kg		○	○		○	○	○	○	
			225kg						○			
	5L	파이버판상자 (불활성의 완충재를 채울 것)	40kg	○	○	○	○	○	○	○	○	○
	10L		55kg						○			
플라스틱 용기	10L	나무 또는 플라스틱상자 (필요에 따라 불활성의 완충재를 채울 것)	75kg	○	○	○	○	○	○	○	○	○
			125kg		○	○		○	○	○	○	
			225kg						○			
		파이버판상자 (필요에 따라 불활성의 완충재를 채울 것)	40kg	○	○	○	○	○	○	○	○	○
			55kg						○			
금속제 용기	30L	나무 또는 플라스틱 상자	125kg	○	○	○	○	○	○	○	○	○
			225kg						○			
		파이버판상자	40kg	○	○	○	○	○	○	○	○	○
			55kg						○			
		금속제 용기 (금속제 드럼 제외)	60L		○	○		○	○	○		
		플라스틱용기 (플라스틱드럼 제외)	10L		○			○	○	○		
			20L					○	○			
			30L						○		○	
		금속제 드럼(뚜껑 고정식)	250L	○	○	○	○	○	○	○	○	○
		금속제 드럼(뚜껑 탈착식)	250L					○	○			
		플라스틱 또는 파이버드럼 (플라스틱 내 용기 부착의 것)	250L		○	○				○	○	

1. "○"표시는 수납 위험물의 종류별 각 난에 정한 위험물에 대하여 해당 각 난에 정한 운반용기가 적응성이 있음을 표시한다.
2. 내장용기는 외장용기에 수납하여야 하는 용기로서 위험물을 직접 수납하기 위한 것을 말한다.
3. 내장용기의 용기의 종류란이 공란인 것은 외장용기에 위험물을 직접 수납하거나 유리용기, 플라스틱용기 또는 금속제용기를 내장용기로 할 수 있음을 표시한다.

제3장 │ 소방시설의 설치 및 운영

소방시설은 소화설비, 경보설비, 피난설비, 소화용수설비 및 소화활동상 필요한 설비로 구분한다.

3-1. 소화설비

① 소화설비의 개요

소화설비란 물 또는 기타 소화약제를 사용하여 자동 또는 수동적인 방법으로 방호대상물에 설치하여 화재의 확산을 억제 또는 차단하는 설비를 말한다.

② 소화설비의 종류 및 설치기준

① 소화기구 : 소화기, 자동소화장치, 간이소화용구
② 옥내소화전설비
③ 옥외소화전설비
④ 스프링클러소화설비
⑤ 물분무 등 소화설비 : 물분무소화설비, 포소화설비, 불활성가스소화설비, 할로젠화합물소화설비, 분말소화설비

✿ 소화기구

(1) 개요

소화기구란 화재가 일어난 초기에 화재를 발견한 자 또는 그 현장에 있던 자가 조작하여 소화작업을 할 수 있게 만든 기구로서, 소화기 및 자동소화장치, 간이소화용구를 말한다.

(2) 설치대상

① 수동식소화기 또는 간이소화용구의 경우
　㉮ 연면적이 $33m^2$ 이상인 소방대상물
　㉯ 지정문화재 또는 가스시설
　㉰ 터널
　㉱ 노유자시설의 경우에는 투척용 소화용구 등을 법에 따라 소방청장이 정하여 고시하는 화재안전기준에 따라 산정된 소화기 수량
② 주방용 자동소화장치를 설치하여야 하는 경우 : 아파트 및 30층 이상 오피스텔의 전 층

(3) 소화기구의 종류

① **소화기** : 소화약제를 압력에 따라 방사하는 기구로서 사람이 수동으로 조작하여 소화
  ㉮ "소형 소화기"란 능력단위가 1단위 이상이고 대형 소화기의 능력단위 미만인 소화기
  를 말한다.
  ㉯ "대형 소화기"란 화재 시 사람이 운반할 수 있도록 운반대와 바퀴가 설치되어 있고 능
  력단위가 A급은 10단위 이상, B급은 20단위 이상인 소화기
② **자동소화장치** : 소화약제를 자동으로 방사하는 고정된 소화장치
③ **간이소화용구** : 에어로졸식 소화용구, 투척용 소화용구 및 소화약제 외의 것을 이용한 소
  화용구

(4) 소화기구 설치기준

① **소화기**
  ㉮ 각층마다 설치하되, 특정소방대상물의 각 부분으로부터 1개의 소화기까지의 보행거리
  가 소형 소화기의 경우에는 20m 이내, 대형 소화기의 경우에는 30m 이내가 되도록
  배치할 것
  ㉯ 특정소방대상물의 각층이 2 이상의 거실로 구획된 경우에는 ㉮의 규정에 따라 각 층
  마다 설치하는 것 외에 바닥면적이 33m² 이상으로 구획된 각 거실(아파트의 경우에는
  각 세대를 말한다)에도 배치할 것
② 능력단위가 2단위 이상이 되도록 소화기를 설치하여야 할 특정소방대상물 또는 그 부분
  에 있어서는 간이소화용구의 능력단위가 전체 능력단위의 2분의 1을 초과하지 아니하게
  할 것. 다만, 노유자시설의 경우에는 그렇지 않다.
③ 소화기구(자동소화장치를 제외한다)는 거주자 등이 손쉽게 사용할 수 있는 장소의 바닥
  으로부터 높이 1.5m 이하의 곳에 비치하고, 소화기에 있어서는 "소화기", 투척용 소화용
  구에 있어서는 "투척용 소화용구", 마른 모래에 있어서는 "소화용 모래", 팽창질석 및 팽
  창진주암에 있어서는 "소화질석"이라고 표시한 표지를 보기 쉬운 곳에 부착할 것

✿ 옥내소화전설비

(1) 개요

옥내소화전설비는 건축물 내의 초기화재를 진화할 수 있는 설비로서 소화전함에 비치되어
있는 호스 및 노즐을 사용하여 소화작업을 한다.

(2) 설치기준

① 옥내소화전은 제조소 등의 건축물의 충마다 해당 층의 각 부분에서 하나의 호스접속구까지의 수평거리가 25m 이하가 되도록 설치할 것. 이 경우 옥내소화전은 각층의 출입구 부근에 1개 이상 설치하여야 한다.

② 옥내소화전의 개폐밸브 및 호스접속구는 바닥면으로부터 1.5m 이하의 높이에 설치할 것

③ 옥내소화전의 개폐밸브 및 방수용 기구를 격납하는 상자(이하 "소화전함"이라 한다)는 불연재료로 제작하고 점검에 편리하고 화재발생 시 연기가 충만할 우려가 없는 장소 등 쉽게 접근이 가능하고 화재 등에 의한 피해를 받을 우려가 적은 장소에 설치할 것

④ 가압송수장치의 시동을 알리는 표시등(이하 "시동표시등"이라 한다)은 적색으로 하고 옥내소화전함의 내부 또는 그 직근의 장소에 설치할 것

⑤ 옥내소화전설비의 설치표시

㉮ 옥내소화전함에는 그 표면에 "소화전"이라고 표시할 것

㉯ 옥내소화전함 상부의 벽면에 **적색의 표시등**을 설치하되, 해당 표시등의 부착면과 15° 이상의 각도가 되는 방향으로 10m 떨어진 곳에서 용이하게 식별이 가능하도록 할 것

⑥ 물올림장치의 설치기준

㉮ 물올림장치에는 전용의 물올림탱크를 설치할 것

㉯ 물올림탱크의 용량은 가압송수장치를 유효하게 작동할 수 있도록 할 것

㉰ 물올림탱크에는 감수경보장치 및 물올림탱크에 물을 자동으로 보급하기 위한 장치가 설치되어 있을 것

⑦ 축전지 설치기준

㉮ 옥내소화전설비의 비상전원은 자가발전설비 또는 축전지설비에 의한다. 용량은 옥내소화전설비를 유효하게 45분 이상 작동시키는 것이 가능할 것

㉯ 축전지설비는 설치된 실의 벽으로부터 0.1m 이상 이격할 것

㉰ 축전지설비를 동일 실에 2 이상 설치하는 경우에는 축전지설비의 상호간격은 0.6m (높이가 1.6m 이상인 선반 등을 설치한 경우에는 1m) 이상 이격할 것

㉱ 축전지설비는 물이 침투할 우려가 없는 장소에 설치할 것

㉲ 축전지설비를 설치한 실에는 옥외로 통하는 유효한 환기설비를 설치할 것

㉳ 충전장치와 축전지를 동일 실에 설치하는 경우에는 충전장치를 강제의 함에 수납하고 해당 함의 전면에 폭 1m 이상의 공지를 보유할 것

⑧ 조작회로 및 표시등의 회로배선은 600V 2종 비닐절연전선 또는 이와 동등 이상의 내열성능을 갖는 전선을 사용할 것

⑨ 배관기준

㉠ 전용으로 할 것

㉡ 가압송수장치의 토출측 직근부분의 배관에는 체크밸브 및 개폐밸브를 설치할 것

㉢ 펌프를 이용한 가압송수장치의 흡수관은 펌프마다 전용으로 설치하고, 흡수관에는 여과장치를 설치하여야 하며, 후드밸브는 용이하게 점검할 수 있도록 할 것

㉣ 주배관 중 입상관은 관의 직경이 50mm 이상인 것으로 할 것

㉤ 배관은 해당 배관에 급수하는 가압송수장치의 체절압력의 1.5배 이상의 수압을 견딜 수 있는 것으로 할 것

⑩ 가압송수장치의 설치기준

㉠ 고가수조를 이용한 가압송수장치

$$H = h_1 + h_2 + 35m$$

여기서, H : 필요낙차(m)

　　　h_1 : 방수용 호수의 마찰손실수두(m)

　　　h_2 : 배관의 마찰손실수두(m)

㉡ 압력수조를 이용한 가압송수장치

$$P = p_1 + p_2 + p_3 + 0.35MPa$$

여기서, P : 필요한 압력(MPa)

　　　p_1 : 소방용 호스의 마찰손실수두압(MPa)

　　　p_2 : 배관의 마찰손실수두압(MPa)

　　　p_3 : 낙차의 환산수두압(MPa)

㉢ 펌프를 이용한 가압송수장치

　㉠ 펌프의 토출량은 옥내소화전의 설치개수가 가장 많은 층에 대해 해당 설치개수(설치개수가 5개 이상인 경우에는 5개로 한다)에 260L/min을 곱한 양 이상이 되도록 할 것

　㉡ 펌프의 전양정은 다음 식에 의하여 구한 수치 이상으로 할 것

$$H = h_1 + h_2 + h_3 + 35m$$

여기서, H : 펌프의 전양정(m)

　　　h_1 : 소방용 호스의 마찰손실수두(m)

　　　h_2 : 배관의 마찰손실수두(m)

　　　h_3 : 낙차(m)

㉣ 가압송수장치에는 해당 옥내소화전의 노즐선단에서 방수압력이 0.7MPa을 초과하지 아니하도록 할 것

⑪ 가압송수장치는 점검에 편리하고 화재 등의 피해를 받을 우려가 적은 장소에 설치할 것

⑫ 수원의 수량은 옥내소화전이 가장 많이 설치된 층의 옥내소화전 설치개수(설치개수가 5개 이상인 경우는 5개)에 7.8m³를 곱한 양 이상이 되도록 설치할 것★

> **수원의 양(Q) : $Q(\text{m}^3) = N \times 7.8\text{m}^3 (N, \text{5개 이상인 경우 5개})$**

(즉, 7.8m³란 법정 방수량 260L/min으로 30min 이상 기동할 수 있는 양)

⑬ 옥내소화전설비는 각층을 기준으로 하여 해당 층의 모든 옥내소화전(설치개수가 5개 이상인 경우는 5개의 옥내소화전)을 동시에 사용할 경우에 **각 노즐선단의 방수압력이 0.35MPa 이상**이고 **방수량이 1분당 260L 이상의 성능**이 되도록 할 것

✿ 옥외소화전설비

(1) 개요

건물의 저층인 1, 2층의 초기화재 진압뿐만 아니라 본격화재에도 적합하며 인접건물로의 연소방지를 위하여 건축물 외부로부터의 소화작업을 실시하기 위한 설비로 자위소방대 및 소방서의 소방대도 사용 가능한 설비이다.

(2) 설치기준

① 옥외소화전은 방호대상물(해당 소화설비에 의하여 소화하여야 할 제조소 등의 건축물, 그 밖의 공작물 및 위험물을 말한다. 이하 같다)의 각 부분(건축물의 경우에는 해당 건축물의 1층 및 2층의 부분에 한한다)에서 하나의 호스접속구까지의 수평거리가 40m 이하가 되도록 설치할 것. 이 경우 그 설치개수가 1개일 때는 2개로 하여야 한다.

② 옥외소화전의 개폐밸브 및 호스접속구는 지반면으로부터 1.5m 이하의 높이에 설치할 것

③ 방수용 기구를 격납하는 함(이하 "옥외소화전함"이라 한다)은 불연재료로 제작하고 옥외소화전으로부터 보행거리 5m 이하의 장소로서 화재발생 시 쉽게 접근가능하고 화재 등의 피해를 받을 우려가 적은 장소에 설치할 것

④ 옥외소화전함에는 그 표면에 "호스격납함"이라고 표시할 것. 다만, 호스접속구 및 개폐밸브를 옥외소화전함의 내부에 설치하는 경우에는 "소화전"이라고 표시할 수도 있다. 옥외소화전에는 직근의 보기 쉬운 장소에 "소화전"이라고 표시할 것

⑤ 가압송수장치, 시동표시등, 물올림장치, 비상전원, 조작회로의 배선 및 배관 등은 옥내소화전설비의 기준의 예에 준하여 설치할 것

⑥ 수원의 수량은 옥외소화전의 설치개수(설치개수가 4개 이상인 경우는 4개의 옥외소화전)에 13.5m³를 곱한 양 이상이 되도록 설치할 것★

> **수원의 양(Q) : $Q(\text{m}^3) = N \times 13.5\text{m}^3 (N, \text{4개 이상인 경우 4개})$**

(즉, 13.5m³란 법정 방수량 450L/min으로 30min 이상 기동할 수 있는 양)

⑦ 옥외소화전설비는 모든 옥외소화전(설치개수가 4개 이상인 경우는 4개의 옥외소화전)을 동시에 사용할 경우에 **각 노즐선단의 방수압력이 0.35MPa 이상**이고, **방수량이 1분당 450L 이상의 성능**이 되도록 할 것

✿ 스프링클러설비

(1) 개요

스프링클러설비는 초기화재를 진압할 목적으로 설치된 고정식 소화설비로서 화재가 발생한 경우 천장이나 반자에 설치된 헤드가 감열작동하여 자동적으로 화재를 발견함과 동시에 주변에 물을 분무식으로 뿌려주므로 효과적으로 화재를 진압할 수 있는 소화설비이다.

(2) 스프링클러설비의 장단점★

장점	단점
① 초기진화에 특히 절대적인 효과가 있다.	① 초기시설비가 많이 든다.
② 약제가 물이라서 값이 저렴하고 복구가 쉽다.	② 시공이 다른 설비와 비교했을 때 복잡하다.
③ 오동작, 오보가 없다(감지부가 기계적).	③ 물로 인한 피해가 크다.
④ 조작이 간편하고 안전하다.	
⑤ 야간이라도 자동으로 화재감지경보, 소화할 수 있다.	

(3) 설치기준

① 스프링클러헤드는 방호대상물의 천장 또는 건축물의 최상부 부근(천장이 설치되지 아니한 경우)에 설치하되, 방호대상물의 각 부분에서 하나의 스프링클러헤드까지의 수평거리가 1.7m(살수밀도의 기준을 충족하는 경우에는 2.6m) 이하가 되도록 설치할 것

② 개방형 스프링클러헤드를 이용한 스프링클러설비의 방사구역(하나의 일제개방밸브에 의하여 동시에 방사되는 구역을 말한다. 이하 같다)은 $150m^2$ 이상(방호대상물의 바닥면적이 $150m^2$ 미만인 경우에는 해당 바닥면적)으로 할 것

③ 수원의 수량은 폐쇄형 스프링클러헤드를 사용하는 것은 30(헤드의 설치개수가 30 미만인 방호대상물인 경우에는 해당 설치개수), 개방형 스프링클러헤드를 사용하는 것은 스프링클러헤드가 가장 많이 설치된 방사구역의 스프링클러헤드 설치개수에 $2.4m^3$를 곱한 양 이상이 되도록 설치할 것

④ 스프링클러설비는 ③의 규정에 의한 개수의 스프링클러헤드를 동시에 사용할 경우에 각 선단의 방사압력이 100kPa 살수밀도의 기준을 충족하는 경우에는 50kPa 이상이고, 방수량이 1분당 80L(살수밀도의 기준을 충족하는 경우에는 56L) 이상의 성능이 되도록 할 것

⑤ 개방형 스프링클러헤드의 유효사정거리

㉮ 헤드의 반사판으로부터 **하방으로 0.45m, 수평방향으로 0.3m의 공간**을 보유할 것

㉯ 헤드는 헤드의 축심이 해당 헤드의 부착면에 대하여 직각이 되도록 설치할 것

⑥ 폐쇄형 스프링클러헤드는 방호대상물의 모든 표면이 헤드의 유효사정 내에 있도록 설치하고, 다음에 정한 것에 의하여 설치할 것

㉮ 스프링클러헤드의 반사판과 해당 헤드의 부착면과의 거리는 0.3m 이하일 것

㉯ 스프링클러헤드는 해당 헤드의 부착면으로부터 0.4m 이상 돌출한 보 등에 의하여 구획된 부분마다 설치할 것. 다만, 해당 보 등의 상호 간의 거리(보 등의 중심선을 기산점으로 한다)가 1.8m 이하인 경우에는 그러하지 아니하다.

㉰ 급배기용 덕트 등의 긴 변의 길이가 1.2m를 초과하는 것이 있는 경우에는 해당 덕트 등의 아랫면에도 스프링클러헤드를 설치할 것

㉱ 스프링클러헤드의 부착위치는 ㉠ 및 ㉡에 정한 것에 의할 것

  ㉠ 가연성 물질을 수납하는 부분에 스프링클러헤드를 설치하는 경우에는 해당 헤드의 반사판으로부터 하방으로 0.9m, 수평방향으로 0.4m의 공간을 보유할 것

  ㉡ 개구부에 설치하는 스프링클러헤드는 해당 개구부의 상단으로부터 높이 0.15m 이내의 벽면에 설치할 것

㉲ 건식 또는 준비작동식의 유수검지장치의 2차측에 설치하는 스프링클러헤드는 상향식 스프링클러헤드로 할 것. 다만, 동결할 우려가 없는 장소에 설치하는 경우는 그러하지 아니하다.

㉳ 폐쇄형 스프링클러헤드는 그 **부착장소의 평상시 최고 주위온도**에 따라 다음 표에서 정한 표시온도를 갖는 것을 설치할 것★

부착장소의 최고 주위온도(℃)	표시온도(℃)
28 미만	58 미만
28 이상, 39 미만	58 이상, 79 미만
39 이상, 64 미만	79 이상, 121 미만
64 이상, 106 미만	121 이상, 162 미만
106 이상	162 이상

⑦ 개방형 스프링클러헤드를 이용하는 스프링클러설비에는 일제개방밸브 또는 수동식 개방밸브를 설치할 것

㉮ 일제개방밸브의 기동조작부 및 수동식 개방밸브는 화재 시 쉽게 접근가능한 바닥면으로부터 1.5m 이하의 높이에 설치할 것

㉯ 일제개방밸브 또는 수동식 개방밸브

  ㉠ 방수구역마다 설치할 것

  ㉡ 일제개방밸브 또는 수동식 개방밸브에 작용하는 압력은 해당 일제개방밸브 또는 수동식 개방밸브의 최고사용압력 이하로 할 것

ⓒ 일제개방밸브 또는 수동식 개방밸브의 2차측 배관부분에는 해당 방수구역에 방수하지 않고 해당 밸브의 작동을 시험할 수 있는 장치를 설치할 것

ⓔ 수동식 개방밸브를 개방조작하는 데 필요한 힘이 15kg 이하가 되도록 설치할 것

⑧ 개방형 스프링클러헤드를 이용하는 스프링클러설비에 2 이상의 방사구역을 두는 경우에는 화재를 유효하게 소화할 수 있도록 인접하는 방사구역이 상호 중복되도록 할 것

⑨ 제어밸브의 설치기준

㉮ 제어밸브는 개방형 스프링클러헤드를 이용하는 스프링클러설비에 있어서는 방수구역마다, 폐쇄형 스프링클러헤드를 사용하는 스프링클러설비에 있어서는 해당 방호대상물의 층마다, **바닥면으로부터 0.8m 이상, 1.5m 이하의 높이에 설치**할 것

㉯ 제어밸브에는 함부로 닫히지 아니하는 조치를 강구할 것

㉰ 제어밸브에는 직근의 보기 쉬운 장소에 "스프링클러설비의 제어밸브"라고 표시할 것

⑩ **자동경보장치의** 설치기준(다만, 자동화재탐지설비에 의하여 경보가 발하는 경우는 음향경보장치를 설치하지 아니할 수 있다.)

㉮ 스프링클러헤드의 개방 또는 보조살수전의 개폐밸브의 개방에 의하여 경보를 발하도록 할 것

㉯ 발신부는 각층 또는 방수구역마다 설치하고 해당 발신부는 유수검지장치 또는 압력검지장치를 이용할 것

㉰ ㉯의 유수검지장치 또는 압력검지장치에 작용하는 압력은 해당 유수검지장치 또는 압력검지장치의 최고사용압력 이하로 할 것

㉱ 수신부에는 스프링클러헤드 또는 화재감지용 헤드가 개방된 층 또는 방수구역을 알 수 있는 표시장치를 설치하고, 수신부는 수위실, 기타 상시 사람이 있는 장소(중앙관리실이 설치되어 있는 경우에는 해당 중앙관리실)에 설치할 것

㉲ 하나의 방호대상물에 2 이상의 수신부가 설치되어 있는 경우에는 이들 수신부가 있는 장소 상호 간에 동시에 통화할 수 있는 설비를 설치할 것

⑪ 유수검지장치의 설치기준

㉮ 1차측에는 압력계를 설치할 것

㉯ 2차측에 압력의 설정을 필요로 하는 스프링클러설비에는 해당 유수검지장치의 압력설정치보다 2차측의 압력이 낮아진 경우에 자동으로 경보를 발하는 장치를 설치할 것

⑫ 말단시험밸브의 설치기준

㉮ 말단시험밸브는 유수검지장치 또는 압력검지장치를 설치한 배관의 계통마다 1개씩, 방수압력이 가장 낮다고 예상되는 배관의 부분에 설치할 것

㉯ 말단시험밸브의 1차측에는 압력계를, 2차측에는 스프링클러헤드와 동등의 방수성능을 갖는 오리피스 등의 시험용 방수구를 설치할 것

ⓓ 말단시험밸브에는 직근의 보기 쉬운 장소에 "말단시험밸브"라고 표시할 것

　　　※ **말단시험밸브** : 폐쇄형 스프링클러헤드를 이용하는 스프링클러설비의 배관 말단에 유수검지장치 또는 압력검지장치의 작동을 시험하기 위한 밸브

⑬ 쌍구형의 송수구 설치기준

　ⓐ 전용으로 할 것

　ⓑ 송수구의 결합금속구는 탈착식 또는 나사식으로 하고 내경을 63.5mm 내지 66.5mm로 할 것

　ⓒ 송수구의 결합금속구는 지면으로부터 0.5m 이상, 1m 이하의 높이의 송수에 지장이 없는 위치에 설치할 것

　ⓓ 송수구는 해당 스프링클러설비의 가압송수장치로부터 유수검지장치·압력검지장치 또는 일제개방형 밸브·수동식 개방밸브까지의 배관에 전용의 배관으로 접속할 것

　ⓔ 송수구에는 그 직근의 보기 쉬운 장소에 "스프링클러용 송수구"라고 표시하고 그 송수압력범위를 함께 표시할 것

⑭ 기동장치의 설치기준

　ⓐ 자동식 기동장치

　　㉠ 개방형 스프링클러헤드를 이용하는 스프링클러설비는 자동화재탐지설비의 감지기의 작동, 화재감지기용 헤드의 작동 또는 개방에 의한 압력검지장치의 작동과 연동하여 가압송수장치 및 일제개방밸브가 기동될 수 있도록 할 것

　　㉡ 폐쇄형 스프링클러헤드를 이용하는 스프링클러설비는 스프링클러헤드의 개방 또는 보조살수전의 개폐밸브의 개방에 의한 유수검지장치 또는 기동용 수압개폐장치의 작동과 연동하여 가압송수장치가 기동될 수 있도록 할 것

　ⓑ 수동식 기동장치

　　㉠ 직접조작 또는 원격조작에 의하여 각각 가압송수장치 및 수동식 개방밸브 또는 압력송수장치 및 일제개방밸브를 기동할 수 있도록 할 것

　　㉡ 2 이상의 방수구역을 갖는 스프링클러설비는 방수구역을 선택할 수 있는 구조로 할 것

⑮ 건식 또는 준비작동식의 유수검지장치가 설치되어 있는 스프링클러설비는 스프링클러헤드가 개방된 후 1분 이내에 해당 스프링클러헤드로부터 방수될 수 있도록 할 것

⑯ 수원의 양

$$Q(\text{m}^3) = \text{헤드수} \times 2.4\text{m}^3(80\text{L/min} \times 30\text{min})$$
$$\text{토출량} = \text{헤드수} \times 80\text{L/min}$$

⑰ 가압송수장치, 물올림장치, 비상전원, 조작회로의 배선 및 배관 등은 옥내소화전설비의 예에 준하여 설치할 것

③ 물분무소화설비

(1) 개요

화재발생 시 분무노즐에서 물을 미립자로 방사하여 소화하고, 화재의 억제 및 연소를 방지하는 소화설비이다. 즉, 미세한 물의 냉각작용, 질식작용, 유화작용, 희석작용을 이용한 소화설비이다.

(2) 설치기준

① 물분무소화설비에 2 이상의 방사구역을 두는 경우에는 화재를 유효하게 소화할 수 있도록 인접하는 방사구역이 상호 중복되도록 할 것

② 물분무소화설비의 방사구역은 $150m^2$ 이상(방호대상물의 표면적이 $150m^2$ 미만인 경우에는 해당 표면적)으로 할 것

③ 수원의 수량은 분무헤드가 가장 많이 설치된 방사구역의 모든 분무헤드를 동시에 사용할 경우에 해당 방사구역의 표면적 $1m^2$당 1분당 20L의 비율로 계산한 양으로 30분간 방사할 수 있는 양 이상이 되도록 설치할 것

④ 물분무소화설비는 분무헤드를 동시에 사용할 경우에 각 선단의 방사압력이 350kPa 이상으로 표준방사량을 방사할 수 있는 성능이 되도록 할 것

⑤ 고압의 전기설비가 있는 장소에는 해당 전기설비와 분무헤드 및 배관 사이에 전기절연을 위하여 필요한 공간을 보유할 것

⑥ 물분무소화설비에는 각층 또는 방사구역마다 제어밸브, 스트레이너 및 일제개방밸브 또는 수동식 개방밸브를 다음에 정한 것에 의하여 설치할 것

   ㉮ 제어밸브 및 일제개방밸브 또는 수동식 개방밸브는 스프링클러설비의 기준의 예에 의할 것

   ㉯ 스트레이너 및 일제개방밸브 또는 수동식 개방밸브는 제어밸브의 하류측 부근에 스트레이너, 일제개방밸브 또는 수동식 개방밸브의 순으로 설치할 것

⑦ 기동장치는 스프링클러설비의 기준의 예에 의할 것

⑧ 가압송수장치, 물올림장치, 비상전원, 조작회로의 배선 및 배관 등은 옥내소화전설비의 예에 준하여 설치할 것

포소화설비

(1) 개요

포소화약제를 사용하여 포수용액을 만들고 이것을 화학적 또는 기계적으로 발포시켜 연소부분을 피복, 질식효과에 의해 소화목적을 달성하는 소화설비이다.

(2) 설치기준

① 고정식 포소화설비의 포방출구 설치기준

  ㉮ 고정식 포방출구방식은 탱크에서 저장 또는 취급하는 위험물의 화재를 유효하게 소화할 수 있도록 포방출구, 해당 소화설비에 부속하는 보조포소화전 및 연결송액구를 다음에 정한 것에 의하여 설치할 것

  ㉠ 포방출구

    ⓐ 포방출구의 구분

      ■ Ⅰ형 : 고정지붕구조의 탱크에 **상부 포주입법(고정포방출구를 탱크 옆판의 상부에 설치하여 액표면상에 포를 방출하는 방법**을 말한다. 이하 같다)을 이용하는 것으로서 방출된 포가 액면 아래로 몰입되거나 액면을 뒤섞지 않고 액면상을 덮을 수 있는 통계단 또는 미끄럼판 등의 설비 및 탱크 내의 위험물 증기가 외부로 역류되는 것을 저지할 수 있는 구조·기구를 갖는 포방출구

      ■ Ⅱ형 : 고정지붕구조 또는 부상덮개부착 고정지붕구조(옥외저장탱크의 액상에 금속제의 플로팅, 팬 등의 덮개를 부착한 고정지붕구조의 것을 말한다. 이하 같다)의 탱크에 **상부 포주입법**을 이용하는 것으로서 방출된 포가 탱크 옆판의 내면을 따라 흘러내려 가면서 액면 아래로 몰입되거나 액면을 뒤섞지 않고 액면상을 덮을 수 있는 반사판 및 탱크 내의 위험물 증기가 외부로 역류되는 것을 저지할 수 있는 구조·기구를 갖는 포방출구

      ■ 특형 : 부상지붕구조의 탱크에 **상부 포주입법**을 이용하는 것으로서 부상지붕의 부상부분 상에 높이 0.9m 이상의 금속제의 칸막이(방출된 포의 유출을 막을 수 있고 충분한 배수능력을 갖는 배수구를 설치한 것에 한한다)를 탱크 옆판의 내측으로부터 1.2m 이상 이격하여 설치하고 탱크 옆판과 칸막이에 의하여 형성된 환상부분(이하 "환상부분"이라 한다)에 포를 주입하는 것이 가능한 구조의 반사판을 갖는 포방출구

- Ⅲ형 : 고정지붕구조의 탱크에 **저부 포주입법(탱크의 액면하에 설치된 포방출구로부터 포를 탱크 내에 주입하는 방법**을 말한다)을 이용하는 것으로서 송포관(발포기 또는 포발생기에 의하여 발생된 포를 보내는 배관을 말한다. 해당 배관으로 탱크 내의 위험물이 역류되는 것을 저지할 수 있는 구조 · 기구를 갖는 것에 한한다. 이하 같다)으로부터 포를 방출하는 포방출구 (Ⅲ형의 포방출구를 설치하기 위한 위험물의 조건은 1. 비수용성, 2. 저장온도가 50℃ 이하, 3. 동점도(動粘度)가 100cSt 이하이다.)
  - Ⅳ형 : 고정지붕구조의 탱크에 **저부 포주입법**을 이용하는 것으로서 평상시에는 탱크의 액면하의 저부에 설치된 격납통(포를 보내는 것에 의하여 용이하게 이탈되는 캡을 갖는 것을 포함한다)에 수납되어 있는 특수호스 등이 송포관의 말단에 접속되어 있다가 포를 보내는 것에 의하여 특수호스 등이 전개되어 그 선단이 액면까지 도달한 후 포를 방출하는 포방출구
- ⓑ 탱크의 직경, 구조 및 포방출구의 종류에 따른 수 이상의 개수를 탱크 옆판의 외주에 균등한 간격으로 설치할 것. 이때 탱크의 직경에 따른 탱크의 구조(고정지붕구조, 부상덮개부착 고정지붕구조, 부상지붕구조)와 포방출구의 종류에 따른 위험물안전관리 세부기준의 규정의 개수로 정한다.
- ⓒ 포방출구는 위험물의 구분 및 포방출구의 종류에 따라 정한 액표면적 1m²당 필요한 포수용액 양에 해당 탱크의 액표면적을 곱하여 얻은 양을 정한 방출률 이상으로 유효하게 방출할 수 있도록 설치할 것

★

포방출구의 종류 위험물의 구분	Ⅰ형		Ⅱ형		특형		Ⅲ형		Ⅳ형	
	포수용 액량 (L/m²)	방출률 (L/m² · min)	포수용 액량 (L/m²)	방출률 (L/m² · min)	포수용 액량 (L/m²)	방출률 (L/m² · min)	포수용 액량 (L/m²)	방출률 (L/m² · min)	포수용 액량 (L/m²)	방출률 (L/m² · min)
제4류 위험물 중 인화점이 21℃ 미만인 것	120	4	220	4	240	8	220	4	220	4
제4류 위험물 중 인화점이 21℃ 이상, 70℃ 미만인 것	80	4	120	4	160	8	120	4	120	4
제4류 위험물 중 인화점이 70℃ 이상인 것	60	4	100	4	120	8	100	4	100	4

- ⓛ 보조포소화전
  - ⓐ 방유제 외측의 소화활동상 유효한 위치에 설치하되 각각의 보조포소화전 상호간의 보행거리가 75m 이하가 되도록 설치할 것
  - ⓑ 보조포소화전은 3개(호스접속구가 3개 미만인 경우에는 그 개수)의 노즐을 동시에 사용할 경우에 각각의 노즐선단의 방사압력이 0.35MPa 이상이고 방사량이 400L/min 이상의 성능이 되도록 설치할 것
  - ⓒ 보조포소화전은 옥외소화전설비의 옥외소화전기준의 예에 준하여 설치할 것

② 포헤드방식의 포헤드 설치기준

㉮ 포헤드는 방호대상물의 모든 표면이 포헤드의 유효사정 내에 있도록 설치할 것

㉯ 방호대상물의 표면적(건축물의 경우에는 바닥면적. 이하 같다) 9m² 당 1개 이상의 헤드를, 방호대상물의 표면적 1m² 당의 방사량이 6.5L/min 이상의 비율로 계산한 양의 포수용액을 표준방사량으로 방사할 수 있도록 설치할 것

㉰ 방사구역은 100m² 이상(방호대상물의 표면적이 100m² 미만인 경우에는 해당 표면적)으로 할 것

③ 포모니터노즐(위치가 고정된 노즐의 방사각도를 수동 또는 자동으로 조준하여 포를 방사하는 설비를 말한다. 이하 같다)방식의 포모니터노즐 설치기준

㉮ 포모니터노즐은 옥외저장탱크 또는 이송취급소의 펌프설비 등이 안벽, 부두, 해상구조물, 그 밖의 이와 유사한 장소에 설치되어 있는 경우에 해당 장소의 끝선(해면과 접하는 선)으로부터 수평거리 15m 이내의 해면 및 주입구 등 위험물취급설비의 모든 부분이 수평방사거리 내에 있도록 설치할 것. 이 경우에 그 설치개수가 1개인 경우에는 2개로 할 것

㉯ 포모니터노즐은 소화활동상 지장이 없는 위치에서 기동 및 조작이 가능하도록 고정하여 설치할 것

㉰ 포모니터노즐은 모든 노즐을 동시에 사용할 경우에 각 노즐선단의 방사량이 1,900L/min 이상이고 수평방사거리가 30m 이상이 되도록 설치할 것

④ 수원의 수량

㉮ 포방출구방식 : ㉠+㉡

㉠ 고정식 포방출구는 위험물의 구분 및 포방출구의 종류에 따라 정한 포수용액량에 해당 탱크의 액표면적을 곱한 양

㉡ 보조포소화전은 20분간 방사할 수 있는 양

㉯ 포헤드방식 : 방사구역의 모든 헤드를 동시에 사용할 경우에 10분간 방사할 수 있는 양

㉰ 포모니터노즐방식 : 30분간 방사할 수 있는 양

㉱ 이동식 포소화설비 : 4개(호스접속구가 4개 미만인 경우에는 그 개수)의 노즐을 동시에 사용할 경우에 각 노즐선단의 방사압력은 0.35MPa 이상이고 방사량은 옥내에 설치한 것은 200L/min 이상, 옥외에 설치한 것은 400L/min 이상으로 30분간 방사할 수 있는 양

⑤ 가압송수장치의 설치기준 ★

㉮ 고가수조를 이용하는 가압송수장치

$$H = h_1 + h_2 + h_3$$

여기서, H : 필요한 낙차(m)

h_1 : 고정식 포방출구의 설계압력환산수두 또는 이동식 포소화설비의 노즐방사압력환산수두(m)

h_2 : 배관의 마찰손실수두(m)

h_3 : 이동식 포소화설비의 소방용 호스 마찰손실수두(m)

㉯ 압력수조를 이용하는 가압송수장치

$$P = p_1 + p_2 + p_3 + p_4$$

여기서, P : 필요한 압력(MPa)

p_1 : 고정식 포방출구의 설계압력 또는 이동식 포소화설비의 노즐방사압력(MPa)

p_2 : 배관의 마찰손실수두압(MPa)

p_3 : 낙차의 환산수두압(MPa)

p_4 : 이동식 포소화설비의 소방용 호스 마찰손실수두압(MPa)

㉰ 펌프를 이용하는 가압송수장치

$$H = h_1 + h_2 + h_3 + h_4$$

여기서, H : 펌프의 전양정(m)

h_1 : 고정식 포방출구의 설계압력환산수두 또는 이동식 포소화설비의 노즐선단의 방사압력환산수두(m)

h_2 : 배관의 마찰손실수두(m)

h_3 : 낙차(m)

h_4 : 이동식 포소화설비의 소방용 호스 마찰손실수두(m)

⑥ **기동장치**

㉮ 자동식 기동장치는 **자동화재탐지설비의 감지기**의 작동 또는 폐쇄형 스프링클러헤드의 개방과 연동하여 가압송수장치, 일제개방밸브 및 포소화약제 혼합장치가 기동될 수 있도록 할 것

㉯ 수동식 기동장치

㉠ 직접조작 또는 **원격조작**에 의하여 가압송수장치, 수동식 개방밸브 및 포소화약제 혼합장치를 기동할 수 있을 것

㉡ 2 이상의 방사구역을 갖는 포소화설비는 방사구역을 선택할 수 있는 구조로 할 것

㉢ 기동장치의 조작부는 화재 시 용이하게 접근이 가능하고 바닥면으로부터 **0.8m 이상**, **1.5m 이하**의 높이에 설치할 것

㉣ 기동장치의 **조작부**에는 유리 등에 의한 방호조치가 되어 있을 것

㉤ 기동장치의 조작부 및 호스접속구에는 직근의 보기 쉬운 장소에 각각 "기동장치의 조작부" 또는 "접속구"라고 표시할 것

⑦ 비상전원은 방사시간의 1.5배 이상 소화설비를 작동시킬 수 있는 용량으로 하고 옥내소화전설비 기준의 예에 의할 것

(3) 포소화약제의 혼합장치★★★

① 펌프혼합방식(펌프프로포셔너방식)

펌프의 토출관과 흡입관 사이의 배관 도중에 설치
한 흡입기에 펌프에서 토출된 물의 일부를 보내고
농도조절밸브에서 조정된 포소화약제의 필요량을
포소화약제 탱크에서 펌프 흡입 측으로 보내어 이
를 혼합하는 방식

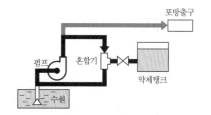

〈펌프혼합방식〉

② 차압혼합방식(프레셔프로포셔너방식)

펌프와 발포기 중간에 설치된 벤투리관의 벤투리작
용과 펌프 가압수의 포소화약제 저장탱크에 대한
압력에 의하여 포소화약제를 흡입 · 혼합하는 방식

③ 관로혼합방식(라인프로포셔너방식)

펌프와 발포기 중간에 설치된 벤투리관의 벤투리작
용에 의해 포소화약제를 흡입 · 혼합하는 방식

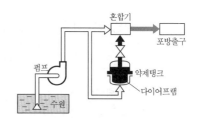

〈차압혼합방식〉

④ 압입혼합방식(프레셔사이드프로포셔너방식)

펌프의 토출관에 압입기를 설치하여 포소화약제 압입용 펌프로 포소화약제를 압입시켜
혼합하는 방식

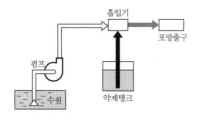

〈관로혼합방식〉

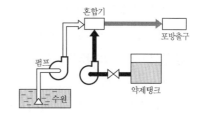

〈압입혼합방식〉

(4) 팽창비율에 따른 포방출구의 종류

팽창비율에 의한 포의 종류	포방출구의 종류
팽창비가 20 이하인 것 (저발포)	포헤드
팽창비가 80 이상, 1,000 미만인 것 (고발포)	고발포용 고정포방출구

① **저발포** : 단백포 소화약제, 수성막포액, 수용성 액체용 포소화약제(알코올형), 모든 화학
포 소화약제 등

② **고발포** : 합성계면활성제 포소화약제 등

③ 팽창비 $= \dfrac{\text{포방출구에 의해 방사되어 발생한 포의 체적(L)}}{\text{포 수용액(원액 + 물)(L)}}$

⑤ 불활성가스소화설비

(1) 개요

불연성 가스인 **CO_2가스 및 질소가스**를 고압가스 용기에 저장하여 두었다가 화재가 발생할 경우 미리 설치된 소화설비에 의하여 화재발생 지역에 CO_2가스를 방출, 분사시켜 질식 및 냉각 작용에 의한 소화를 목적으로 설치한 고정소화설비이다.

(2) 설치기준

① 전역방출방식의 불활성가스소화설비의 분사헤드

방사압력		약제 방사시간
이산화탄소	고압식 : 2.1MPa 이상	60초 이내
	저압식(−18℃ 이하 용기) : 1.05MPa 이상	
불활성가스	1.9MPa 이상	소화약제의 95% 이상 60초 이내

※ **불활성가스** : IG−100(N_2 : 100%), IG−55(N_2 : 50%, Ar : 50%), IG−541(N_2 : 52%, Ar : 40%, CO_2 : 8%)

② 국소방출방식의 불활성가스소화설비의 분사헤드

㉮ 분사헤드는 방호대상물의 모든 표면이 분사헤드의 유효사정 내에 있도록 설치

㉯ 소화약제의 방사에 의해서 위험물이 비산되지 않는 장소에 설치

㉰ 규정된 소화약제의 양을 30초 이내에 균일하게 방사

③ 불활성가스소화약제의 저장용기에 저장하는 소화약제의 양

㉮ 전역방출방식

㉠ 다음 표의 방호구역의 체적에 따라 방호구역의 체적 $1m^3$당 소화약제의 양의 비율로 계산한 양. 다만, 그 양이 동표의 소화약제 총량의 최저한도 미만인 경우에는 해당 최저한도의 양으로 한다.

방호구역의 체적(m^3)	방호구역의 체적 $1m^3$당 소화약제의 양(kg)	소화약제 총량의 최저한도(kg)
5 미만	1.20	−
5 이상, 15 미만	1.10	6
15 이상, 45 미만	1.00	17
45 이상, 150 미만	0.90	45
150 이상, 1,500 미만	0.80	135
1,500 이상	0.75	1,200

ⓛ 방호구역의 개구부에 자동폐쇄장치(60분+방화문 또는 60분방화문, 30분방화문 또는 불연재료의 문으로 이산화탄소소화약제가 방사되기 직전에 개구부를 자동으로 폐쇄하는 장치를 말한다. 이하 같다)를 설치하지 않은 경우에는 ㉠에 의하여 산출된 양에 해당 개구부의 면적 1m²당 5kg의 비율로 계산한 양을 가산한 양

ⓒ 방호구역 내에서 저장 또는 취급하는 위험물에 따라 법에서 정하는 소화약제에 따른 계수를 ㉠ 및 ⓛ에 의하여 산출된 양에 곱해서 얻은 양

ⓓ IG-100, IG-55 또는 IG-541을 방사하는 것은 다음 표의 소화약제의 종류에 따라 방호구역의 체적 1m³당 소화약제의 양의 비율로 계산한 양에 방호구역 내에서 저장 또는 취급하는 위험물에 따라 법에서 정하는 소화약제에 따른 계수를 곱해서 얻은 양

소화약제의 종류	방호구역의 체적 1m³당 소화약제의 양 (1기압, 20℃ 기준)(m³)
IG-100	0.516 이상
IG-55	0.477 이상
IG-541	0.472 이상

㉯ 국소방출방식

㉠ 또는 ⓛ에 의하여 산출된 양에 저장 또는 취급하는 위험물에 따라 법에서 정한 소화약제에 따른 계수를 곱하고 다시 고압식인 것은 1.4를, 저압식인 것은 1.1을 각각 곱한 양 이상으로 할 것

㉠ 면적식 국소방출방식 : 액체 위험물을 상부를 개방한 용기에 저장하는 경우 등 화재 시 연소면이 한 면에 한정되고 위험물이 비산할 우려가 없는 경우에는 방호대상물의 표면적(해당 방호대상물의 한 변의 길이가 0.6m 이하인 경우에는 해당 변의 길이를 0.6m로 해서 계산한 면적. 이하 같다) 1m²당 13kg의 비율로 계산한 양

ⓛ 용적식 국소방출방식 : ㉠의 경우 외의 경우에는 다음 식에 의하여 구한 양에 방호 공간[방호대상물의 모든 부분(지반면에 접한 바닥면은 제외)으로부터 0.6m 외부로 이격된 부분에 의하여 둘러싸여진 부분을 말한다. 이하 같다]의 체적을 곱한 양

$$Q = 8 - 6\frac{a}{A}$$

여기서, Q : 단위체적당 소화약제의 양(kg/m³)

　　　a : 방호대상물의 주위에 실제로 설치된 고정벽(방호대상물로부터 0.6m 미만의 거리에 있는 것에 한한다. 이하 같다)의 면적의 합계(m²)

　　　A : 방호 공간 전체 둘레의 면적(m²)

ⓓ 전역방출방식 또는 국소방출방식의 불활성가스소화설비를 설치한 동일 제조소 등에 방호구역 또는 방호대상물이 2 이상 있을 경우에는 각 방호구역 또는 방호대상물에 대해서 ㉮ 및 ㉯에 의하여 계산한 양 중에서 최대의 양 이상으로 할 수가 있다. 다만, 방호구역 또는 방호대상물이 서로 인접하여 있을 경우에는 하나의 저장용기를 공용할 수 없다.

ⓔ 이동식 불활성가스소화설비는 하나의 노즐마다 90kg 이상의 양으로 할 것

④ **전역방출방식 또는 국소방출방식의 불활성가스소화설비**

㉮ 방호구역의 환기설비 또는 배출설비는 소화약제 방사 전에 정지할 수 있는 구조

㉯ 전역방출방식의 불활성가스소화설비를 설치한 방호대상물 또는 그 부분의 개구부는 다음에 정한 것에 의할 것

㉠ 이산화탄소를 방사하는 것은 다음에 의할 것

ⓐ 층고의 2/3 이하의 높이에 있는 개구부로서 방사한 소화약제의 유실의 우려가 있는 것에는 소화약제 방사 전에 폐쇄할 수 있는 자동폐쇄장치를 설치할 것

ⓑ 자동폐쇄장치를 설치하지 아니한 개구부 면적의 합계수치는 방호대상물의 전체 둘레 면적(방호구역의 벽, 바닥 및 천장 또는 지붕 면적의 합계를 말한다. 이하 같다) 수치의 1% 이하일 것

㉡ IG-100, IG-55 또는 IG-541을 방사하는 곳은 모든 개구부에 소화약제 방사 전에 폐쇄할 수 있는 자동폐쇄장치를 설치할 것

㉰ 저장용기 충전

㉠ 이산화탄소를 소화약제로 하는 경우에 저장용기의 충전비(용기 내용적의 수치와 소화약제 중량 수치와의 비율을 말한다. 이하 같다)는 고압식인 경우에는 1.5 이상, 1.9 이하이고, 저압식인 경우에는 1.1 이상, 1.4 이하일 것

㉡ IG-100, IG-55 또는 IG-541을 소화약제로 하는 경우에는 저장용기의 충전압력을 21℃의 온도에서 32MPa 이하로 할 것

㉱ **저장용기 설치기준★★★**

㉠ **방호구역 외의 장소에 설치할 것**

㉡ **온도가 40℃ 이하이고 온도 변화가 적은 장소에 설치할 것**

㉢ **직사일광 및 빗물이 침투할 우려가 적은 장소에 설치할 것**

㉣ **저장용기에는 안전장치(용기밸브에 설치되어 있는 것을 포함)를 설치할 것**

㉤ **저장용기의 외면에 소화약제의 종류와 양, 제조년도 및 제조자를 표시할 것**

㉲ 배관은 다음에 정하는 것에 의할 것

㉠ 전용으로 할 것

㉡ 이산화탄소를 방사하는 것의 기준

ⓐ 강관의 배관은 고압식인 것은 스케줄 80 이상, 저압식인 것은 스케줄 40 이상의 것

ⓑ 동관의 배관은 고압식인 것은 16.5MPa 이상, 저압식인 것은 3.75MPa 이상의 압력에 견딜 수 있는 것을 사용할 것

ⓒ 관이음쇠는 고압식인 것은 16.5MPa 이상, 저압식인 것은 3.75MPa 이상의 압력에 견딜 수 있는 것으로서 적절한 방식처리를 한 것을 사용할 것

ⓓ 낙차는 50m 이하일 것

ⓒ IG-100, IG-55 또는 IG-541을 방사하는 것의 기준

ⓐ 강관의 배관은 스케줄 80 이상의 것 또는 이와 동등 이상의 강도를 갖는 것으로서 아연도금 등에 의한 방식처리를 한 것을 사용할 것

ⓑ 동관의 배관은 16.5MPa 이상의 압력에 견딜 수 있는 것을 사용할 것

ⓒ 관이음쇠는 배관의 예에 의할 것

ⓔ 관이음쇠는 고압식인 것은 16.5MPa 이상, 저압식인 것은 3.75MPa 이상의 압력에 견딜 수 있는 것으로서 적절한 방식처리를 한 것을 사용

ⓜ 낙차는 50m 이하

ⓗ 고압식 저장용기에는 용기밸브를 설치할 것

ⓢ **이산화탄소를 저장하는 저압식 저장용기 기준★★★**

㉠ 이산화탄소를 저장하는 저압식 저장용기에는 액면계 및 압력계를 설치할 것

㉡ 이산화탄소를 저장하는 저압식 저장용기에는 2.3MPa 이상의 압력 및 1.9MPa 이하의 압력에서 작동하는 압력경보장치를 설치할 것

㉢ 이산화탄소를 저장하는 저압식 저장용기에는 용기 내부의 온도를 −20℃ 이상, −18℃ 이하로 유지할 수 있는 자동냉동기를 설치할 것

㉣ 이산화탄소를 저장하는 저압식 저장용기에는 **파괴판**을 설치할 것

㉤ 이산화탄소를 저장하는 저압식 저장용기에는 **방출밸브**를 설치할 것

ⓐ **선택밸브**

㉠ 저장용기를 공용하는 경우에는 방호구역 또는 방호대상물마다 선택밸브를 설치할 것

㉡ 선택밸브는 방호구역 외의 장소에 설치할 것

㉢ 선택밸브에는 "선택밸브"라고 표시하고 선택이 되는 방호구역 또는 방호대상물을 표시할 것

ⓩ 저장용기와 선택밸브 또는 개폐밸브 사이에는 안전장치 또는 파괴판을 설치할 것

ⓒ 기동용 가스용기

㉠ 기동용 가스용기는 25MPa 이상의 압력에 견딜 수 있는 것일 것

ⓛ 기동용 가스용기의 내용적은 1L 이상으로 하고 해당 용기에 저장하는 이산화탄소의 양은 0.6kg 이상으로 하되 그 충전비는 1.5 이상일 것

ⓒ 기동용 가스용기에는 안전장치 및 용기밸브를 설치할 것

㉮ 기동장치

㉠ 이산화탄소를 방사하는 것의 기동장치는 수동식으로 하고(다만, 상주인이 없는 대상물 등 수동식에 의하는 것이 적당하지 아니한 경우에는 자동식으로 할 수 있다), IG-100, IG-55 또는 IG-541을 방사하는 것의 기동장치는 자동식으로 할 것

㉡ 수동식의 기동장치 기준

ⓐ 기동장치는 해당 방호구역 밖에 설치하되 해당 방호구역 안을 볼 수 있고 조작을 한 자가 쉽게 대피할 수 있는 장소에 설치할 것

ⓑ 기동장치는 하나의 방호구역 또는 방호대상물마다 설치할 것

ⓒ 기동장치의 조작부는 바닥으로부터 0.8m 이상, 1.5m 이하의 높이에 설치할 것

ⓓ 기동장치에는 직근의 보기 쉬운 장소에 "불활성가스소화설비의 수동식 기동장치임을 알리는 표시를 할 것"이라고 표시할 것

ⓔ 기동장치의 외면은 적색으로 할 것

ⓕ 전기를 사용하는 기동장치에는 전원표시등을 설치할 것

ⓖ 기동장치의 방출용 스위치 등은 음향경보장치가 기동되기 전에는 조작될 수 없도록 하고 기동장치에 유리 등에 의하여 유효한 방호조치를 할 것

ⓗ 기동장치 또는 직근의 장소에 방호구역의 명칭, 취급방법, 안전상의 주의사항 등을 표시할 것

㉢ 자동식의 기동장치는 다음에 정한 것에 의할 것

ⓐ 기동장치는 자동화재탐지설비의 감지기의 작동과 연동하여 기동될 수 있도록 할 것

ⓑ 기동장치에는 다음에 정한 것에 의하여 자동/수동전환장치를 설치할 것

  ▪ 쉽게 조작할 수 있는 장소에 설치할 것
  ▪ 자동 및 수동을 표시하는 표시등을 설치할 것
  ▪ 자동/수동의 전환은 열쇠 등에 의하는 구조로 할 것

ⓒ 자동/수동전환장치 또는 직근의 장소에 취급방법을 표시할 것

㉯ 음향경보장치

㉠ 수동 또는 자동에 의하여 기동장치의 조작·작동과 연동하여 자동으로 경보를 발하도록 하고 소화약제 방사 전에 차단되지 않도록 할 것

㉡ 음향경보장치는 방호구역 또는 방호대상물에 있는 모든 사람에게 소화약제가 방사된다는 사실을 유효하게 알릴 수 있도록 할 것

㉢ 전역방출방식인 것에 설치하는 음향경보장치는 음성에 의한 경보장치로 할 것

㉮ 불활성가스소화설비를 설치한 장소에는 방출된 소화약제 및 연소가스를 안전한 장소로 배출하기 위한 조치를 할 것

㉲ 전역방출방식 안전조치

　㉠ 기동장치의 방출용 스위치 등의 작동으로부터 저장용기의 용기밸브 또는 방출밸브의 개방까지의 시간이 20초 이상 되도록 지연장치를 설치할 것

　㉡ 수동기동장치에는 ㉠에 정한 시간 내에 소화약제가 방출되지 않도록 조치를 할 것

　㉢ 방호구역의 출입구 등 보기 쉬운 장소에 소화약제가 방출된다는 사실을 알리는 표시등을 설치할 것

　　ⓐ 비상전원은 자가발전설비 또는 축전지설비에 의하고 그 용량은 해당 설비를 유효하게 1시간 작동할 수 있는 용량 이상으로 할 것

　　ⓑ 불활성가스소화설비에 사용하는 소화약제는 이산화탄소, IG-100, IG-55 또는 IG-541로 하되, 국소방출방식의 불활성가스소화설비에 사용하는 소화약제는 이산화탄소로 할 것

　　ⓒ 전역방출방식의 불활성가스소화설비에 사용하는 소화약제는 다음 표에 의할 것

제조소 등의 구분		소화약제 종류
제4류 위험물을 저장 또는 취급하는 제조소 등	방호구획의 체적이 $1,000m^2$ 이상의 것	이산화탄소
	방호구획의 체적이 $1,000m^2$ 미만의 것	이산화탄소, IG-100, IG-55, IG-541
제4류 외의 위험물을 저장 또는 취급하는 제조소 등		이산화탄소

　　ⓓ 전역방출방식의 불활성가스소화설비 중 IG-100, IG-55 또는 IG-541을 방사하는 것은 방호구역 내의 압력상승을 방지하는 조치를 강구할 것

⑤ 이동식 불활성가스소화설비의 기준

㉮ 노즐은 온도 20℃에서 하나의 노즐마다 90kg/min 이상의 소화약제를 방사할 수 있을 것

㉯ 저장용기의 용기밸브 또는 방출밸브는 호스의 설치장소에서 수동으로 개폐할 수 있을 것

㉰ 저장용기는 호스를 설치하는 장소마다 설치할 것

㉱ 저장용기의 직근의 보기 쉬운 장소에 적색등을 설치하고 이동식 불활성가스소화설비임을 알리는 표시를 할 것

㉲ 화재 시 연기가 현저하게 충만할 우려가 있는 장소 외의 장소에 설치할 것

㉳ 이동식 불활성가스소화설비에 사용하는 소화약제는 이산화탄소로 할 것

⑥ 할로젠화합물소화설비

(1) 개요

할로젠화합물소화약제를 사용하여 화재의 연소반응을 억제함으로써 소화가 가능하도록 하는 것을 목적으로 설치된 고정소화설비이다.

(2) 설치기준

① 전역방출방식 분사헤드

㉮ 방사된 소화약제가 방호구역의 전역에 균일하고 신속하게 확산될 수 있도록 설치할 것

㉯ "할론 2402"를 방사하는 분사헤드는 해당 소화약제를 무상(霧狀)으로 방사하는 것일 것

㉰ 방사압력 및 소화약제 양, 방사기준

약제	방사압력	소화약제 방사기준
할론 2402	0.1MPa 이상	30초 이내
할론 1211	0.2MPa 이상	
할론 1301	0.9MPa 이상	
HFC − 23 HFC − 125	0.9MPa 이상	10초 이내
HFC − 227ea	0.3MPa 이상	
FK − 5 − 1 − 12	0.3MPa 이상	

㉱ 소화약제의 양을 30초 이내에 균일하게 방사할 것

② 국소방출방식 분사헤드

㉮ 방호대상물의 모든 표면이 분사헤드의 유효사정 내에 있도록 설치

㉯ 소화약제의 방사에 의하여 위험물이 비산되지 않는 장소에 설치

㉰ 규정된 소화약제의 양을 30초 이내에 균일하게 방사

③ 전역방출방식의 소화약제 양★★★

㉮ 방호구역의 체적 $1m^3$당 소화약제의 양이 할론 2402에 있어서는 0.40kg, 할론 1211에 있어서는 0.36kg, 할론 1301에 있어서는 0.32kg의 비율로 계산한 양

㉯ 방호구역의 개구부에 자동폐쇄장치를 설치하지 않은 경우에는 ㉮에 의하여 산출된 양에 해당 개구부의 면적 $1m^2$당 할론 2402에 있어서는 3.0kg, 할론 1211에 있어서는 2.7kg, 할론 1301에 있어서는 2.4kg의 비율로 계산한 양을 가산한 양

④ HFC-23, HFC-125 또는 HFC-227ea 또는 FK-5-1-12를 방사하는 것은 다음 표의 소화약제의 종류에 따라 방호구역의 체적 1m³당 소화약제 양의 비율로 계산한 양에 방호구역 내에서 저장 또는 취급하는 위험물에 따라 법에서 정한 소화약제에 따른 계수를 곱해서 얻은 양

소화약제 종류	방호구역의 체적 1m³당 소화약제의 양(kg)
HFC-23 HFC-125	0.52 이상
HFC-227ea	0.55 이상
FK-5-1-12	0.84

④ 국소방출방식의 소화약제 양

⑦ 면적식의 국소방출방식 : 액체 위험물을 상부를 개방한 용기에 저장하는 경우 등 화재 시 연소면이 한 면에 한정되고 위험물이 비산할 우려가 없는 경우에는 방호대상물의 표면적 1m²당 할론 2402에 있어서는 8.8kg, 할론 1211에 있어서는 7.6kg, 할론 1301에 있어서는 6.8kg의 비율로 계산한 양

④ 용적식의 국소방출방식 : ⑦의 경우 외의 경우에는 다음 식에 의하여 구한 양에 방호 공간의 체적을 곱한 양

$$Q = X - Y\frac{a}{A}$$

여기서, Q : 단위체적당 소화약제의 양(kg/m³)

   a : 방호대상물 주위에 실제로 설치된 고정벽 면적의 합계(m²)

   A : 방호 공간 전체 둘레의 면적(m²)

   X 및 Y : 다음 표에 정한 소화약제의 종류에 따른 수치

소화약제의 종별	X의 수치	Y의 수치
할론 2402	5.2	3.9
할론 1211	4.4	3.3
할론 1301	4.0	3.0

⑤ 전역방출방식 또는 국소방출방식의 할로젠화물소화설비 기준

⑦ 할로젠화물소화설비에 사용하는 소화약제는 할론 2402, 할론 1211, 할론 1301, HFC-23, HFC-125 또는 HFC-227ea로 할 것

④ 저장용기 등의 충전비는 할론 2402 중에서 가압식 저장용기 등에 저장하는 것은 0.51 이상 0.67 이하, 축압식 저장용기 등에 저장하는 것은 0.67 이상 2.75 이하, 할론 1211은 0.7 이상 1.4 이하, 할론 1301 및 HFC-227ea는 0.9 이상 1.6 이하, HFC-23 및 HFC-125는 1.2 이상, 1.5 이하일 것

㉰ 저장용기 설치기준

　　㉠ 가압식 저장용기 등에는 방출밸브를 설치할 것

　　㉡ 보기 쉬운 장소에 충전소화약제량, 소화약제의 종류, 최고사용압력(가압식의 것에 한한다), 제조년도 및 제조자명을 표시할 것

㉱ 축압식 저장용기 등은 온도 21℃에서 할론 1211을 저장하는 것은 1.1MPa 또는 2.5MPa, 할론 1301 또는 HFC-227ea를 저장하는 것은 2.5MPa 또는 4.2MPa이 되도록 질소가스로 가압할 것

㉲ 가압용 가스용기는 질소가스가 충전되어 있는 것일 것

㉳ 가압용 가스용기에는 안전장치 및 용기밸브를 설치할 것

⑦ 분말소화설비

(1) 개요

분말소화약제 저장탱크에 저장된 소화분말을 **질소나 탄산 가스의 압력에 의해** 미리 설계된 배관 및 설비에 따라 화재발생 시 분말과 함께 방호대상물에 방사하여 소화하는 설비로서, 표면화재 및 연소면이 급격히 확대되는 인화성 액체의 화재에 적합한 방식이다.

(2) 소화설비의 종류

① "전역방출방식"이라 함은 고정식 분말소화약제 공급장치에 배관 및 분사헤드를 고정설치하여 밀폐방호구역 내에 분말소화약제를 방출하는 설비를 말한다.

② "국소방출방식"이라 함은 고정식 분말소화약제 공급장치에 배관 및 분사헤드를 설치하여 직접 화점에 분말소화약제를 방출하는 설비로 화재발생부분에만 집중적으로 소화약제를 방출하도록 설치하는 방식을 말한다.

③ "호스릴방식"이라 함은 분사헤드가 배관에 고정되어 있지 않고 소화약제 저장용기에 호스를 연결하여 사람이 직접 화점에 소화약제를 방출하는 이동식 소화설비를 말한다.

(3) 분사헤드

① 전역방출방식

㉮ 방사된 소화약제가 방호구역의 전역에 균일하고 신속하게 확산할 수 있도록 설치할 것

㉯ 분사헤드의 방사압력은 0.1MPa 이상일 것

㉰ 규정된 소화약제의 양을 30초 이내에 균일하게 방사할 것

② 국소방출방식

　㉮ 분사헤드는 방호대상물의 모든 표면이 분사헤드의 유효사정 내에 있도록 설치할 것

　㉯ 소화약제의 방사에 의하여 위험물이 비산되지 않는 장소에 설치할 것

　㉰ 규정된 소화약제의 양을 30초 이내에 균일하게 방사할 것

(4) 분말소화약제의 소화약제 저장량

① 전역방출방식의 분말소화설비는 다음에 정하는 것에 의하여 산출된 양 이상으로 할 것

　㉮ 다음 표에 정한 소화약제의 종별에 따른 양의 비율로 계산한 양

소화약제의 종별	방호구역의 체적 1m³당 소화약제의 양(kg)
탄산수소나트륨을 주성분으로 한 것(이하 "제1종 분말"이라 한다)	0.60
탄산수소칼륨을 주성분으로 한 것(이하 "제2종 분말"이라 한다) 또는 인산염류 등을 주성분으로 한 것(인산암모늄을 90% 이상 함유한 것에 한한다. 이하 "제3종 분말"이라 한다)	0.36
탄산수소칼륨과 요소의 반응생성물(이하 "제4종 분말"이라 한다)	0.24
특정의 위험물에 적응성이 있는 것으로 인정되는 것(이하 "제5종 분말"이라 한다)	소화약제에 따라 필요한 양

　㉯ 방호구역의 개구부에 자동폐쇄장치를 설치하지 않은 경우에는 ㉮에 의하여 산출된 양에 다음 표에 정한 소화약제의 종별에 따른 양의 비율로 계산한 양을 가산한 양

소화약제의 종별	개구부의 면적 1m²당 소화약제의 양(kg)
제1종 분말	4.5
제2종 분말 또는 제3종 분말	2.7
제4종 분말	1.8
제5종 분말	소화약제에 따라 필요한 양

　㉰ 방호구역 내에서 저장 또는 취급하는 위험물에 따라 법에서 정한 소화약제에 따른 계수를 ㉮ 및 ㉯에 의하여 산출된 양에 곱해서 얻은 양

② 국소방출방식의 분말소화설비는 ㉮ 또는 ㉯에 의하여 산출된 양에 저장 또는 취급하는 위험물에 따라 법에서 정한 소화약제에 따른 계수를 곱하고 다시 1.1을 곱한 양 이상으로 할 것

　㉮ 면적식의 국소방출방식 : 액체 위험물을 상부를 개방한 용기에 저장하는 경우 등 화재 시 연소면이 한 면에 한정되고 위험물이 비산할 우려가 없는 경우에는 다음 표에 정한 비율로 계산한 양

소화약제의 종별	방호대상물의 표면적 1m²당 소화약제의 양(kg)
제1종 분말	8.8
제2종 분말 또는 제3종 분말	5.2
제4종 분말	3.6
제5종 분말	소화약제에 따라 필요한 양

    ㉯ 용적식의 국소방출방식

        ㉮의 경우 외의 경우에는 다음 식에 의하여 구한 양에 방호 공간의 체적을 곱한 양

$$Q = X - Y\frac{a}{A}$$

    여기서, Q : 단위체적당 소화약제의 양(kg/m³)

          a : 방호대상물 주위에 실제로 설치된 고정벽의 면적의 합계(m²)

          A : 방호 공간 전체 둘레의 면적(m²)

          X 및 Y : 다음 표에 정한 소화약제의 종류에 따른 수치

소화약제의 종별	X의 수치	Y의 수치
제1종 분말	5.2	3.9
제2종 분말 또는 제3종 분말	3.2	2.4
제4종 분말	2.0	1.5
제5종 분말	소화약제에 따라 필요한 양	

③ 전역방출방식 또는 국소방출방식의 분말소화설비를 설치한 동일 제조소 등에 방호구역 또는 방호대상물이 2 이상 있을 경우에는 각 방호구역 또는 방호대상물에 대해서 ㉮ 및 ㉯에 의하여 계산한 양 중에서 최대의 양 이상으로 할 수가 있다. 다만, 방호구역 또는 방호상물이 서로 인접하여 있을 경우에는 하나의 저장용기를 공용할 수 없다.

④ 이동식 분말소화설비는 하나의 노즐마다 다음 표에 정한 소화약제의 종류에 따른 양 이상으로 할 것

소화약제의 종별	소화약제의 양(kg)
제1종 분말	50
제2종 분말 또는 제3종 분말	30
제4종 분말	20
제5종 분말	소화약제에 따라 필요한 양

(5) 전역방출방식 또는 국소방출방식의 분말소화설비의 기준

① 분말소화설비에 사용하는 소화약제는 제1종 분말, 제2종 분말, 제3종 분말, 제4종 분말 또는 제5종 분말로 할 것

② 저장용기 등의 충전비는 다음 표에 정한 소화약제의 종별에 따른 것으로 할 것

소화약제의 종별	충전비의 범위
제1종 분말	0.85 이상, 1.45 이하
제2종 분말 또는 제3종 분말	1.05 이상, 1.75 이하
제4종 분말	1.50 이상, 2.50 이하

③ 저장용기

㉮ 저장탱크는 강도 및 내식성이 있는 것을 사용할 것

㉯ 저장용기 등에는 안전장치를 설치할 것

㉰ 저장용기(축압식인 것은 내압력이 1.0MPa인 것에 한한다)에는 용기밸브를 설치할 것

㉱ 가압식의 저장용기 등에는 방출밸브를 설치할 것

㉲ 보기 쉬운 장소에 충전소화약제 양, 소화약제의 종류, 최고사용압력(가압식인 것에 한한다), 제조년월 및 제조자명을 표시할 것

④ 저장용기 등에는 잔류가스를 배출하기 위한 배출장치를, 배관에는 잔류소화약제를 처리하기 위한 클리닝장치를 설치할 것

⑤ 가압용 가스용기는 저장용기 등의 직근에 설치되고 확실하게 접속되어 있을 것

⑥ 가압용 가스용기에는 안전장치 및 용기밸브를 설치할 것

⑦ 가압용 또는 축압용 가스

㉮ 가압용 또는 축압용 가스는 질소 또는 이산화탄소로 할 것

㉯ 가압용 가스로 질소를 사용하는 것은 소화약제 1kg당 온도 35℃에서 0MPa의 상태로 환산한 체적 40L 이상, 이산화탄소를 사용하는 것은 소화약제 1kg당 20g에 배관의 청소에 필요한 양을 더한 양 이상일 것

㉰ 축압용 가스로 질소가스를 사용하는 것은 소화약제 1kg당 온도 35℃에서 0MPa의 상태로 환산한 체적 10L에 배관의 청소에 필요한 양을 더한 양 이상, 이산화탄소를 사용하는 것은 소화약제 1kg당 20g에 배관의 청소에 필요한 양을 더한 양 이상일 것

㉱ 클리닝에 필요한 양의 가스는 별도의 용기에 저장할 것

⑧ 배관

㉮ 전용으로 할 것

㉯ 강관의 배관은 아연도금 등에 의하여 방식처리를 한 것 또는 이와 동등 이상의 강도 및 내식성을 갖는 것을 사용할 것

㉰ 동관의 배관은 강도 및 내식성을 갖는 것으로 조정압력 또는 최고사용압력의 1.5배 이상의 압력에 견딜 수 있는 것을 사용할 것

㉱ 관이음쇠는 강도, 내식성 및 내열성을 갖는 것으로 할 것

⑪ 밸브류

㉠ 소화약제를 방사하는 경우에 현저하게 소화약제와 가압용 · 축압용 가스가 분리되거나 소화약제가 잔류할 우려가 없는 구조일 것

㉡ 접속할 관의 구경에 맞는 규격일 것

㉢ 재질은 방식처리가 된 것 또는 이와 동등 이상의 강도, 내식성 및 내열성을 갖는 것으로 할 것

㉣ 밸브류는 개폐위치 또는 개폐방향을 표시할 것

㉤ 방출밸브 및 가압용 가스용기밸브의 수동조작부는 화재 시 쉽게 접근 가능하고 안전한 장소에 설치할 것

⑪ 저장용기 등으로부터 배관의 굴곡부까지의 거리는 관경의 20배 이상 되도록 할 것. 다만, 소화약제와 가압용 · 축압용 가스가 분리되지 않도록 조치를 한 경우에는 그러하지 아니하다.

⑭ 낙차는 50m 이상일 것

⑮ 동시에 방사하는 분사헤드의 방사압력이 균일하도록 설치할 것

⑨ 가압식의 분말소화설비에는 2.5MPa 이하의 압력으로 조정할 수 있는 압력조정기를 설치할 것

⑩ 가압식의 분말소화설비에는 다음에 정하는 것에 의하여 정압작동장치를 설치할 것

㉮ 기동장치의 작동 후 저장용기 등의 압력이 설정압력이 되었을 때 방출밸브를 개방시키는 것일 것

㉯ 정압작동장치는 저장용기 등마다 설치할 것

⑪ 축압식의 분말소화설비에는 사용압력의 범위를 녹색으로 표시한 지시압력계를 설치할 것

⑫ 저장용기 등과 선택밸브 등 사이에는 안전장치 또는 파괴판을 설치할 것

⑬ 기동용 가스용기는 다음에 정하는 것에 의할 것

㉮ 내용적은 0.27L 이상으로 하고 해당 용기에 저장하는 가스의 양은 145g 이상일 것

㉯ 충전비는 1.5 이상일 것

(6) 이동식 분말소화설비

하나의 노즐마다 매분당 소화약제 방사량은 다음 표에 정한 소화약제의 종류에 따른 양 이상으로 할 것

소화약제의 종류	소화약제의 양(kg)
제1종 분말	45 〈50〉
제2종 분말 또는 제3종 분말	27 〈30〉
제4종 분말	18 〈20〉

※ 오른쪽란에 기재된 "〈 〉"속의 수치는 전체 소화약제의 양임.

3-2. 경보설비

① 경보설비의 종류 및 특징

화재발생 초기단계에서 가능한 한 빠른 시간에 정확하게 화재를 감지하는 기능은 물론 불특정 다수인에게 화재의 발생을 통보하는 기계, 기구 또는 설비를 말한다.

① 자동화재탐지설비
② 자동화재속보설비
③ 비상경보설비
    비상벨, 자동식 사이렌, 단독형 화재경보기, 확성장치
④ 비상방송설비
⑤ 누전경보설비
⑥ 가스누설경보설비

② 경보설비 설치기준

✿ 자동화재탐지설비

(1) 개요

건축물 내에서 발생한 화재의 초기단계에서 발생하는 열, 연기 및 불꽃 등을 자동으로 감지하여 건물 내의 관계자에게 벨, 사이렌 등의 음향으로 화재발생을 자동으로 알리는 설비로서 수신기, 감지기, 발신기, 화재발생을 관계자에게 알리는 벨, 사이렌 및 중계기, 전원, 배선 등으로 구성된 설비를 말한다.

(2) 수신기의 종류

① P형 수신기
    ㉮ P형 1급 수신기 : 감지기, 발신기 또는 중계기를 통하여 화재신호를 공통의 신호로 수신하는 것으로서, 각 경계구역마다 1조의 배선으로 수신하는 수신기
    ㉯ P형 2급 수신기 : 소규모의 소방대상물(경계구역 5 이하)에 사용하는 것으로 P형 1급 수신기의 기능을 간소화시킨 수신기

② R형 수신기 : 감지기 및 발신기와 수신기 사이에 고유의 신호를 갖는 중계기를 접속하여 감지기 또는 발신기가 작동하면 그 신호를 중계기에서 변환하여 각 회선 공통배선에 수신하는 방식의 수신기

(3) 감지기의 종류

① 열감지기

㉮ 차동식 열감지기

㉠ 차동식 스포트형 열감지기(1종, 2종) : 감지기의 주위온도가 일정한 온도상승률 이상이 되었을 때 작동하는 것으로 국소적인 열효과에 의해 작동하는 감지기

ⓐ 공기팽창식

ⓑ 열기전력식

㉡ 차동식 분포형 열감지기(1종, 2종, 3종) : 감지기의 주위온도가 일정한 온도상승률 이상이 되었을 때 작동하는 것으로서 광범위한 열효과의 누적에 의해 작동하는 감지기

ⓐ 공기관식

ⓑ 열반도체식

ⓒ 열전대식

㉯ 정온식 열감지기

㉠ 정온식 스포트형 열감지기(특종, 1종, 2종) : 감지기의 주위온도가 일정한 온도 이상이 되었을 때 국소적인 열효과에 의해 작동하는 감지기

ⓐ 바이메탈식

ⓑ 고체 팽창식

ⓒ 기체(액체) 팽창식

ⓓ 가용 용융식

㉡ 정온식 분포형(감지선형) 열감지기(특종, 1종, 2종) : 한정된 장소의 주위온도가 일정한 온도 이상이 되었을 때 작동하는 감지기

㉰ 보상식 열감지기

㉠ 보상식 스포트형 열감지기(1종, 2종) : 차동식과 정온식의 장점을 합친 형태의 감지기

② 연기감지기

㉮ 이온화식 연기감지기(1종, 2종, 3종) : 검지부에 연기(연소생성물)가 들어가면 이온전류가 변화하는 것을 이용한 감지기

㉯ 광전식 연기감지기(1종, 2종, 3종) : 검지부에 연기(연소생성물)가 들어가면 광전소자에 비추는 광선의 양이 변화하는 것을 이용한 감지기

㉠ 산란광식
　　　㉡ 광전식
　③ 화염(불꽃)감지기
　　　㉮ 자외선감지기 : 화염에서 방사되는 자외선을 감지하여 작동하는 감지기
　　　㉯ 적외선감지기 : 화염에서 방사되는 적외선을 감지하여 작동하는 감지기

✿ 자동화재속보설비

소방대상물에 화재가 발생하면 자동으로 소방관서에 통보해 주는 설비

(1) A형

자동화재탐지설비의 수신기로부터 발생하는 화재신호를 수신하여 자동으로 119번을 소방관서에 통보하는 방식

(2) B형

자동화재탐지설비의 수신기와 A형의 성능을 복합한 방식

✿ 비상경보설비 및 비상방송설비

화재의 발생 또는 상황을 소방대상물 내의 관계자에게 경보음 또는 음성으로 통보하여 주는 설비로서, 초기소화활동 및 피난유도 등을 원활하게 수행하기 위한 목적으로 설치한 경보설비
　① 비상벨 또는 자동식 사이렌
　② 비상방송설비(확성기 등)
　　※ 확성기의 음성입력은 3W(실내 설치인 경우 : 1W) 이상일 것

✿ 누전경보설비

건축물의 천장, 바닥, 벽 등의 보강제로 사용하고 있는 금속류 등이 누전의 경로가 되어 화재를 발생시키므로 이를 방지하기 위하여 누설전류가 흐르면 자동으로 경보를 발할 수 있도록 설치된 경보설비
　① 1급 누전경보기 : 경계전류의 정격전류가 60A를 초과하는 경우에 설치
　② 1급 또는 2급 누전경보기 : 경계전류의 정격전류가 60A 이하의 경우에 설치

✿ 가스누설경보설비(가스화재경보기)

가연성 가스나 독성 가스의 누출을 검지하여 그 농도를 지시함과 동시에 경보를 발하는 설비

3-3. 피난설비

① 피난설비의 종류

화재발생 시 화재구역 내에 있는 불특정 다수인을 안전한 장소로 피난 및 대피시키기 위해 사용하는 설비를 말한다.

① 피난기구
② 인명구조기구 : 방열복, 공기호흡기, 인공소생기 등
③ 유도등 및 유도표시
④ 비상조명설비

② 피난설비 설치기준

❖ 피난기구

(1) 정의

① "피난사다리"란 화재 시 긴급대피를 위해 사용하는 사다리
② "완강기"란 사용자의 몸무게에 따라 자동적으로 내려올 수 있는 기구 중 사용자가 교대하여 연속적으로 사용할 수 있는 것
③ "간이완강기"란 사용자의 몸무게에 따라 자동적으로 내려올 수 있는 기구 중 사용자가 연속적으로 사용할 수 없는 것
④ "구조대"란 포지 등을 사용하여 자루형태로 만든 것으로서 화재 시 사용자가 그 내부에 들어가서 내려옴으로써 대피할 수 있는 것
⑤ "공기안전매트"란 화재발생 시 사람이 건축물 내에서 외부로 긴급히 뛰어 내릴 때 충격을 흡수하여 안전하게 지상에 도달할 수 있도록 포지에 공기 등을 주입하는 구조로 되어 있는 것
⑥ "피난밧줄"이란 급격한 하강을 방지하기 위한 매듭 등을 만들어 놓은 밧줄
⑦ "다수인 피난장비"란 화재 시 2인 이상의 피난자가 동시에 해당 층에서 지상 또는 피난층으로 하강하는 피난기구
⑧ "승강식 피난기"란 사용자의 몸무게에 의하여 자동으로 하강하고 내려서면 스스로 상승하여 연속적으로 사용할 수 있는 무동력 승강식 피난기
⑨ "하향식 피난구용 내림식 사다리"란 하향식 피난구 해치에 격납하여 보관하고 사용 시에는 사다리 등이 소방대상물과 접촉되지 아니하는 내림식 사다리

(2) 피난기구의 적응 및 설치개수 등

① 피난기구는 층마다 설치하되, 숙박시설·노유자시설 및 의료시설로 사용되는 층에 있어서는 그 층의 바닥면적 500m²마다, 위락시설·문화집회 및 운동시설·판매시설로 사용되는 층 또는 복합용도의 층에 있어서는 그 층의 바닥면적 800m²마다, 계단실형 아파트에 있어서는 각 세대마다, 그 밖의 용도의 층에 있어서는 그 층의 바닥면적 1,000m²마다 1개 이상 설치할 것

② ①에 따라 설치한 피난기구 외에 숙박시설(휴양콘도미니엄을 제외한다)의 경우에는 추가로 객실마다 간이완강기를 설치할 것

③ ①에 따라 설치한 피난기구 외에 아파트(주택법 시행령 제48조의 규정에 따른 아파트에 한한다)의 경우에는 하나의 관리주체가 관리하는 아파트 구역마다 공기안전매트 1개 이상을 추가로 설치할 것. 다만, 옥상으로 피난이 가능하거나 인접세대로 피난할 수 있는 구조인 경우에는 추가로 설치하지 아니할 수 있다.

④ 피난기구 설치기준

㉮ 피난기구는 계단·피난구, 기타 피난시설로부터 적당한 거리에 있는 안전한 구조로 된 피난 또는 소화활동상 유효한 개구부(가로 0.5m 이상, 세로 1m 이상인 것을 말한다. 이 경우 개부구 하단이 바닥에서 1.2m 이상이면 발판 등을 설치하여야 하고, 밀폐된 창문은 쉽게 파괴할 수 있는 파괴장치를 비치하여야 한다)에 고정하여 설치하거나 필요한 때에 신속하고 유효하게 설치할 수 있는 상태에 둘 것

㉯ 피난기구를 설치하는 개구부는 서로 동일직선상이 아닌 위치에 있을 것. 다만, 미끄럼봉·피난교·피난용 트랩·피난밧줄 또는 간이완강기·아파트에 설치되는 피난기구(다수인 피난장비는 제외한다), 기타 피난상 지장이 없는 것에 있어서는 그러하지 아니하다.

㉰ 피난기구는 소방대상물의 기둥·바닥·보, 기타 구조상 견고한 부분에 볼트조임·매입·용접, 기타의 방법으로 견고하게 부착할 것

㉱ 4층 이상의 층에 피난사다리(하향식 피난구용 내림식 사다리는 제외한다)를 설치하는 경우에는 금속성 고정사다리를 설치하고, 해당 고정사다리에는 쉽게 피난할 수 있는 구조의 노대를 설치할 것

㉲ 완강기는 강하 시 로프가 소방대상물과 접촉하여 손상되지 아니하도록 할 것

㉳ 완강기, 미끄럼봉 및 피난로프의 길이는 부착위치에서 지면, 기타 피난상 유효한 착지면까지의 길이로 할 것

㉴ 미끄럼대는 안전한 강하속도를 유지하도록 하고, 전락방지를 위한 안전조치를 할 것

㉵ 구조대의 길이는 피난상 지장이 없고 안정한 강하속도를 유지할 수 있는 길이로 할 것

㉛ 다수인 피난장비 설치기준
　㉠ 피난에 용이하고 안전하게 하강할 수 있는 장소에 적재하중을 충분히 견딜 수 있도록 구조안전의 확인을 받아 견고하게 설치할 것
　㉡ 다수인 피난장비 보관실(이하 "보관실"이라 한다)은 건물 외측보다 돌출되지 아니하고, 빗물 · 먼지 등으로부터 장비를 보호할 수 있는 구조일 것
　㉢ 사용 시에 보관실 외측 문이 먼저 열리고 탑승기가 외측으로 자동으로 전개될 것
　㉣ 하강 시에 탑승기가 건물 외벽이나 돌출물에 충돌하지 않도록 설치할 것
　㉤ 상 · 하층에 설치할 경우에는 탑승기의 하강경로가 중첩되지 않도록 할 것
　㉥ 하강 시에는 안전하고 일정한 속도를 유지하도록 하고 전복, 흔들림, 경로이탈 방지를 위한 안전조치를 할 것
　㉦ 보관실의 문에는 오작동 방지조치를 하고, 문 개방 시에는 해당 소방대상물에 설치된 경보설비와 연동하여 유효한 경보음을 발하도록 할 것
　㉧ 피난층에는 해당 층에 설치된 피난기구가 착지에 지장이 없도록 충분한 공간을 확보할 것

㉜ 승강식 피난기 및 하향식 피난구용 내림식 사다리 설치기준
　㉠ 승강식 피난기 및 하향식 피난구용 내림식 사다리는 설치경로가 설치층에서 피난층까지 연계될 수 있는 구조로 설치할 것. 단, 건축물 규모가 지상 5층 이하로서 구조 및 설치 여건상 불가피한 경우는 그러하지 아니 한다.
　㉡ 대피실의 면적은 $2m^2$(2세대 이상일 경우에는 $3m^2$) 이상으로 하고, 건축법 시행령 제46조 제4항의 규정에 적합하여야 하며 하강구(개구부) 규격은 직경 60cm 이상일 것. 단, 외기와 개방된 장소에는 그러하지 아니 한다.
　㉢ 하강구 내측에는 기구의 연결금속구 등이 없어야 하며 전개된 피난기구는 하강구 수평투영면적 공간 내의 범위를 침범하지 않는 구조이어야 할 것. 단, 직경 60cm 크기의 범위를 벗어난 경우이거나, 직하층의 바닥면으로부터 높이 50cm 이하의 범위는 제외한다.
　㉣ 대피실의 출입문은 60분+방화문 또는 60분방화문으로 설치하고, 피난방향에서 식별할 수 있는 위치에 "대피실" 표지판을 부착할 것. 단, 외기와 개방된 장소에는 그러하지 아니 한다.
　㉤ 착지점과 하강구는 상호 수평거리 15cm 이상의 간격을 둘 것
　㉥ 대피실 내에는 비상조명등을 설치할 것
　㉦ 대피실에는 층의 위치표시와 피난기구 사용설명서 및 주의사항 표지판을 부착할 것
　㉧ 대피실 출입문이 개방되거나, 피난기구 작동 시 해당 층 및 직하층 거실에 설치된 표시등 및 경보장치가 작동되고, 감시 제어반에서는 피난기구의 작동을 확인할 수 있어야 할 것
　㉨ 사용 시 기울거나 흔들리지 않도록 설치할 것

⑤ 피난기구를 설치한 장소에는 가까운 곳의 보기 쉬운 곳에 피난기구의 위치를 표시하는 발광식 또는 축광식 표지와 그 사용방법을 표시한 표지를 부착하되, 축광식 표지는 다음의 기준에 적합한 것이어야 한다.

㉮ 방사성 물질을 사용하는 위치표지는 쉽게 파괴되지 아니하는 재질로 처리할 것

㉯ 위치표지는 주위조도 0lx에서 60분간 발광 후 직선거리 10m 떨어진 위치에서 보통시력으로 표시면의 문자 또는 화살표 등을 쉽게 식별할 수 있는 것으로 할 것

㉰ 위치표지의 표시면은 쉽게 변형 · 변질 또는 변색되지 아니할 것

㉱ 위치표지의 표지면의 휘도는 주위조도 0lx에서 60분간 발광 후 7mcd/m²로 할 것

(3) 소방대상물의 설치장소별 피난기구의 적응성

설치장소별 구분 〈 층별	지하층	2층	3층	4층 이상 10층 이하
의료시설(장례식장을 제외한다) · 노유자시설 · 근린생활시설 중 입원실이 있는 의원 · 산후조리원 · 접골원 · 조산소	피난용 트랩	–	미끄럼대 · 구조대 · 피난교 · 피난용 트랩 · 다수인 피난장비 · 승강식 피난기	구조대 · 피난교 · 피난용 트랩 · 다수인 피난장비 · 승강식 피난기
근린생활시설(입원실이 있는 의원 · 산후조리원 · 접골원 · 조산소는 제외한다) · 위락시설 · 문화집회 및 운동시설 · 판매시설 및 영업시설 · 숙박시설 · 공동주택 · 업무시설 · 통신촬영시설 · 교육연구시설 · 공장 · 운수자동차관련시설(주차용 건축물 및 차고, 세차장, 폐차장 및 주차장을 제외한다) · 관광휴게시설(야외음악당 및 야외극장을 제외한다) · 의료시설 중 장례식장	피난사다리 · 피난용 트랩	–	미끄럼대 · 피난사다리 · 구조대 · 완강기 · 피난교 · 피난용 트랩 · 간이완강기 · 피난밧줄 · 공기안전매트 · 다수인 피난장비 · 승강식 피난기	피난사다리 · 구조대 · 완강기 · 피난교 · 간이완강기 · 공기안전매트 · 다수인 피난장비 · 승강식 피난기
다중이용업소로서 영업장의 위치가 4층 이하인 다중이용업소	–	미끄럼대 · 피난사다리 · 구조대 · 완강기	미끄럼대 · 피난사다리 · 구조대 · 완강기	미끄럼대 · 피난사다리 · 구조대 · 완강기

※ 간이완강기의 적응성은 숙박시설의 3층 이상에 있는 객실에, 공기안전매트의 적응성은 아파트(주택법 시행령 제48조의 규정에 해당하는 공동주택)에 한한다.

✿ 인명구조기구

① "방열복"이란 고온의 복사열에 가까이 접근하여 소방활동을 수행할 수 있는 내열피복을 말한다.

② "공기호흡기"란 소화활동 시에 화재로 인하여 발생하는 각종 유독가스 중에서 일정시간 사용할 수 있도록 제조된 압축공기식 개인호흡장비(보조마스크를 포함한다)를 말한다.

③ "인공소생기"란 호흡부전상태인 사람에게 인공호흡을 시켜 환자를 보호하거나 구급하는 기구를 말한다.

✿ 유도등 및 유도표지

화재발생 시 소방대상물 내에 있는 수용인원을 안전한 장소로 유도하기 위해 설치하는 피난설비로 피난구유도등, 통로유도등, 유도표지는 모든 소방대상물에 설치하며, 객석유도등은 무도장, 유흥장, 음식점, 관람집회 및 운동시설 등에 설치한다.

(1) 정의

① "유도등"이란 화재 시에 피난을 유도하기 위한 등으로서 정상상태에서는 상용전원에 따라 켜지고 상용전원이 정전되는 경우에는 비상전원으로 자동전환되어 켜지는 등을 말한다.

② "피난구유도등"이란 피난구 또는 피난경로로 사용되는 출입구를 표시하여 피난을 유도하는 등을 말한다.

③ "통로유도등"이란 피난통로를 안내하기 위한 유도등으로 복도통로유도등, 거실통로유도등, 계단통로유도등을 말한다.

④ "복도통로유도등"이란 피난통로가 되는 복도에 설치하는 통로유도등으로서 피난구의 방향을 명시하는 것을 말한다.

⑤ "거실통로유도등"이란 거주, 집무, 작업, 집회, 오락, 그 밖에 이와 유사한 목적을 위하여 계속적으로 사용하는 거실, 주차장 등 개방된 통로에 설치하는 유도등으로 피난의 방향을 명시하는 것을 말한다.

⑥ "계단통로유도등"이란 피난통로가 되는 계단이나 경사로에 설치하는 통로유도등으로 바닥면 및 디딤 바닥면을 비추는 것을 말한다.

⑦ "객석유도등"이란 객석의 통로, 바닥 또는 벽에 설치하는 유도등을 말한다.

⑧ "피난구유도표지"란 피난구 또는 피난경로로 사용되는 출입구를 표시하여 피난을 유도하는 표지를 말한다.

⑨ "통로유도표지"란 피난통로가 되는 복도, 계단 등에 설치하는 것으로서 피난구의 방향을 표시하는 유도표지를 말한다.

⑩ "피난유도선"이란 햇빛이나 전등불에 따라 축광(이하 "축광방식"이라 한다)하거나 전류에 따라 빛을 발하는(이하 "광원점등방식"이라 한다) 유도체로서 어두운 상태에서 피난을 유도할 수 있도록 띠 형태로 설치되는 피난유도시설을 말한다.

(2) 통로유도등

① 복도통로유도등은 복도에 설치하며, 구부러진 모퉁이 및 보행거리 20m마다 설치할 것.

또한, 바닥으로부터 높이 1m 이하의 위치에 설치할 것. 다만, 지하층 또는 무창층의 용도 가 도매시장 · 소매시장 · 여객자동차터미널 · 지하역사 또는 지하상가인 경우에는 복도 · 통로 중앙부분의 바닥에 설치하여야 한다.

② 바닥에 설치하는 통로유도등은 하중에 따라 파괴되지 아니하는 강도의 것으로 할 것

③ 거실통로유도등은 거실의 통로에 설치할 것. 다만, 거실의 통로가 벽체 등으로 구획된 경우 에는 복도통로유도등을 설치하여야 한다. 이때, 구부러진 모퉁이 및 보행거리 20m마다 설 치해야 하며, 바닥으로부터 높이 1.5m 이상의 위치에 설치할 것. 다만, 거실통로에 기둥이 설치된 경우에는 기둥부분의 바닥으로부터 높이 1.5m 이하의 위치에 설치할 수 있다.

④ 계단통로유도등은 각층의 경사로참 또는 계단참마다(1개층에 경사로참 또는 계단참이 2 이상 있는 경우에는 2개의 계단참마다) 설치해야 하며, 바닥으로부터 높이 1m 이하의 위치에 설치할 것

⑤ 통행에 지장이 없도록 설치할 것

⑥ 주위에 이와 유사한 등화광고물 · 게시물 등을 설치하지 아니할 것

(3) 객석유도등

① 객석유도등은 객석의 통로, 바닥 또는 벽에 설치하여야 한다.

② 설치개수 $= \dfrac{\text{객석의 통로 직선부분의 길이(m)}}{4} - 1$

(4) 유도표지 설치기준

① 계단에 설치하는 것을 제외하고는 각층마다 복도 및 통로의 각 부분으로부터 하나의 유도 표지까지의 보행거리가 15m 이하가 되는 곳과 구부러진 모퉁이의 벽에 설치할 것

② 피난구유도표지는 출입구 상단에 설치하고, 통로유도표지는 바닥으로부터 높이 1m 이하 의 위치에 설치할 것

③ 주위에는 이와 유사한 등화 · 광고물 · 게시물 등을 설치하지 아니할 것

④ 유도표지는 부착판 등을 사용하여 쉽게 떨어지지 아니하도록 설치할 것

⑤ 축광방식의 유도표지는 외광 또는 조명장치에 의하여 상시 조명이 제공되거나 비상조명 등에 의한 조명이 제공되도록 설치할 것

(5) 유도등의 전원

① 축전지로 한다.

② 유도등을 20분 이상 유효하게 작동시킬 수 있는 용량으로 한다.

(6) 표시면의 표시

① 피난구유도등은 녹색바탕에 백색글씨로 '비상구', '비상계단' 또는 '계단' 등으로 표시하며 'EXIT'의 영문자 또는 화살표를 병기할 수 있다.

② 통로유도등은 백색바탕에 녹색의 표시로 화살표는 주체로 하고 '비상구', '비상계단' 등의 글씨를 병기하여야 하며 'EXIT'의 영문자를 병기할 수 있다.

✿ 비상조명설비의 기준

화재 등 비상시에 혼란을 막고 안전한 탈출을 위해 설치하는 조명설비

3-4. 소화용수설비

화재진압 시 소방대상물에 설치되어 있는 소화설비 전용 수원만으로 원활하게 소화하기가 어려울 때나 부족할 때 즉시 사용할 수 있도록 소화에 필요한 수원을 별도의 안전한 장소에 저장하여 유사시 사용할 수 있도록 한 설비를 말한다.

① 상수도용수설비

② 소화수조 및 저수조 설비

3-5. 소화활동상 필요한 설비

전문 소방대원 또는 소방요원이 화재발생 시 초기진압활동을 원활하게 할 수 있도록 지원해 주는 설비를 말한다.

제연설비

(1) 개요

화재 시 발생한 연기가 피난경로가 되는 복도, 계단전실 및 거실 등에 침입하는 것을 방지하고 거주자를 유해한 연기로부터 보호하여 안전하게 피난시킴과 동시에 소화활동을 원활하게 하기 위한 설비

(2) 종류

① **자연제연방식** : 화재에 의해 발생한 열기류의 부력 또는 외부 바람의 흡출효과에 의해 화재실의 상부에 설치된 창 또는 전용의 배연구로 연기를 옥외로 배출하는 방식

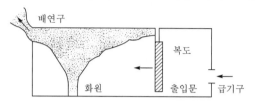

② **기계제연방식** : 송풍기와 배연기를 사용하고 각 배연구획까지 풍도를 설비하여 기계적으로 강제로 제연함으로써 확실하게 설정된 용량을 옥외로 배출하는 제연방식

㉮ **제1종 기계제연방식** : 화재실에 대하여 기계제연을 행하는 동시에 복도나 계단실을 통하여 기계력에 의한 급기를 행하는 방식

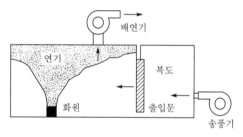

㉯ **제2종 기계제연방식** : 복도, 계단전실, 계단실 등 피난통로로서 주요한 부분은 송풍기에 의해 신선한 공기를 급기하고 그 부분의 압력을 화재실보다도 상대적으로 높여서 연기의 침입을 방지하는 제연방식

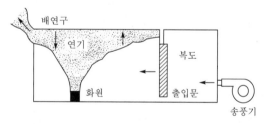

㉰ **제3종 기계제연방식** : 화재로 인하여 발생한 연기를 배연기에 의해 방의 상부로부터 흡입하여 옥외로 배출하는 방식으로, 가장 많이 사용하는 방식

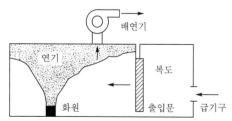

③ **밀폐제연방식** : 밀폐도가 높은 벽이나 문으로 화재실을 밀폐하여 연기의 유출 및 신선한 공기의 유입을 억제하여 방연하는 방식으로, 주로 연립주택이나 호텔 등 구획을 작게 할 수 있는 건물에 적합한 방식

④ **스모크타워(smoke tower)방식** : 제연전용의 샤프트를 설치하고 난방 등에 의한 건물 내, 외의 온도차나 화재에 의한 온도상승에 의해 생긴 부력 및 그 상층부에 설치한 루프 모니터 등의 외풍에 의한 흡입력을 통기력으로 하여 제연하는 방식으로 주로 고층 건물에 적합한 방식

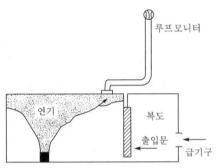

② 연결송수관설비

(1) 개요

고층 빌딩의 화재는 소방차로부터 주수소화가 불가능한 경우가 많기 때문에 소방차와 접속이 가능한 도로변에 송수구를 설치하고 건물 내에 방수구를 설치하여 소방차의 송수구로부터 전용배관에 의해 가압송수할 수 있도록 한 설비

(2) 설비의 종류

① **건식** : 평상시에는 송수관 내에 물을 충진하지 않고 텅빈 상태로 두는 방식으로 화재 시 소방펌프차를 이용하여 송수구로 송수하여 화재를 진압하는 방식

② **습식** : 송수관 내에 물을 채워 두는 방식으로 화재 시 즉시 소화할 수 있는 방식

③ 연결살수설비

지하층 화재의 경우 개구부가 작아 연기가 충만하기 쉽고 소방대의 진입이 용이하지 못하므로 이에 대한 대책으로 일정규모 이상의 지하층 천장면에 스프링클러헤드를 설치하고 지상의 송수구로부터 소방차를 이용하여 송수하는 소화설비

④ 비상콘센트설비

(1) 개요

지상 11층 미만의 건물에 화재가 발생한 경우에는 소방차에 적재된 비상발전설비 등의 소화활동상 필요한 설비로서 화재진압활동이 가능하지만 지상 11층 이상의 층 및 지하 3층 이상에서 화재가 발생한 경우에는 소방차에 의한 전원공급이 원활하지 않아 내화배선으로 비상전원이 공급될 수 있도록 한 고정전원설비를 말한다.

(2) 비상전원의 종류

자가발전설비, 축전지설비, 비상전원전용 수전설비가 있다.

⑤ 무선통신보조설비

(1) 개요

지하에서 화재가 발생한 경우 효과적인 소화활동을 위해 무선통신을 사용하고 있는데, 지하의 특성상 무선연락이 잘 이루어지지 않아 방재센터 또는 지상에서 소화활동을 지휘하는 소방대원과 지하에서 소화활동을 하는 소방대원 간의 원활한 무선통신을 위한 보조설비를 말한다.

(2) 방식의 종류

누설동축케이블방식, 공중선방식이 있다.

⑥ 연소방지설비

(1) 개요

지하구의 연소방지를 위한 것으로 연소방지 전용헤드나 스프링클러헤드를 천장 또는 벽면에 설치하여 지하구의 화재를 방지하는 설비이다.

(2) 설치대상

폭 1.0m 이상, 높이 2m 이상인 전력사업용의 공동구의 길이가 500m 이상이 되는 곳에 설치

PART

4

위험물기능장 필기+실기

안전관리

제1장. 총칙 및 위험물시설의 안전관리

제2장. 위험물의 취급기준

제4편

안전관리

제1장 | 총칙 및 위험물시설의 안전관리

(1) 목적

위험물의 저장 · 취급 및 운반과 이에 따른 안전관리에 관한 사항을 규정함으로써 위험물로 인한 위해를 방지하여 공공의 안전을 확보하기 위함.

(2) 정의

① "위험물"이라 함은 인화성 또는 발화성 등의 성질을 가지는 것으로서 대통령령이 정하는 물품을 말한다.

② "지정수량"이라 함은 위험물의 종류별로 위험성을 고려하여 대통령령이 정하는 수량으로 제조소 등의 설치허가 등에 있어서 최저의 기준이 되는 수량을 말한다.

③ "제조소"라 함은 위험물을 제조할 목적으로 지정수량 이상의 위험물을 취급하기 위하여 규정에 따른 허가를 받은 장소를 말한다.

④ "저장소"라 함은 지정수량 이상의 위험물을 저장하기 위한 대통령령이 정하는 장소로서 규정에 따른 허가를 받은 장소를 말한다.

⑤ "취급소"라 함은 지정수량 이상의 위험물을 제조 외의 목적으로 취급하기 위한 대통령령이 정하는 장소로서 규정에 따른 허가를 받은 장소를 말한다.

⑥ "제조소 등"이라 함은 제조소 · 저장소 및 취급소를 말한다.

(3) 지정수량 미만인 위험물의 저장 · 취급

지정수량 미만인 위험물의 저장 또는 취급에 관한 기술상의 기준은 특별시 · 광역시 · 특별자치시 · 도 및 특별자치도(이하 **"시 · 도"**라 한다.)의 **조례**로 정한다.

(4) 위험물의 저장 및 취급의 제한

① 지정수량 이상의 위험물을 저장소가 아닌 장소에서 저장하거나 제조소 등이 아닌 장소에서 취급하여서는 아니된다.

② **임시로 저장 또는 취급하는 장소에서의 저장 또는 취급의 기준**과 임시로 저장 또는 취급하는 장소의 위치 · 구조 및 설비의 기준은 **시 · 도의 조례**로 정한다.

㉮ 시 · 도의 조례가 정하는 바에 따라 관할소방서장의 승인을 받아 지정수량 이상의 위험물을 **90일 이내의 기간 동안 임시로 저장 또는 취급**하는 경우

㉯ **군부대가 지정수량 이상의 위험물을 군사목적**으로 임시로 저장 또는 취급하는 경우

③ 둘 이상의 위험물을 같은 장소에서 저장 또는 취급하는 경우에 있어서 해당 장소에서 저장 또는 취급하는 각 위험물의 수량을 그 위험물의 지정수량으로 각각 나누어 얻은 수의 합계가 1 이상인 경우 해당 위험물은 지정수량 이상의 위험물로 본다.

(5) 위험물안전관리자

① 제조소 등의 관계인은 제조소 등마다 대통령령이 정하는 위험물의 취급에 관한 자격이 있는 자를 위험물안전관리자로 선임한다.

② 안전관리자를 해임하거나 안전관리자가 퇴직한 때에는 해임하거나 퇴직한 날부터 **30일 이내**에 다시 안전관리자를 선임한다.

③ 안전관리자를 선임한 경우에는 선임한 날부터 **14일 이내**에 소방본부장 또는 소방서장에게 신고한다.

④ 안전관리자를 해임하거나 안전관리자가 퇴직한 경우 관계인 또는 안전관리자는 소방본부장이나 소방서장에게 그 사실을 알려 해임되거나 퇴직한 사실을 확인받을 수 있다.

⑤ 안전관리자를 선임한 제조소 등의 관계인은 안전관리자가 여행 · 질병, 그 밖의 사유로 인하여 일시적으로 직무를 수행할 수 없거나 안전관리자의 해임 또는 퇴직과 동시에 다른 안전관리자를 선임하지 못하는 경우에는 「국가기술자격법」에 따른 위험물의 취급에 관한 자격취득자 또는 위험물안전에 관한 기본지식과 경험이 있는 자로서 행전안전부령이 정하는 자를 대리자(代理者)로 지정하여 그 직무를 대행하게 하여야 한다. 이 경우 대리자가 안전관리자의 직무를 대행하는 기간은 **30일을 초과할 수 없다.**

⑥ 위험물취급자격자의 자격

위험물취급자격자의 구분	취급할 수 있는 위험물
「국가기술자격법」에 따라 위험물기능장, 위험물산업기사, 위험물기능사의 자격을 취득한 사람	위험물안전관리법 시행령 별표 1 의 모든 위험물
안전관리자 교육 이수자(법 제28조 제1항에 따라 소방청장이 실시하는 안전관리자 교육을 이수한 자)	제4류 위험물
소방공무원 경력자(소방공무원으로 근무한 경력이 3년 이상인 자)	

(6) 안전관리자의 책무

① 위험물 취급 작업에 참여하여 해당 작업이 저장 또는 취급에 관한 기술기준과 예방규정에 적합하도록 해당 작업자에 대하여 지시 및 감독하는 업무

② 화재 등의 재난이 발생한 경우 응급조치 및 소방관서 등에 대한 연락 업무

③ 위험물시설의 안전을 담당하는 자를 따로 두는 제조소 등의 경우에는 그 담당자에게 다음의 규정에 의한 업무의 지시, 그 밖의 제조소 등의 경우에는 다음의 규정에 의한 업무

   ㉮ 제조소 등의 위치 · 구조 및 설비를 기술기준에 적합하도록 유지하기 위한 점검과 점검상황의 기록, 보존

   ㉯ 제조소 등의 구조 또는 설비의 이상을 발견한 경우 관계자에 대한 연락 및 응급조치

   ㉰ 화재가 발생하거나 화재발생의 위험성이 현저한 경우 소방관서 등에 대한 연락 및 응급조치

   ㉱ 제조소 등의 계측장치 · 제어장치 및 안전장치 등의 적정한 유지 · 관리

   ㉲ 제조소 등의 위치 · 구조 및 설비에 관한 설계도서 등의 정비 · 보존 및 제조소 등의 구조 및 설비의 안전에 관한 사무의 관리

④ 화재 등의 재해의 방지와 응급조치에 관하여 인접하는 제조소 등과 그 밖에 관련되는 시설의 관계자와 협조체제의 유지

⑤ 위험물 취급에 관한 일지의 작성 · 기록

⑥ 그 밖에 위험물을 수납한 용기를 차량에 적재하는 작업, 위험물 설비를 보수하는 작업 등 위험물의 취급과 관련된 작업의 안전에 관하여 필요한 감독의 수행

(7) 다수의 제조소 등을 설치한 자가 1인의 안전관리자를 중복하여 선임할 수 있는 경우

① 보일러 · 버너 또는 이와 비슷한 것으로서 위험물을 소비하는 장치로 이루어진 7개 이하의 일반취급소와 그 일반취급소에 공급하기 위한 위험물을 저장하는 저장소를 동일인이 설치한 경우

② 위험물을 차량에 고정된 탱크 또는 운반용기에 옮겨 담기 위한 5개 이하의 일반취급소(일반취급소 간의 거리가 300m 이내인 경우에 한한다)와 그 일반취급소에 공급하기 위한 위험물을 저장하는 저장소를 동일인이 설치한 경우

③ 동일 구내에 있거나 상호 100m 이내의 거리에 있는 저장소로서 저장소의 규모, 저장하는 위험물의 종류 등을 고려하여 행정안전부령이 정하는 저장소를 동일인이 설치한 경우

④ 다음의 기준에 모두 적합한 5개 이하의 제조소 등을 동일인이 설치한 경우

   ㉮ 각 제조소 등이 동일 구내에 위치하거나 상호 100m 이내의 거리에 있을 것

   ㉯ 각 제조소 등에서 저장 또는 취급하는 위험물의 최대수량이 지정수량의 3,000배 미만일 것(단, 저장소는 제외)

⑤ 10개 이하의 옥내저장소

ⓖ 30개 이하의 옥외탱크저장소

ⓗ 옥내탱크저장소

ⓘ 지하탱크저장소

ⓙ 간이탱크저장소

ⓚ 10개 이하의 옥외저장소

ⓛ 10개 이하의 암반탱크저장소

(8) 예방 규정을 정하여야 하는 제조소 등

① 지정수량의 **10배 이상**의 위험물을 취급하는 **제조소**

② 지정수량의 **100배 이상**의 위험물을 저장하는 **옥외저장소**

③ 지정수량의 **150배 이상**의 위험물을 저장하는 **옥내저장소**

④ 지정수량의 **200배 이상**을 저장하는 **옥외탱크저장소**

⑤ **암반탱크저장소**

⑥ **이송취급소**

⑦ 지정수량의 **10배 이상**의 위험물을 취급하는 **일반취급소**

[다만, 제4류 위험물(특수 인화물을 제외한다)만을 지정수량의 50배 이하로 취급하는 일반취급소(제1석유류 · 알코올류의 취급량이 지정수량의 10배 이하인 경우에 한한다)로서 다음의 어느 하나에 해당하는 것을 제외]

㉮ 보일러 · 버너 또는 이와 비슷한 것으로서 위험물을 소비하는 장치로 이루어진 일반취급소

㉯ 위험물을 용기에 옮겨 담거나 차량에 고정된 탱크에 주입하는 일반취급소

(9) 예방 규정의 작성내용

① 위험물의 안전관리업무를 담당하는 자의 **직무 및 조직에 관한 사항**

② 안전관리자가 여행 · 질병 등으로 인하여 그 직무를 수행할 수 없을 경우 그 직무의 **대리자에 관한 사항**

③ 자체소방대를 설치하여야 하는 경우에는 **자체소방대의 편성과 화학소방자동차의 배치에 관한 사항**

④ 위험물의 안전에 관계된 작업에 종사하는 자에 대한 **안전 교육 및 훈련에 관한 사항**

⑤ 위험물시설 및 작업장에 대한 **안전순찰**에 관한 사항

⑥ 위험물시설 · 소방시설, 그 밖의 관련시설에 대한 **점검 및 정비**에 관한 사항

⑦ 위험물시설의 **운전 또는 조작**에 관한 사항

⑧ 위험물 취급 **작업의 기준**에 관한 사항

⑨ 이송취급소에 있어서는 배관공사 현장책임자의 조건 등 배관공사 현장에 대한 감독체제에 관한 사항과 배관 주위에 있는 이송취급소시설 외의 공사를 하는 경우 **배관의 안전 확보**에 관한 사항

⑩ 재난, 그 밖의 **비상시의 경우에 취하여야 하는 조치**에 관한 사항

⑪ 위험물의 안전에 관한 **기록에 관한 사항**

⑫ 제조소 등의 위치 · 구조 및 설비를 명시한 **서류와 도면의 정비**에 관한 사항

⑬ 그 밖에 위험물의 안전관리에 관하여 필요한 사항

⑭ 예방규정은 「산업안전보건법」 규정에 의한 안전보건관리규정과 통합하여 작성할 수 있다.

⑮ 예방규정을 제정하거나 변경한 경우에는 예방규정 제출서에 제정 또는 변경한 예방규정 1부를 첨부하여 시 · 도지사 또는 소방서장에게 제출하여야 한다.

(10) 정기점검대상인 제조소 등

① 예방규정을 정하여야 하는 제조소 등

② 지하탱크저장소

③ 이동탱크저장소

④ 제조소(지하탱크) · 주유취급소 또는 일반취급소

(11) 정기점검

① 제조소 등의 관계인은 해당 제조소 등에 대하여 연 1회 이상

② 정기점검 외에 다음에 해당하는 기간 이내에 1회 이상 구조안전점검 실시

　㉮ 제조소 등의 설치허가에 따른 완공검사필증을 교부받은 날부터 12년

　㉯ 최근의 정기검사를 받은 날부터 11년

　㉰ 기술원에 구조안전점검시기 연장신청을 하여 해당 안전조치가 적정한 것으로 인정받은 경우에는 최근의 정기검사를 받은 날부터 13년

(12) 정기검사의 대상인 제조소 등

액체 위험물을 저장 또는 취급하는 50만L 이상의 옥외탱크저장소

(13) 자체소방대 설치대상

다량의 위험물을 저장 · 취급하는 제조소 등에는 해당 사업소에 자체소방대를 설치

① 제4류 위험물을 지정수량의 3천배 이상 취급하는 제조소 또는 일반취급소와 50만배 이상 저장하는 옥외탱크저장소에 설치

※ **자체소방대의 설치제외대상인 일반취급소**

- 보일러, 버너, 그 밖에 이와 유사한 장치로 위험물을 소비하는 일반취급소
- 이동저장탱크, 그 밖에 이와 유사한 것에 위험물을 주입하는 일반취급소
- 용기에 위험물을 옮겨 담는 일반취급소
- 유압장치, 윤활유 순환장치, 그 밖에 이와 유사한 장치로 위험물을 취급하는 일반취급소
- 「광산 보안법」의 적용을 받는 일반취급소

② **자체소방대에 두는 화학소방자동차 및 인원**★★★

사업소의 구분	화학소방 자동차의 수	자체소방 대원의 수
제조소 또는 일반취급소에서 취급하는 제4류 위험물의 최대수량의 합이 지정수량의 3천배 이상 12만배 미만인 사업소	1대	5인
제조소 또는 일반취급소에서 취급하는 제4류 위험물의 최대수량의 합이 지정수량의 12만배 이상 24만배 미만인 사업소	2대	10인
제조소 또는 일반취급소에서 취급하는 제4류 위험물의 최대수량의 합이 지정수량의 24만배 이상 48만배 미만인 사업소	3대	15인
제조소 또는 일반취급소에서 취급하는 제4류 위험물의 최대수량의 합이 지정수량의 48만배 이상인 사업소	4대	20인
옥외탱크저장소에 저장하는 제4류 위험물의 최대수량이 지정수량의 50만배 이상인 사업소	2대	10인

〈 화학소방자동차에 갖추어야 하는 소화능력 및 설비의 기준 〉★★★

화학소방자동차의 구분	소화능력 및 설비의 기준
포수용액 방사차	• 포수용액의 방사능력이 2,000L/분 이상일 것 • 소화약액 탱크 및 소화약액 혼합장치를 비치할 것 • 10만L 이상의 포수용액을 방사할 수 있는 양의 소화약제를 비치할 것
분말 방사차	• 분말의 방사능력이 35kg/초 이상일 것 • 분말탱크 및 가압용 가스설비를 비치할 것 • 1,400kg 이상의 분말을 비치할 것
할로젠화합물 방사차	• 할로젠화합물의 방사능력이 40kg/초 이상일 것 • 할로젠화합물 탱크 및 가압용 가스설비를 비치할 것 • 1,000kg 이상의 할로젠화합물을 비치할 것
이산화탄소 방사차	• 이산화탄소의 방사능력이 40kg/초 이상일 것 • 이산화탄소 저장용기를 비치할 것 • 3,000kg 이상의 이산화탄소를 비치할 것
제독차	가성소다 및 규조토를 각각 50kg 이상 비치할 것

※ 포수용액을 방사하는 화학소방자동차의 대수는 규정에 의한 화학소방자동차의 대수의 3분의 2 이상으로 하여야 한다.

(14) 안전교육 대상자

① 안전관리자로 선임된 자
② 탱크시험자의 기술인력으로 종사하는 자
③ 위험물운송자로 종사하는 자

(15) 배관 등에 대한 비파괴시험 방법

배관 등의 용접부에는 방사선투과시험 또는 영상초음파탐상시험을 실시한다. 다만, 방사선 투과시험 또는 영상초음파탐상시험을 실시하기 곤란한 경우에는 다음의 기준에 따른다.

① 두께가 6mm 이상인 배관에 있어서는 초음파탐상시험 및 자기탐상시험을 실시할 것. 다만, 강자성체 외의 재료로 된 배관에 있어서는 자기탐상시험을 침투탐상시험으로 대체할 수 있다.
② 두께가 6mm 미만인 배관과 초음파탐상시험을 실시하기 곤란한 배관에 있어서는 자기탐상시험을 실시할 것

(16) 배관 등에 대한 관이음 설계기준

① 관이음의 설계는 배관의 설계에 준하는 것 외에 관이음의 **휨특성** 및 **응력집중**을 고려하여 행할 것
② 배관을 분기하는 경우는 미리 제작한 **분기용 관이음** 또는 **분기구조물**을 이용할 것. 이 경우 분기구조물에는 보강판을 부착하는 것을 원칙으로 한다.
③ **분기용 관이음, 분기구조물** 및 **리듀서(reducer)**는 원칙적으로 **이송기지** 또는 **전용부지 내**에 설치할 것

(17) 제조소 등의 변경허가를 받아야 하는 경우

① 제조소 또는 일반취급소
㉮ 제조소 또는 일반취급소의 위치를 이전하는 경우
㉯ 건축물의 벽 · 기둥 · 바닥 · 보 또는 지붕을 증설 또는 철거하는 경우
㉰ 배출설비를 신설하는 경우
㉱ 위험물취급탱크를 신설 · 교체 · 철거 또는 보수(탱크의 본체를 절개하는 경우에 한한다)하는 경우
㉲ 위험물취급탱크의 노즐 또는 맨홀을 신설하는 경우(노즐 또는 맨홀의 직경이 250mm를 초과하는 경우에 한한다)
㉳ 위험물취급탱크 방유제의 높이 또는 방유제 내의 면적을 변경하는 경우
㉴ 위험물취급탱크의 탱크 전용실을 증설 또는 교체하는 경우
㉵ 300m(지상에 설치하지 아니하는 배관의 경우에는 30m)를 초과하는 위험물배관을 신설 · 교체 · 철거 또는 보수(배관을 절개하는 경우에 한한다)하는 경우

    ㉔ 불활성기체의 봉입장치를 신설하는 경우

    ㉕ 누설범위를 국한하기 위한 설비를 신설하는 경우

    ㉖ 냉각장치 또는 보냉장치를 신설하는 경우

    ㉗ 탱크 전용실을 증설 또는 교체하는 경우

    ㉘ 담 또는 토제를 신설 · 철거 또는 이설하는 경우

    ㉙ 온도 및 농도의 상승에 의한 위험한 반응을 방지하기 위한 설비를 신설하는 경우

    ㉚ 철이온 등의 혼입에 의한 위험한 반응을 방지하기 위한 설비를 신설하는 경우

    ㉛ 방화상 유효한 담을 신설 · 철거 또는 이설하는 경우

    ㉜ 위험물의 제조설비 또는 취급설비(펌프설비를 제외한다)를 증설하는 경우

    ㉝ 옥내소화전설비 · 옥외소화전설비 · 스프링클러설비 · 물분무 등 소화설비를 신설 · 교체(배관 · 밸브 · 압력계 · 소화전 본체 · 소화약제탱크 · 포헤드 · 포방출구 등의 교체는 제외한다) 또는 철거하는 경우

    ㉞ 자동화재탐지설비를 신설 또는 철거하는 경우

② 옥내저장소

    ㉮ 건축물의 벽 · 기둥 · 바닥 · 보 또는 지붕을 증설 또는 철거하는 경우

    ㉯ 배출설비를 신설하는 경우

    ㉰ 누설범위를 국한하기 위한 설비를 신설하는 경우

    ㉱ 온도의 상승에 의한 위험한 반응을 방지하기 위한 설비를 신설하는 경우

    ㉲ 담 또는 토제를 신설 · 철거 또는 이설하는 경우

    ㉳ 옥외소화전설비 · 스프링클러설비 · 물분무 등 소화설비를 신설 · 교체(배관 · 밸브 · 압력계 · 소화전 본체 · 소화약제탱크 · 포헤드 · 포방출구 등의 교체는 제외한다) 또는 철거하는 경우

    ㉴ 자동화재탐지설비를 신설 또는 철거하는 경우

③ 옥외탱크저장소

    ㉮ 옥외저장탱크의 위치를 이전하는 경우

    ㉯ 옥외탱크저장소의 기초 · 지반을 정비하는 경우

    ㉰ 별표 6 Ⅱ 제5호에 따른 물분무설비를 신설 또는 철거하는 경우

    ㉱ 주입구의 위치를 이전하거나 신설하는 경우

    ㉲ 300m(지상에 설치하지 아니하는 배관의 경우에는 30m)를 초과하는 위험물배관을 신설 · 교체 · 철거 또는 보수(배관을 절개하는 경우에 한한다)하는 경우

    ㉳ 수조를 교체하는 경우

    ㉴ 방유제(칸막이둑을 포함한다)의 높이 또는 방유제 내의 면적을 변경하는 경우

    ㉵ 옥외저장탱크의 밑판 또는 옆판을 교체하는 경우

㉘ 옥외저장탱크의 노즐 또는 맨홀을 신설하는 경우(노즐 또는 맨홀의 직경이 250mm를 초과하는 경우에 한한다)

㉙ 옥외저장탱크의 밑판 또는 옆판 표면적의 20%를 초과하는 겹침보수공사 또는 육성보수공사를 하는 경우

㉚ 옥외저장탱크의 에뉼러판의 겹침보수공사 또는 육성보수공사를 하는 경우

㉛ 옥외저장탱크의 에뉼러판 또는 밑판이 옆판과 접하는 용접이음부의 겹침보수공사 또는 육성보수공사를 하는 경우(용접길이가 300mm를 초과하는 경우에 한한다)

㉜ 옥외저장탱크의 옆판 또는 밑판(에뉼러판을 포함한다) 용접부의 절개보수공사를 하는 경우

㉝ 옥외저장탱크의 지붕판 표면적 30% 이상을 교체하거나 구조ㆍ재질 또는 두께를 변경하는 경우

㉞ 누설범위를 국한하기 위한 설비를 신설하는 경우

㉟ 냉각장치 또는 보냉장치를 신설하는 경우

㊱ 온도의 상승에 의한 위험한 반응을 방지하기 위한 설비를 신설하는 경우

㊲ 철이온 등의 혼입에 의한 위험한 반응을 방지하기 위한 설비를 신설하는 경우

㊳ 불활성기체의 봉입장치를 신설하는 경우

㊴ 지중탱크의 누액방지판을 교체하는 경우

㊵ 해상탱크의 정치설비를 교체하는 경우

㊶ 물분무 등 소화설비를 신설ㆍ교체(배관ㆍ밸브ㆍ압력계ㆍ소화전 본체ㆍ소화약제탱크ㆍ포헤드ㆍ포방출구 등의 교체는 제외한다) 또는 철거하는 경우

㊷ 자동화재탐지설비를 신설 또는 철거하는 경우

④ 옥내탱크저장소

㉮ 옥내저장탱크의 위치를 이전하는 경우

㉯ 주입구의 위치를 이전하거나 신설하는 경우

㉰ 300m(지상에 설치하지 아니하는 배관의 경우에는 30m)를 초과하는 위험물배관을 신설ㆍ교체ㆍ철거 또는 보수(배관을 절개하는 경우에 한한다)하는 경우

㉱ 옥내저장탱크를 신설ㆍ교체 또는 철거하는 경우

㉲ 옥내저장탱크를 보수(탱크 본체를 절개하는 경우에 한한다)하는 경우

㉳ 옥내저장탱크의 노즐 또는 맨홀을 신설하는 경우(노즐 또는 맨홀의 직경이 250mm를 초과하는 경우에 한한다)

㉴ 건축물의 벽ㆍ기둥ㆍ바닥ㆍ보 또는 지붕을 증설 또는 철거하는 경우

㉵ 배출설비를 신설하는 경우

㉔ 누설범위를 국한하기 위한 설비·냉각장치·보냉장치·온도의 상승에 의한 위험한 반응을 방지하기 위한 설비 또는 철이온 등의 혼입에 의한 위험한 반응을 방지하기 위한 설비를 신설하는 경우

㉕ 불활성기체의 봉입장치를 신설하는 경우

㉖ 물분무 등 소화설비를 신설·교체(배관·밸브·압력계·소화전 본체·소화약제탱크·포헤드·포방출구 등의 교체는 제외한다) 또는 철거하는 경우

㉗ 자동화재탐지설비를 신설 또는 철거하는 경우

⑤ **지하탱크저장소**

㉮ 지하저장탱크의 위치를 이전하는 경우

㉯ 탱크 전용실을 증설 또는 교체하는 경우

㉰ 지하저장탱크를 신설·교체 또는 철거하는 경우

㉱ 지하저장탱크를 보수(탱크 본체를 절개하는 경우에 한한다)하는 경우

㉲ 지하저장탱크의 노즐 또는 맨홀을 신설하는 경우(노즐 또는 맨홀의 직경이 250mm를 초과하는 경우에 한한다)

㉳ 주입구의 위치를 이전하거나 신설하는 경우

㉴ 300m(지상에 설치하지 아니하는 배관의 경우에는 30m)를 초과하는 위험물배관을 신설·교체·철거 또는 보수(배관을 절개하는 경우에 한한다)하는 경우

㉵ 특수 누설 방지구조를 보수하는 경우

㉶ 냉각장치·보냉장치·온도의 상승에 의한 위험한 반응을 방지하기 위한 설비 또는 철이온 등의 혼입에 의한 위험한 반응을 방지하기 위한 설비를 신설하는 경우

㉷ 불활성기체의 봉입장치를 신설하는 경우

㉸ 자동화재탐지설비를 신설 또는 철거하는 경우

㉹ 지하저장탱크의 내부에 탱크를 추가로 설치하거나 철판 등을 이용하여 탱크 내부를 구획하는 경우

⑥ **간이탱크저장소**

㉮ 간이저장탱크의 위치를 이전하는 경우

㉯ 건축물의 벽·기둥·바닥·보 또는 지붕을 증설 또는 철거하는 경우

㉰ 간이저장탱크를 신설·교체 또는 철거하는 경우

㉱ 간이저장탱크를 보수(탱크 본체를 절개하는 경우에 한한다)하는 경우

㉲ 간이저장탱크의 노즐 또는 맨홀을 신설하는 경우(노즐 또는 맨홀의 직경이 250mm를 초과하는 경우에 한한다)

⑦ **이동탱크저장소**

㉮ 상치장소의 위치를 이전하는 경우(같은 사업장 또는 같은 울안에서 이전하는 경우는 제외한다)

㉯ 이동저장탱크를 보수(탱크 본체를 절개하는 경우에 한한다)하는 경우

  ㉰ 이동저장탱크의 노즐 또는 맨홀을 신설하는 경우(노즐 또는 맨홀의 직경이 250mm를 초과하는 경우에 한한다)

  ㉱ 이동저장탱크의 내용적을 변경하기 위하여 구조를 변경하는 경우

  ㉲ 주입설비를 설치 또는 철거하는 경우

  ㉳ 펌프설비를 신설하는 경우

⑧ 옥외저장소

  ㉮ 옥외저장소의 면적을 변경하는 경우

  ㉯ 살수설비 등을 신설 또는 철거하는 경우

  ㉰ 옥외소화전설비 · 스프링클러설비 · 물분무 등 소화설비를 신설 · 교체(배관 · 밸브 · 압력계 · 소화전 본체 · 소화약제탱크 · 포헤드 · 포방출구 등의 교체는 제외한다) 또는 철거하는 경우

⑨ 암반탱크저장소

  ㉮ 암반탱크저장소의 내용적을 변경하는 경우

  ㉯ 암반탱크의 내벽을 정비하는 경우

  ㉰ 배수시설 · 압력계 또는 안전장치를 신설하는 경우

  ㉱ 주입구의 위치를 이전하거나 신설하는 경우

  ㉲ 300m(지상에 설치하지 아니하는 배관의 경우에는 30m)를 초과하는 위험물배관을 신설 · 교체 · 철거 또는 보수(배관을 절개하는 경우에 한한다)하는 경우

  ㉳ 물분무 등 소화설비를 신설 · 교체(배관 · 밸브 · 압력계 · 소화전 본체 · 소화약제탱크 · 포헤드 · 포방출구 등의 교체는 제외한다) 또는 철거하는 경우

  ㉴ 자동화재탐지설비를 신설 또는 철거하는 경우

⑩ 주유취급소

  ㉮ 지하에 매설하는 탱크의 변경 중 다음의 어느 하나에 해당하는 경우

   ㉠ 탱크의 위치를 이전하는 경우

   ㉡ 탱크 전용실을 보수하는 경우

   ㉢ 탱크를 신설 · 교체 또는 철거하는 경우

   ㉣ 탱크를 보수(탱크 본체를 절개하는 경우에 한한다)하는 경우

   ㉤ 탱크의 노즐 또는 맨홀을 신설하는 경우(노즐 또는 맨홀의 직경이 250mm를 초과하는 경우에 한한다)

   ㉥ 특수 누설 방지구조를 보수하는 경우

  ㉯ 옥내에 설치하는 탱크의 변경 중 다음의 어느 하나에 해당하는 경우

   ㉠ 탱크의 위치를 이전하는 경우

   ㉡ 탱크를 신설 · 교체 또는 철거하는 경우

ⓒ 탱크를 보수(탱크 본체를 절개하는 경우에 한한다)하는 경우

ⓓ 탱크의 노즐 또는 맨홀을 신설하는 경우(노즐 또는 맨홀의 직경이 250mm를 초과하는 경우에 한한다)

㉯ 고정주유설비 또는 고정급유설비를 신설 또는 철거하는 경우

㉰ 고정주유설비 또는 고정급유설비의 위치를 이전하는 경우

㉱ 건축물의 벽·기둥·바닥·보 또는 지붕을 증설 또는 철거하는 경우

㉲ 담 또는 캐노피를 신설 또는 철거(유리를 부착하기 위하여 담의 일부를 철거하는 경우를 포함한다)하는 경우

㉳ 주입구의 위치를 이전하거나 신설하는 경우

㉴ 시설과 관계된 공작물(바닥면적이 4m² 이상인 것에 한한다)을 신설 또는 증축하는 경우

㉵ 개질장치(改質裝置), 압축기(壓縮機), 충전설비, 축압기(蓄壓器) 또는 수입설비(受入設備)를 신설하는 경우

㉶ 자동화재탐지설비를 신설 또는 철거하는 경우

㉮ 셀프용이 아닌 고정주유설비를 셀프용 고정주유설비로 변경하는 경우

㉯ 주유취급소 부지의 면적 또는 위치를 변경하는 경우

㉰ 300m(지상에 설치하지 않는 배관의 경우에는 30m)를 초과하는 위험물의 배관을 신설·교체·철거 또는 보수(배관을 자르는 경우만 해당한다)하는 경우

㉱ 탱크의 내부에 탱크를 추가로 설치하거나 철판 등을 이용하여 탱크 내부를 구획하는 경우

⑪ **판매취급소**

㉮ 건축물의 벽·기둥·바닥·보 또는 지붕을 증설 또는 철거하는 경우

㉯ 자동화재탐지설비를 신설 또는 철거하는 경우

⑫ **이송취급소**

㉮ 이송취급소의 위치를 이전하는 경우

㉯ 300m(지상에 설치하지 아니하는 배관의 경우에는 30m)를 초과하는 위험물배관을 신설·교체·철거 또는 보수(배관을 절개하는 경우에 한한다)하는 경우

㉰ 방호구조물을 신설 또는 철거하는 경우

㉱ 누설확산방지조치·운전상태의 감시장치·안전제어장치·압력안전장치·누설검지장치를 신설하는 경우

㉲ 주입구·토출구 또는 펌프설비의 위치를 이전하거나 신설하는 경우

㉳ 옥내소화전설비·옥외소화전설비·스프링클러설비·물분무 등 소화설비를 신설·교체(배관·밸브·압력계·소화전 본체·소화약제탱크·포헤드·포방출구 등의 교체는 제외한다) 또는 철거하는 경우

㉴ 자동화재탐지설비를 신설 또는 철거하는 경우

제2장 | 위험물의 취급기준

(1) 위험물의 취급기준

① 지정수량 이상의 위험물인 경우 : 제조소 등에서 취급
② 지정수량 미만의 위험물인 경우 : 특별시·광역시 및 도의 조례에 의해 취급
③ 지정수량 이상의 위험물을 임시로 저장할 경우 : 관할 소방서장에게 승인 후 90일 이내
④ 제조소 등의 구분 : 제조소

(2) 위험물의 저장 및 취급에 관한 공통기준

① 제조소 등에서는 신고와 관련되는 품명 외의 위험물 또는 이러한 허가 및 신고와 관련되는 수량 또는 지정수량의 배수를 초과하는 위험물을 저장 또는 취급하지 아니하여야 한다.
② 위험물을 저장 또는 취급하는 건축물, 그 밖의 공작물 또는 설비는 해당 위험물의 성질에 따라 **차광** 또는 **환기**를 해야 한다.
③ 위험물은 온도계, 습도계, 압력계, 그 밖의 계기를 감시하여 해당 위험물의 성질에 맞는 적당한 온도, 습도 또는 압력을 유지하도록 저장 또는 취급하여야 한다.
④ 위험물을 저장 또는 취급하는 경우에는 위험물의 변질, 이물의 혼입 등에 의하여 해당 위험물의 위험성이 증대되지 아니하도록 필요한 조치를 강구하여야 한다.
⑤ 위험물이 남아 있거나 남아 있을 우려가 있는 설비, 기계·기구, 용기 등을 수리하는 경우에는 안전한 장소에서 위험물을 완전히 제거한 후에 실시하여야 한다.
⑥ 위험물을 용기에 수납하여 저장 또는 취급할 때에는 그 용기는 해당 위험물의 성질에 적응하고 파손·부식·균열 등이 없는 것으로 하여야 한다.
⑦ 가연성의 액체·증기 또는 가스가 새거나 체류할 우려가 있는 장소 또는 가연성의 미분이 현저하게 부유할 우려가 있는 장소에서는 전선과 전기기구를 완전히 접속하고 **불꽃**을 발하는 기계·기구·공구·신발 등을 사용하지 아니하여야 한다.
⑧ 위험물을 보호액 중에 보존하는 경우에는 해당 위험물이 **보호액**으로부터 **노출**되지 아니하도록 하여야 한다.

(3) 위험물의 유별 저장·취급의 공통기준

① **제1류 위험물**은 가연물과의 접촉·혼합이나 **분해**를 촉진하는 물품과의 접근 또는 **과열**·**충격**·**마찰** 등을 피하는 한편, 알칼리금속의 과산화물 및 이를 함유한 것에 있어서는 **물**과의 접촉을 피하여야 한다.

② **제2류 위험물**은 **산화제**와의 접촉 · 혼합이나 불티 · 불꽃 · 고온체와의 접근 또는 과열을 피하는 한편, 철분 · 금속분 · 마그네슘 및 이를 함유한 것에 있어서는 **물**이나 **산**과의 접촉을 피하고 인화성 고체에 있어서는 함부로 **증기**를 발생시키지 아니하여야 한다.

③ **제3류 위험물** 중 자연발화성 물질에 있어서는 **불티 · 불꽃** 또는 **고온체**와의 접근 · 과열 또는 **공기**와의 접촉을 피하고, 금수성 물질에 있어서는 **물**과의 접촉을 피하여야 한다.

④ **제4류 위험물**은 불티 · 불꽃 · 고온체와의 접근 또는 과열을 피하고, 함부로 **증기**를 발생시키지 아니하여야 한다.

⑤ **제5류 위험물**은 불티 · 불꽃 · 고온체와의 접근이나 **과열 · 충격** 또는 **마찰**을 피하여야 한다.

⑥ **제6류 위험물**은 가연물과의 접촉 · 혼합이나 분해를 촉진하는 물품과의 접근 또는 과열을 피하여야 한다.

(4) 위험물의 저장기준

① 저장소에는 위험물 외의 물품을 저장하지 아니하여야 한다. 다만, 다음에 해당하는 경우에는 그러하지 아니한다(중요기준).

㉮ 옥내저장소 또는 옥외저장소에서 위험물과 위험물이 아닌 물품을 함께 저장하는 경우. 이 경우 위험물과 위험물이 아닌 물품은 각각 모아서 저장하고 상호 간에는 1m 이상의 간격을 두어야 한다.

㉠ 위험물(제2류 위험물 중 인화성 고체와 제4류 위험물을 제외한다)과 영 별표 1에서 해당 위험물이 속하는 품명란에 정한 물품을 주성분으로 함유한 것으로서 위험물에 해당하지 아니하는 물품

㉡ 제2류 위험물 중 인화성 고체와 위험물에 해당하지 아니하는 고체 또는 액체로서 인화점을 갖는 것 또는 합성수지류 또는 이들 중 어느 하나 이상을 주성분으로 함유한 것으로서 위험물에 해당하지 아니하는 물품

㉢ 제4류 위험물과 합성수지류 등 또는 영 별표 1의 제4류의 품명란에 정한 물품을 주성분으로 함유한 것으로서 위험물에 해당하지 아니하는 물품

㉣ 제4류 위험물 중 유기과산화물 또는 이를 함유한 것과 유기과산화물 또는 유기과산화물만을 함유한 것으로서 위험물에 해당하지 아니하는 물품

㉯ 옥외탱크저장소 · 옥내탱크저장소 · 지하탱크저장소 또는 이동탱크저장소(이하 ㉯에서 "옥외탱크저장소 등"이라 한다)에서 해당 옥외탱크저장소 등의 구조 및 설비에 나쁜 영향을 주지 아니하면서 다음에서 정하는 위험물이 아닌 물품을 저장하는 경우

㉠ 제4류 위험물을 저장 또는 취급하는 옥외탱크저장소 등 : 합성수지류 등 또는 영 별표 1의 제4류의 품명란에 정한 물품을 주성분으로 함유한 것으로서 위험물에 해당하지 아니하는 물품 또는 위험물에 해당하지 아니하는 불연성 물품

ⓛ 제6류 위험물을 저장 또는 취급하는 옥외탱크저장소 등 : 영 별표 1의 제6류의 품
명란에 정한 물품을 주성분으로 함유한 것으로서 위험물에 해당하지 아니하는 물
품 또는 위험물에 해당하지 아니하는 불연성 물품

② 유별을 달리하는 위험물은 동일한 저장소(내화구조의 격벽으로 완전히 구획된 실이 2 이상
있는 저장소에 있어서는 동일한 실)에 저장하지 아니하여야 한다. 다만, 옥내저장소 또는
옥외저장소에 있어서 다음의 규정에 의한 위험물을 저장하는 경우로서 위험물을 유별로
정리하여 저장하는 한편, 서로 1m 이상의 간격을 두는 경우에는 그러하지 아니하다.

㉮ 제1류 위험물(알칼리금속의 과산화물 또는 이를 함유한 것을 제외한다)과 제5류 위험
물을 저장하는 경우

㉯ 제1류 위험물과 제6류 위험물을 저장하는 경우

㉰ 제1류 위험물과 제3류 위험물 중 자연발화성 물질(황린 또는 이를 함유한 것에 한한
다)을 저장하는 경우

㉱ 제2류 위험물 중 인화성 고체와 제4류 위험물을 저장하는 경우

㉲ 제3류 위험물 중 알킬알루미늄 등과 제4류 위험물(알킬알루미늄 또는 알킬리튬을 함
유한 것에 한한다)을 저장하는 경우

㉳ 제4류 위험물과 제5류 위험물 중 유기과산화물 또는 이를 함유한 것을 저장하는 경우

③ 제3류 위험물 중 황린, 그 밖에 물속에 저장하는 물품과 금수성 물질은 동일한 저장소에
서 저장하지 아니하여야 한다.

④ 옥내저장소에서 동일 품명의 위험물이더라도 자연발화할 우려가 있는 위험물 또는 재해가
현저하게 증대할 우려가 있는 위험물을 다량 저장하는 경우에는 지정수량의 10배 이하마다
구분하여 상호 간 0.3m 이상의 간격을 두어 저장하여야 한다. 다만, 위험물 또는 기계에
의하여 하역하는 구조로 된 용기에 수납한 위험물에 있어서는 그러하지 아니하다.

★★★
⑤ 옥내저장소에서 위험물을 저장하는 경우에는 다음의 규정에 의한 높이를 초과하여 용기
를 겹쳐 쌓지 아니하여야 한다(옥외저장소에서 위험물을 저장하는 경우에 있어서도 본
규정에 의한 높이를 초과하여 용기를 겹쳐 쌓지 아니하여야 한다).

㉮ **기계에 의하여 하역하는 구조**로 된 용기만을 겹쳐 쌓는 경우에 있어서는 **6m**

㉯ **제4류 위험물 중 제3석유류, 제4석유류 및 동식물유류**를 수납하는 용기만을 겹쳐 쌓는
경우에 있어서는 **4m**

㉰ 그 밖의 경우에 있어서는 **3m**

⑥ 옥내저장소에서는 용기에 수납하여 저장하는 위험물의 온도가 **55℃**를 넘지 아니하도록
필요한 조치를 강구하여야 한다(중요기준).

⑦ 옥외저장탱크 · 옥내저장탱크 또는 지하저장탱크의 주된 밸브(액체의 위험물을 이송하기
위한 배관에 설치된 밸브 중 탱크의 바로 옆에 있는 것을 말한다) 및 주입구의 밸브 또는
뚜껑은 위험물을 넣거나 빼낼 때 외에는 폐쇄하여야 한다.

⑧ 옥외저장탱크 주위에 방유제가 있는 경우에는 그 배수구를 평상시 폐쇄하여 두고, 해당 방유제의 내부에 유류 또는 물이 괴었을 때에는 지체없이 이를 배출하여야 한다.

⑨ 이동저장탱크에는 해당 탱크에 저장 또는 취급하는 위험물의 유별 · 품명 · 최대수량 및 적재중량을 표시하고 잘 보일 수 있도록 관리하여야 한다.

⑩ 이동저장탱크 및 그 안전장치와 그 밖의 부속배관은 균열, 결합불량, 극단적인 변형, 주 입호스의 손상 등에 의한 위험물의 누설이 일어나지 아니하도록 하고, 해당 탱크의 배출 밸브는 사용 시 외에는 완전하게 폐쇄하여야 한다.

⑪ 알킬알루미늄 등을 저장 또는 취급하는 이동탱크저장소에는 긴급 시의 연락처, 응급조치에 관하여 필요한 사항을 기재한 서류, 방호복, 고무장갑, 밸브 등을 죄는 결합공구 및 휴대용 확성기를 비치하여야 한다.

⑫ 옥외저장소에서 위험물을 수납한 용기를 선반에 저장하는 경우에는 6m를 초과하여 저장하지 아니하여야 한다.

⑬ 황을 용기에 수납하지 아니하고 저장하는 옥외저장소에서는 황을 경계표시의 높이 이하로 저장하고, 황이 넘치거나 비산하는 것을 방지할 수 있도록 경계표시 내부의 전체를 난연성 또는 불연성의 천막 등으로 덮고 해당 천막 등을 경계표시에 고정하여야 한다.

⑭ 옥외저장탱크 · 옥내저장탱크 또는 지하저장탱크 중 압력탱크 외의 탱크에 저장하는 다이에 틸에터 또는 아세트알데하이드 등의 온도는 산화프로필렌과 이를 함유한 것 또는 다이에틸에터 등에 있어서는 30℃ 이하로, 아세트알데하이드 또는 이를 함유한 것에 있어서는 15℃ 이하로 각각 유지할 것

⑮ 옥외저장탱크 · 옥내저장탱크 또는 지하저장탱크 중 압력탱크에 저장하는 아세트알데하이드 등 또는 다이에틸에터 등의 온도는 40℃ 이하로 유지할 것

⑯ 보냉장치가 있는 이동저장장치에 저장하는 아세트알데하이드 등 또는 다이에틸에터 등의 온도는 해당 위험물의 비점 이하로 유지할 것

⑰ 보냉장치가 없는 이동저장탱크에 저장하는 아세트알데하이드 등 또는 다이에틸에터 등의 온도는 40℃ 이하로 유지할 것

(5) 위험물 제조과정에서의 취급기준

① **증류공정**에 있어서는 위험물을 취급하는 설비의 **내부압력**의 변동 등에 의하여 액체 또는 증기가 새지 아니하도록 할 것

② **추출공정**에 있어서는 추출관의 **내부압력**이 비정상적으로 상승하지 아니하도록 할 것

③ **건조공정**에 있어서는 위험물의 **온도**가 국부적으로 상승하지 아니하는 방법으로 가열 또는 건조할 것

④ **분쇄공정**에 있어서는 위험물의 분말이 현저하게 부유하고 있거나 위험물의 분말이 현저하게 기계·기구 등에 부착하고 있는 상태로 그 기계·기구를 취급하지 아니할 것

(6) 위험물을 소비하는 작업에 있어서의 취급기준

① **분사도장작업**은 방화상 유효한 격벽 등으로 구획된 안전한 장소에서 실시할 것
② **담금질** 또는 열처리 작업은 위험물이 위험한 온도에 이르지 아니하도록 하여 실시할 것
③ **버너**를 사용하는 경우에는 버너의 역화를 방지하고 위험물이 넘치지 아니하도록 할 것

(7) 주유취급소·판매취급소·이송취급소 또는 이동탱크저장소에서의 위험물의 취급기준

① 자동차 등에 주유할 때에는 고정주유설비를 사용하여 직접 주유할 것
② 자동차 등에 인화점 40℃ 미만의 위험물을 주유할 때에는 자동차 등의 원동기를 정지시킬 것. 다만, 연료탱크에 위험물을 주유하는 동안 방출되는 가연성 증기를 회수하는 설비가 부착된 고정주유설비에 의하여 주유하는 경우에는 그러하지 아니하다.
③ 이동저장탱크에 급유할 때에는 고정급유설비를 사용하여 직접 급유할 것

(8) 위험물 운반에 관한 기준★★★

위험물은 규정에 의한 운반용기의 기준에 따라 수납하여 적재하여야 한다. 다만, 덩어리 상태의 황을 운반하기 위하여 적재하는 경우 또는 위험물을 동일 구내에 있는 제조소 등의 상호 간에 운반하기 위하여 적재하는 경우에는 그러하지 아니하다(중요기준).
① **고체** 위험물은 운반용기 내용적의 **95% 이하의 수납률**로 수납한다.
② **액체** 위험물은 운반용기 내용적의 **98% 이하의 수납률**로 수납하되, 55℃의 온도에서 누설되지 아니하도록 충분한 공간용적을 유지하도록 한다.
③ 제3류 위험물은 다음의 기준에 따라 운반용기에 수납할 것
　㉮ **자연발화성 물질**에 있어서는 불활성기체를 봉입하여 밀봉하는 등 **공기**와 접하지 아니하도록 할 것
　㉯ **자연발화성 물질 외의 물품**에 있어서는 파라핀·경유·등유 등의 **보호액**으로 채워 밀봉하거나 불활성기체를 봉입하여 밀봉하는 등 수분과 접하지 아니하도록 할 것
　㉰ 자연발화성 물질 중 알킬알루미늄 등은 운반용기 내용적의 **90% 이하의 수납률**로 수납하되, **50℃의 온도에서 5% 이상의 공간용적**을 유지하도록 할 것
④ 위험물은 해당 위험물이 전락(轉落)하거나 위험물을 수납한 운반용기가 전도·낙하 또는 파손되지 아니하도록 적재하여야 한다.
⑤ 운반용기는 수납구를 위로 향하게 하여 적재하여야 한다.
⑥ 기계에 의하여 하역하는 구조로 된 운반용기에 대한 수납기준(중요기준)

㉮ 부식, 손상 등 이상이 없으며, 금속제의 운반용기, 경질플라스틱제의 운반용기 또는 플라스틱 내 용기 부착의 운반용기에 있어서는 다음에 정하는 시험 및 점검에서 누설 등 이상이 없을 것

　　㉠ 2년 6개월 이내에 실시한 기밀시험(액체의 위험물 또는 10kPa 이상의 압력을 가하여 수납 또는 배출하는 고체의 위험물을 수납하는 운반용기에 한한다)

　　㉡ 2년 6개월 이내에 실시한 운반용기 외부의 점검·부속설비의 기능점검 및 5년 이내의 사이에 실시한 운반용기 내부의 점검

㉯ 복수의 폐쇄장치가 연속하여 설치되어 있는 운반용기에 위험물을 수납하는 경우에는 용기 본체에 가까운 폐쇄장치를 먼저 폐쇄할 것

㉰ 휘발유, 벤젠, 그 밖의 정전기에 의한 재해가 발생할 우려가 있는 액체의 위험물을 운반용기에 수납 또는 배출할 때에는 해당 재해의 발생을 방지하기 위한 조치를 강구할 것

㉱ 온도변화 등에 의하여 액상이 되는 고체의 위험물은 액상으로 되었을 때 해당 위험물이 새지 아니하는 운반용기에 수납할 것

㉲ 액체 위험물을 수납하는 경우에는 55℃의 온도에서의 증기압이 130kPa 이하가 되도록 수납할 것

㉳ 경질플라스틱제의 운반용기 또는 플라스틱 내 용기 부착의 운반용기에 액체 위험물을 수납하는 경우에는 해당 운반용기는 제조된 때로부터 5년 이내의 것으로 할 것

⑦ **기계에 의하여 하역하는 구조로 된 용기**

고체 및 액체의 위험물을 수납하는 것에 있어서는 규정에서 정하는 기준에 적합할 것. 다만, 운반의 안전상 이러한 기준에 적합한 운반용기와 동등 이상이라고 인정하여 소방청장이 정하여 고시하는 것과 UN의 위험물 운송에 관한 권고(RTDG)에서 정한 기준에 적합한 것으로 인정된 용기에 있어서는 그러하지 아니하다.

㉮ 운반용기는 부식 등의 열화에 대하여 적절히 보호될 것

㉯ 운반용기는 수납하는 위험물의 내압 및 취급 시와 운반 시의 하중에 의하여 해당 용기에 생기는 응력에 대하여 안전할 것

㉰ 운반용기의 부속설비에는 수납하는 위험물이 해당 부속설비로부터 누설되지 아니하도록 하는 조치가 강구되어 있을 것

㉱ 용기 본체가 틀로 둘러싸인 운반용기는 다음의 요건에 적합할 것

　　㉠ 용기 본체는 항상 틀 내에 보호되어 있을 것

　　㉡ 용기 본체는 틀과의 접촉에 의하여 손상을 입을 우려가 없을 것

　　㉢ 운반용기는 용기 본체 또는 틀의 신축 등에 의하여 손상이 생기지 아니할 것

㉲ 하부에 배출구가 있는 운반용기는 다음의 요건에 적합할 것

　　㉠ 배출구에는 개폐위치에 고정할 수 있는 밸브가 설치되어 있을 것

ⓛ 배출을 위한 배관 및 밸브에는 외부로부터의 충격에 의한 손상을 방지하기 위한 조치가 강구되어 있을 것

ⓒ 폐지판 등에 의하여 배출구를 이중으로 밀폐할 수 있는 구조일 것. 다만, 고체의 위험물을 수납하는 운반용기에 있어서는 그러하지 아니하다.

(9) 위험물의 분류 및 표지에 관한 기준

① 목적 : 위험물의 용기에 표시하는 사항을 UN(United Nations, 국제연합, 이하 "UN"이라 한다)에서 규정한 GHS(Globally Harmonized System of Classification and Labelling of Chemicals, 화학물질 분류 및 표지에 관한 세계조화시스템, 이하 "GHS"라 한다)에 따라 표시하기 위한 분류 및 표지 방법을 규정하는 것을 목적으로 한다.

② 유해 위험성의 분류

㉮ 물리적 위험성

구분	특징
폭발성 물질	자체의 화학반응에 의해 주위환경에 손상을 줄 수 있는 온도, 압력과 속도를 가진 가스를 발생시키는 고체·액체 상태의 물질이나 그 혼합물
인화성 가스 (화학적으로 불안정한 가스 포함)	20℃, 표준압력 101.3kPa에서 공기와 혼합하여 인화범위에 있는 가스
에어로졸	에어로졸, 즉 에어로졸 분무기는 재충전을 할 수 없는 용기(금속, 유리 또는 플라스틱 소재)에 가스(압축가스, 액화가스 또는 용해가스)만을 충전하거나 액체, 페이스트 또는 분말과 함께 충전하고, 특정상태(가스에 현탁시킨 고체나 액체 입자 형태나 포, 페이스트, 분말, 액체 또는 가스 상태)로 분사될 수 있도록 방출장치를 한 것
산화성 가스	일반적으로 산소를 공급함으로써 공기와 비교하여 다른 물질의 연소를 더 잘 일으키거나 연소를 돕는 가스
고압가스	200kPa 이상의 게이지압력 상태로 용기에 충전되어 있는 가스 또는 액화되거나 냉동 액화된 가스
인화성 액체	인화점이 93℃ 이하인 액체
인화성 고체	쉽게 연소되거나 마찰에 의해 화재를 일으키거나 화재를 일으킬 수 있는 고체
자기반응성 물질 및 혼합물	열적으로 불안정하여 산소의 공급이 없어도 강렬하게 발열, 분해하기 쉬운 고체·액체 상태의 물질이나 그 혼합물
자연발화성 액체	적은 양으로도 공기와 접촉하여 5분 안에 발화할 수 있는 액체
자연발화성 고체	적은 양으로도 공기와 접촉하여 5분 안에 발화할 수 있는 고체
자기발열성 물질 및 혼합물	자연발화성 물질이 아니면서 주위에서 에너지를 공급받지 않고 공기와 반응하여 스스로 발열하는 고체·액체 상태의 물질이나 그 혼합물

구분	특징
물반응성 물질 및 혼합물	물과 접촉하여 인화성 가스를 방출하는 것으로서 물과의 상호 작용에 의하여 자연발화하거나 인화성 가스의 양이 위험한 수준으로 발생하는 고체 · 액체 상태의 물질이나 그 혼합물
산화성 액체	그 자체로는 연소하지 아니하더라도 일반적으로 산소를 발생시켜 다른 물질을 연소시키거나 연소를 돕는 액체
산화성 고체	그 자체로는 연소하지 아니하더라도 일반적으로 산소를 발생시켜 다른 물질을 연소시키거나 연소를 돕는 고체
유기과산화물	2가의 −O−O− 구조를 가지는 액체나 고체의 유기물질로서 과산화수소의 수소 원자 1개 또는 2개가 유기라디칼로 치환된 과산화수소 유도체
금속부식성 물질 및 혼합물	화학작용으로 금속을 손상시키거나 파괴시키는 물질이나 그 혼합물

㉯ 건강 유해성

구분	특징
급성 독성 물질	입이나 피부를 통해 1회 또는 24시간 이내에 수회로 나누어 투여하거나 4시간 동안 흡입, 노출시켰을 때 유해한 영향을 일으키는 물질
피부 부식성 또는 자극성 물질	최대 4시간 동안 접촉시켰을 때 비가역적인 피부 손상을 일으키는 물질(피부 부식성 물질) 또는 회복 가능한 피부 손상을 일으키는 물질(피부 자극성 물질)
심한 눈 손상 또는 눈 자극성 물질	눈 앞쪽 표면에 접촉시켰을 때 21일 이내에 완전히 회복되지 아니하는 눈 조직 손상을 일으키거나 심한 물리적 시력감퇴를 일으키는 물질(심한 눈 손상 물질) 또는 21일 이내에 완전히 회복 가능한 어떤 변화를 눈에 일으키는 물질(눈 자극성 물질)
호흡기 또는 피부 과민성 물질	호흡을 통하여 노출되어 기도에 과민반응을 일으키거나 피부 접촉을 통하여 알레르기반응을 일으키는 물질
생식세포 변이원성 물질	자손에게 유전될 수 있는 사람의 생식세포에 돌연변이를 일으킬 수 있는 물질
발암성 물질	암을 일으키거나 암의 발생을 증가시키는 물질
생식독성 물질	생식기능, 생식능력 또는 태아 발생, 발육에 유해한 영향을 주는 물질
특정 표적장기 독성 물질 (1회 노출)	1회 노출에 의하여 특이한 비치사적 특정 표적장기 독성을 일으키는 물질
특정 표적장기 독성 물질 (반복 노출)	반복 노출에 의하여 특정 표적장기 독성을 일으키는 물질
흡인 유해성 물질	액체나 고체 화학물질이 입이나 코를 통하여 직접적으로 또는 구토로 인하여 간접적으로 기관 및 더 깊은 호흡기관으로 유입되어 화학폐렴, 다양한 폐 손상이나 사망과 같은 심각한 급성 영향을 일으키는 물질

㉰ 환경 유해성

구분	특징
수생환경 유해성 물질	단기간 또는 장기간 노출에 의하여 물속에 사는 수생생물과 수생생태계에 유해한 영향을 일으키는 물질
오존층에 대한 유해성 물질	오존층을 파괴하는 성질을 가져 몬트리올 의정서 부속서에 등재된 물질이나 이 물질이 0.1% 이상 포함된 혼합물

③ 심벌의 종류 및 심벌에 따른 물리적 위험성

㉮ 심벌의 종류

	불꽃		원 위의 불꽃		폭발하는 폭탄
	부식성		가스 실린더		해골과 X자형 뼈
	감탄부호		환경 유해성		건강 유해성

㉯ 심벌에 따른 물리적 위험성

심벌	물리적 위험성
	2. 인화성 가스 3. 에어로졸 6. 인화성 액체 7. 인화성 고체 8. 자기반응성 물질 및 혼합물 9. 자연발화성 액체 10. 자연발화성 고체 11. 자기발열성 물질 및 혼합물 12. 물반응성 물질 및 혼합물 15. 유기과산화물
	1. 폭발성 물질 8. 자기반응성 물질 및 혼합물 15. 유기과산화물
	16. 금속 부식성 물질

435

심벌	물리적 위험성
	4. 산화성 가스 13. 산화성 액체 14. 산화성 고체
	5. 고압가스(압축가스, 액화가스, 냉동액화가스, 용해가스)

(10) 표지 및 게시판

① 제조소에는 보기 쉬운 곳에 다음의 기준에 따라 "위험물 제조소"라는 표시를 한 표지를 설치하여야 한다.
  ㉮ 표지는 한 변의 길이가 0.3m 이상, 다른 한 변의 길이가 0.6m 이상인 직사각형으로 할 것
  ㉯ 표지의 바탕은 백색으로, 문자는 흑색으로 할 것

② 제조소에는 보기 쉬운 곳에 다음의 기준에 따라 방화에 관하여 필요한 사항을 게시한 게시판을 설치하여야 한다.
  ㉮ 게시판은 한 변의 길이가 0.3m 이상, 다른 한 변의 길이가 0.6m 이상인 직사각형으로 할 것
  ㉯ 게시판에는 저장 또는 취급하는 위험물의 유별·품명 및 저장 최대수량 또는 취급 최대수량, 지정수량의 배수 및 안전관리자의 성명 또는 직명을 기재할 것
  ㉰ ㉯의 게시판의 바탕은 백색으로, 문자는 흑색으로 할 것

③ 제조소 등의 통합표시
  기업활동 규제완화에 관한 특별조치법에 따라 둘 이상의 표시를 하여야 하는 제조소, 저장소(이동탱크저장소 제외) 또는 취급소의 표지 및 게시판은 다음 기준에 따른다.
  ㉮ 표지 및 게시판의 규격

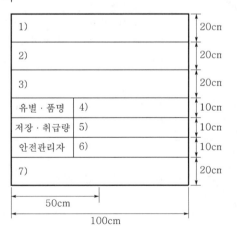

④ 표시방법

      ㉠ 1)란은 위험물안전관리법에 따른 제조소, 취급소 또는 저장소의 구분에 따른 제조소 등의 명칭을 기재할 것

      ㉡ 2)란은 화학물질관리법에 따른 "유해화학물질", 물질명, UN번호 및 그림문자를 기재할 것

      ㉢ 3)란은 산업안전보건법에 따른 안전 · 보건에 관한 사항을 기재할 것

      ㉣ 4)란은 위험물안전관리법에 따른 유별 및 품명을 기재할 것

      ㉤ 5)란은 위험물안전관리법에 따라 허가받은 위험물의 최대저장 · 취급량을 기재할 것

      ㉥ 6)란은 위험물안전관리자, 유해화학물질관리자 및 산업안전관리자의 성명을 기재할 것

      ㉦ 7)란은 규정에 따른 주의사항을 기재할 것

    ④ 문자의 규격은 기재하는 문자의 수에 따라 적당한 크기로 할 것

    ④ 색상

      ㉠ 1)란은 백색바탕에 흑색문자로 할 것

      ㉡ 2) 및 3)란은 기재 사항의 종류에 따라 해당 법령에서 정하는 색상으로 할 것

      ㉢ 4), 5) 및 6)란은 백색바탕에 흑색문자로 할 것

      ㉣ 7)란은 "화기주의" 또는 "화기엄금"은 적색바탕에 백색문자, "물기엄금"은 청색바탕에 백색문자로 할 것

(11) 위험물 적재방법★★★

위험물은 그 운반용기의 외부에 다음에서 정하는 바에 따라 위험물의 품명, 수량 등을 표시하여 적재하여야 한다. 다만, UN의 위험물 운송에 관한 권고(RTDG)에서 정한 기준 또는 소방청장이 정하여 고시하는 기준에 적합한 경우는 제외한다.

① 위험물의 품명 · 위험등급 · 화학명 및 수용성

  ('수용성' 표시는 제4류 위험물로서 수용성인 것에 한한다.)

② 위험물의 수량

③ 수납하는 위험물에 따라 주의사항을 표시한다.

유별	구분	주의사항
제1류 위험물 (산화성 고체)	알칼리금속의 무기과산화물	"화기 · 충격 주의" "물기엄금" "가연물접촉주의"
	그 밖의 것	"화기 · 충격 주의" "가연물접촉주의"

유별	구분	주의사항
제2류 위험물 (가연성 고체)	철분 · 금속분 · 마그네슘	"화기주의" "물기엄금"
	인화성 고체	"화기엄금"
	그 밖의 것	"화기주의"
제3류 위험물 (자연발화성 및 금수성 물질)	자연발화성 물질	"화기엄금" "공기접촉엄금"
	금수성 물질	"물기엄금"
제4류 위험물 (인화성 액체)	－	"화기엄금"
제5류 위험물 (자기반응성 물질)	－	"화기엄금" 및 "충격주의"
제6류 위험물 (산화성 액체)	－	"가연물접촉주의"

④ 적재하는 위험물에 따른 조치사항

차광성이 있는 것으로 피복해야 하는 경우	방수성이 있는 것으로 피복해야 하는 경우
제1류 위험물 제3류 위험물 중 자연발화성 물질 제4류 위험물 중 특수 인화물 제5류 위험물 제6류 위험물	제1류 위험물 중 알칼리금속의 과산화물 제2류 위험물 중 철분, 금속분, 마그네슘 제3류 위험물 중 금수성 물질

⑤ **운반용기 재질** : 금속판, 강판, 삼, 합성섬유, 고무류, 양철판, 짚, 알루미늄판, 종이, 유리, 나무, 플라스틱, 섬유판

⑥ **운반용기**

㉮ 고체 위험물 : 유리 또는 플라스틱 용기 **10L**, 금속제용기 **30L**

㉯ 액체 위험물 : 유리용기 5L 또는 10L, 플라스틱 10L, 금속제용기 30L

⑦ 제4류 위험물에 해당하는 화장품(에어졸을 제외한다)의 운반용기 중 최대용적이 150mL 이하인 것에 대하여는 ① 및 ③ 규정에 의한 표시를 하지 아니할 수 있고, 최대용적이 150mL 초과, 300mL 이하의 것에 대하여는 ①의 규정에 의한 표시를 하지 아니할 수 있으며, ③의 규정에 의한 주의사항을 해당 주의사항과 동일한 의미가 있는 다른 표시로 대신할 수 있다.

⑧ 제4류 위험물에 해당하는 에어졸의 운반용기로서 최대용적이 300mL 이하의 것에 대하여는 규정에 의한 표시를 하지 아니할 수 있으며, 주의사항에 대한 표시를 해당 주의사항과 동일한 의미가 있는 다른 표시로 대신할 수 있다.

⑨ 기계에 의하여 하역하는 구조로 된 운반용기의 외부에 행하는 표시는 다음의 사항을 포함하여야 한다. 다만, 국제해상위험물규칙(IMDG Code)에서 정한 기준 또는 소방청장이 정하여 고시하는 기준에 적합한 표시를 한 경우에는 그러하지 아니하다.

㉮ 운반용기의 제조년월 및 제조자의 명칭

㉯ 겹쳐쌓기 시험하중

㉰ 운반용기의 종류에 따라 다음의 규정에 의한 중량

㉠ 플렉시블 외의 운반용기 : 최대 총 중량(최대 수용중량의 위험물을 수납하였을 경우의 운반용기의 전 중량을 말한다)

㉡ 플렉시블 운반용기 : 최대 수용중량

(12) 유별을 달리하는 위험물의 혼재기준

과산화나트륨과 적린의 혼촉발화

메탄올과 과산화수소의 혼촉발화

위험물의 구분	제1류	제2류	제3류	제4류	제5류	제6류
제1류		×	×	×	×	○
제2류	×		×	○	○	×
제3류	×	×		○	×	×
제4류	×	○	○		○	×
제5류	×	○	×	○		×
제6류	○	×	×	×	×	

(13) 위험물의 운송

① 이동탱크저장소에 의하여 위험물을 운송하는 자(운송책임자 및 이동탱크저장소 수료증 운전자)는 해당 위험물을 취급할 수 있는 국가기술자격자 또는 안전교육을 받은 자이어야 한다.

② 알킬알루미늄, 알킬리튬은 운송책임자의 감독·지원을 받아 운송하여야 함. 운송책임자의 자격은 다음으로 정한다.

㉮ 해당 위험물의 취급에 관한 국가기술자격을 취득하고 관련업무에 1년 이상 종사한 경력이 있는 자

㉯ 위험물의 운송에 관한 안전교육을 수료하고 관련업무에 2년 이상 종사한 경력이 있는 자

③ 위험물운송자는 이동탱크저장소에 의하여 위험물을 운송하는 때에는 행정안전부령으로 정하는 기준을 준수하는 등 해당 위험물의 안전확보를 위하여 세심한 주의를 기울여야 한다.

④ 위험물 또는 위험물을 수납한 용기가 현저하게 마찰 또는 동요를 일으키지 않도록 운반해야 한다.

⑤ 위험물운송자는 운송의 개시 전에 이동저장탱크의 배출밸브 등의 밸브와 폐쇄장치, 맨홀 및 주입구의 뚜껑, 소화기 등의 점검을 충분히 실시할 것

⑥ 위험물운송자는 장거리(**고속국도에 있어서는 340km 이상**, 그 밖의 도로에 있어서는 200km 이상을 말한다)에 걸치는 운송을 하는 때에는 2명 이상의 운전자로 할 것. 다만, 다음의 하나에 해당하는 경우에는 그러하지 아니하다.

㉮ 운송책임자를 동승시킨 경우

㉯ 운송하는 위험물이 제2류 위험물 · 제3류 위험물(칼슘 또는 알루미늄의 탄화물과 이것만을 함유한 것에 한한다) 또는 제4류 위험물(특수 인화물을 제외한다)인 경우

㉰ 운송 도중에 2시간 이내마다 20분 이상씩 휴식하는 경우

⑦ 위험물운송자는 이동탱크저장소를 휴식 · 고장 등으로 일시 정차시킬 때에는 안전한 장소를 택하고 해당 이동탱크저장소의 안전을 위한 감시를 할 수 있는 위치에 있는 등 운송하는 위험물의 안전 확보에 주의할 것

⑧ 위험물운송자는 이동저장탱크로부터 위험물이 현저하게 새는 등 재해발생의 우려가 있는 경우에는 재난을 방지하기 위한 응급조치를 강구하는 동시에 소방관서, 그 밖의 관계기관에 통보할 것

⑨ 위험물(제4류 위험물에 있어서는 특수 인화물 및 제1석유류에 한한다)을 운송하게 하는 자는 위험물 안전카드를 위험물운송자로 하여금 휴대하게 할 것

⑩ 위험물운송자는 위험물 안전카드를 휴대하고 해당 카드에 기재된 내용에 따를 것. 다만 재난, 그 밖의 불가피한 이유가 있는 경우에는 해당 기재된 내용에 따르지 아니할 수 있다.

(14) 위험물 저장탱크의 용량

① 위험물을 저장 또는 취급하는 탱크의 용량은 해당 탱크의 내용적에서 공간용적을 뺀 용적으로 한다. 단, 이동탱크저장소의 탱크인 경우에는 내용적에서 공간용적을 뺀 용적이 자동차관리 관계법령에 의한 최대 적재량 이하이어야 한다.

② 탱크의 **공간용적**

㉮ **일반탱크** : 탱크 내용적의 100분의 5 이상 100분의 10 이하로 한다.

㉯ **소화설비(소화약제 방출구를 탱크 안의 윗부분에 설치하는 것에 한한다)를 설치하는 탱크** : 해당 소화설비의 소화약제 방출구 아래의 0.3미터 이상 1미터 미만 사이의 면으로부터 윗부분의 용적으로 한다.

㉰ **암반탱크** : 해당 탱크 내에 용출하는 7일간의 지하수의 양에 상당하는 용적과 해당탱크의 내용적의 100분의 1의 용적 중에서 보다 큰 용적을 공간용적으로 한다.

③ 탱크의 내용적 계산 방법

　㉮ 타원형 탱크의 내용적

　　㉠ 양쪽이 볼록한 것 : $V = \dfrac{\pi ab}{4}\left[l + \dfrac{l_1 + l_2}{3}\right]$

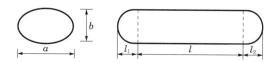

　　㉡ 한쪽이 볼록하고 다른 한쪽은 오목한 것 : $V = \dfrac{\pi ab}{4}\left[l + \dfrac{l_1 - l_2}{3}\right]$

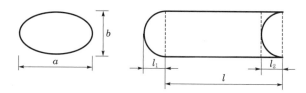

　㉯ 원통형 탱크의 내용적

　　㉠ 가로(수평)로 설치한 것 : $V = \pi r^2\left[l + \dfrac{l_1 + l_2}{3}\right]$

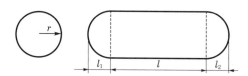

　　㉡ 세로(수직)로 설치한 것 : $V = \pi r^2 l$, 탱크의 지붕 부분(l_2)은 제외

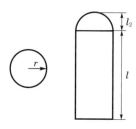

　㉰ 그 밖의 탱크
　　탱크의 형태에 따른 수학적 계산방법에 의한 것

(15) 위험물 지정수량의 배수

$$\text{지정수량 배수의 합} = \frac{\text{A품목 저장수량}}{\text{A품목 지정수량}} + \frac{\text{B품목 저장수량}}{\text{B품목 지정수량}} + \frac{\text{C품목 저장수량}}{\text{C품목 지정수량}} + \cdots$$

위험물기능장 필기+실기

PART

5

위험물안전관리법 규제의 구도

제1장. 제조소 등의 설치 및 후속절차

제2장. 제조소 등의 허가 및 탱크안전성능검사

제5편

위험물안전관리법 규제의 구도

제1장 | 제조소 등의 설치 및 후속절차

(1) 위험물 시설의 설치, 변경 및 폐지

① 제조소 등을 설치하고자 하는 자는 대통령령이 정하는 바에 따라 그 설치장소를 관할하는 특별시장·광역시장·특별자치시장·도지사 또는 특별자치도지사(이하 "시·도지사"라 한다)의 허가를 받아야 한다.

② 제조소 등의 위치·구조 또는 설비의 변경없이 해당 제조소 등에서 저장하거나 취급하는 위험물의 품명·수량 또는 지정수량의 배수를 변경하고자 하는 자는 변경하고자 하는 날**의 1일 전까지 행정안전부령이 정하는 바에 따라 시·도지사에게 신고**하여야 한다.

③ 제조소 등의 설치자의 지위를 승계한 자는 행정안전부령이 정하는 바에 따라 승계한 날부터 **30일 이내에 시·도지사에게 그 사실을 신고**하여야 한다.

④ 제조소 등의 관계인(소유자·점유자 또는 관리자를 말한다. 이하 같다)은 해당 제조소 등의 용도를 폐지(장래에 대하여 위험물시설로서의 기능을 완전히 상실시키는 것을 말한다)한 때에는 행정안전부령이 정하는 바에 따라 제조소 등의 용도를 폐지한 날부터 **14일 이내에 시·도지사에게 신고**하여야 한다.

⑤ 다음에 해당하는 제조소 등의 경우에는 허가를 받지 아니하고 해당 제조소 등을 설치하거나 그 위치·구조 또는 설비를 변경할 수 있으며, 신고를 하지 아니하고 위험물의 품명·수량 또는 지정수량의 배수를 변경할 수 있다.

  ㉮ 주택의 난방시설(공동주택의 중앙난방시설을 제외한다)을 위한 저장소 또는 취급소

  ㉯ 농예용·축산용 또는 수산용으로 필요한 난방시설 또는 건조시설을 위한 지정수량 20배 이하의 저장소

⑥ 시·도지사는 제조소 등의 관계인이 다음에 해당하는 때에는 행정안전부령이 정하는 바에 따라 허가를 취소하거나 6월 이내의 기간을 정하여 제조소 등의 전부 또는 일부의 사용정지를 명할 수 있다.

  ㉮ 규정에 따른 변경허가를 받지 아니하고 제조소 등의 위치·구조 또는 설비를 변경한 때

  ㉯ 완공검사를 받지 아니하고 제조소 등을 사용한 때

  ㉰ 규정에 따른 수리·개조 또는 이전의 명령을 위반한 때

  ㉱ 규정에 따른 위험물 안전관리자를 선임하지 아니한 때

  ㉲ 대리자를 지정하지 아니한 때

445

ⓑ 정기점검을 하지 아니한 때

ⓢ 정기검사를 받지 아니한 때

ⓐ 저장 · 취급 기준 준수명령을 위반한 때

⑦ 시 · 도지사는 제조소 등에 대한 사용의 정지가 그 이용자에게 심한 불편을 주거나 그 밖에 공익을 해칠 우려가 있는 때에는 사용정지 처분에 갈음하여 2억 원 이하의 과징금을 부과할 수 있다.

⑧ 제조소 등은 한국소방산업기술원(이하 "기술원"이라 한다)의 기술검토를 받고 그 결과가 행정안전부령으로 정하는 기준에 적합한 것으로 인정될 것. 다만, 보수 등을 위한 부분적인 변경으로서 소방청장이 정하여 고시하는 사항에 대해서는 기술원의 기술검토를 받지 아니할 수 있으나 행정안전부령으로 정하는 기준에는 적합하여야 한다.

㉮ 지정수량의 1천배 이상의 위험물을 취급하는 제조소 또는 일반취급소 : 구조 · 설비에 관한 사항

㉯ 옥외탱크저장소(저장용량이 50만L 이상인 것만 해당한다) 또는 암반탱크저장소 : 위험물탱크의 기초 · 지반, 탱크 본체 및 소화설비에 관한 사항

⑨ 제조소 등에 대한 행정처분기준

위반사항	행정처분기준		
	1차	2차	3차
(1) 제조소 등의 위치 · 구조 또는 설비를 변경한 때	경고 또는 사용정지 15일	사용정지 60일	허가취소
(2) 완공검사를 받지 아니하고 제조소 등을 사용한 때	사용정지 15일	사용정지 60일	허가취소
(3) 수리 · 개조 또는 이전의 명령에 위반한 때	사용정지 30일	사용정지 90일	허가취소
(4) 위험물 안전관리자를 선임하지 아니한 때	사용정지 15일	사용정지 60일	허가취소
(5) 대리자를 지정하지 아니한 때	사용정지 10일	사용정지 30일	허가취소
(6) 정기점검을 하지 아니한 때	사용정지 10일	사용정지 30일	허가취소
(7) 정기검사를 받지 아니한 때	사용정지 10일	사용정지 30일	허가취소
(8) 저장 · 취급 기준 준수명령을 위반한 때	사용정지 30일	사용정지 60일	허가취소

⑩ 위험물 안전관리 대행기관 지정기준

기술인력	1. 위험물기능장 또는 위험물산업기사 1인 이상 2. 위험물산업기사 또는 위험물기능사 2인 이상 3. 기계분야 및 전기분야의 소방설비기사 1인 이상
시설	전용사무실을 갖출 것

장비	1. 절연저항계 2. 접지저항측정기(최소눈금 0.1Ω 이하) 3. 가스농도측정기 4. 정전기전위측정기 5. 토크렌치 6. 진동시험기 7. 안전밸브시험기 8. 표면온도계(-10~300℃) 9. 두께측정기(1.5~99.9mm) 10. 유량계, 압력계 11. 안전용구(안전모, 안전화, 손전등, 안전로프 등) 12. 소화설비 점검기구(소화전밸브압력계, 방수압력측정계, 포컬렉터, 헤드렌치, 포 컨테이너)

※ 2 이상의 기술인력을 동일인이 겸할 수 없다.

(2) 탱크 시험자가 갖추어야 할 기술장비

① 기술능력

㉮ 필수인력

㉠ 위험물기능장 · 위험물산업기사 또는 위험물기능사 중 1명 이상

㉡ 비파괴검사기술사 1명 이상 또는 방사선비파괴검사 · 초음파비파괴검사 · 자기비파괴검사 및 침투비파괴검사별로 기사 또는 산업기사 각 1명 이상

㉯ 필요한 경우에 두는 인력

㉠ 충 · 수압 시험, 진공시험, 기밀시험 또는 내압시험의 경우 : 누설비파괴검사 기사, 산업기사 또는 기능사

㉡ 수직 · 수평도 시험의 경우 : 측량 및 지형공간정보 기술사, 기사, 산업기사 또는 측량기능사

㉢ 필수인력의 보조 : 방사선비파괴검사 · 초음파비파괴검사 · 자기비파괴검사 또는 침투비파괴검사 기능사

② 시설 : 전용사무실

③ 장비

㉮ 필수장비 : 자기탐상시험기, 초음파두께측정기 및 다음 ㉠ 또는 ㉡ 중 어느 하나

㉠ 영상초음파탐상시험기

㉡ 방사선투과시험기 및 초음파탐상시험기

㉯ 필요한 경우에 두는 장비

㉠ 충 · 수압 시험, 진공시험, 기밀시험 또는 내압시험의 경우

ⓐ 진공능력 53kPa 이상의 진공누설시험기

ⓑ 기밀시험장치(안전장치가 부착된 것으로서 가압능력 200kPa 이상, 감압의 경우에는 감압능력 10kPa 이상 · 감도 10Pa 이하의 것으로서 각각의 압력변화를 스스로 기록할 수 있는 것)

ⓛ 수직 · 수평도 시험의 경우 : 수직 · 수평도측정기

※ 비고 : 둘 이상의 기능을 함께 가지고 있는 장비를 갖춘 경우에는 각각의 장비를 갖춘 것으로 본다.

④ 탱크 시험자가 되고자 하는 자는 대통령령이 정하는 기술능력 · 시설 및 장비를 갖추어 시 · 도지사에게 등록하여야 한다.

⑤ 규정에 따라 등록한 사항 가운데 행정안전부령이 정하는 중요사항을 변경한 경우에는 그 날부터 30일 이내에 시 · 도지사에게 변경신고를 하여야 한다.

(3) 탱크안전성능검사의 대상이 되는 탱크 및 신청시기

① 기초 · 지반 검사	검사대상	옥외탱크저장소의 액체 위험물탱크 중 그 용량이 100만L 이상인 탱크
	신청시기	위험물탱크의 기초 및 지반에 관한 공사의 개시 전
② 충수 · 수압 검사	검사대상	액체 위험물을 저장 또는 취급하는 탱크
	신청시기	위험물을 저장 또는 취급하는 탱크에 배관, 그 밖에 부속설비를 부착하기 전
③ 용접부검사	검사대상	①의 규정에 의한 탱크
	신청시기	탱크 본체에 관한 공사의 개시 전
④ 암반탱크검사	검사대상	액체 위험물을 저장 또는 취급하는 암반 내의 공간을 이용한 탱크
	신청시기	암반탱크의 본체에 관한 공사의 개시 전

(4) 위험물탱크 안전성능시험자 등록결격사유

① 피성년후견인 또는 피한정후견인

②「위험물안전관리법」,「소방기본법」,「소방시설 설치 · 유지 및 안전관리에 관한 법률」 또는 「소방시설공사업법」에 따른 금고 이상의 실형의 선고를 받고 그 집행이 종료(집행이 종료된 것으로 보는 경우를 포함한다)되거나 집행이 면제된 날부터 2년이 지나지 아니한 자

③「위험물안전관리법」,「소방기본법」,「소방시설 설치 · 유지 및 안전관리에 관한 법률」 또는 「소방시설공사업법」에 따른 금고 이상의 형의 집행유예 선고를 받고 그 유예기간 중에 있는 자

④ 탱크 시험자의 등록이 취소된 날부터 2년이 지나지 아니한 자

⑤ 법인으로서 그 대표자가 ① 내지 ②에 해당하는 경우

제2장 | 제조소 등의 허가 및 탱크안전성능검사

(1) 기술검토를 받지 아니하는 변경

① 옥외저장탱크 지붕판(노즐·맨홀 등을 포함한다)의 교체(동일한 형태의 것으로 교체하는 경우에 한한다)

② 옥외저장탱크 옆판(노즐·맨홀 등을 포함한다)의 교체 중 다음의 어느 하나에 해당하는 경우
   ㉮ 최하단 옆판을 교체하는 경우에는 옆판 표면적의 10% 이내의 교체
   ㉯ 최하단 외의 옆판을 교체하는 경우에는 옆판 표면적의 30% 이내의 교체

③ 옥외저장탱크 밑판(옆판의 중심선으로부터 600mm 이내의 밑판에 있어서는 해당 밑판의 원주길이의 10% 미만에 해당하는 밑판에 한한다)의 교체

④ 옥외저장탱크의 밑판 또는 옆판(노즐·맨홀 등을 포함한다)의 정비(밑판 또는 옆판 표면적의 50% 미만의 겹침보수공사 또는 육성보수공사를 포함한다)

⑤ 옥외탱크저장소의 기초·지반의 정비

⑥ 암반탱크의 내벽의 정비

⑦ 제조소 또는 일반취급소의 구조·설비를 변경하는 경우에 변경에 의한 위험물 취급량의 증가가 지정수량의 3천배 미만인 경우

⑧ 한국소방산업기술원이 부분적 변경에 해당한다고 인정하는 경우

(2) 탱크안전성능검사

탱크안전성능검사의 세부기준·방법·절차 및 탱크 시험자 또는 엔지니어링활동주체신고자가 실시하는 탱크안전성능시험에 대한 기술원의 확인 등에 관하여 필요한 사항 및 규정에 따른 지하저장탱크의 기밀시험 및 비파괴시험 등에 관하여 필요한 사항은 다음에 의한다.

① 기밀시험의 방법 및 판정기준
   ㉮ 배관 등을 접속하기 전에 탱크 내부를 비우고 모든 개구부를 완전히 폐쇄한 이후에 실시할 것
   ㉯ 내부 가압은 공기 또는 질소 등의 불활성가스를 사용하며 설계압력(설계 시 최소허용두께 또는 기계적 강도를 결정하기 위한 압력을 말한다. 이하 같다) 이상의 압력으로 서서히 가압할 것
   ㉰ 탱크 본체 접속부 및 용접부 등에 발포제를 고루 도포하였을 때 기포누설 및 영구변형 등의 이상이 없을 것

② 충수 · 수압 시험의 방법 및 판정기준

㉮ 충수 · 수압 시험은 탱크가 완성된 상태에서 배관 등의 접속이나 내 · 외부에 대한 도
    장작업 등을 하기 전에 위험물탱크의 최대사용높이 이상으로 물(물과 비중이 같거나
    물보다 비중이 큰 액체로서 위험물이 아닌 것을 포함한다. 이하 ②에서 같다)을 가득
    채워 실시할 것. 다만, 다음의 어느 하나에 해당하는 경우에는 규정된 방법으로 대신
    할 수 있다.

  ㉠ 에눌러판 또는 밑판의 교체공사 중 옆판의 중심선으로부터 600mm 범위 외의 부
      분에 관련된 것으로서 해당 교체부분이 저부면적(에눌러판 및 밑판의 면적을 말한
      다)의 2의 1 미만인 경우에는 교체부분의 전 용접부에 대하여 초층용접 후 침투탐
      상시험을 하고 용접종료 후 자기탐상시험을 하는 방법

  ㉡ 에눌러판 또는 밑판의 교체공사 중 옆판의 중심선으로부터 600mm 범위 내의 부
      분에 관련된 것으로서 해당 교체부분이 해당 에눌러판 또는 밑판의 원주길이의
      50% 미만인 경우에는 교체부분의 전 용접부에 대하여 초층용접 후 침투탐상시험
      을 하고 용접종료 후 자기탐상시험을 하며 밑판(에눌러판을 포함한다)과 옆판이
      용접되는 필렛용접부(완전용입용접의 경우에 한한다)에는 초음파탐상시험을 하는
      방법

㉯ 보온재가 부착된 탱크의 변경허가에 따른 충수 · 수압 시험의 경우에는 보온재를 해당
    탱크 옆판의 최하단으로부터 20cm 이상 제거하고 시험을 실시할 것

㉰ 충수시험은 탱크에 물이 채워진 상태에서 1,000kL 미만의 탱크는 12시간, 1,000kL
    이상의 탱크는 24시간 이상 경과한 이후에 지반침하가 없고 탱크 본체 접속부 및 용
    접부 등에서 누설, 변형 또는 손상 등의 이상이 없을 것

㉱ 수압시험은 탱크의 모든 개구부를 완전히 폐쇄한 이후에 물을 가득 채우고 최대사용
    압력의 1.5배 이상의 압력을 가하여 10분 이상 경과한 이후에 탱크 본체 · 접속부 및
    용접부 등에서 누설 또는 영구변형 등의 이상이 없을 것. 다만, 규칙에서 시험압력을
    정하고 있는 탱크의 경우에는 해당 압력을 시험압력으로 한다.

㉲ 탱크용량이 1,000kL 이상인 원통 세로형 탱크는 수평도와 수직도를 측정하여 다음의
    기준에 적합할 것

  ㉠ 옆판 최하단의 바깥쪽을 등간격으로 나눈 8개소에 스케일을 세우고 레벨측정기
      등으로 수평도를 측정하였을 때 수평도는 300mm 이내이면서 직경의 1/100 이
      내일 것

  ㉡ 옆판 바깥쪽을 등간격으로 나눈 8개소의 수직도를 세오돌라이트 등으로 측정하였
      을 때 수직도는 탱크 높이의 1/200 이내일 것. 다만, 변경허가에 따른 시험의 경우
      에는 127mm 이내이면서 1/100 이내이어야 한다.

ⓑ 탱크용량이 1,000kL 이상인 원통 세로형 외의 탱크는 ① 내지 ④의 시험 외에 침하량을 측정하기 위하여 모든 기둥의 침하측정의 기준점(수준점)을 측정(기둥이 2개인 경우에는 각 기둥마다 2점을 측정)하여 그 차이를 각각의 기둥 사이의 거리로 나눈 수치가 1/200 이내일 것. 다만, 변경허가에 따른 시험의 경우에는 127mm 이내이면서 1/100 이내이어야 한다.

③ 침투탐상시험의 방법 및 판정기준

　ⓐ 용접부시험 중 침투탐상시험의 방법은 염색침투탐상시험과 형광침투탐상시험 중 적절한 시험방법을 선택하여 시험한다.

　ⓑ 침투탐상시험의 실시범위는 용접부와 모재의 경계선에서 모재쪽으로 모재판 두께의 1/2 이상의 길이를 더한 범위로 한다.

　ⓒ 시험실시 전에 시험범위에 있는 스패터, 슬래그, 스케일, 기름 등의 부착물을 완전히 제거하여 깨끗하게 하고 시험면 및 결함 내에 잔류하는 용제, 수분 등을 충분히 건조시켜야 한다.

　ⓓ 침투탐상시험의 실시방법

　　㉠ 침투액은 시험제품의 시험부위 및 침투액의 종류에 따라 분무, 솔질 등의 방법을 적용하고 침투에 필요한 시간 동안 시험하는 부분의 표면을 침투액으로 적셔 둘 것

　　㉡ 침투처리 후 표면에 부착되어 있는 침투액은 마른 천으로 닦은 후 용제 세정액을 소량 스며들게 한 천으로 완전히 닦아낼 것. 이 경우에 결함 속에 침투되어 있는 침투액을 유출시킬 만큼 많은 세정액을 사용하지 아니하여야 한다.

　　㉢ 잘 저어서 분산시킨 속건식 현상제를 분무상태로 시험면에 분무시켜 시험면 바탕의 소재가 희미하게 투시되어 보일 정도로 얇고 균일하게 도포할 것. 이 경우에 분무노즐과 시험면의 거리는 약 300mm로 한다.

　　㉣ 현상제를 도포하고 10분이 경과한 후에 관찰할 것. 다만, 결함지시모양의 등급분류 시 결함지시모양이 지나치게 확대되어 실제의 결함과 크게 다른 경우에는 현상여건을 감안하여 그 시간을 단축시킬 수 있다.

　　㉤ 고장력강판의 경우 용접 후 24시간이 경과한 후 시험을 실시할 것

　ⓔ **침투탐상시험결과의 판정기준**

　　㉠ **균열**이 확인된 경우에는 **불합격**으로 할 것

　　㉡ 선상 및 원형상의 **결함 크기가 4mm를 초과할 경우에는 불합격**으로 할 것

　　㉢ 2 이상의 결함지시모양이 동일선상에 연속해서 존재하고 그 상호 간의 간격이 2mm 이하인 경우에는 상호 간의 간격을 포함하여 연속된 하나의 결함지시모양으로 간주할 것. 다만, **결함지시모양 중 짧은 쪽의 길이가 2mm 이하이면서 결함지시모양 상호간의 간격 이하인 경우에는 독립된 결함지시모양**으로 한다.

ㄹ) 결함지시모양이 존재하는 임의의 개소에 있어서 **2,500mm²의 사각형**(한 변의 최대 길이는 150mm로 한다) **내에 길이 1mm를 초과**하는 결함지시모양의 길이의 합계가 **8mm를 초과하는 경우**에는 **불합격**으로 할 것

④ 자기탐상시험의 방법 및 판정기준

㉮ 용접부시험 중 자기탐상시험의 실시범위는 용접부와 모재의 경계선에서 모재쪽으로 모재판 두께의 1/2 이상의 길이를 더한 범위로 한다.

㉯ 시험실시 전에 시험범위에 있는 스패터, 슬래그, 스케일, 기름 등의 부착물을 완전히 제거하고 깨끗하게 함과 동시에 시험실시 범위의 온도가 시험에 지장이 없는 온도 범위로 유지되도록 한다.

㉰ 자기탐상시험의 실시방법

ㄱ) 자화장치는 교류전원으로 하며, 시험실시에 지장이 없는 범위로 연속통전이 가능하고 절연성이 좋은 교류 극간식 자화장치를 사용할 것

ㄴ) 검사액 살포기는 자분을 균일하게 분산시킬 수 있고 검사액을 부드럽고 안정적으로 탐상유효범위에 적용시킬 수 있을 것

ㄷ) 자분 및 검사액은 다음에 의할 것

ⓐ 등유, 물 등에 형광자분 또는 비형광자분을 분산시킨 검사액을 사용하며, 검사액 속의 자분 분산농도는 형광자분의 경우에는 0.2g/L 내지 2g/L로, 비형광자분의 경우에는 2g/L 내지 10g/L로 할 것

ⓑ 자분의 분산이 좋지 않은 검사액과 성능이 열화된 검사액을 사용하지 아니할 것

ㄹ) 표준시험편은 다음 중에서 하나를 선택하여 사용할 것

ⓐ A1－7/50(직선형)

ⓑ A1－15/100(직선형)

ⓒ A2－15/50(직선형)

ⓓ A2－30/100(직선형)

ㅁ) 시험범위에 대한 자화장치의 배치는 용접선에 대하여 거의 직각이 되도록 하고 시험면에 평행방향의 자장이 형성되도록 하며, 인접한 탐상유효범위가 서로 중복되도록 할 것

ㅂ) 자분적용에 대한 자화의 시기는 연속법으로 할 것

ㅅ) 자분의 적용은 다음에 의할 것

ⓐ 특별히 인정된 경우를 제외하고는 습식법을 사용할 것

ⓑ 검사액의 적용은 탐상유효범위의 바깥쪽부터 탐상유효범위 전면을 적시도록 할 것

ⓒ 통전시간 중의 검사액의 적용시간은 1단위시험 조작당 3초 이상을 표준으로 할 것

ⓓ 통전시간은 원칙으로 검사액의 적용시작 시부터 그 탐상유효범위 내의 검사액의 유동이 정지할 때까지로 할 것

ⓩ 결함자분모양의 관찰은 다음에 의할 것

　ⓐ 결함자분모양의 관찰은 1단위시험의 조작 시마다 할 것

　ⓑ 결함자분모양이 나타났을 경우에는 결함자분모양을 제거한 후 다시 시험을 하여 결함자분모양이 전 회의 시험결과와 동일하게 검출되는지를 확인할 것

　ⓒ 확인된 결함자분모양 중 유사자분모양은 제외할 것

　ⓓ 결함자분모양과 유사자분모양과의 판별이 곤란한 것은 허용한도 이내에서 표면을 매끄럽게 하고 재시험을 할 것

ⓩ 탐상유효범위의 설정은 다음에 의할 것

　ⓐ 탐상유효범위의 설정은 자화장치, 용접선에 대한 자화장치의 배치, 검사액, 검사액의 적용방법, 검사액의 적용시간 · 통전시간, 탐상유효범위의 자외선 강도 · 가시광선 강도 등의 시험조건 및 실제 시험을 실시할 때의 조건 등을 고려하여 정할 것

　ⓑ 탐상유효범위는 용접선에 홈이 평행 및 직각이 되도록 붙인 A형 표준시험편에 명료한 결함자분모양이 얻어지는 범위로 할 것

　ⓒ 시험개시 전, 시험조건의 변경 시, 시험 중 의문이 발생했을 경우 등 필요한 경우에는 탐상유효범위를 재설정할 것

ⓚ 고장력강판의 경우 용접 후 24시간이 경과한 후 시험을 실시할 것

㉺ **자기탐상시험결과의 판정기준**

ⓐ 균열이 확인된 경우에는 불합격으로 할 것

ⓒ **선상 및 원형상의 결함 크기가 4mm를 초과할 경우에는 불합격**으로 할 것

ⓒ 2 이상의 결함자분모양이 동일선상에 연속해서 존재하고 그 상호 간의 간격이 2mm 이하인 경우에는 상호 간의 간격을 포함하여 연속된 하나의 결함자분모양으로 간주할 것. 다만, **결함자분모양 중 짧은 쪽의 길이가 2mm 이하이면서 결함자분모양 상호 간의 간격 이하인 경우에는 독립된 결함자분모양**으로 한다.

ⓔ 결함자분모양이 존재하는 임의의 개소에 있어서 **2,500mm²의 사각형**(한 변의 최대 길이는 150mm로 한다) **내에 길이 1mm를 초과하는 결함자분모양의 길이의 합계가 8mm를 초과하는 경우**에는 불합격으로 할 것

ⓜ 자기탐상시험결과 결함자분모양이 원형모양이어서 판정이 곤란할 경우는 침투탐상시험에 의하여 판정할 것

⑤ 방사선투과시험의 방법 및 판정기준

㉮ 용접부시험 중 방사선투과시험의 실시범위(이하 "촬영개소"라 한다)는 재질, 판 두께, 용접이음 등에 따라서 다르게 적용할 수 있으며 옆판 용접선의 방사선투과시험의 촬영개소는 다음에 의할 것을 원칙으로 한다.

　㉠ 기본 촬영개소

　　ⓐ 수직이음은 용접사별로 용접한 이음(같은 단의 이음에 한한다. 이하 ⓑ에서 같다)의 30m마다 임의의 위치 2개소(T이음부가 수직이음촬영개소 전체 중 25% 이상 적용되도록 한다)

　　ⓑ 수평이음은 용접사별로 용접한 이음의 60m마다 임의의 위치 2개소

　㉡ 추가 촬영개소

판 두께	최하단	2단 이상의 단
10mm 이하	모든 수직이음의 임의의 위치 1개소	
10mm 초과, 25mm 이하	모든 수직이음의 임의의 위치 2개소 (단, 1개소는 가장 아랫부분으로 한다.)	모든 수직·수평이음의 접합점 및 모든 수직이음의 임의 위치 1개소
25mm 초과	모든 수직이음 100%(온길이)	

※ 수직이음과 수평이음의 접합점 촬영은 수직이음을 주로 한다.

㉯ 구조 변경된 탱크의 옆판 보수 용접이음부는 ㉮의 촬영개소와 함께 보수용접이음과 기존용접이음이 접하는 모든 접합점에 대하여 방사선투과시험을 하며 접합점을 기준으로 기존용접이음의 방향에 대하여 촬영한다. 다만, 밑판 또는 에늘러판과 용접되는 옆판이음부는 자기탐상시험을 할 수 있다.

㉰ 방사선투과시험의 실시방법

　㉠ 방사선투과시험에 사용하는 필름의 크기는 너비 85mm×길이 305mm 또는 너비 114mm×길이 305mm를 원칙으로 하고 초미립자 필름으로 할 것

　㉡ 증감지는 금속박(연박)으로 하고 촬영조건에 따라 가장 적합한 것을 선택할 것

　㉢ 투과사진의 필요조건인 투과도계의 식별 최소선지름, 투과사진의 농도범위, 계조계의 수치는 「강용접 이음부의 방사선투과시험방법」(KS B 0845) 부속서 1의 A급을 적용할 것

　㉣ 방사선투과시험은 피검사부의 재질, 판두께, 용접 조건 등을 고려하여 용접 후 적절한 시간이 경과한 다음에 촬영하고, 고장력강판의 경우 용접 후 24시간이 경과한 후 시험을 실시할 것

㉣ 방사선투과시험 결과의 판정기준

  ㉠ 균열·용입부족 및 융합부족이 없어야 하고 언더 컷의 깊이가 **수직이음에서는 0.4mm, 수평이음에서는 0.8mm 이내일 것**

  ㉡ 기공과 슬래그 또는 이와 유사한 결함에 대해서는 「강용접 이음부의 방사선투과시험방법」(KS B 0845)의 3류 이상을 합격으로 할 것

⑥ 초음파탐상시험의 방법 및 판정기준

 ㉮ 용접부시험 중 초음파탐상시험의 실시범위는 방사선투과시험을 하는 범위로 하며 방사선투과시험 1개소는 초음파탐상시험을 하는 용접선의 길이 300mm와 같다.

 ㉯ 완전용입의 수직이음 및 수평이음의 맞대기 용접부의 초음파탐상시험의 실시방법은 다음에 의한다.

  ㉠ 탐상에 있어서는 경사각법을 적용하고 시험주파수는 5MHz 또는 4MHz를 사용할 것

  ㉡ 탐상감도는 STB-A2를 사용하여 조정하고 결함에코 평가대상은 M검출레벨로 할 것

 ㉰ **초음파탐상시험 결과의 판정기준**

  ㉠ 결함의 평가는 모재의 두께에 따라서 다음 표 1의 A, B 또는 C의 수치로 구분되는 결함지시길이와 다음 표 2의 최대에코높이의 영역에 따라 평가할 것. 다만, 평가할 때 다음에 정한 사항을 고려하여야 한다.

   ⓐ 동일 깊이에 존재한다고 간주되는 2개 이상의 결함지시 상호 간의 간격이 어느 하나의 결함지시길이 이하일 경우에는 이들 2개 이상의 결함지시길이의 합에 결함지시 상호 간의 간격을 더한 것을 결함지시길이로 할 것

   ⓑ ⓐ에 의해서 얻어진 결함지시길이 및 1개 결함의 결함지시길이를 2방향에서 탐상하여 다른 수치가 나온 경우에는 큰 쪽의 수치를 결함지시길이로 할 것

〈 결함지시길이의 구분 〉

결함지시길이의 구분 모재의 두께(mm)	A	B	C
6 이상, 18 이하	6	9	18
18 초과	$t/3$	$t/2$	t

※ t : 모재의 판 두께(판 두께가 다른 맞대기 용접인 경우에는 얇은 쪽의 판 두께)

〈 결함의 평가점 〉

결함지시길이 최대에코높이	A 이하	A 초과 B 이하	B 초과 C 이하	C 초과
Ⅲ영역	1점	2점	3점	4점
Ⅳ영역	2점	3점	4점	4점

    ⓒ 방사선투과시험에 적용되는 3류 이상의 결함으로 규정된 개소에 대해서는 ㉠에 정한 결함의 평가점에 의하여 3점 이하이고 결함이 가장 조밀한 용접부의 길이 300mm당 평가점의 합이 5점 이하인 것을 합격으로 할 것

    ⓒ 방사선투과시험에 적용되는 2류 이상의 결함으로 규정된 개소에 대해서는 ㉠에 정한 결함의 평가점에 의하여 2점 이하이고 결함이 가장 조밀한 용접부의 길이 300mm당 평가점의 합이 4점 이하인 것을 합격으로 할 것

  ㉑ 영상초음파탐상시험 장비를 사용할 경우 기준

   ㉠ 실시방법

    ⓐ 탐상부위는 용접부 및 용접부의 각 양쪽면으로 최소 25mm 또는 모재 두께 중 작은 값을 더하여 열영향부를 포함할 것

    ⓑ 사각빔탐상에 간섭받는 부위를 제외하고 관련된 자료 및 정보 등을 자동으로 기록하는 컴퓨터가 내장된 장비로 수행할 것

    ⓒ 탐촉자의 위치, 움직임 및 구성품의 검사범위 등을 나타내는 시험절차서를 작성할 것. 이 경우 초음파의 주사각도, 방향, 검사대상의 재질, 치수, 시험결과 판정을 위한 표준화되고 재현가능한 방법이 포함되어야 한다.

    ⓓ 얇은 쪽 모재 두께 6mm 이상, 10mm 미만에 대한 영상초음파탐상시험은 다음 추가기준을 만족하여야 한다.

     ■ 시험주파수는 10MHz 이상을 사용할 것. 다만, 모재 재질이 오스테나이트계 스테인리스강인 경우에는 그러하지 아니하다.

     ■ 영상초음파탐상시험 범위의 내외면은 추가적으로 용접종료 후 자기탐상시험을 실시할 것

   ㉡ 결함의 판정기준

    ⓐ 결함의 치수는 해당 결함부위가 완전히 포함되는 직사각형으로 정의하여야 한다. 결함의 길이(l)는 내부압력 유지면과 평행하게 작성하여야 하고 결함의 높이(h)는 내부압력 유지면에 수직으로 작성하여야 한다.

    ⓑ 두께를 관통하는 방향으로 표면과 결함 사이의 공간이 해당 결함 측정높이의 1/2 미만일 경우 이 결함은 표면결함으로 분류하여야 하며, 결함의 높이를 해당 재료의 표면까지 연장하여야 한다.

    ⓒ 최대허용결함길이는 다음 표에서 정하는 길이로 하며, 균열, 용입부족 및 융합부족은 허용하지 아니한다.

용접부의 두께$(t)^{1)}$(mm)	허용결함길이(l)(mm)									
	표면결함$^{2)}$의 높이 h(mm)				표면하결함의 높이 h(mm)					
	1	2	2.5	3	1	2	3	4	5	6
6~10 미만	6	허용하지 않음			6	허용하지 않음				
10~13 미만	8	8	8	4	14	14	5	4	허용하지 않음	
13~19 미만	8	8	8	4	38	38	8	5	4	3
19~25 미만	8	8	8	4	75	75	13	8	6	5
25~32 미만	9	9	8	4	100	100	20	9	8	6
32~40 미만	9	9	8	4	125	125	30	10	8	6
40~44 미만	9	9	8	4	150	150	38	10	9	8

1) t=허용 덧붙임을 제외한 용접부 두께. 용접부에서 두께가 다른 맞대기 용접 이음은 얇은 쪽의 두께이다.

2) 합격된 모든 표면결함은 이 표의 크기 제한 값을 충족시켜야 하며, 추가로 자기탐상시험/침투탐상시험에 대한 추가시험사항을 충족시켜야 한다.

ⓓ 다중결함의 평가

- 인접결합면들 사이의 거리가 13mm 이하일 경우 주로 평면들에 평행한 방향의 불연속 결함들은 단일평면 내에 있는 것으로 간주한다.

- 나란히 배열된 두 결함 사이의 간격이 두 결함 중 긴 길이 또는 높이 미만일 경우 두 결함은 단일결함으로 간주한다.

ⓒ 이 조에서 정하지 아니한 시험 범위, 방법, 절차 또는 신기술을 적용한 검사에 관한 세부적인 사항 등은 기술원장이 정할 수 있다.

⑦ 진공시험의 방법 및 판정기준

㉮ 용접부시험 중 진공시험의 장비기준

㉠ 진공상자는 사용 및 이동이 편리한 크기로 하고 상부면은 검사부위를 관찰할 수 있도록 투명하게 하며 바닥면은 검사면에 밀착될 수 있도록 할 것

㉡ 요구되는 진공은 진공펌프 또는 공기흡출기 등을 이용하여 조성할 것

㉢ 게이지는 0kPa 내지 101kPa의 진공범위를 나타낼 수 있어야 하고 시험하는 동안 시험자가 쉽게 읽을 수 있도록 진공상자에 접속될 것

㉯ 시험실시 전에 시험범위에 있는 스패터·슬래그·스케일·기름 등을 제거하고 시험범위의 표면온도를 5℃ 내지 50℃ 범위로 유지하여야 한다.

㉰ 진공시험의 실시방법

㉠ 기포용액은 진공상자를 시험부에 밀착시키기 전에 검사 부위의 표면에 분무 또는 솔질 등으로 균일하게 도포할 것

㉡ 진공상자는 기포용액이 도포된 부위에 정치하고 상자의 내부는 53kPa 이상의 부압이 걸리도록 할 것

ⓒ 상자 내의 진공상태는 최소한 10초 이상 유지할 것

ⓔ 연속되는 시험에 있어서 진공상자의 인접 시험부위는 최소한 50mm 이상 중첩시킬 것

㉱ 진공시험의 결과 기포생성 등 누설이 확인되는 경우에는 불합격으로 할 것

⑧ **강제 강화 플라스틱제 이중벽탱크의 성능시험**

㉮ 탱크 본체에 대하여 수압시험을 실시하거나 비파괴시험 및 기밀시험을 실시하여 새거나 변형되지 아니할 것. 이 경우 수압시험은 감지관을 설치한 후에 실시하여야 한다.

㉯ 감지층에 20kPa의 공기압을 가하여 10분 동안 유지하였을 때 압력강하가 없을 것

㉰ 제101조의 규정에 따른 이중벽탱크의 구조에 적합할 것

⑨ **강화 플라스틱제 이중벽탱크의 성능시험**

㉮ 기밀시험

ⓐ 감지층에 대하여 다음의 공기압을 5분 동안 가압하는 경우에 누출되거나 파손되지 아니할 것

ⓐ 탱크 직경이 3m 미만인 경우 : 30kPa

ⓑ 탱크 직경이 3m 이상인 경우 : 20kPa

ⓑ 탱크를 정격최대압력 및 정격진공압력으로 24시간 동안 유지한 후 감지층에 대하여 정격최대압력의 2배의 압력과 진공압력(20kPa)을 각각 1분간 가하는 경우에 탱크가 파손되거나 손상되지 아니할 것

ⓒ 탱크 직경과 매설깊이별로 다음 식에 의하여 산출되는 진공압력을 5분 동안 가하는 경우에 탱크가 파손되지 아니할 것

$$V = 9.77 \times \left(\frac{1}{2}D + h \right)$$

여기서, V : 진공압력(kPa)

D : 탱크 직경(m)

h : 매설깊이(m)(매설깊이는 지표면에서 탱크의 상부까지이며, 해당 깊이가 0.9m 미만인 경우에는 0.9m로 한다)

㉯ 수압시험

ⓐ 다음의 규정에 따른 수압을 1분 동안 탱크 내부에 가하는 경우에 파손되지 아니하고 내압력을 지탱할 것

ⓐ 탱크 직경이 3m 미만인 경우 : 0.17MPa

ⓑ 탱크 직경이 3m 이상인 경우 : 0.1MPa

ⓑ 빈 탱크를 시험용 도크(dock)에 적절히 고정하고 탱크 윗부분이 수면으로부터 0.9m 이상 잠기도록 물을 채워 24시간 동안 유지한 후 1분 동안 탱크 내부에 20kPa의 진공압력을 작용시키는 경우에 파열 또는 손상이 없을 것

㉱ 개구부의 강도시험

　　㉠ 개구부의 크기에 따라 다음 표의 토크의 힘을 가하는 경우 균열 또는 파열이 없어야 하며 나사산 등이 손상되지 아니할 것

호칭구경(mm)	토크(N·m)	호칭구경(mm)	토크(N·m)
$20\left(\dfrac{3}{4}\right)$	226	80(3)	407
25(1)	271	$90\left(3\dfrac{1}{2}\right)$	418
$32\left(1\dfrac{1}{4}\right)$	328	100(4)	429
$40\left(1\dfrac{1}{2}\right)$	350	150(6)	475
50(2)	373	200(8)	520
$65\left(2\dfrac{1}{2}\right)$	395	—	—

※ 호칭구경 중 괄호 안의 수치는 인치(inch) 단위의 호칭구경을 표시한다.

　　㉡ 개구부에 길이 1.2m인 스케줄 40의 강철제 파이프를 연결하여 굽힘모멘트를 339N·m씩 증가시켜 2,712N·m까지 다음과 같이 작용시키는 경우 개구부와 탱크 사이의 체결이 손상되지 아니할 것

　　　　ⓐ 원통형 탱크의 경우 굽힘모멘트를 수평축에 평행한 방향과 직각방향으로 파이프 상부에 작용시킬 것

　　　　ⓑ 구형 탱크의 경우 굽힘모멘트를 임의의 한쪽방향과 그 방향의 직각방향으로 파이프 상부에 작용시킬 것

　　㉢ ㉠ 및 ㉡의 규정에 따른 시험을 한 후에 ㉺의 ㉠ 규정에 따른 기밀시험을 실시하여 이상이 없을 것

㉲ 운반용 고리의 강도시험

　　㉠ 빈 탱크를 들어올리는 데 가해지는 하중의 2배의 하중을 1초 동안 운반고리에 가하여 탱크와 운반고리 접합부가 손상되지 아니할 것

　　㉡ ㉠의 규정에 따른 시험을 한 후에 ㉺의 ㉠ 규정에 따른 기밀시험을 실시하여 이상이 없을 것

㉳ 충수시험

　　탱크를 모래베드에 놓고 직경의 $\dfrac{1}{8}$ 높이까지 모래로 매립한 다음 물을 최대용량만큼 채운 후 1시간 동안 유지하였을 때 탱크에 누설이 없을 것

ⓑ 재료시험

강화 플라스틱제 이중벽탱크에 사용되는 강화 플라스틱은 다음의 시험기준에 적합할 것. 다만, 강화 플라스틱제 이중벽탱크에 사용되는 강화 플라스틱이 국제적으로 공인된 규격(KS, UL, FM, JIS 등)에 적합한 것으로 관련공인기관으로부터 인증을 받은 경우에는 서류심사와 재료의 동일성을 확인하는 것으로 이 규정에 따른 재료시험의 전부 또는 일부를 면제할 수 있다.

ⓐ 열화시험 : 3개 이상의 시편을 70℃의 항온조에 각각 30일, 90일 및 180일간 유지한 후 「플라스틱 및 기타 전기절연재료의 충격저항시험방법」(KS C 2128)의 시험방법 A(아이조드형)를 적용하는 충격강도와 「섬유 강화 플라스틱 복합재료 – 굴곡 물성의 측정」(KS M ISO 14125)에서 정하는 휨강도와 휨탄성률을 측정하여 초기상태 측정치의 80% 이상의 수치를 가질 것

ⓑ 침지시험 : 탱크에 저장되는 위험물별로 법령에서 정한 내화학성 시험용 액체를 만들고 그 액체를 38℃로 유지한 상태에서 시편을 180일 동안 침지시킨 후 「플라스틱 및 기타 전기절연재료의 충격저항시험방법」(KS C 2128)의 시험방법 A(아이조드형)를 적용하는 충격강도와 「섬유 강화 플라스틱 복합재료 – 굴곡 물성의 측정」(KS M ISO 14125)에서 정하는 휨강도와 휨탄성률을 측정하여 Type A에 침지하였던 시편은 균열 · 파열 · 연화 등의 손상이 없고 초기상태 측정치의 50% 이상의 수치를 가져야 하며, Type B에 침지하였던 시편은 초기상태 측정치의 30% 이상의 수치를 가질 것

⑩ 강제 강화 플라스틱제 이중벽탱크의 누설감지설비의 기준

㉮ 누설된 위험물을 감지할 수 있는 설비기준

ⓐ 누설감지설비는 탱크 본체의 손상 등에 의하여 감지층에 위험물이 누설되거나 강화 플라스틱 등의 손상 등에 의하여 지하수가 감지층에 침투하는 현상을 감지하기 위하여 감지층에 접속하는 검지관에 설치된 센서 및 해당 센서가 작동한 경우에 경보를 발생하는 장치로 구성되도록 할 것

ⓑ 경보표시장치는 관계인이 상시 쉽게 감시하고 이상상태를 인지할 수 있는 위치에 설치할 것

ⓒ 감지층에 누설된 위험물 등을 감지하기 위한 센서는 **액체플로트센서** 또는 **액면계** 등으로 하고, 검지관 내로 누설된 위험물 등의 수위가 **3cm** 이상인 경우에 감지할 수 있는 성능 또는 누설량이 **1L** 이상인 경우에 감지할 수 있는 성능이 있을 것

ⓓ 누설감지설비는 센서가 누설된 위험물 등을 감지한 경우에 경보신호(경보음 및 경보표시)를 발하는 것으로 하되, 해당 경보신호가 쉽게 정지될 수 없는 구조로 하고 경보음은 **80dB** 이상으로 할 것

ⓐ 누설감지설비는 상기 규정에 따른 성능을 갖도록 이중벽탱크에 부착할 것. 다만, 탱크 제작지에서 탱크매설장소로 운반하는 과정 또는 매설 등의 공사작업 시 누설감지설비의 손상이 우려되거나 탱크매설현장에서 부착하는 구조의 누설감지설비는 그러하지 아니하다.

⑪ **강제 강화 플라스틱제 이중벽탱크의 운반 및 설치기준**

    ㉮ 운반 또는 이동하는 경우에 있어서 강화 플라스틱 등이 손상되지 아니하도록 할 것

    ㉯ 탱크의 외면이 접촉하는 기초대, 고정밴드 등의 부분에는 완충재(두께 10mm 정도의 고무제 시트 등)를 끼워 넣어 접촉면을 보호할 것

    ㉰ 탱크를 기초대에 올리고 고정밴드 등으로 고정한 후 해당 탱크의 감지층을 20kPa 정도로 가압한 상태로 10분 이상 유지하여 압력강하가 없는 것을 확인할 것

    ㉱ 탱크를 지면 밑에 매설하는 경우에 있어서 돌덩어리, 유해한 유기물 등을 함유하지 않은 모래를 사용하고, 강화 플라스틱 등의 피복에 손상을 주지 아니하도록 작업을 할 것

    ㉲ 탱크를 매설한 사람은 매설종료 후 해당 탱크의 감지층을 20kPa 정도로 가압 또는 감압한 상태로 10분 이상 유지하여 압력강하 또는 압력상승이 없는 것을 설치자의 입회 하에 확인할 것. 다만, 해당 탱크의 감지층을 감압한 상태에서 운반한 경우에는 감압 상태가 유지되어 있는 것을 확인하는 것으로 갈음할 수 있다.

    ㉳ 탱크 설치과정표를 기록하고 보관할 것

    ㉴ 기타 탱크제조자가 제공하는 설치지침에 의하여 작업을 할 것

PART

6

위험물기능장 필기+실기

공업경영

제6편

공업경영

제1장 | 품질관리

1-1. 통계적 방법의 기초

① 기술통계학

자료를 그림표 또는 수치를 통해서 요약하여 중심위치나 산포도를 구하는 방법론
예 평균, 분산 등

② 추측통계학

자료에 내포되어 있는 일부 정보를 분석하여 전체 사실에 대한 추론을 하는 방법론
예 국회의원 선거, 날씨 예보 등

1-2. 자료 수집

① 자료란

관심의 대상이 되는 실제 값의 집합

② 자료 종류

(1) 도수분포표

같은 분류 또는 수치끼리 정리하여 분석하고자 하는 사람이 자료 자체의 기본적 특성이나 구조를 쉽게 파악

① 도수분포표 작성순서

㉮ 구간의 수 결정 : 관측자료의 수에 따라 결정되어야 하나 보통 5 이상, 15 미만의 적당
   한 구간 수를 정한다.

㉯ 구간의 크기 결정 : 구간의 수가 결정되면 구간의 크기는 다음과 같은 식에 의하여 결
   정한다.

$$구간의\ 크기 = \frac{(자료의\ 최댓값 - 자료의\ 최솟값)}{구간의\ 수}$$

㉰ 각 구간에 속하는 관측자료의 수를 세어 도수를 구한다.

(2) 막대그래프

자료를 명확하게 시각적으로 파악할 때 유용함

(3) 히스토그램

자료를 여러 개의 구간으로 나누고 각 구간에 속하는 사례 수를 표시

(4) 꺾은선그래프

시간경과에 따른 추이를 나타낼 때 많이 사용

(5) 원형그래프

전체 중에서 차지하는 각각의 분담률 비교 가능

(6) 방사선그래프

수치를 비교해서 종합적인 우열을 판단할 때 유용함

❸ 자료 요약

(1) 중심위치

주어진 자료가 어느 위치를 중심으로 집중되어 있는가를 나타낸다.

① **산술평균** : 산술평균은 중심위치를 나타내는 데 가장 많이 사용된다.

$$\overline{X} = \frac{1}{N}(X_1 + X_2 + \cdots + X_N) = \frac{1}{N}\sum_{i=1}^{N} X_i$$

② **가중평균** : 주어진 자료에 대한 비중이 다른 경우 사용

$$\overline{X_w} = \frac{\displaystyle\sum_{i=1}^{N} w_i X_i}{\displaystyle\sum_{i=1}^{N} w_i}$$

여기서, w_i : i번째 자료의 가중치

(2) 산포도

개개의 자료가 중심위치에서 얼만큼 떨어져 있는가를 측정하는 것

① **평균절대편차** : 편차(deviation)란 측정치가 평균을 중심으로 떨어져 있는 거리를 말하며, 평균절대편차란 이 편차들의 절대값을 모두 합한 다음에 총 측정치로 나눈 값을 말한다.

$$MAD = \frac{\displaystyle\sum_{i=1}^{N} |X_i - \overline{X}|}{N}$$

② **분산과 표준편차** : 분산은 각 편차제곱의 합을 관찰치의 수로 나눈 값이다. 분산은 0에 가까울수록 자료들이 중심위치에 몰려 있음을 의미한다.

㉮ 분산(Variable)

$$분산(V) = \frac{\displaystyle\sum_{i=1}^{N} (X_i - \overline{X})^2}{N}$$

㉯ 표준편차(standard deviation) : 분산은 측정단위를 제곱하게 되므로 원래 자료와 큰 차이가 있게 된다. 그러므로 분산의 제곱근을 구하는데 이것을 표준편차라 한다.

$$표준편차(s) = \sqrt{\frac{\displaystyle\sum_{i=1}^{N} (X_i - \overline{X})^2}{N}}$$

1-3. 샘플링 검사

로트로부터 시료를 뽑아내어 시험하고, 그 결과를 판정기준과 비교하여 그 로트의 합격, 불합격을 판정하는 검사를 말한다. 로트의 크기와 시료의 크기와의 관계, 시료의 샘플링방법, 판정기준 등은 경제성을 고려하여 통계적 방법에 의하여 결정한다.

모집단으로부터 기본단위들을 추출하여 표본을 구성하는 표본추출의 기본적 과정은 객관적이며 임의성을 가지고 추출되어야 하는데 이러한 방법을 확률추출이라고 하고, 확률추출에 의해 추출된 표본을 확률표본이라고 한다.

확률표본은 모집단의 일부로 구성되기 때문에 표본의 결과가 모집단의 결과와 반드시 일치하지는 않는다. 즉, 모수 θ의 추정량을 $\hat{\theta}$이라 할 때, $\hat{\theta}$의 편의(bias)를 $B(\hat{\theta})$라 하면

$$B(\hat{\theta}) = E(\hat{\theta}) - \theta$$

이며, 이는 추정량의 기댓값과 모수의 차이를 의미한다.

따라서 표본으로부터 구한 결과들은 어느 정도의 허용오차를 가지고 그 결과를 해석하게 되는데 이러한 허용오차를 정도(precision)라 하고 이는 주어진 표본 크기 n과 신뢰도를 가지고 반복, 추출함으로써 얻어지는 추정량과 모수 간의 최대변동으로 다음과 같이 계산한다.

정도 = 신뢰계수 × 표준오차

특히 모평균을 추정하기 위한 정도는 다음과 같이 구할 수 있다.

$$d = z \cdot \sigma_{\bar{x}} = z \cdot \frac{\sigma}{\sqrt{n}}$$

 샘플링 검사의 종류

일반적으로 통계 조사는 크게 나누어 볼 때 전수 조사와 표본 조사로 나눌 수 있다.

전수 조사란 검사로트 내의 검사단위 모두를 하나하나 검사하여 합격, 불합격 판정을 내리는 것으로 일명 100% 검사라고도 한다. 로트별 샘플링 검사는 한 로트의 물품 중에서 발취한 시료를 조사하고 그 결과를 판정기준과 비교하여 그 로트의 합격여부를 결정하는 검사를 말한다. 이와 같은 샘플링 검사의 종류로는 다음과 같은 것이 있다.

(1) 규준형 샘플링 검사

공급자에 대한 보호와 구입자에 대한 보호의 정도를 각각 규정하여 공급자와 구입자의 요구가 만족되도록 설정되어 있는 것이 특징이다. 즉, OC곡선상의 불량률 P_0, 평균치 m_0와 같은 좋은 품질의 로트가 샘플링 검사에서 불합격될 확률 α(이것을 생산자 위험이라 함)를 일정한 작은 값(보통 $\alpha = 0.05$)으로 정하여 공급자를 보호하고, 불량률 P_1이나 평균치 m_1과 같은 나쁜 품질의 로트가 합격될 확률 β(이것을 소비자 위험이라 함)를 일정한 작은 값(보통 $\beta = 0.10$)으로 정하여 구입자를 보호하는 검사방식이다.

(2) 조정형 샘플링 검사

물품의 구입이 연속적으로 행해지고 그 로트품질에 의하여 구입자측에서 샘플링 검사를 수월하게 하거나 까다롭게 조정하는 기준이 정해져 있는 검사방식이다.

일반적으로 구입자가 합격으로 할 최저한의 로트품질 즉, 합격품질수준(AQL ; Acceptable Quality Level)을 정하여 이 수준보다 좋은 품질의 로트를 제출하는 한 모두 합격시킬 것을 공급자에게 보증한다.

구입자는 보통 조정의 단계로서 수월한 검사, 보통 검사, 까다로운 검사 등 3단계를 사용한다. 구입자는 검사결과로부터 공급자의 공정평균품질을 요구되는 품질과 비교하여 공정평균품질이 AQL보다 확실히 좋다고 판단되는 공급자에 대해서는 수월한 검사를 적용하고 이와 반대로 공정평균품질이 AQL보다 확실히 나쁘다고 판단되는 공급자에 대해서는 까다로운 검사를 적용한다. 이러한 검사의 엄격도 조정이라는 수단에 의해서 공급자에게 품질 향상의 자극을 촉진시킨다.

(3) 선별형 샘플링 검사

샘플링 검사에서 시료의 불량 개수가 합격판정 개수보다 많은 경우에 로트를 불합격시켜 불합격된 로트에 대해서 전수 검사를 적용하는 검사방식이다.

이러한 형태의 샘플링 검사에서는 전수 선별한 로트는 불량품이 제거되어 양품과 교체되므로 검사를 받고 난 로트 전체의 평균불량률은 검사를 받기 이전의 불량률보다 낮아지게 된다.

(4) 연속생산형 샘플링 검사

연속생산을 하는 공정에서 로트를 구분하지 않고 적용할 수 있는 샘플링 검사방식이다.

연속생산형 샘플링 검사방식에는 ① 각개 검사(전수 검사)로부터 시작하여 품질이 양호하면 일부 검사로 넘어가는 방식과, ② 일부 검사로부터 시작하여 품질이 나빠지면 각개 검사로 넘어가는 방식이 있다.

표본추출법의 분류

(1) 층화추출

모집단 내의 상이하고 이질적인 원소들을 중복되지 않도록 동질적이고 유사한 원소들로 묶은 여러 개의 부모집단으로 나누어 층(strata)을 형성하여 각층으로부터 단순임의추출에 의해 표본을 추출하는 방법을 층화추출법이라 한다.

① **모평균의 추정** : 여기에서 사용되는 기호는 다음과 같다.

L : 층의 수

N_i : i번째 층의 크기

$\overline{y}_i$: i번째 층의 표본평균

n_i : 층 i의 표본크기

μ_i : 층 i의 모평균

$\overline{y}_{st}$: 층화 표본평균

㉮ 모평균 μ의 추정량

$$\overline{y}_{st} = \frac{1}{N}[N_1\overline{y}_1 + N_2\overline{y}_2 + \cdots + N_L\overline{y}_L] = \frac{1}{N}\sum_{i=1}^{L} N_i\overline{y}_i$$

㉯ $\overline{y}_{st}$의 분산 추정량

$$\begin{aligned}\widehat{V}(\overline{y}_{st}) &= \frac{1}{N^2}[N_1^2\widehat{V}(\overline{y}_1) + N_2^2\widehat{V}(\overline{y}_2) + \cdots + N_L^2\widehat{V}(\overline{y}_L)] \\ &= \frac{1}{N^2}\left[N_1^2\left(\frac{N_1-n_1}{N_1}\right)\left(\frac{s_1^2}{n_2}\right) + \cdots + N_L^2\left(\frac{N_L-n_L}{N_L}\right)\left(\frac{s_L^2}{n_L}\right)\right] \\ &= \frac{1}{N^2}\sum_{i=1}^{L} N_i^2\left(\frac{N_i-n_i}{N_i}\right)\left(\frac{s_i^2}{n_i}\right)\end{aligned}$$

㉰ 추정오차의 한계

$$2\sqrt{\widehat{V}(\overline{y}_{st})} = 2\sqrt{\frac{1}{N^2}\sum_{i=1}^{L} N_i^2\left(\frac{N_i-n_i}{N_i}\right)\left(\frac{s_i^2}{n_i}\right)}$$

② **모평균 추정을 위한 표본 크기 결정**

$$2\sqrt{V(\overline{y}_{st})} = B \text{이므로} \quad n = \frac{\displaystyle\sum_{i=1}^{L} N_i^2\sigma_i^2/w_i}{N^2D + \displaystyle\sum_{i=1}^{L} N_i\sigma_i^2}$$

여기서, w_i : i층에 배정된 관측값의 비율

σ_i^2 : 층 i의 모분산

$D = B^{2/4}$

③ **표본 배정** : 표본설계의 목적은 가능한 적은 비용으로 작은 분산을 갖는 추정량을 제공하는 것이다. 표본 크기 n을 선택한 후에 각층의 표본 크기 $n_1, n_2, \cdots, n_L$을 최소의 비용으로 특정한 양의 정보를 주도록 배정해야 한다.

또한 최적배정을 하기 위해서는 첫째 각층의 총 원소의 수, 둘째 각층 내의 관찰값의 변이성, 셋째 각층으로부터 관찰값을 얻는 데 드는 비용을 고려해야 한다.

㉮ 최적배정 : 분산 고정하에 비용을 최소화하거나 비용 고정하에 분산을 최소화하기 위한 표본 배정이며 다음과 같다.

$$n_i = n\left(\frac{N_i\sigma_i\sqrt{c_i}}{N_1\sigma_1/\sqrt{c_i} + N_2\sigma_2/\sqrt{c_2} + \cdots + N_L\sigma_L/\sqrt{c_L}}\right) = n\left(\frac{N_i\sigma_i/\sqrt{c_i}}{\sum_{k=1}^{L} N_k\sigma_k/\sqrt{c_k}}\right)$$

여기서, c_i : 단위당 비용

그러므로 총 표본 크기는 다음 식으로 구할 수 있다.

$$n = \frac{\left(\sum_{k=1}^{L} N_k\sigma_k/\sqrt{c_k}\right)\left(\sum_{i=1}^{L} N_i\sigma_i/\sqrt{c_i}\right)}{N^2 D + \sum_{i=1}^{L} N_i\sigma_i^2}$$

㉯ 네이만(Neyman) 배정 : 층화추출에서는 추출단위당 비용이 모든 층에 동일한 경우가 있다. 만약, $c_1 = c_2 = \cdots = c_L$이면 비용항이 없어지므로 i번째 층의 표본 배정은

$$n_i = n\left(\frac{N_i\sigma_i}{\sum_{i=1}^{L} N_i\sigma_i}\right)$$

와 같이 되는데 이를 네이만 배정이라 한다. 따라서 이 배정에 의한 총 표본 크기 n은 다음과 같다.

$$n = \frac{\left(\sum_{i=1}^{L} N_i\sigma_i\right)^2}{N^2 D + \sum_{i=1}^{L} N_i\sigma_i^2}$$

㉰ 비례 배정 : 만약 모든 층의 비용이 모두 같고 동일한 분산을 갖는다면 각층의 크기는 다음과 같다.

$$n_i = n\left(\frac{N_i}{\sum_{i=1}^{L} N_i}\right) = n\left(\frac{N_i}{N}\right)$$

이것은 층 크기에 비례하여 표본을 배정하므로 비례 배정이라 하며 시간을 절약할 수 있는 장점을 가지고 있다.

비례 배정하에 총 표본 크기는 다음과 같다.

$$n = \frac{\sum_{i=1}^{L} N_i\sigma_i^2}{ND + \frac{1}{N}\sum_{i=1}^{L} N_i\sigma_i^2}$$

(2) 계통추출

일련번호가 부여된 모집단에서 첫 번째 표본을 임의로 추출하고 두 번째 표본부터는 k번째 원소를 계통적으로 추출하는 방법을 $\frac{1}{k}$ 계통표본추출법이라 한다.

① 모평균 μ의 추정량

$$\hat{\mu} = \overline{y}_{sy} = \frac{\sum\limits_{i=1}^{n} y_i}{n}$$

여기서, 첨자 sy는 계통추출을 나타낸다.

② $\overline{y}_{sy}$의 분산 추정량

$$\hat{V}(\overline{y}_{sy}) = \frac{s^2}{n}\left(\frac{N-n}{N}\right)$$

③ 추정오차의 한계

$$2\sqrt{\hat{V}(\overline{y}_{sy})} = 2\sqrt{\frac{s^2}{n}\left(\frac{N-n}{N}\right)}$$

만약 N이 알려져 있지 않다면 유한모집단 수정계수 $\frac{N-n}{N}$을 무시할 수 있다.

계통표본평균 $\overline{y}_{sy}$의 분산 추정량과 단순임의추출의 표본평균 $\overline{y}$의 분산 추정량은 동일하다. 그러나 $\overline{y}_{sy}$의 참분산이 단순임의추출의 표본평균 $\overline{y}$의 참분산과 같다는 의미는 아니다.

(3) 집락추출

모집단의 대상들을 여러 개의 집락(cluster)으로 묶어서 집락들을 추출단위로 하여 확률적인 방법으로 표본집락을 추출한 후 추출된 표본집락 내의 대상들을 표본으로 선택하는 방법을 집락추출법이라 한다.

집락추출은 각 추출단위가 여러 개의 원소들을 포함하고 있는 단순임의표본추출이다. 그러므로 모평균 μ와 총합 τ의 추정은 단순임의추출과 비슷하다. 특히, 표본평균 $\overline{y}$는 모평균 μ의 좋은 추정량이다. 여기에서는 모평균 μ의 추정량에 대해서 설명한다.

여기에서 이용되는 기호는 다음과 같다.

N : 모집단에 있는 집락들의 수

n : 단순임의표본에서 추출된 표본집락들의 수

m_i : i번째 집락에 포함된 원소의 수

$\overline{m} = \dfrac{1}{n} \displaystyle\sum_{i=1}^{n} m_i$: 표본에 대한 평균집락 크기

$M = \displaystyle\sum_{i=1}^{N} m_i$: 모집단에 있는 원소의 수

$\overline{M} = M/N$: 모집단에 대한 평균집락 크기

y_i : i번째 집락에 있는 모든 관측값들의 합

① 모평균 μ의 추정량

$$\overline{y} = \dfrac{\displaystyle\sum_{i=1}^{n} y_i}{\displaystyle\sum_{i=1}^{n} m_i}$$

② $\overline{y}$의 분산 추정량

$$\widehat{V}(\overline{y}) = \left(\dfrac{N-n}{Nn\overline{M}^2}\right)\dfrac{\displaystyle\sum_{i=1}^{n}\left(y_i - \overline{y}m_i\right)^2}{n-1}$$

③ 추정오차의 한계

$$2\sqrt{\widehat{V}(\overline{y})} = 2\sqrt{\left(\dfrac{N-n}{Nn\overline{M}^2}\right)\dfrac{\displaystyle\sum_{i=1}^{n}\left(y_i - \overline{y}m_i\right)^2}{n-1}}$$

여기서, 만약 M이 알려져 있지 않은 경우 $\overline{M}$은 $\overline{m}$으로 추정된다.

❸ 검사 시스템 일반

검사(inspection)는 품질관리를 수행하기 위한 중요한 연구분야로서 품질의 평가와 그 양부의 결정을 행하는 것을 주임무로 하고 있다. 이 업무의 중요내용을 다시 세분하여 설명하면 다음과 같다.

(1) 제품의 품질이 고객으로부터 혹은 사회의 표준모형과 합치하고 있는가 어떤가를 확인하고, 양품·불량품 혹은 양로트·불량로트의 측정을 내린다.

(2) 불량품, 불량로트는 다음 공정에 이동되지 않도록 불합격으로 한다.

(3) 제조된 제품 품질의 상황을 파악하여, 이것을 제조라인에 제공한다.

(4) 품질에 대한 결점처치의 권고 및 실시결과에 대하여 확인을 행한다.

(5) 품질관리활동에 적극 협력한다.

(6) 계측기 · 치공구 · 검사장치 등의 정도점검업무에 협력한다.

　이 밖에 물품구입의 경우는 구입검사의 판정결과에 따라서 구입대금이 지불되므로 이러한 면에도 중요한 역할을 한다.

④ 검사 시스템의 종류

　검사의 종류는 분류방법에 따라서 여러 가지로 나누어지며, 그 중요한 것을 들어보면 다음과 같다.

(1) 검사 유형에 따른 분류

　① 수입 검사
　② 중간 검사
　③ 출하 검사
　④ 구입 검사
　⑤ 공정 검사
　⑥ 최종 검사

(2) 검사량에 따른 분류

　① 전수 검사
　② 샘플링 검사
　③ check 검사

(3) 검사 시기에 따른 분류

　① 초품 검사
　② 순회 검사

(4) 검사특성에 따른 분류

　① 파괴 검사
　② 비파괴 검사

⑤ 전수 검사와 샘플링 검사

전수 검사는 종래부터 행해져 왔던 방법으로 불량품을 없애고 양품만을 제조해서 품질을 유지하고 있다. 현재에도 고가인 물건, 품질의 불량요인은 전수 검사로 품질을 보증하고 있다. 그러나 검사 특성, 검사의 신속도, 경험적인 면을 고려하여 근래에는 샘플링 검사(sampling inspection)가 많이 쓰이고 있다.

샘플링 검사를 실시하는 편이 유리한 경우를 들어보면 다음과 같다.

(1) 전수 검사가 불가능한 경우

파괴 검사 및 장기간을 필요로 하는 검사

(2) 기술적으로 보아 개별적으로 검사할 의미가 없는 경우

형, 치공구로 가공되어진 프레스부품, 주조품, 성형품 등

(3) 타발 검사가 전수 검사보다도 신뢰도 측면에서 높은 결과를 얻는 경우

검사수량, 검사항목이 많은 것은 일반적으로 샘플링 검사의 방법으로서 신뢰도가 높다.

(4) 샘플링 검사가 경제적으로 유리한 경우

(5) 납입자에게 자극을 주고 싶은 경우

구입 검사를 할 때, 불합격 로트는 납입자에게 반환해서 품질 향상의 계기를 주게 된다. 이때 샘플링 검사를 행한다.

단위당의 검사비용과 불량품에 따라 손실을 비교하여 손익분기점(BEP ; break－even point)을 구하고, 로트의 품질(p)이 제품가격 이하일 때에는 샘플링 검사가 유리하다.

1－4. 관리도

관리도는 공정의 상태를 나타내는 특성치에 대해서 그린 그래프로서 공정을 관리상태(안정상태)로 유지하기 위하여 사용된다. 또한 관리도는 제조공정이 잘 관리된 상태에 있는가를 조사하기 위해서 사용한다.

관리도에는 한 개의 중심선과 그 선의 상하에 두 개의 관리한계선을 그려 놓고, 공정의 상태를 나타내는 특성치를 기입하여 그 점이 관리한계선 안쪽에 있으면 그 공정은 관리상태에 있음을 나타낸다. 그리고 점이 관리한계선 밖으로 벗어나면 공정에 어려운 원인이 존재하고 있음을 나타낸다. 이러한 경우에는 그 원인을 찾아서 제거하고 재발방지의 조치를 취해줌으로써 공정을 관리상태로 이끌어 갈 수 있게 된다.

① 관리도의 종류

(1) $\tilde{x} - R$관리도

$\bar{x}$ 대신에 중앙값 $\tilde{x}$를 사용하는 것이 다르다. 제품 품질의 추정신뢰도로 볼 때에는 $\bar{x}$는 $\tilde{x}$에 뒤지나 제조현장의 작업이라는 점을 고려하면 계산할 필요가 적기 때문에 이 관리도는 의외로 응용성이 높다.

(2) x-관리도

강재의 화학성분이나 제품수명 등의 품질 특성을 대상으로 할 경우에는, 그 분석이나 시험에 많은 시간이 필요하고 특히 높은 코스트가 발생되므로 다수의 데이터를 취하는 것은 쉽지 않다. 그러나 1개의 데이터만으로도 관리도를 작성할 수 있다. 이것이 x-관리도인데 시간 간격마다 취하는 데이터가 1개이므로 관리한계를 구하기 위한 분산의 추정에 특별한 고려가 필요 없다.

(3) p-관리도

검사 수를 n, 그 속에서 발견되는 불량품 수를 x라고 하면, $p = x/n$은 불량률을 나타낸다. 이것을 적당한 시간 간격마다 그림으로 플로트해서 얻을 수 있는 관리도가 p-관리도(불량률관리도)이다. 간단히 전모를 알 수 있으므로 특히 경영 간부용으로 적당하다. 이 관리도는 불량률뿐만 아니라 양품률, 일급품률, 출력률 등 비율로 나타낼 수 있는 특성을 갖고 있는 부문에는 모두 응용이 가능하다. 굳이 난점을 말한다면 n이 다르면 한계선이 변한다는 것이다.

(4) P_n-관리도

P_n-관리도는 불량률 대신에 직접 불량 수를 사용하는 관리도로서 "불량수관리도"라고 한다. 이 경우도 검사 수가 변하면 한계선이 변한다. 이 때문에 "n=일정한 경우"에 사용된다.

<관리도의 종류>

㉮ $\bar{x} - R$(평균치와 범위의) 관리도 ㉯ x(개개의 측정위의) 관리도 ㉰ $\tilde{x} - R$(메디안과 범위의) 관리도	계량치에 사용한다.
㉱ P_n(불량개수의) 관리도 ㉲ p(불량률의) 관리도 ㉳ c(결점수의) 관리도 ㉴ u(단위당 결점수의) 관리도	계수치에 사용한다.

② 생산자 위험과 소비자 위험

(1) 생산자 위험(producer's risk)이라 함은 당연히 합격이 되는 로트를 샘플링 검사로 불합격이 되는 실수를 말하며, 다음 그림 OC곡선에서 $L_p = 1.0$, $c = 3$의 직선으로 둘러싸여진 영역이 이것에 해당하며, 이는 100회 중 35회 발생했을 때를 보여준다. 그 발생률을 생산자 위험이라고 하며 α로 표시하는데, 샘플링 검사 설계상의 통상기준은 $\alpha = 5\%$로 한다.

(2) 소비자 위험(consumer's risk)이라 함은 당연히 불합격이 되는 로트를 샘플링 검사로 합격되는 실수를 말하고 다음 그림 OC곡선에서 $L_p = 0$, $c = 3$의 직선으로 둘러싸인 영역이 이에 해당하며, 이는 100회 중 25회 발생했을 때를 보여준다. 소비자 위험률은 β로 표시하고, 통상 $\beta = 10\%$가 쓰이고 있다.

③ OC곡선

(1) 로트의 크기 N, 불량률 p, 이 로트에서 발취한 시료의 크기 n, 시료 중에 포함된 불량변수를 x로 할 때, 불량품이 x개 나타나는 확률 P_r은 다음 식으로도 구할 수 있다.

$$P_r(N,\ p,\ n,\ x) = \binom{pN}{x}\binom{N-pN}{n-x} \Big/ \binom{N}{n}$$

(2) 위의 식은 초기하분포를 계산하는 일반식이다. 또, 합격 확률 L_p는 합격 판정개수를 c라고 하면(1회 발취형식의 경우) 다음과 같이 구할 수 있다.

$$L_p = P_r(N,\ p,\ n,\ 0) + P_r(N,\ p,\ n,\ 2) + \text{L L L L} + P_r(N,\ p,\ n,\ c)$$

$$= \sum_{x=0}^{c} P_r(N,\ p,\ n,\ x)$$

로트 불량률 p(%)	합격 확률 L_p
0	1.00
1	0.98
2	0.86
3	0.65
4	0.48
5	0.25
6	0.15
7	0.08
8	0.04
9	0.02
10	0.01
…	…

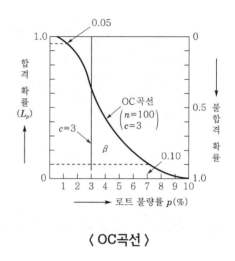

〈 OC곡선 〉

(3) **(2)**에서는 발취에 따른 산포도를 가진 로트의 품질 $p=9\%$, 3%, 5%에 대해서 기술하였지만, 거듭 세분해서 위의 식을 사용하여 산출하면 위의 표와 같이 되고, 이것을 세로축으로 합격 확률 L_p, 가로축으로 로트 불량률 p를 취하면 위의 그림과 같다. 이 곡선을 OC곡선(Operating Characteristic curve)이라고 말한다. 이 OC곡선에 따라서 로트의 불량률 p의 각각에 대응된 합격 확률, 즉 변화되는 상황을 잘 알 수 있다.

(4) OC곡선의 성질

① 시료의 크기 n에 대한 합격 판정 개수 비 c/n을 일정하게 하고 n, c를 변화시켰을 때의 OC곡선, 시료의 크기 n을 증대시켜 로트의 크기에 가깝게 하면 전수 검사에 접근하고, OC곡선은 $p=c/n$인 수선에 접근한다. 따라서 생산자 위험, 소비자 위험이 작아진다.

② 시료의 크기 n을 일정하게 하여, 합격 판정 개수 c를 변경하는 경우의 OC곡선은 시료의 크기 n이 일정하므로, 합격 판정 개수 c가 큰 만큼 완만한 검사이며, c가 작으면 엄격한 검사가 되며, OC곡선은 c의 대소에 따라 거의 평행으로 이동한다.

③ 합격 판정 개수 c를 일정하게 하고, 시료의 크기 n을 변경하는 경우의 OC곡선은 n이 클수록 검사는 엄격하고, n이 작을수록 검사는 완만하게 된다. n의 크기를 변경하면 OC곡선은 n의 크기에 비례해서 경사가 커진다.

④ 특성요인도(fishbone)

특성요인도란 결과에 원인(요인)이 어떻게 관계하고 있으며 영향을 주고 있는가를 한눈으로 알 수 있도록 작성한 그림이다. 그 모양이 생선뼈를 닮았다는 점에서 '생선뼈'라 불리기도 한다. 특성요인도는 문제점을 정리하거나 개선할 때에, 많은 사람들의 상이한 의견을 한 장의 그림에 정리하여 나타낼 수가 있다.

직장에서 일을 추진하려면 여러 가지 문제에 부딪치게 된다. 거기에는 반드시 많은 원인이 있고 그 원인들은 서로 얽혀서 복잡하게 되어 있다. 따라서 문제를 해결하기 위해서는 그 원인을 찾아내어 대책을 세우지 않으면 안 된다.

효과적으로 손을 쓰려면 결과와 원인을 정리해야 하는데 그 대책을 마련함에 있어서 특성요인도는 매우 유효하다.

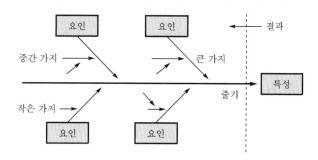

〈 특성과 요인의 배치 〉

제2장 | 생산관리

생산은 인간이 살아가는 데 필요한 기본활동이다. 우리 주위에 있는 모든 재화(財貨)는 누군가에 의해 만들어진 것이다. 제품과 같은 유형재뿐만 아니라 무형재인 서비스를 창출하는 행위도 생산활동에 포함된다. 기업활동의 측면에서 생산이란 기업이 이용 가능한 생산요소(인간·원자재·기계설비·에너지·정보)를 유효하게 활용하여 제품이나 서비스 등의 유형·무형의 경제재를 산출하는 변환과정을 말한다.

2-1. 생산관리 시스템

① 투입

조직으로 들어오는 모든 유형·무형의 자원을 의미한다. 이와 같은 자원에는 노동력, 자재, 재료, 장비, 인간의 지식, 지능, 정보, 경험 등을 모두 포함한다.

② 변환과정

유형의 투입물과 인적 자원의 활용으로 제품이나 서비스를 산출하는 활동적인 공정을 의미한다. 변환과정은 규칙, 진행과정, 자원, 개념, 업무절차, 기술을 적극적으로 활용하여 투입을 산출로 전환시키는 것이다.

③ 산출

산출은 변환과정의 결과이며 유형의 제품과 무형의 서비스를 포함한다.

④ 통제 시스템

투입, 변환과정, 산출 등의 구성요소에 연계되어서 생산관리 시스템이 착오없이 운영되도록 조정한다.

⑤ 피드백

투입, 변환과정, 산출, 통제 시스템 사이의 의사소통 연결체계이다.

2-2. 생산관리 일반원칙

① 표준화

과학적인 연구결과 합당하다고 인정되는 표준 및 규격을 미리 정해 놓고, 재료·제품·설비 등의 형태·크기·품질·작업방법·업무처리방법 등을 맞추어 나가려는 원칙이다.

② 단순화

제품 또는 작업방법 등과 관련하여 불필요하거나 중요하지 않은 요소와 과정을 배제함으로써, 보다 간단한 방법이나 수단에 의하여 생산활동을 전개하려는 원칙이다. 단순화를 통하여 재료·노력·설비 등이 효과적으로 활용됨으로써 생산비 절감과 생산기간의 단축이 가능하게 된다.

③ 전문화

업무나 작업을 분업의 원리에 따라서 분담시킴으로써 맡은 업무와 작업만을 전문적으로 수행하게 하려는 원리이다. 전문화를 통하여 기능이 숙련되며 생산성 향상과 품질 개선 등이 이루어진다.

2-3. 수요 예측

수요 예측(demand forecasting)은 생산 시스템의 계획 및 통제에 대한 기초단계이자 출발점이며, 경영의사결정에 가장 중요한 요소가 된다. 생산관리에서 예측이란 시장에서 요구하는 제품과 서비스의 양, 시간, 질 및 장소에 대한 미래의 수요를 평가하는 과정이다. 수요에 영향을 미치는 요인은 여러 가지가 있다.

첫째, 수요는 회복, 호황, 후퇴, 불황의 네 국면을 거치는 경기변동(business cycle)에서 현재 경제가 어느 국면에 있느냐에 따라 영향을 받는다.

둘째, 제품이나 서비스는 도입기, 성장기, 성수기, 쇠퇴기의 네 단계로 구성된 제품수명주기 (product life cycle)를 거치게 되는데, 제품 또는 서비스가 이 주기의 어느 단계에 와 있느냐에 따라 그 제품의 수요가 영향을 받는다.

시계열 분석법

(1) 단순이동평균법

단순이동평균법(simple moving average method)은 수요가 안정적일 때 예측하고자 하는 기간의 직전 일정기간 동안의 실제수요의 평균값을 예측치로 한다.

$$F_t = \frac{\text{그 전 } n\text{기간 동안의 수요량 합}}{n}$$

$$F_t = \frac{A_{t-1} + A_{t-2} + \cdots + A_{t-n}}{n}$$

여기서, F_t : 기간 t의 예측치

A_t : 기간 t의 실제수요

n : 이동평균기간

(2) 가중이동평균법

가중이동평균법(weighted moving average method)은 단순이동평균법을 수정한 것으로 최근의 실제치에는 높은 가중치를, 그리고 먼 과거의 실제치에는 점점 낮은 가중치를 부여하여 다음 기간의 예측치를 계산하는 방법이다.

$$F_t = \Sigma(n\text{기간에 대한 가중치})(n\text{기간의 수요})/\text{가중치의 합}$$

$$F_t = \frac{W_{t-1} \cdot A_{t-1} + W_{t-2} \cdot A_{t-2} + \cdots + W_{t-n} \cdot A_{t-n}}{\sum_{i=t-1}^{t-n} W_i}$$

(3) 지수평활법

지수평활법(exponential smoothing method)은 지수함수적으로 감소하는 가중치를 이용하여 최근 자료일수록 더 큰 비중을, 오래된 자료일수록 더 작은 비중을 두어 미래수요를 예측하는 기법으로서 오늘날 가장 많이 이용되고 있는 단기예측기법이다.

지수평활법에는 단순히 가장 가까운 과거의 자료에 가장 큰 가중치를 부여하는 단순지수평활법(simple exponential smoothing method)과 추세나 계절적 변동을 반영하여 예측치를 조정하는 추세조정지수평활법(trend adjusted exponential smoothing method)이 있으며, 여기서는 단순지수평활법만 소개하기로 한다.

단순지수평활법은 이동평균법과 마찬가지로 시계열에 계절적 변동, 추세 및 순환변동이 크게 작용하지 않을 때 유용한 수요예측기법이다.

$$예측치 = 구예측치 + \alpha(예측오차)$$

$$F_t = F_{t-1} + \alpha(A_{t-1} - F_{t-1}) = \alpha A_{t-1} + (1 - \alpha)F_{t-1}$$

여기서, F_t : 기간 t의 수요예측치

$\quad\quad F_{t-1}$: 가장 최근의 예측치

$\quad\quad A_{t-1}$: 가장 최근의 실제수요

$\quad\quad \alpha$: 평활상수(smoothing constant), $0 \le \alpha \le 1$

평활상수 α는 평활(smoothing)의 정도 및 예측치와 실제치와의 차이에 반응하는 정도를 결정한다. 즉, 실제수요가 안정적이라면 α값을 낮게 부여함으로써 단기적 변동이나 불규칙 변동의 효과를 줄일 수 있다. 그러나 실제수요가 급격히 증가하거나 감소한다면 그러한 변화에 대응할 수 있도록 높은 α값을 부여해야 한다. 일반적으로 α의 값은 예측치가 안정성을 유지할 수 있도록 0.1~0.3 사이에서 결정된다.

② 예측오차의 측정과 통제

특정기법에 의한 수요예측은 적용과정에서 약간의 오차가 발생한다. 예측오차(forecast error)는 예측치(F_t)와 실제치(A_t)와의 차이를 말한다.

$$예측오차 = 실제치 - 예측치$$

(1) 예측오차의 측정

예측오차의 측정방법에는 평균절대편차, 평균자승오차, 평균절대비율오차가 있다. 이 중에서 평균절대편차가 계산의 간편성 때문에 가장 널리 쓰인다.

$$MAD = \frac{\sum_{t=1}^{n} |A_t - F_t|}{n}$$

① 평균자승오차(MSE ; Mean Square Error) : 평균자승오차는 오차자승의 합을 기간 수로 나눈 값이다.

$$MSE = \frac{\sum_{t=1}^{n}(A_t - F_t)^2}{n}$$

MSE는 오차의 제곱을 취하기 때문에 오차가 클수록 부여되는 가중치가 커지는 결과를 초래한다. 그러므로 MSE는 오차의 발생으로 인한 비용에 오차의 크기가 큰 영향을 미치는 경우에 적합하다.

② 평균절대비율오차($MAPE$; Mean Absolute Percent Error) : 평균절대비율오차는 기간에 따라 수요의 규모가 크게 달라질 때 유용한 방법이다.

$$MAPE = \frac{\sum_{t-1}^{n}\frac{|A_t - F_t|}{A_t} \times 100}{n}$$

③ 추적지표(TS ; Tracking Signal) : 추적지표(TS)는 누적오차($RSFE$; Running Sun of Forecast Error)를 MAD로 나눈 값이다.

$$TS = \frac{\sum(\text{실제치} - \text{예측치})}{MAD} = \frac{RSFE}{MAD}$$

계산된 TS값이 0이면 정확한 예측이 이루어졌다고 할 수 있다. 만약, 음의 값이면 과대예측($A_t < F_t$)이 이루어졌고, 양의 값이면 과소예측($A_t > F_t$)을 나타내므로 사전에 결정된 한계와 비교하여 적절한 수정조치를 취해야 한다. 그러므로 TS는 단순히 예측오차의 측정단위로서만 이용되는 것이 아니라 예측통제의 수단으로도 중요한 기능을 수행한다.

제3장 | 작업관리

작업관리란 현장에서의 여러 작업방법이나 작업조건 등을 조사·연구하여 무리와 낭비가 없이 작업을 원활히 할 수 있도록 최선의 작업방법을 추구하고, 작업에 나쁜 영향을 미치는 조건들을 개선하여 최적의 작업조건을 이루도록 하는 활동이다. 작업관리의 내용은 작업설계(방법연구), 작업측정, 그리고 작업통제로 나눌 수 있으나, 오늘날 작업관리에서 추구하는 주된 내용은 크게 작업설계(방법연구)와 작업측정이다.

3-1. 공정분석

공정분석이란 작업대상물이 순차적으로 가공되어서 제품이 완성되기까지의 작업경로 전체를 처리되는 순서에 따라 가공·운반·검사·정체·저장의 분석단위로 분류하고, 각 공정의 조건과 함께 분석하는 현상분석 기법이다. 공정분석의 목적은 다음과 같다.

- 개개의 작업을 전체와의 관련에 의하여 파악하고 개선한다.
- 작업 또는 공정 상호 간의 관계를 개선한다.
- 재료 또는 개개의 공정이 다음 제품에 미치는 영향을 밝힌다.
- 생산관리의 기초자료를 작성한다.
- 생산계획 및 레이아웃 등의 기초자료를 확보한다.

〈 공정분석 기호 〉

기호	공정명	내용	부대 및 결합기호	
◯	가공공정 (operation)	① 작업대상물이 물리적 또는 화학적으로 변형·변질과정 ② 다음 공정을 위한 준비상태 표시	△	원료의 저장
			▽	반제품 또는 제품의 저장
⇨ ⬛➡ ◯	운반공정 (transportation)	① 작업대상물의 이동상태 ② ◯는 가공공정의 1/2 또는 1/3로 한다. ③ →는 반드시 흐름방향을 표시하지 않는다.	◇	질의 검사
			◈	양·질 동시 검사

기호	공정명	내용	부대 및 결합기호	
⟘(D형)	정체공정(delay)	① 가공·검사되지 않은 채 한 장소에서 정체된 상태 ② 일시적 보관 또는 계획적 저장 상태 ③ ⟘ 기호는 정체와 저장을 구별하고자 할 경우 사용	◇◆	양과 가공 검사 (질중심)
▽	저장(storage)		◻○	양과 가공 검사 (양중심)
▢	검사공정 (inspection)	품질규격의 일치여부(질적)와 제품수량(양적)을 측정하여 그 적부를 판정하는 공정	◇◯	가공과 질의 검사공정
			▽	공정 간 정체
			✡	작업 중의 정체

보조기호		내용
⌇	소관구분	소관상의 부문을 구분하고자 할 때 사용하는 기호
╪	공정도시 생략	공정계열상의 어느 공정을 생략하고자 할 때 사용
⟊	폐기	어느 생산공정 중에서 작업대상물이 폐기될 때 사용

3-2. 작업분석

작업분석은 작업자의 동작에서 파악되는 문제점(가동분석, 공정분석 등)을 조금 더 세밀히 분석하고 개선하는 수법이다. 작업분석의 목적은 다음과 같다.

■ 작업의 세분화와 누락된 사실이 없는가를 조사한다. 작업을 세분화하고 주의가 가지 않는 작은 로스까지 발견한다.

■ 사실의 정량적인 파악에 의해 바르게 현재의 방법을 파악한다. 로스의 추방과 보다 효율적인 작업을 하기 위해서는 현재의 작업을 보다 구체적인 형태에서 발견하고, 그것을 이해할 필요가 있다.

■ 작업 중 로스의 추방과 개선을 달성한다. 요소작업과 그것의 주변(치공구, 설비, 가공조건, 부품 정밀도 등)에서 개선을 도출시킨다.

〈 작업분석에 사용되는 기호 〉

공정명	기본기호	설명	응용기호	설명
가공	○	• 작업장소에서 가공작업을 행하고 있다.	(P1)	부품가공작업 제1공정
			(A2)	조립작업의 제2공정
			(B5)	B부품의 제5공정
			(3)	제3공정
검사	□	• 작업장소에서 검사작업을 행하고 있다.	□	양의 검사
			◇	질의 검사
			◈	복합검사
운반 (이동)	○ ⇨ ➡	• 작업장소에서 1보 이상, 물건을 들지 않고 이동을 행하고 있든지 또는 물건을 들고 이동을 행하고 있다.	○	물건을 들지 않고 이동
			⊖	물건을 들고 이동
정체 (보유)	△	• 물건을 들고 관계 없는 작업을 행하고 있다. • 일정위치에 물건이 위치하고 있다.	▽	휴식
			▽	물건의 위치

3-3. 동작분석

동작분석은 작업자의 동작을 분석하여 불필요한 동작을 배제하고 최적의 동작계열을 작성하는 기법이다. 개선수법 중에서 가장 마이크로적인 것이다. 동작분석의 목적은 다음과 같다.

- 현재의 동작계열을 개선한다.
- 새로운 동작계열을 디자인한다.
- motion mind를 체득한다.

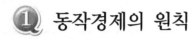 **동작경제의 원칙**

동작경제의 원칙은 동작연구의 창시자인 길브레스가 처음으로 사용하였다. 그는 동작경제의 원칙을 세 가지로 대별하고 설명하였다.

(1) 인체의 사용에 관한 동작경제 원칙

(2) 작업장 배열에 관한 동작경제 원칙

(3) 공구 및 기계설비의 설계에 관한 동작경제 원칙

② 동작분석의 기법

(1) 목시동작분석법

목시동작분석법이란 작업자가 수행하고 있는 동작을 목시하고 관측용지에 서블릭 기호를 이용하여 분석 · 기록하는 기법이다. 이 기법을 충분히 익히게 되면 경제적 · 실용적으로 활용할 수 있다. 따라서 작업연구원은 동작을 철저하게 분석하는 의미에서도 채택 · 적용할 필요가 있다.

(2) 필름분석법

인간의 눈 대신에 촬영기나 영사기를 사용하여 필름을 통해 분석한다. 관측한 동작을 몇 회에 걸쳐서 재현시킬 수 있다는 장점이 있다.

(3) 기타 분석기법

특히 숙련을 요구하는 작업의 동작경로를 분석하기 위한 수단으로 길브레스는 사이클그래프 기법(cycle graph method)과 크로노사이클그래프 기법(chronocycle graph method)을 고안하였다. 그 밖에도 스트로보(strobo) 사진분석법과 아이 카메라(eye camera) 분석법 등이 있다.

3-4. 작업측정

생산공정이 시작되기 전 작업성과를 평가할 목표가 설정되어 있어야 한다. 목표가 표준이라면 표준이 설정되기 전에 직무가 먼저 분석되어야 한다. 작업측정이란 어떤 작업을 작업자가 수행하는 데 필요한 시간을 어떤 표준적 측정여건하에서 결정하는 일련의 절차를 말한다.

① 표준시간의 구성

표준시간은 주작업시간과 준비작업시간으로 이루어져 있으며 주작업시간은 정미시간과 여유시간으로 구성되어 있다. 정미시간이란 규칙적이고, 주기적으로 발생하는 작업부분의 시간으로 기본적인 내용이다. 여유시간은 불규칙적이고 우발적으로 발생하는 시간으로 작업에 필요한 시간이다.

$$표준시간 = 정미시간 + 여유시간 = 정미시간 \times (1 + 여유율)$$

② 레이팅

같은 방법으로 작업을 하더라도 작업자에 따라 작업수행도가 다를 수 있고, 같은 작업자라 하더라도 그 날의 조건에 따라 수행도가 다를 수 있다. 즉, 작업자의 페이스가 너무 빠르면 관측평균시간을 늘려주고 너무 느리면 줄여 줄 필요가 있다. 이와 같이 작업자의 페이스를 정상작업페이스와 비교하여 관측평균시간치를 보정해 주는 것을 수행도 평가 혹은 레이팅(rating), 정상화(normalization)라고 하며 정미시간은 관측평균시간에 레이팅계수를 곱한 시간이 된다.

$$레이팅계수 = \frac{표준페이스}{실제작업페이스}$$

$$정미시간 = 관측평균시간 \times 레이팅계수$$

③ 여유시간

작업을 수행하는 데는 여러 가지 조건때문에 정미시간만으로는 작업이 될 수 없으며 작업수행 시 어느 정도의 여유가 필요하게 된다. 이 소요시간을 여유시간이라 하며 우발적, 불규칙적으로 발생하기 때문에 이들의 발생률과 평균시간을 조사하고 정미시간에 가산한다.

(1) 여유시간의 분류

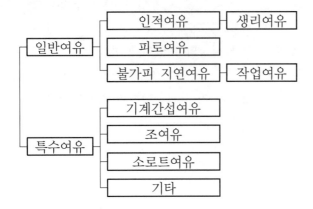

(2) 여유시간 산출법

① 외경법

$$여유율\ A(\%) = \frac{일반\ 여유시간}{정미시간} \times 100\%$$

$$표준시간 = 정미시간 \times (1 + 여유율)$$

② 내경법

$$여유율\ A(\%) = \frac{일반\ 여유}{근무시간} \times 100\% = \frac{일반\ 여유시간}{일반\ 여유시간 + 정미시간} \times 100\%$$

$$표준시간 = 정미시간 \times \left(\frac{1}{1 - 여유율}\right)$$

(3) 표준시간 설정법

① 스톱워치에 의한 방법(직접시간관측법) : 시간연구자가 스톱워치로 직접관측하여 표준시간을 구하는 것으로 그 순서는 다음과 같다.

㉮ 원만한 인간관계를 가지고 작업에 대한 풍부한 지식이 있는 시간연구자와 숙련도가 평균 혹은 이를 약간 상회하며, 시간연구에 협조적인 대상작업자를 선정한다.

㉯ 대상작업에 대해 작업의 목적, 내용, 관측장소, 관측도구 등을 선정한다.

㉰ 선정된 작업에 대해 작업의 성격에 따라 요소작업으로 분할한다.

㉱ 관측방법을 정한다.

㉲ 관측횟수를 결정한다. 관측횟수의 결정은 관측시간의 정확도에 영향을 미치므로 과학적으로 결정하는 것이 좋다.

㉳ 시간관측을 행한다. 관측위치는 작업자의 뒤편 1.5~2m에서 비껴 서서 행하고 필요하면 요소작업별로 레이팅을 행한다.

㉤ 관측횟수가 충분한지를 검토하고 이상치를 제거한다.

㉥ 요소작업별로 개별시간을 산출하여 평균치를 구한다. 또한 요소작업별 정미시간을 산출한다.

㉦ 정미시간을 집계하고, 여유시간을 결정하여 표준시간을 산정한다.

$$표준시간 = 정미시간 + 여유시간 = 정미시간 \times (1 + 여유율)$$

② 워크샘플링(WS ; Work Sampling) : 워크샘플링의 이론은 모집단(母集團)으로부터 랜덤하게 발취한 샘플의 분포는 모집단과 동일한 경향을 갖게 된다는 통계학의 원리에 기초를 두고 있다. 이 원리에 입각하여 연속적인 관측을 실시하지 않고 랜덤으로 선정된 시각에 작업자나 기계의 가동상황을 순간적으로 체크한 결과에 의해 가동상태 전체를 추정하게 된다.

$$가동률(P) = \frac{그\ 활동항목이\ 발견된\ 횟수(X)}{관측횟수(N)}$$

③ PTS법(기정시간표준법, Predetermined Time Standard) : 미리 구한 시간표준의 수치표를 사용하여 관측대상작업을 구성하고 있는 단위동작들의 소요시간을 수치표에서 구하고 이것을 집계하여 그 작업의 표준시간으로 결정하는 방법이다.

 작업측정기법

구분	특징
시간연구법	시간연구법이란 계측기와 기록장치 등을 이용하여 직접 측정하는 방법이며 가장 보편적으로 쓰이는 방법이다. 측정은 스톱워치나 촬영기로 하게 되며 측정단위에는 공정, 요소작업, 단위작업, 동작요소 등이 있다.
워크샘플링법	워크샘플링은 작업측정에 통계적 수법을 사용하는 것으로 다른 기법보다 적은 비용으로 목적을 달성할 수 있다. 워크샘플링법을 사용할 경우에는 현상의 발생비율을 정확히 알 수 있든지, 사이클이 긴 작업시간이나 집단으로 행해지고 있는 동종 작업의 평균시간을 일괄적으로 구할 수 있는 경우이다.
PTS법	PTS법(Predetermined Time Standard)이란 기본동작에 소요되는 시간을 미리 작성된 시간치를 적용하여 개개의 작업시간을 합산하는 방법이다. 일반적으로 사용하는 방법은 MTM(Method Time Measurement)과 WF(Work Factor)이다.
실적기록법	일정기간의 작업에 대한 실적기록 자료를 이용하여 이를 통계적으로 처리하고 임의로 정한 단위작업당 기준시간을 산출한다. 즉 생산에 소요된 작업시간을 생산된 수량으로 나누어 주면 단위당 작업시간을 구할 수 있다.

제4장 | 화학공장(공정) 위험성 평가기법의 종류

1 개요

화학공장의 위험성 평가방법은 크게 나누어 **어떠한 위험요소가 존재**하는 지를 찾아내는 **정성적 평가기법**과 그러한 **위험요소를 확률적으로 분석평가**하는 **정략적 평가기법**으로 분류할 수 있다.

2 정성적 평가와 정량적 평가의 특징

(1) 정성적 평가

① 비교적 **쉽고 빠른 결과를 도출**할 수 있다.
② **비전문가**도 약간의 훈련을 거치면 접근이 **용이**하다.
③ **시간**과 **경비**를 **절약**할 수 있다.
④ 평가자의 **기술수준**, **지식** 및 **경험**의 정도에 따라 **주관적인 평가**가 되기 쉽다.

(2) 정량적 평가

① **객관적**이고 **정량화**된 결과를 도출할 수 있다.
② **전문지식**과 **많은 자료** 및 **전문가**의 도움이 필요하다.
③ **시간**과 **경비**가 **과다**하게 소요된다.
④ **통계 데이터의 확보** 및 **신뢰성**에 문제가 있다.

3 정성적 평가기법(HAZID)-Hazard Identification(Qualititative Assessment)

위험요소의 존재여부를 규명하고 확인하는 절차로서 정성적 평가방법을 사용한다.

(1) 체크리스트법(Process check list)

미리 준비된 체크리스트를 활용하여 최소한의 위험도를 인지하는 방법으로 미숙련 기술자도 적용 가능하고 이용하기 쉬우며 상대적으로 빨리 결과를 제공해 준다는 장점이 있으나, 체크리스트 작성자의 경험, 기술수준, 지식을 기반으로 하므로 주관적인 평가가 되는 단점이 있다.

(2) 안전성 검토법(Safety review)

① 공장의 **운전과 유지절차**가 설계**목적**과 **기준**에 부합되는지 확인하는 기법이다.
② 이 방법은 체크리스트나 사고예상 질문법 등과 병행하여 실시하는 것이 보통이다.

(3) 상대위험순위 분석법(Relative ranking)

① **사고에 의해 피해 정도를 나타내는 상대적 위험순위와 정성적인 정보를 얻을 수 있는 방법**으로 Dow and Mond Indices를 사용한다.
② Dow and Mond Indices는 화학공장에 존재하는 위험에 대해 간단하고 직접적으로 **상대적 위험순위를 파악 가능케 해주는 지표**로서 공장의 상황에 따라 penalty와 credit를 부여한다.

(4) 예비위험 분석법(Preliminary hazard analysis)

예비위험 분석법의 주목적은 **위험을 일찍 인식하여 위험이 나중에 발견되었을 때 드는 비용을 절약하자는 것**으로 **공장개발의 초기단계**에서 적용하여 공장입지 선정 시부터 유용하게 활용할 수 있는 기법이다.

(5) 위험과 운전성 분석법(Hazard & Operability study)

위험과 운전성 분석법은 **설계의도**에서 벗어나는 **일탈현상**(이상상태)을 찾아내어 **공정의 위험요소와 운전상의 문제점을 도출**하는 방법으로 여러 분야의 경험을 가진 전문가로 팀을 이루어서 토론에 의해 잠재적 **위험요소**를 도출한다.

(6) 이상위험도 분석법(Failure mode, Effects and Criticality Analysis)

① Failure mode : **공정**이나 **공장장치**가 어떻게 **고장**났는가에 대한 설명이다.
② Effects : **고장**에 대해 어떤 **결과가 발생될 것인가**에 대한 설명이다.

③ Criticality : 그 **결과**가 얼마나 **치명적**인가를 분석하여 **위험도 순위**를 만들어서 **고장** (Failure mode)의 영향을 파악하는 방법이다.

(7) 작업자 실수 분석법(Human error analysis)

작업자 실수 분석법은 **공장의 운전자, 보수반원, 기술자, 그리고 그 외의 다른 사람들의 작업에 영향을 미칠 수 있는 위험요소들을 평가하는 방법**으로 사고를 일으킬 수 있는 실수가 생기는 상황을 알아내는 것이다.

(8) 사고예상 질문법(What if …)

사고예상 질문 분석법은 정확하게 구체화되어 있지는 않지만 **바람직하지 않은 결과를 초래할 수 있는 사건을 세심하게 고려해보는 목적**을 가지고 있으며, 설계, 건설, 운전단계, 공정의 수정 등에서 생길 수 있는 **바람직하지 않은 결과를 조사하는 방법**이다.

④ 정량적 평가기법(HAZAN)-Hazard Analysis(Quantitative Assessment)

정성적인 **위험요소를 확률적으로 분석평가**하는 **정량적 평가기법**으로 분류할 수 있다.

(1) 빈도 분석방법(Frequency Analysis)

① 결함수 분석법(fault tree analysis)
결함수 분석법은 **하나의 특정한 사고에 대하여 원인을 파악하는 연역적 기법**으로 어떤 특정사고에 대해 원인이 되는 **장치의 이상·고장**이나 **운전자 실수의 다양한 조합을 표시**하는 **도식적 모델인 결함수 Diagram을 작성**하여 **장치 이상**이나 **운전자 실수의 상관관계**를 도출하는 기법이다.

② 사건수 분석법(Event tree analysis)
사건수 분석법은 초기사건으로 알려진 **특정장치의 이상**이나 **운전자의 실수**로부터 발생되는 **잠재적인 사고 결과를 평가하는 귀납적 기법**으로 도식적 모델인 **사건수 Diagram을 작성**하여 **초기사건**으로부터 **후속사건**까지의 **순서 및 상관관계**를 파악하는 방법이다.

(2) 사고 원인-결과 영향 분석방법(Cause-Consequence Analysis)

사고결과 분석(Consequence Analysis)은 공정상에서 발생하는 **화재, 폭발, 독성가스 누출** 등의 중대산업사고가 발생하였을 때 **인간**과 **주변시설물**에 어떻게 영향을 미치고 그 **피해와 손실**이 어느 정도인가를 평가하는 것이다.

① 누출원 모델(source term model)

② 유독물질 누출과 분산 모델(dispersion model)

③ 화재 및 폭발 모델(fire and explosion model)

④ 피해영향 모델(effect model)

⑤ 피해완화 모델(mitigation model)

(3) 위험도 분석방법(Risk Analysis)

① 위험도 매트릭스(risk matrix)

② F-N커브(Frequence-Number curve)

③ 위험도 형태(risk profile)

④ 위험도 밀도커브(risk density curve)

인생에서 가장 멋진 일은
사람들이 당신이 해내지 못할 것이라 장담한 일을
해내는 것이다.

−월터 배젓(Walter Bagehot)−

☆

항상 긍정적인 생각으로 도전하고 노력한다면,
언젠가는 멋진 성공을 이끌어 낼 수 있다는 것을 잊지 마세요.^^

더플러스

더 쉽게 더 빠르게 합격 플러스

위험물기능장

필기+실기 | 제2권 | 요점 & 기출문제

공학박사 현성호 지음

BM (주)도서출판 **성안당**

부록 Ⅲ | 필기 CBT 핵

■ CBT 시험에 자주 출제된 핵심기출 100선

2권 차례

부록 Ⅳ | 실기 과년도 출제문제

성공하려면

당신이 무슨 일을 하고 있는지를 알아야 하며,

하고 있는 그 일을 좋아해야 하며,

하는 그 일을 믿어야 한다.

-윌 로저스(Will Rogers)-

☆

때론 지치고 힘들지만 언제나 가슴에 큰 꿈을 안고 삽시다.

노력은 배반하지 않습니다.^^

부록

I

위험물기능장 필기+실기

필기+실기 핵심요점

위험물기능장 35개 핵심요점

부록 Ⅰ

필기 + 실기 핵심요점

1. 기초화학

무료강의

1 밀도	밀도 $=\dfrac{질량}{부피}$ 또는 $\rho=\dfrac{M}{V}$
2 증기비중	증기의 비중 $=\dfrac{증기의\ 분자량}{공기의\ 평균\ 분자량}=\dfrac{증기의\ 분자량}{28.84(또는\ 29)}$ ※ 액체 또는 고체의 비중 $=\dfrac{물질의\ 밀도}{4℃\ 물의\ 밀도}=\dfrac{물질의\ 중량}{동일\ 체적\ 물의\ 중량}$
3 기체밀도	기체의 밀도 $=\dfrac{분자량}{22.4}$ (g/L) (단, 0℃, 1기압)
4 열량	$Q=mc\Delta T$ 여기서, m : 질량, c : 비열, T : 온도
5 보일의 법칙	일정한 온도에서 일정량의 기체의 부피는 압력에 반비례한다. $PV=k$ $P_1V_1=P_2V_2$ (기체의 몰수와 온도는 일정)
6 샤를의 법칙	일정한 압력에서 일정량의 기체의 부피는 절대온도에 비례한다. $V=kT$ $\dfrac{V_1}{T_1}=\dfrac{V_2}{T_2}$ $[T(\mathrm{K})=t(℃)+273.15]$
7 보일-샤를의 법칙	일정량의 기체의 부피는 절대온도에 비례하고, 압력에 반비례한다. $\dfrac{P_1V_1}{T_1}=\dfrac{P_2V_2}{T_2}=\dfrac{PV}{T}=k$
8 이상기체의 상태방정식	$PV=nRT$ 여기서, P : 압력, V : 부피, n : 몰수, R : 기체상수, T : 절대온도 기체상수 $R=\dfrac{PV}{nT}$ $=\dfrac{1\,\mathrm{atm}\times22.4\,\mathrm{L}}{1\,\mathrm{mol}\times(0℃+273.15)\mathrm{K}}$ (아보가드로의 법칙에 의해) $=0.082\,\mathrm{L\cdot atm/K\cdot mol}$ 기체의 체적(부피) 결정 $PV=nRT$에서 몰수$(n)=\dfrac{질량(w)}{분자량(M)}$이므로, $PV=\dfrac{w}{M}RT$ $\therefore\ V=\dfrac{w}{PM}RT$

9 그레이엄의 확산법칙	같은 온도와 압력에서 두 기체의 분출속도는 그들 기체의 분자량의 제곱근에 반비례한다.

$$\frac{V_A}{V_B} = \sqrt{\frac{M_B}{M_A}} = \sqrt{\frac{d_B}{d_A}}$$

여기서, M_A, M_B : 기체 A, B의 분자량

d_A, d_B : 기체 A, B의 밀도

---

10 화학식 만들기와 명명법

① 분자식과 화합물의 명명법

$M^{|+m|} \diagdown N^{|-n|} = M_n N_m$ $Al^{|+3|} \diagdown O^{|-2|} = Al_2 O_3$

② 라디칼(radical＝원자단)

화학변화 시 분해되지 않고 한 분자에서 다른 분자로 이동하는 원자의 집단

$Zn + H_2\underline{SO_4} \longrightarrow Zn\underline{SO_4} + H_2$

㉮ 암모늄기 : NH_4^+　　　　　　㉯ 수산기 : OH^-

㉰ 질산기 : NO_3^-　　　　　　㉱ 염소산기 : ClO_3^-

㉲ 과망가니즈산기 : MnO_4^-　　㉳ 황산기 : SO_4^{2-}

㉴ 탄산기 : CO_3^{2-}　　　　　㉵ 크로뮴산기 : CrO_4^{2-}

㉶ 다이크로뮴산기 : $Cr_2O_7^{2-}$　㉷ 인산기 : PO_4^{3-}

㉸ 사이안산기 : CN^-　　　　　㉹ 붕산기 : BO_3^{3-}

㉺ 아세트산기 : CH_3COO^-

---

11 산화수

① 산화수 : 산화·환원 정도를 나타내기 위해 원자의 양성, 음성 정도를 고려하여 결정된 수

② 산화수 구하는 법

㉮ 산화수를 구할 때 기준이 되는 원소는 다음과 같다.

$H = +1$, $O = -2$, 1족＝$+1$, 2족＝$+2$

(예외 : H_2O_2에서는 산소 -1, OF_2에서는 산소 $+2$, NaH에서는 수소 -1)

㉯ 홑원소 물질에서 그 원자의 산화수는 0이다.

예 H_2, C, Cu, P_4, S, Cl_2 … 에서

H, C, Cu, P, S, Cl의 산화수는 0이다.

㉰ 이온의 산화수는 그 이온의 가수와 같다.

예 Cl^- : -1, Cu^{2+} : $+2$

SO_4^{2-}에서 S의 산화수 : $x + (-2) \times 4 = -2$

$\therefore \; x = +6$

㉱ 중성 화합물에서 그 화합물을 구성하는 각 원자의 산화수의 합은 0이다.

예 $K\underline{Mn}O_4 \rightarrow (+1) + x + (-2) \times 4 = 0$

$\therefore \; x = +7$

$\underline{Mn}O_2^- \rightarrow x + (-2) \times 2 = -1$

$\therefore \; x = +3$

⑫ 산화수와 산화, 환원	① 산화 : 산화수가 증가하는 반응 　　　　(전자를 잃음) ② 환원 : 산화수가 감소하는 반응 　　　　(전자를 얻음)			

⑬ 주요 사슬 모양 알케인(C_nH_{2n+2}) 및 알킬(C_nH_{2n+1})

어미 변화

	Alkane (C_nH_{2n+2})	명칭	Alkyl (C_nH_{2n+1})	명칭
기체	CH_4	Methane	CH_3-	Methyl
	C_2H_6	Ethane	C_2H_5-	Ethyl
	C_3H_8	Propane	C_3H_7-	Propyl
	C_4H_{10}	Butane	C_4H_9-	Butyl
액체	C_5H_{12}	Pentane	$C_5H_{11}-$	Pentyl
	C_6H_{14}	Hexane	$C_6H_{13}-$	Hexyl
	C_7H_{16}	Heptane	$C_7H_{15}-$	Heptyl
	C_8H_{18}	Octane	$C_8H_{17}-$	Octyl
	C_9H_{20}	Nonane	$C_9H_{19}-$	Nonyl
	$C_{10}H_{22}$	Decane	$C_{10}H_{21}-$	Decyl

⑭ 몇 가지 작용기와 화합물

작용기	이름	작용기를 가지는 화합물의 일반식	일반명	화합물의 예
$-OH$	하이드록시기	$R-OH$	알코올	• CH_3OH • C_2H_5OH
$-O-$	에터 결합	$R-O-R'$	에터	• CH_3OCH_3 • $C_2H_5OC_2H_5$
$-C\langle{}^O_H$	포밀기	$R-C\langle{}^O_H$	알데하이드	• $HCHO$ • CH_3CHO
$-\overset{\\|}{\underset{O}{C}}-$	카보닐기 (케톤기)	$R-\overset{O}{\overset{\\|}{C}}-R'$	케톤	$CH_3COC_2H_5$
$-C\langle{}^O_{O-H}$	카복실기	$R-C\langle{}^O_{O-H}$	카복실산	• $HCOOH$ • CH_3COOH
$-C\langle{}^O_{O-}$	에스터 결합	$R-C\langle{}^O_{O-R'}$	에스터	• $HCOOCH_3$ • CH_3COOCH_3
$-NH_2$	아미노기	$R-NH_2$	아민	• CH_3NH_2 • $CH_3CH_2NH_2$

2. 화재예방

무료강의

1 연소	열과 빛을 동반하는 산화반응
2 연소의 3요소	가연성 물질, 산소 공급원(조연성 물질), 점화원
3 연소의 4요소 **(연쇄반응 추가 시)**	① 가연성 물질 　㉮ 산소와의 친화력이 클 것 　㉯ 고체·액체에서는 분자구조가 복잡해질수록 열전도율이 작을 것 　　(단, 기체분자의 경우 단순할수록 가볍기 때문에 확산속도가 빠르고 　　분해가 쉽다. 따라서 열전도율이 클수록 연소폭발의 위험이 있다.) 　㉰ 활성화에너지가 적을 것 　㉱ 연소열이 클 것 　㉲ 크기가 작아 접촉면적이 클 것 ② 산소 공급원(조연성 물질) 　가연성 물질의 산화반응을 도와주는 물질로, 공기, 산화제(제1류 위험물, 　제6류 위험물 등), 자기반응성 물질(제5류 위험물), 할로젠 원소 등이 대 　표적인 조연성 물질이다. ③ 점화원(열원, heat energy sources) 　㉮ 화학적 에너지원 : 반응열 등으로 산화열, 연소열, 분해열, 융해열 등 　㉯ 전기적 에너지원 : 저항열, 유도열, 유전열, 정전기열(정전기 불꽃), 낙 　　뢰에 의한 열, 아크방전(전기불꽃 에너지) 등 　㉰ 기계적 에너지원 : 마찰열, 마찰스파크열(충격열), 단열압축열 등 ④ 연쇄반응 　가연성 물질이 유기화합물인 경우 불꽃 연소가 개시되어 열을 발생하는 　경우 발생된 열은 가연성 물질의 형태를 연소가 용이한 중간체(화학에서 　자유 라디칼이라 함)를 형성하여 연소를 촉진시킨다. 이와 같이 에너지에 　의해 연소가 용이한 라디칼의 형성은 연쇄적으로 이루어지며, 점화원이 　제거되어도 생성된 라디칼이 완전하게 소실되는 시점까지 연소를 지속시 　킬 수 있는 현상이다.

4 온도에 따른 **불꽃의 색상**	불꽃 온도	불꽃 색깔	불꽃 온도	불꽃 색깔
	500℃	적열	1,100℃	황적색
	700℃	암적색	1,300℃	백적색
	850℃	적색	1,500℃	휘백색
	950℃	휘적색	–	–

5 연소의 형태	① 기체의 연소 　㉮ 확산연소(불균일연소) : 가연성 가스와 공기를 미리 혼합하지 않고 산소의 공급을 가스의 확산에 의하여 주위에 있는 공기와 혼합하여 연소하는 것 　㉯ 예혼합연소(균일연소) : 가연성 가스와 공기를 혼합하여 연소시키는 것 ② 액체의 연소 　㉮ 분무연소(액적연소) : 점도가 높고, 비휘발성인 액체를 안개상으로 분사하여 액체의 표면적을 넓혀 연소시키는 것 　㉯ 증발연소 : 가연성 액체를 외부에서 가열하거나 연소열이 미치면 그 액표면에 가연가스(증기)가 증발하여 연소되는 것 　　예 휘발유, 알코올 등 　㉰ 분해연소 : 비휘발성이거나 끓는점이 높은 가연성 액체가 연소할 때는 먼저 열분해하여 탄소가 석출되면서 연소하는 것 　　예 중유, 타르 등 ③ 고체의 연소 　㉮ 표면연소(직접연소) : 열분해에 의하여 가연성 가스를 발생치 않고 그 자체가 연소하는 형태로서 연소반응이 고체의 표면에서 이루어지는 것 　　예 목탄, 코크스, 금속분 등 　㉯ 분해연소 : 가연성 가스가 공기 중에서 산소와 혼합되어 연소하는 것 　　예 목재, 석탄, 종이 등 　㉰ **증발연소** : 가연성 고체에 열을 가하면 융해되어 여기서 생긴 액체가 기화되고 이로 인한 연소가 이루어지는 것 　　예 **황, 나프탈렌, 양초, 장뇌 등** 　㉱ 내부연소(자기연소) : 물질 자체의 분자 안에 산소를 함유하고 있는 물질이 연소 시 외부에서의 산소 공급을 필요로 하지 않고 물질 자체가 갖고 있는 산소를 소비하면서 연소하는 것 　　예 질산에스터류, 나이트로화합물류 등
6 연소에 관한 물성	① **인화점**(flash point) : 가연성 액체를 가열하면서 액체의 표면에 점화원을 주었을 때 증기가 인화하는 액체의 최저온도를 인화점 혹은 인화온도라 하며, 인화가 일어나는 액체의 최저온도 ② **연소점**(fire point) : 상온에서 액체상태로 존재하는 가연성 물질의 연소상태를 5초 이상 유지시키기 위한 온도 ③ **발화점**(발화온도, 착화점, 착화온도, ignition point) : 점화원을 부여하지 않고 가연성 물질을 조연성 물질과 공존하는 상태에서 가열하여 발화하는 최저온도
7 정전기에너지 구하는 식	$$E = \frac{1}{2}CV^2 = \frac{1}{2}QV$$ 여기서, E : 정전기에너지(J), C : 정전용량(F), V : 전압(V), Q : 전기량(C)

8 자연발화의 분류	자연발화 원인	자연발화 형태
	산화열	건성유(정어리기름, 아마인유, 들기름 등), 반건성유(면실유, 대두유 등)가 적셔진 다공성 가연물, 원면, 석탄, 금속분, 고무조각 등
	분해열	나이트로셀룰로스, 셀룰로이드류, 나이트로글리세린 등의 질산에스터류
	흡착열	탄소분말(유연탄, 목탄 등), 가연성 물질＋촉매
	중합열	아크릴로나이트릴, 스타이렌, 바이닐아세테이트 등의 중합반응
	미생물발열	퇴비, 먼지, 퇴적물, 곡물 등

9 자연발화 예방대책	① 통풍, 환기, 저장방법 등을 고려하여 **열의 축적을 방지**한다. ② 반응속도를 낮추기 위하여 **온도 상승을 방지**한다. ③ **습도를 낮게** 유지한다(습도가 높은 경우 열의 축적이 용이함).

10 르 샤틀리에 (Le Chatelier)의 혼합가스 폭발범위를 구하는 식	$\dfrac{100}{L} = \dfrac{V_1}{L_1} + \dfrac{V_2}{L_2} + \dfrac{V_3}{L_3} + \cdots$ $\therefore\ L = \dfrac{100}{\left(\dfrac{V_1}{L_1} + \dfrac{V_2}{L_2} + \dfrac{V_3}{L_3} + \cdots\right)}$ 여기서, L : 혼합가스의 폭발 한계치 　　　　$L_1,\ L_2,\ L_3$: 각 성분의 단독폭발 한계치(vol%) 　　　　$V_1,\ V_2,\ V_3$: 각 성분의 체적(vol%)

11 위험도(H)	가연성 혼합가스의 연소범위에 의해 결정되는 값이다. $H = \dfrac{U - L}{L}$ 여기서, H : 위험도, U : 연소 상한치(UEL), L : 연소 하한치(LEL)

12 폭굉유도거리(DID)가 짧아지는 경우	① 정상연소속도가 큰 혼합가스일수록 ② 관 속에 방해물이 있거나 관 지름이 가늘수록 ③ 압력이 높을수록 ④ 점화원의 에너지가 강할수록

13 피뢰 설치대상	지정수량 10배 이상의 위험물을 취급하는 제조소 (제6류 위험물을 취급하는 제조소는 제외)

14 화재의 분류	화재 분류	명칭	비고	소화
	A급 화재	일반화재	연소 후 재를 남기는 화재	냉각소화
	B급 화재	유류화재	연소 후 재를 남기지 않는 화재	질식소화
	C급 화재	전기화재	전기에 의한 발열체가 발화원이 되는 화재	질식소화
	D급 화재	금속화재	금속 및 금속의 분, 박, 리본 등에 의해서 발생되는 화재	피복소화
	F급 화재 (또는 K급 화재)	주방화재	가연성 튀김기름을 포함한 조리로 인한 화재	냉각 · 질식소화

⓵⓹ 유류탱크 및 가스 탱크에서 발생하는 폭발현상	① 보일오버(boil-over) : 연소유면으로부터 100℃ 이상의 열파가 탱크 저부에 고여 있는 물을 비등하게 하면서 연소유를 탱크 밖으로 비산시키며 연소하는 현상 ② 슬롭오버(slop-over) : 물이 연소유의 뜨거운 표면에 들어갈 때 기름 표면에서 화재가 발생하는 현상 ③ 블레비(Boiling Liquid Expanding Vapor Explosion, BLEVE) : 액화가스탱크 주위에서 화재 등이 발생하여 기상부의 탱크 강판이 국부적으로 가열되면 그 부분의 강도가 약해져 그로 인해 탱크가 파열된다. 이때 내부에서 가열된 액화가스가 급격히 유출, 팽창되어 화구(fire ball)를 형성하며 폭발하는 현상 ④ 증기운폭발(Unconfined Vapor Cloud Explosion, UVCE) : 대기 중에 대량의 가연성 가스나 인화성 액체가 유출되어 그것으로부터 발생되는 증기가 대기 중의 공기와 혼합하여 폭발성인 증기운(vapor cloud)을 형성하고 이때 착화원에 의해 화구(fire ball)형태로 착화, 폭발하는 현상
⓵⓺ 위험장소의 분류	① 0종 장소 : 위험분위기가 정상상태에서 장시간 지속되는 장소 ② 1종 장소 : 정상상태에서 위험분위기를 생성할 우려가 있는 장소 ③ 2종 장소 : 이상상태에서 위험분위기를 생성할 우려가 있는 장소 ④ 준위험장소 : 예상사고로 폭발성 가스가 대량 유출되어 위험분위기가 되는 장소

3. 소화방법

1 소화방법의 종류	① 제거소화 : 연소에 필요한 가연성 물질을 제거하여 소화시키는 방법 ② 질식소화 : 공기 중의 산소의 양을 15% 이하가 되게 하여 산소 공급원의 양을 변화시켜 소화하는 방법 ③ 냉각소화 : 연소 중인 가연성 물질의 온도를 인화점 이하로 냉각시켜 소화하는 방법 ④ 부촉매(화학)소화 : 가연성 물질의 연소 시 연속적인 연쇄반응을 억제·방해 또는 차단시켜 소화하는 방법 ⑤ 희석소화 : 수용성 가연성 물질의 화재 시 다량의 물을 일시에 방사하여 연소범위의 하한계 이하로 희석하여 화재를 소화시키는 방법
2 소화약제 관련 용어	① NOAEL(No Observed Adverse Effect Level) 농도를 증가시킬 때 아무런 악영향도 감지할 수 없는 최대허용농도 → 최대허용설계농도 ② LOAEL(Lowest Observed Adverse Effect Level) 농도를 감소시킬 때 어떠한 악영향도 감지할 수 있는 최소허용농도 ③ ODP(오존층파괴지수) $= \dfrac{\text{물질 1kg에 의해 파괴되는 오존량}}{\text{CFC}-11\ \text{1kg에 의해 파괴되는 오존량}}$ ④ GWP(지구온난화지수) $= \dfrac{\text{물질 1kg이 영향을 주는 지구온난화 정도}}{\text{CO}_2\ \text{1kg이 영향을 주는 지구온난화 정도}}$ ⑤ ALT(대기권 잔존수명) 물질이 방사된 후 대기권 내에서 분해되지 않고 체류하는 잔류기간 (단위 : 년) ⑥ LC_{50} : 4시간 동안 쥐에게 노출했을 때 그 중 50%가 사망하는 농도 ⑦ ALC : 사망에 이르게 할 수 있는 최소농도
3 전기설비의 소화설비	제조소 등에 전기설비(전기배선, 조명기구 등은 제외)가 설치된 경우에는 해당 장소의 면적 100m²마다 소형 수동식 소화기를 1개 이상 설치해야 한다.

4 능력단위 (소방기구의 소화능력)

소화설비	용량	능력단위
마른모래	50L (삽 1개 포함)	0.5
팽창질석, 팽창진주암	160L (삽 1개 포함)	1
소화전용 물통	8L	0.3
수조	190L (소화전용 물통 6개 포함)	2.5
	80L (소화전용 물통 3개 포함)	1.5

5 소요단위		소화설비의 설치대상이 되는 건축물의 규모 또는 위험물 양에 대한 기준단위이다.	
		소요단위	
	1단위	제조소 또는 취급소용 건축물의 경우	내화구조 외벽을 갖춘 연면적 100m²
			내화구조 외벽이 아닌 연면적 50m²
		저장소 건축물의 경우	내화구조 외벽을 갖춘 연면적 150m²
			내화구조 외벽이 아닌 연면적 75m²
		위험물의 경우	지정수량의 10배

6 소화약제 총정리

소화약제	소화효과	종류	성상	주요 내용
물	• 냉각 • 질식(수증기) • 유화(에멀션) • 희석 • 타격	동결방지제 (에틸렌글리콜, 염화칼슘, 염화나트륨, 프로필렌글리콜)	• 값이 싸고, 구하기 쉬움 • 표면장력=72.7dyne/cm, 용융열=79.7cal/g • **증발잠열=539.63cal/g** • 증발 시 체적 : 1,700배 • 밀폐장소 : 분무희석소화효과	• 극성분자 • 수소결합 • 비압축성 유체
강화액	• 냉각 • 부촉매	• 축압식 • 가스가압식	• 물의 소화능력 개선 • 알칼리금속염의 탄산칼륨, 인산암모늄 첨가 • $K_2CO_3 + H_2O \rightarrow K_2O + CO_2 + H_2O$	• 침투제, 방염제 첨가로 소화능력 향상 • −30℃ 사용 가능
산-알칼리	질식+냉각	–	$2NaHCO_3 + H_2SO_4 \rightarrow Na_2SO_4 + 2CO_2 + 2H_2O$	방사압력원 : CO_2
포소화	질식+냉각	기계포	단백포 (3%, 6%)	• 동식물성 단백질의 가수분해생성물 • 철분(안정제)으로 인해 포의 유동성이 나쁘며, 소화속도 느림 • 재연방지효과 우수(5년 보관)	Ring fire 방지
			합성계면활성제포 (1%, 1.5%, 2%, 3%, 6%)	• 유동성 우수, 내유성은 약하고 소포 빠름 • 유동성이 좋아 소화속도 빠름 (유출유화재에 적합)	• 고팽창, 저팽창 가능 • Ring fire 발생
			수성막포(AFFF) (3%, 6%)	• **유류화재에 가장 탁월**(일명 라이트워터) • 단백포에 비해 1.5 내지 4배 소화효과 • Twin agent system(with 분말약제) • 유출유화재에 적합	Ring fire 발생으로 탱크화재에 부적합
	희석		내알코올포 (3%, 6%)	• 내화성 우수 • 거품이 파포된 불용성 겔(gel) 형성	• 내화성 좋음 • 경년기간 짧고, 고가
			*성능 비교 : 수성막포＞계면활성제포＞단백포	
	질식+냉각	화학포	• A제 : $NaHCO_3$, B제 : $Al_2(SO)_4$ • $6NaHCO_3 + Al_2SO_4 \cdot 18H_2O$ $\rightarrow 3Na_2SO_4 + 2Al(OH)_3 + 6CO_2 + 18H_2O$	• Ring fire 방지 • 소화속도 느림
CO_2	질식+냉각	–	• 표준설계농도 : 34%(산소농도 15% 이하) • 삼중점 : 5.1kg/cm², −56.5℃	• ODP=0 • 동상 우려, 피난 불편 • 줄−톰슨 효과

소화약제	소화효과	종류	성상	주요 내용
할론	• 부촉매작용 • 냉각효과 • 질식작용 • 희석효과 * 소화력 F<Cl<Br<I * 화학안정성 F>Cl>Br>I	할론 104 (CCl₄)	• 최초 개발 약제 • **포스겐 발생으로 사용 금지** • 불꽃연소에 강한 소화력	법적으로 사용 금지
		할론 1011 (CClBrH₂)	• 2차대전 후 출현 • 불연성, 증발성 및 부식성 액체	–
		할론 1211(ODP=2.4) (CF₂ClBr)	• 소화농도 : 3.8% • 밀폐공간 사용 곤란	• 증기비중 5.7 • 방사거리 4~5m 소화기용
		할론 1301(ODP=14) (CF₃Br)	• 5%의 농도에서 소화(증기비중=5.11) • **인체에 가장 무해한 할론 약제**	• 증기비중 5.1 • 방사거리 3~4m 소화설비용
		할론 2402(ODP=6.6) (C₂F₄Br₂)	• 할론 약제 중 유일한 에테인의 유도체 • 상온에서 액체	독성으로 인해 국내외 생산 무

※ 할론 소화약제 명명법 : 할론 XABC

```
할론 XABC
        └─→ Br원자의 개수
      └───→ Cl원자의 개수
    └─────→ F원자의 개수
  └───────→ C원자의 개수
```

소화약제	소화효과	종류	성상	주요 내용
분말	• 냉각효과 (흡열반응) • 질식작용 (CO₂ 발생) • 희석효과 • 부촉매작용	1종 (NaHCO₃)	• (B, C급) • **비누화효과(식용유화재 적응)** • 방습가공제 : 스테아린산 Zn, Mg	• 가압원 : N₂, CO₂ • 소화입도 : 10~75µm • 최적입도 : 20~25µm • Knock down 효과 : 10~20초 이내 소화
			• 1차 분해반응식(270℃) $2NaHCO_3 \rightarrow Na_2CO_3+CO_2+H_2O$ • 2차 분해반응식(850℃) $2NaHCO_3 \rightarrow Na_2O+2CO_2+H_2O$	
		2종 (KHCO₃)	• 담회색(B,C급) • 1종보다 2배 소화효과 • 1종 개량형	
			• 1차 분해반응식(190℃) $2KHCO_3 \rightarrow K_2CO_3+CO_2+H_2O$ • 2차 분해반응식(590℃) $2KHCO_3 \rightarrow K_2O+2CO_2+H_2O$	
		3종 (NH₄H₂PO₄)	• 담홍색 또는 황색(A, B, C급) • 방습가공제 : 실리콘 오일 • **열분해반응식 : $NH_4H_2PO_4 \rightarrow HPO_3+NH_3+H_2O$**	
			• 190℃에서 분해 $NH_4H_2PO_4 \rightarrow NH_3+H_3PO_4$ (인산) • 215℃에서 분해 $2H_3PO_4 \rightarrow H_2O+H_4P_2O_7$ (피로인산) • 300℃에서 분해 $H_4P_2O_7 \rightarrow H_2O+2HPO_3$ (메타인산)	
		4종 [CO(NH₂)₂ +KHCO₃]	• (B, C급) • 2종 개량 • 국내생산 무	
			$2KHCO_3+CO(NH_2)_2 \rightarrow K_2CO_3+2NH_3+2CO_2$	

※ **소화능력** : 할론 1301=3 > 분말=2 > 할론 2402=1.7 > 할론 1211=1.4 > 할론 104=1.1 > CO₂=1

7 할로젠화합물 소화약제의 종류	소화약제	화학식
	펜타플루오로에테인 (HFC-125)	CHF_2CF_3
	헵타플루오로프로페인 (HFC-227ea)	CF_3CHFCF_3
	트라이플루오로메테인 (HFC-23)	CHF_3
	도데카플루오로-2-메틸펜테인-3-원 (FK-5-1-12)	$CF_3CF_2C(O)CF(CF_3)_2$

※ 명명법(첫째 자리 반올림)

HFC X Y Z
- → 분자 내 플루오린수
- → 분자 내 수소수+1
- → 분자 내 탄소수-1 (메테인계는 0이지만 표기안함)

8 불활성기체 소화약제의 종류	소화약제	화학식
	불연성·불활성 기체 혼합가스 (IG-01)	Ar
	불연성·불활성 기체 혼합가스 (IG-100)	N_2
	불연성·불활성 기체 혼합가스 (IG-541)	$N_2 : 52\%,\ Ar : 40\%,\ CO_2 : 8\%$
	불연성·불활성 기체 혼합가스 (IG-55)	$N_2 : 50\%,\ Ar : 50\%$

※ 명명법(첫째 자리 반올림)

IG-A B C
- → CO_2의 농도
- → Ar의 농도
- → N_2의 농도

9 소화기의 사용방법

① 각 소화기는 **적응화재**에만 사용할 것
② 성능에 따라 **화점 가까이** 접근하여 사용할 것
③ 소화 시에는 **바람을 등지고** 소화할 것
④ 소화작업은 좌우로 **골고루** 소화약제를 방사할 것

4. 소방시설

무료강의

1 소화설비의 종류	① 소화기구(소화기, 자동소화장치, 간이소화용구) ② 옥내소화전설비 ③ 옥외소화전설비 ④ 스프링클러소화설비 ⑤ **물분무 등 소화설비(물분무소화설비, 포소화설비, 불활성가스소화설비, 할로젠화합물소화설비, 분말소화설비)**
2 소화기의 설치기준	각 층마다 설치하되, 특정소방대상물의 각 부분으로부터 1개의 소화기까지의 보행거리가 **소형 소화기의 경우에는 20m 이내, 대형 소화기의 경우에는 30m 이내**가 되도록 배치할 것

3 옥내 · 옥외 소화전설비의 설치기준

구분	옥내소화전설비	옥외소화전설비
방호대상물에서 호스 접속구까지의 거리	25m	40m
개폐밸브 및 호스 접속구	지반면으로부터 1.5m 이하	지반면으로부터 1.5m 이하
수원의 양(Q, m³)	$N \times 7.8 m^3$ (N은 5개 이상인 경우 5개)	$N \times 13.5 m^3$ (N은 4개 이상인 경우 4개)
노즐 선단의 방수압력	0.35MPa	0.35MPa
분당 방수량	260L	450L

4 스프링클러설비의 장단점

장점	단점
• 초기진화에 특히 절대적인 효과가 있다. • 약제가 물이라서 값이 싸고, 복구가 쉽다. • 오동작 · 오보가 없다(감지부가 기계적). • 조작이 간편하고 안전하다. • 야간이라도 자동으로 화재감지경보를 울리고, 소화할 수 있다.	• 초기시설비가 많이 든다. • 다른 설비와 비교했을 때 시공이 복잡하다. • 물로 인한 피해가 크다.

5 폐쇄형 스프링클러헤드 부착장소의 평상시 최고주위온도에 따른 표시온도

최고주위온도(℃)	표시온도(℃)
28 미만	58 미만
28 이상, 39 미만	58 이상, 79 미만
39 이상, 64 미만	79 이상, 121 미만
64 이상, 106 미만	121 이상, 162 미만
106 이상	162 이상

6 포소화약제의 혼합장치	① 펌프혼합방식(펌프 프로포셔너 방식) : 농도조절밸브에서 조정된 포소화약제의 필요량을 포소화약제 탱크에서 펌프흡입측으로 보내어 이를 혼합하는 방식 ② 차압혼합방식(프레셔 프로포셔너 방식) : 벤투리관의 벤투리작용과 펌프 가압수의 포소화약제 저장탱크에 대한 압력에 의하여 포소화약제를 흡입·혼합하는 방식 ③ 관로혼합방식(라인 프로포셔너 방식) : 펌프와 발포기 중간에 설치된 벤투리관의 벤투리작용에 의해 포소화약제를 흡입하여 혼합하는 방식 ④ 압입혼합방식(프레셔 사이드 프로포셔너 방식) : 펌프의 토출관에 압입기를 설치하여 포소화약제 압입용 펌프로 포소화약제를 압입시켜 혼합하는 방식
7 이산화탄소 저장용기의 설치기준	① 방호구역 외의 장소에 설치할 것 ② 온도가 40℃ 이하이고, 온도 변화가 적은 장소에 설치할 것 ③ 직사일광 및 빗물이 침투할 우려가 적은 장소에 설치할 것 ④ 저장용기에는 안전장치를 설치할 것 ⑤ 저장용기의 외면에 소화약제의 종류와 양, 제조연도 및 제조자를 표시할 것
8 이산화탄소를 저장하는 저압식 저장용기의 기준	① 이산화탄소를 저장하는 저압식 저장용기에는 액면계 및 압력계를 설치할 것 ② 이산화탄소를 저장하는 저압식 저장용기에는 **2.3MPa 이상의 압력 및 1.9MPa 이하의 압력에서 작동하는 압력경보장치**를 설치할 것 ③ 이산화탄소를 저장하는 저압식 저장용기에는 용기 내부의 온도를 **−20℃ 이상, −18℃ 이하로 유지할 수 있는 자동냉동기**를 설치할 것 ④ 이산화탄소를 저장하는 저압식 저장용기에는 파괴판을 설치할 것 ⑤ 이산화탄소를 저장하는 저압식 저장용기에는 방출밸브를 설치할 것
9 경보설비	경보설비란 화재발생 초기단계에서 가능한 한 빠른 시간에 정확하게 화재를 감지하는 기능은 물론, 불특정 다수인에게 화재의 발생을 통보하는 기계, 기구 또는 설비로, 종류는 다음과 같다. ① 자동화재탐지설비 ② 자동화재속보설비 ③ 비상경보설비(비상벨, 자동식 사이렌, 단독형 화재경보기, 확성장치) ④ 비상방송설비 ⑤ 누전경보설비 ⑥ 가스누설경보설비
10 피난설비	피난설비란 화재발생 시 화재구역 내에 있는 불특정 다수인을 안전한 장소로 피난 및 대피시키기 위해 사용하는 설비로, 종류는 다음과 같다. ① 피난기구 ② 인명구조기구(방열복, 공기호흡기, 인공소생기 등) ③ 유도등 및 유도표시 ④ 비상조명설비

5. 위험물의 지정수량, 게시판

무료강의

1 위험물의 분류

지정 수량	1류 산화성 고체		2류 가연성 고체		3류 자연발화성 및 금수성 물질		4류 인화성 액체		5류 자기반응성 물질	6류 산화성 액체	
10kg			Ⅰ등급		칼륨 나트륨 알킬알루미늄 알킬리튬	Ⅰ			• 제1종 : 10kg • 제2종 : 100kg 유기과산화물 질산에스터류 나이트로화합물 나이트로소화합물 아조화합물 다이아조화합물 하이드라진 유도체 하이드록실아민 하이드록실아민염류		
20kg					황린	Ⅰ					
50kg	아염소산염류 염소산염류 과염소산염류 무기과산화물	Ⅰ			알칼리금속 및 알칼리토금속 유기금속화합물	Ⅱ	특수인화물 (50L)	Ⅰ			
100kg			황화인 적린 황	Ⅱ							
200kg			Ⅱ등급				제1석유류 (200~400L) 알코올류 (400L)	Ⅱ			
300kg	브로민산염류 아이오딘산염류 질산염류	Ⅱ			금속의 수소화물 금속의 인화물 칼슘 또는 알루미늄의 탄화물	Ⅲ				과염소산 과산화수소 질산	Ⅰ
500kg			철분 금속분 마그네슘	Ⅲ							
1,000kg	과망가니즈산염류 다이크로뮴산염류	Ⅲ	인화성 고체	Ⅲ			제2석유류 (1,000~2,000L)	Ⅲ			
			Ⅲ등급				제3석유류 (2,000~4,000L)	Ⅲ			
							제4석유류 (6,000L)	Ⅲ			
							동식물유류 (10,000L)	Ⅲ			

2 위험물 게시판의 주의사항

유별 / 내용	1류 산화성 고체	2류 가연성 고체	3류 자연발화성 및 금수성 물질	4류 인화성 액체	5류 자기반응성 물질	6류 산화성 액체
공통 주의사항	화기 · 충격주의 가연물접촉주의	화기주의	(자연발화성) 화기엄금 및 공기접촉엄금	화기엄금	화기엄금 및 충격주의	가연물접촉주의
예외 주의사항	무기과산화물 : 물기엄금	• 철분, 금속분 마그네슘분 : 물기엄금 • 인화성 고체 : 화기엄금	(금수성) 물기엄금	–	–	–
방수성 덮개	무기과산화물	철분, 금속분, 마그네슘	금수성 물질	✕	✕	✕
차광성 덮개	◯	✕	자연발화성 물질	특수인화물	◯	◯
소화방법	주수에 의한 냉각소화 (단, 과산화물의 경우 모래 또는 소다재에 의한 질식소화)	주수에 의한 냉각소화 (단, 황화인, 철분, 금속분, 마그네슘의 경우 건조사에 의한 질식소화)	건조사, 팽창질석 및 팽 창진주암으로 질식소화 (물, CO_2, 할론 소화 일 체 금지)	질식소화(CO_2, 할론, 분말, 포) 및 안개상의 주수소화 (단, 수용성 알코올의 경 우 내알코올포)	다량의 주수에 의한 냉각소화	건조사 또는 분말소 화약제 (단, 소량의 경우 다 량의 주수에 의한 희 석소화)

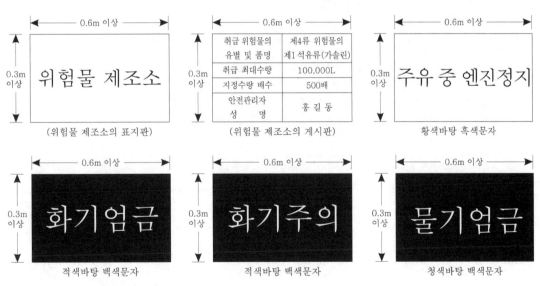

— 0.6m 이상 —
0.3m 이상

위험물 제조소

(위험물 제조소의 표지판)

— 0.6m 이상 —
0.3m 이상

취급 위험물의 유별 및 품명	제4류 위험물의 제1 석유류(가솔린)
취급 최대수량	100,000L
지정수량 배수	500배
안전관리자 성 명	홍 길 동

(위험물 제조소의 게시판)

— 0.6m 이상 —
0.3m 이상

주유 중 엔진정지

황색바탕 흑색문자

— 0.6m 이상 —
0.3m 이상

화기엄금

적색바탕 백색문자

— 0.6m 이상 —
0.3m 이상

화기주의

적색바탕 백색문자

— 0.6m 이상 —
0.3m 이상

물기엄금

청색바탕 백색문자

1. 액상 : 수직으로 된 시험관(안지름 30밀리미터, 높이 120밀리미터의 원통형 유리관을 말한다)에 시료를 55밀리미터까지 채운 다음 해당 시험관을 수평으로 하였을 때 시료액면의 선단이 30밀리미터를 이동하는 데 걸리는 시간이 90초 이내에 있는 것을 말한다.

2. 황 : 순도가 **60중량퍼센트 이상**인 것을 말한다. 이 경우 순도측정에 있어서 불순물은 활석 등 불연성 물질과 수분에 한한다.

3. 철분 : 철의 분말로서 **53마이크로미터의 표준체를 통과하는 것이 50중량퍼센트 미만인 것은 제외**한다.

4. 금속분 : 알칼리금속·알칼리토류금속·철 및 마그네슘 외의 금속의 분말을 말하고, **구리분·니켈분 및 150마이크로미터의 체를 통과하는 것이 50중량퍼센트 미만인 것은 제외**한다.

5. 마그네슘 및 마그네슘을 함유한 것에 있어서 다음에 해당하는 것은 제외
   ① 2밀리미터의 체를 통과하지 아니하는 덩어리상태의 것
   ② 직경 2밀리미터 이상의 막대모양의 것

6. 인화성 고체 : **고형 알코올**, 그 밖에 1기압에서 **인화점이 섭씨 40도 미만인 고체**를 말한다.

7. 인화성 액체 : 액체(제3석유류, 제4석유류 및 동식물유류에 있어서는 1기압과 섭씨 20도에서 액상인 것에 한한다)로서 인화의 위험성이 있는 것을 말한다.

8. 특수인화물 : 이황화탄소, 다이에틸에터, 그 밖에 1기압에서 **발화점이 섭씨 100도 이하인 것 또는 인화점이 섭씨 영하 20도 이하이고 비점이 섭씨 40도 이하인 것**을 말한다.

9. 제1석유류 : **아세톤, 휘발유**, 그 밖에 1기압에서 **인화점이 섭씨 21도 미만**인 것을 말한다.

10. 알코올류 : 1분자를 구성하는 **탄소원자의 수가 1개부터 3개까지인 포화1가 알코올**(변성 알코올을 포함한다)을 말한다.

11. 제2석유류 : **등유, 경유**, 그 밖에 1기압에서 **인화점이 섭씨 21도 이상 70도 미만인 것**을 말한다.

12. 제3석유류 : **중유, 크레오소트유**, 그 밖에 1기압에서 **인화점이 섭씨 70도 이상 섭씨 200도 미만인 것**을 말한다.

13. 제4석유류 : **기어유, 실린더유**, 그 밖에 1기압에서 **인화점이 섭씨 200도 이상 섭씨 250도 미만**인 것을 말한다.

14. 동식물유류 : 동물의 지육 등 또는 식물의 종자나 과육으로부터 추출한 것으로서 1기압에서 인화점이 섭씨 250도 미만인 것을 말한다.

15. 과산화수소 : 그 농도가 **36중량퍼센트 이상**인 것

16. 질산 : 그 **비중이 1.49 이상**인 것

17. **복수성상물품(2가지 이상 포함하는 물품)의 판단기준**은 보다 위험한 경우로 판단한다.
   ① **제1류**(산화성 고체) 및 **제2류**(가연성 고체)의 경우 **제2류**
   ② **제1류**(산화성 고체) 및 **제5류**(자기반응성 물질)의 경우 **제5류**
   ③ **제2류**(가연성 고체) 및 **제3류**(자연발화성 및 금수성 물질)의 **제3류**
   ④ **제3류**(자연발화성 및 금수성 물질) 및 **제4류**(인화성 액체)의 경우 **제3류**
   ⑤ **제4류**(인화성 액체) 및 **제5류**(자기반응성 물질)의 경우 **제5류**

6. 중요 화학반응식

무료강의

1 물과의 반응식 (물질 + H_2O → 금속의 수산화물 + 가스)

① 반응물질 중 금속(M)을 찾는다. 금속과 수산기(OH^-)와의 화합물을 생성물로 적는다.
$M^+ + OH^- \rightarrow MOH$
M이 1족 원소(Li, Na, K)인 경우 MOH, M이 2족 원소(Mg, Ca)인 경우 $M(OH)_2$, M이 3족 원소(Al)인 경우 $M(OH)_3$가 된다.

② 제1류 위험물은 수산화금속+산소(O_2), 제2류 위험물은 수산화금속+수소(H_2), 제3류 위험물은 품목에 따라 생성되는 가스는 H_2, C_2H_2, PH_3, CH_4, C_2H_6 등 다양하게 생성된다.

제1류
(과산화칼륨) $2K_2O_2 + 2H_2O \rightarrow 4KOH + O_2$
(과산화나트륨) $2Na_2O_2 + 2H_2O \rightarrow 4NaOH + O_2$
(과산화마그네슘) $2MgO_2 + 2H_2O \rightarrow 2Mg(OH)_2 + O_2$
(과산화바륨) $2BaO_2 + 2H_2O \rightarrow 2Ba(OH)_2 + O_2$

제2류
(오황화인) $P_2S_5 + 8H_2O \rightarrow 5H_2S + 2H_3PO_4$
(철분) $2Fe + 3H_2O \rightarrow Fe_2O_3 + 3H_2$
(마그네슘) $Mg + 2H_2O \rightarrow Mg(OH)_2 + H_2$
(알루미늄) $2Al + 6H_2O \rightarrow 2Al(OH)_3 + 3H_2$
(아연) $Zn + 2H_2O \rightarrow Zn(OH)_2 + H_2$

제3류
(칼륨) $2K + 2H_2O \rightarrow 2KOH + H_2$
(나트륨) $2Na + 2H_2O \rightarrow 2NaOH + H_2$
(트라이에틸알루미늄) $(C_2H_5)_3Al + 3H_2O \rightarrow Al(OH)_3 + 3C_2H_6$
(리튬) $2Li + 2H_2O \rightarrow 2LiOH + H_2$
(칼슘) $Ca + 2H_2O \rightarrow Ca(OH)_2 + H_2$
(수소화리튬) $LiH + H_2O \rightarrow LiOH + H_2$
(수소화나트륨) $NaH + H_2O \rightarrow NaOH + H_2$
(수소화칼슘) $CaH_2 + 2H_2O \rightarrow Ca(OH)_2 + 2H_2$
(탄화칼슘) $CaC_2 + 2H_2O \rightarrow Ca(OH)_2 + C_2H_2$
(인화칼슘) $Ca_3P_2 + 6H_2O \rightarrow 3Ca(OH)_2 + 2PH_3$
(인화알루미늄) $AlP + 3H_2O \rightarrow Al(OH)_3 + PH_3$
(탄화알루미늄) $Al_4C_3 + 12H_2O \rightarrow 4Al(OH)_3 + 3CH_4$
(탄화리튬) $Li_2C_2 + 2H_2O \rightarrow 2LiOH + C_2H_2$
(탄화나트륨) $Na_2C_2 + 2H_2O \rightarrow 2NaOH + C_2H_2$
(탄화칼륨) $K_2C_2 + 2H_2O \rightarrow 2KOH + C_2H_2$
(탄화마그네슘) $MgC_2 + 2H_2O \rightarrow Mg(OH)_2 + C_2H_2$
(탄화베릴륨) $Be_2C + 4H_2O \rightarrow 2Be(OH)_2 + CH_4$
(탄화망가니즈) $Mn_3C + 6H_2O \rightarrow 3Mn(OH)_2 + CH_4 + H_2$

제4류
(이황화탄소) $CS_2 + 2H_2O \rightarrow CO_2 + 2H_2S$

2 연소반응식

① 반응물 중 산소와의 화합물을 생성물로 적는다.

$C^{|+4|} \diagdown \diagup O^{|-2|} \longrightarrow C_2O_4 \longrightarrow CO_2$

$H^{|+1|} \diagdown \diagup O^{|-2|} \longrightarrow H_2O$

$P^{|+5|} \diagdown \diagup O^{|-2|} \longrightarrow P_2O_5$

$Mg^{|+2|} \diagdown \diagup O^{|-2|} \longrightarrow Mg_2O_2 \longrightarrow MgO$

$Al^{|+3|} \diagdown \diagup O^{|-2|} \longrightarrow Al_2O_3$

$S^{|+4|} \diagdown \diagup O^{|-2|} \longrightarrow SO_2$

② 예상되는 생성물을 적고나면 화학반응식 개수를 맞춘다.

(삼황화인) $P_4S_3 + 8O_2 \rightarrow 2P_2O_5 + 3SO_2$ ⎫

(오황화인) $2P_2S_5 + 15O_2 \rightarrow 2P_2O_5 + 10SO_2$ ⎪

(적린) $4P + 5O_2 \rightarrow 2P_2O_5$ ⎪

(마그네슘) $2Mg + O_2 \rightarrow 2MgO$ ⎬ 제2류

(알루미늄) $4Al + 3O_2 \rightarrow 2Al_2O_3$ ⎪

(황) $S + O_2 \rightarrow SO_2$ ⎭

(칼륨) $4K + O_2 \rightarrow 2K_2O$ ⎫

(트라이에틸알루미늄) $2(C_2H_5)_3Al + 21O_2 \rightarrow 12CO_2 + Al_2O_3 + 15H_2O$ ⎬ 제3류

(황린) $P_4 + 5O_2 \rightarrow 2P_2O_5$ ⎭

(에탄올) $C_2H_5OH + 3O_2 \rightarrow 2CO_2 + 3H_2O$ ⎫

(이황화탄소) $CS_2 + 3O_2 \rightarrow CO_2 + 2SO_2$ ⎪

(벤젠) $2C_6H_6 + 15O_2 \rightarrow 12CO_2 + 6H_2O$ ⎪

(톨루엔) $C_6H_5CH_3 + 9O_2 \rightarrow 7CO_2 + 4H_2O$ ⎬ 제4류

(아세트산) $CH_3COOH + 2O_2 \rightarrow 2CO_2 + 2H_2O$ ⎪

(아세톤) $CH_3COCH_3 + 4O_2 \rightarrow 3CO_2 + 3H_2O$ ⎪

(다이에틸에터) $C_2H_5OC_2H_5 + 6O_2 \rightarrow 4CO_2 + 5H_2O$ ⎭

3 열분해반응식

(염소산칼륨) $2KClO_3 \rightarrow 2KCl + 3O_2$ ⎫

(과산화칼륨) $2K_2O_2 \rightarrow 2K_2O + O_2$ ⎪

(과산화나트륨) $2Na_2O_2 \rightarrow 2Na_2O + O_2$ ⎪

(질산암모늄) $2NH_4NO_3 \rightarrow 4H_2O + 2N_2 + O_2$ ⎪

(질산칼륨) $2KNO_3 \rightarrow 2KNO_2 + O_2$ ⎬ 제1류

(과망가니즈산칼륨) $2KMnO_4 \rightarrow K_2MnO_4 + MnO_2 + O_2$ ⎪

(다이크로뮴산암모늄) $(NH_4)_2Cr_2O_7 \rightarrow Cr_2O_3 + N_2 + 4H_2O$ ⎪

(삼산화크로뮴) $4CrO_3 \rightarrow 2Cr_2O_3 + 3O_2$ ⎭

(나이트로글리세린) $4C_3H_5(ONO_2)_3 \rightarrow 12CO_2 + 10H_2O + 6N_2 + O_2$ ⎫

(나이트로셀룰로스) $2C_{24}H_{29}O_9(ONO_2)_{11} \rightarrow 24CO_2 + 24CO + 12H_2O + 11N_2 + 17H_2$ ⎪

(트라이나이트로톨루엔) $2C_6H_2CH_3(NO_2)_3 \rightarrow 12CO + 2C + 3N_2 + 5H_2$ ⎬ 제5류

(트라이나이트로페놀) $2C_6H_2(NO_2)_3OH \rightarrow 4CO_2 + 6CO + 3N_2 + 2C + 3H_2$ ⎭

(과염소산) $HClO_4 \rightarrow HCl + 2O_2$ ⎫

(과산화수소) $2H_2O_2 \rightarrow 2H_2O + O_2$ ⎬ 제6류

(질산) $4HNO_3 \rightarrow 4NO_2 + 2H_2O + O_2$ ⎭

(제1종 분말소화약제) $2NaHCO_3 \rightarrow Na_2CO_3 + H_2O + CO_2$

(제2종 분말소화약제) $2KHCO_3 \rightarrow K_2CO_3 + H_2O + CO_2$

(제3종 분말소화약제) $NH_4H_2PO_4 \rightarrow NH_3 + H_2O + HPO_3$

④ 기타 반응식

(염소산칼륨＋황산) $4KClO_3 + 4H_2SO_4 \rightarrow 4KHSO_4 + 4ClO_2 + O_2 + 2H_2O$

(과산화마그네슘＋염산) $MgO_2 + 2HCl \rightarrow MgCl_2 + H_2O_2$

(과산화나트륨＋염산) $Na_2O_2 + 2HCl \rightarrow 2NaCl + H_2O_2$

(과산화나트륨＋초산) $Na_2O_2 + 2CH_3COOH \rightarrow 2CH_3COONa + H_2O_2$

(과산화나트륨＋이산화탄소) $2Na_2O_2 + 2CO_2 \rightarrow 2Na_2CO_3 + O_2$

(과산화바륨＋염산) $BaO_2 + 2HCl \rightarrow BaCl_2 + H_2O_2$

(철분＋염산) $2Fe + 6HCl \rightarrow 2FeCl_3 + 3H_2$, $Fe + 2HCl \rightarrow FeCl_2 + H_2$

(마그네슘＋염산) $Mg + 2HCl \rightarrow MgCl_2 + H_2$

(알루미늄＋염산) $2Al + 6HCl \rightarrow 2AlCl_3 + 3H_2$

(아연＋염산) $Zn + 2HCl \rightarrow ZnCl_2 + H_2$

(트라이에틸알루미늄＋에탄올) $(C_2H_5)_3Al + 3C_2H_5OH \rightarrow (C_2H_5O)_3Al + 3C_2H_6$

(칼륨＋이산화탄소) $4K + 3CO_2 \rightarrow 2K_2CO_3 + C$

(칼륨＋에탄올) $2K + 2C_2H_5OH \rightarrow 2C_2H_5OK + H_2$

(인화칼슘＋염산) $Ca_3P_2 + 6HCl \rightarrow 3CaCl_2 + 2PH_3$

(과산화수소＋하이드라진) $2H_2O_2 + N_2H_4 \rightarrow 4H_2O + N_2$

7. 제1류 위험물(산화성 고체)

무료강의

위험등급	품명	품목별 성상	지정수량
I	아염소산염류 (MClO₂)	**아염소산나트륨(NaClO₂)** : 산과 접촉 시 이산화염소(ClO₂)가스 발생 $3NaClO_2 + 2HCl \rightarrow 3NaCl + 2ClO_2 + H_2O_2$	50kg
	염소산염류 (MClO₃)	**염소산칼륨(KClO₃)** : 분해온도 400℃, 찬물, 알코올에는 잘 녹지 않고, 온수, 글리세린 등에는 잘 녹는다. $2KClO_3 \rightarrow 2KCl + 3O_2$ $4KClO_3 + 4H_2SO_4 \rightarrow 4KHSO_4 + 4ClO_2 + O_2 + 2H_2O$ **염소산나트륨(NaClO₃)** : 분해온도 300℃, $2NaClO_3 \rightarrow 2NaCl + 3O_2$ 산과 반응이나 분해 반응으로 독성이 있으며 폭발성이 강한 이산화염소(ClO₂)를 발생 $2NaClO_3 + 2HCl \rightarrow 2NaCl + 2ClO_2 + H_2O_2$	
	과염소산염류 (MClO₄)	**과염소산칼륨(KClO₄)** : 분해온도 400℃, 완전분해온도/융점 610℃ $KClO_4 \rightarrow KCl + 2O_2$	
	무기과산화물 (M₂O₂, MO₂)	**과산화나트륨(Na₂O₂)** : 물과 접촉 시 수산화나트륨(NaOH)과 산소(O₂)를 발생 $2Na_2O_2 + 2H_2O \rightarrow 4NaOH + O_2$ 산과 접촉 시 과산화수소 발생 $Na_2O_2 + 2HCl \rightarrow 2NaCl + H_2O_2$ **과산화칼륨(K₂O₂)** : 물과 접촉 시 수산화칼륨(KOH)과 산소(O₂)를 발생 $2K_2O_2 + 2H_2O \rightarrow 4KOH + O_2$ **과산화바륨(BaO₂)** : $2BaO_2 + 2H_2O \rightarrow 2Ba(OH)_2 + O_2$, $BaO_2 + 2HCl \rightarrow BaCl_2 + H_2O_2$ **과산화칼슘(CaO₂)** : $2CaO_2 \rightarrow 2CaO + O_2$, $CaO_2 + 2HCl \rightarrow CaCl_2 + H_2O_2$	
II	브로민산염류 (MBrO₃)	–	300kg
	질산염류 (MNO₃)	**질산칼륨(KNO₃)** : 흑색화약(질산칼륨 75% + 황 10% + 목탄 15%)의 원료로 이용 $16KNO_3 + 3S + 21C \rightarrow 13CO_2 + 3CO + 8N_2 + 5K_2CO_3 + K_2SO_4 + 2K_2S$ **질산나트륨(NaNO₃)** : 분해온도 약 380℃ $2NaNO_3 \rightarrow 2NaNO_2$(아질산나트륨) $+ O_2$ **질산암모늄(NH₄NO₃)** : 가열 또는 충격으로 폭발 $2NH_4NO_3 \rightarrow 4H_2O + 2N_2 + O_2$ **질산은(AgNO₃)** : $2AgNO_3 \rightarrow 2Ag + 2NO_2 + O_2$	
	아이오딘산염류 (MIO₃)	–	
III	과망가니즈산염류 (M′MnO₄)	**과망가니즈산칼륨(KMnO₄)** : 흑자색 결정 열분해반응식 : $2KMnO_4 \rightarrow K_2MnO_4 + MnO_2 + O_2$	1,000kg
	다이크로뮴산염류 (MCr₂O₇)	**다이크로뮴산칼륨(K₂Cr₂O₇)** : 등적색	
I ~ III	그 밖에 행정안전부령이 정하는 것	① 과아이오딘산염류(KIO₄) ② 과아이오딘산(HIO₄) ③ 크로뮴, 납 또는 아이오딘의 산화물(CrO₃) ④ 아질산염류(NaNO₂)	300kg
		⑤ 차아염소산염류(MClO)	50kg
		⑥ 염소화아이소사이아누르산(OCNClONClCONCl) ⑦ 퍼옥소이황산염류(K₂S₂O₈) ⑧ 퍼옥소붕산염류(NaBO₃)	300kg

- **공통성질**
  ① 무색결정 또는 백색분말이며, 비중이 1보다 크고 **수용성**인 것이 많다.
  ② **불연성**이며, **산소 다량 함유**, **지연성 물질**, 대부분 무기화합물
  ③ 반응성이 풍부하여 열, 타격, 충격, 마찰 및 다른 약품과의 접촉으로 분해하여 많은 산소를 방출하며 다른 가연물의 연소를 돕는다.
- **저장 및 취급 방법**
  ① **조해성이 있으므로 습기에 주의**하며, 용기는 밀폐하고 환기가 잘되는 찬곳에 저장할 것
  ② 열원이나 산화되기 쉬운 물질과 산 또는 화재 위험이 있는 곳으로부터 멀리 할 것
  ③ 용기의 파손에 의한 위험물의 누설에 주의하고, 다른 약품류 및 가연물과의 접촉을 피할 것
- **소화방법**
  불연성 물질이므로 원칙적으로 소화방법은 없으나 가연성 물질의 성질에 따라 주수에 의한 냉각소화
  (단, 과산화물은 모래 또는 소다재)

8. 제2류 위험물(가연성 고체)

위험등급	품명	품목별 성상	지정수량
Ⅱ	황화인	**삼황화인(P_4S_3)** : 착화점 100℃, 물, 황산, 염산 등에는 녹지 않고, 질산이나 이황화탄소(CS_2), 알칼리 등에 녹는다. $P_4S_3+8O_2 \rightarrow 2P_2O_5+3SO_2$ **오황화인(P_2S_5)** : 알코올이나 이황화탄소(CS_2)에 녹으며, 물이나 알칼리와 반응하면 분해하여 황화수소(H_2S)와 인산(H_3PO_4)으로 된다. $P_2S_5+8H_2O \rightarrow 5H_2S+2H_3PO_4$ **칠황화인(P_4S_7)** : 이황화탄소(CS_2), 물에는 약간 녹으며, 더운 물에서는 급격히 분해하여 황화수소(H_2S)와 인산(H_3PO_4)을 발생	100kg
Ⅱ	적린(P)	착화점 260℃, 조해성이 있으며, 물, 이황화탄소, 에터, 암모니아 등에는 녹지 않는다. 연소하면 황린이나 황화인과 같이 유독성이 심한 백색의 오산화인을 발생 $4P+5O_2 \rightarrow 2P_2O_5$	100kg
Ⅱ	황(S)	물, 산에는 녹지 않으며 알코올에는 약간 녹고, 이황화탄소(CS_2)에는 잘 녹는다(단, 고무상황은 녹지 않는다). 연소 시 아황산가스를 발생 $S+O_2 \rightarrow SO_2$ 수소와 반응해서 황화수소(달걀 썩는 냄새) 발생 $S+H_2 \rightarrow H_2S$	100kg
Ⅲ	철분(Fe)	$Fe+2HCl \rightarrow FeCl_2+H_2$ $2Fe+3H_2O \rightarrow Fe_2O_3+3H_2$	500kg
Ⅲ	금속분	**알루미늄분(Al)** : 물과 반응하면 수소가스를 발생 $2Al+6H_2O \rightarrow 2Al(OH)_3+3H_2$ **아연분(Zn)** : 아연이 염산과 반응하면 수소가스를 발생 $Zn+2HCl \rightarrow ZnCl_2+H_2$	500kg
Ⅲ	마그네슘(Mg)	산 및 온수와 반응하여 수소(H_2)를 발생 $Mg+2HCl \rightarrow MgCl_2+H_2$, $Mg+2H_2O \rightarrow Mg(OH)_2+H_2$ 질소기체 속에서 연소 시 $3Mg+N_2 \rightarrow Mg_3N_2$	500kg
Ⅲ	인화성 고체	래커퍼티, 고무풀, 고형알코올, 메타알데하이드, 제삼뷰틸알코올	1,000kg

- **공통성질**
  ① **이연성 · 속연성 물질**, 산소를 함유하고 있지 않기 때문에 **강력한 환원제**(산소결합 용이) 연소열 크고, 연소온도가 높다.
  ② 유독한 것 또는 연소 시 **유독가스를 발생**하는 것도 있다.
  ③ 철분, 마그네슘, 금속분류는 물과 산의 접촉으로 발열한다.
- **저장 및 취급 방법**
  ① 점화원으로부터 멀리하고 가열을 피할 것
  ② 용기의 파손으로 위험물의 누설에 주의할 것
  ③ 산화제와의 접촉을 피할 것
  ④ 철분, 마그네슘, 금속분류는 산 또는 물과의 접촉을 피할 것
- **소화방법** : 주수에 의한 냉각소화(단, 황화인, 철분, 마그네슘, 금속분류의 경우 건조사에 의한 질식소화)
- **황** : 순도가 60중량퍼센트 이상인 것을 말한다. 이 경우 순도측정에 있어서 불순물은 **활석 등 불연성 물질과 수분**에 한한다.
- **철분** : **철의 분말**로서 53마이크로미터의 표준체를 통과하는 것이 50중량퍼센트 미만인 것은 제외한다.
- **금속분** : 알칼리금속 · 알칼리토류금속 · 철 및 마그네슘 외의 금속의 분말을 말하고, 구리분 · 니켈분 및 150마이크로미터의 체를 통과하는 것이 50중량퍼센트 미만인 것은 제외한다.
- **마그네슘** 및 마그네슘을 함유한 것에 있어서는 다음 각 목의 1에 해당하는 것은 제외한다.
  ① 2밀리미터의 체를 통과하지 아니하는 덩어리상태의 것
  ② 직경 2밀리미터 이상의 막대모양의 것
- **인화성 고체** : **고형 알코올**, 그 밖에 1기압에서 인화점이 섭씨 40도 미만인 고체

9. 제3류 위험물
(자연발화성 물질 및 금수성 물질)

무료강의

위험등급	품명	품목별 성상	지정수량
I	**칼륨(K)** 석유 속 저장	$2K+2H_2O \rightarrow 2KOH(수산화칼륨)+H_2$ $4K+3CO_2 \rightarrow 2K_2CO_3+C(연소 \cdot 폭발)$, $4K+CCl_4 \rightarrow 4KCl+C(폭발)$	10kg
	나트륨(Na) 석유 속 저장	$2Na+2H_2O \rightarrow 2NaOH(수산화나트륨)+H_2$ $2Na+2C_2H_5OH \rightarrow 2C_2H_5ONa+H_2$	
	알킬알루미늄(RAl 또는 RAlX : $C_1{\sim}C_4$) 희석액은 벤젠 또는 톨루엔	$(C_2H_5)_3Al+3H_2O \rightarrow Al(OH)_3(수산화알루미늄)+3C_2H_6(에테인)$ $(C_2H_5)_3Al+HCl \rightarrow (C_2H_5)_2AlCl+C_2H_6$ $(C_2H_5)_3Al+3CH_3OH \rightarrow Al(CH_3O)_3+3C_2H_6$ $(C_2H_5)_3Al+3Cl_2 \rightarrow AlCl_3+3C_2H_5Cl$	
	알킬리튬(RLi)	—	
	황린(P_4) 보호액은 물	황색 또는 담황색의 왁스상 가연성, 자연발화성 고체. 마늘냄새. 융점 44℃, 비중 1.82. 증기는 공기보다 무거우며, 자연발화성(발화점 34℃)이 있어 물속에 저장하며, 매우 자극적이고 맹독성 물질 $P_4+5O_2 \rightarrow 2P_2O_5$, 인화수소($PH_3$)의 생성을 방지하기 위해 보호액은 약알칼리성 pH 9로 유지하기 위하여 알칼리제(석회 또는 소다회 등)로 pH 조절	20kg
II	**알칼리금속** (K 및 Na 제외) **및** **알칼리토금속류**	$2Li+2H_2O \rightarrow 2LiOH+H_2$ $Ca+2H_2O \rightarrow Ca(OH)_2+H_2$	50kg
	유기금속화합물류 (알킬알루미늄 및 알킬리튬 제외)	대부분 자연발화성이 있으며, 물과 격렬하게 반응 (예외 : 사에틸납$[(C_2H_5)_4Pb]$은 인화점 93℃로 제3석유류(비수용성)에 해당하며 물로 소화가능. 유연휘발유의 안티녹크제로 이용됨.) ※ 무연휘발유 : 납 성분이 없는 휘발유로 연소성을 향상시켜 주기 위해 MTBE가 첨가됨.	
III	**금속의 수소화물**	**수소화리튬(LiH)** : 수소화합물 중 안정성이 가장 큼 $LiH+H_2O \rightarrow LiOH+H_2$ **수소화나트륨(NaH)** : 회백색의 결정 또는 분말 $NaH+H_2O \rightarrow NaOH+H_2$ **수소화칼슘(CaH_2)** : 백색 또는 회백색의 결정 또는 분말 $CaH_2+2H_2O \rightarrow Ca(OH)_2+2H_2$	300kg
	금속의 인화물	**인화칼슘(Ca_3P_2)=인화석회** : 적갈색 고체 $Ca_3P_2+6H_2O \rightarrow 3Ca(OH)_2+2PH_3$	
	칼슘 또는 알루미늄의 탄화물류	**탄화칼슘(CaC_2)=카바이드** : $CaC_2+2H_2O \rightarrow Ca(OH)_2+C_2H_2$ (습기가 없는 밀폐용기에 저장, 용기에는 질소가스 등 불연성 가스를 봉입) 질소와는 약 700℃ 이상에서 질화되어 칼슘사이안아마이드($CaCN_2$, 석회질소) 생성 $CaC_2+N_2 \rightarrow CaCN_2+C$ **탄화알루미늄(Al_4C_3)** : 황색의 결정, $Al_4C_3+12H_2O \rightarrow 4Al(OH)_3+3CH_4$	
	그 밖에 행정안전 부령이 정하는 것	염소화규소화합물	

- **공통성질**
  ① 공기와 접촉하여 **발열**, **발화**한다.
  ② 물과 접촉하여 발열 또는 발화하는 물질, 물과 접촉하여 가연성 가스를 발생하는 물질이 있다.
  ③ 황린(자연발화 온도 : 34℃)을 제외한 모든 물질이 물에 대해 위험한 반응을 일으킨다.
- **저장 및 취급 방법**
  ① 용기의 파손 및 부식을 막으며 **공기 또는 수분의 접촉을 방지**할 것
  ② 보호액 속에 위험물을 저장할 경우 위험물이 **보호액 표면에 노출되지 않게 할 것**
  ③ 다량을 저장할 경우는 소분하여 저장하며 화재발생에 대비하여 희석제를 혼합하거나 수분의 침입이 없도록 할 것
  ④ 물과 접촉하여 가연성 가스를 발생하므로 화기로부터 멀리할 것
- **소화방법**
  건조사, 팽창진주암 및 질석으로 질식소화(물, CO_2, 할론소화 일체금지)

※ 불꽃 반응색
  - K − 보라색
  - Na − 노란색
  - Li − 빨간색
  - Ca − 주황색

10. 제4류 위험물(인화성 액체)

위험등급	품명		품목별 성상	지정수량
Ⅰ	특수인화물 (1atm에서 발화점이 100℃ 이하인 것 또는 인화점이 −20℃ 이하로서 비점이 40℃ 이하인 것) 「위험물안전관리법」에서는 특수인화물의 비수용성/수용성 구분이 명시되어 있지 않지만, 시험에서는 이를 구분하는 문제가 종종 출제되기 때문에, 특수인화물의 비수용성/수용성 구분을 알아두는 것이 좋다.	비수용성 액체	**다이에틸에터($C_2H_5OC_2H_5$)** : 인−40℃, 연1.9~48%, 제4류 위험물 중 인화점이 가장 낮다. 직사광선에 분해되어 과산화물을 생성하므로 갈색 병을 사용하여 밀전하고 냉암소 등에 보관하며 용기의 공간용적은 2% 이상으로 해야 한다. 정전기 방지를 위해 $CaCl_2$를 넣어 두고, 폭발성의 과산화물 생성 방지를 위해 40mesh의 구리망을 넣어 둔다. 과산화물의 검출은 10% 아이오딘화칼륨(KI) 용액과의 반응으로 확인 **이황화탄소(CS_2)** : 인−30℃, 연1~50%, 황색, 물보다 무겁고 물에 녹지 않으나, 알코올, 에터, 벤젠 등에는 잘 녹는다. 가연성 증기의 발생을 억제하기 위하여 물(수조)속에 저장 $CS_2+3O_2 \rightarrow CO_2+2SO_2$, $CS_2+2H_2O \rightarrow CO_2+2H_2S$	50L
Ⅰ		수용성 액체	**아세트알데하이드(CH_3CHO)** : 인−40℃, 연4.1~57%, 수용성, 은거울, 펠링반응, 구리, 마그네슘, 수은, 은 및 그 합금으로 된 취급설비는 중합반응을 일으켜 구조불명의 폭발성 물질 생성. 불활성 가스 또는 수증기를 봉입하고 냉각장치 등을 이용하여 저장온도를 비점 이하로 유지 **산화프로필렌(CH_3CHOCH_2)** : 인−37℃, 연2.8~37%, 비35℃, 반응성이 풍부하여 구리, 철, 알루미늄, 마그네슘, 수은, 은 및 그 합금과 중합반응을 일으켜 발열하고 용기 내에서 폭발	
		암기법	다이아산	
Ⅱ	제1석유류 (인화점 21℃ 미만)	비수용성 액체	**가솔린($C_5{\sim}C_9$)** : 인−43℃, 발300℃, 연1.2~7.6% **벤젠(C_6H_6)** : 인−11℃, 발498℃, 연1.4~8%, 연소반응식 $2C_6H_6+15O_2 \rightarrow 12CO_2+6H_2O$ **톨루엔($C_6H_5CH_3$)** : 인4℃, 발480℃, 연1.27~7%, 진한질산과 진한황산을 반응시키면 나이트로화하여 TNT의 제조 **사이클로헥세인** : 인−18℃, 발245℃, 연1.3~8% **콜로디온** : 인−18℃, 질소 함유율 11~12%의 낮은 질화도의 질화면을 에탄올과 에터 3:1 비율의 용제에 녹인 것 **메틸에틸케톤($CH_3COC_2H_5$)** : 인−7℃, 연1.8~10% **초산메틸(CH_3COOCH_3)** : 인−10℃, 연3.1~16% **초산에틸($CH_3COOC_2H_5$)** : 인−3℃, 연2.2~11.5% **의산에틸($HCOOC_2H_5$)** : 인−19℃, 연2.7~16.5% 아크릴로나이트릴 : 인−5℃, 연3~17%, 헥세인 : 인−22℃	200L
Ⅱ		수용성 액체	**아세톤(CH_3COCH_3)** : 인−18.5℃, 연2.5~12.8%, 무색투명, 과산화물 생성(황색), 탈지작용 **피리딘(C_5H_5N)** : 인16℃ **아크롤레인($CH_2{=}CHCHO$)** : 인−29℃, 연2.8~31% **의산메틸($HCOOCH_3$)** : 인−19℃, **사이안화수소(HCN)** : 인−17℃	400L
		암기법	가벤톨사콜메초초의 / 아피아의시	
	알코올류 (탄소원자 1~3개까지의 포화1가 알코올)		**메틸알코올(CH_3OH)** : 인11℃, 발464℃, 연6~36%, 1차 산화 시 폼알데하이드(HCHO), 최종 폼산(HCOOH), 독성이 강하여 30mL의 양으로도 치명적! **에틸알코올(C_2H_5OH)** : 인13℃, 발363℃, 연4.3~19%, 1차 산화 시 아세트알데하이드(CH_3CHO)가 되며, 최종적 초산(CH_3COOH) **프로필알코올(C_3H_7OH)** : 인15℃, 발371℃, 연2.1~13.5% **아이소프로필알코올** : 인12℃, 발398.9℃, 연2~12%	400L

위험등급	품명		품목별 성상	지정수량
Ⅲ	제2석유류 (인화점 21~70℃)	비수용성 액체	등유(C₉~C₁₈) : ㉑39℃ 이상, ㉱210℃, ㉲0.7~5% 경유(C₁₀~C₂₀) : ㉑41℃ 이상, ㉱257℃, ㉲0.6~7.5% 스타이렌(C₆H₅CH＝CH₂) : ㉑32℃ o-자일렌 : ㉑32℃, m-자일렌, p-자일렌 : ㉑25℃ 클로로벤젠 : ㉑27℃, 장뇌유 : ㉑32℃ 뷰틸알코올(C₄H₉OH) : ㉑35℃, ㉱343℃, ㉲1.4~11.2% 알릴알코올(CH₂＝CHCH₂OH) : ㉑22℃ 아밀알코올(C₅H₁₁OH) : ㉑33℃, 아니솔 : ㉑52℃, 큐멘 : ㉑31℃	1,000L
		수용성 액체	폼산(HCOOH) : ㉑55℃ 초산(CH₃COOH) : ㉑40℃, CH₃COOH+2O₂ → 2CO₂+2H₂O 하이드라진(N₂H₄) : ㉑38℃, ㉲4.7~100%, 무색의 가연성 고체 아크릴산(CH₂＝CHCOOH) : ㉑46℃	2,000L
		암기법	등경스자클장뷰알아 / 포초하아	
	제3석유류 (인화점 70~200℃)	비수용성 액체	중유 : ㉑70℃ 이상 크레오소트유 : ㉑74℃, 자극성의 타르 냄새가 나는 황갈색 액체 아닐린(C₆H₅NH₂) : ㉑70℃, ㉱615℃, ㉲1.3~11% 나이트로벤젠(C₆H₅NO₂) : ㉑88℃, 담황색 또는 갈색의 액체, ㉱482℃ 나이트로톨루엔[NO₂(C₆H₄)CH₃] : ㉑o-106℃, m-102℃, p-106℃, 다이클로로에틸렌 : ㉑97~102℃	2,000L
		수용성 액체	에틸렌글리콜[C₂H₄(OH)₂] : ㉑120℃, 무색무취의 단맛이 나고 흡습성이 있는 끈끈한 액체로서 2가 알코올, 물, 알코올, 에터, 글리세린 등에는 잘 녹고 사염화탄소, 이황화탄소, 클로로폼에는 녹지 않는다. 글리세린[C₃H₅(OH)₃] : ㉑160℃, ㉱370℃, 물보다 무겁고 단맛이 나는 무색 액체, 3가의 알코올, 물, 알코올, 에터에 잘 녹으며 벤젠, 클로로폼 등에는 녹지 않는다. 아세트사이안하이드린 : ㉑74℃, 아디포나이트릴 : ㉑93℃ 염화벤조일 : ㉑72℃	4,000L
		암기법	중크아나나 / 에글	
	제4석유류 (인화점 200℃ 이상 ~250℃ 미만)		기어유 : ㉑230℃ 실린더유 : ㉑250℃	6,000L
	동식물유류 (1atm, 인화점이 250℃ 미만인 것)		아이오딘값 : 유지 100g에 부가되는 아이오딘의 g수, 불포화도가 증가할수록 아이오딘값이 증가하며, 자연발화의 위험이 있다. ① 건성유 : 아이오딘값이 130 이상 　이중결합이 많아 불포화도가 높기 때문에 공기 중에서 산화되어 액 표면에 피막을 만드는 기름 　예 아마인유, 들기름, 동유, 정어리기름, 해바라기유 등 ② 반건성유 : 아이오딘값이 100~130인 것 　공기 중에서 건성유보다 얇은 피막을 만드는 기름 　예 참기름, 옥수수기름, 청어기름, 채종유, 면실유(목화씨유), 　　콩기름, 쌀겨유 등 ③ 불건성유 : 아이오딘값이 100 이하인 것 　공기 중에서 피막을 만들지 않는 안정된 기름 　예 올리브유, 피마자유, 야자유, 땅콩기름, 동백기름 등	10,000L

※ ㉑은 인화점, ㉱은 발화점, ㉲은 연소범위, ㉴는 비점

- **공통성질**
  ① 인화되기 매우 쉽다.
  ② 착화온도가 낮은 것은 위험하다.
  ③ 증기는 공기보다 무겁다.
  ④ 물보다 가볍고 물에 녹기 어렵다.
  ⑤ 증기는 공기와 약간 혼합되어도 연소의 우려가 있다.
- **제4류 위험물 화재의 특성**
  ① 유동성 액체이므로 연소의 확대가 빠르다.
  ② 증발연소하므로 불티가 나지 않는다.
  ③ 인화성이므로 풍하의 화재에도 인화된다.
- **소화방법**
  질식소화 및 안개상의 주수소화 가능
- **인화성 액체** : 액체(제3석유류, 제4석유류 및 동식물유류에 있어서는 1기압과 섭씨 20도에서 액상인 것에 한한다)
  로서 인화의 위험성이 있는 것을 말한다.
- **특수인화물** : **이황화탄소, 다이에틸에터**, 그 밖에 1기압에서 발화점이 섭씨 100도 이하인 것 또는 인화점이 섭씨
  영하 20도 이하이고 비점이 섭씨 40도 이하인 것을 말한다.
- **제1석유류** : **아세톤, 휘발유**, 그 밖에 1기압에서 **인화점이 섭씨 21도 미만**인 것을 말한다.
- **알코올류** : 1분자를 구성하는 탄소원자의 수가 1개부터 3개까지인 포화1가 알코올(변성 알코올을 포함한다)을 말한
  다. 다만, 다음 각 목의 1에 해당하는 것은 제외한다.
  ① 1분자를 구성하는 탄소원자의 수가 1개 내지 3개의 포화1가 알코올의 함유량이 60중량퍼센트 미만인 수용액
  ② 가연성 액체량이 60중량퍼센트 미만이고 인화점 및 연소점(태그개방식 인화점측정기에 의한 연소점을 말한다.
    이하 같다.)이 에틸알코올 60중량퍼센트 수용액의 인화점 및 연소점을 초과하는 것
- **제2석유류** : **등유, 경유**, 그 밖에 1기압에서 **인화점이 섭씨 21도 이상 70도 미만**인 것을 말한다. 다만, 도료류,
  그 밖의 물품에 있어서 가연성 액체량이 40중량퍼센트 이하이면서 인화점이 섭씨 40도 이상인 동시에 연소점이
  섭씨 60도 이상인 것은 제외한다.
- **제3석유류** : **중유, 크레오소트유**, 그 밖에 1기압에서 **인화점이 섭씨 70도 이상 섭씨 200도 미만**인 것. 다만,
  도료류, 그 밖의 물품은 가연성 액체량이 40중량퍼센트 이하인 것은 제외한다.
- **제4석유류** : **기어유, 실린더유**, 그 밖에 1기압에서 **인화점이 섭씨 200도 이상 섭씨 250도 미만**의 것. 다만, 도
  료류, 그 밖의 물품은 가연성 액체량이 40중량퍼센트 이하인 것은 제외한다.
- **동식물유류** : 동물의 지육 등 또는 식물의 종자나 과육으로부터 추출한 것으로서 1기압에서 인화점이 섭씨 250도
  미만인 것을 말한다.
- ※ **인화성 액체의 인화점 시험방법**
  ① 인화성 액체의 인화점 측정기준
    ㉮ 측정결과가 0℃ 미만인 경우에는 해당 측정결과를 인화점으로 할 것
    ㉯ 측정결과가 0℃ 이상 80℃ 이하인 경우에는 동점도 측정을 하여 동점도가 10mm²/S 미만인 경우에는 해당
      측정결과를 인화점으로 하고, 동점도가 10mm²/S 이상인 경우에는 다시 측정할 것
    ㉰ 측정결과가 80℃를 초과하는 경우에는 다시 측정할 것
  ② 인화성 액체 중 수용성 액체란 온도 20℃, 기압 1기압에서 동일한 양의 증류수와 완만하게 혼합하여, 혼합액의
    유동이 멈춘 후 해당 혼합액이 균일한 외관을 유지하는 것을 말한다.

11. 제5류 위험물(자기반응성 물질)

무료강의

품명	품목	지정수량
유기과산화물 (–O–O–)	**벤조일퍼옥사이드[$(C_6H_5CO)_2O_2$, 과산화벤조일]** : 무미, 무취의 백색분말. 비활성 희석제(프탈산다이메틸, 프탈산다이뷰틸 등)를 첨가되어 폭발성 낮춤. ◎–C–O–O–C–◎ ‖ ‖ O O **메틸에틸케톤퍼옥사이드[$(CH_3COC_2H_5)_2O_2$, MEKPO, 과산화메틸에틸케톤]** : 인화점 58℃, 희석제(DMP, DBP를 40%) 첨가로 농도가 60% 이상 되지 않게 하며 저장온도는 30℃ 이하를 유지 **아세틸퍼옥사이드** : 인화점(45℃), 발화점(121℃), 희석제 DMF를 75% 첨가 CH_3–C–O–O–C–CH_3 ‖ ‖ O O	시험결과에 따라 위험성 유무와 등급을 결정하여 제1종과 제2종으로 분류한다. • 제1종 : 10kg • 제2종 : 100kg
질산에스터류 (R–ONO_2)	**나이트로셀룰로스([$[C_6H_7O_2(ONO_2)_3]_n$, 질화면)** : 인화점(13℃), 발화점(160~170℃), 분해온도(130℃), 비중(1.7) $2C_{24}H_{29}O_9(ONO_2)_{11} \rightarrow 24CO_2 + 24CO + 12H_2O + 11N_2 + 17H_2$ **나이트로글리세린[$C_3H_5(ONO_2)_3$]** : 다이너마이트, 로켓, 무연화약의 원료로 순수한 것은 무색투명하나 공업용 시판품은 담황색, 다공질 물질을 규조토에 흡수시켜 다이너마이트 제조 $4C_3H_5(ONO_2)_3 \rightarrow 12CO_2 + 10H_2O + 6N_2 + O_2$ **질산메틸(CH_3ONO_2)** : 분자량(약 77), 비중[1.2(증기비중 2.65)], 비점(66℃), 무색투명한 액체이며, 향긋한 냄새가 있고 단맛 **질산에틸($C_2H_5ONO_2$)** : 비중(1.11), 융점(−112℃), 비점(88℃), 인화점(−10℃) **나이트로글리콜[$C_2H_4(ONO_2)_2$]** : 순수한 것 무색, 공업용은 담황색, 폭발속도 7,800m/s	
나이트로화합물 (R–NO_2)	**트라이나이트로톨루엔[TNT, $C_6H_2CH_3(NO_2)_3$]** : 순수한 것은 무색 결정이나 담황색의 결정, 직사광선에 의해 다갈색으로 변하며 중성으로 금속과는 반응이 없으며 장기 저장해도 자연발화의 위험 없이 안정하다. 분자량(227), 발화온도(약 300℃) $2C_6H_2CH_3(NO_2)_3 \rightarrow 12CO + 2C + 3N_2 + 5H_2$ **트라이나이트로페놀(TNP, 피크르산)** : 순수한 것은 무색이나 보통 공업용은 휘황색의 침전 결정. 폭발온도(3,320℃), 폭발속도(약 7,000m/s) $2C_6H_2OH(NO_2)_3 \rightarrow 6CO + 2C + 3N_2 + 3H_2 + 4CO_2$	
나이트로소화합물	–	
아조화합물	–	
다이아조화합물	–	
하이드라진 유도체	–	
하이드록실아민	–	
하이드록실아민염류	–	
그 밖에 행정안전부령이 정하는 것	① 금속의 아지화합물[NaN_3, $Pb(N_3)_2$] ② 질산구아니딘[$C(NH_2)_3NO_3$]	

- **공통성질**

  다량의 주수냉각소화. 가연성 물질이며, 내부연소. 폭발적이며, 장시간 저장 시 산화반응이 일어나 열분해되어 자연발화한다.

  ① 자기연소를 일으키며 연소의 속도가 매우 빠르다.

  ② 모두 유기질화물이므로 가열, 충격, 마찰 등으로 인한 폭발의 위험이 있다.

  ③ 시간의 경과에 따라 자연발화의 위험성을 갖는다.

- **저장 및 취급 방법**

  ① 점화원 및 분해를 촉진시키는 물질로부터 멀리할 것

  ② 용기의 파손 및 균열에 주의하며 실온, 습기, 통풍에 주의할 것

  ③ 화재발생 시 소화가 곤란하므로 소분하여 저장할 것

  ④ 용기는 밀전, 밀봉하고 포장 외부에 화기엄금, 충격주의 등 주의사항 표시를 할 것

- **소화방법**

  다량의 냉각주수소화

12. 제6류 위험물(산화성 액체)

위험등급	품명	품목별 성상	지정수량
I	과염소산 ($HClO_4$)	무색무취의 유동성 액체. 92℃ 이상에서는 폭발적으로 분해 $HClO_4 \rightarrow HCl + 2O_2$ $HClO < HClO_2 < HClO_3 < HClO_4$	300kg
	과산화수소 (H_2O_2)	순수한 것은 청색을 띠며 점성이 있고 무취, 투명하고 질산과 유사한 냄새, 농도 60% 이상인 것은 충격에 의해 단독폭발의 위험, **분해방지 안정제(인산, 요산 등)**를 넣어 발생기 산소의 발생을 억제한다. 용기는 밀봉하되 작은 구멍이 뚫린 마개를 사용. 가열 또는 촉매(KI)에 의해 산소 발생 $2H_2O_2 \rightarrow 2H_2O + O_2$	
	질산 (HNO_3)	직사광선에 의해 분해되어 이산화질소(NO_2)를 생성시킨다. $4HNO_3 \rightarrow 4NO_2 + 2H_2O + O_2$ **크산토프로테인 반응**(피부에 닿으면 노란색), **부동태 반응**(Fe, Ni, Al 등과 반응 시 산화물피막 형성)	
	그 밖에 행정안전부령이 정하는 것	할로젠간화합물(ICl, IBr, BrF_3, BrF_5, IF_5 등)	

● **공통성질**
  물보다 무겁고, 물에 녹기 쉬우며, 불연성 물질이다.
  ① 부식성 및 유독성이 강한 강산화제이다.
  ② 산소를 많이 포함하여 다른 가연물의 연소를 돕는다.
  ③ 비중이 1보다 크며 물에 잘 녹는다.
  ④ 물과 만나면 발열한다.
  ⑤ 가연물 및 분해를 촉진하는 약품과 분해 폭발한다.
● **저장 및 취급 방법**
  ① 저장용기는 내산성일 것
  ② 물, 가연물, 무기물 및 고체의 산화제와의 접촉을 피할 것
  ③ 용기는 밀전 밀봉하여 누설에 주의할 것
● **소화방법**
  불연성 물질이므로 원칙적으로 소화방법이 없으나 가연성 물질에 따라 마른모래나 분말소화약제
● 과산화수소 : 농도 36wt% 이상인 것. 질산의 비중 1.49 이상인 것

※ 황산(H_2SO_4) : 2003년까지는 비중 1.82 이상이면 위험물로 분류하였으나, 현재는 위험물안전관리법상 위험물에 해당하지 않는다.

13. 위험물시설의 안전관리(1)

무료강의

1 설치 및 변경	① 위험물의 품명·수량 또는 지정수량의 배수를 변경 시 : 1일 전까지 행정안전부령이 정하는 바에 따라 시·도지사에게 신고 ② 제조소 등의 설치자의 지위를 승계한 자는 30일 이내에 시·도지사에게 신고 ③ **제조소 등의 용도를 폐지한 날부터 14일 이내에 시·도지사에게 신고** ④ **허가 및 신고가 필요 없는 경우** 　㉮ 주택의 난방시설(공동주택의 중앙난방시설을 제외한다)을 위한 저장소 또는 취급소 　㉯ 농예용·축산용 또는 수산용으로 필요한 난방시설 또는 건조시설을 위한 지정수량 20배 이하의 저장소 ⑤ **허가취소 또는 6월 이내의 사용정지 경우** 　㉮ 규정에 따른 변경허가를 받지 아니하고 제조소 등의 위치·구조 또는 설비를 변경한 때 　㉯ 완공검사를 받지 아니하고 제조소 등을 사용한 때 　㉰ 규정에 따른 수리·개조 또는 이전의 명령을 위반한 때 　㉱ 규정에 따른 위험물안전관리자를 선임하지 아니한 때 　㉲ 대리자를 지정하지 아니한 때 　㉳ 정기점검을 하지 아니한 때 　㉴ 정기검사를 받지 아니한 때 　㉵ 저장·취급기준 준수명령을 위반한 때
2 위험물 안전관리자	① **해임하거나 퇴직한 때에는 해임하거나 퇴직한 날부터 30일 이내에 다시 안전관리자를 선임** ② **선임한 경우에는 선임한 날부터 14일 이내에 소방본부장 또는 소방서장에게 신고** ③ 대리자가 안전관리자의 직무를 대행하는 기간은 30일을 초과할 수 없다.
3 예방규정을 정하여야 하는 제조소 등	① 지정수량의 10배 이상의 위험물을 취급하는 제조소 ② 지정수량의 100배 이상의 위험물을 저장하는 옥외저장소 ③ 지정수량의 150배 이상의 위험물을 저장하는 옥내저장소 ④ 지정수량의 200배 이상을 저장하는 옥외탱크저장소 ⑤ **암반탱크저장소** ⑥ **이송취급소** ⑦ 지정수량의 10배 이상의 위험물 취급하는 일반취급소[다만, 제4류 위험물(특수인화물을 제외한다)만을 지정수량의 50배 이하로 취급하는 일반취급소(제1석유류·알코올류의 취급량이 지정수량의 10배 이하인 경우에 한한다)로서 다음의 어느 하나에 해당하는 것을 제외] 　㉮ 보일러·버너 또는 이와 비슷한 것으로서 위험물을 소비하는 장치로 이루어진 일반취급소 　㉯ 위험물을 용기에 옮겨 담거나 차량에 고정된 탱크에 주입하는 일반취급소
4 정기점검대상 제조소 등	① 예방규정을 정하여야 하는 제조소 등 ② 지하탱크저장소 ③ 이동탱크저장소 ④ 제조소(지하탱크)·주유취급소 또는 일반취급소
5 정기검사대상 제조소 등	액체위험물을 저장 또는 취급하는 50만L 이상의 옥외탱크저장소
6 위험물저장소의 종류	① 옥내저장소　　　　② 옥외저장소　　　　③ 옥외탱크저장소 ④ 옥내탱크저장소　　⑤ 지하탱크저장소　　⑥ 이동탱크저장소 ⑦ 간이탱크저장소　　⑧ 암반탱크저장소

14. 위험물시설의 안전관리(2)

무료강의

1 탱크시험자	① 필수장비 : 방사선투과시험기, 초음파탐상시험기, 자기탐상시험기, 초음파두께측정기 ② 시설 : 전용사무실 ③ 규정에 따라 등록한 사항 가운데 행정안전부령이 정하는 중요사항을 변경한 경우에는 그 날부터 30일 이내에 시·도지사에게 변경신고
2 압력계 및 안전장치	위험물의 압력이 상승할 우려가 있는 설비에 설치해야 하는 안전장치 ① 자동적으로 압력의 상승을 정지시키는 장치 ② 감압측에 안전밸브를 부착한 감압밸브 ③ 안전밸브를 병용하는 경보장치 ④ 파괴판(위험물의 성질에 따라 안전밸브의 작동이 곤란한 가압설비에 한한다.)

3 자체소방대

① 설치대상 : 제4류 위험물을 지정수량의 3천배 이상 취급하는 제조소 또는 일반취급소와 50만배 이상 저장하는 옥외탱크저장소에 설치
② 자체소방대에 두는 화학소방자동차 및 인원

사업소의 구분	화학소방 자동차의 수	자체소방 대원의 수
제조소 또는 일반취급소에서 취급하는 제4류 위험물의 최대수량의 합이 지정수량의 3천배 이상 12만배 미만인 사업소	1대	5인
제조소 또는 일반취급소에서 취급하는 제4류 위험물의 최대수량의 합이 지정수량의 12만배 이상 24만배 미만인 사업소	2대	10인
제조소 또는 일반취급소에서 취급하는 제4류 위험물의 최대수량의 합이 지정수량의 24만배 이상 48만배 미만인 사업소	3대	15인
제조소 또는 일반취급소에서 취급하는 제4류 위험물의 최대수량의 합이 지정수량의 48만배 이상인 사업소	4대	20인
옥외탱크저장소에 저장하는 제4류 위험물의 최대수량이 지정수량의 50만배 이상인 사업소	2대	10인

4 화학소방 자동차에 갖추어야 하는 소화능력 및 소화설비의 기준

화학소방자동차의 구분	소화능력 및 소화설비의 기준
포수용액방사차	• 포수용액의 방사능력이 2,000L/분 이상일 것 • 소화약액탱크 및 소화약액혼합장치를 비치할 것 • 10만L 이상의 포수용액을 방사할 수 있는 양의 소화약제를 비치할 것
분말방사차	• 분말의 방사능력이 35kg/초 이상일 것 • 분말탱크 및 가압용 가스설비를 비치할 것 • 1,400kg 이상의 분말을 비치할 것
할로젠화합물방사차	• 할로젠화합물의 방사능력이 40kg/초 이상일 것 • 할로젠화합물 탱크 및 가압용 가스설비를 비치할 것 • 1,000kg 이상의 할로젠화합물을 비치할 것
이산화탄소방사차	• 이산화탄소의 방사능력이 40kg/초 이상일 것 • 이산화탄소 저장용기를 비치할 것 • 3,000kg 이상의 이산화탄소를 비치할 것
제독차	가성소다 및 규조토를 각각 50kg 이상 비치할 것

※ 포수용액을 방사하는 화학소방자동차의 대수는 규정에 의한 화학소방자동차의 대수의 3분의 2 이상으로 하여야 한다.

15. 위험물시설의 안전관리(3)

무료강의

	1 제조소 등에 대한 행정처분기준			

위반사항	행정처분기준		
	1차	2차	3차
① 제조소 등의 위치·구조 또는 설비를 변경한 때	경고 또는 사용정지 15일	사용정지 60일	허가취소
② 완공검사를 받지 아니하고 제조소 등을 사용한 때	사용정지 15일	사용정지 60일	허가취소
③ 수리·개조 또는 이전의 명령에 위반한 때	사용정지 30일	사용정지 90일	허가취소
④ 위험물 안전관리자를 선임하지 아니한 때	사용정지 15일	사용정지 60일	허가취소
⑤ 대리자를 지정하지 아니한 때	사용정지 10일	사용정지 30일	허가취소
⑥ 정기점검을 하지 아니한 때	사용정지 10일	사용정지 30일	허가취소
⑦ 정기검사를 받지 아니한 때	사용정지 10일	사용정지 30일	허가취소
⑧ 저장·취급 기준 준수명령을 위반한 때	사용정지 30일	사용정지 60일	허가취소

2 위험물취급 자격자의 자격

위험물취급 자격자의 구분	취급할 수 있는 위험물
「국가기술자격법」에 따라 위험물기능장, 위험물산업기사, 위험물기능사의 자격을 취득한 사람	위험물안전관리법 시행령 [별표 1]의 모든 위험물
안전관리자 교육 이수자(법 28조 제1항에 따라 소방청장이 실시하는 안전관리자 교육을 이수한 자)	제4류 위험물
소방공무원 경력자(소방공무원으로 근무한 경력이 3년 이상인 자)	

3 위험물안전관리 대행기관 지정기준

기술인력	① 위험물기능장 또는 위험물산업기사 1인 이상 ② 위험물산업기사 또는 위험물기능사 2인 이상 ③ 기계분야 및 전기분야의 소방설비기사 1인 이상
시설	전용사무실을 갖출 것
장비	① 절연저항계 ② 접지저항측정기(최소눈금 0.1Ω 이하) ③ 가스농도측정기 ④ 정전기전위측정기 ⑤ 토크렌치 ⑥ 진동시험기 ⑦ 안전밸브시험기 ⑧ 표면온도계(−10~300℃) ⑨ 두께측정기(1.5~99.9mm) ⑩ 유량계, 압력계 ⑪ 안전용구(안전모, 안전화, 손전등, 안전로프 등) ⑫ 소화설비 점검기구(소화전밸브압력계, 방수압력측정계, 포컬렉터, 헤드렌치, 포컨테이너)

4 예방 규정의 작성내용	① 위험물의 안전관리업무를 담당하는 자의 **직무 및 조직**에 관한 사항

① 위험물의 안전관리업무를 담당하는 자의 **직무 및 조직**에 관한 사항

② 안전관리자가 여행·질병 등으로 인하여 그 직무를 수행할 수 없을 경우 그 **직무의 대리자**에 관한 사항

③ 자체소방대를 설치하여야 하는 경우에는 **자체소방대의 편성**과 **화학소방자동차의 배치**에 관한 사항

④ 위험물의 안전에 관계된 작업에 종사하는 자에 대한 **안전 교육 및 훈련**에 관한 사항

⑤ 위험물 시설 및 작업장에 대한 **안전순찰**에 관한 사항

⑥ 위험물 시설·소방시설, 그 밖의 관련 시설에 대한 **점검 및 정비**에 관한 사항

⑦ 위험물 시설의 **운전 또는 조작**에 관한 사항

⑧ 위험물 취급 **작업의 기준**에 관한 사항

⑨ 이송취급소에 있어서는 배관공사 현장책임자의 조건 등 배관공사 현장에 대한 감독체제에 관한 사항과 배관 주위에 있는 이송취급소 시설 외의 공사를 하는 경우 **배관의 안전확보**에 관한 사항

⑩ 재난, 그 밖의 **비상시**의 경우에 취하여야 하는 **조치**에 관한 사항

⑪ 위험물의 **안전에 관한 기록**에 관한 사항

⑫ 제조소 등의 위치·구조 및 설비를 명시한 **서류와 도면의 정비**에 관한 사항

⑬ 그 밖에 위험물의 **안전관리에 관하여 필요한 사항**

⑭ 예방 규정은 「산업안전보건법」 규정에 의한 안전보건관리규정과 통합하여 작성할 수 있다.

⑮ 예방 규정을 제정하거나 변경한 경우에는 예방규정제출서에 제정 또는 변경한 예방 규정 1부를 첨부하여 시·도지사 또는 소방서장에게 제출하여야 한다.

5 탱크안전성능검사의 대상이 되는 탱크 및 신청시기

① 기초·지반 검사	검사대상	옥외탱크저장소의 액체 위험물 탱크 중 그 용량이 100만L 이상인 탱크
	신청시기	위험물탱크의 기초 및 지반에 관한 공사의 개시 전
② 충수·수압 검사	검사대상	액체 위험물을 저장 또는 취급하는 탱크
	신청시기	위험물을 저장 또는 취급하는 탱크에 배관, 그 밖에 부속설비를 부착하기 전
③ 용접부검사	검사대상	①의 규정에 의한 탱크
	신청시기	탱크 본체에 관한 공사의 개시 전
④ 암반탱크검사	검사대상	액체 위험물을 저장 또는 취급하는 암반 내의 공간을 이용한 탱크
	신청시기	암반탱크의 본체에 관한 공사의 개시 전

6 위험물탱크 안전성능시험자의 등록결격사유

① **피성년후견인** 또는 **피한정후견인**

② 「위험물안전관리법」, 「소방기본법」, 「소방시설 설치·유지 및 안전관리에 관한 법률」 또는 「소방시설공사업법」에 따른 금고 이상의 실형의 선고를 받고 그 집행이 종료(집행이 종료된 것으로 보는 경우를 포함한다)되거나 **집행이 면제된 날부터 2년이 지나지 아니한 자**

③ 「위험물안전관리법」, 「소방기본법」, 「소방시설 설치·유지 및 안전관리에 관한 법률」 또는 「소방시설공사업법」에 따른 금고 이상의 형의 집행유예 선고를 받고 그 유예기간 중에 있는 자

④ **탱크시험자의 등록이 취소된 날부터 2년이 지나지 아니한 자**

⑤ 법인으로서 그 대표자가 ① 내지 ②에 해당하는 경우

16. 위험물의 저장기준

1 저장기준	① 유별을 달리하더라도 서로 1m 이상 간격을 둘 때 저장 가능한 경우는 다음과 같다. ㉮ 제1류 위험물(알칼리금속의 과산화물 또는 이를 함유한 것을 제외한다)과 제5류 위험물을 저장하는 경우 ㉯ 제1류 위험물과 제6류 위험물을 저장하는 경우 ㉰ 제1류 위험물과 제3류 위험물 중 자연발화성 물질(황린 또는 이를 함유한 것에 한한다)을 저장하는 경우 ㉱ 제2류 위험물 중 인화성 고체와 제4류 위험물을 저장하는 경우 ㉲ 제3류 위험물 중 알킬알루미늄 등과 제4류 위험물(알킬알루미늄 또는 알킬리튬을 함유한 것에 한한다)을 저장하는 경우 ㉳ 제4류 위험물과 제5류 위험물 중 유기과산화물 또는 이를 함유한 것을 저장하는 경우 ② 옥내저장소에서 동일 품명의 위험물이더라도 자연발화할 우려가 있는 위험물 또는 재해가 현저하게 증대할 우려가 있는 위험물을 다량 저장하는 경우에는 지정수량의 10배 이하마다 구분하여 상호 간 0.3m 이상의 간격을 두어 저장하여야 한다. 다만, 위험물 또는 기계에 의하여 하역하는 구조로 된 용기에 수납한 위험물에 있어서는 그러하지 아니하다. ③ 옥내저장소에 저장하는 경우 규정높이 이상으로 용기를 겹쳐 쌓지 않아야 한다. ㉮ **기계에 의하여 하역하는 구조로 된 용기만을 겹쳐 쌓는 경우에 있어서는 6m** ㉯ **제4류 위험물 중 제3석유류, 제4석유류 및 동식물유류를 수납하는 용기만을 겹쳐 쌓는 경우에 있어서는 4m** ㉰ 그 밖의 경우에 있어서는 3m ④ 옥내저장소에서는 용기에 수납하여 저장하는 위험물의 온도가 55℃를 넘지 아니하도록 필요한 조치를 강구하여야 한다(중요기준). ⑤ 옥외저장소에서 위험물을 수납한 용기를 선반에 저장하는 경우에는 6m를 초과하여 저장하지 아니하여야 한다.
2 위험물 저장탱크의 용량	① 위험물을 저장 또는 취급하는 탱크의 용량은 해당 탱크의 내용적에서 공간용적을 뺀 용적으로 한다. 단, 이동탱크저장소의 탱크인 경우에는 내용적에서 공간용적을 뺀 용적이 자동차관리관계법령에 의한 최대적재량 이하이어야 한다. ② 탱크의 공간용적 ㉮ 일반탱크 : 탱크 내용적의 100분의 5 이상 100분의 10 이하로 한다. ㉯ **소화설비(소화약제 방출구를 탱크 안의 윗부분에 설치하는 것에 한한다)를 설치하는 탱크** : 해당 소화설비의 소화약제 방출구 아래의 0.3미터 이상 1미터 미만 사이의 면으로부터 윗부분의 용적으로 한다. ㉰ 암반탱크 : 해당 탱크 내에 용출하는 7일간의 지하수의 양에 상당하는 용적과 해당탱크의 내용적의 100분의 1의 용적 중에서 보다 큰 용적을 공간용적으로 한다.

❸ 탱크의 내용적

① 타원형 탱크의 내용적

㉮ 양쪽이 볼록한 것

$$내용적 = \frac{\pi ab}{4}\left(l + \frac{l_1 + l_2}{3}\right)$$

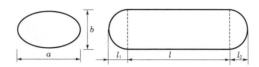

㉯ 한쪽이 볼록하고 다른 한쪽은 오목한 것

$$내용적 = \frac{\pi ab}{4}\left(l + \frac{l_1 - l_2}{3}\right)$$

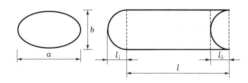

② 원형 탱크의 내용적

㉮ 가로로 설치한 것

$$내용적 = \pi r^2\left(l + \frac{l_1 + l_2}{3}\right)$$

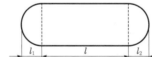

㉯ 세로로 설치한 것

$$내용적 = \pi r^2 l$$

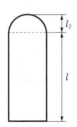

17. 위험물의 취급기준

무료강의

1 적재방법	① 위험물의 품명 · 위험 등급 · 화학명 및 수용성 ('수용성' 표시는 제4류 위험물로서 수용성인 것에 한한다.) ② 위험물의 수량 ③ 수납하는 위험물에 따른 주의사항 표 아래 참조

유별	구분	주의사항
제1류 위험물 (산화성 고체)	알칼리금속의 무기과산화물	"화기 · 충격주의", "물기엄금", "가연물접촉주의"
	그 밖의 것	"화기 · 충격주의", "가연물접촉주의"
제2류 위험물 (가연성 고체)	철분 · 금속분 · 마그네슘	"화기주의", "물기엄금"
	인화성 고체	"화기엄금"
	그 밖의 것	"화기주의"
제3류 위험물 (자연발화성 및 금수성 물질)	자연발화성 물질	"화기엄금", "공기접촉엄금"
	금수성 물질	"물기엄금"
제4류 위험물(인화성 액체)	–	"화기엄금"
제5류 위험물(자기반응성 물질)	–	"화기엄금", "충격주의"
제6류 위험물(산화성 액체)	–	"가연물접촉주의"

2 지정수량의 배수	지정수량 배수의 합 $$= \frac{\text{A품목 저장수량}}{\text{A품목 지정수량}} + \frac{\text{B품목 저장수량}}{\text{B품목 지정수량}} + \frac{\text{C품목 저장수량}}{\text{C품목 지정수량}} + \cdots$$
3 제조과정 취급기준	① **증류공정** : 설비의 **내부압력**의 변동 등에 의하여 액체 또는 증기가 새지 아니하도록 할 것 ② **추출공정** : 추출관의 **내부압력**이 비정상으로 상승하지 아니하도록 할 것 ③ **건조공정** : **온도**가 국부적으로 **상승**하지 않는 방법으로 가열 또는 건조할 것 ④ **분쇄공정** : 분말이 현저하게 기계 · 기구 등에 부착되어 있는 상태로 그 기계 · 기구를 취급하지 아니할 것
4 소비하는 작업에서 취급기준	① **분사도장작업**은 방화상 유효한 격벽 등으로 구획된 안전한 장소에서 실시할 것 ② **담금질** 또는 **열처리작업**은 위험물이 위험한 온도에 이르지 아니하도록 하여 실시할 것 ③ **버너를 사용하는 경우**에는 버너의 역화를 방지하고 위험물이 넘치지 아니하도록 할 것
5 표지 및 게시판	① 표지 : 한 변의 길이가 **0.3m 이상**, 다른 한 변의 길이가 **0.6m 이상**인 직사각형 ② 게시판 : 저장 또는 취급하는 위험물의 유별 · 품명 및 저장최대수량 또는 취급최대수량, 지정수량의 배수 및 안전관리자의 성명 또는 직명을 기재

18. 위험물의 운반기준

무료강의

1 운반기준	① 고체는 **95% 이하의 수납률**, 액체는 **98% 이하의 수납률** 유지 및 55℃ 온도에서 누설되지 않도록 유지할 것 ② 제3류 위험물은 다음의 기준에 따라 운반용기에 수납할 것 　㉮ 자연발화성 물질에 있어서는 불활성 기체를 봉입하여 밀봉하는 등 공기와 접하지 아니하도록 할 것 　㉯ 자연발화성 물질 외의 물품에 있어서는 파라핀 · 경유 · 등유 등의 보호액으로 채워 밀봉하거나 불활성기체를 봉입하여 밀봉하는 등 수분과 접하지 아니하도록 할 것 　㉰ 자연발화성 물질 중 알킬알루미늄 등은 **운반용기 내용적의 90% 이하의 수납률**로 수납하되, **50℃의 온도에서 5% 이상의 공간용적**을 유지하도록 할 것
2 운반용기 재질	금속판, 강판, 삼, 합성섬유, 고무류, 양철판, 짚, 알루미늄판, 종이, 유리, 나무, 플라스틱, 섬유판
3 운반용기	① 고체 위험물 : 유리 또는 플라스틱 용기 10L, 금속제 용기 30L ② 액체 위험물 : 유리용기 5L 또는 10L, 플라스틱 10L, 금속제 용기 30L

4 적재하는 위험물에 따른 조치사항	차광성이 있는 것으로 피복해야 하는 경우	방수성이 있는 것으로 피복해야 하는 경우
	• 제1류 위험물 • 제3류 위험물 중 자연발화성 물질 • 제4류 위험물 중 특수 인화물 • 제5류 위험물 • 제6류 위험물	• 제1류 위험물 중 알칼리 금속의 과산화물 • 제2류 위험물 중 철분, 금속분, 마그네슘 • 제3류 위험물 중 금수성 물질

5 위험물의 운송	① 운송책임자의 감독 · 지원을 받아 운송하여야 하는 물품 : **알킬알루미늄, 알킬리튬** ② 위험물 운송자는 장거리(고속국도에 있어서는 340km 이상, 그 밖의 도로에 있어서는 200km 이상을 말한다)에 걸치는 운송을 하는 때에는 2명 이상의 운전자로 할 것. 다만, 다음의 하나에 해당하는 경우에는 그러하지 아니하다. 　㉮ 운송책임자를 동승시킨 경우 　㉯ 운송하는 위험물이 제2류 위험물 · 제3류 위험물(칼슘 또는 알루미늄의 탄화물과 이것만을 함유한 것에 한한다) 또는 제4류 위험물(특수인화물을 제외한다)인 경우 　㉰ 운송 도중에 2시간 이내마다 20분 이상씩 휴식하는 경우 ③ 위험물(제4류 위험물에 있어서는 특수 인화물 및 제1석유류에 한한다)을 운송하게 하는 자는 **위험물 안전카드**를 위험물운송자로 하여금 휴대하게 할 것

⑥ 혼재기준

위험물의 구분	제1류	제2류	제3류	제4류	제5류	제6류
제1류		×	×	×	×	○
제2류	×		×	○	○	×
제3류	×	×		○	×	×
제4류	×	○	○		○	×
제5류	×	○	×	○		×
제6류	○	×	×	×	×	

19. 소화난이도등급 Ⅰ
(제조소 등 및 소화설비)

❶ 소화난이도등급 Ⅰ에 해당하는 제조소 등

제조소 등의 구분	제조소 등의 규모, 저장 또는 취급하는 위험물의 품명 및 최대수량 등
제조소, 일반취급소	• **연면적 1,000m² 이상**인 것 • **지정수량의 100배 이상**인 것 • **지반면으로부터 6m 이상**의 높이에 위험물 취급설비가 있는 것 • 일반취급소로 사용되는 부분 외의 부분을 갖는 건축물에 설치된 것
주유취급소	[별표 13] Ⅴ 제2호에 따른 면적의 합이 500m²를 초과하는 것
옥내저장소	• **지정수량의 150배 이상**인 것 • **연면적 150m²를 초과**하는 것 • **처마높이가 6m 이상인 단층건물**의 것 • 옥내저장소로 사용되는 부분 외의 부분이 있는 건축물에 설치된 것
옥외탱크저장소	• **액표면적이 40m² 이상**인 것 • 지반면으로부터 탱크 옆판의 상단까지 **높이가 6m 이상**인 것 • 지중탱크 또는 해상탱크로서 **지정수량의 100배 이상**인 것 • 고체 위험물을 저장하는 것으로서 **지정수량의 100배 이상**인 것
옥내탱크저장소	• **액표면적이 40m² 이상**인 것 • 바닥면으로부터 탱크 옆판의 상단까지 **높이가 6m 이상**인 것 • 탱크 전용실이 단층건물 외의 건축물에 있는 것으로서 **인화점 38℃ 이상, 70℃ 미만의 위험물**을 지정수량의 **5배 이상** 저장하는 것
옥외저장소	• 덩어리상태의 황을 저장하는 것으로서 경계표시 내부의 면적(2 이상의 경계표시가 있는 경우에는 각 경계표시의 내부의 면적을 합한 면적)이 100m² 이상인 것 • 인화성 고체, 제1석유류 또는 알코올류의 위험물을 저장하는 것으로서 지정수량의 100배 이상인 것
암반탱크저장소	• 액표면적이 40m² 이상인 것(제6류 위험물을 저장하는 것 및 고인화점 위험물만을 100℃ 미만의 온도에서 저장하는 것은 제외) • 고체 위험물만을 저장하는 것으로서 지정수량의 100배 이상인 것
이송취급소	모든 대상

2 소화난이도등급 Ⅰ의 제조소 등에 설치하여야 하는 소화설비

제조소 등의 구분			소화설비
제조소 및 일반취급소			옥내소화전설비, 옥외소화전설비, 스프링클러설비 또는 물분무 등 소화설비 (화재발생 시 연기가 충만할 우려가 있는 장소에는 스프링클러설비 또는 이동식 외의 물분무 등 소화설비에 한한다)
주유취급소			스프링클러설비(건축물에 한정한다), 소형 수동식 소화기 등(능력단위의 수치가 건축물, 그 밖의 공작물 및 위험물의 소요단위 수치에 이르도록 설치할 것)
옥내 저장소	처마높이가 6m 이상인 단층건물 또는 다른 용도의 부분이 있는 건축물에 설치한 옥내저장소		스프링클러설비 또는 이동식 외의 물분무 등 소화설비
	그 밖의 것		옥외소화전설비, 스프링클러설비, 이동식 외의 물분무 등 소화설비 또는 이동식 포소화설비 (포소화전을 옥외에 설치하는 것에 한한다)
옥외 탱크 저장소	지중탱크 또는 해상탱크 외의 것	황만을 저장·취급하는 것	물분무소화설비
		인화점 70℃ 이상의 제4류 위험물만을 저장·취급하는 것	물분무소화설비 또는 고정식 포소화설비
		그 밖의 것	고정식 포소화설비 (포소화설비가 적응성이 없는 경우에는 분말소화설비)
	지중탱크		고정식 포소화설비, 이동식 이외의 불활성가스소화설비 또는 이동식 이외의 할로젠화합물소화설비
	해상탱크		고정식 포소화설비, 물분무포소화설비, 이동식 이외의 불활성가스소화설비 또는 이동식 이외의 할로젠화합물소화설비
옥내 탱크 저장소	황만을 저장·취급하는 것		물분무소화설비
	인화점 70℃ 이상의 제4류 위험물만을 저장·취급하는 것		물분무소화설비, 고정식 포소화설비, 이동식 이외의 불활성가스소화설비, 이동식 이외의 할로젠화합물소화설비 또는 이동식 이외의 분말소화설비
	그 밖의 것		고정식 포소화설비, 이동식 이외의 불활성가스소화설비, 이동식 이외의 할로젠화합물소화설비 또는 이동식 이외의 분말소화설비
옥외저장소 및 이송취급소			옥내소화전설비, 옥외소화전설비, 스프링클러설비 또는 물분무 등 소화설비 (화재발생 시 연기가 충만할 우려가 있는 장소에는 스프링클러설비 또는 이동식 이외의 물분무 등 소화설비에 한한다)
암반 탱크 저장소	황만을 저장·취급하는 것		물분무소화설비
	인화점 70℃ 이상의 제4류 위험물만을 저장·취급하는 것		물분무소화설비 또는 고정식 포소화설비
	그 밖의 것		고정식 포소화설비 (포소화설비가 적응성이 없는 경우에는 분말소화설비)

20. 소화난이도등급 Ⅱ
(제조소 등 및 소화설비)

1 소화난이도등급 Ⅱ에 해당하는 제조소 등

제조소 등의 구분	제조소 등의 규모, 저장 또는 취급하는 위험물의 품명 및 최대수량 등
제조소, 일반취급소	• **연면적 600m² 이상인 것** • **지정수량의 10배 이상인 것** • 일반취급소로서 소화난이도 등급 Ⅰ의 제조소 등에 해당하지 아니하는 것
옥내저장소	• 단층건물 이외의 것 • 제2류 또는 제4류의 위험물만을 저장·취급하는 단층건물 또는 지정수량의 50배 이하인 소규모 옥내저장소 • 지정수량의 10배 이상인 것 • 연면적 150m² 초과인 것 • 지정수량 20배 이하의 옥내저장소로서 소화난이도등급 Ⅰ의 제조소 등에 해당하지 아니하는 것
옥외탱크저장소, 옥내탱크저장소	소화난이도등급 Ⅰ의 제조소 등 외의 것
옥외저장소	• 덩어리상태의 황을 저장하는 것으로서 경계표시 내부의 면적(2 이상의 경계표시가 있는 경우에는 각 경계표시의 내부의 면적을 합한 면적)이 5m² 이상, 100m² 미만인 것 • 인화성 고체, 제1석유류, 알코올류의 위험물을 저장하는 것으로서 지정수량의 10배 이상, 100배 미만인 것 • 지정수량의 100배 이상인 것(덩어리상태의 황 또는 고인화점 위험물을 저장하는 것은 제외)
주유취급소	옥내주유취급소로서 소화난이도등급 Ⅰ의 제조소 등에 해당하지 아니하는 것
판매취급소	제2종 판매취급소

2 소화난이도등급 Ⅱ의 제조소 등에 설치하여야 하는 소화설비

제조소 등의 구분	소화설비
제조소, 옥내저장소, 옥외저장소, 주유취급소, 판매취급소, 일반취급소	방사능력범위 내에 해당 건축물, 그 밖의 공작물 및 위험물이 포함되도록 대형 수동식 소화기를 설치하고, 해당 위험물의 소요단위의 1/5 이상에 해당되는 능력단위의 소형 수동식 소화기 등을 설치할 것
옥외탱크저장소, 옥내탱크저장소	대형 수동식 소화기 및 소형 수동식 소화기 등을 각각 1개 이상 설치할 것

21. 소화난이도등급 Ⅲ
(제조소 등 및 소화설비)

1 소화난이도등급 Ⅲ에 해당하는 제조소 등

제조소 등의 구분	제조소 등의 규모, 저장 또는 취급하는 위험물의 품명 및 최대수량 등
제조소, 일반취급소	• 화약류에 해당하는 위험물을 취급하는 것 • 화약류에 해당하는 위험물 외의 것을 취급하는 것으로서 소화난이도등급 Ⅰ 또는 소화난이도등급 Ⅱ의 제조소 등에 해당하지 아니하는 것
옥내저장소	• 화약류에 해당하는 위험물을 취급하는 것 • 화약류에 해당하는 위험물 외의 것을 취급하는 것으로서 소화난이도등급 Ⅰ 또는 소화난이도등급 Ⅱ의 제조소 등에 해당하지 아니하는 것
지하탱크저장소, 간이탱크저장소, 이동탱크저장소	모든 대상
옥외저장소	• 덩어리상태의 황을 저장하는 것으로서 경계표시 내부의 면적(2 이상의 경계표시가 있는 경우에는 각 경계표시의 내부의 면적을 합한 면적)이 $5m^2$ 미만인 것 • 덩어리상태의 황 외의 것을 저장하는 것으로서 소화난이도등급 Ⅰ 또는 소화난이도등급 Ⅱ의 제조소 등에 해당하지 아니하는 것
주유취급소	옥내주유취급소 외의 것으로서 소화난이도등급 Ⅰ의 제조소 등에 해당하지 아니하는 것
제1종 판매취급소	모든 대상

2 소화난이도등급 Ⅲ의 제조소 등에 설치하여야 하는 소화설비

제조소 등의 구분	소화설비	설치기준	
지하탱크저장소	소형 수동식 소화기 등	능력단위의 수치가 3 이상	2개 이상
이동탱크저장소	**자동차용 소화기**	• **무상의 강화액 8L 이상** • **이산화탄소 3.2kg 이상** • 브로모클로로다이플루오로메테인(CF_2ClBr) 2L 이상 • 브로모트라이플루오로메테인(CF_3Br) 2L 이상 • 다이브로모테트라플루오로에테인($C_2F_4Br_2$) 1L 이상 • **소화분말 3.3kg 이상**	2개 이상
	마른모래 및 팽창질석 또는 팽창진주암	• 마른모래 150L 이상 • 팽창질석 또는 팽창진주암 640L 이상	
그 밖의 제조소 등	소형 수동식 소화기 등	능력단위의 수치가 건축물, 그 밖의 공작물 및 위험물의 소요단위의 수치에 이르도록 설치할 것. 다만, 옥내소화전설비, 옥외소화전설비, 스프링클러설비, 물분무 등 소화설비 또는 대형 수동식소화기를 설치한 경우에는 해당 소화설비의 방사능력범위 내의 부분에 대하여는 수동식소화기 등을 그 능력단위의 수치가 해당 소요단위의 수치의 1/5 이상이 되도록 하는 것으로 족하다.	

22. 경보설비

무료강의

1 제조소 등별로 설치하여야 하는 경보설비의 종류

제조소 등의 구분	제조소 등의 규모, 저장 또는 취급하는 위험물의 종류 및 최대수량 등	경보설비
① 제조소 및 일반취급소	• 연면적 500m² 이상인 것 • 옥내에서 지정수량의 100배 이상을 취급하는 것 • 일반취급소로 사용되는 부분 외의 부분이 있는 건축물에 설치된 일반취급소	자동화재탐지설비
② 옥내저장소	• 지정수량의 100배 이상을 저장 또는 취급하는 것 • 저장창고의 연면적이 150m²를 초과하는 것 • 처마높이가 6m 이상인 단층건물의 것 • 옥내저장소로 사용되는 부분 외의 부분이 있는 건축물에 설치된 옥내저장소	자동화재탐지설비
③ 옥내탱크저장소	단층건물 외의 건축물에 설치된 옥내탱크저장소로서 소화난이도 등급 I에 해당하는 것	자동화재탐지설비
④ 주유취급소	옥내주유취급소	자동화재탐지설비
⑤ ① 내지 ④의 자동화재탐지설비 설치대상에 해당하지 아니하는 제조소 등	지정수량의 10배 이상을 저장 또는 취급하는 것	자동화재탐지설비, 비상경보설비, 확성장치 또는 비상방송설비 중 1종 이상

2 자동화재탐지설비의 설치기준

① 자동화재탐지설비의 경계구역은 건축물, 그 밖의 공작물의 2 이상의 층에 걸치지 아니하도록 할 것. 다만, 하나의 경계구역의 면적이 500m² 이하이면서 해당 경계구역이 두 개의 층에 걸치는 경우이거나 계단·경사로·승강기의 승강로, 그 밖에 이와 유사한 장소에 연기감지기를 설치하는 경우에는 그러하지 아니하다.

② **하나의 경계구역의 면적은 600m² 이하로 하고 그 한 변의 길이는 50m(광전식 분리형감지기를 설치할 경우에는 100m) 이하로 할 것.** 다만, 해당 건축물, 그 밖의 공작물의 주요한 출입구에서 그 내부의 전체를 볼 수 있는 경우에 있어서는 그 면적을 1,000m² 이하로 할 수 있다.

③ 자동화재탐지설비의 감지기는 지붕(상층이 있는 경우에는 상층의 바닥) 또는 벽의 옥내에 면한 부분(천장이 있는 경우에는 천장 또는 벽의 옥내에 면한 부분 및 천장의 뒷부분)에 유효하게 화재의 발생을 감지할 수 있도록 설치할 것

④ 자동화재탐지설비에는 비상전원을 설치할 것

23. 피난설비

1 종류	① 피난기구 : 피난사다리, 완강기, 간이완강기, 공기안전매트, 피난밧줄, 다수인피난장비, 승강식 피난기, 하향식 피난구용 내림식 사다리, 구조대, 미끄럼대, 피난교, 피난로프, 피난용 트랩 등 ② 인명구조기구, 유도등, 유도표지, 비상조명등
2 설치기준	① 주유취급소 중 건축물의 2층 이상의 부분을 점포 · 휴게음식점 또는 전시장의 용도로 사용하는 것에 있어서는 **해당 건축물의 2층 이상으로부터** 직접 주유취급소의 부지 밖으로 통하는 출입구와 해당 출입구로 통하는 **통로 · 계단 및 출입구에 유도등을 설치하여야 한다.** ② 옥내주유취급소에 있어서는 해당 사무소 등의 출입구 및 피난구와 해당 피난구로 통하는 통로 · 계단 및 출입구에 **유도등**을 설치하여야 한다. ③ 유도등에는 비상전원을 설치하여야 한다.

24. 소화설비의 적응성

무료강의

소화설비의 구분			건축물·그 밖의 공작물	전기설비	제1류 위험물: 알칼리금속 과산화물 등	제1류 위험물: 그 밖의 것	제2류 위험물: 철분·금속분·마그네슘 등	제2류 위험물: 인화성 고체	제2류 위험물: 그 밖의 것	제3류 위험물: 금수성 물품	제3류 위험물: 그 밖의 것	제4류 위험물	제5류 위험물	제6류 위험물
옥내소화전 또는 옥외소화전 설비			○			○		○	○		○		○	○
스프링클러설비			○			○		○	○		○	△	○	○
물분무 등 소화설비	물분무소화설비		○	○		○		○	○		○	○	○	○
물분무 등 소화설비	포소화설비		○			○		○	○		○	○	○	○
물분무 등 소화설비	불활성가스소화설비			○				○				○		
물분무 등 소화설비	할로젠화합물소화설비			○				○				○		
물분무 등 소화설비	분말소화설비	인산염류 등	○	○		○		○	○			○		○
물분무 등 소화설비	분말소화설비	탄산수소염류 등		○	○		○	○		○		○		
물분무 등 소화설비	분말소화설비	그 밖의 것			○		○			○				
대형·소형 수동식 소화기	봉상수(棒狀水)소화기		○			○		○	○		○		○	○
대형·소형 수동식 소화기	무상수(霧狀水)소화기		○	○		○		○	○		○		○	○
대형·소형 수동식 소화기	봉상강화액소화기		○			○		○	○		○		○	○
대형·소형 수동식 소화기	무상강화액소화기		○	○		○		○	○		○	○	○	○
대형·소형 수동식 소화기	포소화기		○			○		○	○		○	○	○	○
대형·소형 수동식 소화기	이산화탄소소화기			○				○				○		△
대형·소형 수동식 소화기	할로젠화합물소화기			○				○				○		
대형·소형 수동식 소화기	분말소화기	인산염류소화기	○	○		○		○	○			○		○
대형·소형 수동식 소화기	분말소화기	탄산수소염류소화기		○	○		○	○		○		○		
대형·소형 수동식 소화기	분말소화기	그 밖의 것			○		○			○				
기타	물통 또는 수조		○			○		○	○		○		○	○
기타	건조사				○	○	○	○	○	○	○	○	○	○
기타	팽창질석 또는 팽창진주암				○	○	○	○	○	○	○	○	○	○

※ 소화설비는 크게 물주체(옥내·옥외, 스프링클러, 물분무, 포)와 가스주체(불활성가스소화설비, 할로젠화합물소화설비)로 구분하여 대상물별로 물을 사용하면 되는 곳과 안 되는 곳을 구분해서 정리하면 쉽게 분류할 수 있다. 다만, 제6류 위험물의 경우 소규모 누출 시를 가정하여 다량의 물로 희석소화한다는 관점으로 정리하는 것이 좋다.

25. 위험물제조소의 시설기준

구분	안전거리
사용전압 7,000V 초과, 35,000V 이하	3m 이상
사용전압 35,000V 초과	5m 이상
주거용	10m 이상
고압가스, 액화석유가스, 도시가스	20m 이상
학교 · 병원 · 극장	30m 이상
유형문화재, 지정문화재	50m 이상

1 안전거리

2 단축기준 적용 방화격벽 높이

방화상 유효한 담의 높이
① $H \leq pD^2 + a$인 경우, $h = 2$
② $H > pD^2 + a$인 경우, $h = H - p(D^2 - d^2)$
 (p : 목조 = 0.04, 방화구조 = 0.15)

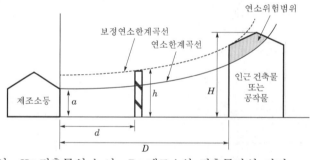

여기서, H : 건축물의 높이, D : 제조소와 건축물과의 거리
a : 제조소의 높이, d : 제조소와 방화격벽과의 거리
h : 방화격벽의 높이, p : 상수

3 보유공지

지정수량 10배 이하 : 3m 이상
지정수량 10배 초과 : 5m 이상

4 표지 및 게시판

① 백색바탕 흑색문자
② 유별, 품명, 수량, 지정수량 배수, 안전관리자 성명 및 직명
③ 규격 : 한 변의 길이 0.3m 이상, 다른 한 변의 길이 0.6m 이상

5 방화상 유효한 담을 설치한 경우의 안전거리

구분	취급하는 위험물의 최대수량 (지정수량의 배수)	안전거리(이상)		
		주거용 건축물	학교, 유치원 등	문화재
제조소 · 일반취급소	10배 미만	6.5m	20m	35m
	10배 이상	7.0m	22m	38m

6 건축물 구조기준	① **지하층**이 없도록 한다.
	② 벽, 기둥, 바닥, 보, 서까래 및 계단은 **불연재료**로 하고, 연소의 우려가 있는 외벽은 개구부가 없는 **내화구조**의 벽으로 하여야 한다.
	③ 지붕은 폭발력이 위로 방출될 정도의 가벼운 **불연재료**로 덮어야 한다.
	④ 출입구와 비상구는 **60분＋방화문·60분방화문** 또는 **30분방화문**을 설치하며, 연소의 우려가 있는 외벽에 설치하는 출입구에는 수시로 열 수 있는 자동폐쇄식의 **60분＋방화문·60분방화문**을 설치한다.
	⑤ 위험물을 취급하는 건축물의 창 및 출입구에 유리를 이용하는 경우에는 **망입유리**로 한다.
	⑥ 액체의 위험물을 취급하는 건축물의 바닥은 **위험물이 스며들지 못하는 재료**를 사용하고, 적당한 경사를 두어 그 최저부에 **집유설비**를 한다.

7 환기설비	① 자연배기방식
	② 급기구는 낮은 곳에 설치하며, **바닥면적 150m²마다** 1개 이상으로 하되 **급기구의 크기는 800cm² 이상**으로 한다. 다만, 바닥면적이 150m² 미만인 경우에는 다음의 크기로 하여야 한다.

바닥면적	급기구의 면적
60m² 미만	150cm² 이상
60m² 이상, 90m² 미만	300cm² 이상
90m² 이상, 120m² 미만	450cm² 이상
120m² 이상, 150m² 미만	600cm² 이상

	③ 인화방지망 설치
	④ 환기구는 지상 2m 이상의 회전식 고정 벤틸레이터 또는 루프팬 방식 설치

8 배출설비	① 국소방식
	② 강제배출, **배출능력 : 1시간당 배출장소 용적의 20배 이상**
	③ 전역방식의 바닥면적 1m²당 18m³ 이상
	④ 급기구는 높은 곳에 설치
	⑤ 인화방지망 설치

9 정전기제거설비	① 접지
	② 공기 중의 **상대습도를 70% 이상**
	③ **공기를 이온화**

10 방유제 설치	① 옥내
	㉮ 1기일 때 : 탱크용량 이상
	㉯ 2기 이상일 때 : 최대 탱크용량 이상
	② 옥외
	㉮ 1기일 때 : 해당 탱크용량의 50% 이상
	㉯ 2기 이상일 때 : 최대용량의 50%＋나머지 탱크용량의 10%를 가산한 양 이상

⑪ 자동화재탐지설비 설치대상 제조소	① 연면적 $500m^2$ 이상인 것 ② 옥내에서 지정수량의 100배 이상을 취급하는 것 (고인화점 위험물만을 $100℃$ 미만의 온도에서 취급하는 것을 제외한다) ③ 일반취급소로 사용되는 부분 외의 부분이 있는 건축물에 설치된 일반취급소

⑫ 하이드록실아민 등을 취급하는 제조소	① 지정수량 이상의 하이드록실아민 등을 취급하는 제조소의 안전거리
	    $$D = 51.1 \times \sqrt[3]{N}$$
	    여기서, D : 거리(m)
	              N : 해당 제조소에서 취급하는 하이드록실아민 등의 지정수량의 배수
	 ② 제조소의 주위에는 담 또는 토제(土堤)를 설치할 것
	    ㉮ 담 또는 토제는 해당 제조소의 외벽 또는 이에 상당하는 공작물의 외측으로부터 2m 이상 떨어진 장소에 설치할 것
	    ㉯ 담 또는 토제의 높이는 해당 제조소에 있어서 하이드록실아민 등을 취급하는 부분의 높이 이상으로 할 것
	    ㉰ 담은 두께 15cm 이상의 철근콘크리트조·철골철근콘크리트조 또는 두께 20cm 이상의 보강콘크리트블록조로 할 것
	    ㉱ 토제의 경사면의 경사도는 $60°$ 미만으로 할 것
	 ③ 하이드록실아민 등을 취급하는 설비에는 철이온 등의 혼입에 의한 위험한 반응을 방지하기 위한 조치를 강구할 것

26. 옥내저장소의 시설기준

1 안전거리 제외대상	① **제4석유류 또는 동식물유류의 위험물**을 저장 또는 취급하는 옥내저장소로 서 그 최대수량이 **지정수량의 20배 미만인 것**
	② 제6류 위험물을 저장 또는 취급하는 옥내저장소
	③ 지정수량 20배 이하의 위험물을 저장 또는 취급기준
	  ㉮ 저장창고의 벽·기둥·바닥·보 및 지붕이 내화구조인 것
	  ㉯ 저장창고의 출입구에 수시로 열 수 있는 자동폐쇄방식의 60분+방화문 또는 60분방화문이 설치되어 있을 것
	  ㉰ 저장창고에 창을 설치하지 아니할 것

2 보유공지

저장 또는 취급하는 위험물의 최대수량	공지의 너비	
	벽·기둥 및 바닥이 내화구조로 된 건축물	그 밖의 건축물
지정수량의 5배 이하	–	0.5m 이상
지정수량의 5배 초과, 10배 이하	1m 이상	1.5m 이상
지정수량의 10배 초과, 20배 이하	2m 이상	3m 이상
지정수량의 20배 초과, 50배 이하	3m 이상	5m 이상
지정수량의 50배 초과, 200배 이하	5m 이상	10m 이상
지정수량의 200배 초과	10m 이상	15m 이상

3 저장창고 기준

① 지면에서 처마까지의 높이(이하 "처마높이"라 한다)가 **6m 미만인 단층건물**로 하고 그 바닥을 지반면보다 높게 하여야 한다. 다만, 제2류 또는 제4류 위험물만 저장하는 경우 다음의 조건에서는 20m 이하로 가능하다.
  ㉮ 벽·기둥·바닥·보는 내화구조
  ㉯ 출입구는 60분+방화문 또는 60분방화문
  ㉰ 피뢰침 설치
② **벽·기둥·보 및 바닥 : 내화구조, 보와 서까래 : 불연재료**
③ **지붕은 폭발력이 위로 방출될 정도의 가벼운 불연재료**
④ **출입구에는 60분+방화문·60분방화문 또는 30분방화문을 설치할 것**
⑤ 저장창고의 창 또는 출입구에 유리를 이용하는 경우에는 **망입유리**를 설치할 것
⑥ 액상위험물의 저장창고의 **바닥은 위험물이 스며들지 아니하는 구조**로 하고, 적당하게 경사지게 하여 그 최저부에 **집유설비**를 할 것
⑦ **지정수량의 10배 이상의 저장창고**(제6류 위험물의 저장창고를 제외한다)에는 **피뢰침을 설치할 것**

4 담/토제 설치기준	① 담 또는 토제는 저장창고의 외벽으로부터 2m 이상 떨어진 장소에 설치할 것 ② 담 또는 토제의 높이는 저장창고의 처마높이 이상으로 할 것 ③ 담은 두께 15cm 이상의 철근콘크리트조나 철골철근콘크리트조 또는 두께 20cm 이상의 보강콘크리트블록조로 할 것 **④ 토제의 경사면의 경사도는 60° 미만으로 할 것**

5 저장창고의 바닥면적	위험물을 저장하는 창고	바닥면적
	① 제1류 위험물 중 아염소산염류, 염소산염류, 과염소산염류, 무기과산화물, 그 밖에 지정수량이 50kg인 위험물 ② 제3류 위험물 중 칼륨, 나트륨, 알킬알루미늄, 알킬리튬, 그 밖에 지정수량이 10kg인 위험물 및 황린 ③ 제4류 위험물 중 특수 인화물, 제1석유류 및 알코올류 ④ 제5류 위험물 중 유기과산화물, 질산에스터류, 그 밖에 지정수량이 10kg인 위험물 ⑤ 제6류 위험물	$1,000m^2$ 이하
	①~⑤ 외의 위험물을 저장하는 창고	$2,000m^2$ 이하
	내화구조의 격벽으로 완전히 구획된 실에 각각 저장하는 창고	$1,500m^2$ 이하

6 다층건물 옥내저장소 기준	① 저장창고는 각층의 바닥을 지면보다 높게 하고, 바닥면으로부터 상층의 바닥(상층이 없는 경우에는 처마)까지의 높이(이하 "층고"라 한다)를 6m 미만으로 하여야 한다. ② 하나의 저장창고의 바닥면적 합계는 $1,000m^2$ 이하로 하여야 한다. ③ 저장창고의 벽 · 기둥 · 바닥 및 보를 내화구조로 하고, 계단을 불연재료로 하며, 연소의 우려가 있는 외벽은 출입구 외의 개구부를 갖지 아니하는 벽으로 하여야 한다. ④ 2층 이상의 층의 바닥에는 개구부를 두지 아니하여야 한다. 다만, 내화구조의 벽과 60분+방화문 · 60분방화문 또는 30분방화문으로 구획된 계단실에 있어서는 그러하지 아니하다.

27. 옥외저장소의 시설기준

1 설치기준	① 안전거리를 둘 것 ② 습기가 없고 배수가 잘 되는 장소에 설치할 것 ③ 위험물을 저장 또는 취급하는 장소의 주위에는 경계표시를 할 것

2 보유공지

저장 또는 취급하는 위험물의 최대수량	공지의 너비
지정수량의 10배 이하	3m 이상
지정수량의 10배 초과, 20배 이하	5m 이상
지정수량의 20배 초과, 50배 이하	9m 이상
지정수량의 50배 초과, 200배 이하	12m 이상
지정수량의 200배 초과	15m 이상

제4류 위험물 중 제4석유류와 제6류 위험물을 저장 또는 취급하는 보유공지는 공지너비의 $\frac{1}{3}$ 이상으로 할 수 있다.

3 선반 설치기준	① 선반은 불연재료로 만들고 견고한 지반면에 고정할 것 ② 선반은 해당 선반 및 그 부속설비의 자중·저장하는 위험물의 중량·풍하중·지진의 영향 등에 의하여 생기는 응력에 대하여 안전할 것 ③ **선반의 높이는 6m를 초과하지 아니할 것** ④ 선반에는 위험물을 수납한 용기가 쉽게 낙하하지 아니하는 조치를 할 것
4 옥외저장소에 저장할 수 있는 위험물	① **제2류 위험물 중 황**, 인화성 고체(인화점이 0℃ 이상인 것에 한함) ② **제4류 위험물 중 제1석유류**(인화점이 0℃ 이상인 것에 한함), **제2석유류, 제3석유류, 제4석유류, 알코올류, 동식물유류** ③ **제6류 위험물**
5 덩어리상태의 황 저장기준	① **하나의 경계표시의 내부의 면적은 100m² 이하일 것** ② 2 이상의 경계표시를 설치하는 경우에 있어서는 각각의 경계표시 내부의 면적을 합산한 면적은 1,000m² 이하로 하고, 인접하는 경계표시와 경계표시와의 간격은 공지의 너비의 2분의 1 이상으로 할 것 ③ 경계표시는 불연재료로 만드는 동시에 황이 새지 아니하는 구조로 할 것 ④ **경계표시의 높이는 1.5m 이하로 할 것** ⑤ 경계표시에는 황이 넘치거나 비산하는 것을 방지하기 위한 천막 등을 고정하는 장치를 설치하되, 천막 등을 고정하는 장치는 경계표시의 길이 2m마다 한 개 이상 설치할 것 ⑥ 황을 저장 또는 취급하는 장소의 주위에는 **배수구와 분리장치**를 설치할 것
6 기타 기준	① 과산화수소 또는 과염소산을 저장하는 옥외저장소에는 불연성 또는 난연성의 천막 등을 설치하여 햇빛을 가릴 것 ② 눈·비 등을 피하거나 차광 등을 위하여 옥외저장소에 캐노피 또는 지붕을 설치하는 경우에는 환기 및 소화활동에 지장을 주지 아니하는 구조로 할 것. 이 경우 기둥은 내화구조로 하고, 캐노피 또는 지붕을 불연재료로 하며, 벽을 설치하지 아니하여야 한다.

28. 옥내탱크저장소의 시설기준

무료강의

1 옥내탱크저장소의 구조	① 단층건축물에 설치된 탱크 전용실에 설치할 것 ② 옥내저장탱크와 탱크 전용실의 벽과의 사이 및 옥내저장탱크의 **상호간에는 0.5m 이상의 간격을** 유지할 것 ③ 옥내저장탱크의 용량(동일한 탱크 전용실에 옥내저장탱크를 2 이상 설치하는 경우에는 각 탱크 용량의 합계를 말한다)은 **지정수량의 40배**(제4석유류 및 동식물유류 외의 제4류 위험물에 있어서 해당 수량이 **20,000L를 초과할 때에는 20,000L) 이하**일 것 ④ 압력탱크(최대상용압력이 부압 또는 정압 5kPa을 초과하는 탱크를 말한다) 외의 탱크에 있어서는 밸브 없는 통기관을 설치하고, 압력탱크에 있어서는 안전장치를 설치할 것
2 탱크 전용실의 구조	① 탱크 전용실은 **벽·기둥 및 바닥을 내화구조**로 하고, **보를 불연재료**로 하며, 연소의 우려가 있는 외벽은 출입구 외에는 개구부가 없도록 할 것 ② 탱크 전용실은 **지붕을 불연재료**로 하고, 천장을 설치하지 아니할 것 ③ 탱크 전용실의 창 및 출입구에는 60분+방화문·60분방화문 또는 30분방화문을 설치할 것 ④ 탱크 전용실의 창 또는 출입구에 유리를 이용하는 경우에는 **망입유리**로 할 것 ⑤ 액상위험물의 옥내저장탱크를 설치하는 탱크 전용실의 바닥은 **위험물이 침투하지 아니하는 구조**로 하고, 적당한 경사를 두는 한편, **집유설비**를 설치할 것 ⑥ 탱크 전용실의 출입구의 턱의 높이를 해당 탱크 전용실 내의 옥내저장탱크(옥내저장탱크가 2 이상인 경우에는 최대용량의 탱크)의 용량을 수용할 수 있는 높이 이상으로 하거나 옥내저장탱크로부터 누설된 위험물이 탱크 전용실 외의 부분으로 유출하지 아니하는 구조로 할 것

3 단층건물 외의 건축물	① 옥내저장탱크는 탱크 전용실에 설치할 것. 이 경우 제2류 위험물 중 황화인, 적린 및 덩어리 황, 제3류 위험물 중 황린, 제6류 위험물 중 질산의 탱크 전용실은 건축물의 1층 또는 지하층에 설치해야 한다.
	② 주입구 부근에는 해당 탱크의 위험물의 양을 표시하는 장치를 설치할 것
	③ 탱크 전용실이 있는 건축물에 설치하는 옥내저장탱크의 펌프설비
	  ㉮ 탱크 전용실 외의 장소에 설치하는 경우
	    ㉠ 펌프실은 **벽·기둥·바닥 및 보를 내화구조**로 할 것
	    ㉡ 펌프실은 상층이 있는 경우에 있어서는 상층의 바닥을 내화구조로 하고, 상층이 없는 경우에 있어서는 **지붕을 불연재료**로 하며, 천장을 설치하지 아니할 것
	    ㉢ 펌프실에는 창을 설치하지 아니할 것
	    ㉣ 펌프실의 출입구에는 **60분+방화문 또는 60분방화문을 설치**할 것
	    ㉤ 펌프실의 환기 및 배출의 설비에는 방화상 유효한 댐퍼 등을 설치할 것
	  ㉯ 탱크 전용실에 펌프설비를 설치하는 경우에는 견고한 기초 위에 고정한 다음 그 주위에는 불연재료로 된 **턱을 0.2m 이상의 높이**로 설치하는 등 누설된 위험물이 유출되거나 유입되지 아니하도록 하는 조치를 할 것

4 기타	① 안전거리와 보유공지에 대한 기준이 없으며, 규제 내용 역시 없다. ② 원칙적으로 옥내탱크저장소의 탱크는 단층건물의 탱크 전용실에 설치해야 한다.

29. 옥외탱크저장소의 시설기준

무료강의

1 보유공지

저장 또는 취급하는 위험물의 최대수량	공지의 너비
지정수량의 500배 이하	3m 이상
지정수량의 500배 초과, 1,000배 이하	5m 이상
지정수량의 1,000배 초과, 2,000배 이하	9m 이상
지정수량의 2,000배 초과, 3,000배 이하	12m 이상
지정수량의 3,000배 초과, 4,000배 이하	15m 이상

■ 특례 : **제6류 위험물**을 저장, 취급하는 옥외탱크저장소의 경우
- **해당 보유공지의 $\frac{1}{3}$ 이상의 너비**로 할 수 있다(단, 1.5m 이상일 것).
- 동일 대지 내에 2기 이상의 탱크를 인접하여 설치하는 경우에는 해당 보유공지 너비의 $\frac{1}{3}$ 이상에 다시 $\frac{1}{3}$ 이상의 너비로 할 수 있다(단, 1.5m 이상일 것).

2 탱크 통기장치의 기준

밸브 없는 통기관	① **통기관의 직경 : 30mm 이상** ② **통기관의 선단은 45° 이상 구부려** 빗물 등의 침투를 막는 구조 ③ 인화점이 38℃ 미만인 위험물만을 저장·취급하는 탱크의 통기관에는 화염방지장치를 설치하고, 인화점이 38℃ 이상 70℃ 미만인 위험물을 저장·취급하는 탱크의 통기관에는 40mesh 이상의 구리망으로 된 인화방지장치를 설치할 것
대기밸브부착 통기관	① 5kPa 이하의 압력 차이로 작동할 수 있을 것 ② 가는 눈의 구리망 등으로 인화방지장치를 설치

3 방유제 설치기준

① 용량 : 방유제 안에 설치된 탱크가 하나인 때에는 그 **탱크용량의 110% 이상**, 2기 이상인 때에는 그 탱크 용량 중 용량이 **최대인 것의 용량의 110% 이상**으로 한다. 다만, 인화성이 없는 액체 위험물의 옥외저장탱크의 주위에 설치하는 방유제는 "110%"를 "100%"로 본다.
② 높이 및 면적 : **0.5m 이상 3.0m 이하, 두께 0.2m 이상, 지하매설 깊이 1m 이상으로 할 것. 면적 80,000m² 이하**
③ 하나의 방유제 안에 설치하는 탱크의 수는 10기 이하(단, 방유제 내 전 탱크의 용량이 20만kL 이하이고, 인화점이 70℃ 이상 200℃ 미만인 경우에는 20기 이하). 다만, **인화점이 200℃ 이상인 위험물을 저장 또는 취급하는 옥외저장탱크의 경우 제한없다.**
④ 방유제와 탱크 측면과의 이격거리
　㉮ 탱크 지름이 15m 미만인 경우 : 탱크 높이의 $\frac{1}{3}$ 이상
　㉯ 탱크 지름이 15m 이상인 경우 : 탱크 높이의 $\frac{1}{2}$ 이상

| **4 방유제의 구조** | ① 방유제는 철근콘크리트로 하고, 방유제와 옥외저장탱크 사이의 지표면은 불연성과 불침윤성이 있는 구조(철근콘크리트 등)로 할 것
② 내부에 고인 물을 외부로 배출하기 위한 **배수구**를 설치하고 이를 **개폐하는 밸브** 등을 방유제의 외부에 설치할 것
③ 용량이 **100만L 이상**인 위험물을 저장하는 옥외저장탱크에 있어서는 밸브 등에 그 개폐상황을 쉽게 확인할 수 있는 장치를 설치할 것
④ **높이가 1m를 넘는 방유제** 및 칸막이둑의 안팎에는 방유제 내에 출입하기 위한 계단 또는 경사로를 **약 50m마다** 설치할 것
⑤ 이황화탄소의 옥외탱크저장소 설치기준 : 탱크 전용실(수조)의 구조
㉮ 재질 : 철근콘크리트조(바닥에 물이 새지 않는 구조)
㉯ 벽, 바닥의 두께 : **0.2m 이상** |

30. 지하탱크저장소의 시설기준

1 저장소 구조	① 지하저장탱크의 윗부분은 **지면으로부터 0.6m 이상 아래**에 있어야 한다. ② 지하저장탱크를 2 이상 인접해 설치하는 경우에는 그 **상호간에 1m 이상의 간격을 유지**하여야 한다. ③ 액체 위험물의 지하저장탱크에는 위험물의 양을 자동적으로 표시하는 장치 또는 계량구를 설치하여야 한다. ④ 지하저장탱크는 용량에 따라 압력탱크(최대상용압력이 46.7kPa 이상인 탱크를 말한다) 외의 탱크에 있어서는 70kPa의 압력으로, 압력탱크에 있어서는 최대상용압력의 1.5배의 압력으로 각각 10분간 수압시험을 실시하여 새거나 변형되지 아니하여야 한다.
2 과충전 방지장치	① 탱크용량을 초과하는 위험물이 주입될 때 자동으로 그 주입구를 폐쇄하거나 위험물의 공급을 자동으로 차단하는 방법 ② 탱크용량의 **90%가 찰 때 경보음**을 울리는 방법
3 탱크 전용실 구조	① 탱크 전용실은 지하의 가장 가까운 벽·피트·가스관 등의 시설물 및 대지경계선으로부터 0.1m 이상 떨어진 곳에 설치하고, 지하저장탱크와 탱크 전용실의 안쪽과의 사이는 0.1m 이상의 간격을 유지하도록 하며, 해당 탱크의 주위에 마른 모래 또는 습기 등에 의하여 응고되지 아니하는 **입자지름 5mm 이하의 마른 자갈분**을 채워야 한다. ② 탱크 전용실은 벽·바닥 및 뚜껑을 다음 기준에 적합한 철근콘크리트구조 또는 이와 동등 이상의 강도가 있는 구조로 설치하여야 한다. ㉮ 벽·바닥 및 뚜껑의 두께는 0.3m 이상일 것 ㉯ 벽·바닥 및 뚜껑의 내부에는 직경 9mm부터, 13mm까지의 철근을 가로 및 세로로 5cm부터, 20cm까지의 간격으로 배치할 것 ㉰ 벽·바닥 및 뚜껑의 재료에 수밀콘크리트를 혼입하거나 벽·바닥 및 뚜껑의 중간에 아스팔트층을 만드는 방법으로 적정한 방수조치를 할 것

31. 간이탱크저장소의 시설기준

1 설비기준	① 옥외에 설치한다. ② 전용실 안에 설치하는 경우 채광, 조명, 환기 및 배출의 설비를 한다. ③ 탱크의 구조기준 　㉮ 두께 3.2mm 이상의 강판으로 흠이 없도록 제작 　㉯ 시험방법 : 70kPa의 압력으로 10분간 수압시험을 실시하여 새거나 변형되지 아니할 것 　㉰ 하나의 탱크용량은 600L 이하로 할 것
2 탱크 설치방법	① 하나의 간이탱크저장소에 설치하는 **탱크의 수는 3기 이하**로 할 것 ② 옥외에 설치하는 경우에는 그 탱크 주위에 너비 **1m 이상의 공지**를 보유할 것 ③ 탱크를 전용실 안에 설치하는 경우에는 **탱크와 전용실 벽과의 사이에 0.5m 이상의 간격**을 유지할 것
3 통기관 설치	① 밸브 없는 통기관 　㉮ 지름 : 25mm 이상 　㉯ 옥외 설치, 선단높이는 1.5m 이상 　㉰ 선단은 수평면에 의하여 45° 이상 구부려 빗물 침투 방지 ② 대기밸브부착 통기관은 옥외탱크저장소에 준함

32. 이동탱크저장소의 시설기준

무료강의

1 탱크 구조기준	① 본체 : 3.2mm 이상 ② 측면틀 : 3.2mm 이상 ③ 안전칸막이 : 3.2mm 이상 ④ 방호틀 : 2.3mm 이상 ⑤ 방파판 : 1.6mm 이상		
2 안전장치 작동압력	① 상용압력이 20kPa 이하 : 20kPa 이상, 24kPa 이하의 압력 ② 상용압력이 20kPa 초과 : 상용압력의 1.1배 이하의 압력		
3 설치기준	측면틀	① 탱크 상부 네 모퉁이에 전단 또는 후단으로부터 1m 이내에 위치 ② 최외측선의 수평면에 대하여 내각이 75° 이상	
	안전칸막이	① 재질은 두께 3.2mm 이상의 강철판 ② 4,000L 이하마다 구분하여 설치	
	방호틀	① 재질은 두께 2.3mm 이상의 강철판으로 제작 ② 정상부분은 부속장치보다 50mm 이상 높게 설치	
	방파판	① 재질은 두께 1.6mm 이상의 강철판 ② 하나의 구획부분에 2개 이상의 방파판을 진행방향과 평행으로 설치	
4 표지판 기준	① 차량의 전·후방에 설치할 것 ② 규격 : 한 변의 길이 0.3m 이상, 다른 한 변의 길이 0.6m 이상 ③ 색깔 : 흑색바탕에 황색반사도료로 '위험물'이라고 표시		
5 게시판 기준	탱크의 뒷면 보기 쉬운 곳에 위험물의 유별, 품명, 최대수량 및 적재중량 표시		

6 외부도장	유별	도장의 색상	비고
	제1류	회색	① 탱크의 앞면과 뒷면을 제외한 면적의 40% 이내의 면적은 다른 유별의 색상 외의 색상으로 도장하는 것이 가능하다. ② 제4류에 대해서는 도장의 색상 제한이 없으나 적색을 권장한다.
	제2류	적색	
	제3류	청색	
	제5류	황색	
	제6류	청색	

7 기타	① 아세트알데하이드 등을 저장 또는 취급하는 이동탱크저장소는 해당 위험물의 성질에 따라 강화되는 기준은 다음에 의하여야 한다. ⑦ 이동저장탱크는 불활성의 기체를 봉입할 수 있는 구조로 할 것 ④ 이동저장탱크 및 그 설비는 은·수은·동·마그네슘 또는 이들을 성분으로 하는 합금으로 만들지 아니할 것 ② 이동저장탱크의 상부로부터 위험물을 주입할 때에는 위험물의 액표면이 주입관의 선단을 넘는 높이가 될 때까지 그 주입관 내의 유속을 초당 1m 이하로 할 것

33. 주유취급소의 시설기준

1 주유 및 급유 공지	① 자동차 등에 직접 주유하기 위한 설비로서(현수식 포함) **너비 15m 이상**, **길이 6m 이상**의 콘크리트 등으로 포장한 공지를 보유한다. ② 공지의 기준 ㉮ 바닥은 주위 지면보다 높게 한다. ㉯ 그 표면을 적당히 경사지게 하여 새어나온 기름, 그 밖의 액체가 공지의 외부로 유출되지 아니하도록 배수구·집유설비 및 유분리장치를 한다.

2 게시판		
게시판	색상기준	게시판의 모습
화기엄금	**적색바탕 백색문자**	**화기엄금**
주유 중 엔진정지	**황색바탕 흑색문자**	**주유중 엔진정지**

3 탱크용량 기준	① 자동차 등에 주유하기 위한 고정주유설비에 직접 접속하는 전용탱크는 **50,000L 이하**이다. ② 고정급유설비에 직접 접속하는 전용탱크는 **50,000L 이하**이다. ③ 보일러 등에 직접 접속하는 전용탱크는 **10,000L 이하**이다. ④ 자동차 등을 점검·정비하는 작업장 등에서 사용하는 폐유·윤활유 등의 위험물을 저장하는 탱크는 **2,000L 이하**이다. ⑤ 고속국도 도로변에 설치된 주유취급소의 탱크용량은 **60,000L**이다.
4 고정주유설비	고정주유설비 또는 고정급유설비의 중심선을 기점으로, ① 도로경계면으로 : 4m 이상 ② 부지경계선·담 및 건축물의 벽까지 : 2m 이상 ③ 개구부가 없는 벽으로부터 : 1m 이상 ④ 고정주유설비와 고정급유설비 사이 : 4m 이상
5 설치 가능 건축물	작업장, 사무소, 정비를 위한 작업장, 세정작업장, 점포, 휴게음식점 또는 전시장, 관계자 주거시설 등
6 셀프용 고정주유설비	① 1회의 연속주유량 및 주유시간의 상한을 미리 설정할 수 있는 구조일 것 ② 연속주유량 및 주유시간의 상한은 **휘발유는 100L 이하·4분 이하**, **경유는 600L 이하·12분 이하**로 할 것
7 셀프용 고정급유설비	① 1회의 연속급유량 및 급유시간의 상한을 미리 설정할 수 있는 구조일 것 ② 급유량의 상한은 100L 이하, 급유시간의 상한은 6분 이하로 할 것

8 담 또는 벽 기준	① 자동차 등이 출입하는 쪽 외의 부분에 높이 2m 이상의 내화구조 또는 불연재료의 담 또는 벽을 설치해야 한다.
	② 담 또는 벽의 일부분에 방화상 유효한 구조의 유리를 부착할 수 있다.
	㉠ 유리를 부착하는 위치는 주입구, 고정주유설비 및 고정급유설비로부터 4m 이상 이격될 것
	㉡ 유리를 부착하는 방법은 다음의 기준에 모두 적합할 것
	  ㉠ 주유취급소 내의 지반면으로부터 70cm를 초과하는 부분에 한하여 유리를 부착할 것
	  ㉡ 하나의 유리판의 가로의 길이는 2m 이내일 것
	  ㉢ 유리판의 테두리를 금속제의 구조물에 견고하게 고정하고 해당 구조물을 담 또는 벽에 견고하게 부착할 것
	  ㉣ 유리의 구조는 접합유리(두 장의 유리를 두께 0.76mm 이상의 폴리바이닐뷰티랄 필름으로 접합한 구조를 말한다)로 하되, "유리구획 부분의 내화시험방법(KS F 2845)"에 따라 시험하여 비차열 30분 이상의 방화성능이 인정될 것
	㉢ **유리를 부착하는 범위는 전체의 담 또는 벽의 길이의 10분의 2를 초과하지 아니할 것**

34. 판매취급소의 시설기준

1 종류별	제1종	저장 또는 취급하는 위험물의 수량이 지정수량의 **20배 이하인 취급소**
	제2종	저장 또는 취급하는 위험물의 수량이 지정수량의 **40배 이하인 취급소**

2 배합실 기준	① **바닥면적은 6m² 이상 15m² 이하**이며, 내화구조 또는 불연재료로 된 벽으로 구획할 것
	② 바닥은 위험물이 침투하지 아니하는 구조로 하여 적당한 경사를 두고 집유설비를 하며, 출입구에는 60분+방화문 또는 60분방화문을 설치할 것
	③ **출입구 문턱의 높이는 바닥면으로 0.1m 이상**으로 하며, 내부에 체류한 가연성 증기 또는 가연성의 미분을 지붕 위로 방출하는 시설을 설치할 것

3 제2종 판매취급소에서 배합할 수 있는 위험물의 종류	① 황
	② 도료류
	③ 제1류 위험물 중 염소산염류 및 염소산염류만을 함유한 것

35. 이송취급소의 시설기준

무료강의

1 설치하지 못하는 장소	① 철도 및 도로의 터널 안 ② 고속국도 및 자동차 전용도로의 차도 · 길 어깨 및 중앙분리대 ③ 호수, 저수지 등으로서 수리의 수원이 되는 곳 ④ 급경사지역으로서 붕괴의 위험이 있는 지역
2 지진 시의 재해방지 조치	① **진도계 5 이상의 지진정보** : 펌프의 정지 및 긴급차단밸브의 폐쇄를 행할 것 ② **진도계 4 이상의 지진정보** : 해당 지역에 대한 지진재해정보를 계속 수집하고 그 상황에 따라 펌프의 정지 및 긴급차단밸브의 폐쇄를 행할 것 ③ **배관계가 강한 과도한 지진동을 받은 때**에는 해당 배관에 관계된 최대상용압력의 1.25배의 압력으로 4시간 이상 수압시험을 하여 이상이 없음을 확인할 것

3 위치 및 주의표지	① **위치표지**는 지하매설의 배관경로에 설치할 것
	  ㉮ 배관 경로 약 100m마다의 개소, 수평곡관부 및 기타 안전상 필요한 개소에 설치할 것
	  ㉯ 위험물을 이송하는 배관이 매설되어 있는 상황 및 기점에서의 거리, 매설위치, 배관의 축방향, 이송자명 및 매설연도를 표시할 것
	② **주의표시**는 지하매설의 배관경로에 설치할 것
	③ **주의표지**는 지상배관의 경로에 설치할 것(재질 : 금속제의 판)
	④ 바탕은 백색(역정삼각형 내는 황색)으로 하고, 문자 및 역정삼각형의 모양은 흑색으로 할 것
	⑤ 바탕색의 재료는 반사도료, 기타 반사성을 가진 것으로 할 것
	⑥ 역정삼각형 정점의 둥근 반경은 10mm로 할 것
	⑦ 이송품명에는 위험물의 화학명 또는 통칭명을 기재할 것
	
	    1,000mm / 250mm / 20mm / 250mm / 250mm / 주의 / 파이프라인 / 이송품명 : / 이송자명 : / 긴급연락처 : / 500mm

4 안전유지를 위한 경보설비	① 이송기지에는 **비상벨장치** 및 **확성장치**를 설치할 것 ② 가연성 증기를 발생하는 위험물을 취급하는 펌프실 등에는 **가연성 증기 경보설비**를 설치할 것

5 기타 설비	① **내압시험** : 배관 등은 최대상용압력의 1.25배 이상의 압력으로 4시간 이상 수압을 가하여 누설, 그 밖의 이상이 없을 것 ② **비파괴시험** : 배관 등의 용접부는 비파괴시험을 실시하여 합격할 것. 이 경우 이송기지 내의 지상에 설치된 배관 등은 전체 용접부의 20% 이상을 발췌하여 시험할 수 있다. ③ **위험물 제거조치** : 배관에는 서로 인접하는 2개의 긴급차단밸브 사이의 구간마다 해당 배관 안의 위험물을 안전하게 물 또는 불연성 기체로 치환할 수 있는 조치를 하여야 한다. ④ **감진장치 등** : 배관의 경로에는 안전상 필요한 장소와 25km의 거리마다 감진장치 및 강진계를 설치하여야 한다.

부록

II

위험물기능장 필기+실기

필기 과년도 출제문제

최근 필기 출제문제

부록 Ⅱ

필기 과년도 출제문제

제49회
(2011년 4월 시행)

위험물기능장 필기

01 위험물 암반탱크가 다음과 같은 조건일 때 탱크의 용량은 몇 L인가?

- 암반탱크의 내용적 : 600,000L
- 1일간 탱크 내에 용출하는 지하수의 양 : 1,000L

① 595,000L   ② 594,000L

③ 593,000L   ④ 592,000L

 ㉠ 탱크의 공간용적은 탱크 용적의 100분의 5 이상, 100분의 10 이하로 한다. 다만, 소화설비(소화약제 방출구를 탱크 안의 윗부분에 설치하는 것에 한한다.)를 설치하는 탱크의 공간용적은 해당 소화설비의 소화약제 방출구 아래의 0.3m 이상, 1m 미만 사이의 면으로부터 윗부분의 용적으로 한다. 암반탱크에 있어서는 해당 탱크 내에 용출하는 7일간의 지하수 양에 상당하는 용적과 해당 탱크의 내용적의 100분의 1의 용적 중에서 보다 큰 용적을 공간용적으로 한다.
㉡ 본 문제에서 7일간의 지하수 양에 상당하는 용적은 7×1,000L=7,000L
해당 탱크의 내용적의 100분의 1에 해당하는 용적은 600,000L×1/100=6,000L이므로 보다 큰 용적은 7,000L이므로 공간용적은 7,000L임
㉢ 따라서,
탱크의 용량＝탱크의 내용적－공간용적
　　　　　＝600,000L－7,000L
　　　　　＝593,000L

답 ③

02 자신은 불연성 물질이지만 산화력을 가지고 있는 물질은?

① 마그네슘   ② 과산화수소

③ 알킬알루미늄   ④ 에틸렌글리콜

 과산화수소는 제6류 위험물로서 산화성 액체에 해당하며 불연성 물질이다.

답 ②

03 위험물안전관리법상 제6류 위험물을 저장 또는 취급하는 장소에 이산화탄소소화기가 적응성이 있는 경우는?

① 폭발의 위험이 없는 장소

② 사람이 상주하지 않는 장소

③ 습도가 낮은 장소

④ 전자설비를 설치한 장소

 제6류 위험물을 저장 또는 취급하는 장소로서 폭발의 위험이 없는 장소에 한하여 이산화탄소소화기가 제6류 위험물에 대하여 적응성이 있음을 각각 표시한다.

답 ①

04 한 변의 길이는 12m, 다른 한 변의 길이는 60m인 옥내저장소에 자동화재탐지설비를 설치하는 경우 경계구역은 원칙적으로 최소한 몇 개로 하여야 하는가? (단, 차동식 스폿형 감지기를 설치한다.)

① 1

② 2

③ 3

④ 4

 ㉠ 하나의 경계구역의 면적은 600m² 이하로 하고 그 한 변의 길이는 50m(광전식분리형감지기를 설치할 경우에는 100m) 이하로 할 것. 다만, 해당 건축물, 그 밖의 공작물의 주요한 출입구에서 그 내부의 전체를 볼 수 있는 경우에 있어서는 그 면적을 1,000m² 이하로 할 수 있다.
㉡ 그러므로, 저장소 면적은 12m×60m=720m² 이므로 경계구역은 720m²÷600m²=1.2이므로 2개의 경계구역에 해당한다.

답 ②

05 자동화재탐지설비를 설치하여야 하는 대상이 아닌 것은?

① 처마높이가 6m 이상인 단층 옥내저장소
② 저장창고의 연면적이 100m²인 옥내저장소
③ 지정수량 100배의 에탄올을 저장 또는 취급하는 옥내저장소
④ 연면적이 500m²인 일반취급소

 해설

제조소 등의 구분	제조소 등의 규모, 저장 또는 취급하는 위험물의 종류 및 최대수량 등	경보설비
1. 제조소 및 일반취급소	• 연면적 500m² 이상인 것 • 옥내에서 지정수량의 100배 이상을 취급하는 것(고인화점 위험물만을 100℃ 미만의 온도에서 취급하는 것을 제외한다) • 일반취급소로 사용되는 부분 외의 부분이 있는 건축물에 설치된 일반취급소(일반취급소와 일반취급소 외의 부분이 내화구조의 바닥 또는 벽으로 개구부 없이 구획된 것을 제외한다)	자동화재탐지설비
2. 옥내저장소	• 지정수량의 100배 이상을 저장 또는 취급하는 것(고인화점 위험물만을 저장 또는 취급하는 것을 제외한다) • 저장창고의 연면적이 150m²를 초과하는 것[해당 저장창고가 연면적 150m² 이내마다 불연재료의 격벽으로 개구부 없이 완전히 구획된 것과 제2류 또는 제4류의 위험물(인화성 고체 및 인화점이 70℃ 미만인 제4류 위험물을 제외한다)만을 저장 또는 취급하는 것에 있어서는 저장창고의 연면적이 500m² 이상의 것에 한한다] • 처마높이가 6m 이상인 단층건물의 것 • 옥내저장소로 사용되는 부분 외의 부분이 있는 건축물에 설치된 옥내저장소[옥내저장소와 옥내저장소 외의 부분이 내화구조의 바닥 또는 벽으로 개구부 없이 구획된 것과 제2류 또는 제4류의 위험물(인화성 고체 및 인화점이 70℃ 미만인 제4류 위험물을 제외한다)만을 저장 또는 취급하는 것을 제외한다]	
3. 옥내탱크저장소	단층건물 외의 건축물에 설치된 옥내탱크저장소로서 소화난이도 등급 Ⅰ에 해당하는 것	
4. 주유취급소	옥내주유취급소	

답 ②

06 제6류 위험물의 성질, 화재 예방 및 화재 발생 시 소화방법에 관한 설명 중 틀린 것은?

① 옥외저장소에 과염소산을 저장하는 경우 천막 등으로 햇빛을 가려야 한다.
② 과염소산은 물과 접촉하여 발열하고 가열하면 유독성 가스가 발생한다.
③ 질산은 산화성이 강하므로 가능한 한 환원성 물질과 혼합하여 중화시킨다.
④ 과염소산의 화재에는 물분무소화설비, 포소화설비 등이 적응성이 있다.

 해설
질산은 제6류 위험물로서 산화성 액체에 해당하며, 환원성 물질과 혼합하면 위험성이 증대된다.

답 ③

07 연소에 관한 설명으로 틀린 것은?

① 위험도는 연소범위를 폭발 상한계로 나눈 값으로 값이 클수록 위험하다.
② 인화점 미만에서는 점화원을 가해도 연소가 진행되지 않는다.
③ 발화점은 같은 물질이라도 조건에 따라 변동되며 절대적인 값이 아니다.
④ 연소점은 연소상태가 일정 시간 이상 유지될 수 있는 온도이다.

해설
위험도는 연소범위를 폭발하한계로 나눈 값으로 값이 클수록 위험하다.
$$위험도(H) = \frac{U - L}{L}$$

답 ①

08 다음 중 간이탱크저장소의 설치기준으로 옳지 않은 것은?

① 1개의 간이탱크저장소에 설치하는 간이저장탱크는 3개 이하로 한다.
② 간이저장탱크의 용량은 800L 이하로 한다.
③ 간이저장탱크는 두께 3.2mm 이상의 강판으로 제작한다.
④ 간이저장탱크에는 통기관을 설치하여야 한다.

하나의 탱크 용량은 600L 이하로 할 것

답 ②

09 경유 150,000L는 몇 소요단위에 해당하는가?
① 7.5단위　　　② 10단위
③ 15단위　　　④ 30단위

 위험물의 경우 소요단위는 지정수량의 10배이다.

$$소요단위 = \frac{저장수량}{지정수량 \times 10}$$

$$= \frac{150,000}{1,000 \times 10} = 15$$

답 ③

10 마그네슘의 성질에 대한 설명 중 틀린 것은?
① 물보다 무거운 금속이다.
② 은백색의 광택이 난다.
③ 온수와 반응 시 산화마그네슘과 수소가 발생한다.
④ 융점은 약 650℃이다.

 산 및 온수와 반응하여 수소(H_2)가 발생한다.
$$Mg + 2HCl \rightarrow MgCl_2 + H_2$$
$$Mg + 2H_2O \rightarrow Mg(OH)_2 + H_2$$

답 ③

11 플루오린계 계면활성제를 주성분으로 하며 물과 혼합하여 사용하는 소화약제로서, 유류화재 발생 시 분말소화약제와 함께 사용이 가능한 포 소화약제는?
① 단백포 소화약제
② 플루오린화단백포 소화약제
③ 합성계면활성제포 소화약제
④ 수성막포 소화약제

 CDC(Compatible Dry Chemical) 분말소화약제 : 분말소화약제와 포소화약제의 장점을 이용하여 소포성이 거의 없는 소화약제를 CDC 분말소화약제라 하며 ABC 소화약제와 수성막포 소화약제를 혼합하여 제조한다.

답 ④

12 황린에 대한 설명으로 옳은 것은?
① 투명 또는 담황색 액체이다.
② 무취이고 증기비중이 약 1.82이다.
③ 발화점은 60~70℃이므로 가열 시 주의해야 한다.
④ 환원력이 강하여 쉽게 연소한다.

 공기 중에서 격렬하게 오산화인의 백색 연기를 내며 연소하고 일부 유독성의 포스핀(PH_3)도 발생한다. 환원력이 강하여 산소 농도가 낮은 환경에서도 연소한다.

답 ④

13 위험물안전관리법상 정기점검의 대상이 되는 제조소 등에 해당하지 않는 것은?
① 지하탱크저장소　　　② 이동탱크저장소
③ 이송취급소　　　　　④ 옥내탱크저장소

 정기점검 대상 제조소 등
㉠ 예방 규정을 정하여야 하는 제조소 등(제조소, 옥외저장소, 옥내저장소, 옥외탱크저장소, 암반탱크저장소, 이송취급소)
㉡ 지하탱크저장소
㉢ 이동탱크저장소
㉣ 제조소(지하탱크), 주유취급소 또는 일반취급소

답 ④

14 다음 중 트라이나이트로톨루엔의 화학식은?
① $C_6H_2CH_3(NO_2)_3$　② $C_6H_3(NO_2)_3$
③ $C_6H_2(NO_3)_3OH$　④ $C_{10}H_6(NO_2)_2$

답 ①

15 트라이에틸알루미늄이 물과 반응하였을 때 생성되는 물질은?
① $Al(OH)_3$, C_2H_2　② $Al(OH)_3$, C_2H_6
③ Al_2O_3, C_2H_2　④ Al_2O_3, C_2H_6

 물과 접촉하면 폭발적으로 반응하여 에테인을 형성하고 이때 발열, 폭발에 이른다.
$$(C_2H_5)_3Al + 3H_2O \rightarrow Al(OH)_3 + 3C_2H_6 + 발열$$

답 ②

16 위험물의 지정수량 중 옳지 않은 것은?

① 황산하이드라진 : 100kg

② 황화인 : 100kg

③ 염소산칼륨 : 50kg

④ 과산화수소 : 300kg

 황산하이드라진은 제5류 위험물로서 지정수량은 시험결과에 따라 제1종인 경우 10kg, 제2종인 경우 10kg으로 분류된다.

답 ①

17 제2류 위험물에 속하지 않는 것은?

① 1기압에서 인화점이 30℃인 고체

② 직경이 1mm인 막대모양의 마그네슘

③ 고형 알코올

④ 구리분, 니켈분

 "금속분"이라 함은 알칼리금속·알칼리토류금속·철 및 마그네슘 외의 금속의 분말을 말하고, 구리분·니켈분 및 150μm의 체를 통과하는 것이 50wt% 미만인 것은 제외한다.

답 ④

18 과염소산과 질산의 공통성질로 옳은 것은?

① 환원성 물질로서, 증기는 유독하다.

② 다른 가연물의 연소를 돕는 가연성 물질이다.

③ 강산이고 물과 접촉하면 발열한다.

④ 부식성은 작으나 다른 물질과 혼촉발화 가능성이 높다.

 제6류 위험물로서 산화성 액체이다.

답 ③

19 서로 혼재가 가능한 위험물은? (단, 지정수량의 10배를 취급하는 경우이다.)

① $KClO_4$와 Al_4C_3

② CH_3CN과 Na

③ P_4와 Mg

④ HNO_3와 $(C_2H_5)_3Al$

 ㉮ 유별을 달리하는 위험물의 혼재기준

위험물의 구분	제1류	제2류	제3류	제4류	제5류	제6류
제1류		×	×	×	×	○
제2류	×		×	○	○	×
제3류	×	×		○	×	×
제4류	×	○	○		○	×
제5류	×	○	×	○		×
제6류	○	×	×	×	×	

㉯ 보기의 물질별 명칭과 유별구분

　㉠ 과염소산칼륨($KClO_4$) : 제1류,
　　 탄화알루미늄(Al_4C_3) : 제3류

　㉡ 아세토나이트릴(CH_3CN) : 제4류,
　　 나트륨(Na) : 제3류

　㉢ 황린(P_4) : 제3류,
　　 마그네슘(Mg) : 제2류

　㉣ 질산(HNO_3) : 제6류,
　　 트라이에틸알루미늄$[(C_2H_5)_3Al]$: 제3류

답 ②

20 위험물안전관리법상 위험물제조소 등 설치허가 취소사유에 해당하지 않는 것은?

① 위험물제조소의 바닥을 교체하는 공사를 하는데 변경허가를 취득하지 아니한 때

② 법정기준을 위반한 위험물제조소에 대한 수리·개조 명령을 위반한 때

③ 예방 규정을 제출하지 아니한 때

④ 위험물 안전관리자가 장기 해외여행을 갔음에도 그 대리자를 지정하지 아니한 때

 시·도지사는 제조소 등의 관계인이 다음에 해당하는 때에는 행정안전부령이 정하는 바에 따라 허가를 취소하거나 6월 이내의 기간을 정하여 제조소 등의 전부 또는 일부의 사용정지를 명할 수 있다.

　㉠ 규정에 따른 변경허가를 받지 아니하고 제조소 등의 위치·구조 또는 설비를 변경한 때

　㉡ 완공검사를 받지 아니하고 제조소 등을 사용한 때

　㉢ 규정에 따른 수리·개조 또는 이전의 명령을 위반한 때

　㉣ 규정에 따른 위험물 안전관리자를 선임하지 아니한 때

　㉤ 대리자를 지정하지 아니한 때

　㉥ 정기점검을 하지 아니한 때

　㉦ 정기검사를 받지 아니한 때

　㉧ 저장·취급 기준 준수명령을 위반한 때

답 ③

21 A 물질 1,000kg을 소각하고자 한다. 1,000kg 중 황의 함유량이 0.5wt%라고 한다면 연소가스 중 SO_2의 농도는 약 몇 mg/Nm^3인가? (단, A 물질 1ton의 습배기 연소가스량= $6,500Nm^3$)

① 1,080
② 1,538
③ 2,522
④ 3,450

 황의 연소반응식은 $S+O_2 \rightarrow SO_2$이다.

$$1,000kg \times \frac{0.5}{100} = 5kg$$

$$\frac{5,000g-S}{} \frac{1mol-S}{32g-S} \frac{1mol-SO_2}{1mol-S}$$

$$\frac{64g-SO_2}{1mol-SO_2} = 10,000g-SO_2$$

∴ SO_2의 농도 = $\dfrac{10,000g \times 1,000mg/g}{6,500Nm^3}$

$= 1,538.46mg/Nm^3$

답 ②

22 벤조일퍼옥사이드의 용해성에 대한 설명으로 옳은 것은?

① 물과 대부분의 유기용제에 잘 녹는다.
② 물과 대부분의 유기용제에 녹지 않는다.
③ 물에는 잘 녹으나 대부분의 유기용제에는 녹지 않는다.
④ 물에 녹지 않으나 대부분의 유기용제에 잘 녹는다.

 무미, 무취의 백색 분말 또는 무색의 결정성 고체로 물에는 잘 녹지 않으나 알코올 등에는 잘 녹는다.

답 ④

23 각 물질의 화재 시 발생하는 현상과 소화방법에 대한 설명으로 틀린 것은?

① 황린의 소화는 연소 시 발생하는 황화수소 가스를 피하기 위하여 바람을 등지고 공기호흡기를 착용한다.
② 트라이에틸알루미늄의 화재 시 이산화탄소 소화약제, 할로젠화합물소화약제의 사용을 금한다.

③ 리튬 화재 시에는 팽창질석, 마른 모래 등으로 소화한다.
④ 뷰틸리튬 화재의 소화에는 포소화약제를 사용할 수 없다.

 공기 중에서 격렬하게 오산화인의 백색 연기를 내며 연소하고 일부 유독성의 포스핀(PH_3)도 발생한다. 환원력이 강하여 산소 농도가 낮은 환경에서도 연소한다.
$P_4+5O_2 \rightarrow 2P_2O_5$

답 ①

24 단층건축물에 옥내탱크저장소를 설치하고자 한다. 하나의 탱크 전용실에 2개의 옥내저장탱크를 설치하여 에틸렌글리콜과 기어유를 저장하고자 한다면 저장 가능한 지정수량의 최대 배수를 옳게 나타낸 것은?

품명	저장 가능한 지정수량의 최대 배수
에틸렌글리콜	(A)
기어유	(B)

① (A) 40배, (B) 40배
② (A) 20배, (B) 20배
③ (A) 10배, (B) 30배
④ (A) 5배, (B) 35배

 ㉠ 옥내저장탱크의 용량(동일한 탱크 전용실에 옥내저장탱크를 2 이상 설치하는 경우에는 각 탱크 용량의 합계를 말한다)은 지정수량의 40배(제4석유류 및 동식물유류 외의 제4류 위험물에 있어서 해당 수량이 20,000L를 초과할 때에는 20,000L) 이하일 것
㉡ 에틸렌글리콜은 제3석유류(수용성)로서 지정수량은 4,000L이며, 최대 20,000L까지 저장이 가능하므로 지정수량의 5배가 저장 가능하다.
따라서, 기어유의 경우 40배-5배=35배가 된다.

답 ④

25 이황화탄소에 대한 설명으로 틀린 것은?

① 인화점이 낮아 인화가 용이하므로 액체 자체의 누출뿐만 아니라 증기의 누설을 방지하여야 한다.

② 휘발성 증기는 독성이 없으나 연소생성물 중 SO_2는 유독성 가스이다.

③ 물보다 무겁고 녹기 어렵기 때문에 물을 채운 수조탱크에 저장한다.

④ 강산화제와의 접촉에 의해 격렬히 반응하고 혼촉발화 또는 폭발의 위험성이 있다.

해설 순수한 것은 무색투명하고 클로로폼과 같은 약한 향기가 있는 액체지만 통상 불순물이 있기 때문에 황색을 띠며 불쾌한 냄새가 난다.

답 ②

26 제1류 위험물 중 무기과산화물과 제5류 위험물 중 유기과산화물의 소화방법으로 옳은 것은?

① 무기과산화물 : CO_2에 의한 질식소화
유기과산화물 : CO_2에 의한 냉각소화

② 무기과산화물 : 건조사에 의한 피복소화
유기과산화물 : 분말에 의한 질식소화

③ 무기과산화물 : 포에 의한 질식소화
유기과산화물 : 분말에 의한 질식소화

④ 무기과산화물 : 건조사에 의한 피복소화
유기과산화물 : 물에 의한 냉각소화

답 ④

27 비점이 약 111℃인 액체로서, 산화하면 벤조알데하이드를 거쳐 벤조산이 되는 위험물은?

① 벤젠　　　　　② 톨루엔
③ 자일렌　　　　④ 아세톤

해설 톨루엔은 물에 녹지 않으나 유기용제 및 수지, 유지, 고무를 녹이며 벤젠보다 휘발하기 어려우며, 강산화제에 의해 산화하여 벤조산(C_6H_5COOH, 안식향산)이 된다.

답 ②

28 큐멘(cumene) 공정으로 제조되는 것은?

① 아세트알데하이드와 에터
② 페놀과 아세톤
③ 자일렌과 에터
④ 자일렌과 아세트알데하이드

해설 큐멘법 : 벤젠과 프로필렌에서 먼저 아이소프로필벤젠(큐멘)을 만들고 이것을 공기 산화하여 중간체인 큐멘과산화수소를 제조한 후 이를 다시 산분해하여 페놀과 아세톤을 병산한다.

답 ②

29 위험물취급소에 해당하지 않는 것은?

① 일반취급소
② 옥외취급소
③ 판매취급소
④ 이송취급소

해설 위험물취급소의 종류 : 일반취급소, 판매취급소, 이송취급소, 주유취급소

답 ②

30 다음 물질을 저장하는 저장소로 허가받으려고 위험물저장소 설치허가 신청서를 작성하려고 한다. 지정수량의 배수로 적절한 것은 어느 것인가?

- 차아염소산칼슘 : 150kg
- 과산화나트륨 : 100kg
- 질산암모늄 : 300kg

① 12　　　　　　② 9
③ 6　　　　　　④ 5

해설 지정수량 배수의 합

$$= \frac{A품목\ 저장수량}{A품목\ 지정수량} + \frac{B품목\ 저장수량}{B품목\ 지정수량}$$
$$+ \frac{C품목\ 저장수량}{C품목\ 지정수량} + \cdots$$
$$= \frac{150kg}{50kg} + \frac{100kg}{50kg} + \frac{300kg}{300kg} = 6$$

답 ③

31 국소방출방식 이산화탄소소화설비 중 저압식 저장용기에 설치되는 압력경보장치는 어느 압력 범위에서 작동하는 것으로 설치하여야 하는가?

① 2.3MPa 이상의 압력과 1.9MPa 이하의 압력에서 작동하는 것

② 2.5MPa 이상의 압력과 2.0MPa 이하의 압력에서 작동하는 것

③ 2.7MPa 이상의 압력과 2.3MPa 이하의 압력에서 작동하는 것

④ 3.0MPa 이상의 압력과 2.5MPa 이하의 압력에서 작동하는 것

 저압식 저장용기에는 다음에 정하는 것에 의할 것
㉠ 저압식 저장용기에는 액면계 및 압력계를 설치할 것
㉡ 저압식 저장용기에는 2.3MPa 이상의 압력 및 1.9MPa 이하의 압력에서 작동하는 압력경보장치를 설치할 것
㉢ 저압식 저장용기에는 용기 내부의 온도를 영하 20℃ 이상, 영하 18℃ 이하로 유지할 수 있는 자동냉동기를 설치할 것
㉣ 저압식 저장용기에는 파괴판 및 방출밸브를 설치할 것
답 ①

32 제6류 위험물에 대한 설명 중 맞는 것은?

① 과염소산은 무취, 청색의 기름상 액체이다.
② 과산화수소는 물, 알코올에는 용해되나 에터에는 녹지 않는다.
③ 질산은 크산토프로테인반응과 관계가 있다.
④ 오플루오린화브로민의 화학식은 C_2F_5Br이다.

 질산은 피부에 닿으면 노란색으로 변색이 되는 크산토프로테인반응(단백질 검출)을 한다.
답 ③

33 분자식이 CH_2OHCH_2OH인 위험물은 제 몇 석유류에 속하는가?

① 제1석유류   ② 제2석유류
③ 제3석유류   ④ 제4석유류

 에틸렌글리콜로서 제4류 위험물 중 제3석유류(수용성)에 속한다.
답 ③

34 지정수량의 단위가 나머지 셋과 다른 하나는?

① 황린   ② 과염소산
③ 나트륨   ④ 이황화탄소

 ① 황린 : 20kg
② 과염소산 : 300kg
③ 나트륨 : 10kg
④ 이황화탄소 : 50L
답 ④

35 할로젠화합물 소화약제의 종류가 아닌 것은?

① HFC-125
② HFC-227ea
③ HFC-23
④ CTC-124

할로젠화합물 소화약제의 종류

소화약제	화학식
펜타플루오로에테인 (HFC-125)	CHF_2CF_3
헵타플루오로프로페인 (HFC-227ea)	CF_3CHFCF_3
트라이플루오로메테인 (HFC-23)	CHF_3
도데카플로오로-2-메틸펜테인-3-원 (FK-5-1-12)	$CF_3CF_2C(O)CF(CF_3)_2$

답 ④

36 나이트로셀룰로스의 화재 발생 시 가장 적합한 소화약제는?

① 물소화약제
② 분말소화약제
③ 이산화탄소소화약제
④ 할로젠화합물소화약제

 나이트로셀룰로스는 제5류 위험물로서 자기반응성 물질이며, 다량의 주수에 의한 냉각소화가 효과적이다.
답 ①

37 질산암모늄의 산소평형(Oxygen Balance) 값은 얼마인가?

① 0.2 ② 0.3
③ 0.4 ④ 0.5

 질산암모늄의 폭발반응식은
$$2NH_4NO_3 \rightarrow 4H_2O + 2N_2 + O_2$$
반응식에서 2mol의 질산암모늄이 폭발 시 1mol의 O_2가 발생하므로 O_2 1g에 대한 OB 값은
$2 \times 80 : 32 = 1 : OB$

$\therefore OB = \dfrac{32}{160} = 0.2$임

답 ①

38 위험물 운송에 대한 설명 중 틀린 것은?

① 위험물의 운송은 해당 위험물을 취급할 수 있는 국가기술자격자 또는 위험물 안전관리자 강습교육 수료자여야 한다.

② 알킬리튬, 알킬알루미늄을 운송하는 경우에는 위험물 운송책임자의 감독 또는 지원을 받아 운송하여야 한다.

③ 위험물 운송자는 이동탱크저장소에 의해 위험물을 운송하는 때에는 해당 국가기술자격증 또는 교육수료증을 지녀야 한다.

④ 휘발유를 운송하는 위험물 운송자는 위험물 안전관리카드를 휴대하여야 한다.

 이동탱크저장소에 의하여 위험물을 운송하는 자(운송책임자 및 이동탱크저장소 교육수료증 운전자)는 해당 위험물을 취급할 수 있는 국가기술자격자 또는 안전교육을 받은 자

답 ①

39 화학적 소화방법에 해당하는 것은?

① 냉각소화 ② 부촉매소화
③ 제거소화 ④ 질식소화

 냉각, 제거, 질식 소화는 물리적 소화방법에 해당한다.

답 ②

40 다음 ( )에 알맞은 숫자를 순서대로 나열한 것은?

> 주유취급소 중 건축물의 ( )층의 이상의 부분을 점포, 휴게음식점 또는 전시장의 용도로 사용하는 것에 있어서는 해당 건축물의 ( )층 이상으로부터 직접 주유취급소의 부지 밖으로 통하는 출입구와 해당 출입구로 통하는 통로, 계단 및 출입구에 유도등을 설치하여야 한다.

① 2층, 1층
② 1층, 1층
③ 2층, 2층
④ 1층, 2층

 피난설비 설치기준
㉠ 주유취급소 중 건축물의 2층 이상의 부분을 점포 · 휴게음식점 또는 전시장의 용도로 사용하는 것에 있어서는 해당 건축물의 2층 이상으로부터 직접 주유취급소의 부지 밖으로 통하는 출입구와 해당 출입구로 통하는 통로 · 계단 및 출입구에 유도등을 설치하여야 한다.
㉡ 옥내주유취급소에 있어서는 해당 사무소 등의 출입구 및 피난구와 해당 피난구로 통하는 통로 · 계단 및 출입구에 유도등을 설치하여야 한다.
㉢ 유도등에는 비상전원을 설치하여야 한다.

답 ③

41 위험물의 화재 위험성이 증가하는 경우가 아닌 것은?

① 비점이 높을수록
② 연소범위가 넓을수록
③ 착화점이 낮을수록
④ 인화점이 낮을수록

 비점이 낮을수록 위험하다.

답 ①

42 위험물안전관리법령에서 정의하는 산화성 고체에 대해 다음 (　) 안에 알맞은 용어를 차례대로 나열한 것은?

> "산화성 고체"라 함은 고체로서 (　)의 잠재적인 위험성 또는 (　)에 대한 민감성을 판단하기 위하여 소방청장이 정하여 고시하는 시험에서 고시로 정하는 성질과 상태를 나타내는 것을 말한다.

① 산화력, 온도　　② 착화, 온도
③ 착화, 충격　　④ 산화력, 충격

 "산화성 고체"라 함은 고체[액체(1기압 및 20℃에서 액상인 것 또는 20℃ 초과, 40℃ 이하에서 액상인 것을 말한다. 이하 같다.)또는 기체(1기압 및 20℃에서 기상인 것을 말한다) 외의 것을 말한다. 이하 같다.]로서 산화력의 잠재적인 위험성 또는 충격에 대한 민감성을 판단하기 위하여 소방청장이 정하여 고시(이하 "고시"라 한다)하는 시험에서 고시로 정하는 성질과 상태를 나타내는 것을 말한다. 이 경우 "액상"이라 함은 수직으로 된 시험관(안지름 30mm, 높이 120mm의 원통형 유리관을 말한다)에 시료를 55mm까지 채운 다음 해당 시험관을 수평으로 하였을 때 시료액면의 선단이 30mm를 이동하는 데 걸리는 시간이 90초 이내에 있는 것을 말한다.

답 ④

43 스프링클러소화설비가 전체적으로 적응성이 있는 대상물은?

① 제1류 위험물　　② 제2류 위험물
③ 제4류 위험물　　④ 제5류 위험물

 제5류 위험물은 다량의 주수에 의한 냉각소화가 유효하다.

답 ④

44 다음 중 불연성이면서 강산화성인 위험물질이 아닌 것은?

① 과산화나트륨　　② 과염소산
③ 질산　　④ 피크르산

해설 피크르산은 제5류 위험물로서 자기반응성 물질에 해당한다.

답 ④

45 다음 중 제4류 위험물의 지정수량으로서 옳지 않은 것은?

① 피리딘 : 200L
② 아세톤 : 400L
③ 아세트산 : 2,000L
④ 나이트로벤젠 : 2,000L

 피리딘은 제1석유류 중 수용성에 해당하므로 지정수량은 400L이다.

답 ①

46 지중탱크의 옥외탱크저장소에 다음과 같은 조건의 위험물을 저장하고 있다면 지중탱크 지반면의 옆판에서 부지 경계선 사이에는 얼마 이상의 거리를 유지해야 하는가?

> • 저장 위험물 : 에탄올
> • 지중탱크 수평단면의 내경 : 30m
> • 지중탱크 밑판 표면에서 지반면까지의 높이 : 25m
> • 부지 경계선의 높이 구조 : 높이 2m 이상의 콘크리트조

① 100m 이상
② 75m 이상
③ 50m 이상
④ 25m 이상

 지중탱크의 옥외탱크저장소의 위치는 해당 옥외탱크저장소가 보유하는 부지의 경계선에서 지중탱크의 지반면의 옆판까지의 사이에, 해당 지중탱크 수평단면 내경의 수치에 0.5를 곱하여 얻은 수치(해당 수치가 지중탱크의 밑판 표면에서 지반면까지 높이의 수치보다 작은 경우에는 해당 높이의 수치) 또는 50m(해당 지중탱크에 저장 또는 취급하는 위험물의 인화점이 21℃ 이상, 70℃ 미만의 경우에 있어서는 40m, 70℃ 이상의 경우에 있어서는 30m) 중 큰 것과 동일한 거리 이상의 거리를 유지할 것
따라서 내경 30m×0.5=15m이며, 50m와 비교해서 큰 것을 택하면 50m 이상 거리를 유지해야 한다.

답 ③

47 이송취급소의 배관 설치기준 중 배관을 지하에 매설하는 경우의 안전거리 또는 매설 깊이로 옳지 않은 것은?

① 건축물(지하가 내의 건축물을 제외) : 1.5m 이상
② 지하가 및 터널 : 10m 이상
③ 산이나 들에 매설하는 배관의 외면과 지표면과의 거리 : 0.3m 이상
④ 수도법에 의한 수도시설(위험물의 유입 우려가 있는 것) : 300m 이상

 배관의 외면과 지표면과의 거리는 산이나 들에 있어서는 0.9m 이상, 그 밖의 지역에 있어서는 1.2m 이상으로 할 것

답 ③

48 메틸에틸케톤에 대한 설명 중 틀린 것은?

① 증기는 공기보다 무겁다.
② 지정수량은 200L이다.
③ 아이소뷰틸알코올을 환원하여 제조할 수 있다.
④ 품명은 제1석유류이다.

 제법 : 부텐유분에 황산을 반응한 후 가수분해하여 얻은 뷰탄올을 탈수소하여 만든다.

답 ③

49 다음에서 설명하고 있는 법칙은?

> 온도가 일정할 때 기체의 부피는 절대압력에 반비례한다.

① 일정성분비의 법칙
② 보일의 법칙
③ 샤를의 법칙
④ 보일-샤를의 법칙

답 ②

50 제4류 위험물 중 20L 플라스틱 용기에 수납할 수 있는 것은?

① 이황화탄소
② 휘발유
③ 다이에틸에터
④ 아세트알데하이드

 제4류 위험물 중 위험등급 II와 위험등급 III을 수납할 수 있다. 따라서 보기 중 위험등급 II에 속하는 것은 휘발유이다.

답 ②

51 운반용기 내용적 95% 이하의 수납률로 수납하여야 하는 위험물은?

① 과산화벤조일
② 질산에틸
③ 나이트로글리세린
④ 메틸에틸케톤퍼옥사이드

해설 고체 위험물은 운반용기 내용적의 95% 이하의 수납률로 수납한다. 과산화벤조일은 제5류 위험물로서 무미, 무취의 백색 분말 또는 무색의 결정성 고체이다.

답 ①

52 황에 대한 설명 중 틀린 것은?

① 순도가 60wt% 이상이면 위험물이다.
② 물에 녹지 않는다.
③ 전기에 도체이므로 분진폭발의 위험이 있다.
④ 황색의 분말이다.

해설 황은 전기에 대해 부도체이므로 분진폭발의 위험이 있다.

답 ③

53 위험물안전관리법령에서 정한 소화설비의 적응성 기준에서 이산화탄소소화설비가 적응성이 없는 대상은?

① 전기설비
② 인화성 고체
③ 제4류 위험물
④ 제6류 위험물

 해설

대상물 구분 / 소화설비의 구분	건축물·그 밖의 공작물	전기설비	제1류 위험물		제2류 위험물			제3류 위험물		제4류 위험물	제5류 위험물	제6류 위험물
			알칼리금속과산화물 등	그 밖의 것	철분·금속분·마그네슘 등	인화성 고체	그 밖의 것	금수성 물품	그 밖의 것			
옥내소화전 또는 옥외소화전 설비	○			○		○	○		○		○	○
스프링클러설비	○			○		○	○		○	△	○	○
물분무등소화설비 / 물분무소화설비	○	○		○		○	○		○	○	○	○
포소화설비	○			○		○	○		○	○	○	○
불활성가스소화설비		○				○				○		
할로젠화합물소화설비		○				○				○		
분말소화설비 / 인산염류 등	○	○		○		○	○			○		○
탄산수소염류 등		○	○			○		○		○		
그 밖의 것			○		○			○				

답 ④

54 [보기]의 요건을 모두 충족하는 위험물 중 지정수량이 가장 큰 것은?

- 위험등급 Ⅰ 또는 Ⅱ에 해당하는 위험물이다.
- 제6류 위험물과 혼재하여 운반할 수 있다.
- 황린과 동일한 옥내저장소에서는 1m 이상 간격을 유지한다면 저장이 가능하다.

① 염소산염류
② 무기과산화물
③ 질산염류
④ 과망가니즈산염류

 해설
ⓐ 위험등급 Ⅰ : 염소산염류, 무기과산화물, 위험등급 Ⅱ : 질산염류
ⓑ 제6류 위험물과 혼재하여 운반할 수 있다. : 보기의 위험물은 모두 제1류 위험물로서 혼재운반 가능하다.
ⓒ 황린과 동일한 옥내저장소에서는 1m 이상 간격을 유지한다면 저장이 가능하다. : 보기의 위험물은 모두 제1류 위험물로서 동일한 옥내저장소에서 1m 이상 간격을 유지하는 경우 저장이 가능하다.
따라서 공통적인 물질은 염소산염류, 무기과산화물(이상은 지정수량 50kg), 질산염류(지정수량 300kg)이며, 이 중 지정수량이 가장 큰 것은 질산염류이다.

답 ③

55 다음 검사의 종류 중 검사공정에 의한 분류에 해당되지 않는 것은?

① 수입 검사
② 출하 검사
③ 출장 검사
④ 공정 검사

해설 검사공정 : 수입 검사, 구입 검사, 공정 검사, 최종 검사, 출하 검사

답 ③

56 그림과 같은 계획공정도(network)에서 주공정은? (단, 화살표 아래 숫자는 활동시간을 나타낸 것이다.)

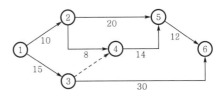

① 1 - 3 - 6
② 1 - 2 - 5 - 6
③ 1 - 2 - 4 - 5 - 6
④ 1 - 3 - 4 - 5 - 6

해설 주공정은 1 - 3 - 6에 해당함

답 ①

57 다음 Ralph M. Barnes 교수가 제시한 동작 경제의 원칙 중 작업장 배치에 관한 원칙 (arrangement of the workplace)에 해당되지 않는 것은?

① 가급적이면 낙하식 운반방법을 이용한다.

② 모든 공구나 재료는 지정된 위치에 있도록 한다.

③ 충분한 조명을 하여 작업자가 잘 볼 수 있도록 한다.

④ 가급적 용이하고 자연스런 리듬을 타고 일할 수 있도록 작업을 구성하여야 한다.

 반스의 동작경제의 원칙은 인체의 사용에 관한 원칙, 작업장의 배열에 관한 원칙, 그리고 공구 및 장비의 설계에 관한 원칙이 있다.

답 ④

58 로트 크기 1,000, 부적합품률이 15%인 로트에서 5개의 랜덤 시료 중 발견된 부적합품 수가 1개일 확률을 이항분포로 계산하면 약 얼마인가?

① 0.1648   ② 0.3915

③ 0.6085   ④ 0.8352

 확률
= 시료의 개수 × 부적합품률[%] × (적합품률)^4[%]
= 5 × 0.15 × (0.85)^4
= 0.3915

답 ②

59 다음 중 계량치 관리도에 해당되는 것은?

① c 관리도

② np 관리도

③ R 관리도

④ u 관리도

 R은 계량치 관리도에 해당한다.

답 ③

60 품질코스트(quality cost)를 예방코스트, 실패코스트, 평가코스트로 분류할 때 다음 중 실패코스트(failure cost)에 속하는 것이 아닌 것은?

① 시험코스트

② 불량대책코스트

③ 재가공코스트

④ 설계변경코스트

 실패코스트에는 소정의 품질수준 유지에 실패한 경우 발생하는 불량제품, 불량원료에 의한 손실 비용을 말한다. 예를 들어, 폐기, 재가공, 외주불량, 설계변경, 불량대책, 재심코스트 및 각종 서비스비용 등을 말한다.

답 ①

제50회
(2011년 7월 시행)

위험물기능장 필기

01 30L 용기에 산소를 넣어 압력이 150기압으로 되었다. 이 용기의 산소를 온도 변화없이 동일한 조건에서 40L의 용기에 넣었다면 압력은 얼마로 되는가?

① 85.7기압 ② 102.5기압
③ 112.5기압 ④ 200기압

 보일의 법칙에 의해 $P_1 V_1 = P_2 V_2$
$P_1 = 150\text{atm}$, $V_1 = 30\text{L}$, $V_2 = 40\text{L}$
$P_2 = \dfrac{P_1 V_1}{V_2} = \dfrac{150\text{atm} \cdot 30\text{L}}{40\text{L}} = 112.5\text{atm}$

답 ③

02 다음에서 설명하는 법칙에 해당하는 것은?

> 용매에 용질을 녹일 경우 증기압 강하의 크기는 용액 중에 녹아 있는 용질의 몰분율에 비례한다.

① 증기압의 법칙
② 라울의 법칙
③ 이상용액의 법칙
④ 일정성분비의 법칙

 라울의 법칙 : 어떤 용매에 용질을 녹일 경우, 용매의 증기압이 감소하는데, 용매에 용질을 용해하는 것에 의해 생기는 증기압 강하의 크기는 용액 중에 녹아 있는 용질의 몰분율에 비례한다.

답 ②

03 다음 그림의 위험물에 대한 설명으로 옳은 것은?

① 휘황색의 액체이다.
② 규조토에 흡수시켜 다이너마이트를 제조하는 원료이다.
③ 여름에 기화하고 겨울에 동결할 우려가 있다.
④ 물에 녹지 않고 아세톤, 벤젠에 잘 녹는다.

 휘황색의 액체는 트라이나이트로페놀이며, 규조토에 흡수시켜 다이너마이트를 제조하는 원료는 나이트로셀룰로스이다. 그림상의 구조식은 트라이나이트로톨루엔으로서 물에는 불용이며, 에터, 아세톤 등에는 잘 녹고 알코올에는 가열하면 약간 녹는다.

답 ④

04 위험물을 저장하는 원통형 탱크를 세로로 설치할 경우 공간용적을 옳게 나타낸 것은? (단, 탱크의 지름은 10m, 높이는 16m이며, 원칙적인 경우이다.)

① 62.8m³ 이상, 125.7m³ 이하
② 72.8m³ 이상, 125.7m³ 이하
③ 62.8m³ 이상, 135.6m³ 이하
④ 72.8m³ 이상, 135.6m³ 이하

 세로(수직)로 설치한 것 : $V = \pi r^2 l$, 탱크의 지붕 부분(l_2)은 제외

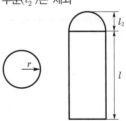

- $V = \pi r^2 l = \pi \times 5^2 \times 16 = 1,256.6\text{m}^3$
  공간용적은 내용적의 5~10%이므로
  ㉠ 5%인 경우 $1,256.6 \times 0.05 = 62.83\text{m}^3$
  ㉡ 10%인 경우 $1,256.6 \times 0.1 = 125.6\text{m}^3$

답 ①

05 위험물의 운반기준으로 틀린 것은?

① 고체 위험물은 운반용기 내용적의 95% 이하로 수납할 것

② 액체 위험물은 운반용기 내용적의 98% 이하로 수납할 것

③ 하나의 외장용기에는 다른 종류의 위험물을 수납하지 아니할 것

④ 액체 위험물은 65℃의 온도에서 누설되지 않도록 충분한 공간용적을 유지할 것

 해설 액체 위험물은 운반용기 내용적의 98% 이하의 수납률로 수납하되, 55℃의 온도에서 누설되지 아니하도록 충분한 공간용적을 유지하도록 한다.

답 ④

06 액체 위험물을 저장하는 용량 10,000L의 이동저장탱크는 최소 몇 개 이상의 실로 구획하여야 하는가?

① 1개 　　　② 2개

③ 3개 　　　④ 4개

 해설 이동저장탱크의 경우 4,000L 이하마다 안전칸막이를 설치해야 한다.

10,000÷4,000＝2.5

따라서, 3개의 실로 구획해야 한다.

답 ③

07 유기과산화물을 함유하는 것 중 불활성 고체를 함유하는 것으로서, 다음에 해당하는 물질은 제5류 위험물에서 제외한다. (　　)안에 알맞은 수치는?

과산화벤조일의 함유량이 (　　)중량퍼센트 미만인 것으로서, 전분 가루, 황산칼슘2수화물 또는 인산수소칼슘2수화물과의 혼합물

① 25.5 　　　② 35.5

③ 45.5 　　　④ 55.5

 해설 유기과산화물을 함유하는 것 중에서 불활성 고체를 함유하는 것으로서 다음에 해당하는 것은 제외한다.

㉠ 과산화벤조일의 함유량이 35.5중량퍼센트 미만인 것으로서 전분 가루, 황산칼슘2수화물 또는 인산수소칼슘2수화물과의 혼합물

㉡ 비스(4-클로로벤조일)퍼옥사이드의 함유량이 30중량퍼센트 미만인 것으로서 불활성 고체와의 혼합물

㉢ 과산화다이쿠밀의 함유량이 40중량퍼센트 미만인 것으로서 불활성 고체와의 혼합물

㉣ 1·4비스(2-터셔리뷰틸퍼옥시아이소프로필)벤젠의 함유량이 40중량퍼센트 미만인 것으로서 불활성 고체와의 혼합물

㉤ 사이클로헥사논퍼옥사이드의 함유량이 30중량퍼센트 미만인 것으로서 불활성 고체와의 혼합물

답 ②

08 다음 제1류 위험물 중 융점이 가장 높은 것은?

① 과염소산칼륨 　　　② 과염소산나트륨

③ 염소산나트륨 　　　④ 염소산칼륨

 해설

품목	융점
① 과염소산칼륨	610℃
② 과염소산나트륨	482℃
③ 염소산나트륨	240℃
④ 염소산칼륨	368.4℃

답 ①

09 운송책임자의 감독·지원을 받아 운송하여야 하는 위험물은?

① 칼륨

② 하이드라진유도체

③ 특수 인화물

④ 알킬리튬

 해설 알킬알루미늄, 알킬리튬은 운송책임자의 감독·지원을 받아 운송하여야 한다.

답 ④

10 위험물 제조과정에서의 취급기준에 대한 설명으로 틀린 것은?

① 증류공정에 있어서는 위험물을 취급하는 설비의 외부압력의 변동에 의하여 액체 또는 증기가 생기도록 하여야 한다.

② 추출공정에 있어서는 추출관의 내부압력이 비정상적으로 상승하지 않도록 하여야 한다.

③ 건조공정에 있어서는 위험물의 온도가 국부적으로 상승하지 않도록 가열 또는 건조시켜야 한다.

④ 분쇄공정에 있어서는 위험물의 분말이 현저하게 기계·기구 등에 부착하고 있는 상태로 그 기계·기구를 취급하지 아니하여야 한다.

 증류공정에 있어서는 위험물을 취급하는 설비의 내부압력의 변동 등에 의하여 액체 또는 증기가 새지 아니하도록 할 것

답 ①

11 Halon 1211과 Halon 1301 소화기(약제)에 대한 설명 중 틀린 것은?

① 모두 부촉매 효과가 있다.

② 모두 공기보다 무겁다.

③ 증기비중과 액체비중 모두 Halon 1211이 더 크다.

④ 방사 시 유효거리는 Halon 1301 소화기가 더 길다.

Halon No.	분자식	명명법	비고
할론 104	CCl_4	Carbon Tetrachloride (사염화탄소)	법적 사용 금지 (∵ 유독가스 $COCl_2$ 방출)
할론 1011	$CBrClH_2$	Bromo Chloro Methane (일취화 일염화메테인)	—

Halon No.	분자식	명명법	비고
할론 1211	CF_2ClBr	Bromo Chloro Difluoro Methane (일취화일염화 이플루오린화 메테인)	상온에서 기체 증기비중 : 5.7 액비중 : 1.83 소화기용 방사거리 : 4~5m
할론 2402	$C_2F_4Br_2$	Dibromo Tetrafluoro Ethane (이취화 사플루오린화 에테인)	상온에서 액체 (단, 독성으로 인해 국내외 생산되는 곳이 없으므로 사용불가)
할론 1301	CF_3Br	Bromo Trifluoro Methane (일취화 삼플루오린화 메테인)	상온에서 기체 증기비중 : 5.1 액비중 : 1.57 소화설비용 인체에 가장 무해함 방사거리 : 3~4m

답 ④

12 연소생성물로서, 혈액 속에서 헤모글로빈 (hemoglobin)과 결합하여 산소부족을 야기하는 것은?

① HCl
② CO
③ NH_3
④ HCl

 일산화탄소는 혈액 중의 산소 운반 물질인 헤모글로빈과 결합하여 카복시헤모글로빈을 만듦으로써 산소의 혈중 농도를 저하시키고 질식을 일으키게 된다. 헤모글로빈의 산소와의 결합력보다 일산화탄소의 결합력이 약 250~300배 정도 높다.

답 ②

13 소화난이도 등급 Ⅰ의 옥외탱크저장소(지중탱크 및 해상탱크 이외의 것)로서 인화점이 70℃ 이상인 제4류 위험물만을 저장하는 탱크에 설치하여야 하는 소화설비는?

① 물분무소화설비 또는 고정식 포소화설비

② 옥내소화전설비

③ 스프링클러설비

④ 이산화탄소소화설비

제조소 등의 구분			소화설비
옥외 탱크 저장소	지중탱크 또는 해상탱크 외의 것	황만을 저장·취급하는 것	물분무소화설비
		인화점 70℃ 이상의 제4류 위험물만을 저장·취급하는 것	물분무소화설비 또는 고정식 포소화설비
		그 밖의 것	고정식 포소화설비(포소화설비가 적응성이 없는 경우에는 분말소화설비)
	지중탱크		고정식 포소화설비, 이동식 이외의 불활성가스소화설비 또는 이동식 이외의 할로젠화합물소화설비
	해상탱크		고정식 포소화설비, 물분무포소화설비, 이동식 이외의 불활성가스소화설비 또는 이동식 이외의 할로젠화합물소화설비

답 ①

14 메틸에틸케톤퍼옥사이드의 저장취급소에 적응하는 소화방법으로 가장 적합한 것은?

① 냉각소화 ② 질식소화
③ 억제소화 ④ 제거소화

 제5류 위험물로서 자기반응성 물질이며, 다량의 주수에 의한 냉각소화가 유효하다.

답 ①

15 각 위험물의 지정수량을 합하면 가장 큰 값을 나타내는 것은?

① 다이크로뮴산칼륨＋아염소산나트륨
② 다이크로뮴산나트륨＋아질산칼륨
③ 과망가니즈산나트륨＋염소산칼륨
④ 아이오딘산칼륨＋아질산칼륨

① 1,000kg＋50kg＝1,050kg
② 1,000kg＋300kg＝1,300kg
③ 1,000kg＋50kg＝1,050kg
④ 300kg＋300kg＝600kg

답 ②

16 질산암모늄 80g이 완전분해하여 O₂, H₂O, N₂가 생성되었다면 이때 생성물의 총량은 모두 몇 몰인가?

① 2 ② 3.5
③ 4 ④ 7

 $2NH_4NO_3 \rightarrow 4H_2O + 2N_2 + O_2$에서 80g의 질산암모늄은 1mol에 해당하므로 1몰의 질산암모늄이 분해되는 경우 각각의 생성물은 2몰의 수증기, 1몰의 질소, 0.5몰의 산소가스가 발생하므로 총합 3.5몰이 생성된다.

답 ②

17 질산암모늄 등 유해 위험물질의 위험성을 평가하는 방법 중 정량적 방법에 해당하지 않는 것은?

① FTA ② ETA
③ CCA ④ PHA

㉮ 정성적 위험성 평가
  ㉠ HAZOP(위험과 운전분석기법)
  ㉡ check list
  ㉢ what if(사고예상질문기법)
  ㉣ PHA(예비위험분석기법)
㉯ 정량적 위험성 평가
  ㉠ FTA(결함수분석기법)
  ㉡ ETA(사건수분석기법)
  ㉢ CA(피해영향분석법)
  ㉣ FMECA
  ㉤ HEA(작업자실수분석)
  ㉥ DAM(상대위험순위결정)
  ㉦ CCA(원인결과분석)

답 ④

18 금속분에 대한 설명 중 틀린 것은?

① Al의 화재 발생 시 할로젠화합물소화약제는 적응성이 없다.
② Al은 수산화나트륨수용액과 반응하는 경우 $NaAl(OH)_2$와 H_2가 주로 생성된다.
③ Zn은 KCN 수용액에서 녹는다.
④ Zn은 염산과 반응 시 $ZnCl_2$와 H_2가 생성된다.

알칼리 수용액과 반응하여 수소가 발생한다.

$$2Al+2NaOH+2H_2O \rightarrow 2NaAlO_2+3H_2$$

답 ②

19 위험물제조소에 설치하는 옥내소화전의 개폐밸브 및 호스 접속구는 바닥면으로부터 몇 m 이하의 높이에 설치하여야 하는가?

① 0.5   ② 1.5
③ 1.7   ④ 1.9

 옥내소화전의 개폐밸브 및 호스 접속구는 바닥면으로부터 1.5m 이하의 높이에 설치할 것

답 ②

20 과염소산의 취급·저장 시 주의사항으로 틀린 것은?

① 가열하면 폭발할 위험이 있으므로 주의한다.
② 종이, 나뭇조각 등과 접촉을 피하여야 한다.
③ 구멍이 뚫린 코르크 마개를 사용하여 통풍이 잘 되는 곳에 저장한다.
④ 물과 접촉하면 심하게 반응하므로 접촉을 금지한다.

 유리나 도자기 등의 밀폐용기를 사용하고 누출 시 가연물과 접촉을 피한다.

답 ③

21 반도체 산업에서 사용되는 $SiHCl_3$는 제 몇 류 위험물인가?

① 1   ② 3
③ 5   ④ 6

 트라이클로로실란으로 제3류 위험물 중 염소화규소화합물에 해당한다.

답 ②

22 지정수량을 표시하는 단위가 나머지 셋과 다른 하나는?

① 질산망가니즈   ② 과염소산
③ 메틸에틸케톤   ④ 트라이에틸알루미늄

 ① 질산망가니즈 : 300kg
② 과염소산 : 300kg
③ 메틸에틸케톤 : 200L
④ 트라이에틸알루미늄 : 10kg

답 ③

23 위험물에 관한 설명 중 틀린 것은?

① 농도가 30wt%인 과산화수소는 위험물안전관리법상의 위험물이 아니다.
② 질산을 염산과 일정한 비율로 혼합하면 금과 백금을 녹일 수 있는 혼합물이 된다.
③ 질산은 분해 방지를 위해 직사광선을 피하고 갈색병에 담아 보관한다.
④ 과산화수소의 자연발화를 막기 위해 용기에 인산, 요산을 가한다.

 과산화수소의 일반 시판품은 30~40%의 수용액으로, 분해되기 쉬워 인산(H_3PO_4), 요산($C_5H_4N_4O_3$) 등 안정제를 가하거나 약산성으로 만든다.

답 ④

24 다음과 같은 벤젠의 화학반응을 무엇이라 하는가?

$$C_6H_6+H_2SO_4 \rightarrow C_6H_5 \cdot SO_3H+H_2O$$

① 나이트로화   ② 설폰화
③ 아이오딘화   ④ 할로젠화

 황산과 반응하여 벤젠설폰산이 생성된다.

답 ②

25 뉴턴의 점성법칙에서 전단응력을 표현할 때 사용되는 것은?

① 점성계수, 압력
② 점성계수, 속도구배
③ 압력, 속도구배
④ 압력, 마찰계수

 전단응력은 점성계수와 속도구배에 비례한다.

답 ②

26 금속칼륨을 석유 속에 넣어 보관하는 이유로 가장 적합한 것은?

① 산소의 발생을 막기 위해

② 마찰 시 충격을 방지하기 위해

③ 제3류 위험물과 제4류 위험물의 혼재가 가능하기 때문에

④ 습기 및 공기와의 접촉을 방지하기 위해

 습기나 물에 접촉하지 않도록 보호액(석유, 벤젠, 파라핀 등) 속에 저장해야 한다.

답 ④

27 제조소 및 일반취급소에 경보설비인 자동화재탐지설비를 설치하여야 하는 조건에 해당하지 않는 것은?

① 연면적 500m² 이상인 것

② 옥내에서 지정수량 100배의 휘발유를 취급하는 것

③ 옥내에서 지정수량 200배의 벤젠을 취급하는 것

④ 처마높이가 6m 이상인 단층건물의 것

 ④번은 옥내저장소에 대한 자동화재탐지설비 설치기준이다.

답 ④

28 방호대상물의 표면적이 50m²인 곳에 물분무소화설비를 설치하고자 한다. 수원의 수량은 몇 L 이상이어야 하는가?

① 3,000   ② 4,000

③ 30,000   ④ 40,000

 수원의 수량은 분무헤드가 가장 많이 설치된 방사구역의 모든 분무헤드를 동시에 사용할 경우에 해당 방사구역의 표면적 1m²당 1분당 20L의 비율로 계산한 양으로 30분간 방사할 수 있는 양 이상이 되도록 설치할 것

따라서 50m²×20L/m²·분×30분=30,000L

답 ③

29 탄화칼슘에 대한 설명으로 틀린 것은?

① 분자량은 약 64이다.

② 비중은 약 0.9이다.

③ 고온으로 가열하면 질소와도 반응한다.

④ 흡습성이 있다.

 비중 2.22, 융점 2,300℃로 순수한 것은 무색투명하나 보통은 흑회색이며 건조한 공기 중에서는 안정하나 350℃ 이상으로 가열 시 산화한다.
$CaC_2 + 5O_2 \rightarrow 2CaO + 4CO_2$

답 ②

30 제5류 위험물에 관한 설명 중 틀린 것은?

① 벤조일퍼옥사이드는 유기과산화물에 해당한다.

② 나이트로글리세린은 질산에스터류에 해당한다.

③ 피크르산은 나이트로화합물에 해당한다.

④ 질산구아니딘은 나이트로소화합물에 해당한다.

 질산구아니딘은 그 밖에 행정안전부령이 정하는 것에 해당한다.

답 ④

31 안지름이 5cm인 관 내를 흐르는 유동의 임계레이놀즈수가 2,000이면 임계유속은 몇 cm/s인가? (단, 유체의 동점성 계수=0.0131cm²/s)

① 0.21   ② 1.21

③ 5.24   ④ 12.6

 $\therefore u = \dfrac{2,000 v}{D} = \dfrac{2,000 \times 0.0131}{5} = 5.24 \text{cm/s}$

답 ③

32 CH₃COOOH(peracetic acid)는 제 몇 류 위험물인가?

① 제2류 위험물   ② 제3류 위험물

③ 제4류 위험물   ④ 제5류 위험물

해설 CH_3COOOH(peracetic acid)는 과초산으로 매우 불안정한 유기과산화물로서 가연성, 폭발성 물질이다.

답 ④

33 다음 A, B 같은 작업공정을 가진 경우 위험물안전관리법상 허가를 받아야 하는 제조소 등의 종류를 옳게 짝지은 것은? (단, 지정수량 이상을 취급하는 경우이다.)

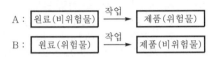

① A : 위험물제조소, B : 위험물제조소
② A : 위험물제조소, B : 위험물취급소
③ A : 위험물취급소, B : 위험물제조소
④ A : 위험물취급소, B : 위험물취급소

해설 ㉠ 위험물제조소 : 위험물 또는 비위험물을 원료로 사용하여 위험물을 생산하는 시설
㉡ 위험물 일반취급소 : 위험물을 사용하여 일반 제품을 생산, 가공 또는 세척하거나 버너 등에 소비하기 위하여 1일에 지정수량 이상의 위험물을 취급하는 시설을 말한다.

답 ②

34 물분무소화설비가 되어 있는 위험물 옥외탱크저장소에 대형 수동식소화기를 설치하는 경우 방호대상물로부터 소화기까지 보행거리는 몇 m 이하가 되도록 설치하여야 하는가?

① 50
② 30
③ 20
④ 제한 없다.

해설 설치거리의 규정은 없다.

답 ④

35 접지도선을 설치하지 않는 이동탱크저장소에 의하여도 저장, 취급할 수 있는 위험물은?

① 알코올류
② 제1석유류
③ 제2석유류
④ 특수 인화물

해설 알코올류는 접지도선을 설치하지 않는 이동탱크저장소에 의하여도 저장, 취급할 수 있는 위험물에 해당한다.

답 ①

36 금속칼륨 10g을 물에 녹였을 때 이론적으로 발생하는 기체는 약 몇 g인가?

① 0.12
② 0.26
③ 0.32
④ 0.52

해설 $2K + 2H_2O \rightarrow 2KOH + H_2$

$$\frac{10g\text{-}K}{} \left|\frac{1mol\text{-}K}{39g\text{-}K}\right|\frac{1mol\text{-}H_2}{2mol\text{-}K}$$

$$\left|\frac{2g\text{-}H_2}{1mol\text{-}H_2}\right| = 0.256g\text{-}H_2$$

답 ②

37 제2종 분말소화약제가 열분해할 때 생성되는 물질로 4℃ 부근에서 최대밀도를 가지면 분자 내 104.5°의 결합각을 갖는 것은?

① CO_2
② H_2O
③ H_3PO_4
④ K_2CO_3

해설 제2종 분말소화약제의 열분해반응식
$2KHCO_3 \rightarrow K_2CO_3 + H_2O + CO_2$
물은 비공유 전자쌍이 공유 전자쌍을 강하게 밀기 때문에 104.5° 구부러진 굽은 형 구조를 이루고 있다.

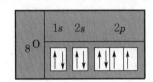

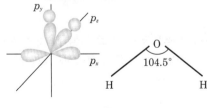

답 ②

38 알칼리금속의 과산화물에 적응성이 있는 소화설비는?

① 할로젠화합물소화설비
② 탄산수소염류분말소화설비
③ 물분무소화설비
④ 스프링클러설비

 해설 알칼리금속의 과산화물의 경우 탄산수소염류분말소화설비, 건조사, 팽창질석 또는 팽창진주암으로 소화할 수 있다.

답 ②

39 다음 물질 중 제1류 위험물에 해당하는 것은 모두 몇 개인가?

> 아염소산나트륨, 염소산나트륨
> 차아염소산칼슘, 과염소산칼륨

① 4개　　　　② 3개
③ 2개　　　　④ 1개

 해설 전부 제1류 위험물에 해당한다.

답 ①

40 물과 반응하여 유독성의 H_2S가 발생할 위험이 있는 것은?

① 황　　　　② 오황화인
③ 황린　　　　④ 이황화탄소

 해설 오황화인(P_2S_5)은 물과 반응하면 분해되어 황화수소(H_2S)와 인산(H_3PO_4)으로 된다.
$$P_2S_5 + 8H_2O \rightarrow 5H_2S + 2H_3PO_4$$

답 ②

41 이동탱크저장소로 위험물을 운송하는 자가 위험물 안전카드를 휴대하지 않아도 되는 것은?

① 벤젠　　　　② 다이에틸에터
③ 휘발유　　　　④ 경유

해설 위험물(제4류 위험물에 있어서는 특수 인화물 및 제1석유류에 한한다)을 운송하게 하는 자는 위험물 안전카드를 위험물 운송자로 하여금 휴대하게 할 것

답 ④

42 제조소 등에 대한 허가취소 또는 사용정지의 사유가 아닌 것은?

① 변경허가를 받지 아니하고 제조소 등의 위치·구조 또는 설비를 변경한 때
② 저장·취급 기준의 중요기준을 위반한 때
③ 위험물 안전관리자를 선임하지 아니한 때
④ 위험물 안전관리자 부재 시 그 대리자를 지정하지 아니한 때

 해설 시·도지사는 제조소 등의 관계인이 다음에 해당하는 때에는 행정안전부령이 정하는 바에 따라 허가를 취소하거나 6월 이내의 기간을 정하여 제조소 등의 전부 또는 일부의 사용정지를 명할 수 있다.
㉠ 규정에 따른 변경허가를 받지 아니하고 제조소 등의 위치·구조 또는 설비를 변경한 때
㉡ 완공검사를 받지 아니하고 제조소 등을 사용한 때
㉢ 규정에 따른 수리·개조 또는 이전의 명령을 위반한 때
㉣ 규정에 따른 위험물 안전관리자를 선임하지 아니한 때
㉤ 대리자를 지정하지 아니한 때
㉥ 정기점검을 하지 아니한 때
㉦ 정기검사를 받지 아니한 때
㉧ 저장·취급 기준 준수명령을 위반한 때

답 ②

43 아이오딘값(iodine number)에 대한 설명으로 옳은 것은?

① 지방 또는 기름 1g과 결합하는 아이오딘의 g 수이다.
② 지방 또는 기름 1g과 결합하는 아이오딘의 mg 수이다.
③ 지방 또는 기름 100g과 결합하는 아이오딘의 g 수이다.
④ 지방 또는 기름 100g과 결합하는 아이오딘의 mg 수이다.

 해설 아이오딘값 : 유지 100g에 부가되는 아이오딘의 g 수로, 불포화도가 증가할수록 아이오딘값이 증가하며, 자연발화 위험이 있다.

답 ③

44 다음 중 4몰의 질산이 분해하여 생성되는 H_2O, NO_2, O_2의 몰수를 차례대로 옳게 나열한 것은?

① 1, 2, 0.5
② 2, 4, 1
③ 2, 2, 1
④ 4, 4, 2

 $4HNO_3 \rightarrow 4NO_2 + 2H_2O + O_2$

답 ②

45 다음 금속 원소 중 이온화 에너지가 가장 큰 원소는?

① 리튬
② 나트륨
③ 칼륨
④ 루비듐

 같은 족에서는 주기가 작을수록 이온화 에너지가 크다.
리튬 > 나트륨 > 칼륨 > 루비듐 > 프랑슘

답 ①

46 이산화탄소소화약제에 대한 설명 중 틀린 것은?

① 소화 후 소화약제에 의한 오손이 없다.
② 전기절연성이 우수하여 전기화재에 효과적이다.
③ 밀폐된 지역에서 다량 사용 시 질식의 우려가 있다.
④ 한랭지에서 동결의 우려가 있으므로 주의해야 한다.

해설 이산화탄소소화약제의 소화원리는 공기 중의 산소를 15% 이하로 저하시켜 소화하는 질식작용과 CO_2 가스 방출 시 Joule-Thomson 효과[기체 또는 액체가 가는 관을 통과하여 방출될 때 온도가 급강하(약 -78℃)하여 고체로 되는 현상]에 의해 기화열의 흡수로 인하여 소화하는 냉각작용이다. 따라서 한랭지에서의 사용이 유리한 약제이다.

답 ④

47 제6류 위험물이 아닌 것은?

① 삼플루오린화브로민
② 오플루오린화브로민
③ 오플루오린화피리딘
④ 오플루오린화아이오딘

 제6류 위험물의 종류와 지정수량

성질	위험등급	품명	지정수량
산화성 액체	I	1. 과염소산($HClO_4$) 2. 과산화수소(H_2O_2) 3. 질산(HNO_3) 4. 그 밖의 행정안전부령이 정하는 것 　－ 할로젠간화합물(BrF_3, BrF_5, IF_5 등)	300kg

답 ③

48 제2류 위험물의 일반적 성질로 맞는 것은?

① 비교적 낮은 온도에서 연소되기 쉬운 가연성 물질이며 연소속도가 빠른 고체이다.
② 비교적 낮은 온도에서 연소되기 쉬운 가연성 물질이며 연소속도가 빠른 액체이다.
③ 비교적 높은 온도에서 연소되는 가연성 물질이며 연소속도가 느린 고체이다.
④ 비교적 높은 온도에서 연소되는 가연성 물질이며 연소속도가 느린 액체이다.

해설 제2류 위험물은 가연성 고체로서 이연성, 속연성 물질이다.

답 ①

49 어떤 액체연료의 질량조성이 C 80%, H 20%일 때 C : H의 mole 비는?

① 1 : 3
② 1 : 4
③ 4 : 1
④ 3 : 1

 $\dfrac{A의\ 질량(\%)}{A의\ 원자량} : \dfrac{B의\ 질량(\%)}{B의\ 원자량}$
$\dfrac{80}{12} : \dfrac{20}{1} = 6.67 : 20 = \dfrac{6.67}{6.67} : \dfrac{20}{6.67} = 1 : 3$

답 ①

50 나트륨에 대한 설명으로 틀린 것은?

① 화학적으로 활성이 크다.

② 4주기 1족에 속하는 원소이다.

③ 공기 중에서 자연발화할 위험이 있다.

④ 물보다 가벼운 금속이다.

 해설　나트륨은 3주기 1족 원소이다.

답 ②

51 다음 위험물 중 지정수량이 가장 큰 것은?

① 뷰틸리튬

② 마그네슘

③ 인화칼슘

④ 황린

해설　① 뷰틸리튬 : 10kg
② 마그네슘 : 500kg
③ 인화칼슘 : 300kg
④ 황린 : 20kg

답 ②

52 포소화설비 중 화재 시 용이하게 접근하여 소화작업을 할 수 있는 대상물에 설치하는 것은?

① 헤드 방식

② 포소화전 방식

③ 고정포방출구 방식

④ 포모니터노즐 방식

답 ②

53 위험물제조소로부터 20m 이상의 안전거리를 유지하여야 하는 건축물 또는 공작물은?

① 문화재보호법에 따른 지정문화재

② 고압가스 안전관리법에 따라 신고하여야 하는 고압가스 저장시설

③ 주거용 건축물

④ 고등교육법에서 정하는 학교

 해설

건축물	안전거리
사용전압 7,000V 초과 35,000V 이하의 특고압 가공전선	3m 이상
사용전압 35,000V 초과 특고압 가공전선	5m 이상
주거용으로 사용되는 것(제조소가 설치된 부지 내에 있는 것 제외)	10m 이상
고압가스, 액화석유가스 또는 도시가스를 저장 또는 취급하는 시설	20m 이상
학교, 병원(종합병원, 치과병원, 한방·요양 병원), 극장(공연장, 영화상영관, 수용인원 300명 이상 시설), 아동복지시설, 노인복지시설, 장애인복지시설, 모·부자 복지시설, 보육시설, 성매매자를 위한 복지시설, 정신보건시설, 가정폭력피해자 보호시설, 수용인원 20명 이상의 다수인시설	30m 이상
유형문화재, 지정문화재	50m 이상

답 ②

54 제1류 위험물의 위험성에 대한 설명 중 틀린 것은?

① BaO_2는 염산과 반응하여 H_2O_2가 발생한다.

② $KMnO_4$는 알코올 또는 글리세린과의 접촉 시 폭발위험이 있다.

③ $KClO_3$는 100℃ 미만에서 열분해되어 KCl과 O_2를 방출한다.

④ $NaClO_3$는 산과 반응하여 유독한 ClO_3가 발생한다.

해설　③ 약 400℃ 부근에서 열분해하여 염화칼륨(KCl)과 산소(O_2)를 방출한다.
열분해반응식 : $2KClO_3 \rightarrow 2KCl + 3O_2$

답 ③

55 어떤 측정법으로 동일 시료를 무한회 측정하였을 때 데이터 분포의 평균 차와 참값과의 차를 무엇이라 하는가?

① 재현성 　　　② 안정성

③ 반복성 　　　④ 정확성

답 ④

56 관리도에서 측정한 값을 차례로 타점했을 때 점이 순차적으로 상승하거나 하강하는 것을 무엇이라 하는가?

① 런(run)
② 주기(cycle)
③ 경향(trend)
④ 산포(dispersion)

 해설
① 런 : 중심선의 한쪽에 연속해서 나타나는 점
② 주기 : 점이 주기적으로 상하로 변동하여 파형을 나타내는 현상
③ 경향 : 점이 순차적으로 상승하거나 하강하는 것
④ 산포 : 수집된 자료값이 중앙값으로 떨어져 있는 정도

답 ③

57 다음 중 도수분포표를 작성하는 목적으로 볼 수 없는 것은?

① 로트의 분포를 알고 싶을 때
② 로트의 평균값과 표준편차를 알고 싶을 때
③ 규격과 비교하여 부적합품률을 알고 싶을 때
④ 주요 품질 항목 중 개선의 우선순위를 알고 싶을 때

 해설
도수분포표란 수집된 통계자료가 취하는 변량을 적당한 크기의 계급으로 나눈 뒤, 각 계급에 해당되는 도수를 기록해서 만든다. 계급값을 이용해서 로트의 분포, 평균값, 중앙값, 최빈값 등을 구하기 쉽다.

답 ④

58 정상 소요기간이 5일이고, 비용이 20,000원이며 특급 소요기간이 3일이고, 이때의 비용이 30,000원이라면 비용구배는 얼마인가?

① 4,000원/일
② 5,000원/일
③ 7,000원/일
④ 10,000원/일

 해설
비용구배
$$= \frac{\text{특급 소요기간 비용}-\text{정상 소요기간 비용}}{\text{정상 소요기간}-\text{특급 소요기간}}$$
$$= \frac{30,000-20,000}{5-3} = 5,000원/일$$

답 ②

59 "무결점 운동"으로 불리는 것으로, 미국의 항공사인 마틴사에서 시작된 품질개선을 위한 동기부여 프로그램은 무엇인가?

① ZD
② 6시그마
③ TPM
④ ISO 9001

 해설
② 6시그마 : GE에서 생산하는 모든 제품이나 서비스, 거래 및 공정과정 전 분야에서 품질을 측정하여 분석하고 향상시키도록 통제하고 궁극적으로 모든 불량을 제거하는 품질향상 운동
③ TPM(Total Productive Measure) : 종합 생산관리
④ ISO 9001 : ISO에서 제정한 품질경영 시스템에 관한 국제규격

답 ①

60 컨베이어 작업과 같이 단조로운 작업은 작업자에게 무력감과 구속감을 주고 생산량에 대한 책임감을 저하시키는 등 폐단이 있다. 다음 중 이러한 단조로운 작업의 결함을 제거하기 위해 채택되는 직무설계 방법으로 가장 거리가 먼 것은?

① 자율경영팀 활동을 권장한다.
② 하나의 연속작업시간을 길게 한다.
③ 작업자 스스로가 직무를 설계하도록 한다.
④ 직무확대, 직무충실화 등의 방법을 활용한다.

 해설
직무설계란 조직 내에서 근로자 개개인이 가지고 있는 목표를 보다 효율적으로 수행하기 위하여 일련의 작업, 단위직무의 내용, 작업방법을 설계하는 활동을 말한다. 하나의 연속작업시간을 길게 하면 일의 효율이 오르지 않는다.

답 ②

제51회
(2012년 4월 시행)

위험물기능장 필기

01 다음에서 설명하는 위험물에 해당하는 것은?

- 불연성이고 무기화합물이다.
- 비중은 약 2.8이다.
- 분자량은 약 78이다.

① 과산화나트륨
② 황화인
③ 탄화칼슘
④ 과산화수소

 불연성이고 무기화합물인 것은 제1류와 제6류 위험물이다. 따라서 과산화나트륨(Na_2O_2)과 과산화수소(H_2O_2) 둘 중 분자량이 78인 것은 과산화나트륨이다.

답 ①

02 위험물 탱크 시험자가 갖추어야 하는 장비가 아닌 것은?

① 방사선투과시험기
② 방수압력측정계
③ 초음파탐상시험기
④ 수직·수평도 측정기(필요한 경우에 한한다.)

 장비
㉮ 필수장비 : 방사선투과시험기, 초음파탐상시험기, 자기탐상시험기, 초음파두께 측정기
㉯ 필요한 경우에 두는 장비
　㉠ 충·수압 시험, 진공시험, 기밀시험 또는 내압시험의 경우
　　ⓐ 진공능력 53kPa 이상의 진공누설시험기
　　ⓑ 기밀시험장치(안전장치가 부착된 것으로서 가압능력 200kPa 이상, 감압의 경우에는 감압능력 10kPa 이상·감도 10Pa 이하의 것으로서 각각의 압력 변화를 스스로 기록할 수 있는 것)
　㉡ 수직·수평도 시험의 경우 : 수직·수평도 측정기

답 ②

03 제조소에서 취급하는 제4류 위험물의 최대수량의 합이 지정수량의 48만배 이상인 사업소의 자체소방대에 두어야 하는 화학소방자동차의 대수 및 자체소방대원의 수는? (단, 해당 사업소는 다른 사업소 등과 상호응원에 관한 협정을 체결하고 있지 아니하다.)

① 4대, 20인
② 3대, 15인
③ 2대, 10인
④ 1대, 5인

 자체소방대에 두는 화학소방자동차 및 인원

사업소의 구분	화학소방 자동차의 수	자체소방 대원의 수
제조소 또는 일반취급소에서 취급하는 제4류 위험물의 최대수량의 합이 지정수량의 3천배 이상 12만배 미만인 사업소	1대	5인
제조소 또는 일반취급소에서 취급하는 제4류 위험물의 최대수량의 합이 지정수량의 12만배 이상 24만배 미만인 사업소	2대	10인
제조소 또는 일반취급소에서 취급하는 제4류 위험물의 최대수량의 합이 지정수량의 24만배 이상 48만배 미만인 사업소	3대	15인
제조소 또는 일반취급소에서 취급하는 제4류 위험물의 최대수량의 합이 지정수량의 48만배 이상인 사업소	4대	20인
옥외탱크저장소에 저장하는 제4류 위험물의 최대수량이 지정수량의 50만배 이상인 사업소	2대	10인

답 ①

04 직경이 400mm인 관과 300mm인 관이 연결되어 있다. 직경이 400mm인 관에서의 유속이 2m/s라면 300mm 관에서의 유속은 약 몇 m/s인가?

① 6.56
② 5.56
③ 4.56
④ 3.56

$Q = uA$ 공식에서

㉠ 400mm일 때 유량을 구하면

$$Q = uA = 2\text{m/s} \times \frac{\pi}{4}(0.4\text{m})^2 = 0.2512\text{m}^3/\text{s}$$

㉡ 300mm일 때 유속은

$$u = \frac{Q}{A} = \frac{0.2512\text{m}^3/\text{s}}{\frac{\pi}{4}(0.3\text{m})^2} = 3.56\text{m/s}$$

답 ④

05 다음 중 지정수량이 나머지 셋과 다른 하나는?

① 톨루엔
② 벤젠
③ 가솔린
④ 아세톤

 가솔린, 벤젠, 톨루엔은 제1석유류(비수용성)로 지정수량은 200L이다. 아세톤은 제1석유류(수용성)로 지정수량은 400L이다.

답 ④

06 이송취급소의 이송기지에 설치해야 하는 경보설비는?

① 자동화재탐지설비
② 누전경보기
③ 비상벨장치 및 확성장치
④ 자동화재속보설비

 이송취급소에는 다음의 기준에 의하여 경보설비를 설치하여야 한다.
㉠ 이송기지에는 비상벨장치 및 확성장치를 설치할 것
㉡ 가연성 증기가 발생하는 위험물을 취급하는 펌프실 등에는 가연성 증기 경보설비를 설치할 것

답 ③

07 물분무소화에 사용된 20℃의 물 2g이 완전히 기화되어 100℃의 수증기가 되었다면 흡수된 열량과 수증기 발생량은 약 얼마인가? (단, 1기압을 기준으로 한다.)

① 1,238cal, 2,400mL
② 1,238cal, 3,400mL
③ 2,476cal, 2,400mL
④ 2,476cal, 3,400mL

열량과 수증기 발생량을 계산하면

㉠ 열량

$$Q = mC\Delta t + r \cdot m$$
$$= 2\text{g} \times 1\text{cal/g} \cdot \text{℃} \times (100-20)\text{℃}$$
$$+ 539\text{cal/g} \times 2\text{g}$$
$$= 1,238\text{kcal}$$

㉡ 수증기 발생량

$$PV = nRT$$
$$V = \frac{nRT}{P}$$
$$= \frac{2/18 \times 0.08205 \times (273+100)}{1\text{atm}}$$
$$= 3.4\text{L} = 3,400\text{mL}$$

답 ②

08 인화성 액체 위험물을 저장하는 옥외탱크저장소의 주위에 설치하는 방유제에 관한 내용으로 틀린 것은?

① 방유제의 높이는 0.5m 이상, 3m 이하로 하고, 면적은 8만m² 이하로 한다.
② 2기 이상의 탱크가 있는 경우 방유제의 용량은 그 탱크 중 용량이 최대인 것의 110% 이상으로 한다.
③ 용량이 100만L 이상인 옥외저장탱크의 주위에는 탱크마다 칸막이둑을 흙 또는 철근콘크리트로 설치한다.
④ 칸막이둑을 설치하는 경우 칸막이둑의 용량은 칸막이둑 안에 설치된 탱크용량의 10% 이상이어야 한다.

용량이 1,000만L 이상인 옥외저장탱크의 주위에 설치하는 방유제에는 다음의 규정에 따라 해당 탱크마다 칸막이둑을 설치할 것
㉠ 칸막이둑의 높이는 0.3m(방유제 내에 설치되는 옥외저장탱크의 용량의 합계가 2억L를 넘는 방유제에 있어서는 1m) 이상으로 하되, 방유제의 높이보다 0.2m 이상 낮게 할 것
㉡ 칸막이둑은 흙 또는 철근콘크리트로 할 것
㉢ 칸막이둑의 용량은 칸막이둑 안에 설치된 탱크용량의 10% 이상일 것

답 ③

09 운반 시 질산과 혼재가 가능한 위험물은? (단, 지정수량 10배의 위험물이다.)
① 질산메틸
② 알루미늄 분말
③ 탄화칼슘
④ 질산암모늄

 제6류 위험물인 질산과 혼재 가능한 위험물은 제1류 위험물이므로 질산암모늄과 혼재 가능하다.

답 ④

10 제1류 위험물 중 알칼리금속 과산화물의 화재에 대하여 적응성이 있는 소화설비는 무엇인가?
① 탄산수소염류의 분말소화설비
② 옥내소화전설비
③ 스프링클러설비[방사밀도 $12.2(L/m^3 \cdot 분)$ 이상인 것]
④ 포소화설비

 알칼리금속 과산화물의 경우 탄산수소염류의 소화설비, 건조사, 팽창질석 또는 팽창진주암으로 소화 가능하다.

답 ①

11 줄 톰슨(Joule Thomson) 효과와 가장 관계 있는 소화기는?
① 할론 1301 소화기
② 이산화탄소소화기
③ HCFC-124 소화기
④ 할론 1211 소화기

 이산화탄소소화약제의 소화원리는 공기 중의 산소를 15% 이하로 저하시켜 소화하는 질식작용과 CO_2 가스 방출 시 Joule-Thomson 효과[기체 또는 액체가 가는 관을 통과하여 방출될 때 온도가 급강하(약 $-78℃$)하여 고체로 되는 현상]에 의해 기화열의 흡수로 소화하는 냉각작용이다.

답 ②

12 위험물안전관리법령상 포소화기에 적응성이 없는 위험물은?
① S
② P
③ P_4S_3
④ Al분

 알루미늄분은 물과 반응하면 수소가스가 발생한다. 포소화기의 경우도 물을 포함하고 있으므로 소화 적응성은 없다.
$$2Al+6H_2O \rightarrow 2Al(OH)_3+3H_2$$

답 ④

13 다음과 같은 특성을 갖는 결합의 종류는?

자유전자의 영향으로 높은 전기전도성을 갖는다.

① 배위결합
② 수소결합
③ 금속결합
④ 공유결합

 금속결합은 자유전자와 금속 양이온 사이의 정전기적 인력에 의한 결합이다.

답 ③

14 다음 중 자연발화의 위험성이 가장 낮은 물질은?
① $(CH_3)_3Al$
② $(CH_3)_2Cd$
③ $(C_4H_9)_3Al$
④ $(C_2H_5)_4Pb$

 알킬기의 경우 $C_1 \sim C_4$까지만 자연발화성이 있다. 사에틸납은 자연발화성도 없고 금수성 물질도 아니다.

답 ④

15 관 내 유체의 층류와 난류유동을 판별하는 기준인 레이놀즈수(Reynolds number)의 물리적 의미를 가장 옳게 표현한 식은?
① $\dfrac{관성력}{표면장력}$
② $\dfrac{관성력}{압력}$
③ $\dfrac{관성력}{점성력}$
④ $\dfrac{관성력}{중력}$

답 ③

16 상용의 상태에서 위험분위기가 존재할 우려가 있는 장소로서 주기적 또는 간헐적으로 위험분위기가 존재하는 곳은?

① 0종 장소
② 1종 장소
③ 2종 장소
④ 3종 장소

 위험장소의 분류
　㉠ 0종 장소 : 통상상태에서 위험분위기가 연속적으로 또는 장시간 지속해서 존재하는 장소이다.
　㉡ 1종 장소 : 통상상태에서 위험분위기를 생성할 우려가 있는 장소이다.
　㉢ 2종 장소 : 이상상태에서 위험분위기를 생성할 우려가 있는 장소이다.

답 ②

17 각 위험물의 화재 예방 및 소화방법으로 옳지 않은 것은?

① C_2H_5OH의 화재 시 수성막포 소화약제를 사용하여 소화한다.
② $NaNO_3$의 화재 시 물에 의한 냉각소화를 한다.
③ CH_3CHOCH_2는 구리, 마그네슘과 접촉을 피하여야 한다.
④ CaC_2의 화재 시 이산화탄소소화약제를 사용할 수 없다.

 소화방법 : C_2H_5OH의 초기 화재 시 알코올형 포, CO_2, 건조분말, 할론이 유효하며, 대규모의 화재인 경우는 알코올형 포로 소화하고 소규모 화재 시는 다량의 물로 희석소화한다.

답 ①

18 물, 염산, 메탄올과 반응하여 에테인을 생성하는 물질은?

① K
② P_4
③ $(C_2H_5)_3Al$
④ LiH

 트라이에틸알루미늄은 물과 접촉하면 폭발적으로 반응하여 에테인을 형성하고 이때 발열, 폭발에 이른다.
$(C_2H_5)_3Al + 3H_2O \rightarrow Al(OH)_3 + 3C_2H_6$

답 ③

19 위험물의 위험성에 대한 설명 중 옳은 것은?

① 메타알데하이드(분자량 : 176)는 1기압에서 인화점이 0℃ 이하인 인화성 고체이다.
② 알루미늄은 할로젠 원소와 접촉하면 발화의 위험이 있다.
③ 오황화인은 물과 접촉하면 이황화탄소가 발생하나 알칼리에 분해되면 이황화탄소가 발생하지 않는다.
④ 삼황화인은 금속분과 공존할 경우 발화의 위험이 없다.

 ① 분자량 176, 인화점 36℃, 융점 246℃, 비점은 112~116℃, 무색의 침상 또는 판상의 결정이다.
　③ 오황화인(P_2S_5) : 알코올이나 이황화탄소(CS_2)에 녹으며, 물이나 알칼리와 반응하면 분해되어 황화수소(H_2S)와 인산(H_3PO_4)으로 된다.
$P_2S_5 + 8H_2O \rightarrow 5H_2S + 2H_3PO_4$

답 ②

20 제4류 위험물을 수납하는 내장용기가 금속제 용기인 경우 최대용적은 몇 L인가?

① 5
② 18
③ 20
④ 30

 유리용기는 5~10L, 플라스틱용기는 10L, 금속제는 30L이다.

답 ④

21 유류화재에 해당하는 것은?

① A급 화재
② B급 화재
③ C급 화재
④ K급 화재

 ① A급 화재 : 일반화재
　② B급 화재 : 유류화재
　③ C급 화재 : 전기화재
　④ K급 화재 : 주방화재

답 ②

22 용기에 수납하는 위험물에 따라 운반용기 외부에 표시하여야 할 주의사항으로 옳지 않은 것은?

① 자연발화성 물질 – 화기엄금 및 공기접촉 엄금

② 인화성 액체 – 화기엄금

③ 자기반응성 물질 – 화기주의

④ 산화성 액체 – 가연물 접촉주의

해설 자기반응성 물질은 "화기엄금" 및 "충격주의"

답 ③

23 인화성 고체 1,500kg, 크로뮴분 1,000kg, $53\mu m$의 표준체를 통과한 것이 40wt%인 500kg의 철분을 저장하려 한다. 위험물에 해당하는 물질에 대한 지정수량 배수의 총합은 얼마인가?

① 2.0배   ② 2.5배

③ 3.0배   ④ 3.5배

해설 지정수량 배수의 합

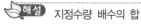

$$= \frac{\text{A 품목 저장수량}}{\text{A 품목 지정수량}} + \frac{\text{B 품목 저장수량}}{\text{B 품목 지정수량}}$$
$$+ \frac{\text{C 품목 저장수량}}{\text{C 품목 지정수량}} + \cdots$$
$$= \frac{1,500\text{kg}}{1,000\text{kg}} + \frac{1,000\text{kg}}{500\text{kg}} = 3.5$$

※ 철분 : 철의 분말로서 $53\mu m$의 표준체를 통과한 것이 50wt% 미만인 것은 제외

답 ④

24 옥외저장소의 일반점검표에 따른 선반의 점검내용이 아닌 것은?

① 도장상황 및 부식의 유무

② 변형·손상의 유무

③ 고정상태의 적부

④ 낙하 방지 조치의 적부

해설 옥외저장소 일반점검표에 따른 점검항목

점검항목	점검내용
안전거리	보호대상물 신설 여부
보유공지	허가 외 물건의 존치 여부
경계표시	변형·손상의 유무

점검항목		점검내용
지반면 등	지반면	파임의 유무 및 배수의 적부
	배수구	균열·손상의 유무
		체유·체수·토사 등의 퇴적의 유무
	유분리 장치	균열·손상의 유무
		체유·체수·토사 등의 퇴적의 유무
선반		변형·손상의 유무
		고정상태의 적부
		낙하 방지 조치의 적부
표지·게시판		손상의 유무 및 내용의 적부

답 ①

25 소화난이도 등급 Ⅰ에 해당하는 제조소 등의 종류, 규모 등 및 설치 가능한 소화설비에 대해 짝지은 것 중 틀린 것은?

① 제조소 – 연면적 1,000m² 이상인 것 : 옥내소화전설비

② 옥내저장소 – 처마높이가 6m 이상인 단층건물 : 이동식 분말소화설비

③ 옥외탱크저장소(지중탱크) – 지정수량의 100배 이상인 것(제6류 위험물을 저장하는 것 및 고인화점 위험물만을 100℃ 미만의 온도에서 저장하는 것은 제외) : 고정식 불활성가스소화설비

④ 옥외저장소 – 제1석유류를 저장하는 것으로서 지정수량의 100배 이상인 것 : 물분무 등 소화설비(화재 발생 시 연기가 충만할 우려가 있는 장소에는 스프링클러설비 또는 이동식 이외의 물분무 등 소화설비에 한한다.)

해설

제조소 등의 구분		소화설비
옥내저장소	처마높이가 6m 이상인 단층건물 또는 다른 용도의 부분이 있는 건축물에 설치한 옥내저장소	스프링클러설비 또는 이동식 외의 물분무 등 소화설비
	그 밖의 것	옥외소화전설비, 스프링클러설비, 이동식 외의 물분무 등 소화설비 또는 이동식 포소화설비(포소화전을 옥외에 설치하는 것에 한한다)

답 ②

26 제4류 위험물 중 [보기]의 요건에 모두 해당하는 위험물은 무엇인가?

> [보기]
> • 옥내저장소에 저장·취급하는 경우 하나의 저장창고 바닥면적은 $1,000m^2$ 이하여야 한다.
> • 위험등급은 Ⅱ에 해당한다.
> • 이동탱크저장소에 저장·취급할 때에는 법정의 접지도선을 설치하여야 한다.

① 다이에틸에터   ② 피리딘
③ 크레오소트유   ④ 고형 알코올

 보기 중 위험등급 Ⅱ에 해당하는 것은 피리딘이다.

답 ②

27 산과 접촉하였을 때 이산화염소가스가 발생하는 제1류 위험물은?

① 아이오딘산칼륨   ② 다이크로뮴산아연
③ 염소산나트륨   ④ 브로민산암모늄

 염소산나트륨은 산과의 반응으로 독성이 있기 때문에 폭발성이 강한 이산화염소(ClO_2)가 발생
$$2NaClO_3 + 2HCl \rightarrow 2NaCl + 2ClO_2 + H_2O_2$$

답 ③

28 다이에틸에터 50vol%, 이황화탄소 30vol%, 아세트알데하이드 20vol%인 혼합증기의 폭발하한값은? (단, 폭발범위는 다이에틸에터 1.9~48vol%, 이황화탄소 1.0~50vol%, 아세트알데하이드는 4.1~57vol%이다.)

① 1.63vol%   ② 2.1vol%
③ 13.6vol%   ④ 48.3vol%

 르 샤틀리에(Le Chatelier)의 혼합가스 폭발범위를 구하는 식
$$\therefore L = \frac{100}{\left(\dfrac{V_1}{L_1} + \dfrac{V_2}{L_2} + \dfrac{V_3}{L_3} + \cdots\right)}$$
$$= \frac{100}{\left(\dfrac{50}{1.9} + \dfrac{30}{1.0} + \dfrac{20}{4.1}\right)}$$
$$= 1.63$$

여기서, L : 혼합가스의 폭발 한계치
L_1, L_2, L_3 : 각 성분의 단독 폭발한계치 (vol%)
V_1, V_2, V_3 : 각 성분의 체적(vol%)

답 ①

29 물과 반응하였을 때 주요 생성물로 아세틸렌이 포함되지 않는 것은?

① Li_2C_2 ② Na_2C_2
③ MgC_2 ④ Mn_3C

 ㉮ 물과 반응 시 아세틸렌가스를 발생시키는 물질
㉠ $LiC_2 + 2H_2O \rightarrow 2LiOH + C_2H_2$
㉡ $Na_2C_2 + 2H_2O \rightarrow 2NaOH + C_2H_2$
㉢ $K_2C_2 + 2H_2O \rightarrow 2KOH + C_2H_2$
㉣ $MgC_2 + 2H_2O \rightarrow Mg(OH)_2 + C_2H_2$
㉯ 물과 반응 시 메테인과 수소가스를 발생시키는 물질
$Mn_3C + 6H_2O \rightarrow 3Mn(OH)_2 + CH_4 + H_2$

답 ④

30 1kg의 공기가 압축되어 부피가 $0.1m^3$, 압력이 $40kg_f/cm^2$로 되었다. 이때 온도는 약 몇 ℃인가? (단, 공기의 분자량은 29이다.)

① 1,026   ② 1,096
③ 1,138   ④ 1,186

$$PV = \frac{wRT}{M}$$

$$\frac{1kg}{} \left| \frac{1,000g}{1kg} \right. = 1,000g$$

$$\frac{0.1m^3}{} \left| \frac{1,000L}{1m^3} \right. = 100L$$

$$\frac{40kg_f/cm^2}{} \left| \frac{1atm}{10,332kg_f/cm^2} \right. = 38.71atm$$

$$\therefore T = \frac{PVM}{wR}$$
$$= \frac{38.71atm \times 100L \times 29g/mol}{1,000g \times 0.082L \cdot atm/K \cdot mol}$$
$$= 1,369K$$
$$\therefore 1,369K - 273.15 = 1,095.85℃$$

답 ②

31 위험물 운반용기의 외부에 표시하는 사항이 아닌 것은?

① 위험등급

② 위험물의 제조일자

③ 위험물의 품명

④ 주의사항

 해설 ㉠ 위험물의 품명ㆍ위험등급ㆍ화학명 및 수용성 ('수용성' 표시는 제4류 위험물로서 수용성인 것에 한한다.)
㉡ 위험물의 수량
㉢ 수납하는 위험물에 따라 주의사항

답 ②

32 위험등급 Ⅱ의 위험물이 아닌 것은?

① 질산염류   ② 황화인

③ 칼륨   ④ 알코올류

 해설 칼륨은 위험등급 Ⅰ에 해당한다.

답 ③

33 KMnO₄에 대한 설명으로 옳은 것은?

① 글리세린에 저장하여야 한다.

② 묽은질산과 반응하면 유독한 Cl_2가 생성된다.

③ 황산과 반응할 때는 산소와 열이 발생한다.

④ 물에 녹으면 투명한 무색을 나타낸다.

 해설 묽은황산과 반응 시 산소가스와 발열한다.
$4KMnO_4 + 6H_2SO_4$
$\rightarrow 2K_2SO_4 + 4MnSO_4 + 6H_2O + 5O_2$

답 ③

34 제4류 위험물에 해당하는 에어졸의 내장용기 등으로서 용기의 외부에 '위험물의 품명ㆍ위험등급ㆍ화학명 및 수용성'에 대한 표시를 하지 않을 수 있는 최대용적은?

① 300mL   ② 500mL

③ 150mL   ④ 1,000mL

 해설 제4류 위험물에 해당하는 에어졸의 운반용기로서 최대용적이 300mL 이하의 것에 대하여는 규정에 의한 표시를 하지 아니할 수 있으며, 주의사항에 대한 표시를 해당 주의사항과 동일한 의미가 있는 다른 표시로 대신할 수 있다.

답 ①

35 다음 기체 중 화학적으로 활성이 가장 강한 것은?

① 질소

② 플루오린

③ 아르곤

④ 이산화탄소

 해설 질소, 아르곤, 이산화탄소는 전부 팔우설을 만족하는 비활성 기체에 해당한다. 플루오린만 전자가 하나 부족한 상태가 되어 활성이 가장 강한 상태가 된다.

답 ②

36 펌프의 공동현상을 방지하기 위한 방법으로 옳지 않은 것은?

① 펌프의 흡입관경을 크게 한다.

② 펌프의 회전수를 크게 한다.

③ 펌프의 위치를 낮게 한다.

④ 양흡입펌프를 사용한다.

답 ②

37 염소산칼륨에 대한 설명 중 틀린 것은?

① 약 400℃에서 분해되기 시작한다.

② 강산화제이다.

③ 분해촉매로 알루미늄이 혼합되면 염소가스가 발생한다.

④ 비중은 약 2.3이다.

 해설 제1류 위험물로서 분해되는 경우 산소가스가 발생한다.
$2KClO_3 \rightarrow 2KCl + 3O_2$

답 ③

38 다음 중 휘발유에 대한 설명으로 틀린 것은?

① 증기는 공기보다 가벼워 위험하다.

② 용도별로 착색하는 색상이 다르다.

③ 비전도성이다.

④ 물보다 가볍다.

 증기는 공기보다 무겁다.

답 ①

39 위험물안전관리법상 제6류 위험물의 판정시험인 연소시간 측정시험의 표준물질로 사용하는 물질은?

① 질산 85% 수용액 ② 질산 90% 수용액

③ 질산 95% 수용액 ③ 질산 100% 수용액

해설 목분, 질산 90% 수용액 및 시험물품을 사용하여 온도 20℃, 습도 50%, 기압 1기압의 실내에서 일정한 방법에 의하여 실시한다.

답 ②

40 제6류 위험물의 운반 시 적용되는 위험등급은?

① 위험등급 Ⅰ   ② 위험등급 Ⅱ

③ 위험등급 Ⅲ   ④ 위험등급 Ⅳ

해설 제6류 위험물은 전부 위험등급 Ⅰ에 해당한다.

답 ①

41 나이트로셀룰로스를 저장, 운반할 때 가장 좋은 방법은?

① 질소가스를 충전한다.

② 유리병에 넣는다.

③ 냉동시킨다.

④ 함수 알코올 등으로 습윤시킨다.

해설 폭발을 방지하기 위해 안전용제로 물(20%) 또는 알코올(30%)로 습윤시켜 저장한다.

답 ④

42 다음 중 나머지 셋과 가장 다른 온도값을 표현한 것은?

① 100℃   ② 273K

③ 32°F   ④ 492°R

해설

$℃=\dfrac{5}{9}(°F-32),\ °F=\dfrac{9}{5}(℃)+32,$

$K=℃+273.15,\ °R=460+°F$

따라서,

② 273K=0℃

③ $\dfrac{5}{9}(°F-32)=\dfrac{5}{9}(32-32)=0℃$

④ $°F=°R-460=492-460=32F=0℃$

답 ①

43 지정수량이 같은 것끼리 짝지어진 것은?

① 톨루엔 － 피리딘

② 사이안화수소 － 에틸알코올

③ 아세트산메틸 － 아세트산

④ 클로로벤젠 － 나이트로벤젠

해설 제4류 위험물의 종류와 지정수량

성질	위험등급	품명		지정수량
인화성 액체	Ⅰ	특수 인화물류(다이에틸에터, 이황화탄소, 아세트알데하이드, 산화프로필렌)		50L
	Ⅱ	제1석유류	비수용성(가솔린, 벤젠, 톨루엔, 사이클로헥세인, 콜로디온, 메틸에틸케톤, 초산메틸, 초산에틸, 의산에틸, 헥세인 등)	200L
			수용성(아세톤, 피리딘, 아크롤레인, 의산메틸, 사이안화수소 등)	400L
		알코올류(메틸알코올, 에틸알코올, 프로필알코올, 아이소프로필알코올)		400L
	Ⅲ	제2석유류	비수용성(등유, 경유, 스타이렌, 자일렌(o-, m-, p-), 클로로벤젠, 장뇌유, 뷰틸알코올, 알릴알코올, 아밀알코올 등)	1,000L
			수용성(폼산, 초산, 하이드라진, 아크릴산 등)	2,000L
		제3석유류	비수용성(중유, 크레오소트유, 아닐린, 나이트로벤젠, 나이트로톨루엔 등)	2,000L
			수용성(에틸렌글리콜, 글리세린 등)	4,000L
		제4석유류	기어유, 실린더유, 윤활유, 가소제	6,000L
		동식물유류(아마인유, 들기름, 동유, 야자유, 올리브유 등)		10,000L

답 ②

44 원형 직관 속을 흐르는 유체의 손실수두에 관한 사항으로 옳은 것은?

① 유속에 비례한다.

② 유속에 반비례한다.

③ 유속의 제곱에 비례한다.

④ 유속의 제곱에 반비례한다.

 해설 Darcy−Weisbach 식 : 수평관을 정상적으로 흐를 때 적용

$$h = \frac{\Delta P}{\gamma} = \frac{flu^2}{2gD}\, \text{m}$$

여기서, h : 마찰손실(m)

ΔP : 압력 차(kg/m^2)

γ : 유체의 비중량
(물의 비중량 1,000kg/m^3)

f : 관의 마찰계수

l : 관의 길이(m)

u : 유체의 유속(m/s)

D : 관의 내경(m)

답 ③

45 펌프를 용적형 펌프(positive displacement pump)와 터보펌프(turbo pump)로 구분할 때 터보펌프에 해당되지 않는 것은?

① 원심펌프(centrifugal pump)

② 기어펌프(gear pump)

③ 축류펌프(axial flow pump)

④ 사류펌프(diagonal flow pump)

답 ②

46 위험물제조소 등에 설치하는 옥내소화전설비 또는 옥외소화전설비의 설치기준으로 옳지 않은 것은?

① 옥내소화전설비의 각 노즐 선단 방수량 : 260L/min

② 옥내소화전설비의 비상전원 용량 : 30분 이상

③ 옥외소화전설비의 각 노즐 선단 방수량 : 450L/min

④ 표시등 회로의 배선공사 : 금속관 공사, 가요전선관 공사, 금속덕트 공사, 케이블 공사

 해설 옥내소화전설비의 비상전원은 자가발전설비 또는 축전지설비에 의한다. 용량은 옥내소화전설비를 유효하게 45분 이상 작동시키는 것이 가능할 것

답 ②

47 위험물안전관리법에서 정하고 있는 산화성 액체에 해당되지 않는 것은?

① 삼플루오린화브로민 ② 과아이오딘산

③ 과염소산 ④ 과산화수소

 해설 제6류 위험물의 종류와 지정수량

성질	위험등급	품명	지정수량
산화성 액체	Ⅰ	1. 과염소산($HClO_4$) 2. 과산화수소(H_2O_2) 3. 질산(HNO_3) 4. 그 밖의 행정안전부령이 정하는 것 − 할로젠간화합물(BrF_3, BrF_5, IF_5 등)	300kg

답 ②

48 위험물안전관리법령에서 정한 소화설비의 적응성에서 인산염류 등 분말소화설비는 적응성이 있으나 탄산수소염류 등 분말소화설비는 적응성이 없는 것은?

① 인화성 고체 ② 제4류 위험물

③ 제5류 위험물 ④ 제6류 위험물

 해설 제6류 위험물의 소화설비 적응성 : 옥내·옥외 소화전설비, 스프링클러설비, 물분무소화설비, 포소화설비, 인산염류분말소화설비

답 ④

49 다음 중 품명이 나머지 셋과 다른 하나는?

① $C_6H_5CH_3$ ② C_6H_6

③ $CH_3(CH_2)_3OH$ ④ CH_3COCH_3

 해설 ③은 뷰틸알코올로 제2석유류에 해당하며, ①은 톨루엔, ②는 벤젠, ④는 아세톤으로 전부 제1석유류에 해당한다.

답 ③

50 다음 중 자동화재탐지설비에 대한 설명으로 틀린 것은?

① 원칙적으로 자동화재탐지설비의 경계구역은 건축물, 그 밖의 공작물의 2 이상의 층에 걸치지 아니하도록 한다.

② 광전식분리형감지기를 설치할 경우 하나의 경계구역의 면적은 $600m^2$ 이하로 하고 그 한 변의 길이는 50m 이하로 한다.

③ 자동화재탐지설비의 감지기는 지붕 또는 벽의 옥내에 면한 부분에 유효하게 화재의 발생을 감지할 수 있도록 설치한다.

④ 자동화재탐지설비에는 비상전원을 설치한다.

 하나의 경계구역의 면적은 $600m^2$ 이하로 하고 그 한 변의 길이는 50m(광전식분리형감지기를 설치할 경우에는 100m) 이하로 할 것. 다만, 해당 건축물, 그 밖의 공작물의 주요한 출입구에서 그 내부의 전체를 볼 수 있는 경우에 있어서는 그 면적을 $1,000m^2$ 이하로 할 수 있다.

답 ②

51 $KClO_3$의 일반적인 성질을 나타낸 것 중 틀린 것은?

① 비중은 약 2.32이다.

② 융점은 약 368℃이다.

③ 용해도는 20℃에서 약 7.3이다.

④ 단독 분해온도는 약 200℃이다.

 약 400℃ 부근에서 열분해되기 시작하여 염화칼륨(KCl)과 산소(O_2)를 방출한다.
열분해반응식 : $2KClO_3 \rightarrow 2KCl + 3O_2$

답 ④

52 소화약제가 환경에 미치는 영향을 표시하는 지수가 아닌 것은?

① ODP

② GWP

③ ALT

④ LOAEL

 ㉠ NOAEL(No Observed Adverse Effect Level) : 농도를 증가시킬 때 아무런 악영향도 감지할 수 없는 최대허용농도

㉡ LOAEL(Lowest Observed Adverse Effect Level) : 농도를 감소시킬 때 아무런 악영향도 감지할 수 있는 최소허용농도

㉢ ODP(Ozone Depletion Potential) : 오존층파괴지수

㉣ GWP(Global Warming Potential) : 지구온난화지수

㉤ ALT(Atmospheric Life Time) : 대기권잔존수명

답 ④

53 알루미늄분이 NaOH 수용액과 반응하였을 때 발생하는 물질은?

① H_2

② O_2

③ Na_2O_2

④ $NaAl$

 알칼리 수용액과 반응하여 수소가 발생한다.
$2Al + 2NaOH + 2H_2O \rightarrow 2NaAlO_2 + 3H_2$

답 ①

54 다음 중 지정수량이 가장 적은 물질은?

① 금속분

② 마그네슘

③ 황화인

④ 철분

 제2류 위험물의 종류와 지정수량

성질	위험등급	품명	대표 품목	지정수량
가연성 고체	II	1. 황화인 2. 적린(P) 3. 황(S)	P_4S_3, P_2S_5, P_4S_7	100kg
	III	4. 철분(Fe) 5. 금속분 6. 마그네슘(Mg)	Al, Zn	500kg
		7. 인화성 고체	고형 알코올	1,000kg

답 ③

55 여유시간이 5분, 정미시간이 40분일 경우 내경법으로 여유율을 구하면 약 몇 %인가?

① 6.33 ② 9.05
③ 11.11 ④ 12.50

 해설

$$여유율 = \frac{여유시간}{정미시간 + 여유시간}$$
$$= \frac{5}{40 + 5} \times 100 = 11.11\%$$

답 ③

56 로트에서 랜덤하게 시료를 추출하여 검사한 후 그 결과에 따라 로트의 합격, 불합격을 판정하는 검사방법을 무엇이라 하는가?

① 자주 검사 ② 간접 검사
③ 전수 검사 ④ 샘플링 검사

 해설

샘플링 검사는 로트로부터 추출한 샘플을 검사하여 그 로트의 합격, 불합격을 판정하고 있기 때문에 합격된 로트 중에 다소의 불량품이 들어있게 되지만, 샘플링 검사에서는 검사된 로트 중에 불량품의 비율이 확률적으로 어떤 범위 내에 있다는 것을 보증할 수 있다.

답 ④

57 다음과 같은 [데이터]에서 5개월 이동평균법에 의하여 8월의 수요를 예측한 값은 얼마인가?

[데이터]							
월	1	2	3	4	5	6	7
판매실적	100	90	110	100	115	110	100

① 103 ② 105
③ 107 ④ 109

 해설 이동평균법의 예측값(3~7월의 판매실적)

$$F_t = \frac{기간의\ 실적치}{기간의\ 수}$$
$$= \frac{110 + 100 + 115 + 110 + 100}{5} = 107$$

답 ③

58 관리사이클의 순서를 가장 적절하게 표시한 것은? (단, A는 조치(Act), C는 체크(Check), D는 실시(Do), P는 계획(Plan)이다.)

① P → D → C → A
② A → D → C → P
③ P → A → C → D
④ P → C → A → D

해설 관리사이클의 순서는 계획 → 실행 → 검토 → 조치의 순이다.

답 ①

59 다음 중 계량값 관리도만으로 짝지어진 것은?

① c 관리도, u 관리도
② $x - R_s$ 관리도, p 관리도
③ $\overline{x} - R$ 관리도, np 관리도
④ $Me - R$ 관리도, $\overline{x} - R$ 관리도

답 ④

60 다음 중 모집단의 중심적 경향을 나타낸 측도에 해당하는 것은?

① 범위(range)
② 최빈값(mode)
③ 분산(variance)
④ 변동계수(coefficient of variation)

해설 최빈값은 자료 중에서 가장 많이 나타나는 값으로서 모집단의 중심적 경향을 나타내는 측도에 해당한다.

답 ②

01

위험물의 운반에 관한 기준에서 정한 유별을 달리하는 위험물의 혼재기준에 따르면 1가지 다른 유별의 위험물과만 혼재가 가능한 위험물은? (단, 지정수량의 1/10을 초과하는 경우이다.)

① 제1류   ② 제2류
③ 제4류   ④ 제5류

 유별을 달리하는 위험물의 혼재기준

위험물의 구분	제1류	제2류	제3류	제4류	제5류	제6류
제1류		×	×	×	×	○
제2류	×		×	○	○	×
제3류	×	×		○	×	×
제4류	×	○	○		○	×
제5류	×	○	×	○		×
제6류	○	×	×	×	×	

답 ①

02

이동탱크저장소에 설치하는 방파판의 기능으로 옳은 것은?

① 출렁임 방지
② 유증기 발생의 억제
③ 정전기 발생 제거
④ 파손 시 유출 방지

 방파판 설치기준

㉠ 재질은 두께 1.6 mm 이상의 강철판으로 제작
㉡ 출렁임 방지를 위해 하나의 구획부분에 2개 이상의 방파판을 이동탱크저장소의 진행방향과 평행으로 설치하되, 그 높이와 칸막이로부터의 거리를 다르게 할 것
㉢ 하나의 구획부분에 설치하는 각 방파판의 면적 합계는 해당 구획부분의 최대수직단면적의 50% 이상으로 할 것. 다만, 수직단면이 원형이거나 짧은 지름이 1m 이하의 타원형인 경우에는 40% 이상으로 할 수 있다.

답 ①

03

제5류 위험물의 화재 시 적응성이 있는 소화설비는?

① 포소화설비
② 이산화탄소소화설비
③ 할로젠화합물소화설비
④ 분말소화설비

 제5류 위험물은 자기반응성 물질로 다량의 주수에 의한 냉각소화가 유효하다. 따라서, 옥내·옥외 소화전설비, 스프링클러설비, 물분무소화설비, 포소화설비가 유효하다.

답 ①

04

광전식분리형감지기를 사용하여 자동화재탐지설비를 설치하는 경우 하나의 경계구역의 한 변의 길이를 얼마 이하로 하여야 하는가?

① 10m   ② 100m
③ 150m   ④ 300m

 하나의 경계구역의 면적은 $600m^2$ 이하로 하고 그 한 변의 길이는 50m(광전식분리형감지기를 설치할 경우에는 100m) 이하로 할 것. 다만, 해당 건축물, 그 밖의 공작물의 주요한 출입구에서 그 내부의 전체를 볼 수 있는 경우에 있어서는 그 면적을 $1,000m^2$ 이하로 할 수 있다.

답 ②

05

위험물안전관리법상 제5류 위험물에 해당하지 않는 것은?

① $NO_2(C_6H_4)CH_3$
② $C_6H_2CH_3(NO_2)_3$
③ $C_6H_4(NO)_2$
④ $N_2H_4 \cdot HCl$

$NO_2(C_6H_4)CH_3$는 나이트로톨루엔으로 제4류 위험물에 해당한다.

답 ①

06 과염소산, 질산, 과산화수소의 공통점이 아닌 것은?

① 다른 물질을 산화시킨다.
② 강산에 속한다.
③ 산소를 함유한다.
④ 불연성 물질이다.

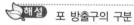 제6류 위험물의 공통성질
㉠ 상온에서 액체이고 산화성이 강하다.
㉡ 유독성 증기가 발생하기 쉽고, 증기는 부식성이 강하다.
㉢ 산소를 함유하고 있으며, 불연성이나 다른 가연성 물질을 착화시키기 쉽다.
㉣ 모두 무기화합물로 이루어져 있으며, 불연성이다.
㉤ 과산화수소를 제외하고 강산에 해당한다.

답 ②

07 포소화설비의 포 방출구 중 고정지붕구조의 탱크에 저부 포주입법을 이용하는 것으로서 송포관으로부터 포를 방출하는 방식은?

① Ⅰ형
② Ⅱ형
③ Ⅲ형
④ 특형

 포 방출구의 구분
㉠ Ⅰ형 : 고정지붕구조의 탱크에 상부 포주입법(고정포방출구를 탱크 옆판의 상부에 설치하여 액표면상에 포를 방출하는 방법을 말한다. 이하 같다)을 이용하는 것
㉡ Ⅱ형 : 고정지붕구조 또는 부상덮개부착 고정지붕구조(옥외저장탱크의 액상에 금속제의 플로팅, 팬 등의 덮개를 부착한 고정지붕구조의 것을 말한다. 이하 같다)의 탱크에 상부 포주입법을 이용하는 것
㉢ 특형 : 부상지붕구조의 탱크에 상부 포주입법을 이용하는 것
㉣ Ⅲ형 : 고정지붕구조의 탱크에 저부 포주입법(탱크의 액면하에 설치된 포 방출구로부터 포를 탱크 내에 주입하는 방법을 말한다)을 이용하는 것
㉤ Ⅳ형 : 고정지붕구조의 탱크에 저부 포주입법을 이용하는 것

답 ③

08 위험물 탱크의 공간용적에 관한 기준에 대해 다음 (　　) 안에 알맞은 수치는?

> 암반탱크에 있어서는 해당 탱크 내에 용출하는 (　　)일간의 지하수의 양에 상당하는 용적과 해당 탱크의 내용적의 100분의 (　　)의 용적 중에서 보다 큰 용적을 공간용적으로 한다.

① 7, 1
② 7, 5
③ 10, 1
④ 10, 5

 탱크의 공간용적은 탱크용적의 100분의 5 이상, 100분의 10 이하로 한다. 다만, 소화설비(소화약제 방출구를 탱크 안의 윗부분에 설치하는 것에 한한다.)를 설치하는 탱크의 공간용적은 해당 소화설비의 소화약제 방출구 아래의 0.3m 이상, 1m 미만 사이의 면으로부터 윗부분의 용적으로 한다. 암반탱크에 있어서는 해당 탱크 내에 용출하는 7일간의 지하수의 양에 상당하는 용적과 해당 탱크의 내용적의 100분의 1의 용적 중에서 보다 큰 용적을 공간용적으로 한다.

답 ①

09 옥외탱크저장소를 설치함에 있어서 탱크안전성능검사 중 용접부 검사의 대상이 되는 옥외저장탱크를 옳게 설명한 것은?

① 용량이 100만L 이상인 액체 위험물 탱크
② 액체 위험물을 저장·취급하는 탱크 중 고압가스 안전관리법에 의한 특정설비에 관한 검사에 합격한 탱크
③ 액체 위험물을 저장·취급하는 탱크 중 산업안전보건법에 의한 성능검사에 합격한 탱크
④ 용량에 상관없이 액체 위험물을 저장·취급하는 탱크

 용접부 검사 : 옥외탱크저장소의 액체 위험물 탱크 중 그 용량이 100만L 이상인 탱크(다만, 탱크의 저부에 관계된 변경공사 시에 행해진 규정에 의한 정기검사에 의하여 용접부에 관한 사항이 행정안전부령으로 정하는 기준에 적합하다고 인정된 탱크는 제외)

답 ①

10 위험물안전관리법령상 품명이 질산에스터류에 해당하는 것은?

① 피크르산

② 나이트로셀룰로스

③ 트라이나이트로톨루엔

④ 트라이나이트로벤젠

 질산에스터류 : 나이트로셀룰로스, 나이트로글리세린, 질산메틸, 질산에틸

답 ②

11 다음 중 지정수량이 가장 적은 것은?

① 다이크로뮴산염류   ② 철분

③ 인화성 고체   ④ 질산염류

 ① 다이크로뮴산염류 : 1,000kg

② 철분 : 500kg

③ 인화성 고체 : 1,000kg

④ 질산염류 : 300kg

답 ④

12 알칼리금속의 원자 반지름 크기를 큰 순서대로 나타낸 것은?

① Li > Na > K   ② K > Na > Li

③ Na > Li > K   ④ K > Li > Na

 같은 주기에서는 I족에서 Ⅶ족으로 갈수록 원자 반지름이 작아져서 강하게 전자를 잡아당겨 비금속성이 증가하며, 같은 족에서는 원자번호가 커짐에 따라서 원자 반지름이 커져서 전자를 잃기 쉬워 금속성이 증가한다.

답 ②

13 다음 중 1기압에 가장 가까운 값을 갖는 것은?

① 760cmHg   ② 101.3Pa

③ 29.92psi   ④ 1033.6cmH₂O

 1기압=76cmHg=760mmHg

$=14.7psi=14.7lbf/in^2$

$=1.033227kg_f/cm^2=101.325kPa$

$=29.92inHg=10.332mH_2O$

답 ④

14 지정수량 이상 위험물의 임시 저장, 취급 기준에 대한 설명으로 옳은 것은?

① 군부대가 군사목적으로 임시로 저장·취급하는 경우에는 180일을 초과하지 못한다.

② 공사장의 경우에는 공사가 끝나는 날까지 저장·취급할 수 있다.

③ 임시 저장·취급 기간은 원칙적으로 180일 이내에서 할 수 있다.

④ 임시 저장·취급에 관한 기준은 시·도별로 다르게 정할 수 있다.

 임시로 저장 또는 취급하는 장소에서의 저장 또는 취급의 기준과 임시로 저장 또는 취급하는 장소의 위치·구조 및 설비의 기준은 시·도의 조례로 정한다.

㉠ 시·도의 조례가 정하는 바에 따라 관할 소방서장의 승인을 받아 지정수량 이상의 위험물을 90일 이내의 기간 동안 임시로 저장 또는 취급하는 경우

㉡ 군부대가 지정수량 이상의 위험물을 군사목적으로 임시로 저장 또는 취급하는 경우

답 ④

15 인화칼슘과 탄화칼슘이 각각 물과 반응하였을 때 발생하는 가스를 차례대로 옳게 나열한 것은?

① 포스겐, 아세틸렌

② 포스겐, 에틸렌

③ 포스핀, 아세틸렌

④ 포스핀, 에틸렌

 ㉠ 인화칼슘

$Ca_3P_2+6H_2O$

$\rightarrow 3Ca(OH)_2+2PH_3(포스핀)$

㉡ 탄화칼슘

CaC_2+2H_2O

$\rightarrow Ca(OH)_2+C_2H_2(아세틸렌)$

답 ③

16 완공검사의 신청시기에 대한 설명으로 옳은 것은?

① 이동탱크저장소는 이동저장탱크의 제작 중에 신청한다.

② 이송취급소에서 지하에 매설하는 이송배관 공사의 경우는 전체의 이송배관 공사를 완료한 후에 신청한다.

③ 지하탱크가 있는 제조소 등은 해당 지하탱크를 매설한 후에 신청한다.

④ 이송취급소에서 하천에 매설하는 이송배관 공사의 경우에는 이송배관을 매설하기 전에 신청한다.

 해설 ① 이동탱크저장소는 완공하고 상치장소를 확보한 후 신청한다.
② 이송취급소에서 지하에 매설하는 이송배관 공사의 경우는 전체 또는 일부의 이송배관 공사를 완료한 후에 신청한다.
③ 지하탱크가 있는 제조소 등은 해당 지하탱크를 매설하기 전에 신청한다.
④ 이송취급소에서 하천에 매설하는 이송배관 공사의 경우에는 이송배관을 매설하기 전에 신청한다.

답 ④

17 위험물안전관리법상 위험등급이 나머지 셋과 다른 하나는?

① 아염소산염류   ② 알킬알루미늄

③ 알코올류   ④ 칼륨

해설 아염소산염류, 알킬알루미늄, 칼륨 : 위험등급 Ⅰ, 알코올류 : 위험등급 Ⅱ

답 ③

18 위험물안전관리법령에 관한 내용으로 다음 ( ) 안에 알맞은 수치를 차례대로 나타낸 것은?

> 옥내저장소에서 동일 품명의 위험물이더라도 자연발화할 우려가 있는 위험물 또는 재해가 현저하게 증대할 우려가 있는 위험물을 다량 저장하는 경우에는 지정수량의 ( )배 이하마다 구분하여 상호 간 ( )m 이상의 간격을 두어 저장하여야 한다.

① 10, 0.3   ② 10, 1

③ 100, 0.3   ④ 100, 1

 해설 옥내저장소에서 동일 품명의 위험물이더라도 자연발화할 우려가 있는 위험물 또는 재해가 현저하게 증대할 우려가 있는 위험물을 다량 저장하는 경우에는 지정수량의 10배 이하마다 구분하여 상호 간 0.3m 이상의 간격을 두어 저장하여야 한다.

답 ①

19 위험물안전관리법령에 따른 제1류 위험물의 운반 및 위험물제조소 등에서 저장·취급에 관한 기준으로 옳은 것은? (단, 지정수량의 10배인 경우이다.)

① 제6류 위험물과는 운반 시 혼재할 수 있으며, 적절한 조치를 취하면 같은 옥내저장소에 저장할 수 있다.

② 제6류 위험물과는 운반 시 혼재할 수 있으나, 같은 옥내저장소에 저장할 수는 없다.

③ 제6류 위험물과는 운반 시 혼재할 수 없으나, 적절한 조치를 취하면 같은 옥내저장소에 저장할 수 있다.

④ 제6류 위험물과는 운반 시 혼재할 수 없으며, 같은 옥내저장소에 저장할 수도 없다.

답 ①

20 열처리작업 등의 일반취급소를 건축물 내에 구획실 단위로 설치하는 데 필요한 요건으로서 옳지 않은 것은?

① 취급하는 위험물의 수량은 지정수량의 30배 미만일 것

② 위험물이 위험한 온도에 이르는 것을 경보할 수 있는 장치를 설치할 것

③ 열처리 또는 방전가공을 위하여 인화점 70℃ 이상의 제4류 위험물을 취급하는 것일 것

④ 다른 작업장의 용도로 사용되는 부분과의 사이에는 내화구조로 된 격벽을 설치하되, 격벽의 양단 및 상단이 외벽 또는 지붕으로부터 50cm 이상 돌출되도록 할 것

열처리작업 또는 방전가공을 위하여 위험물(인화점이 70℃ 이상인 제4류 위험물에 한함)을 취급하는 일반취급소로서 지정수량의 30배 미만의 것(위험물을 취급하는 설비를 건축물에 설치하는 것에 한함)

답 ④

21 위험물안전관리법령에서 정하는 유별에 따른 위험물의 성질에 해당하지 않는 것은?

① 산화성 고체   ② 산화성 액체
③ 가연성 고체   ④ 가연성 액체

 제1류 : 산화성 고체
제2류 : 가연성 고체
제3류 : 자연발화성 및 금수성 물질
제4류 : 인화성 액체
제5류 : 자기반응성 물질
제6류 : 산화성 액체

답 ④

22 산화프로필렌에 대한 설명 중 틀린 것은?

① 무색의 휘발성 액체이다.
② 증기의 비중은 공기보다 작다.
③ 인화점은 약 −37℃이다.
④ 비점은 약 34℃이다.

 산화프로필렌(CH_3CHCH_2O=58)의 증기비중은
$\dfrac{58}{28.84}=2.01$이다.
따라서 공기보다 2.01배 무겁다.

답 ②

23 인화점이 0℃보다 낮은 물질이 아닌 것은?

① 아세톤   ② 톨루엔
③ 휘발유   ④ 벤젠

품목	아세톤	톨루엔	휘발유	벤젠
인화점	−18.5℃	4℃	−43℃	−11℃

답 ②

24 제1류 위험물의 위험성에 관한 설명으로 옳지 않은 것은?

① 과망가니즈산나트륨은 에탄올과 혼촉발화의 위험이 있다.
② 과산화나트륨은 물과 반응 시 산소가스가 발생한다.
③ 염소산나트륨은 산과 반응하면 유독가스가 발생한다.
④ 질산암모늄 단독으로 안포폭약을 제조한다.

 ANFO 폭약은 NH_4NO_3와 경유를 94%와 6%로 혼합하여 기폭약으로 사용하며 단독으로도 폭발의 위험이 있다.

답 ④

25 제조소 등의 외벽 중 연소의 우려가 있는 외벽을 판단하는 기산점이 되는 것을 모두 옳게 나타낸 것은?

① ⓐ 제조소 등이 설치된 부지의 경계선
  ⓑ 제조소 등에 인접한 도로의 중심선
  ⓒ 제조소 등의 외벽과 동일 부지 내의 다른 건축물의 외벽 간의 중심선
② ⓐ 제조소 등이 설치된 부지의 경계선
  ⓑ 제조소 등에 인접한 도로의 경계선
  ⓒ 제조소 등의 외벽과 동일 부지 내의 다른 건축물의 외벽 간의 중심선
③ ⓐ 제조소 등이 설치된 부지의 중심선
  ⓑ 제조소 등에 인접한 도로의 중심선
  ⓒ 동일 부지 내의 다른 건축물의 외벽
④ ⓐ 제조소 등이 설치된 부지의 중심선
  ⓑ 제조소 등에 인접한 도로의 경계선
  ⓒ 제조소 등의 외벽과 인근 부지의 다른 건축물의 외벽 간의 중심선

 연소의 우려가 있는 외벽은 다음에 정한 선을 기산점으로 하여 3m(2층 이상의 층에 대해서는 5m) 이내에 있는 제조소 등의 외벽을 말한다.
㉠ 제조소 등이 설치된 부지의 경계선
㉡ 제조소 등에 인접한 도로의 중심선
㉢ 제조소 등의 외벽과 동일 부지 내의 다른 건축물의 외벽 간의 중심선

답 ①

26 다음 중 가장 강한 산은?

① $HClO_4$

② $HClO_3$

③ $HClO_2$

④ $HClO$

 해설 $HClO_4$는 염소산 중에서 가장 강한 산이다.

$$HClO < HClO_2 < HClO_3 < HClO_4$$

답 ①

27 제2류 위험물에 대한 설명 중 틀린 것은?

① 모두 가연성 물질이다.

② 모두 고체이다.

③ 모두 주수소화가 가능하다.

④ 지정수량의 단위는 모두 kg이다.

 해설 철분, 금속분, 마그네슘의 경우 모래 또는 소다재로 소화해야 한다.

답 ③

28 제조소 등의 소화설비를 위한 소요단위 산정에 있어서 1소요단위에 해당하는 위험물의 지정수량 배수와 외벽이 내화구조인 제조소의 건축물 연면적을 각각 옳게 나타낸 것은?

① 10배, $100m^2$

② 100배, $100m^2$

③ 10배, $150m^2$

④ 100배, $150m^2$

 해설 소요단위 : 소화설비의 설치 대상이 되는 건축물의 규모 또는 위험물 양에 대한 기준 단위

	제조소 또는 취급소용 건축물의 경우	내화구조 외벽을 갖춘 연면적 $100m^2$
1 단 위		내화구조 외벽이 아닌 연면적 $50m^2$
	저장소 건축물의 경우	내화구조 외벽을 갖춘 연면적 $150m^2$
		내화구조 외벽이 아닌 연면적 $75m^2$
	위험물의 경우	지정수량의 10배

답 ①

29 물과 반응하였을 때 발생하는 가스가 유독성인 것은?

① 알루미늄

② 칼륨

③ 탄화알루미늄

④ 오황화인

 해설 오황화인은 물과 반응하면 분해되어 황화수소(H_2S)와 인산(H_3PO_4)으로 된다.

$$P_2S_5 + 8H_2O \rightarrow 5H_2S + 2H_3PO_4$$

답 ④

30 인화성 액체 위험물(CS_2는 제외)을 저장하는 옥외탱크저장소에서 방유제의 용량에 대해 다음 (   ) 안에 알맞은 수치를 차례대로 나열한 것은?

> 방유제의 용량은 방유제 안에 설치된 탱크가 하나인 때에는 그 탱크용량의 (   )% 이상, 2기 이상인 때에는 그 탱크 중 용량이 최대인 것의 용량의 (   )% 이상으로 할 것. 이 경우 방유제의 용량은 해당 방유제의 내용적에서 용량이 최대인 탱크 외의 탱크의 방유제 높이 이하 부분의 용적, 해당 방유제 내에 있는 모든 탱크의 지반면 이상 부분의 기초의 체적, 칸막이둑의 체적 및 해당 방유제 내에 있는 배관 등의 체적을 뺀 것으로 한다.

① 100, 100

② 100, 110

③ 110, 100

④ 110, 110

 해설 방유제의 용량 : 방유제 안에 설치된 탱크가 하나인 때에는 그 탱크용량의 110% 이상, 2기 이상인 때에는 그 탱크용량 중 용량이 최대인 것의 용량의 110% 이상으로 한다. 다만, 인화성이 없는 액체 위험물의 옥외저장탱크의 주위에 설치하는 방유제는 "110%"를 "100%"로 본다.

답 ④

31 유량을 측정하는 계측기구가 아닌 것은?

① 오리피스미터

② 마노미터

③ 로터미터

④ 벤투리미터

 해설 마노미터는 압력측정 장치의 기구에 해당한다.

답 ②

32 주유취급소 설치자가 변경허가를 받지 않고 주유취급소의 방화담 중 도로에 접한 부분을 철거한 사실이 기술기준에 부적합하여 적발된 경우에 위험물안전관리법상 조치사항으로 가장 적합한 것은?

① 변경허가 위반행위에 따른 형사처벌, 행정처분 및 복구명령을 병과한다.

② 변경허가 위반행위에 따른 행정처분 및 복구명령을 병과한다.

③ 변경허가 위반행위에 따른 형사처벌 및 복구명령을 병과한다.

④ 변경허가 위반행위에 따른 형사처벌 및 행정처분을 병과한다.

 500만 원 이하의 벌금으로 형사처벌과 행정처분을 받고 복구해야 한다.

답 ①

33 위험물 시설에 설치하는 소화설비와 특성 등에 관한 설명 중 위험물관련법규 내용에 적합한 것은?

① 제4류 위험물을 저장하는 옥외저장탱크에 포소화설비를 설치하는 경우에는 이동식으로 할 수 있다.

② 옥내소화전설비 · 스프링클러설비 및 불활성가스소화설비의 배관은 전용으로 하되 예외규정이 있다.

③ 옥내소화전설비와 옥외소화전설비는 동결방지 조치가 가능한 장소라면 습식으로 설치하여야 한다.

④ 물분무소화설비와 스프링클러설비의 기동장치에 관한 설치기준은 그 내용이 동일하지 않다.

 옥내 및 옥외 소화전설비의 경우 습식으로 하고 동결 방지 조치를 해야 한다.

답 ③

34 이산화탄소소화설비가 적응성이 있는 위험물은?

① 제1류 위험물 ② 제3류 위험물
③ 제4류 위험물 ④ 제5류 위험물

 이산화탄소소화설비에 적응성 있는 대상물 : 전기설비, 제2류 위험물 중 인화성 고체, 제4류 위험물

답 ③

35 제2류 위험물로 금속이 덩어리상태일 때보다 가루상태일 때 연소 위험성이 증가하는 이유가 아닌 것은?

① 유동성의 증가
② 비열의 증가
③ 정전기 발생 위험성 증가
④ 비표면적의 증가

답 ②

36 다음 중 이송취급소의 안전설비에 해당하지 않는 것은?

① 운전상태 감시장치
② 안전제어장치
③ 통기장치
④ 압력안전장치

 통기장치는 위험물 탱크저장소의 안전설비에 해당한다.

답 ③

37 다음 중 브로민산칼륨의 색상으로 옳은 것은 어느 것인가?

① 백색 ② 등적색
③ 황색 ④ 청색

 브로민산칼륨은 분자량 167, 비중 3.27, 융점 379℃ 이상으로 무취, 백색의 결정 또는 결정성 분말이다.

답 ①

38 CH₃CHO에 대한 설명으로 옳지 않은 것은?

① 끓는점이 상온(25℃) 이하이다.
② 완전연소 시 이산화탄소와 물이 생성된다.
③ 은·수은과 반응하면 폭발성 물질을 생성한다.
④ 에틸알코올을 환원시키거나 아세트산을 산화시켜 제조한다.

 에틸알코올을 이산화망가니즈 촉매하에서 산화시켜 제조한다.
$$2C_2H_5OH + O_2 \rightarrow 2CH_3CHO + 2H_2O$$

답 ④

39 마그네슘과 염산이 반응할 때 발화의 위험이 있는 이유로 가장 적합한 것은?

① 열전도율이 낮기 때문이다.
② 산소가 발생하기 때문이다.
③ 많은 반응열이 발생하기 때문이다.
④ 분진폭발의 민감성 때문이다.

 산과 반응하여 많은 양의 열과 수소(H₂)가 발생한다.
$$Mg + 2HCl \rightarrow MgCl_2 + H_2 + Q\,kcal$$

답 ③

40 다음 중 옥내저장소에 위험물을 저장하는 제한 높이가 가장 낮은 경우는?

① 기계에 의하여 하역하는 구조로 된 용기만을 겹쳐 쌓는 경우
② 중유를 수납하는 용기만을 겹쳐 쌓는 경우
③ 아마인유를 수납하는 용기만을 겹쳐 쌓는 경우
④ 적린을 수납하는 용기만을 겹쳐 쌓는 경우

 옥내저장소에서 위험물을 저장하는 경우에는 다음 각 사항의 규정에 의한 높이를 초과하여 용기를 겹쳐 쌓지 아니하여야 한다(옥외저장소에서 위험물을 저장하는 경우에 있어서도 본 규정에 의한 높이를 초과하여 용기를 겹쳐 쌓지 아니하여야 한다).
㉠ 기계에 의하여 하역하는 구조로 된 용기만을 겹쳐 쌓는 경우에 있어서는 6m

㉡ 제4류 위험물 중 제3석유류, 제4석유류 및 동식물유류를 수납하는 용기만을 겹쳐 쌓는 경우에 있어서는 4m
㉢ 그 밖의 경우에 있어서는 3m

답 ④

41 다음 표의 물질 중 제2류 위험물에 해당하는 것은 모두 몇 개인가?

[보기]
• 황화인   • 칼륨
• 알루미늄의 탄화물   • 황린
• 금속의 수소화물   • 코발트분
• 황   • 무기과산화물
• 고형 알코올

① 2   ② 3
③ 4   ④ 5

 ㉠ 황화인, 코발트분, 황, 고형 알코올 : 제2류 위험물
㉡ 칼륨, 알루미늄의 탄화물, 황린, 금속의 수소화물 : 제3류 위험물
㉢ 무기과산화물 : 제1류 위험물

답 ③

42 위험물인 아세톤을 용기에 담아 운반하고자 한다. 다음 중 위험물안전관리법의 내용과 배치되는 것은?

① 지정수량의 10배라면 비중이 1.52인 질산을 다른 용기에 수납하더라도 함께 적재·운반할 수 없다.
② 원칙적으로 기계로 하역되는 구조로 된 금속제 운반용기에 수납하는 경우 최대용적이 3,000L이다.
③ 뚜껑 탈착식 금속제 드럼 운반용기에 수납하는 경우 최대용적은 250L이다.
④ 유리용기, 플라스틱용기를 운반용기로 사용할 경우 내장용기로 사용할 수 없다.

 액체 위험물에 대해 유리용기를 사용하는 경우 5L, 10L로 내장용기 또는 외장용기로 다 사용할 수 있다.

답 ④

43 과망가니즈산칼륨과 묽은황산이 반응하였을 때 생성물이 아닌 것은?

① MnO_2

② K_2SO_4

③ $MnSO_4$

④ O_2

 해설 ㉠ 묽은황산과의 반응식

$4KMnO_4 + 6H_2SO_4$

$\rightarrow 2K_2SO_4 + 4MnSO_4 + 6H_2O + 5O_2$

㉡ 진한황산과의 반응식

$2KMnO_4 + H_2SO_4 \rightarrow K_2SO_4 + 2HMnO_4$

답 ①

44 273℃에서 기체의 부피가 2L이다. 같은 압력에서 0℃일 때의 부피는 몇 L인가?

① 0.5   ② 1

③ 2   ④ 4

 해설

$\dfrac{V_1}{T_1} = \dfrac{V_2}{T_2}$

$T_1 = 273℃ + 273.15 = 546.15K$

$T_2 = 0℃ + 273.15K = 273.15K$

$V_1 = 2L$

$V_2 = \dfrac{V_1 T_2}{T_1} = \dfrac{2L \cdot 273.15K}{546.15K} = 1L$

답 ②

45 0.2N-HCl 500mL에 물을 가해 1L로 하였을 때 pH는 약 얼마인가?

① 1.0

② 1.2

③ 1.8

④ 2.1

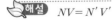 해설

$NV = N'V'$

$0.2 \times 0.5 = N' \times 1$

$\therefore N' = 0.1$

$pH = -\log[H^+]$

$= -\log(1 \times 10^{-1}) = 1$

답 ①

46 다음 중 메틸에틸케톤에 관한 설명으로 틀린 것은?

① 인화가 용이한 가연성 액체이다.

② 완전연소 시 메테인과 이산화탄소를 생성한다.

③ 물보다 가벼운 휘발성 액체이다.

④ 증기는 공기보다 무겁다.

 해설 공기 중에서 연소 시 물과 이산화탄소가 생성된다.

$CH_3COC_2H_5 + O_2 \rightarrow 8CO_2 + 8H_2O$

답 ②

47 제2류 위험물 중 철분 또는 금속분을 수납한 운반용기의 외부에 표시해야 하는 주의사항으로 옳은 것은?

① 화기엄금 및 물기엄금

② 화기주의 및 물기엄금

③ 가연물 접촉주의 및 화기엄금

④ 가연물 접촉주의 및 화기주의

해설

유별	구분	주의사항
제2류 위험물 (가연성 고체)	철분·금속분 ·마그네슘	"화기주의" "물기엄금"
	인화성 고체	"화기엄금"
	그 밖의 것	"화기주의"

답 ②

48 과산화벤조일(벤조일퍼옥사이드)의 화학식을 옳게 나타낸 것은?

① CH_3ONO_2

② $(CH_3COC_2H_5)_2O_2$

③ $(CH_3CO)_2O_2$

④ $(C_6H_5CO)_2O_2$

해설 ① 질산메틸

② 과산화메틸에틸케톤

③ 아세틸퍼옥사이드

답 ④

49 Ca_3P_2의 지정수량은 얼마인가?

① 50kg

② 100kg

③ 300kg

④ 500kg

 제3류 위험물로서 금속인화합물에 해당하며 지정수량은 300kg이다.

답 ③

50 트라이에틸알루미늄을 200℃ 이상으로 가열하였을 때 발생하는 가연성 가스와 트라이에틸알루미늄이 염산과 반응하였을때 발생하는 가연성 가스의 명칭을 차례대로 나타낸 것은?

① 에틸렌, 메테인

② 아세틸렌, 메테인

③ 에틸렌, 에테인

④ 아세틸렌, 에테인

 ⊙ 인화점의 측정치는 없지만 융점(-46℃)이 하이기 때문에 매우 위험하며 200℃ 이상에서 폭발적으로 분해되어 가연성 가스가 발생한다.

$(C_2H_5)_3Al \rightarrow (C_2H_5)_2AlH+C_2H_4$(에틸렌)

ⓒ 산과 접촉하면 폭발적으로 반응하여 에테인을 형성하고 이때 발열, 폭발에 이른다.

$(C_2H_5)_3Al+HCl$

$\rightarrow (C_2H_5)_2AlCl+C_2H_6+$발열

답 ③

51 주유취급소의 변경허가 대상이 아닌 것은?

① 고정주유설비 또는 고정급유설비를 신설 또는 철거하는 경우

② 유리를 부착하기 위하여 담의 일부를 철거하는 경우

③ 고정주유설비 또는 고정급유설비의 위치를 이전하는 경우

④ 지하에 설치한 배관을 교체하는 경우

해설 주유취급소의 변경허가 대상

㉮ 지하에 매설하는 탱크의 변경 중 다음의 어느 하나에 해당하는 경우

　㉠ 탱크의 위치를 이전하는 경우

　㉡ 탱크 전용실을 보수하는 경우

　㉢ 탱크를 신설·교체 또는 철거하는 경우

　㉣ 탱크를 보수(탱크 본체를 절개하는 경우에 한한다)하는 경우

　㉤ 탱크의 노즐 또는 맨홀을 신설하는 경우 (노즐 또는 맨홀의 직경이 250mm를 초과하는 경우에 한한다)

　㉥ 특수 누설방지 구조를 보수하는 경우

㉯ 옥내에 설치하는 탱크의 변경 중 다음의 어느 하나에 해당하는 경우

　㉠ 탱크의 위치를 이전하는 경우

　㉡ 탱크를 신설·교체 또는 철거하는 경우

　㉢ 탱크를 보수(탱크 본체를 절개하는 경우에 한한다)하는 경우

　㉣ 탱크의 노즐 또는 맨홀을 신설하는 경우 (노즐 또는 맨홀의 직경이 250mm를 초과하는 경우에 한한다)

㉰ 고정주유설비 또는 고정급유설비를 신설 또는 철거하는 경우

㉱ 고정주유설비 또는 고정급유설비의 위치를 이전하는 경우

㉲ 건축물의 벽·기둥·바닥·보 또는 지붕을 증설 또는 철거하는 경우

㉳ 담 또는 캐노피를 신설 또는 철거(유리를 부착하기 위하여 담의 일부를 철거하는 경우를 포함한다)하는 경우

㉴ 주입구의 위치를 이전하거나 신설하는 경우

㉵ 시설과 관계된 공작물(바닥면적이 $4m^2$ 이상인 것에 한한다)을 신설 또는 증축하는 경우

㉶ 개질장치(改質裝置), 압축기(壓縮機), 충전설비, 축압기(蓄壓器) 또는 수입설비(受入設備)를 신설하는 경우

㉷ 자동화재탐지설비를 신설 또는 철거하는 경우

㉸ 셀프용이 아닌 고정주유설비를 셀프용 고정주유설비로 변경하는 경우

㉹ 주유취급소 부지의 면적 또는 위치를 변경하는 경우

㉺ 300m(지상에 설치하지 않는 배관의 경우에는 30m)를 초과하는 위험물의 배관을 신설·교체·철거 또는 보수(배관을 자르는 경우만 해당한다)하는 경우

㉻ 탱크의 내부에 탱크를 추가로 설치하거나 철판 등을 이용하여 탱크 내부를 구획하는 경우

답 ④

52 질산암모늄에 대한 설명으로 옳지 않은 것은?

① 열분해 시 가스가 발생한다.

② 물에 녹을 때 발열반응을 나타낸다.

③ 물보다 무거운 고체상태의 결정이다.

④ 급격히 가열하면 단독으로도 폭발할 수 있다.

 해설 물에 녹을 때 흡열반응을 나타낸다.

답 ②

53 어떤 기체의 확산속도가 SO_2의 2배일 때 이 기체의 분자량을 추정하면 얼마인가?

① 16 　　　　② 32

③ 64 　　　　④ 128

 해설 그레이엄(Graham)의 확산법칙

분출속도를 온도와 압력이 동일한 조건하에서 비교하여 보면 분출속도가 기체 밀도의 제곱근에 반비례한다는 결과를 나타낸다. 이 관계를 그레이엄(Graham)의 확산법칙이라고 하며 다음과 같은 식으로 나타낼 수 있다.

$$분출속도 \propto \sqrt{\frac{1}{d}}$$

$$\therefore \frac{A의\ 분출속도}{B의\ 분출속도} = \sqrt{\frac{d_B}{d_A}}$$

$$= \sqrt{\frac{M_B}{M_A}}$$

어떤 기체를 A, SO_2를 B로 하면

$$\frac{2}{1} = \sqrt{\frac{64}{M_A}}$$

$$\therefore M_A = 16$$

답 ①

54 위험물제조소 등의 옥내소화전설비의 설치기준으로 틀린 것은?

① 수원의 수량은 옥내소화전이 가장 많이 설치된 층의 옥내소화전 설치개수(설치개수가 5개 이상인 경우는 5개)에 $7.8m^3$를 곱한 양 이상이 되도록 설치할 것

② 옥내소화전은 제조소 등의 건축물의 층마다 해당 층의 각 부분에서 하나의 호스 접속구까지의 수평거리가 50m 이하가 되도록 설치할 것

③ 옥내소화전설비는 각층을 기준으로 하여 해당 층의 모든 옥내소화전(설치개수가 5개 이상인 경우는 5개의 옥내소화전)을 동시에 사용할 경우에 각 노즐선단의 방수압력이 350kPa 이상이고 방수량이 1분당 260L 이상의 성능이 되도록 할 것

④ 옥내소화전설비에는 비상전원을 설치할 것

 해설 옥내소화전은 제조소 등의 건축물의 층마다 해당 층의 각 부분에서 하나의 호스 접속구까지의 수평거리가 25m 이하가 되도록 설치할 것. 이 경우 옥내소화전은 각층의 출입구 부근에 1개 이상 설치하여야 한다.

답 ②

55 준비작업시간 100분, 개당 정미작업시간 15분, 로트 크기 20일 때 1개당 소요작업시간은 얼마인가? (단, 여유시간은 없다고 가정한다.)

① 15분

② 20분

③ 35분

④ 45분

 해설 소요작업시간

$$= \frac{준비작업시간}{로트\ 크기} + 개당\ 정미작업시간$$

$$= \frac{100분}{20분} + 15분$$

$$= 20분$$

답 ②

56 소비자가 요구하는 품질로서 설계와 판매정책에 반영되는 품질을 의미하는 것은?

① 시장품질

② 설계품질

③ 제조품질

④ 규격품질

답 ①

57 축의 완성지름, 철사의 인장강도, 아스피린 순도와 같은 데이터를 관리하는 가장 대표적인 관리도는?

① c 관리도
② np 관리도
③ u 관리도
④ $\bar{x} - R$ 관리도

 ④

58 로트의 크기가 시료의 크기에 비해 10배 이상 클 때, 시료의 크기와 합격 판정 개수를 일정하게 하고 로트의 크기를 증가시킬 경우 검사특성곡선의 모양 변화에 대한 설명으로 가장 적절한 것은?

① 무한대로 커진다.
② 별로 영향을 미치지 않는다.
③ 샘플링 검사의 판별능력이 매우 좋아진다.
④ 검사특성곡선의 기울기 경사가 급해진다.

해설 시료의 크기와 합격 판정 개수를 일정하게 하고 로트의 크기를 증가시킬 경우 검사특성곡선의 모양에 별로 영향을 미치지 않는다.

답 ②

59 다음 중 샘플링 검사보다 전수 검사를 실시하는 것이 유리한 경우는?

① 검사항목이 많은 경우
② 파괴 검사를 해야 하는 경우
③ 품질 특성치가 치명적인 결점을 포함하는 경우
④ 다수·다량의 것으로 어느 정도 부적합품이 섞여도 괜찮을 경우

해설 전수 검사란 검사 로트 내의 검사 단위 모두를 하나하나 검사하여 합격, 불합격 판정을 내리는 것으로 일명 100% 검사라고도 한다. 예컨대 자동차의 브레이크 성능, 크레인의 브레이크 성능, 프로페인 용기의 내압성능 등과 같이 인체 생명 위험 및 화재 발생 위험이 있는 경우 및 보석류와 같이 아주 고가제품의 경우에는 전수 검사가 적용된다. 그러나 대량품, 연속체, 파괴 검사와 같은 경우는 전수 검사를 적용할 수 없다.

 ③

60 작업시간 측정방법 중 직접 측정법은?

① PTS법
② 경험견적법
③ 표준자료법
④ 스톱워치법

해설 작업분석에 있어서 측정은 일반적으로 스톱워치 관측법을 사용한다.

 ④

제53회
(2013년 4월 시행)

위험물기능장 필기

01 3.65kg의 염화수소 중에는 HCl 분자가 몇 개 있는가?

① 6.02×10^{23} ② 6.02×10^{24}

③ 6.02×10^{25} ④ 6.02×10^{26}

 해설

$$\frac{3.65kg-HCl}{} \left| \frac{1,000g-HCl}{1kg-HCl} \right| \frac{1mol-HCl}{36.5g-HCl}$$

$$\frac{6.02 \times 10^{23}개-HCl}{1mol-HCl} = 6.02 \times 10^{25}개-HCl$$

답 ③

02 물과 접촉하여도 위험하지 않은 물질은?

① 과산화나트륨   ② 과염소산나트륨

③ 마그네슘   ④ 알킬알루미늄

해설 과염소산나트륨은 제1류 위험물로서 주수에 의한 냉각소화가 유효하다.

답 ②

03 그림과 같은 예혼합화염 구조의 개략도에서 중간생성물의 농도곡선은?

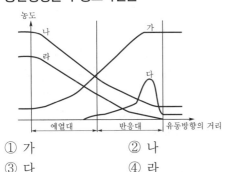

① 가   ② 나
③ 다   ④ 라

해설 예혼합화염은 가연성 기체를 공기와 미리 혼합시켜 연소하는 형태를 의미한다. 그래프에서 '가'는 최초 생성물 농도에 해당하며, '다'는 중간생성물의 농도곡선에 해당한다.

답 ③

04 다음 중 비중이 가장 작은 금속은?

① 마그네슘   ② 알루미늄
③ 지르코늄   ④ 아연

 해설

품목	마그네슘	알루미늄	지르코늄	아연
비중	1.74	2.7	6.5	7.14

답 ①

05 위험물안전관리법령상 소화설비의 적응성에서 제6류 위험물을 저장 또는 취급하는 제조소 등에 설치할 수 있는 소화설비는?

① 인산염류분말소화설비
② 탄산수소염류분말소화설비
③ 이산화탄소소화설비
④ 할로젠화합물소화설비

해설 제6류 위험물을 저장 또는 취급하는 제조소 등에 설치할 수 있는 소화설비 : 옥내소화전 또는 옥외소화전설비, 스프링클러설비, 물분무소화설비, 포소화설비, 인산염류분말소화설비

답 ①

06 수소화리튬의 위험성에 대한 설명 중 틀린 것은?

① 물과 실온에서 격렬히 반응하여 수소가 발생하므로 위험하다.
② 공기와 접촉하면 자연발화의 위험이 있다.
③ 피부와 접촉 시 화상의 위험이 있다.
④ 고온으로 가열하면 수산화리튬과 수소가 발생하므로 위험하다.

 해설 수소화리튬은 열에 불안정하여 $400℃$에서 리튬과 수소로 분해한다.
$$2LiH \rightarrow 2Li + H_2$$

답 ④

07 옥외탱크저장소에 보냉장치 및 불연성 가스 봉입장치를 설치해야 하는 위험물은?

① 아세트알데하이드 ② 이황화탄소
③ 생석회 ④ 염소산나트륨

 아세트알데하이드 등을 취급하는 탱크에는 냉각장치 또는 저온을 유지하기 위한 장치(보냉장치) 및 연소성 혼합기체의 생성에 의한 폭발을 방지하기 위한 불활성 기체를 봉입하는 장치를 갖출 것

답 ①

08 위험물안전관리법령상 유기과산화물을 함유하는 것 중에서 불활성 고체를 함유하는 것으로서 다음에 해당하는 것은 위험물에서 제외된다. (   ) 안에 알맞은 수치는?

> 과산화벤조일의 함유량이 (   )wt% 미만인 것으로서 전분 가루, 황산칼슘2수화물 또는 인산수소칼슘2수화물과의 혼합물

① 30 ② 35.5
③ 40.5 ④ 50

 제5류에 있어서는 유기과산화물을 함유하는 것 중에서 불활성 고체를 함유하는 것으로서 다음에 해당하는 것은 제외한다.
ⓐ 과산화벤조일의 함유량이 35.5wt% 미만인 것으로서 전분 가루, 황산칼슘2수화물 또는 인산수소칼슘2수화물과의 혼합물
ⓑ 비스(4-클로로벤조일)퍼옥사이드의 함유량이 30wt% 미만인 것으로서 불활성 고체와의 혼합물
ⓒ 과산화다이쿠밀의 함유량이 40wt% 미만인 것으로서 불활성 고체와의 혼합물
ⓓ 1·4비스(2-터셔리뷰틸퍼옥시아이소프로필)벤젠의 함유량이 40wt% 미만인 것으로서 불활성 고체와의 혼합물
ⓔ 사이클로헥사논퍼옥사이드의 함유량이 30wt% 미만인 것으로서 불활성 고체와의 혼합물

답 ②

09 소화난이도 등급 Ⅰ의 제조소 등 중 옥내탱크저장소의 규모에 대한 설명이 옳은 것은?

① 액체 위험물을 저장하는 위험물의 액표면적이 20m² 이상인 것

② 바닥면으로부터 탱크 옆판의 상단까지 높이가 6m 이상인 것(제6류 위험물을 저장하는 것 및 고인화점 위험물만을 100℃ 미만의 온도에서 저장하는 것은 제외)

③ 액체 위험물을 저장하는 단층건축물 외의 건축물에 설치하는 것으로서 인화점이 40℃ 이상, 70℃ 미만의 위험물을 지정수량의 40배 이상 저장 또는 취급하는 것

④ 고체 위험물을 지정수량의 150배 이상 저장 또는 취급하는 것

제조소 등의 구분	제조소 등의 규모, 저장 또는 취급하는 위험물의 품명 및 최대수량 등
옥내 탱크 저장소	액표면적이 40m² 이상인 것(제6류 위험물을 저장하는 것 및 고인화점 위험물만을 100℃ 미만의 온도에서 저장하는 것은 제외)
	바닥면으로부터 탱크 옆판의 상단까지 높이가 6m 이상인 것(제6류 위험물을 저장하는 것 및 고인화점 위험물만을 100℃ 미만의 온도에서 저장하는 것은 제외)
	탱크 전용실이 단층건물 외의 건축물에 있는 것으로서 인화점 38℃ 이상, 70℃ 미만의 위험물을 지정수량의 5배 이상 저장하는 것(내화구조로 개구부 없이 구획된 것은 제외한다)

답 ②

10 제조소 등에서의 위험물 저장의 기준에 관한 설명 중 틀린 것은?

① 제3류 위험물 중 황린과 금수성 물질은 동일한 저장소에서 저장하여도 된다.

② 옥내저장소에서 재해가 현저하게 증대할 우려가 있는 위험물을 다량 저장하는 경우에는 지정수량의 10배 이하마다 구분하여 상호 간 0.3m 이상의 간격을 두어 저장하여야 한다.

③ 옥내저장소에서는 용기에 수납하여 저장하는 위험물의 온도가 55℃를 넘지 아니하도록 필요한 조치를 강구하여야 한다.

④ 컨테이너식 이동탱크저장소 외의 이동탱크저장소에 있어서는 위험물을 저장한 상태로 이동저장탱크를 옮겨 싣지 아니하여야 한다.

제3류 위험물 중 황린, 그 밖에 물속에 저장하는 물품과 금수성 물질은 동일한 저장소에서 저장하지 아니하여야 한다.

답 ①

11 과망가니즈산칼륨의 일반적인 성상에 관한 설명으로 틀린 것은?

① 단맛이 나는 무색의 결정성 분말이다.

② 산화제이고 황산과 접촉하면 격렬하게 반응한다.

③ 비중은 약 2.7이다.

④ 살균제, 소독제로 사용된다.

 과망가니즈산칼륨은 흑자색 또는 적자색의 결정이다.

답 ①

12 다음 물질과 제6류 위험물인 과산화수소와 혼합되었을 때 결과가 다른 하나는?

① 인산나트륨

② 이산화망가니즈

③ 요소

④ 인산

 이산화망가니즈는 촉매제로서 반응의 속도를 빠르게 한다.

답 ②

13 273℃에서 기체의 부피가 4L이다. 같은 압력에서 25℃일 때의 부피는 약 몇 L인가?

① 0.5   ② 2.2

③ 3   ④ 4

해설
$$\frac{V_1}{T_1} = \frac{V_2}{T_2}$$

$T_1 = 273℃ + 273.15 = 546.15K$

$T_2 = 25℃ + 273.15K = 298.15K$

$V_1 = 4L$

$$V_2 = \frac{V_1 T_2}{T_1} = \frac{4L \cdot 298.15K}{546.15K} = 2.18L$$

답 ②

14 다음 중 가연성이면서 폭발성이 있는 물질은?

① 과산화수소   ② 과산화벤조일

③ 염소산나트륨   ④ 과염소산칼륨

 과산화벤조일[$(C_6H_5CO)_2O_2$]은 제5류 위험물로서 자기반응성 물질에 해당한다. 가연성이면서 내부연소가 가능한 물질이다.

답 ②

15 나머지 셋과 지정수량이 다른 하나는?

① 칼슘   ② 알킬알루미늄

③ 칼륨   ④ 나트륨

해설 제3류 위험물의 종류와 지정수량

성질	위험등급	품명	대표품목	지정수량
자연발화성 물질 및 금수성 물질	I	1. 칼륨(K) 2. 나트륨(Na) 3. 알킬알루미늄 4. 알킬리튬	($C_2H_5)_3$Al C_4H_9Li	10kg
		5. 황린(P_4)		20kg
	II	6. 알칼리금속류(칼륨 및 나트륨 제외) 및 알칼리토금속 7. 유기금속화합물(알킬알루미늄 및 알킬리튬 제외)	Li, Ca Te($C_2H_5)_2$, Zn($CH_3)_2$	50kg
	III	8. 금속의 수소화물 9. 금속의 인화물 10. 칼슘 또는 알루미늄의 탄화물	LiH, NaH Ca_3P_2, AlP CaC_2, Al_4C_3	300kg
		11. 그 밖에 행정안전부령이 정하는 것 염소화규소화합물	$SiHCl_3$	300kg

답 ①

16 옥외탱크저장소에 설치하는 높이가 1m를 넘는 방유제 및 칸막이둑의 안팎에 설치하는 계단 또는 경사로는 약 몇 m마다 설치하여야 하는가?

① 20   ② 30

③ 40   ④ 50

 높이가 1m를 넘는 방유제 및 칸막이둑의 안팎에는 방유제 내에 출입하기 위한 계단 또는 경사로를 약 50m마다 설치한다.

답 ④

17 위험물안전관리법령상 이산화탄소소화기가 적응성이 없는 위험물은?

① 인화성 고체

② 톨루엔

③ 초산메틸

④ 브로민산칼륨

 브로민칼륨은 제1류 위험물로서 가연성 물질에 따라 주수에 의한 냉각소화가 유효하다.

답 ④

18 제3류 위험물의 종류에 따라 위험물을 수납한 용기에 부착하는 주의사항의 내용에 해당하지 않는 것은?

① 충격주의 ② 화기엄금

③ 공기접촉엄금 ④ 물기엄금

제3류 위험물 (자연발화성 및 금수성 물질)	자연발화성 물질	"화기엄금" "공기접촉엄금"
	금수성 물질	"물기엄금"

답 ①

19 황린과 적린에 대한 설명 중 틀린 것은?

① 적린은 황린에 비하여 안정하다.

② 비중은 황린이 크며, 녹는점은 적린이 낮다.

③ 적린과 황린은 모두 물에 녹지 않는다.

④ 연소할 때 황린과 적린은 모두 흰 연기가 발생한다.

구분	황린(P_4)	적린(P)
비중	1.82	2.2
녹는점	44℃	600℃

답 ②

20 T.N.T가 분해될 때 발생하는 주요 가스에 해당하지 않는 것은?

① 질소 ② 수소

③ 암모니아 ④ 일산화탄소

 분해하면 다량의 기체가 발생하고 불완전연소 시 유독성의 질소산화물과 CO를 생성한다.

$$2C_6H_2CH_3(NO_2)_3 \rightarrow 12CO+2C+3N_2+5H_2$$

답 ③

21 다음 중 서로 혼합하였을 경우 위험성이 가장 낮은 것은?

① 알루미늄분과 황화인

② 과산화나트륨과 마그네슘분

③ 염소산나트륨과 황

④ 나이트로셀룰로스와 에탄올

 나이트로셀룰로스는 물이 침윤될수록 위험성이 감소하므로 운반 시 물(20%), 용제 또는 알코올(30%)을 첨가하여 습윤시킨다. 건조 시 위험성이 증대되므로 주의한다.

답 ④

22 Al이 속하는 금속은 무슨 족 계열인가?

① 철족

② 알칼리금속족

③ 붕소족

④ 알칼리토금속족

 3족 원소 : 붕소(B), 알루미늄(Al), 갈륨(Ga), 인듐(In), 탈륨(Ta)

답 ③

23 오황화인의 성질에 대한 설명으로 옳은 것은?

① 청색의 결정으로 특이한 냄새가 있다.

② 알코올에는 잘 녹고 이황화탄소에는 잘 녹지 않는다.

③ 수분을 흡수하면 분해된다.

④ 비점은 약 325℃이다.

 물이나 알칼리와 반응하면 분해되어 황화수소(H_2S)와 인산(H_3PO_4)으로 된다.

$$P_2S_5+8H_2O \rightarrow 5H_2S+2H_3PO_4$$

답 ③

24 아세톤을 저장하는 옥외저장탱크 중 압력탱크 외의 탱크에 설치하는 대기밸브 부착 통기관은 몇 kPa 이하의 압력 차이로 작동할 수 있어야 하는가?

① 5   ② 10

③ 15   ④ 20

 대기밸브 부착 통기관
     ⊙ 5kPa 이하의 압력 차이로 작동할 수 있을 것
     ⓛ 가는 눈의 구리망 등으로 인화방지 장치를 설치할 것

답 ①

25 위험물제조소에 옥내소화전 6개와 옥외소화전 1개를 설치하는 경우 각각에 필요한 최소 수원의 수량을 합한 값은? (단, 위험물제조소는 단층건축물이다.)

① 7.8m^3 ② 13.5m^3

③ 21.3m^3 ④ 52.5m^3

 옥내소화전의 수원의 양(Q) :
$Q(\text{m}^3) = N \times 7.8\text{m}^3$($N$, 5개 이상인 경우 5개)
     $= 5 \times 7.8\text{m}^3 = 39\text{m}^3$
옥외소화전의 수원의 양(Q) :
$Q(\text{m}^3) = N \times 13.5\text{m}^3$($N$, 4개 이상인 경우 4개)
     $= 1 \times 13.5\text{m}^3 = 13.5\text{m}^3$
각각 옥내와 옥외 소화전의 수원의 양을 더하면
$39 + 13.5 = 52.5\text{m}^3$

답 ④

26 과산화마그네슘에 대한 설명으로 옳은 것은?

① 갈색 분말로 시판품은 함량이 80~90% 정도이다.

② 물에 잘 녹지 않는다.

③ 산에 녹아 산소가 발생한다.

④ 소화방법은 냉각소화가 효과적이다.

 물에 녹지 않으며, 산(HCl)에 녹아 과산화수소(H_2O_2)가 발생
$MgO_2 + 2HCl \rightarrow MgCl_2 + H_2O_2$

답 ②

27 시료를 가스화시켜 분리관 속에 운반기체(carrier gas)와 같이 주입하고 분리관(컬럼) 내에서 체류하는 시간의 차이에 따라 정성, 정량하는 기기분석은?

① FT−IR   ② GC

③ UV−vis   ④ XRD

 GC는 가스크로마토그래피이다.

답 ②

28 위험물안전관리법령상 지정수량이 100kg이 아닌 것은?

① 적린   ② 철분

③ 황   ④ 황화인

 철분의 지정수량은 500kg이다.

답 ②

29 산화성 고체 위험물의 일반적인 성질로 옳은 것은?

① 불연성이며 다른 물질을 산화시킬 수 있는 산소를 많이 함유하고 있으며 강한 환원제이다.

② 가연성이며 다른 물질을 연소시킬 수 있는 염소를 함유하고 있으며 강한 산화제이다.

③ 불연성이며 다른 물질을 산화시킬 수 있는 산소를 많이 함유하고 있으며 강한 산화제이다.

④ 불연성이며 다른 물질을 연소시킬 수 있는 수소를 많이 함유하고 있으며 환원성 물질이다.

답 ③

30 위험물의 취급 중 제조에 관한 기준으로 다음 사항을 유의하여야 하는 공정은?

> 위험물을 취급하는 설비의 내부압력의 변동 등에 의하여 액체 또는 증기가 새지 아니하도록 하여야 한다.

① 증류공정   ② 추출공정

③ 건조공정   ④ 분쇄공정

위험물 제조과정에서의 취급기준
ⓐ 증류공정에 있어서는 위험물을 취급하는 설비의 내부압력의 변동 등에 의하여 액체 또는 증기가 새지 아니하도록 할 것
ⓑ 추출공정에 있어서는 추출관의 내부압력이 비정상적으로 상승하지 아니하도록 할 것
ⓒ 건조공정에 있어서는 위험물의 온도가 국부적으로 상승하지 아니하는 방법으로 가열 또는 건조할 것
ⓓ 분쇄공정에 있어서는 위험물의 분말이 현저하게 부유하고 있거나 위험물의 분말이 현저하게 기계·기구 등에 부착하고 있는 상태로 그 기계·기구를 취급하지 아니할 것

답 ①

31 나이트로셀룰로스에 대한 설명으로 옳지 않은 것은?

① 셀룰로스를 진한황산과 질산으로 반응시켜 만들 수 있다.
② 품명이 나이트로화합물이다.
③ 질화도가 낮은 것보다 높은 것이 더 위험하다.
④ 수분을 함유하면 위험성이 감소된다.

 나이트로셀룰로스는 질산에스터류에 해당한다.

답 ②

32 제3류 위험물에 대한 설명으로 옳지 않은 것은?

① 탄화알루미늄은 물과 반응하여 에테인가스가 발생한다.
② 칼륨은 물과 반응하여 발열반응을 일으키며 수소가스가 발생한다.
③ 황린이 공기 중에서 자연발화하여 오산화인이 발생한다.
④ 탄화칼슘이 물과 반응하여 발생하는 가스의 연소범위는 2.5~81%이다.

 물과 반응하여 가연성, 폭발성의 메테인가스를 만들며 밀폐된 실내에서 메테인이 축적되는 경우 인화성 혼합기를 형성하여 2차 폭발의 위험이 있다.
$Al_4C_3+12H_2O \rightarrow 4Al(OH)_3+3CH_4$

답 ①

33 위험물안전관리법상 제조소 등에 대한 과징금처분에 관한 설명으로 옳은 것은?

① 제조소 등의 관계인이 허가취소에 해당하는 위법행위를 한 경우 허가취소가 이용자에게 심한 불편을 주거나 공익을 해칠 우려가 있는 경우 허가취소처분에 갈음하여 2억 원 이하의 과징금을 부과할 수 있다.
② 제조소 등의 관계인이 사용정지에 해당하는 위법행위를 한 경우 사용정지가 이용자에게 심한 불편을 주거나 공익을 해칠 우려가 있는 경우 사용정지처분에 갈음하여 2억 원 이하의 과징금을 부과할 수 있다.
③ 제조소 등의 관계인이 허가취소에 해당하는 위법행위를 한 경우 허가취소가 이용자에게 심한 불편을 주거나 공익을 해칠 우려가 있는 경우 허가취소처분에 갈음하여 5억 원 이하의 과징금을 부과할 수 있다.
④ 제조소 등의 관계인이 사용정지에 해당하는 위법행위를 한 경우 사용정지가 이용자에게 심한 불편을 주거나 공익을 해칠 우려가 있는 경우 사용정지처분에 갈음하여 5억 원 이하의 과징금을 부과할 수 있다.

해설 위험물안전관리법 제13조(과징금처분)
ⓐ 시·도지사는 제조소 등에 대한 사용의 정지가 그 이용자에게 심한 불편을 주거나 그 밖에 공익을 해칠 우려가 있는 때에는 사용정지처분에 갈음하여 2억 원 이하의 과징금을 부과할 수 있다.
ⓑ ⓐ의 규정에 따른 과징금을 부과하는 위반행위의 종별·정도 등에 따른 과징금의 금액, 그 밖의 필요한 사항은 행정안전부령으로 정한다.
ⓒ 시·도지사는 ⓐ의 규정에 따른 과징금을 납부하여야 하는 자가 납부기한까지 이를 납부하지 아니한 때에는 「지방세외수입금의 징수 등에 관한 법률」에 따라 징수한다.

답 ②

34 특정 옥외저장탱크 구조기준 중 필렛용접의 사이즈(S[mm])를 구하는 식으로 옳은 것은? (단, t_t : 얇은 쪽 강판의 두께(mm), t_2 : 두꺼운 쪽 강판의 두께(mm)이며 $S \geq$ 4.5이다.)

① $t_1 \geq S \geq t_2$

② $t_1 \geq S \geq \sqrt{2t_2}$

③ $\sqrt{2t_1} \geq S \geq t_2$

④ $t_1 \geq S \geq 2t_2$

 필렛용접의 사이즈(부등 사이즈가 되는 경우에는 작은 쪽의 사이즈) 공식

$t_1 \geq S \geq \sqrt{2t_2}$ (단, $S \geq 4.5$)

여기서, t_1 : 얇은 쪽 강판의 두께(mm)

　　　　t_2 : 두꺼운 쪽 강판의 두께(mm)

　　　　S : 사이즈(mm)

 ②

35 0.4N−HCl 500mL에 물을 가해 1L로 하였을 때 pH는 약 얼마인가?

① 0.7

② 1.2

③ 1.8

④ 2.1

 $NV = N'V'$

$0.4 \times 500 = N' \times 1,000$

∴ $N' = 0.2$N

pH $= -\log[H^+]$이므로

pH $= -\log(2 \times 10^{-1}) = 1 - \log 2 = 0.698 ≒ 0.7$

 ①

36 다음 금속 원소 중 비점이 가장 높은 것은?

① 리튬

② 나트륨

③ 칼륨

④ 루비듐

 알칼리금속족에서 비점은 주기가 작을수록 높다. 즉, Li > Na > K > Rb

 ①

37 위험성 평가기법을 정량적 평가기법과 정성적 평가기법으로 구분할 때 다음 중 그 성격이 다른 하나는?

① HAZOP

② FTA

③ ETA

④ CCA

 ㉮ 정성적 위험성 평가

　　㉠ HAZOP(위험과 운전분석기법)

　　㉡ check list

　　㉢ what if(사고예상질문기법)

　　㉣ PHA(예비위험분석기법)

㉯ 정량적 위험성 평가

　　㉠ FTA(결함수분석기법)

　　㉡ ETA(사건수분석기법)

　　㉢ CA(피해영향분석법)

　　㉣ FMECA

　　㉤ HEA(작업자실수분석)

　　㉥ DAM(상대위험순위결정)

　　㉦ CCA(원인결과분석)

 ①

38 이동탱크저장소에 의하여 위험물을 장거리 운송 시 다음 중 위험물 운송자를 2명 이상의 운전자로 하여야 하는 경우는?

① 운송책임자를 동승시킨 경우

② 운송위험물이 휘발유인 경우

③ 운송위험물이 질산인 경우

④ 운송 중 2시간 이내마다 20분 이상씩 휴식하는 경우

 위험물 운송자는 장거리(고속국도에 있어서는 340km 이상, 그 밖의 도로에 있어서는 200km 이상을 말한다)에 걸치는 운송을 하는 때에는 2명 이상의 운전자로 할 것. 다만, 다음의 1에 해당하는 경우에는 그러하지 아니하다.

㉠ 운송책임자를 동승시킨 경우

㉡ 운송하는 위험물이 제2류 위험물·제3류 위험물(칼슘 또는 알루미늄의 탄화물과 이것만을 함유한 것에 한한다) 또는 제4류 위험물(특수 인화물을 제외한다)인 경우

㉢ 운송 도중에 2시간 이내마다 20분 이상씩 휴식하는 경우

 ③

39
내용적이 20,000L인 지하저장탱크(소화약제 방출구를 탱크 안의 윗부분에 설치하지 않은 것)를 구입하여 설치하는 경우 최대 몇 L까지 저장취급허가를 신청할 수 있는가?

① 18,000
② 19,000
③ 19,800
④ 20,000

 해설 탱크의 공간용적은 탱크 용적의 100분의 5 이상, 100분의 10 이하로 한다. 따라서, 내용적이 20,000L이므로 공간용적을 빼면
20,000×0.95~20,000×0.9
＝19,000~18,000L이므로
최대용적은 19,000L이다.

답 ②

40
한 변의 길이는 10m, 다른 한 변의 길이는 50m인 옥내저장소에 자동화재탐지설비를 설치하는 경우 경계구역은 원칙적으로 최소한 몇 개로 하여야 하는가? (단, 차동식 스폿형 감지기를 설치한다.)

① 1
② 2
③ 3
④ 4

 해설 하나의 경계구역의 면적은 $600m^2$ 이하로 하고 그 한 변의 길이는 50m(광전식분리형감지기를 설치할 경우에는 100m) 이하로 할 것. 다만, 해당 건축물, 그 밖의 공작물의 주요한 출입구에서 그 내부의 전체를 볼 수 있는 경우에 있어서는 그 면적을 $1,000m^2$ 이하로 할 수 있다. 따라서 문제에서 10m×50m＝$500m^2$이므로 하나의 경계구역에 해당한다.

답 ①

41
위험물안전관리법령상 품명이 나머지 셋과 다른 하나는? (단, 수용성과 비수용성은 고려하지 않는다.)

① C_6H_5Cl
② $C_6H_5NO_2$
③ $C_2H_4(OH)_2$
④ $C_3H_5(OH)_3$

 해설
① 클로로벤젠(C_6H_5Cl) : 제2석유류(비수용성)
② 나이트로벤젠($C_6H_5NO_2$) : 제3석유류(비수용성)
③ 에틸렌글리콜[$C_2H_4(OH)_2$] : 제3석유류(수용성)
④ 글리세린[$C_3H_5(OH)_3$] : 제3석유류(수용성)

답 ①

42
다음 중 위험물안전관리법령에서 규정하는 이중벽탱크의 종류가 아닌 것은?

① 강제 강화 플라스틱제 이중벽탱크
② 강화 플라스틱제 이중벽탱크
③ 강제 이중벽탱크
④ 강화강판 이중벽탱크

 해설 이중벽탱크의 지하탱크저장소의 기준에 따르면 종류로는 강제 이중벽탱크, 강화 플라스틱제 이중벽탱크, 강제 강화 플라스틱제 이중벽탱크가 있다.

답 ④

43
위험물 안전관리자에 대한 설명으로 틀린 것은?

① 암반탱크저장소에는 위험물 안전관리자를 선임하여야 한다.
② 위험물 안전관리자가 일시적으로 직무를 수행할 수 없는 경우 대리자를 지정하여 그 직무를 대행하게 하여야 한다.
③ 위험물 안전관리자와 위험물 운송자로 종사하는 자는 신규종사 후 2년마다 1회 실무교육을 받아야 한다.
④ 다수의 제조소 등을 동일인이 설치한 경우에는 일정한 요건에 따라 1인의 안전관리자를 중복하여 선임할 수 있다.

 해설 위험물 안전관리자와 위험물 운송자로 종사하는 자는 신규종사 후 3년마다 1회 실무교육을 받아야 한다.

답 ③

44
위험물안전관리법령상 기계에 의하여 하역하는 구조로 된 운반용기 외부에 표시하여야 하는 사항이 아닌 것은? [단, 원칙적인 경우에 한하며, 국제해상위험물규칙(IMDG Code)을 표시한 경우는 제외한다.]

① 겹쳐쌓기 시험하중
② 위험물의 화학명
③ 위험물의 위험등급
④ 위험물의 인화점

기계에 의하여 하역하는 구조로 된 운반용기의 외부에 행하는 표시는 다음의 사항을 포함하여야 한다. 다만, 국제해상위험물규칙(IMDG Code)에 정한 기준 또는 소방청장이 정하여 고시하는 기준에 적합한 표시를 한 경우에는 그러하지 아니하다.

㉮ 운반용기의 제조년월 및 제조자의 명칭

㉯ 겹쳐쌓기 시험하중

㉰ 운반용기의 종류에 따라 다음의 규정에 의한 중량

  ㉠ 플렉서블 외의 운반용기 : 최대 총 중량(최대수용중량의 위험물을 수납하였을 경우의 운반용기의 전중량을 말한다)

  ㉡ 플렉서블 운반용기 : 최대수용중량

답 ④

45

삼산화크로뮴(chromium trioxide)을 융점 이상으로 가열(250℃)하였을 때 분해생성물은?

① CrO_2와 O_2

② Cr_2O_3와 O_2

③ Cr과 O_2

④ Cr_2O_5와 O_2

 삼산화크로뮴(무수크로뮴산, CrO_3)

㉮ 일반적 성질

  ㉠ 분자량 100, 비중 2.7, 융점 196℃, 분해온도 250℃

  ㉡ 암적색의 침상결정으로 물, 에터, 알코올, 황산에 잘 녹는다.

  ㉢ 진한 다이크로뮴나트륨 용액에 황산을 가하여 만든다.
  $Na_2Cr_2O_7 + H_2SO_4$
  $\rightarrow 2CrO_3 + Na_2SO_4 + H_2O$

㉯ 위험성

  ㉠ 융점 이상으로 가열하면 200~250℃에서 분해되어 산소를 방출하고 녹색의 삼산화이크로뮴으로 변한다.
  $4CrO_3 \rightarrow 2Cr_2O_3 + 3O_2$

  ㉡ 강력한 산화제이다. 크로뮴산화물의 산화성의 크기는 다음과 같다.
  $CrO < Cr_2O_3 < CrO_3$

  ㉢ 물과 접촉하면 격렬하게 발열하고, 따라서 가연물과 혼합하고 있을 때 물이 침투되면 발화위험이 있다.

  ㉣ 인체에 대한 독성이 강하다.

답 ②

46

과산화수소 수용액은 보관 중 서서히 분해될 수 있으므로 안정제를 첨가하는데 그 안정제로 가장 적합한 것은?

① H_3PO_4

② MnO_2

③ C_2H_5OH

④ Cu

 유리는 알칼리성으로 분해를 촉진하므로 피하고 가열, 화기, 직사광선을 차단하며 농도가 높을수록 위험성이 크므로 분해 방지 안정제(인산, 요산 등)를 넣어 발생기 산소의 발생을 억제한다.

답 ①

47

주유취급소에 설치해야 하는 "주유 중 엔진정지" 게시판의 색상을 옳게 나타낸 것은?

① 적색바탕에 백색문자

② 청색바탕에 백색문자

③ 백색바탕에 흑색문자

④ 황색바탕에 흑색문자

답 ④

48

클로로벤젠 150,000L는 몇 소요단위에 해당하는가?

① 7.5단위

② 10단위

③ 15단위

④ 30단위

$$소요단위 = \frac{저장량}{지정수량 \times 10배}$$
$$= \frac{150,000}{1,000 \times 10}$$
$$= 15단위$$

답 ③

49 다음의 성질을 모두 갖추고 있는 물질은?

> 액체, 자연발화성, 금수성

① 트라이에틸알루미늄
② 아세톤
③ 황린
④ 마그네슘

 트라이에틸알루미늄[$(C_2H_5)_3Al$]

㉮ 무색투명한 액체로 외관은 등유와 유사한 가연성으로 $C_1 \sim C_4$는 자연발화성이 강하다. 공기 중에 노출되어 공기와 접촉하여 백연이 발생하며 연소한다. 단, C_5 이상은 점화하지 않으면 연소하지 않는다.

$$2(C_2H_5)_3Al + 21O_2$$
$$\rightarrow 12CO_2 + Al_2O_3 + 15H_2O$$

㉯ 물, 산과 접촉하면 폭발적으로 반응하여 에테인을 형성하고 이때 발열, 폭발에 이른다.

$$(C_2H_5)_3Al + 3H_2O$$
$$\rightarrow Al(OH)_3 + 3C_2H_6 + 발열$$
$$(C_2H_5)_3Al + HCl$$
$$\rightarrow (C_2H_5)_2AlCl + C_2H_6 + 발열$$

답 ①

50 다음 위험물 중 지정수량이 나머지 셋과 다른 것은?

① 아이오딘산염류
② 무기과산화물
③ 알칼리토금속
④ 염소산염류

 ㉠ 아이오딘산염류 : 300kg
㉡ 무기과산화물, 알칼리토금속, 염소산염류 : 50kg

답 ①

51 위험물제조소로부터 30m 이상의 안전거리를 유지하여야 하는 건축물 또는 공작물은?

① 문화재보호법에 따른 지정문화재
② 고압가스 안전관리법에 따라 신고하여야 하는 고압가스 저장시설
③ 주거용 건축물
④ 고등교육법에서 정하는 학교

건축물	안전거리
사용전압 7,000V 초과 35,000V 이하의 특고압 가공전선	3m 이상
사용전압 35,000V 초과 특고압 가공전선	5m 이상
주거용으로 사용되는 것(제조소가 설치된 부지 내에 있는 것 제외)	10m 이상
고압가스, 액화석유가스 또는 도시가스를 저장 또는 취급하는 시설	20m 이상
학교, 병원(종합병원, 치과병원, 한방·요양 병원), 극장(공연장, 영화상영관, 수용인원 300명 이상 시설), 아동복지시설, 노인복지시설, 장애인복지시설, 모·부자 복지시설, 보육시설, 성매매자를 위한 복지시설, 정신보건시설, 가정폭력피해자 보호시설, 수용인원 20명 이상의 다수인시설	30m 이상
유형문화재, 지정문화재	50m 이상

답 ④

52 다음 중 과염소산의 화학적 성질에 관한 설명으로 잘못된 것은?

① 물에 잘 녹으며 수용액상태는 비교적 안정하다.
② Fe, Cu, Zn과 격렬하게 반응하고 산화물을 만든다.
③ 알코올류와 접촉 시 폭발위험이 있다.
④ 가열하면 분해하여 유독성의 HCl이 발생한다.

 무색 무취의 유동하기 쉬운 액체이며 흡습성이 대단히 강하고 대단히 불안정한 강산이다. 순수한 것은 분해가 용이하고 격렬한 폭발력을 가진다.

답 ①

53 다음에서 설명하는 위험물의 지정수량으로 예상할 수 있는 것은?

> • 옥외저장소에서 저장·취급할 수 있다.
> • 운반용기에 수납하여 운반할 경우 내용적의 98% 이하로 수납하여야 한다.
> • 위험등급 Ⅰ에 해당하는 위험물이다.

① 10kg
② 300kg
③ 400L
④ 4,000L

④ 출하 검사 : 제품에 대한 출하 전 최종 검사 또는 제품 검사를 포함해서 수행하는 검사를 지칭한다. 제품에 대한 공정 간에 수행된 검사결과 및 최종제품의 검사결과를 파악 및 합격여부를 확인해야 한다.

답 ④

 옥외저장소에 저장할 수 있는 위험물
㉠ 제2류 위험물 중 황, 인화성 고체(인화점이 0℃ 이상인 것에 한함)
㉡ 제4류 위험물 중 제1석유류(인화점이 0℃ 이상인 것에 한함), 제2석유류, 제3석유류, 제4석유류, 알코올류, 동식물유류
㉢ 제6류 위험물 : 상기 옥외저장소에 저장할 수 있는 위험물 중 위험등급 Ⅰ에 해당하는 것은 제6류 위험물밖에 없다. 따라서 제6류 위험물의 지정수량은 300kg이다.

답 ②

54 탱크안전성능검사의 내용을 구분하는 것으로 틀린 것은?

① 기초 · 지반 검사
② 충수 · 수압 검사
③ 용접부 검사
④ 배관검사

 탱크안전성능검사의 대상이 되는 탱크
㉠ 기초 · 지반 검사 : 옥외탱크저장소의 액체 위험물 탱크 중 그 용량이 100만L 이상인 탱크
㉡ 충수 · 수압 검사 : 액체 위험물을 저장 또는 취급하는 탱크
㉢ 용접부 검사 : ㉠의 규정에 의한 탱크
㉣ 암반탱크검사 : 액체 위험물을 저장 또는 취급하는 암반 내의 공간을 이용한 탱크

답 ④

55 검사의 분류방법 중 검사가 행해지는 공정에 의한 분류에 속하는 것은?

① 관리샘플링 검사
② 로트별 샘플링 검사
③ 전수 검사
④ 출하 검사

 ① 관리샘플링 검사 : 제품의 품질을 간접적으로 보증
② 로트별 샘플링 검사 : 한 로트의 물품 중에서 발취한 시료를 조사하고 그 결과를 판정기준과 비교하여 그 로트의 합격여부를 결정하는 검사
③ 전수 검사 : 검사 로트 내의 검사 단위 모두를 하나하나 검사하여 합격, 불합격 판정을 내리는 것으로 일명 100% 검사라고도 한다.

56 다음 중 브레인스토밍(brainstorming)과 가장 관계가 깊은 것은?

① 파레토도
② 히스토그램
③ 회귀분석
④ 특성요인도

 브레인스토밍이란 창의적인 아이디어를 제안하기 위한 학습 도구이자 회의 기법을 말한다. 3인 이상의 사람이 모여서 하나의 주제에 대해 자유롭게 논의를 전개한다. 이때 누군가의 제시된 의견에 대해 다른 참가자는 비판할 수 없으며, 특정시간 동안 제시한 생각을 취합해서 검토를 거쳐 주제에 가장 적합한 생각을 다듬어 나가는 일련의 과정을 말한다. 따라서 이와 가장 관계가 깊은 단어는 특성요인도이다.

답 ④

57 단계여유(slack)의 표시로 옳은 것은? (단, TE는 가장 이른 예정일, TL은 가장 늦은 예정일, TF는 총 여유시간, FF는 자유 여유시간이다.)

① $TE - TL$
② $TL - TE$
③ $FF - TF$
④ $TE - TF$

 단계여유는 가장 늦은 예정일에서 가장 이른 예정일을 뺀 값이다.

답 ②

58 c 관리도에서 $k = 20$인 군의 총 부적합수 합계는 58이었다. 이 관리도의 UCL, LCL을 계산하면 약 얼마인가?

① $UCL = 2.90$, $LCL = $ 고려하지 않음
② $UCL = 5.90$, $LCL = $ 고려하지 않음
③ $UCL = 6.92$, $LCL = $ 고려하지 않음
④ $UCL = 8.01$, $LCL = $ 고려하지 않음

해설

㉠ 중심선 $CL = \overline{C} = \dfrac{\Sigma c}{k}$

(Σc : 결점수의 합, k : 시료군의 수)

㉡ 관리 상한선

$UCL = \overline{C} + 3\sqrt{\overline{C}} = 2.9 + 3\sqrt{2.9} = 8.01$

㉢ 관리 하한선

$LCL = \overline{C} - 3\sqrt{\overline{C}} = 2.9 - 3\sqrt{2.9} = -2.2$

(고려하지 않음)

답 ④

59 테일러(F.W. Taylor)에 의해 처음 도입된 방법으로 작업시간을 직접 관측하여 표준시간을 설정하는 표준시간 설정기법은?

① PTS법
② 실적자료법
③ 표준자료법
④ 스톱워치법

 해설 작업 분석에 있어서 측정은 일반적으로 스톱워치 관측법을 사용한다.

㉮ 스톱워치에 의한 작업관측
  ㉠ 스톱워치 : 1/100분 혹은 1/60분 눈금
  (표준시간 설정이 주된 목적이 아니므로 1/1,000분 눈금은 불필요)
  ㉡ 관측판
  ㉢ 관측횟수 : 5~10회 정도
  ㉣ 용구 : 연필
  ㉤ 기타 : 필요한 계산자, 버니어 캘리퍼스, 마이크로미터, 자, 계산기, 회전계 등
  ㉥ 관측위치와 자세의 포인트
    ⓐ 작업이 잘 보이는 위치에 서 있을 것
    ⓑ 작업에 방해가 되지 않는 위치에 서 있을 것
    ⓒ 작업동작 구분과 시계와 눈이 직선이 되도록 서 있을 것
    ⓓ 스톱워치는 상 등에서 떨어지도록 주의할 것
㉯ 관측 시의 요점
  ㉠ 작업자에게 관측목적을 충분히 설명하고 좋은 결과가 얻어지도록 협력을 한다.
  ㉡ 작업상태 및 내용이 정상인가 확인을 할 것(불안정시는 피하는 것이 좋다.)
  ㉢ 작업내용이 충분히 이해될 때까지 여러 차례 사이클을 관찰해서 관측을 할 것
  ㉣ 관측 시에 측정하기 쉬운 작업구분으로 분할한다.
  ㉤ 관측 시 작업단위에 따라 체크한 시간을 기록할 것

㉥ 작업시간마다 시간의 대표치를 결정할 것 (이상치를 제외한 평균치 - 개선 검토에 이용한다.)
㉦ 협력적인 작업자와 숙련 작업자를 선택할 것
㉧ 시간관측에 있어서 고려할 것
  시간관측은 측정방법의 여하에 의해 '좋은 결과', '나쁜 결과' 어느 쪽이든 명백히 나타나므로 현장에 이상한 자극을 준다든가 인간관계를 손상하지 않도록 신중하게 하는 것이 중요하다. 이를 위해서는 현장 관계자와 충분히 협의해서 대상작업, 시기, 기간 등에 대해 설명하고 양해를 얻어 놓을 것, 즉흥적인 행동이나 관측분석은 피해야 한다.

답 ④

60 공정 중에 발생하는 모든 작업, 검사, 운반, 저장, 정체 등이 도식화된 것이며 또한 분석에 필요하다고 생각되는 소요시간, 운반거리 등의 정보가 기재된 것은?

① 작업분석(operation analysis)
② 다중활동분석표(multiple activity chart)
③ 사무공정분석(form process chart)
④ 유통공정도(flow process chart)

 해설 유통공정도에는 공정 중에 발생하는 모든 작업, 검사, 운반, 저장, 정체 등이 도식화된 것이며 또한 분석에 필요하다고 생각되는 소요시간, 운반거리 등의 정보가 기재되어 있다.

답 ④

제54회
(2013년 7월 시행)

위험물기능장 필기

01 다음 중 1차 이온화 에너지가 가장 큰 것은?

① Ne　　　　② Na

③ K　　　　④ Be

해설　이온화 에너지의 크기
㉮ ㉠ 금속의 성질이 강하다. ⇔ 이온화 에너지가 적다. ⇔ 전기 음성도가 적다.
　　㉡ 비금속의 성질이 강하다. ⇔ 이온화 에너지가 크다. ⇔ 전기 음성도가 크다.
㉯ ㉠ 주기율표상 같은 주기에서는 오른쪽으로 갈수록
　　㉡ 주기율표상 같은 족에서는 위로 올라갈수록
　　㉢ 같은 주기에서는 0족 원소의 이온화 에너지가 가장 크다.

답 ①

02 사용전압이 35,000V인 특고압 가공전선과 위험물제조소와의 안전거리기준으로 옳은 것은?

① 3m 이상　　　② 5m 이상

③ 10m 이상　　　④ 15m 이상

해설

건축물	안전거리
사용전압 7,000V 초과 35,000V 이하의 특고압 가공전선	3m 이상
사용전압 35,000V 초과 특고압 가공전선	5m 이상
주거용으로 사용되는 것(제조소가 설치된 부지 내에 있는 것 제외)	10m 이상
고압가스, 액화석유가스 또는 도시가스를 저장 또는 취급하는 시설	20m 이상
학교, 병원(종합병원, 치과병원, 한방·요양 병원), 극장(공연장, 영화상영관, 수용인원 300명 이상 시설), 아동복지시설, 노인복지시설, 장애인복지시설, 모·부자 복지시설, 보육시설, 성매매자를 위한 복지시설, 정신보건시설, 가정폭력피해자 보호시설, 수용인원 20명 이상의 다수인시설	30m 이상
유형문화재, 지정문화재	50m 이상

답 ①

03 오존파괴지수를 나타내는 것은?

① CFC　　　　② ODP

③ GWP　　　　④ HCFC

해설　① CFC : 사염화탄소
② ODP : 오존파괴지수
③ GWP : 지구온난화지수
④ HCFC : 하이드로플루오로카본 계열 청정소화약제

답 ②

04 무색, 무취, 사방정계 결정으로 융점이 약 610℃이고 물에 녹기 어려운 위험물은?

① $NaClO_3$

② $KClO_3$

③ $NaClO_4$

④ $KClO_4$

해설　과염소산칼륨($KClO_4$)의 일반적 성질
㉠ 분자량 139, 비중 2.52, 분해온도 400℃, 융점 610℃
㉡ 무색, 무취의 결정 또는 백색 분말로 불연성이지만 강한 산화제
㉢ 물에 약간 녹으며, 알코올이나 에터 등에는 녹지 않음

답 ④

05 다음 중 삼황화인의 주 연소생성물은?

① 오산화인과 이산화황

② 오산화인과 이산화탄소

③ 이산화황과 포스핀

④ 이산화황과 포스겐

해설　$P_4S_3 + 8O_2 \rightarrow 2P_2O_5 + 3SO_2$

답 ①

06 다음 중 과염소산칼륨과 접촉하였을 때 위험성이 가장 낮은 물질은?

① 황   ② 알코올

③ 알루미늄   ④ 물

 과염소산칼륨은 제1류 위험물(산화성 고체)로서 주수에 의한 냉각소화가 유효하다.

답 ④

07 0℃, 2기압에서 질산 2mol은 몇 g인가?

① 31.5   ② 63

③ 126   ④ 252

$$\dfrac{2mol-HNO_3}{} \; \Big| \; \dfrac{63g-HNO_3}{1mol-HNO_3} = 126g-HNO_3$$

답 ③

08 토출량이 $5m^3/min$이고 토출구의 유속이 $2m/s$인 펌프의 구경은 몇 mm인가?

① 100   ② 230

③ 115   ④ 120

 유량 $Q = uA = u \times \dfrac{\pi}{4} D^2$

$\therefore D = \sqrt{\dfrac{4Q}{\pi u}} = \sqrt{\dfrac{4 \times 5m^3/60s}{\pi \times 2m/s}}$

$\qquad = 0.23m = 230mm$

답 ②

09 위험물안전관리법 시행규칙에 의하여 일반취급소의 위치·구조 및 설비의 기준은 제조소의 위치·구조 및 설비의 기준을 준용하거나 위험물의 취급유형에 따라 따로 정한 특례기준을 적용할 수 있다. 이러한 특례의 대상이 되는 일반취급소 중 취급위험물의 인화점 조건이 나머지 셋과 다른 하나는?

① 열처리작업 등의 일반취급소

② 절삭장치 등을 설치하는 일반취급소

③ 윤활유 순환장치를 설치하는 일반취급소

④ 유압장치를 설치하는 일반취급소

 ㉠ 열처리작업 등의 일반취급소
열처리작업 또는 방전가공을 위하여 위험물(인화점이 70℃ 이상인 제4류 위험물에 한한다.)을 취급하는 일반취급소로서 지정수량의 30배 미만의 것

㉡ 유압장치 등을 설치하는 일반취급소
위험물을 이용한 유압장치 또는 윤활유 순환장치를 설치하는 일반취급소(고인화점 위험물만을 100℃ 미만의 온도로 취급하는 것에 한한다.)로서 지정수량의 50배 미만의 것

㉢ 절삭장치 등을 설치하는 일반취급소
절삭유의 위험물을 이용한 절삭장치, 연삭장치, 그 밖의 이와 유사한 장치를 설치하는 일반취급소(고인화점 위험물만을 100℃ 미만의 온도로 취급하는 것에 한한다.)로서 지정수량의 30배 미만의 것

답 ①

10 인화성 액체 위험물을 저장하는 옥외탱크저장소의 주위에 설치하는 방유제에 관한 내용으로 틀린 것은?

① 방유제의 높이는 0.5m 이상, 3m 이하로 하고, 면적은 8만m^2 이하로 한다.

② 2기 이상의 탱크가 있는 경우 방유제의 용량은 그 탱크 중 용량이 최대인 것의 용량의 110% 이상으로 한다.

③ 용량이 1,000만L 이상인 옥외저장탱크의 주위에는 탱크마다 칸막이둑을 흙 또는 철근콘크리트로 설치한다.

④ 칸막이둑을 설치하는 경우 칸막이둑의 용량은 칸막이둑 안에 설치된 탱크용량의 110% 이상이어야 한다.

 용량이 1,000만L 이상인 옥외저장탱크의 주위에 설치하는 방유제에는 다음의 규정에 따라 해당 탱크마다 칸막이둑을 설치할 것

㉠ 칸막이둑의 높이는 0.3m(방유제 내에 설치되는 옥외저장탱크의 용량의 합계가 2억L를 넘는 방유제에 있어서는 1m) 이상으로 하되, 방유제의 높이보다 0.2m 이상 낮게 할 것

㉡ 칸막이둑은 흙 또는 철근콘크리트로 할 것

㉢ 칸막이둑의 용량은 칸막이둑 안에 설치된 탱크용량의 10% 이상일 것

답 ④

11 다음 중 착화온도가 가장 낮은 물질은?

① 메탄올
② 아세트산
③ 벤젠
④ 테레빈유

 해설

품목	메탄올	아세트산	벤젠	테레빈유
발화점	464℃	485℃	498℃	253℃

답 ④

12 다음 중 물보다 가벼운 물질로만 이루어진 것은?

① 에터, 이황화탄소
② 벤젠, 폼산
③ 클로로벤젠, 글리세린
④ 휘발유, 에탄올

 해설

품목	에터	이황화탄소	벤젠	폼산
액비중	0.72	1.26	0.9	1.22

품목	클로로벤젠	글리세린	휘발유	에탄올
액비중	1.11	1.26	0.65~0.8	0.789

답 ④

13 다음 중 위험물안전관리법령에 근거하여 할로젠화물소화약제를 구성하는 원소가 아닌 것은?

① Ar
② Br
③ F
④ Cl

 해설 할로젠화물소화약제 구성 원소 : F, Cl, Br

답 ①

14 다음 소화설비 중 제6류 위험물에 대해 적응성이 없는 것은?

① 포소화설비
② 스프링클러설비
③ 물분무소화설비
④ 이산화탄소소화설비

해설 소화설비의 적응성

대상물 구분 / 소화설비의 구분	건축물·그 밖의 공작물	전기설비	제1류 위험물 알칼리금속 과산화물 등	제1류 위험물 그 밖의 것	제2류 위험물 철분·금속분·마그네슘 등	제2류 위험물 인화성 고체	제2류 위험물 그 밖의 것	제3류 위험물 금수성 물품	제3류 위험물 그 밖의 것	제4류 위험물	제5류 위험물	제6류 위험물
옥내소화전 또는 옥외소화전 설비	○			○		○	○		○		○	○
스프링클러설비	○			○		○	○		○		△	○
물분무등소화설비 물분무소화설비	○	○		○		○	○		○	○	○	○
물분무등소화설비 포소화설비	○			○		○	○		○	○	○	○
물분무등소화설비 불활성가스소화설비		○				○				○		
물분무등소화설비 할로젠화합물소화설비		○				○				○		
물분무등소화설비 분말소화설비 인산염류 등		○		○		○	○			○		○
물분무등소화설비 분말소화설비 탄산수소염류 등		○	○		○	○		○		○		
물분무등소화설비 분말소화설비 그 밖의 것			○		○			○				
대형·소형 수동식소화기 봉상수(棒狀水)소화기	○			○		○	○		○		○	○
대형·소형 수동식소화기 무상수(霧狀水)소화기	○	○		○		○	○		○		○	○
대형·소형 수동식소화기 봉상강화액소화기	○			○		○	○		○		○	○
대형·소형 수동식소화기 무상강화액소화기	○	○		○		○	○		○	○	○	○
대형·소형 수동식소화기 포소화기	○			○		○	○		○	○	○	○
대형·소형 수동식소화기 이산화탄소소화기		○				○				○		△
대형·소형 수동식소화기 할로젠화합물소화기		○				○				○		
대형·소형 수동식소화기 분말소화기 인산염류소화기	○	○		○		○	○			○		○
대형·소형 수동식소화기 분말소화기 탄산수소염류소화기		○	○		○	○		○		○		
대형·소형 수동식소화기 분말소화기 그 밖의 것			○		○			○				
기타 물통 또는 수조	○			○		○	○		○		○	○
기타 건조사			○	○	○	○	○	○	○	○	○	○
기타 팽창질석 또는 팽창진주암			○	○	○	○	○	○	○	○	○	○

답 ④

15 다음 위험물의 화재 시 알코올 포소화약제가 아닌 보통의 포소화약제를 사용하였을 때 가장 효과가 있는 것은?

① 아세트산
② 메틸알코올
③ 메틸에틸케톤
④ 경유

해설 알코올 포소화약제로 소화효과가 있는 것은 수용성인 경우이다. 따라서 비수용성인 경우가 포소화약제에 가장 효과적이다.

답 ④

16 다음 ( ) 안에 알맞은 숫자를 순서대로 나열한 것은?

> 주유취급소 중 건축물의 ( )층의 이상의 부분을 점포, 휴게음식점 또는 전시장의 용도로 사용하는 것에 있어서는 해당 건축물의 ( )층 이상으로부터 직접 주유취급소의 부지 밖으로 통하는 출입구와 해당 출입구로 통하는 통로, 계단 및 출입구에 유도등을 설치하여야 한다.

① 2, 1   ② 1, 1
③ 2, 2   ④ 1, 2

 해설 피난설비의 설치기준
ㄱ 주유취급소 중 건축물의 2층 이상의 부분을 점포 · 휴게음식점 또는 전시장의 용도로 사용하는 것에 있어서는 해당 건축물의 2층 이상으로부터 직접 주유취급소의 부지 밖으로 통하는 출입구와 해당 출입구로 통하는 통로 · 계단 및 출입구에 유도등을 설치하여야 한다.
ㄴ 옥내주유취급소에 있어서는 해당 사무소 등의 출입구 및 피난구와 해당 피난구로 통하는 통로 · 계단 및 출입구에 유도등을 설치하여야 한다.
ㄷ 유도등에는 비상전원을 설치하여야 한다.

답 ③

17 위험물안전관리법령상 옥내저장소에서 위험물을 저장하는 경우에는 규정에 의한 높이를 초과하여 용기를 겹쳐 쌓지 아니하여야 한다. 다음 중 제한높이가 가장 낮은 경우는?

① 제4류 위험물 중 제3석유류를 수납하는 용기만을 겹쳐 쌓는 경우
② 제6류 위험물을 수납하는 용기만을 겹쳐 쌓는 경우
③ 제4류 위험물 중 제4석유류를 수납하는 용기만을 겹쳐 쌓는 경우

④ 기계에 의하여 하역하는 구조로 된 용기만을 겹쳐 쌓는 경우

 해설 ㄱ 기계에 의하여 하역하는 구조로 된 용기만을 겹쳐 쌓는 경우에 있어서는 6m
ㄴ 제4류 위험물 중 제3석유류, 제4석유류 및 동식물유류를 수납하는 용기만을 겹쳐 쌓는 경우에 있어서는 4m
ㄷ 그 밖의 경우에 있어서는 3m

답 ②

18 물과 반응하여 가연성 가스가 발생하지 않는 것은?

① Ca_3P_2 ② K_2O_2
③ Na ④ CaC_2

 해설 과산화칼륨은 흡습성이 있으므로 물과 접촉하면 발열하며 수산화칼륨(KOH)과 산소(O_2)가 발생
$$2K_2O_2 + 2H_2O \rightarrow 4KOH + O_2$$

답 ②

19 다음 중 $Sr(NO_3)_2$의 지정수량은?

① 50kg   ② 100kg
③ 300kg   ④ 1,000kg

 해설 질산스트론튬은 제1류 위험물 중 질산염류에 속하며 지정수량은 300kg이다.

답 ③

20 다음 중 IF_5의 지정수량으로서 옳은 것은?

① 50kg   ② 100kg
③ 300kg   ④ 1,000kg

해설

성질	위험등급	품명	지정수량
산화성 액체	I	1. 과염소산($HClO_4$) 2. 과산화수소(H_2O_2) 3. 질산(HNO_3) 4. 그 밖의 행정안전부령이 정하는 것 − 할로젠간화합물(BrF_3, BrF_5, IF_5 등)	300kg

답 ③

21 과산화수소에 대한 설명 중 틀린 것은?

① 농도가 36.5wt%인 것은 위험물에 해당한다.

② 불연성이지만 반응성이 크다.

③ 표백제, 살균제, 소독제 등에 사용된다.

④ 지연성 가스인 암모니아를 봉입해 저장한다.

 유리는 알칼리성으로 분해를 촉진하므로 피하고 가열, 화기, 직사광선을 차단하며 농도가 높을수록 위험성이 크므로 분해 방지 안정제(인산, 요산 등)를 넣어 발생기 산소의 발생을 억제한다.

답 ④

22 고정지붕구조로 된 위험물 옥외저장탱크에 설치하는 포 방출구가 아닌 것은?

① Ⅰ형   ② Ⅱ형

③ Ⅲ형   ④ 특형

 ① Ⅰ형 : 고정지붕구조의 탱크에 상부 포주입법(고정포방출구를 탱크 옆판의 상부에 설치하여 액표면상에 포를 방출하는 방법을 말한다. 이하 같다.)을 이용하는 것

② Ⅱ형 : 고정지붕구조 또는 부상덮개부착 고정지붕구조(옥외저장탱크의 액상에 금속제의 플로팅, 팬 등의 덮개를 부착한 고정지붕구조의 것을 말한다. 이하 같다.)의 탱크에 상부 포주입법을 이용하는 것

③ Ⅲ형 : 고정지붕구조의 탱크에 저부 포주입법(탱크의 액면하에 설치된 포 방출구로부터 포를 탱크 내에 주입하는 방법을 말한다.)을 이용하는 것

④ 특형 : 부상지붕구조의 탱크에 상부 포주입법을 이용하는 것

답 ④

23 다음은 위험물안전관리법령에서 정한 용어의 정의이다. ( ) 안에 알맞은 것은?

"산화성 고체"라 함은 고체로서 산화력의 잠재적인 위험성 또는 충격에 대한 민감성을 판단하기 위하여 ( )이 정하여 고시하는 시험에서 고시로 정하는 성질과 상태를 나타내는 것을 말한다.

① 대통령

② 소방청장

③ 중앙소방학교장

④ 산업통상자원부 장관

 "산화성 고체"라 함은 고체로서 산화력의 잠재적인 위험성 또는 충격에 대한 민감성을 판단하기 위하여 소방청장이 정하여 고시하는 시험에서 고시로 정하는 성질과 상태를 나타내는 것을 말한다. 이 경우 "액상"이라 함은 수직으로 된 시험관(안지름 30mm, 높이 120mm의 원통형 유리관을 말한다)에 시료를 55mm까지 채운 다음 해당 시험관을 수평으로 하였을 때 시료액면의 선단이 30mm를 이동하는 데 걸리는 시간이 90초 이내에 있는 것을 말한다.

답 ②

24 $NH_4H_2PO_4$ 57.5kg이 완전 열분해하여 메타인산, 암모니아와 수증기로 되었을 때 메타인산은 몇 kg이 생성되는가? (단, P의 원자량은 31이다.)

① 36   ② 40

③ 80   ④ 115

 $NH_4H_2PO_4 \rightarrow NH_3 + H_2O + HPO_3$

$$\frac{57.5kg\text{-}NH_4H_2PO_4}{} \left| \frac{1kmol\text{-}NH_4H_2PO_4}{115kg\text{-}NH_4H_2PO_4} \right|$$

$$\left| \frac{1kmol\text{-}HPO_3}{1kmol\text{-}NH_4H_2PO_4} \right| \frac{80kg\text{-}HPO_3}{1kmol\text{-}HPO_3}$$

$$= 40kg\text{-}HPO_3$$

답 ②

25 제4류 위험물을 수납하는 운반용기의 내장용기가 플라스틱용기인 경우 최대용적은 몇 L인가? (단, 외장용기에 위험물을 직접 수납하지 않고 별도의 외장용기가 있는 경우이다.)

① 5   ② 10

③ 20   ④ 30

 플라스틱의 경우 운반용기로서 최대용적은 10L이다.

답 ②

26 50℃, 0.948atm에서 사이클로프로페인의 증기밀도는 약 몇 g/L인가?

① 0.5 　　　　② 1.5

③ 2.0 　　　　④ 2.5

 해설

$PV = nRT$

$\dfrac{w(g)}{M(분자량)}$ 이므로 $PV = \dfrac{wRT}{M}$

$\dfrac{w}{V} = \dfrac{PM}{RT}$

$= \dfrac{0.948atm \times 42g/mol}{0.082L \cdot atm/kmol \times (50+273.15)K}$

$= 1.5g/L$

답 ②

27 주어진 탄소 원자에 최대 수의 수소가 결합되어 있는 것은?

① 포화탄화수소

② 불포화탄화수소

③ 방향족탄화수소

④ 지방족탄화수소

 해설　포화탄화수소의 경우 탄소를 중심으로 단일결합으로 이루어져 있으므로 최대 수의 수소가 결합된다.

답 ①

28 위험물제조소 등에 전기설비가 설치된 경우에 해당 장소의 면적이 $500m^2$라면 몇 개 이상의 소형 수동식소화기를 설치하여야 하는가?

① 1 　　　　② 4

③ 5 　　　　④ 10

 해설　전기설비의 소화설비
제조소 등에 전기설비(전기배선, 조명기구 등은 제외한다)가 설치된 경우에는 해당 장소의 면적 $100m^2$마다 소형 수동식소화기를 1개 이상 설치할 것

답 ③

29 과산화벤조일을 가열하면 약 몇 ℃ 근방에서 흰 연기를 내며 분해하기 시작하는가?

① 50 　　　　② 100

③ 200 　　　　④ 400

 해설　과산화벤조일은 100℃ 전후에서 격렬하게 분해되며, 착화하면 순간적으로 폭발한다. 진한황산이나 질산, 금속분, 아민류 등과 접촉 시 분해 폭발한다.

답 ②

30 운반 시 일광의 직사를 막기 위해 차광성이 있는 피복으로 덮어야 하는 위험물이 아닌 것은?

① 제1류 위험물 중 다이크로뮴산염류

② 제4류 위험물 중 제1석유류

③ 제5류 위험물 중 나이트로화합물

④ 제6류 위험물

 해설　적재하는 위험물에 따라

차광성이 있는 것으로 피복해야 하는 경우	방수성이 있는 것으로 피복해야 하는 경우
제1류 위험물 제3류 위험물 중 　　자연발화성 물질 제4류 위험물 중 　　특수 인화물 제5류 위험물 제6류 위험물	제1류 위험물 중 　　알칼리금속의 과산화물 제2류 위험물 중 　　철분, 금속분, 마그네슘 제3류 위험물 중 　　금수성 물질

답 ②

31 금속리튬이 고온에서 질소와 반응하였을 때 생성되는 질화리튬의 색상에 가장 가까운 것은?

① 회흑색 　　　　② 적갈색

③ 청록색 　　　　④ 은백색

 해설　질화리튬은 가열하여 결정이 된 것은 적갈색, 상온에서는 건조한 공기에 침해받지 않지만 온도를 가하면 곧 산화된다. 물에 의해 곧 분해된다.

$Li_3N + 3H_2O \rightarrow NH_3 + 3LiOH$

답 ②

32 제조소 등의 건축물에서 옥내소화전이 가장 많이 설치된 층의 소화전의 수가 3개일 경우 확보해야 할 수원의 양은 몇 m³ 이상이어야 하는가?

① 7.8

② 11.7

③ 15.6

④ 23.4

 수원의 양(Q):

$Q(\text{m}^3) = N \times 7.8\text{m}^3$ (N, 5개 이상인 경우 5개)

$Q(\text{m}^3) = 3 \times 7.8\text{m}^3$

$\qquad = 23.4\text{m}^3$

답 ④

33 방사구역의 표면적이 100m²인 곳에 물분무소화설비를 설치하고자 한다. 수원의 수량은 몇 L 이상이어야 하는가? (단, 분무헤드가 가장 많이 설치된 방사구역의 모든 분무헤드를 동시에 사용할 경우이다.)

① 30,000

② 40,000

③ 50,000

④ 60,000

 수원의 수량은 분무헤드가 가장 많이 설치된 방사구역의 모든 분무헤드를 동시에 사용할 경우에 해당 방사구역의 표면적 1m²당 1분당 20L의 비율로 계산한 양으로 30분간 방사할 수 있는 양 이상이 되도록 설치할 것

따라서, 수원 = 100m² × 20L/min · m² × 30min

$\qquad = 60,000$L

답 ④

34 다음 중 위험물의 유별 구분이 나머지 셋과 다른 하나는?

① 과아이오딘산

② 염소화아이소사이아누르산

③ 질산구아니딘

④ 퍼옥소붕산염류

성질	위험 등급	품명	대표 품목	지정 수량
제1류 (산화성 고체)	I	1. 아염소산염류	NaClO₂, KClO₂	50kg
		2. 염소산염류	NaClO₃, KClO₃, NH₄ClO₃	
		3. 과염소산염류	NaClO₄, KClO₄, NH₄ClO₄	
		4. 무기과산화물류	K₂O₂, Na₂O₂, MgO₂	
	II	5. 브로민산염류	KBrO₃	300kg
		6. 질산염류	KNO₃, NaNO₃, NH₄NO₃	
		7. 아이오딘산염류	KIO₃	
	III	8. 과망가니즈산염류	KMnO₄	1,000kg
		9. 다이크로뮴산염류	K₂Cr₂O₇	
	I~III	10. 그 밖에 행정안전부령이 정하는 것 　① 과아이오딘산염류 　② 과아이오딘산 　③ 크로뮴, 납 또는 아이오딘의 산화물 　④ 아질산염류 　⑤ 차아염소산염류 　⑥ 염소화아이소사이아누르산 　⑦ 퍼옥소이황산염류 　⑧ 퍼옥소붕산염류 11. 1~10호의 하나 이상을 함유한 것	KIO₄ HIO₄ CrO₃ NaNO₂ LiClO OCNClONClCONCl K₂S₂O₈ NaBO₃	50kg, 300kg 또는 1,000kg

※ 질산구아니딘은 제5류 위험물에 해당한다.

답 ③

35 KClO₃ 운반용기 외부에 표시하여야 할 주의사항으로 옳은 것은?

① "화기 · 충격주의" 및 "가연물 접촉주의"

② "화기 · 충격주의", "물기엄금" 및 "가연물 접촉주의"

③ "화기주의" 및 "물기엄금"

④ "화기엄금" 및 "공기접촉엄금"

 KClO₃는 염소산칼륨으로서 제1류 위험물에 해당한다.

유별	구분	주의사항
제1류 위험물 (산화성 고체)	알칼리금속의 과산화물	"화기 · 충격주의" "물기엄금" "가연물접촉주의"
	그 밖의 것	"화기 · 충격주의" "가연물접촉주의"

답 ①

36 위험물의 운반에 관한 기준에서 정한 유별을 달리하는 위험물의 혼재기준에 따르면 1가지 다른 유별의 위험물과만 혼재가 가능한 위험물은? (단, 지정수량의 1/10을 초과하는 경우이다.)

① 제2류
② 제4류
③ 제5류
④ 제6류

 유별을 달리하는 위험물의 혼재기준

위험물의 구분	제1류	제2류	제3류	제4류	제5류	제6류
제1류		×	×	×	×	○
제2류	×		×	○	○	×
제3류	×	×		○	×	×
제4류	×	○	○		○	×
제5류	×	○	×	○		×
제6류	○	×	×	×	×	

답 ④

37 다음 제4류 위험물 중 위험등급이 나머지 셋과 다른 하나는?

① 휘발유
② 톨루엔
③ 에탄올
④ 아세트산

 제4류 위험물의 종류와 지정수량

성질	위험등급	품명	지정수량
인화성 액체	I	특수 인화물류(다이에틸에터, 이황화탄소, 아세트알데하이드, 산화프로필렌)	50L
	II	제1석유류	비수용성(가솔린, 벤젠, 톨루엔, 사이클로헥세인, 콜로디온, 메틸에틸케톤, 초산메틸, 초산에틸, 의산에틸, 헥세인 등)	200L
			수용성(아세톤, 피리딘, 아크롤레인, 의산메틸, 사이안화수소 등)	400L
		알코올류(메틸알코올, 에틸알코올, 프로필알코올, 아이소프로필알코올)	400L
	III	제2석유류	비수용성(등유, 경유, 스타이렌, 자일렌(o-, m-, p-), 클로로벤젠, 장뇌유, 뷰틸알코올, 알릴알코올, 아밀알코올 등)	1,000L
			수용성(폼산, 초산, 하이드라진, 아크릴산 등)	2,000L
		제3석유류	비수용성(중유, 크레오소트유, 아닐린, 나이트로벤젠, 나이트로톨루엔 등)	2,000L
			수용성(에틸렌글리콜, 글리세린 등)	4,000L

성질	위험등급	품명	지정수량
인화성 액체	III	제4석유류	기어유, 실린더유, 윤활유, 가소제	6,000L
		동식물유류(아마인유, 들기름, 동유, 야자유, 올리브유 등)	10,000L

※ 아세트산＝초산

답 ④

38 탄화알루미늄이 물과 반응하면 발생하는 가스는?

① 이산화탄소
② 일산화탄소
③ 메테인
④ 아세틸렌

 물과 반응하여 가연성, 폭발성의 메테인가스를 만들며 밀폐된 실내에서 메테인이 축적되는 경우 인화성 혼합기를 형성하여 2차 폭발의 위험이 있다.
$Al_4C_3 + 12H_2O \rightarrow 4Al(OH)_3 + 3CH_4$

답 ③

39 다음 중 분해온도가 가장 낮은 위험물은?

① KNO_3
② BaO_2
③ $(NH_4)_2Cr_2O_7$
④ NH_4ClO_3

보기	① KNO_3	② BaO_2
화학명	질산칼륨	과산화바륨
분해온도	400℃	840℃
보기	③ $(NH_4)_2Cr_2O_7$	④ NH_4ClO_3
화학명	다이크로뮴산암모늄	염소산암모늄
분해온도	185℃	100℃

답 ④

40 다음 중 sp^3 혼성궤도에 속하는 것은?

① CH_4
② BF_3
③ NH_3
④ H_2O

 CH_4의 분자 구조(정사면체형 : sp^3형)
정상상태의 C는 $1s^2 2s^2 2p^2$의 궤도함수로 되어 있으나 이 탄소가 수소와 화학결합을 할 때는 약간의 에너지를 얻어 $2s$궤도의 전자 중 1개가 $2p$로 이동하여 여기상태가 되며 쌍을 이루지 않은 부대전자는 1개의 $2s$와 3개의 $2p$로 모두 4개가 되어 4개의 H 원자와 공유결합을 하게 되어 정사면체의 입체적 구조를 형성한다.

이와 같이 s와 p가 섞인 궤도를 혼성궤도(hybridization)라 한다.

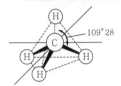

BF_3는 sp^2 혼성궤도함수에 해당하며, NH_3는 p^3형, H_2O는 p^2형에 해당한다.

 ①

41 하나의 옥내저장소에 칼륨과 황을 저장하고자 할 때 저장창고의 바닥면적에 관한 내용으로 적합하지 않은 것은?

① 만약 황이 없고 칼륨만을 저장하는 경우라면 저장창고의 바닥면적은 $1,000m^2$ 이하로 하여야 한다.

② 만약 칼륨이 없고 황만을 저장하는 경우라면 저장창고의 바닥면적은 $2,000m^2$ 이하로 하여야 한다.

③ 내화구조의 격벽으로 완전히 구획된 실에 각각 저장하는 경우 전체 바닥면적은 $1,500m^2$ 이하로 하여야 한다.

④ 내화구조의 격벽으로 완전히 구획된 실에 각각 저장하는 경우 칼륨의 저장실은 $1,000m^2$ 이하로, 황의 저장실은 $500m^2$ 이하로 한다.

 하나의 저장창고의 바닥면적 기준

위험물을 저장하는 창고	바닥면적
㉠ 제1류 위험물 중 아염소산염류, 염소산염류, 과염소산염류, 무기과산화물, 그 밖에 지정수량이 50kg인 위험물 ㉡ 제3류 위험물 중 칼륨, 나트륨, 알칼알루미늄, 알킬리튬, 그 밖에 지정수량이 10kg인 위험물 및 황린 ㉢ 제4류 위험물 중 특수 인화물, 제1석유류 및 알코올류 ㉣ 제5류 위험물 중 유기과산화물, 질산에스터류, 그 밖에 지정수량이 10kg인 위험물 ㉤ 제6류 위험물	$1,000m^2$ 이하

위험물을 저장하는 창고	바닥면적
㉠~㉤ 외의 위험물을 저장하는 창고	$2,000m^2$ 이하
내화구조의 격벽으로 완전히 구획된 실에 각각 저장하는 창고	$1,500m^2$ 이하

 ④

42 바닥면적이 $150m^2$ 이상인 제조소에 설치하는 환기설비의 급기구는 얼마 이상의 크기로 하여야 하는가?

① $600cm^2$
② $800cm^2$
③ $1,000cm^2$
④ $1,500cm^2$

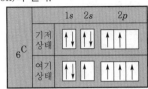 급기구는 바닥면적 $150m^2$마다 1개 이상으로 하되, 급기구의 크기는 $800cm^2$ 이상으로 한다.

 ②

43 위험물안전관리법령상 위험물의 취급 중 소비에 관한 기준에서 방화상 유효한 격벽 등으로 구획된 안전한 장소에서 실시하여야 하는 것은?

① 분사도장작업
② 담금질작업
③ 열처리작업
④ 버너를 사용하는 작업

해설 위험물을 소비하는 작업에 있어서의 취급기준
㉠ 분사도장작업은 방화상 유효한 격벽 등으로 구획된 안전한 장소에서 실시할 것
㉡ 담금질 또는 열처리 작업은 위험물이 위험한 온도에 이르지 아니하도록 하여 실시할 것
㉢ 버너를 사용하는 경우에는 버너의 역화를 방지하고 위험물이 넘치지 아니하도록 할 것

 ①

44 다음 중 아세틸퍼옥사이드와 혼재가 가능한 위험물은? (단, 지정수량 10배의 위험물인 경우이다.)

① 질산칼륨
② 황
③ 트라이에틸알루미늄
④ 과산화수소

아세틸퍼옥사이드는 제5류 위험물로서 제2류 또는 제4류와 혼재 가능하다.
① 질산칼륨 : 제1류
② 황 : 제2류
③ 트라이에틸알루미늄 : 제3류
④ 과산화수소 : 제6류
유별을 달리하는 위험물의 혼재기준

위험물의 구분	제1류	제2류	제3류	제4류	제5류	제6류
제1류		×	×	×	×	○
제2류	×		×	○	○	×
제3류	×	×		○	×	×
제4류	×	○	○		○	×
제5류	×	○	×	○		×
제6류	○	×	×	×	×	

답 ②

45 트라이에틸알루미늄이 물과 반응하였을 때의 생성물로 옳게 나타낸 것은?

① 수산화알루미늄, 메테인
② 수소화알루미늄, 메테인
③ 수산화알루미늄, 에테인
④ 수소화알루미늄, 에테인

 물과 접촉하면 폭발적으로 반응하여 에테인을 형성하고 이때 발열, 폭발에 이른다.
$(C_2H_5)_3Al + 3H_2O \rightarrow Al(OH)_3 + 3C_2H_6$

답 ③

46 Na_2O_2가 반응하였을 때 생성되는 기체가 같은 것으로만 나열된 것은?

① 물, 이산화탄소
② 아세트산, 물
③ 이산화탄소, 염산, 황산
④ 염산, 아세트산, 물

 ㉠ 흡습성이 있으므로 물과 접촉하면 발열 및 수산화나트륨($NaOH$)과 산소(O_2)가 발생
$2Na_2O_2 + 2H_2O \rightarrow 4NaOH + O_2$
㉡ 공기 중의 탄산가스(CO_2)를 흡수하여 탄산염이 생성
$2Na_2O_2 + 2CO_2 \rightarrow 2Na_2CO_3 + O_2$

답 ①

47 $C_6H_2CH_3(NO_2)_3$의 제조원료로 옳게 짝지어진 것은?

① 톨루엔, 황산, 질산
② 톨루엔, 벤젠, 질산
③ 벤젠, 질산, 황산
④ 벤젠, 질산, 염산

 트라이나이트로톨루엔($C_6H_2CH_3(NO_2)_3$)의 제법 1몰의 톨루엔과 3몰의 질산을 황산 촉매하에 반응시키면 나이트로화에 의해 T.N.T가 만들어진다.

$C_6H_2CH_3(NO_2)_3 + 3HNO_3 \xrightarrow[\text{니트로화}]{c-H_2SO_4} \quad + 3H_2O$

답 ①

48 다음 중 가장 약산은 어느 것인가?

① 염산   ② 황산
③ 인산   ④ 아세트산

 염산, 황산, 인산은 강산이며, 아세트산은 약산에 해당한다.

답 ④

49 $KClO_3$의 일반적인 성질을 나타낸 것 중 틀린 것은?

① 비중은 약 2.32이다.
② 융점은 약 240℃이다.
③ 용해도는 20℃에서 약 7.3이다.
④ 단독 분해온도는 약 400℃이다.

해설 염소산칼륨의 융점은 368.4℃이다.

답 ②

50 나이트로화합물 중 분자 구조 내에 하이드록실기를 갖는 위험물은?

① 피크르산
② 트라이나이트로톨루엔
③ 트라이나이트로벤젠
④ 테트릴

해설 하이드록실기($-OH$)가 있는 것은 트라이나이트로페놀$[C_6H_2(NO_2)_3OH$, 피크르산$]$이다.

답 ①

51 산화성 액체 위험물의 취급에 관한 설명 중 틀린 것은?

① 과산화수소 30% 농도의 용액은 단독으로 폭발 위험이 있다.

② 과염소산의 융점은 약 $-112℃$이다.

③ 질산은 강산이지만 백금은 부식시키지 못한다.

④ 과염소산은 물과 반응하여 열이 발생한다.

 해설 과산화수소의 농도 60% 이상인 것은 충격에 의해 단독 폭발의 위험이 있으며, 고농도의 것은 알칼리, 금속분, 암모니아, 유기물 등과 접촉 시 가열이나 충격에 의해 폭발한다.

답 ①

52 제1종 분말소화약제의 주성분은?

① $NaHCO_3$

② $NaHCO_2$

③ $KHCO_3$

④ $KHCO_2$

해설 분말소화제의 종류

종류	주성분	화학식	착색	적응 화재
제1종	탄산수소나트륨 (중탄산나트륨)	$NaHCO_3$	−	B, C급 화재
제2종	탄산수소칼륨 (중탄산칼륨)	$KHCO_3$	담회색	B, C급 화재
제3종	제1인산암모늄	$NH_4H_2PO_4$	담홍색 또는 황색	A, B, C급 화재
제4종	탄산수소칼륨 +요소	$KHCO_3$ $+CO(NH_2)_2$	−	B, C급 화재

답 ①

53 나트륨에 대한 각종 반응식 중 틀린 것은?

① 연소반응식 : $4Na+O_2 \rightarrow 2Na_2O$

② 물과의 반응식 : $2Na+3H_2O$
$\rightarrow 2NaOH+2H_2$

③ 알코올과의 반응식 : $2Na+2C_2H_5OH$
$\rightarrow 2C_2H_5ONa+H_2$

④ 액체 암모니아와 반응식 : $2Na+2NH_3$
$\rightarrow 2NaNH_2+H_2$

 해설 ② $2Na+2H_2O \rightarrow 2NaOH+H_2$

답 ②

54 [보기]의 요건을 모두 충족하는 위험물은?

[보기]
• 이 위험물이 속하는 전체 유별은 옥외저장소에 저장할 수 없다(국제해상위험물규칙에 적합한 용기에 수납하는 경우 제외).
• 제1류 위험물과 적정 간격을 유지하면 동일한 옥내저장소에 저장이 가능하다.
• 위험등급 I에 해당한다.

① 황린   ② 글리세린

③ 질산   ④ 질산염류

해설 위험등급 I에 해당하는 것은 황린과 질산이며, 이 중 옥외저장소에 저장할 수 없는 위험물은 황린이다.

㉮ 옥외저장소에 저장할 수 있는 위험물
   ㉠ 제2류 위험물 중 황, 인화성 고체(인화점이 0℃ 이상인 것에 한함.)
   ㉡ 제4류 위험물 중 제1석유류(인화점이 0℃ 이상인 것에 한함.), 제2석유류, 제3석유류, 제4석유류, 알코올류, 동식물유류
   ㉢ 제6류 위험물

답 ①

55 모집단으로부터 공간적, 시간적으로 간격을 일정하게 하여 샘플링하는 방식은?

① 단순랜덤샘플링(simple random sampling)

② 2단계샘플링(two−stage sampling)

③ 취락샘플링(cluster sampling)

④ 계통샘플링(systematic sampling)

 해설 모집단으로부터 공간적, 시간적으로 간격을 일정하게 하여 샘플링하는 방식은 계통샘플링에 해당한다.

답 ④

56 예방보전(preventive maintenance)의 효과
가 아닌 것은?

① 기계의 수리비용이 감소한다.

② 생산시스템의 신뢰도가 향상된다.

③ 고장으로 인한 중단시간이 감소한다.

④ 잦은 정비로 인해 제조원 단위가 증가한다.

 예방보전의 효과

　　㉠ 안전작업이 향상된다.

　　㉡ 고장으로 인한 중단시간이 감소한다.

　　㉢ 기계수리 비용이 감소한다.

　　㉣ 생산시스템의 신뢰도가 향상되며 원가가 절감
　　　된다.

　　㉤ 납기지연으로 인한 고객불만이 저하되며 매출
　　　이 신장된다.

답 ④

57 제품공정도를 작성할 때 사용되는 요소(명
칭)가 아닌 것은?

① 가공

② 검사

③ 정체

④ 여유

 제품공정도의 요소

　　㉠ 가공 또는 작업 : ○

　　㉡ 검사 : □

　　㉢ 정체 : D

　　㉣ 운반 : ⇨

　　㉤ 저장 : ▽

답 ④

58 부적합수 관리도를 작성하기 위해 $\Sigma c = 559$,
$\Sigma n = 222$를 구하였다. 시료의 크기가 부분
군마다 일정하지 않기 때문에 u 관리도를 사
용하기로 하였다. $n = 10$일 경우 u 관리도
의 UCL 값은 약 얼마인가?

① 4.023

② 2.518

③ 0.502

④ 0.252

- 단위당 결점수 $u = \dfrac{c(\text{각 시료의 결점수})}{n(\text{시료의 크기})}$

- 중심선 $CL = \bar{u} = \dfrac{\Sigma c}{\Sigma n}$

　(Σc : 결점수의 합, Σn : 시료크기의 합)

- 관리 상한선 $UCL = \bar{u} + 3\sqrt{\dfrac{\bar{u}}{n}}$

- 관리 하한선 $LCL = \bar{u} - 3\sqrt{\dfrac{\bar{u}}{n}}$

　㉠ $\bar{u} = \dfrac{\Sigma c}{\Sigma n} = \dfrac{559}{222} = 2.518$

　㉡ $UCL = \bar{u} + 3\sqrt{\dfrac{\bar{u}}{n}}$

　　　$= 2.518 + 3\sqrt{\dfrac{2.518}{10}}$

　　　$= 4.023$

답 ①

59 작업방법 개선의 기본 4원칙을 표현한 것은?

① 층별 - 랜덤 - 재배열 - 표준화

② 배제 - 결합 - 랜덤 - 표준화

③ 층별 - 랜덤 - 표준화 - 단순화

④ 배제 - 결합 - 재배열 - 단순화

답 ④

60 이항분포(binomial distribution)의 특징에
대한 설명으로 옳은 것은?

① $P = 0.01$일 때는 평균치에 대하여 좌·
우 대칭이다.

② $P \leq 0.1$이고, $nP = 0.1 \sim 10$일 때는 푸
아송분포에 근사한다.

③ 부적합품의 출현개수에 대한 표준편차는
$D(x) = nP$이다.

④ $P \leq 0.5$이고, $nP \leq 5$일 때는 정규분포
에 근사한다.

 이항분포(二項分布)는 연속된 n번의 독립적 시행
에서 각 시행이 확률 P를 가질 때의 이산 확률분
포이다. 이러한 시행은 베르누이 시행이라고 불리
기도 한다. 사실, $n = 1$일 때 이항분포는 베르누이
분포이다.

답 ②

제55회
(2014년 4월 시행)

위험물기능장 필기

01 위험물탱크안전성능 시험자가 되고자 하는 자가 갖추어야 할 장비로서 옳은 것은?

① 기밀시험 장비
② 타코미터
③ 페네스트로미터
④ 인화점 측정기

 장비

㉮ 필수장비 : 방사선투과시험기, 초음파탐상시험기, 자기탐상시험기, 초음파두께측정기
㉯ 필요한 경우에 두는 장비
　㉠ 충·수압 시험, 진공시험, 기밀시험 또는 내압시험의 경우
　　ⓐ 진공능력 53kPa 이상의 진공누설시험기
　　ⓑ 기밀시험장치(안전장치가 부착된 것으로서 가압능력 200kPa 이상, 감압의 경우에는 감압능력 10kPa 이상·감도 10Pa 이하의 것으로서 각각의 압력 변화를 스스로 기록할 수 있는 것)
　㉡ 수직·수평도 시험의 경우 : 수직·수평도 측정기

답 ①

02 아이오딘폼(아이오도폼)반응을 하는 물질로 연소범위가 약 2.5~12.8%이며, 끓는점과 인화점이 낮아 화기를 멀리해야 하고 냉암소에 보관하는 물질은?

① CH_3COCH_3
② CH_3CHO
③ C_6H_6
④ $C_6H_5NO_2$

 아세톤(CH_3COCH_3)은 물과 유기용제에 잘 녹고, 아이오딘폼반응을 한다. I_2와 NaOH를 넣고 60~80℃로 가열하면, 황색의 아이오딘폼(CH_3I) 침전이 생긴다.
$CH_3COCH_3 + 3I_2 + 4NaOH$
$\rightarrow CH_3COONa + 3NaI + CH_3I + 3H_2O$

답 ①

03 고속국도의 도로변에 설치한 주유취급소의 고정주유설비 또는 고정급유설비에 연결된 탱크의 용량은 얼마까지 할 수 있는가?

① 10만L
② 8만L
③ 6만L
④ 5만L

 탱크의 용량기준

㉠ 자동차 등에 주유하기 위한 고정주유설비에 직접 접속하는 전용탱크는 50,000L 이하이다.
㉡ 고정급유설비에 직접 접속하는 전용탱크는 50,000L 이하이다.
㉢ 보일러 등에 직접 접속하는 전용탱크는 10,000L 이하이다.
㉣ 자동차 등을 점검·정비하는 작업장 등에서 사용하는 폐유·윤활유 등의 위험물을 저장하는 탱크는 2,000L 이하이다.
㉤ 고속국도 도로변에 설치된 주유취급소의 탱크용량은 60,000L이다.

답 ③

04 제조소에서 취급하는 제4류 위험물의 최대수량의 합이 지정수량의 50만배인 사업소의 자체소방대에 두어야 하는 화학소방자동차의 대수 및 자체소방대원의 수는? (단, 해당 사업소는 다른 사업소 등과 상호응원에 관한 협정을 체결하고 있지 아니하다.)

① 4대, 20인
② 4대, 15인
③ 3대, 20인
④ 3대, 15인

자체소방대에 두는 화학소방자동차 및 인원

사업소의 구분	화학소방 자동차의 수	자체소방 대원의 수
제조소 또는 일반취급소에서 취급하는 제4류 위험물의 최대 수량의 합이 지정수량의 3천배 이상 12만배 미만인 사업소	1대	5인
제조소 또는 일반취급소에서 취급하는 제4류 위험물의 최대 수량의 합이 지정수량의 12만배 이상 24만배 미만인 사업소	2대	10인
제조소 또는 일반취급소에서 취급하는 제4류 위험물의 최대 수량의 합이 지정수량의 24만배 이상 48만배 미만인 사업소	3대	15인
제조소 또는 일반취급소에서 취급하는 제4류 위험물의 최대 수량의 합이 지정수량의 48만배 이상인 사업소	4대	20인
옥외탱크저장소에 저장하는 제4류 위험물의 최대수량이 지정수량의 50만배 이상인 사업소	2대	10인

답 ①

05 체적이 $50m^3$인 위험물 옥내저장창고(개구부에는 자동폐쇄장치가 설치됨)에 전역방출방식의 이산화탄소소화설비를 설치할 경우 소화약제의 저장량을 얼마 이상으로 하여야 하는가?

① 30kg
② 45kg
③ 60kg
④ 100kg

 전역방출방식 방호구역의 체적 $1m^3$당 소화약제의 양

방호구역의 체적(m^3)	방호구역의 체적 $1m^3$당 소화약제의 양(kg)	소화약제 총량의 최저한도(kg)
5 미만	1.20	–
5 이상, 15 미만	1.10	6
15 이상, 45 미만	1.00	17
45 이상, 150 미만	0.90	45
150 이상, 1,500 미만	0.80	135
1,500 이상	0.75	1,200

따라서 $50m^3$이므로 $50m^3 \times 0.9 = 45kg$

답 ②

06 하나의 옥내저장소에 다음과 같이 제4류 위험물을 함께 저장하는 경우 지정수량의 총 배수는?

> 아세트알데하이드 200L, 아세톤 400L, 아세트산 1,000L, 아크릴산 1,000L

① 6배
② 7배
③ 7.5배
④ 8배

품목	아세트 알데하이드	아세톤	아세트산	아크릴산
품명	특수 인화물	제1석유류 (수용성)	제2석유류 (수용성)	제2석유류 (수용성)
지정 수량	50L	400L	2,000L	2,000L

지정수량 배수의 합

$$= \frac{\text{A품목 저장수량}}{\text{A품목 지정수량}} + \frac{\text{B품목 저장수량}}{\text{B품목 지정수량}} + \frac{\text{C품목 저장수량}}{\text{C품목 지정수량}} + \cdots$$

$$= \frac{200L}{50L} + \frac{400L}{400L} + \frac{1,000L}{2,000L} + \frac{1,000L}{2,000L} = 6.0$$

답 ①

07 과염소산과 과산화수소의 공통적인 위험성을 나타낸 것은?

① 가열하면 수소가 발생한다.
② 불연성이지만 독성이 있다.
③ 물, 알코올에 희석하면 안전하다.
④ 농도가 36wt% 미만인 것은 위험물에 해당하지 않는다고 법령에서 정하고 있다.

 둘 다 제6류 위험물로서 불연성 물질이고 독성이 있다. 가열하면 산소가 발생한다. 다만, 과산화수소는 물에 희석하여 소독약(2~3%)으로 사용하지만, 과염소산은 물과 반응하여 발열한다.

답 ②

08 다음 중 무색 또는 백색의 결정으로 비중 약 1.8, 융점 약 202℃이며, 물에는 불용인 것은?

① 피크르산
② 다이나이트로레조르신
③ 트라이나이트로톨루엔
④ 헥소겐

트라이메틸렌트라이나이트로아민($C_3H_6N_6O_6$, 헥소겐)의 일반적 성질
㉠ 백색 바늘모양의 결정
㉡ 물, 알코올에 녹지 않고, 뜨거운 벤젠에 극히 소량 녹는다.
㉢ 비중 1.8, 융점 202℃, 발화온도 약 230℃, 폭발속도 8,350m/s
㉣ 헥사메틸렌테트라민을 다량의 진한질산에서 나이트롤리시스하여 만든다.
$(CH_2)_6N_4+6HNO_3$
$\rightarrow (CH_2)_3(N-NO_2)_3+3CO_2+6H_2O+2N_2$
이때 진한질산 중에 아질산이 존재하면 분해가 촉진되기 때문에 과망가니즈산칼륨을 가한다.

답 ④

09 어떤 기체의 확산속도가 SO_2의 4배일 때 이 기체의 분자량을 추정하면 얼마인가?

① 4
② 16
③ 32
④ 64

$$\frac{v_A}{v_B}=\sqrt{\frac{M_B}{M_A}}$$

$$\frac{4V_{SO_2}}{V_{SO_2}}=\sqrt{\frac{64g/mol}{M_A}}$$

$$M_A=\frac{64g/mol}{4^2}=4g/mol$$

답 ①

10 다음 중 하나의 옥내저장소에 제5류 위험물과 함께 저장할 수 있는 위험물은? (단, 위험물을 유별로 정리하여 저장하는 한편, 서로 1m 이상의 간격을 두는 경우이다.)

① 제1류 위험물(알칼리금속의 과산화물 또는 이를 함유한 것 제외)
② 제2류 위험물 중 인화성 고체
③ 제3류 위험물 중 알킬알루미늄 이외의 것
④ 유기과산화물 또는 이를 함유한 것 이외의 제4류 위험물

 유별을 달리하는 위험물은 동일한 저장소(내화구조의 격벽으로 완전히 구획된 실이 2 이상 있는 저장소에 있어서는 동일한 실)에 저장하지 아니하여야 한다.

다만, 옥내저장소 또는 옥외저장소에 있어서 다음의 규정에 의한 위험물을 저장하는 경우로서 위험물을 유별로 정리하여 저장하는 한편, 서로 1m 이상의 간격을 두는 경우에는 그러하지 아니하다.
㉠ 제1류 위험물(알칼리금속의 과산화물 또는 이를 함유한 것을 제외한다)과 제5류 위험물을 저장하는 경우
㉡ 제1류 위험물과 제6류 위험물을 저장하는 경우
㉢ 제1류 위험물과 제3류 위험물 중 자연발화성 물질(황린 또는 이를 함유한 것에 한한다)을 저장하는 경우
㉣ 제2류 위험물 중 인화성 고체와 제4류 위험물을 저장하는 경우
㉤ 제3류 위험물 중 알킬알루미늄 등과 제4류 위험물(알킬알루미늄 또는 알킬리튬을 함유한 것에 한한다)을 저장하는 경우
㉥ 제4류 위험물과 제5류 위험물 중 유기과산화물 또는 이를 함유한 것을 저장하는 경우

답 ①

11 위험물을 저장 또는 취급하는 탱크의 용량은 해당 탱크의 내용적에서 공간용적을 뺀 용적으로 한다. 위험물안전관리법령상 공간용적을 옳게 나타낸 것은?

① 탱크 용적의 2/100 이상, 5/100 이하
② 탱크 용적의 5/100 이상, 10/100 이하
③ 탱크 용적의 3/100 이상, 8/100 이하
④ 탱크 용적의 7/100 이상, 10/100 이하

 탱크의 공간용적은 탱크 용적의 100분의 5 이상, 100분의 10 이하로 한다.

답 ②

12 다음 중 은백색의 광택성 물질로서 비중이 약 1.74인 위험물은?

① Cu
② Fe
③ Al
④ Mg

 마그네슘은 알칼리토금속에 속하는 대표적인 경금속으로 은백색의 광택이 있는 금속으로 공기 중에서 서서히 산화하여 광택을 잃는다. 원자량 24, 비중 1.74, 융점 650℃, 비점 1,107℃, 착화온도 473℃이다.

답 ④

13 산화프로필렌에 대한 설명 중 틀린 것은?

① 무색의 휘발성 액체이다.

② 증기의 비중은 공기보다 크다.

③ 인화점은 약 −37℃이다.

④ 발화점은 약 100℃이다.

 해설 분자량(58), 비중(0.82), 증기비중(2.0), 비점(35℃), 인화점(−37℃), 발화점(449℃)이 매우 낮고 연소범위(2.5~38.5%)가 넓어 증기는 공기와 혼합하여 작은 점화원에 의해 인화 폭발의 위험이 있으며 연소속도가 빠르다.

답 ④

14 과산화수소의 분해 방지 안정제로 사용할 수 있는 물질은?

① 구리　　　　　② 은

③ 인산　　　　　④ 목탄분

해설 유리는 알칼리성으로 분해를 촉진하므로 피하고 가열, 화기, 직사광선을 차단하며 농도가 높을수록 위험성이 크므로 분해 방지 안정제(인산, 요산 등)를 넣어 발생기 산소의 발생을 억제한다.

답 ③

15 다음 중 1차 이온화 에너지가 작은 금속에 대한 설명으로 잘못된 것은?

① 전자를 잃기 쉽다.

② 산화되기 쉽다.

③ 환원력이 작다.

④ 양이온이 되기 쉽다.

해설 기체상태의 원자로부터 전자 1개를 제거하는 데 필요한 에너지를 이온화 에너지라 한다. 이온화 에너지가 작을수록 전자를 잃기 쉽고, 산화되기 쉬우며, 양이온이 되기 쉽다.

답 ③

16 위험물안전관리법령상 스프링클러설비의 쌍구형 송수구를 설치하는 기준으로 틀린 것은?

① 송수구의 결합금속구는 탈착식 또는 나사식으로 한다.

② 송수구에는 그 직근의 보기 쉬운 장소에 송수용량 및 송수시간을 함께 표시하여야 한다.

③ 소방펌프자동차가 용이하게 접근할 수 있는 위치에 설치한다.

④ 송수구의 결합금속구는 지면으로부터 0.5m 이상, 1m 이하 높이의 송수에 지장이 없는 위치에 설치한다.

해설 쌍구형의 송수구 설치기준
　㉠ 전용으로 할 것
　㉡ 송수구의 결합금속구는 탈착식 또는 나사식으로 하고 내경을 63.5mm 내지 66.5mm로 할 것
　㉢ 송수구의 결합금속구는 지면으로부터 0.5m 이상, 1m 이하의 높이의 송수에 지장이 없는 위치에 설치할 것
　㉣ 송수구는 해당 스프링클러설비의 가압송수장치로부터 유수검지장치 · 압력검지장치 또는 일제개방형 밸브 · 수동식 개방밸브까지의 배관에 전용의 배관으로 접속할 것
　㉤ 송수구에는 그 직근의 보기 쉬운 장소에 "스프링클러용 송수구"라고 표시하고 그 송수 압력범위를 함께 표시할 것

답 ②

17 알칼리금속의 과산화물에 물을 뿌렸을 때 발생하는 기체는?

① 수소

② 산소

③ 메테인

④ 포스핀

해설 알칼리금속(리튬, 나트륨, 칼륨, 세슘, 루비듐)의 무기과산화물은 물과 격렬하게 발열반응하여 분해되고, 다량의 산소가 발생한다.

답 ②

18 표준상태에서 질량이 0.8g이고 부피가 0.4L인 혼합기체의 평균 분자량은?

① 22.2　　　　　② 32.4

③ 33.6　　　　　④ 44.8

이상기체 방정식으로 기체의 분자량을 구한다.

$$PV = nRT$$

n은 몰(mole)수이며 $n = \dfrac{w(g)}{M(분자량)}$ 이므로

$$PV = \dfrac{wRT}{M}, \quad \therefore \ M = \dfrac{wRT}{PV}$$

$$
\begin{aligned}
M &= \dfrac{wRT}{PV} \\
&= \dfrac{0.8g \times 0.082 L \cdot atm/K \cdot mol \times (0+273.15)K}{1atm \times 0.4L} \\
&= 44.8 g/mol
\end{aligned}
$$

답 ④

19 옥테인가에 대한 설명으로 옳은 것은?

① 노말펜테인을 100, 옥테인을 0으로 한 것이다.

② 옥테인을 100, 펜테인을 0으로 한 것이다.

③ 아이소옥테인을 100, 헥세인을 0으로 한 것이다.

④ 아이소옥테인을 100, 노말헵테인을 0으로 한 것이다.

$$옥테인가 = \dfrac{아이소옥테인}{아이소옥테인 + 노말헵테인} \times 100$$

㉠ 옥테인값이 0인 물질 : 노말헵테인(C_7H_{16})

㉡ 옥테인값이 100인 물질 : 아이소옥테인(C_8H_{18})

답 ④

20 지정수량의 단위가 나머지 셋과 다른 하나는?

① 사이클로헥세인　　② 과염소산

③ 스타이렌　　　　　④ 초산

 사이클로헥세인, 스타이렌, 초산 : 제4류 위험물로 L 단위이며, 과염소산은 제6류 위험물로 kg 단위이다.

답 ②

21 위험물안전관리법령상 제1류 위험물에 해당하는 것은?

① 염소화아이소사이아누르산

② 질산구아니딘

③ 염소화규소화합물

④ 금속의 아지드화합물

㉮ 제1류 위험물 중 그 밖에 행정안전부령이 정하는 것

　㉠ 과아이오딘산염류

　㉡ 과아이오딘산

　㉢ 크로뮴, 납 또는 아이오딘의 산화물

　㉣ 아질산염류

　㉤ 차아염소산염류

　㉥ 염소화아이소사이아누르산

　㉦ 퍼옥소이황산염류

　㉧ 퍼옥소붕산염류

㉯ 제3류 위험물 중 그 밖에 행정안전부령이 정하는 것

　㉠ 염소화규소화합물

㉰ 제5류 위험물 중 그 밖에 행정안전부령이 정하는 것

　㉠ 금속의 아지드화합물

　㉡ 질산구아니딘

답 ①

22 다음 중 분해온도가 가장 높은 것은?

① KNO_3　　　　　② BaO_2

③ $(NH_4)_2Cr_2O_7$　　④ NH_4ClO_3

화학식	KNO_3	BaO_2	$(NH_4)_2Cr_2O_7$	NH_4ClO_3
품목명	질산칼륨	과산화바륨	다이크로뮴산암모늄	염소산암모늄
분해온도	400℃	840℃	185℃	100℃

답 ②

23 위험물안전관리법령상 옥내저장소를 설치함에 있어서 저장창고의 바닥을 물이 스며 나오거나 스며들지 않는 구조로 하여야 하는 위험물에 해당하지 않는 것은?

① 제1류 위험물 중 알칼리금속의 과산화물

② 제2류 위험물 중 철분·금속분·마그네슘

③ 제4류 위험물

④ 제6류 위험물

 옥내저장소 바닥이 물이 스며 나오거나 스며들지 아니하는 구조로 해야 하는 위험물의 종류

㉠ 제1류 위험물 중 알칼리금속의 과산화물 또는 이를 함유하는 것

㉡ 제2류 위험물 중 철분·금속분·마그네슘 또는 이 중 어느 하나 이상을 함유하는 것

㉢ 제3류 위험물 중 금수성 물질

㉣ 제4류 위험물

답 ④

24 다음은 용량 100만L 미만의 액체 위험물 저장탱크에 실시하는 충수·수압 시험의 검사 기준에 관한 설명이다. 탱크 중 "압력탱크 외의 탱크"에 대해서 실시하여야 하는 검사의 내용이 아닌 것은?

① 옥외저장탱크 및 옥내저장탱크는 충수시험을 실시하여야 한다.

② 지하저장탱크는 70kPa의 압력으로 10분간 수압시험을 실시하여야 한다.

③ 이동저장탱크는 최대상용압력의 1.5배의 압력으로 10분간 수압시험을 실시하여야 한다.

④ 이중벽탱크 중 강제 강화 이중벽탱크는 70kPa의 압력으로 10분간 수압시험을 실시하여야 한다.

해설 이동탱크저장소의 탱크구조기준
압력탱크(최대상용압력이 46.7kPa 이상인 탱크) 외의 탱크는 70kPa의 압력으로, 압력탱크는 최대상용압력의 1.5배의 압력으로 각각 10분간 수압시험을 실시하여 새거나 변형되지 아니할 것

답 ③

25 다음 A, B 같은 작업공정을 가진 경우 위험물안전관리법상 허가를 받아야 하는 제조소 등의 종류를 옳게 짝지은 것은? (단, 지정수량 이상을 취급하는 경우이다.)

A : 원료(비위험물) ─작업→ 제품(위험물)

B : 원료(위험물) ─작업→ 제품(비위험물)

① A : 위험물제조소, B : 위험물제조소
② A : 위험물제조소, B : 위험물취급소
③ A : 위험물취급소, B : 위험물제조소
④ A : 위험물취급소, B : 위험물취급소

해설 ㉠ 위험물제조소 : 위험물 또는 비위험물을 원료로 사용하여 위험물을 생산하는 시설
㉡ 위험물 일반취급소 : 위험물을 사용하여 일반제품을 생산, 가공 또는 세척하거나 버너 등에 소비하기 위하여 1일에 지정수량 이상의 위험물을 취급하는 시설을 말한다.

답 ②

26 다음 위험물이 속하는 위험물안전관리법령 상 품명이 나머지 셋과 다른 하나는?

① 클로로벤젠　② 아닐린
③ 나이트로벤젠　④ 글리세린

해설 제4류 위험물의 종류와 지정수량

성질	위험등급	품명	지정수량
인화성 액체	I	특수 인화물류(다이에틸에터, 이황화탄소, 아세트알데하이드, 산화프로필렌)	50L
	II	제1석유류 비수용성(가솔린, 벤젠, 톨루엔, 사이클로헥세인, 콜로디온, 메틸에틸케톤, 초산메틸, 초산에틸, 의산에틸, 헥세인 등)	200L
		제1석유류 수용성(아세톤, 피리딘, 아크롤레인, 의산메틸, 사이안화수소 등)	400L
		알코올류(메틸알코올, 에틸알코올, 프로필알코올, 아이소프로필알코올)	400L
	III	제2석유류 비수용성(등유, 경유, 스타이렌, 자일렌(o-, m-, p-), 클로로벤젠, 장뇌유, 뷰틸알코올, 알릴알코올, 아밀알코올 등)	1,000L
		제2석유류 수용성(폼산, 초산, 하이드라진, 아크릴산 등)	2,000L
		제3석유류 비수용성(중유, 크레오소트유, 아닐린, 나이트로벤젠, 나이트로톨루엔 등)	2,000L
		제3석유류 수용성(에틸렌글리콜, 글리세린 등)	4,000L
		제4석유류 기어유, 실린더유, 윤활유, 가소제	6,000L
		동식물유류(아마인유, 들기름, 동유, 야자유, 올리브유 등)	10,000L

답 ①

27 다음 중 물속에 저장하여야 하는 위험물은?

① 적린   ② 황린

③ 황화인   ④ 황

 황린(P_4)은 자연발화성이 있어 물속에 저장하며, 온도 상승 시 물의 산성화가 빨라져서 용기를 부식시키므로 직사광선을 피하여 저장한다. 또한, 인화수소(PH_3)의 생성을 방지하기 위해 보호액은 약알칼리성 pH 9로 유지하기 위하여 알칼리제(석회 또는 소다회 등)로 pH를 조절한다.

답 ②

28 자연발화를 일으키기 쉬운 조건으로 옳지 않은 것은?

① 표면적이 넓을 것

② 발열량이 클 것

③ 주위의 온도가 높을 것

④ 열전도율이 클 것

 열전도율이 크면 열이 축적되기 어려우므로 자연발화를 일으키기 어렵다.

답 ④

29 원형관 속에서 유속 3m/s로 1일 동안 20,000m³의 물을 흐르게 하는 데 필요한 관의 내경은 약 몇 mm인가?

① 414   ② 313

③ 212   ④ 194

$$Q = uA = u \times \frac{\pi}{4}D^2 \rightarrow D = \sqrt{\frac{4Q}{\pi u}}$$

$$\therefore D = \sqrt{\frac{4Q}{\pi u}}$$
$$= \sqrt{\frac{4 \times 20,000\text{m}^3}{3.14 \times 3\text{m/s} \times 24\text{hr} \times 3,600\text{s/hr}}}$$
$$= 0.31351\text{m} = 313.51\text{mm}$$

답 ②

30 소화난이도 등급 Ⅰ에 해당하는 옥외저장소 및 이송취급소의 소화설비로 적합하지 않은 것은?

① 화재 발생 시 연기가 충만할 우려가 있는 장소에는 스프링클러설비

② 이동식 이외의 이산화탄소소화설비

③ 옥외소화전설비

④ 옥내소화전설비

옥외저장소 및 이송취급소	옥내소화전설비, 옥외소화전설비, 스프링클러설비 또는 물분무 등 소화설비(화재 발생 시 연기가 충만할 우려가 있는 장소에는 스프링클러설비 또는 이동식 이외의 물분무 등 소화설비에 한한다)

답 ②

31 분자량이 32이며, 물에 불용성인 황색 결정의 위험물은?

① 오황화인   ② 황린

③ 적린   ④ 황

명칭	오황화인	황린	적린	황
화학식	P_2S_5	P_4	P	S
분자량	222	124	31	32

답 ④

32 유별을 달리하는 위험물 중 운반 시에 혼재가 불가한 것은? (단, 모든 위험물은 지정수량 이상이다.)

① 아염소산나트륨과 질산

② 마그네슘과 나이트로글리세린

③ 나트륨과 벤젠

④ 과산화수소와 경유

 유별을 달리하는 위험물의 혼재기준

위험물의 구분	제1류	제2류	제3류	제4류	제5류	제6류
제1류		×	×	×	×	○
제2류	×		×	○	○	×
제3류	×	×		○	×	×
제4류	×	○	○		○	×
제5류	×	○	×	○		×
제6류	○	×	×	×	×	

과산화수소(제6류)와 경유(제4류)는 혼재불가하다.

답 ④

33 Halon 1211에 해당하는 할로젠화합물소화약제는?

① CH_2ClBr　　　② CF_2ClBr

③ CCl_2FBr　　　④ CBr_2FCl

 해설 Halon의 경우 첫 번째 원소는 C, 두 번째 원소는 F, 세 번째 원소는 Cl, 네 번째 원소는 Br이므로 CF_2ClBr이다.

답 ②

34 금속나트륨의 성질에 대한 설명으로 옳은 것은?

① 불꽃 반응은 파란색을 띤다.

② 물과 반응하여 발열하고 가연성 가스를 만든다.

③ 은백색의 중금속이다.

④ 물보다 무겁다.

 해설 은백색의 무른 금속으로 물보다 가볍고 노란색 불꽃을 내면서 연소한다. 물과 격렬히 반응하여 발열하고 수소가 발생한다.

$2Na + 2H_2O \rightarrow 2NaOH + H_2$

답 ②

35 메테인 50%, 에테인 30%, 프로페인 20%의 부피비로 혼합된 가스의 공기 중 폭발하한계 값은? (단, 메테인, 에테인, 프로페인의 폭발하한계는 각각 5vol%, 3vol%, 2vol%이다.)

① 1.1vol%　　　② 3.3vol%

③ 5.5vol%　　　④ 7.7vol%

 해설 르 샤틀리에(Le Chatelier)의 혼합가스 폭발범위를 구하는 식

$$\frac{100}{L} = \frac{V_1}{L_1} + \frac{V_2}{L_2} + \frac{V_3}{L_3} + \cdots$$

$$\therefore L = \frac{100}{\left(\dfrac{V_1}{L_1} + \dfrac{V_2}{L_2} + \dfrac{V_3}{L_3} + \cdots\right)}$$

$$= \frac{100}{\left(\dfrac{50}{5} + \dfrac{30}{3} + \dfrac{20}{2}\right)} = 3.33$$

여기서, L : 혼합가스의 폭발 한계치

L_1, L_2, L_3 : 각 성분의 단독 폭발 한계치(vol%)

V_1, V_2, V_3 : 각 성분의 체적(vol%)

답 ②

36 연소 시 발생하는 유독가스의 종류가 동일한 것은?

① 칼륨, 나트륨

② 아세트알데하이드, 이황화탄소

③ 황린, 적린

④ 탄화알루미늄, 인화칼슘

 해설 $P_4 + 5O_2 \rightarrow 2P_2O_5$

$4P + 5O_2 \rightarrow 2P_2O_5$

답 ③

37 가열하였을 때 열분해하여 질소가스가 발생하는 것은?

① 과산화칼슘

② 브로민산칼륨

③ 삼산화크로뮴

④ 다이크로뮴산암모늄

 해설 다이크로뮴산암모늄은 적색 또는 등적색의 침상 결정으로 융점(185℃) 이상 가열하면 분해된다.

$(NH_4)_2Cr_2O_7 \rightarrow N_2 + 4H_2O + Cr_2O_3$

답 ④

38 다음 위험물의 지정수량이 옳게 연결된 것은?

① $Ba(ClO_4)_2 - 50kg$

② $NaBrO_3 - 100kg$

③ $Sr(NO_3)_2 - 500kg$

④ $KMnO_4 - 500kg$

 해설 ② 브로민산염류 : 300kg

③ 질산염류 : 300kg

④ 과망가니즈산염류 : 1,000kg

답 ①

39 개방된 중유 또는 원유 탱크 화재 시 포를 방사하면 소화약제가 비등 증발하며 확산의 위험이 발생한다. 이 현상은?

① 보일오버 현상　　　② 슬롭오버 현상

③ 플래시오버 현상　　　④ 블레비 현상

① 보일오버 현상 : 유류탱크에서 탱크 바닥에 물과 기름의 에멀전이 섞여 있을 때 이로 인하여 화재가 발생하는 현상

③ 플래시오버 현상 : 화재로 인하여 실내의 온도가 급격히 상승하여 가연물이 일시에 폭발적으로 착화현상을 일으켜 화재가 순간적으로 실내 전체에 확산되는 현상(=순발연소, 순간연소)

④ 블레비 현상 : 가연성 액체 저장탱크 주위에서 화재 등이 발생하여 기상부의 탱크 강판이 국부적으로 가열되면 그 부분의 강도가 약해져 그로 인해 탱크가 파열된다. 이때 내부에서 가열된 액화가스가 급격히 유출, 팽창되어 화구(fire ball)를 형성하며 폭발하는 형태

답 ②

40 과산화수소에 대한 설명 중 틀린 것은?

① 햇빛에 의해 분해되어 산소를 방출한다.
② 일정 농도 이상이면 단독으로 폭발할 수 있다.
③ 벤젠이나 석유에 쉽게 용해되어 급격히 분해된다.
④ 농도가 진한 것은 피부에 접촉 시 수종을 일으킬 위험이 있다.

 강한 산화성이 있고, 물, 알코올, 에터 등에는 녹으나 석유나 벤젠 등에는 녹지 않는다.

답 ③

41 위험물안전관리법령상 가연성 고체 위험물에 대한 설명 중 틀린 것은?

① 비교적 낮은 온도에서 착화되기 쉬운 가연물이다.
② 연소속도가 대단히 빠른 고체이다.
③ 철분 및 마그네슘을 포함하여 주수에 의한 냉각소화를 해야 한다.
④ 산화제와의 접촉을 피해야 한다.

 철분 및 마그네슘의 경우 물과 접촉 시 가연성의 수소가스가 발생하므로 모래 또는 소다재로 소화해야 한다.

답 ③

42 인화점이 0℃보다 낮은 물질이 아닌 것은?

① 아세톤　　　　② 자일렌
③ 휘발유　　　　④ 벤젠

 자일렌은 3가지 이성질체가 있으며, o-자일렌은 제1석유류로 인화점이 17℃이며, m-자일렌과 p-자일렌은 인화점이 23℃로서 제2석유류에 해당한다.

답 ②

43 다음 중 산소와의 화합반응이 가장 일어나지 않는 것은?

① N　　　　　　② S
③ He　　　　　④ P

 0족 기체인 He, Ne, Ar, Kr, Xe, Rn은 다른 원소와 반응하지 않는 비활성 기체에 해당한다.

답 ③

44 위험물안전관리법령상 제3종 분말소화설비가 적응성이 있는 것은?

① 과산화바륨　　② 마그네슘
③ 질산에틸　　　④ 과염소산

 과염소산은 제6류 위험물로 인산암모늄에 의한 분말소화가 가능하다.

답 ④

45 다음의 저장소에 있어서 1인의 위험물 안전관리자를 중복하여 선임할 수 있는 경우에 해당하지 않는 것은?

① 동일 구내에 있는 7개의 옥내저장소를 동일인이 설치한 경우
② 동일 구내에 있는 21개의 옥외탱크저장소를 동일인이 설치한 경우
③ 상호 100m 이내의 거리에 있는 15개의 옥외저장소를 동일인이 설치한 경우
④ 상호 100m 이내의 거리에 있는 6개의 암반탱크저장소를 동일인이 설치한 경우

다수의 제조소 등을 설치한 자가 1인의 안전관리자를 중복하여 선임할 수 있는 경우

㉮ 보일러·버너 또는 이와 비슷한 것으로서 위험물을 소비하는 장치로 이루어진 7개 이하의 일반취급소와 그 일반취급소에 공급하기 위한 위험물을 저장하는 저장소를 동일인이 설치한 경우

㉯ 위험물을 차량에 고정된 탱크 또는 운반용기에 옮겨 담기 위한 5개 이하의 일반취급소[일반취급소 간의 거리가 300m 이내인 경우에 한한다]와 그 일반취급소에 공급하기 위한 위험물을 저장하는 저장소를 동일인이 설치한 경우

㉰ 동일 구내에 있거나 상호 100m 이내의 거리에 있는 저장소로서 저장소의 규모, 저장하는 위험물의 종류 등을 고려하여 행정안전부령이 정하는 저장소를 동일인이 설치한 경우

㉱ 다음의 기준에 모두 적합한 5개 이하의 제조소 등을 동일인이 설치한 경우
　㉠ 각 제조소 등이 동일 구내에 위치하거나 상호 100m 이내의 거리에 있을 것
　㉡ 각 제조소 등에서 저장 또는 취급하는 위험물의 최대수량이 지정수량의 3,000배 미만일 것(단, 저장소는 제외)

㉲ 10개 이하의 옥내저장소
㉳ 30개 이하의 옥외탱크저장소
㉴ 옥내탱크저장소
㉵ 지하탱크저장소
㉶ 간이탱크저장소
㉷ 10개 이하의 옥외저장소
㉸ 10개 이하의 암반탱크저장소

답 ③

46 위험물안전관리법령상 제4류 위험물 중에서 제1석유류에 속하는 것은?

① CH_3CHOCH_2
② $C_2H_5COCH_3$
③ CH_3CHO
④ CH_3COOH

화학식	① CH_3CHOCH_2	② $C_2H_5COCH_3$
명칭	산화프로필렌	메틸에틸케톤
품명	특수 인화물	제1석유류
화학식	③ CH_3CHO	④ CH_3COOH
명칭	아세트알데하이드	초산
품명	특수 인화물	제2석유류

답 ②

47 위험물안전관리법령상 품명이 무기과산화물에 해당하는 것은?

① 과산화리튬
② 과산화수소
③ 과산화벤조일
④ 과산화초산

명칭	① 과산화리튬	② 과산화수소
화학식	Li_2O_2	H_2O_2
유별	제1류	제6류
품명	무기과산화물	과산화수소
명칭	③ 과산화벤조일	④ 과산화초산
화학식	$(C_6H_5CO)_2O_2$	CH_3COOH
유별	제5류	제5류
품명	유기과산화물	유기과산화물

답 ①

48 위험물의 화재 위험에 대한 설명으로 옳지 않은 것은?

① 연소범위의 상한값이 높을수록 위험하다.
② 착화점이 높을수록 위험하다.
③ 폭발범위가 넓을수록 위험하다.
④ 연소속도가 빠를수록 위험하다.

 착화점이 낮을수록 위험하다.

답 ②

49 위험물안전관리법상 알코올류가 위험물이 되기 위하여 갖추어야 할 조건이 아닌 것은?

① 한 분자 내의 탄소 원자 수가 1개부터 3개까지일 것
② 포화 알코올일 것
③ 수용액일 경우 위험물안전관리법에서 정의한 알코올 함유량이 60wt% 이상일 것
④ 2가 이상의 알코올일 것

 "알코올류"라 함은 1분자를 구성하는 탄소 원자의 수가 1개부터 3개까지인 포화1가 알코올(변성알코올을 포함한다)을 말한다. 다만, 다음의 하나에 해당하는 것은 제외한다.

㉠ 1분자를 구성하는 탄소 원자의 수가 1개 내지 3개인 포화1가 알코올의 함유량이 60wt% 미만인 수용액
㉡ 가연성 액체량이 60wt% 미만이고 인화점 및 연소점(태그개방식 인화점측정기에 의한 연소점을 말한다)이 에틸알코올 60wt% 수용액의 인화점 및 연소점을 초과하는 것

답 ④

50 1기압, 100℃에서 1kg의 이황화탄소가 모두 증기가 된다면 부피는 약 몇 L가 되겠는가?

① 201   ② 403
③ 603   ④ 804

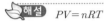 해설 $PV = nRT$

n은 몰(mole)수이며 $n = \dfrac{w(g)}{M(분자량)}$ 이므로

$PV = \dfrac{wRT}{M}$

$\therefore V = \dfrac{wRT}{PM}$

$= \dfrac{1,000g \times 0.082L \cdot atm/K \cdot mol \times (100+273.15)}{1atm \times 76g/mol}$

$= 402.61L$

 답 ②

51 위험물안전관리법령상 나트륨의 위험등급은?

① 위험등급 Ⅰ   ② 위험등급 Ⅱ
③ 위험등급 Ⅲ   ④ 위험등급 Ⅳ

 해설 나트륨은 제3류 위험물로서 위험등급 Ⅰ에 해당한다.

 답 ①

52 위험물제조소와 시설물 사이에 불연재료로 된 방화상 유효한 담을 설치하는 경우에는 법정의 안전거리를 단축할 수 있다. 다음 중 이러한 안전거리 단축이 가능한 시설물에 해당하지 않는 것은?

① 사용전압 7,000V 초과, 35,000V 이하의 특고압 가공전선
② 문화재보호법에 의한 문화재 중 지정문화재
③ 초등학교
④ 주택

 해설 취급하는 위험물이 최대수량(지정수량 배수)의 10배 미만이고, 주거용 건축물, 문화재, 학교 등의 경우 불연재료로 된 방화상 유효한 담 또는 벽을 설치하는 경우에는 안전거리를 단축할 수 있다.

 답 ①

53 위험물과 그 위험물이 물과 접촉하여 발생하는 가스를 틀리게 나타낸 것은?

① 탄화마그네슘 : 프로페인
② 트라이에틸알루미늄 : 에테인
③ 탄화알루미늄 : 메테인
④ 인화칼슘 : 포스핀

 해설 $MgC_2 + 2H_2O \rightarrow Mg(OH)_2 + C_2H_2$

 답 ①

54 다음의 요건을 모두 충족하는 위험물은?

- 과아이오딘산과 함께 적재하여 운반하는 것은 법령 위반이다.
- 위험등급 Ⅱ에 해당하는 위험물이다.
- 원칙적으로 옥외저장소에 저장·취급하는 것은 위법이다.

① 염소산염류
② 고형 알코올
③ 질산에스터류
④ 금속의 아지화합물

 해설

명칭	염소산염류	고형 알코올
유별	제1류	제2류
위험등급	위험등급 Ⅰ	위험등급 Ⅲ
명칭	질산에스터류	금속의 아지화합물
유별	제5류	제5류
위험등급	위험등급 Ⅰ	위험등급 Ⅱ

답 ④

55 근래 인간공학이 여러 분야에서 크게 기여하고 있다. 다음 중 어느 단계에서 인간공학적 지식이 고려됨으로써 기업에 가장 큰 이익을 줄 수 있는가?

① 제품의 개발단계
② 제품의 구매단계
③ 제품의 사용단계
④ 작업자의 채용단계

 해설 제품을 개발하는 단계에서 신제품의 성공은 기업에 큰 이익을 제공할 수 있다.

 답 ①

56 다음 [표]를 참조하여 5개월 단순이동평균법으로 7월의 수요를 예측하면 몇 개인가?

월	1	2	3	4	5	6
실적(개)	48	50	53	60	64	68

① 55개
② 57개
③ 58개
④ 59개

 해설 이동평균법 예측치

예측치 $F_t = \dfrac{\text{기간의 실적치}}{\text{기간의 수}}$

$= \dfrac{50+53+60+64+68}{5}$

$= 59$개

답 ④

57 도수분포표에서 도수가 최대인 계급의 대푯값을 정확히 표현한 통계량은?

① 중위수
② 시료평균
③ 최빈수
④ 미드레인지(midrange)

 해설 최빈값은 자료 중에서 가장 많이 나타나는 값으로서 모집단의 중심적 경향을 나타내는 측도에 해당한다.

답 ③

58 다음 중 두 관리도가 모두 푸아송분포를 따르는 것은?

① $\overline{x}$ 관리도, R 관리도
② c 관리도, u 관리도
③ np 관리도, p 관리도
④ c 관리도, p 관리도

답 ②

59 전수 검사와 샘플링 검사에 관한 설명으로 가장 올바른 것은?

① 파괴 검사의 경우에는 전수 검사를 적용한다.
② 전수 검사가 일반적으로 샘플링 검사보다 품질향상에 자극을 더 준다.
③ 검사항목이 많을 경우 전수 검사보다 샘플링 검사가 유리하다.
④ 샘플링 검사는 부적합품이 섞여 들어가서는 안 되는 경우에 적용한다.

 해설 ㉠ 전수 검사란 검사 로트 내의 검사 단위 모두를 하나하나 검사하여 합격, 불합격 판정을 내리는 것으로 일명 100% 검사라고도 한다. 예컨대 자동차의 브레이크 성능, 크레인의 브레이크 성능, 프로페인 용기의 내압성능 등과 같이 인체 생명 위험 및 화재 발생 위험이 있는 경우 및 보석류와 같이 아주 고가 제품의 경우에는 전수 검사가 적용된다. 그러나 대량품, 연속체, 파괴 검사와 같은 경우는 전수 검사를 적용할 수 없다.
㉡ 샘플링 검사는 로트로부터 추출한 샘플을 검사하여 그 로트의 합격, 불합격을 판정하고 있기 때문에 합격된 로트 중에 다소의 불량품이 들어있게 되지만, 샘플링 검사에서는 검사된 로트 중에 불량품의 비율이 확률적으로 어떤 범위 내에 있다는 것을 보증할 수 있다.

답 ③

60 다음 중 반즈(Ralph M. Barnes)가 제시한 동작경제 원칙에 해당되지 않는 것은?

① 표준작업의 원칙
② 신체의 사용에 관한 원칙
③ 작업장의 배치에 관한 원칙
④ 공구 및 설비의 디자인에 관한 원칙

 해설 반즈의 동작경제의 원칙은 인체의 사용에 관한 원칙, 작업장의 배열에 관한 원칙, 그리고 공구 및 장비의 설계에 관한 원칙이 있다.

답 ①

제56회
(2014년 7월 시행)

위험물기능장 필기

01 다음 반응에서 과산화수소가 산화제로 작용한 것은?

> ⓐ $2HI + H_2O_2 \rightarrow I_2 + 2H_2O$
> ⓑ $MnO_2 + H_2O_2 + H_2SO_4$
> $\rightarrow MnSO_4 + 2H_2O + O_2$
> ⓒ $PbS + 4H_2O_2 \rightarrow PbSO_4 + 4H_2O$

① ⓐ, ⓑ
② ⓐ, ⓒ
③ ⓑ, ⓒ
④ ⓐ, ⓑ, ⓒ

 산화수(oxidation number)를 정하는 규칙
㉮ 자유상태에 있는 원자, 분자의 산화수는 0이다.
㉯ 단원자 이온의 산화수는 이온의 전하와 같다.
㉰ 화합물 안의 모든 원자의 산화수 합은 0이다.
㉱ 다원자 이온에서 산화수 합은 그 이온의 전하와 같다.
㉲ 알칼리금속, 알칼리토금속, III_A족 금속의 산화수는 +1, +2, +3이다.
㉳ 플루오린화합물에서 플루오린의 산화수는 −1, 다른 할로젠은 −1이 아닌 경우도 있다.
㉴ 수소의 산화수는 금속과 결합하지 않으면 +1, 금속의 수소화물에서는 −1이다.
㉵ 산소의 산화수 = −2, 과산화물 = −1, 초과산화물 = $-\frac{1}{2}$, 불산화물 = +2

> ⓐ $2HI + H_2O_2 \rightarrow I_2 + 2H_2O$
> ⓑ $MnO_2 + H_2O_2 + H_2SO_4$
> $\rightarrow MnSO_4 + 2H_2O + O_2$
> ⓒ $PbS + 4H_2O_2 \rightarrow PbSO_4 + 4H_2O$

ⓐ와 ⓒ 공히 반응물 H_2O_2에서 산소의 산화수는 −1이다. 생성물 H_2O에서 산소의 산화수는 −2이므로 산화수가 −1에서 −2로 감소하였으므로 환원되면서 산화제로 작용한다. 반면 ⓑ의 경우 반응물 H_2O_2에서 산소의 산화수는 −1이다. 생성물 O_2에서 산소의 산화수는 0이므로 산화수가 −1에서 0으로 증가하였으므로 산화되면서 환원제로 작용한다.

답 ②

02 위험물안전관리법령에서 정한 자기반응성 물질이 아닌 것은?

① 유기금속화합물
② 유기과산화물
③ 금속의 아지화합물
④ 질산구아니딘

 유기금속화합물은 제3류 위험물로서 자연발화성 물질 및 금수성 물질에 해당한다.

답 ①

03 다음 중 강화액소화기의 방출방식으로 가장 많이 쓰이는 것은?

① 가스가압식
② 반응식(파병식)
③ 축압식
④ 전도식

답 ③

04 다음 중 인화점이 가장 낮은 물질은?

① 아이소프로필알코올
② n−뷰틸알코올
③ 에틸렌글리콜
④ 아세트산

품목	아이소프로필알코올	n−뷰틸알코올
화학식	C_3H_7OH	C_4H_9OH
인화점	12℃	35℃
품목	에틸렌글리콜	아세트산
화학식	$C_2H_4(OH)_2$	CH_3COOH
인화점	111℃	40℃

답 ①

05 위험물안전관리법령상 위험물의 운송 시 혼재할 수 없는 위험물은? (단, 지정수량의 $\frac{1}{10}$ 초과의 위험물이다.)

① 적린과 경유

② 칼륨과 등유

③ 아세톤과 나이트로셀룰로스

④ 과산화칼륨과 자일렌

 유별을 달리하는 위험물의 혼재기준

위험물의 구분	제1류	제2류	제3류	제4류	제5류	제6류
제1류		×	×	×	×	○
제2류	×		×	○	○	×
제3류	×	×		○	×	×
제4류	×	○	○		○	×
제5류	×	○	×	○		×
제6류	○	×	×	×	×	

과산화칼륨(제1류), 자일렌(제4류)이므로 제1류와 제4류는 혼재할 수 없다.

답 ④

06 스프링클러소화설비가 전체적으로 적응성이 있는 대상물은?

① 제1류 위험물　　② 제2류 위험물

③ 제4류 위험물　　④ 제5류 위험물

 제5류 위험물은 다량의 주수에 의한 냉각소화가 유효하다.

답 ④

07 위험물안전관리법령에서 정한 위험물을 수납하는 경우의 운반용기에 관한 기준으로 옳은 것은?

① 고체 위험물은 운반용기 내용적의 98% 이하로 수납한다.

② 액체 위험물은 운반용기 내용적의 95% 이하로 수납한다.

③ 고체 위험물의 내용적은 25℃를 기준으로 한다.

④ 액체 위험물은 55℃에서 누설되지 않도록 공간용적을 유지하여야 한다.

 위험물 운반에 관한 기준

㉠ 고체 위험물은 운반용기 내용적의 95% 이하의 수납률로 수납한다.

㉡ 액체 위험물은 운반용기 내용적의 98% 이하의 수납률로 수납하되, 55℃의 온도에서 누설되지 아니하도록 충분한 공간용적을 유지하도록 한다.

답 ④

08 비중이 1.15인 소금물이 무한히 큰 탱크의 밑면에서 내경 3cm인 관을 통하여 유출된다. 유출구 끝이 탱크 수면으로부터 3.2m 하부에 있다면 유출속도는 얼마인가? (단, 배출 시의 마찰손실은 무시한다.)

① 2.92m/s　　② 5.92m/s

③ 7.92m/s　　④ 12.92m/s

 유출속도

$$u = \sqrt{2gH}$$

여기서, g : 중력가속도(9.8m/s^2)

H : 수두[m]

$$\therefore u = \sqrt{2gH} = \sqrt{2 \times 9.8 \times 3.2} = 7.92\text{m/s}$$

답 ③

09 Halon 1211과 Halon 1301 소화약제에 대한 설명 중 틀린 것은?

① 모두 부촉매효과가 있다.

② 증기는 모두 공기보다 무겁다.

③ 증기비중과 액체비중 모두 Halon 1211이 더 크다.

④ 소화기의 유효방사거리는 Halon 1301이 더 길다.

 할론 1211의 유효방사거리는 4~5m이며, 할론 1301의 유효방사거리는 3~4m로 할론 1211이 더 길다.

답 ④

10 물체의 표면온도가 200℃에서 500℃로 상승하면 열복사량은 약 몇 배 증가하는가?

① 3.3　　② 7.1

③ 18.5　　④ 39.2

복사체로부터 방사되는 복사열은 복사체의 단위 표면적당 방사열로 정의하여 정량적으로 파악하게 되는데, 그 양은 복사표면의 절대온도의 4승에 비례한다. 이것을 슈테판－볼츠만(Stefan－Boltzman)의 법칙이라고 하며, 다음과 같은 식으로 나타낸다.

$$q = \varepsilon \sigma T^4 = \sigma AF(T_1^4 - T_2^4)$$

따라서,
$$T_1 : T_2 = (200+273.15)^4 : (500+273.15)^4$$
$$= 1 : 7.13$$

답 ②

11 과염소산의 취급·저장 시 주의사항으로 틀린 것은?

① 가열하면 폭발할 위험이 있으므로 주의한다.

② 종이, 나뭇조각 등과 접촉을 피하여야 한다.

③ 구멍이 뚫린 코르크 마개를 사용하여 통풍이 잘 되는 곳에 저장한다.

④ 물과 접촉하면 심하게 반응하므로 접촉을 금지한다.

 유리나 도자기 등의 밀폐용기를 사용하고 누출 시 가연물과 접촉을 피한다.

답 ③

12 T.N.T와 나이트로글리세린에 대한 설명 중 틀린 것은?

① T.N.T는 햇빛에 노출되면 다갈색으로 변한다.

② 모두 폭약의 원료로 사용될 수 있다.

③ 위험물안전관리법령상 품명은 서로 다르다.

④ 나이트로글리세린은 상온(약 25℃)에서 고체이다.

 나이트로글리세린은 다이너마이트, 로켓, 무연화약의 원료로 순수한 것은 무색투명한 기름성의 액체(공업용 시판품은 담황색)이며 점화하면 즉시 연소하고 폭발력이 강하다.

답 ④

13 단백질 검출반응과 관련이 있는 위험물은?

① HNO_3

② $HClO_3$

③ $HClO_2$

④ H_2O_2

 질산은 피부에 닿으면 노란색으로 변색이 되는 크산토프로테인반응(단백질 검출)을 한다.

답 ①

14 휘발유를 저장하는 옥외탱크저장소의 하나의 방유제 안에 10,000L, 20,000L 탱크가 각각 1기가 설치되어 있다. 방유제의 용량은 몇 L 이상이어야 하는가?

① 11,000

② 20,000

③ 22,000

④ 30,000

 방유제 안에 설치된 탱크가 하나인 때에는 그 탱크용량의 110% 이상, 2기 이상인 때에는 그 탱크용량 중 용량이 최대인 것의 용량의 110% 이상으로 한다.

따라서 20,000L×1.1=22,000L

답 ③

15 위험물제조소 내의 위험물을 취급하는 배관은 최대상용압력의 몇 배 이상의 압력으로 수압시험을 실시하여 이상이 없어야 하는가?

① 1.1   ② 1.5

③ 2.1   ④ 2.5

 배관은 다음의 구분에 따른 압력으로 내압시험을 실시하여 누설 또는 그 밖의 이상이 없는 것으로 해야 한다.

㉠ 불연성 액체를 이용하는 경우에는 최대상용압력의 1.5배 이상

㉡ 불연성 기체를 이용하는 경우에는 최대상용압력의 1.1배 이상

답 ②

16 위험물의 저장 또는 취급하는 방법을 설명한 것 중 틀린 것은?

① 산화프로필렌 : 저장 시 은으로 제작된 용기에 질소가스와 같은 불연성 가스를 충전하여 보관한다.

② 이황화탄소 : 용기나 탱크에 저장 시 물로 덮어서 보관한다.

③ 알킬알루미늄 : 용기는 완전밀봉하고 질소 등 불활성가스를 충전한다.

④ 아세트알데하이드 : 냉암소에 저장한다.

 해설 구리, 수은, 마그네슘, 은 및 그 합금으로 된 취급설비는 산화프로필렌과의 반응에 의해 이들 간에 중합반응을 일으켜 구조 불명의 폭발성 물질을 생성한다.

답 ①

17 다음 중 품목을 달리하는 위험물을 동일 장소에 저장할 경우 위험물 시설로서 허가를 받아야 할 수량을 저장하고 있는 것은? (단, 제4류 위험물의 경우 비수용성이고 수량 이외의 저장기준은 고려하지 않는다.)

① 이황화탄소 10L, 가솔린 20L와 칼륨 3kg을 취급하는 곳

② 가솔린 60L, 등유 300L와 중유 950L를 취급하는 곳

③ 경유 600L, 나트륨 1kg과 무기과산화물 10kg을 취급하는 곳

④ 황 10kg, 등유 300L와 황린 10kg을 취급하는 곳

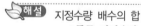 **해설** 지정수량 배수의 합

$$= \frac{\text{A품목 저장수량}}{\text{A품목 지정수량}} + \frac{\text{B품목 저장수량}}{\text{B품목 지정수량}} + \frac{\text{C품목 저장수량}}{\text{C품목 지정수량}} + \cdots$$

①	이황화탄소	가솔린	칼륨
지정수량	50L	200L	10kg
②	가솔린	등유	중유
지정수량	200L	1,000L	2,000L
③	경유	나트륨	무기과산화물
지정수량	1,000L	10kg	50kg
④	황	등유	황린
지정수량	100kg	1,000L	20kg

① 지정수량 배수 $= \frac{10L}{50L} + \frac{20L}{200L} + \frac{3kg}{10kg} = 0.6$

② 지정수량 배수 $= \frac{60L}{200L} + \frac{300L}{1,000L} + \frac{950L}{2,000L}$
$= 1.075$(허가대상)

③ 지정수량 배수 $= \frac{600L}{1,000L} + \frac{1kg}{10kg} + \frac{10kg}{50kg}$
$= 0.9$

④ 지정수량 배수 $= \frac{10kg}{100kg} + \frac{300L}{1,000L} + \frac{10kg}{20kg}$
$= 0.9$

답 ②

18 산소 16g과 수소 4g이 반응할 때 몇 g의 물을 얻을 수 있는가?

① 9g

② 16g

③ 18g

④ 36g

 해설 일정성분비의 법칙
화합물을 구성하는 성분요소의 질량비는 항상 일정하다.

$$2H_2 + O_2 \longrightarrow 2H_2O$$

4g	32g		36g
1 :	8	:	9

따라서, 산소 16g에 대해 수소 2g이 반응하며 이때 물은 18g을 얻을 수 있고, 수소 2g이 반응하지 않고 남는다.

답 ③

19 위험물제조소의 환기설비에 대한 기준과 관련된 설명 중 옳지 않은 것은?

① 환기는 팬을 사용한 국소배기방식으로 설치하여야 한다.

② 급기구는 바닥면적 150m²마다 1개 이상으로 한다.

③ 급기구는 낮은 곳에 설치하고 가는 눈의 구리망 등으로 인화방지망을 설치해야 한다.

④ 환기구는 회전식 고정 벤틸레이터 또는 루프팬방식으로 설치한다.

환기설비
㉠ 환기는 자연배기방식으로 한다.
㉡ 급기구는 해당 급기구가 설치된 실의 바닥면적 150m² 마다 1개 이상으로 하되, 급기구의 크기는 800cm² 이상으로 한다.
㉢ 급기구는 낮은 곳에 설치하고, 가는 눈의 구리망 등으로 인화방지망을 설치한다.
㉣ 환기구는 지붕 위 또는 지상 2m 이상의 높이에 회전식 고정 벤틸레이터 또는 루프팬방식으로 설치한다.
답 ①

20 하나의 특정한 사고 원인의 관계를 논리게이트를 이용하여 도해적으로 분석하여 연역적·정량적 기법으로 해석해 가면서 위험성을 평가하는 방법은?
① FTA(결함수분석기법)
② PHA(예비위험분석기법)
③ ETA(사건수분석기법)
④ FMECA(이상위험도분석기법)

 ① 결함수분석기법(Fault Tree Analysis) : 어떤 특정 사고에 대해 원인이 되는 장치의 이상, 고장과 운전자 실수의 다양한 조합을 표시하는 도식적 모델인 결함수 다이아그램을 작성하여 장치 이상이나 운전자 실수의 상관관계를 도출하는 기법이다.
② 예비위험분석기법(Preliminary Hazard Analysis) : 제품 전체와 각 부분에 대하여 설계자가 의도하는 사용환경에서 위험요소가 어떻게 영향을 미치는가를 분석하는 기법
③ 사건수분석기법(Event Tree Analysis) : 초기 사건으로 알려진 특정 장치의 이상이나 운전자의 실수로부터 발생되는 잠재적인 사고 결과를 평가하는 귀납적 기법
④ 이상위험도분석기법(Failure Mode Effects and Criticality Analysis) : 부품, 장치, 설비 및 시스템의 고장 또는 기능상실에 따른 원인과 영향을 분석하여 이에 대한 적절한 개선조치를 도출하는 기법을 말한다.
답 ①

21 제4류 위험물 중 점도가 높고 비휘발성인 제3석유류 또는 제4석유류의 주된 연소형태는?

① 증발연소   ② 표면연소
③ 분해연소   ④ 불꽃연소

 분해연소 : 비휘발성이거나 끓는점이 높은 가연성 액체가 연소할 때는 먼저 열분해하여 탄소가 석출되면서 연소하는데, 이와 같은 연소를 말한다.
예 중유, 타르 등의 연소
답 ③

22 마그네슘 화재를 소화할 때 사용하는 소화약제의 적응성에 대한 설명으로 잘못된 것은?
① 건조사에 의한 질식소화는 오히려 폭발적인 반응을 일으키므로 소화 적응성이 없다.
② 물을 주수하면 폭발의 위험이 있으므로 소화 적응성이 없다.
③ 이산화탄소는 연소반응을 일으키며 일산화탄소가 발생하므로 소화 적응성이 없다.
④ 할로젠화합물과 반응하므로 소화 적응성이 없다.

 마그네슘 소화방법 : 일단 연소하면 소화가 곤란하나 초기 소화 또는 대규모 화재 시는 석회분, 마른 모래 등으로 소화하고 기타의 경우 다량의 소화분말, 소석회, 건조사 등으로 질식소화한다. 특히 물, CO₂, N₂, 포, 할로젠화합물 소화약제는 소화 적응성이 없으므로 절대 사용을 엄금한다.
답 ①

23 다음 물질이 연소의 3요소 중 하나의 역할을 한다고 했을 때 그 역할이 나머지 셋과 다른 하나는?
① 삼산화크로뮴   ② 적린
③ 황린   ④ 이황화탄소

해설 삼산화크로뮴은 제1류 산화성 고체로서 산소공급원 역할을 한다. 나머지 적린, 황린, 이황화탄소는 가연물로서 작용한다.
답 ①

24 다음 중 위험물안전관리법령에서 정한 위험물의 지정수량이 가장 작은 것은?

① 브로민산염류

② 금속의 인화물

③ 황화인

④ 과염소산

🍃**해설** 황화인은 제2류 위험물로 지정수량 100kg에 해당한다

답 ③

25 황이 연소하여 발생하는 가스의 성질로 옳은 것은?

① 무색, 무취이다.

② 물에 녹지 않는다.

③ 공기보다 무겁다.

④ 분자식은 H_2S이다.

🍃**해설** 황이 공기 중에서 연소하면 푸른 빛을 내며 아황산가스가 발생하고 아황산가스는 독성이 있다.

$S + O_2 \rightarrow SO_2$

아황산가스의 경우 증기비중은 $\dfrac{64}{28.84} = 2.22$로서 공기보다 무겁다.

답 ③

26 정전기와 관련해서 유체 또는 고체에 의해 한 표면에서 다른 표면으로 전자가 전달될 때 발생하는 전기의 흐름을 무엇이라고 하는가?

① 유도전류   ② 전도전류

③ 유동전류   ④ 변위전류

🍃**해설** 정전기 대전의 종류

㉠ 마찰대전 : 두 물체의 마찰에 의하여 발생하는 현상

㉡ 유동대전 : 부도체인 액체류를 파이프 등으로 수송할 때 발생하는 현상

㉢ 분출대전 : 분체류, 액체류, 기체류가 단면적이 작은 분출구에서 분출할 때 발생하는 현상

㉣ 박리대전 : 상호 밀착해 있는 물체가 벗겨질 때 발생하는 현상

㉤ 충돌대전 : 분체에 의한 입자끼리 또는 입자와 고체 표면과의 충돌에 의하여 발생하는 현상

㉥ 유도대전 : 대전 물체의 부근에 전열된 도체가 있을 때 정전 유도를 받아 전하의 분포가 불균일하게 되어 대전되는 현상

㉦ 파괴대전 : 고체나 분체와 같은 물질이 파손 시 전하 분리로부터 발생되는 현상

㉧ 교반대전 및 침강대전 : 액체의 교반 또는 수송 시 액체 상호 간에 마찰 접촉 또는 고체와 액체 사이에서 발생되는 현상

답 ③

27 다음 [보기]와 같은 공통점을 갖지 않는 것은?

[보기]
- 탄화수소이다.
- 치환반응보다는 첨가반응을 잘 한다.
- 석유화학공업 공정으로 얻을 수 있다.

① 에텐   ② 프로필렌

③ 부텐   ④ 벤젠

🍃**해설** 벤젠은 대단히 안정된 구조로서 주로 치환반응을 한다.

답 ④

28 에탄올과 진한황산을 섞고 170℃로 가열하여 얻어지는 기체 탄화수소(A)에 브로민을 작용시켜 20℃에서 액체 화합물(B)을 얻었다. 화합물 A와 B의 화학식은?

① A : C_2H_2, B : $CH_3 - CHBr_2$

② A : C_2H_4, B : $CH_2Br - CH_2Br$

③ A : $C_2H_5OC_2H_5$,

  B : $C_2H_4BrOC_2H_4Br$

④ A : C_2H_6, B : $CHBr = CHBr$

🍃**해설** 에탄올과 진한황산을 섞고 170℃로 가열하면 에텐을 얻을 수 있다.

$$C_2H_5OH \xrightarrow[170℃]{\text{진한황산}} C_2H_4 + H_2O$$

이때 에텐에 브로민을 작용시키면 브로민화에텐이 생성된다.

답 ②

29

다음 위험물 중에서 지정수량이 나머지 셋과 다른 것은?

① KBrO₃
② KNO₃
③ KIO₃
④ KClO₃

해설
① 브로민산칼륨(KBrO₃) : 300kg
② 질산칼륨(KNO₃) : 300kg
③ 아이오딘산칼륨(KIO₃) : 300kg
④ 염소산칼륨(KClO₃) : 50kg

답 ④

30

위험물안전관리법령상 할로젠화물소화설비의 기준에서 용적식 국소방출방식에 대한 저장소화약제의 양은 다음 식을 이용하여 산출한다. 할론 1211의 경우에 해당하는 X와 Y의 값으로 옳은 것은? (단, Q는 단위체적당 소화약제의 양(kg/m³), a는 방호대상물 주위에 실제로 설치된 고정벽의 면적합계(m²), A는 방호 공간 전체 둘레의 면적(m²)이다.)

$$Q = X - Y\frac{a}{A}$$

① X : 5.2, Y : 3.9
② X : 4.4, Y : 3.3
③ X : 4.0, Y : 3.0
④ X : 3.2, Y : 2.7

해설
할론소화설비 국소방출방식 소화약제 산출공식

$$Q = X - Y\frac{a}{A}$$

여기서, Q : 단위체적당 소화약제의 양(kg/m³)
a : 방호대상물 주위에 실제로 설치된 고정벽의 면적의 합계(m²)
A : 방호 공간 전체 둘레의 면적(m²)
X 및 Y : 다음 표에 정한 소화약제의 종류에 따른 수치

소화약제의 종별	X의 수치	Y의 수치
할론 2402	5.2	3.9
할론 1211	4.4	3.3
할론 1301	4.0	3.0

답 ②

31

다음 중 알칼리토금속의 과산화물로서 비중이 약 4.96, 융점이 약 450℃인 것으로 비교적 안정한 물질은?

① BaO₂ ② CaO₂
③ MgO₂ ④ BeO₂

해설 BaO₂(과산화바륨)
㉠ 분자량 169, 비중 4.96, 분해온도 840℃, 융점 450℃
㉡ 정방형의 백색 분말로 냉수에는 약간 녹으나, 묽은산에는 잘 녹는다.
㉢ 알칼리토금속의 과산화물 중 매우 안정적인 물질이다.
㉣ 무기과산화물 중 분해온도가 가장 높다.

답 ①

32

제2종 분말소화약제가 열분해할 때 생성되는 물질로 4℃ 부근에서 최대밀도를 가지며, 분자 내 104.5°의 결합각을 갖는 것은?

① CO₂ ② H₂O
③ H₃PO₄ ④ K₂CO₃

해설 제2종 분말소화약제의 열분해반응식
2KHCO₃ → K₂CO₃+H₂O+CO₂
물은 비공유 전자쌍이 공유 전자쌍을 강하게 밀기 때문에 104.5° 구부러진 굽은 형 구조를 이루고 있다.

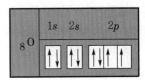
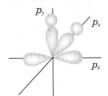
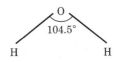

답 ②

II-91

33 다음 중 제1류 위험물이 아닌 것은?

① LiClO
② NaClO₂
③ KClO₃
④ HClO₄

 해설　HClO₄는 과염소산으로 제6류 위험물에 해당한다.

답 ④

34 임계온도에 대한 설명으로 옳은 것은?

① 임계온도보다 낮은 온도에서 기체는 압력을 가하면 액체로 변화할 수 있다.
② 임계온도보다 높은 온도에서 기체는 압력을 가하면 액체로 변화할 수 있다.
③ 이산화탄소의 임계온도는 약 −119℃이다.
④ 물질의 종류에 상관없이 동일 부피, 동일 압력에서는 같은 임계온도를 갖는다.

해설　임계온도 : 기체의 액화가 일어날 수 있는 가장 높은 온도를 임계온도라고 한다. 일반적으로 온도가 매우 높으면 분자의 운동에너지가 커서 분자 상호 간의 인력이 작아 액체상태로 분자를 잡아 둘 수 없게 되어 아무리 높은 압력을 가해도 액화가 일어나지 않는다.

답 ①

35 위험물안전관리법령에서 정한 위험물의 유별에 따른 성질에서 물질의 상태는 다르지만 성질이 같은 것은?

① 제1류와 제6류
② 제2류와 제5류
③ 제3류와 제5류
④ 제4류와 제6류

해설　제1류 산화성 고체, 제6류 산화성 액체이다.

답 ①

36 다음 중 물보다 무거운 물질은?

① 다이에틸에터
② 칼륨
③ 산화프로필렌
④ 탄화알루미늄

 해설　탄화알루미늄(Al₄C₃)의 일반적 성질
　㉠ 순수한 것은 백색이나 보통은 황색의 결정이며 건조한 공기 중에서는 안정하나 가열하면 표면에 산화 피막을 만들어 반응이 지속되지 않는다.
　㉡ 비중은 2.36이고, 분해온도는 1,400℃ 이상이다.

답 ④

37 위험물안전관리법령상 국소방출방식의 이산화탄소소화설비 중 저압식 저장용기에 설치되는 압력경보장치는 어느 압력범위에서 작동하는 것으로 설치하여야 하는가?

① 2.3MPa 이상의 압력과 1.9MPa 이하의 압력에서 작동하는 것
② 2.5MPa 이상의 압력과 2.0MPa 이하의 압력에서 작동하는 것
③ 2.7MPa 이상의 압력과 2.3MPa 이하의 압력에서 작동하는 것
④ 3.0MPa 이상의 압력과 2.5MPa 이하의 압력에서 작동하는 것

 해설　이산화탄소를 저장하는 저압식 저장용기기준
　㉠ 이산화탄소를 저장하는 저압식 저장용기에는 액면계 및 압력계를 설치할 것
　㉡ 이산화탄소를 저장하는 저압식 저장용기에는 2.3MPa 이상의 압력 및 1.9MPa 이하의 압력에서 작동하는 압력경보장치를 설치할 것
　㉢ 이산화탄소를 저장하는 저압식 저장용기에는 용기 내부의 온도를 영하 20℃ 이상, 영하 18℃ 이하로 유지할 수 있는 자동냉동기를 설치할 것
　㉣ 이산화탄소를 저장하는 저압식 저장용기에는 파괴판을 설치할 것
　㉤ 이산화탄소를 저장하는 저압식 저장용기에는 방출밸브를 설치할 것

답 ①

38 옥내저장소에 가솔린 18L 용기 100개, 아세톤 200L 드럼통 10개, 경유 200L 드럼통 8개를 저장하고 있다. 이 저장소에는 지정수량의 몇 배를 저장하고 있는가?

① 10.8배
② 11.6배
③ 15.6배
④ 16.6배

가솔린의 지정수량 200L, 아세톤의 지정수량 400L, 경유의 지정수량 1,000L

지정수량 배수의 합

$$= \frac{A품목\ 저장수량}{A품목\ 지정수량} + \frac{B품목\ 저장수량}{B품목\ 지정수량}$$
$$+ \frac{C품목\ 저장수량}{C품목\ 지정수량} + \cdots$$
$$= \frac{18L \times 100}{200L} + \frac{200L \times 10}{400L} + \frac{200L \times 8}{1,000L}$$
$$= 15.6$$

답 ③

39 공기 중 약 34℃에서 자연발화의 위험이 있기 때문에 물속에 보관해야 하는 위험물은?

① 황화인
② 이황화탄소
③ 황린
④ 탄화알루미늄

해설 자연발화성이 있어 물속에 저장하며, 온도 상승 시 물의 산성화가 빨라져서 용기를 부식시키므로 직사광선을 피하여 저장한다. 또한, 인화수소(PH_3)의 생성을 방지하기 위해 보호액은 약알칼리성 pH 9로 유지하기 위하여 알칼리제(석회 또는 소다회 등)로 pH를 조절한다.

답 ③

40 어떤 액체 연료의 질량 조성이 C 75%, H 25%일 때 C : H의 mole 비는?

① 1 : 3
② 1 : 4
③ 4 : 1
④ 3 : 1

해설 $$\frac{A의\ 질량(\%)}{A의\ 원자량} : \frac{B의\ 질량(\%)}{B의\ 원자량}$$
$$= \frac{75}{12} : \frac{25}{1} = 6.25 : 25 = 1 : 4$$

답 ②

41 다음 중 은백색의 금속으로 가장 가볍고, 물과 반응 시 수소가스를 발생시키는 것은?

① Al
② Na
③ Li
④ Si

해설 1족 원소 중 가장 가벼운 은백색의 금속은 Li이다.
$$2Li + 2H_2O \rightarrow 2LiOH + H_2$$

답 ③

42 위험물안전관리법령상 원칙적인 경우에 있어서 이동저장탱크의 내부는 몇 L 이하마다 3.2mm 이상의 강철판으로 칸막이를 설치해야 하는가?

① 2,000
② 3,000
③ 4,000
④ 5,000

해설 안전칸막이 설치기준
㉠ 재질은 두께 3.2mm 이상의 강철판으로 제작
㉡ 4,000L 이하마다 구분하여 설치

답 ③

43 다음 중 아이오딘값이 가장 높은 것은?

① 참기름
② 채종유
③ 동유
④ 땅콩기름

해설 아이오딘값 : 유지 100g에 부가되는 아이오딘의 g 수, 불포화도가 증가할수록 아이오딘값이 증가하며, 자연발화 위험이 있다.
㉠ 건성유 : 아이오딘값이 130 이상인 것
이중결합이 많아 불포화도가 높기 때문에 공기 중에서 산화되어 액표면에 피막을 만드는 기름
예) 아마인유, 들기름, 동유, 정어리기름, 해바라기유 등
㉡ 반건성유 : 아이오딘값이 100~130인 것
공기 중에서 건성유보다 얇은 피막을 만드는 기름
예) 참기름, 옥수수기름, 청어기름, 채종유, 면실유(목화씨유), 콩기름, 쌀겨유 등
㉢ 불건성유 : 아이오딘값이 100 이하인 것
공기 중에서 피막을 만들지 않는 안정된 기름
예) 올리브유, 피마자유, 야자유, 땅콩기름, 동백유 등

답 ③

44 위험물 이송취급소에 설치하는 경보설비가 아닌 것은?

① 비상벨장치

② 확성장치

③ 가연성 증기 경보장치

④ 비상방송설비

 해설 이송취급소에 설치하는 경보설비
이송취급소에는 다음 기준에 의하여 경보설비를 설치하여야 한다.
　㉠ 이송기지에는 비상벨장치 및 확성장치를 설치할 것
　㉡ 가연성 증기를 발생하는 위험물을 취급하는 펌프실 등에는 가연성 증기 경보설비를 설치할 것

답 ④

45 위험물제조소 등에 설치하는 옥내소화전설비 또는 옥외소화전설비의 설치기준으로 옳지 않은 것은?

① 옥내소화전설비의 각 노즐선단 방수량 : 260L/min

② 옥내소화전설비의 비상전원 용량 : 45분 이상

③ 옥외소화전설비의 각 노즐선단 방수량 : 260L/min

④ 표시등 회로의 배선공사 : 금속관공사, 가요전선관공사, 금속덕트공사, 케이블공사

 해설 옥외소화전설비는 모든 옥외소화전(설치개수가 4개 이상인 경우는 4개의 옥외소화전)을 동시에 사용할 경우에 각 노즐선단의 방수압력이 0.35MPa 이상이고, 방수량이 1분당 450L 이상의 성능이 되도록 할 것

답 ③

46 NH_4NO_3에 대한 설명으로 옳은 것은?

① 물에 녹을 때는 발열반응을 일으킨다.

② 트라이나이트로페놀과 혼합하여 안포폭약을 제조하는 데 사용된다.

③ 가열하면 수소, 발생기산소 등 다량의 가스가 발생한다.

④ 비중이 물보다 크고, 흡습성과 조해성이 있다.

 해설 NH_4NO_3(질산암모늄, 초안, 질안, 질산암몬)의 일반적 성질
　㉠ 분자량 80, 비중 1.73, 융점 165℃, 분해온도 220℃, 무색, 백색 또는 연회색의 결정
　㉡ 조해성과 흡습성이 있고, 물에 녹을 때 열을 대량 흡수하여 한제로 이용된다(흡열반응).
　㉢ 약 220℃에서 가열하면 분해되어 아산화질소(N_2O)와 수증기(H_2O)를 발생시키고 계속 가열하면 폭발한다.
　　$2NH_4NO_3 \rightarrow 2N_2O + 4H_2O$

답 ④

47 다음 중 과산화나트륨의 저장법으로 가장 옳은 것은?

① 용기는 밀전 및 밀봉하여야 한다.

② 안정제로 황분 또는 알루미늄분을 넣어 준다.

③ 수증기를 혼입해서 공기와 직접 접촉을 방지한다.

④ 저장시설 내에 스프링클러설비를 설치한다.

 해설 과산화나트륨의 저장 및 취급 방법
　㉠ 가열, 충격, 마찰 등을 피하고, 가연물이나 유기물, 황분, 알루미늄분의 혼입을 방지한다.
　㉡ 냉암소에 보관하며 저장용기는 밀전하여 수분의 침투를 막는다.
　㉢ 물에 용해하면 강알칼리가 되어 피부나 의복을 부식시키므로 주의해야 한다.
　㉣ 용기의 파손에 유의하며 누출을 방지한다.

답 ①

48 위험물안전관리법령상 제조소 등의 관계인은 그 제조소 등의 용도를 폐지한 때에는 폐지한 날로부터 며칠 이내에 신고하여야 하는가?

① 7일 　　　　② 14일

③ 30일 　　　　④ 90일

제조소 등의 관계인(소유자·점유자 또는 관리자를 말한다. 이하 같다)은 해당 제조소 등의 용도를 폐지(장래에 대하여 위험물 시설로서의 기능을 완전히 상실시키는 것을 말한다)한 때에는 행정안전부령이 정하는 바에 따라 제조소 등의 용도를 폐지한 날부터 14일 이내에 시·도지사에게 신고하여야 한다.

답 ②

49 황에 대한 설명 중 옳지 않은 것은?
① 물에 녹지 않는다.
② 일정 크기 이상을 위험물로 분류한다.
③ 고온에서 수소와 반응할 수 있다.
④ 청색 불꽃을 내며 연소한다.

 황은 순도가 60wt% 이상인 것을 말한다. 이 경우 순도측정에 있어서 불순물은 활석 등 불연성 물질과 수분에 한한다.

답 ②

50 다음 중 Cl의 산화수가 +3인 물질은?
① $HClO_4$　② $HClO_3$
③ $HClO_2$　④ $HClO$

 산화수 규칙에 의해 계산하면
$1+Cl+(-2)\times2=0$에서 $Cl=+3$

답 ③

51 황화인에 대한 설명으로 틀린 것은?
① P_4S_3, P_2S_5, P_4S_7은 동소체이다.
② 지정수량은 100kg이다.
③ 삼황화인의 연소생성물에는 이산화황이 포함된다.
④ 오황화인은 물 또는 알칼리에 분해되어 이황화탄소와 황산이 된다.

 물이나 알칼리와 반응하면 분해되어 황화수소(H_2S)와 인산(H_3PO_4)으로 된다.
$P_2S_5+8H_2O \rightarrow 5H_2S+2H_3PO_4$

답 ④

52 소화약제가 환경에 미치는 영향을 표시하는 지수가 아닌 것은?
① ODP　② GWP
③ ALT　④ LOAEL

 LOAEL(Lowest Observed Adverse Effect Level) : 농도를 감소시킬 때 아무런 악영향도 감지할 수 없는 최소허용농도

답 ④

53 위험물안전관리법령상 위험등급 Ⅱ에 속하는 위험물은?
① 제1류 위험물 중 과염소산염류
② 제4류 위험물 중 아세트알데하이드
③ 제2류 위험물 중 황화인
④ 제3류 위험물 중 황린

위험등급 Ⅱ의 위험물
㉠ 제1류 위험물 중 브로민산염류, 질산염류, 아이오딘산염류, 그 밖에 지정수량이 300kg인 위험물
㉡ 제2류 위험물 중 황화인, 적린, 황, 그 밖에 지정수량이 100kg인 위험물
㉢ 제3류 위험물 중 알칼리금속(칼륨 및 나트륨을 제외한다) 및 알칼리토금속, 유기금속화합물(알킬알루미늄 및 알킬리튬을 제외한다), 그 밖에 지정수량이 50kg인 위험물
㉣ 제4류 위험물 중 제1석유류 및 알코올류

답 ③

54 위험물의 반응에 대한 설명 중 틀린 것은?
① 트라이에틸알루미늄은 물과 반응하여 수소가스가 발생한다.
② 황린의 연소생성물은 P_2O_5이다.
③ 리튬은 물과 반응하여 수소가스가 발생한다.
④ 아세트알데하이드의 연소생성물은 CO_2와 H_2O이다.

 물과 접촉하면 폭발적으로 반응하여 에테인을 형성하고 이때 발열, 폭발에 이른다.
$(C_2H_5)_3Al+3H_2O \rightarrow Al(OH)_3+3C_2H_6+발열$

답 ①

55

np 관리도에서 시료군마다 시료 수(n)는 100이고, 시료군의 수(k)는 20, $\Sigma np = 77$ 이다. 이때 np 관리도의 관리 상한선(UCL) 을 구하면 약 얼마인가?

① 8.94   ② 3.85
③ 5.77   ④ 9.62

 해설 $pn(np)$ 관리도의 관리 상한선 :

$$UCL = \overline{pn} + 3\sqrt{\overline{pn}(1-\overline{p})}$$

여기서, $\overline{pn} = \dfrac{\Sigma pn}{k} = \dfrac{77}{20} = 3.85$

$\overline{p} = \dfrac{\Sigma pn}{nk} = \dfrac{77}{100 \times 20} = 0.0385$

$\therefore UCL = \overline{pn} + 3\sqrt{\overline{pn}(1-\overline{p})}$
$= 3.85 + 3\sqrt{3.85 \times (1-0.0385)} = 9.62$

답 ④

56

그림의 OC곡선을 보고 가장 올바른 내용을 나타낸 것은?

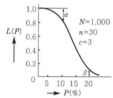

① α : 소비자 위험
② $L(P)$: 로트가 합격할 확률
③ β : 생산자 위험
④ 부적합품률 : 0.03

 해설 ① α : 생산자 위험(합격시키고 싶은 로트가 불합격할 확률)
② $L(P)$: 로트의 합격률
③ β : 소비자 위험(불합격시키고 싶은 로트가 합격할 확률)
④ 부적합품률 : 0.1

답 ②

57

미국의 마틴 마리에타 사(Martin Marietta Corp.)에서 시작된 품질개선을 위한 동기부여 프로그램으로, 모든 작업자가 무결점을 목표로 설정하고 처음부터 작업을 올바르게 수행함으로써 품질비용을 줄이기 위한 프로그램은 무엇인가?

① TPM 활동   ② 6시그마 운동
③ ZD 운동   ④ ISO 9001 인증

 해설 ① TPM(Total Productive Measure) : 종합 생산관리
② 6시그마 : GE에서 생산하는 모든 제품이나 서비스, 거래 및 공정과정 전 분야에서 품질을 측정하여 분석하고 향상시키도록 통제하고 궁극적으로 모든 불량을 제거하는 품질향상 운동
③ ZD(Zero Defects) : 무결함 운동
④ ISO 9001 : ISO에서 제정한 품질경영 시스템에 관한 국제규격

답 ③

58

다음 중 단속생산 시스템과 비교한 연속생산 시스템의 특징으로 옳은 것은?

① 단위당 생산원가가 낮다.
② 다품종소량생산에 적합하다.
③ 생산방식은 주문생산방식이다.
④ 생산설비는 범용설비를 사용한다.

답 ①

59

일정통제를 할 때 1일당 그 작업을 단축하는 데 소요되는 비용의 증가를 의미하는 것은?

① 정상소요시간(normal duration time)
② 비용견적(cost estimation)
③ 비용구배(cost slope)
④ 총비용(total cost)

답 ③

60

MTM(Method Time Measurement)법에서 사용되는 1TMU(Time Measurement Unit) 는 몇 시간인가?

① $\dfrac{1}{100,000}$ 시간   ② $\dfrac{1}{10,000}$ 시간

③ $\dfrac{6}{10,000}$ 시간   ④ $\dfrac{36}{1,000}$ 시간

답 ①

제57회
(2015년 4월 시행)

위험물기능장 필기

01 위험물안전관리법령에 따른 위험물의 저장·취급에 관한 설명으로 옳은 것은?

① 군부대가 군사목적으로 지정수량 이상의 위험물을 제조소 등이 아닌 장소에서 저장·취급하는 경우는 90일 이내의 기간 동안 임시로 저장·취급할 수 있다.

② 옥외저장소에서 위험물과 위험물이 아닌 물품을 함께 저장하는 경우는 물품 간 별도의 이격거리 기준이 없다.

③ 유별을 달리하는 위험물을 동일한 저장소에 저장할 수 없는 것이 원칙이지만 옥내저장소에 제1류 위험물과 황린을 상호 1m 이상의 간격을 유지하며 저장하는 것은 가능하다.

④ 옥내저장소에 제4류 위험물 중 제3석유류 및 제4석유류를 수납하는 용기만을 겹쳐 쌓는 경우에는 6m를 초과하지 않아야 한다.

 ① 군부대가 지정수량 이상의 위험물을 군사목적으로 임시로 저장 또는 취급하는 경우 임시로 저장 또는 취급하는 장소에서의 저장 또는 취급의 기준과 임시로 저장 또는 취급하는 장소의 위치·구조 및 설비의 기준은 시·도의 조례로 정한다.

② 옥내저장소 또는 옥외저장소에서 위험물과 위험물이 아닌 물품을 함께 저장하는 경우. 이 경우 위험물과 위험물이 아닌 물품은 각각 모아서 저장하고 상호 간에는 1m 이상의 간격을 두어야 한다.

④ 제4류 위험물 중 제3석유류, 제4석유류 및 동식물유류를 수납하는 용기만을 겹쳐 쌓는 경우에 있어서는 4m를 초과하지 않아야 한다.

답 ③

02 다음 물질을 저장하는 저장소로 허가를 받으려고 위험물저장소 설치허가 신청서를 작성하려고 한다. 해당하는 지정수량의 배수는 얼마인가?

- 염소산칼슘 : 150kg
- 과염소산칼륨 : 200kg
- 과염소산 : 600kg

① 12   ② 9

③ 6   ④ 5

 ㉠ 염소산칼슘의 지정수량 = 50kg
과염소산칼륨의 지정수량 = 50kg
과염소산의 지정수량 = 300kg

㉡ 지정수량 배수의 합

$$= \frac{150\text{kg}}{50\text{kg}} + \frac{200\text{kg}}{50\text{kg}} + \frac{600\text{kg}}{300\text{kg}} = 9$$

답 ②

03 비수용성의 제1석유류 위험물을 4,000L까지 저장·취급할 수 있도록 허가받은 단층건물의 탱크 전용실에 수용성의 제2석유류 위험물을 저장하기 위한 옥내저장탱크를 추가로 설치할 경우, 설치할 수 있는 탱크의 최대용량은?

① 16,000L   ② 20,000L

③ 30,000L   ④ 60,000L

 옥내저장탱크의 용량(동일한 탱크 전용실에 옥내저장탱크를 2 이상 설치하는 경우에는 각 탱크의 용량의 합계를 말한다)은 1층 이하의 층에 있어서는 지정수량의 40배(제4석유류 및 동식물유류 외의 제4류 위험물에 있어서 해당 수량이 2만L를 초과할 때에는 2만L) 이하, 2층 이상의 층에 있어서는 지정수량의 10배(제4석유류 및 동식물유류 외의 제4류 위험물에 있어서 해당 수량이 5천L를 초과할 때에는 5천L) 이하일 것

따라서, 최대 20,000L까지 가능하므로 20,000 − 4,000 = 16,000L

답 ①

04 다음 중 과산화수소에 대한 설명으로 적절한 것은?

① 대부분 강력한 환원제로 작용한다.

② 물과 심하게 흡열반응한다.

③ 습기와 접촉해도 위험하지 않다.

④ 상온에서 물과 반응하여 수소를 생성한다.

 과산화수소는 강력한 산화제이며, 화재 시 주수 냉각하면서 다량의 물로 냉각소화한다.

답 ③

05 위험물안전관리법상 위험등급 Ⅰ에 해당하는 것은?

① CH_3CHO

② $HCOOH$

③ $C_2H_4(OH)_2$

④ CH_3COOCH_3

 CH_3CHO는 아세트알데하이드로서, 제4류 위험물 중 특수인화물에 해당하며 위험등급 Ⅰ에 해당한다.

답 ①

06 나이트로셀룰로스의 화재 발생 시 가장 적합한 소화약제는?

① 물소화약제

② 분말소화약제

③ 이산화탄소소화약제

④ 할로젠화합물소화약제

 질식소화는 효과가 없으며 CO_2, 건조분말, 할론은 적응성이 없고 다량의 물로 냉각소화한다.

답 ①

07 위험물제조소 등의 안전거리 단축기준을 적용함에 있어서 $H \leq PD^2 + a$일 경우 방화상 유효한 담의 높이는 2m 이상으로 한다. 여기서 H가 의미하는 것은?

① 제조소 등과 인접 건축물과의 거리

② 인근 건축물 또는 공작물의 높이

③ 제조소 등의 외벽의 높이

④ 제조소 등과 방화상 유효한 담과의 거리

 방화상 유효한 담의 높이

㉠ $H \leq pD^2 + a$인 경우, $h = 2$

㉡ $H > pD^2 + a$인 경우, $h = H - p(D^2 - d^2)$

㉢ D, H, a, d, h 및 p는 다음과 같다.

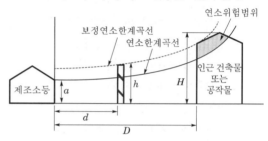

여기서, D : 제조소 등과 인근 건축물 또는 공작물과의 거리(m)

H : 인근 건축물 또는 공작물의 높이(m)

a : 제조소 등의 외벽의 높이(m)

d : 제조소 등과 방화상 유효한 담과의 거리(m)

h : 방화상 유효한 담의 높이(m)

답 ②

08 다음 중 상온(25℃)에서 액체인 것은?

① 질산메틸

② 나이트로셀룰로스

③ 피크르산

④ 트라이나이트로톨루엔

 질산메틸(CH_3ONO_2)의 분자량 약 77, 비중은 1.2(증기비중 2.67), 비점은 66℃, 무색투명한 액체이며 향긋한 냄새가 있고 단맛이다.

답 ①

09 위험물안전관리법령상 제조소 등의 기술검토에 관한 설명으로 옳은 것은?

① 기술검토는 한국소방산업기술원에서 실시하는 것으로 일정한 제조소 등의 설치허가 또는 변경허가와 관련된 것이다.

② 기술검토는 설치허가 또는 변경허가와 관련된 것이나 제조소 등의 완공검사 시 설치자가 임의적으로 기술검토를 신청할 수도 있다.

③ 기술검토는 법령상 기술기준과 다르게 설계하는 경우에 그 안전성을 전문적으로 검증하기 위한 절차이다.

④ 기술검토의 필요성이 없으면 변경허가를 받을 필요가 없다.

 제조소 등은 한국소방산업기술원(이하 "기술원"이라 한다)의 기술검토를 받고 그 결과가 행정안전부령으로 정하는 기준에 적합한 것으로 인정될 것. 다만, 보수 등을 위한 부분적인 변경으로서 소방청장이 정하여 고시하는 사항에 대해서는 기술원의 기술검토를 받지 아니할 수 있으나 행정안전부령으로 정하는 기준에는 적합하여야 한다.
ⓐ 지정수량의 1천 배 이상의 위험물을 취급하는 제조소 또는 일반취급소 : 구조·설비에 관한 사항
ⓑ 옥외탱크저장소(저장용량이 50만L 이상인 것만 해당한다) 또는 암반탱크저장소 : 위험물탱크의 기초·지반, 탱크 본체 및 소화설비에 관한 사항

답 ①

10 다음 위험물을 완전연소시켰을 때 나머지 셋 위험물의 연소생성물에 공통적으로 포함된 가스가 발생하지 않는 것은?

① 황 ② 황린
③ 삼황화인 ④ 이황화탄소

 ① 황 : $S + O_2 \rightarrow SO_2$
② 황린 : $P_4 + 5O_2 \rightarrow 2P_2O_5$
③ 삼황화인 : $P_4S_3 + 8O_2 \rightarrow 2P_2O_5 + 3SO_2$
④ 이황화탄소 : $CS_2 + 3O_2 \rightarrow CO_2 + 2SO_2$

답 ②

11 메탄올과 에탄올을 비교하였을 때 다음의 식이 적용되는 값은?

메탄올 > 에탄올

① 발화점 ② 분자량
③ 증기비중 ④ 비점

구분	① 발화점	② 분자량	③ 증기비중	④ 비점
메탄올	464	32	1.1	64
에탄올	363	46	1.6	80

답 ①

12 산화프로필렌 20vol%, 다이에틸에터 30vol%, 이황화탄소 30vol%, 아세트알데하이드 20vol%인 혼합증기의 폭발 하한값은? (단, 폭발범위는 산화프로필렌 2.1~38vol%, 다이에틸에터 1.9~48vol%, 이황화탄소 1.2~44vol%, 아세트알데하이드는 4.1~57vol%이다.)

① 1.8vol% ② 2.1vol%
③ 13.6vol% ④ 48.3vol%

 르 샤틀리에(Le Chatelier)의 혼합가스 폭발범위

$$\frac{100}{L} = \frac{V_1}{L_1} + \frac{V_2}{L_2} + \frac{V_3}{L_3} + \cdots$$

$$\therefore L = \frac{100}{\left(\dfrac{V_1}{L_1} + \dfrac{V_2}{L_2} + \dfrac{V_3}{L_3} + \cdots\right)}$$

$$= \frac{100}{\left(\dfrac{20}{2.1} + \dfrac{30}{1.9} + \dfrac{30}{1.2} + \dfrac{20}{4.1}\right)} = 1.81$$

여기서, L : 혼합가스의 폭발 한계치
L_1, L_2, L_3 : 각 성분의 단독 폭발 한계치 (vol%)
V_1, V_2, V_3 : 각 성분의 체적(vol%)

답 ①

13 공기를 차단하고 황린을 가열하면 적린이 만들어지는데 이때 필요한 최소온도는 약 몇 ℃ 정도인가?

① 60 ② 120
③ 260 ④ 400

 공기를 차단하고 황린을 약 260℃로 가열하면 적린이 된다.

답 ③

14 다음 (   ) 안에 알맞은 것을 순서대로 옳게 나열한 것은?

> 알루미늄 분말이 연소하면 (   )색 연기를 내면서 (   )을 생성한다. 또한 알루미늄 분말이 염산과 반응하면 (   ) 기체를 발생하며, 수산화나트륨 수용액과 반응하여 (   )기체를 발생한다.

① 백, Al_2O_3, 산소, 수소

② 백, Al_2O_3, 수소, 수소

③ 노란, Al_2O_5, 수소, 수소

④ 노란, Al_2O_5, 산소, 수소

 ㉠ 알루미늄 분말이 발화하면 다량의 열이 발생하며, 불꽃 및 흰 연기를 내면서 연소하므로 소화가 곤란하다.

$$4Al + 3O_2 \rightarrow 2Al_2O_3$$

㉡ 대부분의 산과 반응하여 수소가 발생한다(단, 진한질산 제외).

$$2Al + 6HCl \rightarrow 2AlCl_3 + 3H_2$$

㉢ 알칼리 수용액과 반응하여 수소가 발생한다.

$$2Al + 2NaOH + 2H_2O \rightarrow 2NaAlO_2 + 3H_2$$

답 ②

15 다음은 위험물안전관리법령상 위험물제조소 등의 옥내소화전설비의 설치기준에 관한 내용이다. (   ) 안에 알맞은 수치는?

> 수원의 수량은 옥내소화전이 가장 많이 설치된 층의 옥내소화전 설치개수(설치개수가 5개 이상인 경우는 5개)에 (   )m^3를 곱한 양 이상이 되도록 설치할 것

① 2.4　　　　② 7.8

③ 35　　　　④ 260

 옥내소화전설비 수원의 수량은 옥내소화전이 가장 많이 설치된 층의 옥내소화전 설치개수(설치개수가 5개 이상인 경우는 5개)에 $7.8m^3$를 곱한 양 이상이 되도록 설치할 것

수원의 양(Q) : $Q(m^3) = N \times 7.8m^3$

(N, 5개 이상인 경우 5개)

즉 $7.8m^3$란 법정 방수량 260L/min으로 30min 이상 기동할 수 있는 양

답 ②

16 주유취급소의 담 또는 벽의 일부분에 유리를 부착하는 경우에 대한 기준으로 틀린 것은?

① 유리를 부착하는 범위는 전체의 담 또는 벽의 길이의 10분의 1을 초과하지 아니할 것

② 하나의 유리판의 가로의 길이는 2m 이내일 것

③ 유리판의 테두리를 금속제의 구조물에 견고하게 고정할 것

④ 유리의 구조는 접합유리로 할 것

 유리를 부착하는 범위는 전체의 담 또는 벽의 길이의 10분의 2를 초과하지 아니할 것

답 ①

17 다음 물질이 서로 혼합되었을 때 폭발 또는 발화의 위험성이 높아지는 경우가 아닌 것은?

① 금속칼륨과 경유

② 질산나트륨과 황

③ 과망가니즈산칼륨과 적린

④ 알루미늄과 과산화나트륨

 금속칼륨은 보호액으로 경유 속에 저장해야 한다.

답 ①

18 위험물안전관리법령상 주유취급소에서 용량 몇 L 이하의 이동저장탱크에 위험물을 주입할 수 있는가?

① 3천　　　　② 4천

③ 5천　　　　④ 1만

답 ①

19 위험물안전관리법령상 벤젠을 적재하여 운반을 하고자 하는 경우에 있어서 함께 적재할 수 없는 것은? (단, 각 위험물의 수량은 지정수량의 2배로 가정한다.)

① 적린

② 금속의 인화물

③ 질산

④ 나이트로셀룰로스

해설 유별을 달리하는 위험물의 혼재기준

위험물의 구분	제1류	제2류	제3류	제4류	제5류	제6류
제1류		×	×	×	×	○
제2류	×		×	○	○	×
제3류	×	×		○	×	×
제4류	×	○	○		○	×
제5류	×	○	×	○		×
제6류	○	×	×	×	×	

벤젠은 제4류 위험물이며, 질산은 제6류 위험물이므로 혼재할 수 없다.

답 ③

20 위험물안전관리법령상 차량에 적재할 때 차광성이 있는 피복으로 가려야 하는 위험물이 아닌 것은?

① NaH ② P_4S_3
③ $KClO_3$ ④ CH_3CHO

해설 차광성이 있는 것으로 피복해야 하는 경우
제1류 위험물, 제3류 위험물 중 자연발화성 물질, 제4류 위험물 중 특수 인화물, 제5류 위험물, 제6류 위험물이므로 ②는 황화인으로 제2류 위험물에 해당하므로 해당사항 없다.

답 ②

21 과산화벤조일(벤조일퍼옥사이드)의 화학식을 옳게 나타낸 것은?

① CH_3ONO_2
② $(CH_3COC_2H_5)_2O_2$
③ $(CH_3CO)_2O_2$
④ $(C_6H_5CO)_2$

해설 ① 질산메틸 : CH_3ONO_2
② 메틸에틸케톤퍼옥사이드 : $(CH_3COC_2H_5)_2O_2$
③ 아세틸퍼옥사이드 : $(CH_3CO)_2O_2$
④ 과산화벤조일 : $(C_6H_5CO)_2$

답 ④

22 제4류 위험물을 지정수량의 30만 배를 취급하는 일반취급소에 위험물안전관리법령에 의한 최소한 갖추어야 하는 자체소방대의 화학소방차 대수와 자체소방대원의 수는?

① 2대, 15인 ② 2대, 20인
③ 3대, 15인 ④ 3대, 20인

해설 자체소방대에 두는 화학소방자동차 및 인원

사업소의 구분	화학소방 자동차의 수	자체소방 대원의 수
제조소 또는 일반취급소에서 취급하는 제4류 위험물의 최대수량의 합이 지정수량의 3천배 이상 12만배 미만인 사업소	1대	5인
제조소 또는 일반취급소에서 취급하는 제4류 위험물의 최대수량의 합이 지정수량의 12만배 이상 24만배 미만인 사업소	2대	10인
제조소 또는 일반취급소에서 취급하는 제4류 위험물의 최대수량의 합이 지정수량의 24만배 이상 48만배 미만인 사업소	3대	15인
제조소 또는 일반취급소에서 취급하는 제4류 위험물의 최대수량의 합이 지정수량의 48만배 이상인 사업소	4대	20인
옥외탱크저장소에 저장하는 제4류 위험물의 최대수량이 지정수량의 50만배 이상인 사업소	2대	10인

답 ③

23 위험물안전관리법령상 옥외탱크저장소의 탱크 중 압력탱크의 수압시험기준은?

① 최대상용압력의 2배의 압력으로 20분간 실시하는 수압시험에서 새거나 변형되지 아니하여야 한다.
② 최대상용압력의 2배의 압력으로 10분간 실시하는 수압시험에서 새거나 변형되지 아니하여야 한다.
③ 최대상용압력의 1.5배의 압력으로 20분간 실시하는 수압시험에서 새거나 변형되지 아니하여야 한다.
④ 최대상용압력의 1.5배의 압력으로 10분간 실시하는 수압시험에서 새거나 변형되지 아니하여야 한다.

해설 최대상용압력의 1.5배 압력으로 10분간 실시하는 수압시험에 각각 새거나 변형되지 아니하여야 한다.

답 ④

24 CH₃CHO에 대한 설명으로 틀린 것은?

① 무색투명한 액체로 산화 시 아세트산을 생성한다.

② 완전연소 시 이산화탄소와 물이 생성된다.

③ 백금, 철과 반응하면 폭발성 물질을 생성한다.

④ 물에 잘 녹고 고무를 녹인다.

 무색이며 고농도는 자극성 냄새가 나며 저농도의 것은 과일 같은 향이 나는 휘발성이 강한 액체로서 물, 에탄올, 에터에 잘 녹고, 고무를 녹인다. 구리, 수은, 마그네슘, 은 및 그 합금으로 된 취급 설비는 아세트알데하이드와의 반응에 의해 이들 간에 중합반응을 일으켜 구조 불명의 폭발성 물질을 생성한다.

답 ③

25 과염소산은 무엇과 접촉할 경우 고체 수화물을 생성하는가?

① 물 ② 과산화나트륨

③ 암모니아 ④ 벤젠

 물과 접촉하면 발열하며 안정된 고체 수화물을 만든다.

답 ①

26 과망가니즈산칼륨과 묽은황산이 반응하였을 때의 생성물이 아닌 것은?

① MnO₄ ② K₂SO₄

③ MnSO₄ ④ H₂O

 묽은황산과의 반응식
$4KMnO_4 + 6H_2SO_4$
$\rightarrow 2K_2SO_4 + 4MnSO_4 + 6H_2O + 5O_2$

답 ①

27 인화칼슘의 일반적인 성질로 옳은 것은?

① 물과 반응하면 독성의 가스가 발생한다.

② 비중이 물보다 작다.

③ 융점은 약 600℃ 정도이다.

④ 흰색의 정육면체 고체상 결정이다.

 물과 반응하여 가연성이며 독성이 강한 인화수소(PH_3, 포스핀)가스를 발생시킨다.
$Ca_3P_2 + 6H_2O \rightarrow 3Ca(OH)_2 + 2PH_3$

답 ①

28 위험물제조소 등 중 예방 규정을 정하여야 하는 대상은?

① 칼슘을 400kg 취급하는 제조소

② 칼륨을 400kg 저장하는 옥내저장소

③ 질산을 50,000kg 저장하는 옥외탱크저장소

④ 질산염류를 50,000kg 저장하는 옥내저장소

 예방 규정을 정하여야 하는 제조소 등
㉠ 지정수량의 10배 이상의 위험물을 취급하는 제조소
㉡ 지정수량의 100배 이상의 위험물을 저장하는 옥외저장소
㉢ 지정수량의 150배 이상의 위험물을 저장하는 옥내저장소
㉣ 지정수량의 200배 이상을 저장하는 옥외탱크저장소
㉤ 암반탱크저장소
㉥ 이송취급소
㉦ 지정수량의 10배 이상의 위험물을 취급하는 일반취급소
문제에서 주어진 보기의 지정수량 배수는 다음과 같다.

① $\frac{400kg}{50kg} = 8$

② $\frac{400kg}{10kg} = 40$

③ $\frac{50,000kg}{300kg} = 166.7$

④ $\frac{50,000kg}{300kg} = 166.7$

답 ④

29 다음 내용을 모두 충족하는 위험물에 해당하는 것은?

- 원칙적으로 옥외저장소에 저장·취급할 수 없는 위험물이다.
- 옥내저장소에 저장하는 경우 창고의 바닥면적은 1,000㎡ 이하로 하여야 한다.
- 위험등급 I의 위험물이다.

① 칼륨 ② 황

③ 하이드록실아민 ④ 질산

옥외저장소에 저장할 수 있는 위험물
  ㉠ 제2류 위험물 중 황, 인화성 고체(인화점이 0℃ 이상인 것에 한함)
  ㉡ 제4류 위험물 중 제1석유류(인화점이 0℃ 이상인 것에 한함), 제2석유류, 제3석유류, 제4석유류, 알코올류, 동식물유류
  ㉢ 제6류 위험물
  따라서 칼륨과 하이드록실아민만 옥외저장소에서 취급할 수 없으며 이 중 위험등급 I에 해당하는 것은 칼륨뿐이다.

답 ①

30 "알킬알루미늄 등"을 저장 또는 취급하는 이동탱크저장소에 관한 기준으로 옳은 것은?

① 탱크 외면은 적색으로 도장을 하고 백색문자로 동판의 양 측면 및 경판에 "화기주의" 또는 "물기주의"라는 주의사항을 표시한다.

② 20kPa 이하의 압력으로 불활성기체를 봉입해 두어야 한다.

③ 이동저장탱크의 맨홀 및 주입구의 뚜껑은 10mm 이상의 강판으로 제작하고, 용량은 2,000L 미만이어야 한다.

④ 이동저장탱크는 두께 5mm 이상의 강판으로 제작하고 3MPa 이상의 압력으로 5분간 실시하는 수압시험에서 새거나 변형되지 않아야 한다.

 알킬알루미늄 등을 저장 또는 취급하는 이동탱크저장소 기준
  ㉠ 이동저장탱크는 두께 10mm 이상의 강판 또는 이와 동등 이상의 기계적 성질이 있는 재료로 기밀하게 제작되고 1MPa 이상의 압력으로 10분간 실시하는 수압시험에서 새거나 변형하지 아니하는 것일 것
  ㉡ 이동저장탱크의 용량은 1,900L 미만일 것
  ㉢ 안전장치는 이동저장탱크의 수압시험의 압력의 3분의 2를 초과하고 5분의 4를 넘지 아니하는 범위의 압력으로 작동할 것
  ㉣ 이동저장탱크의 맨홀 및 주입구의 뚜껑은 두께 10mm 이상의 강판 또는 이와 동등 이상의 기계적 성질이 있는 재료로 할 것
  ㉤ 이동저장탱크의 배관 및 밸브 등은 해당 탱크의 윗부분에 설치할 것

㉥ 이동탱크저장소에는 이동저장탱크 하중의 4배의 전단하중에 견딜 수 있는 걸고리 체결금속구 및 모서리 체결금속구를 설치할 것
㉦ 이동저장탱크는 불활성의 기체를 봉입할 수 있는 구조로 할 것
㉧ 이동저장탱크는 그 외면을 적색으로 도장하는 한편, 백색문자로서 동판(胴板)의 양측면 및 경판(鏡板)에 주의사항을 표시할 것

답 ②

31 알코올류 6,500L를 저장하는 옥외탱크저장소에 대하여 저장하는 위험물에 대한 소화설비 소요단위는?

① 2   ② 4
③ 16   ④ 17

$$소요단위 = \frac{위험물의\ 저장수량}{위험물\ 지정수량 \times 10}$$
$$= \frac{6,500L}{400L \times 10} = 1.625$$

답 ①

32 다음 중 아이오딘값이 가장 큰 것은?

① 야자유   ② 피마자유
③ 올리브유   ④ 정어리기름

아이오딘값 : 유지 100g에 부가되는 아이오딘의 g 수. 불포화도가 증가할수록 아이오딘값이 증가하며, 자연발화 위험이 있다.
  ㉠ 건성유 : 아이오딘값이 130 이상인 것
    이중결합이 많아 불포화도가 높기 때문에 공기 중에서 산화되어 액 표면에 피막을 만드는 기름
    예 아마인유, 들기름, 동유, 정어리기름, 해바라기유 등
  ㉡ 반건성유 : 아이오딘값이 100~130인 것
    공기 중에서 건성유보다 얇은 피막을 만드는 기름
    예 참기름, 옥수수기름, 청어기름, 채종유, 면실유(목화씨유), 콩기름, 쌀겨유 등
  ㉢ 불건성유 : 아이오딘값이 100 이하인 것
    공기 중에서 피막을 만들지 않는 안정된 기름
    예 올리브유, 피마자유, 야자유, 땅콩기름, 동백유 등

답 ④

33

단층건물 외의 건축물에 옥내 탱크 전용실을 설치하는 경우 최대용량을 설명한 것 중 틀린 것은?

① 지하 2층에 경유를 저장하는 탱크의 경우에는 20,000L
② 지하 4층에 동식물유류를 저장하는 탱크의 경우에는 지정수량의 40배
③ 지상 3층에 제4석유류를 저장하는 탱크의 경우에는 지정수량의 20배
④ 지상 4층에 경유를 저장하는 탱크의 경우에는 5,000L

 해설 옥내저장탱크의 용량(동일한 탱크 전용실에 옥내저장탱크를 2 이상 설치하는 경우에는 각 탱크의 용량의 합계를 말한다)은 1층 이하의 층에 있어서는 지정수량의 40배(제4석유류 및 동식물유류 외의 제4류 위험물에 있어서 해당 수량이 2만L를 초과할 때에는 2만L) 이하, 2층 이상의 층에 있어서는 지정수량의 10배(제4석유류 및 동식물유류 외의 제4류 위험물에 있어서 해당 수량이 5천L를 초과할 때에는 5천L) 이하일 것

답 ③

34

다음에서 설명하는 위험물이 분해, 폭발하는 경우 가장 많은 부피를 차지하는 가스는?

- 순수한 것은 무색투명한 기름형태의 액체이다.
- 다이너마이트의 원료가 된다.
- 상온에서는 액체이지만 겨울에는 동결한다.
- 혓바닥을 찌르는 단맛이 나며, 감미로운 냄새가 난다.

① 이산화탄소　　② 수소
③ 산소　　　　　④ 질소

 해설 나이트로글리세린은 제5류 위험물로서 다이너마이트, 로켓, 무연화약의 원료로 순수한 것은 무색투명한 기름성의 액체(공업용 시판품은 담황색)이며 점화하면 즉시 연소하고 폭발력이 강하다.
$4C_3H_5(ONO_2)_3 \rightarrow 12CO_2 + 10H_2O + 6N_2 + O_2$

답 ①

35

벤젠에 대한 설명 중 틀린 것은?

① 인화점이 −11℃ 정도로 낮아 응고된 상태에서도 인화할 수 있다.
② 증기는 마취성이 있다.
③ 피부에 닿으면 탈지작용을 한다.
④ 연소 시 그을음을 내지 않고 완전연소한다.

 해설 무색투명하며 독특한 냄새를 가진 휘발성이 강한 액체로 위험성이 강하며 인화가 쉽고 다량의 흑연이 발생하고 뜨거운 열을 내며 연소한다.

답 ④

36

다음 반응식에서 (　　)에 알맞은 것을 차례대로 나열한 것은?

$$CaC_2 + 2(\quad) \rightarrow Ca(OH)_2 + (\quad)$$

① H_2O, C_2H_2
② H_2O, CH_4
③ O_2, C_2H_2
④ O_2, CH_4

 해설 탄화칼슘(CaC_2)은 물과 강하게 반응하여 수산화칼슘과 아세틸렌을 만들며 공기 중 수분과 반응하여도 아세틸렌이 발생한다.
$CaC_2 + 2H_2O \rightarrow Ca(OH)_2 + C_2H_2$

답 ①

37

알칼리토금속에 속하는 것은?

① Li
② Fr
③ Cs
④ Sr

 해설 알칼리토금속 : Be, Mg, Ca, Sr, Ba, Ra

답 ④

38 농도가 높아질수록 위험성이 높아지는 산화성 물질로 가열에 의해 분해할 경우 물과 산소가 발생하며 분해를 방지하기 위하여 안정제를 넣어 보관하는 것은?

① Na_2O_2　　　　② $KClO_3$

③ H_2O_2　　　　④ $NaNO_3$

 해설
과산화수소의 저장방법 : 유리는 알칼리성으로 분해를 촉진하므로 피하고 가열, 화기, 직사광선을 차단하며 농도가 높을수록 위험성이 크므로 분해 방지 안정제(인산, 요산 등)를 넣어 발생기 산소의 발생을 억제한다.

답 ③

39 다음 중 염소산칼륨의 성질에 대한 설명으로 옳은 것은?

① 광택이 있는 적색의 결정이다.

② 비중은 약 3.2이며 녹는점은 약 250℃이다.

③ 가열분해하면 염화나트륨과 산소가 발생한다.

④ 알코올에 난용이고 온수, 글리세린에 잘 녹는다.

 해설
염소산칼륨의 일반적 성질
㉠ 분자량 123, 비중 2.32, 분해온도 400℃, 융점 368.4℃, 용해도(20℃) 7.3
㉡ 무색의 결정 또는 백색 분말
㉢ 찬물, 알코올에는 잘 녹지 않고, 온수, 글리세린 등에는 잘 녹는다.
㉣ 약 400℃ 부근에서 열분해되어 염화칼륨(KCl)과 산소(O_2)를 방출한다.
$2KClO_3 \rightarrow 2KCl + 3O_2$

답 ④

40 다음 중 1mol에 포함된 산소의 수가 가장 많은 것은?

① 염소산

② 과산화나트륨

③ 과염소산

④ 차아염소산

 해설
① 염소산 : $HClO_3$
② 과산화나트륨 : Na_2O_2
③ 과염소산 : $HClO_4$
④ 차아염소산 : $HClO$

답 ③

41 위험물안전관리법령에서 정한 위험물의 취급에 관한 기준이 아닌 것은?

① 분사도장작업은 방화상 유효한 격벽 등으로 구획된 안전한 장소에서 실시한다.

② 추출공정에서는 추출관의 외부압력이 비정상적으로 상승하지 않도록 한다.

③ 열처리작업은 위험물이 위험한 온도에 도달하지 않도록 한다.

④ 증류공정에 있어서는 위험물을 취급하는 설비의 내부압력의 변동 등에 의하여 액체 또는 증기가 새지 않도록 한다.

 해설
추출공정에 있어서는 추출관의 내부압력이 비정상적으로 상승하지 아니하도록 할 것

답 ②

42 산화성 고체 위험물이 아닌 것은?

① $NaClO_3$　　　　② $AgNO_3$

③ $KBrO_3$　　　　④ $HClO_4$

 해설
$HClO_4$는 과염소산으로 제6류 위험물(산화성 액체)에 해당한다.

답 ④

43 지정수량이 다른 물질로 나열된 것은?

① 질산나트륨, 과염소산

② 에틸알코올, 아세톤

③ 벤조일퍼옥사이드, 칼륨

④ 철분, 트라이나이트로톨루엔

 해설
① 질산나트륨, 과염소산 : 300kg
② 에틸알코올, 아세톤 : 400L
③ 벤조일퍼옥사이드, 칼륨 : 10kg
④ 철분 : 500kg, 트라이나이트로톨루엔 : 200kg

답 ④

44 위험물안전관리법령에서 정한 위험물 안전 관리자의 책무가 아닌 것은?

① 화재 등의 재난이 발생한 경우 응급조치 및 소방관서 등에 대한 연락 업무

② 화재 등의 재해의 방지에 관하여 인접한 제조소 등과 그 밖의 관련시설의 관계자와 협조체제 유지

③ 위험물의 취급에 관한 일지의 작성·기록

④ 안전관리대행기관에 대하여 필요한 지도·감독

 해설 안전관리자의 책무

㉠ 위험물의 취급 작업에 참여하여 해당 작업이 저장 또는 취급에 관한 기술 기준과 예방 규정에 적합하도록 해당 작업자에 대하여 지시 및 감독하는 업무

㉡ 화재 등의 재난이 발생한 경우 응급조치 및 소방관서 등에 대한 연락 업무

㉢ 위험물 시설의 안전을 담당하는 자를 따로 두는 제조소 등의 경우에는 그 담당자에게 규정에 의한 업무의 지시

㉣ 화재 등의 재해의 방지와 응급조치에 관하여 인접하는 제조소 등과 그 밖의 관련되는 시설의 관계자와 협조체제의 유지

㉤ 위험물의 취급에 관한 일지의 작성·기록

㉥ 그 밖에 위험물을 수납한 용기를 차량에 적재하는 작업, 위험물 설비를 보수하는 작업 등 위험물의 취급과 관련된 작업의 안전에 관하여 필요한 감독의 수행

답 ④

45 위험물안전관리법령상 위험물제조소의 완공 검사 신청시기로 틀린 것은?

① 지하탱크가 있는 제조소 등의 경우 : 해당 지하탱크를 매설하기 전

② 이동탱크저장소 : 이동저장탱크를 완공하고 상치장소를 확보하기 전

③ 간이탱크저장소 : 공사를 완료한 후

④ 옥외탱크저장소 : 공사를 완료한 후

 해설 이동저장탱크를 완공하고 상치장소를 확보한 후

답 ②

46 제5류 위험물에 속하지 않는 것은?

① $C_6H_4(NO_2)_2$

② CH_3ONO_2

③ $C_6H_5NO_2$

④ $C_3H_5(ONO_2)_3$

 해설 $C_6H_5NO_2$는 나이트로벤젠으로 제4류 위험물에 해당한다.

답 ③

47 각 위험물의 대표적인 연소형태에 대한 설명으로 틀린 것은?

① 금속분은 공기와 접촉하고 있는 표면에서 연소가 일어나는 표면연소이다.

② 황은 일정 온도 이상에서 열분해하여 생성된 물질이 연소하는 분해연소이다.

③ 휘발유는 액체 자체가 연소하지 않고 액체 표면에서 발생하는 가연성 증기가 연소하는 증발연소이다.

④ 나이트로셀룰로스는 공기 중의 산소 없이도 연소하는 자기연소이다.

 해설 황은 연소가 매우 쉬운 가연성 고체로 유독성의 이산화황가스가 발생하고 연소할 때 연소열에 의해 액화하고 증발한 증기가 연소하는 증발연소이다.

답 ②

48 다음 중 인화점이 가장 높은 것은?

① CH_3COOCH_3 ② CH_3OH

③ CH_3CH_2OH ④ CH_3COOH

 해설

화학식	CH_3COOCH_3	CH_3OH
명칭	초산메틸	메틸알코올
품명	제1석유류	알코올류
인화점	−10℃	11℃
화학식	CH_3CH_2OH	CH_3COOH
명칭	에틸알코올	초산
품명	알코올류	제2석유류
인화점	13℃	40℃

답 ④

49 다음 중 위험물안전관리법령상 원칙적으로 이송취급소 설치장소에서 제외되는 곳이 아닌 것은?

① 해저
② 도로의 터널 안
③ 고속국도의 차도 및 길어깨
④ 호수 · 저수지 등으로서 수리의 수원이 되는 곳

 해설 이송취급소를 설치하지 못하는 장소
　㉠ 철도 및 도로의 터널 안
　㉡ 고속국도 및 자동차 전용도로의 차도, 길어깨 (갓길) 및 중앙 분리대
　㉢ 호수, 저수지 등으로서 수리의 수원이 되는 곳
　㉣ 급경사 지역으로서 붕괴의 위험이 있는 지역

답 ①

50 다음 중 아염소산의 화학식은?

① HClO
② HClO₂
③ HClO₃
④ HClO₄

 **해설**
① 차아염소산
② 아염소산
③ 염소산
④ 과염소산

답 ②

51 나이트로셀룰로스에 캠퍼(장뇌)를 섞어서 알코올에 녹여 교질상태로 만든 것으로 필름, 안경테, 탁구공 등의 제조에 사용하는 위험물은?

① 질화면
② 셀룰로이드
③ 아세틸퍼옥사이드
④ 하이드라진유도체

 **해설** 셀룰로이드
　㉠ 발화온도 180℃, 비중 1.4
　㉡ 무색 또는 반투명 고체이나 열이나 햇빛에 의해 황색으로 변색
　㉢ 습도와 온도가 높을 경우 자연발화의 위험이 있다.
　㉣ 나이트로셀룰로스와 장뇌의 균일한 콜로이드 분산액으로부터 개발한 최초의 합성플라스틱 물질

답 ②

52 고형 알코올에 대한 설명으로 옳은 것은?

① 지정수량은 500kg이다.
② 이산화탄소소화설비에 의해 소화된다.
③ 제4류 위험물에 해당한다.
④ 운반용기 외부에 "화기주의"라고 표시하여야 한다.

 해설 지정수량은 1,000kg이며, 제2류 위험물 중 인화성 고체에 해당한다. 운반용기 외부에는 "화기엄금"이라고 표시해야 한다.

답 ②

53 에탄올 1몰이 표준상태에서 완전연소하기 위해 필요한 공기량은 약 몇 L인가? (단, 공기 중 산소의 부피는 21vol%이다.)

① 122
② 244
③ 320
④ 410

 해설 에탄올의 연소반응식
$$C_2H_5OH + 3O_2 \rightarrow 2CO_2 + 3H_2O$$

$$\frac{1\text{mol} - C_2H_5OH}{} \left| \frac{3\text{mol} - O_2}{1\text{mol} - C_2H_5OH} \right|$$

$$\frac{100\text{mol} - Air}{21\text{mol} - O_2} \left| \frac{22.4\text{L} - Air}{1\text{mol} - Air} \right| = 320\text{L} - Air$$

답 ③

54 흐름 단면적이 감소하면서 속도두가 증가하고 압력두가 감소하여 생기는 압력차를 측정하여 유량을 구하는 기구로서 제작이 용이하고 비용이 저렴한 장점이 있으나 마찰손실이 커서 유체 수송을 위한 소요동력이 증가하는 단점이 있는 것은?

① 로터미터
② 피토튜브
③ 벤투리미터
④ 오리피스미터

 해설 오리피스미터는 설치에 비용이 적게 들고 비교적 유량측정이 정확하여 얇은 판 오리피스가 널리 이용되고 있으며, 흐르는 수로 내에 설치한다. 오리피스의 장점은 단면이 축소되는 목부분을 조절함으로써 유량이 조절된다는 점이며, 단점은 오리피스 단면에서 커다란 수두손실이 일어난다는 점이다.

답 ④

55 생산보전(PM ; Productive Maintenance)의 내용에 속하지 않는 것은?

① 보전예방

② 안전보전

③ 예방보전

④ 개량보전

 해설 생산보전이란 설비의 일 생애를 대상으로 하여 생산성을 높이는 것이며, 가장 경제적으로 보전 하는 것을 말한다.

답 ②

56 200개 들이 상자가 15개 있을 때 각 상자로부터 제품을 랜덤하게 10개씩 샘플링할 경우, 이러한 샘플링방법을 무엇이라 하는가?

① 층별샘플링

② 계통샘플링

③ 취락샘플링

④ 2단계샘플링

 해설 층별샘플링이란 모집단을 몇 개의 층으로 나누어 각층에서 임의로 시료를 취하는 것을 말한다.

 답 ①

57 품질특성을 나타내는 데이터 중 계수치 데이터에 속하는 것은?

① 무게

② 길이

③ 인장강도

④ 부적합품률

 해설 품질특성이란 품질평가의 대상이 되는 기준. 품질관리에 있어 품질을 데이터로서 표시하고 이데이터의 대해 통계적 방법을 적용하여 해석 관리를 하기 위해 이용된다. 제품의 물성을 나타내는 특성값(예를 들면 순도, 조성, 수분, 경도, pH 등) 외에 양과 코스트에 관계되는 특성값(예를 들면 수득량, 원료에 대한 제품 비율, 불량률, 공수, 원단위, 가동률 등)의 수치도 품질을 나타내는 특성값으로서 이용된다.

답 ④

58 모든 작업을 기본동작으로 분해하고, 각 기본동작에 대하여 성질과 조건에 따라 미리 정해놓은 시간치를 적용하여 정미시간을 산정하는 방법은?

① PTS법

② work sampling법

③ 스톱워치법

④ 실적자료법

 해설 PTS(PTS method)는 'Predetermined Time Standards'의 약칭이다. 기정시간 표준법으로 번역된다. 하나의 작업이 실제로 시작되기 전에 미리 작업에 필요한 소요시간을 작업방법에 따라 이론적으로 정해 나가는 방법이다.

답 ①

59 어떤 공장에서 작업을 하는 데 있어서 소요되는 기간과 비용이 다음 표와 같을 때 비용 구배는? (단, 활동시간의 단위는 일(日)로 계산한다.)

정상작업		특급작업	
기간	비용	기간	비용
15일	150만 원	10일	200만 원

① 50,000원

② 100,000원

③ 200,000원

④ 500,000원

 답 ②

60 관리도에서 측정한 값을 차례로 타점했을 때 점이 순차적으로 상승하거나 하강하는 것을 무엇이라 하는가?

① 연(run)

② 주기(cycle)

③ 경향(trend)

④ 산포(dispersion)

해설 경향은 측정한 값을 차례로 타점했을 때 점이 순차적으로 상승하거나 하강하는 것을 말한다.

 답 ③

제58회
(2015년 7월 시행)

위험물기능장 필기

01 위험물안전관리법령에 따른 기계에 의하여 하역하는 구조로 된 운반용기에 대한 수납기준에 의하면 액체 위험물을 수납하는 경우에는 55℃의 온도에서의 증기압이 몇 kPa 이하가 되도록 수납하여야 하는가?

① 100
② 101.3
③ 130
④ 150

 액체 위험물을 수납하는 경우에는 55℃의 온도에서의 증기압이 130kPa 이하가 되도록 수납할 것

답 ③

02 인화점이 0℃ 미만이고 자연발화의 위험성이 매우 높은 것은?

① C_4H_9Li
② P_2S_5
③ $KBrO_3$
④ $C_5H_5CH_3$

 ① C_4H_9Li는 알킬리튬의 일종으로 뷰틸리튬에 해당한다. 무색의 가연성 액체이며, 자연발화 위험이 있다.

답 ①

03 옥내저장탱크의 펌프설비가 탱크 전용실이 있는 건축물에 설치되어 있다. 펌프설비가 탱크 전용실 외의 장소에 설치되어 있는 경우, 위험물안전관리법령상 펌프실 지붕의 기준에 대한 설명으로 옳은 것은?

① 폭발력이 위로 방출될 정도의 가벼운 불연재료로만 하여야 한다.
② 불연재료로만 하여야 한다.
③ 내화구조 또는 불연재료로 할 수 있다.
④ 내화구조로만 하여야 한다.

 펌프실은 상층이 있는 경우에 있어서는 상층의 바닥을 내화구조로 하고, 상층이 없는 경우에 있어서는 지붕을 불연재료로 하며, 천장을 설치하지 아니할 것

답 ②

04 다음 중 비중이 가장 작은 것은?

① 염소산칼륨
② 염소산나트륨
③ 과염소산나트륨
④ 과염소산암모늄

명칭	비중
염소산칼륨	2.32
염소산나트륨	2.5
과염소산나트륨	2.5
과염소산암모늄	1.87

답 ④

05 위험물안전관리법령상 제5류 위험물에 해당하는 것은?

① 나이트로벤젠
② 하이드라진
③ 염산하이드라진
④ 글리세린

 염산하이드라진은 제5류 위험물 하이드라진유도체류에 해당한다.

답 ③

06 각 물질의 저장 및 취급 시 주의사항에 대한 설명으로 옳지 않은 것은?

① H_2O_2 : 완전 밀폐, 밀봉된 상태로 보관한다.
② K_2O_2 : 물과의 접촉을 피한다.
③ $NaClO_3$: 철제용기에 보관하지 않는다.
④ CaC_2 : 습기를 피하고 불활성가스를 봉입하여 저장한다.

과산화수소(H_2O_2)의 저장 및 취급 방법
　ㄱ 유리는 알칼리성으로 분해를 촉진하므로 피하고 가열, 화기, 직사광선을 차단하며 농도가 높을수록 위험성이 크므로 분해 방지 안정제(인산, 요산 등)를 넣어 발생기 산소의 발생을 억제한다.
　ㄴ 용기는 밀봉하되 작은 구멍이 뚫린 마개를 사용한다.

답 ①

07 다음 중 BTX에 해당하는 물질로서 가장 인화점이 낮은 것은?

① 이황화탄소
② 산화프로필렌
③ 벤젠
④ 자일렌

 BTX(Benzene, Toluene, Xylene)

구분	Benzene	Toluene
화학식	C_6H_6	$C_6H_5CH_3$
품명	제1석유류	제1석유류
인화점	$-11℃$	$4℃$
구분	$o-$Xylene	$m-$Xylene
화학식	$C_6H_4(CH_3)_2$	$C_6H_4(CH_3)_2$
품명	제2석유류	제2석유류
인화점	$32℃$	$23℃$

답 ③

08 산소 32g과 질소 56g을 20℃에서 15L의 용기에 혼합하였을 때 이 혼합기체의 압력은 약 몇 atm인가?

(단, 기체상수는 0.082atm · L/몰 · K이며 이상기체로 가정한다.)

① 1.4
② 2.4
③ 3.8
④ 4.8

P_{total}
$= P_A + P_B + P_C + \cdots\cdots$
$= \dfrac{n_A RT}{V} + \dfrac{n_B RT}{V} + \dfrac{n_C RT}{V} + \cdots\cdots$
$= (n_A + n_B + n_C + \cdots\cdots)\left(\dfrac{RT}{V}\right) = n_{total}\left(\dfrac{RT}{V}\right)$
$= \left(\dfrac{32}{32} + \dfrac{56}{28}\right) \times \left[\dfrac{0.082 \times (20 + 273.15)}{15}\right]$
$= 4.80$

답 ④

09 위험물안전관리법령에 따른 제4석유류의 정의에 대해 다음 (　　)에 알맞은 수치를 나열한 것은?

> "제4석유류"라 함은 기어유, 실린더유, 그 밖에 1기압에서 인화점이 (　　)℃ 이상, (　　)℃ 미만의 것을 말한다. 다만, 도료류, 그 밖의 물품은 가연성 액체량이 (　　)wt% 이하인 것은 제외한다.

① 200, 250, 40
② 200, 250, 60
③ 200, 300, 40
④ 200, 300, 60

 "제4석유류"라 함은 기어유, 실린더유, 그 밖에 1기압에서 인화점이 200℃ 이상, 250℃ 미만의 것을 말한다. 다만 도료류, 그 밖의 물품은 가연성 액체량이 40wt% 이하인 것은 제외한다.

답 ①

10 다음의 위험물을 각각의 옥내저장소에서 저장 또는 취급할 때 위험물안전관리법령상 안전거리의 기준이 나머지 셋과 다르게 적용되는 것은?

① 질산 1,000kg
② 아닐린 50,000L
③ 기어유 100,000L
④ 아마인유 100,000L

 옥내저장소의 안전거리 제외 대상
　ㄱ 제4석유류 또는 동식물유류의 위험물을 저장 또는 취급하는 옥내저장소로서 그 최대수량이 지정수량의 20배 미만인 것
　ㄴ 제6류 위험물을 저장 또는 취급하는 옥내저장소
아닐린(지정수량 2,000L)은 제3석유류로 안전거리 규제 대상에 해당된다.

답 ②

11 위험물 운반 시 제4류 위험물과 혼재할 수 있는 위험물의 유별을 모두 나타낸 것은? (단, 혼재위험물은 지정수량의 $\frac{1}{10}$ 을 각각 초과한다.)

① 제2류 위험물
② 제2류 위험물, 제3류 위험물
③ 제2류 위험물, 제3류 위험물, 제5류 위험물
④ 제2류 위험물, 제3류 위험물, 제5류 위험물, 제6류 위험물

 유별을 달리하는 위험물의 혼재기준

위험물의 구분	제1류	제2류	제3류	제4류	제5류	제6류
제1류		×	×	×	×	○
제2류	×		×	○	○	×
제3류	×	×		○	×	×
제4류	×	○	○		○	×
제5류	×	○	×	○		×
제6류	○	×	×	×	×	

답 ③

12 포소화약제의 일반적인 물성에 관한 설명 중 틀린 것은?

① 발포배율이 커지면 환원시간(drainage time)은 짧아진다.
② 환원시간이 길면 내열성이 우수하다.
③ 유동성이 좋으면 내열성도 우수하다.
④ 발포배율이 커지면 유동성이 좋아진다.

 유동성이 좋으면 내열성능은 약하다.

답 ③

13 다음 품명 중 위험물안전관리법령상 지정수량이 나머지 셋과 다른 하나는?

① 질산염류
② 금속의 수소화합물류
③ 과산화수소
④ 황화인

해설 질산염류, 금속의 수소화합물류, 과산화수소는 지정수량 300kg이며, 황화인은 100kg에 해당한다.

답 ④

14 지하저장탱크의 주위에 액체 위험물의 누설을 검사하기 위한 관을 설치하는 경우 그 기준으로 옳지 않은 것은?

① 관은 탱크 전용실의 바닥에 닿지 않게 할 것
② 이중관으로 할 것
③ 관의 밑부분으로부터 탱크의 중심 높이까지의 부분에는 소공이 뚫려 있을 것
④ 상부는 물이 침투하지 아니하는 구조로 하고, 뚜껑은 검사 시에 쉽게 열 수 있도록 할 것

해설 액체 위험물의 누설을 검사하기 위한 관을 다음의 기준에 따라 4개소 이상 적당한 위치에 설치하여야 한다.
㉠ 이중관으로 할 것. 다만, 소공이 없는 상부는 단관으로 할 수 있다.
㉡ 재료는 금속관 또는 경질 합성수지관으로 할 것
㉢ 관은 탱크 전용실의 바닥 또는 탱크의 기초까지 닿게 할 것
㉣ 관의 밑부분으로부터 탱크의 중심 높이까지의 부분에는 소공이 뚫려 있을 것. 다만, 지하수위가 높은 장소에 있어서는 지하수위 높이까지의 부분에 소공이 뚫려 있어야 한다.
㉤ 상부는 물이 침투하지 아니하는 구조로 하고, 뚜껑은 검사 시에 쉽게 열 수 있도록 할 것

답 ①

15 위험물안전관리법상의 용어에 대한 설명으로 옳지 않은 것은?

① "위험물"이라 함은 인화성 또는 발화성 등의 성질을 가지는 것으로서 대통령령이 정하는 물품을 말한다.
② "제조소"라 함은 7일 동안 지정수량 이상의 위험물을 제조하기 위한 시설을 뜻한다.
③ "지정수량"이라 함은 위험물의 종류별로 위험성을 고려하여 대통령령이 정하는 수량으로서 제조소 등의 설치허가 등에 있어서 최저의 기준이 되는 수량을 말한다.
④ "제조소 등"이라 함은 제조소, 저장소 및 취급소를 말한다.

해설 "제조소"라 함은 위험물을 제조할 목적으로 지정 수량 이상의 위험물을 취급하기 위하여 규정에 따른 허가를 받은 장소를 말한다.

답 ②

16 위험물안전관리법령에 따른 제2석유류가 아닌 것은?

① 아크릴산
② 폼산
③ 경유
④ 피리딘

 해설 제4류 위험물의 종류와 지정수량

성질	위험등급	품명	지정수량
인화성 액체	Ⅰ	특수 인화물류(다이에틸에터, 이황화탄소, 아세트알데하이드, 산화프로필렌)	50L
	Ⅱ	제1석유류	비수용성(가솔린, 벤젠, 톨루엔, 사이클로헥세인, 콜로디온, 메틸에틸케톤, 초산메틸, 초산에틸, 의산에틸, 헥세인 등)	200L
			수용성(아세톤, 피리딘, 아크롤레인, 의산메틸, 사이안화수소 등)	400L
		알코올류(메틸알코올, 에틸알코올, 프로필알코올, 아이소프로필알코올)	400L
	Ⅲ	제2석유류	비수용성(등유, 경유, 스타이렌, 자일렌(o-, m-, p-), 클로로벤젠, 장뇌유, 뷰틸알코올, 알릴알코올, 아밀알코올 등)	1,000L
			수용성(폼산, 초산, 하이드라진, 아크릴산 등)	2,000L
		제3석유류	비수용성(중유, 크레오소트유, 아닐린, 나이트로벤젠, 나이트로톨루엔 등)	2,000L
			수용성(에틸렌글리콜, 글리세린 등)	4,000L
		제4석유류	기어유, 실린더유, 윤활유, 가소제	6,000L
		동식물유류(아마인유, 들기름, 동유, 야자유, 올리브유 등)		10,000L

답 ④

17 산화성 액체 위험물에 대한 설명 중 틀린 것은?

① 과산화수소는 물과 접촉하면 심하게 발열하고 증기는 유독하다.
② 질산은 불연성이지만 강한 산화력을 가지고 있는 강산화성 물질이다.
③ 질산은 물과 접촉하면 발열하므로 주의하여야 한다.
④ 과염소산은 강산이고 불안정하여 열에 의해 분해가 용이하다.

 해설 과산화수소는 화재 시 용기를 이송하고 불가능한 경우 주수 냉각하면서 다량의 물로 냉각소화한다.

답 ①

18 다이에틸에터의 공기 중 위험도(H) 값에 가장 가까운 것은?

① 2.7
② 8.5
③ 15.2
④ 24.3

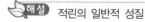 **해설** 다이에틸에터의 연소범위는 1.9~48%이므로
위험도 $H = \dfrac{U-L}{L} = \dfrac{48-1.9}{1.9} = 24.26$

답 ④

19 암적색의 분말인 비금속 물질로 비중이 약 2.2, 발화점이 약 260℃이고 물에 불용성인 위험물은?

① 적린
② 황린
③ 삼황화인
④ 황

해설 적린의 일반적 성질
㉠ 원자량 31, 비중 2.2, 융점은 600℃, 발화온도 260℃, 승화온도 400℃
㉡ 조해성이 있으며, 물, 이황화탄소, 에터, 암모니아 등에는 녹지 않는다.
㉢ 암적색의 분말로 황린의 동소체이지만 자연발화의 위험이 없어 안전하며, 독성도 황린에 비하여 약하다.

답 ①

20 위험물안전관리법령상 제2류 위험물인 철분에 적응성이 있는 소화설비는?

① 옥외소화전설비

② 포소화설비

③ 이산화탄소소화설비

④ 탄산수소염류분말소화설비

 철분의 경우 금수성 물질에 해당하므로 물, 할론, 이산화탄소 소화 일절 금지사항이며, 탄산수소염류분말소화기 또는 건조사, 팽창질석, 팽창진주암이 소화적응력이 있다.

답 ④

21 메테인 2L를 완전연소하는 데 필요한 공기요구량은 약 몇 L인가? (단, 표준상태를 기준으로 하고 공기 중의 산소는 21vol%이다.)

① 2.42

② 4

③ 19.05

④ 22.4

 $CH_4 + 2O_2 \rightarrow CO_2 + 2H_2O$

$$\frac{2L\text{-}CH_4}{} \left| \frac{1mol\text{-}CH_4}{22.4L\text{-}CH_4} \right| \frac{2mol\text{-}O_2}{1mol\text{-}CH_4}$$

$$\frac{100mol\text{-}Air}{21mol\text{-}O_2} \left| \frac{22.4L\text{-}Air}{1mol\text{-}Air} \right| = 19.05L\text{-}Air$$

답 ③

22 다음 중 위험물과 그 지정수량의 연결이 틀린 것은?

① 오황화인 - 100kg

② 알루미늄분 - 500kg

③ 스타이렌 모노머 - 2,000L

④ 폼산 - 2,000L

 스타이렌 모노머는 제2석유류 비수용성에 해당하므로 1,000L이다.

답 ③

23 이산화탄소소화설비의 장단점에 대한 설명으로 틀린 것은?

① 전역방출방식의 경우 심부 화재에도 효과가 있다.

② 밀폐공간에서 질식과 같은 인명피해를 입을 수도 있다.

③ 전기절연성이 높아 전기화재에도 적합하다.

④ 배관 및 관 부속이 저압이므로 시공이 간편하다.

 이산화탄소는 배관 및 관 부속이 고압이므로 시공이 어렵다.

답 ④

24 질산칼륨 101kg이 열분해될 때, 발생되는 산소는 표준상태에서 몇 m³인가? (단, 원자량은 K : 39, O : 16, N : 14이다.)

① 5.6

② 11.2

③ 22.4

④ 44.8

 질산칼륨은 약 400℃로 가열하면 분해되어 아질산칼륨(KNO₂)과 산소(O₂)가 발생하는 강산화제

$2KNO_3 \rightarrow 2KNO_2 + O_2$

$$\frac{101kg\text{-}KNO_3}{} \left| \frac{1mol\text{-}KNO_3}{101kg\text{-}KNO_3} \right|$$

$$\frac{1mol\text{-}O_2}{2mol\text{-}KNO_3} \left| \frac{22.4m^3}{1mol\text{-}O_2} \right| = 11.2m^3$$

답 ②

25 다음은 이송취급소의 배관과 관련하여 내압에 의하여 배관에 생기는 무엇에 관한 수식인가?

$$\sigma_{ci} = \frac{P_i(D-t+C)}{2(t-C)}$$

여기서, P_i : 최대상용압력(MPa)

D : 배관의 외경(mm)

t : 배관의 실제 두께(mm)

C : 내면 부식여유 두께(mm)

① 원주방향응력

② 축방향응력

③ 팽창응력

④ 취성응력

해설 배관에 작용하는 응력(stress)이란 1차 응력과 2차 응력으로 분류된다. 이때 1차 응력이란 배관계 내부 및 외부에서 가해지는 힘과 moment에 의해서 유발되는 응력이며, 2차 응력이란 배관 내 유체온도에 의한 배관의 팽창 또는 수축에 따라 발생하는 응력을 말한다. 응력의 종류로는 축방향 응력, 원주방향응력 등이 있으며, 이 중 축방향응력의 경우 내압에 따라 응력을 구할 수 있다.

$$Sp = \frac{P \cdot r}{t}$$

여기서, P : 내압
r : 파이프 반경
t : 파이프 두께

답 ①

26 위험물안전관리법령상 이동탱크저장소에 의한 위험물의 운송기준에 대한 설명 중 틀린 것은?

① 위험물 운송 시 장거리란 고속국도는 340km 이상, 그 밖의 도로는 200km 이상을 말한다.

② 운송책임자를 동승시킨 경우에는 반드시 2명 이상이 교대로 운전해야 한다.

③ 특수 인화물 및 제1석유류를 운송하게 하는 자는 위험물 안전카드를 위험물 운송자로 하여금 휴대하게 한다.

④ 위험물 운송자는 재난 및 그 밖의 불가피한 이유가 있는 경우에는 위험물 안전카드에 기재된 내용에 따르지 아니할 수 있다.

해설 위험물 운송자는 장거리(고속국도에 있어서는 340km 이상, 그 밖의 도로에 있어서는 200km 이상을 말한다)에 걸치는 운송을 하는 때에는 2명 이상의 운전자로 할 것. 다만, 다음의 어느 하나에 해당하는 경우에는 그러하지 아니하다.

㉠ 운송책임자를 동승시킨 경우
㉡ 운송하는 위험물이 제2류 위험물·제3류 위험물(칼슘 또는 알루미늄의 탄화물과 이것만을 함유한 것에 한한다) 또는 제4류 위험물(특수 인화물을 제외한다)인 경우
㉢ 운송 도중에 2시간 이내마다 20분 이상씩 휴식하는 경우

답 ②

27 각 위험물의 지정수량 합이 가장 큰 것은?

① 과염소산, 염소산나트륨
② 황화인, 염소산칼륨
③ 질산나트륨, 적린
④ 나트륨아마이드, 질산암모늄

 해설

구분	품목	지정수량	합계
①	과염소산	300kg	350kg
	염소산나트륨	50kg	
②	황화인	100kg	150kg
	염소산칼륨	50kg	
③	질산나트륨	300kg	400kg
	적린	100kg	
④	나트륨아마이드	50kg	350kg
	질산암모늄	300kg	

답 ③

28 위험물탱크안전성능 시험자가 기술능력, 시설 및 장비 중 중요 변경사항이 있는 때에는 변경한 날부터 며칠 이내에 변경신고를 하여야 하는가?

① 5일 이내
② 15일 이내
③ 25일 이내
④ 30일 이내

해설 규정에 따라 등록한 사항 가운데 행정안전부령이 정하는 중요사항을 변경한 경우에는 그날부터 30일 이내에 시·도지사에게 변경신고를 하여야 한다.

답 ④

29 다음 중 위험물안전관리법에 따라 허가를 받아야 하는 대상이 아닌 것은?

① 농예용으로 사용하기 위한 건조시설로서 지정수량 20배를 취급하는 위험물취급소

② 수산용으로 필요한 건조시설로서 지정수량 20배를 저장하는 위험물저장소

③ 공동주택의 중앙난방시설로 사용하기 위한 지정수량 20배를 저장하는 위험물저장소

④ 축산용으로 사용하기 위한 난방시설로서 지정수량 30배를 저장하는 위험물저장소

다음에 해당하는 제조소 등의 경우에는 허가를 받지 아니하고 해당 제조소 등을 설치하거나 그 위치·구조 또는 설비를 변경할 수 있으며, 신고를 하지 아니하고 위험물의 품명·수량 또는 지정수량의 배수를 변경할 수 있다.
ㄱ 주택의 난방시설(공동주택의 중앙난방시설을 제외한다)을 위한 저장소 또는 취급소
ㄴ 농예용·축산용 또는 수산용으로 필요한 난방시설 또는 건조시설을 위한 지정수량 20배 이하의 저장소

답 ②

30 트라이에틸알루미늄이 염산과 반응하였을 때와 메탄올과 반응하였을 때 발생하는 가스를 차례대로 나열한 것은?

① C_2H_4, C_2H_4
② C_2H_6, C_2H_6
③ C_2H_6, C_2H_4
④ C_2H_4, C_2H_6

 염산, 알코올과 접촉하면 폭발적으로 반응하여 에테인을 형성하고 이때 발열, 폭발에 이른다.
$(C_2H_5)_3Al + HCl$
$\rightarrow (C_2H_5)_2AlCl + C_2H_6 + 발열$
$(C_2H_5)_3Al + 3CH_3OH$
$\rightarrow Al(CH_5O)_3 + 3C_2H_6 + 발열$

 답 ②

31 다음 중 1mol의 질량이 가장 큰 것은?

① $(NH_4)_2Cr_2O_7$
② BaO_2
③ $K_2Cr_2O_7$
④ $KMnO_4$

화학식	$(NH_4)_2Cr_2O_7$	BaO_2	$K_2Cr_2O_7$	$KMnO_4$
분자량	252	169	294	158

 답 ③

32 위험물의 저장 및 취급 시 유의사항에 대한 설명으로 틀린 것은?

① 과망가니즈산나트륨 − 가열, 충격, 마찰을 피하고 가연물과의 접촉을 피한다.
② 황린 − 알칼리용액과 반응하여 가연성의 아세틸렌이 발생하므로 물속에 저장한다.
③ 다이에틸에터 − 공기와 장시간 접촉 시 과산화물을 생성하므로 공기와의 접촉을 최소화한다.
④ 나이트로글리콜 − 폭발의 위험이 있으므로 화기를 멀리한다.

 황린의 저장 및 취급 방법
자연발화성이 있어 물속에 저장하며, 온도 상승 시 물의 산성화가 빨라져서 용기를 부식시키므로 직사광선을 피하여 저장한다. 인화수소(PH_3)의 생성을 방지하기 위해 보호액은 약알칼성 pH 9로 유지하기 위하여 알칼리제(석회 또는 소다회 등)로 pH를 조절한다.

 답 ②

33 시내 일반도로와 접하는 부분에 주유취급소를 설치하였다. 위험물안전관리법령이 허용하는 최대용량으로 [보기]의 탱크를 설치할 때 전체 탱크용량의 합은 몇 L인가?

[보기]
A. 고정주유설비 접속 전용탱크 3기
B. 고정급유설비 접속 전용탱크 1기
C. 폐유 저장탱크 2기
D. 윤활유 저장탱크 1기
E. 고정주유설비 접속 간이탱크 1기

① 201,600
② 202,600
③ 240,000
④ 242,000

해설 탱크의 용량기준

㉠ 자동차 등에 주유하기 위한 고정주유설비에 직접 접속하는 전용탱크는 50,000L 이하이다.

㉡ 고정급유설비에 직접 접속하는 전용탱크는 50,000L 이하이다.

㉢ 보일러 등에 직접 접속하는 전용탱크는 10,000L 이하이다.

㉣ 자동차 등을 점검ㆍ정비하는 작업장 등에서 사용하는 폐유ㆍ윤활유 등의 위험물을 저장하는 탱크는 2,000L 이하이다(단, 2 이상 설치하는 경우에는 각 용량의 합계를 말한다).

㉤ 고속국도 도로변에 설치된 주유취급소의 탱크 용량은 60,000L이다.

A. 고정주유설비 접속 전용탱크 3기
  : 50,000×3=150,000

B. 고정급유설비 접속 전용탱크 1기 : 50,000

C. 폐유저장탱크 2기 : 2,000×2=4,000이지만, 최대 2,000L까지만 가능

D. 윤활유저장탱크 1기 : 2,000

E. 고정주유설비 접속 간이탱크 1기 : 600

그러므로 150,000+50,000+2,000+600
=202,600

답 ②

34 다음 중 위험물안전관리법령상 지정수량이 가장 적은 것은?

① 브로민산염류

② 질산염류

③ 아염소산염류

④ 다이크로뮴산염류

 해설 제1류 위험물의 종류와 지정수량

위험등급	품명	지정수량
Ⅰ	1. 아염소산염류 2. 염소산염류 3. 과염소산염류 4. 무기과산화물류	50kg
Ⅱ	5. 브로민산염류 6. 질산염류 7. 아이오딘산염류	300kg
Ⅲ	8. 과망가니즈산염류 9. 다이크로뮴산염류	1,000kg

답 ③

35 지정수량의 10배에 해당하는 순수한 아세톤의 질량은 약 몇 kg인가?

① 2,000

② 2,160

③ 3,160

④ 4,000

 해설 아세톤의 지정수량은 400L이며, 비중은 0.79이다. 따라서 순수한 아세톤의 질량은
4,000kg×0.79=3,160kg

답 ③

36 위험물안전관리법령에서 정한 소화설비, 경보설비 및 피난설비의 기준으로 틀린 것은?

① 저장소의 건축물은 외벽이 내화구조인 것은 연면적 75m²를 1소요단위로 한다.

② 할로젠화합물소화설비의 설치기준은 불활성가스소화설비 설치기준을 준용한다.

③ 옥내주유취급소와 연면적이 500m² 이상인 일반취급소에는 자동화재탐지설비를 설치하여야 한다.

④ 옥내소화전은 제조소 등의 건축물의 층마다 해당 층의 각 부분에서 하나의 호스 접속구까지의 수평거리가 25m 이하가 되도록 설치하여야 한다.

 해설 소요단위 : 소화설비의 설치대상이 되는 건축물의 규모 또는 1위험물 양에 대한 기준 단위

1 단 위	제조소 또는 취급소용 건축물의 경우	내화구조 외벽을 갖춘 연면적 100m²
		내화구조 외벽이 아닌 연면적 50m²
	저장소 건축물의 경우	내화구조 외벽을 갖춘 연면적 150m²
		내화구조 외벽이 아닌 연면적 75m²
	위험물의 경우	지정수량의 10배

답 ①

37 위험물안전관리법령상 제6류 위험물을 저장, 취급하는 소방대상물에 적응성이 없는 소화설비는?

① 탄산수소염류를 사용하는 분말소화설비
② 옥내소화전설비
③ 봉상강화액소화기
④ 스프링클러설비

 해설

대상물 구분 / 소화설비의 구분	건축물·그 밖의 공작물	전기설비	제1류 위험물 알칼리금속과산화물 등	제1류 위험물 그 밖의 것	제2류 위험물 철분·금속분·마그네슘 등	제2류 위험물 인화성고체	제2류 위험물 그 밖의 것	제3류 위험물 금수성물품	제3류 위험물 그 밖의 것	제4류 위험물	제5류 위험물	제6류 위험물
옥내소화전 또는 옥외소화전 설비	○			○		○	○		○		○	○
스프링클러설비	○			○		○	○		○	△	○	○
물분무등소화설비 물분무소화설비	○	○		○		○	○		○	○	○	○
포소화설비	○			○		○	○		○	○	○	○
불활성가스소화설비		○				○				○		
할로젠화합물소화설비		○				○				○		
분말소화설비 인산염류 등	○	○		○		○	○			○		○
분말소화설비 탄산수소염류 등		○	○		○	○		○		○		
분말소화설비 그 밖의 것			○		○			○				
봉상수(棒狀水)소화기	○			○		○	○		○		○	○
무상수(霧狀水)소화기	○	○		○		○	○		○		○	○
봉상강화액소화기	○			○		○	○		○		○	○
무상강화액소화기	○	○		○		○	○		○	○	○	○
포소화기	○			○		○	○		○	○	○	○
이산화탄소소화기		○				○				○		△
할로젠화합물소화기		○				○				○		
분말소화기 인산염류소화기	○	○		○		○	○			○		○
분말소화기 탄산수소염류소화기		○	○		○	○		○		○		
분말소화기 그 밖의 것			○		○			○				
기타 물통 또는 수조	○			○		○	○		○		○	○
기타 건조사			○	○	○	○	○	○	○	○	○	○
기타 팽창질석 또는 팽창진주암			○	○	○	○	○	○	○	○	○	○

답 ①

38 저장하는 지정과산화물의 최대수량이 지정수량의 5배인 옥내저장창고의 주위에 위험물안전관리법령에서 정한 담 또는 토제를 설치할 경우, 창고의 주위에 보유하는 공지의 너비는 몇 m 이상으로 하여야 하는가?

① 3 ② 6.5
③ 8 ④ 10

 해설

저장 또는 취급하는 위험물의 최대수량	공지의 너비 저장창고의 주위에 비고 제1호의 담 또는 토제를 설치하는 경우	공지의 너비 왼쪽 칸에 정하는 경우 외의 경우
5배 이하	3.0m 이상	10m 이상
5배 초과 10배 이하	5.0m 이상	15m 이상
10배 초과 20배 이하	6.5m 이상	20m 이상
20배 초과 40배 이하	8.0m 이상	25m 이상
40배 초과 60배 이하	10.0m 이상	30m 이상
60배 초과 90배 이하	11.5m 이상	35m 이상
90배 초과 150배 이하	13.0m 이상	40m 이상
150배 초과 300배 이하	15.0m 이상	45m 이상
300배 초과	16.5m 이상	50m 이상

비고)
1. 담 또는 토제는 다음에 적합한 것으로 하여야 한다. 다만, 지정수량의 5배 이하인 지정과산화물의 옥내저장소에 대하여는 해당 옥내저장소의 저장창고의 외벽을 두께 30cm 이상의 철근콘크리트조 또는 철골철근콘크리트조로 만드는 것으로서 담 또는 토제에 대신할 수 있다.
   가. 담 또는 토제는 저장창고의 외벽으로부터 2m 이상 떨어진 장소에 설치할 것. 다만, 담 또는 토제와 해당 저장창고와의 간격은 해당 옥내저장소의 공지의 너비의 5분의 1을 초과할 수 없다.
   나. 담 또는 토제의 높이는 저장창고의 처마높이 이상으로 할 것
   다. 담은 두께 15cm 이상의 철근콘크리트조나 철골철근콘크리트조 또는 두께 20cm 이상의 보강콘크리트블록조로 할 것
   라. 토제의 경사면의 경사도는 60° 미만으로 할 것
2. 지정수량의 5배 이하인 지정과산화물의 옥내저장소에 해당 옥내저장소의 저장창고의 외벽을 제1호 단서의 규정에 의한 구조로 하고 주위에 제1호 각 목의 규정에 의한 담 또는 토제를 설치하는 때에는 그 공지의 너비를 2m 이상으로 할 수 있다.

답 ①

39 주유취급소에서 위험물을 취급할 때의 기준에 대한 설명으로 틀린 것은?

① 자동차 등에 주유할 때에는 고정주유설비를 사용하여 직접 주유할 것

② 고정급유설비에 접속하는 탱크에 위험물을 주입할 때에는 해당 탱크에 접속된 고정주유설비의 사용이 중지되지 않도록 주의할 것

③ 고정주유설비 또는 고정급유설비에는 해당 주유설비에 접속한 전용탱크 또는 간이탱크의 배관 외의 것을 통하여 위험물을 공급하지 아니할 것

④ 주유원 간이대기실 내에서는 화기를 사용하지 아니할 것

 해설 고정주유설비 또는 고정급유설비에 접속하는 탱크에 위험물을 주입할 때에는 해당 탱크에 접속된 고정주유설비 또는 고정급유설비의 사용을 중지하고, 자동차 등을 해당 탱크의 주입구에 접근시키지 아니할 것

답 ②

40 자동화재탐지설비를 설치하여야 하는 옥내저장소가 아닌 것은?

① 처마높이가 7m인 단층 옥내저장소

② 지정수량의 50배를 저장하는 저장창고의 연면적이 50m²인 옥내저장소

③ 에탄올 5만L를 취급하는 옥내저장소

④ 벤젠 5만L를 취급하는 옥내저장소

해설 자동화재탐지설비를 설치하여야 하는 옥내저장소
- ㉠ 지정수량의 100배 이상을 저장 또는 취급하는 것
- ㉡ 저장창고의 연면적이 150m²를 초과하는 것
- ㉢ 처마높이가 6m 이상인 단층건물의 것

답 ②

41 다음은 위험물안전관리법령에 따라 강제 강화 플라스틱제 이중벽탱크를 운반 또는 설치하는 경우에 유의하여야 할 기준 중 일부이다. (   )에 알맞은 수치를 나열한 것은?

"탱크를 매설한 사람은 매설 종료 후 해당 탱크의 감지층을 (   )kPa 정도로 가압 또는 감압한 상태로 (   )분 이상 유지하여 압력강하 또는 압력상승이 없는 것을 설치자의 입회하에 확인할 것. 다만, 해당 탱크의 감지층을 감압한 상태에서 운반한 경우에는 감압상태가 유지되어 있는 것을 확인하는 것으로 갈음할 수 있다."

① 10, 20　　　② 25, 10
③ 10, 25　　　④ 20, 10

해설 강제 강화 플라스틱제 이중벽탱크의 운반 및 설치 기준
- ㉠ 운반 또는 이동하는 경우에 있어서 강화플라스틱 등이 손상되지 아니하도록 할 것
- ㉡ 탱크의 외면이 접촉하는 기초대, 고정밴드 등의 부분에는 완충재(두께 10mm 정도의 고무제 시트 등)를 끼워 넣어 접촉면을 보호할 것
- ㉢ 탱크를 기초대에 올리고 고정밴드 등으로 고정한 후 해당 탱크의 감지층을 20kPa 정도로 가압한 상태로 10분 이상 유지하여 압력 강하가 없는 것을 확인할 것
- ㉣ 탱크를 지면 밑에 매설하는 경우에 있어서 돌덩어리, 유해한 유기물 등을 함유하지 않은 모래를 사용하고, 강화플라스틱 등의 피복에 손상을 주지 아니하도록 작업을 할 것
- ㉤ 탱크를 매설한 사람은 매설 종료 후 해당 탱크의 감지층을 20kPa 정도로 가압 또는 감압한 상태로 10분 이상 유지하여 압력강하 또는 압력상승이 없는 것을 설치자의 입회하에 확인할 것. 다만, 해당 탱크의 감지층을 감압한 상태에서 운반한 경우에는 감압상태가 유지되어 있는 것을 확인하는 것으로 갈음할 수 있다.
- ㉥ 탱크 설치과정표를 기록하고 보관할 것
- ㉦ 기타 탱크제조자가 제공하는 설치지침에 의하여 작업을 할 것

답 ④

42 위험물안전관리법령상 제2류 위험물인 마그네슘에 대한 설명으로 틀린 것은?

① 온수와 반응하여 수소가스가 발생한다.

② 질소기류에서 강하게 가열하면 질화마그네슘이 된다.

③ 위험물안전관리법령상 품명은 금속분이다.

④ 지정수량은 500kg이다.

해설 제2류 위험물의 종류와 지정수량

성질	위험 등급	품명	지정 수량
가연성 고체	II	1. 황화인 2. 적린(P) 3. 황(S)	100kg
	III	4. 철분(Fe) 5. 금속분 6. 마그네슘(Mg)	500kg
		7. 인화성 고체	1,000kg

답 ③

43 적린의 저장, 취급 방법 또는 화재 시 소화 방법에 대한 설명으로 옳은 것은?

① 이황화탄소 속에 저장한다.

② 과염소산을 보호액으로 사용한다.

③ 조연성 물질이므로 가연물과의 접촉을 피한다.

④ 화재 시 다량의 물로 냉각소화할 수 있다.

해설 적린은 제2류 위험물로서 다량의 주수에 의해 냉각소화한다.

답 ④

44 과산화칼륨의 일반적인 성질에 대한 설명으로 옳은 것은?

① 물과 반응하여 산소를 생성하고, 아세트산과 반응하여 과산화수소를 생성한다.

② 녹는점은 300℃ 이하이다.

③ 백색의 정방정계 분말로 물에 녹지 않는다.

④ 비중이 1.3으로 물보다 무겁다.

해설 과산화칼륨의 일반적 성질
   ㉠ 분자량 110, 비중은 20℃에서 2.9, 융점 490℃
   ㉡ 순수한 것은 백색이나 보통은 황색의 분말 또는 과립상으로 흡습성, 조해성이 강하다.
   ㉢ 흡습성이 있으므로 물과 접촉하면 발열하며 수산화칼륨(KOH)과 산소(O_2)가 발생
   $2K_2O_2 + 2H_2O \rightarrow 4KOH + O_2$
   ㉣ 묽은산과 반응하여 과산화수소(H_2O_2)를 생성
   $K_2O_2 + 2CH_3COOH \rightarrow 2CH_3COOK + H_2O_2$

답 ①

45 금속나트륨이 에탄올과 반응하였을 때 가연성 가스가 발생한다. 이때 발생하는 가스와 동일한 가스가 발생되는 경우는?

① 나트륨이 액체 암모니아와 반응하였을 때

② 나트륨이 산소와 반응하였을 때

③ 나트륨이 사염화탄소와 반응하였을 때

④ 나트륨이 이산화탄소와 반응하였을 때

해설 나트륨은 알코올과 반응하여 나트륨알코올레이트와 수소 가스가 발생한다.
   $2Na + 2C_2H_5OH \rightarrow 2C_2H_5ONa + H_2$ ⎤
   $2Na + 2NH_3 \rightarrow 2NaNH_2 + H_2$ ⎦ 공통 가스

답 ①

46 메틸알코올에 대한 설명으로 옳은 것은?

① 물에 잘 녹지 않는다.

② 연소 시 불꽃이 잘 보이지 않는다.

③ 음용 시 독성이 없다.

④ 비점이 에틸알코올보다 높다.

해설 물에는 잘 녹고, 비점은 64℃로 에틸알코올 78℃보다 낮다.
   독성이 강하여 먹으면 실명하거나 사망에 이른다 (30mL의 양으로도 치명적이다).

답 ②

47 $(CH_3CO)_2O_2$에 대한 설명으로 틀린 것은?

① 가연성 물질이다.

② 지정수량은 시험결과에 따라 달라진다.

③ 녹는점이 약 −20℃인 액체상이다.

④ 위험물안전관리법령상 다량의 물을 사용한 소화방법이 적응성이 있다.

해설 아세틸퍼옥사이드의 일반적 성질
   ㉠ 인화점 45℃, 발화점 121℃인 가연성 고체로 가열 시 폭발하며 충격, 마찰에 의해서 분해
   ㉡ 희석제 DMF를 75% 첨가시키고 저장온도는 0~5℃를 유지한다.

답 ③

48 실험식 $C_3H_5N_3O_9$에 해당하는 물질은?

① 트라이나이트로페놀

② 벤조일퍼옥사이드

③ 트리나이트로톨루엔

④ 나이트로글리세린

 해설 제5류 위험물로서 질산에스터류에 해당한다. 40℃에서 분해되기 시작하여 200℃에서 스스로 폭발한다.
$4C_3H_5(ONO_2)_3 \rightarrow 12CO_2+10H_2O+6N_2+O_2$

답 ④

49 과산화나트륨과 반응하였을 때 같은 종류의 기체가 발생하는 물질로만 나열된 것은?

① 물, 이산화탄소

② 물, 염산

③ 이산화탄소, 염산

④ 물, 아세트산

 해설 ㉠ 흡습성이 있으므로 물과 접촉하면 발열 및 수산화나트륨(NaOH)과 산소(O_2)가 발생
$2N_2O_2+2H_2O \rightarrow 4NaOH+O_2$
㉡ 공기 중의 탄산가스(CO_2)를 흡수하여 탄산염이 생성
$2Na_2O_2+2CO_2 \rightarrow 2Na_2CO_3+O_2$

답 ①

50 다음 중 끓는점이 가장 낮은 것은?

① BrF_3　　　　② IF_5

③ BrF_5　　　　④ HNO_3

 해설

화학식	BrF_3	IF_5	BrF_5	HNO_3
끓는점	125℃	100.5℃	40.75℃	122℃

답 ③

51 제4류 위험물 중 경유를 판매하는 제2종 판매취급소를 허가받아 운영하고자 한다. 취급할 수 있는 최대수량은?

① 20,000L　　　② 40,000L

③ 80,000L　　　④ 160,000L

 해설 제2종 판매취급소는 저장 또는 취급하는 위험물의 수량이 40배 이하인 취급소이며, 경유의 지정수량은 1,000L이므로 1,000×40=40,000L임

답 ②

52 $KClO_3$에 대한 설명으로 틀린 것은?

① 분해온도는 약 400℃이다.

② 산화성이 강한 불연성 물질이다.

③ 400℃로 가열하면 주로 ClO_2가 발생한다.

④ NH_3와 혼합 시 위험하다.

 해설 약 400℃ 부근에서 열분해되어 염화칼륨(KCl)과 산소(O_2)를 방출한다.
$2KClO_3 \rightarrow 2KCl+3O_2$

답 ③

53 일반취급소로 사용되는 부분 외의 부분을 갖는 건축물에 설치된 일반취급소는 원칙적으로 소화난이도 등급 Ⅰ에 해당한다. 이 경우 소화난이도 등급 Ⅰ에서 제외되는 기준으로 옳은 것은?

① 일반취급소와 다른 부분 사이를 60+방화문 또는 60분방화문 외의 개구부 없이 내화구조로 구획한 경우

② 일반취급소와 다른 부분 사이를 자동폐쇄식 60+방화문 또는 60분방화문 외의 개구부 없이 내화구조로 구획한 경우

③ 일반취급소와 다른 부분 사이를 개구부 없이 내화구조로 구획한 경우

④ 일반취급소와 다른 부분 사이를 창문 외의 개구부 없이 내화구조로 구획한 경우

 해설 일반취급소로 사용되는 부분 외의 부분을 갖는 건축물에 설치된 것(내화구조로 개구부 없이 구획된 것 및 고인화점 위험물만을 100℃ 미만의 온도에서 취급하는 것은 제외)

답 ④

54 위험물안전관리법령상 안전교육 대상자가 아닌 자는?

① 위험물제조소 등의 설치를 허가받은 자
② 위험물 안전관리자로 선임된 자
③ 탱크 시험자의 기술인력으로 종사하는 자
④ 위험물 운송자로 종사하는 자

답 ①

55 로트에서 랜덤으로 시료를 추출하여 검사한 후 그 결과에 따라 로트의 합격, 불합격을 판정하는 검사방법을 무엇이라 하는가?

① 자주 검사
② 간접 검사
③ 전수 검사
④ 샘플링 검사

 ① 자주 검사 : 자기 회사 제품을 품질관리 규정에 의해 스스로 하는 검사
③ 전수 검사 : 제출된 제품 전체에 대해 시험 또는 측정을 통해 합격과 불합격을 분류하는 검사
④ 샘플링 검사 : 로트에서 랜덤하게 시료를 추출하여 검사한 후 그 결과에 따라 로트의 합격, 불합격을 판정하는 검사방법

답 ④

56 미리 정해진 일정 단위 중에 포함된 부적합 수에 의거하여 공정을 관리할 때 사용되는 관리도는?

① c 관리도
② P 관리도
③ x 관리도
④ nP 관리도

 c 관리도 : 미리 정해진 일정 단위 중에 포함된 부적합 수에 의거하여 공정을 관리할 때 사용되는 관리도

답 ①

57 TPM 활동체제 구축을 위한 5가지 기능과 가장 거리가 먼 것은?

① 설비초기관리체제 구축 활동
② 설비 효율화의 개별 개선 활동
③ 운전과 보전의 스킬 업 훈련 활동
④ 설비경제성 검토를 위한 설비투자분석 활동

 TPM 중점활동 : 초기에는 5가지 중점활동으로 진행되었으나 향후 확산되면서 3가지가 추가되었다.
㉠ 설비 효율화의 개별 개선
㉡ 자주보전체제구축
㉢ 보전 부문의 계획보전 체제 구축
㉣ 운전·보전의 교육 훈련
㉤ MP 설계 및 초기 유동관리 체제 구축
㉥ 품질보전 체제 구축
㉦ 관리 간접 부문의 효율화 체제 구축
㉧ 안전·위생과 환경의 관리체제 구축

답 ④

58 도수분포표에서 알 수 있는 정보로 가장 거리가 먼 것은?

① 로트 분포의 모양
② 100단위당 부적합 수
③ 로트의 평균 및 표준편차
④ 규격과의 비교를 통한 부적합품률의 추정

 도수분포표란 말 그대로 도수의 분포를 나타낸 표이다. 수집된 통계자료가 취하는 변량을 적당한 크기의 계급으로 나눈 뒤, 각 계급에 해당되는 도수를 기록해서 만든다. 도수분포표를 이용하면 많은 양의 통계 자료 특성을 파악하기 쉽다. 또한 계급값 등을 이용해 평균값, 중앙값, 최빈값 등을 구하기 쉬워진다.

답 ②

59 ASME(American Society of Mechanical Engineers)에서 정의하고 있는 제품공정 분석표에 사용되는 기호 중 "저장(storage)"을 표현한 것은?

① ○ ② □

③ ▽ ④ ⇨

해설 공정분석 기호

기호	공정명	내용	부대 및 결합기호	
○	가공공정 (operation)	① 작업대상물이 물리적 또는 화학적으로 변형·변질 과정	△	원료의 저장
		② 다음 공정을 위한 준비상태 표시	▽	반제품 또는 제품의 저장
⇨ ▶ ○	운반공정 (transpor-tation)	① 작업대상물의 이동상태	◇	질의 검사
		② ○는 가공공정의 1/2 또는 1/3로 한다. ③ →는 반드시 흐름 방향을 표시하지 않는다.	⬓	양·질 동시 검사
□	정체공정 (delay)	① 가공·검사되지 않은 채 한 장소에서 정체된 상태	◈	양과 가공 검사 (질중심)
▽	저장 (storage)	② 일시적 보관 또는 계획적 저장 상태 ③ □ 기호는 정체와 저장을 구별하고자 할 경우 사용	⬗	양과 가공 검사 (양중심)
□	검사공정 (inspection)	품질규격의 일치여부(질적)와 제품수량(양적)을 측정하여 그 적부를 판정하는 공정	⬡	가공과 질의 검사공정
			▽	공정 간 정체
			✡	작업 중의 정체

답 ③

60 자전거를 셀 방식으로 생산하는 공장에서, 자전거 1대당 소요공수가 14.5H이며, 1일 8H, 월 25일 작업을 한다면 작업자 1명당 월 생산 가능 대수는 몇 대인가? (단, 작업자의 생산종합효율은 80%이다.)

① 10대 ② 11대

③ 13대 ④ 14대

해설 1명당 월 생산 가능 대수

$$= \frac{작업일수 \times 1일\ 소요시간 \times 생산\ 종합효율}{소요공수}$$

$$= \frac{25일 \times 8H/일 \times 0.8}{14.5H/대} = 11.03대$$

답 ②

제59회
(2016년 4월 시행)

위험물기능장 필기

01 위험물 탱크의 내용적이 10,000L이고 공간 용적이 내용적의 10%일 때 탱크의 용량은?

① 19,000L

② 11,000L

③ 9,000L

④ 1,000L

 탱크의 용량＝탱크의 내용적－공간용적
$$＝10,000L－(10,000L×0.1)$$
$$＝9,000L$$

답 ③

02 하나의 옥내저장소에 염소산나트륨 300kg, 아이오딘산칼륨 150kg, 과망가니즈산칼륨 500kg을 저장하고 있다. 각 물질의 지정수량 배수의 합은 얼마인가?

① 5배　　　　② 6배

③ 7배　　　　④ 8배

 지정수량 배수의 합
$$＝\frac{\text{A품목 저장수량}}{\text{A품목 지정수량}}＋\frac{\text{B품목 저장수량}}{\text{B품목 지정수량}}$$
$$＋\frac{\text{C품목 저장수량}}{\text{C품목 지정수량}}＋\cdots$$
$$＝\frac{300kg}{50kg}＋\frac{150kg}{300kg}＋\frac{500kg}{1,000kg}＝7$$

답 ③

03 위험물안전관리법령상 위험등급이 나머지 셋과 다른 하나는?

① 아염소산나트륨

② 알킬알루미늄

③ 아세톤

④ 황린

① 아염소산나트륨 : 제1류 제1등급

② 알킬알루미늄 : 제3류 제1등급

③ 아세톤 : 제4류 제2등급

④ 황린 : 제3류 제1등급

답 ③

04 위험물안전관리법령상 주유취급소 작업장 (자동차 등을 점검·정비)에서 사용하는 폐유·윤활유 등의 위험물을 저장하는 탱크의 용량(L)은 얼마 이하이어야 하는가?

① 2,000

② 10,000

③ 50,000

④ 60,000

 주유취급소 탱크의 용량기준
㉠ 자동차 등에 주유하기 위한 고정주유설비, 직접 접속하는 전용 탱크는 50,000L 이하이다.
㉡ 고정급유설비에 직접 접속하는 전용 탱크는 50,000L 이하이다.
㉢ 보일러 등에 직접 접속하는 전용 탱크는 10,000L 이하이다.
㉣ 자동차 등을 점검·정비하는 작업장 등에서 사용하는 폐유·윤활유 등의 위험물을 저장하는 탱크는 2,000L 이하이다.
㉤ 고속국도 도로변에 설치된 주유취급소의 탱크 용량은 60,000L이다.

답 ①

05 위험물안전관리법령상 제4류 위험물의 지정수량으로 옳지 않은 것은?

① 피리딘 : 400L

② 아세톤 : 400L

③ 나이트로벤젠 : 1,000L

④ 아세트산 : 2,000L

해설 제4류 위험물의 종류와 지정수량

성질	위험 등급	품명	지정 수량
인화성 액체	I	특수 인화물류(다이에틸에터, 이 황화탄소, 아세트알데하이드, 산화 프로필렌)	50L
	II	제1 석유류	비수용성(가솔린, 벤젠, 톨 루엔, 사이클로헥세인, 콜 로디온, 메틸에틸케톤, 초 산메틸, 초산에틸, 의산에 틸, 헥세인 등)	200L
			수용성(아세톤, 피리딘, 아 크롤레인, 의산메틸, 사이 안화수소 등)	400L
		알코올류(메틸알코올, 에틸알코올, 프 로필알코올, 아이소프로필알코올)	400L
	III	제2 석유류	비수용성(등유, 경유, 스타 이렌, 자일렌(o-, m-, p-), 클로로벤젠, 장뇌유, 뷰틸 알코올, 알릴알코올, 아밀 알코올 등)	1,000L
			수용성(폼산, 초산, 하이드 라진, 아크릴산 등)	2,000L
		제3 석유류	비수용성(중유, 크레오소 트유, 아닐린, 나이트로벤 젠, 나이트로톨루엔 등)	2,000L
			수용성(에틸렌글리콜, 글리세린 등)	4,000L
		제4 석유류	기어유, 실린더유, 윤활 유, 가소제	6,000L
		동식물유류(아마인유, 들기름, 동 유, 야자유, 올리브유 등)	10,000L

답 ③

06 위험물안전관리법령상 운반용기 내용적의 95% 이하의 수납률로 수납하여야 하는 위험물은?

① 과산화벤조일
② 질산메틸
③ 나이트로글리세린
④ 메틸에틸케톤퍼옥사이드

해설 고체 위험물 – 95% 이하의 수납률, 액체 위험물 – 98% 이하의 수납률이므로, 과산화벤조일은 제5류 위험물로서 고체에 해당하므로 95% 이하의 수납률로 수납하여야 한다.

답 ①

07 위험물안전관리법령상 염소화규소화합물은 제 몇 류 위험물에 해당되는가?

① 제1류
② 제2류
③ 제3류
④ 제5류

해설 제3류 위험물의 종류와 지정수량

성질	위험 등급	품명	대표품목	지정 수량
자연 발화성 물질 및 금수성 물질	I	1. 칼륨(K) 2. 나트륨(Na) 3. 알킬알루미늄 4. 알킬리튬	(C₂H₅)₃Al C₄H₉Li	10kg
		5. 황린(P₄)		20kg
	II	6. 알칼리금속류 (칼륨 및 나트륨 제외) 및 알칼리 토금속	Li, Ca	50kg
		7. 유기금속화합 물(알킬알루미 늄 및 알킬리튬 제외)	Te(C₂H₅)₂, Zn(CH₃)₂	
	III	8. 금속의 수소화물 9. 금속의 인화물 10. 칼슘 또는 알루 미늄의 탄화물	LiH, NaH Ca₃P₂, AlP CaC₂, Al₄C₃	300kg
		11. 그 밖에 행정 안전부령이 정하는 것 염소화규소화 합물	SiHCl₃	300kg

답 ③

08 위험물안전관리법령에서 정한 제2류 위험물의 저장·취급 기준에 해당되지 않는 것은?

① 산화제와의 접촉, 혼합을 피한다.
② 철분, 금속분, 마그네슘 및 이를 함유한 것에 있어서는 물이나 산과의 접촉을 피한다.
③ 인화성 고체에 있어서는 함부로 증기를 발생시키지 아니하여야 한다.
④ 고온체와의 접근, 과열 또는 공기와의 접촉을 피한다.

해설 ④는 제4류 위험물에 대한 저장, 취급 기준에 해당한다.

답 ④

09 다음 금속 원소 중 이온화 에너지가 가장 큰 원소는?

① 리튬 ② 나트륨
③ 칼륨 ④ 루비듐

해설 이온화 에너지는 주기율표상 같은 주기에서는 오른쪽으로 갈수록, 같은 족에서는 위로 올라 갈수록 크다. 따라서 보기는 1족 원소들로 가장 위쪽의 리튬이 이온화 에너지가 가장 크다.

답 ①

10 위험물안전관리법령상 제1류 위험물제조소의 외벽 또는 이에 상응하는 공작물의 외측으로부터 문화재와의 안전거리기준에 관한 설명으로 옳은 것은?

① 「문화재보호법」의 규정에 의한 유형문화재와 무형문화재 중 지정문화재까지 50m 이상 이격할 것
② 「문화재보호법」의 규정에 의한 유형문화재와 기념물 중 지정문화재까지 50m 이상 이격할 것
③ 「문화재보호법」의 규정에 의한 유형문화재와 기념물 중 지정문화재까지 30m 이상 이격할 것
④ 「문화재보호법」의 규정에 의한 유형문화재와 무형문화재 중 지정문화재까지 30m 이상 이격할 것

해설 「문화재보호법」의 규정에 의한 유형문화재와 기념물 중 지정문화재에 있어서는 50m 이상 이격할 것

답 ②

11 알코올류의 탄소수가 증가함에 따른 일반적인 특징으로 옳은 것은?

① 인화점이 낮아진다.
② 연소범위가 넓어진다.
③ 증기비중이 증가한다.
④ 비중이 증가한다.

해설 알코올류의 탄소수가 증가한다는 것은 분자량이 증가하는 것이므로 증기비중이 증가한다.

답 ③

12 위험물저장탱크에 설치하는 통기관 선단의 인화방지망은 어떤 소화효과를 이용한 것인가?

① 질식소화 ② 부촉매소화
③ 냉각소화 ④ 제거소화

해설 인화방지망은 탱크에서 외부로 가연성 증기를 방출하거나 탱크 내로 화기가 흡입되는 것을 방지하기 위하여 설치하는 안전장치에 해당한다.

답 ③

13 [보기]의 물질 중 제1류 위험물에 해당하는 것은 모두 몇 개인가?

아염소산나트륨, 염소산나트륨, 차아염소산칼슘, 과염소산칼륨

① 4개 ② 3개
③ 2개 ④ 1개

답 ①

14 위험물안전관리법령상 한 변의 길이는 10m, 다른 한 변의 길이는 50m인 옥내저장소에 자동화재탐지설비를 설치하는 경우 경계구역은 원칙적으로 최소한 몇 개로 하여야 하는가? (단, 차동식 스폿형 감지기를 설치한다.)

① 1 ② 2
③ 3 ④ 4

해설 하나의 경계구역의 면적은 $600m^2$ 이하로 하고 그 한 변의 길이는 50m(광전식분리형감지기를 설치할 경우에는 100m) 이하로 할 것. 다만, 해당 건축물, 그 밖의 공작물의 주요한 출입구에서 그 내부의 전체를 볼 수 있는 경우에 있어서는 그 면적을 $1,000m^2$ 이하로 할 수 있다. 따라서 문제에서 $10m \times 50m = 500m^2$이므로 하나의 경계구역에 해당한다.

답 ①

15 특정 옥외저장탱크 구조기준 중 필렛용접의 사이즈(S, mm)를 구하는 식으로 옳은 것은? (단, t_1 : 얇은 쪽 강판의 두께[mm], t_2 : 두꺼운 쪽 강판의 두께[mm]이며, $S \geq 4.5$이다.)

① $t_1 \geq S \geq t_2$

② $t_1 \geq S \geq \sqrt{2t_2}$

③ $\sqrt{2t_1} \geq S \geq t_2$

④ $t_1 \geq S \geq 2t_2$

 필렛용접 사이즈(부등사이즈가 되는 경우에는 작은 쪽의 사이즈를 말한다)에 대한 식은 $t_1 \geq S \geq \sqrt{2t_2}$ 이다.

답 ②

16 이황화탄소의 성질 또는 취급방법에 대한 설명 중 틀린 것은?

① 물보다 가볍다.

② 증기가 공기보다 무겁다.

③ 물을 채운 수조에 저장한다.

④ 연소 시 유독한 가스가 발생한다.

 이황화탄소의 액비중은 1.26으로 물보다 무겁다.

답 ①

17 제3류 위험물의 화재 시 소화에 대한 설명으로 틀린 것은?

① 인화칼슘은 물과 반응하여 포스핀가스가 발생하므로 마른 모래로 소화한다.

② 세슘은 물과 반응하여 수소가 발생하므로 물에 의한 냉각소화를 피해야 한다.

③ 다이에틸아연은 물과 반응하므로 주수소화를 피해야 한다.

④ 트라이에틸알루미늄은 물과 반응하여 산소가 발생하므로 주수소화는 좋지 않다.

 트라이에틸알루미늄은 물과 반응하여 가연성의 에탄가스가 발생하므로 주수소화하지 않는다.
$(C_2H_5)_3Al + 3H_2O \rightarrow Al(OH)_3 + 3C_2H_6$

답 ④

18 인화성 액체 위험물을 저장하는 옥외탱크저장소의 주위에 설치하는 방유제에 관한 내용으로 틀린 것은?

① 방유제는 높이 0.5m 이상 3m 이하, 두께 0.2m 이상, 지하매설깊이 1m 이상으로 한다.

② 2기 이상의 탱크가 있는 경우 방유제의 용량은 그 탱크 중 용량이 최대인 것의 용량의 110% 이상으로 한다.

③ 용량이 1,000만L 이상인 옥외저장탱크의 주위에 설치하는 방유제에는 탱크마다 칸막이둑을 흙 또는 철근콘크리트로 설치한다.

④ 칸막이둑을 설치하는 경우 칸막이둑 안에 설치된 탱크용량의 110% 이상이어야 한다.

 용량이 1,000만L 이상인 옥외저장탱크의 주위에 설치하는 방유제에는 다음의 규정에 따라 해당 탱크마다 칸막이둑을 설치할 것

㉠ 칸막이둑의 높이는 0.3m(방유제 내에 설치된 옥외저장탱크의 용량 합계가 2억L를 넘는 방유제에 있어서는 1m) 이상으로 하되, 방유제의 높이보다 0.2m 이상 낮게 할 것

㉡ 칸막이둑은 흙 또는 철근콘크리트로 할 것

㉢ 칸막이둑의 용량은 칸막이둑 안에 설치된 탱크용량의 10% 이상일 것

답 ④

19 각 유별 위험물의 화재 예방대책이나 소화방법에 관한 설명으로 틀린 것은?

① 제1류 - 염소산나트륨은 철제용기에 넣은 후 나무상자에 보관한다.

② 제2류 - 적린은 다량의 물로 냉각소화한다.

③ 제3류 - 강산화제와의 접촉을 피하고, 건조사, 팽창질석, 팽창진주암 등을 사용하여 질식소화를 시도한다.

④ 제5류 - 분말, 할론, 포 등에 의한 질식소화는 효과가 없으며, 다량의 주수소화가 효과적이다.

염소산나트륨은 흡습성이 좋아 강한 산화제로서 철제용기를 부식시키므로 사용해서는 안 된다.

답 ①

20 다음에서 설명하고 있는 법칙은?

> 온도가 일정할 때 기체의 부피는 절대압력에 반비례한다.

① 일정성분비의 법칙
② 보일의 법칙
③ 샤를의 법칙
④ 보일－샤를의 법칙

 보일(Boyle)의 법칙
등온의 조건에서 기체의 부피는 압력에 반비례한다.

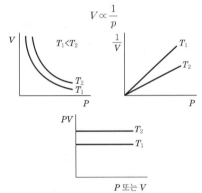

$$V \propto \frac{1}{p}$$

〈 보일의 법칙에서 부피, 온도, 압력 관계 〉

답 ②

21 제6류 위험물에 대한 설명으로 옳은 것은?

① 과염소산은 무취, 청색의 기름상 액체이다.
② 알루미늄, 니켈 등은 진한질산에 녹지 않는다.
③ 과산화수소는 크산토프로테인반응과 관계가 있다.
④ 오플루오린화브로민의 화학식은 C_2F_5Br 이다.

 부동태 : 반응성이 큰 금속(Fe, Ni, Al)과 산화물 피막을 형성하여 내부를 보호한다.

답 ②

22 위험물 운반용기의 외부에 표시하는 사항이 아닌 것은?

① 위험등급
② 위험물의 제조일자
③ 위험물의 품명
④ 주의사항

 ㉠ 위험물의 품명 · 위험등급 · 화학명 및 수용성('수용성' 표시는 제4류 위험물로서 수용성인 것에 한한다.)
㉡ 위험물의 수량
㉢ 수납하는 위험물에 따른 주의사항

답 ②

23 다음 중 지하탱크저장소의 수압시험기준으로 옳은 것은?

① 압력 외 탱크는 상용압력의 30kPa의 압력으로 10분간 실시하여 새거나 변형이 없을 것
② 압력탱크는 최대상용압력의 1.5배의 압력으로 10분간 실시하여 새거나 변형이 없을 것
③ 압력 외 탱크는 상용압력의 30kPa의 압력으로 20분간 실시하여 새거나 변형이 없을 것
④ 압력탱크는 최대상용압력의 1.1배의 압력으로 10분간 실시하여 새거나 변형이 없을 것

 지하저장탱크는 용량에 따라 압력탱크(최대상용압력이 46.7kPa 이상인 탱크를 말한다) 외의 탱크에 있어서는 70kPa의 압력으로, 압력탱크에 있어서는 최대상용압력의 1.5배의 압력으로 각각 10분간 수압시험을 실시하여 새거나 변형되지 아니하여야 한다. 이 경우 수압시험은 소방청장이 정하여 고시하는 기밀시험과 비파괴시험을 동시에 실시하는 방법으로 대신할 수 있다.

답 ②

24 제조소 내 액체 위험물을 취급하는 옥외설비의 바닥둘레에 설치하여야 하는 턱의 높이는 얼마 이상이어야 하는가?

① 0.1m 이상   ② 0.15m 이상

③ 0.2m 이상   ④ 0.25m 이상

 해설 옥외에서 액체 위험물을 취급하는 설비의 바닥기준
  ㉠ 바닥의 둘레에 높이 0.15m 이상의 턱을 설치하는 등 위험물이 외부로 흘러나가지 아니하도록 하여야 한다.
  ㉡ 바닥은 콘크리트 등 위험물이 스며들지 아니하는 재료로 하고, ㉠의 턱이 있는 쪽이 낮게 경사지게 하여야 한다.
  ㉢ 바닥의 최저부에 집유설비를 하여야 한다.
  ㉣ 위험물(20℃의 물 100g에 용해되는 양이 1g 미만인 것에 한한다)을 취급하는 설비에 있어서는 해당 위험물이 직접 배수구에 흘러들어가지 아니하도록 집유설비에 유분리장치를 설치하여야 한다.

 ②

25 제조소 등에서의 위험물 저장의 기준에 관한 설명 중 틀린 것은?

① 제3류 위험물 중 황린과 금수성 물질은 동일한 저장소에서 저장하여도 된다.

② 옥내저장소에서 재해가 현저하게 증대할 우려가 있는 위험물을 다량 저장하는 경우에는 지정수량의 10배 이하마다 구분하여 상호 간 0.3m 이상의 간격을 두어 저장하여야 한다.

③ 옥내저장소에서는 용기에 수납하여 저장하는 위험물의 온도가 55℃를 넘지 아니하도록 필요한 조치를 강구하여야 한다.

④ 컨테이너식 이동탱크저장소 외의 이동탱크저장소에 있어서는 위험물을 저장한 상태로 이동저장탱크를 옮겨 싣지 아니하여야 한다.

 해설 제3류 위험물 중 황린, 그 밖에 물속에 저장하는 물품과 금수성 물질은 동일한 저장소에서 저장하지 아니하여야 한다.

 ①

26 다음은 옥내저장소의 저장창고와 옥내탱크저장소의 탱크 전용실에 관한 설명이다. 위험물안전관리법령상의 내용과 다른 것은?

① 제4류 위험물 제1석유류를 저장하는 옥내저장소에 있어서 하나의 저장창고의 바닥면적은 $1,000m^2$ 이하로 설치하여야 한다.

② 제4류 위험물 제1석유류를 저장하는 옥내탱크저장소의 탱크 전용실은 건축물의 1층 또는 지하층에 설치하여야 한다.

③ 다층건물 옥내저장소의 저장창고에서 연소의 우려가 있는 외벽은 출입구 외의 개구부를 갖지 아니하는 벽으로 하여야 한다.

④ 제3류 위험물인 황린을 단독으로 저장하는 옥내탱크저장소의 탱크 전용실은 지하층에 설치할 수 있다.

 해설 옥내저장탱크는 탱크 전용실에 설치하는 경우 제2류 위험물 중 황화인 · 적린 및 덩어리 황, 제3류 위험물 중 황린, 제6류 위험물 중 질산의 탱크 전용실은 건축물의 1층 또는 지하층에 설치하여야 한다.

답 ②

27 벤조일퍼옥사이드(과산화벤조일)에 대한 설명으로 틀린 것은?

① 백색 또는 무색 결정성 분말이다.

② 불활성 용매 등의 희석제를 첨가하면 폭발성이 줄어든다.

③ 진한황산, 진한질산, 금속분 등과 혼합하면 분해를 일으켜 폭발한다.

④ 알코올에는 녹지 않고, 물에 잘 용해된다.

 해설 벤조일퍼옥사이드의 경우 무미, 무취의 백색 분말 또는 무색의 결정성 고체로 물에는 잘 녹지 않으나 알코올 등에는 잘 녹는다.

답 ④

28 위험물안전관리법령상 IF_5의 지정수량은?

① 20kg   ② 50kg

③ 200kg   ④ 300kg

IF₅는 할로젠간화합물로서 제6류 위험물에 해당하며, 지정수량은 300kg이다.

답 ④

29 유량을 측정하는 계측기구가 아닌 것은?

① 오리피스미터 ② 피에조미터
③ 로터미터 ④ 벤투리미터

해설 유량을 측정하는 기구로는 벤투리미터, 오리피스미터, 위어, 로터미터가 있으며, 피에조미터는 압력을 측정하는 기구에 해당한다.

답 ②

30 위험물 암반탱크가 다음과 같은 조건일 때 탱크의 용량은 몇 L인가?

- 암반탱크의 내용적 : 600,000L
- 1일간 탱크 내에 용출하는 지하수의 양 : 800L

① 594,400 ② 594,000
③ 593,600 ④ 592,000

해설 암반탱크에 있어서는 해당 탱크 내에 용출하는 7일간의 지하수 양에 상당하는 용적과 해당 탱크의 내용적의 100분의 1의 용적 중에서 보다 큰 용적을 공간용적으로 한다. 따라서, 7×800L=5,600L는 60,000L보다 작으므로 내용적의 100분의 1의 용적을 공간용적으로 한다. 따라서, 탱크의 용량은 내용적에서 공간용적을 뺀 용적으로 하므로 600,000−60,000=594,000L에 해당한다.

답 ②

31 질산칼륨에 대한 설명으로 틀린 것은?

① 황화인, 질소와 혼합하면 흑색화약이 된다.
② 에터에 잘 녹지 않는다.
③ 물에 녹으므로 저장 시 수분과의 접촉에 주의한다.
④ 400℃로 가열하면 분해되어 산소를 방출한다.

해설 흑색화약=질산칼륨 75%+황 10%+목탄 15%

답 ①

32 다음 중 옥내저장소에 위험물을 저장하는 제한높이가 가장 높은 경우는?

① 기계에 의하여 하역하는 구조로 된 용기만을 겹쳐 쌓는 경우
② 중유를 수납하는 용기만을 겹쳐 쌓는 경우
③ 아마인유를 수납하는 용기만을 겹쳐 쌓는 경우
④ 적린을 수납하는 용기만을 겹쳐 쌓는 경우

해설 ㉠ 기계에 의하여 하역하는 구조로 된 용기만을 겹쳐 쌓는 경우에 있어서는 6m
㉡ 제4류 위험물 중 제3석유류, 제4석유류 및 동식물유류를 수납하는 용기만을 겹쳐 쌓는 경우에 있어서는 4m
㉢ 그 밖의 경우에 있어서는 3m

답 ①

33 방폭구조 결정을 위한 폭발위험 장소를 옳게 분류한 것은?

① 0종 장소, 1종 장소
② 0종 장소, 1종 장소, 2종 장소
③ 1종 장소, 2종 장소, 3종 장소
④ 0종 장소, 1종 장소, 2종 장소, 3종 장소

해설 위험장소의 분류
㉠ 0종 장소 : 통상상태에서 위험분위기가 장시간 지속되는 장소
㉡ 1종 장소 : 통상상태에서 위험분위기를 생성할 우려가 있는 장소
㉢ 2종 장소 : 이상상태에서 위험분위기를 생성할 우려가 있는 장소

답 ②

34 위험물안전관리법령상 위험물제조소 등에 자동화재탐지설비를 설치할 때 설치기준으로 틀린 것은?

① 하나의 경계구역의 면적은 600m² 이하로 할 것
② 광전식분리형감지기를 설치한 경우 경계구역의 한 변의 길이는 50m 이하로 할 것
③ 감지기는 지붕 또는 벽의 옥내에 면하는 부분에 유효하게 화재의 발생을 감지할 수 있도록 설치할 것
④ 비상전원을 설치할 것

해설 하나의 경계구역의 면적은 $600m^2$ 이하로 하고 그 한 변의 길이는 50m(광전식분리형감지기를 설치할 경우에는 100m) 이하로 할 것. 다만, 해당 건축물, 그 밖의 공작물의 주요한 출입구에서 그 내부의 전체를 볼 수 있는 경우에 있어서는 그 면적을 $1,000m^2$ 이하로 할 수 있다.

답 ②

35 위험물안전관리법령상 알칼리금속 과산화물에 적응성이 있는 소화설비는?

① 할로젠화합물소화설비
② 탄산수소염류분말소화설비
③ 물분무소화설비
④ 스프링클러소화설비

해설

소화설비의 구분	건축물·그 밖의 공작물	전기설비	제1류 위험물 알칼리금속 과산화물 등	제1류 위험물 그 밖의 것	제2류 위험물 철분·금속분·마그네슘 등	제2류 위험물 인화성 고체	제2류 위험물 그 밖의 것	제3류 위험물 금수성 물품	제3류 위험물 그 밖의 것	제4류 위험물	제5류 위험물	제6류 위험물
옥내소화전 또는 옥외소화전 설비	○			○		○	○		○		○	○
스프링클러설비	○			○		○	○		○	△	○	○
물분무 등 소화설비 — 물분무소화설비	○	○		○		○	○		○	○	○	○
물분무 등 소화설비 — 포소화설비	○			○		○	○		○	○	○	○
물분무 등 소화설비 — 불활성가스소화설비		○				○				○		
물분무 등 소화설비 — 할로젠화합물소화설비		○				○				○		
물분무 등 소화설비 — 분말소화설비 — 인산염류 등	○	○		○		○	○			○		○
물분무 등 소화설비 — 분말소화설비 — 탄산수소염류 등		○	○		○	○		○		○		
물분무 등 소화설비 — 분말소화설비 — 그 밖의 것			○		○			○				

답 ②

36 분진폭발에 대한 설명으로 틀린 것은?

① 밀폐공간 내 분진운이 부유할 때 폭발 위험성이 있다.
② 충격, 마찰도 착화에너지가 될 수 있다.

③ 2차, 3차 폭발의 발생우려가 없으므로 1차 폭발 소화에 주력하여야 한다.
④ 산소의 농도가 증가하면 위험성이 증가할 수 있다.

해설 분진폭발 : 가연성 고체의 미분이 공기 중에 부유하고 있을 때 어떤 착화원에 의해 에너지가 주어지면 폭발하는 현상으로 2차, 3차의 폭발로 이어질 수 있다.

답 ③

37 위험물안전관리법령상 적린, 황화인에 적응성이 없는 소화설비는?

① 옥외소화전설비
② 포소화설비
③ 불활성가스소화설비
④ 인산염류 등의 분말소화설비

해설 적린, 황화인은 제2류 위험물로 주수에 의한 냉각소화가 효과적이다.

답 ③

38 소형 수동식소화기의 설치기준에 따라 방호대상물의 각 부분으로부터 하나의 소형 수동식소화기까지의 보행거리가 20m 이하가 되도록 설치하여야 하는 제조소 등에 해당하는 것은? (단, 옥내소화전설비, 옥외소화전설비, 스프링클러설비, 물분무 등 소화설비 또는 대형 수동식소화기와 함께 설치하지 않은 경우이다.)

① 지하탱크저장소
② 주유취급소
③ 판매취급소
④ 옥내저장소

해설 소형 수동식소화기 설치기준에 대한 내용으로 지하탱크저장소, 간이탱크저장소, 이동탱크저장소, 주유취급소, 판매취급소에서는 유효하게 소화할 수 있는 위치에 설치해야 하며, 그 밖의 제조소 등에서는 방호대상물로부터 하나의 소형 소화기까지의 보행거리가 20m 이하가 되도록 설치해야 한다.

답 ④

39 다음은 옥내저장소에 유별을 달리하는 위험물을 함께 저장·취급할 수 있는 경우를 나열한 것이다. 위험물안전관리법령상의 내용과 다른 것은? (단, 유별로 정리하고 서로 1m 이상 간격을 두는 경우이다.)

① 과산화나트륨 − 유기과산화물
② 염소산나트륨 − 황린
③ 다이에틸에터 − 고형 알코올
④ 무수크로뮴산 − 질산

 유별을 달리하는 위험물은 동일한 저장소(내화구조의 격벽으로 완전히 구획된 실이 2 이상 있는 저장소에 있어서는 동일한 실)에 저장하지 아니하여야 한다. 다만, 옥내저장소 또는 옥외저장소에 있어서 다음의 규정에 의한 위험물을 저장하는 경우로서 위험물을 유별로 정리하여 저장하는 한편, 서로 1m 이상의 간격을 두는 경우에는 그러하지 아니하다.

ㄱ 제1류 위험물(알칼리금속의 과산화물 또는 이를 함유한 것을 제외한다)과 제5류 위험물을 저장하는 경우
ㄴ 제1류 위험물과 제6류 위험물을 저장하는 경우
ㄷ 제1류 위험물과 제3류 위험물 중 자연발화성 물질(황린 또는 이를 함유한 것에 한한다)을 저장하는 경우
ㄹ 제2류 위험물 중 인화성 고체와 제4류 위험물을 저장하는 경우
ㅁ 제3류 위험물 중 알킬알루미늄 등과 제4류 위험물(알킬알루미늄 또는 알킬리튬을 함유한 것에 한한다)을 저장하는 경우
ㅂ 제4류 위험물과 제5류 위험물 중 유기과산화물 또는 이를 함유한 것을 저장하는 경우
※ 과산화나트륨은 제1류 위험물로서 제5류 위험물인 유기과산화물과 혼재할 수 없다.

답 ①

40 다음 중 소화약제의 종류에 관한 설명으로 틀린 것은?

① 제2종 분말소화약제는 B급, C급 화재에 적응성이 있다.
② 제3종 분말소화약제는 A급, B급, C급 화재에 적응성이 있다.
③ 이산화탄소소화약제의 주된 소화효과는 질식효과이며 B급, C급 화재에 주로 사용한다.

④ 합성계면활성제 포소화약제는 고팽창포로 사용하는 경우 사정거리가 길어 고압가스, 액화가스, 석유탱크 등의 대규모 화재에 사용한다.

 합성계면활성제 포소화약제의 경우 일반화재 및 유류화재에 적용이 가능하고, 창고화재 소화에 적합하나 내열성과 내유성이 약해 대형 유류탱크 화재 시 ring fire(윤화)현상이 발생될 우려가 있으므로 소화에 적절하지 않다.

답 ④

41 지정수량이 나머지 셋과 다른 위험물은?

① 브로민산칼륨
② 질산나트륨
③ 과염소산칼륨
④ 아이오딘산칼륨

 브로민산칼륨, 질산나트륨, 아이오딘산칼륨 : 300kg, 과염소산칼륨 : 50kg

답 ③

42 분무도장작업 등을 하기 위한 일반취급소를 안전거리 및 보유공지에 관한 규정을 적용하지 않고 건축물 내의 구획실 단위로 설치하는 데 필요한 요건으로 틀린 것은?

① 취급하는 위험물의 수량은 지정수량의 30배 미만일 것
② 건축물 중 일반취급소의 용도로 사용하는 부분은 벽·기둥·바닥·보 및 지붕(상층이 있는 경우에는 상층의 바닥)을 내화구조로 할 것
③ 도장, 인쇄 또는 도포를 위하여 제2류 또는 제4류 위험물(특수 인화물은 제외)을 취급하는 것일 것
④ 건축물 중 일반취급소의 용도로 사용하는 부분의 출입구에는 60+방화문·60분방화문 또는 30분방화문을 설치할 것

 건축물 중 일반취급소의 용도로 사용하는 부분의 출입구에는 60+방화문 또는 60분방화문을 설치하되, 연소의 우려가 있는 외벽 및 해당 부분 외의 부분과의 격벽에 있는 출입구에는 수시로 열 수 있는 자동폐쇄식의 것으로 할 것

답 ④

43 위험물안전관리법령상 "고인화점 위험물"이란?

① 인화점이 100℃ 이상인 제4류 위험물

② 인화점이 130℃ 이상인 제4류 위험물

③ 인화점이 100℃ 이상인 제4류 위험물 또는 제3류 위험물

④ 인화점이 100℃ 이상인 위험물

답 ①

44 황화인에 대한 설명 중 틀린 것은?

① 삼황화인은 과산화물, 금속분 등과 접촉하면 발화의 위험성이 높아진다.

② 삼황화인이 연소하면 SO_2와 P_2O_5가 발생한다.

③ 오황화인이 물과 반응하면 황화수소가 발생한다.

④ 오황화인은 알칼리와 반응하여 이산화황과 인산이 된다.

 해설 오황화인(P_2S_5) : 알코올이나 이황화탄소(CS_2)에 녹으며, 물이나 알칼리와 반응하면 분해되어 황화수소(H_2S)와 인산(H_3PO_4)으로 된다.

$P_2S_5 + 8H_2O \rightarrow 5H_2S + 2H_3PO_4$

답 ④

45 칼륨을 저장하는 위험물 옥내저장소의 화재 예방을 위한 조치가 아닌 것은?

① 작은 용기에 소분하여 저장한다.

② 석유 등의 보호액 속에 저장한다.

③ 화재 시에 다량의 물로 소화하도록 소화수조를 설치한다.

④ 용기의 파손이나 부식에 주의하고 안전점검을 철저히 한다.

 해설 칼륨은 물과 격렬히 반응하여 발열하고 수산화칼륨과 수소가 발생한다. 이때 발생된 열은 점화원의 역할을 한다.

$2K + 2H_2O \rightarrow 2KOH + H_2$

답 ③

46 C_6H_6와 $C_6H_5CH_3$의 공통적인 특징을 설명한 것으로 틀린 것은?

① 무색투명한 액체로서 냄새가 있다.

② 물에는 잘 녹지 않으나 에터에는 잘 녹는다.

③ 증기는 마취성과 독성이 있다.

④ 겨울에 대기 중의 찬 곳에서 고체가 된다.

해설 벤젠의 경우 5.5℃에서 응고된다.

답 ④

47 알코올류의 성상, 위험성, 저장 및 취급에 대한 설명으로 틀린 것은?

① 농도가 높아질수록 인화점이 낮아져 위험성이 증대된다.

② 알칼리금속과 반응하면 인화성이 강한 수소가 발생한다.

③ 위험물안전관리법령상 1분자를 구성하는 탄소 원자의 수가 1개 내지 3개인 포화1가 알코올의 함유량이 60vol% 미만인 수용액은 알코올류에서 제외한다.

④ 위험물안전관리법령상 "알코올류"라 함은 1분자를 구성하는 탄소 원자의 수가 1개부터 3개까지인 포화1가 알코올(변성알코올을 포함한다)을 말한다.

 해설 "알코올류"라 함은 1분자를 구성하는 탄소 원자의 수가 1개부터 3개까지인 포화1가 알코올(변성알코올을 포함한다)을 말한다. 다만, 다음의 어느 하나에 해당하는 것은 제외한다.

㉠ 1분자를 구성하는 탄소 원자의 수가 1개 내지 3개인 포화1가 알코올의 함유량이 60wt% 미만인 수용액

㉡ 가연성 액체량이 60wt% 미만이고 인화점 및 연소점(태그개방식 인화점측정기에 의한 연소점을 말한다. 이하 같다)이 에틸알코올 60wt% 수용액의 인화점 및 연소점을 초과하는 것

답 ③

48 다음 위험물 중에서 물과 반응하여 가연성 가스가 발생하지 않는 것은?

① 칼륨 ② 황린

③ 나트륨 ④ 알킬리튬

 황린은 물속에 저장하는 위험물이다.

답 ②

49 아세톤에 대한 설명으로 틀린 것은?

① 보관 중 분해되어 청색으로 변한다.

② 아이오딘폼반응을 일으킨다.

③ 아세틸렌의 저장에 이용된다.

④ 연소범위는 약 2.6~12.8%이다.

 보관 중 황색으로 변질되며 백광을 쪼이면 분해된다.

답 ①

50 위험물안전관리법령상 경보설비의 설치 대상에 해당하지 않는 것은?

① 지정수량의 5배를 저장 또는 취급하는 판매취급소

② 옥내주유취급소

③ 연면적 $500m^2$인 제조소

④ 처마높이가 6m인 단층건물의 옥내저장소

 제조소 등별로 설치하여야 하는 경보설비의 종류

제조소 등의 구분	제조소 등의 규모, 저장 또는 취급하는 위험물의 종류 및 최대수량 등	경보 설비
1. 제조소 및 일반취급소	• 연면적 $500m^2$ 이상인 것 • 옥내에서 지정수량의 100배 이상을 취급하는 것(고인화점 위험물만을 100℃ 미만의 온도에서 취급하는 것을 제외한다) • 일반취급소로 사용되는 부분 외의 부분이 있는 건축물에 설치된 일반취급소(일반취급소와 일반취급소 외의 부분이 내화구조의 바닥 또는 벽으로 개구부 없이 구획된 것을 제외한다)	
2. 옥내저장소	• 지정수량의 100배 이상을 저장 또는 취급하는 것(고인화점 위험물만을 저장 또는 취급하는 것을 제외한다)	자동화재탐지설비
2. 옥내저장소	• 저장창고의 연면적이 $150m^2$를 초과하는 것[해당 저장창고가 연면적 $150m^2$ 이내마다 불연재료의 격벽으로 개구부 없이 완전히 구획된 것과 제2류 또는 제4류의 위험물(인화성 고체 및 인화점이 70℃ 미만인 제4류 위험물을 제외한다)만을 저장 또는 취급하는 것에 있어서는 저장창고의 연면적이 $500m^2$ 이상의 것에 한한다] • 처마높이가 6m 이상인 단층건물의 것 • 옥내저장소로 사용되는 부분 외의 부분이 있는 건축물에 설치된 옥내저장소[옥내저장소와 옥내저장소 외의 부분이 내화구조의 바닥 또는 벽으로 개구부 없이 구획된 것과 제2류 또는 제4류의 위험물(인화성 고체 및 인화점이 70℃ 미만인 제4류 위험물을 제외한다)만을 저장 또는 취급하는 것을 제외한다]	자동화재탐지설비
3. 옥내탱크 저장소	단층건물 외의 건축물에 설치된 옥내탱크저장소로서 소화난이도 등급 I에 해당하는 것	자동화재탐지설비
4. 주유취급소	옥내주유취급소	
5. 제1호 내지 제4호의 자동화재탐지설비 설치 대상에 해당하지 아니하는 제조소 등	지정수량의 10배 이상을 저장 또는 취급하는 것	자동화재탐지설비, 비상경보설비, 확성장치 또는 비상방송설비 중 1종 이상

답 ①

51 위험물의 장거리 운송 시에는 2명 이상의 운전자가 필요하다. 이 경우 장거리에 해당하는 것은?

① 자동차 전용도로 − 80km 이상

② 지방도 − 100km 이상

③ 일반국도 − 150km 이상

④ 고속국도 − 340km 이상

 위험물 운송자는 장거리(고속국도에 있어서는 340km 이상, 그 밖의 도로에 있어서는 200km 이상을 말한다)에 걸치는 운송을 하는 때에는 2명 이상의 운전자로 할 것

답 ④

52 제2류 위험물의 화재 시 소화방법으로 틀린 것은?

① 황은 다량의 물로 냉각소화가 적당하다.

② 알루미늄분은 건조사로 질식소화가 효과 적이다.

③ 마그네슘은 이산화탄소에 의한 소화가 가능하다.

④ 인화성 고체는 이산화탄소에 의한 소화가 가능하다.

 마그네슘은 CO_2 등 질식성 가스와 접촉 시에는 가연성 물질인 C와 유독성인 CO 가스가 발생한다.

$2Mg+CO_2 \rightarrow 2MgO+2C$

$Mg+CO_2 \rightarrow MgO+CO$

답 ③

53 위험물 이동탱크저장소에 설치하는 자동차용 소화기의 설치기준으로 틀린 것은?

① 무상의 강화액 8L 이상(2개 이상)

② 이산화탄소 3.2kg 이상(2개 이상)

③ 소화분말 2.2kg 이상(2개 이상)

④ CF_2ClBr 2L 이상(2개 이상)

제조소 등의 구분	소화설비	설치기준	
이동탱크저장소	자동차용 소화기	무상의 강화액 8L 이상	2개 이상
		이산화탄소 3.2kg 이상	
		브로모클로로다이플루오로메테인 (CF_2ClBr) 2L 이상	
		브로모트라이플루오로메테인 (CF_3Br) 2L 이상	
		다이브로모테트라플루오로에테인 ($C_2F_4Br_2$) 1L 이상	
		소화분말 3.3kg 이상	
	마른 모래 및 팽창질석 또는 팽창진주암	마른 모래 150L 이상	
		팽창질석 또는 팽창진주암 640L 이상	

답 ③

54 메테인 75vol%, 프로페인 25vol%인 혼합기체의 연소하한계는 약 몇 vol%인가? (단, 연소범위는 메테인 5~15vol%, 프로페인 2.1~9.5vol%이다.)

① 2.72

② 3.72

③ 4.63

④ 5.63

$$L=\frac{100}{\left(\dfrac{V_1}{L_1}+\dfrac{V_2}{L_2}+\dfrac{V_3}{L_3}+\cdots\right)}$$
$$=\frac{100}{\left(\dfrac{75}{5}+\dfrac{25}{2.1}\right)}$$
$$\fallingdotseq 3.72$$

답 ②

55 어떤 작업을 수행하는 데 작업소요시간이 빠른 경우 5시간, 보통이면 8시간, 늦으면 12시간 걸린다고 예측되었다면 3점 견적법에 의한 기대시간치와 분산을 계산하면 약 얼마인가?

① $te=8.0,\ a^2=1.17$

② $te=8.2,\ a^2=1.36$

③ $te=8.3,\ a^2=1.17$

④ $te=8.3,\ a^2=1.36$

$$기대시간치(te)=\frac{t_o+4t_m+t_p}{6}$$
$$=\frac{5+(4\times8)+12}{6}$$
$$=8.17$$

여기서, t_o : 낙관시간차

t_m : 정상시간차

t_p : 비관시간차

$$분산(\sigma^2)=\left(\frac{t_p-t_o}{6}\right)^2$$
$$=\left(\frac{12-5}{6}\right)^2$$
$$=1.36$$

답 ②

56 정규분포에 관한 설명 중 틀린 것은?

① 일반적으로 평균치가 중앙값보다 크다.
② 평균을 중심으로 좌우대칭의 분포이다.
③ 대체로 표준편차가 클수록 산포가 나쁘다고 본다.
④ 평균치가 0이고 표준편차가 1인 정규분포를 표준정규분포라 한다.

해설 정규분포 : 평균을 중심으로 좌우대칭이며, 평균, 중앙값, 최빈값이 정확히 일치하는 연속형 분포로서 좌우대칭이란 평균을 중심으로 표준편차의 범위 안에 양쪽 옆으로 전체 데이터에 대한 정보가 50%씩 속해 있다는 것이다(s.d는 Standard deviation).

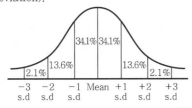

답 ①

57 일반적으로 품질코스트 가운데 가장 큰 비율을 차지하는 것은?

① 평가코스트
② 실패코스트
③ 예방코스트
④ 검사코스트

해설 실패코스트는 품질이 일정 수준에 미달되는 경우 발생하는 손실로 인해 소요되는 비용으로서 초기 단계에서 가장 큰 비율로 들어가는 코스트에 해당한다.

답 ②

58 계량값 관리도에 해당되는 것은?

① c 관리도
② u 관리도
③ R 관리도
④ pn 관리도

해설 관리도의 종류

㉠ $\bar{x}-R$(평균치와 범위의) 관리도 ㄴ x(개개의 측정위의) 관리도 ㄷ $\tilde{x}-R$(메디안과 범위의) 관리도	계량치에 사용한다.
ㄹ pn(불량개수의) 관리도 ㅁ p(불량률의) 관리도 ㅂ c(결점수의) 관리도 ㅅ u(단위당 결점수의) 관리도	계수치에 사용한다.

답 ③

59 작업측정의 목적 중 틀린 것은?

① 작업개선
② 표준시간 설정
③ 과업관리
④ 요소작업 분할

해설 작업측정 : 생산공정이 시작되기 전 작업성과를 평가할 목표가 설정되어야 하며, 목표가 표준이라면 표준이 설정되기 전에 직무를 먼저 분석해야 한다. 작업측정이란 어떤 작업을 작업자가 수행하는 데 필요한 시간을 어떤 표준적 측정여건 하에서 결정하는 일련의 절차를 말한다.

답 ④

60 계수규준형 샘플링 검사의 OC곡선에서 좋은 로트를 합격시키는 확률을 뜻하는 것은? (단, α는 제1종과오, β는 제2종과오이다.)

① α
② β
③ $1-\alpha$
④ $1-\beta$

해설 규준형 샘플링 검사
공급자에 대한 보호와 구입자에 대한 보호의 정도를 각각 규정하여 공급자와 구입자의 요구가 만족되도록 설정되어 있는 것이 특징이다.
즉, OC곡선상의 불량률 p_0, 평균치 m_0와 같은 좋은 품질의 로트가 샘플링 검사에서 불합격될 확률 α(이것을 생산자 위험이라 함)를 일정한 작은 값(보통 $\alpha = 0.05$)으로 정하여 공급자를 보호하고, 불량률 p_1이나 평균치 m_1과 같은 나쁜 품질의 로트가 합격될 확률 β(이것을 소비자 위험)를 일정한 작은 값(보통 $\beta = 0.10$)으로 정하여 구입자를 보호하는 검사 방식이다.

답 ③

제60회
(2016년 7월 시행)

위험물기능장 필기

01 식용유 화재 시 비누화(saponification) 현상(반응)을 통해 소화할 수 있는 분말소화약제는?

① 제1종 분말소화약제
② 제2종 분말소화약제
③ 제3종 분말소화약제
④ 제4종 분말소화약제

 제1종 분말소화약제(주성분 : $NaHCO_3$)의 경우 일반 요리용 기름 화재 시 기름과 중탄산나트륨이 반응하면 금속 비누가 만들어져 거품을 생성하여 기름의 표면을 덮어서 질식소화 효과 및 재발화 억제방지 효과를 나타내는 비누화 현상을 이용한다.

답 ①

02 에터의 과산화물을 제거하는 시약으로 사용되는 것은?

① KI
② $FeSO_4$
③ $NH_3(OH)$
④ CH_3COCH_3

 과산화물의 검출은 10% 아이오딘화칼륨(KI) 용액과의 황색 반응으로 확인한다. 또한, 생성된 과산화물을 제거하는 시약으로는 황산제일철($FeSO_4$)을 사용한다.

답 ②

03 인화성 액체 위험물(CS_2는 제외)을 저장하는 옥외탱크저장소에서의 방유제 용량에 대해 다음 ( ) 안에 알맞은 수치를 차례대로 나열한 것은?

> 방유제의 용량은 방유제 안에 설치된 탱크가 하나인 때에는 그 탱크용량의 ( )% 이상, 2기이상인 때에는 그 탱크 중 용량이 최대인 것의 용량 ( )% 이상으로 할 것.
> 이 경우 방유제의 용량은 해당 방유제의 내용적에서 용량이 최대인 탱크 외의 탱크의 방유제높이 이하 부분의 용적, 해당 방유제 내에 있는

> 모든 탱크의 지반면 이상 부분의 기초 체적, 칸막이둑의 체적 및 해당 방유제 내에 있는 배관 등의 체적을 뺀 것으로 한다.

① 50, 100
② 100, 110
③ 110, 100
④ 110, 110

답 ④

04 위험물안전관리법령상 위험물을 적재할 때 방수성 덮개를 해야 하는 것은?

① 과산화나트륨
② 염소산칼륨
③ 제5류 위험물
④ 과산화수소

 적재하는 위험물에 따라

차광성이 있는 것으로 피복해야 하는 경우	방수성이 있는 것으로 피복해야 하는 경우
제1류 위험물 제3류 위험물 중 　자연발화성 물질 제4류 위험물 중 　특수 인화물 제5류 위험물 제6류 위험물	제1류 위험물 중 알칼리 　금속의 과산화물 제2류 위험물 중 철분, 금 　속분, 마그네슘 제3류 위험물 중 금수성 물질

과산화나트륨은 제1류 위험물 중 알칼리금속의 과산화물에 해당한다.

답 ①

05 금속칼륨 10g을 물에 녹였을 때 이론적으로 발생하는 기체는 약 몇 g인가?

① 0.12g
② 0.26g
③ 0.32g
④ 0.52g

 $2K + 2H_2O \rightarrow 2KOH + H_2$

$$\frac{10g\text{-}K}{} \left| \frac{1mol\text{-}K}{39g\text{-}K} \right| \frac{1mol\text{-}H_2}{2mol\text{-}K}$$

$$\frac{2g\text{-}H_2}{1mol\text{-}H_2} = 0.256g\text{-}H_2$$

답 ②

06 위험물안전관리법령상 용기에 수납하는 위험물에 따라 운반용기 외부에 표시하여야 할 주의사항으로 옳지 않은 것은?

① 자연발화성 물질 – 화기엄금 및 공기접촉엄금
② 인화성 액체 – 화기엄금
③ 자기반응성 물질 – 화기엄금 및 충격주의
④ 산화성 액체 – 화기 · 충격주의 및 가연물접촉주의

유별	구분	주의사항
제1류 위험물 (산화성 고체)	알칼리금속의 과산화물	"화기 · 충격주의" "물기엄금" "가연물접촉주의"
	그 밖의 것	"화기 · 충격주의" "가연물접촉주의"
제2류 위험물 (가연성 고체)	철분 · 금속분 · 마그네슘	"화기주의" "물기엄금"
	인화성 고체	"화기엄금"
	그 밖의 것	"화기주의"
제3류 위험물 (자연발화성 및 금수성 물질)	자연발화성 물질	"화기엄금" "공기접촉엄금"
	금수성 물질	"물기엄금"
제4류 위험물 (인화성 액체)	–	"화기엄금"
제5류 위험물 (자기반응성 물질)	–	"화기엄금" 및 "충격주의"
제6류 위험물 (산화성 액체)	–	"가연물접촉주의"

답 ④

07 위험물안전관리법령상 위험물 운반에 관한 기준에서 운반용기의 재질로 명시되지 않은 것은?

① 섬유판
② 도자기
③ 고무류
④ 종이

운반용기 재질 : 금속판, 강판, 삼, 합성섬유, 고무류, 양철판, 짚, 알루미늄판, 종이, 유리, 나무, 플라스틱, 섬유판

답 ②

08 위험물안전관리법령상 $C_6H_5NH_2$의 지정수량을 옳게 나타낸 것은?

① 200L
② 1,000L
③ 2,000L
④ 400L

$C_6H_5NH_2$는 아닐린으로 제3석유류 비수용성에 해당한다.

답 ④

09 위험물안전관리법령상 벤조일퍼옥사이드의 화재에 적응성이 있는 소화설비는?

① 분말소화설비
② 불활성가스소화설비
③ 할로젠화합물소화설비
④ 포소화설비

벤조일퍼옥사이드는 제5류 위험물에 해당한다.

소화설비의 구분			건축물 · 그 밖의 공작물	전기설비	제1류 위험물 알칼리금속과산화물 등	제1류 위험물 그 밖의 것	제2류 위험물 철분 · 금속분 · 마그네슘 등	제2류 위험물 인화성 고체	제2류 위험물 그 밖의 것	제3류 위험물 금수성 물품	제3류 위험물 그 밖의 것	제4류 위험물	제5류 위험물	제6류 위험물
옥내소화전 또는 옥외소화전 설비			○			○		○	○		○		○	○
스프링클러설비			○			○		○	○		○	△	○	○
물분무 등 소화설비		물분무소화설비	○	○		○		○	○		○	○	○	○
		포소화설비	○			○		○	○		○	○	○	○
		불활성가스소화설비		○				○				○		
		할로젠화합물소화설비		○				○				○		
	분말소화설비	인산염류 등	○	○		○		○	○			○		○
		탄산수소염류 등		○	○		○	○		○			○		
		그 밖의 것			○		○			○					

답 ④

10 위험물안전관리법령상 옥내저장소의 저장창고 바닥면적을 $1,000m^2$ 이하로 하여야 하는 위험물이 아닌 것은?

① 아염소산염류

② 나트륨

③ 금속분

④ 과산화수소

 금속분은 제2류 위험물로서 위험등급 2등급군에 속하며 바닥면적은 $2,000m^2$ 이하로 해야 한다.

위험물을 저장하는 창고	바닥면적
㉠ 제1류 위험물 중 아염소산염류, 염소산염류, 과염소산염류, 무기과산화물, 그 밖에 지정수량이 50kg인 위험물 ㉡ 제3류 위험물 중 칼륨, 나트륨, 알킬알루미늄, 알킬리튬, 그 밖에 지정수량이 10kg인 위험물 및 황린 ㉢ 제4류 위험물 중 특수 인화물, 제1석유류 및 알코올류 ㉣ 제5류 위험물 중 유기과산화물, 질산에스터류, 그 밖에 지정수량이 10kg인 위험물 ㉤ 제6류 위험물	$1,000m^2$ 이하
㉠~㉤ 외의 위험물을 저장하는 창고	$2,000m^2$ 이하
내화구조의 격벽으로 완전히 구획된 실에 각각 저장하는 창고	$1,500m^2$ 이하

답 ③

11 유별을 달리하는 위험물의 혼재기준에서 1개 이하의 다른 유별의 위험물과만 혼재가 가능한 것은? (단, 지정수량의 1/10을 초과하는 경우이다.)

① 제2류

② 제3류

③ 제4류

④ 제5류

 유별을 달리하는 위험물의 혼재기준

위험물의 구분	제1류	제2류	제3류	제4류	제5류	제6류
제1류		×	×	×	×	○
제2류	×		×	○	○	×
제3류	×	×		○	×	×
제4류	×	○	○		○	×
제5류	×	○	×	○		×
제6류	○	×	×	×	×	

답 ②

12 전기의 부도체이고 황산이나 화약을 만드는 원료로 사용되며, 연소하면 푸른색을 내는 것은?

① 황

② 적린

③ 철분

④ 마그네슘

 황에 대한 설명이며, 공기 중에서 연소하면 푸른 빛을 내며 아황산가스(SO_2)가 발생한다.

$S + O_2 \rightarrow SO_2$

답 ①

13 제3류 위험물에 대한 설명으로 옳지 않은 것은?

① 탄화알루미늄은 물과 반응하여 메테인가스가 발생한다.

② 칼륨은 물과 반응하여 발열반응을 일으키며 수소가스가 발생한다.

③ 황린이 공기 중에서 자연발화하면 오황화인이 발생한다.

④ 탄화칼슘이 물과 반응하여 발생하는 가스의 연소범위는 약 2.5~81%이다.

 황린은 공기 중에서 오산화인의 백색 연기를 내며 격렬하게 연소하고 일부 유독성의 포스핀(PH_3)도 생성하며 환원력이 강하여 산소농도가 낮은 환경에서도 연소한다.

$P_4 + 5O_2 \rightarrow 2P_2O_5$

답 ③

14 위험물안전관리법령상 제2석유류가 아닌 것은?

① 가연성 액체량이 40wt%이면서 인화점이 $39℃$, 연소점이 $65℃$인 도료

② 가연성 액체량이 50wt%이면서 인화점이 $39℃$, 연소점이 $65℃$인 도료

③ 가연성 액체량이 40wt%이면서 인화점이 $40℃$, 연소점이 $65℃$인 도료

④ 가연성 액체량이 50wt%이면서 인화점이 $40℃$, 연소점이 $65℃$인 도료

해설 "제2석유류"라 함은 등유, 경유, 그 밖에 1기압에서 인화점이 21℃ 이상, 70℃ 미만인 것을 말한다. 다만, 도료류, 그 밖의 물품에 있어서 가연성 액체량이 40wt% 이하이면서 인화점이 40℃ 이상인 동시에 연소점이 60℃ 이상인 것은 제외한다.

답 ③

15 위험물안전관리법령상 위험물의 저장·취급에 관한 공통기준에서 정한 내용으로 틀린 것은?

① 제조소 등에 있어서는 허가를 받았거나 신고한 수량 초과 또는 품명 외의 위험물을 저장·취급하지 말 것

② 위험물을 보호액 중에 보존하는 경우에는 해당 위험물이 보호액으로부터 노출되지 아니하도록 하여야 할 것

③ 위험물을 저장·취급하는 건축물은 위험물의 수량에 따라 차광 또는 환기를 할 것

④ 위험물을 용기에 수납하는 경우에는 용기의 파손, 부식, 틈 등이 생기지 않도록 할 것

해설 위험물을 저장 또는 취급하는 건축물, 그 밖의 공작물 또는 설비는 해당 위험물의 성질에 따라 차광 또는 환기를 해야 한다.

답 ③

16 위험물안전관리법령상 위험물제조소 등에 설치하는 소화설비 중 옥내소화전설비에 관한 기준으로 틀린 것은?

① 옥내소화전의 배관은 소화전설비의 성능에 지장을 주지 않는다면 전용으로 설치하지 않아도 되고 주배관 중 입상관은 직경이 50mm 이상이어야 한다.

② 설비의 비상전원은 자가발전설비 또는 축전지설비로 설치하되, 용량은 옥내소화전설비를 45분 이상 유효하게 작동시키는 것이 가능한 것이어야 한다.

③ 비상전원으로 사용하는 큐비클식 외의 자가발전설비는 자가발전장치의 주위에 0.6m 이상의 공지를 보유하여야 한다.

④ 비상전원으로 사용하는 축전지설비 중 큐비클식 외의 축전지설비를 동일 실에 2개 이상 설치하는 경우에는 상호 간에 0.5m 이상 거리를 두어야 한다.

해설 축전지설비를 동일 실에 2 이상 설치하는 경우에는 축전지설비의 상호 간격은 0.6m(높이가 1.6m 이상인 선반 등을 설치한 경우에는 1m) 이상 이격할 것

답 ④

17 탄화칼슘이 물과 반응하면 가연성 가스가 발생한다. 이때 발생한 가스를 촉매하에서 물과 반응시켰을 때 생성되는 물질은?

① 다이에틸에터   ② 에틸아세테이트
③ 아세트알데하이드   ④ 산화프로필렌

해설 탄화칼슘은 물과 격렬하게 반응하여 수산화칼슘과 아세틸렌을 만들며 공기 중 수분과 반응하여도 아세틸렌을 생성한다.
$CaC_2 + 2H_2O \rightarrow Ca(OH)_2 + C_2H_2$
아세틸렌과 물을 수은 촉매하에서 수화시키면 아세트알데하이드가 제조된다.
$C_2H_2 + H_2O \rightarrow CH_3CHO$

답 ③

18 위험물의 운반기준에 대한 설명으로 틀린 것은?

① 위험물을 수납한 운반용기가 현저하게 마찰 또는 동요를 일으키지 아니하도록 운반하여야 한다.

② 지정수량 이상의 위험물을 차량으로 운반할 때에는 한 변의 길이가 0.3m 이상, 다른 한 변은 0.6m 이상인 직사각형 표지판을 설치하여야 한다.

③ 위험물의 운반 도중 재난 발생의 우려가 있는 경우에는 응급조치를 강구하는 동시에 가까운 소방관서, 그 밖의 관계기관에 통보하여야 한다.

④ 지정수량 이하의 위험물을 차량으로 운반하는 경우 적응성이 있는 소형 수동식소화기를 위험물의 소요단위에 상응하는 능력단위 이상으로 비치하여야 한다.

지정수량 이상의 위험물을 차량으로 운반하는 경우에는 해당 위험물에 적응성이 있는 소형 수동식소화기를 해당 위험물의 소요단위에 상응하는 능력단위 이상 갖추어야 한다.

답 ④

19 수소화리튬에 대한 설명으로 틀린 것은?

① 물과 반응하여 가연성 가스가 발생한다.

② 물보다 가볍다.

③ 대량의 저장용기 중에는 아르곤을 봉입한다.

④ 주수소화가 금지되어 있고, 이산화탄소소화기가 적응성이 있다.

 수소화리튬 소화방법 : 주수, CO_2, 할로젠화합물 소화약제는 엄금이며 마른 모래(건조사) 등에 의해 질식소화한다.

답 ④

20 폼산(formic acid)에 대한 설명으로 틀린 것은?

① 화학식은 CH_3COOH이다.

② 비중은 약 1.2로 물보다 무겁다.

③ 개미산이라고도 한다.

④ 융점은 약 8.5℃이다.

 폼산의 화학식은 HCOOH로서 개미산 또는 의산이라고도 한다.

답 ①

21 위험물안전관리법령상 위험물제조소 등의 자동화재탐지설비의 설치기준으로 틀린 것은?

① 계단·경사로·승강기의 승강로, 그 밖의 이와 유사한 장소에 연기감지기를 설치하는 경우에는 자동화재탐지설비의 경계구역이 2 이상의 층에 걸칠 수 있다.

② 하나의 경계구역의 면적은 600m²(예외적인 경우에는 1,000m² 이하) 이하로 하고 광전식분리형감지기를 설치하는 경우에는 한 변의 길이는 50m 이하로 하여야 한다.

③ 자동화재탐지설비의 감지기는 지붕 또는 벽의 옥내에 면한 부분에 유효하게 화재의 발생을 감지하도록 설치하여야 한다.

④ 자동화재탐지설비에는 비상전원을 설치하여야 한다.

 하나의 경계구역의 면적은 600m² 이하로 하고 그 한 변의 길이는 50m(광전식분리형감지기를 설치할 경우에는 100m) 이하로 할 것. 다만, 해당 건축물, 그 밖의 공작물의 주요한 출입구에서 그 내부의 전체를 볼 수 있는 경우에 있어서는 그 면적을 1,000m² 이하로 할 수 있다.

답 ②

22 위험물안전관리법령상 옥내저장소에 6개의 옥외소화전을 설치할 때 필요한 수원의 수량은?

① 28m³ 이상

② 39m³ 이상

③ 54m³ 이상

④ 81m³ 이상

 수원의 양(Q)

$$Q(\text{m}^3) = N \times 13.5\text{m}^3$$
$$(N, \ 4개 \ 이상인 \ 경우 \ 4개)$$
$$= 4 \times 13.5\text{m}^3 = 54\text{m}^3$$

답 ③

23 다음 중 위험물안전관리법령상 압력탱크가 아닌 저장탱크에 위험물을 저장할 때 유지하여야 하는 온도의 기준이 가장 낮은 경우는?

① 다이에틸에터를 옥외저장탱크에 저장하는 경우

② 산화프로필렌을 옥내저장탱크에 저장하는 경우

③ 산화프로필렌을 지하저장탱크에 저장하는 경우

④ 아세트알데하이드를 지하저장탱크에 저장하는 경우

① 다이에틸에터를 옥외저장탱크에 저장하는 경우 : 30℃ 이하
② 산화프로필렌을 옥내저장탱크에 저장하는 경우 : 30℃ 이하
③ 산화프로필렌을 지하저장탱크에 저장하는 경우 : 30℃ 이하
④ 아세트알데하이드를 지하저장탱크에 저장하는 경우 : 15℃ 이하

답 ④

24 백색 또는 담황색 고체로 수산화칼륨 용액과 반응하여 포스핀가스를 생성하는 것은?

① 황린
② 트라이메틸알루미늄
③ 적린
④ 황

 황린은 수산화칼륨 용액 등 강한 알칼리 용액과 반응하여 가연성, 유독성의 포스핀가스가 발생한다.
$P_4 + 3KOH + 3H_2O \rightarrow PH_3 + 3KH_2PO_2$

답 ①

25 위험물안전관리법령상 옥외탱크저장소에 설치하는 높이가 1m를 넘는 방유제 및 칸막이둑의 안팎에 설치하는 계단 또는 경사로는 약 몇 m마다 설치하여야 하는가?

① 20m   ② 30m
③ 40m   ④ 50m

 높이가 1m를 넘는 방유제 및 칸막이둑의 안팎에는 방유제 내에 출입하기 위한 계단 또는 경사로를 약 50m마다 설치한다.

답 ④

26 제4류 위험물 중 제1석유류의 일반적인 특성이 아닌 것은?

① 증기의 연소 하한값이 비교적 낮다.
② 대부분 비중이 물보다 작다.
③ 화재 시 다른 석유류보다 보일오버나 슬롭오버 현상이 일어나기 쉽다.
④ 대부분 증기밀도가 공기보다 크다.

 제1석유류의 경우 인화점이 21℃ 미만이므로 보일오버 또는 슬롭오버 현상은 일어나기 어렵다. 보일오버나 슬롭오버 현상은 중질유의 탱크에서 발생하는 현상이다.

답 ③

27 메테인의 확산속도는 28m/s이고, 같은 조건에서 기체 A의 확산속도는 14m/s이다. 기체 A의 분자량은 얼마인가?

① 8   ② 32
③ 64   ④ 128

 그레이엄의 확산법칙 공식에 따르면
$$\frac{v_A}{v_B} = \sqrt{\frac{M_B}{M_A}}, \quad \frac{14\text{m/sec}}{28\text{m/sec}} = \sqrt{\frac{16\text{g/mol}}{M_A}}$$
$M_A = 16 \times 4 = 64\text{g/mol}$

답 ③

28 0℃, 0.5기압에서 질산 1mol은 몇 g인가?

① 31.5g   ② 63g
③ 126g   ④ 252g

 질산의 화학식은 HNO_3이며 분자량은 63g/mol 이다.

답 ②

29 위험물제조소 등의 완공검사 신청시기에 대한 설명으로 옳은 것은?

① 이동탱크저장소는 이동저장탱크의 제작 전에 신청한다.
② 이송취급소에서 지하에 매설하는 이송배관 공사의 경우는 전체의 이송배관 공사를 완료한 후에 신청한다.
③ 지하탱크가 있는 제조소 등은 해당 지하탱크를 매설한 후에 신청한다.
④ 이송취급소에서 하천에 매설하는 이송배관 공사의 경우에는 이송배관을 매설하기 전에 신청한다.

해설 이송취급소의 경우 이송배관 공사의 전체 또는 일부를 완료한 후 완공검사를 신청한다(단, 지하, 하천 등에 매설하는 이송배관 공사의 경우에는 이송배관을 매설하기 전에 신청한다).

답 ④

30 위험물제조소의 옥외에 있는 위험물 취급 탱크용량이 100,000L인 곳의 방유제 용량은 몇 L 이상이어야 하는가?

① 50,000 ② 90,000
③ 100,000 ④ 110,000

해설 옥외에 있는 위험물 취급 탱크로서 액체 위험물(이황화탄소를 제외한다)을 취급하는 것의 주위에는 방유제를 설치할 것. 하나의 취급 탱크 주위에 설치하는 방유제의 용량은 해당 탱크용량의 50% 이상으로 하고, 2 이상의 취급 탱크 주위에 하나의 방유제를 설치하는 경우 그 방유제의 용량은 해당 탱크 중 용량이 최대인 것의 50%에 나머지 탱크용량 합계의 10%를 가산한 양 이상이 되게 할 것.
따라서, 탱크용량 100,000L의 50%에 해당하는 50,000L를 방유제의 용량으로 하면 된다.

답 ①

31 위험성 평가기법을 정량적 평가기법과 정성적 평가기법으로 구분할 때 다음 중 그 성격이 다른 하나는?

① HAZOP ② FTA
③ ETA ④ CCA

해설 ㉮ 정량적 위험성 평가기법
　㉠ FTA
　　(결함수분석기법 ; Fault Tree Analysis)
　㉡ ETA
　　(사건수분석기법 ; Event Tree Analysis)
　㉢ CA
　　(피해영향분석법 ; Consequence Analysis)
　㉣ FMECA(Failure Modes Effects and Criticality Analysis)
　㉤ HEA(작업자실수분석)
　㉥ DAM(상대위험순위 결정)
　㉦ CCA(원인결과분석)

㉯ 정성적 위험성 평가기법
　㉠ HAZOP(위험과 운전분석기법 ; Hazard and Operability)
　㉡ check-list(체크리스트)
　㉢ what-if(사고예상질문기법)
　㉣ PHA(예비위험분석기법 ; Preliminary Hazard Analysis)

답 ①

32 위험물안전관리법령상 제5류 위험물에 속하지 않는 것은?

① $C_3H_5(ONO_2)_3$
② $C_6H_2(NO_2)_3OH$
③ CH_3COOOH
④ $C_3Cl_3N_3O_3$

 해설 ① $C_3H_5(ONO_2)_3$: 나이트로글리세린
② $C_6H_2(NO_2)_3OH$: 트라이나이트로페놀
③ CH_3COOOH : 과초산
④ $C_3Cl_3N_3O_3$: 트라이클로로시아누릭산(제1류 위험물)

답 ④

33 위험물안전관리법령상 소방공무원 경력자가 취급할 수 있는 위험물은?

① 법령에서 정한 모든 위험물
② 제4류 위험물을 제외한 모든 위험물
③ 제4류 위험물과 제6류 위험물
④ 제4류 위험물

 해설 위험물 취급 자격자의 자격

위험물 취급 자격자의 구분	취급할 수 있는 위험물
「국가기술자격법」에 따라 위험물기능장, 위험물산업기사, 위험물기능사의 자격을 취득한 사람	위험물안전관리법 시행령 [별표 1]의 모든 위험물
안전관리자 교육 이수자(법 제28조 제1항에 따라 소방청장이 실시하는 안전관리자 교육을 이수한 자)	제4류 위험물
소방공무원 경력자(소방공무원으로 근무한 경력이 3년 이상인 자)	

답 ④

34 다음 중 크산토프로테인반응을 하는 물질은?

① H_2O_2 ② HNO_3
③ $HClO_4$ ④ $NH_4H_2PO_4$

 질산은 크산토프로테인반응(피부에 닿으면 노란색으로 변색), 부동태 반응(Fe, Ni, Al 등과 반응 시 산화물 피막 형성)을 한다.

답 ②

35 트라이에틸알루미늄이 물과 반응하였을 때 생성되는 물질은?

① $Al(OH)_3$, C_2H_2
② $Al(OH)_3$, C_2H_6
③ Al_2O_3, C_2H_2
④ Al_2O_3, C_2H_6

 $(C_2H_5)_3Al + 3H_2O \rightarrow Al(OH)_3$ (수산화알루미늄) $+ 3C_2H_6$(에테인)

답 ②

36 다음 중 제2류 위험물의 일반적인 성질로 가장 거리가 먼 것은?

① 연소 시 유독성 가스가 발생한다.
② 연소속도가 빠르다.
③ 불이 붙기 쉬운 가연성 물질이다.
④ 산소를 함유하고 있지 않은 강한 산화성 물질이다.

 제2류 위험물은 이연성, 속연성 물질로서 산소를 함유하고 있지 않기 때문에 강력한 환원제(산소 결합 용이)이다.

답 ④

37 제조소에서 위험물을 취급하는 건축물, 그밖의 시설의 주위에는 그 취급하는 위험물의 최대수량에 따라 보유해야 할 공지가 필요하다. 취급하는 위험물이 지정수량의 10배인 경우 공지의 너비는 몇 m 이상으로 해야 하는가?

① 3m ② 4m
③ 5m ④ 10m

제조소의 보유공지

취급하는 위험물의 최대수량	공지의 너비
지정수량의 10배 이하	3m 이상
지정수량의 10배 초과	5m 이상

답 ①

38 위험물안전관리법령상 주유취급소의 주유원 간이대기실의 기준으로 적합하지 않은 것은?

① 불연재료로 할 것
② 바퀴가 부착되지 아니한 고정식일 것
③ 차량의 출입 및 주유작업에 장애를 주지 아니하는 위치에 설치할 것
④ 주유공지 및 급유공지 외의 장소에 설치하는 것은 바닥면적이 $2.5m^2$ 이하일 것

 주유원 간이대기실의 기준
㉠ 불연재료로 할 것
㉡ 바퀴가 부착되지 아니한 고정식일 것
㉢ 차량의 출입 및 주유작업에 장애를 주지 아니하는 위치에 설치할 것
㉣ 바닥면적이 $2.5m^2$ 이하일 것. 다만, 주유공지 및 급유공지 외의 장소에 설치하는 것은 그러하지 아니하다.

답 ④

39 고분자 중합제품, 합성고무, 포장재 등에 사용되는 제2석유류로서 가열, 햇빛, 유기과산화물에 의해 쉽게 중합반응하여 점도가 높아져 수지상으로 변하는 것은?

① 하이드라진
② 스타이렌
③ 아세트산
④ 모노뷰틸아민

 스타이렌($C_6H_5CH=CH_2$, 바이닐벤젠, 페닐에틸렌)의 일반적 성질
㉠ 독특한 냄새가 나는 무색투명한 액체로서 물에는 녹지 않으나 유기용제 등에 잘 녹는다.
㉡ 빛, 가열 또는 과산화물에 의해 중합되어 중합체인 폴리스타이렌 수지를 만든다.
㉢ 비중 0.91(증기비중 3.6), 비점 146℃, 인화점 31℃, 발화점 490℃, 연소범위 1.1~6.1%

답 ②

40 모두 액체인 위험물로만 나열된 것은?

① 제3석유류, 특수 인화물, 과염소산염류, 과염소산

② 과염소산, 과아이오딘산, 질산, 과산화수소

③ 동식물유류, 과산화수소, 과염소산, 질산

④ 염소화아이소사이아누르산, 특수 인화물, 과염소산, 질산

 해설
① 과염소산염류는 제1류 위험물로서 산화성 고체에 해당한다.
② 과아이오딘산은 제1류 위험물로서 산화성 고체에 해당한다.
④ 염소화아이소사이아누르산은 제2류 위험물로서 가연성 고체에 해당한다.

답 ③

41 다음 정전기에 대한 설명 중 가장 옳은 것은?

① 전기저항이 낮은 액체가 유동하면 정전기가 발생하며 그 정도는 그 액체의 고유저항이 작을수록 대전하기 쉬워 정전기 발생의 위험성이 높다.

② 전기저항이 높은 액체가 유동하면 정전기가 발생하며 그 정도는 그 액체의 고유저항이 작을수록 대전하기 쉬워 정전기 발생의 위험성이 높다.

③ 전기저항이 낮은 액체가 유동하면 정전기가 발생하며 그 정도는 그 액체의 고유저항이 클수록 대전하기 쉬워 정전기 발생의 위험성이 낮다.

④ 전기저항이 높은 액체가 유동하면 정전기가 발생하며 그 정도는 그 액체의 고유저항이 클수록 대전하기 쉬워 정전기 발생의 위험성이 높다.

답 ④

42 위험물안전관리법령상 보일러 등으로 위험물을 소비하는 일반취급소를 건축물의 다른 부분과 구획하지 않고 설비단위로 설치하는데 필요한 특례요건이 아닌 것은? (단, 건축물의 옥상에 설치하는 경우는 제외한다.)

① 위험물을 취급하는 설비의 주위에 원칙적으로 너비 3m 이상의 공지를 보유할 것

② 일반취급소에서 취급하는 위험물의 최대수량은 지정수량의 10배 미만일 것

③ 보일러, 버너, 그 밖에 이와 유사한 장치로 인화점 70℃ 이상의 제4류 위험물을 소비할 것

④ 일반취급소의 용도로 사용하는 부분의 바닥(설비의 주위에 있는 공지를 포함)에는 집유설비를 설치하고 바닥의 주위에 배수구를 설치할 것

 해설
보일러, 버너, 그 밖의 이와 유사한 장치로 위험물(인화점이 38℃ 이상인 제4류 위험물에 한한다)을 소비하는 일반취급소로서 지정수량의 30배 미만의 것

답 ③

43 다음 중 세기성질(intensive property)이 아닌 것은?

① 녹는점   ② 밀도

③ 인화점   ④ 부피

 해설
㉠ 세기성질 : 변화가 가능하고 계의 크기에 무관한 계의 물리적 성질로서 압력, 온도, 농도, 밀도, 녹는점, 끓는점, 색 등이 있다.
㉡ 크기성질 : 계의 크기에 비례하는 계의 양으로서 질량, 부피, 열용량 등이 있다.

답 ④

44 아이오딘폼반응이 일어나는 물질과 반응 시 색상을 옳게 나타낸 것은?

① 메탄올, 적색   ② 에탄올, 적색

③ 메탄올, 노란색   ④ 에탄올, 노란색

 해설
에틸알코올은 아이오딘폼반응을 한다. 에틸알코올에 수산화칼륨과 아이오딘을 가하여 아이오딘폼의 황색 침전이 생성되는 반응을 한다.
$C_2H_5OH+6KOH+4I_2$
$\rightarrow CHI_3+5KI+HCOOK+5H_2O$

답 ④

45 과염소산, 질산, 과산화수소의 공통점이 아닌 것은?

① 다른 물질을 산화시킨다.
② 강산에 속한다.
③ 산소를 함유한다.
④ 불연성 물질이다.

해설 과산화수소는 물, 에탄올, 에터에 잘 녹고, 약산을 띠고 있다. 그러나 진한 과산화수소의 경우 독성을 가지고 강한 자극성이 있으므로 주의가 필요하다.

답 ②

46 위험물안전관리법령상 차량에 적재하여 운반 시 차광 또는 방수덮개를 하지 않아도 되는 위험물은?

① 질산암모늄   ② 적린
③ 황린   ④ 이황화탄소

해설 적린은 제2류 위험물 중 금수성 물질에 해당하지 않으므로 차광 또는 방수덮개를 하지 않아도 된다.

차광성이 있는 것으로 피복해야 하는 경우	방수성이 있는 것으로 피복해야 하는 경우
제1류 위험물 제3류 위험물 중 자연발화성 물질 제4류 위험물 중 특수 인화물 제5류 위험물 제6류 위험물	제1류 위험물 중 알칼리금속의 과산화물 제2류 위험물 중 철분, 금속분, 마그네슘 제3류 위험물 중 금수성 물질

답 ②

47 위험물안전관리법령상 인화성 고체는 1기압에서 인화점이 몇 ℃인 고체를 말하는가?

① 20℃ 미만   ② 30℃ 미만
③ 40℃ 미만   ④ 50℃ 미만

해설 "인화성 고체"라 함은 고형 알코올, 그 밖에 1기압에서 인화점이 40℃ 미만인 고체를 말한다.

답 ③

48 트라이클로로실란(trichlorosilane)의 위험성에 대한 설명으로 옳지 않은 것은?

① 산화성 물질과 접촉하면 폭발적으로 반응한다.
② 물과 격렬하게 반응하여 부식성의 염산을 생성한다.
③ 연소범위가 넓고 인화점이 낮아 위험성이 높다.
④ 증기비중이 공기보다 작으므로 높은 곳에 체류해 폭발 가능성이 높다.

해설 실란의 일반식은 Si_nH_{2n+2}로서 규소의 수소화물 또는 수소화규소라고도 한다. 트라이클로로실란($HSiCl_3$)은 300~450℃에서 염화규소를 환원하여 만든다. 이 경우 증기비중은 4.67로서 공기보다 무겁다.

답 ④

49 위험물안전관리법령상 주유취급소에 캐노피를 설치하려고 할 때의 기준에 해당하지 않는 것은?

① 배관이 캐노피 내부를 통과할 경우에는 1개 이상의 점검구를 설치할 것
② 캐노피 외부의 점검이 곤란한 장소에 배관을 설치하는 경우에는 용접이음으로 할 것
③ 캐노피의 면적은 주유취급 바닥면적의 2분의 1 이하로 할 것
④ 캐노피 외부의 배관이 일광열의 영향을 받을 우려가 있는 경우에는 단열재로 피복할 것

답 ③

50 위험물안전관리법령상 아세트알데하이드 이동탱크저장소의 경우 이동저장탱크로부터 아세트알데하이드를 꺼낼 때는 동시에 얼마 이하의 압력으로 불활성기체를 봉입하여야 하는가?

① 20kPa   ② 24kPa
③ 100kPa   ④ 200kPa

해설 아세트알데하이드 등의 이동탱크저장소에 있어서 이동저장탱크로부터 아세트알데하이드 등을 꺼낼 때에는 동시에 100kPa 이하의 압력으로 불활성의 기체를 봉입할 것

답 ③

51 BaO_2에 대한 설명으로 옳지 않은 것은?

① 알칼리토금속의 과산화물 중 가장 불안정하다.

② 가열하면 산소를 분해, 방출한다.

③ 환원제, 섬유와 혼합하면 발화의 위험이 있다.

④ 지정수량이 50kg이고 묽은산에 녹는다.

 알칼리토금속의 과산화물 중 매우 안정적인 물질이다.

답 ①

52 위험물안전관리법령상 제3류 위험물의 종류에 따라 위험물을 수납한 용기에 부착하는 주의사항 내용에 해당하지 않는 것은?

① 충격주의   ② 화기엄금

③ 공기접촉엄금   ④ 물기엄금

 자연발화성 물질－화기엄금, 공기접촉엄금, 금수성 물질－물기엄금

6번 해설 참고

답 ①

53 프로페인－공기의 혼합기체가 양론비로 반응하여 완전연소된다고 할 때 혼합기체 중 프로페인의 비율은 약 몇 vol%인가? (단, 공기 중 산소는 21vol%이다.)

① 23.8   ② 16.7

③ 4.03   ④ 3.12

 $C_3H_8 + 5O_2 \rightarrow 3CO_2 + 4H_2O$에서

$$\frac{1\,mol-C_3H_8}{} \left| \frac{5\,mol-O_2}{1\,mol-C_3H_8} \right.$$

$$\left| \frac{100\,mol-Air}{21\,mol-O_2} \right. = 23.8\,mol-Air$$

그러므로 혼합가스는

$1\,mol-C_3H_8 + 23.8\,mol-Air = 24.8\,mol$이며, 이 중 프로페인의 비율은 $\frac{1}{24.8} \times 100 = 4.03$

답 ③

54 위험물안전관리법령상 옥내저장소에서 글리세린을 수납하는 용기만을 겹쳐 쌓는 경우에 높이는 얼마를 초과할 수 없는가?

① 3m   ② 4m

③ 5m   ④ 6m

 옥내저장소에서 위험물을 저장하는 경우에는 다음 규정에 의한 높이를 초과하여 용기를 겹쳐 쌓지 아니하여야 한다(옥외저장소에서 위험물을 저장하는 경우에 있어서도 본 규정에 의한 높이를 초과하여 용기를 겹쳐 쌓지 아니하여야 한다).

㉠ 기계에 의하여 하역하는 구조로 된 용기만을 겹쳐 쌓는 경우에 있어서는 6m

㉡ 제4류 위험물 중 제3석유류, 제4석유류 및 동식물유류를 수납하는 용기만을 겹쳐 쌓는 경우에 있어서는 4m

㉢ 그 밖의 경우에 있어서는 3m

※ 글리세린은 제4류 위험물 중 제3석유류(수용성)에 해당한다.

답 ②

55 표준시간 설정 시 미리 정해진 표를 활용하여 작업자의 동작에 대해 시간을 산정하는 시간연구법에 해당되는 것은?

① PTS법   ② 스톱워치법

③ 워크샘플링법   ④ 실적자료법

 PTS(Predetermined Time Standards)란 하나의 작업이 실제로 시작되기 전 미리 작업에 필요한 소요시간을 작업방법에 따라 이론적으로 정해 나가는 방법이다.

답 ①

56 다음 표는 어느 자동차 영업소의 월별 판매실적을 나타낸 것이다. 5개월 단순이동 평균법으로 6월의 수요를 예측하면 몇 대인가?

월	1월	2월	3월	4월	5월
판매량	100대	110대	120대	130대	140대

① 120대   ② 130대

③ 140대   ④ 150대

이동평균법의 예측치

$$= \frac{\text{기간의 실적}}{\text{기간의 수}}$$

$$= \frac{100+110+120+130+140}{5} = 120$$

답 ①

57

다음 내용은 설비보전조직에 대한 설명이다. 어떤 조직형태에 대한 설명인가?

> 보전작업자는 조직상 각 제조부문의 감독자 밑에 둔다.
> ▶ 단점 : 생산우선에 의한 보전작업 경시, 보전기술 향상의 곤란성
> ▶ 장점 : 운전자와 일체감 및 현장감독의 용이성

① 집중보전　　　② 지역보전
③ 부문보전　　　④ 절충보전

 ① 집중보전 : 공장의 모든 보전요원을 한 사람의 관리자 밑에 조직
　　㉠ 장점 : 충분한 인원동원 가능, 다른 기능을 가진 보전요원을 배치, 긴급작업·고장·새로운 작업을 신속히 처리
　　㉡ 단점 : 보전요원이 공장 전체에서 작업을 하기 때문에 적절한 관리감독을 할 수 없고, 작업표준을 위한 시간손실이 많음. 일정작성이 곤란
② 지역보전 : 특정지역에 보전요원 배치
　　㉠ 장점 : 보전요원이 용이하게 제조부의 작업자에게 접근할 수 있음. 작업지시에서 완성까지 시간적인 지체를 최소로 할 수 있으며, 근무시간의 교대가 유기적임.
　　㉡ 단점 : 대수리작업의 처리가 어려우며, 지역별로 스태프를 여분으로 배치하는 경향이 있고, 전문가 채용이 어려움.
④ 절충보전 : 지역보전 또는 부분보전과 집중보전을 조합시켜 각각의 장점을 살리고 단점을 보완하는 방식

답 ③

58

이항분포(binomial distribution)에서 매회 A가 일어나는 확률이 일정한 값 P일 때, n회의 독립시행 중 사상 A가 x회 일어날 확률 $P(x)$를 구하는 식은? (단, N은 로트의 크기, n은 시료의 크기, P는 로트의 모부적합품률이다.)

① $P(x) = \dfrac{n!}{x!(n-x)!}$

② $P(x) = e^{-x} \cdot \dfrac{(nP)^x}{x!}$

③ $P(x) = \dfrac{\dbinom{NP}{x}\dbinom{N-NP}{n-x}}{\dbinom{N}{n}}$

④ $P(x) = \dbinom{n}{x}P^x(1-P)^{n-x}$

답 ④

59

샘플링에 관한 설명으로 틀린 것은?

① 취락샘플링에서는 취락 간의 차는 작게, 취락 내의 차는 크게 한다.
② 제조공정의 품질특성에 주기적인 변동이 있는 경우 계통샘플링을 적용하는 것이 좋다.
③ 시간적 또는 공간적으로 일정 간격을 두고 샘플링하는 방법을 계통샘플링이라고 한다.
④ 모집단을 몇 개의 층으로 나누어 각층마다 랜덤하게 시료를 추출하는 것을 층별샘플링이라고 한다.

 랜덤샘플링
　㉠ 단순랜덤샘플링 : 난수표, 주사위, 숫자를 써 넣은 룰렛, 제비뽑기식 칩 등을 써서 크기 N의 모집단으로부터 크기 n의 시료를 랜덤하게 뽑는 방법이다.
　㉡ 계통샘플링 : 모집단으로부터 시간적, 공간적으로 일정 간격을 두고 샘플링하는 방법으로, 모집단에 주기적 변동이 있는 것이 예상된 경우에는 사용하지 않는 것이 좋다.
　㉢ 지그재그샘플링 : 제조공정의 품질특성이 시간이나 수량에 따라서 어느 정도 주기적으로 변화하는 경우에 계통샘플링을 하면 추출되는 샘플이 주기적으로 거의 같은 습성의 것만 나올 염려가 있다. 이때 공정의 품질의 변화하는 주기와 다른 간격으로 시료를 뽑으면 그와 같은 폐단을 방지할 수 있다.

답 ②

60 다음은 관리도의 사용절차를 나타낸 것이다. 관리도의 사용절차를 순서대로 나열한 것은?

> ㉠ 관리하여야 할 항목의 선정
> ㉡ 관리도의 선정
> ㉢ 관리하려는 제품이나 종류 선정
> ㉣ 시료를 채취하고 측정하여 관리도를 작성

① ㉠ → ㉡ → ㉢ → ㉣

② ㉠ → ㉢ → ㉣ → ㉡

③ ㉢ → ㉠ → ㉡ → ㉣

④ ㉢ → ㉣ → ㉠ → ㉡

 관리도는 공정의 상태를 나타내는 특성치에 대해서 그린 그래프로서 공정을 관리상태로 유지하기 위하여 사용된다. 또한 관리도는 제조공정이 잘 관리된 상태에 있는가를 조사하기 위해서 사용한다.

답 ③

제61회
(2017년 3월 시행)

위험물기능장 필기

01 위험물안전관리법령상 스프링클러헤드의 설치기준으로 틀린 것은?

① 개방형 스프링클러헤드는 헤드 반사판으로부터 수평방향으로 30cm의 공간을 보유하여야 한다.

② 폐쇄형 스프링클러헤드의 반사판과 헤드의 부착면과의 거리는 30cm 이하로 한다.

③ 폐쇄형 스프링클러헤드 부착장소의 평상시 최고주위온도가 28℃ 미만인 경우 58℃ 미만의 표시온도를 갖는 헤드를 사용한다.

④ 개구부에 설치하는 폐쇄형 스프링클러헤드는 해당 개구부의 상단으로부터 높이 30cm 이내의 벽면에 설치한다.

 개구부에 설치하는 스프링클러헤드는 해당 개구부의 상단으로부터 높이 0.15m 이내의 벽면에 설치한다.

답 ④

02 다음 중 가연성 물질로만 나열된 것은?

① 질산칼륨, 황린, 나이트로글리세린

② 나이트로글리세린, 과염소산, 탄화알루미늄

③ 과염소산, 탄화알루미늄, 아닐린

④ 탄화알루미늄, 아닐린, 폼산메틸

 질산칼륨은 제1류 위험물로서 불연성 물질에 해당하며, 과염소산은 제6류 위험물로서 불연성 물질에 해당한다.

답 ④

03 다음 중 Mn의 산화수가 +2인 것은?

① $KMnO_4$　　② MnO_2

③ $MnSO_4$　　④ K_2MnO_4

① $KMnO_4$
$(+1)+Mn+(-2)\times4=0$에서 $Mn=+7$

② MnO_2
$Mn+(-2)\times2=0$에서 $Mn=+4$

③ $MnSO_4$
$Mn+(-2)=0$에서 $Mn=+2$

④ K_2MnO_4
$2\times(+1)+Mn+(-2)\times4=0$에서 $Mn=+6$

답 ③

04 이동탱크저장소에 의한 위험물의 장거리 운송 시 2명 이상이 운전하여야 하나 다음 중 그렇게 하지 않아도 되는 위험물은?

① 탄화알루미늄　　② 과산화수소

③ 황린　　④ 인화칼슘

 위험물운송자는 장거리(고속국도에 있어서는 340km 이상, 그 밖의 도로에 있어서는 200km 이상을 말한다)에 걸치는 운송을 하는 때에는 2명 이상의 운전자로 할 것. 다만, 다음의 하나에 해당하는 경우에는 그러하지 아니하다.

㉠ 운송책임자를 동승시킨 경우

㉡ 운송하는 위험물이 제2류 위험물·제3류 위험물(칼슘 또는 알루미늄의 탄화물과 이것만을 함유한 것에 한한다) 또는 제4류 위험물(특수인화물을 제외한다)인 경우

㉢ 운송 도중에 2시간 이내마다 20분 이상씩 휴식하는 경우

답 ①

05 다음 위험물 중 동일 질량에 대해 지정수량의 배수가 가장 큰 것은?

① 뷰틸리튬　　② 마그네슘
③ 인화칼슘　　④ 황린

 해설　지정수량이 가장 작은 것이 지정수량의 배수가 가장 크다.
　　① 뷰틸리튬의 지정수량 10kg
　　② 마그네슘의 지정수량 500kg
　　③ 인화칼슘의 지정수량 300kg
　　④ 황린의 지정수량 20kg

답 ①

06 NH_4NO_3에 대한 설명으로 옳지 않은 것은?

① 조해성이 있기 때문에 수분이 포함되지 않도록 포장한다.
② 단독으로도 급격한 가열로 분해하여 다량의 가스를 발생할 수 있다.
③ 무취의 결정으로 알코올에 녹는다.
④ 물에 녹을 때 발열반응을 일으키므로 주의한다.

 해설　질산암모늄은 조해성과 흡습성이 있고, 물에 녹을 때 열을 대량 흡수하여 한제로 이용된다(흡열반응).

답 ④

07 인화알루미늄의 위험물안전관리법령상 지정수량과 인화알루미늄이 물과 반응하였을 때 발생하는 가스의 명칭을 옳게 나타낸 것은?

① 50kg, 포스핀
② 50kg, 포스겐
③ 300kg, 포스핀
④ 300kg, 포스겐

 해설　인화알루미늄은 제3류 위험물 금속인화합물로서 지정수량 300kg, 분자량 58, 융점 1,000℃ 이하, 암회색 또는 황색의 결정 또는 분말로 가연성이며, 공기 중에서 안정하나 습기 찬 공기, 물, 스팀과 접촉 시 가연성, 유독성의 포스핀가스가 발생한다.
　　$AlP + 3H_2O \rightarrow Al(OH)_3 + PH_3$

답 ③

08 다음 위험물을 저장할 때 안정성을 높이기 위해 사용할 수 있는 물질의 종류가 나머지 셋과 다른 하나는?

① 나트륨
② 이황화탄소
③ 황린
④ 나이트로셀룰로스

 해설　나트륨은 석유 속에 보관하며, 이황화탄소와 황린은 물속에 보관하고, 나이트로셀룰로스는 물이 침윤될수록 위험성이 감소하므로 운반 시 물(20%), 용제 또는 알코올(30%)을 첨가하여 습윤시킨다.

답 ①

09 다음 제1류 위험물 중 융점이 가장 높은 것은?

① 과염소산칼륨
② 과염소산나트륨
③ 염소산나트륨
④ 염소산칼륨

 해설　① 610℃　　② 482℃
　　③ 240℃　　④ 368.4℃

답 ①

10 에틸알코올의 산화로부터 얻을 수 있는 것은?

① 아세트알데하이드
② 폼알데하이드
③ 다이에틸에터
④ 폼산

 해설　에틸알코올은 산화되면 아세트알데하이드(CH_3CHO)가 되며, 최종적으로 초산(CH_3COOH)이 된다.

답 ①

11 어떤 화합물을 분석한 결과 질량비가 탄소 54.55%, 수소 9.10%, 산소 36.35%이고, 이 화합물 1g은 표준상태에서 0.17L라면 이 화합물의 분자식은?

① $C_2H_4O_2$　　② $C_4H_8O_4$
③ $C_4H_8O_2$　　④ $C_6H_{12}O_3$

C의 몰수$=(54.55)/(12)=4.55$mol
H의 몰수$=(9.10)/(1)=9.10$mol
O의 몰수$=(36.35)/(16)=2.27$mol
C : H : O $=4.55 : 9.10 : 2.27$
정수비로 나타내면 C : H : O $=2 : 4 : 1$
실험식 : C_2H_4O

$$M=\frac{wRT}{PV}$$

$$=\frac{1g \cdot (0.082atm \cdot L/K \cdot mol) \cdot (0+273.15)K}{1atm \cdot 0.17L}$$

$$=131.75g/mol$$

(실험식)$\times n=$(분자식)에서

$$n=\frac{분자식}{실험식}=\frac{131.75}{44}=2.99$$

$(C_2H_4O)\times 2.99=C_6H_{12}O_3$

답 ④

12
50%의 N_2와 50%의 Ar으로 구성된 소화약제는?

① HFC-125
② IG-100
③ HFC-23
④ IG-55

소화약제	화학식
불연성·불활성 기체 혼합가스 (이하 "IG-100"이라 한다.)	N_2
불연성·불활성 기체 혼합가스 (이하 "IG-541"이라 한다.)	$N_2 : 52\%$, Ar $: 40\%$ $CO_2 : 8\%$
불연성·불활성 기체 혼합가스 (이하 "IG-55"라 한다.)	$N_2 : 50\%$ Ar $: 50\%$

답 ④

13
NH_4ClO_3에 대한 설명으로 틀린 것은?

① 산화력이 강한 물질이다.
② 조해성이 있다.
③ 충격이나 화재에 의해 폭발할 위험이 있다.
④ 폭발 시 CO_2, HCl, NO_2 가스를 주로 발생한다.

 염소산암모늄은 제1류 위험물로서 산화성 고체로 조해성이 있으며, 폭발이 용이하고 일광에 의해서 분해가 촉진된다.
$2NH_4ClO_3 \rightarrow 2NH_4ClO_2+O_2$
$2NH_4ClO_2 \rightarrow N_2+Cl_2+4H_2O$

답 ④

14
다음 물질 중 조연성 가스에 해당하는 것은?

① 수소
② 산소
③ 아세틸렌
④ 질소

 답 ②

15
과염소산과 질산의 공통성질로 옳은 것은?

① 환원성 물질로서 증기는 유독하다.
② 다른 가연물의 연소를 돕는 가연성 물질이다.
③ 강산이고 물과 접촉하면 발열한다.
④ 부식성은 적으나 다른 물질과 혼촉발화 가능성이 높다.

 과염소산과 질산은 제6류 위험물로서 산화성 액체에 해당하며, 강산으로 물과 접촉 시 발열반응한다.

답 ③

16
위험물안전관리법령상 염소산칼륨을 금속제 내장용기에 수납하여 운반하고자 할 때 이 용기의 최대용적은?

① 10L
② 20L
③ 30L
④ 40L

 고체위험물의 금속제 내장용기의 경우 최대용적은 30L, 유리용기 또는 플라스틱용기는 10L이다.

답 ③

17
나이트로글리세린에 대한 설명으로 옳지 않은 것은?

① 순수한 것은 상온에서 푸른색을 띤다.
② 충격마찰에 매우 민감하므로 운반 시 다공성 물질에 흡수시킨다.
③ 겨울철에는 동결할 수 있다.
④ 비중은 약 1.6으로 물보다 무겁다.

 나이트로글리세린은 다이너마이트, 로켓, 무연화약의 원료로 순수한 것은 무색 투명한 기름상의 액체(공업용 시판품은 담황색)이며, 점화하면 즉시 연소하고 폭발력이 강하다.

답 ①

18 다음 중 나머지 셋과 위험물의 유별 구분이 다른 것은?

① 나이트로글리세린
② 나이트로셀룰로스
③ 셀룰로이드
④ 나이트로벤젠

 해설 ①, ②, ③번은 제5류 위험물 중 질산에스터류에 해당하며, 나이트로벤젠은 제4류 위험물 중 제3 석유류에 해당한다.

🔲 답 ④

19 위험물안전관리법령상 불활성가스소화설비가 적응성을 가지는 위험물은?

① 마그네슘
② 알칼리금속
③ 금수성 물질
④ 인화성 고체

해설

대상물의 구분	건축물·그 밖의 공작물	전기설비	제1류 위험물		제2류 위험물			제3류 위험물		제4류 위험물	제5류 위험물	제6류 위험물
소화설비의 구분			알칼리금속 과산화물 등	그 밖의 것	철분·금속분·마그네슘 등	인화성 고체	그 밖의 것	금수성 물품	그 밖의 것			
옥내소화전 또는 옥외소화전 설비	○			○		○	○		○	○	○	○
스프링클러설비	○			○		○	○		○	△	○	○
물분무소화설비	○	○		○		○	○		○	○	○	○
포소화설비	○			○		○	○		○	○	○	○
불활성가스소화설비		○				○				○		
할로젠화합물소화설비		○				○				○		
인산염류 등	○	○		○		○	○			○		○
탄산수소염류 등		○	○		○	○		○		○		
그 밖의 것			○		○			○				

🔲 답 ④

20 위험물안전관리법령상 간이저장탱크에 설치하는 밸브 없는 통기관의 설치기준에 대한 설명으로 옳은 것은?

① 통기관의 지름은 20mm 이상으로 한다.
② 통기관은 옥내에 설치하고 선단의 높이는 지상 1.5m 이상으로 한다.
③ 가는 눈의 구리망 등으로 인화방지장치를 한다.
④ 통기관의 선단은 수평면에 대하여 아래로 35도 이상 구부려 빗물 등이 들어가지 않도록 한다.

 해설 통기관의 지름은 25mm 이상, 통기관은 옥외에 설치하며 선단의 높이는 지상 1.5m 이상으로 한다. 통기관의 선단은 수평면에 대하여 아래로 45도 이상 구부려 빗물 등이 들어가지 않도록 한다.

🔲 답 ③

21 아염소산나트륨을 저장하는 곳에 화재가 발생하였다. 위험물안전관리법령상 소화설비로 적응성이 있는 것은?

① 포소화설비
② 불활성가스소화설비
③ 할로젠화합물소화설비
④ 탄산수소염류 분말소화설비

 해설 아염소산나트륨은 제1류 위험물에 해당한다. 19번 해설 참조

🔲 답 ①

22 탄화알루미늄이 물과 반응하였을 때 발생하는 가스는?

① CH_4　　　② C_2H_2
③ C_2H_6　　　④ CH_3

 해설 물과 반응하여 가연성, 폭발성의 메테인 가스를 만들며 밀폐된 실내에서 메테인이 축적되는 경우 인화성 혼합기를 형성하여 2차 폭발의 위험이 있다.
$$Al_4C_3 + 12H_2O \rightarrow 4Al(OH)_3 + 3CH_4$$

🔲 답 ①

23 위험물안전관리법령상 제조소 등별로 설치하여야 하는 경보설비의 종류 중 자동화재탐지설비에 해당하는 표의 일부이다. ( )에 알맞은 수치를 차례대로 나타낸 것은?

제조소 등의 구분	제조소 등의 규모, 저장 또는 취급하는 위험물의 종류 및 최대수량 등	경보설비
제조소 및 일반 취급소	• 연면적 ( )m² 이상인 것 • 옥내에서 지정수량의 ( )배 이상을 취급하는 것(고인화점 위험물만을 ( )℃ 미만의 온도에서 취급하는 것을 제외한다)	자동화재탐지설비

① 150, 100, 100　　② 500, 100, 100
③ 150, 10, 100　　④ 500, 10, 70

답 ②

24 위험물제조소 등의 안전거리를 단축하기 위하여 설치하는 방화상 유효한 담의 높이는 $H > pD^2 + a$인 경우 $h = H - p(D^2 - d^2)$에 의하여 산정한 높이 이상으로 한다. 여기서 d가 의미하는 것은?

① 제조소 등과 인접 건축물과의 거리(m)
② 제조소 등과 방화상 유효한 담과의 거리(m)
③ 제조소 등과 방화상 유효한 지붕과의 거리(m)
④ 제조소 등과 인접 건축물 경계선과의 거리(m)

해설

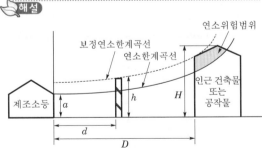

여기서, D : 제조소 등과 인근 건축물 또는 공작물과의 거리(m)
H : 인근 건축물 또는 공작물의 높이(m)
a : 제조소 등의 외벽의 높이(m)

d : 제조소 등과 방화상 유효한 담과의 거리(m)
h : 방화상 유효한 담의 높이(m)
p : 상수

답 ②

25 폼산(formic acid)의 증기비중은 약 얼마인가?

① 1.59　　② 2.45
③ 2.78　　④ 3.54

해설 폼산의 화학식은 $HCOOH(M \cdot w = 46)$

$$증기비중 = \frac{46}{28.84} ≒ 1.59$$

답 ①

26 각 위험물의 지정수량을 합하면 가장 큰 값을 나타내는 것은?

① 다이크로뮴산칼륨＋아염소산나트륨
② 다이크로뮴산나트륨＋아질산칼륨
③ 과망가니즈산나트륨＋염소산칼륨
④ 아이오딘산칼륨＋아질산칼륨

해설 ① 다이크로뮴산칼륨＋아염소산나트륨
＝1,000＋50＝1,050kg
② 다이크로뮴산나트륨＋아질산칼륨
＝1,000＋300＝1,300kg
③ 과망가니즈산나트륨＋염소산칼륨
＝1,000＋50＝1,050kg
④ 아이오딘산칼륨＋아질산칼륨
＝300＋300＝600kg

답 ②

27 위험물안전관리자의 선임신고를 허위로 한 자에게 부과하는 과태료의 금액은?

① 100만원
② 150만원
③ 200만원
④ 300만원

해설 위험물안전관리법 시행령 [별표 9]
위험물안전관리자를 허위로 신고한 자, 신고를 하지 아니한 자는 모두 과태료 200만원에 해당한다.

답 ③

28 소금물을 전기분해하여 표준상태에서 염소가스 22.4L를 얻으려면 소금 몇 g이 이론적으로 필요한가? (단, 나트륨의 원자량은 23이고, 염소의 원자량은 35.5이다.)

① 18g

② 36g

③ 58.5g

④ 117g

 해설

$$\frac{22.4L-Cl_2}{} \left| \frac{1mol-Cl_2}{22.4L-Cl_2} \right| \frac{2mol-NaCl}{1mol-Cl_2} \right|$$

$$\frac{58.5g-NaCl}{1mol-NaCl} = 117g-NaCl$$

답 ④

29 다음은 위험물안전관리법령에서 규정하고 있는 사항이다. 규정내용과 상이한 것은?

① 위험물탱크의 충수·수압시험은 탱크의 제작이 완성된 상태여야 하고, 배관 등의 접속이나 내·외부 도장작업은 실시하지 아니한 단계에서 물을 탱크 최대사용높이 이상까지 가득 채워서 실시한다.

② 암반탱크의 내벽을 정비하는 것은 이 위험물저장소에 대한 변경허가를 신청할 때 기술검토를 받지 아니하여도 되는 부분적 변경에 해당한다.

③ 탱크안전성능시험은 탱크 내부의 중요부분에 대한 구조, 불량접합 사항까지 검사하는 것이 필요하므로 탱크를 제작하는 현장에서 실시하는 것을 원칙으로 한다.

④ 용량 1,000kL인 원통 세로형 탱크의 충수시험은 물을 채운 상태에서 24시간이 경과한 후 지반침하가 없어야 하고, 또한 탱크의 수평도와 수직도를 측정하여 이 수치가 법정기준을 충족하여야 한다.

답 ③

30 직경이 500mm인 관과 300mm인 관이 연결되어 있다. 직경 500mm인 관에서의 유속이 3m/s라면 300mm인 관에서의 유속은 약 몇 m/s인가?

① 8.33

② 6.33

③ 5.56

④ 4.56

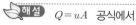 해설 $Q=uA$ 공식에서

· 500mm일 때 유량

$$Q=uA=3m/s \times \frac{\pi}{4}(0.5m)^2 = 0.589m^3/s$$

· 300mm일 때 유속

$$u=\frac{Q}{A}=\frac{0.589m^3/s}{\frac{\pi}{4}(0.3m)^2}=8.33m/s$$

답 ①

31 위험물안전관리법령상 알코올류와 지정수량이 같은 것은?

① 제1석유류(비수용성)

② 제1석유류(수용성)

③ 제2석유류(비수용성)

④ 제2석유류(수용성)

 해설 알코올류＝제1석유류 수용성＝400L

답 ②

32 다음은 위험물안전관리법령에 따른 인화점 측정시험 방법을 나타낸 것이다. 어떤 인화점측정기에 의한 인화점 측정시험인가?

- 시험장소는 기압 1기압, 무풍의 장소로 할 것
- 시료컵의 온도를 1분간 설정온도로 유지할 것
- 시험불꽃을 점화하고 화염의 크기를 직경 4mm가 되도록 조정할 것
- 1분 경과 후 개폐기를 작동하여 시험불꽃을 시료컵에 2.5초간 노출시키고 닫을 것. 이 경우 시험불꽃을 급격히 상하로 움직이지 아니하여야 한다.

① 태그밀폐식 인화점측정기

② 신속평형법 인화점측정기

③ 클리브랜드개방컵 인화점측정기

④ 침강평형법 인화점측정기

① 태그밀폐식 : 시험물품의 온도가 60초간 1℃의 비율로 상승하도록 수조를 가열하고 시험물품의 온도가 설정온도보다 5℃ 낮은 온도에 도달하면 개폐기를 작동하여 시험불꽃을 시료컵에 1초간 노출시키고 닫을 것. 이 경우 시험불꽃을 급격히 상하로 움직이지 아니하여야 한다.

③ 클리브랜드개방컵 : 시험물품의 온도가 설정온도보다 28℃ 낮은 온도에 달하면 시험불꽃을 시료컵의 중심을 횡단하여 일직선으로 1초간 통과시킬 것. 이 경우 시험불꽃의 중심을 시료컵 위쪽 가장자리의 상방 2mm 이하에서 수평으로 움직여야 한다.

답 ②

33 다음 제2류 위험물 중 지정수량이 나머지 셋과 다른 하나는?

① 철분
② 금속분
③ 마그네슘
④ 황

 제2류 위험물의 종류와 지정수량

성질	위험등급	품명	대표 품목	지정수량
가연성 고체	II	1. 황화인 2. 적린(P) 3. 황(S)	P_4S_3, P_2S_5, P_4S_7	100kg
	III	4. 철분(Fe) 5. 금속분 6. 마그네슘(Mg)	Al, Zn	500kg
		7. 인화성 고체	고형 알코올	1,000kg

답 ④

34 고온에서 용융된 황과 수소가 반응하였을 때의 현상으로 옳은 것은?

① 발열하면서 H_2S가 생성된다.
② 흡열하면서 H_2S가 생성된다.
③ 발열은 하지만 생성물은 없다.
④ 흡열은 하지만 생성물은 없다.

 $S + H_2 \rightarrow H_2S$

답 ①

35 벽·기둥 및 바닥이 내화구조로 된 옥내저장소의 건축물에서 저장 또는 취급하는 위험물의 최대수량이 지정수량의 15배일 때 보유공지 너비기준으로 옳은 것은?

① 0.5m 이상
② 1m 이상
③ 2m 이상
④ 3m 이상

 옥내저장소의 보유공지

저장 또는 취급하는 위험물의 최대수량	공지의 너비	
	벽·기둥 및 바닥이 내화구조로 된 건축물	그 밖의 건축물
지정수량의 5배 이하	–	0.5m 이상
지정수량의 5배 초과 10배 이하	1m 이상	1.5m 이상
지정수량의 10배 초과 20배 이하	2m 이상	3m 이상
지정수량의 20배 초과 50배 이하	3m 이상	5m 이상
지정수량의 50배 초과 200배 이하	5m 이상	10m 이상
지정수량의 200배 초과	10m 이상	15m 이상

답 ③

36 위험물안전관리법령상 자동화재탐지설비의 하나의 경계구역의 면적은 해당 건축물, 그 밖의 공작물의 주요한 출입구에서 그 내부의 전체를 볼 수 있는 경우에 있어서는 그 면적을 몇 m² 이하로 할 수 있는가?

① 500
② 600
③ 1,000
④ 2,000

 하나의 경계구역의 면적은 600m² 이하로 하고 그 한 변의 길이는 50m(광전식 분리형 감지기를 설치할 경우에는 100m) 이하로 할 것. 다만, 해당 건축물, 그 밖의 공작물의 주요한 출입구에서 그 내부의 전체를 볼 수 있는 경우에 있어서는 그 면적을 1,000m² 이하로 할 수 있다.

답 ③

37 위험물안전관리법령상 이송취급소의 위치 · 구조 및 설비의 기준에서 배관을 지하에 매설하는 경우에는 배관은 그 외면으로부터 지하가 및 터널까지 몇 m 이상의 안전거리를 두어야 하는가? (단, 원칙적인 경우에 한한다.)

① 1.5m
② 10m
③ 150m
④ 300m

 해설 지하매설에 대한 배관 설치기준에서 안전거리 기준
ⓐ 건축물(지하가 내의 건축물을 제외한다) : 1.5m 이상
ⓑ 지하가 및 터널 : 10m 이상
ⓒ 수도시설(위험물의 유입우려가 있는 것에 한한다) : 300m 이상

답 ②

38 위험물안전관리법령상 위험등급 Ⅰ인 위험물은?

① 질산칼륨
② 적린
③ 과망가니즈산칼륨
④ 질산

 해설 질산은 제6류 위험물로 위험등급 Ⅰ에 해당한다.

답 ④

39 다이에틸에터(diethyl ether)의 화학식으로 옳은 것은?

① $C_2H_5C_2H_5$
② $C_2H_5OC_2H_5$
③ $C_2H_5COC_2H_5$
④ $C_2H_5COOC_2H_5$

 해설 다이에틸에터는 제4류 위험물 중 특수인화물에 해당한다.

답 ②

40 분자량은 약 72.06이고 증기비중이 약 2.48인 것은?

① 큐멘
② 아크릴산
③ 스타이렌
④ 하이드라진

 해설 아크릴산[CH_2＝$CHCOOH$]

$$\begin{array}{ccc} H & O & \\ | & \| & \\ C＝C－C－OH \\ | & | & \\ H & H & \end{array}$$

ⓐ 무색, 초산과 같은 냄새가 나며, 겨울에는 고화한다.
ⓑ 비중 1.05, 증기비중 2.49, 비점 139℃, 인화점 46℃, 발화점 438℃, 연소범위 2~8%
ⓒ 200℃ 이상 가열하면 CO, CO_2 및 증기를 발생하며, 강산, 강알칼리와 접촉 시 심하게 반응한다.

답 ②

41 다음 물질 중 증기비중이 가장 큰 것은?

① 이황화탄소
② 사이안화수소
③ 에탄올
④ 벤젠

 해설
① 이황화탄소(CS_2)의 증기비중
$$=\frac{76}{28.84}≒2.64$$
② 사이안화수소(HCN)의 증기비중
$$=\frac{27}{28.84}≒0.94$$
③ 에탄올(C_2H_5OH)의 증기비중
$$=\frac{46}{28.84}≒1.59$$
④ 벤젠(C_6H_6)의 증기비중
$$=\frac{78}{28.84}≒2.70$$

답 ④

42 위험물안전관리법령상 간이탱크저장소의 설치기준으로 옳지 않은 것은?

① 하나의 간이탱크저장소에 설치하는 간이저장탱크의 수는 3 이하로 한다.
② 간이저장탱크의 용량은 600L 이하로 한다.
③ 간이저장탱크는 두께 2.3mm 이상의 강판으로 제작한다.
④ 간이저장탱크에는 통기관을 설치하여야 한다.

 해설 간이저장탱크는 두께 3.2mm 이상의 강판으로 제작한다.

답 ③

43 위험물안전관리법령상 수납하는 위험물에 따라 운반용기의 외부에 표시하는 주의사항을 모두 나타낸 것으로 옳지 않은 것은?

① 제3류 위험물 중 금수성 물질 : 물기엄금
② 제3류 위험물 중 자연발화성 물질 : 화기엄금 및 공기접촉엄금
③ 제4류 위험물 : 화기엄금
④ 제5류 위험물 : 화기주의 및 충격주의

해설

유별	구분	주의사항
제3류 위험물 (자연발화성 및 금수성 물질)	자연발화성 물질	"화기엄금" "공기접촉엄금"
	금수성 물질	"물기엄금"
제4류 위험물 (인화성 액체)	–	"화기엄금"
제5류 위험물 (자기반응성물질)	–	"화기엄금" 및 "충격주의"

답 ④

44 순수한 과산화수소의 녹는점과 끓는점을 70wt% 농도의 과산화수소와 비교한 내용으로 옳은 것은?

① 순수한 과산화수소의 녹는점은 더 낮고, 끓는점은 더 높다.
② 순수한 과산화수소의 녹는점은 더 높고, 끓는점은 더 낮다.
③ 순수한 과산화수소의 녹는점과 끓는점이 모두 더 낮다.
④ 순수한 과산화수소의 녹는점과 끓는점이 모두 더 높다.

답 ④

45 물과 반응하였을 때 생성되는 탄화수소가스의 종류가 나머지 셋과 다른 하나는?

① Be_2C
② Mn_3C
③ MgC_2
④ Al_4C_3

해설
① $BeC_2 + 4H_2O \rightarrow 2Be(OH)_2 + CH_4$
② $Mn_3C + 6H_2O \rightarrow 3Mn(OH)_2 + CH_4 + H_2$
③ $MgC_2 + 2H_2O \rightarrow Mg(OH)_2 + C_2H_2$
④ $Al_4C_3 + 12H_2O \rightarrow 4Al(OH)_3 + 3CH_4$

답 ③

46 물분무소화에 사용된 20℃의 물 2g이 완전히 기화되어 100℃의 수증기가 되었다면 흡수된 열량과 수증기 발생량은 약 얼마인가? (단, 1기압을 기준으로 한다.)

① 1,238cal, 2,400mL
② 1,238cal, 3,400mL
③ 2,476cal, 2,400mL
④ 2,476cal, 3,400mL

해설
$Q = mc\Delta T + m \times$ 물의 증발잠열
$= 2g \times 1cal/g℃ \times (100-20)℃ + 2g \times 539cal/g$
$= 1,238cal$

$V = \dfrac{wRT}{PM}$
$= \dfrac{2g \cdot (0.082atm \cdot L/K \cdot mol) \cdot (100+273.15)K}{1atm \cdot 18g/mol}$
$= 3.399L \fallingdotseq 3,400mL$

답 ②

47 다음은 위험물안전관리법령에서 정한 황이 위험물로 취급되는 기준이다. (   )에 알맞은 말을 차례대로 나타낸 것은?

> 황은 순도가 (   )중량퍼센트 이상인 것을 말한다. 이 경우 순도측정에 있어서 불순물은 활석 등 불연성 물질과 (   )에 한한다.

① 40, 가연성 물질
② 40, 수분
③ 60, 가연성 물질
④ 60, 수분

답 ④

48 금속칼륨을 등유 속에 넣어 보관하는 이유로 가장 적합한 것은?

① 산소의 발생을 막기 위해
② 마찰 시 충격을 방지하려고
③ 제4류 위험물과의 혼재가 가능하기 때문에
④ 습기 및 공기와의 접촉을 방지하려고

🍃해설 금속칼륨은 물과 격렬히 반응하여 발열하고 수산화칼륨과 수소를 발생한다. 이때 발생된 열은 점화원의 역할을 한다.

$$2K + 2H_2O \rightarrow 2KOH + H_2$$

답 ④

49 아연분이 NaOH 수용액과 반응하였을 때 발생하는 물질은?

① H_2 ② O_2
③ Na_2O_2 ④ $NaZn$

🍃해설 $Zn + 2NaOH \rightarrow Na_2ZnO_2 + H_2$

답 ①

50 위험물안전관리법령상 물분무소화설비가 적응성이 있는 대상물이 아닌 것은?

① 전기설비   ② 철분
③ 인화성 고체   ④ 제4류 위험물

🍃해설

소화설비의 구분		대상물의 구분	건축물·그 밖의 공작물	전기설비	알칼리금속과산화물 등	철분·금속분·마그네슘 등	인화성 고체	그 밖의 것	금수성 물품	그 밖의 것	제4류 위험물	제5류 위험물	제6류 위험물
					제1류 위험물	제2류 위험물			제3류 위험물				
옥내소화전 또는 옥외소화전 설비			○			○	○	○		○		○	○
스프링클러설비			○			○	○	○		△		○	○
물분무등소화설비	물분무소화설비		○	○		○	○	○		○	○	○	○
	포소화설비		○			○	○	○		○	○	○	○
	불활성가스소화설비			○				○			○		
	할로젠화합물소화설비			○				○			○		
	분말소화설비	인산염류 등	○	○			○	○			○		○
		탄산수소염류 등		○	○		○		○		○		
		그 밖의 것			○				○				

답 ②

51 위험물안전관리법령상 주유취급소의 주위에는 자동차 등이 출입하는 쪽 외의 부분에 높이 몇 m 이상의 담 또는 벽을 설치하여야 하는가? (단, 주유취급소의 인근에 연소의 우려가 있는 건축물이 없는 경우이다.)

① 1   ② 1.5
③ 2   ④ 2.5

🍃해설 주유취급소의 주위에는 자동차 등이 출입하는 쪽 외의 부분에 높이 2m 이상의 내화구조 또는 불연재료의 담 또는 벽을 설치하되, 주유취급소의 인근에 연소의 우려가 있는 건축물이 있는 경우에는 소방청장이 정하여 고시하는 바에 따라 방화상 유효한 높이로 하여야 한다.

답 ③

52 1몰의 트라이에틸알루미늄이 충분한 양의 물과 반응하였을 때 발생하는 가연성 가스는 표준상태를 기준으로 몇 L인가?

① 11.2   ② 22.4
③ 44.8   ④ 67.2

🍃해설 물과 접촉하면 폭발적으로 반응하여 에테인을 형성하고 이때 발열, 폭발에 이른다.

$$(C_2H_5)_3Al + 3H_2O \rightarrow Al(OH)_3 + 3C_2H_6$$

$$1\text{mol} - (C_2H_5)_3Al \left| \frac{3\text{mol} - C_2H_6}{1\text{mol} - (C_2H_5)_3Al} \right.$$

$$\left| \frac{22.4L - C_2H_6}{1\text{mol} - C_2H_6} = 67.2L - C_2H_6 \right.$$

답 ④

53 다음 중 위험물안전관리법의 적용제외 대상이 아닌 것은?

① 항공기로 위험물을 국외에서 국내로 운반하는 경우
② 철도로 위험물을 국내에서 국내로 운반하는 경우
③ 선박(기선)으로 위험물을 국내에서 국외로 운반하는 경우
④ 국제해상위험물규칙(IMDG Code)에 적합한 운반용기에 수납된 위험물을 자동차로 운반하는 경우

④ 워크 샘플링은 사람의 상태나 기계의 가동 상태 및 작업의 종류 등을 순간적으로 관측하는 것이다.

답 ②

 해설 위험물안전관리법 제3조(적용제외) 이 법은 항공기·선박(선박법 제1조의2 제1항의 규정에 따른 선박을 말한다)·철도 및 궤도에 의한 위험물의 저장·취급 및 운반에 있어서는 이를 적용하지 아니한다.

답 ④

54 액체위험물의 옥외저장탱크에는 위험물의 양을 자동적으로 표시할 수 있는 계량장치를 설치하여야 한다. 그 종류로서 적당하지 않은 것은?

① 기밀부유식 계량장치
② 증기가 비산하는 구조의 부유식 계량장치
③ 전기압력자동방식에 의한 자동계량장치
④ 방사성동위원소를 이용한 방식에 의한 자동계량장치

해설 자동계량장치 설치기준
㉮ 위험물의 양을 자동적으로 표시할 수 있도록 한다.
㉯ 종류
  ㉠ 기밀부유식 계량장치
  ㉡ 부유식 계량장치(증기가 비산하지 않는 구조)
  ㉢ 전기압력자동방식 또는 방사성동위원소를 이용한 자동계량장치
  ㉣ 유리게이지(금속관으로 보호된 경질유리 등으로 되어 있고, 게이지가 파손되었을 때 위험물의 유출을 자동으로 정지할 수 있는 장치가 되어 있는 것에 한한다.)

답 ②

55 워크 샘플링에 관한 설명 중 틀린 것은?

① 워크 샘플링은 일명 스냅 리딩(Snap Reading)이라 불린다.
② 워크 샘플링은 스톱워치를 사용하여 관측 대상을 순간적으로 관측하는 것이다.
③ 워크 샘플링은 영국의 통계학자 L.H.C. Tippet가 가동률 조사를 위해 창안한 것이다.

56 다음 중 설비보전조직 가운데 지역보전(area maintenance)의 장·단점에 해당하지 않는 것은?

① 현장 왕복시간이 증가한다.
② 조업요원과 지역보전요원과의 관계가 밀접해진다.
③ 보전요원이 현장에 있으므로 생산 본위가 되며 생산의욕을 가진다.
④ 같은 사람이 같은 설비를 담당하므로 설비를 잘 알며 충분한 서비스를 할 수 있다.

 해설 지역보전 : 특정지역에 보전요원 배치
  ㉠ 장점 : 보전요원이 용이하게 제조부의 작업자에게 접근할 수 있으며, 작업지시에서 완성까지 시간적인 지체를 최소로 할 수 있고, 근무시간의 교대가 유기적이다.
  ㉡ 단점 : 대수리작업의 처리가 어려우며, 지역별로 스태프를 여분으로 배치하는 경향이 있고, 전문가 채용이 어렵다.

답 ①

57 부적합품률이 20%인 공정에서 생산되는 제품을 매시간 10개씩 샘플링 검사하여 공정을 관리하려고 한다. 이 때 측정되는 시료의 부적합품 수에 대한 기댓값과 분산은 약 얼마인가?

① 기댓값 : 1.6, 분산 : 1.3
② 기댓값 : 1.6, 분산 : 1.6
③ 기댓값 : 2.0, 분산 : 1.3
④ 기댓값 : 2.0, 분산 : 1.6

답 ④

58 3σ법의 $\overline{X}$ 관리도에서 공정이 관리상태에 있는 데도 불구하고 관리상태가 아니라고 판정하는 제1종 과오는 약 몇 %인가?

① 0.27   ② 0.54

③ 1.0   ④ 1.2

답 ①

59 설비 배치 및 개선의 목적을 설명한 내용으로 가장 관계가 먼 것은?

① 재공품의 증가
② 설비투자 최소화
③ 이동거리의 감소
④ 작업자 부하 평준화

답 ①

60 검사의 종류 중 검사공정에 의한 분류에 해당되지 않는 것은?

① 수입검사
② 출하검사
③ 출장검사
④ 공정검사

답 ③

제62회
(2017년 7월 시행)

위험물기능장 필기

01 위험물안전관리법령에 의하여 다수의 제조소 등을 설치한 자가 1인의 안전관리자를 중복하여 선임할 수 있는 경우가 아닌 것은? (단, 동일구내에 있는 저장소로서 동일인이 설치한 경우이다.)

① 15개의 옥내저장소
② 30개의 옥외탱크저장소
③ 10개의 옥외저장소
④ 10개의 암반탱크저장소

🌱**해설** 다수의 제조소 등을 설치한 자가 1인의 안전관리자를 중복하여 선임할 수 있는 경우

㉮ 보일러·버너 또는 이와 비슷한 것으로서 위험물을 소비하는 장치로 이루어진 7개 이하의 일반취급소와 그 일반취급소에 공급하기 위한 위험물을 저장하는 저장소를 동일인이 설치한 경우

㉯ 위험물을 차량에 고정된 탱크 또는 운반용기에 옮겨 담기 위한 5개 이하의 일반취급소(일반취급소간의 거리가 300미터 이내인 경우에 한한다)와 그 일반취급소에 공급하기 위한 위험물을 저장하는 저장소를 동일인이 설치한 경우

㉰ 동일구내에 있거나 상호 100미터 이내의 거리에 있는 저장소로서 저장소의 규모, 저장하는 위험물의 종류 등을 고려하여 행정안전부령이 정하는 저장소를 동일인이 설치한 경우

㉱ 다음의 기준에 모두 적합한 5개 이하의 제조소 등을 동일인이 설치한 경우
  ㉠ 각 제조소 등이 동일구내에 위치하거나 상호 100m 이내의 거리에 있을 것
  ㉡ 각 제조소 등에서 저장 또는 취급하는 위험물의 최대수량이 지정수량의 3,000배 미만일 것(단, 저장소는 제외)
㉲ 10개 이하의 옥내저장소
㉳ 30개 이하의 옥외탱크저장소
㉴ 옥내탱크저장소
㉵ 지하탱크저장소
㉶ 간이탱크저장소
㉷ 10개 이하의 옥외저장소
㉸ 10개 이하의 암반탱크저장소

답 ①

02 다음은 위험물안전관리법령상 위험물의 성질에 따른 제조소의 특례에 관한 내용이다. ( )에 해당하는 위험물은?

> ( )을(를) 취급하는 설비는 은·수은·동·마그네슘 또는 이들을 성분으로 하는 합금으로 만들지 아니할 것

① 에터
② 콜로디온
③ 아세트알데하이드
④ 알킬알루미늄

🌱**해설** 아세트알데하이드 등을 취급하는 제조소의 특례사항
㉠ 은·수은·동·마그네슘 또는 이들을 성분으로 하는 합금으로 만들지 아니할 것
㉡ 연소성 혼합기체의 생성에 의한 폭발을 방지하기 위한 불활성 기체 또는 수증기를 봉입하는 장치를 갖출 것
㉢ 아세트알데하이드 등을 취급하는 탱크에는 냉각장치 또는 저온을 유지하기 위한 장치(이하 "보냉장치"라 한다) 및 연소성 혼합기체의 생성에 의한 폭발을 방지하기 위한 불활성 기체를 봉입하는 장치를 갖출 것

답 ③

03 다음에서 설명하는 탱크는 위험물안전관리법령상 무엇이라고 하는가?

> 저부가 지반면 아래에 있고 상부가 지반면 이상에 있으며, 탱크 내 위험물의 최고액면이 지반면 아래에 있는 원통 세로형식의 위험물탱크를 말한다.

① 반지하탱크
② 지반탱크
③ 지중탱크
④ 특정옥외탱크

㉠ 지중탱크 : 저부가 지반면 아래에 있고 상부가 지반면 이상에 있으며, 탱크 내 위험물의 최고 액면이 지반면 아래에 있는 원통 세로형식의 위험물탱크
㉡ 해상탱크 : 해상의 동일장소에 정치(定置)되어 육상에 설치된 설비와 배관 등에 의하여 접속된 위험물탱크
㉢ 특정옥외탱크저장소 : 옥외탱크저장소 중 저장 또는 취급하는 액체위험물의 최대수량이 100만리터 이상인 것

답 ③

04 다음과 같은 성질을 가지는 물질은?

- 가장 간단한 구조의 카복실산이다.
- 알데하이드기와 카복실기를 모두 가지고 있다.
- CH_3OH와 에스터화 반응을 한다.

① CH_3COOH
② $HCOOH$
③ CH_3CHO
④ CH_3COCH_3

 폼산(의산)의 일반적 성질
㉠ 가장 간단한 구조의 카복실산($R-COOH$)이며, 알데하이드기($-CHO$)와 카복실기($-COOH$)를 모두 가지고 있다.
㉡ 무색 투명한 액체로 물, 에터, 알코올 등과 잘 혼합한다.
㉢ 비중 1.22(증기비중 2.6), 비점 101℃, 인화점 55℃, 발화점 540℃, 연소범위 18~57%
㉣ 강한 자극성 냄새가 있고 강한 산성, 신맛이 난다.
㉤ CH_3OH와 에스터화 반응을 한다.

답 ②

05 황화인 중에서 융점이 약 173℃이며 황색 결정이고 물에는 불용성인 것은?

① P_2S_5
② P_2S_3
③ P_4S_3
④ P_4S_7

 황화인의 일반적 성질

종류 성질	P_4S_3 (삼황화인)	P_2S_5 (오황화인)	P_4S_7 (칠황화인)
분자량	220	222	348
색상	황색 결정	담황색 결정	담황색 결정 덩어리
물에 대한 용해성	불용성	조해성, 흡습성	조해성
비중	2.03	2.09	2.19
비점(℃)	407	514	523
융점	172.5	290	310
발생물질	P_2O_5, SO_2	H_2S, H_3PO_4	H_2S
착화점	약 100℃	142℃	-

답 ③

06 이동탱크저장소의 측면틀 기준에 있어서 탱크 뒷부분의 입면도에서 측면틀의 최외측과 탱크의 최외측을 연결하는 직선의 수평면에 대한 내각은 얼마 이상이 되도록 하여야 하는가?

① 35°
② 65°
③ 75°
④ 90°

 이동탱크저장소의 측면틀 부착기준
㉠ 외부로부터 하중에 견딜 수 있는 구조로 할 것
㉡ 최외측선(측면틀의 최외측과 탱크의 최외측을 연결하는 직선)의 수평면에 대하여 내각이 75° 이상일 것
㉢ 최대수량의 위험물을 저장한 상태에 있을 때의 해당 탱크 중량의 중심선과 측면틀의 최외측을 연결하는 직선과 그 중심선을 지나는 직선 중 최외측선과 직각을 이루는 직선과의 내각이 35° 이상이 되도록 할 것

답 ③

07 위험물안전관리법령상 $C_6H_5CH=CH_2$를 70,000L 저장하는 옥외탱크저장소에는 능력단위 3단위 소화기를 최소 몇 개 설치하여야 하는가? (단, 다른 조건은 고려하지 않는다.)

① 1
② 2
③ 3
④ 4

능력단위의 수치가 건축물, 그 밖의 공작물 및 위험물의 소요단위의 수치에 이르도록 설치할 것. 스타이렌($C_6H_5CH=CH_2$)은 제4류 위험물 중 제2석유류 비수용성에 해당하므로 지정수량은 1,000L에 해당한다. 따라서 위험물의 경우 소요단위는 지정수량의 10배이다.

$$소요단위 = \frac{저장수량}{지정수량 \times 10} = \frac{70,000}{1,000 \times 10} = 7$$

이므로 문제에서 능력단위 3단위의 소화기를 설치하고자 하므로

$$설치해야\ 하는\ 소화기\ 개수 = \frac{7단위}{3단위} = 2.33$$

이므로 3개 이상이어야 한다.

답 ③

08 제4류 위험물 중 지정수량이 옳지 않은 것은?

① n-헵테인 : 200L
② 벤즈알데하이드 : 2,000L
③ n-펜테인 : 50L
④ 에틸렌글리콜 : 4,000L

구분	n-헵테인	벤즈알데하이드	n-펜테인	에틸렌글리콜
품명	제1석유류 (비수용성)	제2석유류 (비수용성)	특수인화물	제3석유류 (수용성)
화학식	$CH_3(CH_2)_5CH_3$	C_6H_5CHO	C_5H_{12}	$C_2H_4(OH)_2$
지정수량	200L	1,000L	50L	4,000L

답 ②

09 어떤 물질 1kg에 의해 파괴되는 오존량을 기준물질인 CFC-11 1kg에 의해 파괴되는 오존량으로 나눈 상대적인 비율로 오존파괴 능력을 나타내는 지표는?

① CFC
② ODP
③ GWP
④ HCFC

 • ODP(Ozone Depletion Potential, 오존층 파괴지수)

$$ODP = \frac{물질\ 1kg에\ 의해\ 파괴되는\ 오존량}{CFC-11\ 1kg에\ 의해\ 파괴되는\ 오존량}$$

할론 1301 : 14.1, NAFS-Ⅲ : 0.044

• GWP(Global Warming Potential, 지구온난화지수)

$$GWP = \frac{물질\ 1kg이\ 영향을\ 주는\ 지구온난화\ 정도}{CFC-11\ 1kg이\ 영향을\ 주는\ 지구온난화\ 정도}$$

* CFC-11($CFCl_3$)

답 ②

10 탄화칼슘이 물과 반응하였을 때 발생하는 가스는?

① 메테인
② 에테인
③ 수소
④ 아세틸렌

 탄화칼슘은 물과 심하게 반응하여 수산화칼슘과 아세틸렌을 만들며, 공기 중 수분과 반응하여도 아세틸렌을 발생한다.

$$CaC_2 + 2H_2O \rightarrow Ca(OH)_2 + C_2H_2$$

답 ④

11 세슘(Cs)에 대한 설명으로 틀린 것은?

① 알칼리토금속이다.
② 암모니아와 반응하여 수소를 발생한다.
③ 비중이 1보다 크므로 물보다 무겁다.
④ 사염화탄소와 접촉 시 위험성이 증가한다.

 세슘은 알칼리금속에 해당한다.

답 ①

12 위험물안전관리법령상 위험물의 유별 구분이 나머지 셋과 다른 하나는?

① 사에틸납(Tetraethyl lead)
② 백금분
③ 주석분
④ 고형알코올

 사에틸납은 제4류 위험물 제3석유류(비수용성)에 해당하며, 나머지 백금분, 주석분은 제2류 위험물 중 금속분, 고형알코올은 제2류 위험물 중 인화성 고체에 해당한다.

답 ①

13 벤젠핵에 메틸기 1개와 하이드록실기 1개가 결합된 구조를 가진 액체로서 독특한 냄새를 가지는 물질은?

① 크레졸(cresol)
② 아닐린(aniline)
③ 큐멘(cumene)
④ 나이트로벤젠(nitrobenzene)

 해설 크레졸($C_6H_4(OH)CH_3$)
벤젠핵에 메틸기 $-CH_3$와 수산기 $-OH$를 1개씩 가진 1가 페놀로 2개의 치환기의 위치에서 $o-$, $m-$, $p-$의 3개의 이성질체가 존재한다.

$o-$크레졸	$m-$크레졸	$p-$크레졸
(융점 31℃)	(융점 11.5℃)	(융점 34.5℃)

답 ①

14 위험물 옥외탱크저장소의 방유제 외측에 설치하는 보조포소화전의 상호간의 거리는?

① 보행거리 40m 이하
② 수평거리 40m 이하
③ 보행거리 75m 이하
④ 수평거리 75m 이하

 해설 옥외탱크저장소의 보조포소화전 설치기준
㉠ 방유제 외측의 소화활동상 유효한 위치에 설치하되 각각의 보조포소화전 상호간의 보행거리가 75m 이하가 되도록 설치할 것
㉡ 보조포소화전은 3개(호스접속구가 3개 미만인 경우에는 그 개수)의 노즐을 동시에 사용할 경우에 각각의 노즐선단의 방사압력이 0.35MPa 이상이고 방사량이 400L/min 이상의 성능이 되도록 설치할 것

답 ③

15 탱크안전성능검사에 관한 설명으로 옳은 것은?

① 검사자로는 소방서장, 한국소방산업기술원 또는 탱크안전성능시험자가 있다.
② 이중벽탱크에 대한 수압검사는 탱크의 제작지를 관할하는 소방서장도 할 수 있다.

③ 탱크의 종류에 따라 기초·지반검사, 충수·수압검사, 용접부검사 또는 암반탱크검사 중에서 어느 하나의 검사를 실시한다.
④ 한국소방산업기술원은 엔지니어링사업자, 탱크안전성능시험자 등이 실시하는 시험의 과정 및 결과를 확인하는 방법으로도 검사를 할 수 있다.

 해설 탱크안전성능검사의 세부기준·방법·절차 및 탱크시험자 또는 엔지니어링사업자가 실시하는 탱크안전성능시험에 대한 한국소방산업기술원의 확인 등에 관하여 필요한 사항은 소방청장이 정하여 고시한다.

답 ④

16 위험물안전관리법령상 충전하는 일반취급소의 특례기준을 적용 받을 수 있는 일반취급소에서 취급할 수 없는 위험물을 모두 기술한 것은?

① 알킬알루미늄 등, 아세트알데하이드 등 및 하이드록실아민 등
② 알킬알루미늄 등 및 아세트알데하이드 등
③ 알킬알루미늄 등 및 하이드록실아민 등
④ 아세트알데하이드 등 및 하이드록실아민 등

 해설 이동저장탱크에 액체위험물(알킬알루미늄 등, 아세트알데하이드 등 및 하이드록실아민 등을 제외한다)을 주입하는 일반취급소(액체위험물을 용기에 옮겨 담는 취급소를 포함하며, 이하 "충전하는 일반취급소"라 한다)

답 ①

17 질산암모늄에 대한 설명 중 틀린 것은?

① 강력한 산화제이다.
② 물에 녹을 때는 흡열반응을 나타낸다.
③ 조해성이 있다.
④ 흑색화약의 재료로 쓰인다.

 해설 흑색화약＝질산칼륨 75%＋황 10%＋목탄 15%

답 ④

18 다음은 위험물안전관리법령에서 정한 인화성 액체위험물(이황화탄소는 제외)의 옥외탱크저장소 탱크 주위에 설치하는 방유제 기준에 관한 내용이다. (   ) 안에 알맞은 수치는?

> 방유제는 옥외저장탱크의 지름에 따라 그 탱크의 옆판으로부터 다음에 정하는 거리를 유지할 것. 다만, 인화점이 200℃ 이상인 위험물을 저장 또는 취급하는 것에 있어서는 그러하지 아니하다.
> ㉠ 지름이 (ⓐ)m 미만인 경우에는 탱크 높이의 (ⓑ) 이상
> ㉡ 지름이 (ⓐ)m 이상인 경우에는 탱크 높이의 (ⓒ) 이상

① ⓐ : 12, ⓑ : $\frac{1}{3}$, ⓒ : $\frac{1}{2}$

② ⓐ : 12, ⓑ : $\frac{1}{3}$, ⓒ : $\frac{2}{3}$

③ ⓐ : 15, ⓑ : $\frac{1}{3}$, ⓒ : $\frac{1}{2}$

④ ⓐ : 15, ⓑ : $\frac{1}{3}$, ⓒ : $\frac{2}{3}$

 방유제와 탱크 측면과의 이격거리
㉠ 탱크 지름이 15 m 미만인 경우 : 탱크 높이의 $\frac{1}{3}$ 이상
㉡ 탱크 지름이 15 m 이상인 경우 : 탱크 높이의 $\frac{1}{2}$ 이상

답 ③

19 다음의 위험물을 저장할 경우 총 저장량이 지정수량 이상에 해당하는 것은?

① 브로민산칼륨 80kg, 염소산칼륨 40kg
② 질산 100kg, 알루미늄분 200kg
③ 질산칼륨 120kg, 다이크로뮴산나트륨 500kg
④ 브로민산칼륨 150kg, 기어유 2,000L

 지정수량 배수의 합
$= \frac{\text{A품목 저장수량}}{\text{A품목 지정수량}} + \frac{\text{B품목 저장수량}}{\text{B품목 지정수량}} + \cdots$

① 지정수량 배수의 합 $= \frac{80kg}{300kg} + \frac{40kg}{50kg} = 1.07$

② 지정수량 배수의 합 $= \frac{100kg}{300kg} + \frac{200kg}{500kg} = 0.73$

③ 지정수량 배수의 합 $= \frac{120kg}{300kg} + \frac{500kg}{1,000kg} = 0.9$

④ 지정수량 배수의 합 $= \frac{150kg}{300kg} + \frac{2,000L}{6,000L} = 0.83$

답 ①

20 위험물안전관리법령상 $n-C_4H_9OH$의 지정수량은?

① 200L
② 400L
③ 1,000L
④ 2,000L

 뷰틸알코올은 인화점 35℃로 제2석유류 비수용성이며, 지정수량은 1,000L에 해당한다.

답 ③

21 산소 32g과 메테인 32g을 20℃에서 30L의 용기에 혼합하였을 때 이 혼합기체가 나타내는 압력은 약 몇 atm인가? (단, $R = 0.082$atm · L/mol · K이며, 이상기체로 가정한다.)

① 1.8
② 2.4
③ 3.2
④ 4.0

$$\frac{32g\text{-}O_2}{} \left| \frac{1mol\text{-}O_2}{32g\text{-}O_2} \right| = 1mol\text{-}O_2$$
$$\frac{32g\text{-}CH_4}{} \left| \frac{1mol\text{-}CH_4}{16g\text{-}CH_4} \right| = 2mol\text{-}CH_4$$
따라서 용기 내의 혼합기체 총 몰수는 $1+2=3$몰
$$P = \frac{nRT}{V}$$
$$= \frac{3 \times 0.082L \cdot atm/K \cdot mol \times (20+273.15)K}{30L}$$
$$= 2.4atm$$

답 ②

22 옥외저장소에 저장하는 위험물 중에서 위험물을 적당한 온도로 유지하기 위한 살수설비를 설치하여야 하는 위험물이 아닌 것은?

① 인화성 고체(인화점 20℃)
② 경유
③ 톨루엔
④ 메탄올

옥외저장소에 살수설비를 설치해야 하는 위험물은 인화성 고체, 제1석유류, 알코올류이다. 경유는 제2석유류에 해당한다.

답 ②

23 물과 심하게 반응하여 독성의 포스핀을 발생시키는 위험물은?

① 인화칼슘
② 뷰틸리튬
③ 수소화나트륨
④ 탄화알루미늄

해설 물과 반응하여 포스핀가스를 발생시키는 위험물은 인계통의 화합물이다.
인화칼슘은 물과 반응하여 가연성이며, 독성이 강한 인화수소(PH_3, 포스핀)가스를 발생시킨다.
$Ca_3P_2 + 6H_2O \rightarrow 3Ca(OH)_2 + 2PH_3$

답 ①

24 위험물제조소로부터 30m 이상의 안전거리를 유지하여야 하는 건축물 또는 공작물은?

① 「문화재보호법」에 따른 지정문화재
② 「고압가스안전관리법」에 따라 신고하여야 하는 고압가스 저장시설
③ 사용전압이 75,000V인 특고압가공전선
④ 「고등교육법」에서 정하는 학교

해설

건축물	안전거리
사용전압 7,000V 초과 35,000V 이하의 특고압가공전선	3m 이상
사용전압 35,000V 초과 특고압가공전선	5m 이상
주거용으로 사용되는 것(제조소가 설치된 부지 내에 있는 것 제외)	10m 이상
고압가스, 액화석유가스 또는 도시가스를 저장 또는 취급하는 시설	20m 이상
학교, 병원(종합병원, 치과병원, 한방·요양병원), 극장(공연장, 영화상영관, 수용인원 300명 이상 시설), 아동복지시설, 노인복지시설, 장애인복지시설, 모·부자복지시설, 보육시설, 성매매자를 위한 복지시설, 정신보건시설, 가정폭력피해자 보호시설, 수용인원 20명 이상의 다수인시설	30m 이상
유형문화재, 지정문화재	50m 이상

답 ④

25 삼산화크로뮴에 대한 설명으로 틀린 것은?

① 독성이 있다.
② 고온으로 가열하면 산소를 방출한다.
③ 알코올에 잘 녹는다.
④ 물과 반응하여 산소를 발생한다.

해설 삼산화크로뮴(CrO_3)의 위험성
㉠ 융점 이상으로 가열하면 200~250℃에서 분해하여 산소를 방출하고 녹색의 삼산화이크로뮴으로 변한다.
$4CrO_3 \rightarrow 2Cr_2O_3 + 3O_2$
㉡ 물과 접촉하면 격렬하게 발열한다. 따라서 가연물과 혼합하고 있을 때 물이 침투되면 발화 위험이 있다.

답 ④

26 위험물안전관리법령상 불활성가스소화설비 기준에서 저장용기 설치기준으로 틀린 것은?

① 저장용기에는 안전장치(용기밸브에 설치되어 있는 것에 한한다)를 설치할 것
② 온도가 40℃ 이하이고 온도 변화가 적은 장소에 설치할 것
③ 방호구역 외의 장소에 설치할 것
④ 저장용기의 외면에 소화약제의 종류와 양, 제조연도 및 제조자를 표시할 것

해설 불활성가스소화설비 저장용기 설치기준
㉠ 방호구역 외의 장소에 설치할 것
㉡ 온도가 40℃ 이하이고 온도 변화가 적은 장소에 설치할 것
㉢ 직사일광 및 빗물이 침투할 우려가 적은 장소에 설치할 것
㉣ 저장용기에는 안전장치(용기밸브에 설치되어 있는 것을 포함한다)를 설치할 것
㉤ 저장용기의 외면에 소화약제의 종류와 양, 제조연도 및 제조자를 표시할 것

답 ①

27 위험물안전관리법령상 제1류 위험물을 운송하는 이동탱크저장소의 외부도장 색상은?

① 회색
② 적색
③ 청색
④ 황색

유별	도장의 색상	비고
제1류	회색	1. 탱크의 앞면과 뒷면을 제외한 면적
제2류	적색	의 40% 이내의 면적은 다른 유별
제3류	청색	의 색상 외의 색상으로 도장하는
제5류	황색	것이 가능하다.
제6류	청색	2. 제4류에 대해서는 도장의 색상 제 한이 없으나 적색을 권장한다.

답 ①

28
다음 위험물 중 지정수량의 표기가 틀린 것은?

① $CO(NH_2)_2 \cdot H_2O_2$ — 10kg

② $K_2Cr_2O_7$ — 1,000kg

③ KNO_2 — 300kg

④ $Na_2S_2O_8$ — 1,000kg

 $Na_2S_2O_8$은 과황산나트륨으로서 제1류 퍼옥소이 황산염류에 해당한다. 지정수량은 300kg이다.

답 ④

29
다음의 연소반응식에서 트라이에틸알루미늄 114g이 산소와 반응하여 연소할 때 약 몇 kcal의 열을 방출하는가? (단, Al의 원자량은 27이다.)

$$2(C_2H_5)_3Al + 21O_2$$
$$\rightarrow 12CO_2 + Al_2O_3 + 15H_2O + 1,470kcal$$

① 375   ② 735

③ 1,470   ④ 2,940

$$\frac{114g\;(C_2H_5)_3Al}{} \left| \frac{1mol\;(C_2H_5)_3Al}{114g\;(C_2H_5)_3Al} \right.$$
$$\frac{1,470kcal}{2mol\;(C_2H_5)_3Al} \right| = 735kcal$$

답 ②

30
1기압에서 인화점이 200℃인 것은 제 몇 석유류인가? (단, 도료류, 그 밖의 물품은 가연성 액체량이 40중량퍼센트 이하인 물품은 제외한다.)

① 제1석유류   ② 제2석유류

③ 제3석유류   ④ 제4석유류

해설 "제4석유류"라 함은 기어유, 실린더유, 그 밖에 1기 압에서 인화점이 섭씨 200도 이상 섭씨 250도 미만 의 것을 말한다. 다만, 도료류, 그 밖의 물품은 가연 성 액체량이 40중량퍼센트 이하인 것은 제외한다.

답 ④

31
미지의 액체시료가 있는 시험관에 불에 달 군 구리줄을 넣을 때 자극적인 냄새가 나며 붉은색 침전물이 생기는 것을 확인하였다. 이 액체시료는 무엇인가?

① 등유   ② 아마인유

③ 메탄올   ④ 글리세린

답 ③

32
이황화탄소를 저장하는 실의 온도가 $-20℃$이 고, 저장실 내 이황화탄소의 공기 중 증기농도가 20vol%라고 가정할 때 다음 설명 중 옳은 것은?

① 점화원이 있으면 연소된다.

② 점화원이 있더라도 연소되지 않는다.

③ 점화원이 없어도 발화된다.

④ 어떠한 방법으로도 연소되지 않는다.

해설 이황화탄소는 제4류 위험물 중 발화점(90℃ or 100℃)이 가장 낮고 연소범위(1.2~44%)가 넓으며 증기압(300mmHg)이 높아 휘발이 잘 되고 인화성, 발화성이 강하다. 증기농도가 20vol%인 경우 연소 범위 내에 포함되므로 점화원이 있으면 연소된다.

답 ①

33
273℃에서 기체의 부피가 4L이다. 같은 압력에서 25℃일 때의 부피는 약 몇 L인가?

① 0.32   ② 2.2

③ 3.2   ④ 4

$$\frac{V_1}{T_1} = \frac{V_2}{T_2}$$

$T_1 = 273℃ + 273.15K = 546.15K$

$T_2 = 25℃ + 273.15K = 298.15K$

$V_1 = 4L$

$$V_2 = \frac{V_1 T_2}{T_1} = \frac{4L \cdot 298.15K}{546.15K} = 2.18L$$

답 ②

34 제1류 위험물 중 무기과산화물과 제5류 위험물 중 유기과산화물의 소화방법으로 옳은 것은?

① 무기과산화물 : CO_2에 의한 질식소화
　유기과산화물 : CO_2에 의한 냉각소화

② 무기과산화물 : 건조사에 의한 피복소화
　유기과산화물 : 분말에 의한 질식소화

③ 무기과산화물 : 포에 의한 질식소화
　유기과산화물 : 분말에 의한 질식소화

④ 무기과산화물 : 건조사에 의한 피복소화
　유기과산화물 : 물에 의한 냉각소화

답 ④

35 옥내저장소에 위험물을 수납한 용기를 겹쳐 쌓는 경우 높이의 상한에 관한 설명 중 틀린 것은?

① 기계에 의하여 하역하는 구조로 된 용기만 겹쳐 쌓는 경우는 6미터

② 제3석유류를 수납한 소형 용기만 겹쳐 쌓는 경우는 4미터

③ 제2석유류를 수납한 소형 용기만 겹쳐 쌓는 경우는 4미터

④ 제1석유류를 수납한 소형 용기만 겹쳐 쌓는 경우는 3미터

해설 옥내저장소에서 위험물을 저장하는 경우에는 다음의 규정에 의한 높이를 초과하여 용기를 겹쳐 쌓지 아니하여야 한다(옥외저장소에서 위험물을 저장하는 경우에 있어서도 본 규정에 의한 높이를 초과하여 용기를 겹쳐 쌓지 아니하여야 한다).
㉠ 기계에 의하여 하역하는 구조로 된 용기만을 겹쳐 쌓는 경우에 있어서는 6m
㉡ 제4류 위험물 중 제3석유류, 제4석유류 및 동식물유류를 수납하는 용기만을 겹쳐 쌓는 경우에 있어서는 4m
㉢ 그 밖의 경우(특수인화물, 제1석유류, 제2석유류, 알코올류)에 있어서는 3m

답 ③

36 위험물안전관리법령에 따른 제1류 위험물의 운반 및 위험물제조소 등에서 저장·취급에 관한 기준으로 옳은 것은? (단, 지정수량의 10배인 경우이다.)

① 제6류 위험물과는 운반 시 혼재할 수 있으며, 적절한 조치를 취하면 같은 옥내저장소에 저장할 수 있다.

② 제6류 위험물과는 운반 시 혼재할 수 있으나, 같은 옥내저장소에 저장할 수는 없다.

③ 제6류 위험물과는 운반 시 혼재할 수 없으나, 적절한 조치를 취하면 같은 옥내저장소에 저장할 수 있다.

④ 제6류 위험물과는 운반 시 혼재할 수 없으며, 같은 옥내저장소에 저장할 수도 없다.

해설 제1류 위험물과 제6류 위험물은 운반 시 혼재할 수 있으며, 1m 이상 간격을 두는 경우 옥내저장소에 함께 저장할 수 있다.

답 ①

37 위험물안전관리법령상 이산화탄소소화기가 적응성이 있는 위험물은?

① 제1류 위험물　　② 제3류 위험물

③ 제4류 위험물　　④ 제5류 위험물

해설

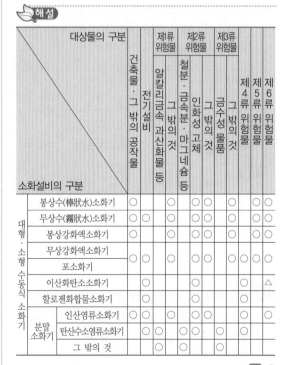

	대상물의 구분	건축물·그 밖의 공작물	전기설비	제1류 위험물 알칼리금속과산화물 등	제1류 위험물 그 밖의 것	제2류 위험물 철분·금속분·마그네슘 등	제2류 위험물 인화성 고체	제2류 위험물 그 밖의 것	제3류 위험물 금수성 물품	제3류 위험물 그 밖의 것	제4류 위험물	제5류 위험물	제6류 위험물
대형·소형수동식소화기	봉상수(棒狀水)소화기	○			○		○	○		○		○	○
	무상수(霧狀水)소화기	○	○		○		○	○		○		○	○
	봉상강화액소화기	○			○		○	○		○		○	○
	무상강화액소화기	○	○		○		○	○		○	○	○	○
	포소화기	○			○		○	○		○	○	○	○
	이산화탄소소화기		○				○				○		△
	할로겐화합물소화기		○				○				○		
분말소화기	인산염류소화기	○	○		○		○				○		○
	탄산수소염류소화기		○	○		○	○		○		○		
	그 밖의 것			○		○			○				

답 ③

38 이동탱크저장소에 의한 위험물 운송 시 위험물운송자가 휴대하여야 하는 위험물안전카드의 작성대상에 관한 설명으로 옳은 것은?

① 모든 위험물에 대하여 위험물안전카드를 작성하여 휴대하여야 한다.

② 제1류, 제3류 또는 제4류 위험물을 운송하는 경우에 위험물안전카드를 작성하여 휴대하여야 한다.

③ 위험등급 Ⅰ 또는 위험등급 Ⅱ에 해당하는 위험물을 운송하는 경우에 위험물안전카드를 작성하여 휴대하여야 한다.

④ 제1류, 제2류, 제3류, 제4류(특수인화물 및 제1석유류에 한한다), 제5류 또는 제6류 위험물을 운송하는 경우에 위험물안전카드를 작성하여 휴대하여야 한다.

 위험물(제4류 위험물에 있어서는 특수인화물 및 제1석유류에 한한다)을 운송하게 하는 자는 위험물안전카드를 위험물운송자로 하여금 휴대하게 할 것

답 ④

39 분말소화설비를 설치할 때 소화약제 50kg의 축압용 가스로 질소를 사용하는 경우 필요한 질소가스의 양은 35℃, 0MPa의 상태로 환산하여 몇 L 이상으로 하여야 하는가? (단, 배관의 청소에 필요한 양은 제외한다.)

① 500 ② 1,000

③ 1,500 ④ 2,000

 가압용 또는 축압용 가스의 설치기준

㉠ 가압용 또는 축압용 가스는 질소 또는 이산화탄소로 할 것

㉡ 가압용 가스로 질소를 사용하는 것은 소화약제 1kg당 온도 35℃에서 0MPa의 상태로 환산한 체적 40L 이상, 이산화탄소를 사용하는 것은 소화약제 1kg당 20g에 배관의 청소에 필요한 양을 더한 양 이상일 것

㉢ 축압용 가스로 질소가스를 사용하는 것은 소화약제 1kg당 온도 35℃에서 0MPa의 상태로 환산한 체적 10L에 배관의 청소에 필요한 양을 더한 양 이상, 이산화탄소를 사용하는 것은 소화약제 1kg당 20g에 배관의 청소에 필요한 양을 더한 양 이상일 것

㉣ 클리닝에 필요한 양의 가스는 별도의 용기에 저장할 것
따라서, 50kg×10L/kg=500L

답 ①

40 과산화나트륨의 저장창고에 화재가 발생하였을 때 주수소화를 할 수 없는 이유로 가장 타당한 것은?

① 물과 반응하여 과산화수소와 수소를 발생하기 때문에

② 물과 반응하여 산소와 수소를 발생하기 때문에

③ 물과 반응하여 과산화수소와 열을 발생하기 때문에

④ 물과 반응하여 산소와 열을 발생하기 때문에

 과산화나트륨의 경우 흡습성이 있으므로 물과 접촉하면 발열 및 수산화나트륨(NaOH)과 산소(O_2)를 발생한다.
$$2Na_2O_2+2H_2O \rightarrow 4NaOH+O_2$$

답 ④

41 다음의 위험물을 저장하는 옥내저장소의 저장창고가 벽·기둥 및 바닥이 내화구조로 된 건축물일 때, 위험물안전관리법령에서 규정하는 보유공지를 확보하지 않아도 되는 경우는?

① 아세트산 30,000L
② 아세톤 5,000L
③ 클로로벤젠 10,000L
④ 글리세린 15,000L

 옥내저장소의 보유공지

저장 또는 취급하는 위험물의 최대수량	공지의 너비	
	벽·기둥 및 바닥이 내화구조로 된 건축물	그 밖의 건축물
지정수량의 5배 이하	–	0.5m 이상
지정수량의 5배 초과 10배 이하	1m 이상	1.5m 이상
지정수량의 10배 초과 20배 이하	2m 이상	3m 이상
지정수량의 20배 초과 50배 이하	3m 이상	5m 이상
지정수량의 50배 초과 200배 이하	5m 이상	10m 이상
지정수량의 200배 초과	10m 이상	15m 이상

구분	아세트산	아세톤	클로로벤젠	글리세린
품명	제2석유류 (수용성)	제1석유류 (수용성)	제2석유류 (비수용성)	제3석유류 (수용성)
지정수량	2,000L	400L	1,000L	4,000L

① 지정수량 배수의 합$=\dfrac{30,000L}{2,000L}=15$배이므로

보유공지는 2m 이상 확보

② 지정수량 배수의 합$=\dfrac{5,000L}{400L}=12.5$배이므로

보유공지는 2m 이상 확보

③ 지정수량 배수의 합$=\dfrac{10,000L}{1,000L}=10$배이므로

보유공지는 1m 이상 확보

④ 지정수량 배수의 합$=\dfrac{15,000L}{4,000L}=3.75$배이므로

지정수량 5배 이하로서 보유공지를 확보할 필요가 없다.

 답 ④

42 Halon 1301과 Halon 2402에 공통적으로 포함된 원소가 아닌 것은?

① Br ② Cl
③ F ④ C

해설 Halon 1301$=CF_3Br$
Halon 2402$=C_2F_4Br_2$

답 ②

43 위험물안전관리법령상 제6류 위험물에 대한 설명으로 틀린 것은?

① "산화성 액체"라 함은 액체로서 산화력의 잠재적인 위험성을 판단하기 위하여 고시로 정하는 시험에서 고시로 정하는 성질과 상태를 나타내는 것을 말한다.

② 산화성 액체 성상이 있는 질산은 비중이 1.49 이상인 것이 제6류 위험물에 해당한다.

③ 산화성 액체 성상이 있는 과염소산은 비중과 상관없이 제6류 위험물에 해당한다.

④ 산화성 액체 성상이 있는 과산화수소는 농도가 36부피퍼센트 이상인 것이 제6류 위험물에 해당한다.

해설 제6류 위험물로서 과산화수소는 그 농도가 36중량퍼센트 이상인 것을 의미한다.

 답 ④

44 Al이 속하는 금속은 주기율표상 무슨 족 계열인가?

① 철족

② 알칼리금속족

③ 붕소족

④ 알칼리토금속족

해설 붕소족 : 붕소(B), 알루미늄(Al), 갈륨(Ga), 인듐(In), 탈륨(Tl)

 답 ③

45 위험물안전관리법령에 명시된 예방규정 작성 시 포함되어야 하는 사항이 아닌 것은?

① 위험물시설의 운전 또는 조작에 관한 사항

② 위험물 취급작업의 기준에 관한 사항

③ 위험물의 안전에 관한 기록에 관한 사항

④ 소방관서의 출입검사 지원에 관한 사항

해설 예방규정의 작성내용
㉠ 위험물의 안전관리업무를 담당하는 자의 직무 및 조직에 관한 사항
㉡ 안전관리자가 여행·질병 등으로 인하여 그 직무를 수행할 수 없을 경우 그 직무의 대리자에 관한 사항
㉢ 자체소방대를 설치하여야 하는 경우에는 자체소방대의 편성과 화학소방자동차의 배치에 관한 사항
㉣ 위험물의 안전에 관계된 작업에 종사하는 자에 대한 안전 교육 및 훈련에 관한 사항
㉤ 위험물시설 및 작업장에 대한 안전순찰에 관한 사항
㉥ 위험물시설·소방시설, 그 밖의 관련 시설에 대한 점검 및 정비에 관한 사항
㉦ 위험물시설의 운전 또는 조작에 관한 사항
㉧ 위험물 취급작업의 기준에 관한 사항
㉨ 이송취급소에 있어서는 배관공사 현장책임자의 조건 등 배관공사 현장에 대한 감독체제에 관한 사항과 배관 주위에 있는 이송취급소시설 외의 공사를 하는 경우 배관의 안전확보에 관한 사항
㉩ 재난, 그 밖에 비상시의 경우에 취하여야 하는 조치에 관한 사항
㉪ 위험물의 안전에 관한 기록에 관한 사항
㉫ 제조소 등의 위치·구조 및 설비를 명시한 서류와 도면의 정비에 관한 사항
㉬ 그 밖에 위험물의 안전관리에 관하여 필요한 사항

 답 ④

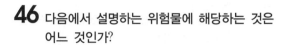

46 다음에서 설명하는 위험물에 해당하는 것은 어느 것인가?

- 불연성이고, 무기화합물이다.
- 비중은 약 2.8이며, 융점은 460℃이다.
- 살균제, 소독제, 표백제, 산화제로 사용된다.

① Na_2O_2　　　　② P_4S_3
③ CaC_2　　　　④ H_2O_2

 과산화나트륨의 일반적 성질
　㉠ 분자량 78, 비중은 20℃에서 2.805, 융점 및 분해온도 460℃
　㉡ 순수한 것은 백색이지만 보통은 담홍색을 띠고 있는 정방정계 분말
　㉢ 가열하면 열분해하여 산화나트륨(Na_2O)과 산소(O_2)를 발생
　㉣ 표백제, 소독제, 방취제, 약용비누, 열량측정 분석시험 등

답 ①

47 인화성 고체 2,500kg, 피크린산 900kg, 금속분 2,000kg 각각의 위험물 지정수량 배수의 총합은 얼마인가?

① 7배
② 9배
③ 10배
④ 11배

 지정수량 배수의 합
$$= \frac{A품목\ 저장수량}{A품목\ 지정수량} + \frac{B품목\ 저장수량}{B품목\ 지정수량} + \cdots$$
$$= \frac{2,500kg}{1,000kg} + \frac{900kg}{200kg} + \frac{2,000kg}{500kg}$$
$$= 11$$

답 ④

48 위험물안전관리법령상 옥외저장탱크에 부착되는 부속설비 중 기술원 또는 소방청장이 정하여 고시하는 국내·외 공인시험기관에서 시험 또는 인증 받은 제품을 사용하여야 하는 제품이 아닌 것은?

① 교반기　　　　② 밸브
③ 폼챔버　　　　④ 온도계

 옥외저장탱크에 부착되는 부속설비(교반기, 밸브, 폼챔버, 화염방지장치, 통기관대기밸브, 비상압력배출장치를 말한다)는 기술원 또는 소방청장이 정하여 고시하는 국내·외 공인시험기관에서 시험 또는 인증 받은 제품을 사용하여야 한다.

답 ④

49 그림과 같은 위험물 옥외탱크저장소를 설치하고자 한다. 톨루엔을 저장하고자 할 때, 허가할 수 있는 최대수량은 지정수량의 약 몇 배인가? (단, $r = 5$m, $l = 10$m이다.)

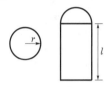

① 2　　　　② 4
③ 1,963　　　　④ 3,730

 $V = \pi r^2 l = \pi \times 5^2 \times 10 = 785.398m^3 = 785,398L$
톨루엔의 지정수량은 200L이므로
$\frac{785,398L}{200L} = 3,927$배이다. 보기에서 가장 가까운 답은 ④번이다.

답 ④

50 위험물안전관리법령상 위험물의 운반에 관한 기준에 의한 차광성과 방수성이 모두 있는 피복으로 가려야 하는 위험물은 다음 중 어느 것인가?

① 과산화칼륨　　　　② 철분
③ 황린　　　　④ 특수인화물

 적재하는 위험물에 따른 조치사항

차광성이 있는 것으로 피복해야 하는 경우	방수성이 있는 것으로 피복해야 하는 경우
제1류 위험물 제3류 위험물 중 자연발화성 물질 제4류 위험물 중 특수인화물 제5류 위험물 제6류 위험물	제1류 위험물 중 알칼리금속의 과산화물 제2류 위험물 중 철분, 금속분, 마그네슘 제3류 위험물 중 금수성 물질

답 ①

51 위험물안전관리법령상 정기점검 대상인 제조소 등에 해당하지 않는 것은?

① 경유를 20,000L 취급하며 차량에 고정된 탱크에 주입하는 일반취급소

② 등유를 3,000L 저장하는 지하탱크저장소

③ 알코올류를 5,000L 취급하는 제조소

④ 경유를 220,000L 저장하는 옥외탱크저장소

 정기점검 대상인 제조소 등
㉮ 예방규정을 정하여야 하는 제조소 등
㉠ 지정수량의 10배 이상의 위험물을 취급하는 제조소
㉡ 지정수량의 100배 이상의 위험물을 저장하는 옥외저장소
㉢ 지정수량의 150배 이상의 위험물을 저장하는 옥내저장소
㉣ 지정수량의 200배 이상을 저장하는 옥외탱크저장소
㉤ 암반탱크저장소
㉥ 이송취급소
㉦ 지정수량의 10배 이상의 위험물을 취급하는 일반취급소(다만, 제4류 위험물(특수인화물을 제외한다)만을 지정수량의 50배 이하로 취급하는 일반취급소(제1석유류 · 알코올류의 취급량이 지정수량의 10배 이하인 경우에 한한다)로서 다음의 어느 하나에 해당하는 것을 제외)
  • 보일러 · 버너 또는 이와 비슷한 것으로서 위험물을 소비하는 장치로 이루어진 일반취급소
  • 위험물을 용기에 옮겨 담거나 차량에 고정된 탱크에 주입하는 일반취급소
㉯ 지하탱크저장소
㉰ 이동탱크저장소
㉱ 제조소(지하탱크) · 주유취급소 또는 일반취급소

① 지정수량 배수의 합 $=\dfrac{20,000L}{1,000L}=20$ 배이며 정기점검 대상에 해당 안됨.

② 지정수량 배수의 합 $=\dfrac{3,000L}{1,000L}=3$ 배이며 지하탱크저장소는 지정수량 배수에 관계없이 정기점검 대상임.

③ 지정수량 배수의 합 $=\dfrac{5,000L}{400L}=12.5$ 배이며 정기점검 대상에 해당함.

④ 지정수량 배수의 합 $=\dfrac{220,000L}{1,000L}=220$ 배이며 정기점검 대상에 해당함.

답 ①

52 물과 반응하여 메테인가스를 발생하는 위험물은 어느 것인가?

① CaC_2 ② Al_4C_3
③ Na_2O_2 ④ LiH

 ① $CaC_2+2H_2O \rightarrow Ca(OH)_2+C_2H_2$
② $Al_4C_3+12H_2O \rightarrow 4Al(OH)_3+3CH_4$
③ $2Na_2O_2+2H_2O \rightarrow 4NaOH+O_2$
④ $LiH+H_2O \rightarrow LiOH+H_2$

답 ②

53 2몰의 메테인을 완전히 연소시키는 데 필요한 산소의 이론적인 몰수는?

① 1몰 ② 2몰
③ 3몰 ④ 4몰

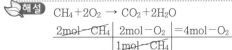 $CH_4+2O_2 \rightarrow CO_2+2H_2O$

$$2mol-CH_4 \left| \frac{2mol-O_2}{1mol-CH_4} \right. =4mol-O_2$$

답 ④

54 성능이 동일한 n 대의 펌프를 서로 병렬로 연결하고 원래와 같은 양정에서 작동시킬 때 유체의 토출량은?

① $\dfrac{1}{n}$ 로 감소한다. ② n 배로 증가한다.

③ 원래와 동일하다. ④ $\dfrac{1}{2n}$ 로 감소한다.

답 ②

55 다음 데이터로부터 통계량을 계산한 것 중 틀린 것은?

21.5, 23.7, 24.3, 27.2, 29.1

① 범위(R)$=7.6$
② 제곱합(S)$=7.59$
③ 중앙값(Me)$=24.3$
④ 시료분산(s^2)$=8.988$

해설
① 범위(R)＝최대값－최소값
  ＝29.1－21.5＝7.6
② 제곱합(S)＝$(21.5-25.16)^2+(23.7-25.16)^2$
    $+(24.3-25.16)^2+(29.1-25.16)^2$
    ＝35.952
③ 중앙값(Me)＝중간크기의 값＝24.3
④ 시료분산(s^2)＝8.988

답 ②

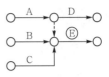

① B
② A, B
③ B, C
④ A, B, C

답 ④

56 검사특성곡선(OC Curve)에 관한 설명으로 틀린 것은? (단, N : 로트의 크기, n : 시료의 크기, c : 합격판정개수이다.)

① N, n이 일정할 때 c가 커지면 나쁜 로트의 합격률은 높아진다.
② N, c가 일정할 때 n이 커지면 좋은 로트의 합격률은 낮아진다.
③ $N/n/c$의 비율이 일정하게 증가하거나 감소하는 퍼센트 샘플링 검사 시 좋은 로트의 합격률은 영향이 없다.
④ 일반적으로 로트의 크기 N이 시료 n에 비해 10배 이상 크다면 로트의 크기를 증가시켜도 나쁜 로트의 합격률은 크게 변화하지 않는다.

답 ③

59 품질특성에서 X관리도로 관리하기에 가장 거리가 먼 것은?

① 볼펜의 길이
② 알코올 농도
③ 1일 전력소비량
④ 나사길이의 부적합품 수

해설 X관리도는 하나의 측정치를 그대로 사용하여 공정을 관리할 경우에 사용한다.

답 ④

60 브레인스토밍(Brainstorming)과 가장 관계가 깊은 것은?

① 특성요인도
② 파레토도
③ 히스토그램
④ 회귀분석

57 표준시간을 내경법으로 구하는 수식으로 맞는 것은?

① 표준시간＝정미시간＋여유시간
② 표준시간＝정미시간×(1＋여유율)
③ 표준시간＝정미시간×$\left(\dfrac{1}{1-여유율}\right)$
④ 표준시간＝정미시간×$\left(\dfrac{1}{1+여유율}\right)$

답 ③

해설 브레인스토밍(Brainstorming) : 문제해결 아이디어 구상(브레인스토밍) 문제를 해결하기 위해서는 혼자만의 구상보다는 여러 사람이 함께하는 방법이 더 효과적일 수 있다. 브레인스토밍은 한 가지 문제를 놓고 여러 사람이 회의를 해 아이디어를 구상하는 방법이다.
① 특성요인도 : 문제가 되는 결과와 이에 대응하는 원인과의 관계를 알기 쉽게 도표로 나타낸 것
② 파레토도 : 자료들이 어떤 범주에 속하는가를 나타내는 계수형 자료일 때 각 범주에 대한 빈도를 막대의 높이로 나타낸 그림
③ 히스토그램 : 도수분포표로 나타낸 자료의 분포 상태를 보기 쉽게 직사각형으로 나타낸 그래프
④ 회귀분석 : 1개 또는 1개 이상의 독립변수들과 1개의 종속변수들의 관계를 파악하는 기법으로 종속변수의 변화에 영향을 미치는 여러 개의 독립변수들을 분석하여 종속변수의 변화를 예측하는 기법

답 ①

58 다음 그림의 AOA(Activity－On－Arc) 네트워크에서 E 작업을 시작하려면 어떤 작업들이 완료되어야 하는가?

제63회
(2018년 3월 시행)

위험물기능장 필기

01 질산암모늄 80g이 완전분해하여 O_2, H_2O, N_2가 생성되었다면 이때 생성물의 총량은 모두 몇 몰인가?

① 2
② 3.5
③ 4
④ 7

 2NH_4NO_3 → 4H_2O+2N_2+O_2에서 80g의 질산암모늄은 1mol에 해당하므로 1몰의 질산암모늄이 분해되는 경우 각각의 생성물은 2몰의 수증기, 1몰의 질소, 0.5몰의 산소가스가 발생하므로 총합 3.5몰이 생성된다.

답 ②

02 비중이 0.8인 유체의 밀도는 몇 kg/m^3인가?

① 800
② 80
③ 8
④ 0.8

 $\dfrac{0.8g}{cm^3}\left|\dfrac{1kg}{1,000g}\right|\dfrac{10^6cm^3}{1m^3}\left|\dfrac{}{m^3}\right.=800kg$

답 ①

03 다음 중 1mol에 포함된 산소의 수가 가장 많은 것은?

① 염소산
② 과산화나트륨
③ 과염소산
④ 차아염소산

 ① 염소산 : $HClO_3$
② 과산화나트륨 : Na_2O_2
③ 과염소산 : $HClO_4$
④ 차아염소산 : $HClO$

답 ③

04 어떤 유체의 비중이 S, 비중량이 γ이다. 4℃ 물의 밀도가 ρ_w, 중력가속도가 g일 때 다음 중 옳은 것은?

① $\gamma = S\rho_w$
② $\gamma = g\rho_w/S$
③ $\gamma = S\rho_w/g$
④ $\gamma = Sg\rho_w$

답 ④

05 아세틸렌 1몰이 완전연소하는 데 필요한 이론 공기량은 약 몇 몰인가?

① 2.5
② 5
③ 11.9
④ 22.4

 $2C_2H_2+5O_2$ → $4CO_2+2H_2O$

$\dfrac{1mol-C_2H_2}{}\left|\dfrac{5mol-O_2}{2mol-C_2H_2}\right|\dfrac{100mol-Air}{21mol-O_2}$

$=11.9mol-Air$

답 ③

06 측정하는 유체의 압력에 의해 생기는 금속의 탄성변형을 기계식으로 확대 지시하여 압력을 측정하는 것은?

① 마노미터
② 시차액주계
③ 부르동관 압력계
④ 오리피스미터

 ① 마노미터(액주형 압력계) : 실험실에서 압력을 측정하기 위해 사용하는 가장 보편적인 기기에 해당
② 시차액주계 : 두 개의 관이나 두 점 사이의 극히 작은 압력차를 측정하고자 할 때 사용하는 압력측정기
④ 오리피스미터 : 유체가 지나는 관 중간에 관의 단면적보다 작은 통과구멍이 있는 얇은 판을 설치하여 유체가 지날 때 그 전후에 생기는 압력차를 이용하여 유량을 재는 계기

답 ③

07 3.65kg의 염화수소 중에는 HCl 분자가 몇 개 있는가?

① 6.02×10^{23}

② 6.02×10^{24}

③ 6.02×10^{25}

④ 6.02×10^{26}

해설

$$\frac{3.65\text{kg} \cancel{-\text{HCl}}}{} \left| \frac{1{,}000\text{g} \cancel{-\text{HCl}}}{1\text{kg} \cancel{-\text{HCl}}} \right| \frac{1\text{mol} \cancel{-\text{HCl}}}{36.5\text{g} \cancel{-\text{HCl}}}$$

$$\frac{6.02 \times 10^{23}\text{개} \cancel{-\text{HCl}}}{1\text{mol} \cancel{-\text{HCl}}} = 6.02 \times 10^{25}\text{개} - \text{HCl}$$

답 ③

08 과산화나트륨과 묽은 아세트산이 반응하여 생성되는 것은?

① NaOH

② H_2O

③ Na_2O

④ H_2O_2

해설 묽은 산과 반응하여 과산화수소(H_2O_2)를 생성한다.

$$Na_2O_2 + 2CH_3COOH \rightarrow 2CH_3COONa + H_2O_2$$

답 ④

09 위험물안전관리법령상 제6류 위험물 중 "그 밖에 행정안전부령이 정하는 것"에 해당하는 물질은?

① 아지화합물

② 과아이오딘산화합물

③ 염소화규소화합물

④ 할로젠간화합물

해설 제6류 위험물의 종류와 지정수량

성질	위험등급	품명	지정수량
산화성 액체	I	1. 과염소산($HClO_4$)	300kg
		2. 과산화수소(H_2O_2)	
		3. 질산(HNO_3)	
		4. 그 밖의 행정안전부령이 정하는 것 　- 할로젠간화합물(ICl, IBr, BrF_3, BrF_5, IF_5 등)	

답 ④

10 줄-톰슨(Joule-Thomson) 효과와 가장 관계있는 소화기는?

① 할론 1301 소화기

② 이산화탄소 소화기

③ HCFC-124 소화기

④ 할론 1211 소화기

해설 이산화탄소소화약제의 소화원리는 공기 중의 산소를 15% 이하로 저하시켜 소화하는 질식작용과 CO_2가스 방출 시 Joule-Thomson 효과(기체 또는 액체가 가는 관을 통과하여 방출될 때 온도가 급강하(약 $-78℃$)하여 고체로 되는 현상)에 의해 기화열의 흡수로 인하여 소화하는 냉각작용이다.

답 ②

11 CH_3COCH_3에 대한 설명으로 틀린 것은 어느 것인가?

① 무색 액체이며, 독특한 냄새가 있다.

② 물에 잘 녹고, 유기물을 잘 녹인다.

③ 아이오딘폼 반응을 한다.

④ 비점이 물보다 높지만 휘발성이 강하다.

해설 아세톤의 비점은 $56℃$로 물보다 낮고, 휘발성이 강하다.

답 ④

12 제4류 위험물인 C_6H_5Cl의 지정수량으로 맞는 것은?

① 200L

② 400L

③ 1,000L

④ 2,000L

해설 클로로벤젠(C_6H_5Cl)은 제2석유류(비수용성)로 지정수량은 1,000L이다.

답 ③

13 96g의 메탄올이 완전연소되면 몇 g의 물이 생성되는가?

① 54

② 27

③ 216

④ 108

해설 $2CH_3OH + 3O_2 \rightarrow 2CO_2 + 4H_2O$

96g—CH₃OH	1mol—CH₃OH	4mol—H₂O
	32g—CH₃OH	2mol—CH₃OH

$$\frac{18g-H_2O}{1mol-H_2O} = 108g-H_2O$$

답 ④

14 $C_6H_5CH_3$에 대한 설명으로 틀린 것은?

① 끓는점은 약 211℃이다.
② 증기는 공기보다 무거워 낮은 곳에 체류한다.
③ 인화점은 약 4℃이다.
④ 액의 비중은 약 0.87이다.

해설 톨루엔($C_6H_5CH_3$)의 비점은 110℃이다.

답 ①

15 제5류 위험물에 대한 설명 중 틀린 것은?

① 다이아조화합물은 다이아조기(−N=N−)를 가진 무기화합물이다.
② 유기과산화물은 산소를 포함하고 있어서 대량으로 연소할 경우 소화에 어려움이 있다.
③ 하이드라진은 제4류 위험물이지만 하이드라진유도체는 제5류 위험물이다.
④ 고체인 물질도 있고 액체인 물질도 있다.

해설 다이아조화합물이란 다이아조기(−N≡N)를 가진 화합물로서 다이아조나이트로페놀, 다이아조카복실산에스터 등이 대표적이다.

답 ①

16 차아염소산칼슘에 대한 설명으로 옳지 않은 것은?

① 살균제, 표백제로 사용된다.
② 화학식은 $Ca(ClO)_2$이다.
③ 자극성은 없지만 강한 환원력이 있다.
④ 지정수량은 50kg이다.

해설 차아염소산칼슘은 산화제이다.

답 ③

17 $KMnO_4$에 대한 설명으로 옳은 것은?

① 글리세린에 저장하여야 한다.
② 묽은질산과 반응하면 유독한 Cl_2가 생성된다.
③ 황산과 반응할 때는 산소와 열을 발생한다.
④ 물에 녹으면 투명한 무색을 나타낸다.

해설 과망가니즈산칼륨($KMnO_4$)은 묽은황산과 반응 시 산소가스가 발생하고 발열한다.
$4KMnO_4 + 6H_2SO_4$
$\rightarrow 2K_2SO_4 + 4MnSO_4 + 6H_2O + 5O_2$

답 ③

18 위험물의 지정수량이 적은 것부터 큰 순서대로 나열한 것은?

① 알킬리튬−다이메틸아연−탄화칼슘
② 다이메틸아연−탄화칼슘−알킬리튬
③ 탄화칼슘−알킬리튬−다이메틸아연
④ 알킬리튬−탄화칼슘−다이메틸아연

해설 ㉠ 알킬리튬 : 10kg
ⓛ 다이메틸아연 : 50kg
ⓒ 탄화칼슘 : 300kg

답 ①

19 탄화칼슘과 질소가 약 700℃ 이상의 고온에서 반응하여 생성되는 물질은?

① 아세틸렌 ② 석회질소
③ 암모니아 ④ 수산화칼슘

 해설 탄화칼슘은 질소와 약 700℃ 이상에서 질화되어 칼슘사이안아마이드($CaCN_2$, 석회질소)가 생성된다.
$CaC_2 + N_2 \rightarrow CaCN_2 + C$

답 ②

20 정전기 방전에 관한 다음 식에서 사용된 인자의 내용이 틀린 것은?

$$E = \frac{1}{2}CV^2 = \frac{1}{2}QV$$

① E : 정전기에너지(J)
② C : 정전용량(F)
③ V : 전압(V)
④ Q : 전류(A)

 정전기 방전에 의해 가연성 증기나 기체 또는 분진을 점화시킬 수 있다.

$$E = \frac{1}{2}CV^2 = \frac{1}{2}QV$$

여기서, E : 정전기에너지(J)
C : 정전용량(F)
V : 전압(V)
Q : 전기량(C)

답 ④

21 제5류 위험물인 테트릴에 대한 설명으로 틀린 것은?

① 물, 아세톤 등에 잘 녹는다.
② 담황색의 결정형 고체이다.
③ 비중은 1보다 크므로 물보다 무겁다.
④ 폭발력이 커서 폭약의 원료로 사용된다.

 테트릴의 경우 물에는 녹지 않으나 알코올, 에터, 아세톤, 벤젠 등에 잘 녹는다.

답 ①

22 위험물안전관리법령상 황은 순도가 일정 wt% 이상인 경우 위험물에 해당한다. 이 경우 순도 측정에 있어서 불순물에 대한 설명으로 옳은 것은?

① 불순물은 활석 등 불연성 물질에 한한다.
② 불순물은 수분에 한한다.
③ 불순물은 활석 등 불연성 물질과 수분에 한한다.
④ 불순물은 황을 제외한 모든 물질을 말한다.

 황은 순도가 60중량퍼센트 이상인 것을 말한다. 이 경우 순도 측정에 있어서 불순물은 활석 등 불연성 물질과 수분에 한한다.

답 ③

23 다음 중 지정수량이 같은 것끼리 연결된 것은?

① 알코올류 – 제1석유류(비수용성)
② 제1석유류(수용성) – 제2석유류(비수용성)
③ 제2석유류(수용성) – 제3석유류(비수용성)
④ 제3석유류(수용성) – 제4석유류

 제4류 위험물의 종류와 지정수량

성질	품명		지정수량
인화성 액체	특수인화물		50L
	제1석유류	비수용성	200L
		수용성	400L
	알코올류		400L
	제2석유류	비수용성	1,000L
		수용성	2,000L
	제3석유류	비수용성	2,000L
		수용성	4,000L
	제4석유류		6,000L
	동식물유류		10,000L

답 ③

24 제4류 위험물인 아세트알데하이드의 화학식으로 옳은 것은?

① C_2H_5CHO
② C_2H_5COOH
③ CH_3CHO
④ CH_3COOH

답 ③

25 공기를 차단한 상태에서 황린을 약 260℃로 가열하면 생성되는 물질은 제 몇 류 위험물인가?

① 제1류 위험물
② 제2류 위험물
③ 제5류 위험물
④ 제6류 위험물

 황린의 경우 공기를 차단하고 약 260℃로 가열하면 적린이 된다.
적린은 제2류 위험물로서 가연성 고체에 해당한다.

답 ②

26 다음 금속원소 중 비점이 가장 높은 것은?

① 리튬 ② 나트륨

③ 칼륨 ④ 루비듐

 해설 ① 리튬 : 1,350℃

② 나트륨 : 880℃

③ 칼륨 : 774℃

④ 루비듐 : 688℃

답 ①

27 금속나트륨은 에탄올과 반응하였을 때 가연성 가스가 발생한다. 이때 발생하는 가스와 동일한 가스가 발생되는 경우는?

① 나트륨이 액체암모니아와 반응하였을 때

② 나트륨이 산소와 반응하였을 때

③ 나트륨이 사염화탄소와 반응하였을 때

④ 나트륨이 이산화탄소와 반응하였을 때

해설 ㉠ 알코올과 반응하여 나트륨에틸레이트와 수소가스를 발생한다.

$2Na + 2C_2H_5OH \rightarrow 2C_2H_5ONa + H_2$

㉡ 용융나트륨과 암모니아를 Fe_2O_3 촉매하에서 반응시키거나 액체암모니아에 나트륨이 녹을 때 수소가스를 발생한다.

$2Na + 2NH_3 \rightarrow 2NaNH_2 + H_2$

답 ①

28 위험물안전관리법령상 불활성가스소화설비의 기준에서 소화약제 "IG-541"의 성분으로 용량비가 가장 큰 것은?

① 이산화탄소 ② 아르곤

③ 질소 ④ 플루오린

해설 IG-541의 구성성분

$N_2 : 52\%$, $Ar : 40\%$, $CO_2 : 8\%$

답 ③

29 위험물안전관리법령상 150마이크로미터의 체를 통과하는 것이 50중량퍼센트 이상일 경우 위험물에 해당하는 것은?

① 철분 ② 구리분

③ 아연분 ④ 니켈분

 해설 "금속분"이라 함은 알칼리금속·알칼리토류금속·철 및 마그네슘 외의 금속의 분말을 말하고, 구리분·니켈분 및 150마이크로미터의 체를 통과하는 것이 50중량퍼센트 미만인 것은 제외한다.

답 ③

30 다음 중 위험물안전관리법령상 알코올류가 위험물이 되기 위하여 갖추어야 할 조건이 아닌 것은?

① 한 분자 내에 탄소 원자수가 1개부터 3개까지일 것

② 포화 1가 알코올일 것

③ 수용액일 경우 위험물안전관리법령에서 정의한 알코올 함유량이 60중량퍼센트 이상일 것

④ 인화점 및 연소점이 에틸알코올 60wt% 수용액의 인화점 및 연소점을 초과하는 것

 해설 "알코올류"라 함은 1분자를 구성하는 탄소원자의 수가 1개부터 3개까지인 포화 1가 알코올(변성알코올을 포함한다)을 말한다. 다만, 다음의 어느 하나에 해당하는 것은 제외한다.

㉠ 1분자를 구성하는 탄소원자의 수가 1개 내지 3개인 포화 1가 알코올의 함유량이 60중량퍼센트 미만인 수용액

㉡ 가연성 액체량이 60중량퍼센트 미만이고 인화점 및 연소점(태그개방식 인화점측정기에 의한 연소점을 말한다)이 에틸알코올 60중량퍼센트인 수용액의 인화점 및 연소점을 초과하는 것

답 ④

31 벤조일퍼옥사이드의 용해성에 대한 설명으로 옳은 것은?

① 물과 대부분 유기용제에 모두 잘 녹는다.

② 물과 대부분 유기용제에 모두 녹지 않는다.

③ 물에는 녹으나 대부분 유기용제에는 녹지 않는다.

④ 물에는 녹지 않으나 대부분 유기용제에는 녹는다.

벤조일퍼옥사이드의 일반적 성질
- ㉠ 비중 1.33, 융점 103~105℃, 발화온도 125℃ 이다.
- ㉡ 무미, 무취의 백색분말 또는 무색의 결정성 고체로 물에는 잘 녹지 않으나 알코올 등에는 잘 녹는다.
- ㉢ 운반 시 30% 이상의 물을 포함시켜 풀 같은 상태로 수송된다.
- ㉣ 상온에서는 안정하나 산화작용을 하며, 가열하면 약 100℃ 부근에서 분해한다.

답 ④

32 위험물의 연소 특성에 대한 설명으로 옳지 않은 것은?

① 황린은 연소 시 오산화인의 흰 연기가 발생한다.

② 황은 연소 시 푸른 불꽃을 내며 이산화질소를 발생한다.

③ 마그네슘은 연소 시 섬광을 내며 발열한다.

④ 트라이에틸알루미늄은 공기와 접촉하면 백연을 발생하며 연소한다.

 ① 황린은 공기 중에서 격렬하게 오산화인의 백색연기를 내며 연소한다.

$$P_4 + 5O_2 \rightarrow 2P_2O_5$$

② 황은 공기 중에서 연소하면 푸른 빛을 내며 아황산가스를 발생하며, 아황산가스는 독성이 있다.

$$S + O_2 \rightarrow SO_2$$

③ 마그네슘은 가열하면 연소가 쉽고 양이 많은 경우 맹렬히 연소하며 강한 빛을 낸다. 특히 연소열이 매우 높기 때문에 온도가 높아지고 화세가 격렬하여 소화가 곤란하다.

$$2Mg + O_2 \rightarrow 2MgO$$

④ 트라이에틸알루미늄은 무색, 투명한 액체로 외관은 등유와 유사한 가연성으로 $C_1 \sim C_4$는 자연발화성이 강하다. 또한 공기 중에 노출되어 공기와 접촉하여 백연을 발생하며 연소한다. 단, C_5 이상은 점화하지 않으면 연소하지 않는다.

$$2(C_2H_5)_3Al + 21O_2 \rightarrow 12CO_2 + Al_2O_3 + 15H_2O$$

답 ②

33 제4류 위험물에 해당하는 에어졸의 내장용기 등으로서 용기의 외부에 '위험물의 품명·위험등급·화학명 및 수용성'에 대한 표시를 하지 않을 수 있는 최대용적은?

① 300mL

② 500mL

③ 150mL

④ 1,000mL

 제4류 위험물에 해당하는 에어졸의 운반용기로서 최대용적이 300mL 이하의 것에 대하여는 규정에 의한 표시를 하지 아니할 수 있으며, 주의사항에 대한 표시를 해당 주의사항과 동일한 의미가 있는 다른 표시로 대신할 수 있다.

답 ①

34 위험물안전관리법령에 따른 위험물의 운반에 관한 적재방법에 대한 기준으로 틀린 것은?

① 제1류 위험물, 제2류 위험물 및 제4류 위험물 중 제1석유류, 제5류 위험물은 차광성이 있는 피복으로 가릴 것

② 제1류 위험물 중 알칼리금속의 과산화물 또는 이를 함유한 것, 제2류 위험물 중 철분·금속분·마그네슘 또는 이들 중 어느 하나 이상을 함유한 것 또는 제3류 위험물 중 금수성 물질을 방수성이 있는 피복으로 덮을 것

③ 제5류 위험물 중 55℃ 이하의 온도에서 분해될 우려가 있는 것은 보냉 컨테이너에 수납하는 등 적정한 온도 관리를 할 것

④ 위험물을 수납한 운반용기를 겹쳐 쌓는 경우에는 그 높이는 3m 이하로 하고, 용기의 상부에 걸리는 하중은 해당 용기 위에 해당 용기와 동종의 용기를 겹쳐 쌓아 3m의 높이로 하였을 때에 걸리는 하중 이하로 할 것

적재하는 위험물에 따른 조치사항

차광성이 있는 것으로 피복해야 하는 경우	방수성이 있는 것으로 피복해야 하는 경우

제1류 위험물
제3류 위험물 중
  자연발화성 물질
제4류 위험물 중
  특수인화물
제5류 위험물
제6류 위험물
	제1류 위험물 중
	  알칼리금속의 과산화물
	제2류 위험물 중
	  철분, 금속분, 마그네슘
	제3류 위험물 중
	  금수성 물질

답 ①

35 다음 중 위험물안전관리법령상 제조소 등에 있어서 위험물의 취급에 관한 설명으로 옳은 것은?

① 위험물의 취급에 관한 자격이 있는 자라 할 지라도 안전관리자로 선임되지 않은 자는 위험물을 단독으로 취급할 수 없다.

② 위험물의 취급에 관한 자격이 있는 자가 안전관리자로 선임되지 않았어도 그 자가 참여한 상태에서 누구든지 위험물 취급작업을 할 수 있다.

③ 위험물안전관리자의 대리자가 참여한 상태에서는 누구든지 위험물취급작업을 할 수 있다.

④ 위험물운송자는 위험물을 이동탱크저장소에 출하하는 충전하는 일반취급소에서 안전관리자 또는 대리자의 참여 없이 위험물 출하작업을 할 수 있다.

답 ③

36 탱크 시험자가 다른 자에게 등록증을 빌려준 경우 1차 행정처분 기준으로 옳은 것은?

① 등록 취소

② 업무정지 30일

③ 업무정지 90일

④ 경고

답 ①

37 제4류 위험물 중 경유를 판매하는 제2종 판매취급소를 허가 받아 운영하고자 한다. 취급할 수 있는 최대수량은?

① 20,000L

② 40,000L

③ 80,000L

④ 160,000L

 제2종 판매취급소 : 저장 또는 취급하는 위험물의 수량이 지정수량의 40배 이하인 취급소 따라서, 경유의 경우 지정수량은 1,000L이므로 1,000×40=40,000L까지 취급 가능하다.

답 ②

38 위험물제조소 등의 옥내소화전설비의 설치 기준으로 틀린 것은?

① 수원의 수량은 옥내소화전이 가장 많이 설치된 층의 옥내소화전 설치개수(설치개수가 5개 이상인 경우는 5개)에 2.4m³를 곱한 양 이상이 되도록 설치할 것

② 옥내소화전은 제조소 등의 건축물의 층마다 해당 층의 각 부분에서 하나의 호스접속구까지의 수평거리가 25m 이하가 되도록 설치할 것

③ 옥내소화전설비는 각 층을 기준으로 하여 해당 층의 모든 옥내소화전(설치개수가 5개 이상인 경우는 5개의 옥내소화전)을 동시에 사용할 경우에 각 노즐선단의 방수압력이 350kPa 이상이고 방수량이 1분당 260L 이상의 성능이 되도록 할 것

④ 옥내소화전설비에는 비상전원을 설치할 것

 옥내소화전의 경우 수원의 수량은 옥내소화전이 가장 많이 설치된 층의 옥내소화전 설치개수(설치개수가 5개 이상인 경우는 5개)에 7.8m³를 곱한 양 이상이 되도록 설치할 것

답 ①

39 다음은 위험물안전관리법령에 따른 소화설비의 설치기준 중 전기설비의 소화설비 기준에 관한 내용이다. (   )에 알맞은 수치를 차례대로 나타낸 것은?

> 제조소 등에 전기설비(전기배선, 조명기구 등은 제외한다)가 설치된 경우에는 해당 장소의 면적 (   )m²마다 소형 수동식 소화기를 (   )개 이상 설치할 것

① 100, 1
② 100, 0.5
③ 200, 1
④ 200, 0.5

 전기설비의 소화설비 : 제조소 등에 전기설비(전기배선, 조명기구 등은 제외한다)가 설치된 경우에는 해당 장소의 면적 100m²마다 소형 수동식 소화기를 1개 이상 설치할 것

답 ①

40 위험물안전관리법령상 옥내탱크저장소에 대한 소화난이도등급 Ⅰ의 기준에 해당하지 않는 것은?

① 액표면적이 40m² 이상인 것(제6류 위험물을 저장하는 것 및 고인화점위험물만을 100℃ 미만의 온도에서 저장하는 것은 제외)
② 바닥면으로부터 탱크 옆판의 상단까지 높이가 6m 이상인 것(제6류 위험물을 저장하는 것 및 고인화점위험물만을 100℃ 미만의 온도에서 저장하는 것은 제외)
③ 액체위험물을 저장하는 탱크로서 용량이 지정수량의 100배 이상인 것
④ 탱크 전용실이 단층건물 외의 건축물에 있는 것으로 인화점 38℃ 이상 70℃ 미만의 위험물을 지정수량의 5배 이상 저장하는 것(내화구조로 개구부 없이 구획된 것은 제외)

옥내 탱크 저장소	액표면적이 40m² 이상인 것(제6류 위험물을 저장하는 것 및 고인화점위험물만을 100℃ 미만의 온도에서 저장하는 것은 제외)
	바닥면으로부터 탱크 옆판의 상단까지 높이가 6m 이상인 것(제6류 위험물을 저장하는 것 및 고인화점위험물만을 100℃ 미만의 온도에서 저장하는 것은 제외)
	탱크 전용실이 단층건물 외의 건축물에 있는 것으로서 인화점 38℃ 이상, 70℃ 미만의 위험물을 지정수량의 5배 이상 저장하는 것(내화구조로 개구부 없이 구획된 것은 제외)

답 ③

41 다음 중 위험물 판매취급소의 배합실에서 배합하여서는 안 되는 위험물은?

① 도료류
② 염소산칼륨
③ 과산화수소
④ 황

 제2종 판매취급소 작업실에서 배합할 수 있는 위험물의 종류
㉠ 황
㉡ 도료류
㉢ 제1류 위험물 중 염소산염류 및 염소산염류만을 함유한 것

답 ③

42 위험물안전관리법령상 간이탱크저장소의 위치 · 구조 및 설비의 기준이 아닌 것은?

① 전용실 안에 설치하는 간이저장탱크의 경우 전용실 주위에는 1m 이상의 공지를 두어야 한다.
② 동일한 품질의 위험물의 간이저장탱크를 2 이상 설치하지 아니하여야 한다.
③ 간이저장탱크는 옥외에 설치하여야 하지만, 규정에서 정한 기준에 적합한 전용실 안에 설치하는 경우에는 옥내에 설치할 수 있다.
④ 간이저장탱크는 70kPa의 압력으로 10분간의 수압시험을 실시하여 새거나 변형되지 아니하여야 한다.

간이저장탱크는 움직이거나 넘어지지 아니하도록 지면 또는 가설대에 고정시키되, 옥외에 설치하는 경우에는 그 탱크의 주위에 너비 1m 이상의 공지를 두고, 전용실 안에 설치하는 경우에는 탱크와 전용실의 벽과의 사이에 0.5m 이상의 간격을 유지하여야 한다.

답 ①

43 옥내저장소에서 위험물 용기를 겹쳐 쌓는 경우 그 최대 높이 중 옳지 않은 것은?

① 기계에 의해 하역하는 구조로 된 용기 : 6m

② 제4류 위험물 중 제4석유류 수납용기 : 4m

③ 제4류 위험물 중 제1석유류 수납용기 : 3m

④ 제4류 위험물 중 동식물유류 수납용기 : 6m

 옥내저장소에서 위험물을 저장하는 경우에는 다음의 규정에 의한 높이를 초과하여 용기를 겹쳐 쌓지 아니하여야 한다(옥외저장소에서 위험물을 저장하는 경우에 있어서도 본 규정에 의한 높이를 초과하여 용기를 겹쳐 쌓지 아니하여야 한다).
  ㉠ 기계에 의하여 하역하는 구조로 된 용기만을 겹쳐 쌓는 경우에 있어서는 6m
  ㉡ 제4류 위험물 중 제3석유류, 제4석유류 및 동식물유류를 수납하는 용기만을 겹쳐 쌓는 경우에 있어서는 4m
  ㉢ 그 밖의 경우에 있어서는 3m

답 ④

44 위험물안전관리법령상 알킬알루미늄을 저장 또는 취급하는 이동탱크저장소에 비치하지 않아도 되는 것은?

① 응급조치에 관하여 필요한 사항을 기재한 서류

② 염기성 중화제

③ 고무장갑

④ 휴대용 확성기

 알킬알루미늄 등을 저장 또는 취급하는 이동탱크저장소에는 긴급 시의 연락처, 응급조치에 관하여 필요한 사항을 기재한 서류, 방호복, 고무장갑, 밸브 등을 죄는 결합공구 및 휴대용 확성기를 비치하여야 한다.

답 ②

45 옥외탱크저장소에서 제4석유류를 저장하는 경우, 방유제 내에 설치할 수 있는 옥외저장탱크의 수는 몇 개 이하여야 하는가?

① 10   ② 20

③ 30   ④ 제한 없음

 방유제 내에 설치하는 옥외저장탱크의 수는 10개(방유제 내에 설치하는 모든 옥외저장탱크의 용량이 20만L 이하이고, 해당 옥외저장탱크에 저장 또는 취급하는 위험물의 인화점이 70℃ 이상 200℃ 미만인 경우에는 20) 이하로 할 것. 다만, 인화점이 200℃ 이상인 위험물을 저장 또는 취급하는 옥외저장탱크에 있어서는 그러하지 아니하다.

답 ④

46 위험물안전관리법령에 명시된 위험물 운반용기의 재질이 아닌 것은?

① 강판, 알루미늄판   ② 양철판, 유리

③ 비닐, 스티로폼   ④ 금속판, 종이

 운반용기 재질 : 금속판, 강판, 삼, 합성섬유, 고무류, 양철판, 짚, 알루미늄판, 종이, 유리, 나무, 플라스틱, 섬유판

답 ③

47 위험물안전관리법령에 따라 제조소 등의 변경허가를 받아야 하는 경우에 속하는 것은?

① 일반취급소에서 계단을 설치하는 경우

② 제조소에서 펌프설비를 증설하는 경우

③ 옥외탱크저장소에서 자동화재탐지설비를 신설하는 경우

④ 판매취급소의 배출설비를 신설하는 경우

답 ③

48 소화설비의 설치기준에서 저장소의 건축물은 외벽이 내화구조인 것은 연면적 몇 m^2를 1소요단위로 하고, 외벽이 내화구조가 아닌 것은 연면적 몇 m^2를 1소요단위로 하는가?

① 100, 75
② 150, 75
③ 200, 100
④ 250, 150

 소요단위 : 소화설비의 설치대상이 되는 건축물의 규모 또는 위험물의 양에 대한 기준단위

1단위	제조소 또는 취급소용 건축물의 경우	내화구조 외벽을 갖춘 연면적 100m²
		내화구조 외벽이 아닌 연면적 50m²
	저장소 건축물의 경우	내화구조 외벽을 갖춘 연면적 150m²
		내화구조 외벽이 아닌 연면적 75m²
	위험물의 경우	지정수량의 10배

 ②

49 위험물제조소 등에 설치되어 있는 스프링클러 소화설비를 정기점검할 경우 일반점검표에서 헤드의 점검내용에 해당하지 않는 것은?

① 압력계의 지시사항
② 변형·손상의 유무
③ 기능의 적부
④ 부착각도의 적부

 스프링클러설비 중 헤드의 일반점검표

점검내용	점검방법
변형·손상의 유무	육안
부착각도의 적부	육안
기능의 적부	조작 확인

 ①

50 위험물안전관리법령상 화학소방자동차에 갖추어야 하는 소화 능력 및 설비의 기준으로 옳지 않은 것은?

① 포수용액의 방사능력이 매분 2,000리터 이상인 포수용액방사차
② 분말의 방사능력이 매초 35kg 이상인 분말방사차
③ 할로젠화합물의 방사능력이 매초 40kg 이상인 할로젠화합물방사차
④ 가성소다 및 규조토를 각각 100kg 이상 비치한 제독차

 화학소방자동차에 갖추어야 하는 소화 능력 및 설비의 기준

화학소방 자동차의 구분	소화 능력 및 설비의 기준
포수용액 방사차	• 포수용액의 방사능력이 2,000L/분 이상일 것 • 소화약액탱크 및 소화약액혼합장치를 비치할 것 • 10만L 이상의 포수용액을 방사할 수 있는 양의 소화약제를 비치할 것
분말 방사차	• 분말의 방사능력이 35kg/초 이상일 것 • 분말탱크 및 가압용 가스설비를 비치할 것 • 1,400kg 이상의 분말을 비치할 것
할로젠화합물 방사차	• 할로젠화합물의 방사능력이 40kg/초 이상일 것 • 할로젠화합물 탱크 및 가압용 가스설비를 비치할 것 • 1,000kg 이상의 할로젠화합물을 비치할 것
이산화탄소 방사차	• 이산화탄소의 방사능력이 40kg/초 이상일 것 • 이산화탄소 저장용기를 비치할 것 • 3,000kg 이상의 이산화탄소를 비치할 것
제독차	가성소다 및 규조토를 각각 50kg 이상 비치할 것

답 ④

51 위험물안전관리법령상 차량운반 시 제4류 위험물과 혼재가 가능한 위험물의 유별을 모두 나타낸 것은? (단, 각각의 위험물은 지정수량의 10배이다.)

① 제2류 위험물, 제3류 위험물

② 제3류 위험물, 제5류 위험물

③ 제1류 위험물, 제2류 위험물, 제3류 위험물

④ 제2류 위험물, 제3류 위험물, 제5류 위험물

 유별을 달리하는 위험물의 혼재기준

위험물의 구분	제1류	제2류	제3류	제4류	제5류	제6류
제1류		×	×	×	×	○
제2류	×		×	○	○	×
제3류	×	×		○	×	×
제4류	×	○	○		○	×
제5류	×	○	×	○		×
제6류	○	×	×	×	×	

답 ④

52 위험물제조소 등의 집유설비의 유분리장치를 설치해야 하는 장소는?

① 액상의 위험물을 저장하는 옥내저장소에 설치하는 집유설비

② 휘발유를 저장하는 옥내탱크저장소의 탱크 전용실 바닥에 설치하는 집유설비

③ 휘발유를 저장하는 간이탱크저장소의 옥외설비 바닥에 설치하는 집유설비

④ 경유를 저장하는 옥외탱크저장소의 옥외 펌프설비에 설치하는 집유설비

답 ④

53 위험물안전관리법령상 위험물 옥외탱크저장소의 방유제 지하매설깊이는 몇 m 이상으로 하여야 하는가? (단, 원칙적인 경우에 한한다.)

① 0.2   ② 0.3

③ 0.5   ④ 1.0

 옥외탱크저장소의 방유제 설치기준 : 높이 0.5m 이상 3.0m 이하, 면적 80,000m² 이하, 두께 0.2m 이상, 지하매설깊이 1m 이상으로 할 것

답 ④

54 바닥면적이 120m³인 제조소의 경우에 환기설비인 급기구의 최소 설치개수와 최소 크기는?

① 1개, 300cm²

② 1개, 600cm²

③ 2개, 800cm²

④ 2개, 600cm²

 급기구는 해당 급기구가 설치된 실의 바닥면적 150m²마다 1개 이상으로 하되, 급기구의 크기는 800cm² 이상으로 한다. 다만, 바닥면적이 150m² 미만인 경우에는 다음의 크기로 하여야 한다.

바닥면적	급기구의 면적
60m² 미만	150cm² 이상
60m² 이상 90m² 미만	300cm² 이상
90m² 이상 120m² 미만	450cm² 이상
120m² 이상 150m² 미만	600cm² 이상

답 ②

55 어떤 회사의 매출액이 80,000원, 고정비가 15,000원, 변동비가 40,000원일 때 손익분기점 매출액은 얼마인가?

① 25,000원

② 30,000원

③ 40,000원

④ 55,000원

$$손익분기점\ 매출액 = \frac{고정비 \times 매출액}{변동비}$$
$$= \frac{15,000원 \times 80,000원}{40,000원}$$
$$= 30,000원$$

답 ②

56 직물, 금속, 유리 등의 일정단위 중 나타나는 홈의 수, 핀홀 수 등 부적합수에 관한 관리도를 작성하려면 가장 적합한 관리도는?

① c관리도   ② np관리도

③ p관리도   ④ $\overline{X} - R$관리도

답 ①

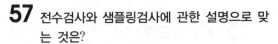

57 전수검사와 샘플링검사에 관한 설명으로 맞는 것은?

① 파괴검사의 경우에는 전수검사를 적용한다.
② 검사항목이 많은 경우 전수검사보다 샘플링검사가 유리하다.
③ 샘플링검사는 부적합품이 섞여 들어가서는 안 되는 경우에 적용한다.
④ 생산자에게 품질향상의 자극을 주고 싶을 경우 전수검사가 샘플링검사보다 더 효과적이다.

 • 전수검사란 검사로트 내의 검사단위 모두를 하나하나 검사하여 합격, 불합격 판정을 내리는 것으로 일명 100% 검사라고도 한다. 예컨대 자동차의 브레이크 성능, 크레인의 브레이크 성능, 프로페인 용기의 내압성능 등과 같이 인체 생명위험 및 화재발생위험이 있는 경우 및 보석류와 같이 아주 고가제품의 경우에는 전수검사가 적용된다. 그러나 대량품, 연속체, 파괴검사와 같은 경우는 전수검사를 적용할 수 없다.
• 샘플링검사는 로트로부터 추출한 샘플을 검사하여 그 로트의 합격, 불합격을 판정하고 있기 때문에 합격된 로트 중에 다소의 불량품이 들어 있게 되지만, 샘플링검사에서는 검사된 로트 중에 불량품의 비율이 확률적으로 어떤 범위 내에 있다는 것을 보증할 수 있다.

답 ②

58 국제 표준화의 의의를 지적한 설명 중 직접적인 효과로 보기 어려운 것은?

① 국제간 규격통일로 상호이익 도모
② KS 표시품 수출 시 상대국에서 품질 인증
③ 개발도상국에 대한 기술개발의 촉진 유도
④ 국가간의 규격상이로 인한 무역장벽 제거

답 ②

59 Ralph M. Barnes 교수가 제시한 동작경제의 원칙 중 작업장 배치에 관한 원칙(Arrangement of the workplace)에 해당되지 않는 것은?

① 가급적이면 낙하식 운반방법을 이용한다.
② 모든 공구나 재료는 지정된 위치에 있도록 한다.
③ 적절한 조명을 하여 작업자가 잘 보면서 작업할 수 있도록 한다.
④ 가급적 용이하고 자연스런 리듬을 타고 일할 수 있도록 작업을 구성하여야 한다.

 동작경제의 원칙 : 작업자가 일하는데 에너지 소비를 최소한으로 하고 작업시간도 최소로 하며 효율적으로 일할 수 있도록 가장 경제적이고 합리적인 동작을 설정하는 것을 말한다.

답 ④

60 다음 데이터의 제곱합(sum of squares)은 약 얼마인가?

> [Data] : 18.8, 19.1, 18.8, 18.2, 18.4, 18.3, 19.0, 18.6, 19.2

① 0.129　　② 0.338
③ 0.359　　④ 1.029

 평균 : $18.8+19.1+18.8+18.2+18.4+18.3+19.0+18.6+19.2/9=18.71$
$S=(18.71-18.8)^2+(18.71-19.1)^2+(18.71-18.8)^2+(18.71-18.2)^2+(18.71-18.4)^2+(18.71-18.3)^2+(18.71-19.0)^2+(18.71-18.6)^2+(18.71-19.2)^2$
$=1.0289 ≒1.029$

답 ④

제64회
(2018년 6월 시행)

위험물기능장 필기

01
산소 20g과 수소 4g으로 몇 g의 물을 얻을 수 있는가?

① 10.5 ② 18.5
③ 22.5 ④ 36.5

$$2H_2 + O_2 \rightarrow 2H_2O$$
$$4g \quad 32g \quad 36g$$
$$1 : 8 : 9$$
$$8 : 9 = 20 : x$$
$$\therefore x = \frac{9 \times 20}{8} = 22.5g$$

답 ③

02
어떤 화합물이 산소 50%, 황 50%를 포함하고 있다. 이 화합물의 실험식은?

① SO ② SO_2
③ SO_3 ④ SO_4

S와 O의 무게비는 1 : 1이므로
$$S : O = \frac{50}{32} : \frac{50}{16} = \frac{1}{32} : \frac{1}{16}$$
정수비로 고치면,
$$S : O = 1 : 2$$
$$\therefore SO_2$$

답 ②

03
수산화이온 농도가 2.0×10^{-3}M인 암모니아 용액의 pH는 얼마인가? (단, $\log 2 = 0.3$)

① 10.3 ② 11.3
③ 12.20 ④ 12.3

$$pOH = -\log(2.0 \times 10^{-3}) = 2.7$$
$$pH = 14.00 - pOH = 14.00 - 2.7 = 11.3$$

답 ②

04
다음 중 틀린 설명은?

① 원자는 핵과 전자로 나누어진다.
② 원자가 +1가는 전자를 1개 잃었다는 표시이다.
③ 네온과 Na^+의 전자배치는 다르다.
④ 원자핵을 중심으로 맨 처음 나오는 전자껍질명은 K껍질이다.

③ 네온과 Na^+는 각각 전자 10개로 전자배치가 같다.

답 ③

05
다음 중 틀린 설명은?

① 이온결합이란 양이온과 음이온 간의 정전기적 인력에 의한 결합이다.
② 순수한 물은 전기가 통하지 않는다.
③ 물과 가솔린이 섞이지 않는 이유는 비중 차이 때문이다.
④ 공유결합성 물질은 전기에 대해 부도체이며, 녹는점과 끓는점이 낮다.

③ 물과 가솔린이 섞이지 않는 이유는 화학결합 차이 때문이다.

답 ③

06
16%의 소금물 200g을 증발시켜 180g으로 농축하였다. 이 용액은 몇 %의 용액인가?

① 17.58 ② 17.68
③ 17.78 ④ 17.88

16%의 소금물 200g에는 32g의 소금이 녹아 있다.
$$\frac{32}{180} \times 100 = 17.78$$

답 ③

07 다음 중 제1석유류에 속하는 것은?

① 산화프로필렌(CH_3CHCH_2)

② 아세톤(CH_3COCH_3)

③ 아세트알데하이드(CH_3CHO)

④ 이황화탄소(CS_2)

 산화프로필렌, 아세트알데하이드, 이황화탄소는 특수인화물이다.

답 ②

08 고무의 용제로 사용하며 화재가 발생하였을 때 연소에 의해 유독한 기체가 발생하는 물질은?

① 이황화탄소

② 톨루엔

③ 클로로폼

④ 아세톤

 이황화탄소(CS_2)의 연소특성

㉠ 연소 시 유독한 아황산(SO_2) 가스가 발생한다.

$CS_2+3O_2 \rightarrow CO_2+2SO_2$

㉡ 연소범위가 넓고, 물과 150℃ 이상으로 가열하면 분해되어 이산화탄소(CO_2)와 황화수소(H_2S) 가스가 발생한다.

$CS_2+2H_2O \rightarrow CO_2+2H_2S$

답 ①

09 위험물의 보호액으로 잘못 연결된 것은?

① 황린 − 물

② 칼륨 − 석유

③ 나트륨 − 에탄올

④ CS_2 − 물

 ③ 나트륨 − 석유(등유)

답 ③

10 물과 반응하여 극렬히 발열하는 위험물질은?

① 염소산나트륨

② 과산화나트륨

③ 과산화수소

④ 질산암모늄

 물과 반응하여 극렬히 발열하는 위험물질 : 과산화나트륨, 과산화칼륨 등

답 ②

11 다음과 같은 일반적 성질을 갖는 물질은?

- 약한 방향성 및 끈적거리는 시럽상의 액체
- 발화점 : 약 402℃, 인화점 : 111℃
- 유기산이나 무기산과 반응하여 에스터를 만듦

① 에틸렌글리콜

② 우드테레빈유

③ 클로로벤젠

④ 테레빈유

 ③ 클로로벤젠 − 발화점 : 593℃, 인화점 : 29℃

④ 테레빈유 − 발화점 : 240℃, 인화점 : 35℃

답 ①

12 에터 중 과산화물을 확인하는 방법으로 옳은 것은?

① 산화철을 첨가한다.

② 10% KI 용액을 첨가하여 1분 이내에 황색으로 변화하는지 확인한다.

③ 30% $FeSO_4$ 10mL를 에터 1L의 비율로 첨가하여 추출한다.

④ 98% 에틸알코올 120mL를 에터 1L의 비율로 첨가하여 증류한다.

 과산화물의 검출은 10% 아이오딘화칼륨(KI) 용액과의 황색 반응으로 확인한다.

※ ③은 과산화물을 제거하는 방법이다.

답 ②

13 자일렌(xylene)의 일반적인 성질에 대한 설명으로 옳지 않은 것은?

① 3가지 이성질체가 있다.

② 독특한 냄새를 가지며 갈색이다.

③ 유지나 수지 등을 녹인다.

④ 증기의 비중이 높아 낮은 곳에 체류하기 쉽다.

 ② 독특한 냄새를 가지며 무색투명하다.

답 ②

14 아세톤의 성질에 대한 설명으로 옳지 않은 것은?

① 보관 중 청색으로 변한다.

② 아이오딘폼 반응을 일으킨다.

③ 아세틸렌 저장에 이용된다.

④ 유기물을 잘 녹인다.

 해설 ① 보관 중 황색으로 변한다.

답 ①

15 할론 1301 소화약제는 플루오린이 몇 개 있다는 뜻인가?

① 0개　　② 1개

③ 2개　　④ 3개

 해설 할론 소화약제의 구분

구분	분자식	C	F	Cl	Br
할론 1011	CH_2ClBr	1	0	1	1
할론 2402	C_2F4Br_2	2	4	0	2
할론 1301	CF_3Br	1	3	0	1
할론 1211	CF_2ClBr	1	2	1	1

답 ④

16 할로젠화합물 소화약제의 공통적인 특성이 아닌 것은?

① 잔사가 남지 않는다.

② 전기전도성이 좋다.

③ 소화농도가 낮다.

④ 침투성이 우수하다.

해설 ② 전기부도체이다.

답 ②

17 다이아이소프로필퍼옥시다이카보네이트 유기 과산화물에 대한 설명으로 틀린 것은?

① 가열·충격·마찰에 민감하다.

② 중금속분과 접촉하면 폭발한다.

③ 희석제로 톨루엔 70%를 첨가하고, 저장온도는 0℃ 이하로 유지하여야 한다.

④ 다량의 물로 냉각소화는 기대할 수 없다.

 해설 ④ 제5류 위험물은 다량의 물로 냉각소화효과를 기대할 수 있다.

답 ④

18 아이오딘폼 반응을 하는 물질로 연소범위가 약 2.5~12.8%이며, 끓는점과 인화점이 낮아 화기를 멀리해야 하고 냉암소에 보관하는 물질은?

① CH_3COCH_3

② CH_3CHO

③ C_6H_6

④ $C_6H_5NO_2$

 해설 ① CH_3COCH_3(아세톤)

　무색투명하며, 독특한 냄새를 갖는 인화성 물질이다. 물과 유기용제에 잘 녹으며, 아이오딘폼 반응을 한다.

　비중 : 0.79, 비점 : 56.6℃, 인화점 : -18.5℃, 발화점 : 538℃, 연소범위 : 2.6~12.8%

② CH_3CHO(아세트알데하이드)

　액비중 : 0.783(증기비중 : 1.52), 비점 : 21℃, 발화점 : 185℃, 연소범위 : 4.1~57%

③ C_6H_6(벤젠)

　비중 : 0.879(증기비중 : 2.77), 비점 : 80℃, 융점 : 5.5℃, 인화점 : -11℃, 발화점 : 498℃, 연소범위 : 1.4~7.8%

④ $C_6H_5NO_2$(나이트로벤젠)

　비중 : 1.2, 비점 : 211℃, 융점 : 5.7℃, 인화점 : 88℃, 발화점 : 482℃

답 ①

19 다음 산화성 액체 위험물질의 취급에 관한 설명 중 틀린 것은?

① 과산화수소 30% 농도의 용액은 단독으로 폭발 위험이 있다.

② 과염소산의 융점은 약 -112℃이다.

③ 질산은 강산이지만 백금은 부식시키지 못한다.

④ 과염소산은 물과 반응하여 열이 발생한다.

 해설 ① 과산화수소 60% 농도의 용액은 단독으로 폭발 위험이 있다.

답 ①

20 다음 중 염소산염류의 성질이 아닌 것은?

① 무색 결정이다.

② 산소를 많이 함유하고 있다.

③ 환원력이 강하다.

④ 강산과 혼합하면 폭발의 위험성이 있다.

 염소산염류는 제1류 위험물로서 산화력이 강하다.

답 ③

21 다음 유지류 중 아이오딘값이 가장 큰 것은?

① 돼지기름 ② 고래기름

③ 소기름 ④ 정어리기름

 아이오딘값 : 유지 100g에 부가되는 아이오딘의 g수로, 아이오딘값이 크면 불포화도가 커지고 작으면 불포화도가 작아진다.

㉠ 건성유 : 아이오딘값이 130 이상인 것
이중결합이 많아 불포화도가 높기 때문에 공기 중에서 산화되어 액 표면에 피막을 만드는 기름
예 아마인유, 들기름, 동유, 정어리기름, 해바라기유 등

㉡ 반건성유 : 아이오딘값이 100~130인 것
공기 중에서 건성유보다 얇은 피막을 만드는 기름
예 청어기름, 콩기름, 옥수수기름, 참기름, 면실유(목화씨유), 채종유 등

㉢ 불건성유 : 아이오딘값이 100 이하인 것
공기 중에서 피막을 만들지 않는 안정된 기름
예 올리브유, 피마자유, 야자유, 땅콩기름 등

답 ④

22 황화인에 대한 설명으로 옳지 않은 것은?

① 금속분, 과산화물 등과 격리·저장하여야 한다.

② 삼황화인은 물, 염산, 황산에 녹는다.

③ 분해되면 유독하고 가연성인 황화수소가 발생한다.

④ 삼황화인은 100℃의 공기 중에서 발화한다.

 ② 삼황화인(P_4S_3)은 물, 염산, 황산, 염소 등에는 녹지 않고, 질산이나 이황화탄소, 알칼리 등에 녹는다.

답 ②

23 이산화탄소 소화약제 사용 시 소화약제에 의한 피해도 발생할 수 있는데, 공기 중에서 기화하여 기상의 이산화탄소로 되었을 때 인체에 대한 허용농도는?

① 100ppm

② 3,000ppm

③ 5,000ppm

④ 10,000ppm

답 ③

24 위험물의 화재 위험에 대한 설명으로 옳지 않은 것은?

① 인화점이 낮을수록 위험하다.

② 착화점이 높을수록 위험하다.

③ 폭발범위가 넓을수록 위험하다.

④ 연소속도가 빠를수록 위험하다.

 ② 착화점이 낮을수록 위험하다.

답 ②

25 Ca_3P_2의 지정수량은 얼마인가?

① 50kg ② 100kg

③ 300kg ④ 500kg

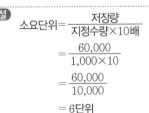 CaP_2(인화칼슘)은 제3류 위험물로서, 위험등급 Ⅲ에 해당한다.

답 ③

26 스타이렌 60,000L는 몇 소요단위인가?

① 1 ② 1.5

③ 3 ④ 6

해설

$$소요단위 = \frac{저장량}{지정수량 \times 10배}$$

$$= \frac{60,000}{1,000 \times 10}$$

$$= \frac{60,000}{10,000}$$

$$= 6단위$$

답 ④

27 다음 중 원형 관 속에서 유속 3m/s로 1일 동안 $20,000m^3$의 물을 흐르게 하는 데 필요한 관의 내경은 약 몇 mm인가?

① 414　　　　　② 313

③ 212　　　　　④ 194

 해설

$$Q = uA = u\frac{\pi}{4}D^2 = u \times 0.785D^2$$

$$\frac{20,000m^3}{24 \times 3,600s} = 3m/s \times 0.785D^2$$

$$\therefore D = 0.3135m = 313.35mm$$

답 ②

28 위험물안전관리법령상 제6류 위험물에 적응성이 있는 소화설비는?

① 옥내소화전설비

② 이산화탄소 소화설비

③ 할로젠화합물 소화설비

④ 탄산수소염류 분말소화설비

 해설 제6류 위험물을 저장 또는 취급하는 제조소 등에 설치할 수 있는 소화설비 : 옥내소화전 또는 옥외소화전 설비, 스프링클러설비, 물분무소화설비, 포소화설비, 인산염류 분말소화설비

답 ①

29 자기반응성 물질의 위험성에 대한 설명으로 틀린 것은?

① 트라이나이트로톨루엔은 테트릴에 비해 충격·마찰에 둔감하다.

② 트라이나이트로톨루엔은 물을 넣어 운반하면 안전하다.

③ 나이트로글리세린을 점화하면 연소하여 다량의 가스를 발생한다.

④ 나이트로글리세린은 영하에서도 액체상이어서 폭발의 위험성이 높다.

 해설 나이트로글리세린은 융점이 2.8℃로, 이는 2.8℃ 이하에서 고체라는 뜻이므로 영하에서는 고체상태로 존재하는 물질이다.

답 ④

30 물과 접촉하면 수산화나트륨과 산소를 발생시키는 물질은?

① 질산나트륨　　　② 염소산나트륨

③ 과산화나트륨　　④ 과염소산나트륨

 해설 $2Na_2O_2 + 2H_2O \rightarrow 4NaOH + O_2$

답 ③

31 질산에 대한 설명 중 틀린 것은?

① 녹는점은 약 −43℃이다.

② 분자량은 약 63이다.

③ 지정수량은 300kg이다.

④ 비점은 약 178℃이다.

 해설 ④ 질산의 비점은 약 86℃이다.

답 ④

32 이산화탄소 소화기에 관한 설명으로 옳지 않은 것은?

① 소화작용은 질식효과와 냉각효과에 해당한다.

② A급·B급·C급 화재 중 A급 화재에 적응성이 있다.

③ 소화약제 자체의 유독성은 적으나 실내의 산소농도를 저하시켜 질식의 우려가 있다.

④ 소화약제의 동결, 부패, 변질 우려가 없다.

 해설 이산화탄소 소화기는 C급 화재에 적응성이 있다.

답 ②

33 위험물을 취급하는 제조소 등에서 지정수량의 몇 배 이상인 경우 경보설비를 설치하여야 하는가?

① 1배 이상　　　② 5배 이상

③ 10배 이상　　　④ 100배 이상

 해설 화재 발생 시 이를 알릴 수 있는 경보설비는 지정수량의 10배 이상의 위험물을 저장 또는 취급하는 제조소에 설치한다.

답 ③

34 탱크의 공간용적을 $\frac{7}{100}$로 할 경우 아래 그림에 나타낸 타원형 위험물저장탱크의 용량은 얼마인가?

① 20.5m^3
② 21.7m^3
③ 23.4m^3
④ 25.1m^3

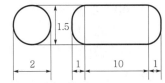

해설

내용적 $= \dfrac{\pi ab}{4}\left(l + \dfrac{l_1 + l_2}{3}\right)$

$\quad = \dfrac{\pi \times 1.5 \times 2}{4}\left(10 + \dfrac{1+1}{3}\right) = 25.12$

탱크 용량 = 내용적 − 공간용적
$\quad\quad = 25.12 − 25.12(7/100) = 23.36\text{m}^3$

답 ③

35 석유 판매취급소의 작업실에 대한 설치규정으로 맞지 않는 것은?

① 바닥면적은 6m^2 이상, 15m^2 이하로 할 것
② 출입구에 30분방화문을 설치할 것
③ 출입구는 바닥으로부터 0.1m 이상의 턱을 설치할 것
④ 내화구조로 된 벽으로 구획할 것

해설 ② 출입구에는 60분+방화문 또는 60분방화문을 설치할 것

답 ②

36 이동탱크저장소의 칸막이 설치기준으로 옳은 것은?

① 2,000L 이하마다 1개씩 설치
② 3,000L 이하마다 1개씩 설치
③ 3,500L 이하마다 1개씩 설치
④ 4,000L 이하마다 1개씩 설치

해설 이동탱크저장소의 안전칸막이 설치기준
㉠ 두께 3.2mm 이상의 강철판으로 제작
㉡ 4,000L 이하마다 구분하여 설치

답 ④

37 감지기의 설치기준으로 옳은 것은?

① 13m 이상의 계단 및 경사로에는 설치하지 말 것
② 환기통이 있는 옥내의 면하는 부분에 설치할 것
③ 실내 공기유입구로부터 1.5m 이상 부분에 설치할 것
④ 정온식 스포트형 감지기는 사용하지 말 것

해설
① 15m 미만의 계단 및 경사로에는 설치하지 말 것
② 천장 또는 반자의 옥내에 면하는 부분에 설치할 것
④ 정온식 스포트형 감지기는 주방, 보일러실에 설치할 것

답 ③

38 위험물제조소 등에 전기설비가 설치된 경우 해당 장소의 면적이 500m^2라면 몇 개 이상의 소형 수동식 소화기를 설치하여야 하는가?

① 1
② 2
③ 5
④ 10

해설 제조소 등에 전기설비가 설치된 경우 면적 100m^2마다 소형 소화기를 1개 이상 설치해야 한다.
∴ $500\text{m}^2 \div 100\text{m}^2 = 5$개

답 ③

39 자동화재탐지설비에 대한 설명으로 틀린 것은?

① 자동화재탐지설비의 경계구역은 건축물, 그 밖의 공작물의 2 이상의 층에 걸치지 아니하도록 한다.
② 광전식 분리형 감지기를 설치할 경우 하나의 경계구역의 면적은 600m^2 이하로 하고 그 한 변의 길이는 50m 이하로 한다.
③ 자동화재탐지설비의 감지기는 지붕 또는 벽의 옥내에 면한 부분에 유효하게 화재발생을 감지할 수 있도록 설치한다.
④ 자동화재탐지설비에는 비상전원을 설치한다.

해설 ② 광전식 분리형 감지기를 설치할 경우 하나의 경계구역의 면적은 600m^2 이하로 하고, 그 한 변의 길이는 100m 이하로 한다.

답 ②

40 이동저장탱크의 상부로부터 위험물을 주입할 때에는 위험물의 액 표면이 주입관의 선단을 넘는 높이가 될 때까지 그 주입관 내의 유속을 얼마 이하로 해야 하는가? (단, 휘발유를 저장하던 이동저장탱크에 등유나 경유를 주입하는 경우를 가정한다.)

① 0.5m/sec ② 1m/sec
③ 1.5m/sec ④ 2m/sec

답 ②

41 위험물 옥외탱크저장소에서 각각 30,000L, 40,000L, 50,000L의 용량을 갖는 탱크 3기를 설치할 경우 필요한 방유제의 용량은 몇 m³ 이상이어야 하는가?

① 33 ② 44
③ 55 ④ 132

 2기 이상의 탱크가 있는 경우 방유제의 용량은 그 탱크 중 용량이 최대인 것의 110% 이상으로 한다.
∴ 50,000L=50m³×1.1=55m³

답 ③

42 옥외저장탱크의 펌프설비 설치기준으로 틀린 것은?

① 펌프실의 지붕을 폭발력이 위로 방출될 정도의 가벼운 불연재료로 할 것
② 펌프실의 창 및 출입구에는 60분+방화문·60분방화문 또는 30분방화문을 설치할 것
③ 펌프실의 바닥 주위에는 높이 0.2m 이상의 턱을 만들 것
④ 펌프설비의 주위에는 너비 1m 이상의 공지를 보유할 것

 ④ 펌프설비의 주위에는 너비 3m 이상의 공지를 보유한다.

답 ④

43 옥내탱크저장소 중 탱크전용실을 단층 건물 외의 건축물에 설치하는 경우 옥내저장탱크를 설치한 탱크전용실을 건축물의 1층 또는 지하층에 설치하여야 하는 위험물의 종류가 아닌 것은?

① 황화인 ② 황린
③ 동식물유류 ④ 질산

 옥내저장탱크는 탱크전용실에 설치할 것. 이 경우 제2류 위험물 중 황화인·적린 및 덩어리 황, 제3류 위험물 중 황린, 제6류 위험물 중 질산의 탱크전용실은 건축물의 1층 또는 지하층에 설치하여야 한다.

답 ③

44 다음 중 위험물 판매취급소의 배합실에서 배합하여서는 안 되는 위험물은?

① 도료류
② 염소산칼륨
③ 과산화수소
④ 황

 제2종 판매취급소 작업실에서 배합할 수 있는 위험물의 종류
㉠ 황
㉡ 도료류
㉢ 제1류 위험물 중 염소산염류 및 염소산염류만을 함유한 것

답 ③

45 피난구 유도등은 피난구의 바닥으로부터 몇 m 이상의 곳에 설치해야 하는가?

① 0.5m 이상
② 1m 이상
③ 1.5m 이상
④ 2m 이상

 피난구 유도등은 바닥으로부터 1.5m 이상 되는 출입구 위쪽에 설치한다.

답 ③

46 스프링클러설비에 방사구역마다 제어밸브를 설치하고자 한다. 바닥면으로부터 높이 기준으로 옳은 것은?

① 0.8m 이상 1.5m 이하
② 1.0m 이상 1.5m 이하
③ 0.5m 이상 0.8m 이하
④ 1.5m 이상 1.8m 이하

 제어밸브는 개방형 스프링클러헤드를 이용하는 스프링클러설비에 있어서는 방수구역마다, 폐쇄형 스프링클러헤드를 사용하는 스프링클러설비에 있어서는 해당 방화대상물의 층마다, 바닥면으로부터 0.8m 이상 1.5m 이하의 높이에 설치할 것

답 ①

47 지정수량 미만의 위험물을 저장 또는 취급하는 기준 및 시설기준은 무엇으로 정하는가?

① 행정자치부령
② 시·도의 규칙
③ 시·도의 조례
④ 대통령령

답 ③

48 다음 중 위험물을 가압하는 설비에 설치하는 장치로서 옳지 않은 것은?

① 안전밸브를 병용하는 경보장치
② 압력계
③ 수동적으로 압력의 상승을 정지시키는 장치
④ 감압 측에 안전밸브를 부착한 감압밸브

 ③ 자동적으로 압력의 상승을 정지시키는 장치여야 한다.

답 ③

49 간이탱크저장소에 대한 설명으로 옳지 않은 것은?

① 간이저장탱크의 외면에는 녹을 방지하기 위한 도장을 하여야 한다.
② 간이저장탱크의 두께는 3.2mm 이상의 강판을 사용한다.
③ 통기관은 옥외에 설치하되, 그 선단의 높이는 지상 1.5m 이상으로 한다.
④ 통기관의 지름은 10mm 이상으로 한다.

해설 ④ 통기관의 지름은 25mm 이상으로 한다.

답 ④

50 위험물안전관리법 규정에 의하여 다수의 제조소 등을 설치한 자가 1인의 안전관리자를 중복하여 선임할 수 있는 경우가 아닌 것은? (단, 동일 구내에 있는 저장소로서 행정자치부령이 정하는 저장소를 동일인이 설치한 경우이다.)

① 15개의 옥내저장소
② 15개의 옥외탱크저장소
③ 10개의 옥외저장소
④ 10개의 암반탱크저장소

해설 다수의 제조소 등을 설치한 자가 1인의 안전관리자를 중복하여 선임할 수 있는 경우
㉠ 10개 이하의 옥내저장소
㉡ 30개 이하의 옥외탱크저장소
㉢ 10개 이하의 옥외저장소
㉣ 10개 이하의 암반탱크저장소

답 ①

51 자기탐상시험 결과에 대한 판정기준으로 옳지 않은 것은?

① 균열이 확인된 경우에는 불합격으로 할 것
② 선상 및 원형상의 결함 크기가 8mm를 초과할 경우에는 불합격으로 할 것
③ 2 이상의 결함 자분모양이 동일선상에 연속해서 존재하고 그 상호 간의 간격이 2mm 이하인 경우에는 상호 간의 간격을 포함하여 연속된 하나의 결함 자분모양으로 간주할 것
④ 결함 자분모양이 존재하는 임의의 개소에 있어서 2,500mm² 의 사각형(한 변의 최대 길이는 150mm로 한다) 내에 길이 1mm를 초과하는 결함 자분모양의 길이의 합계가 8mm를 초과하는 경우에는 불합격으로 할 것

 ② 선상 및 원형상의 결함 크기가 4mm를 초과할 경우에는 불합격으로 할 것

답 ②

52 위험물안전관리법령상 제조소 등의 기술검토에 관한 설명으로 옳은 것은?

① 기술검토는 한국소방산업기술원에서 실시하는 것으로 일정한 제조소 등의 설치허가 또는 변경허가와 관련된 것이다.

② 기술검토는 설치허가 또는 변경허가와 관련된 것이나 제조소 등의 완공검사 시 설치자가 임의적으로 기술검토를 신청할 수도 있다.

③ 기술검토는 법령상 기술기준과 다르게 설계하는 경우에 그 안전성을 전문적으로 검증하기 위한 절차이다.

④ 기술검토의 필요성이 없으면 변경허가를 받을 필요가 없다.

 제조소 등은 한국소방산업기술원(이하 "기술원"이라 한다)의 기술검토를 받고 그 결과가 행정안전부령으로 정하는 기준에 적합한 것으로 인정될 것. 다만, 보수 등을 위한 부분적인 변경으로서 소방청장이 정하여 고시하는 사항에 대해서는 기술원의 기술검토를 받지 아니할 수 있으나 행정안전부령으로 정하는 기준에는 적합하여야 한다.

㉠ 지정수량의 1천 배 이상의 위험물을 취급하는 제조소 또는 일반취급소 : 구조·설비에 관한 사항

㉡ 옥외탱크저장소(저장용량이 50만L 이상인 것만 해당) 또는 암반탱크저장소 : 위험물 탱크의 기초·지반, 탱크 본체 및 소화설비에 관한 사항

답 ①

53 위험물탱크 안전성능시험자가 기술능력, 시설 및 장비 중 중요 변경사항이 있는 때에는 변경한 날부터 며칠 이내에 변경신고를 하여야 하는가?

① 5일 이내   ② 15일 이내

③ 25일 이내   ④ 30일 이내

 규정에 따라 등록한 사항 가운데 행정안전부령이 정하는 중요 사항을 변경한 경우에는 그날부터 30일 이내에 시·도지사에게 변경신고를 하여야 한다.

답 ④

54 위험물의 장거리 운송 시에는 2명 이상의 운전자가 필요하다. 다음 중 장거리에 해당하는 것은?

① 자동차전용도로 − 80km 이상

② 지방도 − 100km 이상

③ 일반국도 − 150km 이상

④ 고속국도 − 340km 이상

 위험물 운송자는 장거리(고속국도에 있어서는 340km 이상, 그 밖의 도로에 있어서는 200km 이상)에 걸치는 운송을 하는 때에는 2명 이상의 운전자로 할 것

답 ④

55 준비작업시간이 5분, 정미작업시간이 20분, lot 수 5, 주작업에 대한 여유율이 0.2라면, 가공시간은?

① 150분

② 145분

③ 125분

④ 105분

 가공시간
=준비작업시간+로트 수×정미작업시간(1+여유율)
=5+5×20(1+0.20)
=125분

답 ③

56 더미활동(dummy activity)에 대한 설명 중 가장 적합한 것은?

① 가장 긴 작업시간이 예상되는 공정을 말한다.

② 공정의 시작에서 그 단계에 이르는 공정별 소요시간들 중 가장 큰 값이다.

③ 실제 활동은 아니며, 활동의 선행조건을 네트워크에 명확히 표현하기 위한 활동이다.

④ 각 활동별 소요시간이 베타분포를 따른다고 가정할 때의 활동이다.

답 ③

57 200개 들이 상자가 15개 있다. 각 상자로부터 제품을 랜덤하게 10개씩 샘플링할 경우 이러한 샘플링방법을 무엇이라 하는가?

① 계통샘플링　　② 취락샘플링

③ 층별샘플링　　④ 2단계샘플링

 해설　층별샘플링(stratified sampling)이란 모집단을 몇 개의 층으로 나누고 각 층으로부터 각각 랜덤하게 시료를 뽑는 샘플링방법이다.

 답 ③

58 다음 중 계수치 관리도가 아닌 것은?

① c 관리도　　② p 관리도

③ u 관리도　　④ x 관리도

 해설　④ x 관리도는 계량치 관리도이다.

 답 ④

59 로트의 크기가 30, 부적합품률이 10%인 로트에서 시료의 크기를 5로 하여 랜덤샘플링할 때, 시료 중 부적합품 수가 1개 이상일 확률은 약 얼마인가? (단, 초기하분포를 이용하여 계산한다.)

① 0.3695　　② 0.4335

③ 0.5665　　④ 0.6305

 해설　부적합 비율이 10%이므로 전체 로트의 크기 30개 중 적합은 27개, 부적합은 3개이다.

$$1 - \frac{{}_{27}C_5 \times {}_3C_0}{{}_{30}C_5} = 1 - \frac{\dfrac{27!}{5!\,22!} \times \dfrac{3!}{0!\,3!}}{\dfrac{30!}{5!\,25!}}$$

$$= 1 - \frac{\dfrac{27!}{22!} \times 1}{\dfrac{30!}{25!}}$$

$$= 1 - \frac{25 \times 24 \times 23}{30 \times 29 \times 28} = 0.4335$$

 답 ②

60 정상 소요기간이 5일이고, 비용이 20,000원이며 특급 소요기간이 3일이고, 이때의 비용이 30,000원이라면 비용구배는 얼마인가?

① 4,000원/일　　② 5,000원/일

③ 7,000원/일　　④ 10,000원/일

 해설　비용구배

$$= \frac{\text{특급 소요기간 비용} - \text{정상 소요기간 비용}}{\text{정상 소요기간} - \text{특급 소요기간}}$$

$$= \frac{30,000 - 20,000}{5 - 3}$$

$$= 5,000원/일$$

답 ②

제65회
(2019년 3월 시행)

위험물기능장 필기

01 분자를 이루고 있는 원자단을 나타내며 그 분자의 특성을 밝힌 화학식을 무엇이라 하는가?

① 시성식　　　　② 구조식
③ 실험식　　　　④ 분자식

답 ①

02 180.0g/mol의 몰질량을 갖는 화합물이 40.0%의 탄소, 6.67%의 수소, 53.3%의 산소로 되어 있다. 이 화합물의 화학식을 구하면?

① CH_2O　　　　② $C_2H_4O_2$
③ $C_3H_6O_3$　　　　④ $C_6H_{12}O_6$

 C : 40/12=3.33/3.33=1
H : 6.67/1=6.67/3.33=2
O : 53.3/16=5.33/3.33=1
실험식은 CH_2O이며,
분자식은 $(CH_2O) \times n = 180$에서
$n = \dfrac{180}{30} = 6$
∴ $(CH_2O) \times 6 = C_6H_{12}O_6$

답 ④

03 다음 원소 중 전기음성도값이 가장 큰 것은?

① C　　　　② N
③ O　　　　④ F

 같은 주기에서는 원자번호가 증가할수록 전기음성도값이 크다.
보기 원소의 전기음성도값은 다음과 같다.
① C=2.5
② N=3.0
③ O=3.5
④ F=4.0

답 ④

04 금속성 원소와 비금속성 원소가 만나서 이루어진 결합성 물질은?

① 이온결합성
② 공유결합성
③ 배위결합성
④ 금속결합성

답 ①

05 pH 4인 용액과 pH 6인 용액의 농도 차는 얼마인가?

① 1.5배　　　　② 2배
③ 10배　　　　④ 100배

 pH 4=10^{-4}
pH 6=10^{-6}
∴ 100배

답 ④

06 기체 암모니아를 25℃, 750mmHg에서 용적을 측정한 결과 800mL였다. 이것을 100mL의 물에 전량 흡수시켜 암모니아 수용액을 만들 경우 중량백분율은?

① 0.52　　　　② 0.55
③ 0.5526　　　　④ 0.6

 $PV = \dfrac{w}{M}RT$에서
$w = \dfrac{PVM}{RT} = \dfrac{\frac{750}{760}\text{atm} \times 0.8\text{L} \times 17}{0.082 \times (273.15 + 25)} ≒ 0.5489\text{g}$
∴ $\dfrac{0.55}{100 + 0.55} \times 100 = 0.55\%$

답 ②

07 다음 위험물 중 지정수량이 제일 적은 것은?

① 황　　　　　　② 황린
③ 황화인　　　　④ 적린

 해설　보기 위험물의 지정수량은 다음과 같다.
① 황 : 100kg
② 황린 : 20kg
③ 황화인 : 100kg
④ 적린 : 100kg

 답 ②

08 사방황과 단사황의 전이온도(transition temperature)로 옳은 것은?

① 95.5℃　　　② 112.8℃
③ 119.1℃　　　④ 444.6℃

 해설　95.5℃ 이하에서는 단사황이 서서히 사방황으로, 그 이상에서는 사방황이 단사황으로 변화한다.

 답 ①

09 탄화수소 $C_5H_{12} \sim C_9H_{20}$까지의 포화·불포화 탄화수소의 혼합물인 휘발성 액체 위험물의 인화점 범위는?

① $-5 \sim 10℃$
② $-43 \sim -20℃$
③ $-70 \sim -45℃$
④ $-15 \sim -5℃$

 답 ②

10 알킬알루미늄(alkyl aluminum)을 취급할 때 용기를 완전히 밀봉하고 물과의 접촉을 피해야 하는 이유로 가장 옳은 것은?

① C_2H_6가 발생
② H_2가 발생
③ C_2H_2가 발생
④ CO_2가 발생

 해설　물과 폭발적 반응을 일으켜 에테인(C_2H_6) 가스 발화·비산되므로 위험하다.
$(C_2H_5)_3Al + 3H_2O \rightarrow Al(OH)_3 + 3C_2H_6$

 답 ①

11 아이소프로필아민의 저장·취급에 대한 설명으로 옳지 않은 것은?

① 증기 누출, 액체 누출 방지를 위하여 완전 밀봉한다.
② 증기는 공기보다 가볍고 공기와 혼합되면 점화원에 의하여 인화·폭발 위험이 있다.
③ 강산류, 강산화제, 케톤류와의 접촉을 방지한다.
④ 화기엄금, 가열 금지, 직사광선 차단, 환기가 좋은 장소에 저장한다.

 해설　② 증기는 공기보다 무겁고 공기와 혼합되면 점화원에 의하여 인화·폭발 위험이 있다.

 답 ②

12 다음 위험물 중 형상은 다르지만 성질이 같은 것은?

① 제1류와 제6류　　② 제2류와 제5류
③ 제3류와 제5류　　④ 제4류와 제6류

 해설　① 제1류(산화성 고체)와 제6류(산화성 액체)

 답 ①

13 인화성 액체 위험물에 해당하는 에어졸의 내장 용기 등으로서 용기 포장에 표시하지 아니할 수 있는 포장의 최대용적은?

① 300mL　　　② 500mL
③ 150mL　　　④ 1,000mL

 답 ①

14 자동차의 부동액으로 많이 사용되는 에틸렌글리콜을 가열하거나 연소했을 때 주로 발생되는 가스는?

① 일산화탄소　　② 인화수소
③ 포스겐가스　　④ 메테인

 해설　상온에서는 인화의 위험이 없으나 가열하면 연소 위험성이 증가하고 가열하거나 연소에 의해 자극성 또는 유독성의 일산화탄소가 발생한다.

답 ①

15 제2류 위험물과 제4류 위험물의 공통적 성질로 맞는 것은?

① 모두 물에 의한 소화가 가능하다.
② 모두 산소 원소를 포함하고 있다.
③ 모두 물보다 가볍다.
④ 모두 가연성 물질이다.

 해설
① 제2류 위험물은 주수소화, 제4류 위험물은 질식소화를 한다.
② 모두 산소 원소를 포함하고 있지 않다.
③ 제2류 위험물은 비중이 1보다 크며, 제4류 위험물은 물보다 가볍다.

답 ④

16 인화점이 낮은 것에서 높은 순서로 올바르게 나열된 것은?

① 다이에틸에터 → 아세트알데하이드 → 이황화탄소 → 아세톤
② 아세톤 → 다이에틸에터 → 이황화탄소 → 아세트알데하이드
③ 이황화탄소 → 아세톤 → 다이에틸에터 → 아세트알데하이드
④ 아세트알데하이드 → 아세톤 → 이황화탄소 → 다이에틸에터

 해설
보기에서 주어진 물질의 인화점은 다음과 같다.
㉠ 다이에틸에터 : −40℃
㉡ 아세트알데하이드 : −39℃
㉢ 이황화탄소 : −35℃
㉣ 아세톤 : −18.5℃

답 ①

17 내용적 2,000mL의 비커에 포를 가득 채웠더니 전체 중량이 850g이었고 비커 용기의 중량은 450g이었다. 이때 비커 속에 들어 있는 포의 팽창비는 약 몇 배인가? (단, 포 수용액의 밀도는 1.15kg/mL이다.)

① 4배   ② 6배
③ 8배   ④ 10배

 해설

$$팽창비 = \frac{발포 \ 후 \ 팽창된 \ 포의 \ 체적}{W_1 - W_2} \times 밀도$$

850g − 450g = 400g
2,000mL × 1.15g/mL = 2,300g

$$\therefore \frac{2,300g}{400g} \fallingdotseq 6배$$

답 ②

18 분진폭발에 대한 설명으로 옳지 않은 것은?

① 밀폐공간 내 분진운이 부유할 때 폭발 위험성이 있다.
② 충격·마찰도 착화에너지가 될 수 있다.
③ 2차, 3차 폭발의 발생 우려가 없으므로 1차 폭발 소화에 주력하여야 한다.
④ 산소의 농도가 증가하면 대형화될 수 있다.

 해설
③ 2차, 3차 폭발의 발생 우려가 있으므로 1차 폭발 소화에 주력하여야 한다.

답 ③

19 분말소화약제를 종별로 구분하였을 때 그 주성분이 옳게 연결된 것은?

① 제1종 − 탄산수소나트륨
② 제2종 − 인산수소암모늄
③ 제3종 − 탄산수소칼륨
④ 제4종 − 탄산수소나트륨과 요소의 혼합물

 해설 분말소화약제의 구분

종류	주성분	화학식	착색	적응화재
제1종	탄산수소나트륨	$NaHCO_3$	−	B·C급 화재
제2종	탄산수소칼륨	$KHCO_3$	담회색	B·C급 화재
제3종	제1인산암모늄	$NH_4H_2PO_4$	담홍색 또는 황색	A·B·C급 화재
제4종	탄산수소칼륨 +요소	$KHCO_3$ $+CO(NH_2)_2$	−	B·C급 화재

답 ①

20 다음 중 자연발화의 조건으로 부적합한 것은?

① 발열량이 클 때

② 열전도율이 작을 때

③ 저장소 등의 주위온도가 높을 때

④ 열의 축적이 적을 때

 ④ 열의 축적이 많을 때

답 ④

21 다음 위험물 중 특수인화물에 속하는 것은?

① $C_2H_5OC_2H_5$ ② CH_3COCH_3

③ C_6H ④ $C_6H_5CH_3$

 ㉠ 특수인화물 - 다이에틸에터($C_2H_5OC_2H_5$)

㉡ 제1석유류 - 메틸에틸케톤(CH_3COCH_3), 벤젠(C_6H_6), 톨루엔($C_6H_5CH_3$)

답 ①

22 나이트로셀룰로스에 대한 설명으로 옳지 않은 것은?

① 셀룰로이드에 황산과 질산을 작용하여 만든다.

② 셀룰로이드의 나이트로화합물이다.

③ 질화도가 낮은 것보다 높은 것이 더 위험하다.

④ 정제가 나쁜 잔산(殘酸)이 있는 경우 위험성이 크다.

 ② 제5류 위험물의 질산에스터류이다.

답 ②

23 다음 위험물 중 소화방법이 마그네슘과 동일하지 않은 것은?

① 알루미늄분 ② 아연분

③ 황분 ④ 카드뮴분

 알루미늄분, 아연분, 카드뮴분은 마그네슘과 같이 마른모래로 소화하며, 황분은 주수에 의한 냉각소화를 한다.

답 ③

24 위험물 취급 시 정전기로 인하여 재해를 발생시킬 수 있는 경우에 가장 가까운 것은?

① 감전사고

② 강한 화학반응

③ 가열로 인한 화재

④ 불꽃 방전으로 인한 화재

답 ④

25 나이트로글리세린의 성질로 옳은 것은?

① 물, 벤젠에 잘 녹으나 알코올에는 녹지 않는다.

② 물에 녹지 않으나 알코올, 벤젠 등에는 잘 녹는다.

③ 물, 알코올 및 벤젠에 잘 녹는다.

④ 알코올, 물에는 녹지 않으나 벤젠에는 잘 녹는다.

 물에는 거의 녹지 않으나 메탄올(알코올), 벤젠, 클로로폼, 아세톤 등에는 녹는다.

답 ②

26 이산화탄소 소화설비의 기준에 대한 설명으로 옳은 것은? (단, 전역방출방식의 이산화탄소 소화설비이다.)

① 저장용기는 온도가 40℃ 이하이고 온도변화가 적은 장소에 설치할 것

② 저압식 저장용기의 충전비는 1.5 이상 1.9 이하로 할 것

③ 저압식 저장용기에는 압력경보장치를 설치하지 말 것

④ 기동용 가스 용기는 20MPa 이상의 압력에 견딜 수 있을 것

 이산화탄소 소화설비의 기준

㉠ 저장용기는 온도가 40℃ 이하이고 온도변화가 적은 장소에 설치할 것

㉡ 저압식 저장용기의 충전비는 1.1 이상 1.4 이하, 고압식은 충전비가 1.5 이상 1.9 이하가 되게 할 것

㉢ 저압식 저장용기에는 액면계 및 압력계와 2.3MPa 이상 1.9MPa 이하의 압력에서 작동하는 압력경보장치를 설치할 것

㉣ 기동용 가스용기 및 해당 용기에 사용하는 밸브는 25MPa 이상의 압력에 견딜 수 있는 것으로 할 것

답 ①

27 금속분에 대한 설명 중 틀린 것은?

① Al은 할로젠원소와 반응하면 발화의 위험이 있다.

② Al은 수산화나트륨수용액과 반응하는 경우 $NaAl(OH)_2$와 H_2가 생성된다.

③ Zn은 KCN 수용액에서 녹는다.

④ Zn은 염산과 반응 시 $ZnCl_2$와 H_2가 생성된다.

 ㉠ Al은 대부분의 산과 반응하여 수소를 발생한다. (단, 진한 질산 제외)

$$2Al + 6HCl \rightarrow 2AlCl_3 + 3H_2$$

㉡ Al은 알칼리수용액과 반응하여 수소를 발생한다.

$$2Al + 2NaOH + 2H_2O \rightarrow 2NaAlO_2 + 3H_2$$

답 ②

28 가열·용융시킨 황과 황린을 서서히 반응시킨 후 증류·냉각하여 얻는 제2류 위험물로서 발화점이 약 100℃, 융점이 약 173℃, 비중이 약 2.03인 물질은?

① P_2S_5 ② P_4S_3

③ P_4S_7 ④ P

 문제는 P_4S_3(삼황화인)에 대한 설명이다.

답 ②

29 자기반응성 위험물에 대한 설명으로 틀린 것은?

① 과산화벤조일은 분말 또는 결정 형태로 발화점이 약 125℃이다.

② 메틸에틸케톤퍼옥사이드는 기름상의 액체이다.

③ 나이트로글리세린은 기름상의 액체이며, 공업용은 담황색이다.

④ 나이트로셀룰로스는 적갈색의 액체이며, 화약의 원료로 사용된다.

 나이트로셀룰로스는 섬유 구조를 지니고 있는 백색의 고체이며, 다이너마이트 및 무연화약의 원료 등으로 사용한다.

답 ④

30 다음 중 각 분말소화약제에 해당하는 착색으로 적절하게 연결된 것은?

① 탄산수소칼륨 – 청색

② 제1인산암모늄 – 담홍색

③ 탄산수소칼륨 – 담홍색

④ 제1인산암모늄 – 청색

 분말소화약제의 착색

㉠ 탄산수소칼륨(제2종) : 담회색

㉡ 제1인산암모늄(제3종) : 담회색 또는 황색

답 ②

31 수소화나트륨 저장창고에 화재가 발생하였을 때 주수소화가 부적합한 이유로 옳은 것은?

① 발열반응을 일으키고, 수소를 발생한다.

② 수화반응을 일으키고, 수소를 발생한다.

③ 중화반응을 일으키고, 수소를 발생한다.

④ 중합반응을 일으키고, 수소를 발생한다.

 수소화나트륨은 제3류 위험물로 자연발화성 및 금수성 물질에 해당한다. 물과 격렬하게 반응하여 수소를 발생하고 발열하며, 이때 발생한 반응열에 의해 자연발화한다.

$$NaH + H_2O \rightarrow NaOH + H_2 + 2kcal$$

답 ①

32 위험물안전관리법령상 마른모래(삽 1개 포함) 50L의 능력단위는?

① 0.3   ② 0.5

③ 1.0   ④ 1.5

 소화능력단위에 따른 소화약제 구분

소화약제	약제 양	단위
마른모래	50L (삽 1개 포함)	0.5
팽창질석, 팽창진주암	160L (삽 1개 포함)	1
소화전용 물통	8L	0.3
수조	190L (소화전용 물통 6개 포함)	2.5
	80L (소화전용 물통 3개 포함)	1.5

답 ②

33 옥외탱크저장소에서 펌프실 외의 장소에 설치하는 펌프설비 주위의 바닥은 콘크리트, 기타 불침윤 재료로 경사지게 하고 주변의 턱 높이를 몇 m 이상으로 하여야 하는가?

① 0.15m 이상　② 0.20m 이상
③ 0.25m 이상　④ 0.30m 이상

펌프실 외에 설치하는 펌프설비의 바닥기준
㉠ 재질은 콘크리트, 기타 불침윤 재료로 한다.
㉡ 턱 높이는 0.15m 이상이다.
㉢ 해당 지반면은 위험물이 스며들지 아니하는 재료로 적당히 경사지게 하고 최저부에 집유설비를 설치한다.

답 ①

34 옥외탱크저장소 탱크의 위험물의 폭발 등으로 탱크 안의 압력이 이상 상승할 경우 내압방출구조를 위한 방법이 아닌 것은?

① 지붕판을 측판보다 얇게 한다.
② 지붕판과 측판의 접합을 측판의 상호 접합보다 강하게 한다.
③ 지붕판을 보강재 등으로 접합하지 아니 한다.
④ 지붕판과 측판의 접합은 측판과 저판의 접합보다 약하게 한다.

② 지붕판과 측판의 접합을 측판의 상호 접합보다 약하게 한다.

답 ②

35 포소화설비의 기동장치 설치기준으로 옳지 않은 것은?

① 주차장에 설치하는 포소화설비의 자동식 기동장치는 방사구역마다 2개 이상 설치할 것
② 직접조작 또는 원격조작에 의하여 혼합장치 등을 기동할 수 있을 것
③ 2 이상의 방사구역을 가진 포소화설비에는 방사구역을 선택할 수 있는 것으로 할 것
④ 바닥으로부터 0.8m 이상, 1.5m 이하의 위치에 설치할 것

① 주차장에 설치하는 포소화설비의 자동식 기동장치는 방사구역마다 1개 이상 설치할 것

답 ①

36 위험물제조소의 채광·환기 시설에 대한 설명으로 옳지 않은 것은?

① 채광설비는 단열재료를 사용하여 연소할 우려가 없는 장소에 설치하고 채광면적을 최대로 할 것
② 환기설비는 자연배기방식으로 할 것
③ 환기구는 지붕 위 또는 지상 2m 이상의 높이에 회전식 고정벤틸레이터 또는 루프팬 방식으로 설치할 것
④ 급기구는 낮은 곳에 설치할 것

해설 ① 채광설비는 단열재료를 사용하여 연소할 우려가 없는 장소에 설치하고 채광면적을 최소로 할 것

답 ①

37 자동화재탐지설비의 설치기준 중 하나의 경계구역의 면적은 얼마 이하로 하여야 하는가?

① $100m^2$　② $300m^2$
③ $600m^2$　④ $900m^2$

해설 하나의 경계구역의 면적은 $600m^2$ 이하로 하고 그 한 변의 길이는 50m(광전식 분리형 감지기를 설치할 경우에는 100m) 이하로 할 것. 다만, 해당 건축물, 그 밖의 공작물의 주요한 출입구에서 그 내부의 전체를 볼 수 있는 경우에 있어서는 그 면적을 $1,000m^2$ 이하로 할 수 있다.

답 ③

38 지름 50m, 높이 50m인 옥외탱크저장소에 방유제를 설치하려고 한다. 이때 방유제는 탱크 측면으로부터 몇 m 이상의 거리를 확보하여야 하는가? (단, 인화점이 180℃인 위험물을 저장·취급한다.)

① 10m　② 15m
③ 20m　④ 25m

해설 방유제와 탱크 옆판의 이격거리 (인화점 200℃ 이상 탱크 제외)

ㄱ 지름 15m 미만인 경우 : 탱크 높이의 $\frac{1}{3}$ 이상

ㄴ 지름 15m 이상인 경우 : 탱크 높이의 $\frac{1}{2}$ 이상

∴ 지름 50m÷2=25m

답 ④

39 제조소에서 위험물을 취급하는 건축물, 그 밖의 시설 주위에는 그 취급하는 위험물의 최대수량에 따라 보유해야 할 공지가 필요하다. 위험물이 지정수량의 20배인 경우 공지의 너비는 몇 m로 해야 하는가?

① 3m

② 4m

③ 5m

④ 10m

해설 제조소의 보유공지

취급하는 위험물의 최대수량	공지의 너비
지정수량의 10배 이하	3m 이상
지정수량의 10배 초과	5m 이상

답 ③

40 위험물제조소의 바닥면적이 60m^2 이상, 90m^2 미만일 때 급기구의 면적은 몇 cm^2 이상이어야 하는가?

① 150   ② 300

③ 450   ④ 600

해설 급기구는 해당 급기구가 설치된 실의 바닥면적 150m^2마다 1개 이상으로 하되, 급기구의 크기는 800cm^2 이상으로 한다. 다만, 바닥면적이 150m^2 미만인 경우에는 다음의 크기로 하여야 한다.

바닥면적	급기구의 면적
60m^2 미만	150cm^2 이상
60m^2 이상 90m^2 미만	300cm^2 이상
90m^2 이상 120m^2 미만	450cm^2 이상
120m^2 이상 150m^2 미만	600cm^2 이상

답 ②

41 위험물제조소 등의 안전거리의 단축기준을 적용함에 있어서 $H \leq PD^2 + a$일 경우 방화상 유효한 담의 높이는 2m 이상으로 한다. 여기서 H가 의미하는 것은?

① 제조소 등과 인접 건축물과의 거리

② 인근 건축물 또는 공작물의 높이

③ 제조소 등의 외벽의 높이

④ 제조소 등과 방화상 유효한 담과의 거리

해설

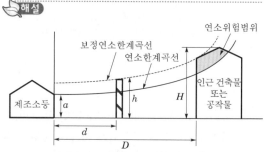

여기서, D : 제조소 등과 인근 건축물 또는 공작물과의 거리(m)

H : 인근 건축물 또는 공작물의 높이(m)

a : 제조소 등의 외벽의 높이(m)

d : 제조소 등과 방화상 유효한 담과의 거리(m)

h : 방화상 유효한 담의 높이(m)

p : 상수

답 ②

42 개방형 스프링클러헤드를 이용한 스프링클러설비의 방사구역은 최소 몇 m^2 이상으로 하여야 하는가? (단, 방호대상물의 바닥면적이 200m^2인 경우이다.)

① 100

② 150

③ 200

④ 250

 해설 개방형 스프링클러헤드를 이용한 스프링클러설비의 방사구역은 150m^2 이상(방호대상물의 바닥면적이 150m^2 미만인 경우에는 해당 바닥면적)으로 할 것

답 ②

43 다음 중 하나의 옥내저장소에 제5류 위험물과 함께 저장할 수 있는 위험물은? (단, 위험물을 유별로 정리하여 저장하는 한편, 서로 1m 이상의 간격을 두는 경우이다.)

① 알칼리금속의 과산화물 또는 이를 함유한 것 이외의 제1류 위험물

② 제2류 위험물 중 인화성 고체

③ 제3류 위험물 중 알킬알루미늄 이외의 것

④ 유기과산화물 또는 이를 함유한 것 이외의 제4류 위험물

 1m 이상의 간격을 두는 경우 옥내저장소에 함께 저장할 수 있는 위험물

㉠ 제1류 위험물(알칼리금속의 과산화물 또는 이를 함유한 것을 제외한다)과 제5류 위험물을 저장하는 경우

㉡ 제1류 위험물과 제6류 위험물을 저장하는 경우

㉢ 제1류 위험물과 제3류 위험물 중 자연발화성 물질(황린 또는 이를 함유한 것에 한한다)을 저장하는 경우

㉣ 제2류 위험물 중 인화성 고체와 제4류 위험물을 저장하는 경우

㉤ 제3류 위험물 중 알킬알루미늄 등과 제4류 위험물(알킬알루미늄 또는 알킬리튬을 함유한 것에 한한다)을 저장하는 경우

㉥ 제4류 위험물과 제5류 위험물 중 유기과산화물 또는 이를 함유한 것을 저장하는 경우

답 ①

44 스프링클러헤드 부착장소의 평상시 최고 주위온도가 39℃ 이상 64℃ 미만일 때 표시온도의 범위로 옳은 것은?

① 58℃ 이상 79℃ 미만

② 79℃ 이상 121℃ 미만

③ 121℃ 이상 162℃ 미만

④ 162℃ 이상

 폐쇄형 스프링클러헤드는 그 부착장소의 평상시의 최고 주위온도에 따라 다음 표에 정한 표시온도를 갖는 것을 설치할 것

부착장소의 최고 주위온도(℃)	표시온도(℃)
28 미만	58 미만
28 이상 39 미만	58 이상 79 미만
39 이상 64 미만	79 이상 121 미만
64 이상 106 미만	121 이상 162 미만
106 이상	162 이상

답 ②

45 위험물제조소에서 옥내소화전이 가장 많이 설치된 층의 옥내소화전 설치개수가 3개이다. 수원의 수량은 몇 m³가 되도록 설치하여야 하는가?

① 2.6 ② 7.8 ③ 15.6 ④ 23.4

 $Q(\text{m}^3) = N \times 7.8\text{m}^3 (N$이 5 이상인 경우 5개$)$
$= 3 \times 7.8\text{m}^3 = 23.4\text{m}^3$

답 ④

46 위험물의 제조소 및 일반취급소에서 지정수량의 12만배 미만을 저장·취급할 때 화학소방차의 대수와 조작인원은?

① 화학소방차 1대, 조작인원 5인

② 화학소방차 2대, 조작인원 10인

③ 화학소방차 3대, 조작인원 15인

④ 화학소방차 4대, 조작인원 20인

 자제소방대에 두는 화학소방자동차 및 인원

사업소의 구분	화학소방 자동차의 수	자체소방 대원의 수
제조소 또는 일반취급소에서 취급하는 제4류 위험물의 최대수량이 지정수량의 3천배 이상 12만배 미만인 사업소	1대	5인
제조소 또는 일반취급소에서 취급하는 제4류 위험물의 최대수량이 지정수량의 12만배 이상, 24만배 미만인 사업소	2대	10인
제조소 또는 일반취급소에서 취급하는 제4류 위험물의 최대수량이 지정수량의 24만배 이상, 48만배 미만인 사업소	3대	15인
제조소 또는 일반취급소에서 취급하는 제4류 위험물의 최대수량이 지정수량의 48만배 이상인 사업소	4대	20인
옥외탱크저장소에 저장하는 제4류 위험물의 최대수량이 지정수량의 50만배 이상인 사업소	2대	10인

답 ①

47 제6류 위험물의 위험등급에 관한 설명으로 옳은 것은?

① 제6류 위험물 중 질산은 위험등급 I 이며, 그 외의 것은 위험등급 II이다.

② 제6류 위험물 중 과염소산은 위험등급 I 이며, 그 외의 것은 위험등급 II이다.

③ 제6류 위험물은 모두 위험등급 I 이다.

④ 제6류 위험물은 모두 위험등급 II이다.

해설 제6류 위험물의 종류와 지정수량

성질	위험등급	품명	지정수량
산화성 액체	I	1. 과염소산(HClO₄) 2. 과산화수소(H₂O₂) 3. 질산(HNO₃) 4. 그 밖의 행정안전부령이 정하는 것 – 할로겐간화합물(ICl, IBr, BrF₃, BrF₅, IF₅ 등)	300kg

 답 ③

48 소화설비를 설치하는 탱크의 공간용적은? (단, 소화약제 방출구를 탱크 안의 윗부분에 설치한 경우에 한한다.)

① 소화약제 방출구 아래 0.1m 이상, 0.5m 미만 사이의 면으로부터 윗부분의 용적

② 소화약제 방출구 아래 0.3m 이상, 0.5m 미만 사이의 면으로부터 윗부분의 용적

③ 소화약제 방출구 아래의 0.1m 이상, 1m 미만 사이의 면으로부터 윗부분의 용적

④ 소화약제 방출구 아래 0.3m 이상, 1m 미만 사이의 면으로부터 윗부분의 용적

해설 탱크의 공간용적은 탱크 용적의 100 분의 5 이상, 100 분의 10 이하로 한다. 다만, 소화설비(소화약제 방출구를 탱크 안의 윗부분에 설치하는 것에 한함)를 설치하는 탱크의 공간용적은 해당 소화설비의 소화약제 방출구 아래의 0.3m 이상, 1m 미만 사이의 면으로부터 윗부분의 용적으로 한다. 암반탱크에 있어서는 해당 탱크 내에 용출하는 7일간의 지하수의 양에 상당하는 용적과 해당 탱크의 내용적의 100분의 1의 용적 중에서 보다 큰 용적을 공간용적으로 한다.

답 ④

49 위험물을 수납한 운반용기 및 포장의 외부에 표시하는 주의사항으로 옳지 않은 것은?

① 제2류 위험물 중 철분, 금속분, 마그네슘 또는 이들 중 어느 하나 이상을 함유한 것에 있어서는 "화기주의" 및 "물기엄금"

② 제3류 위험물 중 자연발화성인 경우에는 "화기주의" 및 "충격주의"

③ 제4류 위험물의 경우에 "화기엄금"

④ 과염소산 과산화수소의 경우에는 "가연물 접촉주의"

해설 ② 제3류 위험물 중 자연발화성인 경우에는 "화기엄금" 및 "공기접촉엄금", 금수성 물품인 경우에는 "물기엄금"

답 ②

50 액체 위험물은 운반용기 내용적의 몇 % 이하의 수납률로 수납하여야 하는가?

① 90 ② 94

③ 95 ④ 98

해설 ㉠ 액체 위험물은 운반용기 내용적의 98% 이하의 수납률

㉡ 고체 위험물은 운반용기 내용적의 95% 이하의 수납률

 답 ④

51 강제 강화 플라스틱제 이중벽탱크의 성능시험 시 감지층에 20kPa의 공기압을 가하여 몇 분 동안 유지하였을 때 압력강하가 없어야 하는가?

① 1분 ② 5분

③ 10분 ④ 20분

해설 강제 강화 플라스틱제 이중벽탱크의 성능시험

㉠ 탱크 본체에 대하여 수압시험을 실시하거나 비파괴시험 및 기밀시험을 실시하여 새거나 변형되지 아니할 것. 이 경우 수압시험은 감지관을 설치한 후에 실시하여야 한다.

㉡ 감지층에 20kPa의 공기압을 가하여 10분 동안 유지하였을 때 압력강하가 없을 것

 답 ③

52 산화프로필렌 20vol%, 다이에틸에터 30vol%, 이황화탄소 30vol%, 아세트알데하이드 20vol%인 혼합증기의 폭발 하한값은? (단, 폭발범위는 산화프로필렌 2.1~38vol%, 다이에틸에터 1.9~48vol%, 이황화탄소 1.2~44vol%, 아세트알데하이드 4.1~57vol%이다.)

① 1.8vol%　　　② 2.1vol%
③ 13.6vol%　　④ 48.3vol%

 해설 르샤틀리에(Le Chatelier)의 혼합가스 폭발범위

$$\frac{100}{L} = \frac{V_1}{L_1} + \frac{V_2}{L_2} + \frac{V_3}{L_3} + \cdots$$

$$\therefore\ L = \frac{100}{\left(\dfrac{V_1}{L_1} + \dfrac{V_2}{L_2} + \dfrac{V_3}{L_3} + \cdots\right)}$$

$$= \frac{100}{\left(\dfrac{20}{2.1} + \dfrac{30}{1.9} + \dfrac{30}{1.2} + \dfrac{20}{4.1}\right)} = 1.81$$

여기서, L : 혼합가스의 폭발 한계치
L_1, L_2, L_3 : 각 성분의 단독 폭발 한계치 (vol%)
V_1, V_2, V_3 : 각 성분의 체적(vol%)

답 ①

53 다음 중 위험물안전관리법에 따라 허가를 받아야 하는 대상이 아닌 것은?

① 농예용으로 사용하기 위한 건조시설로서 지정수량 20배를 취급하는 위험물취급소
② 수산용으로 필요한 건조시설로서 지정수량 20배를 저장하는 위험물저장소
③ 공동주택의 중앙난방시설로 사용하기 위한 지정수량 20배를 저장하는 위험물저장소
④ 축산용으로 사용하기 위한 난방시설로서 지정수량 30배를 저장하는 위험물저장소

 해설 다음에 해당하는 제조소 등의 경우에는 허가를 받지 아니하고 해당 제조소 등을 설치하거나 그 위치·구조 또는 설비를 변경할 수 있으며, 신고를 하지 아니하고 위험물의 품명·수량 또는 지정수량의 배수를 변경할 수 있다.
㉠ 주택의 난방시설(공동주택의 중앙난방시설을 제외한다)을 위한 저장소 또는 취급소
㉡ 농예용·축산용 또는 수산용으로 필요한 난방시설 또는 건조시설을 위한 지정수량 20배 이하의 저장소

답 ②

54 위험물 이동탱크저장소에 설치하는 자동차용 소화기의 설치기준으로 틀린 것은?

① 무상의 강화액 8L 이상(2개 이상)
② 이산화탄소 3.2kg 이상(2개 이상)
③ 소화분말 2.2kg 이상(2개 이상)
④ CF_2ClBr 2L 이상(2개 이상)

 해설 이동탱크저장소에 설치하여야 하는 소화설비

소화설비	설치기준	
자동차용 소화기	무상의 강화액 8L 이상	2개 이상
	이산화탄소 3.2kg 이상	
	브로모클로로다이플루오로메테인(CF_2ClBr) 2L 이상	
	브로모트라이플루오로메테인(CF_3Br) 2L 이상	
	다이브로모테트라플루오로에테인($C_2F_4Br_2$) 1L 이상	
	소화분말 3.3kg 이상	
마른모래 및 팽창질석 또는 팽창진주암	마른모래 150L 이상	
	팽창질석 또는 팽창진주암 640L 이상	

답 ③

55 다음 표는 어느 회사의 월별 판매실적을 나타낸 것이다. 5개월 이동평균법으로 6월의 수요를 예측하면?

월	1	2	3	4	5
판매량	100	110	120	130	140

① 150　　　② 140
③ 130　　　④ 120

 해설 이동평균법은 평균을 취하는 N개의 함수의 각 데이터에 대해 가중치를 부여하는 방법이다.

월	1	2	3	4	5
판매량	100	110	120	130	140

$$\therefore\ \frac{100+110+120+130+140}{5} = 120$$

답 ④

56 다음 중 검사항목에 의한 분류가 아닌 것은?

① 자주 검사

② 수량 검사

③ 중량 검사

④ 성능 검사

해설 검사항목 : 수량 검사, 중량 검사, 성능 검사

답 ①

57 ASME(American Society Mechanical Engineers)에서 정의하고 있는 제품공정분석표에 사용되는 기호 중 "저장(storage)"을 표현한 것은?

① ○ ② ⬠

③ □ ④ ▽

해설 공정분석기호

㉠ ○ : 작업 또는 가공

㉡ ⇨ : 운반

㉢ ⬠ : 정체

㉣ ▽ : 저장

㉤ □ : 검사

답 ④

58 어떤 회사의 매출액이 80,000원, 고정비가 15,000원, 변동비가 40,000원일 때 손익분기점 매출액은 얼마인가?

① 25,000원 ② 30,000원

③ 40,000원 ④ 55,000원

해설

$$손익분기점\ 매출액 = \frac{고정비 \times 매출액}{변동비}$$

$$= \frac{15,000원 \times 80,000원}{40,000원}$$

$$= 30,000원$$

답 ②

59 다음 중 브레인스토밍(brainstorming)과 가장 관계가 깊은 것은?

① 파레토도

② 히스토그램

③ 회귀분석

④ 특성요인도

해설 브레인스토밍이란 창의적인 아이디어를 제안하기 위한 학습도구이자 회의기법으로, 3명 이상의 사람이 모여서 하나의 주제에 대해 자유롭게 논의를 전개한다. 이때 누군가의 제시된 의견에 대해 다른 참가자는 비판할 수 없으며, 특정 시간 동안 제시한 생각을 취합해서 검토를 거쳐 주제에 가장 적합한 생각을 다듬어 나가는 일련의 과정을 말한다. 따라서 이와 가장 관계가 깊은 단어는 특성요인도이다.

답 ④

60 "무결점운동"으로 불리는 것으로, 미국의 항공사인 마틴사에서 시작된 품질 개선을 위한 동기부여 프로그램은 무엇인가?

① ZD

② 6시그마

③ TPM

④ ISO 9001

해설 ② 6시그마 : GE에서 생산하는 모든 제품이나 서비스, 거래 및 공정과정 전 분야에서 품질을 측정하여 분석하고 향상시키도록 통제하고 궁극적으로 모든 불량을 제거하는 품질 향상 운동

③ TPM(Total Productive Measure) : 종합생산관리

④ ISO 9001 : ISO에서 제정한 품질경영 시스템에 관한 국제규격

답 ①

제66회
(2019년 7월 시행)

위험물기능장 필기

01
730mmHg, 100℃에서 257mL 부피의 용기 속에 어떤 기체가 채워져 있으며, 그 무게는 1.67g이다. 이 물질의 분자량은 얼마인가?

① 28   ② 50
③ 207   ④ 256

 해설

$$PV = nRT, \quad PV = \frac{w}{M}RT$$

$$\therefore M = \frac{wRT}{PV} = \frac{1.67 \times 0.082 \times (273.15 + 100)}{\frac{730}{760} \times 0.257}$$

$$\fallingdotseq 207\,\mathrm{g/mol}$$

답 ③

02
1기압, 20℃에서 CO_2가스 2kg이 방출되었다면 이산화탄소의 체적은 몇 L가 되겠는가?

① 952   ② 1,018
③ 1,092   ④ 1,210

 해설

$$PV = \frac{V}{M}RT$$

$$\therefore V = \frac{wRT}{PM}$$

$$= \frac{2 \times 10^3\,\mathrm{g} \times 0.082\,\mathrm{L \cdot atm/K \cdot mol}}{\times (20 + 273.15)\,\mathrm{K}}{1\mathrm{atm} \times 44\,\mathrm{g/mol}}$$

$$= 1092.65\,\mathrm{L}$$

답 ③

03
0.2M NaOH 0.5L와 0.3M HCl 0.5L를 혼합한 용액의 몰농도는?

① 0.05M   ② 0.05N
③ 1.15M   ④ 1.5M

 해설
$$0.3 \times 0.5 - 0.2 \times 0.5 = M''(1\mathrm{L})$$
$$\therefore M'' = 0.15 - 0.1 = 0.05\mathrm{M}$$

답 ①

04
다음 중 틀린 설명은?

① 원자는 핵과 전자로 나누어진다.
② 원자가 +1가는 전자를 1개 잃었다는 표시이다.
③ 네온과 Na^+의 전자배치는 다르다.
④ 원자핵을 중심으로 맨 처음 나오는 전자껍질명은 K껍질이다.

 해설 ③ 네온과 Na^+는 각각 전자 10개로 전자배치가 같다.

답 ③

05
다음 중 비극성인 것은?

① H_2O
② NH_3
③ HF
④ C_6H_6

답 ④

06
브뢴스테드의 산, 염기 개념으로 다음 반응에서 산에 해당되는 것은?

$$NH_3 + H_2O \leftrightarrows NH_4^+ + OH^-$$

① H_2O와 NH_4^+
② H_2O와 OH^-
③ NH_3와 OH^-
④ NH_3와 NH_4^+

해설 ㉠ 산 : 양성자(H^+)를 내어주는 물질
㉡ 염기 : 양성자(H^+)를 받을 수 있는 물질

답 ①

07 다음 금속탄화물 중 물과 접촉했을 때 메테인가스가 발생하는 것은?

① Li_2C_2 ② Mn_3C

③ K_2C_2 ④ MgC_2

 해설
    ⊙ 아세틸렌(C_2H_2) 가스를 발생시키는 카바이드 :
       Li_2C_2, Na_2C_2, K_2C_2, MgC_2, CaC_2
       $CaC_2 + 2H_2O \rightarrow Ca(OH)_2 + C_2H_2$
    ⓛ 메테인(CH_4) 가스를 발생시키는 카바이드 :
       BeC_2, Al_4C_3
       $BeC_2 + 4H_2O \rightarrow 2Be(OH)_2 + CH_4$
    ⓒ 메테인(CH_4)과 수소(H_2) 가스를 발생시키는
       카바이드 : Mn_3C
       $Mn_3C + 6H_2O \rightarrow 3Mn(OH)_2 + CH_4 + H_2$

답 ②

08 순수한 것은 무색투명한 휘발성 액체로, 물보다 무겁고 물에 녹지 않으며 연소 시 아황산가스가 발생하는 물질은?

① 에터

② 이황화탄소

③ 아세트알데하이드

④ 질산메틸

 해설 이황화탄소의 성질
    ⊙ 순수한 것은 무색투명한 액체로 냄새가 없으나, 시판품은 불순물로 인해 황색을 띠고 불쾌한 냄새를 지닌다.
    ⓛ 분자량 : 76g, 비중 : 1.26(증기비중 : 2.64), 인화점 : -30℃, 발화점 : 100℃, 연소범위 : 1.2~44%
    ⓒ 연소 시 유독한 아황산(SO_2) 가스가 발생한다.
       $CS_2 + 3O_2 \rightarrow CO_2 + 2SO_2$

답 ②

09 제5류 위험물인 페닐하이드라진의 분자식은?

① $C_6H_5N = NC_6H_4OH$

② $C_6H_5NHNH_2$

③ $C_6H_5NHHNC_6H_5$

④ $C_6H_5N = NC_6H_5$

답 ②

10 자연발화의 형태가 아닌 것은?

① 환원열에 의한 발열

② 분해열에 의한 발열

③ 산화열에 의한 발열

④ 흡착열에 의한 발열

 해설 자연발화의 형태
    ⊙ 산화열
    ⓛ 분해열
    ⓒ 흡착열
    ⓔ 미생물열

답 ①

11 아세틸렌 1몰이 완전연소하는 데 필요한 이론산소량은 몇 몰인가?

① 1   ② 2.5

③ 3.5   ④ 5

해설 $2C_2H_2 + 5O_2 \rightarrow 4CO_2 + 2H_2O$

$$1mol-C_2H_2 \left| \frac{5mol-O_2}{2mol-C_2H_2} \right. = 2.5mol-O_2$$

답 ②

12 글리세린은 다음 중 어디에 속하는가?

① 1가 알코올

② 2가 알코올

③ 3가 알코올

④ 4가 알코올

답 ③

13 다음 중 아염소산은?

① $HClO$ ② $HClO_2$

③ $HClO_3$ ④ $HClO_4$

 해설
    ① $HClO$: 차아염소산
    ③ $HClO_3$: 염소산
    ④ $HClO_4$: 과염소산

답 ②

14 아세톤의 성질으로 옳지 않은 것은?

① 보관 중 청색으로 변한다.

② 아이오딘폼 반응을 일으킨다.

③ 아세틸렌 저장에 이용된다.

④ 유기물을 잘 녹인다.

 ① 보관 중 황색으로 변한다.

답 ①

15 다음 중 물과 접촉하여도 위험하지 않은 물질은?

① 과산화나트륨   ② 과염소산나트륨

③ 마그네슘   ④ 알킬알루미늄

 ① 과산화나트륨 : 상온에서 물과 급격히 반응하며, 가열하면 분해되어 산소(O_2)가 발생한다.

② 과염소산나트륨 : 물, 알코올, 아세톤에 잘 녹으나 에터에는 녹지 않는다.

③ 마그네슘 : 온수와 반응하여 수소(H_2)가 발생한다.

④ 알킬알루미늄 : 물과 폭발적 반응을 일으켜 에테인(C_2H_6) 가스를 발화·비산하므로 위험하다.

답 ②

16 HCOOH의 증기비중을 계산하면 약 얼마인가?
(단, 공기의 평균분자량은 29이다.)

① 1.59   ② 2.45

③ 2.78   ④ 3.54

 증기비중 $= \dfrac{M(분자량)}{29}$

HCOOH(의산)의 분자량 $= 46$

$\therefore \dfrac{46}{29} = 1.59$

답 ①

17 브로민산염류는 주로 어떤 색을 띠는가?

① 백색 또는 무색

② 황색

③ 청색

④ 적색

답 ①

18 다음 중 수소화칼슘에 대한 설명으로 옳은 것은?

① 회갈색의 등축정계 결정이다.

② 약 150℃에서 열분해된다.

③ 물과 반응하여 수소가 발생한다.

④ 물과의 반응은 흡열반응이다.

 ① 무색의 사방정계 결정이다.

② 675℃까지는 안정하다.

③ 물과 접촉 시에는 가연성의 수소가스와 수산화칼슘을 생성한다.
$CaH_2 + 2H_2O \rightarrow Ca(OH)_2 + 2H_2$

④ 물과의 반응은 발열반응이다.

답 ③

19 다음 중 무색·무취, 사방정계 결정으로 융점이 약 610℃이고 물에 녹기 어려운 위험물은?

① $NaClO_3$

② $KClO_3$

③ $NaClO_4$

④ $KClO_4$

 ① $NaClO_3$(염소산나트륨) : 무색·무취의 입방정계 주상 결정으로, 물과 알코올에 잘 녹으며, 융점은 240℃이다.

② $KClO_3$(염소산칼륨) : 무색의 단사정계, 판상 결정으로, 찬물, 알코올에는 녹기 어렵고, 융점은 368.4℃이다.

③ $NaClO_4$(과염소산나트륨) : 무색·무취의 사방정계 결정으로, 물, 알코올, 아세톤에 잘 녹으며, 융점은 482℃이다.

답 ④

20 비중 0.79인 에틸알코올의 지정수량 200L는 몇 kg인가?

① 200kg

② 100kg

③ 158kg

④ 256kg

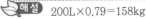 $200L \times 0.79 = 158kg$

답 ③

21 질식소화 작업은 공기 중의 산소 농도를 얼마 이하로 낮추어야 하는가?

① 5~10% ② 10~15%

③ 16~18% ④ 16~20%

답 ②

22 내용적 2,000mL의 비커에 포를 가득 채웠더니 중량이 850g이었고 비커 용기의 중량은 450g이었다. 이때 비커 속에 들어 있는 포의 팽창비는? (단, 포수용액의 밀도는 1.15이다.)

① 약 5배 ② 약 6배

③ 약 7배 ④ 약 8배

 해설

$$팽창비 = \frac{발포\ 후\ 팽창된\ 포의\ 체적}{W_1 - W_2} \times 밀도$$

이때, $W_1 - W_2$ = 850g - 450g = 400g

발포 후 팽창된 포의 체적 = 2,000mL × 1.15g/mL

= 2,300g

$$\therefore \frac{2,300g}{400g} ≒ 6배$$

답 ②

23 제1종 소화분말인 탄산수소나트륨 소화약제에 대한 설명으로 옳지 않은 것은?

① 소화 후 불씨에 의하여 재연할 우려가 없다.

② 화재 시 방사하면 화열에 의하여 CO_2, H_2O, Na_2CO_3가 발생한다.

③ 화재 시 주로 냉각 · 질식 소화작용 및 부촉매 소화작용을 일으킨다.

④ 일반 가연물 화재에는 적응할 수 없다는 단점이 있다.

 해설 ① 소화 후 불씨에 의하여 재연할 우려가 있다.

답 ①

24 다음 중 산화성 고체 위험물이 아닌 것은?

① $KBrO_3$ ② $(NH_4)_2Cr_2O_7$

③ $HClO_4$ ④ $NaClO_2$

 해설 ③ $HClO_4$(과염소산) : 산화성 액체

답 ③

25 다음 중 위험물안전관리법상 알코올류가 위험물이 되기 위하여 갖추어야 할 조건이 아닌 것은?

① 한 분자 내에 탄소원자 수가 1개부터 3개까지일 것

② 포화 알코올일 것

③ 수용액일 경우 위험물안전관리법에서 정의한 알코올 함유량이 60wt% 이상일 것

④ 2가 이상의 알코올일 것

 해설 한 분자 내의 탄소원자 수가 3개 이하인 포화 1가의 알코올로서 변성 알코올을 포함하며, 알코올수용액의 농도가 60wt% 이상인 것을 말한다.

답 ④

26 다음 중 제3류 위험물의 금수성 물질에 대하여 적응성이 있는 소화기는?

① 이산화탄소 소화기

② 할로젠화합물 소화기

③ 탄산수소염류 소화기

④ 인산염류 소화기

 해설 제3류 위험물 중 금수성 물질은 탄산수소염류 소화기가 적응성이 좋다.

답 ③

27 다음 중 위험물의 지정수량이 바르게 연결된 것은?

① $Ba(ClO_4)_2$ - 50kg

② $NaBrO_3$ - 100kg

③ $Sr(NO_3)_2$ - 200kg

④ $KMnO_4$ - 500kg

 해설 ① 과염소산바륨 - 50kg

② 브로민산나트륨 - 300kg

③ 질산스트론튬 - 300kg

④ 과망가니즈산칼륨 - 1,000kg

답 ①

28 나이트로벤젠과 수소를 반응시키면 얻어지는 물질은?

① 페놀　　　　　② 톨루엔
③ 아닐린　　　　④ 자일렌

 해설 $C_6H_5NO_2 + 3H_2 \rightarrow C_6H_5NH_2 + 2H_2O$

답 ③

29 다음 중 품명이 나머지 셋과 다른 것은?

① 트라이나이트로페놀
② 나이트로글리콜
③ 질산에틸
④ 나이트로글리세린

 해설 ㉠ 질산에스터류 : 나이트로글리콜, 나이트로셀룰로스, 질산에틸, 질산메틸, 나이트로글리세린
㉡ 나이트로화합물 : 트라이나이트로톨루엔(TNT), 트라이나이트로페놀(TNP)

답 ①

30 다음 중 이황화탄소의 액면 위에 물을 채워두는 이유로 가장 적합한 것은?

① 자연분해를 방지하기 위해
② 화재 발생 시 물로 소화를 하기 위해
③ 불순물을 물에 용해시키기 위해
④ 가연성 증기의 발생을 방지하기 위해

 해설 물보다 무겁고 물에 녹기 어렵기 때문에 가연성 증기의 발생을 억제하기 위하여 물(수조) 속에 저장한다.

답 ④

31 소화설비 설치 시 동식물유류 400,000L에 대한 소요단위는 몇 단위인가?

① 2　　　　　② 4
③ 20　　　　④ 40

 해설 동식물유류의 지정수량은 10,000L이다.

$$총\ 소요단위 = \frac{A품목\ 저장수량}{A품목\ 지정수량 \times 10}$$
$$= \frac{400,000}{10,000 \times 10} = 4$$

답 ②

32 소화약제 또는 그 구성 성분으로 사용되지 않는 물질은?

① CF_2ClBr　　　② $CO(NH_2)_2$
③ NH_4NO_3　　　④ K_2CO_3

 해설 NH_4NO_3는 질산암모늄으로서, 제1류 위험물에 해당한다.

답 ③

33 위험물의 지정수량은 누가 지정한 수량인가?

① 대통령령이 정한 수량
② 행정자치부령으로 정한 수량
③ 시장, 군수가 정한 수량
④ 소방본부장 또는 소방서장이 정한 수량

답 ①

34 다음 중 벽, 기둥 및 바닥이 내화구조로 된 건축물을 옥내저장소로 사용할 때 지정수량의 50배 초과, 100배 미만의 위험물을 저장하는 경우에 확보해야 하는 공지의 너비는?

① 1m 이상
② 2m 이상
③ 3m 이상
④ 5m 이상

 해설 옥내저장소의 보유공지

저장 또는 취급하는 위험물의 최대수량	공지의 너비	
	벽·기둥 및 바닥이 내화구조로 된 건축물	그 밖의 건축물
지정수량의 5배 이하	–	0.5m 이상
지정수량의 5배 초과 10배 이하	1m 이상	1.5m 이상
지정수량의 10배 초과 20배 이하	2m 이상	3m 이상
지정수량의 20배 초과 50배 이하	3m 이상	5m 이상
지정수량의 50배 초과 200배 이하	5m 이상	10m 이상
지정수량의 200배 초과	10m 이상	15m 이상

답 ④

35 위험물의 제조공정 중 설비 내의 압력 및 온도에 직접적으로 영향을 받지 않는 것은?

① 증류공정   ② 추출공정
③ 건조공정   ④ 분쇄공정

 해설
① 증류공정에 있어서는 위험물을 취급하는 설비의 내부 압력의 변동 등에 의하여 액체 또는 증기가 새지 아니하도록 할 것
② 추출공정에 있어서는 추출관의 내부 압력이 비정상적으로 상승하지 아니하도록 할 것
③ 건조공정에 있어서는 위험물의 온도가 국부적으로 상승하지 아니하는 방법으로 가열 또는 건조할 것
④ 분쇄공정에 있어서는 위험물의 분말이 현저하게 부유하고 있거나 위험물의 분말이 현저하게 기계·기구 등에 부착하고 있는 상태로 그 기계·기구를 취급하지 아니할 것

답 ④

36 다음 탱크의 공간용적을 $\frac{7}{100}$로 할 경우 아래 그림에 나타낸 타원형 위험물저장탱크의 용량은 얼마인가?

① 20.5m^3
② 21.7m^3
③ 23.4m^3
④ 25.1m^3

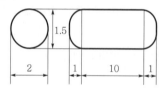

 해설

$$내용적 = \frac{\pi ab}{4}\left(l + \frac{l_1 + l_2}{3}\right)$$
$$= \frac{\pi \times 1.5 \times 2}{4}\left(10 + \frac{1+1}{3}\right)$$
$$= 25.12$$

탱크 용량 = 내용적 - 공간용적
$$= 25.12 - 25.12(7/100)$$
$$= 23.36\text{m}^3$$

답 ③

37 옥외탱크저장소의 펌프설비 설치기준으로 옳지 않은 것은?

① 펌프실의 지붕은 위험물에 따라 가벼운 불연재료로 덮어야 한다.
② 펌프실의 출입구는 60분+방화문·60분방화문 또는 30분방화문을 사용한다.

③ 바닥의 주위에는 높이 0.2m 이상의 턱을 만들어야 한다.
④ 지정수량 20배 이하의 경우에는 주위에 너비 3m의 공지를 보유하지 않아도 된다.

 해설
④ 주위에 너비 3m 이상의 공지를 보유해야 한다(다만, 방화상 유효한 격벽을 설치하는 경우, 제6류 위험물 또는 지정수량의 10배 이하 제외).

답 ④

38 제2류 위험물로 금속이 덩어리상태일 때보다 가루상태일 때 연소 위험성이 증가하는 이유가 아닌 것은?

① 유동성의 증가
② 비열의 증가
③ 정전기 발생 위험성 증가
④ 표면적의 증가

 해설
금속이 분말상태가 되면 유동성 및 비표면적이 증가하며 정전기 발생 위험성도 증가하고, 비열이 감소함으로써 더 위험한 상태가 된다.

답 ②

39 고속국도의 도로변에 설치한 주유취급소의 탱크 용량은 얼마까지 할 수 있는가?

① 10만L   ② 8만L
③ 6만L   ④ 5만L

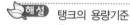 해설
탱크의 용량기준
㉠ 자동차 등에 주유하기 위한 고정주유설비에 직접 접속하는 전용탱크는 50,000L 이하이다.
㉡ 고정급유설비에 직접 접속하는 전용탱크는 50,000L 이하이다.
㉢ 보일러 등에 직접 접속하는 전용탱크는 10,000L 이하이다.
㉣ 자동차 등을 점검·정비하는 작업장 등에서 사용하는 폐유·윤활유 등의 위험물을 저장하는 탱크는 2,000L 이하이다.
㉤ 고속국도 도로변에 설치된 주유취급소의 탱크 용량은 60,000L이다.

답 ③

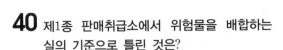
40 제1종 판매취급소에서 위험물을 배합하는 실의 기준으로 틀린 것은?

① 내화구조로 된 벽을 구획하여야 한다.

② 출입구에는 수시로 열 수 있는 자동폐쇄식의 60분+방화문 또는 60분방화문을 설치하여야 한다.

③ 출입구에는 바닥으로부터 0.1m 이상의 턱을 설치한다.

④ 바닥면적은 6m² 이상, 10m² 이하로 한다.

 ④ 바닥면적은 6m² 이상, 15m² 이하로 한다.

답 ④

41 위험물제조소 내의 위험물을 취급하는 배관은 최대상용압력의 몇 배 이상의 압력으로 수압시험을 실시하여 이상이 없어야 하는가?

① 0.5   ② 1.0

③ 1.5   ④ 2.0

 배관은 다음의 구분에 따른 압력으로 내압시험을 실시하여 누설 또는 그 밖의 이상이 없는 것으로 해야 한다.
ㄱ 불연성 액체를 이용하는 경우에는 최대상용압력의 1.5배 이상
ㄴ 불연성 기체를 이용하는 경우에는 최대상용압력의 1.1배 이상

답 ③

42 옥내저장소에 위험물을 수납한 용기를 겹쳐 쌓는 경우 높이의 상한에 관한 설명 중 틀린 것은?

① 기계에 의하여 하역하는 구조로 된 용기만 겹쳐 쌓는 경우는 6미터

② 제3석유류를 수납한 소형 용기만 겹쳐 쌓는 경우는 4미터

③ 제2석유류를 수납한 소형 용기만 겹쳐 쌓는 경우는 4미터

④ 제1석유류를 수납한 소형 용기를 겹쳐 쌓는 경우는 3미터

 옥내저장소의 저장높이 기준
ㄱ 기계에 의하여 하역하는 구조로 된 용기만을 겹쳐 쌓는 경우에 있어서는 6m이다.
ㄴ 제4류 위험물 중 제3석유류, 제4석유류 및 동식물유류를 수납하는 용기만을 겹쳐 쌓는 경우에 있어서는 4m이다.
③ 그 밖의 경우에 있어서는 3m이다.

답 ③

43 위험물제조소에 설치되어 있는 포소화설비를 점검할 경우 포소화설비 일반점검표에서 약제저장탱크의 탱크 점검내용에 해당하지 않는 것은?

① 변형·손상의 유무

② 조작관리상 지장 유무

③ 통기관의 막힘의 유무

④ 고정상태의 적부

 약제저장탱크의 점검내용

점검항목	점검내용	점검방법
탱크	누설의 유무	육안
	변형·손상의 유무	육안
	도장상황 및 부식의 유무	육안
	배관접속부의 이탈의 유무	육안
	고정상태의 적부	육안
	통기관 막힘의 유무	육안
	압력탱크방식의 경우 압력계의 지시상황	육안
소화약제	변질·침전물의 유무	육안
	양의 적부	육안

답 ②

44 위험물을 취급하는 건축물의 옥내소화전이 1층에 6개, 2층에 5개, 3층에 4개가 설치되었다. 이때 수원의 수량은 몇 m³ 이상이 되도록 설치하여야 하는가?

① 23.4   ② 31.8

③ 39.0   ④ 46.8

 $Q(\text{m}^3) = N \times 7.8\text{m}^3$ (N이 5개 이상인 경우 5개)
$= 5 \times 7.8\text{m}^3 = 39.0\text{m}^3$

답 ③

45 다음의 위험물을 옥내저장소에 저장하는 경우 옥내저장소의 구조가 벽·기둥 및 바닥이 내화구조로 된 건축물이라면 위험물안전관리법에서 규정하는 보유공지를 확보하지 않아도 되는 것은?

① 아세트산 30,000L

② 아세톤 5,000L

③ 클로로벤젠 10,000L

④ 글리세린 15,000L

 옥내저장소의 경우 지정수량 5배 이하는 보유공지를 확보할 필요가 없다.

글리세린의 지정수량 배수 $= \frac{15,000L}{4,000L} = 3.75$배

이므로, 보유공지를 확보할 필요가 없다.

답 ④

46 제조소 등에 전기설비(전기배선, 조명기구 등은 제외)가 설치된 장소의 바닥 면적이 150m²인 경우 설치해야 하는 소형 수동식 소화기의 최소 개수는?

① 1개

② 2개

③ 3개

④ 4개

 제조소 등에 전기설비(전기배선, 조명기구 등은 제외)가 설치된 경우에는 해당 장소의 면적 100m²마다 소형 수동식 소화기를 1개 이상 설치할 것

답 ②

47 위험물을 옥내저장소에 저장할 경우 용기에 수납하며 품명별로 구분·저장하고, 위험물의 품명마다 몇 m 이상의 간격을 두어야 하는가?

① 0.2m 이상

② 0.3m 이상

③ 0.5m 이상

④ 0.6m 이상

해설 위험물을 옥내저장소에 저장할 경우 동일 품명의 위험물이더라도 자연발화할 우려가 있는 위험물 또는 재해가 현저하게 증대할 우려가 있는 위험물을 다량 저장하는 경우에는 지정수량의 10배 이하마다 구분하여 상호 간 0.3m 이상의 간격을 두어 저장한다.

답 ②

48 인화성 액체 위험물 중 운반할 때 차광성이 있는 피복으로 가려야 하는 위험물은?

① 특수인화물

② 제2석유류

③ 제3석유류

④ 제4석유류

해설 차광성이 있는 피복으로 가려야 할 위험물

㉠ 제1류 위험물

㉡ 자연발화성 물품

㉢ 제4류 위험물 중 특수인화물

㉣ 제5류 위험물

㉤ 제6류 위험물

답 ①

49 위험물의 저장 또는 취급 방법을 설명한 것 중 틀린 것은?

① 산화프로필렌 : 저장 시 은으로 제작된 용기에 질소가스 등 불연성 가스를 충전하여 보관한다.

② 이황화탄소 : 용기나 탱크에 저장 시 물로 덮어서 보관한다.

③ 알킬알루미늄류 : 용기는 완전 밀봉하고 질소 등 불활성 가스를 충전한다.

④ 아세트알데하이드 : 냉암소에 저장한다.

해설 산화프로필렌, 아세트알데하이드는 Cu, Ag, Hg, Mg 등의 금속이나 합금과 접촉하면 폭발적으로 반응하여 아세틸라이드를 형성한다.

답 ①

50 위험물제조소 등의 설치허가기준은?

① 일반 고시

② 시·군의 조례

③ 시·도지사

④ 대통령령

답 ③

51 강화 플라스틱제 이중벽탱크의 성능시험 중 수압시험의 경우 탱크 직경이 3m 이상인 경우 지탱해야 하는 압력은?

① 0.1MPa

② 0.2MPa

③ 0.3MPa

④ 0.4MPa

수압시험
다음의 규정에 따른 수압을 1분 동안 탱크 내부에 가하는 경우에 파손되지 아니하고 내압력을 지탱할 것
㉠ 탱크 직경이 3m 미만인 경우 : 0.17MPa
㉡ 탱크 직경이 3m 이상인 경우 : 0.1MPa

답 ①

52 50℃에서 유지하여야 할 알킬알루미늄 운반 용기의 공간용적 기준으로 옳은 것은?

① 5% 이상
② 10% 이상
③ 15% 이상
④ 20% 이상

 자연발화성 물질 중 알킬알루미늄 등은 운반용기 내용적의 90% 이하의 수납률로 수납하되, 50℃의 온도에서 5% 이상의 공간용적을 유지하도록 하여야 한다.

답 ①

53 메테인의 확산속도는 28m/s이고, 같은 조건에서 기체 A의 확산속도는 14m/s이다. 기체 A의 분자량은 얼마인가?

① 8
② 32
③ 64
④ 128

 그레이엄의 확산법칙 공식에 따르면,

$$\frac{v_A}{v_B} = \sqrt{\frac{M_B}{M_A}}$$

$$\frac{14\text{m/s}}{28\text{m/s}} = \sqrt{\frac{16\text{g/mol}}{M_A}}$$

$$\therefore M_A = 16 \times 4 = 64\text{g/mol}$$

답 ③

54 위험물안전관리법령에서 정한 소화설비, 경보설비 및 피난설비의 기준으로 틀린 것은?

① 저장소의 건축물은 외벽이 내화구조인 것은 연면적 75m^2를 1소요단위로 한다.
② 할로젠화합물 소화설비의 설치기준은 불활성 가스 소화설비 설치기준을 준용한다.
③ 옥내주유취급소와 연면적이 500m^2 이상인 일반취급소에는 자동화재탐지설비를 설치하여야 한다.

④ 옥내소화전은 제조소 등의 건축물의 층마다 해당 층의 각 부분에서 하나의 호스 접속구까지의 수평거리가 25m 이하가 되도록 설치하여야 한다.

 소요단위 : 소화설비의 설치대상이 되는 건축물의 규모 또는 1위험물 양에 대한 기준단위

1 단 위	제조소 또는 취급소용 건축물의 경우	내화구조 외벽을 갖춘 연면적 100m^2
		내화구조 외벽이 아닌 연면적 50m^2
	저장소 건축물의 경우	내화구조 외벽을 갖춘 연면적 150m^2
		내화구조 외벽이 아닌 연면적 75m^2
	위험물의 경우	지정수량의 10배

답 ①

55 u 관리도의 공식으로 가장 올바른 것은?

① $\bar{u} \pm 3\sqrt{\bar{u}}$
② $\bar{u} \pm \sqrt{\bar{u}}$
③ $\bar{u} \pm 3\sqrt{\dfrac{\bar{u}}{n}}$
④ $\bar{u} \pm \sqrt{n\,w}$

답 ③

56 $\bar{x}$ 관리도에서 관리상한이 22.15, 관리하한이 6.85, $\bar{R} = 7.5$일 때 시료군의 크기(n)는 얼마인가? (단, $n = 2$일 때 $A_2 = 1.88$, $n = 3$일 때 $A_2 = 1.02$, $n = 4$일 때 $A_2 = 0.73$, $n = 5$일 때 $A_2 = 0.58$이다.)

① 2
② 3
③ 4
④ 5

 $UCL = \bar{x} + A_2\bar{R} = 22.15$

$LCL = \bar{x} - A_2\bar{R} = 6.85$

$UCL - LCL = 22.15 - 6.85 = 15.3$

$\therefore$ 시료군의 크기(n) $= \dfrac{15.3}{\bar{R}} = \dfrac{15.3}{7.5} = 2.04 \rightarrow 3$

답 ②

57 파레토그림에 대한 설명으로 틀린 것은?

① 부적합품(불량), 클레임 등의 손실금액이나 퍼센트를 그 원인별 · 상황별로 취해 그림의 왼쪽에서부터 오른쪽으로 비중이 작은 항목부터 큰 항목 순서로 나열한 그림이다.

② 현재의 중요 문제점을 객관적으로 발견할 수 있으므로 관리방침을 수립할 수 있다.

③ 도수분포의 응용수법으로 중요한 문제점을 찾아내는 것으로서 현장에서 널리 사용된다.

④ 파레토그림에 나타난 1~2개 부적합품(불량) 항목만 없애면 부적합품(불량)률은 크게 감소한다.

 ① 부적합품(불량), 클레임 등의 손실금액이나 퍼센트를 그 원인별 · 상황별로 취해 그림의 왼쪽에서부터 오른쪽으로 비중의 순서와는 관련 없이 나열한 그림이다.

답 ①

58 품질관리기능의 사이클을 표현한 것으로 옳은 것은?

① 품질개선 – 품질설계 – 품질보증 – 공정관리

② 품질설계 – 공정관리 – 품질보증 – 품질개선

③ 품질개선 – 품질보증 – 품질설계 – 공정관리

④ 품질설계 – 품질개선 – 공정관리 – 품질보증

답 ②

59 작업 개선을 위한 공정분석에 포함되지 않는 것은?

① 제품 공정분석

② 사무 공정분석

③ 직장 공정분석

④ 작업자 공정분석

 공정분석이란 작업대상물(부품 등)이 순차적으로 가공되어 제품이 완성되기까지의 작업경로 전체를 시간적 · 공간적으로 명백하게 설정하고, 작업의 전체적인 순서를 표준화하는 것이다.

답 ③

60 컨베이어 작업과 같이 단조로운 작업은 작업자에게 무력감과 구속감을 주고 생산량에 대한 책임감을 저하시키는 등 폐단이 있다. 다음 중 이러한 단조로운 작업의 결함을 제거하기 위해 채택되는 직무설계방법으로 가장 거리가 먼 것은?

① 자율경영팀 활동을 권장한다.

② 하나의 연속작업시간을 길게 한다.

③ 작업자 스스로가 직무를 설계하도록 한다.

④ 직무확대, 직무충실화 등의 방법을 활용한다.

 직무설계란 조직 내에서 근로자 개개인이 가지고 있는 목표를 보다 효율적으로 수행하기 위하여 일련의 작업, 단위직무의 내용, 작업방법을 설계하는 활동을 말한다. 하나의 연속작업시간을 길게 하면 일의 효율이 오르지 않는다.

답 ②

제67회
(2020년 4월 시행)
위험물기능장 필기

01 1기압에서 100L를 차지하고 있는 용기를 내용적 5L의 용기에 넣으면 압력은 몇 기압이 되겠는가? (단, 온도는 일정하다.)

① 10　　　　　　② 20
③ 30　　　　　　④ 40

 온도가 일정하므로 보일의 법칙을 이용한다.
$$P_1 V_1 = P_2 V_2$$
$$P_2 = \frac{P_1 \cdot V_1}{V_2} = \frac{1 \cdot 100}{5} = 20\,기압$$

답 ②

02 다음 표는 같은 족에 속하는 어떤 원소 A, B, C의 원자 반지름과 이온 반지름을 조사하여 나타낸 것이다. 원소 A, B, C에 대한 [보기]의 비교 중 옳은 것을 모두 고르면?

원소	원자 반지름(mm)	이온 반지름(mm)
A	0.152	0.074
B	0.186	0.097
C	0.227	0.133

[보기]
ⓐ 원자번호는 A>B>C이다.
ⓑ 이온화에너지는 A>B>C이다.
ⓒ 환원력은 A>B>C이다.

① ⓐ　　　　　　② ⓑ
③ ⓒ　　　　　　④ ⓐ, ⓑ

 ⓐ 같은 족 원소의 경우 금속과 비금속 모두 원자번호가 증가하면 전자껍질 수가 증가하여 원자 반지름은 커진다.
　따라서, A<B<C
ⓑ 같은 족 원소의 경우 원자 반지름이 커질수록 원자핵과 전자 사이의 인력이 감소하므로 이온화에너지가 작아지게 된다.
　따라서, A>B>C

ⓒ 금속 원소의 경우 같은 족에서 원자번호가 커질수록 양이온이 되기 쉬우므로 금속성이 커지게 되고 따라서 환원력도 커지게 된다.
　따라서, A < B < C

답 ②

03 다음 원소 중 전기음성도값이 가장 큰 것은?

① C　　　　　　② N
③ O　　　　　　④ F

 같은 주기에서는 원자번호가 증가할수록 전기음성도값이 크다.
보기 원소의 전기음성도값은 다음과 같다.
① C=2.5　　　　② N=3.0
③ O=3.5　　　　④ F=4.0

답 ④

04 물분자 안의 전기적 양성의 수소 원자와 물분자 안의 전기적 음성의 산소 원자 사이에 하나의 전기적 인력이 작용하여 특수한 결합을 하는데, 이와 같은 결합은 무슨 결합인가?

① 이온결합　　　　② 공유결합
③ 수소결합　　　　④ 배위결합

 수소결합 : 전기음성도가 큰 원소인 F, O, N에 직접 결합된 수소 원자와 근처에 있는 다른 F, O, N 원자에 있는 비공유 전자쌍 사이에 작용하는 분자 간의 인력에 의한 결합

답 ③

05 다음 물질의 수용액이 중성을 띠는 것은?

① KCN　　　　　② CaO
③ NH₄Cl　　　　④ KCl

 강염기와 강산이 만나 생성하는 염은 중성이다.

답 ④

06 분자량이 120인 물질 10g을 물 100g에 넣으니 0.5M 용액이 되었다. 이 용액의 비중은 얼마인가?

① 0.66   ② 1.66

③ 2.66   ④ 3.66

 해설

몰농도 $x = 1,000 \times S \times \dfrac{a}{100} \times \dfrac{1}{M}$

$\therefore S = \dfrac{x \times 100 \times M}{1,000 \times a}$

$= \dfrac{0.5 \times 100 \times 120}{1,000 \times \dfrac{10}{110} \times 100} = 0.66$

답 ①

07 산화성 고체 위험물의 특징과 성질이 맞게 짝지어진 것은?

① 산화력 - 불연성

② 환원력 - 불연성

③ 산화력 - 가연성

④ 환원력 - 가연성

 해설   산화성 고체 위험물은 산소를 많이 함유하고 있는 강산화력이며 불연성이다.

답 ①

08 다음 공기 중에서 연소범위가 가장 넓은 것은?

① 수소   ② 뷰테인

③ 에터   ④ 아세틸렌

 해설   ① 수소 : $4 \sim 75 \text{vol}\%$
② 뷰테인 : $1.8 \sim 8.4 \text{vol}\%$
③ 에터 : $1.9 \sim 48 \text{vol}\%$
④ 아세틸렌 : $2.5 \sim 81 \text{vol}\%$

답 ④

09 산화프로필렌의 성질로서 가장 옳은 것은?

① 산, 알칼리 또는 구리(Cu), 마그네슘(Mg)의 촉매에서 중합반응을 한다.

② 물속에서 분해되어 에테인(C_2H_6)이 발생한다.

③ 폭발범위가 $4 \sim 57\%$이다.

④ 물에 녹기 힘들며 흡열반응을 한다.

 해설   ② 물속에서 분해되어 산소가 발생한다.
③ 폭발범위가 $2.8 \sim 37\%$이다.
④ 물 또는 유기용제(벤젠, 에터, 알코올 등)에 잘 녹는다.

답 ①

10 산화성 고체 위험물로 조해성과 부식성이 있으며 산과 반응하여 폭발성의 유독한 이산화염소를 발생시키는 위험물로, 제초제, 폭약의 원료로 사용되는 물질은?

① Na_2O ② $KClO_4$

③ $NaClO_3$ ④ $RbClO_4$

해설   염소산나트륨($NaClO_3$)은 산과 반응하여 유독한 이산화염소(ClO_2)를 발생시킨다.
또한 산화염소는 폭발성을 지닌다.
$3NaClO_3 \rightarrow NaClO_4 + Na_2O + 2ClO_2$

답 ③

11 오존파괴지수의 약어는?

① CFC   ② ODP

③ GWP   ④ HCFC

해설   ODP(Ozone Depletion Potential) : 오존층파괴지수
$\dfrac{\text{물질 } 1kg\text{에 의해 파괴되는 오존량}}{\text{CFC-}11kg\text{에 의해 파괴되는 오존량}}$

답 ②

12 수분을 함유한 $NaClO_2$의 분해온도는?

① 약 $50\,℃$ ② 약 $70\,℃$

③ 약 $100\,℃$ ④ 약 $120\,℃$

답 ④

13 다음 중 연소되기 어려운 물질은?

① 산소와 접촉 표면적이 넓은 물질

② 발열량이 큰 물질

③ 열전도율이 큰 물질

④ 건조한 물질

해설   ③ 열전도율이 낮은 물질

답 ③

14 가연물의 구비조건으로 거리가 먼 것은?

① 열전도도가 적을 것
② 연소열량이 클 것
③ 완전산화물일 것
④ 점화에너지가 적을 것

 ③ 완전산화물은 가연물의 연소조건이 될 수 없다.

답 ③

15 화재 시 주수소화로 위험성이 더 커지는 위험물은?

① S
② P
③ P_4S_3
④ Al분

해설 ④ Al분은 주수소화 시 수소(H_2)가 발생한다.
※ S, P, P_4S_3 : 주수소화

답 ④

16 C_6H_6와 $C_6H_5CH_3$의 공통적인 특징을 설명한 것으로 틀린 것은?

① 무색의 투명한 액체로서 향긋한 냄새가 난다.
② 물에는 잘 녹지 않으나 유기용제에는 잘 녹는다.
③ 증기는 마취성과 독성이 있다.
④ 겨울에는 대기 중의 찬 곳에서 고체가 되는 경우가 있다.

⑦ 벤젠(C_6H_6)
　㉠ 무색투명한 휘발성 액체로서 분자량 78.1로 증기는 마취성과 독성이 있는 방향족 유기화합물이다.
　㉡ 물에는 녹지 않으나, 알코올, 에터 등 유기용제에는 잘 녹으며, 유지, 수지, 고무 등을 용해시킨다.
　㉢ 융점이 5.5℃이므로 겨울에 찬 곳에서는 고체로 되는 경우도 있다.
⑭ 톨루엔($C_6H_5CH_3$)
　㉠ 벤젠보다는 독성이 적으나 벤젠과 같은 방향성을 가지는 무색투명한 액체이다.
　㉡ 물에는 녹지 않으나 유기용제 및 수지, 유지, 고무를 녹이며 벤젠보다 휘발하기 어렵다.
　㉢ 겨울에 대기 중의 찬 곳에서 고체가 되지 않는다.

답 ④

17 다음 중 자연발화성 및 금수성 물질이 아닌 것은?

① 알킬리튬
② 알킬알루미늄
③ 금속나트륨
④ 마그네슘

해설 ④ 마그네슘 : 가연성 고체

답 ④

18 오황화인의 성질에 대한 설명으로 옳은 것은?

① 청색의 결정으로 특이한 냄새가 있다.
② 알코올에는 잘 녹고 이황화탄소에는 잘 녹지 않는다.
③ 수분을 흡수하면 분해된다.
④ 비점은 약 325℃이다.

① 담황색 결정으로 특이한 냄새가 있다.
② 알코올이나 이황화탄소(CS_2)에 녹는다.
④ 비점은 약 514℃이다.

답 ③

19 금속리튬은 고온에서 질소와 반응하여 어떤 색의 질화리튬을 만드는가?

① 회흑색
② 적갈색
③ 청록색
④ 은백색

 질화리튬은 가열하여 결정이 된 것은 적갈색, 상온에서는 건조한 공기에 침해받지 않지만 온도를 가하면 곧 산화된다. 물에 의해 곧 분해된다.
$$Li_3N + 3H_2O \rightarrow NH_3 + 3LiOH$$

답 ②

20 트라이에틸알루미늄은 물과 폭발적으로 반응한다. 이때 주로 발생하는 기체는?

① 산소
② 수소
③ 에테인
④ 염소

 물과 폭발적 반응을 일으켜 에테인(C_2H_6) 가스가 발화·비산되므로 위험하다.
$$(C_2H_5)_3Al + 3H_2O \rightarrow Al(OH)_3 + 3C_2H_6$$

답 ③

21 중질유 탱크 등의 화재 시 열유층에 소화하기 위하여 물이나 포말을 주입하면 수분의 급격한 증발에 의하여 유면이 거품을 일으키거나 열유의 교란에 의하여 열유층 밑의 냉유가 급격히 팽창하여 유면을 밀어 올리는 위험한 현상은?

① Oil−over 현상
② Slop−over 현상
③ Water hammering 현상
④ Priming 현상

 해설
① Oil−over 현상 : 유류 탱크에 유류 저장량을 50% 이하로 저장하는 경우 화재가 발생하면 탱크 내의 공기가 팽창하면서 폭발하는 현상
③ Water hammering 현상 : 배관 속을 흐르는 유체의 속도가 급속히 변화 시 유체의 운동에너지가 압력으로 변화되어 배관 및 장치에 영향을 미치는 현상
④ Priming 현상 : 소화설비의 펌프에 발생하는 공기 고임 현상

답 ②

22 염소산칼륨의 성질에 대한 설명으로 옳은 것은?

① 가열 · 마찰에 의해서 가연성 가스가 발생한다.
② 녹는점 이상으로 가열하면 과염소산을 생성한다.
③ 수용액은 약한 산성이다.
④ 찬물, 알코올에 잘 녹는다.

 해설
① 가열 · 마찰에 의해서 약 400℃ 부근에서 열분해되기 시작하여 540~560℃에서 과염소산칼륨($KClO_4$)이 분해되어 염화칼륨(KCl)과 산소(O_2)를 방출한다.
$2KClO_3 \rightarrow KCl + KClO_4 + O_2$
$KClO_4 \rightarrow KCl + 2O_2$
③ 수용액은 약한 중성이다.
④ 찬물, 알코올에는 녹기 어렵고, 온수, 글리세린 등에는 잘 녹는다.

답 ②

23 소화약제인 Halon 1301의 분자식은?

① CF_2Br_2
② CF_3Br
③ $CFBr_3$
④ CF_2Cl_2

 해설 할론 소화약제의 구분

구분	분자식	C	F	Cl	Br
할론 1011	CH_2ClBr	1	0	1	1
할론 2402	C_2F4Br_2	2	4	0	2
할론 1301	CF_3Br	1	3	0	1
할론 1211	CF_2ClBr	1	2	1	1

답 ②

24 나이트로화합물류 중 분자구조 내에 하이드록실기를 갖는 위험물은?

① 피크르산
② 트라이나이트로톨루엔
③ 트라이나이트로벤젠
④ 테트릴

 해설
① 피크르산 : 트라이나이트로페놀[$C_6H_2(NO_2)_3OH$]
② 트라이나이트로톨루엔 : $C_6H_2CH_3(NO_2)_3$
③ 트라이나이트로벤젠 : $C_6H_3(NO_2)_3$
④ 테트릴 : $(NO_2)_3(C_6H_2N)CH_3$

답 ①

25 아세트알데하이드의 위험도에 가장 가까운 값은 얼마인가?

① 약 7
② 약 13
③ 약 23
④ 약 30

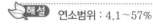 해설 연소범위 : 4.1~57%
$$위험도 = \frac{U-L}{L} = \frac{57-4.1}{4.1} = 12.9 ≒ 약 \ 13$$

답 ②

26 전역방출방식의 분말소화설비에서 분말소화약제의 저장용기에 저장하는 제3종 분말소화약제의 양은 방호구역의 체적 1m³당 몇 kg 이상으로 하여야 하는가? (단, 방호구역의 개구부에 자동폐쇄장치를 설치한 경우이고, 방호구역 내에서 취급하는 위험물은 에탄올이다.)

① 0.360
② 0.432
③ 2.7
④ 5.2

 해설 전역방출방식에 있어서는 다음의 기준에 따라 산출하는 양 이상이다. 방호구역의 체적 1m³에 대하여 다음 표에 따른 양이다.

소화약제의 종별	소화약제의 양(kg/m³)
제1종 분말	0.60
제2종 또는 제3종 분말	0.36
제4종 분말	0.24

답 ①

27 적린에 대한 설명 중 틀린 것은?

① 연소하면 유독성인 흰색 연기가 나온다.
② 염소산칼륨과 혼합하면 쉽게 발화하여 P_2O_5와 KOH가 생성된다.
③ 적린 1몰의 완전연소 시 1.25몰의 산소가 필요하다.
④ 비중은 약 2.2, 승화온도는 약 400℃이다.

 해설 적린(P)은 염소산염류, 과염소산염류 등 강산화제와 혼합하면 불안정한 폭발물과 같이 되어 약간의 가열·충격·마찰에 의하여 폭발한다.
$$6P + 5KClO_3 \rightarrow 5KCl + 3P_2O_5$$

답 ②

28 다음 중 질산염류와 지정수량이 같은 것은?

① 금속분
② 금속의 수소화물
③ 인화성 고체
④ 염소산염류

 해설 질산염류의 지정수량 : 300kg
① 금속분 : 500kg
② 금속의 수소화물 : 300kg
③ 인화성 고체 : 1,000kg
④ 염소산염류 : 50kg

답 ②

29 다음 중 나머지 셋과 위험물의 유별 구분이 다른 것은?

① 나이트로글리세린
② 나이트로셀룰로스
③ 셀룰로이드
④ 나이트로벤젠

 해설 ① 나이트로글리세린 : 제5류 위험물 질산에스터류
② 나이트로셀룰로스 : 제5류 위험물 질산에스터류
③ 셀룰로이드 : 제5류 위험물 질산에스터류
④ 나이트로벤젠 : 제4류 위험물 제3석유류

답 ④

30 위험물안전관리법령상 질산나트륨에 대한 소화설비의 적응성으로 옳은 것은?

① 건조사만 적응성이 있다.
② 이산화탄소 소화기는 적응성이 있다.
③ 포소화기는 적응성이 없다.
④ 할로젠화합물 소화기는 적응성이 없다.

 해설 이산화탄소, 할로젠화합물 소화기는 적응성이 없다.

답 ④

31 소화약제로서 물이 갖는 특성에 대한 설명으로 옳지 않은 것은?

① 유화효과(emulsification effect)도 기대할 수 있다.
② 증발잠열이 커서 기화 시 다량의 열을 제거한다.
③ 기화팽창률이 커서 질식효과가 있다.
④ 용융잠열이 커서 주수 시 냉각효과가 뛰어나다.

 해설 ④ 기화잠열이 커서 주수 시 냉각소화효과가 뛰어나다.

답 ④

32 위험물안전관리법령에 따른 이동식 할로젠화합물 소화설비 기준에 의하면 20℃에서 하나의 노즐이 할론 2402를 방사할 경우 1분당 몇 kg의 소화약제를 방사할 수 있어야 하는가?

① 35 ② 40
③ 45 ④ 50

 할론 2402를 방사할 경우 분당 45kg의 소화약제를 방사할 수 있어야 한다.

답 ③

33 이동탱크저장소에서 탱크 뒷부분의 입면도에서 측면틀의 최외측과 탱크의 최외측을 연결하는 직선은 수평면에 대한 내각의 얼마 이상이 되도록 하는가?

① 50° 이상 ② 65° 이상
③ 75° 이상 ④ 90° 이상

 이동탱크저장소의 측면틀 부착기준
㉠ 외부로부터 하중에 견딜 수 있는 구조로 할 것
㉡ 최외측선(측면틀의 최외측과 탱크의 최외측을 연결하는 직선)의 수평면에 대하여 내각이 75° 이상일 것
㉢ 최대수량의 위험물을 저장한 상태에 있을 때의 해당 탱크 중량의 중심선과 측면틀의 최외측을 연결하는 직선과 그 중심선을 지나는 직선 중 최외측선과 직각을 이루는 직선과의 내각이 35° 이상이 되도록 할 것

답 ③

34 대형 위험물저장시설에 옥내소화전 2개와 옥외소화전 1개를 설치하였다면 수원의 총 수량은?

① 3.4m³ ② 5.2m³
③ 7.0m³ ④ 29.1m³

 ㉠ 옥내소화전
$Q(\text{m}^3) = N \times 7.8(260\text{L/min} \times 30\text{min})$
$= 2 \times 7.8$
$= 15.6\text{m}^3$
㉡ 옥외소화전
$Q(\text{m}^3) = N \times 13.5(450\text{L/min} \times 30\text{min})$
$= 1 \times 13.5$
$= 13.5\text{m}^3$
∴ $15.6 + 13.5 = 29.1\text{m}^3$

답 ④

35 옥외탱크저장소의 펌프설비 설치기준으로 옳지 않은 것은?

① 펌프실의 지붕은 위험물에 따라 가벼운 불연재료로 덮어야 한다.
② 펌프실의 출입구는 60분+방화문·60분방화문 또는 30분방화문을 사용한다.
③ 펌프설비의 주위에는 3m 이상의 공지를 보유하여야 한다.
④ 옥외저장탱크의 펌프실은 지정수량 20배 이하의 경우는 주위에 공지를 보유하지 않아도 된다.

 ④ 옥외저장탱크의 펌프실은 지정수량 10배 이하의 경우는 주위에 공지를 보유하지 않아도 된다.

답 ④

36 자기반응성 물질의 화재 초기에 가장 적응성 있는 소화설비는?

① 분말소화설비
② 이산화탄소 소화설비
③ 할로젠화물 소화설비
④ 물분무 소화설비

 자기반응성 물질에는 주수·냉각 소화인 물분무 소화설비가 가장 적응성이 있다.

답 ④

37 주유취급소의 건축물 중 내화구조를 하지 않아도 되는 곳은?

① 벽
② 바닥
③ 기둥
④ 창

해설 벽·기둥·바닥·보 및 지붕은 내화구조 또는 불연재료, 창 및 출입구에는 방화문, 불연재료로 된 문을 설치한다.

답 ④

38 화재 발생 시 이를 알릴 수 있는 경보설비는 지정수량의 몇 배 이상의 위험물을 저장 또는 취급하는 제조소에 설치하여야 하는가?

① 10배   ② 50배
③ 100배   ④ 200배

 해설 화재 발생 시 이를 알릴 수 있는 경보설비는 지정수량의 10배 이상의 위험물을 저장 또는 취급하는 제조소에 설치한다.

 답 ①

39 위험물 운반용기의 외부에 표시하는 주의사항으로 틀린 것은?

① 마그네슘 – 화기주의 및 물기엄금
② 황린 – 화기주의 및 공기접촉주의
③ 탄화칼슘 – 물기엄금
④ 과염소산 – 가연물접촉주의

 해설 ② 황린은 제3류 위험물 중 자연발화성 물질에 해당한다.
수납하는 위험물에 따른 주의사항

유별	구분	주의사항
제1류 위험물 (산화성 고체)	알칼리금속의 과산화물	"화기·충격주의" "물기엄금" "가연물접촉주의"
	그 밖의 것	"화기·충격주의" "가연물접촉주의"
제2류 위험물 (가연성 고체)	철분·금속분·마그네슘	"화기주의" "물기엄금"
	인화성 고체	"화기엄금"
	그 밖의 것	"화기주의"
제3류 위험물 (자연발화성 및 금수성 물질)	자연발화성 물질	"화기엄금" "공기접촉엄금"
	금수성 물질	"물기엄금"
제4류 위험물 (인화성 액체)	–	"화기엄금"
제5류 위험물 (자기반응성 물질)	–	"화기엄금" 및 "충격주의"
제6류 위험물 (산화성 액체)	–	"가연물접촉주의"

답 ②

40 벽, 기둥 및 바닥이 내화구조로 된 건축물을 옥내저장소로 사용할 때 지정수량의 50배 초과 200배 이하의 위험물을 저장하는 경우에 확보해야 하는 공지의 너비는?

① 1m 이상   ② 2m 이상
③ 3m 이상   ④ 5m 이상

 해설 옥내저장소의 보유공지

저장 또는 취급하는 위험물의 최대수량	공지의 너비	
	벽·기둥 및 바닥이 내화구조로 된 건축물	그 밖의 건축물
지정수량의 5배 이하	–	0.5m 이상
지정수량의 5배 초과 10배 이하	1m 이상	1.5m 이상
지정수량의 10배 초과 20배 이하	2m 이상	3m 이상
지정수량의 20배 초과 50배 이하	3m 이상	5m 이상
지정수량의 50배 초과 200배 이하	5m 이상	10m 이상
지정수량의 200배 초과	10m 이상	15m 이상

답 ④

41 방호대상물의 표면적이 $50m^2$인 곳에 물분무소화설비를 설치하고자 한다. 수원의 수량은 얼마 이상이어야 하는가?

① 4,000L   ② 8,000L
③ 30,000L   ④ 40,000L

 해설 수량은 방사구역의 표면적 $1m^2$당 20L/min×30min 이상으로 발생한다.
∴ $50m^2 × 20L/min/m^2 × 30min = 30,000L$

답 ③

42 위험물안전관리법에서 정한 경보설비에 해당하지 않는 것은?

① 비상경보설비
② 자동화재탐지설비
③ 비상방송설비
④ 영상음향차단경보기

해설 경보설비의 종류
  ㉠ 자동화재탐지설비
  ㉡ 자동화재속보설비
  ㉢ 비상경보설비(비상벨, 자동식 사이렌, 단독형 화재경보기)
  ㉣ 비상방송설비
  ㉤ 누전경보설비
  ㉥ 가스누설경보설비

  답 ④

43 아세톤 옥외저장탱크 중 압력탱크 외의 탱크에 설치하는 대기밸브 부착 통기관은 몇 kPa 이하의 압력 차이로 작동할 수 있어야 하는가?

① 5 ② 7
③ 9 ④ 10

 해설 옥외저장탱크 중 압력탱크 외의 탱크에 설치하는 대기밸브 부착 통기관은 5kPa 이하의 압력 차이로 작동할 수 있어야 한다.

  답 ①

44 다음 중 강화액 소화기에 대한 설명으로 틀린 것은?

① 한랭지에서도 사용이 가능하다.
② 액성은 알칼리성이다.
③ 유류화재에 가장 효과적이다.
④ 소화력을 높이기 위해 금속염류를 첨가한 것이다.

 해설 강화액 소화약제는 물소화약제의 성능을 강화시킨 소화약제로서 물에 탄산칼륨(K_2CO_3)을 용해시킨 것이며, 냉각소화가 주요 소화효과에 해당한다.

  답 ③

45 옥외소화전설비의 옥외소화전이 3개 설치되었을 경우 수원의 수량은 몇 m^3 이상이 되어야 하는가?

① 7 ② 20.4
③ 40.5 ④ 100

 해설
$$Q(m^3) = N \times 13.5m^3 \, (N이\ 4개\ 이상인\ 경우\ 4개)$$
$$= 3 \times 13.5m^3$$
$$= 40.5m^3$$

  답 ③

46 폐쇄형 스프링클러헤드의 설치기준에서 급배기용 덕트 등의 긴 변의 길이가 몇 m를 초과할 때 해당 덕트 등의 아랫면에도 스프링클러헤드를 설치해야 하는가?

① 0.8 ② 1.0
③ 1.2 ④ 1.5

 해설 급배기용 덕트 등의 긴 변의 길이가 1.2m를 초과하는 것이 있는 경우에는 해당 덕트 등의 아랫면에도 스프링클러헤드를 설치할 것

  답 ③

47 2품목 이상의 위험물을 동일 장소에 저장할 경우 환산 지정수량으로 옳은 것은?

① 각 품목별로 저장하는 수량을 각 품목의 지정수량으로 나누어 합한 수
② 각 품목별로 저장하는 수량을 각 품목의 지정수량으로 나누어 곱한 수
③ 저장하는 위험물 중 그 양이 가장 많은 품목을 지정수량으로 나눈 수
④ 저장하는 위험물 중 그 위험도가 가장 큰 품목을 지정수량으로 나눈 수

  답 ①

48 다음 중 과염소산칼륨과 접촉하였을 때 위험성이 가장 낮은 물질은?

① 황
② 알코올
③ 알루미늄
④ 물

 해설 과염소산칼륨은 제1류 위험물로 산화성 고체에 해당한다. 가연물의 성질에 따라 물로 소화한다.

  답 ④

49 산화성 고체 "위험등급 I" 위험물인 염소산염류의 수납방법으로 가장 옳은 것은?

① 방수성이 있는 플라스틱드럼 또는 파이버드럼에 지정수량을 수납하고 밀봉한다.
② 양철판제의 양철통에 지정수량과 물을 가득 담아 밀봉한다.
③ 강철제의 양철통에 지정수량과 파라핀 경유 또는 등유로 가득 채워서 밀봉한다.
④ 강철제통에 임의의 수량을 넣고 밀봉한다.

 ①

50 제조소 등의 설치자가 그 제조소 등의 용도를 폐지할 때 폐지한 날로부터 며칠 이내에 신고(시·도지사에게)하여야 하는가?

① 7일　　　　② 14일
③ 30일　　　　④ 90일

 제조소 등의 관계인(소유자·점유자 또는 관리자)은 해당 제조소 등의 용도를 폐지(장래에 대하여 위험물 시설로서의 기능을 완전히 상실시키는 것)한 때에는 행정안전부령이 정하는 바에 따라 제조소 등의 용도를 폐지한 날부터 14일 이내에 시·도지사에게 신고하여야 한다.

답 ②

51 강제 강화 플라스틱제 이중벽탱크의 운반 및 설치 기준으로 옳지 않은 것은?

① 운반 또는 이동하는 경우에 있어서 강화 플라스틱 등이 손상되지 아니하도록 할 것
② 탱크의 외면이 접촉하는 기초대, 고정밴드 등의 부분에는 완충재(두께 10mm 정도의 고무제 시트 등)를 끼워 넣어 접촉면을 보호할 것
③ 탱크를 기초대에 올리고 고정밴드 등으로 고정한 후 해당 탱크의 감지층을 20kPa 정도로 가압한 상태로 10분 이상 유지하여 압력강하가 없는 것을 확인할 것
④ 탱크를 매설한 사람은 매설 종료 후 해당 탱크의 감지층을 20kPa 정도로 가압 또는 감압한 상태로 10분 이상 유지하여 압력강하 또는 압력상승이 없는 것을 탱크 제조자의 입회하에 확인할 것

 탱크를 매설한 사람은 매설 종료 후 해당 탱크의 감지층을 20kPa 정도로 가압 또는 감압한 상태로 10분 이상 유지하여 압력강하 또는 압력상승이 없는 것을 설치자의 입회하에 확인할 것

답 ④

52 위험물안전관리법령상 주유취급소에서 용량 몇 L 이하의 이동저장탱크에 위험물을 주입할 수 있는가?

① 3천　　　　② 4천
③ 5천　　　　④ 1만

답 ①

53 자동화재탐지설비를 설치하여야 하는 옥내저장소가 아닌 것은?

① 처마높이가 7m인 단층 옥내저장소
② 지정수량의 50배를 저장하는 저장창고의 연면적이 50m²인 옥내저장소
③ 에탄올 5만L를 취급하는 옥내저장소
④ 벤젠 5만L를 취급하는 옥내저장소

해설 자동화재탐지설비를 설치하여야 하는 옥내저장소
㉠ 지정수량의 100배 이상을 저장 또는 취급하는 것
㉡ 저장창고의 연면적이 150m²를 초과하는 것
㉢ 처마높이가 6m 이상인 단층 건물의 것

답 ②

54 모든 작업을 기본동작으로 분해하고 각 기본동작에 대하여 성질과 조건에 따라 정해 놓은 시간치를 적용하여 정미시간을 산정하는 방법은?

① PTS법　　　　② WS법
③ 스톱워치법　　　　④ 실적기록법

해설 ② WS법(Working Sampling method) : 측정자가 무작위로 현장에서 작업자가 작업하는 내용에 대해 측정 및 가동 시간에 대한 측정 결과를 조합하여 표준시간을 설정하는 방법
③ 스톱워치법 : 실제로 현장에서 이루어지는 모든 작업공정에 대해 사전에 미리 구분하여 별도의 측정표정을 통해 표준시간을 산정하는 방법
④ 실적기록법 : 일정 단위의 사무량과 소요시간을 기록하고, 통계적 분석을 사용하여 표준시간을 결정하는 사무량 측정방법

답 ①

55 위험성평가 기법을 정량적 평가기법과 정성적 평가기법으로 구분할 때, 다음 중 그 성격이 다른 하나는?

① HAZOP   ② FTA

③ ETA   ④ CCA

 해설 ㉮ 정량적 위험성평가 기법

　㉠ FTA(결함수분석기법 ; Fault Tree Analysis)
　㉡ ETA(사건수분석기법 ; Event Tree Analysis)
　㉢ CA
　　(피해영향분석법 ; Consequence Analysis)
　㉣ FMECA(Failure Modes Effects and Criticality Analysis)
　㉤ HEA(작업자실수분석)
　㉥ DAM(상대위험순위 결정)
　㉦ CCA(원인결과분석)

㉯ 정성적 위험성평가 기법

　㉠ HAZOP(위험과 운전분석기법 ; Hazard and Operability)
　㉡ check-list(체크리스트)
　㉢ what-if(사고예상질문기법)
　㉣ PHA(예비위험분석기법 ; Preliminary Hazard Analysis)

답 ①

56 여력을 나타내는 식으로 가장 올바른 것은?

① 여력＝1일 실동시간＋1개월 실동시간　＋가동대수

② 여력＝(능력－부하)×$\dfrac{1}{100}$

③ 여력＝$\dfrac{능력－부하}{능력}$×100

④ 여력＝$\dfrac{능력－부하}{부하}$×100

답 ③

57 다음 중 품질관리시스템에 있어서 4M에 해당하지 않는 것은?

① Man   ② Machine

③ Material   ④ Money

 해설 품질관리시스템의 4M
　㉠ Man
　㉡ Machine
　㉢ Material
　㉣ Method

답 ④

58 다음 검사의 종류 중 검사 공정에 의한 분류에 해당되지 않는 것은?

① 수입검사   ② 출하검사

③ 출장검사   ④ 공정검사

 해설 ① 수입검사(구입검사) : 원자재 또는 반제품에 대하여 원료로서의 적합성에 대한 검사
　② 출하검사(출고검사) : 완제품을 출하하기 전에 출하 여부를 결정하는 검사
　④ 공정검사(중간검사) : 공정간 검사방식이라 하며, 앞의 제조공정이 끝나서 다음 제조공정으로 이동하는 사이에 행하는 검사

답 ③

59 로트의 크기가 시료의 크기에 비해 10배 이상 클 때, 시료의 크기와 합격 판정 개수를 일정하게 하고 로트의 크기를 증가시킬 경우 검사특성곡선의 모양 변화에 대한 설명으로 가장 적절한 것은?

① 무한대로 커진다.

② 거의 변화하지 않는다.

③ 검사특성곡선의 기울기가 완만해진다.

④ 검사특성곡선의 기울기 경사가 급해진다.

 해설 로트의 크기가 시료의 크기에 비해 10배 이상 클 때, 시료의 크기와 합격 판정 개수를 일정하게 하고 로트의 크기를 증가시키면 검사특성곡선은 거의 변화하지 않는다.

답 ②

60 여유시간이 5분, 정미시간이 40분일 경우 내경법으로 여유율을 구하면 약 몇 %인가?

① 6.33   ② 9.05

③ 11.11   ④ 12.50

 해설

$$여유율＝\dfrac{여유시간}{정미시간＋여유시간}$$
$$＝\dfrac{5}{40＋5}×100$$
$$＝11.11\%$$

답 ③

제68회
(2020년 7월 시행)

위험물기능장 필기

01 원자번호 11의 원소와 비슷한 성질을 가진 원소의 원자번호는?

① 13　　　　　　　② 16

③ 19　　　　　　　④ 22

 같은 족 원소는 비슷한 성질을 갖고 있다. 원자번호 11은 1주기 원소로 8을 더하면 비슷한 성질을 갖는 같은 족 원소를 찾을 수 있다.

답 ③

02 다음 중 알루미늄이온(Al^{3+}) 1개에 대한 설명으로 옳은 것은?

① 양성자는 27개이다.

② 중성자는 13개이다.

③ 전자는 10개이다.

④ 원자번호는 27이다.

 알루미늄 원소는 양성자 13개, 중성자 27-13=14개, 전자 13개를 가지고 있다.
알루미늄이온(Al^{3+})은 Al 원자에서 전자 3개가 빠져나간 것이다. 따라서 Al^{3+}은 양성자 13개, 중성자 14개, 전자 13-3=10개이다.

답 ③

03 ns^2np^5의 전자구조를 가지지 않는 것은?

① F(원자번호=9)

② Cl(원자번호=17)

③ Se(원자번호=34)

④ I(원자번호=53)

 Se는 원자번호 34로서 $4s^2np^4$의 전자구조를 가진다.

답 ③

04 다음 중 전기적으로 도체인 것은?

① 가솔린

② 메틸알코올

③ 염화나트륨수용액

④ 순수한 물

 ①, ②, ④는 공유결합성 물질로서 전기적으로 부도체이다.

답 ③

05 어떤 농도의 염산 용액 100mL를 중화하는데 0.2N NaOH 용액 250mL가 소모되었다. 이 염산의 농도는?

① 0.2　　　　　　　② 0.3

③ 0.4　　　　　　　④ 0.5

$NV = N'V'$
$N \times 100 = 0.2 \times 250$
$\therefore N = 0.5$

답 ④

06 30%의 진한 HCl의 비중은 1.1이다. 이 진한 HCl의 몰농도는 얼마인가?

① 9

② 9.04

③ 10

④ 10.04

 몰농도 $x = 1,000 \times S \times \dfrac{a}{100} \times \dfrac{1}{M}$

$\therefore M = 1,000 \times 1.1 \times \dfrac{30}{100} \times \dfrac{1}{36.5} = 9.04$

답 ②

07 다음 위험물은 산화성 고체 위험물로서 대부분 무색 또는 백색 결정으로 되어 있다. 이 중 무색 또는 백색이 아닌 물질은?

① $KClO_3$ ② BaO_2

③ $KMnO_4$ ④ $KClO_4$

 해설 ③ $KMnO_4$는 흑자색의 사방정계이다.

답 ③

08 인화석회(Ca_3P_2)의 성질로서 옳지 않은 것은?

① 적갈색의 괴상 고체이다.

② 비중이 2.51이고, 1,600℃에서 녹는다.

③ 물 또는 산과 반응하여 PH_3 가스가 발생한다.

④ 물과 반응하여 아세틸렌(C_2H_2) 가스가 발생한다.

 해설 인화석회는 물 또는 약산과 반응하여 유독하고 가연성인 인화수소(PH_3, 포스핀) 가스가 발생한다.
$Ca_3P_2+6H_2O \rightarrow 3Ca(OH)_2+2PH_3$
$Ca_3P_2+6HCl \rightarrow 3CaCl_2+2PH_3$

답 ④

09 제4류 위험물의 발생 증기와 비교하여 사이안화수소(HCN)가 갖는 대표적인 특징은?

① 물에 녹기 쉽다.

② 물보다 무겁다.

③ 증기는 공기보다 가볍다.

④ 인화성이 높다.

 해설 일반적으로 증기는 공기보다 무겁지만, HCN은 27/29=0.93으로 제외된다.

답 ③

10 황린이 연소될 때 생기는 흰 연기는?

① 인화수소   ② 오산화인

③ 인산   ④ 탄산가스

 해설 황린은 약 34~50℃ 전후에서 공기와의 접촉으로 자연발화하며, 오산화인(P_2O_5)의 흰 연기가 발생한다.
$P_4+5O_2 \rightarrow 2P_2O_5$

답 ②

11 경유 150,000L를 저장하는 시설에 설치하는 위험물의 소화능력단위는?

① 7.5단위   ② 10단위

③ 15단위   ④ 30단위

 해설

$$소화능력단위 = \frac{저장량}{지정수량 \times 10배}$$
$$= \frac{150,000}{1,000 \times 10배}$$
$$= 15단위$$

답 ③

12 황에 대한 설명으로 옳지 않은 것은?

① 순도가 50wt% 이하인 것은 제외한다.

② 사방황의 색상은 황색이다.

③ 단사황의 비중은 1.95이다.

④ 고무상황의 결정형은 무정형이다.

 해설 황은 순도가 60wt% 이상인 것을 말한다. 이 경우 순도 측정에 있어서 불순물은 활석 등 불연성 물질과 수분에 한한다.

답 ①

13 산화열에 의한 발열로 인하여 자연발화가 가능한 물질은?

① 셀룰로이드   ② 건성유

③ 활성탄   ④ 퇴비

 해설 ㉠ 분해열에 의한 발화
셀룰로이드류, 나이트로셀룰로스(질화면), 나이트로글리세린, 질산에스터류 등
㉡ 산화열에 의한 발화
건성유, 원면, 석탄, 고무분말, 액체산소, 발연질산 등
㉢ 중합열에 의한 발화
사이안화수소(HCN), 산화에틸렌(C_2H_4O), 염화바이닐(CH_2CHCl) 등
㉣ 흡착열에 의한 발화
활성탄, 목탄, 분말 등
㉤ 미생물에 의한 발화
퇴비, 먼지 등

답 ②

14 아염소산나트륨의 위험성에 대한 설명으로 거리가 가장 먼 것은?

① 단독으로 폭발 가능하고 분해온도 이상에서는 산소가 발생한다.

② 비교적 안정하나 시판품은 140℃ 이상의 온도에서 발열반응을 일으킨다.

③ 유기물, 금속분 등 환원성 물질과 접촉하여 자극하면 즉시 폭발한다.

④ 수용액 중에서 강력한 환원력이 있다.

 ④ 수용액 중에서 강력한 산화력이 있다.

답 ④

15 탄화칼슘의 저장 및 취급 방법으로 잘못된 것은?

① 물과 습기와의 접촉을 피한다.

② 통풍이 되지 않는 건조한 장소에 저장한다.

③ 냉암소에 밀봉 · 저장한다.

④ 장기간 저장할 용기는 질소가스로 충전시킨다.

 ② 통풍이 되는 건조한 장소에 저장한다.

답 ②

16 다음 중 할론 소화약제인 Halon 1301과 2402에 공통으로 없는 원소는?

① Br   ② Cl

③ F   ④ C

 Halon의 번호 순서는 첫째 자리가 C, 둘째 자리는 F, 셋째 자리는 Cl, 넷째 자리는 Br이다.

답 ②

17 다음 중 서로 혼합하여도 폭발 또는 발화 위험성이 없는 것은?

① 황화인과 알루미늄분

② 과산화나트륨과 마그네슘분

③ 염소산나트륨과 황

④ 나이트로셀룰로스와 에탄올

 나이트로셀룰로스를 저장 · 수송할 때 타격과 마찰에 의한 폭발을 막기 위하여 물이나 알코올로 습연시킨다.

답 ④

18 과산화수소의 분해방지 안정제로 사용할 수 있는 물질은?

① 구리

② 은

③ 인산

④ 목탄분

 일반 시판품은 30~40%의 수용액으로 분해되기 쉬워 인산(H_3PO_4), 요산($C_5H_4N_4O_3$) 등 안정제를 가하거나 약산성으로 만든다.

답 ③

19 과산화수소에 대한 설명 중 틀린 것은?

① 햇빛에 의해서 분해되어 산소를 방출한다.

② 단독으로 폭발할 수 있는 농도는 약 60% 이상이다.

③ 벤젠이나 석유에 쉽게 융해되어 급격히 분해된다.

④ 농도가 진한 것은 피부에 접촉 시 수종을 일으킬 위험이 있다.

 ③ 벤젠이나 석유에 융해되지 않는다.

답 ③

20 알킬알루미늄의 위험성으로 틀린 것은?

① C_1~C_4까지는 공기와 접촉하면 자연발화한다.

② 물과의 반응은 천천히 진행한다.

③ 벤젠, 헥세인으로 희석시킨다.

④ 피부에 닿으면 심한 화상을 입는다.

 ② 물과 폭발적 반응을 일으켜 에테인(C_2H_6) 가스가 발생 · 비산하므로 위험하다.

$(C_2H_5)_3Al + 3H_2O \rightarrow Al(OH)_3 + 3C_2H_6$

답 ②

21 금속칼륨의 성질을 바르게 설명한 것은?

① 금속 가운데 가장 무겁다.

② 산화되기 극히 어려운 금속이다.

③ 화학적으로 극히 활발한 금속이다.

④ 금속 가운데 경도가 가장 센 금속이다.

 해설
① 비중 0.76
② 산화되기 극히 쉬운 금속이다.
④ 금속 가운데 경도가 작은 경금속이다.

답 ③

22 제4석유류의 인화점 범위는?

① 21℃ 미만인 것

② 21℃ 이상, 70℃ 미만인 것

③ 70℃ 이상, 200℃ 미만인 것

④ 200℃ 이상, 250℃ 미만인 것

해설
① 21℃ 미만인 것 : 제1석유류
② 21℃ 이상, 70℃ 미만인 것 : 제2석유류
③ 70℃ 이상, 200℃ 미만인 것 : 제3석유류
④ 200℃ 이상, 250℃ 미만인 것 : 제4석유류

답 ④

23 인화성 액체 위험물 화재 시 소화방법으로서 가장 거리가 먼 것은?

① 화학포에 의해 소화할 수 있다.

② 수용성 액체는 기계포가 적당하다.

③ 이산화탄소 소화도 사용된다.

④ 주수소화는 적당하지 않다.

해설
② 수용성 액체에 기계포를 사용하면 포가 파괴되어 소화할 수 없어 수용성 액체에는 알코올형 포 소화약제를 사용한다.

답 ②

24 다음 위험물 중 상온에서 성상이 고체인 것은?

① 과산화벤조일

② 질산에틸

③ 나이트로글리세린

④ 메틸에틸케톤퍼옥사이드

 해설
② 질산에틸 : 상온에서 액체
③ 나이트로글리세린 : 상온에서 액체
④ 메틸에틸케톤퍼옥사이드 : 상온에서 액체

답 ①

25 과산화수소 수용액은 보관 중 서서히 분해될 수 있으므로 안정제를 첨가하는데, 그 안정제로 가장 적합한 것은?

① H_3PO_4　　　② MnO_2

③ C_2H_5OH　　④ Cu

 해설
일반 시판품은 30~40%의 수용액으로 분해되기 쉬워 인산(H_3PO_4), 요산($C_5H_4N_4O_3$) 등의 안정제를 가하거나 약산성으로 만든다.

답 ①

26 비점이 111℃인 액체로서, 산화하면 벤즈알데하이드를 거쳐 벤조산이 되는 위험물은?

① 벤젠　　　　② 톨루엔

③ 자일렌　　　④ 아세톤

 해설
톨루엔($C_6H_5CH_3$)은 물에는 녹지 않으나 유기용제 및 수지, 유지, 고무를 녹이고, 벤젠보다 휘발하기 어려우며, 강산화제에 의해 산화하여 벤조산(C_6H_5COOH, 안식향산)이 된다.

답 ②

27 다음 중 위험물안전관리법상 제5류 위험물에 해당하지 않는 것은?

① N_2H_4　　　② $C_6H_2CH_3(NO_2)_3$

③ $C_6H_4(NO)_2$　④ $N_2H_4 \cdot HCl$

 해설
① N_2H_4는 하이드라진으로, 제4류 위험물 중 제2석유류에 해당한다.

답 ①

28 제2류 위험물과 제4류 위험물의 공통적 성질로 옳은 것은?

① 물에 의한 소화가 최적이다.

② 산소 원소를 포함하고 있다.

③ 물보다 가볍다.

④ 가연성 물질이다.

해설 제2류 위험물(가연성 고체)과 제4류 위험물(인화성 액체)은 가연성 물질이다.

답 ④

29 탄화칼슘이 물과 반응하였을 때 발생되는 가스는?

① 포스겐   ② 메테인
③ 아세틸렌   ④ 포스핀

 해설 $CaC_2 + 2H_2O \rightarrow Ca(OH)_2 + C_2H_2$

답 ③

30 C_6H_6 화재의 소화약제로서 적합하지 않은 것은?

① 인산염류분말   ② 이산화탄소
③ 할론   ④ 물(봉상수)

 해설 봉상수로 소화하는 경우 벤젠이 물보다 가벼워서 화재를 확산시킬 우려가 있다.

답 ④

31 분말소화기에 사용되는 분말소화약제의 주성분이 아닌 것은?

① $NaHCO_3$
② $KHCO_3$
③ $NH_4H_2PO_4$
④ $NaOH$

 해설 분말소화약제의 구분

종류	주성분	화학식	착색	적응화재
제1종	탄산수소나트륨	$NaHCO_3$	–	B·C급 화재
제2종	탄산수소칼륨	$KHCO_3$	담회색	B·C급 화재
제3종	제1인산암모늄	$NH_4H_2PO_4$	담홍색 또는 황색	A·B·C급 화재
제4종	탄산수소칼륨 +요소	$KHCO_3$ $+CO(NH_2)_2$	–	B·C급 화재

답 ④

32 소화설비의 설치기준에 있어서 위험물저장소의 건축물로서 외벽이 내화구조로 된 것은 연면적 몇 m²를 1소요단위로 하는가?

① 50   ② 75
③ 100   ④ 150

 해설 소요단위 : 소화설비의 설치대상이 되는 건축물의 규모 또는 1위험물 양에 대한 기준 단위

1단위	제조소 또는 취급소용 건축물의 경우	내화구조 외벽을 갖춘 연면적 100m²
		내화구조 외벽이 아닌 연면적 50m²
	저장소 건축물의 경우	내화구조 외벽을 갖춘 연면적 150m²
		내화구조 외벽이 아닌 연면적 75m²
	위험물의 경우	지정수량의 10배

답 ④

33 옥외탱크저장소 배관의 완충조치가 아닌 것은?

① 루프조인트   ② 네트워크조인트
③ 볼조인트   ④ 플렉시블조인트

답 ②

34 피난기구 설치기준에서 몇 층 이상의 층에 금속성 고정사다리를 설치하는가?

① 3층   ② 4층
③ 6층   ④ 8층

답 ②

35 주유취급소의 공지에 대한 설명으로 옳지 않은 것은?

① 주위는 너비 15m 이상, 길이 6m 이상의 콘크리트 등으로 포장한 공지를 보유하여야 한다.
② 공지의 바닥은 주위의 지면보다 높게 하여야 한다.
③ 공지 바닥 표면은 수평을 유지하여야 한다.
④ 공지 바닥은 배수구, 저유설비 및 유분리 시설을 하여야 한다.

해설 ③ 공지 바닥은 주위의 지면보다 높게 하고 그 표면은 적당하게 경사지게 한다.

답 ③

36 옥외탱크저장소에 보냉장치 및 불연성 가스 봉입장치를 설치해야 되는 위험물은?

① 아세트알데하이드　　② 이황화탄소
③ 생석회　　　　　　　④ 염소산나트륨

 아세트알데하이드 등을 취급하는 탱크에는 냉각 장치 또는 저온을 유지하기 위한 장치(보냉장치) 및 연소성 혼합기체의 생성에 의한 폭발을 방지하기 위한 불활성 기체를 봉입하는 장치를 갖출 것

 ①

37 옥외탱크저장소의 주위에는 저장 또는 취급하는 위험물의 최대수량에 따라 보유공지를 보유하여야 하는데, 다음 기준 중 옳지 않은 것은?

① 지정수량의 500배 이하 − 3m 이상
② 지정수량의 500배 초과, 1,000배 이하 − 6m 이상
③ 지정수량의 1,000배 초과, 2,000배 이하 − 9m 이상
④ 지정수량의 2,000배 초과, 3,000배 이하 − 12m 이상

 옥외탱크저장소의 보유공지

저장 또는 취급하는 위험물의 최대수량	공지의 너비
지정수량의 500배 이하	3m 이상
지정수량의 500배 초과, 1,000배 이하	5m 이상
지정수량의 1,000배 초과, 2,000배 이하	9m 이상
지정수량의 2,000배 초과, 3,000배 이하	12m 이상
지정수량의 3,000배 초과, 4,000배 이하	15m 이상
지정수량의 4,000배 초과	해당 탱크 수평 단면의 최대지름(가로형인 경우에는 긴 변)과 높이 중 큰 것과 같은 거리 이상. 다만, 30m 초과의 경우 : 30m 이상, 15m 미만의 경우 : 15m 이상

 ②

38 화재 발생을 통보하는 설비로서 경보설비가 아닌 것은?

① 비상경보설비　　② 자동화재탐지설비
③ 비상방송설비　　④ 영상음향차단경보기

 경보설비에는 자동화재탐지설비, 비상경보설비, 확성장치, 비상방송설비 등이 있다.

 ④

39 인화성 위험물질 500L를 하나의 간이탱크저장소에 저장하려고 할 때 필요한 최소 탱크 수는?

① 4개　　　　　　② 3개
③ 2개　　　　　　④ 1개

 하나의 간이탱크저장소(600L 이하)에 설치하는 간이저장탱크 수 : 3 이하

②

40 국소방출방식의 이산화탄소 소화설비 중 저압식 저장용기에 설치되는 압력경보장치는 어느 압력 범위에서 작동하는 것으로 설치하여야 하는가?

① 2.3MPa 이상의 압력과 1.9MPa 이하의 압력에서 작동하는 것
② 2.5MPa 이상의 압력과 2.0MPa 이하의 압력에서 작동하는 것
③ 2.7MPa 이상의 압력과 2.3MPa 이하의 압력에서 작동하는 것
④ 3.0MPa 이상의 압력과 2.5MPa 이하의 압력에서 작동하는 것

 이산화탄소 소화설비의 기준
㉠ 저장용기는 온도가 40℃ 이하이고 온도변화가 적은 장소에 설치할 것
㉡ 저압식 저장용기의 충전비는 1.1 이상 1.4 이하, 고압식은 충전비가 1.5 이상 1.9 이하가 되게 할 것
㉢ 저압식 저장용기에는 액면계 및 압력계와 2.3MPa 이상 1.9MPa 이하의 압력에서 작동하는 압력경보장치를 설치할 것
㉣ 기동용 가스용기 및 해당 용기에 사용하는 밸브는 25MPa 이상의 압력에 견딜 수 있는 것으로 할 것

①

41 다음 중 스프링클러헤드의 설치기준으로 틀린 것은?

① 개방형 스프링클러헤드는 헤드 반사판으로부터 수평방향으로 0.3m의 공간을 보유하여야 한다.

② 폐쇄형 스프링클러헤드의 반사판과 헤드의 부착면과의 거리는 30cm 이하로 한다.

③ 폐쇄형 스프링클러헤드 부착장소의 평상시 최고 주위온도가 28℃ 미만인 경우 58℃ 미만의 표시온도를 갖는 헤드를 사용한다.

④ 개구부에 설치하는 폐쇄형 스프링클러헤드는 해당 개구부의 상단으로부터 높이 30cm 이내의 벽면에 설치한다.

 ④ 개구부에 설치하는 개방형 스프링클러헤드는 해당 개구부의 상단으로부터 높이 30cm 이내의 벽면에 설치한다.

답 ④

42 다음 중 옥외저장소에 저장할 수 없는 위험물은? (단, IMDG code에 적합한 용기에 수납한 경우를 제외한다.)

① 제2류 위험물 중 황

② 제3류 위험물 중 금수성 물질

③ 제4류 위험물 중 제2석유류

④ 제6류 위험물

 옥외저장소에 저장 또는 취급할 수 있는 위험물
㉠ 제2류 위험물 중 황 또는 인화성 고체(인화점이 0℃ 이상인 것에 한함)
㉡ 제4류 위험물 중 제1석유류(인화점 0℃ 이상인 것에 한함), 알코올류, 제2석유류, 제3석유류, 제4석유류 및 동식물유류
㉢ 제6류 위험물

답 ②

43 할로젠화합물 소화기가 적응성이 있는 것은?

① 나트륨   ② 철분

③ 아세톤   ④ 질산에틸

 ② 아세톤은 제4류 위험물에 해당한다.

물분무 등 소화설비의 적응성

대상물의 구분	건축물·그 밖의 공작물	전기설비	제1류 위험물 알칼리금속과산화물 등	제1류 위험물 그 밖의 것	제2류 위험물 철분·금속분·마그네슘 등	제2류 위험물 인화성 고체	제2류 위험물 그 밖의 것	제3류 위험물 금수성 물품	제3류 위험물 그 밖의 것	제4류 위험물	제5류 위험물	제6류 위험물
물분무소화설비	○	○		○		○	○		○	○	○	○
포소화설비	○			○		○	○		○	○	○	○
불활성가스 소화설비		○				○				○		
할로젠화합물 소화설비		○				○				○		
분말소화설비 인산염류 등	○	○		○		○	○			○		○
분말소화설비 탄산수소염류 등		○	○		○	○		○		○		
분말소화설비 그 밖의 것			○		○			○				

답 ③

44 옥외저장소에 선반을 설치하는 경우에 선반의 높이는 몇 m를 초과하지 않아야 하는가?

① 3   ② 4

③ 5   ④ 6

 옥외저장소에 선반을 설치하는 경우 선반의 높이는 6m를 초과하지 않는다.

답 ④

45 옥외소화전의 개폐밸브 및 호스 접속구는 지반면으로부터 몇 m 이하의 높이에 설치해야 하는가?

① 1.5

② 2.5

③ 3.5

④ 4.5

 옥외소화전의 개폐밸브 및 호스 접속구는 지반면으로부터 1.5m 이하의 높이에 설치할 것

답 ①

46 위험물제조소 등의 스프링클러설비의 기준에 있어 개방형 스프링클러헤드는 스프링클러헤드의 반사판으로부터 하방과 수평 방향으로 각각 몇 m의 공간을 보유하여야 하는가?

① 하방 0.3m, 수평방향 0.45m

② 하방 0.3m, 수평방향 0.3m

③ 하방 0.45m, 수평방향 0.45m

④ 하방 0.45m, 수평방향 0.3m

 개방형 스프링클러헤드의 유효사정거리
  ㉠ 헤드의 반사판으로부터 하방으로 0.45m, 수평방향으로 0.3m의 공간을 보유할 것
  ㉡ 헤드는 헤드의 축심이 해당 헤드의 부착면에 대하여 직각이 되도록 설치할 것

답 ④

47 위험물 안전관리자를 해임한 날부터 며칠 이내에 위험물 안전관리자를 선임하여야 하는가?

① 5일   ② 15일

③ 25일   ④ 30일

답 ④

48 제4류 위험물을 취급하는 제조소 등이 있는 동일한 사업소에서 지정수량의 몇 배 이상인 경우에 자체소방대를 설치하여야 하는가?

① 1,000배   ② 3,000배

③ 5,000배   ④ 10,000배

 자체소방대는 제4류 위험물을 지정수량의 3천배 이상 취급하는 제조소 또는 일반취급소와 50만배 이상 저장하는 옥외탱크저장소에 설치한다.

답 ②

49 위험물의 저장·취급 및 운반에 있어서 적용 제외 규정에 해당되지 않는 것은?

① 항공기   ② 철도

③ 궤도   ④ 주유취급소

 적용 제외 : 항공기, 철도, 궤도

답 ④

50 위험물 안전관리자의 선임신고를 하지 않았을 경우의 벌칙기준은?

① 과태료 50만원   ② 과태료 100만원

③ 과태료 200만원   ④ 과태료 300만원

 위험물안전관리자를 허위로 신고한 자, 신고를 하지 아니한 자는 모두 과태료 200만원에 해당한다.

답 ③

51 다음 A, B 같은 작업공정을 가진 경우 위험물안전관리법상 허가를 받아야 하는 제조소 등의 종류를 옳게 짝지은 것은? (단, 지정수량 이상을 취급하는 경우이다.)

A : 원료(비위험물) →작업→ 제품(위험물)

B : 원료(위험물) →작업→ 제품(비위험물)

① A : 위험물제조소, B : 위험물제조소

② A : 위험물제조소, B : 위험물취급소

③ A : 위험물취급소, B : 위험물제조소

④ A : 위험물취급소, B : 위험물취급소

 ㉠ 위험물제조소 : 위험물 또는 비위험물을 원료로 사용하여 위험물을 생산하는 시설
  ㉡ 위험물 일반취급소 : 위험물을 사용하여 일반제품을 생산, 가공 또는 세척하거나 버너 등에 소비하기 위하여 1일에 지정수량 이상의 위험물을 취급하는 시설

답 ②

52 위험물안전관리법령상 차량에 적재할 때 차광성이 있는 피복으로 가려야 하는 위험물이 아닌 것은?

① NaH ② P_4S_3

③ $KClO_3$ ④ CH_3CHO

 차광성이 있는 것으로 피복해야 하는 경우
제1류 위험물, 제3류 위험물 중 자연발화성 물질, 제4류 위험물 중 특수인화물, 제5류 위험물, 제6류 위험물
②는 황화인으로, 제2류 위험물이다.

답 ②

53 제4류 위험물 중 경유를 판매하는 제2종 판매취급소를 허가받아 운영하고자 한다. 취급할 수 있는 최대수량은?

① 20,000L

② 40,000L

③ 80,000L

④ 160,000L

 제2종 판매취급소는 저장 또는 취급하는 위험물의 수량이 40배 이하인 취급소이며, 경유의 지정수량은 1,000L이다.

∴ 1,000×40=40,000L

 답 ②

54 위험물안전관리법령상 소방공무원 경력자가 취급할 수 있는 위험물은?

① 법령에서 정한 모든 위험물

② 제4류 위험물을 제외한 모든 위험물

③ 제4류 위험물과 제6류 위험물

④ 제4류 위험물

 위험물 취급 자격자의 자격

위험물 취급 자격자의 구분	취급할 수 있는 위험물
「국가기술자격법」에 따라 위험물기능장, 위험물산업기사, 위험물기능사의 자격을 취득한 사람	위험물안전관리법 시행령 [별표 1]의 모든 위험물
안전관리자 교육 이수자(법에 따라 소방청장이 실시하는 안전관리자 교육을 이수한 자)	제4류 위험물
소방공무원 경력자(소방공무원으로 근무한 경력이 3년 이상인 자)	

답 ④

55 신제품에 가장 적합한 수요예측방법은?

① 시계열분석

② 의견분석

③ 최소자승법

④ 지수평활법

 수요예측방법

㉠ 시장조사법 : 시장의 상황에 대한 자료를 설문지나 인터뷰 등을 이용해서 수집하고, 이를 바탕으로 수요를 예측하는 방법

㉡ 이동평균법 : 과거 일정 기간 동안 제품의 판매량을 기준으로 산출한 평균 추세를 이용해서 미래의 수요량을 예측하는 방법

㉢ 지수평활법 : 가중이동평균법을 발전시킨 기법으로, 가중치는 과거로 거슬러 올라갈수록 감소하기 때문에 결과적으로 최근 값에 큰 가중치를 부여하게 되는 기법

답 ②

56 다음 중에서 작업자에게 심리적 영향을 가장 많이 주는 작업측정의 기법은?

① PTS법

② 워크샘플링법

③ WF법

④ 스톱워치법

 ① PTS법 : 모든 작업을 기본동작으로 분해하고 각 기본동작에 대하여 성질과 조건에 따라 정해 놓은 시간치를 적용하여 정미시간을 산정하는 방법

② WS법(Working Sampling method) : 측정자가 무작위로 현장에서 작업자가 작업하는 내용에 대해 측정 및 가동 시간에 대한 측정결과를 조합하여 표준시간을 설정하는 방법

③ WF법 : 각 신체부위마다 움직이는 거리, 취급중량, 작업자에 의한 컨트롤 여부(동작 곤란) 등과 같은 변수에 대해 각각 동작시간 표준치를 정하고 표준을 적용하여 실질 시간을 구하는 방법

④ 스톱워치법 : 제로 현장에서 이루어지는 모든 작업공정에 대해 사전에 미리 구분하여 별도의 측정표정을 통해 표준시간을 산정하는 방법으로, 작업자에게 심리적 영향을 가장 많이 주는 작업측정

답 ④

57 모집단을 몇 개의 층으로 나누고 각 층으로부터 각각 랜덤하게 시료를 뽑는 샘플링 방법은?

① 층별샘플링
② 2단계샘플링
③ 계통샘플링
④ 단순샘플링

 해설 샘플링 방법

ⓐ 랜덤샘플링(random sampling) : 모집단의 어느 부분이라도 같은 확률로 시료를 채취하는 방법
ⓑ 층별샘플링(stratified sampling) : 모집단을 몇 개의 층으로 나누고 각 층으로부터 각각 랜덤하게 시료를 뽑는 샘플링 방법
ⓒ 취락샘플링(cluster sampling) : 모집단을 여러 개의 취락으로 나누어 몇 개 부분을 랜덤으로 시료를 채취하여 채취한 시료 모두를 조사하는 방법
ⓓ 2단계샘플링(two-stage sampling) : 모집단을 1단계, 2단계로 나누어 각 단계에서 몇 개의 시료를 채취하는 방법

답 ①

58 로트에서 랜덤하게 시료를 추출하여 검사한 후 그 결과에 따라 로트의 합격, 불합격을 판정하는 검사방법을 무엇이라 하는가?

① 자주 검사
② 간접 검사
③ 전수 검사
④ 샘플링 검사

해설 샘플링 검사는 로트로부터 추출한 샘플을 검사하여 그 로트의 합격, 불합격을 판정하고 있기 때문에 합격된 로트 중에 다소의 불량품이 들어있게 되지만, 샘플링 검사에서는 검사된 로트 중에 불량품의 비율이 확률적으로 어떤 범위 내에 있다는 것을 보증할 수 있다.

답 ④

59 과거의 자료를 수리적으로 분석하여 일정한 경향을 도출한 후 가까운 장래의 매출액, 생산량 등을 예측하는 방법을 무엇이라 하는가?

① 델파이법
② 전문가 패널법
③ 시장조사법
④ 시계열 분석법

 해설 ① 델파이법 : 전문가들의 의견 수립, 중재, 타협의 방식으로 반복적인 피드백을 통한 하향식 의견 도출방법으로 문제를 해결하는 기법
② 전문가 패널법 : 전문지식을 유도하기 위해서 foresight(포어사이트)에서 공통적으로 활용되는 방법
③ 시장조사법 : 한 상품이나 서비스가 어떻게 구입되며 사용되고 있는가, 그리고 어떤 평가를 받고 있는가 하는 시장에 관한 조사기법
④ 시계열 분석법 : 시계열(time series) 자료는 시간에 따라 관측된 자료로 시간의 영향을 받는다. 시계열을 분석함에 있어 시계열 자료가 사회적 관습이나 환경변화 등의 다양한 변동요인에 영향을 받는다. 시계열에 의하여 과거의 자료를 근거로 추세나 경향을 분석하여 미래를 예측할 수 있다.

답 ④

60 다음 중 반즈(Ralph M. Barnes)가 제시한 동작경제의 원칙에 해당되지 않는 것은?

① 표준작업의 원칙
② 신체의 사용에 관한 원칙
③ 작업장의 배치에 관한 원칙
④ 공구 및 설비의 디자인에 관한 원칙

 해설 반즈의 동작경제의 원칙

ⓐ 신체의 사용에 관한 원칙
ⓑ 작업장의 배치에 관한 원칙
ⓒ 공구 및 설비의 디자인에 관한 원칙

답 ①

제69회
(2021년 2월 시행)

위험물기능장 필기

01 주기율표에서 원자가전자의 수가 같은 것을 무엇이라고 하는가?

① 양성자수   ② 주기

③ 족   ④ 전자수

 ㉠ 원자가전자수 =족

㉡ 전자껍질수 =주기

답 ③

02 F^-의 전자수, 양성자수, 중성자수는 얼마인가?

① 9, 9, 10   ② 9, 9, 19

③ 10, 9, 10   ④ 10, 10, 10

 F는 원자번호 9번이므로, 양성자수는 9개지만, 음이온이므로 전자 한 개를 더 받아서 전자수는 10개가 된다. 또한 질량수 19에서 양성자수 10을 빼면 중성자수는 10개가 된다.

답 ③

03 NH_4^+는 다음 중 어느 결합에 해당되는가?

① 이온결합   ② 공유결합

③ 수소결합   ④ 배위결합

 NH_3에서 H^+로 일방적으로 H^+ 쪽으로 비공유 전자쌍을 제공하는 형태이다.

답 ④

04 다음 중 질산 2mol은 몇 g인가?

① 36   ② 72

③ 63   ④ 126

 $\dfrac{2mol-HNO_3}{}\left|\dfrac{63g-HNO_3}{1mol-HNO_3}\right.=126g-HNO_3$

답 ④

05 $2M-H_2SO_4$ 용액 6L에 $4M-H_2SO_4$ 4L를 혼합했다. 이 혼합용액의 농도는?

① 2   ② 2.4

③ 2.8   ④ 3.2

 $MV \pm M'V' = M''(V+V')$

$(2 \times 6)+(4 \times 4)=M'' \times 10$

$\therefore M''=2.8$

답 ③

06 농도 96%인 진한 황산의 비중은 1.84이다. 진한 황산의 몰농도는?

① 10M   ② 12M

③ 16M   ④ 18M

 몰농도 $x = 1,000 \times S \times \dfrac{a}{100} \times \dfrac{1}{M}$

$= 1,000 \times 1.84 \times \dfrac{96}{100} \times \dfrac{1}{98}$

$\fallingdotseq 18.02M$

답 ④

07 다음 물질 중 알칼리금속의 과산화물로서 물과의 접촉을 피해야 하는 금수성 물질은?

① 과산화세슘

② 과산화마그네슘

③ 과산화칼슘

④ 과산화바륨

 ① 과산화세슘은 물과 반응하여 발열하고 산소를 방출한다.

② 과산화마그네슘, ③ 과산화칼슘, ④ 과산화바륨은 알칼리토금속의 과산화물이다.

답 ①

08 알코올류, 초산에스터류, 의산에스터류의 탄소수가 증가함에 따른 공통된 특징으로 옳은 것은?

① 인화점이 낮아진다.

② 연소범위가 증가한다.

③ 포말소화기의 사용이 가능해진다.

④ 비중이 증가한다.

 해설 탄소수가 증가할수록 변화되는 현상

　㉠ 인화점이 높아진다.

　㉡ 액체비중이 커진다.

　㉢ 발화점이 낮아진다.

　㉣ 연소범위가 좁아진다.

　㉤ 수용성이 감소된다.

　㉥ 비등점, 융점이 낮아진다.

답 ④

09 트라이나이트로톨루엔의 위험성에 대한 설명으로 옳지 않은 것은?

① 폭발력이 강하다.

② 물에는 불용이며 아세톤, 벤젠에는 잘 녹는다.

③ 햇빛에 변색되고 이는 폭발성을 증가시킨다.

④ 중금속과 반응하지 않는다.

해설 ③ 순수한 것은 무색 결정 또는 담황색의 결정으로 햇빛에 의해 다갈색으로 변색되고, 이때 자체 성분은 변하지 않는다.

답 ③

10 삼황화인(P_4S_3)의 성질에 대한 설명으로 가장 옳은 것은?

① 물, 알칼리 중 분해되어 황화수소(H_2S)가 발생한다.

② 차가운 물, 염산, 황산에는 녹지 않는다.

③ 차가운 물, 알칼리 중 분해되어 인산(H_3PO_4)이 생성된다.

④ 물, 알칼리 중에 분해되어 이산화황(SO_2)이 발생한다.

 해설 ㉠ 삼황화인(P_4S_3) : 물, 염산, 황산, 염소 등에는 녹지 않고, 질산이나 이황화탄소, 알칼리 등에 녹는다.

　㉡ 오황화인(P_2S_5) : 알코올이나 이황화탄소에 녹으며, 물이나 알칼리와 반응하면 분해되어 황화수소(H_2S)와 인산(H_3PO_4)으로 된다.

$$P_2S_5 + 8H_2O \rightarrow 5H_2S + 2H_3PO_4$$

답 ②

11 무색 또는 백색의 결정으로 308℃에서 사방정계에서 입방정계로 전이하는 물질은?

① $NaClO$　　　　　② $NaClO_3$

③ $KClO_3$　　　　　④ $KClO_4$

 해설 ② 염소산나트륨 : 무색 · 무취의 입방정계 주상 결정

　③ 염소산칼륨 : 무색 · 무취의 단사정계 판상 결정

　④ 과염소산칼륨 : 무색 · 무취의 사방정계

답 ①

12 다음 중 물속에 저장하여야 할 위험물은?

① 나트륨　　　　　② 황린

③ 피크르산　　　　④ 과염소산

해설 ① 나트륨 : 물과 반응 시 수소 발생

　③ 피크르산 : 물에 녹음

　④ 과염소산 : 물과 반응 시 발열반응

답 ②

13 산화성 고체 위험물의 위험성에 해당하지 않는 것은?

① 불연성 물질로 산소를 방출하고 산화력이 강하다.

② 단독으로 분해 · 폭발하는 물질도 있지만 가열, 충격, 이물질 등과의 접촉으로 분해를 하여 가연물과 접촉 · 혼합에 의하여 폭발할 위험성이 있다.

③ 유독성 및 부식성 등 손상의 위험성이 있는 물질도 있다.

④ 착화온도가 높아서 연소 확대의 위험이 크다.

 해설 ④ 착화온도가 낮아서 연소 확대의 위험이 크다.

답 ④

14 가연성 혼합기체에 전기적 스파크로 점화 시 착화하기 위하여 필요한 최소한의 에너지를 최소착화에너지라 하는데 최소착화에너지를 구하는 식을 옳게 나타낸 것은? (단, C : 콘덴서의 용량, V : 전압, T : 전도율, F : 점화상수이다.)

① FVT^2
② FCV^2
③ $1/2\,CV^2$
④ CV

 해설 최소점화에너지(E)를 구하는 공식
$$E = \frac{1}{2}\,Q \cdot V = \frac{1}{2}\,C \cdot V^2$$
여기서, E : 착화에너지(J)
C : 전기(콘덴서)용량(F)
V : 방전전압(V)
Q : 전기량(C)

답 ③

15 다음 중 자연발화성 및 금수성 물질에 해당 되지 않는 것은?

① 철분
② 황린
③ 금속수소화합물류
④ 알칼리토금속류

 해설 ① 철분 : 제2류 위험물(가연성 고체)

답 ①

16 다음 위험물 중 지정수량이 50kg인 것은?

① $NaClO_3$
② NH_4NO_3
③ $NaBrO_3$
④ $(NH_4)_2Cr_2O_7$

 해설 각 보기 위험물의 지정수량은 다음과 같다.
① $NaClO_3$: 50kg
② NH_4NO_3 : 300kg
③ $NaBrO_3$: 300kg
④ $(NH_4)_2Cr_2O_7$: 1,000kg

답 ①

17 메테인 50%, 에테인 30%, 프로페인 20%의 부피비로 혼합된 가스의 공기 중 폭발하한 계값은? (단, 메테인, 에테인, 프로페인의 폭발하한계는 각각 5%, 3%, 2%이다.)

① 약 1.1%
② 약 3.3%
③ 약 5.5%
④ 약 7.7%

 해설
$$L = \cfrac{100}{\cfrac{V_1}{L_1} + \cfrac{V_2}{L_2} + \cfrac{V_3}{L_3} + \cdots}$$
$$= \cfrac{100}{\cfrac{50}{5} + \cfrac{30}{3} + \cfrac{20}{2}} = 약\ 3.3\%$$

답 ②

18 다음 중 반건성유에 해당하는 물질은?

① 아마인유
② 채종유
③ 올리브유
④ 피마자유

 해설 ㉠ 건성유 : 아이오딘값이 130 이상인 것
　예 아마인유, 들기름, 동유, 정어리기름, 해바라기유 등
㉡ 반건성유 : 아이오딘값이 100~130인 것
　예 청어기름, 콩기름, 옥수수기름, 참기름, 면실유(목화씨유), 채종유 등
㉢ 불건성유 : 아이오딘값이 100 이하인 것
　예 올리브유, 피마자유, 야자유, 땅콩기름 등

답 ②

19 트라이에틸알루미늄을 취급할 때 물과 접촉하면 주로 발생하는 가스는?

① C_2H_6
② H_2
③ C_2H_2
④ CO_2

 해설 $(C_2H_5)_3Al + 3H_2O \rightarrow Al(OH)_3 + 3C_2H_6$
트라이에틸알루미늄

답 ①

20 이산화탄소가 불연성인 이유는?

① 산화반응을 일으켜 열발생이 적기 때문
② 산소와의 반응이 천천히 진행되기 때문
③ 산소와 전혀 반응하지 않기 때문
④ 착화하여도 곧 불이 꺼지므로

이산화탄소는 산화반응이 완결된 안정된 산화물
이다.

답 ③

21 $C_6H_2CH_3(NO_2)_3$의 제조 원료로 옳게 짝지
어진 것은?

① 톨루엔, 황산, 질산

② 글리세린, 벤젠, 질산

③ 벤젠, 질산, 황산

④ 톨루엔, 질산, 염산

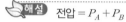 트라이나이트로톨루엔[$C_6H_2CH_3(NO_2)_3$]은 톨루
엔, 황산, 질산을 반응시켜 모노나이트로톨루엔을
만든 후 나이트로화하여 만든다.

답 ①

22 위험물의 자연발화를 방지하기 위한 방법으
로 틀린 것은?

① 통풍이 잘 되게 한다.

② 습도를 높게 한다.

③ 저장실의 온도를 낮춘다.

④ 열이 축적되지 않도록 한다.

 ② 습도를 낮게 한다.

답 ②

23 법령상 알코올류의 분자량 증가에 따른 성
질 변화에 대한 설명으로 옳지 않은 것은?

① 증기비중의 값이 커진다.

② 이성질체 수가 증가한다.

③ 연소범위가 좁아진다.

④ 비점이 낮아진다.

 ④ 비점이 높아진다.

답 ④

24 다음 중 과산화수소의 분해를 막기 위한 안
정제는?

① MnO_2

② HNO_3

③ $HClO_4$

④ H_3PO_4

해설 과산화수소의 일반 시판품은 30~40%의 수용액으
로, 분해되기 쉬워 인산(H_3PO_4), 요산($C_5H_4N_4O_3$)
등 안정제를 가하거나 약산성으로 만든다.

답 ④

25 톨루엔과 자일렌의 혼합물에서 톨루엔의 분
압이 전압의 60%이면 이 혼합물의 평균분
자량은?

① 82.2

② 97.6

③ 120.5

④ 166.1

해설 전압 $= P_A + P_B$
톨루엔의 분자량 : 92, 자일렌의 분자량 : 106.2
∴ $(92 \times 0.6) + (106.2 \times 0.4) = 97.6$

답 ②

26 이황화탄소를 저장하는 실의 온도가 $-20℃$
이고, 저장실 내 이황화탄소의 공기 중 증기
농도가 2vol%라고 가정할 때, 다음 설명 중
옳은 것은?

① 점화원이 있으면 연소된다.

② 점화원이 있더라도 연소되지 않는다.

③ 점화원이 없어도 발화된다.

④ 어떠한 방법으로도 연소되지 않는다.

해설 이황화탄소(CS_2)는 인화점이 $-30℃$이고 폭발
범위가 1.2~44%인데, 실의 온도가 $-20℃$이고
증기농도가 2vol%이므로 연소범위 내에 있어
점화원이 있으면 연소한다.

답 ①

27 제5류 위험물 중 품명이 나이트로화합물이
아닌 것은?

① 나이트로글리세린

② 피크르산

③ 트라이나이트로벤젠

④ 트라이나이트로톨루엔

해설 ① 나이트로글리세린 : 질산에스터류

답 ①

28 위험물의 성질과 위험성에 대한 설명으로 틀린 것은?

① 뷰틸리튬은 알킬리튬의 종류에 해당된다.
② 황린은 물과 반응하지 않는다.
③ 탄화알루미늄은 물과 반응하면 가연성의 메테인가스를 발생하므로 위험하다.
④ 인화칼슘은 물과 반응하면 유독성의 포스겐가스를 발생하므로 위험하다.

 해설 인화칼슘은 물과 반응하면 유독하고 가연성인 인화수소(PH_3, 포스핀)를 발생한다.
$Ca_3P_2 + 6H_2O \rightarrow 3Ca(OH)_2 + 2PH_3$

답 ④

29 제1류 위험물로서 무색의 투명한 결정이고 비중은 약 4.35, 녹는점은 약 212℃이며, 사진 감광제 등에 사용되는 것은?

① $AgNO_3$
② NH_4NO_3
③ KNO_3
④ $Cd(NO_3)_2$

 해설 $AgNO_3$(질산은)은 사진 감광제, 부식제, 은도금, 사진 제판 등에 이용된다.

답 ①

30 Halon 1301에 해당하는 할로젠화합물의 분자식을 옳게 나타낸 것은?

① CBr_3F
② CF_3Br
③ CH_3Cl
④ CCl_3H

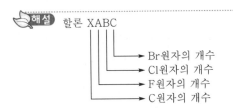 해설 할론 XABC

답 ②

31 일반적으로 고급 알코올 황산에스터염을 기포제로 사용하며 냄새가 없는 황색의 액체로서 밀폐 또는 준밀폐 구조물의 화재 시 고팽창포를 사용하여 화재를 진압할 수 있는 포소화약제는?

① 단백포 소화약제
② 합성계면활성제포 소화약제
③ 알코올형포 소화약제
④ 수성막포 소화약제

 해설 문제에서 설명하는 포소화약제는 합성계면활성제포 소화약제로, 유류 표면을 가벼운 거품(포말)으로 덮어 질식소화하는 동시에 포말과 유류 표면 사이에 유화층인 유화막을 형성하여 화염의 재연을 방지하는 포소화약제로서 소화성능은 수성막포에 비하여 낮은 편이다.

답 ②

32 위험물안전관리법령상 정전기를 유효하게 제거하기 위해서는 공기 중의 상대습도는 몇 % 이상 되게 하여야 하는가?

① 40%   ② 50%
③ 60%   ④ 70%

 해설 정전기의 예방대책
㉠ 접지를 한다.
㉡ 공기 중의 상대습도를 70% 이상으로 한다.
㉢ 유속을 1m/s 이하로 유지한다.
㉣ 공기를 이온화시킨다.
㉤ 제진기를 설치한다.

답 ④

33 가동식의 벽, 제연경계 벽, 댐퍼 및 배출기의 작동은 무엇과 연동되어야 하며, 예상 제연구역 및 제어반에서 어떤 기동이 가능하도록 하여야 하는가?

① 스프링클러설비 - 자동 기동
② 통로유도등 - 수동 기동
③ 무선통신보조설비 - 수동 기동
④ 자동화재감지기 - 수동 기동

답 ④

34 이동탱크저장소에서 금속을 사용해서는 안 되는 제한 금속이 있다. 이 제한된 금속이 아닌 것은?

① 은(Ag) 　　② 수은(Hg)
③ 구리(Cu) 　　④ 철(Fe)

답 ④

35 할로젠화물소화설비의 국소방출방식에 대한 소화약제 산출방식에 관련된 공식 $Q = X - Y \cdot a/A(\text{kg/m}^3)$의 소화약제 종별에 따른 X와 Y의 값으로 옳은 것은?

① 할론 2402 : X는 1.2, Y는 3.0
② 할론 1211 : X는 4.4, Y는 3.3
③ 할론 1301 : X는 4.4, Y는 3.3
④ 할론 104 : X는 5.2, Y는 3.3

 해설

약제 종별	X의 수치	Y의 수치
할론 1301	4.0	3.0
할론 1211	4.4	3.3
할론 2402	5.2	3.9

답 ②

36 간이탱크저장소의 탱크에 설치하는 통기관 기준에 대한 설명으로 옳은 것은?

① 통기관의 지름은 20mm 이상으로 한다.
② 통기관은 옥내에 설치하고 선단의 높이는 지상 1.5m 이상으로 한다.
③ 가는 눈의 구리망 등으로 인화방지장치를 한다.
④ 통기관의 선단은 수평면에 대하여 아래로 35° 이상 구부려 빗물 등이 들어가지 않도록 한다.

 해설
① 통기관의 지름은 25mm 이상으로 한다.
② 통기관은 옥외에 설치하고 선단의 높이는 지상 1.5m 이상으로 한다.
④ 통기관의 선단은 수평면에 대하여 아래로 45° 이상 구부려 빗물 등이 들어가지 않도록 한다.

답 ③

37 다음 옥내탱크저장소 중 소화난이도등급 Ⅰ에 해당하지 않는 것은?

① 액표면적이 40m² 이상인 것
② 바닥면으로부터 탱크 옆판의 상단까지 높이가 6m 이상인 것
③ 액체 위험물을 저장하는 탱크로서 지정수량이 100배 이상인 것
④ 탱크전용실이 단층건물 외에 건축물에 있는 것

 해설
소화난이도등급 Ⅰ에 해당하는 옥내탱크저장소
㉠ 액표면적이 40m² 이상인 것(제6류 위험물을 저장하는 것 및 고인화점 위험물만을 100℃ 미만의 온도에서 저장하는 것은 제외)
㉡ 바닥면으로부터 탱크 옆판의 상단까지 높이가 6m 이상인 것(제6류 위험물을 저장하는 것 및 고인화점 위험물만을 100℃ 미만의 온도에서 저장하는 것은 제외)
㉢ 탱크전용실이 단층건물 외의 건축물에 있는 것으로서 인화점 40℃ 이상, 70℃ 미만의 위험물을 지정수량의 5배 이상 저장하는 것(내화구조로 개구부 없이 구획된 것은 제외)

답 ③

38 인화성 액체 위험물(이황화탄소는 제외)의 옥외탱크저장소의 방유제 및 칸막이둑에 대한 설명으로 틀린 것은?

① 방유제의 높이는 0.5m 이상, 3m 이하로 하고 방유제 내의 면적은 8만m² 이하로 한다.
② 높이가 1m를 넘는 방유제 및 칸막이둑의 안팎에는 방유제 내에 출입하기 위한 계단 또는 경사로를 약 50m마다 설치한다.
③ 탱크와 방유제 사이의 거리는 지름이 15m 이상인 탱크의 경우 탱크 높이의 1/3로 한다.
④ 방유제의 용량은 방유제 안에 설치된 탱크가 하나일 때에는 그 탱크 용량의 110% 이상, 2기 이상인 때에는 그 탱크 중 용량이 최대인 것의 110% 이상으로 한다.

 해설
③ 탱크와 방유제 사이의 거리는 지름이 15m 이상인 탱크의 경우 탱크 높이의 1/2로 한다.

답 ③

39 96g의 메탄올이 완전연소되면 몇 g의 물이 생성되는가?

① 36
② 64
③ 72
④ 108

 해설
$$2CH_3OH + 3O_2 \rightarrow 2CO_2 + 4H_2O$$

$$\frac{96g\text{-}CH_3OH}{} \left| \frac{1mol\text{-}CH_3OH}{32g\text{-}CH_3OH} \right| \frac{4mol\ H_2O}{2mol\text{-}CH_3OH} \right.$$

$$\left| \frac{18g\text{-}H_2O}{1mol\text{-}H_2O} = 108g\text{-}H_2O \right.$$

답 ④

40 옥내소화전 2개와 옥외소화전 1개를 설치하였다면 수원의 수량은 얼마 이상이 되도록 하여야 하는가? (단, 옥내소화전은 가장 많이 설치된 층의 설치개수이다.)

① 5.4m³
② 10.5m³
③ 20.3m³
④ 29.1m³

 해설
㉠ 옥내소화전
$$Q(m^3) = N \times 7.8m^3 (260L/min \times 30min)$$
$$= 2 \times 7.8m^3$$
$$= 15.6$$
㉡ 옥외소화전
$$Q(m^3) = N \times 13.5m^3 (450L/min \times 30min)$$
$$= 1 \times 13.5m^3$$
∴ $15.6 + 13.5 = 29.1m^3$

답 ④

41 다음 중 제3류 위험물의 금수성 물질에 대하여 적응성이 있는 소화기는?

① 이산화탄소 소화기
② 할로젠화합물 소화기
③ 탄산수소염류 소화기
④ 인산염류 소화기

 해설 제3류 위험물 중 금수성 물질은 탄산수소염류 소화기가 적응성이 좋다.

답 ③

42 동일한 사업소에서 제조소의 취급량의 합이 지정수량의 몇 배 이상일 때 자체소방대를 설치해야 하는가? (단, 제4류 위험물을 취급하는 경우이다.)

① 3,000
② 4,000
③ 5,000
④ 6,000

 해설 자체소방대는 제4류 위험물을 지정수량의 3천배 이상 취급하는 제조소 또는 일반취급소와 50만배 이상 저장하는 옥외탱크저장소에 설치해야 한다.

답 ①

43 다음 중 소화난이도등급 Ⅰ의 옥외탱크저장소로서 인화점이 70℃ 이상의 제4류 위험물만을 저장하는 탱크에 설치하여야 하는 소화설비는? (단, 지중 탱크 및 해상 탱크는 제외한다.)

① 물분무소화설비 또는 고정식 포소화설비
② 옥외소화전설비
③ 스프링클러설비
④ 이동식 포소화설비

 해설 소화난이도등급 Ⅰ에 해당하는 제조소 등의 소화설비

구분	소화설비
옥외탱크저장소 (황만을 저장·취급)	물분무소화설비
옥외탱크저장소 (인화점 70℃ 이상의 제4류 위험물 취급)	• 물분무소화설비 • 고정식 포소화설비
옥외탱크저장소 (지중 탱크)	• 고정식 포소화설비 • 이동식 이외의 이산화탄소 소화설비 • 이동식 이외의 할로젠화물 소화설비

답 ①

44 지정과산화물을 옥내에 저장하는 저장창고 외벽의 기준으로 옳은 것은?

① 두께 20cm 이상의 무근콘크리트조
② 두께 30cm 이상의 무근콘크리트조
③ 두께 20cm 이상의 보강콘크리트블록조
④ 두께 30cm 이상의 보강콘크리트블록조

 옥내저장소의 지정 유기과산화물 외벽의 기준
  ㉠ 두께 20cm 이상의 철근콘크리트조, 철골철 근콘크리트조
  ㉡ 두께 30cm 이상의 보강시멘트블록조

답 ④

45 위험물제조소에 옥내소화전을 각 층에 8개 씩 설치하도록 할 때 수원의 최소수량은 얼 마인가?

① $13m^3$
② $20.8m^3$
③ $39m^3$
④ $62.4m^3$

 $Q(m^3) = N \times 7.8m^3$ (N이 5개 이상인 경우 5개)
$= 5 \times 7.8m^3$
$= 39m^3$

답 ③

46 알루미늄분의 안전관리에 대한 설명으로 옳 지 않은 것은?

① 공기와 접촉, 자연발화의 위험성이 크므로 화기를 엄금한다.
② 마른모래는 완전히 건조된 것으로 사용한다.
③ 분진이 난무한 상태에서는 호흡보호기구 를 사용한다.
④ 피부에 노출되어도 유해성이 없으므로 작 업에 방해되는 고무장갑은 끼지 않는다.

 ④ 피부에 노출 시 유해성이 있으므로 작업에 방 해되더라도 고무장갑은 착용한다.

답 ④

47 옥내소화전설비에서 펌프를 이용한 가압송 수장치의 경우 펌프의 전양정 H는 소정의 산식에 의한 수치 이상이어야 한다. 전양정 H를 구하는 식으로 옳은 것은? (단, h_1은 소방용 호스의 마찰손실수두, h_2는 배관의 마찰손실수두, h_3는 낙차이며, h_1, h_2, h_3 의 단위는 모두 m이다.)

① $H = h_1 + h_2 + h_3$
② $H = h_1 + h_2 + h_3 + 0.35m$
③ $H = h_1 + h_2 + h_3 + 35m$
④ $H = h_1 + h_2 + 0.35m$

 펌프의 전양정은 다음 식에 의하여 구한 수치 이 상으로 한다.
$H = h_1 + h_2 + h_3 + 35m$
여기서, H : 펌프의 전양정(m)
h_1 : 소방용 호스의 마찰손실수두(m)
h_2 : 배관의 마찰손실수두(m)
h_3 : 낙차(m)

답 ③

48 운송책임자의 감독·지원을 받아 운송하여야 하는 위험물은?

① 칼륨　　　　　② 하이드라진유도체
③ 특수인화물　　④ 알킬리튬

 알킬알루미늄, 알킬리튬은 운송책임자의 감독· 지원을 받아 운송하여야 한다.

답 ④

49 위험물의 운반에 관한 기준에 의거할 때, 운 반용기의 재질로 전혀 사용되지 않는 것은?

① 강판　　　　　② 수은
③ 양철판　　　　④ 종이

 운반용기 재질 : 금속판, 강판, 삼, 합성섬유, 고 무류, 양철판, 짚, 알루미늄판, 종이, 유리, 나무, 플라스틱, 섬유판

답 ②

50 배관의 팽창 또는 수축으로 인한 관, 기구의 파손을 방지하기 위해 관을 곡관으로 만들어 배관 도중에 설치하는 신축이음재는?

① 슬리브형

② 벨로스형

③ 루프형(loop type)

④ U형 스트레이너

 직선거리가 긴 배관은 관 이음부나 기기의 이음부가 파손될 우려가 있으므로 사고를 미연에 방지하여 위해 배관의 도중에 신축이음재를 설치한다. 루프형 신축이음재는 관을 곡관으로 만들어 배관의 신축을 흡수시킨다.

답 ③

51 원형 관에서 유속 3m/s로 1일 동안 $20,000\text{m}^3$의 물을 흐르게 하는 데 필요한 관의 내경은 약 몇 mm인가?

① 414

② 313

③ 212

④ 194

$$Q = uA = u \times \frac{\pi}{4}D^2 \rightarrow D = \sqrt{\frac{4Q}{\pi u}}$$

$$\therefore D = \sqrt{\frac{4Q}{\pi u}}$$

$$= \sqrt{\frac{4 \times 20,000\text{m}^3}{3.14 \times 3\text{m/s} \times 24\text{hr} \times 3,600\text{s/hr}}}$$

$$= 0.31351\text{m}$$

$$= 313.51\text{mm}$$

답 ②

52 위험물안전관리법령상 안전교육대상자가 아닌 자는?

① 위험물제조소 등의 설치를 허가받은 자

② 위험물 안전관리자로 선임된 자

③ 탱크 시험자의 기술인력으로 종사하는 자

④ 위험물 운송자로 종사하는 자

답 ①

53 다음 중 세기성질(intensive property)이 아닌 것은?

① 녹는점

② 밀도

③ 인화점

④ 부피

 ㉠ 세기성질 : 변화가 가능하고 계의 크기에 무관한 계의 물리적 성질로, 압력, 온도, 농도, 밀도, 녹는점, 끓는점, 색 등이 있다.
㉡ 크기성질 : 계의 크기에 비례하는 계의 양으로, 질량, 부피, 열용량 등이 있다.

답 ④

54 제4류 위험물을 지정수량의 30만배를 취급하는 일반취급소에 위험물안전관리법령에 의한 최소한 갖추어야 하는 자체소방대의 화학소방차 대수와 자체소방대원의 수는?

① 2대, 15인

② 2대, 20인

③ 3대, 15인

④ 3대, 20인

 자체소방대에 두는 화학소방자동차 및 인원

사업소의 구분	화학소방자동차의 수	자체소방대원의 수
제조소 또는 일반취급소에서 취급하는 제4류 위험물의 최대수량의 합이 지정수량의 3천배 이상 12만배 미만인 사업소	1대	5인
제조소 또는 일반취급소에서 취급하는 제4류 위험물의 최대수량의 합이 지정수량의 12만배 이상 24만배 미만인 사업소	2대	10인
제조소 또는 일반취급소에서 취급하는 제4류 위험물의 최대수량의 합이 지정수량의 24만배 이상 48만배 미만인 사업소	3대	15인
제조소 또는 일반취급소에서 취급하는 제4류 위험물의 최대수량의 합이 지정수량의 48만배 이상인 사업소	4대	20인
옥외탱크저장소에 저장하는 제4류 위험물의 최대수량이 지정수량의 50만배 이상인 사업소	2대	10인

답 ③

55 어떤 측정법으로 동일 시료를 무한 횟수 측정하였을 때 데이터 분포의 평균치와 참값과의 차를 무엇이라 하는가?

① 신뢰성 　　　② 정확성
③ 정밀도 　　　④ 오차

답 ②

56 공정분석기호 중 □는 무엇을 의미하는가?

① 검사 　　　② 가공
③ 정체 　　　④ 저장

 공정분석기호
㉠ ○ : 작업 또는 가공
㉡ ⇨ : 운반
㉢ D : 정체
㉣ ▽ : 저장
㉤ □ : 검사

답 ①

57 다음 중 관리의 사이클을 가장 올바르게 표시한 것은? (단, A : 조처, C : 검토, D : 실행, P : 계획)

① P→C→A→D
② P→A→C→D
③ A→D→C→P
④ P→D→C→A

해설 관리의 사이클
㉠ 품질관리시스템의 4M : Man, Machine, Material, Method
㉡ 품질관리기능의 사이클 : 품질설계→공정관리→품질보증→품질개선
㉢ 관리사이클 : plan(계획) → do(실행) → check(검토)→action(조처)

답 ④

58 다음 중 신제품에 대한 수요예측방법으로 가장 적절한 것은?

① 시장조사법 　　　② 이동평균법
③ 지수평활법 　　　④ 최소자승법

해설 수요예측방법
㉠ 시장조사법 : 시장의 상황에 대한 자료를 설문지나 인터뷰 등을 이용해서 수집하고, 이를 바탕으로 수요를 예측하는 방법
㉡ 이동평균법 : 과거 일정 기간 동안 제품의 판매량을 기준으로 산출한 평균 추세를 이용해서 미래의 수요량을 예측하는 방법
㉢ 지수평활법 : 가중이동평균법을 발전시킨 기법으로, 가중치는 과거로 거슬러 올라갈수록 감소하기 때문에 결과적으로 최근 값에 큰 가중치를 부여하게 되는 기법

답 ①

59 다음 검사의 종류 중 검사공정에 의한 분류에 해당되지 않는 것은?

① 수입 검사 　　　② 출하 검사
③ 출장 검사 　　　④ 공정 검사

해설 검사공정에 따른 검사의 종류
㉠ 수입 검사
㉡ 중간 검사
㉢ 출하 검사
㉣ 구입 검사
㉤ 공정 검사
㉥ 최종 검사

답 ③

60 다음과 같은 [데이터]에서 5개월 이동평균법에 의하여 8월의 수요를 예측한 값은 얼마인가?

[데이터]

월	1	2	3	4	5	6	7
판매실적	100	90	110	100	115	110	100

① 103 　　　② 105
③ 107 　　　④ 109

해설 이동평균법의 예측값(3~7월의 판매실적)
$$F_t = \frac{\text{기간의 실적치}}{\text{기간의 수}}$$
$$= \frac{110+100+115+110+100}{5}$$
$$= 107$$

답 ③

제70회
(2021년 7월 시행)

위험물기능장 필기

01 CH₃COOH로 표시되는 화학식은?

① 구조식   ② 시성식
③ 분자식   ④ 실험식

 CH_3COO^- (초산기)가 포함된 화학식이다.

답 ②

02 원자의 M껍질에 들어 있지 않은 오비탈은?

① s ② p
③ d ④ f

 M껍질은 $n=3(s,\ p,\ d)$ 이다.

답 ④

03 원자번호 35인 브로민의 원자량은 80이다. 브로민의 중성자수는 몇 개인가?

① 35개   ② 40개
③ 45개   ④ 50개

 중성자수 = 원자량 - 원자번호 = 45
※ 원자번호 = 양성자수

답 ③

04 다음 보기 중 V자형으로 p^2형인 것은?

① H_2O ② NH_3
③ CH_4 ④ HF

 H_2O의 분자 구조(V자형 : p^2형) : 산소 원자를 궤도함수로 나타내면 3개의 p궤도 중 쌍을 이루지 않은 전자는 p_y, p_z 축에 각각 1개씩 있으므로 부대전자가 2개가 되어 2개의 수소 원자와 p_y, p_z 축에서 각각 공유되며 그 각도는 90°이어야 하나 수소 원자 간의 척력이 생겨 104.5°의 각도를 유지한다. 이것을 V자형 또는 굽은자형이라 한다.

답 ①

05 산에도 반응하고, 강염기에도 반응하는 산화물은?

① CaO   ② NiO
③ ZnO   ④ CO

 양쪽성 원소 : Al, Zn, Sn, Pb

답 ③

06 분자량이 120인 물질 6g을 물 94g에 넣으니 0.5M 용액이 되었다. 용액의 밀도는?

① 0.9   ② 0.95
③ 1   ④ 1.2

$$M = \frac{\dfrac{g}{M}}{\dfrac{V}{1,000}} = \frac{\dfrac{6}{120}}{\dfrac{V}{1,000}} = 0.5$$

$$\frac{6,000}{120V} = 0.5, \quad V = 100\text{mL}$$

$$\therefore d(밀도) = \frac{M}{V} = \frac{(6+94)\text{g}}{100\text{mL}} = \frac{100\text{g}}{100\text{mL}} = 1\text{g/mL}$$

답 ③

07 화상은 정도에 따라서 여러 가지로 나뉜다. 제2도 화상의 다른 명칭은?

① 괴사성   ② 홍반성
③ 수포성   ④ 화침성

 화상의 단계
㉠ 1도 화상(홍반성) : 최외각의 피부가 손상되어 분홍색이 되고 심한 통증을 느끼는 상태
㉡ 2도 화상(수포성) : 화상 부위가 분홍색을 띠고 분비액이 많이 분비되는 상태
㉢ 3도 화상(괴사성) : 화상 부위가 벗겨지고 열이 깊숙이 침투되어 검게 되는 상태
㉣ 4도 화상(탄화성) : 피부의 전 층과 함께 근육, 힘줄, 신경 또는 골조직까지 손상되는 상태

답 ③

08 다음 금속탄화물 중 물과 접촉했을 때 메테인가스가 발생하는 것은?

① Li_2C_2 ② Mn_3C
③ K_2C_2 ④ MgC_2

 해설

㉠ 아세틸렌(C_2H_2) 가스를 발생시키는 카바이드 : Li_2C_2, Na_2C_2, K_2C_2, MgC_2, CaC_2
$CaC_2 + 2H_2O \rightarrow Ca(OH)_2 + C_2H_2$
㉡ 메테인(CH_4) 가스를 발생시키는 카바이드 : BeC_2, Al_4C_3
$BeC_2 + 4H_2O \rightarrow 2Be(OH)_2 + CH_4$
㉢ 메테인(CH_4)과 수소(H_2) 가스를 발생시키는 카바이드 : Mn_3C
$Mn_3C + 6H_2O \rightarrow 3Mn(OH)_2 + CH_4 + H_2$

답 ②

09 에터가 공기와 오랫동안 접촉하든지 햇빛에 쪼이게 될 때 생성되는 것은?

① 에스터(ester)
② 케톤(ketone)
③ 불변
④ 과산화물

 해설

에터는 공기 중 장시간 방치하면 산화되어 폭발성의 불안정한 과산화물을 생성한다.

답 ④

10 자기반응성 물질에 대한 설명으로 옳지 않은 것은?

① 가연성 물질로 그 자체가 산소 함유 물질로서 자기연소가 가능한 물질이다.
② 연소속도가 대단히 빨라서 폭발성이 있다.
③ 비중이 1보다 작고 가용성 액체로 되어 있다.
④ 시간의 경과에 따라 자연발화의 위험성을 갖는다.

해설

③ 비중이 1보다 크고 대부분 물에 잘 녹지 않으며 물과의 직접적인 반응 위험성이 적다.

답 ③

11 제2류 위험물의 일반적 성질을 옳게 설명한 것은?

① 비교적 낮은 온도에서 착화되기 쉬운 가연성 물질이며 연소속도가 대단히 빠른 고체이다.
② 비교적 낮은 온도에서 착화되기 쉬운 가연성 물질이며 연소속도가 대단히 빠른 액체이다.
③ 비교적 높은 온도에서 착화되는 가연성 물질이며 연소속도가 비교적 느린 고체이다.
④ 비교적 높은 온도에서 착화되는 가연성 물질이며 연소속도가 빠른 액체이다.

 해설

제2류 위험물은 가연성 고체로서, 이연성·속연성 물질이다.

답 ①

12 T.N.T가 분해될 때 주로 발생하는 가스는?

① 일산화탄소 ② 암모니아
③ 사이안화수소 ④ 염화수소

 해설

$C_6H_2CH_3(NO_2)_3 \rightarrow 12CO + 2C + 3N_2 + 5H_2$

답 ①

13 파라핀계 탄화수소의 일반적인 연소성에 대한 설명으로 옳은 것은? (단, 탄소수가 증가할수록)

① 연소범위의 하한이 커진다.
② 연소속도가 늦어진다.
③ 발화온도가 높아진다.
④ 발열량($kcal/m^3$)이 작아진다.

해설

파라핀계 탄화수소의 일반적인 연소성(탄소수가 증가할수록)
㉠ 연소범위의 하한이 높아진다.
㉡ 연소속도가 빨라진다.
㉢ 발화온도가 낮아진다.
㉣ 발열량($kcal/m^3$)이 증가한다.

답 ①

14 벤젠핵에 메틸기 한 개가 결합된 구조를 가진 무색투명한 액체로서 방향성의 독특한 냄새를 가지고 있는 물질은?

① $C_6H_5CH_3$ ② $C_6H_4(CH_3)_2$

③ CH_3COCH_3 ④ $HCOOCH_3$

 해설
① $C_6H_5CH_3$: 톨루엔
② $C_6H_4(CH_3)_2$: 자일렌
③ CH_3COCH_3 : 아세톤
④ $HCOOCH_3$: 의산메틸

답 ①

15 수산화나트륨을 취급하는 장소에서 사용하는 장갑으로 적당한 재질은?

① 나이트릴뷰타다이엔고무
② 폴리에틸렌
③ 폴리바이닐알코올
④ 폴리염화바이닐

답 ②

16 황화인에 대한 설명이다. 틀린 설명은?

① 황화인은 동소체로는 P_4S_3, P_2S_5, P_4S_7이 있다.
② 황화인의 지정수량은 100kg이다.
③ 삼황화인은 과산화물, 금속분과 혼합하면 자연발화할 수 있다.
④ 오황화인은 물 또는 알칼리에 분해되어 이황화탄소와 황산이 된다.

 해설
④ 오황화인은 물이나 알칼리와 반응하면 분해되어 황화수소(H_2S)와 인산(H_3PO_4)으로 된다.
$P_2S_5 + 8H_2O \rightarrow 5H_2S + 2H_3PO_4$

답 ④

17 자일렌(xylene)은 ortho, meta, para 자일렌이 존재한다. 이 중 인화점이 30℃ 이상으로 제2석유류에 속하는 것은?

① o-자일렌
② m-자일렌
③ p-자일렌
④ m-자일렌, p-자일렌

 해설

명칭	ortho-자일렌	meta-자일렌	para-자일렌
비중	0.88	0.86	0.86
융점	−25℃	−48℃	13℃
비점	144.4℃	139.1℃	138.4℃
인화점	32℃	25℃	25℃
발화점	106.2℃	−	−
연소범위	1.0~6.0%	1.0~6.0%	1.1~7.0%

답 ①

18 물과 접촉하여도 위험하지 않은 물질은?

① 과산화나트륨
② 과염소산나트륨
③ 마그네슘
④ 알킬알루미늄

 해설
① 과산화나트륨 : 물과 접촉하면 발열하며, 대량의 경우에는 폭발한다.
② 과염소산나트륨 : 물에는 잘 안 녹고 산소가 발생한다.
③ 마그네슘 : 산 및 온수와 반응하여 수소(H_2)가 발생한다.
④ 알킬알루미늄 : 물과 폭발적 반응을 일으켜 에테인(C_2H_6) 가스가 발화·비산하므로 위험하다.
$(C_2H_5)_3Al + 3H_2O \rightarrow Al(OH)_3 + 3C_2H_6$

답 ②

19 염소산염류는 분해되어 산소가 발생하는 성질이 있다. 융점과 분해온도와의 관계 중 옳은 것은?

① 융점 이상의 온도에서 분해되어 산소가 발생한다.
② 융점 이하의 온도에서 분해되어 산소가 발생한다.
③ 융점이나 분해온도와 무관하게 산소가 발생한다.
④ 융점이나 분해온도가 동일하여 산소가 발생한다.

답 ①

20 마그네슘의 성질에 대한 설명 중 틀린 것은?

① 물보다 무거운 금속이다.

② 은백색의 광택이 난다.

③ 온수와 반응 시 산화마그네슘과 산소가 발생한다.

④ 융점은 약 650℃이다.

 해설 ③ 온수와 반응 시 수산화마그네슘과 수소가 발생한다.
$$Mg + 2H_2O \rightarrow Mg(OH)_2 + H_2$$

답 ③

21 $C_2H_5ONO_2$의 일반적인 성질 및 위험성에 대한 설명으로 옳지 않은 것은?

① 인화성이 강하고 비점 이상에서 폭발한다.

② 물에는 녹지 않으나 알코올에는 녹는다.

③ 제5류 나이트로화합물에 속한다.

④ 방향을 가지는 무색투명의 액체이다.

 해설 ③ 제5류 질산에스터류에 속한다.

답 ③

22 건성유는 아이오딘값이 얼마인 것을 말하는가?

① 100 미만

② 100 이상, 130 미만

③ 130 미만

④ 130 이상

 해설 ㉠ 건성유 : 아이오딘값이 130 이상인 것
㉡ 반건성유 : 아이오딘값이 100~130인 것
㉢ 불건성유 : 아이오딘값이 100 이하인 것

답 ④

23 제4류 위험물 중 지정수량이 4,000L인 것은? (단, 수용성 액체이다.)

① 제1석유류

② 제2석유류

③ 제3석유류

④ 제4석유류

 해설 제4류 위험물의 품명 및 지정수량

품명		지정수량
특수인화물		50L
제1석유류	비수용성	200L
	수용성	400L
알코올류		400L
제2석유류	비수용성	1,000L
	수용성	2,000L
제3석유류	비수용성	2,000L
	수용성	4,000L
제4석유류		6,000L
동식물유류		10,000L

답 ③

24 다음 중 자연발화성 및 금수성 물질에 해당되지 않는 것은?

① 철분   ② 황린

③ 금속의 수소화물   ④ 알칼리토금속

 해설 ① 철분 : 가연성 고체

답 ①

25 탄화칼슘이 물과 반응하여 생성된 가스에 대한 설명으로 가장 관계가 먼 것은?

① 연소범위가 약 2.5~81%로 넓다.

② 은 또는 구리 용기를 사용하여 보관한다.

③ 가압 시 폭발의 위험성이 있다.

④ 탄소 간 삼중결합이 있다.

 해설 $CaC_2 + 2H_2O \rightarrow Ca(OH)_2 + C_2H_2$
탄화칼슘이 물과 반응하여 생성되는 아세틸렌가스는 금속(Cu, Ag, Hg 등)과 반응하여 폭발성 화합물인 금속아세틸레이트(M_2C_2)를 생성한다.
$$C_2H_2 + 2Ag \rightarrow Ag_2C_2 + H_2$$

답 ②

26 공기를 차단한 상태에서 황린을 약 260℃로 가열하면 생성되는 물질은 제 몇 류 위험물인가?

① 제1류 위험물   ② 제2류 위험물

③ 제5류 위험물   ④ 제6류 위험물

 해설 공기를 차단한 상태에서 황린을 약 260℃로 가열하면 제2류 위험물인 적린이 된다.

답 ②

27 이산화탄소의 물성에 대한 설명으로 옳은 것은?

① 증기의 비중은 약 0.9이다.
② 임계온도는 약 −20℃이다.
③ 0℃, 1기압에서의 기체 밀도는 약 0.92g/L 이다.
④ 삼중점에 해당하는 온도는 약 −56℃이다.

 ① 증기의 비중은 $\frac{44g}{29g} = 1.52$이다.

② 임계온도는 31℃이다.

③ 0℃, 1atm에서의 기체 밀도는 약 1.977g/L 이다.

$$\frac{44g}{22.4L} = 1.977g/L$$

답 ④

28 메틸트라이클로로실란에 대한 설명으로 틀린 것은?

① 제1석유류이다.
② 물보다 무겁다.
③ 지정수량은 200L이다.
④ 증기는 공기보다 가볍다.

 메틸트라이클로로실란은 제4류 위험물, 제1석유류(비수용성)이며, 증기는 공기보다 무겁다.

답 ④

29 다음에서 설명하는 위험물은?

• 백색이다.
• 조해성이 크고, 물에 녹기 쉽다.
• 분자량은 약 223이다.
• 지정수량은 50kg이다.

① 염소산칼륨
② 과염소산마그네슘
③ 과산화나트륨
④ 과산화수소

 과염소산마그네슘[$Mg(ClO_4)_2$]에 대한 설명이다.

답 ②

30 위험물안전관리법령에서 정한 제3류 위험물에 있어서 화재예방법 및 화재 시 조치방법에 대한 설명으로 틀린 것은?

① 칼륨과 나트륨은 금수성 물질로 물과 반응하여 가연성 기체를 발생한다.
② 알킬알루미늄은 알킬기의 탄소수에 따라 주수 시 발생하는 가연성 기체의 종류가 다르다.
③ 탄화칼슘은 물과 반응하여 폭발성의 아세틸렌가스를 발생한다.
④ 황린은 물과 반응하여 유독성의 포스핀가스를 발생한다.

황린은 자연발화성이 있어 물속에 저장하며, 온도 상승 시 물의 산성화가 빨라져서 용기를 부식시키므로 직사광선을 피하여 저장한다.

답 ④

31 분말소화약제 중 열분해 시 부착성이 있는 유리상의 메타인산이 생성되는 것은?

① Na_3PO_4 ② $(NH_4)_3PO_4$
③ $NaHCO_3$ ④ $NH_4H_2PO_4$

제3종 분말소화약제
㉮ 소화효과
㉠ 열분해 시 흡열반응에 의한 냉각효과
㉡ 열분해 시 발생되는 불연성 가스(NH_3, H_2O 등)에 의한 질식효과
㉢ 반응과정에서 생성된 메타인산(HPO_3)의 방진효과
㉣ 열분해 시 유리된 NH_4^+와 분말 표면의 흡착에 의한 부촉매효과
㉤ 분말운무에 의한 방사의 차단효과
㉥ ortho인산에 의한 섬유소의 탈수탄화작용
㉯ 열분해반응식
 $NH_4H_2PO_4 \rightarrow NH_3 + H_2O + HPO_3$

답 ④

32 피뢰설비는 지정수량의 얼마 이상의 위험물을 취급하는 제조소에 설치하는가?

① 2배 이상 ② 5배 이상
③ 10배 이상 ④ 30배 이상

답 ③

33 위험물제조소 등에 "화기주의"라고 표시한 게시판을 설치하는 경우 몇 류 위험물의 제조소인가?

① 제1류 위험물

② 제2류 위험물

③ 제4류 위험물

④ 제5류 위험물

 주의사항 게시판의 색상기준

　　㉠ 화기엄금(적색바탕 백색문자) : 제2류 위험물 중 인화성 고체, 제3류 위험물 중 자연발화성 물품, 제4류 위험물, 제5류 위험물

　　㉡ 화기주의(적색바탕 백색문자) : 제2류 위험물 (인화성 고체 제외)

　　㉢ 물기엄금(청색바탕 백색문자) : 제1류 위험물 중 무기과산화물, 제3류 위험물 중 금수성 물품

답 ②

34 다음 중 물분무소화설비가 적용되지 않는 위험물은?

① 동식물유류

② 알칼리금속과산화물

③ 황산

④ 질산에스터류

 알칼리금속과산화물에 물분무소화설비를 사용 시 화재 폭발이 발생한다.

답 ②

35 이동탱크저장소는 탱크 용량이 얼마 이하일 때마다 그 내부에 3.2mm 이상의 안전칸막이를 설치해야 하는가?

① 2,000L 이하

② 3,000L 이하

③ 4,000L 이하

④ 5,000L 이하

 이동탱크저장소의 안전칸막이 설치기준

　　㉠ 두께 3.2mm 이상의 강철판으로 제작

　　㉡ 4,000L 이하마다 구분하여 설치

답 ③

36 옥외탱크저장소에 저장하는 위험물 중 방유제를 설치하지 않아도 되는 것은?

① 콜로디온

② 이황화탄소

③ 다이에틸에터

④ 산화프로필렌

 이황화탄소의 옥외저장탱크는 벽 및 바닥의 두께가 0.2m 이상이고 누수가 되지 아니하는 철근콘크리트의 수조에 넣어 보관한다(이 경우 보유공지·통기관 및 자동계량장치는 생략할 수 있다).

답 ②

37 인화성 액체 위험물(이황화탄소를 제외한다)의 옥외탱크저장소 탱크 주위에 설치하여야 하는 방유제 설치기준으로 옳지 않은 것은?

① 면적은 10만m² 이하로 할 것

② 높이는 0.5m 이상, 3m 이하로 할 것

③ 철근콘크리트 또는 흙으로 만들 것

④ 탱크의 수는 10 이하로 할 것

 ① 면적은 8만m² 이하로 할 것

답 ①

38 소화난이도등급 Ⅰ의 황만을 저장·취급하는 옥외탱크저장소에 설치해야 할 소화설비는?

① 물분무소화설비

② 이산화탄소 소화설비

③ 옥외소화전 소화설비

④ 분말소화설비

해설 소화난이도등급 Ⅰ에 해당하는 제조소 등의 소화설비

구분	소화설비
옥외탱크저장소 (황만을 저장·취급)	물분무소화설비
옥외탱크저장소 (인화점 70℃ 이상의 제4류 위험물 취급)	·물분무소화설비 ·고정식 포소화설비
옥외탱크저장소 (지중 탱크)	·고정식 포소화설비 ·이동식 이외의 이산화탄소 소화설비 ·이동식 이외의 할로젠화물 소화설비

답 ①

39 지정유기과산화물 저장창고의 외벽에 관한 설명으로 옳은 것은?

① 두께 20cm 이상의 보강콘크리트블록조
② 두께 20cm 이상의 철근콘크리트조
③ 두께 30cm 이상의 철근콘크리트조
④ 두께 30cm 이상의 철골콘크리트블록조

해설 옥내저장소의 지정 유기과산화물 외벽의 기준
  ㉠ 두께 20cm 이상의 철근콘크리트조, 철골철근콘크리트조
  ㉡ 두께 30cm 이상의 보강시멘트블록조

답 ②

40 그림과 같은 위험물 탱크의 내용적은 약 몇 m³인가?

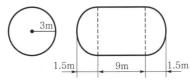

① 258.3   ② 282.6
③ 312.1   ④ 375.3

해설
$$V = \pi r^2 \left(l + \frac{l_1 + l_2}{3} \right)$$
$$= 3.14 \times 3^2 \left(9 + \frac{1.5 + 1.5}{3} \right) = 282.6 \, \text{m}^3$$

답 ②

41 위험물 고정지붕구조 옥외탱크저장소의 탱크에 설치하는 포방출구가 아닌 것은?

① Ⅰ형   ② Ⅱ형
③ Ⅲ형   ④ 특형

해설 ④ 특형 : 플로팅루프형(부상지붕구조)
  ① Ⅰ형, ② Ⅱ형, ③ Ⅲ형 : 고정지붕구조

답 ④

42 특정 옥외저장탱크의 구조에 대한 기준 중 틀린 것은?

① 탱크의 내경이 16m 이하일 경우 옆판의 두께는 4.5mm 이상일 것
② 지붕의 최소두께는 4.5mm로 할 것
③ 부상지붕은 해당 부상지붕 위에 적어도 150mm에 상당한 물이 체류한 경우 침하하지 않도록 할 것
④ 밑판의 최소두께는 탱크의 용량이 10,000kL 이상의 것에 있어서는 9mm로 할 것

해설 ③ 부상지붕은 해당 부상지붕 위에 적어도 250mm에 상당한 물이 체류한 경우 침하하지 않도록 한다.

답 ③

43 인화성 위험물질 600리터를 하나의 간이탱크저장소에 저장하려고 할 때 필요한 최소 탱크 수는?

① 4개
② 3개
③ 2개
④ 1개

해설 간이탱크저장소 설치기준
  ㉠ 두께 3.2mm 이상 강판으로 흠이 없도록 제작할 것
  ㉡ 하나의 탱크 용량은 600L 이하로 할 것
  ㉢ 탱크의 수는 3기 이하로 할 것

답 ④

44 화재 예방과 화재 시, 비상조치계획 등 예방규정을 정하여야 할 옥외저장시설에는 지정수량 몇 배 이상을 저장·취급하는가?

① 30배 이상 ② 100배 이상

③ 200배 이상 ④ 250배 이상

 예방규정을 정하여야 하는 제조소 등 관계인은 해당 제조소 등의 화재 예방과 화재 등 재해 발생 시 비상조치해야 한다.
ㄱ 제조소 : 지정수량의 10배 이상
ㄴ 옥외저장소 : 지정수량의 100배 이상
ㄷ 옥내저장소 : 지정수량의 150배 이상
ㄹ 옥외탱크저장소 : 지정수량의 200배 이상
ㅁ 암반탱크저장소
ㅂ 이송취급소
ㅅ 일반취급소 지정수량의 10배 이상

답 ②

45 자동화재탐지설비를 설치하여야 하는 옥내저장소가 아닌 것은?

① 처마높이가 7m인 단층 옥내저장소

② 저장창고의 연면적이 100m²인 옥내저장소

③ 에탄올 5만L를 취급하는 옥내저장소

④ 벤젠 5만L를 취급하는 옥내저장소

 자동화재탐지설비를 설치하여야 하는 옥내저장소
ㄱ 지정수량의 100배 이상을 저장 또는 취급하는 것
ㄴ 저장창고의 연면적이 150m²를 초과하는 것
ㄷ 처마높이가 6m 이상인 단층 건물의 것

답 ②

46 위험물의 운반에 관한 기준으로 틀린 것은?

① 하나의 외장용기에는 다른 종류의 위험물을 수납하지 아니하여야 한다.

② 고체 위험물은 운반용기 내용적의 95% 이하로 수납하여야 한다.

③ 액체 위험물은 운반용기 내용적의 98% 이하로 수납하여야 한다.

④ 알킬알루미늄은 운반용기 내용적의 95% 이하로 수납하여야 한다.

 자연발화성 물질 중 알킬알루미늄 등은 운반용기 내용적의 90% 이하의 수납률로 수납하되, 50℃의 온도에서 5% 이상의 공간용적을 유지하도록 하여야 한다.

답 ④

47 위험물을 취급하는 장소에서 정전기를 유효하게 제거할 수 있는 방법이 아닌 것은?

① 접지에 의한 방법

② 상대습도를 70% 이상으로 하는 방법

③ 피뢰침을 설치하는 방법

④ 공기를 이온화하는 방법

 정전기의 예방대책
ㄱ 접지를 한다.
ㄴ 공기 중의 상대습도를 70% 이상으로 한다.
ㄷ 유속을 1m/s 이하로 유지한다.
ㄹ 공기를 이온화시킨다.
ㅁ 제진기를 설치한다.

답 ③

48 메테인 50%, 에테인 30%, 프로페인 20%의 부피비로 혼합된 가스의 공기 중 폭발하한계 값은? (단, 메테인, 에테인, 프로페인의 폭발하한계는 각각 5vol%, 3vol%, 2vol%이다.)

① 1.1vol% ② 3.3vol%

③ 5.5vol% ④ 7.7vol%

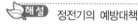 르샤틀리에(Le Chatelier)의 혼합가스 폭발범위를 구하는 식

$$\frac{100}{L} = \frac{V_1}{L_1} + \frac{V_2}{L_2} + \frac{V_3}{L_3} + \cdots$$

$$\therefore\ L = \frac{100}{\left(\dfrac{V_1}{L_1} + \dfrac{V_2}{L_2} + \dfrac{V_3}{L_3} + \cdots\right)}$$

$$= \frac{100}{\left(\dfrac{50}{5} + \dfrac{30}{3} + \dfrac{20}{2}\right)}$$

$$= 3.33$$

여기서, L : 혼합가스의 폭발한계치
L_1, L_2, L_3 : 각 성분의 단독 폭발한계치(vol%)
V_1, V_2, V_3 : 각 성분의 체적(vol%)

답 ②

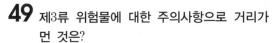

49 제3류 위험물에 대한 주의사항으로 거리가 먼 것은?

① 충격주의
② 화기엄금
③ 공기접촉엄금
④ 물기엄금

 제3류 위험물의 주의사항
㉠ 자연발화성 물품 : "화기엄금" 및 "공기접촉엄금"
㉡ 금수성 물품 : "물기엄금"

답 ①

50 NaClO₃ 100kg, KMnO₄ 3,000kg, NaNO₃ 450kg을 저장하려고 할 때 각 위험물의 지정수량 배수의 총합은?

① 4.0 ② 5.5
③ 6.0 ④ 6.5

 지정수량 배수의 합

$$= \frac{\text{A품목 저장수량}}{\text{A품목 지정수량}} + \frac{\text{B품목 저장수량}}{\text{B품목 지정수량}}$$
$$+ \frac{\text{C품목 저장수량}}{\text{C품목 지정수량}} + \cdots$$
$$= \frac{100kg}{50kg} + \frac{3,000kg}{1,000kg} + \frac{450kg}{300kg} = 6.5$$

답 ④

51 위험물탱크 안전성능시험자가 기술능력, 시설 및 장비 중 중요 변경사항이 있는 때에는 변경한 날부터 며칠 이내에 변경신고를 하여야 하는가?

① 5일 이내
② 15일 이내
③ 25일 이내
④ 30일 이내

 규정에 따라 등록한 사항 가운데 행정안전부령이 정하는 중요 사항을 변경한 경우에는 그 날부터 30일 이내에 시·도지사에게 변경신고를 하여야 한다.

답 ④

52 위험물제조소 등 중 예방규정을 정하여야 하는 대상은?

① 칼슘을 400kg 취급하는 제조소
② 칼륨을 400kg 저장하는 옥내저장소
③ 질산을 50,000kg 저장하는 옥외탱크저장소
④ 질산염류를 50,000kg 저장하는 옥내저장소

 예방규정을 정하여야 하는 제조소 등
㉠ 지정수량의 10배 이상의 위험물을 취급하는 제조소
㉡ 지정수량의 100배 이상의 위험물을 저장하는 옥외저장소
㉢ 지정수량의 150배 이상의 위험물을 저장하는 옥내저장소
㉣ 지정수량의 200배 이상을 저장하는 옥외탱크저장소
㉤ 암반탱크저장소
㉥ 이송취급소
㉦ 지정수량의 10배 이상의 위험물을 취급하는 일반취급소
보기에 주어진 대상의 지정수량 배수는 각각 다음과 같다.
① $\frac{400kg}{50kg} = 8$
② $\frac{400kg}{10kg} = 40$
③ $\frac{50,000kg}{300kg} = 166.7$
④ $\frac{50,000kg}{300kg} = 166.7$

답 ④

53 위험물안전관리법령상 차량에 적재하여 운반 시 차광 또는 방수덮개를 하지 않아도 되는 위험물은?

① 질산암모늄 ② 적린
③ 황린 ④ 이황화탄소

 적린은 제2류 위험물 중 금수성 물질에 해당하지 않으므로 차광 또는 방수덮개를 하지 않아도 된다.

차광성이 있는 것으로 피복해야 하는 경우	방수성이 있는 것으로 피복해야 하는 경우
• 제1류 위험물 • 제3류 위험물 중 자연발화성 물질 • 제4류 위험물 중 특수인화물 • 제5류 위험물 • 제6류 위험물	• 제1류 위험물 중 알칼리금속의 과산화물 • 제2류 위험물 중 철분, 금속분, 마그네슘 • 제3류 위험물 중 금수성 물질

답 ②

54 위험물안전관리법령상 위험등급이 나머지 셋과 다른 하나는?

① 아염소산나트륨 ② 알킬알루미늄
③ 아세톤 ④ 황린

 해설 ① 아염소산나트륨 : 제1류 제1등급
② 알킬알루미늄 : 제3류 제1등급
③ 아세톤 : 제4류 제2등급
④ 황린 : 제3류 제1등급

답 ③

55 관리한계선을 구하는 데 이항분포를 이용하여 관리선을 구하는 관리도는?

① P_n 관리도 ② u 관리도
③ $\bar{x} - R$ 관리도 ④ x 관리도

해설 ② u 관리도 : 평균결점수 관리도
③ $\bar{x} - R$ 관리도 : 평균값과 범위 관리도
④ x 관리도 : 결점수 관리도

답 ①

56 TPM 활동의 기본을 이루는 3정 5S 활동에서 3정에 해당되는 것은?

① 정시간 ② 정돈
③ 정리 ④ 정량

해설 TPM활동
㉠ 3정 : 정품, 정량, 정위치
㉡ 5S : 정리(Seiri), 정돈(Seidon), 청소(Seisoh), 청결(Seiketsu), 습관화(Shitsuke)

답 ④

57 제품공정분석표용 도식기호 중 정체공정(delay) 기호는?

① ○ ② ⇨
③ □ ④ □

해설 공정분석기호
㉠ ○ : 작업 또는 가공
㉡ ⇨ : 운반
㉢ □ : 정체
㉣ ▽ : 저장
㉤ □ : 검사

답 ③

58 다음 중 사내표준을 작성할 때 갖추어야 할 요건으로 옳지 않은 것은?

① 내용이 구체적이고 주관적일 것
② 장기적 방침 및 체계하에서 추진할 것
③ 작업표준에는 수단 및 행동을 직접 제시할 것
④ 당사자에게 의견을 말하는 기회를 부여하는 절차로 정할 것

해설 ① 내용이 구체적이고 객관적일 것

답 ①

59 그림과 같은 계획공정도(network)에서 주공정은? (단, 화살표 아래 숫자는 활동시간을 나타낸 것이다.)

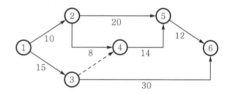

① 1 − 3 − 6
② 1 − 2 − 5 − 6
③ 1 − 2 − 4 − 5 − 6
④ 1 − 3 − 4 − 5 − 6

해설 주공정 : 1 − 3 − 6

답 ①

60 다음 중 모집단의 중심적 경향을 나타낸 측도에 해당하는 것은?

① 범위(range)
② 최빈값(mode)
③ 분산(variance)
④ 변동계수(coefficient of variation)

해설 최빈값은 자료 중에서 가장 많이 나타나는 값으로서 모집단의 중심적 경향을 나타내는 측도에 해당한다.

답 ②

제71회
(2022년 2월 시행)

위험물기능장 필기

01
C, H, O로 된 화합물로 질량 조성은 C가 38.7%, H가 9.7%, O는 51.6%이며 분자량은 62amu이다. 분자식은?

① C_2H_6O

② $C_2H_6O_2$

③ CH_3O

④ CH_4O_2

 실험식을 구하기 위해 각 원소별 조성비를 각각의 원자량으로 나눈다.

$C = \dfrac{38.7}{12} = 3.23$, $H = \dfrac{9.7}{1} = 9.7$, $O = \dfrac{51.6}{16} = 3.23$

따라서 실험식은 CH_3O이다.

실험식량 $= 12 + 1 \times 3 + 16 = 31$

(실험식) $\times n =$ 분자식이므로, $n = \dfrac{62}{31} = 2$

따라서 분자식은 $(CH_3O) \times 2 = C_2H_6O_2$이다.

답 ②

02
나트륨(Na)의 전자배치로 옳은 것은?

① $1s^2 \, 2s^2 \, 2p^6 \, 3s^1$

② $1s^2 \, 2s^2 \, 2p^6 \, 3p^2 \, 3p^6 \, 3d^4 \, 4s^1$

③ $1s^2 \, 2s^2 \, 2p^6 \, 2d^1$

④ $1s^2 \, 2s^2 \, 2p^6 \, 2d^{10} \, 3s^2 \, 3p^1$

 원자번호 = 양성자수 = 전자수
Na은 원자번호 11번이므로 전자수는 11이다.

답 ①

03
원자번호 13번인 A와 8번인 B가 화합물을 이룬다면 그 화합물의 화학식은?

① AB

② A_2B

③ A_3B_2

④ A_2B_3

 $_{13}A$ ∴ +3가
$_8B$ ∴ −2가
$A^{|+3|} \diagdown B^{|-2|} = A_2B_2$

답 ④

04
다음 중 공유결합 결정이 아닌 것은?

① 다이아몬드

② 흑연

③ SiO_2

④ Cl_2

 ④ Cl_2는 공유결합성 물질이다.

답 ④

05
NaOH($= 40$) 2g을 물에 녹여 500mL 용액을 만들었다. 이 용액의 몰농도는?

① 0.05M

② 0.1M

③ 0.5M

④ 1M

 $M = \dfrac{\left(\dfrac{2}{40} \right)}{\left(\dfrac{500}{1,000} \right)} = 0.1M$

답 ②

06
물 54g과 에탄올(C_2H_5OH) 46g을 섞어서 만든 용액의 에탄올 몰분율은 얼마인가?

① 0.25

② 0.3

③ 0.4

④ 0.5

 물 : $\dfrac{54}{18} = 3mol$

에탄올 : $\dfrac{46}{46} = 1mol$

∴ 에탄올 몰분율 $= \dfrac{1}{1+3} = 0.25$

답 ①

07 아염소산나트륨의 위험성으로 옳지 않은 것은?

① 단독으로 폭발 가능하고 분해온도 이상에서는 산소가 발생한다.
② 비교적 안정하나 시판품은 140℃ 이상의 온도에서 발열반응을 일으킨다.
③ 유기물, 금속분 등 환원성 물질과 접촉하면 즉시 폭발한다.
④ 수용액 중에서 강력한 환원력이 있다.

 해설 ④ 수용액 중에서 강력한 산화력이 있다.

답 ④

08 금속칼륨(K)과 금속나트륨(Na)의 공통적 특징이 아닌 것은?

① 은백색의 광택이 나는 무른 금속이다.
② 녹는점 이상으로 가열하면 고유의 색깔을 띠며 산화한다.
③ 액체 암모니아에 녹아서 청색을 띤다.
④ 물과 심하게 반응하여 수소가 발생한다.

 해설 액체 암모니아에 녹아서 청색으로 변하고, 나트륨아마이드와 수소가스가 발생한다.
$2Na + 2NH_3 \rightarrow 2NaNH_2 + H_2$

답 ③

09 은백색의 연하고 광택 나는 금속으로 알코올과 접촉했을 때 생성되는 물질은?

① C_2H_5ONa ② CO_2
③ Na_2O_2 ④ Al_2O_3

 해설 알코올과 반응하여 나트륨알코올레이트와 수소가스가 발생한다.
$2Na + 2C_2H_5OH \rightarrow 2C_2H_5ONa + H_2$

답 ①

10 다음 물질 중 산화성 고체 위험물이 아닌 것은?

① P_4S_3 ② Na_2O_2
③ $KClO_3$ ④ NH_4ClO_4

 해설 ① P_4S_3(황화인) : 제2류 위험물(가연성 고체)

답 ①

11 제1류 고체 위험물로만 구성된 것은?

① $KClO_3$, $HClO_4$, Na_2O, KCl
② $KClO_3$, $KClO_4$, NH_4ClO_4, $NaClO_4$
③ $KClO_3$, $HClO_4$, K_2O, Na_2O_2
④ $KClO_3$, $HClO_4$, K_2O_2, Na_2O

 해설 $HClO_4$는 제6류 위험물의 과염소산이다.

답 ②

12 알코올류에서 탄소수가 증가할수록 변화되는 현상으로 옳은 것은?

① 인화점이 낮아진다.
② 연소범위가 넓어진다.
③ 수용성이 감소된다.
④ 액체비중이 작아진다.

해설 탄소수가 증가할수록 변화되는 현상
㉠ 인화점이 높아진다.
㉡ 액체비중이 커진다.
㉢ 발화점이 낮아진다.
㉣ 연소범위가 좁아진다.
㉤ 수용성이 감소된다.
㉥ 비등점, 융점이 낮아진다.

답 ③

13 제3종 분말소화약제의 주성분은?

① $NaHCO_3$
② $KHCO_3$
③ $NH_4H_2PO_4$
④ $NaHCO_3 + (NH_2)_2CO$

해설 분말소화약제의 구분

종류	주성분	화학식	착색	적응화재
제1종	탄산수소나트륨	$NaHCO_3$	–	B · C급 화재
제2종	탄산수소칼륨	$KHCO_3$	담회색	B · C급 화재
제3종	제1인산암모늄	$NH_4H_2PO_4$	담홍색 또는 황색	A · B · C급 화재
제4종	탄산수소칼륨 +요소	$KHCO_3$ $+CO(NH_2)_2$	–	B · C급 화재

답 ③

14 다음 중 지정수량이 다른 것은?

① 금속의 인화물

② 질산염류

③ 과염소산

④ 과망가니즈산염류

① 금속의 인화물 : 300kg
② 질산염류 : 300kg
③ 과염소산 : 300kg
④ 과망가니즈산염류 : 1,000kg

 ④

15 다음 중 염소산칼륨을 가열하면 발생하는 가스는?

① 염소가스

② 산소가스

③ 산화염소

④ 염화칼륨

약 400℃에서 열분해하기 시작하여 약 610℃에서 완전분해되어 염화칼륨과 산소를 방출한다.
$2KClO_3 \rightarrow 2KCl + 3O_2$

 ②

16 폭발범위에 대한 설명으로 옳은 것은?

① 압력이 높을수록 폭발범위는 좁아진다.

② 산소와 혼합할 경우에는 폭발범위는 좁아진다.

③ 온도가 높을수록 폭발범위는 넓어진다.

④ 폭발범위의 상한과 하한의 차가 적을수록 위험하다.

① 폭발하한계는 압력이 낮을수록(50mmHg 이하) 거의 무시되며, 폭발상한계는 압력이 높을수록 증가한다.
② 산소와 혼합할 경우에는 폭발범위는 넓어진다.
④ 폭발범위의 상한과 하한의 차가 높을수록 위험하다.

 ③

17 다음 중 셀룰로이드의 성질에 관한 설명으로 옳은 것은?

① 물, 아세톤, 알코올, 나이트로벤젠, 에터류에 잘 녹는다.

② 물에 용해되지 않으나 아세톤, 알코올에 잘 녹는다.

③ 물, 아세톤에 잘 녹으나 나이트로벤젠 등에서는 불용성이다.

④ 알코올에만 녹는다.

답 ②

18 하이드라진을 약 180℃까지 열분해시켰을 때 발생하는 가스가 아닌 것은?

① 이산화탄소   ② 수소

③ 질소   ④ 암모니아

$2N_2H_4 \rightarrow 2NH_3 + N_2 + H_2$
하이드라진

 ①

19 T.N.T가 분해될 때 발생하는 주요 가스에 해당하지 않는 것은?

① 질소   ② 수소

③ 암모니아   ④ 일산화탄소

분해 시 질소, 일산화탄소, 수소, 탄소가 발생한다.
$2C_6H_2CH_3(NO_2)_3 \rightarrow 12CO + 2C + 3N_2 + 5H_2$

답 ③

20 제3류 위험물 중 보호액 속에 저장해야 하는 물질들이 있다. 이때, 보호액 속에 저장하는 이유로 가장 옳은 것은?

① 화기를 피하기 위하여

② 공기와의 접촉을 피하기 위하여

③ 산소 발생을 피하기 위하여

④ 승화를 막기 위하여

답 ②

21 아이오딘폼 반응을 하는 물질로 끓는점과 인화점이 낮아 위험성이 있어 화기를 멀리 해야 하고 용기는 갈색병을 사용하여 냉암소에 보관해야 하는 물질은?

① CH_3COCH_3　　② CH_3CHO

③ C_6H_6　　④ $C_6H_5NO_2$

 해설　문제에서 설명하는 물질은 아세톤(CH_3COCH_3)으로, 지극성·휘발성·유동성·가연성 액체이다. 무색이며, 보관 중 백광을 쪼이면 분해하여 과산화물을 생성하고 황색으로 변질되므로, 갈색병에 보관해야 한다. 물과 유기용제에 잘 녹으며 아이오딘폼 반응을 통해 노란색 앙금이 생긴다.

답 ①

22 알코올류 위험물에 대한 설명으로 옳지 않은 것은?

① 탄소수가 1개부터 3개까지인 포화 1가 알코올을 말한다.

② 포소화약제 중 단백포를 사용하는 것이 효과적이다.

③ 메틸알코올은 산화되면 최종적으로 폼산이 된다.

④ 포화 1가 알코올의 수용액의 농도가 60vol% 이상인 것을 말한다.

 해설　알코올류는 한 분자 내의 탄소 원자 수가 3개 이하인 포화 1가의 알코올로서 변성알코올을 포함하며, 알코올 수용액의 농도가 60vol% 이상인 것을 말한다. 알코올류에는 내알코올 포소화약제가 효과적이다.

답 ②

23 나이트로화제로 사용되는 것은?

① 암모니아와 아세틸렌

② 무수크로뮴산과 과산화수소

③ 진한황산과 진한질산

④ 암모니아와 이산화탄소

답 ③

24 다음 물질 중 증기비중이 가장 큰 것은?

① 이황화탄소　　② 사이안화수소

③ 에탄올　　④ 벤젠

 해설
① 이황화탄소 : 2.62
② 사이안화수소 : 0.93
③ 에탄올 : 1.59
④ 벤젠 : 2.8
※ 증기비중[M(분자량)/29]은 분자량이 무거울수록 크다.

답 ④

25 산화프로필렌의 성질에 대한 설명으로 옳은 것은?

① 산 및 알칼리와 중합반응을 한다.

② 물속에서 분해하여 에테인을 발생한다.

③ 연소범위가 14~57%이다.

④ 물에 녹기 힘들며, 흡열반응을 한다.

 해설　산화프로필렌의 경우 물에 잘 녹으며, 연소범위는 2.8~37%로 넓은 편이다.

답 ①

26 은백색의 광택이 있는 금속으로 비중은 약 7.86, 융점은 약 1,530℃이고, 열이나 전기의 양도체이며, 염산에 반응하여 수소를 발생하는 것은?

① 알루미늄　　② 철

③ 아연　　④ 마그네슘

해설　철(Fe)은 은백색의 광택이 있는 금속으로 비중이 약 7.86, 융점은 약 1,530℃이고, 열이나 전기의 양도체이며, 염산에 반응하여 수소를 발생한다.
$2Fe+6HCl \rightarrow 2FeCl_3+3H_2$

답 ②

27 다음 중 산화성 고체 위험물이 아닌 것은?

① $NaClO_3$　　② $AgNO_3$

③ $KBrO_3$　　④ $HClO_4$

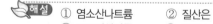 해설
① 염소산나트륨　　② 질산은
③ 브로민산칼륨　　④ 과염소산(제6류)

답 ④

28 다음 중 소화난이도등급 Ⅰ의 옥외탱크저장소로서 인화점이 70℃ 이상의 제4류 위험물만을 저장하는 탱크에 설치하여야 하는 소화설비는? (단, 지중탱크 및 해상탱크는 제외한다.)

① 물분무소화설비 또는 고정식 포소화설비
② 옥외소화전설비
③ 스프링클러설비
④ 이동식 포소화설비

 해설 소화난이도등급 Ⅰ에 해당하는 제조소 등의 소화설비

구분	소화설비
옥외탱크저장소 (황만을 저장·취급)	물분무소화설비
옥외탱크저장소 (인화점 70℃ 이상의 제4류 위험물 취급)	• 물분무소화설비 • 고정식 포소화설비
옥외탱크저장소 (지중 탱크)	• 고정식 포소화설비 • 이동식 이외의 이산화탄소 소화설비 • 이동식 이외의 할로젠화물 소화설비

답 ①

29 PVC 제품 등의 연소 시 발생하는 부식성이 강한 가스로서, 다음 중 노출기준(ppm)이 가장 낮은 것은?

① 암모니아
② 일산화탄소
③ 염화수소
④ 황화수소

 해설 장시간 노출에서의 최대허용농도
① 암모니아 : 100ppm
② 일산화탄소 : 100ppm
③ 염화수소 : 5ppm
④ 황화수소 : 20ppm

답 ③

30 화재 분류에 따른 소화방법이 옳은 것은?

① 유류화재 – 질식
② 유류화재 – 냉각
③ 전기화재 – 질식
④ 전기화재 – 냉각

 **해설** 화재의 분류

화재 분류	명칭	소화방법
A급 화재	일반화재	냉각소화
B급 화재	유류화재	질식소화
C급 화재	전기화재	피복소화
D급 화재	금속화재	냉각·질식 소화

답 ①

31 이산화탄소를 소화약제로 사용하는 이유로서 옳은 것은?

① 산소와 결합하지 않기 때문에
② 산화반응을 일으키나 발열량이 적기 때문에
③ 산소와 결합하나 흡열반응을 일으키기 때문에
④ 산화반응을 일으키나 환원반응도 일으키기 때문에

 해설 이산화탄소는 이미 산화물로서 산소와의 결합이 끝난 상태로, 더 이상 산소와 결합할 수 없어 불연성 물질로서 소화약제로 사용이 가능하다.

답 ①

32 화재 발생 시 물을 사용하여 소화할 수 있는 물질은?

① K_2O_2
② CaC_2
③ Al_4C_3
④ P_4

 해설 P_4는 황린으로서 물속에 보관하는 물질이다.
① 과산화칼륨(K_2O_2)은 흡습성이 있으므로 물과 접촉하면 발열하며 수산화칼륨(KOH)과 산소(O_2)를 발생한다.
$$2K_2O_2 + 2H_2O \rightarrow 4KOH + O_2$$
② 탄화칼슘(CaC_2)은 물과 심하게 반응하여 수산화칼슘과 아세틸렌을 만들며, 공기 중 수분과 반응하여도 아세틸렌을 발생한다.
$$CaC_2 + 2H_2O \rightarrow Ca(OH)_2 + C_2H_2$$
③ 탄화알루미늄(Al_4C_3)은 물과 반응하여 가연성, 폭발성의 메테인가스를 만들며 밀폐된 실내에서 메테인이 축적되는 경우 인화성 혼합기를 형성하여 2차 폭발의 위험이 있다.
$$Al_4C_3 + 12H_2O \rightarrow 4Al(OH)_3 + 3CH_4$$

답 ④

33 소화설비 중 차고 또는 주차장에 설치하는 분말소화설비의 소화약제는 몇 종 분말인가?

① 제1종 분말
② 제2종 분말
③ 제3종 분말
④ 제4종 분말

답 ③

34 화재 발생을 통보하는 경보설비에 해당되지 않는 것은?

① 자동식 사이렌설비
② 누전경보기
③ 비상콘센트설비
④ 가스누설경보기

해설 ③ 비상콘센트설비 : 소화활동설비

답 ③

35 위험물의 옥외탱크저장소의 탱크 안에 설치하는 고정포방출구 중 플로팅루프탱크에 설치하는 포방출구는?

① 특형 방출구
② I형 방출구
③ II형 방출구
④ 표면하주입식 방출구

해설 포방출구의 구분

방출구 형식	지붕구조	주입방식
I형	고정지붕구조	상부포주입법
II형	고정지붕구조 또는 부상덮개부착 고정지붕구조	상부포주입법
특형	부상지붕구조	상부포주입법
III형	고정지붕구조	저부포주입법
IV형	고정지붕구조	저부포주입법

답 ①

36 옥외저장소에 선반을 설치하는 경우에 선반의 설치높이는 몇 m를 초과하지 않아야 하는가?

① 3
② 4
③ 5
④ 6

해설 옥외저장소에 선반을 설치하는 경우 선반의 높이는 6m를 초과하지 않는다.

답 ④

37 다음 중 지하탱크저장소의 수압시험기준으로 옳은 것은?

① 압력외탱크는 상용압력의 30kPa의 압력으로 10분간 실시하여 새거나 변형이 없을 것
② 압력탱크는 최대상용압력의 1.5배의 압력으로 10분간 실시하여 새거나 변형이 없을 것
③ 압력외탱크는 상용압력의 30kPa의 압력으로 20분간 실시하여 새거나 변형이 없을 것
④ 압력탱크는 최대상용압력의 1.1배의 압력으로 10분간 실시하여 새거나 변형이 없을 것

답 ②

38 하나의 간이탱크저장소에 설치하는 간이탱크는 몇 개 이하로 하여야 하는가?

① 2개
② 3개
③ 4개
④ 5개

해설 하나의 간이탱크저장소에 설치하는 간이저장탱크의 수 : 3 이하(동일한 품질의 위험물 간이저장탱크의 수 : 2 이상 설치하지 아니할 것)

답 ②

39 제3종 분말소화약제 저장용기의 충전비 범위로 옳은 것은?

① 0.85 이상, 1.45 이하
② 1.05 이상, 1.75 이하
③ 1.50 이상, 2.50 이하
④ 2.50 이상, 3.50 이하

해설 분말소화약제의 종별 저장용기 충전비

소화약제의 종별	충전비의 범위
1종	0.85 이상, 1.45 이하
2종, 3종	1.05 이상, 1.75 이하
4종	1.50 이상, 2.50 이하

답 ②

40 경유를 저장하는 저장창고의 체적이 $50m^3$인 방호대상물이 있다. 이 저장창고(개구부에는 자동폐쇄장치가 설치됨)에 전역방출방식의 이산화탄소 소화설비를 설치할 경우 소화약제의 저장량은 얼마 이상이어야 하는가?

① 30kg ② 45kg
③ 60kg ④ 100kg

  Q(약제량, kg)
=방호구역의 체적(m^3)×체적당 약제량(kg/m^3)
=$50m^3$×$0.9kg/m^3$=45kg
전역방출방식 이산화탄소 소화설비에 저장하는 소화약제의 양

방호구역의 체적(m^3)	방호구역의 체적 $1m^3$당 소화약제의 양(kg)	소화약제 총량의 최저한도(kg)
5 미만	1.20	—
5 이상, 15 미만	1.10	6
15 이상, 45 미만	1.00	17
45 이상, 150 미만	0.90	45
150 이상, 1,500 미만	0.80	135
1,500 이상	0.75	1,200

답 ②

41 옥외탱크저장소의 방유제 설치기준으로 옳지 않은 것은?

① 방유제의 용량은 방유제 안에 설치된 탱크가 하나인 때는 그 탱크 용량의 110% 이상으로 한다.
② 방유제의 높이는 0.5m 이상, 3m 이하로 한다.
③ 방유제 내의 면적은 8만 m^2 이하로 한다.
④ 높이가 1m를 넘는 방유제의 안팎에는 계단 또는 경사로를 70m마다 설치한다.

  ④ 높이가 1m를 넘는 방유제 및 칸막이둑의 안팎에는 방유제 내에 출입하기 위한 계단 또는 경사로를 약 50m마다 설치한다.

답 ④

42 위험물제조소 등에 전기설비가 설치된 경우 해당 장소의 면적이 $500m^2$라면 몇 개 이상의 소형 수동식 소화기를 설치하여야 하는가?

① 1 ② 2
③ 5 ④ 10

  제조소 등에 전기설비가 설치된 경우 면적 $100m^2$마다 소형 소화기를 1개 이상 설치해야 한다.
∴ $500m^2 \div 100m^2$=5개

답 ③

43 높이 15m, 지름 25m인 공지단축 옥외저장탱크에 보유공지의 단축을 위해서 물분무소화설비로 방호조치를 하는 경우 수원의 양은 약 몇 L 이상으로 하여야 하는가?

① 34,221 ② 58,090
③ 70,259 ④ 95,880

  탱크의 표면에 방사하는 물의 양은 탱크의 높이 15m 이하마다 원주길이가 1m에 대하여 분당 37L 이상으로 하며, 수원의 양은 20분 이상 방사할 수 있는 수량으로 한다.
원주길이=πD=3.14×25m=78.5m
∴ 78.5m×37L/min×20min=58,090L

답 ②

44 화학소방자동차가 갖추어야 하는 소화능력 기준으로 틀린 것은?

① 포수용액 방사능력 : 2,000L/min
② 분말 방사능력 : 35kg/s 이상
③ 이산화탄소 방사능력 : 40kg/s 이상
④ 할로젠화합물 방사능력 : 50kg/s 이상

해설 할로젠화합물 방사능력 : 40kg/s 이상일 것

답 ④

45 주유취급소의 보유공지는 너비 15m 이상, 길이 6m 이상의 콘크리트로 포장되어야 한다. 다음 중 가장 적합한 보유공지라고 할 수 있는 것은?

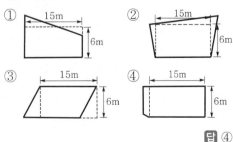

답 ④

46 위험물제조소에 옥내소화전 1개와 옥외소화전 1개를 설치하는 경우 수원의 수량을 얼마 이상 확보하여야 하는가? (단, 위험물제조소는 단층 건축물이다.)

① 5.4m³   ② 10.5m³

③ 21.3m³   ④ 29.1m³

 ㉠ 옥내소화전 수원의 양

     $Q(\mathrm{m}^3) = N \times 7.8\mathrm{m}^3$ (N이 5개 이상인 경우 5개)

㉡ 옥외소화전 수원의 양

     $Q(\mathrm{m}^3) = N \times 13.5\mathrm{m}^3$ (N이 4개 이상인 경우 4개)

따라서, 각각을 1개일 경우로 합계하면 21.3m³이다.

답 ③

47 위험물을 운반하기 위한 적재방법 중 차광성이 있는 덮개를 하여야 하는 위험물은?

① 삼산화크로뮴   ② 과염소산

③ 탄화칼슘   ④ 마그네슘

 차광성이 있는 덮개를 하여야 하는 위험물 : 과염소산(제6류 위험물)

답 ②

48 위험물 안전관리자의 책무 및 선임에 대한 설명 중 맞지 않는 것은?

① 위험물 취급에 관한 일지의 작성 · 기록

② 화재 등의 발생 시 응급조치 및 소방관서에 연락

③ 위험물제조소 등의 계측장치 · 제어장치 및 안전장치 등의 적정한 유지관리

④ 위험물을 저장하는 각 저장창고의 바닥면적의 합계가 1천m² 이하인 옥내저장소는 1인의 안전관리자를 중복 선임

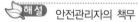 안전관리자의 책무

㉮ 위험물의 취급 작업에 참여하여 해당 작업이 저장 또는 취급에 관한 기술기준과 예방규정에 적합하도록 해당 작업자에 대하여 지시 및 감독하는 업무

㉯ 화재 등의 재난이 발생한 경우 응급조치 및 소방관서 등에 대한 연락 업무

㉰ 위험물시설의 안전을 담당하는 자를 따로 두는 제조소 등의 경우에는 그 담당자에게 다음의 규정에 의한 업무의 지시, 그 밖의 제조소 등의 경우에는 다음의 규정에 의한 업무

㉠ 제조소 등의 위치 · 구조 및 설비를 기술기준에 적합하도록 유지하기 위한 점검과 점검상황의 기록 · 보존

㉡ 제조소 등의 구조 또는 설비의 이상을 발견한 경우 관계자에 대한 연락 및 응급조치

㉢ 화재가 발생하거나 화재 발생의 위험성이 현저한 경우 소방관서 등에 대한 연락 및 응급조치

㉣ 제조소 등의 계측장치 · 제어장치 및 안전장치 등의 적정한 유지 · 관리

㉤ 제조소 등의 위치 · 구조 및 설비에 관한 설계도서 등의 정비 · 보존 및 제조소 등의 구조 및 설비의 안전에 관한 사무의 관리

㉰ 화재 등의 재해 방지와 응급조치에 관하여 인접하는 제조소 등과 그 밖의 관련되는 시설의 관계자와 협조체제의 유지

㉱ 위험물의 취급에 관한 일지의 작성 · 기록

㉲ 그 밖에 위험물을 수납한 용기를 차량에 적재하는 작업, 위험물설비를 보수하는 작업 등 위험물의 취급과 관련된 작업의 안전에 관하여 필요한 감독의 수행

㉳ 위험물을 저장하는 각 저장창고가 10개 이하인 옥내저장소는 1인의 안전관리자를 중복 선임

답 ④

49 다음 중 허가를 받지 아니하고 해당 제조소 등을 설치할 수 있는 경우로 옳지 않은 것은?

① 주택의 난방시설(공동주택의 중앙난방시설을 제외한다)을 위한 저장소

② 주택의 난방시설(공동주택의 중앙난방시설을 제외한다)을 위한 취급소

③ 농예용으로 필요한 난방시설 또는 건조시설을 위한 지정수량 20배 이하의 저장소

④ 수산용으로 필요한 난방시설 또는 건조시설을 위한 지정수량 40배 이하의 저장소

 다음에 해당하는 제조소 등의 경우에는 허가를 받지 아니하고 해당 제조소 등을 설치하거나 그 위치 · 구조 또는 설비를 변경할 수 있으며, 신고를 하지 아니하고 위험물의 품명 · 수량 또는 지정수량의 배수를 변경할 수 있다.

㉠ 주택의 난방시설(공동주택의 중앙난방시설을 제외한다)을 위한 저장소 또는 취급소

㉡ 농예용 · 축산용 또는 수산용으로 필요한 난방시설 또는 건조시설을 위한 지정수량 20배 이하의 저장소

답 ④

50 옥내저장소에서 제4석유류를 수납하는 용기만을 겹쳐 쌓는 경우에 높이는 얼마를 초과할 수 없는가?

① 3m
② 4m
③ 5m
④ 6m

 위험물을 저장하는 경우에는 다음의 규정에 의한 높이를 초과하여 용기를 겹쳐 쌓지 아니할 것
㉠ 기계에 의하여 하역하는 구조로 된 용기만을 겹쳐 쌓는 경우 : 6m
㉡ 제4류 위험물 중 제3석유류, 제4석유류 및 동식물유류를 수납하는 용기만을 겹쳐 쌓는 경우 : 4m
㉢ 그 밖의 경우 : 3m

 ②

51 다음에서 설명하는 위험물이 분해·폭발하는 경우 가장 많은 부피를 차지하는 가스는?

- 순수한 것은 무색투명한 기름 형태의 액체이다.
- 다이너마이트의 원료가 된다.
- 상온에서는 액체이지만 겨울에는 동결한다.
- 혓바닥을 찌르는 단맛이 나며, 감미로운 냄새가 난다.

① 이산화탄소
② 수소
③ 산소
④ 질소

 나이트로글리세린은 제5류 위험물로서 다이너마이트, 로켓, 무연화약의 원료로 순수한 것은 무색투명한 기름성의 액체(공업용 시판품은 담황색)이며, 점화하면 즉시 연소하고 폭발력이 강하다.
$4C_3H_5(ONO_2)_3 \rightarrow 12CO_2 + 10H_2O + 6N_2 + O_2$

 ①

52 위험물안전관리법령상 운반용기 내용적의 95% 이하의 수납률로 수납하여야 하는 위험물은?

① 과산화벤조일
② 질산메틸
③ 나이트로글리세린
④ 메틸에틸케톤퍼옥사이드

 고체 위험물은 95% 이하의 수납률, 액체 위험물은 98% 이하의 수납률로 수납하여야 한다.
과산화벤조일은 제5류 위험물로서 고체에 해당하므로, 95% 이하의 수납률로 수납하여야 한다.

답 ①

53 이동탱크저장소에 의한 위험물의 장거리 운송 시 2명 이상이 운전하여야 하나 다음 중 그렇게 하지 않아도 되는 위험물은?

① 탄화알루미늄
② 과산화수소
③ 황린
④ 인화칼슘

 위험물운송자는 장거리(고속국도에 있어서는 340km 이상, 그 밖의 도로에 있어서는 200km 이상을 말한다)에 걸치는 운송을 하는 때에는 2명 이상의 운전자로 하여야 한다. 다만, 다음의 하나에 해당하는 경우에는 그러하지 아니하다.
㉠ 운송책임자를 동승시킨 경우
㉡ 운송하는 위험물이 제2류 위험물·제3류 위험물(칼슘 또는 알루미늄의 탄화물과 이것만을 함유한 것에 한한다) 또는 제4류 위험물(특수인화물을 제외한다)인 경우
㉢ 운송 도중에 2시간 이내마다 20분 이상씩 휴식하는 경우

 ①

54 다음의 데이터를 보고 편차 제곱합(S)을 구하면? (단, 소숫점 3자리까지 구하시오.)

18.8, 19.1, 18.8, 18.2, 18.4, 18.3, 19.0, 18.6, 19.2

① 0.338
② 1.017
③ 0.114
④ 1.014

$$평균 = \frac{\begin{pmatrix}18.8+19.1+18.8+18.2+18.4 \\ +18.3+19.0+18.6+19.2\end{pmatrix}}{9} = 18.71$$
$$S = (18.71-18.8)^2 + (18.71-19.1)^2$$
$$+ (18.71-18.8)^2 + (18.71-18.2)^2$$
$$+ (18.71-18.4)^2 + (18.71-18.3)^2$$
$$+ (18.71-19.0)^2 + (18.71-19.2)^2$$
$$= 1.0168 = 1.017$$

 ②

55 질산암모늄 등 유해·위험 물질의 위험성을 평가하는 방법 중 정량적 방법이 아닌 것은?

① FTA   ② ETA

③ CCA   ④ PHA

 해설   ㉠ 정량적 위험성평가 방법 : FTA, ETA, CCA
        ㉡ 정성적 위험성평가 방법 : PHA

답 ④

56 표준시간을 내경법으로 구하는 수식은?

① 표준시간 = 정미시간 + 여유시간

② 표준시간 = 정미시간 × (1 + 여유율)

③ 표준시간 = 정미시간 × $\left(\dfrac{1}{1-여유율}\right)$

④ 표준시간 = 정미시간 × $\left(\dfrac{1}{1+여유율}\right)$

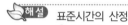 해설   표준시간의 산정
    ㉮ 외경법
      ㉠ 여유율 = $\dfrac{여유시간(allowable\,time)}{정미시간(normal\,time)}$
      ㉡ 표준시간 = 정미시간 + 여유시간
               = 정미시간 + (정미시간 × 여유율)
               = 정미시간 × (1 + 여유율)
    ㉯ 내경법
      ㉠ 여유율 = $\dfrac{여유시간}{실제\,근무시간}$
               = $\dfrac{여유시간}{정미시간+여유시간}$
      ㉡ 표준시간 = 정미시간 × $\left(\dfrac{1}{1-여유율}\right)$

답 ③

57 예방보전(preventive maintenance)의 효과로 보기에 거리가 가장 먼 것은?

① 기계의 수리비용이 감소한다.

② 생산시스템의 신뢰도가 향상된다.

③ 고장으로 인한 중단시간이 감소한다.

④ 예비기계를 보유해야 할 필요성이 증가한다.

 해설   예방보전은 사후의 보전보다 비용이 적게 드는 경우에 적용될 수 있으며, 정기적인 점검과 조기 수리를 행하는 보전방식으로 일상 점검에 의해 설비 상태를 파악하여 계획적인 수리활동을 행함으로써 생산활동의 중지를 사전에 방지하는 데 그 목적이 있다.

답 ④

58 다음 Ralph M. Barnes 교수가 제시한 동작경제의 원칙 중 작업장 배치에 관한 원칙(arrangement of the workplace)에 해당되지 않는 것은?

① 가급적이면 낙하식 운반방법을 이용한다.

② 모든 공구나 재료는 지정된 위치에 있도록 한다.

③ 충분한 조명을 하여 작업자가 잘 볼 수 있도록 한다.

④ 가급적 용이하고 자연스런 리듬을 타고 일할 수 있도록 작업을 구성하여야 한다.

 해설   반스의 동작경제 원칙은 인체의 사용에 관한 원칙, 작업장의 배열에 관한 원칙, 그리고 공구 및 장비의 설계에 관한 원칙이 있다.

답 ④

59 준비작업시간 100분, 개당 정미작업시간 15분, 로트 크기 20일 때 1개당 소요작업시간은 얼마인가? (단, 여유시간은 없다고 가정한다.)

① 15분   ② 20분

③ 35분   ④ 45분

 해설   소요작업시간
     = $\dfrac{준비작업시간}{로트\,크기}$ + 개당 정미작업시간
     = $\dfrac{100분}{20분}$ + 15분 = 20분

답 ②

60 단계여유(slack)의 표시로 옳은 것은? (단, TE는 가장 이른 예정일, TL은 가장 늦은 예정일, TF는 총 여유시간, FF는 자유 여유시간이다.)

① $TE - TL$ ② $TL - TE$

③ $FF - TF$ ④ $TE - TF$

해설   단계여유는 가장 늦은 예정일에서 가장 이른 예정일을 뺀 값이다.

답 ②

제72회
(2022년 6월 시행)

위험물기능장 필기

01 일정한 압력하에서 30℃인 기체의 부피가 2배로 되었을 때의 온도는?

① 206.25℃
② 300.15℃
③ 333.15℃
④ 606.30℃

$\dfrac{V_1}{T_1} = \dfrac{V_2}{T_2}$ 에서, $\dfrac{V_1}{30+273.15} = \dfrac{2V_1}{T_2}$

$T_2 = 2 \times (30+273.15) = 606.3K$

∴ $t[℃] = 606.3 - 273.15 = 333.15℃$

답 ③

02 원자의 전자껍질에 따른 전자 수용능력으로, N껍질에 들어갈 수 있는 최대 전자수는?

① 2개
② 8개
③ 18개
④ 32개

각 전자껍질에 들어가는 최대 전자수 $=2n^2$

∴ $2 \times 4^2 = 32$개

답 ④

03 다음 물질 중에서 이온결합을 하고 있는 것은?

① 다이아몬드
② 흑연
③ $CuSO_4$
④ SiO_2

이온결합=금속의 양이온+비금속의 음이온

답 ③

04 결합력의 세기로 본다면 반데르발스힘을 1로 볼 때 수소결합력은?

① 10
② 50
③ 100
④ 200

반데르발스힘 : 수소결합 : 공유결합
= 1 : 10 : 100

답 ①

05 0.2N 염산 250mL와 0.2N 황산 용액 250mL를 혼합한 용액의 규정농도는?

① 0.2N
② 0.3N
③ 0.4N
④ 2N

$NV + N'V' = N''(V+V')$
$0.2 \times 250 + 0.2 \times 250 = N''(500)$
∴ $N'' = 0.2N$

답 ①

06 96% 황산으로 2N 황산 500mL를 만들려고 한다. 이 황산은 약 몇 g이 필요한가? (단, 비중은 1로 가정한다.)

① 50.04
② 51.04
③ 52.06
④ 52.08

해설 황산 1N=49g이므로 2N=98g이다.
따라서, 1,000 : 98 = 500 : x로부터 x = 49g임을 알 수 있다.
이는 100% 황산의 경우 49g이 필요한 경우이며,
96%의 황산으로 만들려면 $49 \times \dfrac{100}{96} = 51.04$g이
필요하다.

답 ②

07 다음은 위험물의 저장 및 취급 시 주의사항이다. 어떤 위험물인가?

36% 이상의 위험물로서 수용액은 안정제를 가하여 분해를 방지시키고 용기는 착색된 것을 사용하여야 하며, 금속류의 용기 사용은 금한다.

① 염소산칼륨
② 과염소산마그네슘
③ 과산화나트륨
④ 과산화수소

해설 그 농도가 36% 이상의 위험물은 과산화수소이다.

답 ④

08 다음 질산염류에서 칠레초석이라고 하는 것은?

① 질산암모늄   ② 질산나트륨

③ 질산칼륨   ④ 질산마그네슘

답 ②

09 산화성 고체 위험물이 아닌 것은?

① $NaClO_3$ ② $AgNO_3$

③ MgO_2 ④ $HClO_4$

 ④ $HClO_4$: 산화성 액체

답 ④

10 나이트로셀룰로스의 성질에 대한 설명으로 옳지 않은 것은?

① 알코올과 에터의 혼합액(1 : 2)에 녹지 않는 것을 강면약이라 한다.

② 맛과 냄새가 없고, 물에 잘 녹는다.

③ 저장·수송 시에는 함수 알코올로 습면시켜야 한다.

④ 질화도가 클수록 폭발의 위험성이 크다.

 ② 맛과 냄새가 없고, 물에 잘 녹지 않는다.

답 ②

11 다음 중 지정수량이 제일 적은 물질은?

① 칼륨   ② 적린

③ 황린   ④ 질산염류

 보기의 지정수량은 다음과 같다.

① 칼륨 : 10kg

② 적린 : 100kg

③ 황린 : 20kg

④ 질산염류 : 300kg

답 ①

12 다음 유지류 중 아이오딘값이 100 이하인 불건성유는?

① 아마인유   ② 참기름

③ 피마자유   ④ 번데기유

 ⊙ 건성유 : 아이오딘값이 130 이상인 것

이중결합이 많아 불포화도가 높기 때문에 공기 중에서 산화되어 액표면에 피막을 만드는 기름

예 아마인유, 들기름, 동유, 정어리기름, 해바라기유 등

⊙ 반건성유 : 아이오딘값이 100~130인 것

공기 중에서 건성유보다 얇은 피막을 만드는 기름

예 청어기름, 콩기름, 옥수수기름, 참기름, 면실유(목화씨유), 채종유 등

⊙ 불건성유 : 아이오딘값이 100 이하인 것

공기 중에서 피막을 만들지 않는 안정된 기름

예 올리브유, 피마자유, 야자유, 땅콩기름 등

답 ③

13 다음 할로젠화합물 소화약제 중 종류가 다른 하나는?

① 트라이플루오로메테인

② 퍼플루오로뷰테인

③ 펜타플루오로에테인

④ 헵타플루오로프로페인

 ㉮ HFC(Hydro Fluoro Carbon) : 플루오린화탄화수소

⊙ 트라이플루오로메테인

⊙ 헥사플루오로프로페인

⊙ 펜타플루오로에테인

㉣ 헵타플루오로프로페인

㉯ HBFC(Hydro Bromo Fluoro Carbon) : 브로민플루오린화탄화수소

㉰ HCFC(Hydro Chloro Fluoro Carbon) : 염화플루오린화탄화수소

㉱ FC or PFC(Perfluoro Carbon) : 플루오린화탄소 또는 퍼플루오로뷰테인

㉲ FIC(Fluoroiodo Carbon) : 플루오린화아이오딘화탄소

답 ②

14 수소화칼륨에 대한 설명으로 옳은 것은?

① 회갈색의 등축정계 결정이다.

② 낮은 온도(150℃)에서 분해된다.

③ 물과 작용하여 수소가 발생한다.

④ 물과의 반응은 흡열반응이다.

 $KH + H_2O \rightarrow KOH + H_2$

답 ③

15 황(S)의 저장 및 취급 시의 주의사항으로 옳은 것은?

① 정전기의 축적을 방지한다.
② 환원제로부터 격리시켜 저장한다.
③ 저장 시 목탄가루와 혼합하면 안전하다.
④ 금속과는 반응하지 않으므로 금속제 통에 보관한다.

 해설
② 산화제로부터 격리시켜 저장한다.
③ 산화제와 목탄가루 등이 혼합되어 있을 때 마찰이나 열에 의해 착화 폭발을 일으킨다.
④ 금속과는 반응하므로 금속제 통에 보관하지 않는다.

답 ①

16 다음 중 강화액 소화약제에 해당하는 것은?

① 탄산칼륨(K_2CO_3)
② 인산나트륨(Na_3PO_4)
③ 탄산수소나트륨($NaHCO_3$)
④ 황산알루미늄[$Al_2(SO_4)_3$]

 해설
③ 탄산수소나트륨($NaHCO_3$) : 분말소화약제
④ 황산알루미늄[$Al_2(SO_4)_3$] : 화학포소화약제

답 ①

17 할로젠 소화약제에 해당하지 않는 원소는?

① Ar ② Br
③ F ④ Cl

해설 할로젠 소화약제의 원소는 F, Cl, Br, I로, Ar은 해당되지 않는다.

답 ①

18 다음 금속원소 중 비점이 가장 높은 것은?

① 리튬
② 나트륨
③ 칼륨
④ 루비듐

해설 원자번호가 낮을수록 비점이 높다.

답 ①

19 분자량 93.1, 비중 약 1.02, 융점 약 −6℃인 액체로 독성이 있고 알칼리금속과 반응하여 수소가스가 발생하는 물질은?

① 글리세린
② 나이트로벤젠
③ 아닐린
④ 아세토나이트릴

 해설
① 글리세린 : 가연성이고 독성이 강하므로 증기를 흡입하거나 액체가 피부에 닿으면 급성 또는 만성 중독을 일으킨다.
② 나이트로벤젠 : 알칼리금속 또는 알칼리토금속과 반응하여 수소와 아닐라이드를 생성한다.
④ 아세토나이트릴 : 분자량 41, 비중 0.79, 융점 −46℃, 인화점 6℃

답 ③

20 최소 발화에너지를 가장 적게 필요로 하는 위험물은?

① 메틸에틸케톤
② 메탄올
③ 등유
④ 에틸에터

 해설
① 메틸에틸케톤 : 제1석유류
② 메탄올 : 알코올류
③ 등유 : 제2석유류
④ 에틸에터 : 특수인화물류

답 ④

21 산화성 액체 위험물의 성질에 대한 설명이 아닌 것은?

① 강산화제로 부식성이 있다.
② 일반적으로 물과 반응하여 흡열한다.
③ 유기물과 반응하여 산화·착화하여 유독가스가 발생한다.
④ 강산화제로 자신은 불연성이다.

해설 ② 일반적으로 물과 반응하여 발열한다.

답 ②

22 제1류 위험물인 염소산나트륨의 위험성에 대한 설명으로 옳지 않은 것은?

① 산과 반응하여 이산화염소를 발생시킨다.

② 가연물과 혼합되어 있으면 약간의 자극에도 폭발할 수 있다.

③ 조해성이 좋으며 철제 용기를 잘 부식시킨다.

④ CO_2 등의 질식소화가 효과적이며 물과의 접촉 시 단독 폭발할 수 있다.

 해설 ① 산과 반응하여 유독한 이산화염소(ClO_2)가 발생한다.
$$3NaClO_3 \rightarrow NaClO_4 + Na_2O + 2ClO_2$$
④ CO_2 등의 질식소화가 효과적이며 물과의 접촉 시 단독 폭발하지 않는다.

답 ④

23 다음 할로젠 소화기 중 CB소화기(Halon 1011) 약제의 화학식을 올바르게 나타낸 것은?

① CH_2ClBr

② $CBrF_3$

③ CH_3Br

④ CCl_4

해설 할론 소화약제의 구분

구분	분자식	C	F	Cl	Br
할론 1011	CH_2ClBr	1	0	1	1
할론 2402	$C_2F_4Br_2$	2	4	0	2
할론 1301	CF_3Br	1	3	0	1
할론 1211	CF_2ClBr	1	2	1	1

답 ①

24 다음 중 칼륨의 성질에 대한 설명으로 틀린 것은?

① 산소와 반응하면 산화칼륨을 만든다.

② 습기가 많은 곳에 보관하면 수소가 발생한다.

③ 에틸알코올과 혼촉하면 수소가 발생한다.

④ 아세트산과 반응하면 산소가 발생한다.

해설 ④ 아세트산과 반응하면 수소가 발생한다.

답 ④

25 인화칼슘에 대한 설명 중 틀린 것은?

① 적갈색의 고체이다.

② 산과 반응하여 인화수소를 발생한다.

③ pH가 7인 중성 물속에 보관하여야 한다.

④ 화재 발생 시 마른모래가 적응성이 있다.

 해설 인화칼슘은 물과 반응하여 수산화칼슘과 포스핀을 발생하는 금수성 물질이다.
$$Ca_3P_2 + 6H_2O \rightarrow 3Ca(OH)_2 + 2PH_3$$

답 ③

26 윤활제, 화장품, 폭약의 원료로 사용되며, 무색이고, 단맛이 있는 제4류 위험물로 지정수량이 4,000L인 것은?

① $C_6H_3(OH)(NO_2)_2$ ② $C_3H_5(OH)_3$

③ $C_6H_5NO_2$ ④ $C_6H_5NH_2$

해설 문제는 글리세린에 대한 설명이다.

답 ②

27 다음 중 산화하면 폼알데하이드가 되고 다시 한 번 산화하면 폼산이 되는 것은?

① 에틸알코올 ② 메틸알코올

③ 아세트알데하이드 ④ 아세트산

해설 · 메틸알코올(CH_3OH) $\xrightarrow{\text{산화}}$ 폼알데하이드($HCHO$) $\xrightarrow{\text{산화}}$ 폼산($HCOOH$)
· 에틸알코올(C_2H_5OH) $\xrightarrow{\text{산화}}$ 아세트알데하이드(CH_3CHO) $\xrightarrow{\text{산화}}$ 초산(CH_3COOH)

답 ②

28 위험물에 대한 적응성 있는 소화설비의 연결이 틀린 것은?

① 질산나트륨 - 포소화설비

② 칼륨 - 인산염류 분말소화설비

③ 경유 - 인산염류 분말소화설비

④ 아세트알데하이드 - 포소화설비

 해설 ② 칼륨 - 탄산수소염류 분말소화설비

답 ②

29 2몰의 메테인을 완전히 연소시키는 데 필요한 산소의 몰수는?

① 1몰
② 2몰
③ 3몰
④ 4몰

 해설 $CH_4 + 2O_2 \rightarrow CO_2 + H_2O$
1몰의 메테인이 연소하는 데 2몰의 산소가 필요하므로, 2몰의 메테인이 연소하는 경우에는 4몰이 필요하다.

답 ④

30 제4류 위험물 중 비수용성 인화성 액체의 탱크 화재 시 물을 뿌려 소화하는 것은 적당하지 않다고 한다. 그 이유로 가장 적당한 것은?

① 인화점이 낮아진다.
② 가연성 가스가 발생한다.
③ 화재면(연소면)이 확대된다.
④ 발화점이 낮아진다.

 해설 비수용성인 경우 물보다 가벼워 화재 시 연소를 확대할 수 있다.

답 ③

31 위험물안전관리법령상 위험물별 적응성이 있는 소화설비가 옳게 연결되지 않은 것은?

① 제4류 및 제5류 위험물 – 할로젠화합물 소화기
② 제4류 및 제6류 위험물 – 인산염류 분말소화기
③ 제1류 알칼리금속과산화물 – 탄산수소염류 분말소화기
④ 제2류 및 제3류 위험물 – 팽창질석

 해설 할로젠화합물 소화설비는 전기설비, 인화성 고체, 그리고 제4류 위험물에 적응성이 있다.

답 ①

32 위험물제조소 등에 설치하는 이산화탄소 소화설비에 있어 저압식 저장용기에 설치하는 압력경보장치의 작동압력 기준은?

① 0.9MPa 이하, 1.3MPa 이상
② 1.9MPa 이하, 2.3MPa 이상
③ 0.9MPa 이하, 2.3MPa 이상
④ 1.9MPa 이하, 1.3MPa 이상

 해설 이산화탄소를 저장하는 저압식 저장용기 기준
㉠ 이산화탄소를 저장하는 저압식 저장용기에는 액면계 및 압력계를 설치할 것
㉡ 이산화탄소를 저장하는 저압식 저장용기에는 2.3MPa 이상의 압력 및 1.9MPa 이하의 압력에서 작동하는 압력경보장치를 설치할 것
㉢ 이산화탄소를 저장하는 저압식 저장용기에는 용기 내부의 온도를 영하 20℃ 이상 영하 18℃ 이하로 유지할 수 있는 자동냉동기를 설치할 것
㉣ 이산화탄소를 저장하는 저압식 저장용기에는 파괴판을 설치할 것
㉤ 이산화탄소를 저장하는 저압식 저장용기에는 방출밸브를 설치할 것

답 ②

33 이황화탄소의 옥외저장탱크에 대한 설명으로 옳은 것은?

① 바닥의 두께 0.2m 이상의 벽과 바닥이 새지 아니하는 철근콘크리트조의 수조에 넣어 물속에 설치한다.
② 방유제의 높이는 0.5m 이상, 3m 이하로 한다.
③ 방유제 내에는 물을 배출시키기 위한 배수구를 설치하고, 그 외부에는 이를 개폐하는 밸브를 설치한다.
④ 높이가 1m를 넘는 방유제의 안팎에 폭 1.5m 이상의 계단 등을 설치하여야 한다.

 해설 이황화탄소(CS_2)의 옥외저장탱크는 물속에 잠긴 탱크로 하지 않으면 안 된다. 이황화탄소는 특수인화물로 분류되며 비중 1.3으로 물에 용해되지 않는다.

답 ①

34 할로젠화합물 소화설비에 사용하는 소화약제 중 가압식 저장용기에 충전할 때 저장용기의 충전비로 옳은 것은?

① 0.67 이상, 2.75 미만

② 0.7 이상, 1.4 이하

③ 0.9 이상, 1.6 이하

④ 0.51 이상, 0.67 미만

 해설 │ 저장용기에 따른 할로젠화합물의 충전비

종류	충전비		
	1301	1211	2402
축압식	0.9~1.6	0.7~1.4	0.67~2.75
가압식	–	–	0.51~0.67

답 ④

35 주유취급소에서의 위험물의 취급기준으로 옳지 않은 것은?

① 자동차에 주유 시 고정주유설비를 사용하여 직접 주유하여야 한다.

② 고정주유설비에 유류를 공급하는 배관은 전용 탱크로부터 고정주유설비에 직접 접결된 것이어야 한다.

③ 유분리장치에 고인 유류는 넘치지 않도록 수시로 퍼내야 한다.

④ 주유 시 자동차 등의 원동기는 정지시킬 필요는 없으나 자동차의 일부가 주유취급소의 공지 밖에 나와서는 안 된다.

 해설 │ ④ 주유 시 자동차 등의 원동기는 정지시키며, 자동차의 일부가 주유취급소의 공지 밖에 나와서는 안 된다.

답 ④

36 이동탱크저장소에 설치하는 방파판의 기능에 대한 설명으로 가장 적절한 것은?

① 출렁임 방지

② 유증기 발생의 억제

③ 정전기 발생 제거

④ 파손 시 유출 방지

 해설 │ 방파판 설치기준

㉠ 재질은 두께 1.6 mm 이상의 강철판으로 제작

㉡ 출렁임 방지를 위해 하나의 구획부분에 2개 이상의 방파판을 이동탱크저장소의 진행방향과 평행으로 설치하되, 그 높이와 칸막이로부터의 거리를 다르게 할 것

㉢ 하나의 구획부분에 설치하는 각 방파판의 면적 합계는 해당 구획부분의 최대수직단면적의 50% 이상으로 할 것. 다만, 수직단면이 원형이거나 짧은 지름이 1m 이하의 타원형인 경우에는 40% 이상으로 할 수 있다.

답 ①

37 특정 옥외저장탱크 구조기준 중 필렛 용접의 사이즈(S, mm)를 구하는 식으로 옳은 것은? (단, t_1 : 얇은 쪽 강판의 두께(mm), t_2 : 두꺼운 쪽 강판의 두께(mm)이다.)

① $t_1 = S = t_2$

② $t_1 \geq S \geq \sqrt{2t_2}$

③ $\sqrt{2t_1} = S = t_2$

④ $t_1 = S = 2t_2$

 해설 │ 옆 판의 용접은 필렛 용접의 사이즈로 다음 식에 의하여 구한 값으로 할 것

$t_1 \geq S \geq \sqrt{2t_2}$ (단, $S \geq 4.5$)

여기서, t_1 : 얇은 쪽 강판의 두께(mm)

t_2 : 두꺼운 쪽 강판의 두께(mm)

S : 사이즈(mm)

답 ②

38 이동탱크저장소의 탱크는 그 내부에 몇 L 이하마다 3.2mm 이상의 강철판 칸막이를 설치하는가?

① 1,000L

② 2,000L

③ 3,000L

④ 4,000L

 해설 │ 이동탱크저장소의 안전칸막이 설치기준

㉠ 두께 3.2mm 이상의 강철판으로 제작

㉡ 4,000L 이하마다 구분하여 설치

답 ④

39 간이저장탱크에 설치하는 통기관의 기준에 대한 설명으로 옳은 것은?

① 통기관의 지름은 20mm 이상으로 한다.
② 통기관은 옥내에 설치하고 선단의 높이는 지상 1.5m 이상으로 한다.
③ 가는 눈의 구리망 등으로 인화방지장치를 한다.
④ 통기관의 선단은 수평면에 대하여 아래로 35° 이상 구부려 빗물 등이 들어가지 않도록 한다.

 해설
① 통기관의 지름은 25mm 이상으로 한다.
② 통기관은 옥외에 설치하고 선단의 높이는 지상 1.5m 이상으로 한다.
④ 통기관의 선단은 수평면에 대하여 아래로 45° 이상 구부려 빗물 등이 들어가지 않도록 한다.

답 ③

40 스프링클러설비의 쌍구형 송수구에 대한 설명 중 틀린 것은?

① 송수구의 결합 금속구는 탈착식 또는 나사식으로 한다.
② 송수구에는 그 직근의 보기 쉬운 장소에 송수용량 및 송수시간을 함께 표시하여야 한다.
③ 소방펌프자동차가 용이하게 접근할 수 있는 위치에 설치한다.
④ 송수구의 결합 금속구는 지면으로부터 0.5m 이상, 1m 이하 높이의 송수에 지장이 없는 위치에 설치한다.

 해설
② 송수구에는 그 직근의 보기 쉬운 장소에 "스프링클러용 송수구"라고 표시하고, 그 송수압력범위를 함께 표시하여야 한다.

답 ②

41 옥외저장탱크의 펌프설비 설치기준으로 틀린 것은?

① 펌프실의 지붕은 폭발력이 위로 방출될 정도의 가벼운 불연재료로 할 것
② 펌프실의 창 및 출입구에는 60분＋방화문·60분방화문 또는 30분방화문을 설치할 것
③ 펌프실의 바닥 주위에는 높이 0.2m 이상의 턱을 만들 것
④ 펌프설비의 주위에는 너비 1m 이상의 공지를 보유할 것

 해설
④ 펌프설비의 주위에는 너비 3m 이상의 공지를 보유한다(단, 방화상 유효한 격벽으로 설치하는 경우와 제6류 위험물 또는 지정수량의 10배 이하 위험물의 옥외저장탱크의 펌프설비에 있어서는 그러하지 아니하다).

답 ④

42 위험물안전관리법령상 옥내저장탱크의 상호 간에는 몇 m 이상의 간격을 유지하여야 하는가?

① 0.3m
② 0.5m
③ 1.0m
④ 1.5m

 해설
탱크와 탱크전용실과의 이격거리
㉠ 탱크와 탱크전용실 외벽(기둥 등 돌출한 부분은 제외) : 0.5m 이상
㉡ 탱크와 탱크 상호간 : 0.5m 이상(단, 탱크의 점검 및 보수에 지장이 없는 경우는 거리제한 없음)

답 ②

43 위험물안전관리법령상 지정수량의 각각 10배를 운반 시 혼재할 수 있는 위험물은?

① 과산화나트륨과 과염소산
② 과망가니즈산칼륨과 적린
③ 질산과 알코올
④ 과산화수소와 아세톤

해설 유별을 달리하는 위험물의 혼재기준

위험물의 구분	제1류	제2류	제3류	제4류	제5류	제6류
제1류		×	×	×	×	○
제2류	×		×	○	○	×
제3류	×	×		○	×	×
제4류	×	○	○		○	×
제5류	×	○	×	○		×
제6류	○	×	×	×	×	

① 과산화나트륨(제1류)과 과염소산(제6류)
② 과망가니즈산칼륨(제1류)과 적린(제2류)
③ 질산(제6류)과 알코올(제4류)
④ 과산화수소(제6류)와 아세톤(제4류)

답 ①

44 위험물안전관리법령상 옥외저장소에 저장할 수 없는 위험물은? (단, 국제해상위험물규칙에 적합한 용기에 수납된 위험물인 경우를 제외한다.)

① 질산에스터류　　② 질산
③ 제2석유류　　④ 동식물유류

해설 옥외저장소에 저장할 수 있는 위험물
㉠ 제2류 위험물 중 황, 인화성 고체(인화점이 0℃ 이상인 것에 한함)
㉡ 제4류 위험물 중 제1석유류(인화점이 0℃ 이상인 것에 한함), 제2석유류, 제3석유류, 제4석유류, 알코올류, 동식물유류
㉢ 제6류 위험물

답 ①

45 할로젠화합물 소화약제의 종류가 아닌 것은?

① HFC−125　　② HFC−227ea
③ HFC−23　　④ CTC−124

 해설 할로젠화합물 소화약제의 종류
㉠ 펜타플루오로에테인(HFC−12)
㉡ 헵타플루오로프로페인(HFC−227ea)
㉢ 트라이플루오로메테인(HFC−23)
㉣ 도데카플루오로−2−메틸펜테인−3−원 (FK−5−1−12)

답 ④

46 스프링클러 소화설비가 전체적으로 적응성이 있는 대상물은?

① 제1류 위험물
② 제2류 위험물
③ 제4류 위험물
④ 제5류 위험물

 해설 제5류 위험물은 다량의 주수에 의한 냉각소화가 유효하다.

답 ④

47 위험물 운반용기의 재질로 적합하지 않은 것은?

① 금속판, 유리, 플라스틱
② 플라스틱, 놋쇠, 아연판
③ 합성수지, 파이버, 나무
④ 폴리에틸렌, 유리, 강철판

 해설 운반용기의 재질은 강판, 알루미늄판, 양철판, 유리, 금속판, 종이, 플라스틱, 섬유판, 고무류, 합성섬유, 삼, 짚 또는 나무로 한다.

답 ②

48 그림과 같이 원형 탱크를 설치하여 일정량의 위험물을 저장·취급하려고 한다. 탱크의 내용적은 얼마인가?

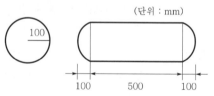
(단위 : mm)

① 16.67m³　　② 17.79m³
③ 18.85m³　　④ 19.96m³

 해설

$$내용적 = \pi r^2 \left(l + \frac{l_1 + l_2}{3} \right)$$
$$= \pi 100^2 \left(500 + \frac{100 + 100}{3} \right)$$
$$= 17,793,438 mm^3 \div 100,000$$
$$= 17.79 m^3$$

답 ②

49 위험물안전관리자의 책무가 아닌 것은?

① 화재 등의 재난이 발생한 경우 응급조치 및 소방관서 등에 대한 연락 업무

② 화재 등의 재해의 방지에 관하여 인접하는 제조소 등과 그 밖의 관련되는 시설의 관계자와 협조체제 유지

③ 위험물의 취급에 관한 일지의 작성·기록

④ 안전관리대행기관에 대하여 필요한 지도·감독

 ④ 안전관리대행기관에 대하여 필요한 지도·감독은 위험물안전관리자의 책무에 해당되지 않는다.

답 ④

50 시·도지사는 제조소 등에 대한 사용의 정지가 그 이용자에게 심한 불편을 주거나 그 밖에 공익을 해칠 우려가 있는 때에는 사용정지 처분에 갈음하여 얼마 이하의 과징금을 부과할 수 있나?

① 1억원   ② 2억원

③ 3억원   ④ 4억원

답 ②

51 위험물안전관리법령에서 정한 위험물의 취급에 관한 기준이 아닌 것은?

① 분사도장작업은 방화상 유효한 격벽 등으로 구획된 안전한 장소에서 실시한다.

② 추출공정에서는 추출관의 외부 압력이 비정상적으로 상승하지 않도록 한다.

③ 열처리작업은 위험물이 위험한 온도에 도달하지 않도록 한다.

④ 증류공정에 있어서는 위험물을 취급하는 설비의 내부 압력의 변동 등에 의하여 액체 또는 증기가 새지 않도록 한다.

 ② 추출공정에 있어서는 추출관의 내부 압력이 비정상적으로 상승하지 아니하도록 할 것

답 ②

52 다음의 저장소에 있어서 1인의 위험물 안전관리자를 중복하여 선임할 수 있는 경우에 해당하지 않는 것은?

① 동일 구내에 있는 7개의 옥내저장소를 동일인이 설치한 경우

② 동일 구내에 있는 21개의 옥외탱크저장소를 동일인이 설치한 경우

③ 상호 100m 이내의 거리에 있는 15개의 옥외저장소를 동일인이 설치한 경우

④ 상호 100m 이내의 거리에 있는 6개의 암반탱크저장소를 동일인이 설치한 경우

 다수의 제조소 등을 설치한 자가 1인의 안전관리자를 중복하여 선임할 수 있는 경우

㉮ 보일러·버너 또는 이와 비슷한 것으로서 위험물을 소비하는 장치로 이루어진 7개 이하의 일반취급소와 그 일반취급소에 공급하기 위한 위험물을 저장하는 저장소를 동일인이 설치한 경우

㉯ 위험물을 차량에 고정된 탱크 또는 운반용기에 옮겨 담기 위한 5개 이하의 일반취급소(일반취급소 간의 거리가 300m 이내인 경우에 한함)와 그 일반취급소에 공급하기 위한 위험물을 저장하는 저장소를 동일인이 설치한 경우

㉰ 동일 구내에 있거나 상호 100m 이내의 거리에 있는 저장소로서 저장소의 규모, 저장하는 위험물의 종류 등을 고려하여 행정안전부령이 정하는 저장소를 동일인이 설치한 경우

㉱ 다음의 기준에 모두 적합한 5개 이하의 제조소 등을 동일인이 설치한 경우

　㉠ 각 제조소 등이 동일 구내에 위치하거나 상호 100m 이내의 거리에 있을 것

　㉡ 각 제조소 등에서 저장 또는 취급하는 위험물의 최대수량이 지정수량의 3,000배 미만일 것(단, 저장소는 제외)

㉲ 10개 이하의 옥내저장소

㉳ 30개 이하의 옥외탱크저장소

㉴ 옥내탱크저장소

㉵ 지하탱크저장소

㉶ 간이탱크저장소

㉷ 10개 이하의 옥외저장소

㉸ 10개 이하의 암반탱크저장소

답 ③

53 알코올류의 탄소수가 증가함에 따른 일반적인 특징으로 옳은 것은?

① 인화점이 낮아진다.

② 연소범위가 넓어진다.

③ 증기비중이 증가한다.

④ 비중이 증가한다.

해설 알코올류의 탄소수가 증가한다는 것은 분자량이 증가하는 것이므로 증기비중이 증가한다.

답 ③

54 위험물안전관리자의 선임신고를 허위로 한 자에게 부과하는 과태료의 금액은?

① 100만원 ② 150만원

③ 200만원 ④ 300만원

해설 위험물안전관리자를 허위로 신고한 자, 신고를 하지 아니한 자는 모두 과태료 200만원에 해당한다.

답 ③

55 월 100대의 제품을 생산하는데 셰이퍼 1대의 제품 1대당 소요공수가 $14.4H$라 한다. 1일 $8H$, 월 25일 가동한다고 할 때 이 제품 전부를 만드는 데 필요한 셰이퍼의 필요대수를 계산하면? (단, 작업자 가동률 80%, 셰이퍼 가동률 90%이다.)

① 8대 ② 9대

③ 10대 ④ 11대

해설 $14.4 \times 0.8 = 11.52$
$8 \times 25 \times 0.9 = 180/100$대 $= 1.8$
$11.52 - 1.8 = 9.72$대

답 ③

56 모집단을 몇 개의 층으로 나누고 각 층으로 부터 각각 랜덤하게 시료를 뽑는 샘플링 방법은?

① 층별샘플링 ② 2단계샘플링

③ 계통샘플링 ④ 단순샘플링

답 ①

57 문제가 되는 결과와 이에 대응하는 원인과의 관계를 알기 쉽게 도표로 나타낸 것은?

① 산포도 ② 파레토도

③ 히스토그램 ④ 특성요인도

답 ④

58 계수규준형 샘플링검사의 OC 곡선에서 좋은 로트를 합격시키는 확률을 뜻하는 것은? (단, α는 제1종 과오, β는 제2종 과오이다.)

① α ② β

③ $1 - \alpha$ ④ $1 - \beta$

해설 제1종 과오는 생산자 위험확률, 제2종 과오는 소비자 위험확률로서, 좋은 로트를 합격시키는 확률을 의미하는 것은 전체에서 생산자 위험확률을 뺀 값으로 표시한다.

답 ③

59 로트 크기가 1,000, 부적합품률이 15%인 로트에서 5개의 랜덤 시료 중 발견된 부적합품 수가 1개일 확률을 이항분포로 계산하면 약 얼마인가?

① 0.1648 ② 0.3915

③ 0.6085 ④ 0.8352

해설 확률
$=$ 시료의 개수 $\times$ 부적합품률(%) $\times$ (적합품률)^4(%)
$= 5 \times 0.15 \times (0.85)^4$
$= 0.3915$

답 ②

60 소비자가 요구하는 품질로서 설계와 판매정책에 반영되는 품질을 의미하는 것은?

① 시장품질 ② 설계품질

③ 제조품질 ④ 규격품질

답 ①

제73회
(2023년 1월 시행)

위험물기능장 필기

01 10g의 프로페인이 연소하면 몇 g의 CO_2가 발생하는가? (단, 반응식은 $C_3H_8+5O_2 \rightarrow 3CO_2 +4H_2O$, 원자량은 C=12, O=16, H=1이다.)

① 25g
② 27g
③ 30g
④ 33g

$$\frac{10g-C_3H_8}{}\left|\frac{1mol-C_3H_8}{44g-C_3H_8}\right|\frac{3mol-CO_2}{1mol-C_3H_8}$$

$$\left|\frac{44g-CO_2}{1mol-CO_2}=30g-CO_2\right.$$

$$\therefore x=\frac{10\times3\times44}{44}=30g$$

답 ③

02 원자의 반지름이 이온의 반지름보다 작은 것은?

① Cl
② Cu
③ Al
④ Mg

 원자와 이온의 반지름은 음이온(비금속)은 크며, 양이온(금속)은 작다.
① Cl은 비금속이다.

답 ①

03 다음 중 산의 정의가 적절하지 못한 것은?

① 수용액에서 옥소늄이온을 낼 수 있는 분자 또는 이온
② 플로톤을 낼 수 있는 분자 또는 이온
③ 비공유 전자쌍을 주는 이온 또는 분자
④ 비공유 전자쌍을 받아들이는 이온 또는 분자

 비공유 전자쌍을 주는 것이 염기이다.

답 ③

04 다음 물질 중 공유결합성 물질이 아닌 것은?

① Cl_2
② NaCl
③ HCl
④ H_2O

 ② NaCl은 이온결합성 물질이다.

 답 ②

05 25℃에서 어떤 물질은 그 포화 용액 300g 속에 50g이 녹아 있다. 이 온도에서 이 물질의 용해도는 얼마인가?

① 10
② 20
③ 30
④ 40

$$용해도=\frac{용질}{용매}\times100=\frac{50}{300-50}\times100=20$$

 답 ②

06 황산 수용액 1L 중 순황산이 4.9g 용해되어 있다. 이 용액의 농도는 얼마가 되겠는가?

① 9.8%
② 0.2M
③ 0.2N
④ 0.1N

$$N=\frac{4.9/49}{1}=0.1N$$

답 ④

07 황린(P_4)이 공기 중에서 발화했을 때 생성된 화합물은?

① P_2O_5
② P_2O_3
③ P_5O_2
④ P_3O_2

 황린이 공기 중에서 발화하면 오산화인(P_2O_5)이 생성되며, 이때 오산화인은 흰 연기가 발생한다.
$P_4+5O_2 \rightarrow 2P_2O_5$

답 ①

08 다음 중 제1류 위험물이 아닌 것은?

① Al_4C_3

② $KMnO_4$

③ $NaNO_3$

④ NH_4NO_3

 해설 ① Al_4C_3 : 제3류 위험물

답 ①

09 H_2O_2는 농도가 일정 이상으로 높을 때 단독으로 폭발한다. 몇 %(중량) 이상일 때인가?

① 30% ② 40%

③ 50% ④ 60%

 해설 과산화수소의 농도 60% 이상인 것은 충격에 의해 단독 폭발의 위험이 있으며, 고농도의 것은 알칼리, 금속분, 암모니아, 유기물 등과 접촉 시 가열이나 충격에 의해 폭발한다.

답 ④

10 소화기의 적응성에 의한 분류 중 옳게 연결되지 않은 것은?

① A급 화재용 소화기 – 주수, 산알칼리포

② B급 화재용 소화기 – 이산화탄소, 소화분말

③ C급 화재용 소화기 – 전기전도성이 없는 불연성 기체

④ D급 화재용 소화기 – 주수, 분말소화제

 해설 ④ D급 화재용 소화기 – 분말소화제(dry powder)

답 ④

11 크산토프로테인 반응과 관계있는 물질은?

① 황산

② 클로로설폰산

③ 무수크로뮴산

④ 질산

 해설 질산이 피부에 닿으면 노란색으로 변색이 되는 크산토프로테인 반응을 한다.

답 ④

12 포소화약제의 하나인 수성막포의 특성에 대한 설명으로 옳지 않은 것은?

① 플루오린계 계면활성포의 일종이며 라이트워터라고 한다.

② 소화원리는 질식작용과 냉각작용이다.

③ 타 포소화약제보다 내열성·내포화성이 높아 기름 화재에 적합하다.

④ 단백포보다 독성이 없으나 장기보존성이 떨어진다.

 해설 ④ 단백포보다 독성이 없으나 장기보존성이 우수하다.

답 ④

13 하이드라진(hydrazine)에 대한 설명으로 옳지 않은 것은?

① NH_3를 ClO^- 이온으로 산화시켜 얻는다.

② Raschig법에 의하여 제조된다.

③ 주된 용도는 산화제로서의 작용이다.

④ 수소결합에 의해 강하게 결합되어 있다.

 해설 ③ 주된 용도는 플라스틱 발포제 등의 환원제로서의 작용이다.

답 ③

14 과산화나트륨(Na_2O_2)의 저장법으로 가장 옳은 것은?

① 유기물질, 황분, 알루미늄분 등의 혼입을 막고 수분이 들어가지 않게 밀전 및 밀봉하여야 한다.

② 유기물질, 황분, 알루미늄분 등의 혼입을 막고 수분에 관계없이 저장해도 좋다.

③ 유기물질, 황분, 알루미늄분 등의 혼입과 관계없이 수분만 들어가지 않게 밀전 및 밀봉하여야 한다.

④ 유기물질과 혼합하여 저장해도 좋다.

 해설 ② 유기물질, 황분, 알루미늄분 등의 혼입을 막고 수분의 침투를 막는다.

③ 유기물질, 황분, 알루미늄분 등의 혼입 및 수분이 들어가지 않게 밀전 및 밀봉하여야 한다.

④ 유기물질과 혼합하지 않도록 한다.

답 ①

15 과산화벤조일은 중량 함유량(%)이 얼마 이상일 때 위험물로 취급되는가?

① 30
② 35.5
③ 40
④ 50

 제5류 위험물 중 유기과산화물을 함유하는 것 중에서 불활성 고체를 함유하는 것으로서 다음의 1에 해당하는 것은 위험물에서 제외한다.
  ㉠ 과산화벤조일의 함유량이 35.5중량퍼센트 미만인 것으로서 전분가루, 황산칼슘2수화물 또는 인산수소칼슘2수화물과의 혼합물
  ㉡ 비스(4-클로로벤조일)퍼옥사이드의 함유량이 30중량퍼센트 미만인 것으로서 불활성 고체와의 혼합물
  ㉢ 과산화다이쿠밀의 함유량이 40중량퍼센트 미만인 것으로서 불활성 고체와의 혼합물
  ㉣ 1・4비스(2-터셔리뷰틸퍼옥시아이소프로필)벤젠의 함유량이 40중량퍼센트 미만인 것으로서 불활성 고체와의 혼합물
  ㉤ 사이클로헥사논퍼옥사이드의 함유량이 30중량퍼센트 미만인 것으로서 불활성 고체와의 혼합물

답 ②

16 중질유 탱크 등의 화재 시 물이나 포말을 주입하면 수분의 급격한 증발에 의하여 유면이 거품을 일으키거나 열유의 교란에 의하여 열유층 밑의 냉유가 급격히 팽창하여 유면을 밀어 올리는 위험한 현상은?

① Oil-over 현상
② Slop-over 현상
③ Water hammering 현상
④ Priming 현상

 ① Oil-over 현상 : 유류 탱크에 유류 저장량을 50% 이하로 저장하는 경우 화재가 발생하면 탱크 내의 공기가 팽창하면서 폭발하는 현상
③ Water hammering 현상 : 배관 속을 흐르는 유체의 속도가 급속히 변화 시 유체의 운동에너지가 압력으로 변화되어 배관 및 장치에 영향을 미치는 현상
④ Priming 현상 : 소화설비의 펌프에 공기고임 현상

답 ②

17 다음 물질 중 무색 또는 백색의 결정으로 비중이 약 1.8이고 융점이 약 202℃이며 물에는 불용인 것은?

① 피크르산
② 다이나이트로레조르신
③ 트라이나이트로톨루엔
④ 헥소겐

 ① 피크르산 : 강한 쓴맛과 독성이 있는 휘황색의 편평한 침상 결정
② 다이나이트로레조르신 : 약 160℃에서 분해하는 폭발성 회색 결정
③ 트라이나이트로톨루엔 : 담황색의 주상 결정, 비중은 1.8, 융점은 81℃, 물에는 불용

답 ④

18 다음 중 알칼리토금속의 과산화물로서 비중이 약 4.96, 융점이 약 450℃인 것으로 비교적 안정한 물질은?

① BaO_2
② CaO_2
③ MgO_2
④ BeO_2

 BaO_2(과산화바륨)의 성질
  ㉠ 분자량 169, 비중 4.96, 분해온도 840℃, 융점 450℃이다.
  ㉡ 무기과산화물 중 분해온도가 가장 높다.
  ㉢ 정방형의 백색 분말로 냉수에는 약간 녹으나, 묽은산에는 잘 녹는다.
  ㉣ 알칼리토금속의 과산화물 중 매우 안정적인 물질이다.

답 ①

19 다음 중 유동하기 쉽고 휘발성인 위험물로 특수 인화물에 속하는 것은?

① $C_2H_5OC_2H_5$
② CH_3COCH_3
③ C_6H_6
④ $C_6H_4(CH_3)_2$

 ① 다이에틸에터($C_2H_5OC_2H_5$) : 특수인화물로, 비점이 낮고 무색투명하며, 인화점이 낮고 휘발성이 강하다.
② 아세톤(CH_3COCH_3), ③ 벤젠(C_6H_6), ④ 자일렌[$C_6H_4(CH_3)_2$] : 제1석유류

답 ①

20 CS₂는 화재 예방상 액면 위에 물을 채워두는 경우가 많다. 그 이유로 맞는 것은?

① 산소와의 접촉을 피하기 위하여
② 가연성 증기의 발생을 방지하기 위하여
③ 공기와 접촉하면 발화되기 때문에
④ 불순물을 물에 용해시키기 위하여

 물보다 무겁고 물에 녹기 어렵기 때문에 가연성 증기의 발생을 억제하기 위해 물(수조)속에 저장한다.

답 ②

21 가연성 고체 위험물의 공통적인 성질이 아닌 것은?

① 낮은 온도에서 발화하기 쉬운 가연성 물질이다.
② 연소속도가 빠른 고체이다.
③ 물에 잘 녹는다.
④ 비중은 1보다 크다.

해설 ③ 물에 녹지 않는다.

답 ③

22 자동차의 부동액으로 많이 사용되는 에틸렌글리콜을 가열하거나 연소했을 때 주로 발생되는 가스는?

① 일산화탄소   ② 인화수소
③ 포스겐가스   ④ 메테인

해설 상온에서는 인화의 위험이 없으나 가열하면 연소위험성이 증가하고 가열하거나 연소에 의해 자극성 또는 유독성의 일산화탄소가 발생한다.

답 ①

23 휘발유의 위험성 중 잘못 설명하고 있는 것은?

① 증기는 정전기 스파크에 의해서 인화된다.
② 휘발유의 연소범위는 아세트알데하이드보다 넓다.
③ 비전도성으로 정전기의 발생·축적이 용이하다.
④ 강산화제, 강산류와의 혼촉 발화 위험이 있다.

 ② 휘발유(1.2~7.6%)의 연소범위는 아세트알데하이드(4.1~57%)보다 좁다.

답 ②

24 제5류 위험물에 대한 설명으로 틀린 것은?

① 다이아조화합물은 모두 산소를 함유하고 있다.
② 유기과산화물의 경우 질식소화는 효과가 없다.
③ 연소생성물 중에는 유독성 가스가 많다.
④ 대부분이 고체이고, 일부 품목은 액체이다.

 ① 다이아조화합물 중 다이아조메테인(CH₂N₂)은 산소를 함유하지 않는다.

답 ①

25 염소산칼륨의 성질로 옳은 것은?

① 회색의 비결정성 물질이다
② 약 400℃에서 열분해한다.
③ 가연성이고, 강력한 환원제이다.
④ 비중은 약 1.2이다.

 염소산칼륨은 비중 2.32로서 무색·무취의 결정 또는 분말로서 불연성이고, 강산화제에 해당하며, 약 400℃에서 열분해한다.

$$2KClO_3 \xrightarrow{\triangle} 2KCl + 3O_2$$

답 ②

26 제1류 위험물인 염소산나트륨의 위험성에 대한 설명으로 틀린 것은?

① 산과 반응하여 유독한 이산화염소를 발생시킨다.
② 가연물과 혼합되어 있으면 충격·마찰에 의해 폭발할 수 있다.
③ 조해성이 강하고 철을 부식시키므로 철제 용기에는 저장하지 말아야 한다.
④ 물과의 접촉 시 폭발할 수 있으므로 CO₂ 등의 질식소화가 효과적이다.

 염소산나트륨은 제1류 산화성 고체로서 조해성·흡습성이 있고, 물, 알코올, 글리세린, 에터 등에 잘 녹으며, 물에 의한 냉각소화가 유효하다.

답 ④

27 다음 중 제4류 위험물에 속하는 물질을 보호액으로 사용하는 것은?

① 벤젠
② 황
③ 칼륨
④ 질산에틸

 해설 금속칼륨은 습기나 물에 접촉하지 않도록 보호액 (석유, 벤젠, 파라핀 등) 속에 저장한다.

답 ③

28 위험물의 화재 시 소화방법으로 적절하지 않은 것은?

① 마그네슘 : 마른모래를 사용한다.
② 인화칼슘 : 다량의 물을 사용한다.
③ 나이트로글리세린 : 다량의 물을 사용한다.
④ 알코올 : 내알코올포소화약제를 사용한다.

 해설 인화칼슘은 물과 반응하여 가연성이며, 독성이 강한 인화수소(PH_3, 포스핀) 가스를 발생시키므로 물로 소화해서는 안 된다.
$$Ca_3P_2 + 6H_2O \rightarrow 3Ca(OH)_2 + 2PH_3$$

답 ②

29 과산화수소의 성질에 대한 설명 중 틀린 것은?

① 알코올, 에터에는 녹지만 벤젠, 석유에는 녹지 않는다.
② 농도가 66% 이상인 것은 충격 등에 의해서 폭발할 가능성이 있다.
③ 분해 시 발생한 분자상의 산소(O_2)는 발생기 산소(O)보다 산화력이 강하다.
④ 하이드라진과 접촉 시 분해 폭발한다.

 해설 과산화수소 분해 시 발생한 분자상의 산소는 발생기 산소보다 산화력이 약하다.

답 ③

30 다음 중 가연물이 될 수 있는 것은?

① CS_2
② H_2O_2
③ CO_2
④ He

 해설 이황화탄소(CS_2)는 제4류 위험물 중 특수인화물에 속한다.

답 ①

31 할로젠화합물의 화학식과 Halon 번호가 옳게 연결된 것은?

① CH_2ClBr − Halon 1211
② CF_2ClBr − Halon 104
③ $C_2F_4Br_2$ − Halon 2402
④ CF_3Br − Halon 1011

 해설 ① Halon 1211 : CF_2ClBr
② Halon 104 : CCl_4
④ Halon 1011 : $CBrClH_2$

답 ③

32 다음 중 스프링클러설비에 대한 설명으로 틀린 것은?

① 초기 화재의 진압에 효과적이다.
② 조작이 쉽다.
③ 소화약제가 물이므로 경제적이다.
④ 타 설비보다 시공이 비교적 간단하다.

 해설 스프링클러설비의 장단점

장점	• 초기 진화에 특히 절대적인 효과가 있다. • 약제가 물이라서 값이 싸고, 복구가 쉽다. • 오동작 · 오보가 없다(감지부가 기계적). • 조작이 간편하고, 안전하다. • 야간이라도 자동으로 화재 감지경보를 울리고, 소화할 수 있다.
단점	• 초기 시설비가 많이 든다. • 시공이 다른 설비와 비교했을 때 복잡하다. • 물로 인한 피해가 크다.

답 ④

33 옥외저장시설에 저장하는 위험물 중 방유제를 설치하지 않아도 되는 것은?

① 황산
② 이황화탄소
③ 다이에틸에터
④ 질산칼륨

 해설 방유제는 액체 위험물(이황화탄소 제외)을 취급하는 탱크 주위에 설치한다.

답 ②

34 석유판매취급소의 저장시설로 옳은 것은?

① 간이탱크저장소

② 옥내이동탱크저장소

③ 선박탱크저장소

④ 지하탱크저장소

답 ④

35 이산화탄소 소화약제 저장용기의 설치기준으로 옳은 것은?

① 60분＋방화문·60분방화문 또는 30분방화문으로 구획된 실에 설치할 것

② 저압식 저장용기의 충전비는 1.5 이상, 1.9 이하로 할 것

③ 저압식 저장용기에는 내압시험압력의 0.8배 내지 1.2배의 압력에서 작동하는 안전밸브를 설치할 것

④ 저장용기는 350kg/cm² 이상의 내압시험에 합격한 것으로 할 것

 ② 저압식 저장용기의 충전비는 1.1 이상, 1.4 이하로 할 것

③ 저압식 저장용기에는 내압시험압력의 0.8배 내지 1.0배의 압력에서 작동하는 안전밸브를 설치할 것

④ 저장용기는 250kg/cm² 이상의 내압시험에 합격한 것으로 할 것

답 ①

36 위험물제조소와의 안전거리가 30m 이상인 시설은?

① 주거용도로 사용되는 건축물

② 도시가스를 저장 또는 취급하는 시설

③ 사용전압 35,000V를 초과하는 특고압 가공전선

④ 초·중등교육법에서 정하는 학교

 ① 주거용도로 사용되는 건축물 : 10m

② 도시가스를 저장 또는 취급하는 시설 : 20m

③ 사용전압 35,000V를 초과하는 특고압 가공전선 : 5m

④ 초·중등교육법에서 정하는 학교 : 30m

답 ④

37 다음 중 제1종 판매취급소의 기준으로 옳지 않은 것은?

① 건축물의 1층에 설치할 것

② 위험물을 배합하는 실의 바닥면적은 6m² 이상, 15m² 이하일 것

③ 위험물을 배합하는 실의 출입구 문턱 높이는 바닥면으로부터 0.1m 이상으로 할 것

④ 저장 또는 취급하는 위험물의 수량이 40배 이하인 판매취급소에 대하여 적용할 것

 ④ 저장 또는 취급하는 위험물의 수량이 20배 이하인 판매취급소에 대하여 적용할 것

답 ④

38 주유취급소에 설치해야 하는 "주유 중 엔진정지" 게시판의 색깔은?

① 적색 바탕에 백색 문자

② 청색 바탕에 백색 문자

③ 백색 바탕에 흑색 문자

④ 황색 바탕에 흑색 문자

답 ④

39 다음 중 경보설비는?

① 자동화재탐지설비 　② 옥외소화전설비

③ 유도등설비 　　　　④ 제연설비

 ② 옥외소화전설비 : 소화설비

③ 유도등설비 : 피난설비

④ 제연설비 : 소화활동설비

답 ①

40 다음 중 이산화탄소 소화설비가 적응성이 있는 위험물은?

① 제1류 위험물 　　② 제3류 위험물

③ 제4류 위험물 　　④ 제5류 위험물

해설 이산화탄소 소화설비는 산소 농도를 15% 이하로 떨어뜨려 소화하는 질식소화의 원리를 이용한 것으로 제1류 위험물, 제5류 위험물에는 부적합하다. 또한 이산화탄소는 0.03%의 수분을 함유하고 있으므로 제3류 위험물과 반응하면 화재 폭발 우려가 있어 부적합하다.

답 ③

41 아세톤 옥외저장탱크 중 압력탱크 외의 탱크에 설치하는 대기밸브 부착 통기관은 몇 kPa 이하의 압력 차이로 작동할 수 있어야 하는가?

① 5   ② 7

③ 9   ④ 10

 아세톤 옥외저장탱크 중 압력탱크 외의 탱크에 설치하는 대기밸브 부착 통기관은 5kPa 이하의 압력 차이로 작동할 수 있어야 한다.

답 ①

42 위험물안전관리법령상 운반 시 적재하는 위험물에 차광성이 있는 피복으로 가리지 않아도 되는 것은?

① 제2류 위험물 중 철분

② 제4류 위험물 중 특수인화물

③ 제5류 위험물

④ 제6류 위험물

 적재하는 위험물에 따른 조치사항

차광성이 있는 것으로 피복해야 하는 경우	방수성이 있는 것으로 피복해야 하는 경우
• 제1류 위험물 • 제3류 위험물 중 자연발화성 물질 • 제4류 위험물 중 특수인화물 • 제5류 위험물 • 제6류 위험물	• 제1류 위험물 중 알칼리금속의 과산화물 • 제2류 위험물 중 철분, 금속분, 마그네슘 • 제3류 위험물 중 금수성 물질

답 ①

43 위험물 지하탱크저장소의 탱크전용실 설치기준으로 틀린 것은?

① 철근콘크리트 구조의 벽은 두께 0.3m 이상으로 한다.

② 지하저장탱크와 탱크전용실의 안쪽과의 사이는 50cm 이상의 간격을 유지한다.

③ 철근콘크리트 구조의 바닥은 두께 0.3m 이상으로 한다.

④ 벽, 바닥 등에 적정한 방수조치를 강구한다.

 지하저장탱크와 탱크전용실의 안쪽과의 사이는 0.1m 이상의 간격을 유지하도록 하며, 해당 탱크의 주위에 마른모래 또는 습기 등에 의하여 응고되지 아니하는 입자 지름 5mm 이하의 마른자갈분을 채워야 한다.

답 ②

44 그림과 같은 위험물을 저장하는 탱크의 내용적은 약 몇 m^{3}인가? (단, r은 10m, L은 25m이다.)

① 3,612

② 4,712

③ 5,812

④ 7,854

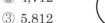 $V = \pi r^2 l = \pi \times 10^2 \times 25 = 7,854 \text{m}^3$

답 ④

45 위험물제조소에 설치하는 옥내소화전의 개폐밸브 및 호스 접속구는 바닥면으로부터 몇 m 이하의 높이에 설치하여야 하는가?

① 0.5   ② 1.5

③ 1.7   ④ 1.9

 옥내소화전의 개폐밸브 및 호스 접속구는 바닥면으로부터 1.5m 이하의 높이에 설치하여야 한다.

답 ②

46 제조소 및 일반취급소에 경보설비인 자동화재탐지설비를 설치하여야 하는 조건에 해당하지 않는 것은?

① 연면적 500m^2 이상인 것

② 옥내에서 지정수량 100배의 휘발유를 취급하는 것

③ 옥내에서 지정수량 200배의 벤젠을 취급하는 것

④ 처마 높이가 6m 이상인 단층 건물의 것

 ④번은 옥내저장소에 대한 자동화재탐지설비 설치기준이다.

답 ④

47 다음 중 품목을 달리하는 위험물을 동일 장소에 저장할 경우 위험물의 시설로서 허가를 받아야 할 수량을 저장하고 있는 것은? (단, 제4류 위험물의 경우 비수용성이다.)

① 이황화탄소 10L, 가솔린 20L와 칼륨 3kg을 취급하는 곳

② 제1석유류(비수용성) 60L, 제2석유류(비수용성) 300L와 제3석유류(비수용성) 950L를 취급하는 곳

③ 경유 600L, 나트륨 1kg과 무기과산화물 10kg을 취급하는 곳

④ 황 10kg, 등유 300L와 황린 10kg을 취급하는 곳

 해설

① 이황화탄소 $\frac{10L}{50L}$ + 가솔린 $\frac{20L}{200L}$ + 칼륨 $\frac{3kg}{10kg}$

$= 0.6$

② 제1석유류 $\frac{60L}{200L}$ + 제2석유류 $\frac{300L}{1,000L}$

$+$ 제3석유류 $\frac{950L}{2,000L} = 1.075$

③ 경유 $\frac{600L}{1,000L}$ + 나트륨 $\frac{1kg}{10kg}$

$+$ 무기과산화물 $\frac{10kg}{50kg} = 0.9$

④ 황 $\frac{10kg}{100kg}$ + 등유 $\frac{300L}{1,000L}$ + 황린 $\frac{10kg}{20kg} = 0.9$

답 ②

48 자체소방대를 설치하여야 하는 위험물 취급 제조소의 제4류 위험물의 양은 지정수량의 몇 배 이상인가?

① 3,000배 이상

② 4,000배 이상

③ 5,000배 이상

④ 6,000배 이상

 해설

자체소방대는 제4류 위험물을 지정수량의 3천배 이상 취급하는 제조소 또는 일반취급소와 50만배 이상 저장하는 옥외탱크저장소에 설치한다.

답 ①

49 포말 화학소방차 1대의 포말 방사능력 및 포수용액 비치량으로 옳은 것은?

① 2,000L/min, 비치량 10만L 이상

② 1,500L/min, 비치량 5만L 이상

③ 1,000L/min, 비치량 3만L 이상

④ 500L/min, 비치량 1만L 이상

 해설 화학소방자동차에 갖추어야 하는 소화 능력 및 설비의 기준

화학소방자동차의 구분	소화 능력 및 설비의 기준
포수용액 방사차	• 포수용액의 방사능력이 2,000L/분 이상일 것 • 소화약액탱크 및 소화약액혼합장치를 비치할 것 • 10만L 이상의 포수용액을 방사할 수 있는 양의 소화약제를 비치할 것
분말 방사차	• 분말의 방사능력이 35kg/초 이상일 것 • 분말탱크 및 가압용 가스설비를 비치할 것 • 1,400kg 이상의 분말을 비치할 것
할로젠화합물 방사차	• 할로젠화합물의 방사능력이 40kg/초 이상일 것 • 할로젠화합물 탱크 및 가압용 가스설비를 비치할 것 • 1,000kg 이상의 할로젠화합물을 비치할 것
이산화탄소 방사차	• 이산화탄소의 방사능력이 40kg/초 이상일 것 • 이산화탄소 저장용기를 비치할 것 • 3,000kg 이상의 이산화탄소를 비치할 것
제독차	가성소다 및 규조토를 각각 50kg 이상 비치할 것

답 ①

50 위험물제조소 등이 완공검사를 받지 아니하고 제조소 등을 사용한 때 1차 행정처분기준 내용으로 옳은 것은?

① 경고

② 사용정지 15일

③ 사용정지 30일

④ 허가취소

제조소 등에 대한 행정처분기준

위반사항	행정처분기준		
	1차	2차	3차
제조소 등의 위치·구조 또는 설비를 변경한 때	경고 또는 사용정지 15일	사용정지 60일	허가취소
완공검사를 받지 아니하고 제조소 등을 사용한 때	사용정지 15일	사용정지 60일	허가취소
수리·개조 또는 이전의 명령에 위반한 때	사용정지 30일	사용정지 90일	허가취소
위험물안전관리자를 선임하지 아니한 때	사용정지 15일	사용정지 60일	허가취소
대리자를 지정하지 아니한 때	사용정지 10일	사용정지 30일	허가취소
정기점검을 하지 아니한 때	사용정지 10일	사용정지 30일	허가취소
정기검사를 받지 아니한 때	사용정지 10일	사용정지 30일	허가취소
저장·취급 기준 준수명령을 위반한 때	사용정지 30일	사용정지 60일	허가취소

답 ②

51 위험물안전관리법령상 위험물제조소의 완공검사 신청시기로 틀린 것은?

① 지하탱크가 있는 제조소 등의 경우 : 해당 지하탱크를 매설하기 전

② 이동탱크저장소 : 이동저장탱크를 완공하고 상치장소를 확보하기 전

③ 간이탱크저장소 : 공사를 완료한 후

④ 옥외탱크저장소 : 공사를 완료한 후

 ② 이동탱크저장소 : 이동저장탱크를 완공하고 상치장소를 확보한 후

답 ②

52 하나의 특정한 사고 원인의 관계를 논리게 이트를 이용하여 도해적으로 분석하여 연역적·정량적 기법으로 해석해 가면서 위험성을 평가하는 방법은?

① FTA(결함수분석기법)

② PHA(예비위험분석기법)

③ ETA(사건수분석기법)

④ FMECA(이상위험도분석기법)

 ① 결함수분석기법(FTA ; Fault Tree Analysis) : 어떤 특정 사고에 대해 원인이 되는 장치의 이상·고장과 운전자 실수의 다양한 조합을 표시하는 도식적 모델인 결함수 다이어그램을 작성하여 장치 이상이나 운전자 실수의 상관관계를 도출하는 기법

② 예비위험분석기법(PHA ; Preliminary Hazard Analysis) : 제품 전체와 각 부분에 대하여 설계자가 의도하는 사용환경에서 위험요소가 어떻게 영향을 미치는가를 분석하는 기법

③ 사건수분석기법(ETA ; Event Tree Analysis) : 초기 사건으로 알려진 특정 장치의 이상이나 운전자의 실수로부터 발생되는 잠재적인 사고 결과를 평가하는 귀납적 기법

④ 이상위험도분석기법(FMECA ; Failure Mode Effects and Criticality Analysis) : 부품, 장치, 설비 및 시스템의 고장 또는 기능 상실에 따른 원인과 영향을 분석하여 이에 대한 적절한 개선조치를 도출하는 기법

답 ①

53 특정 옥외저장탱크 구조기준 중 필렛 용접의 사이즈(S, mm)를 구하는 식으로 옳은 것은? (단, t_1 : 얇은 쪽 강판의 두께[mm], t_2 : 두꺼운 쪽 강판의 두께[mm]이며, $S \geq 4.5$이다.)

① $t_1 \geq S \geq t_2$

② $t_1 \geq S \geq \sqrt{2t_2}$

③ $\sqrt{2t_1} \geq S \geq t_2$

④ $t_1 \geq S \geq 2t_2$

 필렛 용접 사이즈(부등 사이즈가 되는 경우에는 작은 쪽의 사이즈) 계산식
$$t_1 \geq S \geq \sqrt{2t_2}$$

답 ②

54 다음 중 위험물안전관리법의 적용 제외대상이 아닌 것은?

① 항공기로 위험물을 국외에서 국내로 운반하는 경우

② 철도로 위험물을 국내에서 국내로 운반하는 경우

③ 선박(기선)으로 위험물을 국내에서 국외로 운반하는 경우

④ 국제해상위험물규칙(IMDG Code)에 적합한 운반용기에 수납된 위험물을 자동차로 운반하는 경우

해설 위험물안전관리법은 항공기·선박(선박법에 따른 선박)·철도 및 궤도에 의한 위험물의 저장·취급 및 운반에 있어서는 이를 적용하지 아니한다.

답 ④

55 제품공정분석표에 사용되는 기호 중 공정 간의 정체를 나타내는 기호는?

① ○   ② ⇨

③ ▽   ④ □

해설 ① ○ : 작업 또는 가공
② ⇨ : 운반
④ □ : 검사

답 ③

56 품질코스트(quality cost)를 예방코스트, 실패코스트, 평가코스트로 분류할 때, 다음 중 실패코스트(failure cost)에 속하는 것이 아닌 것은?

① 시험코스트   ② 불량대책코스트

③ 재가공코스트   ④ 설계변경코스트

해설 실패코스트란 소정의 품질수준 유지에 실패한 경우 발생하는 불량제품, 불량원료에 의한 손실비용으로, 폐기, 재가공, 외주불량, 설계변경, 불량대책, 재심코스트 및 각종 서비스비용 등을 말한다.

답 ①

57 다음 중 부하와 능력의 조정을 도모하는 것은?

① 진도관리   ② 절차계획

③ 공수계획   ④ 현품관리

해설 공수계획이란 생산계획량을 완성하는 데 필요한 인원이나 기계의 부하를 결정하여 이를 현재 인원 및 기계의 능력과 비교하여 조정하는 것을 말한다.

답 ③

58 다음 중 통계량의 기호에 속하지 않는 것은?

① σ ② R

③ s ④ $\bar{x}$

해설 σ는 모집단의 모수기호이고, 나머지 보기항은 통계량의 기호로, 각각이 의미는 다음과 같다.
② R : 범위
③ s : 표본표준편차
④ $\bar{x}$: 표본평균

답 ①

59 다음 중 관리의 사이클을 가장 올바르게 표시한 것은? (단, A : 조처, C : 검토, D : 실행, P : 계획)

① $P \to C \to A \to D$

② $P \to A \to C \to D$

③ $A \to D \to C \to P$

④ $P \to D \to C \to A$

답 ④

60 축의 완성지름, 철사의 인장강도, 아스피린 순도와 같은 데이터를 관리하는 가장 대표적인 관리도는?

① c 관리도   ② np 관리도

③ u 관리도   ④ $\bar{x} - R$ 관리도

답 ④

제74회
(2023년 6월 시행)

위험물기능장 필기

01 표준온도, 표준압력에서 헬륨의 밀도를 계산하면 얼마인가?

① 0.16g/L ② 0.17g/L
③ 0.18g/L ④ 0.19g/L

 밀도 $= \dfrac{질량}{부피} = \dfrac{4}{22.4} = 0.18g/L$

답 ③

02 다음 물질 중에서 색상이 나머지 셋과 다른 하나는?

① 다이크로뮴산나트륨
② 질산칼륨
③ 아염소산나트륨
④ 염소산나트륨

 다이크로뮴산나트륨은 등황색, 나머지는 백색이다.

답 ①

03 다음 중 극성 공유결합물질인 것은?

① H_2O ② N_2
③ C_6H_6 ④ C_2H_4

답 ①

04 $[H^+] = 2 \times 10^{-4}$M인 용액의 pH는 얼마인가? (단, log2 = 0.3)

① 3.4 ② 3.7
③ 3.9 ④ 4.0

 $pH = -\log[H^+]$
$= -\log(2 \times 10^{-4}) = 4 - \log 2 = 4 - 0.3 = 3.7$

답 ②

05 20℃의 15% 소금물 100g 속에서는 소금이 몇 g 더 녹을 수 있는가? (단, 20℃에서 소금의 용해도는 약 36이다.)

① 15.6 ② 16
③ 17 ④ 18

 15%의 소금물＝소금(용질) 15g＋물(용매) 85g
용해도 36＝소금 36g＋물 100g
$100 : 36 = 85 : x$, $x = 30.6$
∴ $30.6 - 15 = 15.6g$

답 ①

06 어떤 물질 1.5g을 물 75g에 녹인 용액의 어는점이 −0.310℃였다. 이 물질의 분자량은 얼마인가? (단, 물의 몰내림은 1.86이다.)

① 200 ② 150
③ 130 ④ 120

 $\Delta T_f = K_f \times m$

$0.310 = 1.86 \times \dfrac{\dfrac{1.5}{M}}{\dfrac{75}{1,000}} = 1.86 \times \dfrac{1,000 \times 1.5}{75M}$

$75M = \dfrac{1.86 \times 1,000 \times 1.5}{0.310}$

∴ $M = \dfrac{1.86 \times 1,000 \times 1.5}{0.310 \times 75} = 120$

답 ④

07 다음 위험물 중 산과 접촉하였을 때 이산화염소가스가 발생하는 것은?

① $KClO_3$ ② $NaClO_3$
③ $KClO_4$ ④ $NaClO_4$

 염소산나트륨은 산과 반응하여 유독한 이산화염소(ClO_2)가 발생한다.
$2NaClO_3 + 2HCl \rightarrow 2NaCl + 2ClO_2 + H_2O_2$

답 ②

08 삼산화크로뮴(chromium trioxide)을 융점 이상(250℃)으로 가열하였을 때 분해생성물은?

① CrO_2와 O_2　　② Cr_2O_3와 O_2
③ Cr와 O_2　　④ Cr_2O_5와 O_2

 해설 $4CrO_3 \rightarrow Cr_2O_3 + 3O_2$

답 ②

09 다음 중 가장 강한 산은?

① $HClO_4$　　② $HClO_3$
③ $HClO_2$　　④ $HClO$

 해설 보기에 주어진 염소산의 산의 세기
$HClO < HClO_2 < HClO_3 < HClO_4$

답 ①

10 탄화망가니즈에 물을 가할 때 생성되지 않는 것은?

① 수산화망가니즈　　② 수소
③ 메테인　　④ 산소

 해설 $Mn_3C + 6H_2O \rightarrow 3Mn(OH)_2 + CH_4 + H_2 \uparrow$

답 ④

11 인화성 액체 위험물에 대하여 가장 많이 쓰이는 소화원리는?

① 주수소화　　② 연소물 제거
③ 냉각소화　　④ 질식소화

답 ④

12 인화성 액체 위험물인 제2석유류(비수용성 액체) 60,000L에 대한 소화설비의 소요단위는?

① 2단위　　② 4단위
③ 6단위　　④ 8단위

 해설
$$소화능력단위 = \frac{저장량}{지정수량 \times 10배}$$
$$= \frac{60,000L}{1,000L \times 10배} = 6단위$$

답 ③

13 과산화나트륨과 묽은산이 반응하여 생성되는 것은?

① $NaOH$
② H_2O
③ Na_2O
④ H_2O_2

 해설 과산화나트륨(Na_2O_2)은 에틸알코올에는 녹지 않으나 묽은산과 반응하여 과산화수소(H_2O_2)를 생성한다.
$Na_2O_2 + 2CH_3COOH \rightarrow 2CH_3COONa + H_2O_2$

답 ④

14 염소화규소화합물은 제 몇 류 위험물에 해당되는가?

① 제1류　　② 제2류
③ 제3류　　④ 제5류

 해설 염소화규소화합물은 행정안전부령이 정하는 제3류 위험물이다.

답 ③

15 고온에서 용융된 황과 반응하여 H_2S가 생성되는 것은?

① 수소　　② 아연
③ 철　　④ 염소

 해설 $S + H_2 \rightarrow H_2S$
　　　　　　황화수소

답 ①

16 다음 중 지정수량을 잘못 짝지은 것은?

① Fe분 − 500kg
② CH_3CHO − 200L
③ 제4석유류 − 6,000L
④ 마그네슘 − 500kg

 해설 ② CH_3CHO(아세트알데하이드)는 제4류 위험물 중 특수인화물로, 지정수량은 50L이다.

답 ②

17 인화석회(Ca_3P_2)의 성질에 대한 설명으로 틀린 것은?

① 적갈색의 고체이다.

② 비중이 약 2.51이고, 약 1,600℃에서 녹는다.

③ 산과 반응하여 주로 포스핀가스가 발생한다.

④ 물과 반응하여 주로 아세틸렌가스가 발생한다.

 인화석회는 물 또는 약산과 반응하여 유독하고 가연성인 인화수소(PH_3, 포스핀) 가스가 발생한다.
$$Ca_3P_2 + 6H_2O \rightarrow 3Ca(OH)_2 + 2PH_3$$
$$Ca_3P_2 + 6HCl \rightarrow 3CaCl_2 + 2PH_3$$

답 ④

18 마그네슘의 일반적인 성질을 나타낸 것 중 틀린 것은?

① 비중은 약 1.74이다.

② 융점은 약 905℃이다.

③ 비점은 약 1,102℃이다.

④ 원자량은 약 24.3이다.

 ② 융점은 약 650℃이다.

답 ②

19 다음 유지류에서 건성유에 해당하는 것은?

① 낙화생유(peanut oil)

② 올리브유(olive oil)

③ 동유(tung oil)

④ 피마자유(castor oil)

 아이오딘값 : 유지 100g에 부가되는 아이오딘의 g수로, 불포화도가 증가할수록 아이오딘값이 증가하며, 자연발화의 위험이 있다.

  ⊙ 건성유 : 아이오딘값이 130 이상인 것
    이중결합이 많아 불포화도가 높기 때문에 공기 중에서 산화되어 액 표면에 피막을 만드는 기름
    예 아마인유, 들기름, 동유, 정어리기름, 해바라기유 등

  ⊙ 반건성유 : 아이오딘값이 100~130인 것
    공기 중에서 건성유보다 얇은 피막을 만드는 기름
    예 참기름, 옥수수기름, 청어기름, 채종유, 면실유(목화씨유), 콩기름, 쌀겨유 등

  ⓒ 불건성유 : 아이오딘값이 100 이하인 것
    공기 중에서 피막을 만들지 않는 안정된 기름
    예 올리브유, 피마자유, 야자유, 땅콩기름, 동백유 등

답 ③

20 위험물의 유별 특성에 있어서 틀린 것은?

① 제6류 위험물은 강산화제이며 다른 것의 연소를 돕고 일반적으로 물과 집촉하면 발열한다.

② 제1류 위험물은 일반적으로 불연성이지만 강산화제이다.

③ 제3류 위험물은 모두 물과 작용하여 발열하고 수소가스가 발생한다.

④ 제5류 위험물은 일반적으로 가연성 물질이고 자기연소를 일으키기 쉽다.

 ③ 제3류 위험물은 물과 작용하여 발열하고, 아세틸렌(C_2H_2), 수소(H_2) 가스 등이 발생한다.

답 ③

21 나이트로글리세린에 대한 설명으로 틀린 것은?

① 순수한 액은 상온에서 적색을 띤다.

② 수산화나트륨-알코올의 혼액에 분해되어 비폭발성 물질로 된다.

③ 일부가 동결한 것은 액상의 것보다 충격에 민감하다.

④ 피부 및 호흡에 의해 인체의 순환계통에 용이하게 흡수된다.

 ① 순수한 것은 무색투명하며 무거운 기름상의 액체이며, 시판공업용 제품은 담황색을 띤다.

답 ①

22 다음 위험물 중 성상이 고체인 것은?

① 과산화벤조일

② 질산에틸

③ 나이트로글리세린

④ 메틸에틸케톤퍼옥사이드

① 과산화벤조일 : 백색 분말 또는 무색 결정의 고체
② 질산에틸, ③ 나이트로글리세린, ④ 메틸에틸
케톤퍼옥사이드 : 액체

답 ①

23 황의 연소 시 발생한 유독성 연소가스가 물과 접촉 시 어떤 화합물이 되는가?

① 염산
② 인산
③ 아황산
④ 아질산

해설 황(S)은 연소하면 유독성의 이산화황(SO_2)을 발생하며, 이산화황이 물과 접촉하면 인체에 유독한 이황산가스(H_2SO_3)를 발생한다.
$S + O_2 \rightarrow SO_2$
$SO_2 + H_2O \rightarrow H_2SO_3$

답 ③

24 과산화나트륨의 저장법으로 가장 옳은 것은?

① 용기는 밀전 및 밀봉하여야 한다.
② 안정제로 황분 또는 알루미늄분을 넣어 준다.
③ 수증기를 혼입해서 공기와 직접 접촉을 방지한다.
④ 저장시설 내에 스프링클러설비를 설치한다.

해설 과산화나트륨의 저장 및 취급 방법
㉠ 가열, 충격, 마찰 등을 피하고, 가연물이나 유기물, 황분, 알루미늄분의 혼입을 방지한다.
㉡ 냉암소에 보관하며 저장용기는 밀전하여 수분의 침투를 막는다.
㉢ 물에 용해하면 강알칼리가 되어 피부나 의복을 부식시키므로 주의해야 한다.
㉣ 용기의 파손에 유의하며 누출을 방지한다.

답 ①

25 단독으로도 폭발할 위험이 있으며, ANFO 폭약의 주원료로 사용되는 위험물은?

① KIO_3
② $NaBrO_3$
③ NH_4NO_3
④ $(NH_4)_2Cr_2O_7$

 질산암모늄은 급격한 가열이나 충격을 주면 단독으로 폭발한다. 특히 AN-FO 폭약은 NH_4NO_3와 경유를 94%와 6%로 혼합하여 기폭약으로 사용되며, 단독으로도 폭발의 위험이 있다.

답 ③

26 다음 중 지정수량이 가장 작은 물질은?

① 칼륨
② 적린
③ 황린
④ 질산염류

해설 ① 칼륨 : 10kg
② 적린 : 100kg
③ 황린 : 20kg
④ 질산염류 : 300kg

답 ①

27 다음 중 제3석유류가 아닌 것은?

① 글리세린
② 나이트로톨루엔
③ 아닐린
④ 벤즈알데하이드

해설 ④ 벤즈알데하이드 : 제2석유류

답 ④

28 동식물유류에 대한 설명으로 틀린 것은?

① 아이오딘값이 100 이하인 것을 건성유라 한다.
② 아마인유는 건성유이다.
③ 아이오딘값은 기름 100g이 흡수하는 아이오딘의 g수를 나타낸다.
④ 아이오딘값이 크면 이중결합을 많이 포함한 불포화 지방산을 많이 가진다.

 ① 아이오딘값이 100 이하인 것을 불건성유라 한다.

답 ①

29 알루미늄 제조공장에서 용접작업 시 알루미늄분에 착화가 되어 소화를 목적으로 뜨거운 물을 뿌렸더니 수초 후 폭발사고로 이어졌다. 이 폭발의 주원인에 가장 가까운 것은?

① 알루미늄분과 물의 화학반응으로 수소가스를 발생하여 폭발하였다.

② 알루미늄분이 날려 분진폭발이 발생하였다.

③ 알루미늄분과 물의 화학반응으로 메테인 가스를 발생하여 폭발하였다.

④ 알루미늄분과 물의 급격한 화학반응으로 열이 흡수되어 알루미늄분 자체가 폭발하였다.

 $2Al + 6H_2O \rightarrow 2Al(OH)_3 + 3H_2$

답 ①

30 스프링클러설비의 장점이 아닌 것은?

① 소화약제가 물이므로 소화약제의 비용이 절감된다.

② 초기시공비가 적게 든다.

③ 화재 시 바람의 조작 없이 작동이 가능하다.

④ 초기화재의 진화에 효과적이다.

 스프링클러설비의 장단점

장점	• 초기 진화에 특히 절대적인 효과가 있다. • 약제가 물이라서 값이 싸고, 복구가 쉽다. • 오동작·오보가 없다(감지부가 기계적). • 조작이 간편하고, 안전하다. • 야간이라도 자동으로 화재 감지경보를 울리고, 소화할 수 있다.
단점	• 초기 시설비가 많이 든다. • 시공이 다른 설비와 비교했을 때 복잡하다. • 물로 인한 피해가 크다.

답 ②

31 물의 특성 및 소화효과에 관한 설명으로 틀린 것은?

① 이산화탄소보다 기화잠열이 크다.

② 극성 분자이다.

③ 이산화탄소보다 비열이 작다.

④ 주된 소화효과가 냉각소화이다.

 물의 비열은 $1cal/g \cdot K$이며, 이산화탄소의 비열은 $0.21cal/g \cdot K$이다.

답 ③

32 불활성 가스 소화약제 중 "IG-55"의 성분 및 그 비율을 옳게 나타낸 것은? (단, 용량비 기준이다.)

① 질소 : 이산화탄소 = 55 : 45

② 질소 : 이산화탄소 = 50 : 50

③ 질소 : 아르곤 = 55 : 45

④ 질소 : 아르곤 = 50 : 50

 불활성 가스 소화약제의 구분

소화약제	화학식
불연성·불활성 기체 혼합가스 (IG-01)	Ar
불연성·불활성 기체 혼합가스 (IG-100)	N_2
불연성·불활성 기체 혼합가스 (IG-541)	N_2 : 52%, Ar : 40%, CO_2 : 8%
불연성·불활성 기체 혼합가스 (IG-55)	N_2 : 50%, Ar : 50%

답 ④

33 특수위험물 판매취급소의 작업실 기준으로 적합하지 않은 것은?

① 작업실 바닥은 적당한 경사와 저유설비를 하여야 한다.

② 바닥면적은 $6m^2$ 이상, $12m^2$ 이하로 한다.

③ 출입구에는 바닥으로부터 $0.1m$ 이상의 턱을 설치하여야 한다.

④ 내화구조로 된 벽으로 구획한다.

 ② 바닥면적은 $6m^2$ 이상, $15m^2$ 이하로 한다.

답 ②

34 위험물의 자연발화를 방지하기 위한 방법으로 틀린 것은?

① 통풍이 잘 되게 한다.

② 습도를 높게 한다.

③ 저장실의 온도를 낮춘다.

④ 열이 축적되지 않도록 한다.

 ② 습도를 낮게 유지한다.

답 ②

35 제조소 등의 소화난이도등급을 결정하는 요소가 아닌 것은?

① 위험물제조소 : 위험물 취급설비가 있는 높이, 연면적

② 옥내저장소 : 지정수량, 연면적

③ 옥외탱크저장소 : 액표면적, 지반면으로부터 탱크 옆판 상단까지 높이

④ 주유취급소 : 연면적, 지정수량

해설 주유취급소의 경우 옥내는 소화난이도등급 Ⅱ, 옥내 이외의 것은 소화난이도등급 Ⅲ에 해당한다.

답 ④

36 옥외탱크저장소에 보냉장치 및 불연성 가스 봉입장치를 설치해야 되는 위험물은?

① 아세트알데하이드

② 이황화탄소

③ 생석회

④ 염소산나트륨

해설 아세트알데하이드 등을 취급하는 탱크에는 냉각장치 또는 저온을 유지하기 위한 장치(보냉장치) 및 연소성 혼합기체의 생성에 의한 폭발을 방지하기 위한 불활성 기체를 봉입하는 장치를 갖출 것

답 ①

37 피난계단의 출입구가 구비해야 할 조건으로 틀린 것은?

① 출입구의 유효너비는 0.9m 이상으로 한다.

② 옥내에서 특별피난계단의 부속실이나 노대로 통하는 출입구는 반드시 30분방화문을 설치한다.

③ 출입구는 항상 피난방향으로 열 수 있도록 설치한다.

④ 출입구는 언제나 닫혀 있는 것이 원칙이다.

해설 ② 옥내에서 특별피난계단의 부속실이나 노대로 통하는 출입구는 반드시 60분+방화문 또는 60분방화문을 설치한다.

답 ②

38 주유취급소에 설치하는 건축물의 위치 및 구조에 대한 설명으로 옳지 않은 것은?

① 건축물 중 사무실, 그 밖의 화기를 사용하는 곳은 누설한 가연성 증기가 그 내부에 유입되지 않도록 높이 1m 이하의 부분에 있는 창 등은 밀폐시킬 것

② 건축물 중 사무실, 그 밖의 화기를 사용하는 곳의 출입구 또는 사이통로의 문턱 높이는 15cm 이상으로 할 것

③ 주유취급소에 설치하는 건축물의 벽, 기둥, 바닥, 보 및 지붕은 내화구조 또는 불연재료로 할 것

④ 자동차 등의 세정을 행하는 설비는 증기세차기를 설치하는 경우에는 2m 이상의 담을 설치하고 출입구가 고정주유설비에 면하지 아니하도록 할 것

해설 ④ 증기세차기를 설치하는 경우에는 그 주위에 불연재료로 된 높이 1m 이상의 담을 설치하고, 출입구가 고정주유설비에 면하지 아니하도록 한다.

답 ④

39 다음 중 제4류 위험물에 적응성이 있는 소화설비는?

① 포소화설비   ② 옥내소화전설비

③ 봉상강화액 소화기 ④ 옥외소화전설비

해설 제4류 위험물에 옥내소화전설비, 봉상강화액 소화기, 옥외소화전설비를 사용하면 연소 확대를 야기하므로, 유면에서 발생되는 증기를 억제하는 포소화설비로 소화한다.

답 ①

40 다음 중 제조소에서 위험물을 취급하는 설비에 불활성 기체를 봉입하는 장치를 갖추어야 하는 위험물은?

① 알킬리튬, 알킬알루미늄

② 과염소산칼륨, 과염소산나트륨

③ 황린, 적린

④ 과산화수소, 염소산나트륨

알킬리튬, 알킬알루미늄을 취급하는 제조소에는 설비에 불활성 기체를 봉입하는 장치를 갖추어야 한다.

답 ①

41 C_6H_6와 $C_6H_5CH_3$의 공통적인 특징을 설명한 것으로 틀린 것은?

① 무색투명한 액체로서 냄새가 있다.
② 물에는 잘 녹지 않으나 에터에는 잘 녹는다.
③ 증기는 마취성과 독성이 있다.
④ 겨울에 대기 중 찬 곳에서 고체가 된다.

 벤젠(C_6H_6)의 융점은 5.5℃로 겨울철에 고체로 존재하지만, 톨루엔($C_6H_5CH_3$)은 융점이 -95℃로 겨울철에도 액체 상태로 존재한다.

답 ④

42 다음 그림은 제5류 위험물 중 유기과산화물을 저장하는 옥내저장소의 저장창고를 개략적으로 보여주고 있다. 창과 바닥으로부터 높이(a)와 하나의 창의 면적(b)은 각각 얼마로 하여야 하는가? (단, 이 저장창고의 바닥면적은 150m² 이내이다.)

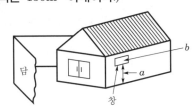

① a : 2m 이상, b : 0.6m² 이내
② a : 3m 이상, b : 0.4m² 이내
③ a : 2m 이상, b : 0.4m² 이내
④ a : 3m 이상, b : 0.6m² 이내

 저장창고의 창은 바닥면으로부터 2m 이상의 높이에 두되, 하나의 벽면에 두는 창의 면적의 합계를 해당 벽면의 면적의 80분의 1 이내로 하고, 하나의 창의 면적을 0.4m² 이내로 하여야 한다.

답 ③

43 제조소에서 취급하는 위험물의 최대수량이 지정수량의 20배인 경우 보유공지의 너비는 얼마인가?

① 3m 이상
② 5m 이상
③ 10m 이상
④ 20m 이상

 제조소의 보유공지

취급하는 위험물의 최대수량	공지의 너비
지정수량의 10배 이하	3m 이상
지정수량의 10배 초과	5m 이상

답 ②

44 위험물안전관리법령상 "고인화점 위험물"이란?

① 인화점이 100℃ 이상인 제4류 위험물
② 인화점이 130℃ 이상인 제4류 위험물
③ 인화점이 100℃ 이상인 제4류 위험물 또는 제3류 위험물
④ 인화점이 100℃ 이상인 위험물

 고인화점 위험물이란 인화점이 100℃ 이상인 제4류 위험물을 말하며, 고인화점 위험물의 제조소란 고인화점 위험물만을 100℃ 미만의 온도에서 취급하는 제조소이다.

답 ①

45 다음 중 자동화재탐지설비에 대한 설명으로 틀린 것은?

① 원칙적으로 자동화재탐지설비의 경계구역은 건축물, 그 밖의 공작물의 2 이상의 층에 걸치지 아니하도록 한다.
② 광전식 분리형 감지기를 설치할 경우 하나의 경계구역의 면적은 600m² 이하로 하고 그 한 변의 길이는 50m 이하로 한다.
③ 자동화재탐지설비의 감지기는 지붕 또는 벽의 옥내에 면한 부분에 유효하게 화재의 발생을 감지할 수 있도록 설치한다.
④ 자동화재탐지설비에는 비상전원을 설치한다.

하나의 경계구역의 면적은 600m² 이하로 하고 그 한 변의 길이는 50m(광전식 분리형 감지기를 설치할 경우에는 100m) 이하로 한다. 다만, 해당 건축물, 그 밖의 공작물의 주요한 출입구에서 그 내부의 전체를 볼 수 있는 경우에 있어서는 그 면적을 1,000m² 이하로 할 수 있다.

답 ②

46 소화약제가 환경에 미치는 영향을 표시하는 지수가 아닌 것은?

① ODP
② GWP
③ ALT
④ LOAEL

해설 ① ODP(Ozone Depletion Potential) : 오존층파괴지수
② GWP(Global Warming Potential) : 지구온난화지수
③ ALT(Atmospheric Life Time) : 대기권잔존수명
④ LOAEL(Lowest Observed Adverse Effect Level) : 농도를 감소시킬 때 아무런 악영향도 감지할 수 있는 최소허용농도

답 ④

47 자체소방대의 편성 및 자체소방조직을 두어야 하는 제조소 기준으로 옳지 않은 것은?

① 지정수량 1만배 이상을 저장 · 취급하는 옥외탱크저장시설
② 지정수량 3천배 이상의 제4류 위험물을 저장 · 취급하는 제조소
③ 지정수량 3천배 이상의 제4류 위험물을 저장 · 취급하는 일반취급소
④ 지정수량 2만배 이상의 제4류 위험물을 저장 · 취급하는 취급소

해설 자체소방대는 제4류 위험물을 지정수량의 3천배 이상 취급하는 제조소 또는 일반취급소와 50만배 이상 저장하는 옥외탱크저장소에 설치한다.

답 ①

48 제4류 위험물의 지정 품명은 모두 몇 품명인가? (단, 수용성 및 비수용성의 구분은 고려하지 않는다.)

① 10품명
② 8품명
③ 9품명
④ 7품명

해설 제4류 위험물의 품명 및 지정수량

품명		지정수량
특수인화물		50L
제1석유류	비수용성	200L
	수용성	400L
알코올류		400L
제2석유류	비수용성	1,000L
	수용성	2,000L
제3석유류	비수용성	2,000L
	수용성	4,000L
제4석유류		6,000L
동식물유류		10,000L

답 ④

49 제5류 위험물 중 질산에스터류에 대한 설명으로 틀린 것은?

① 산소를 함유하고 있다.
② 염과 질산을 반응시키면 생성된다.
③ 나이트로셀룰로스, 질산에틸 등이 해당한다.
④ 지정수량은 시험결과에 따라 달라진다.

해설 질산에스터류란 알코올기를 가진 화합물을 질산과 반응시켜 알코올기를 질산기로 치환한 에스터화합물로, 질산메틸, 질산에틸, 나이트로셀룰로스, 나이트로글리세린, 나이트로글리콜 등이 있다.

$$R-OH+HNO_3 \rightarrow R-ONO_2+H_2O$$
질산에스터

답 ②

50 다음 중 탱크 안전성능검사의 대상이 되는 탱크와 신청시기가 옳지 않은 것은?

① 기초 · 지반 검사 – 옥외탱크저장소의 액체 위험물탱크 중 그 용량이 100만L 이상인 탱크
② 충수 · 수압 검사 – 액체 위험물을 저장 또는 취급하는 탱크
③ 용접부 검사 – 탱크 본체에 관한 공사의 개시 전
④ 암반탱크 검사 – 암반탱크의 본체에 관한 공사의 개시 후

탱크 안전성능검사의 대상이 되는 탱크 및 신청시기

구분	검사대상	신청시기
기초 · 지반 검사	옥외탱크저장소의 액체 위험물탱크 중 그 용량이 100만L 이상인 탱크	위험물 탱크의 기초 및 지반에 관한 공사의 개시 전
충수 · 수압 검사	액체 위험물을 저장 또는 취급하는 탱크	위험물을 저장 또는 취급하는 탱크에 배관, 그 밖에 부속설비를 부착하기 전
용접부 검사	'기초 · 지반 검사'의 규정에 의한 탱크	탱크 본체에 관한 공사의 개시 전
암반탱크 검사	액체 위험물을 저장 또는 취급하는 암반 내의 공간을 이용한 탱크	암반탱크의 본체에 관한 공사의 개시 전

답 ④

51 흐름 단면적이 감소하면서 속도두가 증가하고 압력두가 감소하여 생기는 압력차를 측정하여 유량을 구하는 기구로서 제작이 용이하고 비용이 저렴한 장점이 있으나 마찰손실이 커서 유체 수송을 위한 소요동력이 증가하는 단점이 있는 것은?

① 로터미터 ② 피토튜브
③ 벤투리미터 ④ 오리피스미터

 오리피스미터는 설치에 비용이 적게 들고 비교적 유량 측정이 정확하여 얇은 판 오리피스가 널리 이용되고 있으며, 흐르는 수로 내에 설치한다. 오리피스의 장점은 단면이 축소되는 목 부분을 조절함으로써 유량이 조절된다는 점이며, 단점은 오리피스 단면에서 커다란 수두손실이 일어난다는 점이다.

답 ④

52 위험물 운반용기의 외부에 표시하는 사항이 아닌 것은?

① 위험등급 ② 위험물의 제조일자
③ 위험물의 품명 ④ 주의사항

 ㉠ 위험물의 품명 · 위험등급 · 화학명 및 수용성('수용성' 표시는 제4류 위험물로서 수용성인 것에 한한다.)
㉡ 위험물의 수량
㉢ 수납하는 위험물에 따른 주의사항

답 ②

53 위험물안전관리법령에 의하여 다수의 제조소 등을 설치한 자가 1인의 안전관리자를 중복하여 선임할 수 있는 경우가 아닌 것은? (단, 동일 구내에 있는 저장소로서 동일인이 설치한 경우이다.)

① 15개의 옥내저장소
② 30개의 옥외탱크저장소
③ 10개의 옥외저장소
④ 10개의 암반탱크저장소

해설 다수의 제조소 등을 설치한 자가 1인의 안전관리자를 중복하여 선임할 수 있는 경우
㉮ 보일러 · 버너 또는 이와 비슷한 것으로서 위험물을 소비하는 장치로 이루어진 7개 이하의 일반취급소와 그 일반취급소에 공급하기 위한 위험물을 저장하는 저장소를 동일인이 설치한 경우
㉯ 위험물을 차량에 고정된 탱크 또는 운반용기에 옮겨 담기 위한 5개 이하의 일반취급소(일반취급소간의 거리가 300m 이내인 경우에 한함)와 그 일반취급소에 공급하기 위한 위험물을 저장하는 저장소를 동일인이 설치한 경우
㉰ 동일 구내에 있거나 상호 100m 이내의 거리에 있는 저장소로서 저장소의 규모, 저장하는 위험물의 종류 등을 고려하여 행정안전부령이 정하는 저장소를 동일인이 설치한 경우
㉱ 다음의 기준에 모두 적합한 5개 이하의 제조소 등을 동일인이 설치한 경우
  ㉠ 각 제조소 등이 동일 구내에 위치하거나 상호 100m 이내의 거리에 있을 것
  ㉡ 각 제조소 등에서 저장 또는 취급하는 위험물의 최대수량이 지정수량의 3,000배 미만일 것(단, 저장소는 제외)
㉲ 10개 이하의 옥내저장소
㉳ 30개 이하의 옥외탱크저장소
㉴ 옥내탱크저장소
㉵ 지하탱크저장소
㉶ 간이탱크저장소
㉷ 10개 이하의 옥외저장소
㉸ 10개 이하의 암반탱크저장소

답 ①

54 다음 중 계수값 관리도는?

① R 관리도　　② x 관리도

③ p 관리도　　④ $\tilde{x}-P$ 관리도

답 ③

55 하나의 특정한 사고 원인의 관계를 논리게 이트를 이용하여 도해적으로 분석하여 연역 적·정량적 기법으로 해석해가면서 위험성 을 평가하는 방법은?

① FTA(결함수 분석기법)

② PHA(예비위험 분석기법)

③ ETA(사건수 분석기법)

④ FMECA(이상위험도 분석기법)

 해설 ㉠ 연역적·정량적 기법 : FTA(결함수 분석기법)
㉡ 귀납적·정량적 기법 : ETA(사건수 분석기법)

답 ①

56 다음 표를 이용하여 비용구배(cost slope)를 구하면 얼마인가?

정상		특급	
소요시간	소요비용	소요시간	소요비용
5일	40,000원	3일	50,000원

① 3,000원/일　　② 4,000원/일

③ 5,000원/일　　④ 6,000원/일

 해설 비용구배 $= \dfrac{50,000-40,000}{5-3} = 5,000$ 원/일

답 ③

57 어떤 측정법으로 동일 시료를 무한회 측정 하였을 때 데이터 분포의 평균 차와 참값과 의 차를 무엇이라 하는가?

① 재현성　　② 안정성

③ 반복성　　④ 정확성

답 ④

58 인위적 조절이 필요한 상황에 사용될 수 있는 워크팩터(work factor)의 기호가 아닌 것은?

① D　　② K

③ P　　④ S

 해설 워크팩터란 기초동작의 동작시간을 지연시키는 동작곤란도를 나타내는 기호로서, 다음과 같은 것이 있다.
W : 중량 또는 저항(weight of resistance)
S : 방향의 조절(steering)
P : 주의(precaution)
U : 방향의 변경(change direction)
D : 일정한 정지(difinite stop)

답 ②

59 로트의 크기가 시료의 크기에 비해 10배 이 상 클 때, 시료의 크기와 합격판정 개수를 일정하게 하고 로트의 크기를 증가시킬 경 우 검사특성곡선의 모양 변화에 대한 설명 으로 가장 적절한 것은?

① 무한대로 커진다.

② 별로 영향을 미치지 않는다.

③ 샘플링검사의 판별능력이 매우 좋아진다.

④ 검사특성곡선의 기울기 경사가 급해진다.

 해설 시료의 크기와 합격판정 개수를 일정하게 하고 로트의 크기를 증가시킬 경우 검사특성곡선의 모 양에 별로 영향을 미치지 않는다.

답 ②

60 테일러(F.W. Taylor)에 의해 처음 도입된 방 법으로 작업시간을 직접 관측하여 표준시간 을 설정하는 표준시간 설정기법은?

① PTS법

② 실적자료법

③ 표준자료법

④ 스톱워치법

해설 작업 분석에 있어서 측정은 일반적으로 스톱워치 관측법을 사용한다.

답 ④

제75회
(2024년 1월 시행)

위험물기능장 필기

01 어떤 이상기체가 2g, 1,000K, 1기압에서 2L의 부피를 차지한다면, 이 기체의 분자량은 얼마인가?

① 80
② 82
③ 84
④ 86

 해설

$$PV = \frac{w}{M}RT$$

$$\therefore M = \frac{wRT}{PV} = \frac{2 \times 0.082 \times 1,000}{1 \times 2} = 82$$

답 ②

02 금속이 전기의 양도체인 이유는 무엇 때문인가?

① 질량수가 크기 때문에
② 자유전자수가 많기 때문에
③ 중성자수가 많기 때문에
④ 양자수가 많기 때문에

답 ②

03 결합력이 가장 약한 것은?

① 공유결합
② 수소결합
③ 이온결합
④ 반데르발스힘

 해설 결합력의 세기
공유결합 > 이온결합 > 수소결합 > 반데르발스힘

답 ④

04 0.2M−NH₄OH의 pH는? (단, 0.2M−NH₄OH 용액의 이온화도는 0.01, log2=0.3이다.)

① 10
② 10.5
③ 10.8
④ 11.3

 해설

$$[OH^-] = (몰농도) \times (염기의 가수) \times (이온화도)$$
$$= 0.2 \times 1 \times 0.01 = 2 \times 10^{-3}$$
$$K_w = [H^+][OH^-] = 10^{-14}몰/L$$
$$[H^+] = \frac{K_w}{[OH^-]} = \frac{10^{-14}}{2 \times 10^{-3}} = \frac{1}{2} \times 10^{-11}$$
$$\therefore pH = -\log\left(\frac{1}{2} \times 10^{-11}\right) = 11.3$$

답 ④

05 다음 중 용해도의 정의로 옳은 것은?

① 용액 100g 중에 녹아 있는 용질의 g당량수
② 용매 100g에 녹아 있는 용질의 g수
③ 용매 1L에 녹는 용질의 몰수
④ 용매 100g에 녹아 있는 용질의 몰수

답 ②

06 50g의 물속에 3.6g의 설탕(분자량 342)이 녹아 있는 용액의 끓는점은 약 몇 ℃인가? (단, 물의 몰오름은 0.513이다.)

① 100.23
② 100.21
③ 100.11
④ 100.05

해설

$$\Delta T_b = K_b \times m = 0.513 \times \frac{\frac{3.6}{342}}{\frac{50}{1,000}} = 0.108$$

$$\therefore 100.108℃$$

답 ③

07 분말소화기의 소화약제에 속하는 것은?

① Na₂CO₃
② NaHCO₃
③ NaNO₃
④ NaCl

해설 분말소화약제의 주성분
　　　㉠ 제1종 : 탄산수소나트륨($NaHCO_3$)
　　　㉡ 제2종 : 탄산수소칼륨($KHCO_3$)
　　　㉢ 제3종 : 제1인산암모늄($NH_4H_2PO_4$)
　　　㉣ 제4종 : 탄산수소칼륨+요소
　　　　　　　　($KHCO_3+CO(NH_2)_2$)

답 ②

08 다음 중 자기반응성 물질의 가장 중요한 연소특성은?

① 분해연소이다.
② 폭발적인 자기연소이다.
③ 증기는 공기보다 무겁다.
④ 연소 시 유독가스가 발생한다.

해설 ② 제5류 위험물(자기반응성 물질)은 폭발적인 자기연소이다.

답 ②

09 소화설비의 소요단위 계산법으로 옳은 것은?

① 건물 외벽이 내화구조일 때 $1,000m^2$당 1소요단위
② 저장소용 외벽이 내화구조일 때 $500m^2$당 1소요단위
③ 위험물일 때 지정수량당 1소요단위
④ 위험물일 때 지정수량의 10배를 1소요단위

해설 소요단위의 계산방법(1소요단위의 기준)

제조소, 취급소의 건축물		저장소의 건축물		위험물
외벽이 내화구조 인 것	외벽이 내화구조 가 아닌것	외벽이 내화구조 인 것	외벽이 내화구조 가 아닌것	지정수량의 10배
$100m^2$	$50m^2$	$150m^2$	$75m^2$	

답 ④

10 탄산수소칼륨 소화약제는 어느 색으로 착색하여야 하는가?

① 백색　　　　　② 보라색
③ 담홍색　　　　④ 회백색

해설 분말소화약제의 구분

종류	주성분	화학식	착색	적응화재
제1종	탄산수소나트륨	$NaHCO_3$	-	B·C급 화재
제2종	탄산수소칼륨	$KHCO_3$	담회색	B·C급 화재
제3종	제1인산암모늄	$NH_4H_2PO_4$	담홍색 또는 황색	A·B·C급 화재
제4종	탄산수소칼륨 +요소	$KHCO_3$ $+CO(NH_2)_2$	-	B·C급 화재

답 ②

11 인화성 액체 위험물의 일반적인 성질과 화재 위험성에 대한 설명으로 옳지 않은 것은?

① 전기불량도체이며 불꽃, 스파크 등 정전기에 의해서도 인화되기 쉽다.
② 물보다 가볍고 물에 녹지 않으므로 화재 확대 위험성이 크므로 주수소화는 좋지 않다.
③ 대부분의 발생 증기는 공기보다 가벼워 멀리까지 흘러간다.
④ 일반적으로 상온에서 액체이며, 대단히 인화되기 쉽다.

해설 ③ 대부분의 발생 증기는 공기보다 무거워 멀리까지 흘러가지 못한다.

답 ③

12 화상은 정도에 따라서 여러 가지로 나뉜다. 제2도 화상의 증상은?

① 괴사성　　　　② 홍반성
③ 수포성　　　　④ 화침성

해설 화상의 단계
　　　㉠ 1도 화상(홍반성) : 최외각의 피부가 손상되어 분홍색이 되고 심한 통증을 느끼는 상태
　　　㉡ 2도 화상(수포성) : 화상 부위가 분홍색을 띠고 분비액이 많이 분비되는 상태
　　　㉢ 3도 화상(괴사성) : 화상 부위가 벗겨지고 열이 깊숙이 침투되어 검게 되는 상태
　　　㉣ 4도 화상(탄화성) : 피부의 전 층과 함께 근육, 힘줄, 신경 또는 골조직까지 손상되는 상태

답 ③

13 수소화나트륨이 물과 반응하여 생성되는 물질은?

① Na_2O_2와 H_2
② Na_2O와 H_2O
③ $NaOH$와 H_2
④ $NaOH$와 H_2O

 습한 공기 중에서 분해되고, 물과는 격렬하게 발열반응하여 수소가스를 발생시킨다.
$$NaH + H_2O \rightarrow NaOH + H_2$$

답 ③

14 제6류 위험물의 일반적인 성질에 대한 설명으로 가장 거리가 먼 것은?

① 모두 무기화합물이며 물에 녹기 쉽고, 물보다 무겁다.
② 모두 강산에 속한다.
③ 모두 산소를 함유하고 있으며 다른 물질을 산화시킨다.
④ 자신은 모두 불연성 물질이다.

 ② 제6류 위험물은 과산화수소를 제외하고 강산에 속한다.

답 ②

15 질산의 위험성을 옳게 설명한 것은?

① 인화점이 낮아 가열하면 발화하기 쉽다.
② 공기 중에서 자연발화 위험이 높다.
③ 충격에 의해 단독으로 발화하기 쉽다.
④ 환원성 물질과 혼합 시 발화 위험성이 있다.

 산화성 액체로서 불연성 물질이므로 환원성 물질과 혼합 시 발화 위험성이 있다.

답 ④

16 옥테인가의 정의로서 가장 옳은 것은?

① 펜테인을 100, 옥테인을 0으로 한 것이다.
② 옥테인을 100, 펜테인을 0으로 한 것이다.
③ 아이소옥테인을 100, 헥세인을 0으로 한 것이다.
④ 아이소옥테인을 100, 헵테인을 0으로 한 것이다.

 가솔린의 안티노킹(anti knocking)성을 수치로 나타낸 값을 옥테인값이라 한다.
 ※ 노킹(knocking) : 잘못된 연소로 인한 심한 충격과 함께 둔탁한 음으로 폭연이라고도 한다.
 ㉠ 옥테인값
  $$= \frac{아이소옥테인}{아이소옥테인 + 노말헵테인} \times 100$$
 ㉡ 옥테인값이 0인 물질 : 노말헵테인
 ㉢ 옥테인값이 100인 물질 : 아이소옥테인

답 ④

17 삼황화인(P_4S_3)의 성질에 대한 설명으로 옳은 것은?

① 냉수에 잘 녹으며 황화수소가 발생한다.
② 염산에는 녹지 않는다.
③ 이황화탄소에는 녹지 않는다.
④ 황산에 잘 녹아 이산화황(SO_2)이 발생한다.

 삼황화인(P_4S_3)은 물, 염소, 황산, 염산 등에는 녹지 않고, 질산이나 이황화탄소, 알칼리 등에 녹는다.

답 ②

18 제4류 위험물 중 지정수량이 4,000L인 것은? (단, 수용성 액체이다.)

① 제1석유류
② 제2석유류
③ 제3석유류
④ 제4석유류

 제4류 위험물의 품명 및 지정수량

품명		지정수량
특수인화물		50L
제1석유류	비수용성	200L
	수용성	400L
알코올류		400L
제2석유류	비수용성	1,000L
	수용성	2,000L
제3석유류	비수용성	2,000L
	수용성	4,000L
제4석유류		6,000L
동식물유류		10,000L

답 ③

19 황린과 적린에 대한 설명 중 틀린 것은?

① 적린은 황린에 비하여 안정하다.
② 비중은 황린이 크며, 녹는점은 적린이 낮다.
③ 적린과 황린은 모두 물에 녹지 않는다.
④ 연소할 때 황린과 적린은 모두 P_2O_5의 흰 연기가 발생한다.

 ㉠ 적린 : 비중 2.2, 녹는점 600℃
㉡ 황린 : 비중 1.82, 녹는점 44℃

답 ②

20 금속칼륨 100kg과 알킬리튬 100kg을 취급할 때 지정수량 배수는?

① 10 　　② 20
③ 50 　　④ 200

 지정수량의 배수 $= \dfrac{100kg}{10kg} + \dfrac{100kg}{10kg} = 20$

답 ②

21 나이트로셀룰로스를 저장·운반할 때 가장 좋은 방법은?

① 질소가스를 충전한다.
② 갈색 유리병에 넣는다.
③ 냉동시켜서 운반한다.
④ 알코올 등으로 습면을 만들어 운반한다.

 나이트로셀룰로스는 물이 침윤될수록 위험성이 감소하므로 운반 시 물(20%), 용제 또는 알코올(30%)을 첨가하여 습윤시킨다. 건조 시 위험성이 증대되므로 주의한다.

답 ④

22 탄화칼슘과 질소가 약 700℃에서 반응하여 생성되는 물질은?

① C_2H_2 　　② $CaCN_2$
③ C_2H_4O 　　④ CaH_2

 질소와는 약 700℃ 이상에서 질화되어 칼슘사이안나이드($CaCN_2$, 석회질소)가 생성된다.
$CaC_2 + N_2 \rightarrow CaCN_2 + C$

답 ②

23 제4류 위험물 중 제1석유류에 속하지 않는 것은?

① C_6H_6
② CH_3COOH
③ CH_3COCH_3
④ $C_6H_5CH_3$

 ① C_6H_6(벤젠) : 제4류 위험물 중 제1석유류
② CH_3COOH(초산) : 제4류 위험물 중 제2석유류
③ CH_3COCH_3(아세톤) : 제4류 위험물 중 제1석유류
④ $C_6H_5CH_3$(톨루엔) : 제4류 위험물 중 제1석유류

답 ②

24 다음 중 인화칼슘의 일반적인 성질로 옳은 것은?

① 물과 반응하면 독성의 가스가 발생한다.
② 비중이 물보다 작다.
③ 융점은 약 600℃ 정도이다.
④ 회흑색의 정육면체 고체상 결정이다.

 인화칼슘은 적갈색의 괴상(덩어리상태) 고체로, 비중은 2.51, 융점은 1,600℃이며, 물과 반응하여 유독하고 가연성인 인화수소(PH_3, 포스핀) 가스가 발생한다.
$Ca_3P_2 + 6H_2O \rightarrow 3Ca(OH)_2 + 2PH_3$

답 ①

25 톨루엔의 성질을 벤젠과 비교한 것 중 틀린 것은?

① 독성은 벤젠보다 크다.
② 인화점은 벤젠보다 높다.
③ 비점은 벤젠보다 높다.
④ 융점은 벤젠보다 낮다.

구분	독성	인화점	비점	융점
벤젠	큼	−11℃	79℃	7℃
톨루엔	작음	4℃	111℃	−93℃

답 ①

26 다음 중 비중이 가장 큰 물질은?

① 이황화탄소   ② 메틸에틸케톤

③ 톨루엔   ④ 벤젠

 각 보기의 비중은 다음과 같다.
- ① 이황화탄소 : 1.26
- ② 메틸에틸케톤 : 0.806
- ③ 톨루엔 : 0.871
- ④ 벤젠 : 0.9

답 ①

27 적린과 황의 공통적인 성질이 아닌 것은?

① 가연성 물질이다.

② 고체이다.

③ 물에 잘 녹는다.

④ 비중은 1보다 크다.

 적린과 황은 모두 물에 녹지 않는다.

답 ③

28 전역방출방식 분말소화설비의 기준에서 제1종 분말소화약제의 저장용기 충전비의 범위는?

① 0.85 이상 1.05 이하

② 0.85 이상 1.45 이하

③ 1.05 이상 1.45 이하

④ 1.05 이상 1.75 이하

해설 저장용기의 충전비

소화약제의 종별	충전비의 범위
제1종	0.85 이상~1.45 이하
제2종 또는 제3종	1.05 이상~1.75 이하
제4종	1.50 이상~2.50 이하

답 ②

29 질산암모늄에 대한 설명 중 틀린 것은?

① 강력한 산화제이다.

② 물에 녹을 때는 발열반응을 나타낸다.

③ 조해성이 있다.

④ 혼합화약의 재료로 쓰인다.

해설 질산암모늄은 물에 녹을 때 흡열반응을 한다.

답 ②

30 위험물안전관리법령상 물분무소화설비가 적응성이 있는 대상물은?

① 알칼리금속과산화물

② 전기설비

③ 마그네슘

④ 금속분

해설 물분무 등 소화설비의 적응성

대상물의 구분 / 물분무 등 소화설비의 구분	건축물·그 밖의 공작물	전기설비	제1류 위험물 알칼리금속과산화물 등	제1류 위험물 그 밖의 것	제2류 위험물 철분·금속분·마그네슘 등	제2류 위험물 인화성고체	제2류 위험물 그 밖의 것	제3류 위험물 금수성물품	제3류 위험물 그 밖의 것	제4류 위험물	제5류 위험물	제6류 위험물
물분무소화설비	○	○		○		○	○		○	○	○	○
포소화설비	○			○		○	○		○	○	○	○
불활성가스 소화설비		○				○				○		
할로젠화합물 소화설비		○				○				○		
분말소화설비 인산염류 등	○	○		○		○	○			○		○
분말소화설비 탄산수소염류 등		○	○		○	○		○		○		
분말소화설비 그 밖의 것			○		○			○				

답 ②

31 옥외탱크저장소의 탱크 중 압력탱크의 수압시험기준은?

① 최대상용압력의 2배의 압력으로 20분간

② 최대상용압력의 2배의 압력으로 10분간

③ 최대상용압력의 1.5배의 압력으로 20분간

④ 최대상용압력의 1.5배의 압력으로 10분간

 최대상용압력의 1.5배 압력으로 10분간 실시하는 수압시험에 각각 새거나 변형되지 아니하여야 한다.

답 ④

32 화재 발생 시 소화방법으로 공기를 차단하는 것이 효과가 있으며, 연소물질을 제거하거나 액체를 인화점 이하로 냉각시켜 소화할 수도 있는 위험물은?

① 제1류 위험물

② 제4류 위험물

③ 제5류 위험물

④ 제6류 위험물

 해설 제4류 위험물은 인화성 액체로 질식소화가 유효하다.

답 ②

33 위험물제조소에서 지정수량의 5배를 취급하는 건축물의 주위에 보유하여야 할 최소 보유공지는?

① 1m 이상

② 3m 이상

③ 5m 이상

④ 8m 이상

 해설 제조소의 보유공지

취급하는 위험물의 최대수량	공지의 너비
지정수량의 10배 이하	3m 이상
지정수량의 10배 초과	5m 이상

답 ②

34 주유취급소에 캐노피를 설치하려고 할 때의 기준이 아닌 것은?

① 배관이 캐노피 내부를 통과할 경우에는 1개 이상의 점검구를 설치할 것

② 캐노피 외부의 배관으로서 점검이 곤란한 장소에는 용접이음으로 할 것

③ 캐노피의 면적은 주유취급 바닥 면적의 2분의 1 이하로 할 것

④ 캐노피 외부의 배관이 일광열의 영향을 받을 우려가 있는 경우에는 단열재로 피복할 것

 해설 ③ 캐노피의 면적은 주유취급 공지 면적의 2분의 1이하로 할 것

답 ③

35 다음 위험물의 저장창고에 화재가 발생하였을 때 소화방법으로 주수소화가 적당하지 않은 것은?

① $NaClO_3$　　② S

③ NaH　　④ TNT

 해설 수소화나트륨(NaH)은 제3류 위험물로서 불안정한 가연성 고체로, 물과 격렬하게 반응하여 수소를 발생하고 발열하며, 이때 발생한 반응열에 의해 자연발화한다.

$NaH + H_2O \rightarrow NaOH + H_2$

답 ③

36 옥외탱크저장소의 방유제 설치기준으로 옳지 않은 것은?

① 방유제의 용량은 방유제 안에 설치된 탱크가 하나인 때는 그 탱크 용량의 110% 이상으로 한다.

② 방유제의 높이는 0.5m 이상, 3m 이하로 하여야 한다.

③ 방유제 내의 면적은 8만m^2 이하로 하고 물을 배출시키기 위한 배수구를 설치한다.

④ 높이가 1m를 넘는 방유제의 안팎에 폭 1.5m 이상의 계단 또는 15° 이하의 경사로를 20m 간격으로 설치한다.

 해설 ④ 높이가 1m를 넘는 방유제의 안팎에 폭 1.5m 이상의 계단 또는 15° 이하의 경사로를 50m 간격으로 설치한다.

답 ④

37 이산화탄소 소화설비의 장단점으로 틀린 것은?

① 비중이 공기보다 커서 심부 화재에도 적합하다.

② 약제가 방출될 때 사람·가축에게 해를 준다.

③ 전기절연성이 높아 전기 화재에도 적합하다.

④ 배관 및 관 부속이 저압이므로 시공이 간편하다.

 해설 ④ 배관 및 관 부속이 고압이므로 시공이 불편하다.

답 ④

38 위험물안전관리법상 옥내소화전은 제조소 등의 건축물의 층마다 해당 층의 각 부분에서 하나의 호스 접속구까지의 수평거리가 몇 m 이하가 되도록 하여야 하는가?

① 5m ② 15m
③ 25m ④ 35m

답 ③

39 할로젠화합물 소화설비에 사용하는 소화약제 중 할론 2402를 가압식 저장용기에 충전할 때 저장용기의 충전비로 옳은 것은?

① 0.67 이상, 2.75 이하
② 0.7 이상, 1.4 이하
③ 0.9 이상, 1.6 이하
④ 0.51 이상, 0.67 이하

 저장용기에 따른 할로젠화합물의 충전비

종류	충전비		
	1301	1211	2402
축압식	0.9~1.6	0.7~1.4	0.67~2.75
가압식	−	−	0.51~0.67

답 ④

40 이동탱크저장소의 측면틀 기준에 있어서 탱크 뒷부분의 입면도에서 측면틀의 최외측과 탱크의 최외측을 연결하는 직선의 수평면에 대한 내각은 얼마 이상이 되도록 하여야 하는가?

① 50° ② 65°
③ 75° ④ 90°

 이동탱크저장소의 측면틀 부착기준
㉠ 외부로부터 하중에 견딜 수 있는 구조로 할 것
㉡ 최외측선(측면틀의 최외측과 탱크의 최외측을 연결하는 직선)의 수평면에 대하여 내각이 75° 이상일 것
㉢ 최대수량의 위험물을 저장한 상태에 있을 때의 해당 탱크 중량의 중심선과 측면틀의 최외측을 연결하는 직선과 그 중심선을 지나는 직선 중 최외측선과 직각을 이루는 직선과의 내각이 35° 이상이 되도록 할 것

답 ③

41 위험물을 수납한 운반용기 외부에 표시할 사항에 대한 설명으로 틀린 것은?

① 위험물의 수용성 표시는 제4류 위험물로서 수용성인 것에 한하여 표시한다.
② 용적 200mL인 운반용기로 제4류 위험물에 해당하는 에어졸을 운반할 경우 그 용기의 외부에는 품명·위험등급·화학명·수용성을 표시하지 아니할 수 있다.
③ 기계에 의하여 하역하는 구조로 된 운반용기가 아닐 경우 용기 외부에는 운반용기 제조자의 명칭을 표시하여야 한다.
④ 제5류 위험물에 있어서는 '화기엄금' 및 '충격주의'를 표시하여야 한다.

 ③ 기계에 의하여 하역하는 구조로 된 운반용기인 경우, 용기 외부에는 운반용기 제조자의 명칭을 표시해야 한다.

답 ③

42 피리딘에 대한 설명 중 틀린 것은?

① 물보다 가벼운 액체이다.
② 인화점은 30℃보다 낮다.
③ 제1석유류이다.
④ 지정수량은 200리터이다.

 피리딘은 제1석유류(수용성 액체)로서 지정수량은 400리터, 액비중은 0.98, 인화점은 16℃이다.

답 ④

43 위험물제조소의 표지의 크기 규격으로 옳은 것은?

① 0.2m×0.4m
② 0.3m×0.3m
③ 0.3m×0.6m
④ 0.6m×0.2m

 제조소의 표지판·게시판의 규격은 한 변의 길이 0.3m, 다른 한 변의 길이 0.6m 이상으로 한다.

답 ③

44 제3류 위험물을 취급하는 제조소와 300명 이상의 인원을 수용하는 영화상영관과의 안전거리는 몇 m 이상이어야 하는가?

① 10 ② 20
③ 30 ④ 50

 해설 제조소의 안전거리

건축물	안전거리
사용전압 7,000V 초과, 35,000V 이하의 특고압가공전선	3m 이상
사용전압 35,000V 초과 특고압 가공전선	5m 이상
주거용으로 사용되는 것(제조소가 설치된 부지 내에 있는 것 제외)	10m 이상
고압가스, 액화석유가스 또는 도시가스를 저장 또는 취급하는 시설	20m 이상
학교, 병원(종합병원, 치과병원, 한방·요양병원), 극장(공연장, 영화상영관, 수용인원 300명 이상 시설), 아동복지시설, 노인복지시설, 장애인복지시설, 모·부자복지시설, 보육시설, 성매매자를 위한 복지시설, 정신보건시설, 가정폭력피해자 보호시설, 수용인원 20명 이상의 다수인시설	30m 이상
유형문화재, 지정문화재	50m 이상

답 ③

45 제조소 등의 소화설비를 위한 소요단위 산정에 있어서 1소요단위에 해당하는 위험물의 지정수량 배수와 외벽이 내화구조인 제조소의 건축물 연면적을 각각 옳게 나타낸 것은?

① 10배, 100m² ② 100배, 100m²
③ 10배, 150m² ④ 100배, 150m²

 해설 소요단위 : 소화설비의 설치대상이 되는 건축물의 규모 또는 위험물 양에 대한 기준 단위

1 단 위	제조소 또는 취급소용 건축물의 경우	내화구조 외벽을 갖춘 연면적 100m²
		내화구조 외벽이 아닌 연면적 50m²
	저장소 건축물의 경우	내화구조 외벽을 갖춘 연면적 150m²
		내화구조 외벽이 아닌 연면적 75m²
	위험물의 경우	지정수량의 10배

답 ①

46 위험물안전관리법령상 이산화탄소 소화기가 적응성이 없는 위험물은?

① 인화성 고체
② 톨루엔
③ 초산메틸
④ 브로민산칼륨

 해설 브로민산칼륨은 제1류 위험물로서 가연성 물질에 따라 주수에 의한 냉각소화가 유효하다.

답 ④

47 위험물을 수납한 운반용기는 수납하는 위험물에 따라 주의사항을 표시하여 적재하여야 한다. 주의사항으로 옳지 않은 것은?

① 제2류 위험물 중 인화성 고체 – 화기엄금
② 제6류 위험물 – 가연물접촉주의
③ 금수성 물질(제3류) – 물기주의
④ 자연발화성 물질(제3류) – 화기엄금 및 공기접촉엄금

 해설 수납하는 위험물에 따른 주의사항

유별	구분	주의사항
제1류 위험물 (산화성 고체)	알칼리금속의 무기과산화물	"화기·충격주의" "물기엄금" "가연물접촉주의"
	그 밖의 것	"화기·충격주의" "가연물접촉주의"
제2류 위험물 (가연성 고체)	철분·금속분·마그네슘	"화기주의" "물기엄금"
	인화성 고체	"화기엄금"
	그 밖의 것	"화기주의"
제3류 위험물 (자연발화성 및 금수성 물질)	자연발화성 물질	"화기엄금" "공기접촉엄금"
	금수성 물질	"물기엄금"
제4류 위험물 (인화성 액체)	–	"화기엄금"
제5류 위험물 (자기반응성 물질)	–	"화기엄금" 및 "충격주의"
제6류 위험물 (산화성 액체)	–	"가연물접촉주의"

답 ③

48 위험물의 운반기준에 대한 설명 중 틀린 것은?

① 위험물을 수납한 용기가 현저하게 마찰 또는 충격을 일으키지 않도록 한다.

② 지정수량 이상의 위험물을 차량으로 운반할 때에는 한 변의 길이가 0.3m 이상, 다른 한 변은 0.6m 이상인 직사각형 표지판을 설치하여야 한다.

③ 위험물의 운반 도중 재난 발생의 우려가 있을 경우에는 응급조치를 강구하는 동시에 가까운 소방관서, 그 밖의 관계기관에 통보하여야 한다.

④ 지정수량 이하의 위험물을 차량으로 운반하는 경우 적응성이 있는 소형 수동식 소화기를 위험물의 소요단위에 상응하는 능력단위 이상으로 비치하여야 한다.

 ④ 지정수량 이상의 위험물을 차량으로 운반하는 경우 적응성이 있는 소형 수동식 소화기를 위험물의 소요단위에 상응하는 능력단위 이상으로 비치하여야 한다.

답 ④

49 위험물탱크 안전성능시험자의 등록 결격 사유에 해당하지 않는 것은?

① 피성년후견인 또는 피한정후견인

② 「소방시설공사업법」에 따른 금고 이상의 실형의 선고를 받고 그 집행이 종료(집행이 종료된 것으로 보는 경우를 포함한다)되거나 집행이 면제된 날부터 2년이 지나지 아니한 자

③ 「위험물안전관리법」에 따른 금고 이상의 형의 집행유예 선고를 받고 그 유예기간 중에 있는 자

④ 탱크 시험자의 등록이 취소된 날부터 5년이 지나지 아니한 자

 위험물탱크 안전성능시험자 등록 결격 사유
㉠ 피성년후견인 또는 피한정후견인
㉡ 「위험물안전관리법」, 「소방기본법」, 「소방시설 설치·유지 및 안전관리에 관한 법률」 또는 「소방시설공사업법」에 따른 금고 이상의 실형의 선고를 받고 그 집행이 종료(집행이 종료된 것으로 보는 경우를 포함한다)되거나 집행이 면제된 날부터 2년이 지나지 아니한 자

㉢ 「위험물안전관리법」, 「소방기본법」, 「소방시설 설치·유지 및 안전관리에 관한 법률」 또는 「소방시설공사업법」에 따른 금고 이상의 형의 집행유예 선고를 받고 그 유예기간 중에 있는 자

㉣ 탱크 시험자의 등록이 취소된 날부터 2년이 지나지 아니한 자

㉤ 법인으로서 그 대표자가 ㉠ 내지 ㉢에 해당하는 경우

답 ④

50 위험물안전관리법령상 제조소 등의 관계인은 그 제조소 등의 용도를 폐지한 때에는 폐지한 날로부터 며칠 이내에 신고하여야 하는가?

① 7일　　　　　② 14일
③ 30일　　　　 ④ 90일

 제조소 등의 관계인(소유자·점유자 또는 관리자)은 해당 제조소 등의 용도를 폐지(장래에 대하여 위험물 시설로서의 기능을 완전히 상실시키는 것)한 때에는 행정안전부령이 정하는 바에 따라 제조소 등의 용도를 폐지한 날부터 14일 이내에 시·도지사에게 신고하여야 한다.

답 ②

51 위험물안전관리법상의 용어에 대한 설명으로 옳지 않은 것은?

① "위험물"이라 함은 인화성 또는 발화성 등의 성질을 가지는 것으로서 대통령령이 정하는 물품을 말한다.

② "제조소"라 함은 7일 동안 지정수량 이상의 위험물을 제조하기 위한 시설을 뜻한다.

③ "지정수량"이라 함은 위험물의 종류별로 위험성을 고려하여 대통령령이 정하는 수량으로서 제조소 등의 설치허가 등에 있어서 최저의 기준이 되는 수량을 말한다.

④ "제조소 등"이라 함은 제조소, 저장소 및 취급소를 말한다.

 "제조소"라 함은 위험물을 제조할 목적으로 지정수량 이상의 위험물을 취급하기 위하여 규정에 따른 허가를 받은 장소를 말한다.

답 ②

52 위험물의 지정수량은 누가 지정한 수량인가?

① 대통령령이 정하는 수량
② 행정안전부령으로 정한 수량
③ 시장, 군수가 정한 수량
④ 소방본부장 또는 소방서장이 정한 수량

답 ①

53 유량을 측정하는 계측기구가 아닌 것은?

① 오리피스미터
② 피에조미터
③ 로터미터
④ 벤투리미터

 유량을 측정하는 기구로는 벤투리미터, 오리피스미터, 위어, 로터미터가 있으며, 피에조미터는 압력을 측정하는 기구에 해당한다.

답 ②

54 탱크 안전성능검사에 관한 설명으로 옳은 것은?

① 검사자로는 소방서장, 한국소방산업기술원 또는 탱크 안전성능시험자가 있다.
② 이중벽탱크에 대한 수압검사는 탱크의 제작지를 관할하는 소방서장도 할 수 있다.
③ 탱크의 종류에 따라 기초·지반 검사, 충수·수압 검사, 용접부 검사 또는 암반탱크 검사 중에서 어느 하나의 검사를 실시한다.
④ 한국소방산업기술원은 엔지니어링 사업자, 탱크 안전성능시험자 등이 실시하는 시험의 과정 및 결과를 확인하는 방법으로도 검사를 할 수 있다.

 탱크 안전성능검사의 세부 기준·방법·절차 및 탱크 시험자 또는 엔지니어링 사업자가 실시하는 탱크 안전성능시험에 대한 한국소방산업기술원의 확인 등에 관하여 필요한 사항은 소방청장이 정하여 고시한다.

답 ④

55 미리 정해진 일정 단위 중에 포함된 부적합(결점)수에 의거하여 공정을 관리할 때 사용하는 관리도는?

① p 관리도
② P_n 관리도
③ c 관리도
④ u 관리도

 ① p 관리도 : 비율, 이항분포
② P_n 관리도 : 불합격된 제품 수
④ u 관리도 : 단위당 결점수 관리도

답 ③

56 "무결점운동"이라고 불리는 것으로 품질 개선을 위한 동기부여 프로그램은?

① TQC
② ZD
③ MIL−STD
④ ISO

해설 ZD(Zero Defects program)는 무결점운동으로, 신뢰도의 향상과 원가 절감을 목적으로 전개시킨 품질 향상에 대한 종업원의 동기부여 프로그램이다.

답 ②

57 제품공정분석표(product process chart) 작성 시 가공시간개별법으로 가장 올바른 것은?

① $\dfrac{1\text{개당 가공시간} \times 1\text{로트의 수량}}{1\text{로트의 총 가공시간}}$

② $\dfrac{1\text{로트의 가공시간}}{1\text{로트의 총 가공시간} \times 1\text{로트의 수량}}$

③ $\dfrac{1\text{로트의 가공시간} \times 1\text{로트의 총 가공시간}}{1\text{로트의 수량}}$

④ $\dfrac{1\text{로트의 총 가공시간}}{1\text{개당 가공시간} \times 1\text{로트의 수량}}$

답 ①

58 어떤 회사의 매출액이 80,000원, 고정비가 15,000원, 변동비가 40,000원일 때 손익분기점 매출액은 얼마인가?

① 25,000원

② 30,000원

③ 40,000원

④ 55,000원

 해설

$$손익분기점\ 매출액 = \frac{고정비 \times 매출액}{변동비}$$
$$= \frac{15,000원 \times 80,000원}{40,000원}$$
$$= 30,000원$$

답 ②

59 관리도에서 측정한 값을 차례로 타점했을 때 점이 순차적으로 상승하거나 하강하는 것을 무엇이라 하는가?

① 런(run)

② 주기(cycle)

③ 경향(trend)

④ 산포(dispersion)

 해설

① 런 : 중심선의 한쪽에 연속해서 나타나는 점

② 주기 : 점이 주기적으로 상하로 변동하여 파형을 나타내는 현상

④ 산포 : 수집된 자료값이 중앙값으로 떨어져 있는 정도

답 ③

60 다음 중 샘플링검사보다 전수검사를 실시하는 것이 유리한 경우는?

① 검사항목이 많은 경우

② 파괴검사를 해야 하는 경우

③ 품질 특성치가 치명적인 결점을 포함하는 경우

④ 다수·다량의 것으로 어느 정도 부적합품이 섞여도 괜찮을 경우

 해설

전수검사란 검사 로트 내의 검사단위 모두를 하나하나 검사하여 합격·불합격 판정을 내리는 것으로 일명 100% 검사라고도 한다. 예컨대 자동차의 브레이크 성능, 크레인의 브레이크 성능, 프로페인 용기의 내압성능 등과 같이 인체 생명 위험 및 화재 발생 위험이 있는 경우 및 보석류와 같이 아주 고가 제품의 경우에는 전수검사가 적용된다. 그러나 대량품, 연속체, 파괴검사와 같은 경우는 전수검사를 적용할 수 없다.

답 ③

제76회
(2024년 6월 시행)

위험물기능장 필기

01
25℃, 750mmHg하에서 1L를 차지하는 기체는 표준상태(0℃, 1기압)하에서 몇 L인가?

① 0.8
② 0.9
③ 1.0
④ 1.1

해설

$PV = nRT$

$$n = \frac{PV}{RT} = \frac{\frac{750}{760} \times 1}{0.082 \times (273.15 + 25)} = 0.04$$

$$\therefore V = \frac{nRT}{P} = \frac{0.04 \times 0.082 \times 273.15}{1} = 0.9L$$

답 ②

02
다음과 같은 전자배치를 갖는 원소들에 대한 설명으로 옳지 않은 것은? (단, A~D는 임의의 원소기호이다.)

- A : $1s^2\, 2s^2\, 2p^3$
- B : $1s^2\, 2s^2\, 2p^5$
- C : $1s^2\, 2s^2\, 2p^6\, 3s^1$
- D : $1s^2\, 2s^2\, 2p^6\, 3s^2\, 3p^1$

① 홀전자수는 A가 가장 많다.
② 원자 반지름은 C가 가장 크다.
③ 이온화에너지는 B가 가장 크다.
④ 원자가전자수는 D가 가장 많다.

해설

구분	원소명	전자배치	홀전자수
A	N	$1s^22s^22p^3$	3
B	F	$1s^22s^22p^5$	1
C	Na	$1s^22s^22p3s^1$	1
D	Al	$1s^22s^22p^63s^23p^1$	1

구분	원자 반지름 (pm)	가전자수	이온화에너지 (kJ/mol)
A	75	5	1,402
B	71	7	1,681
C	154	1	495
D	118	3	578

답 ④

03
비공유전자쌍을 가지고 있는 분자는?

① NH_3
② CH_4
③ H_2
④ C_2H_4

답 ①

04
0.001M HCl 용액의 pH는 얼마인가?

① 1
② 2
③ 3
④ 4

해설

$pH = -\log[H^+]$
$= -\log(1 \times 10^{-3}) = 3$

답 ③

05
소금 300g을 물 400g에 녹였을 때 수용액의 %는?

① 42
② 43
③ 44
④ 45

해설

$$\frac{300}{300 + 400} \times 100 = 42.86$$

답 ②

06
콜로이드 용액이 반투막을 통과하지 못하여, 정제하는 데 사용하는 조작은?

① 브라운 운동
② 틴들
③ 투석
④ 삼투막

해설

투석(dialysis) : 콜로이드가 반투막을 통과하지 못하는 현상

답 ③

07 인화성 액체 위험물의 특징으로 맞는 것은?

① 착화온도가 낮다.

② 증기의 비중은 1보다 작으며 높은 곳에 체류한다.

③ 전기전도체이다.

④ 비중이 물보다 크다.

 ② 증기의 비중은 1보다 크며 낮은 곳에 체류한다.
③ 전기부도체이다.
④ 비중이 물보다 작다.

답 ①

08 다음 석유류 가운데 지정수량이 4,000L에 속하는 것은?

① 에틸렌글리콜　　② 등유

③ 기계유　　　　④ 아세톤

 ① 에틸렌글리콜 : 4,000L
② 등유 : 1,000L
③ 기계유 : 6,000L
④ 아세톤 : 200L

답 ①

09 인화성 액체 위험물 화재 시 소화방법으로 옳지 않은 것은?

① 화학포에 의해 소화할 수 있다.

② 수용성 액체는 기계포가 적당하다.

③ 이산화탄소로 소화할 수 있다.

④ 주수소화는 적당하지 않다.

 ② 수용성 액체에 기계포를 사용하면 포가 파괴되어 소화할 수 없어 수용성 액체에 알코올형 포소화약제를 사용한다.

답 ②

10 에터 속의 과산화물 존재 여부를 확인하는 데 사용하는 용액은?

① 황산제일철 30% 수용액

② 환원철 5g

③ 나트륨 10% 수용액

④ 아이오딘화칼륨 10% 수용액

 과산화물의 검출은 10% 아이오딘화칼륨(KI) 용액과의 황색 반응으로 확인하며, 생성된 과산화물을 제거하는 시약으로는 황산제일철($FeSO_4$)을 사용한다.

답 ④

11 다음 중 지연성(조연성) 가스는?

① 이산화탄소　　② 아세트알데하이드

③ 이산화질소　　④ 산화프로필렌

 ① 이산화탄소 - 불연성 가스
② 아세트알데하이드 - 인화성 가스
④ 산화프로필렌 - 인화성 가스

답 ③

12 탄화칼슘의 저장방법으로 적절한 것은?

① 석유 속에 저장한다.

② 에틸알코올 속에 저장한다.

③ 질소가스 등 불활성 가스로 봉입한다.

④ 톱밥 속에 저장한다.

답 ③

13 위험물안전관리법령상의 '자연발화성 물질 및 금수성 물질'에 해당하는 것은?

① 염소화규소화합물

② 금속의 아지화합물

③ 황과 적린의 화합물

④ 할로젠간화합물

 금속의 아지화합물은 제5류 위험물이며, 할로젠간화합물은 제6류 위험물에 속한다. 황과 적린의 화합물은 제2류 위험물에 속한다.

답 ①

14 공기를 차단하고 황린이 적린으로 만들어지는 가열온도는 약 몇 ℃ 정도인가?

① 260　　　　② 310

③ 340　　　　④ 430

답 ①

15 정전기의 방전에너지는 $E = \frac{1}{2}CV^2$으로 표시한다. 이때 C의 단위는?

① 줄(Joule)
② 다인(Dyne)
③ 패럿(Farad)
④ 볼트(Volt)

 최소점화에너지(E)를 구하는 공식

$E = \frac{1}{2}Q \cdot V = \frac{1}{2}C \cdot V^2$

여기서, E : 착화에너지(J)
C : 전기(콘덴서)용량(F)
V : 방전전압(V)
Q : 전기량(C)

답 ③

16 하이드로퍼옥사이드 수용액은 보관 중 서서히 분해되는 성질이 있어 시판품에는 안정제(inhibit)를 첨가한다. 그 안정제로 가장 적합한 것은?

① H_3PO_4 ② $NaOH$
③ C_2H_5OH ④ $NaAlO_2$

 과산화수소의 일반 시판품은 30~40%의 수용액으로 분해되기 쉬워 인산(H_3PO_4), 요산($C_5H_4N_4O_3$) 등 안정제를 가하거나 약산성으로 만든다.

답 ①

17 염소산칼륨의 성질로 옳은 것은?

① 광택이 있는 적색의 결정이다.
② 비중은 약 3.2이며 녹는점은 약 250℃이다.
③ 가열 분해하면 염화나트륨과 산소가 발생한다.
④ 알코올에 난용이고 온수, 글리세린에 잘 녹는다.

 ① 무색의 단사정계, 판상 결정 또는 백색 분말이다.
② 비중은 2.32이며, 녹는점은 368.4℃이다.
③ 과염소산칼륨($KClO_4$)을 분해하면 염화칼륨(KCl)과 산소(O_2)가 발생한다.

답 ④

18 다음 중 분자식과 명칭이 잘못 연결된 것은?

① CH_2OH - 에틸렌글리콜
② $C_6H_5NO_2$ - 나이트로벤졸
③ $C_{10}H_8$ - 나프탈렌
④ $C_3H_5(OH)_3$ - 글리세린

 ① 에틸렌글리콜 - $C_2H_4(OH)_2$

답 ①

19 피크르산의 성질에 대한 설명 중 틀린 것은?

① 쓴맛이 나고 독성이 있다.
② 약 300℃ 정도에서 발화한다.
③ 구리 용기에 보관하여야 한다.
④ 단독으로는 마찰·충격에 둔감하다.

 ③ 중금속(Fe, Cu, Pb 등)과 반응하여 민감한 피크르산염을 형성한다.

답 ③

20 다음 위험물질 중 물보다 가벼운 것은?

① 에터, 이황화탄소
② 벤젠, 폼산
③ 아세트산, 가솔린
④ 퓨젤유, 에탄올

 보기 물질의 비중은 다음과 같다.
① 에터 : 0.719, 이황화탄소 : 1.26
② 벤젠 : 0.879, 폼산 : 1.22
③ 아세트산 : 1.05, 가솔린 : 0.65~0.8
④ 퓨젤유 : 0.81, 에탄올 : 0.8

답 ④

21 화학적 질식 위험물질로 인체 내에 산화효소를 침범하여 가장 치명적인 물질은?

① 에테인 ② 폼알데하이드
③ 사이안화수소 ④ 염화바이닐

 ③ 사이안화수소는 맹독성 물질로, 흡입 시 치명적 손상을 입는다.

답 ③

22 다음 제4류 위험물 중 무색의 끈기 있는 액체로 인화점이 −18℃인 위험물은?

① 아이소프렌 　　② 펜타보란
③ 콜로디온 　　　④ 아세트알데하이드

 보기 물질의 인화점은 다음과 같다.
① 아이소프렌 : 54℃
② 펜타보란 : 40℃
④ 아세트알데하이드 : 39℃

답 ③

23 $NH_4H_2PO_4$ 115kg이 완전열분해되어 메타인산, 암모니아와 수증기로 되었을 때, 메타인산은 몇 kg이 생성되는가? (단, P의 원자량은 31이다.)

① 36 　　　　　② 40
③ 80 　　　　　④ 115

 116℃에서, $NH_4H_2PO_4$ → NH_3 + H_3PO_4
　　　　　　제1인산암모늄　　암모니아　　인산
216℃에서, $2H_3PO_4$ → H_2O + $H_4P_2O_7$
　　　　　　인산　　　수증기　　피로인산
316℃에서, $H_4P_2O_7$ → H_2O + $2HPO_3$
　　　　　피로인산　　수증기　　메타인산
1,000℃에서, $2HPO_3$ → P_2O_5 + H_2O
　　　　　　메타인산　　오산화인　수증기
제1인산암모늄 115kg이 완전열분해되면, HPO_3(메타인산)은 80kg이 생성된다.

답 ③

24 은백색의 결정으로 비중이 약 0.92이고 물과 반응하여 수소가스를 발생시키는 물질은?

① 수소화리튬 　　② 수소화나트륨
③ 탄화칼슘 　　　④ 탄화알루미늄

 ① 수소화리튬(LiH) : 비중 0.82의 무색투명한 고체, 물과 작용하여 수소가 발생
　　$LiH + H_2O$ → $LiOH + H_2$
② 수소화나트륨(NaH) : 회색의 입방정계 결정, 비중은 0.93, 습한 공기 중에서 분해되고, 물과는 격렬하게 발열반응하여 수소가스를 발생
　　$NaH + H_2O$ → $NaOH + H_2$
③ 탄화칼슘 : 백색 입방체의 결정, 비중은 2.22
④ 탄화알루미늄 : 황색의 단단한 결정, 비중 2.36

답 ②

25 황화인 중에서 비중이 약 2.03, 융점이 약 173℃이며, 황색 결정이고, 물, 황산 등에는 불용성이며 질산에 녹는 것은?

① P_2S_5 　　　② P_2S_3
③ P_4S_3 　　　④ P_4S_7

 삼황화인(P_4S_3)은 비중이 2.03, 융점이 172.5℃, 발화점이 약 100℃이며, 황색 결정으로 질산, 이황화탄소,, 알칼리에 녹지만, 물, 황산, 염산 등에는 녹지 않는다.

답 ③

26 흡습성이 있는 등적색의 결정으로 물에는 녹으나 알코올에는 녹지 않으며, 비중은 약 2.69이고, 분해온도는 약 500℃인 성질을 갖는 위험물은?

① $KClO_3$ 　　　② $K_2Cr_2O_7$
③ NH_4NO_3 　　④ $(NH_4)_2Cr_2O_7$

 문제는 다이크로뮴산칼륨에 대한 설명이다.

답 ②

27 아이오딘폼 반응을 이용하여 검출할 수 있는 위험물이 아닌 것은?

① 아세트알데하이드 　② 에탄올
③ 아세톤 　　　　　④ 벤젠

 아이오딘폼 반응을 이용하여 검출할 수 있는 위험물 : 아세트알데하이드(CH_3CHO), 에탄올(C_2H_5OH), 아세톤(CH_3COCH_3)

답 ④

28 $C_6H_5CH_3$에 대한 설명으로 틀린 것은?

① 끓는점은 약 211℃이다.
② 녹는점은 약 −93℃이다.
③ 인화점은 약 4℃이다.
④ 비중은 약 0.87이다.

 톨루엔의 끓는점(비점)은 110℃이다.

답 ①

29 1기압에서 인화점이 200℃인 것은 제 몇 석유류인가? (단, 도료류, 그 밖의 가연성 액체량이 40중량퍼센트 이하인 물품은 제외한다.)

① 제1석유류　　　② 제2석유류

③ 제3석유류　　　④ 제4석유류

 해설

① 제1석유류 : 인화점이 21℃ 미만
② 제2석유류 : 인화점이 21℃ 이상 70℃ 미만
③ 제3석유류 : 인화점이 70℃ 이상 200℃ 미만
④ 제4석유류 : 인화점이 200℃ 이상 250℃ 미만

답 ④

30 트라이에틸알루미늄의 소화약제로서 가장 적당한 것은?

① 마른모래, 팽창질석

② 물, 수성막포

③ 할론, 단백포

④ 이산화탄소, 강화액

 해설 제3류 위험물로서 금수성 물질이며, 물, 할론, 이산화탄소 등에 대해 소화효과가 없고, 마른모래 또는 팽창질석에 대해 소화효과가 있다.

답 ①

31 분말소화약제를 종별로 주성분을 바르게 연결한 것은?

① 1종 분말약제 – 탄산수소나트륨

② 2종 분말약제 – 인산암모늄

③ 3종 분말약제 – 탄산수소칼륨

④ 4종 분말약제 – 탄산수소칼륨+인산암모늄

 해설 분말소화약제의 주성분

　㉠ 제1종 : 탄산수소나트륨($NaHCO_3$)
　㉡ 제2종 : 탄산수소칼륨($KHCO_3$)
　㉢ 제3종 : 제1인산암모늄($NH_4H_2PO_4$)
　㉣ 제4종 : 탄산수소칼륨+요소
　　　　　　($KHCO_3+CO(NH_2)_2$)

답 ①

32 황은 순도가 몇 wt% 이상인 것을 위험물로 분류하는가?

① 20　　　　　② 30

③ 50　　　　　④ 60

 해설 황은 순도가 60wt% 이상인 것을 말한다. 이 경우 순도 측정에 있어서 불순물은 활석 등 불연성 물질과 수분에 한한다.

답 ④

33 위험물안전관리법령상 물분무소화설비가 적응성이 있는 위험물은?

① 알칼리금속과산화물

② 금속분·마그네슘

③ 금수성 물질

④ 인화성 고체

 해설 물분무 등 소화설비의 적응성

대상물의 구분 물분무 등 소화설비의 구분	건축물·그 밖의 공작물	전기설비	제1류 위험물 알칼리금속과산화물 등	제1류 위험물 그 밖의 것	제2류 위험물 철분·금속분·마그네슘 등	제2류 위험물 인화성 고체	제2류 위험물 그 밖의 것	제3류 위험물 금수성 물품	제3류 위험물 그 밖의 것	제4류 위험물	제5류 위험물	제6류 위험물
물분무소화설비	○	○		○		○	○		○	○	○	○
포소화설비	○			○		○	○		○	○	○	○
불활성가스 소화설비		○				○				○		
할로겐화합물 소화설비		○				○				○		
분말 소화 설비	인산염류 등	○	○		○		○	○			○		○
	탄산수소염류 등		○	○		○	○		○		○		
	그 밖의 것			○		○			○				

답 ④

34 옥외탱크저장소 방유제의 2면 이상(원형인 경우는 그 둘레의 1/2 이상)은 자동차의 통행이 가능하도록 폭 몇 m 이상의 통로와 접하도록 하여야 하는가?

① 2m 이상　　　② 2.5m 이상

③ 3m 이상　　　④ 3.5m 이상

 해설 방유제 외면의 2분의 1 이상은 자동차 등이 통행할 수 있는 3m 이상의 구내도로에 직접 접할 것

답 ③

35 할론 1301을 축압식 저장용기에 저장하려 할 때의 충전비는?

① 충전비 0.51 이상, 0.67 미만
② 충전비 0.67 이상, 2.75 미만
③ 충전비 0.7 이상, 1.4 이하
④ 충전비 0.9 이상, 1.6 이하

 해설 저장용기에 따른 할로젠화합물의 충전비

종류	충전비		
	1301	1211	2402
축압식	0.9~1.6	0.7~1.4	0.67~2.75
가압식	–	–	0.51~0.67

답 ④

36 위험물제조소의 바닥면적이 60m^2 이상, 90m^2 미만일 때 급기구의 면적은?

① 150cm^2 이상
② 300cm^2 이상
③ 450cm^2 이상
④ 600cm^2 이상

 해설 급기구는 해당 급기구가 설치된 실의 바닥면적 150m^{2}마다 1개 이상으로 하되, 급기구의 크기는 800cm^2 이상으로 한다. 다만, 바닥면적이 150m^2 미만인 경우에는 다음의 크기로 하여야 한다.

바닥면적	급기구의 면적
60m^2 미만	150cm^2 이상
60m^2 이상 90m^2 미만	300cm^2 이상
90m^2 이상 120m^2 미만	450cm^2 이상
120m^2 이상 150m^2 미만	600cm^2 이상

답 ②

37 지정과산화물을 옥내에 저장하는 저장창고 외벽의 기준으로 옳은 것은?

① 두께 20cm 이상의 보강콘크리트블록조
② 두께 20cm 이상의 철근콘크리트조
③ 두께 30cm 이상의 철근콘크리트조
④ 두께 30cm 이상의 철골콘크리트블록조

 해설 옥내저장소의 지정 유기과산화물 외벽의 기준
㉠ 두께 20cm 이상의 철근콘크리트조, 철골철근콘크리트조
㉡ 두께 30cm 이상의 보강시멘트블록조

답 ②

38 다음 ( ) 안에 알맞은 것을 적절하게 짝지은 것은?

> 이동저장탱크는 그 내부에 (ⓐ)L 이하마다 (ⓑ)mm 이상의 강철판 또는 이와 동등 이상의 강도·내열성 및 내식성 있는 금속성의 것으로 칸막이를 설치하여야 한다.

① ⓐ 2,000, ⓑ 2.4
② ⓐ 2,000, ⓑ 3.2
③ ⓐ 4,000, ⓑ 2.4
④ ⓐ 4,000, ⓑ 3.2

 해설 이동탱크저장소의 안전칸막이 설치기준
㉠ 두께 3.2mm 이상의 강철판으로 제작
㉡ 4,000L 이하마다 구분하여 설치

답 ④

39 알킬알루미늄 등을 저장 또는 취급하는 이동탱크저장소의 이동탱크의 경우 얼마의 압력으로 몇 분간의 수압시험을 실시하여 새거나 변형이 없어야 하는가?

① 1MPa, 10분
② 1.5MPa, 15분
③ 2MPa, 10분
④ 2.5MPa, 15분

 해설 ② 이동저장탱크는 두께 10mm 이상의 강판 또는 이와 동등 이상의 기계적 성질이 있는 재료로 기밀하게 제작되고 1MPa 이상의 압력으로 10분간 실시하는 수압시험에서 새거나 변형하지 아니하는 것일 것

답 ①

40 위험물 이동탱크저장소에서 맨홀·주입구 및 안전장치 등이 탱크의 상부에 돌출되어 있는 경우 부속장치의 손상을 방지하기 위해 설치하여야 할 것은?

① 불연성 가스 봉입장치
② 동기장치
③ 측면틀, 방호틀
④ 비상조치레버

답 ③

41 다음 중 안전거리의 규제를 받지 않는 곳은 어디인가?

① 옥외탱크저장소   ② 옥내저장소

③ 지하탱크저장소   ④ 옥외저장소

 해설 안전거리 제외대상 : 지하탱크저장소, 옥내탱크저장소, 암반탱크저장소, 이동탱크저장소, 주유취급소, 판매취급소

답 ③

42 옥외저장탱크를 강철판으로 제작할 경우 두께 기준은 몇 mm 이상인가? (단, 특정 옥외저장탱크 및 준특정 옥외저장탱크는 제외한다.)

① 1.2   ② 2.2

③ 3.2   ④ 4.2

 해설 옥외저장탱크는 두께 3.2mm 이상의 강철판으로 제작한다.

답 ③

43 위험물안전관리법령상 간이탱크저장소의 위치·구조 및 설비의 기준에서 간이저장탱크 1개의 용량은 몇 L 이하이어야 하는가?

① 300   ② 600

③ 1,000   ④ 1,200

 해설 간이탱크의 구조 기준

㉠ 두께 3.2mm 이상의 강판으로 흠이 없도록 제작한다.

㉡ 70kPa 압력으로 10분간 수압시험을 실시하여 새거나 변형되지 아니하여야 한다.

㉢ 하나의 탱크 용량은 600L 이하로 하여야 한다.

㉣ 탱크의 외면에는 녹을 방지하기 위한 도장을 한다.

답 ②

44 제1류 위험물 중 무기과산화물 150kg, 질산염류 300kg, 다이크로뮴산염류 3,000kg를 저장하려 한다. 각각 지정수량 배수의 총합은 얼마인가?

① 5   ② 6

③ 7   ④ 8

 해설 지정수량 배수의 합

$$= \frac{\text{A품목 저장수량}}{\text{A품목 지정수량}} + \frac{\text{B품목 저장수량}}{\text{B품목 지정수량}} + \frac{\text{C품목 저장수량}}{\text{C품목 지정수량}} + \cdots$$

$$= \frac{150\text{kg}}{50\text{kg}} + \frac{300\text{kg}}{300\text{kg}} + \frac{3,000\text{kg}}{1,000\text{kg}} = 7$$

답 ③

45 소화난이도등급 Ⅰ의 제조소 등 중 옥내탱크저장소의 규모에 대한 설명이 옳은 것은?

① 액체 위험물을 저장하는 위험물의 액표면적이 20m^2 이상인 것

② 바닥면으로부터 탱크 옆판의 상단까지 높이가 6m 이상인 것(제6류 위험물을 저장하는 것 및 고인화점 위험물만을 100℃ 미만의 온도에서 저장하는 것은 제외)

③ 액체 위험물을 저장하는 단층 건축물 외의 건축물에 설치하는 것으로서 인화점이 40℃ 이상, 70℃ 미만의 위험물을 지정수량의 40배 이상 저장 또는 취급하는 것

④ 고체 위험물을 지정수량의 150배 이상 저장 또는 취급하는 것

 해설 옥내탱크저장소에 저장 또는 취급하는 위험물의 품명 및 최대수량

㉠ 액표면적이 40m^2 이상인 것(제6류 위험물을 저장하는 것 및 고인화점 위험물만을 100℃ 미만의 온도에서 저장하는 것은 제외)

㉡ 바닥면으로부터 탱크 옆판의 상단까지 높이가 6m 이상인 것(제6류 위험물을 저장하는 것 및 고인화점 위험물만을 100℃ 미만의 온도에서 저장하는 것은 제외)

㉢ 탱크전용실이 단층 건물 외의 건축물에 있는 것으로서 인화점 38℃ 이상, 70℃ 미만의 위험물을 지정수량의 5배 이상 저장하는 것(내화구조로 개구부 없이 구획된 것은 제외)

답 ②

46 한 변의 길이는 10m, 다른 한 변의 길이는 50m인 옥내저장소에 자동화재탐지설비를 설치하는 경우 경계구역은 원칙적으로 최소한 몇 개로 하여야 하는가? (단, 차동식 스폿형 감지기를 설치한다.)

① 1   ② 2

③ 3   ④ 4

하나의 경계구역의 면적은 600m² 이하로 하고 그 한 변의 길이는 50m(광전식 분리형 감지기를 설치할 경우에는 100m) 이하로 할 것. 다만, 해당 건축물, 그 밖의 공작물의 주요한 출입구에서 그 내부의 전체를 볼 수 있는 경우에 있어서는 그 면적을 1,000m² 이하로 할 수 있다.
문제에서 10m×50m=500m²이므로, 하나의 경계구역에 해당한다.

답 ①

47 염소산나트륨의 운반용기 중 내장용기의 재질 및 구조로서 가장 옳은 것은?

① 마포 포대　　　② 함석판상자
③ 폴리에틸렌포대　④ 나무(木)상자

 염소산나트륨은 조해성이 커 마포 포대와 나무상자에는 침투할 수 있고, 흡습성이 좋은 강한 산화제로서 철제 용기를 부식시켜 함석판 상자도 적절하지 않다.
염소산나트륨의 운반용기 중 내장용기의 재질 및 구조로는 폴리에틸렌포대가 가장 좋다.

답 ③

48 위험물에 대한 용어의 설명으로 옳지 않은 것은?

① 위험물이라 함은 인화성 또는 발화성 등의 성질을 가지는 것으로서 대통령령이 정하는 물품을 말한다.
② 제조소라 함은 일주일에 지정수량 이상의 위험물을 제조하기 위한 시설을 뜻한다.
③ 지정수량이라 함은 위험물의 종류별로 위험성을 고려하여 대통령령이 정하는 수량으로서 제조소 등의 설치허가 등에 있어서 최저의 기준이 되는 수량을 말한다.
④ 제조소 등이라 함은 제조소, 저장소 및 취급소를 말한다.

 ② 제조소라 함은 위험물을 제조할 목적으로 지정수량 이상의 위험물을 취급하기 위하여 허가를 받은 장소

답 ②

49 화학소방자동차(포수용액 방사차) 1대가 갖추어야 할 포수용액의 방사능력은?

① 500L/min 이상　② 1,000L/min 이상
③ 1,500L/min 이상　④ 2,000L/min 이상

 포수용액 방사차의 소화 능력 및 설비 기준
㉠ 포수용액의 방사능력이 2,000L/min 이상일 것
㉡ 소화약액탱크 및 소화약액혼합장치를 비치할 것
㉢ 10만L 이상의 포수용액을 방사할 수 있는 양의 소화약제를 비치할 것

답 ④

50 충수 · 수압 시험의 방법 및 판정기준으로 옳지 않은 것은?

① 보온재가 부착된 탱크의 변경 허가에 따른 충수 · 수압 시험의 경우에는 보온재를 해당 탱크 옆판의 최하단으로부터 40cm 이상 제거하고 시험을 실시할 것
② 충수시험은 탱크에 물이 채워진 상태에서 1,000kL 미만의 탱크는 12시간, 1,000kL 이상의 탱크는 24시간 이상 경과한 이후에 지반 침하가 없고 탱크 본체 접속부 및 용접부 등에서 누설 변형 또는 손상 등의 이상이 없을 것
③ 수압시험은 탱크의 모든 개구부를 완전히 폐쇄한 이후에 물을 가득 채우고 최대사용압력의 1.5배 이상의 압력을 가하여 10분 이상 경과한 이후에 탱크 본체 · 접속부 및 용접부 등에서 누설 또는 영구 변형 등의 이상이 없을 것. 다만, 규칙에서 시험압력을 정하고 있는 탱크의 경우에는 해당 압력을 시험압력으로 한다.
④ 충수 · 수압 시험은 탱크가 완성된 상태에서 배관 등의 접속이나 내 · 외부에 대한 도장 작업 등을 하기 전에 위험물탱크의 최대사용높이 이상으로 물(물과 비중이 같거나 물보다 비중이 큰 액체로서 위험물이 아닌 것을 포함한다)을 가득 채워 실시한다.

 ① 보온재가 부착된 탱크의 변경 허가에 따른 충수 · 수압 시험의 경우에는 보온재를 해당 탱크 옆판의 최하단으로부터 20cm 이상 제거하고 시험을 실시할 것

답 ①

51

위험물안전관리법령에 따른 위험물의 저장·취급에 관한 설명으로 옳은 것은?

① 군부대가 군사목적으로 지정수량 이상의 위험물을 제조소 등이 아닌 장소에서 저장·취급하는 경우는 90일 이내의 기간 동안 임시로 저장·취급할 수 있다.

② 옥외저장소에서 위험물과 위험물이 아닌 물품을 함께 저장하는 경우는 물품 간 별도의 이격거리 기준이 없다.

③ 유별을 달리하는 위험물을 동일한 저장소에 저장할 수 없는 것이 원칙이지만 옥내저장소에 제1류 위험물과 황린을 상호 1m 이상의 간격을 유지하며 저장하는 것은 가능하다.

④ 옥내저장소에 제4류 위험물 중 제3석유류 및 제4석유류를 수납하는 용기만을 겹쳐 쌓는 경우에는 6m를 초과하지 않아야 한다.

 해설
① 군부대가 지정수량 이상의 위험물을 군사목적으로 임시로 저장 또는 취급하는 경우 임시로 저장 또는 취급하는 장소에서의 저장 또는 취급의 기준과 임시로 저장 또는 취급하는 장소의 위치·구조 및 설비의 기준은 시·도의 조례로 정한다.
② 옥내저장소 또는 옥외저장소에서 위험물과 위험물이 아닌 물품을 함께 저장하는 경우 위험물과 위험물이 아닌 물품은 각각 모아서 저장하고 상호 간에는 1m 이상의 간격을 두어야 한다.
④ 제4류 위험물 중 제3석유류, 제4석유류 및 동식물유류를 수납하는 용기만을 겹쳐 쌓는 경우에 있어서는 4m를 초과하지 않아야 한다.

답 ③

52

방폭구조 결정을 위한 폭발위험장소를 옳게 분류한 것은?

① 0종 장소, 1종 장소
② 0종 장소, 1종 장소, 2종 장소
③ 1종 장소, 2종 장소, 3종 장소
④ 0종 장소, 1종 장소, 2종 장소, 3종 장소

 해설 위험장소의 분류
㉠ 0종 장소 : 정상상태에서 위험분위기가 장시간 지속되는 장소
㉡ 1종 장소 : 정상상태에서 위험분위기를 생성할 우려가 있는 장소
㉢ 2종 장소 : 이상상태에서 위험분위기를 생성할 우려가 있는 장소

답 ②

53

다음은 이송취급소의 배관과 관련하여 내압에 의하여 배관에 생기는 무엇에 관한 수식인가?

$$\sigma_{ci} = \frac{P_i(D-t+C)}{2(t-C)}$$
여기서, P_i : 최대상용압력(MPa)
D : 배관의 외경(mm)
t : 배관의 실제 두께(mm)
C : 내면 부식 여유 두께(mm)

① 원주방향응력　② 축방향응력
③ 팽창응력　④ 취성응력

 해설 배관에 작용하는 응력(stress)이란 1차 응력과 2차 응력으로 분류된다. 이때 1차 응력이란 배관계 내부 및 외부에서 가해지는 힘과 moment에 의해서 유발되는 응력이며, 2차 응력이란 배관 내 유체온도에 의한 배관의 팽창 또는 수축에 따라 발생하는 응력을 말한다. 응력의 종류로는 축방향응력, 원주방향응력 등이 있으며, 이 중 축방향응력의 경우 내압에 따라 응력을 구할 수 있다.

$$Sp = \frac{P \cdot r}{t}$$

여기서, P : 내압, r : 파이프 반경, t : 파이프 두께

답 ①

54

로트 수가 10이고 준비작업시간이 20분이며 로트별 정미작업시간이 60분이라면 1로트당 작업시간은?

① 90분　② 62분
③ 26분　④ 13분

 **해설** 1로트당 작업시간
＝20(준비작업시간)＋10(로트 수)
　×60(정미작업시간)/10(로트 수)
＝62분

답 ②

55 이동탱크저장소에 의한 위험물 운송 시 위험물운송자가 휴대하여야 하는 위험물안전카드의 작성대상에 관한 설명으로 옳은 것은?

① 모든 위험물에 대하여 위험물안전카드를 작성하여 휴대하여야 한다.

② 제1류, 제3류 또는 제4류 위험물을 운송하는 경우에 위험물안전카드를 작성하여 휴대하여야 한다.

③ 위험등급 I 또는 위험등급 II에 해당하는 위험물을 운송하는 경우에 위험물안전카드를 작성하여 휴대하여야 한다.

④ 제1류, 제2류, 제3류, 제4류(특수인화물 및 제1석유류에 한한다), 제5류 또는 제6류 위험물을 운송하는 경우에 위험물안전카드를 작성하여 휴대하여야 한다.

 위험물(제4류 위험물에 있어서는 특수인화물 및 제1석유류에 한한다)을 운송하게 하는 자는 위험물안전카드를 위험물운송자로 하여금 휴대하게 하여야 한다.

답 ④

56 연간 소요량 4,000개인 어떤 부품의 발주비용은 매회 200원이며, 부품 단가는 100원, 연간 재고 유지비율이 10%일 때 F.W. Harris 식에 의한 경제적 주문량은 얼마인가?

① 40개/회
② 400개/회
③ 1,000개/회
④ 1,300개/회

$$Q = \sqrt{\frac{2RP}{CI}} = \sqrt{\frac{2 \times 4,000 \times 200}{100 \times 0.1}} = 400 \text{개/회}$$
여기서, C : 부품 단가
I : 연간 재고 유지비율
R : 연간 소비량
P : 1회 발주량

답 ②

57 부적합품률이 1%인 모집단에서 5개의 시료를 랜덤하게 샘플링할 때, 부적합품 수가 1개일 확률은 약 얼마인가? (단, 이항분포를 이용하여 계산한다.)

① 0.048
② 0.058
③ 0.48
④ 0.58

 확률
$$= 시료의 개수 \times 부적합품률[\%] \times (적합품률)^4[\%]$$
$$= 5 \times 0.01 \times (0.99)^4$$
$$= 0.04803$$

답 ①

58 관리도에서 점이 관리한계 내에 있으나 중심선 한쪽에 연속해서 나타나는 점의 배열 현상을 무엇이라 하는가?

① 런
② 경향
③ 산포
④ 주기

② 경향 : 점이 순차적으로 상승하거나 하강하는 것
③ 산포 : 수집된 자료값이 중앙값으로 떨어져 있는 정도
④ 주기 : 점이 주기적으로 상하로 변동하여 파형을 나타내는 현상

답 ①

59 다음 중 도수분포표를 작성하는 목적으로 볼 수 없는 것은?

① 로트의 분포를 알고 싶을 때
② 로트의 평균값과 표준편차를 알고 싶을 때
③ 규격과 비교하여 부적합품률을 알고 싶을 때
④ 주요 품질 항목 중 개선의 우선순위를 알고 싶을 때

도수분포표란 수집된 통계자료가 취하는 변량을 적당한 크기의 계급으로 나눈 뒤, 각 계급에 해당되는 도수를 기록해서 만든다. 계급값을 이용해서 로트의 분포, 평균값, 중앙값, 최빈값 등을 구하기 쉽다.

답 ④

60 작업시간 측정방법 중 직접측정법은?

① PTS법
② 경험견적법
③ 표준자료법
④ 스톱워치법

 작업분석에 있어서 측정은 일반적으로 스톱워치 관측법을 사용한다.

답 ④

부록

III

위험물기능장 필기+실기

CBT 핵심기출 100선

CBT 시험에 자주 출제된 핵심기출 100선

부록 Ⅲ

CBT 핵심기출 100선

필기 CBT 핵심기출 100선

01 0℃, 1기압에서 어떤 기체의 밀도가 1.617g/L 이다. 1기압에서 이 기체 1L가 1g이 되는 온도 는 약 몇 ℃인가?

① 44 ② 68
③ 168 ④ 441

$$PV = \frac{w}{M}RT$$

$$D = \frac{w}{V} = \frac{PM}{RT}$$

$$1.617\text{g/L} = \frac{1\text{atm} \times M \times 1}{0.082\text{atm} \cdot \text{L/mol} \cdot \text{K} \times 273.15\text{K}}$$

$$M(\text{기체분자량}) = 36.21\text{g/mol}$$

$$T = \frac{PVM}{wR} = \frac{1\text{atm} \cdot 1\text{L} \cdot 36.21\text{g/mol}}{1\text{g} \cdot 0.082\text{atm} \cdot \text{L/mol} \cdot \text{K}}$$

$$= 441.458\text{K} \fallingdotseq 441\text{K} - 273\text{K} = 168℃$$

답 ③

02 A 물질 1,000kg을 소각하고자 한다. 1,000kg 중 황의 함유량이 0.5wt%라고 한다면 연소 가스 중 SO_2의 농도는 약 몇 mg/Nm^3인가? (단, A 물질 1ton의 습배기 연소가스량= $6,500Nm^3$)

① 1,080 ② 1,538
③ 2,522 ④ 3,450

 황의 연소반응식은 $S + O_2 \rightarrow SO_2$이다.

$$1,000\text{kg} \times \frac{0.5}{100} = 5\text{kg}$$

$$\frac{5,000\text{g}-\text{S}}{} \left| \frac{1\text{mol}-\text{S}}{32\text{g}-\text{S}} \right| \frac{1\text{mol}-SO_2}{1\text{mol}-\text{S}}$$

$$\frac{64\text{g}-SO_2}{1\text{mol}-SO_2} \left| = 10,000\text{g}-SO_2 \right.$$

$$\therefore SO_2\text{의 농도} = \frac{10,000\text{g} \times 1,000\text{mg/g}}{6,500Nm^3}$$

$$= 1,538.46\text{mg/Nm}^3$$

답 ②

03 에틸알코올 23g을 완전연소하기 위해 표준 상태에서 필요한 공기량(L)은?

① 33.6
② 67.2
③ 160
④ 320

 $C_2H_5OH + 3O_2 \rightarrow 2CO_2 + 3H_2O$

$$\frac{23\text{g}-C_2H_5OH}{} \left| \frac{1\text{mol}-C_2H_5OH}{46\text{g}-C_2H_5OH} \right| \frac{3\text{mol}-O_2}{1\text{mol}-C_2H_5OH}$$

$$\frac{100\text{mol}-\text{Air}}{21\text{mol}-O_2} \left| \frac{22.4\text{L}-\text{Air}}{1\text{mol}-\text{Air}} \right| = 160\text{L}-\text{Air}$$

답 ③

04 다음의 기구는 위험물의 판정에 필요한 시 험 기구이다. 어떤 성질을 시험하기 위한 것 인가?

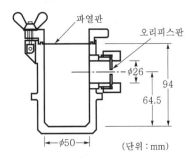

파열판
오리피스판
$\phi26$
94
64.5
$\phi50$
(단위 : mm)

① 충격민감성 ② 폭발성
③ 가열분해성 ④ 금수성

 위험물안전관리에 관한 세부기준 제20조(가열분 해성 시험방법) 가열분해성으로 인한 위험성의 정 도를 판단하기 위한 시험방법에 해당한다.

답 ③

05 어떤 액체연료의 질량조성이 C 80%, H 20%일 때 C : H의 mole 비는?

① 1 : 3 ② 1 : 4

③ 4 : 1 ④ 3 : 1

 해설

$$\frac{A의\ 질량(\%)}{A의\ 원자량} : \frac{B의\ 질량(\%)}{B의\ 원자량}$$

$$\frac{80}{12} : \frac{20}{1} = 6.67 : 20 = \frac{6.67}{6.67} : \frac{20}{6.67} = 1 : 3$$

답 ①

06 0.4N−HCl 500mL에 물을 가해 1L로 하였을 때 pH는 약 얼마인가?

① 0.7 ② 1.2

③ 1.8 ④ 2.1

 해설

$NV = N'V'$

$0.4 \times 500 = N' \times 1,000$

$\therefore N' = 0.2N$

$pH = -\log[H^+]$이므로

$pH = -\log(2 \times 10^{-1}) = 1 - \log 2 = 0.698 ≒ 0.7$

답 ①

07 다음 중 1차 이온화 에너지가 작은 금속에 대한 설명으로 잘못된 것은?

① 전자를 잃기 쉽다.

② 산화되기 쉽다.

③ 환원력이 작다.

④ 양이온이 되기 쉽다.

 해설 기체상태의 원자로부터 전자 1개를 제거하는 데 필요한 에너지를 이온화 에너지라 한다. 이온화 에너지가 작을수록 전자를 잃기 쉽고, 산화되기 쉬우며, 양이온이 되기 쉽다.

답 ③

08 메테인의 확산속도는 28m/s이고, 같은 조건에서 기체 A의 확산속도는 14m/s이다. 기체 A의 분자량은 얼마인가?

① 8 ② 32

③ 64 ④ 128

해설 그레이엄의 확산법칙 공식에 따르면

$$\frac{v_A}{v_B} = \sqrt{\frac{M_B}{M_A}}, \quad \frac{14\text{m/sec}}{28\text{m/sec}} = \sqrt{\frac{16\text{g/mol}}{M_A}}$$

$M_A = 16 \times 4 = 64\text{g/mol}$

답 ③

09 다음 반응에서 과산화수소가 산화제로 작용한 것은?

ⓐ $2HI + H_2O_2 \rightarrow I_2 + 2H_2O$

ⓑ $MnO_2 + H_2O_2 + H_2SO_4$
$\rightarrow MnSO_4 + 2H_2O + O_2$

ⓒ $PbS + 4H_2O_2 \rightarrow PbSO_4 + 4H_2O$

① ⓐ, ⓑ ② ⓐ, ⓒ

③ ⓑ, ⓒ ④ ⓐ, ⓑ, ⓒ

 해설 산화수(oxidation number)를 정하는 규칙

㉮ 자유상태에 있는 원자, 분자의 산화수는 0이다.

㉯ 단원자 이온의 산화수는 이온의 전하와 같다.

㉰ 화합물 안의 모든 원자의 산화수 합은 0이다.

㉱ 다원자 이온에서 산화수 합은 그 이온의 전하와 같다.

㉲ 알칼리금속, 알칼리토금속, ⅢA족 금속의 산화수는 +1, +2, +3이다.

㉳ 플루오린화합물에서 플루오린의 산화수는 −1, 다른 할로젠은 −1이 아닌 경우도 있다.

㉴ 수소의 산화수는 금속과 결합하지 않으면 +1, 금속의 수소화물에서는 −1이다.

㉵ 산소의 산화수=−2, 과산화물=−1, 초과산화물=$-\frac{1}{2}$, 불산화물=+2

ⓐ $2HI + H_2O_2 \rightarrow I_2 + 2H_2O$

ⓑ $MnO_2 + H_2O_2 + H_2SO_4$
$\rightarrow MnSO_4 + 2H_2O + O_2$

ⓒ $PbS + 4H_2O_2 \rightarrow PbSO_4 + 4H_2O$

ⓐ와 ⓒ 공히 반응물 H_2O_2에서 산소의 산화수는 −1이다. 생성물 H_2O에서 산소의 산화수는 −2이므로 산화수가 −1에서 −2로 감소하였으므로 환원되면서 산화제로 작용한다. 반면 ⓑ의 경우 반응물 H_2O_2에서 산소의 산화수는 −1이다. 생성물 O_2에서 산소의 산화수는 0이므로 산화수가 −1에서 0으로 증가하였으므로 산화되면서 환원제로 작용한다.

답 ②

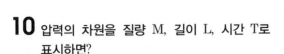
10 압력의 차원을 질량 M, 길이 L, 시간 T로 표시하면?

① ML^{-2}

② $ML^{-2}T^2$

③ $ML^{-1}T^{-2}$

④ $ML^{-2}T^{-2}$

 압력은 단위면적당 작용하는 힘을 말한다.

$$P = \frac{F}{A}[kgf/m^2]$$
$$= FL^{-2} = [MLT^{-2}]L^{-2}$$
$$= ML^{-1}T^{-2}$$

답 ③

11 토출량이 $5m^3/min$이고 토출구의 유속이 $2m/s$인 펌프의 구경은 몇 mm인가?

① 100

② 230

③ 115

④ 120

 유량 $Q = uA = u \times \frac{\pi}{4}D^2$

$$\therefore D = \sqrt{\frac{4Q}{\pi u}} = \sqrt{\frac{4 \times 5m^3/60s}{\pi \times 2m/s}}$$
$$= 0.23m = 230mm$$

답 ②

12 연소에 관한 설명으로 틀린 것은?

① 위험도는 연소범위를 폭발 상한계로 나눈 값으로 값이 클수록 위험하다.

② 인화점 미만에서는 점화원을 가해도 연소가 진행되지 않는다.

③ 발화점은 같은 물질이라도 조건에 따라 변동되며 절대적인 값이 아니다.

④ 연소점은 연소상태가 일정 시간 이상 유지될 수 있는 온도이다.

 위험도는 연소범위를 폭발하한계로 나눈 값으로 값이 클수록 위험하다.

위험도$(H) = \frac{U - L}{L}$

답 ①

13 연소생성물로서, 혈액 속에서 헤모글로빈 (hemoglobin)과 결합하여 산소부족을 야기하는 것은?

① HCl

② CO

③ NH_3

④ HCl

 일산화탄소는 혈액 중의 산소 운반 물질인 헤모글로빈과 결합하여 카복시헤모글로빈을 만듦으로써 산소의 혈중 농도를 저하시키고 질식을 일으키게 된다. 헤모글로빈의 산소와의 결합력보다 일산화탄소의 결합력이 약 250~300배 정도 높다.

 답 ②

14 그림과 같은 예혼합화염 구조의 개략도에서 중간생성물의 농도곡선은?

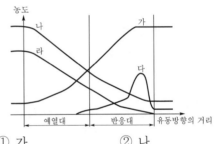

① 가

② 나

③ 다

④ 라

 예혼합화염은 가연성 기체를 공기와 미리 혼합시켜 연소하는 형태를 의미한다. 그래프에서 '가'는 최초 생성물 농도에 해당하며, '다'는 중간생성물의 농도곡선에 해당한다.

답 ③

15 염소산칼륨의 성질에 대한 설명으로 옳은 것은?

① 회색의 비결정성 물질이다.

② 약 400℃에서 열분해한다.

③ 가연성이고, 강력한 환원제이다.

④ 비중은 약 1.2이다.

 염소산칼륨은 비중 2.32로서 무색, 무취의 결정 또는 분말로서 불연성이고, 강산화제에 해당하며, 약 400℃에서 열분해한다.

$$2KClO_3 \xrightarrow{\triangle} 2KCl + 3O_2$$

답 ②

16 톨루엔의 성질을 벤젠과 비교한 것 중 틀린 것은?

① 독성은 벤젠보다 크다.

② 인화점은 벤젠보다 높다.

③ 비점은 벤젠보다 높다.

④ 융점은 벤젠보다 낮다.

 해설

구분	독성	인화점	비점	융점
벤젠	크다	$-11℃$	$79℃$	$7℃$
톨루엔	작다	$4℃$	$111℃$	$-93℃$

답 ①

17 다음 중 산화하면 폼알데하이드가 되고 다시 한 번 산화하면 폼산이 되는 것은?

① 에틸알코올

② 메틸알코올

③ 아세트알데하이드

④ 아세트산

 해설

• 메틸알코올$(CH_3OH) \xrightarrow{산화}$ 폼알데하이드$(HCHO)$ $\xrightarrow{산화}$ 폼산$(HCOOH)$

• 에틸알코올$(C_2H_5OH) \xrightarrow{산화}$ 아세트알데하이드(CH_3CHO) $\xrightarrow{산화}$ 초산(CH_3COOH)

답 ②

18 위험물의 성질과 위험성에 대한 설명으로 틀린 것은?

① 뷰틸리튬은 알킬리튬의 종류에 해당된다.

② 황린은 물과 반응하지 않는다.

③ 탄화알루미늄은 물과 반응하면 가연성의 메테인가스를 발생하므로 위험하다.

④ 인화칼슘은 물과 반응하면 유독성의 포스겐가스를 발생하므로 위험하다.

 해설 인화칼슘은 물과 반응하면 유독하고 가연성인 인화수소$(PH_3, 포스핀)$를 발생한다.
$$Ca_3P_2 + 6H_2O \rightarrow 3Ca(OH)_2 + 2PH_3$$

답 ④

19 다음 중 상온에서 물에 넣었을 때 용해되어 염기성을 나타내면서 산소를 방출하는 물질은 어느 것인가?

① Na_2O_2

② $KClO_3$

③ H_2O_2

④ $NaNO_3$

 해설 과산화나트륨(sodium peroxide, Na_2O_2)은 금속의 산화물로서 염기성에 해당하며, 물과 접촉 시 수산화나트륨과 산소가스를 발생한다.
$$2Na_2O_2 + 2H_2O \rightarrow 4NaOH + O_2$$
$$2Na_2O_2 + 2H_2O \rightarrow 4NaOH + O_2\uparrow + 2×34.9kcal$$
따라서 역으로 산소에 의해 발화하며, 그리고 Na_2O_2가 습기를 가진 가연물과 혼합하면 자연발화한다.

답 ①

20 다음 중 아이오딘값이 가장 높은 것은 어느 것인가?

① 참기름

② 채종유

③ 동유

④ 땅콩기름

 해설 아이오딘값 : 유지 100g에 부가되는 아이오딘의 g수, 불포화도가 증가할수록 아이오딘값이 증가하며, 자연발화의 위험이 있다.

㉠ 건성유 : 아이오딘값이 130 이상인 것
이중결합이 많아 불포화도가 높기 때문에 공기 중에서 산화되어 액 표면에 피막을 만드는 기름

㉖ 아마인유, 들기름, 동유, 정어리기름, 해바라기유 등

㉡ 반건성유 : 아이오딘값이 100~130인 것
공기 중에서 건성유보다 얇은 피막을 만드는 기름

㉖ 참기름, 옥수수기름, 청어기름, 채종유, 면실유(목화씨유), 콩기름, 쌀겨유 등

㉢ 불건성유 : 아이오딘값이 100 이하인 것
공기 중에서 피막을 만들지 않는 안정된 기름

㉖ 올리브유, 피마자유, 야자유, 땅콩기름, 동백기름 등

답 ③

21 질산의 위험성을 옳게 설명한 것은?

① 인화점이 낮아 가열하면 발화하기 쉽다.

② 공기 중에서 자연발화 위험성이 높다.

③ 충격에 의해 단독으로 발화하기 쉽다.

④ 환원성 물질과 혼합 시 발화 위험성이 있다.

해설 산화성 액체로서 불연성 물질이므로 환원성 물질과 혼합 시 발화 위험성이 있다.

답 ④

22 $NaClO_3$ 100kg, $KMnO_4$ 3,000kg, $NaNO_3$ 450kg을 저장하려고 할 때 각 위험물의 지정수량 배수의 총합은?

① 4.0 ② 5.5

③ 6.0 ④ 6.5

해설 지정수량 배수의 합

$= \dfrac{A품목 \ 저장수량}{A품목 \ 지정수량} + \dfrac{B품목 \ 저장수량}{B품목 \ 지정수량} + \dfrac{C품목 \ 저장수량}{C품목 \ 지정수량} + \cdots$

$= \dfrac{100kg}{50kg} + \dfrac{3,000kg}{1,000kg} + \dfrac{450kg}{300kg} = 6.5$

답 ④

23 인화점이 낮은 것에서 높은 것의 순서로 옳게 나열한 것은?

① 가솔린 → 톨루엔 → 벤젠

② 벤젠 → 가솔린 → 톨루엔

③ 가솔린 → 벤젠 → 톨루엔

④ 벤젠 → 톨루엔 → 가솔린

해설
㉠ 가솔린 : $-43℃$
㉡ 벤젠 : $-11℃$
㉢ 톨루엔 : $4℃$

답 ③

24 제2류 위험물에 대한 다음 설명 중 적합하지 않은 것은?

① 제2류 위험물을 제1류 위험물과 접촉하지 않도록 하는 이유는 제2류 위험물이 환원성 물질이기 때문이다.

② 황화인, 적린, 황은 위험물안전관리법상 위험등급 Ⅰ에 해당하는 물품이다.

③ 칠황화인은 조해성이 있으므로 취급에 주의하여야 한다.

④ 알루미늄분, 마그네슘분은 저장·보관 시 할로젠 원소와 접촉을 피하여야 한다.

해설 제2류 위험물의 종류와 지정수량

성질	위험등급	품명	대표 품목	지정수량
가연성 고체	Ⅱ	1. 황화인 2. 적린(P) 3. 황(S)	P_4S_3, P_2S_5, P_4S_7	100kg
	Ⅲ	4. 철분(Fe) 5. 금속분 6. 마그네슘(Mg)	Al, Zn	500kg
		7. 인화성 고체	고형 알코올	1,000kg

답 ②

25 황린에 대한 설명으로 옳은 것은?

① 투명 또는 담황색 액체이다.

② 무취이고 증기비중이 약 1.82이다.

③ 발화점은 $60 \sim 70℃$이므로 가열 시 주의해야 한다.

④ 환원력이 강하여 쉽게 연소한다.

해설 공기 중에서 격렬하게 오산화인의 백색 연기를 내며 연소하고 일부 유독성의 포스핀(PH_3)도 발생한다. 환원력이 강하여 산소 농도가 낮은 환경에서도 연소한다.

답 ④

26 트라이에틸알루미늄이 물과 반응하였을 때 생성되는 물질은?

① $Al(OH)_3$, C_2H_2

② $Al(OH)_3$, C_2H_6

③ Al_2O_3, C_2H_2

④ Al_2O_3, C_2H_6

해설 물과 접촉하면 폭발적으로 반응하여 에테인을 형성하고 이때 발열, 폭발에 이른다.
$(C_2H_5)_3Al + 3H_2O \rightarrow Al(OH)_3 + 3C_2H_6 + 발열$

답 ②

27 유기과산화물을 함유하는 것 중 불활성 고체를 함유하는 것으로서, 다음에 해당하는 물질은 제5류 위험물에서 제외한다. ( ) 안에 알맞은 수치는?

> 과산화벤조일의 함유량이 ( )중량퍼센트 미만인 것으로서, 전분 가루, 황산칼슘2수화물 또는 인산수소칼슘2수화물과의 혼합물

① 25.5　　　　② 35.5

③ 45.5　　　　④ 55.5

 유기과산화물을 함유하는 것 중에서 불활성 고체를 함유하는 것으로서 다음에 해당하는 것은 제외한다.
㉠ 과산화벤조일의 함유량이 35.5중량퍼센트 미만인 것으로서 전분 가루, 황산칼슘2수화물 또는 인산수소칼슘2수화물과의 혼합물
㉡ 비스(4-클로로벤조일)퍼옥사이드의 함유량이 30중량퍼센트 미만인 것으로서 불활성 고체와의 혼합물
㉢ 과산화다이쿠밀의 함유량이 40중량퍼센트 미만인 것으로서 불활성 고체와의 혼합물
㉣ 1·4비스(2-터셔리뷰틸퍼옥시아이소프로필)벤젠의 함유량이 40중량퍼센트 미만인 것으로서 불활성 고체와의 혼합물
㉤ 사이클로헥사논퍼옥사이드의 함유량이 30중량퍼센트 미만인 것으로서 불활성 고체와의 혼합물

 ②

28 위험물안전관리법상 위험등급 Ⅰ에 해당하는 것은?

① CH_3CHO

② $HCOOH$

③ $C_2H_4(OH)_2$

④ CH_3COOCH_3

 CH_3CHO는 아세트알데하이드로서, 제4류 위험물 중 특수인화물에 해당하며 위험등급 Ⅰ에 해당한다.

 ①

29 제4류 위험물 중 [보기]의 요건에 모두 해당하는 위험물은 무엇인가?

> [보기]
> • 옥내저장소에 저장·취급하는 경우 하나의 저장창고 바닥면적은 1,000m² 이하여야 한다.
> • 위험등급은 Ⅱ에 해당한다.
> • 이동탱크저장소에 저장·취급할 때에는 법정의 접지도선을 설치하여야 한다.

① 다이에틸에터

② 피리딘

③ 크레오소트유

④ 고형 알코올

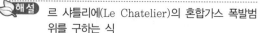 보기 중 위험등급 Ⅱ에 해당하는 것은 피리딘이다.

답 ②

30 다이에틸에터 50vol%, 이황화탄소 30vol%, 아세트알데하이드 20vol%인 혼합증기의 폭발하한값은? (단, 폭발범위는 다이에틸에터 1.9~48vol%, 이황화탄소 1.0~50vol%, 아세트알데하이드는 4.1~57vol%이다.)

① 1.63vol%

② 2.1vol%

③ 13.6vol%

④ 48.3vol%

 르 샤틀리에(Le Chatelier)의 혼합가스 폭발범위를 구하는 식

$$\therefore L = \frac{100}{\left(\dfrac{V_1}{L_1} + \dfrac{V_2}{L_2} + \dfrac{V_3}{L_3} + \cdots\right)}$$

$$= \frac{100}{\left(\dfrac{50}{1.9} + \dfrac{30}{1.0} + \dfrac{20}{4.1}\right)}$$

$$= 1.63$$

여기서, L : 혼합가스의 폭발 한계치
L_1, L_2, L_3 : 각 성분의 단독 폭발한계치 (vol%)
V_1, V_2, V_3 : 각 성분의 체적(vol%)

답 ①

31 과염소산, 질산, 과산화수소의 공통점이 아닌 것은?

① 다른 물질을 산화시킨다.
② 강산에 속한다.
③ 산소를 함유한다.
④ 불연성 물질이다.

 제6류 위험물의 공통성질
㉠ 상온에서 액체이고 산화성이 강하다.
㉡ 유독성 증기가 발생하기 쉽고, 증기는 부식성이 강하다.
㉢ 산소를 함유하고 있으며, 불연성이나 다른 가연성 물질을 착화성이 쉽다.
㉣ 모두 무기화합물로 이루어져 있으며, 불연성이다.
㉤ 과산화수소를 제외하고 강산에 해당한다.

답 ②

32 다음 표의 물질 중 제2류 위험물에 해당하는 것은 모두 몇 개인가?

- 황화인
- 칼륨
- 알루미늄의 탄화물
- 황린
- 금속의 수소화물
- 코발트분
- 황
- 무기과산화물
- 고형 알코올

① 2
② 3
③ 4
④ 5

 ㉠ 황화인, 코발트분, 황, 고형 알코올 : 제2류 위험물
㉡ 칼륨, 알루미늄의 탄화물, 황린, 금속의 수소화물 : 제3류 위험물
㉢ 무기과산화물 : 제1류 위험물

답 ③

33 물과 반응하여 가연성 가스가 발생하지 않는 것은?

① Ca_3P_2
② K_2O_2
③ Na
④ CaC_2

 과산화칼륨은 흡습성이 있으므로 물과 접촉하면 발열하며 수산화칼륨(KOH)과 산소(O_2)가 발생
$2K_2O_2 + 2H_2O \rightarrow 4KOH + O_2$

답 ②

34 벤조일퍼옥사이드(과산화벤조일)에 대한 설명으로 틀린 것은?

① 백색 또는 무색 결정성 분말이다.
② 불활성 용매 등의 희석제를 첨가하면 폭발성이 줄어든다.
③ 진한황산, 진한질산, 금속분 등과 혼합하면 분해를 일으켜 폭발한다.
④ 알코올에는 녹지 않고, 물에 잘 용해된다.

 벤조일퍼옥사이드의 경우 무미, 무취의 백색 분말 또는 무색의 결정성 고체로 물에는 잘 녹지 않으나 알코올 등에는 잘 녹는다.

답 ④

35 산화성 고체 위험물의 일반적인 성질로 옳은 것은?

① 불연성이며 다른 물질을 산화시킬 수 있는 산소를 많이 함유하고 있으며 강한 환원제이다.
② 가연성이며 다른 물질을 연소시킬 수 있는 염소를 함유하고 있으며 강한 산화제이다.
③ 불연성이며 다른 물질을 산화시킬 수 있는 산소를 많이 함유하고 있으며 강한 산화제이다.
④ 불연성이며 다른 물질을 연소시킬 수 있는 수소를 많이 함유하고 있으며 환원성 물질이다.

답 ③

36
운반 시 일광의 직사를 막기 위해 차광성이 있는 피복으로 덮어야 하는 위험물이 아닌 것은?

① 제1류 위험물 중 다이크로뮴산염류
② 제4류 위험물 중 제1석유류
③ 제5류 위험물 중 나이트로화합물
④ 제6류 위험물

 적재하는 위험물에 따라

차광성이 있는 것으로 피복해야 하는 경우	방수성이 있는 것으로 피복해야 하는 경우
제1류 위험물	제1류 위험물 중
제3류 위험물 중	알칼리금속의 과산화물
자연발화성 물질	제2류 위험물 중
제4류 위험물 중	철분, 금속분, 마그네슘
특수 인화물	제3류 위험물 중
제5류 위험물	금수성 물질
제6류 위험물	

답 ②

37
아이오딘폼 반응을 하는 물질로 연소범위가 약 2.5~12.8%이며, 끓는점과 인화점이 낮아 화기를 멀리해야 하고 냉암소에 보관하는 물질은?

① CH_3COCH_3
② CH_3CHO
③ C_6H_6
④ $C_6H_5NO_2$

 아세톤(CH_3COCH_3)은 물과 유기용제에 잘 녹고, 아이오딘폼 반응을 한다. I_2와 NaOH를 넣고 60~80℃로 가열하면, 황색의 아이오딘폼(CH_3I) 침전이 생긴다.

$CH_3COCH_3 + 3I_2 + 4NaOH$
$\rightarrow CH_3COONa + 3NaI + CH_3I + 3H_2O$

답 ①

38
다음 위험물이 속하는 위험물안전관리법령상 품명이 나머지 셋과 다른 하나는?

① 클로로벤젠
② 아닐린
③ 나이트로벤젠
④ 글리세린

 제4류 위험물의 종류와 지정수량

성질	위험등급		품명	지정수량
인화성 액체	I		특수인화물류(다이에틸에터, 이황화탄소, 아세트알데하이드, 산화프로필렌)	50L
	II	제1석유류	비수용성(가솔린, 벤젠, 톨루엔, 사이클로헥세인, 콜로디온, 메틸에틸케톤, 초산메틸, 초산에틸, 의산에틸, 헥세인 등)	200L
			수용성(아세톤, 피리딘, 아크롤레인, 의산메틸, 사이안화수소 등)	400L
		알코올류(메틸알코올, 에틸알코올, 프로필알코올, 아이소프로필알코올)		400L
	III	제2석유류	비수용성(등유, 경유, 스타이렌, 자일렌(o-, m-, p-), 클로로벤젠, 장뇌유, 뷰틸알코올, 알릴알코올, 아밀알코올 등)	1,000L
			수용성(폼산, 초산, 하이드라진, 아크릴산 등)	2,000L
		제3석유류	비수용성(중유, 크레오소트유, 아닐린, 나이트로벤젠, 나이트로톨루엔 등)	2,000L
			수용성(에틸렌글리콜, 글리세린 등)	4,000L
		제4석유류	기어유, 실린더유, 윤활유, 가소제	6,000L
		동식물유류(아마인유, 들기름, 동유, 야자유, 올리브유 등)		10,000L

답 ①

39
다음 중 품목을 달리하는 위험물을 동일 장소에 저장할 경우 위험물 시설로서 허가를 받아야 할 수량을 저장하고 있는 것은? (단, 제4류 위험물의 경우 비수용성이고 수량 이외의 저장기준은 고려하지 않는다.)

① 이황화탄소 10L, 가솔린 20L와 칼륨 3kg을 취급하는 곳
② 가솔린 60L, 등유 300L와 중유 950L를 취급하는 곳
③ 경유 600L, 나트륨 1kg과 무기과산화물 10kg을 취급하는 곳
④ 황 10kg, 등유 300L와 황린 10kg을 취급하는 곳

해설 지정수량 배수의 합

$$= \frac{A 품목\ 저장수량}{A 품목\ 지정수량} + \frac{B 품목\ 저장수량}{B 품목\ 지정수량}$$
$$+ \frac{C 품목\ 저장수량}{C 품목\ 지정수량} + \cdots$$

①	이황화탄소	가솔린	칼륨
지정수량	50L	200L	10kg
②	가솔린	등유	중유
지정수량	200L	1,000L	2,000L
③	경유	나트륨	무기과산화물
지정수량	1,000L	10kg	50kg
④	황	등유	황린
지정수량	100kg	1,000L	20kg

① 지정수량 배수 $= \dfrac{10L}{50L} + \dfrac{20L}{200L} + \dfrac{3kg}{10kg}$
$\qquad\qquad\qquad = 0.6$

② 지정수량 배수 $= \dfrac{60L}{200L} + \dfrac{300L}{1,000L} + \dfrac{950L}{2,000L}$
$\qquad\qquad\qquad = 1.075(허가대상)$

③ 지정수량 배수 $= \dfrac{600L}{1,000L} + \dfrac{1kg}{10kg} + \dfrac{10kg}{50kg}$
$\qquad\qquad\qquad = 0.9$

④ 지정수량 배수 $= \dfrac{10kg}{100kg} + \dfrac{300L}{1,000L} + \dfrac{10kg}{20kg}$
$\qquad\qquad\qquad = 0.9$

답 ②

40 다음 중 알칼리토금속의 과산화물로서 비중이 약 4.96, 융점이 약 450℃인 것으로 비교적 안정한 물질은?

① BaO_2

② CaO_2

③ MgO_2

④ BeO_2

해설 BaO_2(과산화바륨)
㉠ 분자량 169, 비중 4.96, 분해온도 840℃, 융점 450℃
㉡ 정방형의 백색 분말로 냉수에는 약간 녹으나, 묽은산에는 잘 녹는다.
㉢ 알칼리토금속의 과산화물 중 매우 안정적인 물질이다.
㉣ 무기과산화물 중 분해온도가 가장 높다.

답 ①

41 과망가니즈산칼륨과 묽은황산이 반응하였을 때의 생성물이 아닌 것은?

① MnO_4　　　② K_2SO_4

③ $MnSO_4$　　　④ H_2O

해설 묽은황산과의 반응식
$4KMnO_4 + 6H_2SO_4$
$\quad \rightarrow 2K_2SO_4 + 4MnSO_4 + 6H_2O + 5O_2$

답 ①

42 각 물질의 저장 및 취급 시 주의사항에 대한 설명으로 옳지 않은 것은?

① H_2O_2 : 완전 밀폐, 밀봉된 상태로 보관한다.

② K_2O_2 : 물과의 접촉을 피한다.

③ $NaClO_3$: 철제용기에 보관하지 않는다.

④ CaC_2 : 습기를 피하고 불활성가스를 봉인하여 저장한다.

해설 과산화수소(H_2O_2)의 저장 및 취급 방법
㉠ 유리는 알칼리성으로 분해를 촉진하므로 피하고 가열, 화기, 직사광선을 차단하며 농도가 높을수록 위험성이 크므로 분해 방지 안정제(인산, 요산 등)를 넣어 발생기 산소의 발생을 억제한다.
㉡ 용기는 밀봉하되 작은 구멍이 뚫린 마개를 사용한다.

답 ①

43 금속나트륨이 에탄올과 반응하였을 때 가연성 가스가 발생한다. 이때 발생하는 가스와 동일한 가스가 발생되는 경우는?

① 나트륨이 액체 암모니아와 반응하였을 때

② 나트륨이 산소와 반응하였을 때

③ 나트륨이 사염화탄소와 반응하였을 때

④ 나트륨이 이산화탄소와 반응하였을 때

해설 나트륨은 알코올과 반응하여 나트륨알코올레이트와 수소 가스가 발생한다.
$2Na + 2C_2H_5OH \rightarrow 2C_2H_5ONa + H_2$ ⎤ 공통 가스
$2Na + 2NH_3 \rightarrow 2NaNH_2 + H_2$ ⎦

답 ①

44 위험물안전관리법령상 염소화규소화합물은 제 몇 류 위험물에 해당되는가?

① 제1류
② 제2류
③ 제3류
④ 제5류

 제3류 위험물(자연발화성 및 금수성 물질)의 종류와 지정수량

위험 등급	품명	대표품목	지정 수량
Ⅰ	1. 칼륨(K)		10kg
	2. 나트륨(Na)		
	3. 알킬알루미늄	$(C_2H_5)_3Al$	
	4. 알킬리튬	C_4H_9Li	
	5. 황린(P_4)		20kg
Ⅱ	6. 알칼리금속류(칼륨 및 나트륨 제외) 및 알칼리토금속	Li, Ca	50kg
	7. 유기금속화합물(알킬알루미늄 및 알킬리튬 제외)	$Te(C_2H_5)_2$, $Zn(CH_3)_2$	
Ⅲ	8. 금속의 수소화물	LiH, NaH	300kg
	9. 금속의 인화물	Ca_3P_2, AlP	
	10. 칼슘 또는 알루미늄의 탄화물	CaC_2, Al_4C_3	
	11. 그 밖에 행정안전부령이 정하는 것 염소화규소화합물	$SiHCl_3$	300kg

답 ③

45 알코올류의 성상, 위험성, 저장 및 취급에 대한 설명으로 틀린 것은?

① 농도가 높아질수록 인화점이 낮아져 위험성이 증대된다.
② 알칼리금속과 반응하면 인화성이 강한 수소가 발생한다.
③ 위험물안전관리법령상 1분자를 구성하는 탄소 원자의 수가 1개 내지 3개인 포화1가 알코올의 함유량이 60vol% 미만인 수용액은 알코올류에서 제외한다.
④ 위험물안전관리법령상 "알코올류"라 함은 1분자를 구성하는 탄소 원자의 수가 1개부터 3개까지인 포화1가 알코올(변성알코올을 포함한다)을 말한다.

 "알코올류"라 함은 1분자를 구성하는 탄소 원자의 수가 1개부터 3개까지인 포화1가 알코올(변성알코올을 포함한다)을 말한다. 다만, 다음의 어느 하나에 해당하는 것은 제외한다.
㉠ 1분자를 구성하는 탄소 원자의 수가 1개 내지 3개인 포화1가 알코올의 함유량이 60wt% 미만인 수용액
㉡ 가연성 액체량이 60wt% 미만이고 인화점 및 연소점(태그개방식 인화점측정기에 의한 연소점을 말한다. 이하 같다)이 에틸알코올 60wt% 수용액의 인화점 및 연소점을 초과하는 것

답 ③

46 위험물안전관리법령상 위험물 운반에 관한 기준에서 운반용기의 재질로 명시되지 않은 것은?

① 섬유판
② 도자기
③ 고무류
④ 종이

 운반용기 재질 : 금속판, 강판, 삼, 합성섬유, 고무류, 양철판, 짚, 알루미늄판, 종이, 유리, 나무, 플라스틱, 섬유판

답 ②

47 트라이클로로실란(trichlorosilane)의 위험성에 대한 설명으로 옳지 않은 것은?

① 산화성 물질과 접촉하면 폭발적으로 반응한다.
② 물과 격렬하게 반응하여 부식성의 염산을 생성한다.
③ 연소범위가 넓고 인화점이 낮아 위험성이 높다.
④ 증기비중이 공기보다 작으므로 높은 곳에 체류해 폭발 가능성이 높다.

해설 실란의 일반식은 Si_nH_{2n+2}로서 규소의 수소화물 또는 수소화규소라고도 한다. 트라이클로로실란($HSiCl_3$)은 300~450℃에서 염화규소를 환원하여 만든다. 이 경우 증기비중은 4.67로서 공기보다 무겁다.

답 ④

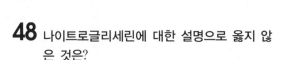
48 나이트로글리세린에 대한 설명으로 옳지 않은 것은?

① 순수한 것은 상온에서 푸른색을 띤다.
② 충격마찰에 매우 민감하므로 운반 시 다공성 물질에 흡수시킨다.
③ 겨울철에는 동결할 수 있다.
④ 비중은 약 1.6으로 물보다 무겁다.

 나이트로글리세린은 다이너마이트, 로켓, 무연화약의 원료로 순수한 것은 무색 투명한 기름상의 액체(공업용 시판품은 담황색)이며, 점화하면 즉시 연소하고 폭발력이 강하다.

답 ①

49 물과 반응하였을 때 생성되는 탄화수소가스의 종류가 나머지 셋과 다른 하나는?

① Be_2C
② Mn_3C
③ MgC_2
④ Al_4C_3

 ① $BeC_2 + 4H_2O \rightarrow 2Be(OH)_2 + CH_4$
② $Mn_3C + 6H_2O \rightarrow 3Mn(OH)_2 + CH_4 + H_2$
③ $MgC_2 + 2H_2O \rightarrow Mg(OH)_2 + C_2H_2$
④ $Al_4C_3 + 12H_2O \rightarrow 4Al(OH)_3 + 3CH_4$

답 ③

50 제1류 위험물 중 무기과산화물과 제5류 위험물 중 유기과산화물의 소화방법으로 옳은 것은?

① 무기과산화물 : CO_2에 의한 질식소화
유기과산화물 : CO_2에 의한 냉각소화
② 무기과산화물 : 건조사에 의한 피복소화
유기과산화물 : 분말에 의한 질식소화
③ 무기과산화물 : 포에 의한 질식소화
유기과산화물 : 분말에 의한 질식소화
④ 무기과산화물 : 건조사에 의한 피복소화
유기과산화물 : 물에 의한 냉각소화

답 ④

51 위험물의 연소 특성에 대한 설명으로 옳지 않은 것은?

① 황린은 연소 시 오산화인의 흰 연기가 발생한다.
② 황은 연소 시 푸른 불꽃을 내며 이산화질소를 발생한다.
③ 마그네슘은 연소 시 섬광을 내며 발열한다.
④ 트라이에틸알루미늄은 공기와 접촉하면 백연을 발생하며 연소한다.

 ① 황린은 공기 중에서 격렬하게 오산화인의 백색연기를 내며 연소한다.
$P_4 + 5O_2 \rightarrow 2P_2O_5$
② 황은 공기 중에서 연소하면 푸른 빛을 내며 아황산가스를 발생하며, 아황산가스는 독성이 있다.
$S + O_2 \rightarrow SO_2$
③ 마그네슘은 가열하면 연소가 쉽고 양이 많은 경우 맹렬히 연소하며 강한 빛을 낸다. 특히 연소열이 매우 높기 때문에 온도가 높아지고 화세가 격렬하여 소화가 곤란하다.
$2Mg + O_2 \rightarrow 2MgO$
④ 트라이에틸알루미늄은 무색, 투명한 액체로 외관은 등유와 유사한 가연성으로 $C_1{\sim}C_4$는 자연발화성이 강하다. 또한 공기 중에 노출되어 공기와 접촉하여 백연을 발생하며 연소한다. 단, C_5 이상은 점화하지 않으면 연소하지 않는다.
$2(C_2H_5)_3Al + 21O_2 \rightarrow 12CO_2 + Al_2O_3 + 15H_2O$

답 ②

52 플루오린계 계면활성제를 주성분으로 한 것으로 분말소화약제와 함께 트윈약제시스템(twin agent system)에 사용되어 소화효과를 높이는 포소화약제는?

① 수성막포소화약제
② 단백포소화약제
③ 합성계면활성제포소화약제
④ 내알코올형포소화약제

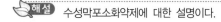 수성막포소화약제에 대한 설명이다.

답 ①

53 할로젠소화약제인 $C_2F_4Br_2$에 대한 설명으로 옳은 것은?

① 할론번호가 2420이며, 상온·상압에서 기체이다.

② 할론번호가 2402이며, 상온·상압에서 기체이다.

③ 할론번호가 2420이며, 상온·상압에서 액체이다.

④ 할론번호가 2402이며, 상온·상압에서 액체이다.

답 ④

54 소화약제가 환경에 미치는 영향을 표시하는 지수가 아닌 것은?

① ODP ② GWP
③ ALT ④ LOAEL

 LOAEL(Lowest Observed Adverse Effect Level) : 농도를 감소시킬 때 아무런 악영향도 감지할 수 없는 최소허용농도

답 ④

55 소화약제의 종류에 관한 설명으로 틀린 것은?

① 제2종 분말소화약제는 B급, C급 화재에 적응성이 있다.

② 제3종 분말소화약제는 A급, B급, C급 화재에 적응성이 있다.

③ 이산화탄소소화약제의 주된 소화효과는 질식효과이며 B급, C급 화재에 주로 사용한다.

④ 합성계면활성제 포소화약제는 고팽창포로 사용하는 경우 사정거리가 길어 고압가스, 액화가스, 석유탱크 등의 대규모 화재에 사용한다.

 합성계면활성제 포소화약제의 경우 일반화재 및 유류화재에 적용이 가능하고, 창고화재 소화에 적합하나 내열성과 내유성이 약해 대형 유류탱크 화재 시 ring fire(윤화) 현상이 발생될 우려가 있으므로 소화에 적절하지 않다.

답 ④

56 50%의 N_2와 50%의 Ar으로 구성된 소화약제는?

① HFC-125
② IG-100
③ HFC-23
④ IG-55

 불활성 기체 소화약제의 종류

소화약제	화학식
불연성·불활성 기체 혼합가스 (IG-01)	Ar
불연성·불활성 기체 혼합가스 (IG-100)	N_2
불연성·불활성 기체 혼합가스 (IG-541)	N_2 : 52% Ar : 40% CO_2 : 8%
불연성·불활성 기체 혼합가스 (IG-55)	N_2 : 50% Ar : 50%

답 ④

57 소화설비의 설치기준에서 저장소의 건축물은 외벽이 내화구조인 것은 연면적 몇 m^2를 1소요단위로 하고, 외벽이 내화구조가 아닌 것은 연면적 몇 m^2를 1소요단위로 하는가?

① 100, 75
② 150, 75
③ 200, 100
④ 250, 150

 소요단위

소화설비의 설치대상이 되는 건축물의 규모 또는 위험물의 양에 대한 기준단위

1 단 위	제조소 또는 취급소용 건축물의 경우	내화구조 외벽을 갖춘 연면적 100m^2
		내화구조 외벽이 아닌 연면적 50m^2
	저장소 건축물의 경우	내화구조 외벽을 갖춘 연면적 150m^2
		내화구조 외벽이 아닌 연면적 75m^2
	위험물의 경우	지정수량의 10배

답 ②

58 위험물 제조소 건축물의 구조에 대한 설명 중 옳은 것은?

① 지하층은 1개층까지만 만들 수 있다.

② 벽·기둥·바닥·보 등은 불연재료로 한다.

③ 지붕은 폭발 시 대기 중으로 날아갈 수 있도록 가벼운 목재 등으로 덮는다.

④ 바닥에 적당한 경사가 있어서 위험물이 외부로 흘러갈 수 있는 구조라면 집유설비를 설치하지 않아도 된다.

 제조소 건축물의 구조기준

㉠ 지하층이 없도록 하여야 한다.

㉡ 벽·기둥·바닥·보·서까래 및 계단은 불연 재료로 하고, 연소의 우려가 있는 외벽은 개구부가 없는 내화구조의 벽으로 하여야 한다.

㉢ 지붕은 폭발력이 위로 방출될 정도의 가벼운 불연재료로 덮어야 한다.

㉣ 출입구와 비상구는 60+방화문·60분방화문 또는 30분방화문을 설치하되, 연소의 우려가 있는 외벽에 설치하는 출입구에는 수시로 열수 있는 자동폐쇄식의 60+방화문 또는 60분방화문을 설치하여야 한다.

㉤ 위험물을 취급하는 건축물의 창 및 출입구에 유리를 이용하는 경우에는 망입유리로 하여야 한다.

㉥ 액체의 위험물을 취급하는 건축물의 바닥은 위험물이 스며들지 못하는 재료를 사용하고, 적당한 경사를 두어 그 최저부에 집유설비를 하여야 한다.

답 ②

59 제4류 위험물 중 다음에 주어진 요건에 모두 해당하는 위험물은 무엇인가?

- 옥내저장소에 저장·취급하는 경우 하나의 저장창고 바닥면적은 1,000m² 이하하여야 한다.
- 위험등급은 Ⅱ에 해당한다.
- 이동탱크저장소에 저장·취급할 때에는 법정의 접지도선을 설치하여야 한다.

① 다이에틸에터

② 피리딘

③ 크레오소트유

④ 고형 알코올

 보기 중 위험등급 Ⅱ에 해당하는 것은 피리딘이다.

답 ②

60 제5류 위험물 중 제조소의 위치·구조 및 설비 기준상 안전거리기준, 담 또는 토제의 기준 등에 있어서 강화되는 특례기준을 두고 있는 품명은?

① 유기과산화물

② 질산에스터류

③ 나이트로화합물

④ 하이드록실아민

 지정수량 이상의 하이드록실아민 등을 취급하는 제조소의 안전거리

$$D = 51.1 \times \sqrt[3]{N}$$

여기서, D : 거리(m)

N : 해당 제조소에서 취급하는 하이드 록실아민 등의 지정수량의 배수

답 ④

61 다음 A, B 같은 작업공정을 가진 경우 위험물안전관리법상 허가를 받아야 하는 제조소 등의 종류를 옳게 짝지은 것은? (단, 지정수량 이상을 취급하는 경우이다.)

A : 원료(비위험물) —작업→ 제품(위험물)

B : 원료(위험물) —작업→ 제품(비위험물)

① A : 위험물제조소, B : 위험물제조소

② A : 위험물제조소, B : 위험물취급소

③ A : 위험물취급소, B : 위험물제조소

④ A : 위험물취급소, B : 위험물취급소

 ㉠ 위험물제조소 : 위험물 또는 비위험물을 원료로 사용하여 위험물을 생산하는 시설

㉡ 위험물 일반취급소 : 위험물을 사용하여 일반제품을 생산, 가공 또는 세척하거나 버너 등에 소비하기 위하여 1일에 지정수량 이상의 위험물을 취급하는 시설을 말한다.

답 ②

62 다음 중 "알킬알루미늄 등"을 저장 또는 취급하는 이동탱크저장소에 관한 기준으로 옳은 것은?

① 탱크 외면은 적색으로 도장을 하고 백색문자로 동판의 양 측면 및 경판에 "화기주의" 또는 "물기주의"라는 주의사항을 표시한다.

② 20kPa 이하의 압력으로 불활성기체를 봉입해 두어야 한다.

③ 이동저장탱크의 맨홀 및 주입구의 뚜껑은 10mm 이상의 강판으로 제작하고, 용량은 2,000L 미만이어야 한다.

④ 이동저장탱크는 두께 5mm 이상의 강판으로 제작하고 3MPa 이상의 압력으로 5분간 실시하는 수압시험에서 새거나 변형되지 않아야 한다.

 해설 알킬알루미늄 등을 저장 또는 취급하는 이동탱크저장소 기준

㉠ 이동저장탱크는 두께 10mm 이상의 강판 또는 이와 동등 이상의 기계적 성질이 있는 재료로 기밀하게 제작되고 1MPa 이상의 압력으로 10분간 실시하는 수압시험에서 새거나 변형하지 아니하는 것일 것

㉡ 이동저장탱크의 용량은 1,900L 미만일 것

㉢ 안전장치는 이동저장탱크의 수압시험의 압력의 3분의 2를 초과하고 5분의 4를 넘지 아니하는 범위의 압력으로 작동할 것

㉣ 이동저장탱크의 맨홀 및 주입구의 뚜껑은 두께 10mm 이상의 강판 또는 이와 동등 이상의 기계적 성질이 있는 재료로 할 것

㉤ 이동저장탱크의 배관 및 밸브 등은 해당 탱크의 윗부분에 설치할 것

㉥ 이동탱크저장소에는 이동저장탱크 하중의 4배의 전단하중에 견딜 수 있는 걸고리 체결금속구 및 모서리 체결금속구를 설치할 것

㉦ 이동저장탱크는 불활성의 기체를 봉입할 수 있는 구조로 할 것

㉧ 이동저장탱크는 그 외면을 적색으로 도장하는 한편, 백색문자로서 동판(胴板)의 양측면 및 경판(鏡板)에 주의사항을 표시할 것

답 ②

63 다음 중 지하탱크저장소의 수압시험기준으로 옳은 것은?

① 압력 외 탱크는 상용압력의 30kPa의 압력으로 10분간 실시하여 새거나 변형이 없을 것

② 압력탱크는 최대상용압력의 1.5배의 압력으로 10분간 실시하여 새거나 변형이 없을 것

③ 압력 외 탱크는 상용압력의 30kPa의 압력으로 20분간 실시하여 새거나 변형이 없을 것

④ 압력탱크는 최대상용압력의 1.1배의 압력으로 10분간 실시하여 새거나 변형이 없을 것

 해설 지하저장탱크는 용량에 따라 압력탱크(최대상용압력이 46.7kPa 이상인 탱크를 말한다) 외의 탱크에 있어서는 70kPa의 압력으로, 압력탱크에 있어서는 최대상용압력의 1.5배의 압력으로 각각 10분간 수압시험을 실시하여 새거나 변형되지 아니하여야 한다. 이 경우 수압시험은 소방청장이 정하여 고시하는 기밀시험과 비파괴시험을 동시에 실시하는 방법으로 대신할 수 있다.

답 ②

64 인화성 액체 위험물(CS_2는 제외)을 저장하는 옥외탱크저장소에서의 방유제 용량에 대해 다음 (   ) 안에 알맞은 수치를 차례대로 나열한 것은?

> 방유제의 용량은 방유제 안에 설치된 탱크가 하나인 때에는 그 탱크용량의 (   )% 이상, 2기 이상인 때에는 그 탱크 중 용량이 최대인 것의 용량 (   )% 이상으로 할 것.
> 이 경우 방유제의 용량은 해당 방유제의 내용적에서 용량이 최대인 탱크 외의 탱크의 방유제 높이 이하 부분의 용적, 해당 방유제 내에 있는 모든 탱크의 지반면 이상 부분의 기초 체적, 칸막이둑의 체적 및 해당 방유제 내에 있는 배관 등의 체적을 뺀 것으로 한다.

① 50, 100　　　　② 100, 110

③ 110, 100　　　　④ 110, 110

답 ④

65 위험물안전관리법령상 주유취급소에 캐노피를 설치하려고 할 때의 기준이 아닌 것은?

① 배관이 캐노피 내부를 통과할 경우에는 1개 이상의 점검구를 설치할 것

② 캐노피 외부의 점검이 곤란한 장소에 배관을 설치하는 경우에는 용접이음으로 할 것

③ 캐노피의 면적은 주유취급 바닥면적의 2분의 1 이하로 할 것

④ 캐노피 외부의 배관이 일광열의 영향을 받을 우려가 있는 경우에는 단열재로 피복할 것

답 ③

66 이동탱크저장소에 의한 위험물 운송 시 위험물운송자가 휴대하여야 하는 위험물안전카드의 작성대상에 관한 설명으로 옳은 것은?

① 모든 위험물에 대하여 위험물안전카드를 작성하여 휴대하여야 한다.

② 제1류, 제3류 또는 제4류 위험물을 운송하는 경우에 위험물안전카드를 작성하여 휴대하여야 한다.

③ 위험등급 Ⅰ 또는 위험등급 Ⅱ에 해당하는 위험물을 운송하는 경우에 위험물안전카드를 작성하여 휴대하여야 한다.

④ 제1류, 제2류, 제3류, 제4류(특수인화물 및 제1석유류에 한한다), 제5류 또는 제6류 위험물을 운송하는 경우에 위험물안전카드를 작성하여 휴대하여야 한다.

 위험물(제4류 위험물에 있어서는 특수인화물 및 제1석유류에 한한다)을 운송하게 하는 자는 위험물안전카드를 위험물운송자로 하여금 휴대하게 할 것

답 ④

67 옥외저장소에 저장하는 위험물 중에서 위험물을 적당한 온도로 유지하기 위한 살수설비를 설치하여야 하는 위험물이 아닌 것은?

① 인화성 고체(인화점 20℃)

② 경유

③ 톨루엔

④ 메탄올

 옥외저장소에 살수설비를 설치해야 하는 위험물은 인화성 고체, 제1석유류, 알코올류이다. 경유는 제2석유류에 해당한다.

답 ②

68 다음 중 소화난이도 등급 Ⅰ의 옥외탱크저장소로서 인화점이 70℃ 이상의 제4류 위험물만을 저장하는 탱크에 설치하여야 하는 소화설비는? (단, 지중탱크 및 해상탱크는 제외한다.)

① 물분무소화설비 또는 고정식 포소화설비

② 옥외소화전설비

③ 스프링클러설비

④ 이동식 포소화설비

 소화난이도 등급 Ⅰ에 해당하는 제조소 등의 소화설비

구분	소화설비
옥외탱크저장소 (황만을 저장·취급)	물분무소화설비
옥외탱크저장소 (인화점 70℃ 이상의 제4류 위험물 취급)	• 물분무소화설비 • 고정식 포소화설비
옥외탱크저장소 (지중탱크)	• 고정식 포소화설비 • 이동식 이외의 이산화탄소소화설비 • 이동식 이외의 할로젠화물소화설비

답 ①

69 다음 (   )에 알맞은 숫자를 순서대로 나열한 것은?

> 주유취급소 중 건축물의 (   )층의 이상의 부분을 점포, 휴게음식점 또는 전시장의 용도로 사용하는 것에 있어서는 해당 건축물의 (   )층 이상으로부터 직접 주유취급소의 부지 밖으로 통하는 출입구와 해당 출입구로 통하는 통로, 계단 및 출입구에 유도등을 설치하여야 한다.

① 2, 1 ② 1, 1

③ 2, 2 ④ 1, 2

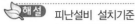 **해설** 피난설비 설치기준

㉠ 주유취급소 중 건축물의 2층 이상의 부분을 점포·휴게음식점 또는 전시장의 용도로 사용하는 것에 있어서는 해당 건축물의 2층 이상으로부터 직접 주유취급소의 부지 밖으로 통하는 출입구와 해당 출입구로 통하는 통로·계단 및 출입구에 유도등을 설치하여야 한다.

㉡ 옥내주유취급소에 있어서는 해당 사무소 등의 출입구 및 피난구와 해당 피난구로 통하는 통로·계단 및 출입구에 유도등을 설치하여야 한다.

㉢ 유도등에는 비상전원을 설치하여야 한다.

답 ③

70 위험물안전관리법령에서 정한 소화설비, 경보설비 및 피난설비의 기준으로 틀린 것은?

① 저장소의 건축물은 외벽이 내화구조인 것은 연면적 $75m^2$를 1소요단위로 한다.

② 할로젠화합물소화설비의 설치기준은 불활성가스소화설비 설치기준을 준용한다.

③ 옥내주유취급소와 연면적이 $500m^2$ 이상인 일반취급소에는 자동화재탐지설비를 설치하여야 한다.

④ 옥내소화전은 제조소 등의 건축물의 층마다 해당 층의 각 부분에서 하나의 호스 접속구까지의 수평거리가 25m 이하가 되도록 설치하여야 한다.

 해설 소요단위 : 소화설비의 설치대상이 되는 건축물의 규모 또는 1위험물 양에 대한 기준 단위

1단위	제조소 또는 취급소용 건축물의 경우	내화구조 외벽을 갖춘 연면적 100m²
		내화구조 외벽이 아닌 연면적 50m²
	저장소 건축물의 경우	내화구조 외벽을 갖춘 연면적 150m²
		내화구조 외벽이 아닌 연면적 75m²
	위험물의 경우	지정수량의 10배

답 ①

71 위험물안전관리법령상 경보설비의 설치 대상에 해당하지 않는 것은?

① 지정수량의 5배를 저장 또는 취급하는 판매취급소

② 옥내주유취급소

③ 연면적 $500m^2$인 제조소

④ 처마높이가 6m인 단층건물의 옥내저장소

 해설 제조소 등별로 설치하여야 하는 경보설비의 종류

제조소 등의 구분	제조소 등의 규모, 저장 또는 취급하는 위험물의 종류 및 최대수량 등	경보설비
1. 제조소 및 일반취급소	• 연면적 500m² 이상인 것 • 옥내에서 지정수량의 100배 이상을 취급하는 것(고인화점 위험물만을 100℃ 미만의 온도에서 취급하는 것을 제외한다) • 일반취급소로 사용되는 부분 외의 부분이 있는 건축물에 설치된 일반취급소(일반취급소와 일반취급소 외의 부분이 내화구조의 바닥 또는 벽으로 개구부 없이 구획된 것을 제외한다)	자동화재탐지설비
2. 옥내저장소	• 지정수량의 100배 이상을 저장 또는 취급하는 것(고인화점 위험물만을 저장 또는 취급하는 것을 제외한다) • 저장창고의 연면적이 150m²를 초과하는 것[해당 저장창고가 연면적 150m² 이내마다 불연재료의 격벽으로 개구부 없이 완전히 구획된 것과 제2류 또는 제4류의 위험물(인화성 고체 및 인화점이 70℃ 미만인 제4류 위험물을 제외한다)만을 저장 또는 취급하는 것에 있어서는 저장창고의 연면적이 500m² 이상의 것에 한한다] • 처마높이가 6m 이상인 단층건물의 것 • 옥내저장소로 사용되는 부분 외의 부분이 있는 건축물에 설치된 옥내저장소[옥내저장소와 옥내저장소 외의 부분이 내화구조의 바닥 또는 벽으로 개구부 없이 구획된 것과 제2류 또는 제4류의 위험물(인화성 고체 및 인화점이 70℃ 미만인 제4류 위험물을 제외한다)만을 저장 또는 취급하는 것을 제외한다]	자동화재탐지설비
3. 옥내탱크저장소	단층건물 외의 건축물에 설치된 옥내탱크저장소로서 소화난이도 등급 I에 해당하는 것	자동화재탐지설비
4. 주유취급소	옥내주유취급소	
5. 제1호 내지 제4호의 자동화재탐지설비 설치 대상에 해당하지 아니하는 제조소 등	지정수량의 10배 이상을 저장 또는 취급하는 것	자동화재탐지설비, 비상경보설비, 확성장치 또는 비상방송설비 중 1종 이상

답 ①

72 다음은 위험물안전관리법령에 따른 소화설비의 설치기준 중 전기설비의 소화설비 기준에 관한 내용이다. (   )에 알맞은 수치를 차례대로 나타낸 것은?

> 제조소 등에 전기설비(전기배선, 조명기구 등은 제외한다)가 설치된 경우에는 해당 장소의 면적 (   )m²마다 소형 수동식 소화기를 (   )개 이상 설치할 것

① 100, 1
② 100, 0.5
③ 200, 1
④ 200, 0.5

 해설 전기설비의 소화설비 : 제조소 등에 전기설비(전기배선, 조명기구 등은 제외한다)가 설치된 경우에는 해당 장소의 면적 100m²마다 소형 수동식 소화기를 1개 이상 설치할 것

답 ①

73 위험물제조소 등의 옥내소화전설비의 설치 기준으로 틀린 것은?

① 수원의 수량은 옥내소화전이 가장 많이 설치된 층의 옥내소화전 설치개수(설치개수가 5개 이상인 경우는 5개)에 7.8m³를 곱한 양 이상이 되도록 설치할 것

② 옥내소화전은 제조소 등의 건축물의 층마다 해당 층의 각 부분에서 하나의 호스 접속구까지의 수평거리가 50m 이하가 되도록 설치할 것

③ 옥내소화전설비는 각층을 기준으로 하여 해당 층의 모든 옥내소화전(설치개수가 5개 이상인 경우는 5개의 옥내소화전)을 동시에 사용할 경우에 각 노즐선단의 방수압력이 350kPa 이상이고 방수량이 1분당 260L 이상의 성능이 되도록 할 것

④ 옥내소화전설비에는 비상전원을 설치할 것

 해설 옥내소화전은 제조소 등의 건축물의 층마다 해당 층의 각 부분에서 하나의 호스 접속구까지의 수평거리가 25m 이하가 되도록 설치할 것. 이 경우 옥내소화전은 각층의 출입구 부근에 1개 이상 설치하여야 한다.

답 ②

74 위험물제조소에 설치하는 옥내소화전의 개폐밸브 및 호스 접속구는 바닥면으로부터 몇 m 이하의 높이에 설치하여야 하는가?

① 0.5
② 1.5
③ 1.7
④ 1.9

 해설 옥내소화전의 개폐밸브 및 호스 접속구는 바닥면으로부터 1.5m 이하의 높이에 설치할 것

답 ②

75 위험물안전관리법령상 옥내저장소에 6개의 옥외소화전을 설치할 때 필요한 수원의 수량은?

① 28m³ 이상
② 39m³ 이상
③ 54m³ 이상
④ 81m³ 이상

 해설 수원의 양(Q)
$Q(\text{m}^3) = N \times 13.5\text{m}^3$
(N, 4개 이상인 경우 4개)
$= 4 \times 13.5\text{m}^3 = 54\text{m}^3$

답 ③

76 위험물의 저장기준으로 틀린 것은?

① 옥내저장소에 저장하는 위험물은 용기에 수납하여 저장하여야 한다(덩어리상태의 황 제외).

② 같은 유별에 속하는 위험물은 모두 동일한 저장소에 함께 저장할 수 있다.

③ 자연발화할 위험이 있는 위험물을 옥내저장소에 저장하는 경우 동일 품명의 위험물이더라도 지정수량의 10배 이하마다 구분하여 상호 간 0.3m 이상의 간격을 두어 저장하여야 한다.

④ 용기에 수납하여 옥내저장소에 저장하는 위험물의 경우 온도가 55℃를 넘지 않도록 조치하여야 한다.

 해설 제3류 위험물 중 황린, 그 밖에 물속에 저장하는 물품과 금수성 물질은 동일한 저장소에 저장하지 아니하여야 한다.

답 ②

77 위험물안전관리법령에서 정한 위험물 안전관리자의 책무에 해당하지 않는 것은?

① 제조소 등의 구조 또는 설비의 이상을 발견한 경우 관계자에 대한 연락 및 응급조치

② 제조소 등의 계측장치·제어장치 및 안전장치 등의 적정한 유지·관리

③ 안전관리자가 일시적으로 직무를 수행할 수 없는 경우에 대리자 지정

④ 위험물의 취급에 관한 일지의 작성·기록

 해설 위험물 안전관리자의 책무

㉮ 위험물의 취급작업에 참여하여 해당 작업이 저장 또는 취급에 관한 기술기준과 예방규정에 적합하도록 해당 작업자에 대하여 지시 및 감독하는 업무

㉯ 화재 등의 재난이 발생한 경우 응급조치 및 소방관서 등에 대한 연락 업무

㉰ 위험물시설의 안전을 담당하는 자를 따로 두는 제조소 등의 경우에는 그 담당자에게 다음의 규정에 의한 업무의 지시, 그 밖의 제조소 등의 경우에는 다음의 규정에 의한 업무

　㉠ 제조소 등의 위치·구조 및 설비를 기술기준에 적합하도록 유지하기 위한 점검과 점검상황의 기록, 보존

　㉡ 제조소 등의 구조 또는 설비의 이상을 발견한 경우 관계자에 대한 연락 및 응급조치

　㉢ 화재가 발생하거나 화재발생의 위험성이 현저한 경우 소방관서 등에 대한 연락 및 응급조치

　㉣ 제조소 등의 계측장치·제어장치 및 안전장치 등의 적정한 유지·관리

　㉤ 제조소 등의 위치·구조 및 설비에 관한 설계도서 등의 정비·보존 및 제조소 등의 구조 및 설비의 안전에 관한 사무의 관리

㉱ 화재 등의 재해의 방지와 응급조치에 관하여 인접하는 제조소 등과 그 밖에 관련되는 시설의 관계자와 협조체제의 유지

㉲ 위험물의 취급에 관한 일지의 작성·기록

㉳ 그 밖에 위험물을 수납한 용기를 차량에 적재하는 작업, 위험물설비를 보수하는 작업 등 위험물의 취급과 관련된 작업의 안전에 관하여 필요한 감독의 수행

답 ③

78 제조소에서 취급하는 제4류 위험물의 최대수량의 합이 지정수량의 48만배 이상인 사업소의 자체소방대에 두어야 하는 화학소방자동차의 대수 및 자체소방대원의 수는? (단, 해당 사업소는 다른 사업소 등과 상호응원에 관한 협정을 체결하고 있지 아니하다.)

① 4대, 20인

② 3대, 15인

③ 2대, 10인

④ 1대, 5인

 해설 자체소방대에 두는 화학소방자동차 및 인원

사업소의 구분	화학소방자동차의 수	자체소방대원의 수
제조소 또는 일반취급소에서 취급하는 제4류 위험물의 최대수량의 합이 지정수량의 3천배 이상 12만배 미만인 사업소	1대	5인
제조소 또는 일반취급소에서 취급하는 제4류 위험물의 최대수량의 합이 지정수량의 12만배 이상 24만배 미만인 사업소	2대	10인
제조소 또는 일반취급소에서 취급하는 제4류 위험물의 최대수량의 합이 지정수량의 24만배 이상 48만배 미만인 사업소	3대	15인
제조소 또는 일반취급소에서 취급하는 제4류 위험물의 최대수량의 합이 지정수량의 48만배 이상인 사업소	4대	20인
옥외탱크저장소에 저장하는 제4류 위험물의 최대수량이 지정수량의 50만배 이상인 사업소	2대	10인

답 ①

79 주유취급소의 변경허가 대상이 아닌 것은?

① 고정주유설비 또는 고정급유설비를 신설 또는 철거하는 경우

② 유리를 부착하기 위하여 담의 일부를 철거하는 경우

③ 고정주유설비 또는 고정급유설비의 위치를 이전하는 경우

④ 지하에 설치한 배관을 교체하는 경우

해설 주유취급소의 변경허가 대상

㉮ 지하에 매설하는 탱크의 변경 중 다음의 어느 하나에 해당하는 경우

　㉠ 탱크의 위치를 이전하는 경우

　㉡ 탱크 전용실을 보수하는 경우

　㉢ 탱크를 신설·교체 또는 철거하는 경우

　㉣ 탱크를 보수(탱크 본체를 절개하는 경우에 한한다)하는 경우

　㉤ 탱크의 노즐 또는 맨홀을 신설하는 경우(노즐 또는 맨홀의 직경이 250mm를 초과하는 경우에 한한다)

　㉥ 특수 누설방지 구조를 보수하는 경우

㉯ 옥내에 설치하는 탱크의 변경 중 다음의 어느 하나에 해당하는 경우

　㉠ 탱크의 위치를 이전하는 경우

　㉡ 탱크를 신설·교체 또는 철거하는 경우

　㉢ 탱크를 보수(탱크 본체를 절개하는 경우에 한한다)하는 경우

　㉣ 탱크의 노즐 또는 맨홀을 신설하는 경우(노즐 또는 맨홀의 직경이 250mm를 초과하는 경우에 한한다)

㉰ 고정주유설비 또는 고정급유설비를 신설 또는 철거하는 경우

㉱ 고정주유설비 또는 고정급유설비의 위치를 이전하는 경우

㉲ 건축물의 벽·기둥·바닥·보 또는 지붕을 증설 또는 철거하는 경우

㉳ 담 또는 캐노피를 신설 또는 철거(유리를 부착하기 위하여 담의 일부를 철거하는 경우를 포함한다)하는 경우

㉴ 주입구의 위치를 이전하거나 신설하는 경우

㉵ 시설과 관계된 공작물(바닥면적이 4m² 이상인 것에 한한다)을 신설 또는 증축하는 경우

㉶ 개질장치(改質裝置), 압축기(壓縮機), 충전설비, 축압기(蓄壓器) 또는 수입설비(受入設備)를 신설하는 경우

㉷ 자동화재탐지설비를 신설 또는 철거하는 경우

㉸ 셀프용이 아닌 고정주유설비를 셀프용 고정주유설비로 변경하는 경우

㉹ 주유취급소 부지의 면적 또는 위치를 변경하는 경우

㉺ 300m(지상에 설치하지 않는 배관의 경우에는 30m)를 초과하는 위험물의 배관을 신설·교체·철거 또는 보수(배관을 자르는 경우만 해당한다)하는 경우

㉻ 탱크의 내부에 탱크를 추가로 설치하거나 철판 등을 이용하여 탱크 내부를 구획하는 경우

답 ④

80 위험물의 취급 중 제조에 관한 기준으로 다음 사항을 유의하여야 하는 공정은?

> 위험물을 취급하는 설비의 내부압력의 변동 등에 의하여 액체 또는 증기가 새지 아니하도록 하여야 한다.

① 증류공정　　② 추출공정
③ 건조공정　　④ 분쇄공정

해설 위험물 제조과정에서의 취급기준

㉠ 증류공정에 있어서는 위험물을 취급하는 설비의 내부압력의 변동 등에 의하여 액체 또는 증기가 새지 아니하도록 할 것

㉡ 추출공정에 있어서는 추출관의 내부압력이 비정상적으로 상승하지 아니하도록 할 것

㉢ 건조공정에 있어서는 위험물의 온도가 국부적으로 상승하지 아니하는 방법으로 가열 또는 건조할 것

㉣ 분쇄공정에 있어서는 위험물의 분말이 현저하게 부유하고 있거나 위험물의 분말이 현저하게 기계·기구 등에 부착하고 있는 상태로 그 기계·기구를 취급하지 아니할 것

답 ①

81 위험물 안전관리자에 대한 설명으로 틀린 것은?

① 암반탱크저장소에는 위험물 안전관리자를 선임하여야 한다.

② 위험물 안전관리자가 일시적으로 직무를 수행할 수 없는 경우 대리자를 지정하여 그 직무를 대행하게 하여야 한다.

③ 위험물 안전관리자와 위험물 운송자로 종사하는 자는 신규종사 후 2년마다 1회 실무교육을 받아야 한다.

④ 다수의 제조소 등을 동일인이 설치한 경우에는 일정한 요건에 따라 1인의 안전관리자를 중복하여 선임할 수 있다.

해설 위험물 안전관리자와 위험물 운송자로 종사하는 자는 신규종사 후 3년마다 1회 실무교육을 받아야 한다.

답 ③

82 위험물안전관리법령에서 정한 위험물을 수납하는 경우의 운반용기에 관한 기준으로 옳은 것은?

① 고체 위험물은 운반용기 내용적의 98% 이하로 수납한다.

② 액체 위험물은 운반용기 내용적의 95% 이하로 수납한다.

③ 고체 위험물의 내용적은 25℃를 기준으로 한다.

④ 액체 위험물은 55℃에서 누설되지 않도록 공간용적을 유지하여야 한다.

 해설 위험물 운반에 관한 기준
　　㉠ 고체 위험물은 운반용기 내용적의 95% 이하의 수납률로 수납한다.
　　㉡ 액체 위험물은 운반용기 내용적의 98% 이하의 수납률로 수납하되, 55℃의 온도에서 누설되지 아니하도록 충분한 공간용적을 유지하도록 한다.

답 ④

83 비수용성의 제1석유류 위험물을 4,000L까지 저장·취급할 수 있도록 허가받은 단층 건물의 탱크 전용실에 수용성의 제2석유류 위험물을 저장하기 위한 옥내저장탱크를 추가로 설치할 경우, 설치할 수 있는 탱크의 최대용량은?

① 16,000L　　　　② 20,000L

③ 30,000L　　　　④ 60,000L

 해설 옥내저장탱크의 용량(동일한 탱크 전용실에 옥내저장탱크를 2 이상 설치하는 경우에는 각 탱크의 용량의 합계를 말한다)은 1층 이하의 층에 있어서는 지정수량의 40배(제4석유류 및 동식물유류 외의 제4류 위험물에 있어서 해당 수량이 2만L를 초과할 때에는 2만L) 이하, 2층 이상의 층에 있어서는 지정수량의 10배(제4석유류 및 동식물유류 외의 제4류 위험물에 있어서 해당 수량이 5천L를 초과할 때에는 5천L) 이하일 것
따라서, 최대 20,000L까지 가능하므로
20,000－4,000＝16,000L

답 ①

84 위험물 탱크의 내용적이 10,000L이고 공간용적이 내용적의 10%일 때 탱크의 용량은?

① 19,000L　　　　② 11,000L

③ 9,000L　　　　④ 1,000L

 해설 탱크의 용량＝탱크의 내용적－공간용적
　　　　　　　＝10,000L－(10,000L×0.1)
　　　　　　　＝9,000L

답 ③

85 위험물안전관리법령에 명시된 예방규정 작성 시 포함되어야 하는 사항이 아닌 것은?

① 위험물시설의 운전 또는 조작에 관한 사항

② 위험물 취급작업의 기준에 관한 사항

③ 위험물의 안전에 관한 기록에 관한 사항

④ 소방관서의 출입검사 지원에 관한 사항

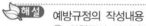 **해설** 예방규정의 작성내용
　　㉠ 위험물의 안전관리업무를 담당하는 자의 직무 및 조직에 관한 사항
　　㉡ 안전관리자가 여행·질병 등으로 인하여 그 직무를 수행할 수 없을 경우 그 직무의 대리자에 관한 사항
　　㉢ 자체소방대를 설치하여야 하는 경우에는 자체소방대의 편성과 화학소방자동차의 배치에 관한 사항
　　㉣ 위험물의 안전에 관계된 작업에 종사하는 자에 대한 안전 교육 및 훈련에 관한 사항
　　㉤ 위험물시설 및 작업장에 대한 안전순찰에 관한 사항
　　㉥ 위험물시설·소방시설, 그 밖의 관련 시설에 대한 점검 및 정비에 관한 사항
　　㉦ 위험물시설의 운전 또는 조작에 관한 사항
　　㉧ 위험물 취급작업의 기준에 관한 사항
　　㉨ 이송취급소에 있어서는 배관공사 현장책임자의 조건 등 배관공사 현장에 대한 감독체제에 관한 사항과 배관 주위에 있는 이송취급소시설 외의 공사를 하는 경우 배관의 안전확보에 관한 사항
　　㉩ 재난, 그 밖에 비상시의 경우에 취하여야 하는 조치에 관한 사항
　　㉪ 위험물의 안전에 관한 기록에 관한 사항
　　㉫ 제조소 등의 위치·구조 및 설비를 명시한 서류와 도면의 정비에 관한 사항
　　㉭ 그 밖에 위험물의 안전관리에 관하여 필요한 사항

답 ④

86 위험물안전관리법령상 화학소방자동차에 갖추어야 하는 소화 능력 및 설비의 기준으로 옳지 않은 것은?

① 포수용액의 방사능력이 매분 2,000리터 이상인 포수용액방사차
② 분말의 방사능력이 매초 35kg 이상인 분말방사차
③ 할로젠화합물의 방사능력이 매초 40kg 이상인 할로젠화합물방사차
④ 가성소다 및 규조토를 각각 100kg 이상 비치한 제독차

 화학소방자동차에 갖추어야 하는 소화 능력 및 설비의 기준

화학소방 자동차의 구분	소화 능력 및 설비의 기준
포수용액 방사차	포수용액의 방사능력이 2,000L/분 이상일 것
	소화약액탱크 및 소화약액혼합장치를 비치할 것
	10만L 이상의 포수용액을 방사할 수 있는 양의 소화약제를 비치할 것
분말 방사차	분말의 방사능력이 35kg/초 이상일 것
	분말탱크 및 가압용 가스설비를 비치할 것
	1,400kg 이상의 분말을 비치할 것
할로젠 화합물 방사차	할로젠화합물의 방사능력이 40kg/초 이상일 것
	할로젠화합물 탱크 및 가압용 가스설비를 비치할 것
	1,000kg 이상의 할로젠화합물을 비치할 것
이산화탄소 방사차	이산화탄소의 방사능력이 40kg/초 이상일 것
	이산화탄소 저장용기를 비치할 것
	3,000kg 이상의 이산화탄소를 비치할 것
제독차	가성소다 및 규조토를 각각 50kg 이상 비치할 것

답 ④

87 위험물 암반탱크가 다음과 같은 조건일 때 탱크의 용량은 몇 L인가?

• 암반탱크의 내용적 : 600,000L
• 1일간 탱크 내에 용출하는 지하수의 양 : 800L

① 594,400 ② 594,000
③ 593,600 ④ 592,000

 암반탱크에 있어서는 해당 탱크 내에 용출하는 7일간의 지하수 양에 상당하는 용적과 해당 탱크의 내용적의 100분의 1의 용적 중에서 보다 큰 용적을 공간용적으로 한다. 따라서, 7×800L=5,600L는 60,000L보다 작으므로 내용적의 100분의 1의 용적을 공간용적으로 한다. 따라서, 탱크의 용량은 내용적에서 공간용적을 뺀 용적으로 하므로 600,000−60,000=594,000L에 해당한다.

답 ②

88 위험물안전관리법상 위험물제조소 등 설치허가 취소사유에 해당하지 않는 것은?

① 위험물제조소의 바닥을 교체하는 공사를 하는데 변경허가를 취득하지 아니한 때
② 법정기준을 위반한 위험물제조소에 대한 수리·개조 명령을 위반한 때
③ 예방 규정을 제출하지 아니한 때
④ 위험물 안전관리자가 장기 해외여행을 갔음에도 그 대리자를 지정하지 아니한 때

 시·도지사는 제조소 등의 관계인이 다음에 해당하는 때에는 행정안전부령이 정하는 바에 따라 허가를 취소하거나 6월 이내의 기간을 정하여 제조소 등의 전부 또는 일부의 사용정지를 명할 수 있다.
㉠ 규정에 따른 변경허가를 받지 아니하고 제조소 등의 위치·구조 또는 설비를 변경한 때
㉡ 완공검사를 받지 아니하고 제조소 등을 사용한 때
㉢ 규정에 따른 수리·개조 또는 이전의 명령을 위반한 때
㉣ 규정에 따른 위험물 안전관리자를 선임하지 아니한 때
㉤ 대리자를 지정하지 아니한 때
㉥ 정기점검을 하지 아니한 때
㉦ 정기검사를 받지 아니한 때
㉧ 저장·취급 기준 준수명령을 위반한 때

답 ③

89 위험물안전관리법령상 제조소 등의 관계인은 그 제조소 등의 용도를 폐지한 때에는 폐지한 날로부터 며칠 이내에 신고하여야 하는가?

① 7일 　　　　② 14일

③ 30일 　　　　④ 90일

 해설　제조소 등의 관계인(소유자·점유자 또는 관리자를 말한다. 이하 같다)은 해당 제조소 등의 용도를 폐지(장래에 대하여 위험물 시설로서의 기능을 완전히 상실시키는 것을 말한다)한 때에는 행정안전부령이 정하는 바에 따라 제조소 등의 용도를 폐지한 날부터 14일 이내에 시·도지사에게 신고하여야 한다.

답 ②

90 탱크 시험자가 다른 자에게 등록증을 빌려준 경우 1차 행정처분 기준으로 옳은 것은?

① 등록 취소

② 업무정지 30일

③ 업무정지 90일

④ 경고

답 ①

91 어떤 공정에서 작업을 하는 데 있어서 소요되는 기간과 비용이 다음 표와 같을 때 비용구배는 얼마인가? (단, 활동시간의 단위는 일(日)로 계산한다.)

정상작업		특급작업	
기간	비용	기간	비용
15일	150만원	10일	200만원

① 50,000원 　　　② 100,000원

③ 200,000원 　　　④ 300,000원

 해설　비용구배 $= \dfrac{2,000,000 - 1,500,000}{15 - 10}$

$= \dfrac{500,000}{5}$

$= 100,000$원

답 ②

92 다음 중 계수치 관리도가 아닌 것은?

① c관리도

② p관리도

③ u관리도

④ x관리도

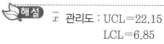 해설　x관리도는 계량치 관리도에 해당한다.

답 ④

93 $\overline{x}$ 관리도에서 관리상한이 22.15, 관리하한이 6.85, $\overline{R} = 7.5$일 때 시료군의 크기(n)는 얼마인가? (단, $n = 2$일 때 $A_2 = 1.88$, $n = 3$일 때 $A_2 = 1.02$, $n = 4$일 때 $A_2 = 0.73$, $n = 5$일 때 $A_2 = 0.58$)

① 2 　　　　② 3

③ 4 　　　　④ 5

해설　$\overline{x}$ 관리도 : UCL$=22.15$

　　　　　　　LCL$=6.85$

　　　　　　　$\overline{R}=7.5$

$$- \begin{vmatrix} \text{UCL}=\overline{\overline{x}}+A_2\overline{R} \\ \text{LCL}=\overline{\overline{x}}-A_2\overline{R} \end{vmatrix}$$

$$\overline{\text{LCL}-\text{LCL}=2A_2\overline{R}}$$

$\therefore A_2 = \dfrac{\text{UCL}-\text{LCL}}{2\overline{R}}$

$= \dfrac{22.15 - 6.85}{2 \times 7.5} = 1.02 \sim n = 3$

답 ②

94 여유시간이 5분, 정미시간이 40분일 경우 내경법으로 여유율을 구하면 약 몇 %인가?

① 6.33 　　　　② 9.05

③ 11.11 　　　　④ 12.50

 해설　여유율 $= \dfrac{\text{여유시간}}{\text{정미시간}+\text{여유시간}}$

$= \dfrac{5}{40+5} \times 100$

$= 11.11\%$

답 ③

95 과거의 자료를 수리적으로 분석하여 일정한 경향을 도출한 후 가까운 장래의 매출액, 생산량 등을 예측하는 방법을 무엇이라 하는가?

① 델파이법　　　　② 전문가 패널법
③ 시장조사법　　　　④ 시계열 분석법

① 델파이법 : 전문가들의 의견 수립, 중재, 타협의 방식으로 반복적인 피드백을 통한 하향식 의견 도출 방법으로 문제를 해결하는 기법
② 전문가 패널법 : 전문지식을 유도하기 위해서 foresight(포어사이트)에서 공통적으로 활용되는 방법
③ 시장조사법 : 한 상품이나 서비스가 어떻게 구입되며 사용되고 있는가, 그리고 어떤 평가를 받고 있는가 하는 시장에 관한 조사기법
④ 시계열 분석법 : 시계열(time series) 자료는 시간에 따라 관측된 자료로 시간의 영향을 받는다. 시계열을 분석함에 있어 시계열 자료가 사회적 관습이나 환경변화 등의 다양한 변동요인에 영향을 받는다. 시계열에 의하여 과거의 자료를 근거로 추세나 경향을 분석하여 미래를 예측할 수 있다.

답 ④

96 위험성 평가기법을 정량적 평가기법과 정성적 평가기법으로 구분할 때 다음 중 그 성격이 다른 하나는?

① HAZOP　　　　② FTA
③ ETA　　　　④ CCA

㉮ 정성적 위험성 평가
　㉠ HAZOP(위험과 운전분석기법)
　㉡ check list
　㉢ what if(사고예상질문기법)
　㉣ PHA(예비위험분석기법)
㉯ 정량적 위험성 평가
　㉠ FTA(결함수분석기법)
　㉡ ETA(사건수분석기법)
　㉢ CA(피해영향분석법)
　㉣ FMECA
　㉤ HEA(작업자실수분석)
　㉥ DAM(상대위험순위결정)
　㉦ CCA(원인결과분석)

답 ①

97 다음 중 작업방법 개선의 기본 4원칙을 표현한 것은?

① 층별 – 랜덤 – 재배열 – 표준화
② 배제 – 결합 – 랜덤 – 표준화
③ 층별 – 랜덤 – 표준화 – 단순화
④ 배제 – 결합 – 재배열 – 단순화

답 ④

98 전수 검사와 샘플링 검사에 관한 설명으로 가장 올바른 것은?

① 파괴 검사의 경우에는 전수 검사를 적용한다.
② 전수 검사가 일반적으로 샘플링 검사보다 품질향상에 자극을 더 준다.
③ 검사항목이 많을 경우 전수 검사보다 샘플링 검사가 유리하다.
④ 샘플링 검사는 부적합품이 섞여 들어가서는 안 되는 경우에 적용한다.

㉠ 전수 검사란 검사 로트 내의 검사 단위 모두를 하나하나 검사하여 합격, 불합격 판정을 내리는 것으로 일명 100% 검사라고도 한다. 예컨대 자동차의 브레이크 성능, 크레인의 브레이크 성능, 프로페인 용기의 내압성능 등과 같이 인체 생명 위험 및 화재 발생 위험이 있는 경우 및 보석류와 같이 아주 고가 제품의 경우에는 전수 검사가 적용된다. 그러나 대량품, 연속체, 파괴 검사와 같은 경우는 전수 검사를 적용할 수 없다.
㉡ 샘플링 검사는 로트로부터 추출한 샘플을 검사하여 그 로트의 합격, 불합격을 판정하고 있기 때문에 합격된 로트 중에 다소의 불량품이 들어있게 되지만, 샘플링 검사에서는 검사된 로트 중에 불량품의 비율이 확률적으로 어떤 범위 내에 있다는 것을 보증할 수 있다.

답 ③

99 ASME(American Society of Mechanical Engineers)에서 정의하고 있는 제품공정 분석표에 사용되는 기호 중 "저장(storage)"을 표현한 것은?

① ○　　　　② □
③ ▽　　　　④ ⇨

해설 공정분석 기호

기호	공정명	내용	부대 및 결합기호	
○	가공공정 (operation)	1. 작업대상물이 물리적 또는 화학적으로 변형·변질 과정 2. 다음 공정을 위한 준비상태 표시	△	원료의 저장
			▽	반제품 또는 제품의 저장
⇨ ➡	운반공정 (transpor-tation)	1. 작업대상물의 이동상태 2. ○는 가공공정의 1/2 또는 1/3로 한다. 3. →는 반드시 흐름 방향을 표시하지 않는다.	◇	질의 검사
			⊠	양·질 동시 검사
□	정체공정 (delay)	1. 가공·검사되지 않은 채 한 장소에서 정체된 상태 2. 일시적 보관 또는 계획적 저장 상태 3. □ 기호는 정체와 저장을 구별하고 자 할 경우 사용	◈	양과 가공 검사 (질 중심)
▽	저장 (storage)		⊡	양과 가공 검사 (양 중심)
□	검사공정 (inspection)	품질규격의 일치여부(질적)와 제품수량(양적)을 측정하여 그 적부를 판정하는 공정	◎	가공과 질의 검사공정
			▽	공정 간 정체
			✡	작업 중의 정체

답 ③

100 샘플링에 관한 설명으로 틀린 것은?

① 취락샘플링에서는 취락 간의 차는 작게, 취락 내의 차는 크게 한다.
② 제조공정의 품질특성에 주기적인 변동이 있는 경우 계통샘플링을 적용하는 것이 좋다.
③ 시간적 또는 공간적으로 일정 간격을 두고 샘플링하는 방법을 계통샘플링이라고 한다.
④ 모집단을 몇 개의 층으로 나누어 각층마다 랜덤하게 시료를 추출하는 것을 층별샘플링이라고 한다.

해설 랜덤샘플링
㉠ 단순랜덤샘플링 : 난수표, 주사위, 숫자를 써 넣은 룰렛, 제비뽑기식 칩 등을 써서 크기 N의 모집단으로부터 크기 n의 시료를 랜덤하게 뽑는 방법이다.
㉡ 계통샘플링 : 모집단으로부터 시간적, 공간적으로 일정 간격을 두고 샘플링하는 방법으로, 모집단에 주기적 변동이 있는 것이 예상된 경우에는 사용하지 않는 것이 좋다.
㉢ 지그재그샘플링 : 제조공정의 품질특성이 시간이나 수량에 따라서 어느 정도 주기적으로 변화하는 경우에 계통샘플링을 하면 추출되는 샘플이 주기적으로 거의 같은 습성의 것만 나올 염려가 있다. 이때 공정의 품질의 변화하는 주기와 다른 간격으로 시료를 뽑으면 그와 같은 폐단을 방지할 수 있다.

답 ②

부록

IV

위험물기능장 필기+실기

실기 과년도 출제문제

최근 실기 출제문제

부록 Ⅳ

실기 과년도 출제문제

제49회
(2011년 5월 29일 시행)

위험물기능장 실기

01 이황화탄소의 옥외저장탱크는 벽 및 바닥의 두께가 (①)m 이상이고, 누수가 되지 아니하는 (②)의 수조에 넣어 보관하여야 한다. 이 경우 보유공지, 통기관, (③)는 생략한다. 괄호 안에 알맞은 말을 쓰시오.

[해설]

이황화탄소의 옥외저장탱크는 벽 및 바닥의 두께가 0.2m 이상이고 누수가 되지 아니하는 철근콘크리트의 수조에 넣어 보관하여야 한다. 이 경우 보유공지·통기관 및 자동계량장치는 생략할 수 있다.

[해답]

① 0.2
② 철근콘크리트
③ 자동계량장치

02 용량이 1,000만L인 옥외저장탱크의 주위에 설치하는 방유제에 해당 탱크마다 간막이둑을 설치하여야 할 때, 다음 사항에 대한 기준을 쓰시오. (단, 방유제 내에 설치되는 옥외저장탱크의 용량의 합계가 2억L를 넘지 않는다.)
① 간막이둑 높이
② 간막이둑 재질
③ 간막이둑 용량

[해설]

용량이 1,000만L 이상인 옥외저장탱크의 주위에 설치하는 방유제에는 다음의 규정에 따라 해당 탱크마다 간막이둑을 설치할 것
① 간막이둑의 높이는 0.3m(방유제 내에 설치되는 옥외저장탱크의 용량의 합계가 2억L를 넘는 방유제에 있어서는 1m) 이상으로 하되, 방유제의 높이보다 0.2m 이상 낮게 할 것
② 간막이둑은 흙 또는 철근콘크리트로 할 것
③ 간막이둑의 용량은 칸막이둑 안에 설치된 탱크 용량의 10% 이상일 것

[해답]

① 0.3m 이상으로 하되, 방유제 높이보다 0.2m 이상 낮게 한다.
② 흙 또는 철근콘크리트
③ 간막이둑 안에 설치된 탱크 용량의 10% 이상으로 한다.

03 알킬알루미늄 등을 저장·취급하는 이동저장탱크에 자동차용 소화기 외에 추가로 설치하여야 하는 소화설비는 무엇인지 쓰시오.

해설

소화난이도 등급 Ⅲ의 제조소 등에 설치하여야 하는 소화설비

제조소 등의 구분	소화설비	설치기준	
지하탱크저장소	소형 수동식소화기 등	능력단위의 수치가 3 이상	2개 이상
이동탱크저장소	자동차용 소화기	무상의 강화액 8L 이상	2개 이상
		이산화탄소 3.2kg 이상	
		브로모클로로다이플루오로메테인(CF_2ClBr) 2L 이상	
		브로모트라이플루오로메테인(CF_3Br) 2L 이상	
		다이브로모테트라플루오로에테인($C_2F_4Br_2$) 1L 이상	
		소화분말 3.3kg 이상	
이동탱크저장소	마른 모래 및 팽창질석 또는 팽창진주암	마른 모래 150L 이상	2개 이상
		팽창질석 또는 팽창진주암 640L 이상	
그 밖의 제조소 등	소형 수동식소화기 등	능력단위의 수치가 건축물, 그 밖의 공작물 및 위험물의 소요단위의 수치에 이르도록 설치할 것. 다만, 옥내소화전설비, 옥외소화전설비, 스프링클러설비, 물분무 등 소화설비 또는 대형 수동식소화기를 설치한 경우에는 해당 소화설비의 방사능력 범위 내의 부분에 대하여는 수동식소화기 등을 그 능력단위의 수치가 해당 소요단위의 수치의 1/5 이상이 되도록 하는 것으로 족하다.	

해답

마른 모래나 팽창질석 또는 팽창진주암

04 다이에틸에터를 공기 중에서 장시간 방치하면 산화되어 폭발성 과산화물이 생성될 수 있다. 다음 물음에 답하시오.
① 과산화물이 존재하는지 여부를 확인하는 방법
② 생성된 과산화물을 제거하는 시약
③ 과산화물 생성방지 방법

해설

㉮ 다이에틸에터의 위험성
 ㉠ 인화점이 낮고 휘발성이 강하다(제4류 위험물 중 인화점이 가장 낮다).
 ㉡ 증기 누출이 용이하며 장기간 저장 시 공기 중에서 산화되어 구조 불명의 불안정하고 폭발성의 과산화물을 만드는데 이는 유기과산화물과 같은 위험성을 가지기 때문에 100℃로 가열하거나 충격, 압축으로 폭발한다.
㉯ 다이에틸에터의 저장 및 취급 방법
 ㉠ 직사광선에 분해되어 과산화물을 생성하므로 갈색병을 사용하여 밀전하고 냉암소 등에 보관하며 용기의 공간용적은 2% 이상으로 해야 한다.
 ㉡ 불꽃 등 화기를 멀리하고 통풍이 잘 되는 곳에 저장한다.

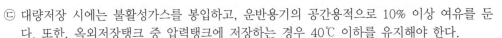

ⓒ 대량저장 시에는 불활성가스를 봉입하고, 운반용기의 공간용적으로 10% 이상 여유를 둔
다. 또한, 옥외저장탱크 중 압력탱크에 저장하는 경우 40℃ 이하를 유지해야 한다.

ⓔ 점화원을 피해야 하며 특히 정전기를 방지하기 위해 약간의 $CaCl_2$를 넣어 두고, 또한
폭발성의 과산화물 생성 방지를 위해 40mesh의 구리망을 넣어 둔다.

ⓜ 과산화물의 검출은 10% 아이오딘화칼륨(KI) 용액과의 황색반응으로 확인한다. 또한, 생
성된 과산화물을 제거하는 시약으로는 황산제일철($FeSO_4$)을 사용한다.

[해답]

① 10%의 KI(아이오딘화칼륨) 용액을 첨가하여 황색으로 변색되면 과산화물이 존재한다.
② 황산제일철($FeSO_4$)
③ 40mesh의 구리망(Cu)을 넣어 준다.

---

05 | 다음 주어진 위험물의 구조식을 그리시오.
① 메틸에틸케톤
② 과산화벤조일

[해설]

㉮ 메틸에틸케톤의 일반적 성질

　ⓐ 아세톤과 유사한 냄새를 가진 무색의 휘발성 액체로 유기용제로 이용된다. 수용성이지만
위험물안전관리에 관한 세부기준 판정기준으로는 비수용성 위험물로 분류된다.

　ⓑ 열에 비교적 안정하나 500℃ 이상에서 열분해된다.

　ⓒ 분자량 72, 액비중 0.806(증기비중 2.44), 비점 80℃, 인화점 −7℃, 발화점 505℃, 연
소범위 1.8~10%

　ⓓ 뷰테인, 부텐 유분에 황산을 반응한 후 가수분해하여 얻은 뷰탄올을 탈수소하여 만든다.

　ⓔ 공기 중에서 연소 시 물과 이산화탄소가 생성된다.

　$2CH_3COC_2H_5 + HO_2 \rightarrow 8CO_2 + 8H_2O$

㉯ 과산화벤조일의 일반적 성질

　ⓐ 무미, 무취의 백색 분말 또는 무색의 결정성 고체로 물에는 잘 녹지 않으나 알코올 등에
는 잘 녹는다.

　ⓑ 운반 시 30% 이상의 물을 포함시켜 풀 같은 상태로 수송된다.

　ⓒ 상온에서는 안정하나 산화작용을 하며, 가열하면 약 100℃ 부근에서 분해된다.

　ⓓ 비중 1.33, 융점 103~105℃, 발화온도 125℃

[해답]

①
```
    H   H H
    |   | |
H - C - C-C-C-H
    |   | | |
    H   O H H
```

② 구조식

06 152kPa, 100℃ 아세톤의 증기밀도를 구하시오.

[해설]

이상기체 상태방정식을 사용하여 증기밀도를 구할 수 있다.

$PV = nRT$

n은 몰(mole)수이며 $n = \dfrac{w(g)}{M(분자량)}$ 이므로

$PV = \dfrac{wRT}{M}$ 에서

$$\frac{152\text{kPa}}{} \left| \frac{1\text{atm}}{101.326\text{kPa}} \right| = 1.5\text{atm}$$

$$\rho = \frac{W}{V} = \frac{PM}{RT} = \frac{1.5\text{atm} \times 58\text{g/mol}}{0.082\text{L} \cdot \text{atm/K} \cdot \text{mol} \times (100 + 273.15)\text{K}} = 2.84\text{g/L}$$

[해답]

2.84g/L

07 회백색의 금속분말로 묽은염산에서 수소가스가 발생하며, 비중 약 7.86, 융점 1,535℃인 제2류 위험물이 위험물안전관리법상 위험물이 되기 위한 조건을 쓰시오.

[해설]

철분(Fe) - 지정수량 500kg

"철분"이라 함은 철의 분말로서 53μm의 표준체를 통과하는 것이 50wt% 미만인 것은 제외한다.

일반적 성질

㉠ 비중 7.86, 융점 1,535℃, 비등점 2,750℃

㉡ 회백색의 분말이며 강자성체이지만 766℃에서 강자성을 상실한다.

㉢ 공기 중에서 서서히 산화하여 산화철(Fe_2O_3)이 되어 은백색의 광택이 황갈색으로 변한다.

   $4Fe + 3O_3 \rightarrow 2Fe_2O_3$

㉣ 강산화제인 발연질산에 넣었다 꺼내면 산화피복을 형성하여 부동태가 된다.

[해답]

"철분"이라 함은 철의 분말로서 53μm의 표준체를 통과하는 것이 50wt% 미만인 것은 제외한다.

08 1몰 염화수소(HCl)와 0.5몰 산소(O_2)의 혼합물에 촉매를 넣고 400℃에서 평형에 도달시킬 때 0.39몰 염소(Cl_2)가 생성되었다. 이 반응의 화학반응식이 다음 [보기]와 같을 때 ① 평형상태에서의 전체 몰수의 합, ② 전압이 1atm일 때 성분 4가지의 분압을 구하시오.

[보기] $4HCl + O_2 \rightarrow 2H_2O + 2Cl_2$

해설

$$4HCl \quad + \quad O_2 \quad \rightarrow \quad 2H_2O \quad + \quad 2Cl_2$$

1	0.5	0	0 : 반응 전 몰수
[1-(2×0.39)]	[0.5-(0.5×0.39)]	0.39	0.39 : 반응 후 몰수

① 전체 몰수의 합 : 0.22＋0.305＋0.39＋0.39＝1.305mol

② 각 성분의 분압

　　㉠ 염화수소(HCl)＝$1 \times \dfrac{0.22}{1.305} = 0.168$atm

　　㉡ 산소(O₂)＝$1 \times \dfrac{0.305}{1.305} = 0.2337$atm

　　㉢ 염소(Cl₂)＝$1 \times \dfrac{0.39}{1.305} = 0.2989$atm

　　㉣ 수증기(H₂O)＝$1 \times \dfrac{0.39}{1.305} = 0.2989$atm

해답

① 전체 몰수의 합 : 1.31mol

② ㉠ 염화수소(HCl)＝0.17atm

　　㉡ 산소(O₂)＝0.23atm

　　㉢ 염소(Cl₂)＝0.30atm

　　㉣ 수증기(H₂O)＝0.30atm

09 벤젠에 수은(Hg)을 촉매로 하여 질산을 반응시켜 제조하는 물질로 DDNP(diazodinitro phenol)의 원료로 사용되는 위험물의 구조식과 품명을 쓰시오.

해설

트라이나이트로페놀[$C_6H_2(NO_2)_3OH$, 피크르산]의 일반적 성질

㉠ 순수한 것은 무색이나 보통 공업용은 휘황색의 침전 결정이며 충격, 마찰에 둔감하고 자연 분해하지 않으므로 장기 저장해도 자연발화의 위험이 없이 안정하다.

㉡ 찬물에는 거의 녹지 않으나 온수, 알코올, 에터, 벤젠 등에는 잘 녹는다.

㉢ 비중 1.8, 융점 122.5℃, 인화점 150℃, 비점 255℃, 발화온도 약 300℃

㉣ 강한 쓴맛이 있고 유독하며 물에 전리되어 강한 산이 된다.

㉤ 페놀을 진한황산에 녹여 질산으로 작용시켜 만든다.

$$C_6H_5OH + 3HNO_3 \xrightarrow{\ H_2SO_4\ } C_6H_2(OH)(NO_2)_3 + 3H_2O$$

㉥ 벤젠에 수은을 촉매로 하여 질산을 반응시켜 제조하는 물질로 DDNP(diazodinitro phenol)의 원료로 사용되는 물질이다.

해답

① 구조식 :

$$O_2N \overset{\displaystyle OH}{\underset{\displaystyle NO_2}{\bigodot}} NO_2$$

② 품명 : 나이트로화합물

10 특정 옥외저장탱크에 에뉼러판을 설치하여야 하는 경우 3가지를 쓰시오.

[해설]

옥외저장탱크의 밑판[① 에뉼러판(특정 옥외저장탱크의 옆판의 최하단 두께가 15mm를 초과하는 경우, ② 내경이 30m를 초과하는 경우 또는 ③ 옆판을 고장력강으로 사용하는 경우에 옆판의 직하에 설치하여야 하는 판을 말한다.)을 설치하는 특정 옥외저장탱크에 있어서는 에뉼러판을 포함한다.]을 지반면에 접하게 설치하는 경우에는 다음 기준에 따라 밑판 외면의 부식을 방지하기 위한 조치를 강구하여야 한다.
㉠ 탱크의 밑판 아래에 밑판의 부식을 유효하게 방지할 수 있도록 아스팔트샌드 등의 방식재료를 댈 것
㉡ 탱크의 밑판에 전기방식의 조치를 강구할 것
㉢ 밑판의 부식을 방지할 수 있는 조치를 강구할 것

[해답]

① 저장탱크의 옆판의 최하단 두께가 15mm를 초과하는 경우
② 내경이 30m를 초과하는 경우
③ 저장탱크의 옆판을 고장력강으로 사용하는 경우

11 위험물안전관리법상 제조소의 기술기준을 적용함에 있어 위험물의 성질에 따른 강화된 특례기준을 적용하는 위험물은 다음과 같다. (   ) 안을 알맞게 채우시오.
① 제3류 위험물 중 (   ), (   ) 또는 이 중 어느 하나 이상을 함유하는 것
② 제4류 위험물 중 (   ), (   ) 또는 이 중 어느 하나 이상을 함유하는 것
③ 제5류 위험물 중 (   ), (   ) 또는 이 중 어느 하나 이상을 함유하는 것

[해설]

위험물안전관리법상 제조소의 기술기준을 적용함에 있어 위험물의 성질에 따른 강화된 특례기준을 적용하는 위험물
① 제3류 위험물 중 알킬알루미늄, 알킬리튬 또는 이 중 어느 하나 이상을 함유하는 것
② 제4류 위험물 중 특수 인화물의 아세트알데하이드, 산화프로필렌 또는 이 중 어느 하나 이상을 함유하는 것
③ 제5류 위험물 중 하이드록실아민, 하이드록실아민염류 또는 이 중 어느 하나 이상을 함유하는 것

[해답]

① 알킬알루미늄, 알킬리튬
② 아세트알데하이드, 산화프로필렌
③ 하이드록실아민, 하이드록실아민염류

12 위험물제조소와 학교와의 거리가 20m로 위험물안전에 의한 안전거리를 충족할 수 없어서 방화상 유효한 담을 설치하고자 한다. 위험물제조소 외벽 높이 10m, 학교 높이 30m이며 위험물제조소와 방화상 유효한 담의 거리는 5m인 경우 방화상 유효한 담의 높이를 쓰시오. (단, 학교건물은 방화구조이고, 위험물제조소에 면한 부분의 개구부에 방화문이 설치되지 않았다.)

해설

제조소 등의 안전거리의 단축기준

취급하는 위험물이 최대수량(지정수량 배수)의 10배 미만이고, 주거용 건축물, 문화재, 학교 등의 경우 불연재료로 된 방화상 유효한 담 또는 벽을 설치하는 경우에는 안전거리를 단축할 수 있다.

㉮ 방화상 유효한 담의 높이

　㉠ $H \leqq pD^2 + a$인 경우

　　$h = 2$

　㉡ $H > pD^2 + a$인 경우

　　$h = H - p(D^2 - d^2)$

　㉢ D, H, a, d, h 및 p는 다음과 같다.

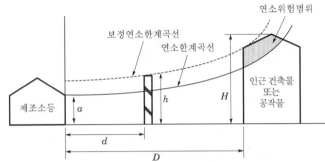

여기서, D : 제조소 등과 인근 건축물 또는 공작물과의 거리(m)

　　　　H : 인근 건축물 또는 공작물의 높이(m)

　　　　a : 제조소 등의 외벽의 높이(m)

　　　　d : 제조소 등과 방화상 유효한 담과의 거리(m)

　　　　h : 방화상 유효한 담의 높이(m)

인근 건축물 또는 공작물의 구분	p의 값
• 학교 · 주택 · 문화재 등의 건축물 또는 공작물이 목조인 경우 • 학교 · 주택 · 문화재 등의 건축물 또는 공작물이 방화구조 또는 내화구조이고, 제조소 등에 면한 부분의 개구부에 60분+방화문 · 60분방화문 또는 30분방화문이 설치되지 않은 경우	0.04
• 학교 · 주택 · 문화재 등의 건축물 또는 공작물이 방화구조인 경우 • 학교 · 주택 · 문화재 등의 건축물 또는 공작물이 방화구조 또는 내화구조이고, 제조소 등에 면한 부분의 개구부에 30분방화문이 설치된 경우	0.15
학교 · 주택 · 문화재 등의 건축물 또는 공작물이 내화구조이고, 제조소 등에 면한 개구부에 60분+방화문 또는 60분방화문이 설치된 경우	∞

㉯ 산출된 수치가 2 미만일 때에는 담의 높이를 2m로, 4 이상일 때에는 담의 높이를 4m로 하되, 다음의 소화설비를 보강하여야 한다.

　㉠ 해당 제조소 등의 소형 소화기 설치대상인 것에 있어서는 대형 소화기를 1개 이상 증설을 할 것

　㉡ 해당 제조소 등이 대형 소화기 설치대상인 것에 있어서는 대형 소화기 대신 옥내소화전설비 · 옥외소화전설비 · 스프링클러설비 · 물분무소화설비 · 포소화설비 · 불활성가스소화설비 · 할로젠화합물소화설비 · 분말소화설비 중 적응소화설비를 설치할 것

　㉢ 해당 제조소 등이 옥내소화전설비 · 옥외소화전설비 · 스프링클러설비 · 물분무소화설비 · 포소화설비 · 불활성가스소화설비 · 할로젠화합물소화설비 또는 분말소화설비 설치대상인 것에 있어서는 반경 30m마다 대형 소화기 1개 이상을 증설할 것

따라서, 학교건물은 방화구조이고, 위험물제조소에 면한 부분의 개구부에 방화문이 설치되지 않았으므로 상수 $p=0.04$이고, $H>pD^2+a$인 경우에 해당한다.

$$[30>(0.04)(20)^2+10=26]$$

∴ 방화상 유효한 담의 높이$(h)=H-p(D^2-d^2)$
$$=30-0.04(20^2-5^2)$$
$$=15m \text{ 이상}$$

산출된 수치가 2 미만일 때에는 담의 높이를 2m로, 4 이상일 때에는 담의 높이를 4m로 하므로 답은 4m이다.

해답

4m

---

13 위험물 옥내저장소의 저장창고에 대한 선반 등의 수납장 설치기준 3가지를 쓰시오.

해설

옥내저장소 선반 등의 수납장 설치기준
① 수납장은 불연재료로 만들어 견고한 기초 위에 고정할 것
② 수납장은 해당 수납장 및 그 부속설비의 자중, 저장하는 위험물의 중량 등의 하중에 의하여 생기는 응력에 대하여 안전한 것으로 할 것
③ 수납장에는 위험물을 수납한 용기가 쉽게 떨어지지 아니하게 하는 조치를 할 것

해답

① 수납장은 불연재료로 만들어 견고한 기초 위에 고정할 것
② 수납장은 해당 수납장 및 그 부속설비의 자중, 저장하는 위험물의 중량 등의 하중에 의하여 생기는 응력에 대하여 안전한 것으로 할 것
③ 수납장에는 위험물을 수납한 용기가 쉽게 떨어지지 아니하게 하는 조치를 할 것

---

14 454g의 나이트로글리세린이 완전연소할 때 발생하는 산소 기체는 25℃, 1기압에서 몇 L 인지 구하시오.

해설

㉮ 나이트로글리세린의 일반적 성질
㉠ 제5류 위험물 중 질산에스터류에 해당하며, 다이너마이트, 로켓, 무연화약의 원료로 순수한 것은 무색투명한 기름성의 액체(공업용 시판품은 담황색)이며 점화하면 즉시 연소하고 폭발력이 강하다.

$$4C_3H_5(ONO_2)_3 \rightarrow 12CO_2+10H_2O+6N_2+O_2$$

㉡ 물에는 거의 녹지 않으나 메탄올, 벤젠, 클로로폼, 아세톤 등에는 녹는다.
㉢ 다공질 물질을 규조토에 흡수시켜 다이너마이트를 제조한다.
㉣ 분자량 227, 비중 1.6, 융점 2.8℃, 비점 160℃
㉯ 완전연소할 때 발생하는 산소 기체의 무게는

$$\frac{454g-C_3H_5(ONO_2)_3}{} \left| \frac{1mol-C_3H_5(ONO_2)_3}{227g-C_3H_5(ONO_2)_3} \right| \frac{1mol-O_2}{4mol-C_3H_5(ONO_2)_3} \left| \frac{32g-O_2}{1mol-O_2} \right| =16g-O_2$$

㈐ 따라서, 이상기체 상태방정식을 사용하여 기체의 부피를 구할 수 있다.

$$PV = nRT$$

n은 몰(mole)수이며 $n = \dfrac{w(\text{g})}{M(\text{분자량})}$ 이므로

$$PV = \dfrac{wRT}{M}$$

$$\therefore V = \dfrac{wRT}{PM} = \dfrac{16\text{g} \times 0.082\text{L} \cdot \text{atm}/\text{K} \cdot \text{mol} \times (25+273.15)}{1\text{atm} \times 32\text{g}/\text{mol}} = 12.22\text{L}$$

해답

12.22L

---

15 | 제3류 위험물인 탄화칼슘이 물과 접촉하여 발생하는 가연성 가스의 완전연소 반응식을 쓰시오.

해설

탄화칼슘은 물과 심하게 반응하여 수산화칼슘과 아세틸렌을 만들며 공기 중 수분과 반응하여도 아세틸렌이 발생한다.

$CaC_2 + 2H_2O \rightarrow Ca(OH)_2 + C_2H_2$

가연성 가스인 아세틸렌은 연소범위 2.5~81%로 매우 넓고 인화가 쉬우며, 때로는 폭발하기도 하며 단독으로 가압 시 분해폭발을 일으키는 물질이다.

$2C_2H_2 + 5O_2 \rightarrow 4CO_2 + 2H_2O$

해답

$2C_2H_2 + 5O_2 \rightarrow 4CO_2 + 2H_2O$

---

16 | 위험물제조소 등에 대해 아래와 같은 위험물탱크안전성능검사의 신청시기를 쓰시오.
① 기초 · 지반 검사
② 충수 · 수압 검사
③ 용접부검사
④ 암반탱크검사

해설

탱크안전성능검사의 대상이 되는 탱크 및 신청시기

① 기초·지반 검사	검사대상	옥외탱크저장소의 액체 위험물 탱크 중 그 용량이 100만L 이상인 탱크
	신청시기	위험물탱크의 기초 및 지반에 관한 공사의 개시 전
② 충수·수압 검사	검사대상	액체 위험물을 저장 또는 취급하는 탱크
	신청시기	위험물을 저장 또는 취급하는 탱크에 배관, 그 밖에 부속설비를 부착하기 전
③ 용접부검사	검사대상	①의 규정에 의한 탱크
	신청시기	탱크 본체에 관한 공사의 개시 전
④ 암반탱크검사	검사대상	액체 위험물을 저장 또는 취급하는 암반 내의 공간을 이용한 탱크
	신청시기	암반탱크의 본체에 관한 공사의 개시 전

해답

① 위험물탱크의 기초 및 지반에 관한 공사의 개시 전
② 위험물을 저장 또는 취급하는 탱크에 배관, 그 밖의 부속설비를 부착하기 전
③ 탱크 본체에 관한 공사의 개시 전
④ 암반탱크의 본체에 관한 공사의 개시 전

17

위험물안전관리에 관한 세부기준에 따르면 배관 등의 용접부에는 방사선투과시험을 실시한다. 다만, 방사선투과시험을 실시하기 곤란한 경우 (   )에 알맞은 비파괴시험을 쓰시오.

① 두께 6mm 이상인 배관에 있어서 (㉠) 및 (㉡)을 실시할 것. 다만, 강자성체 외의 재료로 된 배관에 있어서는 (㉢)을 (㉣)으로 대체할 수 있다.
② 두께 6mm 미만인 배관과 초음파탐상시험을 실시하기 곤란한 배관에 있어서는 (㉤)을 실시할 것

해설

배관 등에 대한 비파괴시험방법
배관 등의 용접부에는 방사선투과시험 또는 영상초음파탐상시험을 실시한다. 다만, 방사선투과시험 또는 영상초음파탐상시험을 실시하기 곤란한 경우에는 다음 각 호의 기준에 따른다.
① 두께가 6mm 이상인 배관에 있어서는 초음파탐상시험 및 자기탐상시험을 실시할 것. 다만, 강자성체 외의 재료로 된 배관에 있어서는 자기탐상시험을 침투탐상시험으로 대체할 수 있다.
② 두께가 6mm 미만인 배관과 초음파탐상시험을 실시하기 곤란한 배관에 있어서는 자기탐상시험을 실시할 것

해답

① ㉠ 초음파탐상시험
㉡ 자기탐상시험
㉢ 자기탐상시험
㉣ 침투탐상시험
② ㉤ 자기탐상시험

18

트라이에틸알루미늄과 산소, 물, 염소와의 반응식을 쓰시오.

해설

트라이에틸알루미늄[$(C_2H_5)_3Al$]
㉠ 무색투명한 액체로 외관은 등유와 유사한 가연성으로 $C_1 \sim C_4$는 자연발화성이 강하다. 공기 중에 노출되어 공기와 접촉하여 백연을 발생하며 연소한다. 단, C_5 이상은 점화하지 않으면 연소하지 않는다.
$$2(C_2H_5)_3Al + 21O_2 \rightarrow 12CO_2 + Al_2O_3 + 15H_2O$$
㉡ 물, 산, 알코올과 접촉하면 폭발적으로 반응하여 에테인을 형성하고 이때 발열, 폭발에 이른다.
$$(C_2H_5)_3Al + 3H_2O \rightarrow Al(OH)_3 + 3C_2H_6$$
$$(C_2H_5)_3Al + HCl \rightarrow (C_2H_5)_2AlCl + C_2H_6$$
$$(C_2H_5)_3Al + 3CH_3OH \rightarrow Al(CH_5O)_3 + 3C_2H_6$$

ⓒ 인화점의 측정치는 없지만 융점($-46℃$) 이하이기 때문에 매우 위험하며 $200℃$ 이상에서 폭발적으로 분해되어 가연성 가스가 발생한다.

$$(C_2H_5)_3Al \rightarrow (C_2H_5)_2AlH + C_2H_4$$

$$(C_2H_5)_2AlH \rightarrow \frac{3}{2}H_2 + 2C_2H_4$$

ⓓ 염소가스와 접촉하면 삼염화알루미늄이 생성된다.

$$(C_2H_5)_3Al + 3Cl_2 \rightarrow AlCl_3 + 3C_2H_5Cl$$

[해답]

① 산소와의 반응식 : $2(C_2H_5)_3Al + 21O_2 \rightarrow 12CO_2 + Al_2O_3 + 15H_2O$

② 물과의 반응식 : $(C_2H_5)_3Al + 3H_2O \rightarrow Al(OH)_3 + 3C_2H_6$

③ 염소와의 반응식 : $(C_2H_5)_3Al + 3Cl_2 \rightarrow AlCl_3 + 3C_2H_5Cl$

19

[보기]에서 설명하는 위험물에 대해 다음 물음에 답하시오.

> [보기] • 지정수량 1,000kg
> • 분자량 158
> • 흑자색 결정
> • 물, 알코올, 아세톤에 녹는다.

① 240℃에서의 열분해식

② 묽은황산과의 반응식

[해설]

$KMnO_4$(과망가니즈산칼륨)

㉮ 일반적 성질

　ⓐ 분자량 158, 비중 2.7, 분해온도 약 200~250℃, 흑자색 또는 적자색의 결정

　ⓑ 수용액은 산화력과 살균력(3%-피부살균, 0.25%-점막살균)을 나타냄

　ⓒ 240℃에서 가열하면 망가니즈산칼륨, 이산화망가니즈, 산소 발생

　　$2KMnO_4 \rightarrow K_2MnO_4 + MnO_2 + O_2$

㉯ 위험성

에터, 알코올류, [진한황산+(가연성 가스, 염화칼륨, 테레빈유, 유기물, 피크르산)]과 혼촉되는 경우 발화하고 폭발의 위험성을 갖는다.

(묽은황산과의 반응식)

$4KMnO_4 + 6H_2SO_4 \rightarrow 2K_2SO_4 + 4MnSO_4 + 6H_2O + 5O_2$

(진한황산과의 반응식)

$2KMnO_4 + H_2SO_4 \rightarrow K_2SO_4 + 2HMnO_4$

[해답]

① $2KMnO_4 \rightarrow K_2MnO_4 + MnO_2 + O_2$

② $4KMnO_4 + 6H_2SO_4 \rightarrow 2K_2SO_4 + 4MnSO_4 + 6H_2O + 5O_2$

20 다음 [보기]는 어떤 물질의 제조방법 3가지를 설명하고 있다. 이러한 방법으로 제조되는 제4류 위험물에 대해 각각 물음에 답하시오.

> [보기] • 에틸렌과 산소를 염화구리($CuCl_2$) 또는 염화팔라듐($PdCl_2$) 촉매하에서 반응시켜 제조
> • 에탄올을 산화시켜 제조
> • 황산수은(Ⅱ) 촉매하에서 아세틸렌에 물을 첨가시켜 제조

① 위험도는 얼마인가?
② 이 물질이 공기 중 산소에 의해 산화되어 다른 종류의 제4류 위험물이 생성되는 반응식을 쓰시오.

해설

㉮ 아세트알데하이드의 일반적 성질
  ㉠ 무색이며 고농도는 자극성 냄새가 나며 저농도의 것은 과일 같은 향이 나는 휘발성이 강한 액체로서 물, 에탄올, 에터에 잘 녹고, 고무를 녹인다.
  ㉡ 환원성이 커서 은거울반응을 하며, I_2와 NaOH를 넣고 가열하는 경우 황색의 아이오딘폼(CH_3I) 침전이 생기는 아이오딘폼반응을 한다.
  $$CH_3CHO + I_2 + 2NaOH \rightarrow HCOONa + NaI + CH_3I + H_2O$$
  ㉢ 진한황산과의 접촉에 의해 격렬히 중합반응을 일으켜 발열한다.
  ㉣ 산화 시 초산, 환원 시 에탄올이 생성된다.
  $$CH_3CHO + \frac{1}{2}O_2 \rightarrow CH_3COOH(산화작용)$$
  $$CH_3CHO + H_2 \rightarrow C_2H_5OH(환원작용)$$
  ㉤ 분자량(44), 비중(0.78), 비점(21℃), 인화점(−39℃), 발화점(175℃)이 매우 낮고 연소범위(4.1~57%)가 넓으나 증기압(750mmHg)이 높아 휘발이 잘 되고, 인화성, 발화성이 강하며 수용액상태에서도 인화의 위험이 있다.
  ㉥ 제조방법
    ⓐ 에틸렌의 직접 산화법 : 에틸렌을 염화구리 또는 염화팔라듐의 촉매하에서 산화반응시켜 제조한다.
    $$2C_2H_4 + O_2 \rightarrow 2CH_3CHO$$
    ⓑ 에틸알코올의 직접 산화법 : 에틸알코올을 이산화망가니즈 촉매하에서 산화시켜 제조한다.
    $$2C_2H_5OH + O_2 \rightarrow 2CH_3CHO + 2H_2O$$
    ⓒ 아세틸렌의 수화법 : 아세틸렌과 물을 수은 촉매하에서 수화시켜 제조한다.
    $$C_2H_2 + H_2O \rightarrow CH_3CHO$$
㉯ 연소범위가 4~51%이므로 위험도(H) $= \dfrac{57-4.1}{4.1} \fallingdotseq 12.90$

해답

① 12.90

② $CH_3CHO + \dfrac{1}{2}O_2 \rightarrow CH_3COOH$

제50회
(2011년 9월 25일 시행)

위험물기능장 실기

01

제5류 위험물로서 담황색 결정을 가진 폭발성 고체로 보관 중 직사광선에 의해 다갈색으로 변색할 우려가 있는 물질로서 분자량이 227g/mol인 위험물의 ① 구조식과 ② 분해반응식을 쓰시오.

해설

트라이나이트로톨루엔[T.N.T, $C_6H_2CH_3(NO_2)_3$]

㉮ 일반적 성질

　㉠ 순수한 것은 무색 결정 또는 담황색의 결정, 직사광선에 의해 다갈색으로 변하며 중성으로 금속과는 반응이 없으며 장기 저장해도 자연발화의 위험이 없이 안정하다.

　㉡ 물에는 불용이며, 에터, 아세톤 등에는 잘 녹고 알코올에는 가열하면 약간 녹는다.

　㉢ 충격 감도는 피크르산보다 둔하지만 급격한 타격을 주면 폭발한다.

　㉣ 몇 가지 이성질체가 있으며 2, 4, 6-트라이나이트로톨루엔이 폭발력이 가장 강하다.

　㉤ 비중 1.66, 융점 81℃, 비점 280℃, 분자량 227, 발화온도 약 300℃

　㉥ 제법 : 1몰의 톨루엔과 3몰의 질산을 황산 촉매하에 반응시키면 나이트로화에 의해 T.N.T가 만들어진다.

$$C_6H_5CH_3 + 3HNO_3 \xrightarrow[\text{나이트로화}]{c-H_2SO_4} T.N.T + 3H_2O$$

㉯ 위험성

　㉠ 강력한 폭약으로 피크르산보다는 약하나 점화하면 연소하지만 기폭약을 쓰지 않으면 폭발하지 않는다.

　㉡ K, KOH, HCl, $Na_2Cr_2O_7$과 접촉 시 조건에 따라 발화하거나 충격, 마찰에 민감하고 폭발 위험성이 있으며, 분해되면 다량의 기체가 발생하고 불완전연소 시 유독성의 질소산화물과 CO를 생성한다.

$$2C_6H_2CH_3(NO_2)_3 \longrightarrow 12CO + 2C + 3N_2 + 5H_2$$

　㉢ NH_4NO_3와 T.N.T를 3 : 1wt%로 혼합하면 폭발력이 현저히 증가하여 폭파약으로 사용된다.

해답

① 구조식 :

② 분해반응식 : $2C_6H_2CH_3(NO_2)_3 \longrightarrow 12CO + 2C + 3N_2 + 5H_2$

02 다음은 탱크의 충수시험방법 및 판정기준에 대한 설명이다. 괄호 안을 알맞게 채우시오.
충수시험은 탱크에 물이 채워진 상태에서 1,000kL(1,000,000L 미만의 탱크는 12시간, 1,000kL 이상의 탱크는 (①) 이상 경과한 이후에 (②)가 없고 탱크 본체 접속부 및 용접부 등에서 누설·변형 또는 손상 등의 이상이 없어야 한다.

해설

충수·수압 시험의 방법 및 판정기준

㉮ 충수·수압 시험은 탱크가 완성된 상태에서 배관 등의 접속이나 내·외부에 대한 도장작업 등을 하기 전에 위험물탱크의 최대사용높이 이상으로 물(물과 비중이 같거나 물보다 비중이 큰 액체로서 위험물이 아닌 것을 포함한다. 이하 ㉮에서 같다.)을 가득 채워 실시할 것. 다만, 다음의 어느 하나에 해당하는 경우에는 해당 사항에 규정된 방법으로 대신할 수 있다.

　㉠ 에눌러판 또는 밑판의 교체공사 중 옆판의 중심선으로부터 600mm 범위 외의 부분에 관련된 것으로서 해당 교체부분이 저부면적(에눌러판 및 밑판의 면적을 말함)의 2의 1 미만인 경우에는 교체부분의 전 용접부에 대하여 초층용접 후 침투탐상시험을 하고 용접종료 후 자기탐상시험을 하는 방법

　㉡ 에눌러판 또는 밑판의 교체공사 중 옆판의 중심선으로부터 600mm 범위 내의 부분에 관련된 것으로서 해당 교체부분이 해당 에눌러판 또는 밑판의 원주길이의 50% 미만인 경우에는 교체부분의 전 용접부에 대하여 초층용접 후 침투탐상시험을 하고 용접종료 후 자기탐상시험을 하며 밑판(에눌러판을 포함)과 옆판이 용접되는 필렛용접부(완전용입용접의 경우에 한함)에는 초음파탐상시험을 하는 방법

㉯ 보온재가 부착된 탱크의 변경허가에 따른 충수·수압 시험의 경우에는 보온재를 해당 탱크 옆판의 최하단으로부터 20cm 이상 제거하고 시험을 실시할 것

㉰ 충수시험은 탱크에 물이 채워진 상태에서 1,000kL 미만의 탱크는 12시간, 1,000kL 이상의 탱크는 24시간 이상 경과한 이후에 지반침하가 없고 탱크 본체 접속부 및 용접부 등에서 누설, 변형 또는 손상 등의 이상이 없을 것

㉱ 수압시험은 탱크의 모든 개구부를 완전히 폐쇄한 이후에 물을 가득 채우고 최대사용압력의 1.5배 이상의 압력을 가하여 10분 이상 경과한 이후에 탱크 본체·접속부 및 용접부 등에서 누설 또는 영구변형 등의 이상이 없을 것. 다만, 규칙에서 시험압력을 정하고 있는 탱크의 경우에는 해당 압력을 시험압력으로 한다.

㉲ 탱크용량이 1,000kL 이상인 원통 세로형 탱크는 수평도와 수직도를 측정하여 다음의 기준에 적합할 것

　㉠ 옆판 최하단의 바깥쪽을 등간격으로 나눈 8개소에 스케일을 세우고 레벨측정기 등으로 수평도를 측정하였을 때 수평도는 300mm 이내이면서 직경의 1/100 이내일 것

　㉡ 옆판 바깥쪽을 등간격으로 나눈 8개소의 수직도를 데오드라이트 등으로 측정하였을 때 수직도는 탱크 높이의 1/200 이내일 것. 다만, 변경허가에 따른 시험의 경우에는 127mm 이내이면서 1/100 이내이어야 한다.

㉳ 탱크용량이 1,000kL 이상인 원통 세로형 외의 탱크는 ㉮ 내지 ㉱의 시험 외에 침하량을 측정하기 위하여 모든 기둥의 침하측정의 기준점(수준점)을 측정(기둥이 2개인 경우에는 각 기둥마다 2점을 측정)하여 그 차이를 각각의 기둥 사이의 거리로 나눈 수치가 1/200 이내일 것. 다만, 변경허가에 따른 시험의 경우에는 127mm 이내이면서 1/100 이내이어야 한다.

해답

① 24시간
② 지반침하

03 다음 그림과 같은 이동저장탱크의 내용적은 몇 m³인지 구하시오.

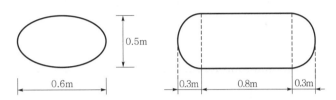

> **해설**

양쪽이 볼록한 타원형 탱크

$$V = \frac{\pi ab}{4}\left(l + \frac{l_1 + l_2}{3}\right) = \frac{\pi \times 0.5 \times 0.6}{4}\left(0.8 + \frac{0.3 + 0.3}{3}\right) \fallingdotseq 0.24\,\text{m}^3$$

> **해답**

0.24m³

04 위험물제조소 등에 대한 위치·구조 또는 설비를 변경하는 경우 위반사항에 대한 행정처분기준에 대해 쓰시오.
　① 1차
　② 2차
　③ 3차

> **해설**

제조소 등에 대한 행정처분기준

위반사항	행정처분기준		
	1차	2차	3차
① 제조소 등의 위치·구조 또는 설비를 변경한 때	경고 또는 사용정지 15일	사용정지 60일	허가취소
② 완공검사를 받지 아니하고 제조소 등을 사용한 때	사용정지 15일	사용정지 60일	허가취소
③ 수리·개조 또는 이전의 명령에 위반한 때	사용정지 30일	사용정지 90일	허가취소
④ 위험물 안전관리자를 선임하지 아니한 때	사용정지 15일	사용정지 60일	허가취소
⑤ 대리자를 지정하지 아니한 때	사용정지 10일	사용정지 30일	허가취소
⑥ 정기점검을 하지 아니한 때	사용정지 10일	사용정지 30일	허가취소
⑦ 정기검사를 받지 아니한 때	사용정지 10일	사용정지 30일	허가취소
⑧ 저장·취급 기준 준수명령을 위반한 때	사용정지 30일	사용정지 60일	허가취소

> **해답**

① 경고 또는 사용정지 15일
② 사용정지 60일
③ 허가취소

05 제1류 위험물로서 비중이 2.1이고, 물이나 글리세린에 잘 녹으며, 흑색화약의 원료로 사용하는 물질에 대해 다음 물음에 답하시오.
① 물질명
② 화학식
③ 분해반응식

[해설]

KNO_3(질산칼륨, 질산카리, 초석)의 일반적 성질
㉠ 분자량 101, 비중 2.1, 융점 339℃, 분해온도 400℃, 용해도 26
㉡ 무색의 결정 또는 백색 분말로 차가운 자극성의 짠맛이 난다.
㉢ 물이나 글리세린 등에는 잘 녹고, 알코올에는 녹지 않는다. 수용액은 중성이다.
㉣ 약 400℃로 가열하면 분해되어 아질산칼륨(KNO_2)과 산소(O_2)가 발생하는 강산화제
$$2KNO_3 \rightarrow 2KNO_2 + O_2$$

[해답]

① 질산칼륨
② KNO_3
③ $2KNO_3 \rightarrow 2KNO_2 + O_2$

06 예방 규정을 정하여야 하는 제조소 등에 해당하는 경우 5가지를 쓰시오.

[해설]

예방 규정을 정하여야 하는 제조소 등
① 지정수량의 10배 이상의 위험물을 취급하는 제조소
② 지정수량의 100배 이상의 위험물을 저장하는 옥외저장소
③ 지정수량의 150배 이상의 위험물을 저장하는 옥내저장소
④ 지정수량의 200배 이상을 저장하는 옥외탱크저장소
⑤ 암반탱크저장소
⑥ 이송취급소
⑦ 지정수량의 10배 이상의 위험물을 취급하는 일반취급소[다만, 제4류 위험물(특수 인화물을 제외한다)만을 지정수량의 50배 이하로 취급하는 일반취급소(제1석유류 · 알코올류의 취급량이 지정수량의 10배 이하인 경우에 한한다)로서 다음의 어느 하나에 해당하는 것을 제외]
㉠ 보일러 · 버너 또는 이와 비슷한 것으로서 위험물을 소비하는 장치로 이루어진 일반취급소
㉡ 위험물을 용기에 옮겨 담거나 차량에 고정된 탱크에 주입하는 일반취급소

[해답]

상기 해설 중 택 5가지 기술

07 이송취급소 설치제외 장소 3가지를 쓰시오.

해설

이송취급소를 설치하지 못하는 장소
① 철도 및 도로의 터널 안
② 고속국도 및 자동차 전용도로의 차도, 길어깨(갓길) 및 중앙분리대
③ 호수, 저수지 등으로서 수리의 수원이 되는 곳
④ 급경사 지역으로서 붕괴의 위험이 있는 지역

해답

상기 해설 중 택 3가지 기술

08 다음은 주유취급소의 특례기준 중 셀프용 고정주유설비의 설치기준에 대한 설명이다. 괄호 안을 알맞게 채우시오.
① 주유호스는 (   ) 이하의 하중에 의하여 파단 또는 이탈되어야 하고, 파단 또는 이탈된 부분으로부터의 위험물 누출을 방지할 수 있는 구조일 것
② 1회의 연속주유량 및 주유시간의 상한을 미리 설정할 수 있는 구조일 것. 이 경우, 연속주유량 및 주유시간의 상한은 휘발유는 (㉠)L 이하, (㉡)분 이하, 경유는 (㉢)L 이하, (㉣)분 이하로 한다.

해설

셀프용 고정주유설비의 기준
㉮ 주유호스의 선단부에 수동개폐장치를 부착한 주유노즐을 설치할 것. 다만, 수동개폐장치를 개방한 상태로 고정시키는 장치가 부착된 경우에는 다음의 기준에 적합하여야 한다.
  ㉠ 주유작업을 개시함에 있어서 주유노즐의 수동개폐장치가 개방상태에 있는 때에는 해당 수동개폐장치를 일단 폐쇄시켜야만 다시 주유를 개시할 수 있는 구조로 할 것
  ㉡ 주유노즐이 자동차 등의 주유구로부터 이탈된 경우 주유를 자동적으로 정지시키는 구조일 것
㉯ 주유노즐은 자동차 등의 연료탱크가 가득 찬 경우 자동적으로 정지시키는 구조일 것
㉰ 주유호스는 200kg중 이하의 하중에 의하여 파단(破斷) 또는 이탈되어야 하고, 파단 또는 이탈된 부분으로부터의 위험물 누출을 방지할 수 있는 구조일 것
㉱ 휘발유와 경유 상호 간의 오인에 의한 주유를 방지할 수 있는 구조일 것
㉲ 1회의 연속주유량 및 주유시간의 상한을 미리 설정할 수 있는 구조일 것. 이 경우 연속주유량 및 주유시간의 상한은 다음과 같다.
  ㉠ 휘발유는 100L 이하, 4분 이하로 할 것
  ㉡ 경유는 600L 이하로, 12분 이하로 할 것

해답

① 200kg중
② ㉠ 100
   ㉡ 4
   ㉢ 600
   ㉣ 12

09 위험물탱크안전성능시험자의 등록 시 결격사유 3가지를 쓰시오.

[해설]

위험물탱크안전성능시험자의 등록 결격사유
① 피성년후견인 또는 피한정후견인
② 「위험물안전관리법」, 「소방기본법」, 「소방시설 설치·유지 및 안전관리에 관한 법률」 또는 「소방시설공사업법」에 따른 금고 이상의 실형의 선고를 받고 그 집행이 종료(집행이 종료된 것으로 보는 경우를 포함한다)되거나 집행이 면제된 날부터 2년이 지나지 아니한 자
③ 「위험물안전관리법」, 「소방기본법」, 「소방시설 설치·유지 및 안전관리에 관한 법률」 또는 「소방시설공사업법」에 따른 금고 이상의 형의 집행유예 선고를 받고 그 유예기간 중에 있는 자
④ 탱크시험자의 등록이 취소된 날부터 2년이 지나지 아니한 자
⑤ 법인으로서 그 대표자가 ① 내지 ②에 해당하는 경우

[해답]

① 피성년후견인 또는 피한정후견인
② 「위험물안전관리법」, 「소방기본법」, 「소방시설 설치·유지 및 안전관리에 관한 법률」 또는 「소방시설공사업법」에 따른 금고 이상의 형의 집행유예 선고를 받고 그 유예기간 중에 있는 자
③ 탱크시험자의 등록이 취소된 날부터 2년이 지나지 아니한 자

10 제3류 위험물을 옥내저장소에 저장 시 저장창고의 바닥면적이 2,000m²인 경우에 저장할 수 있는 품명 5가지를 쓰시오.

[해설]

하나의 저장창고의 바닥면적

위험물을 저장하는 창고	바닥면적
㉠ 제1류 위험물 중 아염소산염류, 염소산염류, 과염소산염류, 무기과산화물, 그 밖에 지정수량이 50kg인 위험물 ㉡ 제3류 위험물 중 칼륨, 나트륨, 알킬알루미늄, 알킬리튬, 그 밖에 지정수량이 10kg인 위험물 및 황린 ㉢ 제4류 위험물 중 특수 인화물, 제1석유류 및 알코올류 ㉣ 제5류 위험물 중 유기과산화물, 질산에스터류, 그 밖에 지정수량이 10kg인 위험물 ㉤ 제6류 위험물	1,000m² 이하
㉠~㉤ 외의 위험물을 저장하는 창고	2,000m² 이하
내화구조의 격벽으로 완전히 구획된 실에 각각 저장하는 창고	1,500m² 이하

[해답]

① 알칼리금속(K, Na 제외) 및 알칼리토금속
② 유기금속화합물(알킬알루미늄, 알킬리튬 제외)
③ 금속의 수소화물
④ 금속의 인화물
⑤ 칼슘 또는 알루미늄의 탄화물

11 제1종 분말소화약제인 탄산수소나트륨의 850℃에서의 분해반응식과 탄산수소나트륨 336kg이 1기압, 25℃에서 발생시키는 탄산가스의 체적(m^3)은 얼마인지 구하시오.

해설

탄산수소나트륨은 약 60℃ 부근에서 분해되기 시작하여 270℃와 850℃ 이상에서 다음과 같이 열분해된다.

$2NaHCO_3$ → Na_2CO_3 + H_2O + CO_2 흡열반응(at 270℃)
(중탄산나트륨) (탄산나트륨) (수증기) (탄산가스)

$2NaHCO_3$ → Na_2O + H_2O + $2CO_2$ − Q[kcal] (at 850℃ 이상)

$$\frac{336kg\text{-}NaHCO_3}{} \bigg| \frac{1kmol\ NaHCO_3}{84kg\text{-}NaHCO_3} \bigg| \frac{2kmol\ CO_2}{2kmol\ NaHCO_3} \bigg| \frac{22.4m^3\text{-}CO_2}{1kmol\ CO_2} = 89.6m^3\text{-}CO_2$$

따라서, 샤를의 법칙 $\frac{V_1}{T_1} = \frac{V_2}{T_2}$ 에 따르면

$$V_2 = \frac{T_2 \cdot V_1}{T_1} = \frac{(273.15+25) \times 89.6}{273.15} ≒ 97.80m^3$$

해답

① $2NaHCO_3$ → $Na_2O + H_2O + 2CO_2$
② 97.80m^3

12 이산화탄소소화설비의 수동식 기동장치에 대해 다음 물음에 답하시오.
① 기동장치의 조작부는 바닥으로부터 (㉠)m 이상, (㉡)m 이하의 높이에 설치할 것
② 기동장치 외면의 색상
③ 기동장치 직근의 보기 쉬운 장소에 표시하여야 할 사항 2가지

해설

이산화탄소소화설비의 수동식 기동장치의 기준
㉠ 기동장치는 해당 방호구역 밖에 설치하되 해당 방호구역 안을 볼 수 있고 조작을 한 자가 쉽게 대피할 수 있는 장소에 설치할 것
㉡ 기동장치는 하나의 방호구역 또는 방호대상물마다 설치할 것
㉢ 기동장치의 조작부는 바닥으로부터 0.8m 이상, 1.5m 이하의 높이에 설치할 것
㉣ 기동장치에는 직근의 보기 쉬운 장소에 "불활성가스소화설비의 수동식 기동장치임을 알리는 표시를 할 것"이라고 표시할 것
㉤ 기동장치의 외면은 적색으로 할 것
㉥ 전기를 사용하는 기동장치에는 전원표시등을 설치할 것
㉦ 기동장치의 방출용 스위치 등은 음향경보장치가 기동되기 전에는 조작될 수 없도록 하고 기동장치에 유리 등에 의하여 유효한 방호조치를 할 것
㉧ 기동장치 또는 직근의 장소에 방호구역의 명칭, 취급방법, 안전상의 주의사항 등을 표시할 것

해답

① ㉠ 0.8, ㉡ 1.5
② 적색
③ ㉠ '이산화탄소소화설비 수동기동장치'라고 표시
  ㉡ 방호구역 명칭, 취급방법, 안전상 주의사항 등을 표시

13 이산화탄소소화설비의 저장용기에 대해 다음 물음에 답하시오.
① 저장용기의 충전비는 저압식인 경우 (㉠) 이상 (㉡) 이하, 고압식인 경우 (㉢) 이상 (㉣) 이하
② 저압식 저장용기에는 (㉠)MPa 이상의 압력 및 (㉡)MPa 이하의 압력에서 작동하는 압력경보장치를 설치할 것
③ 저압식 저장용기에는 용기 내부의 온도를 영하 (㉠)℃ 이상, 영하 (㉡)℃ 이하로 유지할 수 있는 자동냉동기를 설치할 것
④ 저장용기는 온도가 (   )℃ 이하이고, 온도변화가 적은 장소에 설치할 것

해설

이산화탄소 저장용기 충전
㉮ 이산화탄소를 소화약제로 하는 경우에 저장용기의 충전비(용기 내용적의 수치와 소화약제 중량의 수치와의 비율을 말한다. 이하 같다)는 고압식인 경우에는 1.5 이상 1.9 이하이고, 저압식인 경우에는 1.1 이상, 1.4 이하일 것
㉯ IG-100, IG-55 또는 IG-541을 소화약제로 하는 경우에는 저장용기의 충전압력을 21℃의 온도에서 32MPa 이하로 할 것
㉰ 저장용기 설치기준
  ㉠ 방호구역 외의 장소에 설치할 것
  ㉡ 온도가 40℃ 이하이고 온도 변화가 적은 장소에 설치할 것
  ㉢ 직사일광 및 빗물이 침투할 우려가 적은 장소에 설치할 것
  ㉣ 저장용기에는 안전장치를 설치할 것
  ㉤ 저장용기의 외면에 소화약제의 종류와 양, 제조연도 및 제조자를 표시할 것
㉱ 이산화탄소를 저장하는 저압식 저장용기 기준
  ㉠ 이산화탄소를 저장하는 저압식 저장용기에는 액면계 및 압력계를 설치할 것
  ㉡ 이산화탄소를 저장하는 저압식 저장용기에는 2.3MPa 이상의 압력 및 1.9MPa 이하의 압력에서 작동하는 압력경보장치를 설치할 것
  ㉢ 이산화탄소를 저장하는 저압식 저장용기에는 용기 내부의 온도를 영하 20℃ 이상, 영하 18℃ 이하로 유지할 수 있는 자동냉동기를 설치할 것
  ㉣ 이산화탄소를 저장하는 저압식 저장용기에는 파괴판을 설치할 것
  ㉤ 이산화탄소를 저장하는 저압식 저장용기에는 방출밸브를 설치할 것

해답

① ㉠ 1.1, ㉡ 1.4, ㉢ 1.5, ㉣ 1.9   ② ㉠ 2.3, ㉡ 1.9
③ ㉠ 20, ㉡ 18   ④ 40

14 [보기]에 주어진 위험물을 인화점이 낮은 것부터 순서대로 나열하시오.

[보기] 다이에틸에터, 벤젠, 이황화탄소, 에탄올, 아세톤, 산화프로필렌

해설

품목	다이에틸에터	벤젠	이황화탄소	에탄올	아세톤	산화프로필렌
품명	특수 인화물	제1석유류	특수 인화물	알코올류	제1석유류	특수 인화물
인화점	-40℃	-11℃	-30℃	13℃	-18.5℃	-37℃

해답

다이에틸에터 → 산화프로필렌 → 이황화탄소 → 아세톤 → 벤젠 → 에탄올

15

> 가연성의 액체, 증기 또는 가스가 새거나 체류할 우려가 있는 장소 또는 가연성의 미분이
> 현저하게 부유할 우려가 있는 장소에서의 조치사항 2가지를 쓰시오.

해설

위험물의 저장 및 취급에 관한 공통기준

㉠ 제조소 등에서는 신고와 관련되는 품명 외의 위험물 또는 이러한 허가 및 신고와 관련되는 수량 또는 지정수량의 배수를 초과하는 위험물을 저장 또는 취급하지 아니하여야 한다.

㉡ 위험물을 저장 또는 취급하는 건축물, 그 밖의 공작물 또는 설비는 해당 위험물의 성질에 따라 차광 또는 환기를 해야 한다.

㉢ 위험물은 온도계, 습도계, 압력계, 그 밖의 계기를 감시하여 해당 위험물의 성질에 맞는 적당한 온도, 습도 또는 압력을 유지하도록 저장 또는 취급하여야 한다.

㉣ 위험물을 저장 또는 취급하는 경우에는 위험물의 변질, 이물의 혼입 등에 의하여 해당 위험물의 위험성이 증대되지 아니하도록 필요한 조치를 강구하여야 한다.

㉤ 위험물이 남아 있거나 남아 있을 우려가 있는 설비·기계·기구·용기 등을 수리하는 경우에는 안전한 장소에서 위험물을 완전히 제거한 후에 실시하여야 한다.

㉥ 위험물을 용기에 수납하여 저장 또는 취급할 때에는 그 용기는 해당 위험물의 성질에 적응하고 파손, 부식, 균열 등이 없는 것으로 하여야 한다.

㉦ 가연성의 액체·증기 또는 가스가 새거나 체류할 우려가 있는 장소 또는 가연성의 미분이 현저하게 부유할 우려가 있는 장소에서는 전선과 전기기구를 완전히 접속하고 불꽃을 발하는 기계·기구·공구 등을 사용하거나 마찰에 의하여 불꽃을 발산하는 기계·기구·공구·신발 등을 사용하지 아니하여야 한다.

㉧ 위험물을 보호액 중에 보존하는 경우에는 해당 위험물이 보호액으로부터 노출하지 아니하도록 하여야 한다.

해답

① 전선과 전기기구를 완전히 접속하여야 한다.
② 불꽃을 발하는 기계, 기구, 공구, 신발 등을 사용하지 아니하여야 한다.

16

> 50L의 휘발유(부피팽창계수=0.00135/℃)가 5℃의 온도에서 25℃의 온도로 상승할 때
> ① 최종부피와 ② 부피증가율을 구하시오.

해설

$V = V_0(1 + \beta \Delta t)$ 에서

여기서, V : 최종부피, V_0 : 팽창 전 부피, β : 체적팽창계수, Δt : 온도변화량

따라서, $V = 50L \times (1 + 0.00135/℃ \times (25 - 5)℃) = 51.35L$

부피증가율은 $\dfrac{51.35 - 50}{50} \times 100 = 2.7$

해답

① 51.35L, ② 2.7%

17 다음 물음에 답하시오.
① 삼황화인의 연소반응식
② 오황화인의 연소반응식
③ 오황화인과 물의 반응식
④ 오황화인이 물과 반응 시 발생하는 가스의 연소반응식

해설

㉠ 황화인의 연소생성물은 매우 유독하다.
$P_4S_3 + 8O_2 \rightarrow 2P_2O_5 + 3SO_2$
$2P_2S_5 + 15O_2 \rightarrow 2P_2O_5 + 10SO_2$
㉡ 오황화인은 물과 반응하면 분해되어 황화수소(H_2S)와 인산(H_3PO_4)으로 된다.
$P_2S_5 + 8H_2O \rightarrow 5H_2S + 2H_3PO_4$
㉢ 발생 중인 황화수소의 연소 시 수증기와 아황산가스가 발생한다.
$2H_2S + 3O_2 \rightarrow 2H_2O + 2SO_2$

해답

① $P_4S_3 + 8O_2 \rightarrow 2P_2O_5 + 3SO_2$
② $2P_2S_5 + 15O_2 \rightarrow 2P_2O_5 + 10SO_2$
③ $P_2S_5 + 8H_2O \rightarrow 5H_2S + 2H_3PO_4$
④ $2H_2S + 3O_2 \rightarrow 2H_2O + 2SO_2$

18 다음은 위험물의 성질에 따른 저장기준에 대한 설명이다. 괄호 안을 알맞게 채우시오.
① 옥외저장탱크, 옥내저장탱크 또는 지하저장탱크 중 압력탱크에 저장하는 아세트알데
하이드 등 또는 다이에틸에터 등의 온도는 ( )℃ 이하로 유지할 것
② 보냉장치가 있는 이동저장탱크에 저장하는 아세트알데하이드 등 또는 다이에틸에터
등의 온도는 해당 위험물의 ( ) 이하로 유지할 것
③ 보냉장치가 없는 이동저장탱크에 저장하는 아세트알데하이드 등 또는 다이에틸에터
등의 온도는 ( )℃ 이하로 유지할 것

해설

아세트알데하이드의 탱크 저장 시에는 불활성가스 또는 수증기를 봉입하고 냉각장치 등을 이
용하여 저장온도를 비점 이하로 유지시켜야 한다. 보냉장치가 없는 이동저장탱크에 저장하는
아세트알데하이드의 온도는 40℃로 유지하여야 한다.
① 옥외저장탱크, 옥내저장탱크 또는 지하저장탱크 중 압력탱크에 저장하는 아세트알데하이드
등 또는 다이에틸에터 등의 온도는 40℃ 이하로 유지할 것
② 보냉장치가 있는 이동저장탱크에 저장하는 아세트알데하이드 등 또는 다이에틸에터 등의
온도는 해당 위험물의 비점으로 유지할 것
③ 보냉장치가 없는 이동저장탱크에 저장하는 아세트알데하이드 등 또는 다이에틸에터 등의
온도는 40℃ 이하로 유지할 것

해답

① 40
② 비점
③ 40

19 제3류 위험물인 트라이에틸알루미늄에 대해 다음 물음에 답하시오.
① 공기 중의 연소반응식
② 물과의 반응식

해설

트라이에틸알루미늄[$(C_2H_5)_3Al$]

① 무색투명한 액체로 외관은 등유와 유사한 가연성으로 $C_1{\sim}C_4$는 자연발화성이 강하다. 공기 중에 노출되어 공기와 접촉하여 백연을 발생하며 연소한다. 단, C_5 이상은 점화하지 않으면 연소하지 않는다.

$$2(C_2H_5)_3Al + 21O_2 \rightarrow 12CO_2 + Al_2O_3 + 15H_2O$$

② 물, 산, 알코올과 접촉하면 폭발적으로 반응하여 에테인을 형성하고 이때 발열, 폭발에 이른다.

$$(C_2H_5)_3Al + 3H_2O \rightarrow Al(OH)_3 + 3C_2H_6$$
$$(C_2H_5)_3Al + HCl \rightarrow (C_2H_5)_2AlCl + C_2H_6$$
$$(C_2H_5)_3Al + 3CH_3OH \rightarrow Al(CH_5O)_3 + 3C_2H_6$$

해답

① $2(C_2H_5)_3Al + 21O_2 \rightarrow 12CO_2 + Al_2O_3 + 15H_2O$

② $(C_2H_5)_3Al + 3H_2O \rightarrow Al(OH)_3 + 3C_2H_6$

20 제3류 위험물인 칼륨이 이산화탄소, 에탄올, 사염화탄소와 각각 반응할 때의 각 반응식을 쓰시오.

해설

금속칼륨의 위험성

㉠ 고온에서 수소와 수소화물(KH)을 형성하며, 수은과 반응하여 아말감을 만든다.

㉡ 가연성 고체로 농도가 낮은 산소 중에서도 연소 위험이 있으며, 연소 시 불꽃이 붙은 용융상태에서 비산하여 화재를 확대하거나 몸에 접촉하면 심한 화상을 초래한다.

㉢ 물과 격렬히 반응하여 발열하고 수산화칼륨과 수소가 발생한다. 이때 발생된 열은 점화원의 역할을 한다.

$$2K + 2H_2O \rightarrow 2KOH + H_2$$

㉣ CO_2, CCl_4와 격렬히 반응하여 연소, 폭발의 위험이 있으며, 연소 중에 모래를 뿌리면 규소(Si) 성분과 격렬히 반응한다.

$$4K + 3CO_2 \rightarrow 2K_2CO_3 + C \text{ (연소 · 폭발)}$$
$$4K + CCl_4 \rightarrow 4KCl + C \text{ (폭발)}$$

㉤ 알코올과 반응하여 칼륨에틸레이트를 만들며 수소가 발생한다.

$$2K + 2C_2H_5OH \rightarrow 2C_2H_5OK + H_2$$

㉥ 대량의 금속칼륨이 연소할 때 적당한 소화방법이 없으므로 매우 위험하다.

해답

① 이산화탄소와 반응 시 : $4K + 3CO_2 \rightarrow 2K_2CO_3 + C$

② 에탄올과 반응 시 : $2K + 2C_2H_5OH \rightarrow 2C_2H_5OK + H_2$

③ 사염화탄소와 반응 시 : $4K + CCl_4 \rightarrow 4KCl + C$

01 제3류 위험물 중 분자량이 144이고 물과 접촉하여 메테인을 생성시키는 물질의 반응식을 쓰시오.

해설

탄화알루미늄(Al_4C_3)
㉮ 일반적 성질
　㉠ 순수한 것은 백색이나 보통은 황색의 결정이며 건조한 공기 중에서는 안정하나 가열하면 표면에 산화피막을 만들어 반응이 지속되지 않는다.
　㉡ 비중은 2.36이고, 분해온도는 1,400℃ 이상이다.
㉯ 위험성
　물과 반응하여 가연성, 폭발성의 메테인가스를 만들며 밀폐된 실내에서 메탄이 축적되는 경우 인화성 혼합기를 형성하여 2차 폭발의 위험이 있다.
　$Al_4C_3 + 12H_2O \rightarrow 4Al(OH)_3 + 3CH_4$

해답

$Al_4C_3 + 12H_2O \rightarrow 4Al(OH)_3 + 3CH_4$

02 위험물제조소 등에서 위험물의 압력이 상승할 우려가 있는 설비에 설치하는 안전장치의 종류 3가지를 쓰시오.

해답

① 자동적으로 압력의 상승을 정지시키는 장치
② 감압측에 안전밸브를 부착한 감압밸브
③ 안전밸브를 병용하는 경보장치

03 다음은 옥외탱크저장소에 대한 설명이다. 괄호 안을 알맞게 채우시오.
① 휘발유, 벤젠, 그 밖의 정전기에 의한 재해가 발생할 우려가 있는 액체 위험물의 옥외 저장탱크 (　　) 부근에는 정전기를 유효하게 제거하기 위한 접지전극을 설치한다.
② 옥외저장탱크에는 가연성 증기를 회수하기 위해 직경 30mm 이상, 선단은 수평으로부터 45° 이상 구부려 빗물 등의 침투를 막는 구조의 (　　)을 설치해야 한다.
③ 탱크와 배수관과의 결합부분이 지진 등에 의하여 손상을 받을 우려가 없는 방법으로 (　　)을 설치하는 경우에는 탱크의 밑판에 설치할 수 있다.

해답

① 주입관, ② 통기관, ③ 배수관

04 위험물안전관리법의 시행규칙에 따라 위험물안전관리 대행기관으로 지정되기 위하여 보유해야 하는 안전관리장비 5가지를 쓰시오. (단, 안전장구 및 소방시설 점검기구는 제외)

해설

기술인력	• 위험물기능장 또는 위험물산업기사 1인 이상 • 위험물산업기사 또는 위험물기능사 2인 이상 • 기계분야 및 전기분야의 소방설비기사 1인 이상
시설	전용사무실을 갖출 것
장비	• 절연저항계 • 접지저항측정기(최소눈금 0.1Ω 이하) • 가스농도측정기 • 정전기전위측정기 • 토크렌치 • 진동시험기 • 안전밸브시험기 • 표면온도계($-10\sim300℃$) • 두께측정기($1.5\sim99.9mm$) • 유량계, 압력계 • 안전용구(안전모, 안전화, 손전등, 안전로프 등) • 소화설비 점검기구(소화전밸브압력계, 방수압력측정계, 포컬렉터, 헤드렌치, 포컨테이너

해답
① 절연저항계
② 접지저항측정기(최소눈금 0.1Ω 이하)
③ 가스농도측정기
④ 정전기전위측정기
⑤ 토크렌치

05 무색투명한 액체로 외관은 등유와 유사한 가연성인 제3류 위험물로서 분자량이 114인 물질이 물과 접촉 시 발생하는 기체의 위험도를 구하시오.

해설
㉮ 트라이에틸알루미늄[$(C_2H_5)_3Al$]
　㉠ 무색투명한 액체로 외관은 등유와 유사한 가연성으로 $C_1\sim C_4$는 자연발화성이 강하다. 공기 중에 노출되면, 공기와 접촉하여 백연을 발생하며 연소한다. 단, C_5 이상은 점화하지 않으면 연소하지 않는다.
　　$2(C_2H_5)_3Al + 21O_2 \rightarrow 12CO_2 + Al_2O_3 + 15H_2O$
　㉡ 물과 접촉하면 폭발적으로 반응하여 에테인을 형성하고 이때 발열, 폭발에 이른다.
　　$(C_2H_5)_3Al + 3H_2O \rightarrow Al(OH)_3 + 3C_2H_6$
㉯ C_2H_6의 연소범위는 $3.0\sim12.4\%$이다.
따라서, $H = \dfrac{U-L}{L} = \dfrac{12.4-3.0}{3.0} = 3.13$

해답
3.13

06 제1류 위험물인 과산화칼륨이 다음 물질과 접촉 시 화학반응식을 쓰시오.
① 물
② 이산화탄소
③ 초산

해설

㉠ 가열하면 열분해되어 산화칼륨(K_2O)과 산소(O_2) 발생
$$2K_2O_2 \rightarrow 2K_2O + O_2$$
㉡ 흡습성이 있으므로 물과 접촉하면 발열하며 수산화칼륨(KOH)과 산소(O_2) 발생
$$2K_2O_2 + 2H_2O \rightarrow 4KOH + O_2$$
㉢ 공기 중의 탄산가스를 흡수하여 탄산염을 생성
$$2K_2O_2 + 2CO_2 \rightarrow 2K_2CO_3 + O_2$$
㉣ 에틸알코올에는 용해되며, 묽은산과 반응하여 과산화수소(H_2O_2)를 생성
$$K_2O_2 + 2CH_3COOH \rightarrow 2CH_3COOK + H_2O_2$$
㉤ 황산과 반응하여 황산칼륨과 과산화수소를 생성
$$K_2O_2 + H_2SO_4 \rightarrow K_2SO_4 + H_2O_2$$

해답

① $2K_2O_2 + 2H_2O \rightarrow 4KOH + O_2$
② $2K_2O_2 + 2CO_2 \rightarrow 2K_2CO_3 + O_2$
③ $K_2O_2 + 2CH_3COOH \rightarrow 2CH_3COOK + H_2O_2$

07 지하탱크저장소에는 액체 위험물의 누설을 검사하기 위한 관을 4개소 이상 설치하여야 하는데, 그 설치기준을 4가지 쓰시오.

해답

① 이중관으로 한다(단, 소공이 없는 상부는 단관으로 할 수 있다).
② 재료는 금속관 또는 경질 합성수지관으로 한다.
③ 관은 탱크 전용실의 바닥 또는 탱크의 기초까지 닿게 한다.
④ 관의 밑부분부터 탱크의 중심 높이까지의 부분에는 소공이 뚫려 있어야 한다. 다만, 지하수위가 높은 장소에 있어서는 지하수위 높이까지의 부분에 소공이 뚫려 있어야 한다.
⑤ 상부는 물이 침투하지 아니하는 구조로 하고, 뚜껑은 검사 시에 쉽게 열 수 있도록 한다.

08 어떤 화합물에 대한 질량을 분석한 결과 Na 58.97%, O 41.03%였다. 이 화합물의 ① 실험식과 ② 분자식을 구하시오. (단, 이 화합물의 분자량은 78g/mol이다.)

해설

① 실험식
$$Na : O = \frac{58.97}{23} : \frac{41.03}{16} = 2.56 : 2.56 = 1 : 1$$
그러므로 실험식은 NaO

② 분자식

실험식×n＝분자식

$n = \dfrac{분자식}{NaO} = \dfrac{78}{39} = 2$

그러므로 분자식은 $(NaO)_{\times 2} = Na_2O_2$

해답

① NaO, ② Na_2O_2

---

09 100kPa, 30℃에서 100g의 드라이아이스 부피(L)를 구하시오.

해설

드라이아이스는 이산화탄소(CO_2)를 의미한다.

$$\dfrac{100kPa}{} \left| \dfrac{1atm}{101.326kPa} \right| = 0.987atm$$

따라서, 이상기체 방정식을 사용하여 기체의 부피를 구할 수 있다.

$PV = nRT$

n은 몰(mole)수이며 $n = \dfrac{w(g)}{M(분자량)}$ 이므로

$$PV = \dfrac{wRT}{M}$$

$$\therefore \ V = \dfrac{wRT}{PM} = \dfrac{100g \times 0.082L \cdot atm/K \cdot mol \times (30 + 273.15)}{0.987atm \times 44g/mol} = 57.24L$$

해답

57.24L

---

10 이송취급소의 설치에 필요한 긴급차단밸브 및 차단밸브에 관한 첨부서류의 종류 5가지를 쓰시오.

해설

위험물안전관리법 시행규칙 [별표 1] 참조

해답

① 구조설명서

② 기능설명서

③ 강도에 관한 설명

④ 제어계통도

⑤ 밸브의 종류, 형식, 재료에 관하여 기재한 서류

11 다음 [보기]에 주어진 위험물의 위험등급을 분류하시오.

[보기] 칼륨, 나이트로셀룰로스, 염소산칼륨, 황, 리튬, 질산칼륨, 아세톤, 에탄올, 클로로벤젠, 아세트산

해설

위험물의 위험등급
① 위험등급 I의 위험물
  ㉠ 제1류 위험물 중 아염소산염류, 염소산염류, 과염소산염류, 무기과산화물, 그 밖에 지정수량이 50kg인 위험물
  ㉡ 제3류 위험물 중 칼륨, 나트륨, 알킬알루미늄, 알킬리튬, 황린, 그 밖에 지정수량이 10kg인 위험물
  ㉢ 제4류 위험물 중 특수 인화물
  ㉣ 제5류 위험물 중 유기과산화물, 질산에스터류, 그 밖에 지정수량이 10kg인 위험물
  ㉤ 제6류 위험물
② 위험등급 II의 위험물
  ㉠ 제1류 위험물 중 브로민산염류, 질산염류, 아이오딘산염류, 그 밖에 지정수량이 300kg인 위험물
  ㉡ 제2류 위험물 중 황화인, 적린, 황, 그 밖에 지정수량이 100kg인 위험물
  ㉢ 제3류 위험물 중 알칼리금속(칼륨 및 나트륨을 제외한다) 및 알칼리토금속, 유기금속화합물(알킬알루미늄 및 알킬리튬을 제외한다), 그 밖에 지정수량이 50kg인 위험물
  ㉣ 제4류 위험물 중 제1석유류 및 알코올류
  ㉤ 제5류 위험물 중 ①의 ㉣에 정하는 위험물 외의 것
③ 위험등급 III의 위험물 : ① 및 ②에 정하지 아니한 위험물

해답

① 위험등급 I
  ㉠ 칼륨, ㉡ 염소산칼륨, ㉢ 나이트로셀룰로스
② 위험등급 II
  ㉠ 황, ㉡ 질산칼륨, ㉢ 아세톤, ㉣ 에탄올, ㉤ 리튬
③ 위험등급 III
  ㉠ 클로로벤젠, ㉡ 아세트산

12 제1류 위험물로서 지정수량이 50kg이며 610℃에서 완전분해되는 이 물질의 분해반응식을 쓰시오.

해설

약 400℃에서 열분해되기 시작하여 약 610℃에서 완전분해되어 염화칼륨과 산소를 방출하며 이산화망가니즈 존재 시 분해온도가 낮아진다.
$KClO_4 \rightarrow KCl + 2O_2$

해답

$KClO_4 \rightarrow KCl + 2O_2$

13 알킬알루미늄 등을 저장 또는 취급하는 이동탱크저장소에 설치해야 하는 소화설비를 쓰시오. (단, 자동차용 소화기는 제외한다.)

해설

소화난이도 등급 Ⅲ의 제조소 등에 설치하여야 하는 소화설비

제조소 등의 구분	소화설비	설치기준	
지하탱크저장소	소형 수동식소화기 등	능력단위의 수치가 3 이상	2개 이상
이동탱크저장소	자동차용 소화기	무상의 강화액 8L 이상	2개 이상
		이산화탄소 3.2kg 이상	
		브로모클로로다이플루오로메테인(CF$_2$ClBr) 2L 이상	
		브로모트라이플루오로메테인(CF$_3$Br) 2L 이상	
		다이브로모테트라플루오로에테인(C$_2$F$_4$Br$_2$) 1L 이상	
		소화분말 3.3kg 이상	
	마른 모래 및 팽창질석 또는 팽창진주암	마른 모래 150L 이상	
		팽창질석 또는 팽창진주암 640L 이상	
그 밖의 제조소 등	소형 수동식소화기 등	능력단위의 수치가 건축물, 그 밖의 공작물 및 위험물의 소요단위의 수치에 이르도록 설치할 것. 다만, 옥내소화전설비, 옥외소화전설비, 스프링클러설비, 물분무 등 소화설비 또는 대형 수동식소화기를 설치한 경우에는 해당 소화설비의 방사능력 범위 내의 부분에 대하여는 수동식 소화기 등을 그 능력단위의 수치가 해당 소요단위의 수치의 1/5 이상이 되도록 하는 것으로 족하다.	

해답

마른 모래, 팽창질석, 팽창진주암

14 다음은 옥테인가에 대한 설명이다. 물음에 답하시오.
① 옥테인가 정의
② 옥테인가 공식
③ 옥테인가와 연소효율과의 관계

해설

자동차의 노킹현상 발생을 방지하기 위하여 첨가제 MTBE(Methyl Tertiary Butyl Ether)를 넣어 옥테인가를 높이며 착색한다. 1992년 12월까지는 사에틸납[(C$_2$H$_5$)$_4$Pb)]으로 첨가제를 사용했지만 1993년 1월부터는 현재의 MTBE[(CH$_3$)$_3$COCH$_3$]를 사용하여 무연휘발유를 제조한다.

$$CH_3 - \underset{\underset{CH_3}{|}}{\overset{\overset{CH_3}{|}}{C}} - O - CH_3$$

해답

① 옥테인가란 아이소옥테인을 100, 노말헵테인을 0으로 하여 가솔린의 성능을 측정하는 기준값을 의미한다.

② 옥테인가 = $\dfrac{\text{아이소옥테인}(\mathrm{vol}\%)}{\text{아이소옥테인}(\mathrm{vol}\%) + \text{노말헵테인}(\mathrm{vol}\%)} \times 100$

③ 일반적으로 옥테인가가 높으면 노킹현상이 억제되어 자동차 연료로서 연소효율이 높아진다.

15 포소화설비에서 펌프양정을 구하는 경우 $H = h_1 + h_2 + h_3 + h_4$로 구할 수 있다. 펌프양정을 구하는 식에서 각 h_1, h_2, h_3, h_4가 의미하는 바가 무엇인지 쓰시오.

해설

포소화설비의 가압송수장치의 설치기준

㉠ 고가수조를 이용하는 가압송수장치

$H = h_1 + h_2 + h_3$

여기서, H : 필요한 낙차(m)

h_1 : 고정식 포방출구의 설계압력 환산수두 또는 이동식 포소화설비 노즐방사압력 환산수두(m)

h_2 : 배관의 마찰손실수두(m)

h_3 : 이동식 포소화설비의 소방용 호스의 마찰손실수두(m)

㉡ 압력수조를 이용하는 가압송수장치

$P = p_1 + p_2 + p_3 + p_4$

여기서, P : 필요한 압력(MPa)

p_1 : 고정식 포방출구의 설계압력 또는 이동식 포소화설비 노즐방사압력(MPa)

p_2 : 배관의 마찰손실수두압(MPa)

p_3 : 낙차의 환산수두압(MPa)

p_4 : 이동식 포소화설비의 소방용 호스의 마찰손실수두압(MPa)

㉢ 펌프를 이용하는 가압송수장치

$H = h_1 + h_2 + h_3 + h_4$

여기서, H : 펌프의 전양정(m)

h_1 : 고정식 포방출구의 설계압력 환산수두 또는 이동식 포소화설비 노즐선단의 방사압력 환산수두(m)

h_2 : 배관의 마찰손실수두(m)

h_3 : 낙차(m)

h_4 : 이동식 포소화설비의 소방용 호스의 마찰손실수두(m)

해답

h_1 : 고정식 포방출구의 설계압력 환산수두 또는 이동식 포소화설비 노즐선단의 방사압력 환산수두(m)

h_2 : 배관의 마찰손실수두(m)

h_3 : 낙차(m)

h_4 : 이동식 포소화설비의 소방용 호스의 마찰손실수두(m)

16 제4류 위험물 중 특수 인화물에 속하는 아세트알데하이드는 은거울반응을 한다. 이와 같은 아세트알데하이드가 산화하는 경우 ① 생성되는 제4류 위험물과 ② 그 제4류 위험물의 연소반응식을 쓰시오.

해설

① 아세트알데하이드는 산화 시 초산, 환원 시 에탄올이 생성된다.
$$2CH_3CHO + O_2 \rightarrow 2CH_3COOH(산화작용)$$
$$CH_3CHO + H_2 \rightarrow C_2H_5OH(환원작용)$$
② 초산은 제2석유류로서 인화점은 40℃이며, 연소 시 파란 불꽃을 내면서 탄다.
$$CH_3COOH + 2O_2 \rightarrow 2CO_2 + 2H_2O$$

해답

① CH_3COOH
② $CH_3COOH + 2O_2 \rightarrow 2CO_2 + 2H_2O$

17 하이드록실아민 200kg을 취급하는 위험물제조소에서의 안전거리를 구하시오. (단, 시험결과에 따라 하이드록실아민은 제2종으로 분류되었다.)

해설

하이드록실아민(N_3NO)은 제5류 위험물로서, 시험결과에 따라 제2종으로 분류되었으므로 지정수량이 100kg이다.

지정수량 배수$= \dfrac{저장수량}{지정수량} = \dfrac{200kg}{100kg} = 2배$

안전거리(D)$= 51.1 \times \sqrt[3]{N}$
여기서, D : 안전거리(m)
　　　　N : 해당 제조소에서 취급하는 하이드록실아민 등의 지정수량의 배수
즉, $51.1 \times \sqrt[3]{2} = 64.38$m이다.

해답

64.38m

18 무색투명한 기름상의 액체로 약 200℃에서 스스로 폭발하며 겨울철에 동결을 하는 제5류 위험물로서 액체상태로 수송하지 않고 다공성 물질에 흡수시켜 운반한다. 이 물질의 구조식과 지정수량을 쓰시오. (단, 이 물질은 제5류 위험물 제1종에 해당한다.)
① 구조식
② 지정수량

해설

나이트로글리세린[$C_3H_5(ONO_2)_3$]은 제5류 위험물로서 질산에스터류에 해당하며 지정수량은 제1종이므로 시험결과에 따라 달라진다.

$$
\begin{array}{ccccc}
 & H & H & H & \\
 & | & | & | & \\
H- & C & - C & - C & -H \\
 & | & | & | & \\
 & O & O & O & \\
 & | & | & | & \\
 & NO_2 & NO_2 & NO_2 &
\end{array}
$$

㉮ 일반적 성질

  ㉠ 다이너마이트, 로켓, 무연화약의 원료로 순수한 것은 무색투명한 기름성의 액체(공업용 시판품은 담황색)이며 점화하면 즉시 연소하고 폭발력이 강하다.

  ㉡ 물에는 거의 녹지 않으나 메탄올, 벤젠, 클로로폼, 아세톤 등에는 녹는다.

  ㉢ 다공질 물질을 규조토에 흡수시켜 다이너마이트를 제조한다.

  ㉣ 분자량 227, 비중 1.6, 융점 2.8℃, 비점 160℃

㉯ 위험성

  ㉠ 40℃에서 분해되기 시작하고 145℃에서 격렬히 분해되며 200℃ 정도에서 스스로 폭발한다.

$$4C_3H_5(ONO_2)_3 \rightarrow 12CO_2 + 10H_2O + 6N_2 + O_2$$

  ㉡ 점화, 가열, 충격, 마찰에 대단히 민감하며 타격 등에 의해 폭발하고 강산류와 혼합 시 자연분해를 일으켜 폭발할 위험이 있고, 겨울철에는 동결할 우려가 있다.

해답

①
```
      H   H   H
      |   |   |
  H — C — C — C — H
      |   |   |
      O   O   O
      |   |   |
     NO₂ NO₂ NO₂
```

② 시험결과에 따라 10kg 또는 100kg이 될 수 있다.

---

19 폭발성으로 인한 위험성의 정도를 판단하기 위한 열분석시험 시 사용하는 표준물질 2가지를 쓰시오.

해설

폭발성 시험방법

폭발성으로 인한 위험성의 정도를 판단하기 위한 시험은 열분석시험으로 하며, 그 방법은 다음에 의한다.

㉮ 표준물질의 발열개시온도 및 발열량

  ㉠ 표준물질인 2·4-다이나이트로톨루엔 및 기준물질인 산화알루미늄을 각각 1mg씩 파열압력이 5MPa 이상인 스테인리스강재의 내압성 셀에 밀봉한 것을 시차주사(示差走査)열량측정장치(DSC) 또는 시차(示差)열분석장치(DTA)에 충전하고 2·4-다이나이트로톨루엔 및 산화알루미늄의 온도가 60초간 10℃의 비율로 상승하도록 가열하는 시험을 5회 이상 반복하여 발열개시온도 및 발열량의 각각의 평균치를 구할 것

  ㉡ 표준물질인 과산화벤조일 및 기준물질인 산화알루미늄을 각각 2mg씩으로 하여 ㉠에 의할 것

㉯ 시험물품의 발열개시온도 및 발열량 시험은 시험물질 및 기준물질인 산화알루미늄을 각각 2mg씩으로 할 것

해답

① 과산화벤조일(BPO)

② 다이나이트로톨루엔(DNT)

20 지정수량의 5배 이하인 지정과산화물의 옥내저장소에 대하여는 해당 옥내저장소의 저장창고의 외벽을 두께 30cm 이상의 철근콘크리트조 또는 철골철근콘크리트조로 만드는 것으로서 담 또는 토제에 대신할 수 있다. 그렇다면 지정수량의 5배를 초과하는 담 또는 토제의 설치기준 4가지를 쓰시오.

해설

담 또는 토제는 다음에 적합한 것으로 하여야 한다. 다만, 지정수량의 5배 이하인 지정과산화물의 옥내저장소에 대하여는 해당 옥내저장소의 저장창고의 외벽을 두께 30cm 이상의 철근콘크리트조 또는 철골철근콘크리트조로 만드는 것으로서 담 또는 토제에 대신할 수 있다.

① 담 또는 토제는 저장창고의 외벽으로부터 2m 이상 떨어진 장소에 설치할 것. 다만, 담 또는 토제와 해당 저장창고와의 간격은 해당 옥내저장소의 공지너비의 5분의 1을 초과할 수 없다.
② 담 또는 토제의 높이는 저장창고의 처마높이 이상으로 할 것
③ 담은 두께 15cm 이상의 철근콘크리트조나 철골철근콘크리트조 또는 두께 20cm 이상의 보강콘크리트블록조로 할 것
④ 토제 경사면의 경사도는 60° 미만으로 할 것
⑤ 지정수량의 5배 이하인 지정과산화물의 옥내저장소에 해당 옥내저장소의 저장창고의 외벽을 상기 규정에 의한 구조로 하고 주위에 상기 규정에 의한 담 또는 토제를 설치하는 때에는 건축물 등까지의 사이의 거리를 10m 이상으로 할 수 있다.

해답

① 담 또는 토제는 저장창고의 외벽으로부터 2m 이상 떨어진 장소에 설치한다(다만, 담 또는 토제와 해당 저장창고와의 간격은 해당 옥내저장소 공지너비의 1/5을 초과할 수 없다).
② 담 또는 토제의 높이는 저장창고의 처마높이 이상으로 한다.
③ 담은 두께 15cm 이상의 철근콘크리트조나 철골철근콘크리트조 또는 20cm 이상의 보강콘크리트블록조로 한다.
④ 토제 경사면의 경사도는 60° 미만으로 한다.

제52회

(2012년 9월 8일 시행)

위험물기능장 실기

01 제4류 위험물로서 무색투명하며 벤젠향과 같은 독특한 냄새를 가진 액체로 분자량이 92인 물질에 대해 다음 물음에 답하시오.
① 구조식
② 증기비중
③ 이 물질에 진한질산과 진한황산을 반응시키면 생성되는 위험물

해설

톨루엔($C_6H_5CH_3$) – 비수용성 액체

일반적 성질

㉠ 무색투명하며 벤젠향과 같은 독특한 냄새를 가진 액체로 진한질산과 진한황산을 반응시키면 나이트로화하여 T.N.T의 제조에 이용된다.

㉡ 분자량 92, 액비중 0.871(증기비중 3.19), 비점 111℃, 인화점 4℃, 발화점 490℃, 연소범위 1.4~6.7%로 벤젠보다 독성이 약하며 휘발성이 강하고 인화가 용이하며 연소할 때 자극성, 유독성 가스가 발생한다.

㉢ 증기는 공기와 혼합하여 연소범위를 형성하고 낮은 곳에 체류하며 이때 점화원에 의해 인화, 폭발한다.

㉣ 물에는 녹지 않으나 유기용제 및 수지, 유지, 고무를 녹이며 벤젠보다 휘발하기 어려우며, 강산화제에 의해 산화하여 벤조산(C_6H_5COOH, 안식향산)이 된다.

①
CH₃
(벤젠 고리 구조식)

② 증기비중 $= \dfrac{분자량(92)}{공기의\ 평균분자량(28.84)} = 3.19$

③ 트라이나이트로톨루엔(T.N.T)

02 위험물제조소에서 위험물의 압력이 상승할 우려가 있는 설비에 설치하는 안전장치 3가지를 쓰시오.

해답

① 자동적으로 압력의 상승을 정지시키는 장치
② 감압측에 안전밸브를 부착한 감압밸브
③ 안전밸브를 병용하는 경보장치

03 다음은 주유취급소의 구조 및 설비에 대한 설명이다. 괄호 안을 알맞게 채우시오.
① 주유취급소의 고정주유설비의 주위에는 주유를 받으려는 자동차 등이 출입할 수 있도록 너비 (㉠) 이상, 길이 (㉡) 이상의 콘크리트 등으로 포장한 공지(이하 "주유공지"라 한다)를 보유하여야 한다.
② 고정급유설비를 설치하는 경우에는 고정급유설비의 ( )의 주위에 필요한 공지(이하 "급유공지"라 한다)를 보유하여야 한다.
③ 공지의 바닥은 주위 지면보다 높게 하고, 그 표면을 적당하게 경사지게 하여 새어나온 기름, 그 밖의 액체가 공지의 외부로 유출되지 아니하도록 (㉠), (㉡) 및 (㉢)를 하여야 한다.

해답
① ㉠ 15m, ㉡ 6m
② 호스기기
③ ㉠ 배수구, ㉡ 집유설비, ㉢ 유분리장치

04 제5류 위험물로서 아세틸퍼옥사이드에 대한 다음 물음에 답하시오.
① 구조식
② 증기비중

해설
아세틸퍼옥사이드의 일반적 성질
㉠ 인화점 45℃, 발화점 121℃인 가연성 고체로 가열 시 폭발하며 충격마찰에 의해서 분해된다.
㉡ 희석제 DMF를 75% 첨가시키고 저장온도는 0~5℃를 유지한다.

해답
① 구조식 : $CH_3 - \underset{\underset{O}{\parallel}}{C} - O - O - \underset{\underset{O}{\parallel}}{C} - CH_3$

② 증기비중 = $\dfrac{분자량(118)}{공기의\ 평균분자량(28.84)}$ = 4.09

05 위험물을 취급하는 건축물의 옥내소화전이 3층 2개, 4층 3개, 5층 4개, 6층 6개가 설치되어 있을 때 수원의 양은 얼마인지 계산하시오.

해설
수원의 수량은 옥내소화전이 가장 많이 설치된 층의 옥내소화전 설치개수(설치개수가 5개 이상인 경우는 5개)에 7.8m³를 곱한 양 이상이 되도록 설치할 것
수원의 양(Q) : $Q[\mathrm{m}^3] = N \times 7.8\mathrm{m}^3$($N$, 5개 이상인 경우 5개) $= 5 \times 7.8\mathrm{m}^3 = 39\mathrm{m}^3$

해답
$39\mathrm{m}^3$

06 비중 0.8인 10L의 메탄올이 완전히 연소될 때 소요되는 ① 이론산소량(kg)과 ② 표준상태에서 생성되는 이산화탄소의 부피(m^3)를 계산하시오.

해설

① 메탄올의 무게는 $10L \times 0.8kg/L = 8kg$

메탄올은 무색투명하며 인화가 쉽고 연소는 완전연소를 하므로 불꽃이 잘 보이지 않는다.

$2CH_3OH + 3O_2 \rightarrow 2CO_2 + 4H_2O$

$$\frac{8kg-CH_3OH}{} \left| \frac{1kmol-CH_3OH}{32kg-CH_3OH} \right| \frac{3kmol-O_2}{2kmol-CH_3OH} \left| \frac{32kg-O_2}{1kmol-O_2} \right. = 12kg - O_2$$

② 표준상태(0℃, 1atm)에서의 부피는 이상기체 방정식을 사용하여 구할 수 있다.

$PV = nRT$

n은 몰(mole)수이며 $n = \dfrac{w(g)}{M(분자량)}$ 이므로

$PV = \dfrac{wRT}{M}$

$\therefore V = \dfrac{wRT}{PM} = \dfrac{8 \times 10^3 g \times 0.082 L \cdot atm/K \cdot mol \times (0 + 273.15)}{1atm \times 32g/mol} ≒ 5,600L - CH_3OH$

$$\frac{5,600L-CH_3OH}{} \left| \frac{1mol-CH_3OH}{22.4L-CH_3OH} \right| \frac{2mol-CO_2}{2mol-CH_3OH} \left| \frac{22.4L-CO_2}{1mol-CO_2} \right. = 5,600L - CO_2$$

따라서,

$$\frac{5,600L-CO_2}{} \left| \frac{1m^3-CO_2}{1,000L-CO_2} \right. = 5.6m^3 - CO_2$$

해답

① 12kg   ② 5.6m^3

07 제2류 위험물인 마그네슘에 대해 다음 물음에 답하시오.
① 연소반응식
② 물과의 반응식
③ 물과 반응 시 발생한 가스의 위험도

해설

① 마그네슘은 가열하면 연소가 쉽고 양이 많은 경우 맹렬히 연소하며 강한 빛을 낸다. 특히 연소열이 매우 높기 때문에 온도가 높아지고 화세가 격렬하여 소화가 곤란하다.

$2Mg + O_2 \rightarrow 2MgO$

② 온수와 반응하여 많은 양의 열과 수소(H_2)가 발생한다.

$Mg + 2H_2O \rightarrow Mg(OH)_2 + H_2$

③ 수소의 폭발범위는 4~75%이며, 위험도(H)는 가연성 혼합가스의 연소범위에 의해 결정되는 값이다.

$H = \dfrac{U - L}{L}$ (여기서, H : 위험도, U : 연소 상한치(UEL), L : 연소 하한치(LEL))

$\therefore H = \dfrac{75 - 4}{4} = 17.75$

해답

① $2Mg + O_2 \rightarrow 2MgO$

② $Mg + 2H_2O \rightarrow Mg(OH)_2 + H_2$

③ 17.75

08 위험물제조소에서 옥외저장탱크에 기어유 50,000L 1기, 실린더유 80,000L 1기를 하나의 방유제 안에 설치하였을 때 최소 확보해야 할 방유제의 용량을 구하시오.

해설

㉠ 옥외에 있는 위험물취급탱크로서 액체 위험물(이황화탄소를 제외한다)을 취급하는 것의 주위에는 방유제를 설치할 것. 하나의 취급탱크 주위에 설치하는 방유제의 용량은 해당 탱크 용량의 50% 이상으로 하고, 2 이상의 취급탱크 주위에 하나의 방유제를 설치하는 경우 그 방유제의 용량은 해당 탱크 중 용량이 최대인 것의 50%에 나머지 탱크용량 합계의 10%를 가산한 양 이상이 되게 할 것. 이 경우 방유제의 용량은 해당 방유제의 내용적에서 용량이 최대인 탱크 외의 탱크의 방유제 높이 이하 부분의 용적, 해당 방유제 내에 있는 모든 탱크의 지반면 이상 부분의 기초의 체적, 칸막이둑의 체적 및 해당 방유제 내에 있는 배관 등의 체적을 뺀 것으로 한다.

㉡ $80,000L \times 0.5 + 50,000 \times 0.1 = 45,000L$

해답

45,000L

09 다음 제2류 위험물에 대한 물음에 답하시오.

① 철분과 물과의 반응식

② 인화성 고체의 정의

③ 알루미늄과 염산의 반응식

해설

① 철분은 더운물 또는 수증기와 반응하면 수소가 발생하고 경우에 따라 폭발한다. 또한 묽은 산과 반응하여 수소가 발생한다.

$2Fe + 3H_2O \rightarrow Fe_2O_3 + 3H_2$

② "인화성 고체"라 함은 고형알코올, 그 밖에 1기압에서 인화점이 40℃ 미만인 고체를 말한다.

③ 알루미늄은 대부분의 산과 반응하여 수소가 발생한다(단, 진한질산 제외).

$2Al + 6HCl \rightarrow 2AlCl_3 + 3H_2$

해답

① $2Fe + 3H_2O \rightarrow Fe_2O_3 + 3H_2$

② 고형알코올, 그 밖에 1기압에서 인화점이 40℃ 미만인 고체를 말한다.

③ $2Al + 6HCl \rightarrow 2AlCl_3 + 3H_2$

10

제3류 위험물인 인화칼슘에 대해 다음 물음에 답하시오.
① 물과의 반응식
② 위험등급

해설

① 물과 반응하여 가연성이며 독성이 강한 인화수소(PH_3, 포스핀)가스가 발생
$Ca_3P_2 + 6H_2O \rightarrow 3Ca(OH)_2 + 2PH_3$
② 제3류 위험물의 종류와 지정수량

성질	위험등급	품명	대표 품목	지정수량
자연발화성 물질 및 금수성 물질	Ⅰ	1. 칼륨(K) 2. 나트륨(Na) 3. 알킬알루미늄 4. 알킬리튬	$(C_2H_5)_3Al$ C_4H_9Li	10kg
		5. 황린(P_4)	–	20kg
	Ⅱ	6. 알칼리금속류(칼륨 및 나트륨 제외) 및 알칼리토금속 7. 유기금속화합물(알킬알루미늄 및 알킬리튬 제외)	Li, Ca $Te(C_2H_5)_2$, $Zn(CH_3)_2$	50kg
	Ⅲ	8. 금속의 수소화물 9. 금속의 인화물 10. 칼슘 또는 알루미늄의 탄화물	LiH, NaH Ca_3P_2, AlP CaC_2, Al_4C_3	300kg
		11. 그 밖에 행정안전부령이 정하는 것 염소화규소화합물	$SiHCl_3$	300kg

해답

① $Ca_3P_2 + 6H_2O \rightarrow 3Ca(OH)_2 + 2PH_3$
② Ⅲ등급

11

다음은 위험물제조소에서 위험물 제조과정에서의 취급기준에 대한 설명이다. 괄호 안을 알맞게 채우시오.
① 증류공정에 있어서는 위험물을 취급하는 설비의 (   )의 변동 등에 의하여 액체 또는 증기가 새지 아니하도록 할 것
② 추출공정에 있어서는 추출관의 (   )이 비정상적으로 상승하지 아니하도록 할 것
③ 건조공정에 있어서는 위험물의 (   )가 국부적으로 상승하지 아니하는 방법으로 가열 또는 건조할 것
④ (   )에 있어서는 위험물의 분말이 현저하게 부유하고 있거나 위험물의 분말이 현저하게 기계·기구 등에 부착하고 있는 상태로 그 기계·기구를 취급하지 말 것

해답

① 내부압력
② 내부압력
③ 온도
④ 분쇄공정

12 제2류 위험물인 적린을 제조하고자 할 때 제3류 위험물을 사용하여 제조하는 방법을 설명하시오.

해답

황린을 밀폐용기 중에서 260℃로 장시간 가열하여 얻는다.

13 다음은 기계에 의하여 하역하는 구조로 된 용기에 대한 예외규정 사항에 대한 것이다. 괄호 안을 알맞게 채우시오.
운반의 안전상 이러한 기준에 적합한 운반용기와 동등 이상이라고 인정하여 (①)이 정하여 고시하는 것과 (②)에 정한 기준에 적합한 것으로 인정된 용기에 있어서는 그러하지 아니하다.

해설

기계에 의하여 하역하는 구조로 된 용기
고체 및 액체의 위험물을 수납하는 것에 있어서는 규정에서 정하는 기준에 적합할 것. 다만, 운반의 안전상 이러한 기준에 적합한 운반용기와 동등 이상이라고 인정하여 소방청장이 정하여 고시하는 것과 국제해상위험물규칙(IMDG Code)에 정한 기준에 적합한 것으로 인정된 용기에 있어서는 그러하지 아니하다.
㉮ 운반용기는 부식 등의 열화에 대하여 적절히 보호될 것
㉯ 운반용기는 수납하는 위험물의 내압 및 취급 시와 운반 시의 하중에 의하여 해당 용기에 생기는 응력에 대하여 안전할 것
㉰ 운반용기의 부속설비에는 수납하는 위험물이 해당 부속설비로부터 누설되지 아니하도록 하는 조치가 강구되어 있을 것
㉱ 용기 본체가 틀로 둘러싸인 운반용기는 다음의 요건에 적합할 것
　㉠ 용기 본체는 항상 틀 내에 보호되어 있을 것
　㉡ 용기 본체는 틀과의 접촉에 의하여 손상을 입을 우려가 없을 것
　㉢ 운반용기는 용기 본체 또는 틀의 신축 등에 의하여 손상이 생기지 아니할 것
㉲ 하부에 배출구가 있는 운반용기는 다음의 요건에 적합할 것
　㉠ 배출구에는 개폐위치에 고정할 수 있는 밸브가 설치되어 있을 것
　㉡ 배출을 위한 배관 및 밸브에는 외부로부터의 충격에 의한 손상을 방지하기 위한 조치가 강구되어 있을 것
　㉢ 폐지판 등에 의하여 배출구를 이중으로 밀폐할 수 있는 구조일 것. 다만, 고체의 위험물을 수납하는 운반용기에 있어서는 그러하지 아니하다.

해답

① 소방청장
② 국제해상위험물규칙(IMDG Code)

14 다음은 옥내저장소의 일반점검표에 관한 사항이다. 괄호 안을 알맞게 채우시오.

건축물	벽·기둥·보·지붕	균열·손상 등의 유무	육안
	(①)	변형·손상 등의 유무 및 폐쇄기능의 적부	육안
	바닥	(②)	육안
		균열·손상·파임 등의 유무	육안
	(③)	변형·손상 등의 유무 및 고정상황의 적부	육안
	다른 용도 부분과 구획	균열·손상 등의 유무	육안
	(④)	손상의 유무	육안

[해답]
① 방화문
② 체유·체수의 유무
③ 계단
④ 조명설비

15 제3류 위험물인 탄화칼슘에 대한 다음 물음에 답하시오.
① 물과의 반응식
② 물과의 반응에서 발생한 기체의 연소반응식
③ 질소와의 반응식

[해설]
㉮ 일반적 성질
  ㉠ 비중 2.22, 융점 2,300℃로 순수한 것은 무색투명하나 보통은 흑회색이며 건조한 공기 중에서는 안정하나 350℃ 이상으로 가열 시 산화한다.
  $2CaC_2 + 5O_2 \rightarrow 2CaO + 4CO_2$
  ㉡ 건조한 공기 중에서는 안정하나 335℃ 이상에서는 산화되며, 고온에서 강한 환원성을 가지므로 산화물을 환원시킨다.
  ㉢ 질소와는 약 700℃ 이상에서 질화되어 칼슘사이안아마이드($CaCN_2$, 석회질소)가 생성된다.
  $CaC_2 + N_2 \rightarrow CaCN_2 + C$
  ㉣ 물과 강하게 반응하여 수산화칼슘과 아세틸렌을 만들며 공기 중 수분과 반응하여도 아세틸렌이 발생한다.
  $CaC_2 + 2H_2O \rightarrow Ca(OH)_2 + C_2H_2$
㉯ 아세틸렌은 연소하면 이산화탄소와 수증기가 발생한다.
  $2C_2H_2 + 5O_2 \rightarrow 4CO_2 + 2H_2O$

[해답]
① $CaC_2 + 2H_2O \rightarrow Ca(OH)_2 + C_2H_2$
② $2C_2H_2 + 5O_2 \rightarrow 4CO_2 + 2H_2O$
③ $CaC_2 + N_2 \rightarrow CaCN_2 + C$

16 특정 옥외저장탱크의 용접(겹침보수 및 육성보수와 관련되는 것을 제외)방법에 대해 쓰시오.
① 에뉼러판과 에뉼러판
② 에뉼러판과 밑판

해설

특정 옥외저장탱크의 용접(겹침보수 및 육성보수와 관련되는 것을 제외)방법은 다음에 정하는 바에 의한다. 이러한 용접방법은 소방청장이 정하여 고시하는 용접시공방법확인시험의 방법 및 기준에 적합한 것이거나 이와 동등 이상의 것임이 미리 확인되어 있어야 한다.
㉮ 옆판의 용접은 다음에 의할 것
　㉠ 세로이음 및 가로이음은 완전용입 맞대기용접으로 할 것
　㉡ 옆판의 세로이음은 단을 달리하는 옆판의 각각의 세로이음과 동일선상에 위치하지 아니하도록 할 것. 이 경우 해당 세로이음 간의 간격은 서로 접하는 옆판 중 두꺼운 쪽 옆판의 5배 이상으로 하여야 한다.
㉯ 옆판과 에뉼러판(에뉼러판이 없는 경우에는 밑판)과의 용접은 부분용입 그룹용접 또는 이와 동등 이상의 용접강도가 있는 용접방법으로 용접할 것. 이 경우에 있어서 용접 비드(bead)는 매끄러운 형상을 가져야 한다.
㉰ 에뉼러판과 에뉼러판은 뒷면에 재료를 댄 맞대기용접으로 하고, 에뉼러판과 밑판 및 밑판과 밑판의 용접은 뒷면에 재료를 댄 맞대기용접 또는 겹치기용접으로 용접할 것. 이 경우에 에뉼러판과 밑판의 용접부의 강도 및 밑판과 밑판의 용접부의 강도에 유해한 영향을 주는 흠이 있어서는 아니 된다.
㉱ 필렛용접의 사이즈(부등사이즈가 되는 경우에는 작은 쪽의 사이즈를 말한다)는 다음 식에 의하여 구한 값으로 할 것
　$t_1 \geq S \geq \sqrt{2t_2}$ (단, $S \geq 4.5$)
　여기서, t_1 : 얇은 쪽 강판의 두께(mm)
　　　　　t_2 : 두꺼운 쪽 강판의 두께(mm)
　　　　　S : 사이즈(mm)

해답

① 뒷면에 재료를 댄 맞대기용접
② 뒷면에 재료를 댄 맞대기용접 또는 겹치기용접

17 다음 복수성상위험물의 취급상 판단을 쓰시오.
① 1류와 2류와의 복합성상일 때 (　　　)류
② 1류와 5류와의 복합성상일 때 (　　　)류
③ 2류와 3류와의 복합성상일 때 (　　　)류
④ 3류와 4류와의 복합성상일 때 (　　　)류
⑤ 4류와 5류와의 복합성상일 때 (　　　)류

해설

"복수성상물품"이 속하는 품명은 다음과 같이 정한다.
① 산화성 고체의 성상 및 가연성 고체의 성상을 가지는 경우 : 제2류에 의한 품명
② 산화성 고체의 성상 및 자기반응성 물질의 성상을 가지는 경우 : 제5류에 의한 품명
③ 가연성 고체의 성상과 자연발화성 물질의 성상 및 금수성 물질의 성상을 가지는 경우 : 제3류에 의한 품명
④ 자연발화성 물질의 성상, 금수성 물질의 성상 및 인화성 액체의 성상을 가지는 경우 : 제3류에 의한 품명
⑤ 인화성 액체의 성상 및 자기반응성 물질의 성상을 가지는 경우 : 제5류에 의한 품명

해답

① 2, ② 5, ③ 3, ④ 3, ⑤ 5

18 이산화탄소소화설비의 설치기준에 대하여 다음 괄호 안을 알맞게 채우시오.
① 이산화탄소를 방사하는 분사헤드 중 고압식의 것에 있어서는 (㉠)MPa 이상, 저압식의 것[소화약제가 (㉡) 이하의 온도로 용기에 저장되어 있는 것]에 있어서는 1.05MPa 이상
② 국소방출방식에서 소화약제의 양을 (   ) 이내에 균일하게 방사할 것

해설

① 전역방출방식의 이산화탄소소화설비의 분사헤드
  ㉮ 방사된 소화약제가 방호구역의 전역에 균일하고 신속하게 방사할 수 있도록 설치할 것
  ㉯ 분사헤드의 방사압력
    ㉠ 이산화탄소를 방사하는 분사헤드 중 고압식의 것에 있어서는 2.1MPa 이상, 저압식의 것(소화약제가 영하 18℃ 이하의 온도로 용기에 저장되어 있는 것)에 있어서는 1.05MPa 이상
    ㉡ 질소(이하 "IG-100"이라 한다.), 질소와 아르곤의 용량비가 50 대 50인 혼합물(이하 "IG-55"라 한다.) 또는 질소와 아르곤과 이산화탄소의 용량비가 52 대 40 대 8인 혼합물(이하 "IG-541"이라 한다.)을 방사하는 분사헤드는 1.9MPa 이상
  ㉰ 이산화탄소를 방사하는 것은 소화약제의 양을 60초 이내에 균일하게 방사하고, IG-100, IG-55 또는 IG-541을 방사하는 것은 소화약제의 양의 95% 이상을 60초 이내에 방사
② 국소방출방식의 이산화탄소소화설비의 분사헤드
  ㉠ 분사헤드는 방호대상물의 모든 표면이 분사헤드의 유효사정 내에 있도록 설치
  ㉡ 소화약제의 방사에 의해서 위험물이 비산되지 않는 장소에 설치
  ㉢ 소화약제의 양을 30초 이내에 균일하게 방사

해답

① ㉠ 2.1, ㉡ 영하 18℃, ② 30초

19 제4류 위험물 중 다음 2가지 조건을 모두 충족시키는 위험물의 품명을 2가지 이상 쓰시오.
① 옥내저장소에 저장할 때 바닥면적을 1,000m² 이하로 하여야 하는 위험물
② 옥외저장소에 저장·취급할 수 없는 위험물

해설

① 하나의 저장창고의 바닥면적

위험물을 저장하는 창고	바닥면적
㉠ 제1류 위험물 중 아염소산염류, 염소산염류, 과염소산염류, 무기과산화물, 그 밖에 지정수량이 50kg인 위험물 ㉡ 제3류 위험물 중 칼륨, 나트륨, 알킬알루미늄, 알킬리튬, 그 밖에 지정수량이 10kg인 위험물 및 황린 ㉢ 제4류 위험물 중 특수 인화물, 제1석유류 및 알코올류 ㉣ 제5류 위험물 중 유기과산화물, 질산에스터류, 그 밖에 지정수량이 10kg인 위험물 ㉤ 제6류 위험물	1,000m² 이하
㉠~㉤ 외의 위험물을 저장하는 창고	2,000m² 이하
내화구조의 격벽으로 완전히 구획된 실에 각각 저장하는 창고	1,500m² 이하

② 옥외저장소에 저장할 수 있는 위험물
 ㉠ 제2류 위험물 중 황, 인화성 고체(인화점이 0℃ 이상인 것에 한함)
 ㉡ 제4류 위험물 중 제1석유류(인화점이 0℃ 이상인 것에 한함), 제2석유류, 제3석유류, 제4석유류, 알코올류, 동식물유류
 ㉢ 제6류 위험물

해답

① 특수 인화물
② 제1석유류(인화점이 0℃ 미만인 것)

---

20 다음은 위험물 안전관리대행기관의 지정기준에 대한 내용이다. 괄호 안을 알맞게 채우시오.

기술인력	• 위험물기능장 또는 위험물산업기사 1인 이상 • 위험물산업기사 또는 위험물기능사 (①) 이상 • 기계분야 및 전기분야의 소방설비기사 1인 이상
시설	(②)을 갖출 것
장비	• (③) • 접지저항측정기(최소눈금 0.1Ω 이하) • (④) • 정전기전위측정기 • 토크렌치 • 진동시험기 • (⑤) • 표면온도계(−10~300℃) • 두께측정기(1.5~99.9mm) • 유량계, 압력계 • 안전용구(안전모, 안전화, 손전등, 안전로프 등) • 소화설비 점검기구(소화전밸브압력계, 방수압력측정계, 포컬렉터, 헤드렌치, 포컨테이너

해답

① 2인, ② 전용사무실, ③ 절연저항계, ④ 가스농도측정기, ⑤ 안전밸브시험기

제53회
(2013년 5월 26일 시행)

위험물기능장 실기

01 제1류 위험물로서 분자량 80, 분해온도 220℃, 무색, 백색 또는 연회색의 결정으로서 조해성과 흡습성이 있는 물질에 대해 다음 물음에 답하시오.
① 화학식
② 분해반응식

해설

NH_4NO_3(질산암모늄)의 일반적 성질

㉠ 분자량 80, 비중 1.73, 융점 165℃, 분해온도 220℃, 무색, 백색 또는 연회색의 결정

㉡ 조해성과 흡습성이 있고, 물에 녹을 때 열을 대량 흡수하여 한제로 이용된다(흡열반응).

㉢ 약 220℃에서 가열할 때 분해되어 아산화질소(N_2O)와 수증기(H_2O)를 발생시키고 계속 가열하면 폭발한다.

$$2NH_4NO_3 \rightarrow 2N_2O + 4H_2O$$

해답

① NH_4NO_3

② $2NH_4NO_3 \rightarrow 2N_2O + 4H_2O$

02 제4류 위험물로서 특수 인화물에 속하는 다이에틸에터에 대하여 다음 물음에 답하시오.
① 구조식
② 공기 중에 장시간 노출 시 생성물질
③ 비점과 인화점
④ 3,000L를 저장하는 내화건축물의 옥내저장소 보유공지

해설

㉮ 다이에틸에터의 일반적 성질 및 위험성

㉠ 다이에틸에터는 분자량(74.12), 비중(0.72), 비점(34℃), 인화점(-40℃), 발화점(180℃)이 매우 낮고, 연소범위(1.9~48%)가 넓어 인화성, 발화성이 강하다.

㉡ 인화점이 낮고 휘발성이 강하다(제4류 위험물 중 인화점이 가장 낮다).

㉢ 증기 누출이 용이하며 장기간 저장 시 공기 중에서 산화되어 구조 불명의 불안정하고 폭발성의 과산화물을 만드는데 이는 유기과산화물과 같은 위험성을 가지기 때문에 100℃로 가열하거나 충격, 압축으로 폭발한다.

㉯ 옥내저장소의 보유공지

저장 또는 취급하는 위험물의 최대수량	공지의 너비	
	벽·기둥 및 바닥이 내화구조로 된 건축물	그 밖의 건축물
지정수량의 5배 이하	–	0.5m 이상
지정수량의 5배 초과, 10배 이하	1m 이상	1.5m 이상
지정수량의 10배 초과, 20배 이하	2m 이상	3m 이상
지정수량의 20배 초과, 50배 이하	3m 이상	5m 이상
지정수량의 50배 초과, 200배 이하	5m 이상	10m 이상
지정수량의 200배 초과	10m 이상	15m 이상

따라서, 다이에틸에터의 지정수량은 50L이며,

$$지정수량\ 배수 = \frac{저장수량}{지정수량} = \frac{3,000L}{50L} = 60$$이므로 보유공지는 5m 이상으로 해야 한다.

[해답]

①
```
    H   H       H   H
    |   |       |   |
H - C - C - O - C - C - H
    |   |       |   |
    H   H       H   H
```

② 과산화물

③ 비점 : 35℃, 인화점 : -40℃

④ 5m

03 다음 위험물에 대한 화학식을 쓰시오.
① 트라이에틸알루미늄
② 다이에틸알루미늄클로라이드
③ 에틸알루미늄다이클로라이드

[해설]

알킬알루미늄은 알킬기(Alkyl, R-)와 알루미늄이 결합한 화합물을 말한다. 대표적인 알킬알루미늄(RAl)의 종류는 다음과 같다.

화학명	화학식	끓는점(b.p.)	녹는점(m.p.)	비중
트라이메틸알루미늄	$(CH_3)_3Al$	127.1℃	15.3℃	0.748
트라이에틸알루미늄	$(C_2H_5)_3Al$	186.6℃	-45.5℃	0.832
트라이프로필알루미늄	$(C_3H_7)_3Al$	196.0℃	-60℃	0.821
트라이아이소뷰틸알루미늄	$iso-(C_4H_9)_3Al$	분해	1.0℃	0.788
에틸알루미늄다이클로로라이드	$C_2H_5AlCl_2$	194.0℃	22℃	1.252
다이에틸알루미늄하이드라이드	$(C_2H_5)_2AlH$	227.4℃	-59℃	0.794
다이에틸알루미늄클로라이드	$(C_2H_5)_2AlCl$	214℃	-74℃	0.971

[해답]

① $(C_2H_5)_3Al$

② $(C_2H_5)_2AlCl$

③ $C_2H_5AlCl_2$

04 다음에 주어진 위험물에 대한 위험물안전관리법에서 정한 운반용기의 외부에 표시해야 하는 주의사항을 적으시오.
① 과산화나트륨
② 적린
③ 인화성 고체
④ 가솔린
⑤ 과염소산

해설

위험물 적재방법
위험물은 그 운반용기의 외부에 다음에 정하는 바에 따라 위험물의 품명, 수량 등을 표시하여 적재하여야 한다.
㉠ 위험물의 품명 · 위험등급 · 화학명 및 수용성
   ('수용성' 표시는 제4류 위험물로서 수용성인 것에 한한다.)
㉡ 위험물의 수량
㉢ 수납하는 위험물에 따라 주의사항을 표시한다.

유별	구분	주의사항
제1류 위험물 (산화성 고체)	알칼리금속의 무기과산화물	"화기 · 충격주의" "물기엄금" "가연물접촉주의"
	그 밖의 것	"화기 · 충격주의" "가연물접촉주의"
제2류 위험물 (가연성 고체)	철분 · 금속분 · 마그네슘	"화기주의" "물기엄금"
	인화성 고체	"화기엄금"
	그 밖의 것	"화기주의"
제3류 위험물 (자연발화성 및 금수성 물질)	자연발화성 물질	"화기엄금" "공기접촉엄금"
	금수성 물질	"물기엄금"
제4류 위험물 (인화성 액체)	–	"화기엄금"
제5류 위험물 (자기반응성 물질)	–	"화기엄금" 및 "충격주의"
제6류 위험물 (산화성 액체)	–	"가연물접촉주의"

해답

① 화기충격주의, 물기엄금, 가연물접촉주의
② 화기주의
③ 화기엄금
④ 화기엄금
⑤ 가연물접촉주의

05 다음 [보기]에 주어진 위험물의 위험등급을 분류하시오.

[보기] 아염소산나트륨, 과산화나트륨, 과망가니즈산칼륨, 마그네슘, 황화인, 칼륨, 인화알루미늄, 아세톤, 나이트로글리세린

해설

위험물의 위험등급
㉮ 위험등급 Ⅰ의 위험물
　　㉠ 제1류 위험물 중 아염소산염류, 염소산염류, 과염소산염류, 무기과산화물, 그 밖에 지정수량이 50kg인 위험물
　　㉡ 제3류 위험물 중 칼륨, 나트륨, 알킬알루미늄, 알킬리튬, 황린, 그 밖에 지정수량이 10kg인 위험물
　　㉢ 제4류 위험물 중 특수 인화물
　　㉣ 제5류 위험물 중 유기과산화물, 질산에스터류, 그 밖에 지정수량이 10kg인 위험물
　　㉤ 제6류 위험물
㉯ 위험등급 Ⅱ의 위험물
　　㉠ 제1류 위험물 중 브로민산염류, 질산염류, 아이오딘산염류, 그 밖에 지정수량이 300kg인 위험물
　　㉡ 제2류 위험물 중 황화인, 적린, 황, 그 밖에 지정수량이 100kg인 위험물
　　㉢ 제3류 위험물 중 알칼리금속(칼륨 및 나트륨을 제외한다) 및 알칼리토금속, 유기금속화합물(알킬알루미늄 및 알킬리튬을 제외한다), 그 밖에 지정수량이 50kg인 위험물
　　㉣ 제4류 위험물 중 제1석유류 및 알코올류
　　㉤ 제5류 위험물 중 ①의 ㉣에 정하는 위험물 외의 것
③ 위험등급 Ⅲ의 위험물 : ① 및 ②에 정하지 아니한 위험물

해답

① Ⅰ등급 : 아염소산나트륨, 과산화나트륨, 칼륨, 나이트로글리세린
② Ⅱ등급 : 황화인, 아세톤
③ Ⅲ등급 : 과망가니즈산칼륨, 마그네슘, 인화알루미늄

06 다음에 주어진 물질의 위험도를 구하시오.
① 아세트알데하이드
② 이황화탄소

해설

① 아세트알데하이드는 연소범위가 4.1~57%이므로 위험도(H)는 다음과 같다.

$$H = \frac{57-4.1}{4.1} = 12.90$$

② 이황화탄소는 연소범위가 1~50%이므로 위험도(H)는 다음과 같다.

$$H = \frac{50-1}{1} = 49$$

해답

① 12.90
② 49

07 예방 규정을 정하여야 하는 제조소 등의 대상을 4가지만 쓰시오.

해설

예방 규정을 정하여야 하는 제조소 등
① 지정수량의 10배 이상의 위험물을 취급하는 제조소
② 지정수량의 100배 이상의 위험물을 저장하는 옥외저장소
③ 지정수량의 150배 이상의 위험물을 저장하는 옥내저장소
④ 지정수량의 200배 이상을 저장하는 옥외탱크저장소
⑤ 암반탱크저장소
⑥ 이송취급소
⑦ 지정수량의 10배 이상의 위험물을 취급하는 일반취급소
　[다만, 제4류 위험물(특수 인화물을 제외한다)만을 지정수량의 50배 이하로 취급하는 일반취급소(제1석유류 · 알코올류의 취급량이 지정수량의 10배 이하인 경우에 한한다)로서 다음의 어느 하나에 해당하는 것을 제외]
　㉮ 보일러 · 버너 또는 이와 비슷한 것으로서 위험물을 소비하는 장치로 이루어진 일반취급소
　㉯ 위험물을 용기에 옮겨 담거나 차량에 고정된 탱크에 주입하는 일반취급소

해답

상기 해설 중 택 4가지 기술

08 위험물제조소 등에 대해 허가를 취소하거나 6월 이내의 기간을 정해서 제조소 등의 전부 또는 일부의 사용정지를 명할 수 있다. 어떤 경우에 가능한지 4가지 이상 쓰시오.

해설

시 · 도지사는 제조소 등의 관계인이 다음에 해당하는 때에는 행정안전부령이 정하는 바에 따라 허가를 취소하거나 6월 이내의 기간을 정하여 제조소 등의 전부 또는 일부의 사용정지를 명할 수 있다.
① 규정에 따른 변경허가를 받지 아니하고 제조소 등의 위치 · 구조 또는 설비를 변경한 때
② 완공검사를 받지 아니하고 제조소 등을 사용한 때
③ 규정에 따른 수리 · 개조 또는 이전의 명령을 위반한 때
④ 규정에 따른 위험물 안전관리자를 선임하지 아니한 때
⑤ 대리자를 지정하지 아니한 때
⑥ 정기점검을 하지 아니한 때
⑦ 정기검사를 받지 아니한 때
⑧ 저장 · 취급 기준 준수명령을 위반한 때

해답

상기 해설 중 택 4가지 이상 기술

09 질산 31.5g이 물에 녹아 질산수용액 360g이 되었다. ① 질산과 물의 각각에 대한 몰분율과 ② 질산수용액의 몰농도를 구하시오. (단, 수용액의 비중은 1.10이다.)

해설

① 질산의 몰수는

$$\frac{31.5g-HNO_3}{} \left| \frac{1mol-HNO_3}{63g-HNO_3} \right| = 0.5mol-HNO_3$$

물의 양은 $360-31.5=328.5g$이므로 몰수는

$$\frac{328.5g-H_2O}{} \left| \frac{1mol-H_2O}{18g-H_2O} \right| = 18.25mol-H_2O$$

따라서, 질산의 몰분율은 $\dfrac{0.5}{0.5+18.25}=0.0267$

물의 몰분율은 $\dfrac{18.25}{0.5+18.25}=0.973$

② 질산수용액 360g은 부피로 환산하면 비중$=\dfrac{W}{V}=1.1$에서

$$V=\frac{360}{1.1}=327.27mL$$

따라서, 몰농도(M)는 용액 1L(1,000mL)에 포함된 용질의 몰수이므로

$$몰농도(M)=\frac{용질의\ 몰수}{용액의\ 부피(L)}=\frac{\dfrac{g}{M}}{\dfrac{V}{1,000}}=\frac{\dfrac{31.5}{63}}{\dfrac{327.27}{1,000}}=1.53$$

여기서, g : 용질의 g수

M : 분자량

V : 용액의 부피(mL)

해답

① 질산의 몰분율 : 0.0267, 물의 몰분율 : 0.973

② 1.53M

10 주유취급소에는 자동차 등이 출입하는 쪽 외의 부분에 담 또는 벽의 일부분에 방화상 유효한 구조의 유리를 부착할 수 있다. 유리를 부착하는 방법에 대해 괄호 안을 알맞게 채우시오.

① 주유취급소 내의 지반면으로부터 (　　)를 초과하는 부분에 한하여 유리를 부착할 것

② 하나의 유리판의 가로 길이는 (　　) 이내일 것

③ 유리를 부착하는 범위는 전체의 담 또는 벽의 길이의 (　　)를 초과하지 아니할 것

해설

주유취급소의 담 또는 벽

㉮ 주유취급소의 주위에는 자동차 등이 출입하는 쪽 외의 부분에 높이 2m 이상의 내화구조 또는 불연재료의 담 또는 벽을 설치하되, 주유취급소의 인근에 연소의 우려가 있는 건축물이 있는 경우에는 소방청장이 정하여 고시하는 바에 따라 방화상 유효한 높이로 하여야 한다.

㉯ 상기 내용에도 불구하고 다음 기준에 모두 적합한 경우에는 담 또는 벽의 일부분에 방화상 유효한 구조의 유리를 부착할 수 있다.

  ㉠ 유리를 부착하는 위치는 주입구, 고정주유설비 및 고정급유설비로부터 4m 이상 이격될 것

  ㉡ 유리를 부착하는 방법은 다음의 기준에 모두 적합할 것

    ⓐ 주유취급소 내의 지반면으로부터 70cm를 초과하는 부분에 한하여 유리를 부착할 것

    ⓑ 하나의 유리판의 가로 길이는 2m 이내일 것

    ⓒ 유리판의 테두리를 금속제의 구조물에 견고하게 고정하고 해당 구조물을 담 또는 벽에 견고하게 부착할 것

    ⓓ 유리의 구조는 접합유리(두 장의 유리를 두께 0.76mm 이상의 폴리바이닐뷰티랄 필름으로 접합한 구조를 말한다)로 하되, 「유리구획 부분의 내화시험방법(KS F 2845)」에 따라 시험하여 비차열 30분 이상의 방화성능이 인정될 것

  ㉢ 유리를 부착하는 범위는 전체의 담 또는 벽의 길이의 10분의 2를 초과하지 아니할 것

해답

① 70cm, ② 2m, ③ 10분의 2

11 물 또는 습기와 작용하여 폭발성 혼합가스인 아세틸렌(C_2H_2)가스가 발생하는 제3류 위험물이 물과 반응하는 반응식을 쓰시오.

해설

탄화칼슘(CaC_2)의 일반적 성질

㉠ 비중 2.22, 융점 2,300℃로 순수한 것은 무색투명하나 보통은 흑회색이며 건조한 공기 중에서는 안정하나 350℃ 이상으로 가열 시 산화한다.

$CaC_2 + 5O_2 \rightarrow 2CaO + 4CO_2$

㉡ 건조한 공기 중에서는 안정하나 335℃ 이상에서는 산화되며, 고온에서 강한 환원성을 가지므로 산화물을 환원시킨다.

㉢ 질소와는 약 700℃ 이상에서 질화되어 칼슘사이안아마이드($CaCN_2$, 석회질소)가 생성된다.

$CaC_2 + N_2 \rightarrow CaCN_2 + C$

㉣ 물과 강하게 반응하여 수산화칼슘과 아세틸렌을 만들며 공기 중 수분과 반응하여도 아세틸렌이 발생한다.

$CaC_2 + 2H_2O \rightarrow Ca(OH)_2 + C_2H_2$

해답

$CaC_2 + 2H_2O \rightarrow Ca(OH)_2 + C_2H_2$

12 위험물제조소 등에 설치하는 관이음 설계기준 3가지에 대해 쓰시오.

[해답]

① 관이음의 설계는 배관의 설계에 준하는 것 외에 관이음의 휨 특성 및 응력집중을 고려하여 행할 것
② 배관을 분기하는 경우에는 미리 제작한 분기용 관이음 또는 분기구조물을 이용할 것
③ 분기용 관이음, 분기구조물 및 리듀서(reducer)는 원칙적으로 이송기지 또는 전용부지 내에 설치할 것

13 불활성가스 소화약제로서 IG−541의 구성성분을 쓰시오.

[해설]

소화설비에 적용되는 불활성가스 소화약제는 다음 표에서 정하는 것에 한한다.

소화약제	화학식
불연성·불활성 기체혼합가스(IG−01)	Ar
불연성·불활성 기체혼합가스(IG−100)	N_2
불연성·불활성 기체혼합가스(IG−541)	N_2 : 52%, Ar : 40%, CO_2 : 8%
불연성·불활성 기체혼합가스(IG−55)	N_2 : 50%, Ar : 50%

※ 명명법(첫째자리 반올림) IG − A B C

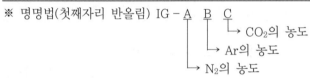

[해답]

N_2 : 52%, Ar : 40%, CO_2 : 8%

14 위험물제조소에서 사용하는 배관의 재질은 강관, 그 밖에 이와 유사한 금속성으로 하여야 한다. 다만, 예외적으로 인정되는 3가지를 적으시오.

[해설]

배관의 재질은 강관, 그 밖에 이와 유사한 금속성으로 하여야 한다. 다만, 다음의 기준에 적합한 경우에는 그러하지 아니하다.
㉠ 배관의 재질은 한국산업규격의 유리섬유강화플라스틱·고밀도폴리에틸렌 또는 폴리우레탄으로 할 것
㉡ 배관의 구조는 내관 및 외관의 이중으로 하고, 내관과 외관의 사이에는 틈새공간을 두어 누설여부를 외부에서 쉽게 확인할 수 있도록 할 것. 다만, 배관의 재질이 취급하는 위험물에 의해 쉽게 열화될 우려가 없는 경우에는 그러하지 아니하다.
㉢ 국내 또는 국외의 관련공인시험기관으로부터 안전성에 대한 시험 또는 인증을 받을 것
㉣ 배관은 지하에 매설할 것. 다만, 화재 등 열에 의하여 쉽게 변형될 우려가 없는 재질이거나 화재 등 열에 의한 악영향을 받을 우려가 없는 장소에 설치되는 경우에는 그러하지 아니하다.

해답

① 유리섬유강화플라스틱
② 고밀도폴리에틸렌
③ 폴리우레탄

15 | 소규모 옥내저장소의 특례에 대해 다음 괄호 안을 알맞게 채우시오.
지정수량의 (①) 이하인 소규모의 옥내저장소 중 저장창고의 처마높이가 (②) 미만인 저장창고를 말한다.

해설

소규모 옥내저장소의 특례
지정수량의 50배 이하인 소규모의 옥내저장소 중 저장창고의 처마높이가 6m 미만인 것으로서 저장창고가 다음 기준에 적합한 것에 대하여는 규정을 적용하지 아니한다.
㉠ 저장창고의 주위에는 다음 표에서 정하는 너비의 공지를 보유할 것

저장 또는 취급하는 위험물의 최대수량	공지의 너비
지정수량의 5배 이하	-
지정수량의 5배 초과, 20배 이하	1m 이상
지정수량의 20배 초과, 50배 이하	2m 이상

㉡ 하나의 저장창고의 바닥면적은 150m² 이하로 할 것
㉢ 저장창고는 벽ㆍ기둥ㆍ바닥ㆍ보 및 지붕을 내화구조로 할 것
㉣ 저장창고의 출입구에는 수시로 개방할 수 있는 자동폐쇄방식의 60분+방화문 또는 60분방화문을 설치할 것
㉤ 저장창고에는 창을 설치하지 아니할 것

해답

① 50배
② 6m

16 | 직경 6m, 높이 5m의 원통형 탱크에 글리세린을 90% 저장한다고 했을 때, 이 탱크에 저장 가능한 글리세린은 지정수량의 몇 배까지 가능한지 구하시오.

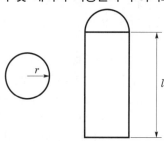

해설

$V = \pi r^2 l = 3^2 \pi \times 5 = 141.3\mathrm{m}^3 = 141,300\mathrm{L}$

내용적의 90%를 저장한다고 했으므로 $141,300\mathrm{L} \times 0.9 = 127.170\mathrm{L}$

글리세린은 제4류 위험물 중 제3석유류 수용성에 해당하므로 지정수량은 4,000L이다.

따라서, $\dfrac{127,170}{4,000} = 31.79$

해답

31.79배

17 다음 도표는 소화난이도 등급 Ⅰ의 제조소 등에 설치하여야 할 소화설비를 나타낸 것이다. 괄호 안을 적당히 채우시오.

제조소 등의 구분			소화설비
제조소 및 일반취급소			옥내소화전설비, 옥외소화전설비, 스프링클러설비 또는 물분무 등 소화설비(화재발생 시 연기가 충만할 우려가 있는 장소에는 스프링클러설비 또는 이동식 외의 물분무 등 소화설비에 한한다)
옥내 저장소	처마높이가 6m 이상인 단층건물 또는 다른 용도의 부분이 있는 건축물에 설치한 옥내저장소		스프링클러설비 또는 이동식 외의 물분무 등 소화설비
	그 밖의 것		옥외소화전설비, 스프링클러설비, 이동식 외의 물분무 등 소화설비 또는 이동식 포소화설비(포소화전을 옥외에 설치하는 것에 한한다)
옥외 탱크 저장소	지중탱크 또는 해상탱크 외의 것	황만을 저장, 취급하는 것	(①)
		인화점 70℃ 이상의 제4류 위험물만을 저장, 취급하는 것	(②) 또는 (③)
		그 밖의 것	고정식 포소화설비(포소화설비가 적응성이 없는 경우에는 분말소화설비)
	지중탱크		고정식 포소화설비, 이동식 이외의 불활성가스소화설비 또는 이동식 이외의 할로젠화합물소화설비
	해상탱크		고정식 포소화설비, 물분무포소화설비, 이동식 이외의 불활성가스소화설비 또는 이동식 이외의 할로젠화합물소화설비

해답

① 물분무소화설비
② 물분무소화설비
③ 고정식 포소화설비

18

다음은 위험물의 유별 저장 및 취급에 관한 공통기준을 설명한 것이다. 괄호 안을 알맞게 채우시오.

① 제1류 위험물은 가연물과의 접촉·혼합이나 (㉠)를 촉진하는 물품과의 접근 또는 과열·충격·마찰 등을 피하는 한편, 알칼리금속의 과산화물 및 이를 함유한 것에 있어서는 (㉡)과의 접촉을 피하여야 한다.

② 제2류 위험물은 산화제와의 접촉·혼합이나 불티·불꽃·고온체와의 접근 또는 과열을 피하는 한편, 철분·금속분·마그네슘 및 이를 함유한 것에 있어서는 (㉠)이나 산과의 접촉을 피하고 인화성 고체에 있어서는 함부로 (㉡)를 발생시키지 아니하여야 한다.

③ 제3류 위험물 중 자연발화성 물질에 있어서는 불티·불꽃 또는 고온체와의 접근·과열 또는 (㉠)와의 접촉을 피하고, 금수성 물질에 있어서는 (㉡)과의 접촉을 피하여야 한다.

해설

위험물의 유별 저장 및 취급에 관한 공통기준

㉠ 제1류 위험물은 가연물과의 접촉·혼합이나 분해를 촉진하는 물품과의 접근 또는 과열·충격·마찰 등을 피하는 한편, 알칼리금속의 과산화물 및 이를 함유한 것에 있어서는 물과의 접촉을 피하여야 한다.

㉡ 제2류 위험물은 산화제와의 접촉·혼합이나 불티·불꽃·고온체와의 접근 또는 과열을 피하는 한편, 철분·금속분·마그네슘 및 이를 함유한 것에 있어서는 물이나 산과의 접촉을 피하고 인화성 고체에 있어서는 함부로 증기를 발생시키지 아니하여야 한다.

㉢ 제3류 위험물 중 자연발화성 물질에 있어서는 불티·불꽃 또는 고온체와의 접근·과열 또는 공기와의 접촉을 피하고, 금수성 물질에 있어서는 물과의 접촉을 피하여야 한다.

㉣ 제4류 위험물은 불티·불꽃·고온체와의 접근 또는 과열을 피하고, 함부로 증기를 발생시키지 아니하여야 한다.

㉤ 제5류 위험물은 불티·불꽃·고온체와의 접근이나 과열·충격 또는 마찰을 피하여야 한다.

㉥ 제6류 위험물은 가연물과의 접촉·혼합이나 분해를 촉진하는 물품과의 접근 또는 과열을 피하여야 한다.

해답

① ㉠ 분해, ㉡ 물
② ㉠ 물, ㉡ 증기
③ ㉠ 공기, ㉡ 물

19 제1류 위험물로서 분자량이 78g/mol, 융점 및 분해온도가 460℃인 물질에 대해 다음 물음에 답하시오.
① 물과의 반응식
② 이산화탄소와의 반응식

해설

Na_2O_2(과산화나트륨)의 일반적 성질
㉠ 분자량 78, 비중은 20℃에서 2.805, 융점 및 분해온도 460℃
㉡ 순수한 것은 백색이지만 보통은 담홍색을 띠고 있는 정방정계 분말
㉢ 가열하면 열분해되어 산화나트륨(Na_2O)과 산소(O_2) 발생
$$2Na_2O_2 \rightarrow 2Na_2O + O_2$$
㉣ 흡습성이 있으므로 물과 접촉하면 발열 및 수산화나트륨(NaOH)과 산소(O_2)가 발생
$$2Na_2O_2 + 2H_2O \rightarrow 4NaOH + O_2$$
㉤ 공기 중의 탄산가스(CO_2)를 흡수하여 탄산염을 생성
$$2Na_2O_2 + 2CO_2 \rightarrow 2Na_2CO_3 + O_2$$

해답

① $2Na_2O_2 + 2H_2O \rightarrow 4NaOH + O_2$
② $2Na_2O_2 + 2CO_2 \rightarrow 2Na_2CO_3 + O_2$

20 위험물안전관리법에서 정하는 안전교육 대상자를 쓰시오.

해답

① 안전관리자로 선임된 자
② 탱크시험자의 기술인력으로 종사하는 자
③ 위험물 운송자로 종사하는 자

제54회

(2013년 9월 1일 시행)

위험물기능장 실기

---

01 다공성 물질을 규조토에 흡수시켜 다이너마이트를 제조하는 제5류 위험물에 대한 다음 물음에 답하시오.
① 품명
② 화학식
③ 분해반응식

해설

나이트로글리세린은 다이너마이트, 로켓, 무연화약의 원료로 이용되며, 제5류 위험물로서 질산에스터류에 해당한다. 순수한 것은 무색투명한 기름성의 액체(공업용 시판품은 담황색)이며 점화하면 즉시 연소하고 폭발력이 강하다. 40℃에서 분해되기 시작하고 145℃에서 격렬히 분해되며 200℃ 정도에서 스스로 폭발한다.

$4C_3H_5(ONO_2)_3 \rightarrow 12CO_2 + 10H_2O + 6N_2 + O_2$

해답

① 질산에스터류
② $C_3H_5(ONO_2)_3$
③ $4C_3H_5(ONO_2)_3 \rightarrow 12CO_2 + 10H_2O + 6N_2 + O_2$

---

02 다음은 위험물 제조과정에서의 취급기준에 대한 설명이다. 괄호 안을 알맞게 채우시오.
① 증류공정에 있어서는 위험물을 취급하는 설비의 (   )의 변동 등에 의하여 액체 또는 증기가 새지 아니하도록 할 것
② 추출공정에 있어서는 추출관의 (   )이 비정상적으로 상승하지 아니하도록 할 것
③ 건조공정에 있어서는 위험물의 (   )가 국부적으로 상승하지 아니하는 방법으로 가열 또는 건조할 것
④ (   )에 있어서는 위험물의 분말이 현저하게 부유하고 있거나 위험물의 분말이 현저하게 기계·기구 등에 부착하고 있는 상태로 그 기계·기구를 취급하지 아니할 것

해답

① 내부압력
② 내부압력
③ 온도
④ 분쇄공정

03 다음 주어진 온도에서 제1종 분말소화약제의 열분해반응식을 쓰시오.
① 270℃
② 850℃

해설

제1종 분말소화약제

㉮ 소화효과

　㉠ 주성분인 탄산수소나트륨이 열분해될 때 발생하는 이산화탄소에 의한 질식효과

　㉡ 열분해 시 물과 흡열반응에 의한 냉각효과

　㉢ 분말운무에 의한 열방사의 차단효과

　㉣ 연소 시 생성된 활성기가 분말 표면에 흡착되거나, 탄산수소나트륨의 Na이온에 의해 안정화되어 연쇄반응이 차단되는 효과(부촉매효과)

　㉤ 일반 요리용 기름화재 시 기름과 중탄산나트륨이 반응하면 금속비누가 만들어져 거품을 생성하여 기름의 표면을 덮어서 질식소화효과 및 재발화 억제방지효과를 나타내는 비누화현상

㉯ 열분해 : 탄산수소나트륨은 약 60℃ 부근에서 분해되기 시작하여 270℃와 850℃ 이상에서 다음과 같이 열분해된다.

$$2NaHCO_3 \rightarrow Na_2CO_3 + H_2O + CO_2 \qquad 흡열반응 \ (at\ 270℃)$$
(중탄산나트륨)　(탄산나트륨)　(수증기)　(탄산가스)

$$2NaHCO_3 \rightarrow Na_2O + H_2O + 2CO_2 - Q[kcal] \qquad (at\ 850℃\ 이상)$$

해답

① $2NaHCO_3 \rightarrow Na_2CO_3 + H_2O + CO_2$

② $2NaHCO_3 \rightarrow Na_2O + H_2O + 2CO_2$

04 ANFO 폭약의 원료로 사용하는 물질에 대해 다음 물음에 답하시오.
① 제1류 위험물에 해당하는 물질의 단독 완전분해 폭발반응식
② 제4류 위험물에 해당하는 물질의 지정수량과 위험등급

해설

① 질산암모늄은 강력한 산화제로 화약의 재료이며 200℃에서 열분해되어 산화이질소와 물을 생성한다. 특히 ANFO 폭약은 NH_4NO_3와 경유를 94%와 6%로 혼합하여 기폭약으로 사용하며, 급격한 가열이나 충격을 주면 단독으로 폭발한다.

$$2NH_4NO_3 \rightarrow 4H_2O + 2N_2 + O_2$$

② 경유는 제4류 위험물 중 제2석유류에 해당하며, 비수용성이므로 지정수량은 1,000L이다. 위험등급은 Ⅲ등급에 해당한다.

해답

① $2NH_4NO_3 \rightarrow 4H_2O + 2N_2 + O_2$

② 1,000L, Ⅲ등급

05 지하탱크저장소에 대한 위치 · 구조 및 설비 기준에 대한 사항이다. 괄호 안을 알맞게 채우시오.

① 탱크 전용실은 지하의 가장 가까운 벽 · 피트 · 가스관 등의 시설물 및 대지경계선으로부터 (㉠)m 이상 떨어진 곳에 설치하고, 지하저장탱크와 탱크 전용실의 안쪽과의 사이는 (㉡)m 이상의 간격을 유지하도록 하며, 해당 탱크의 주위에 마른 모래 또는 습기 등에 의하여 응고되지 아니하는 입자지름 (㉢)mm 이하의 마른 자갈분을 채워야 한다.

② 지하저장탱크를 2 이상 인접해 설치하는 경우에는 그 상호 간에 (㉠)m[해당 2 이상의 지하저장탱크의 용량의 합계가 지정수량의 100배 이하인 때에는 (㉡)] 이상의 간격을 유지하여야 한다. 다만, 그 사이에 탱크 전용실의 벽이나 두께 (㉢)cm 이상의 콘크리트 구조물이 있는 경우에는 그러하지 아니하다.

해답

① ㉠ 0.1, ㉡ 0.1, ㉢ 5
② ㉠ 1, ㉡ 0.5, ㉢ 20

06 제1류 위험물로서 무색 무취의 투명한 결정으로 물, 아세톤, 알코올, 글리세린에 잘 녹는 물질이며, 녹는점은 212℃, 비중은 4.35이고, 햇빛에 의해 변질되므로 갈색병에 보관해야 하는 위험물이다. 다음 물음에 답하시오.

① 명칭
② 열분해반응식

해설

$AgNO_3$(질산은)

㉠ 무색 무취의 투명한 결정으로 물, 아세톤, 알코올, 글리세린에 잘 녹는다.

㉡ 분자량 170, 융점 212℃, 비중 4.35, 445℃로 가열하면 산소 발생

㉢ 아이오딘에틸사이안과 혼합하면 폭발성 물질이 형성되며, 햇빛에 의해 변질되므로 갈색병에 보관해야 한다. 사진감광제, 부식제, 은도금, 사진제판, 촉매 등으로 사용된다.

㉣ 분해반응식

$2AgNO_3 \rightarrow 2Ag + 2NO_2 + O_2$

해답

① 질산은($AgNO_3$)
② $2AgNO_3 \rightarrow 2Ag + 2NO_2 + O_2$

07 다음 [보기]에서 설명하고 있는 위험물의 구조식을 쓰시오.

[보기] • 제4류 위험물로서 마취성이 있고, 석유와 비슷한 냄새를 가진 무색의 액체
• 비수용성, 지정수량 1,000L, 위험등급 Ⅲ
• 용도 : 용제, 염료, 향료, DDT의 원료, 유기합성의 원료 등
• 비중 1.1, 증기비중 3.9
• 벤젠을 염화철 촉매하에서 염소와 반응하여 만든다.

해설

클로로벤젠(C_6H_5Cl, 염화페닐)－비수용성 액체

㉮ 일반적 성질

    ㉠ 마취성이 있고 석유와 비슷한 냄새를 가진 무색의 액체이다.

    ㉡ 물에는 녹지 않으나 유기용제 등에는 잘 녹고 천연수지, 고무, 유지 등을 잘 녹인다.

    ㉢ 비중 1.11, 증기비중 3.9, 비점 132℃, 인화점 32℃, 발화점 638℃, 연소범위 1.3~7.1%

    ㉣ 벤젠을 염화철 촉매하에서 염소와 반응하여 만든다.

㉯ 위험성 : 마취성이 있고 독성이 있으나 벤젠보다 약하다.

㉰ 저장 및 취급방법, 소화방법 : 등유에 준한다.

㉱ 용도 : 용제, 염료, 향료, DDT의 원료, 유기합성의 원료 등

해답

08 위험물제조소 등에 대한 행정처분 사항 중 위험물 안전관리자를 선임하지 아니한 때의 행정처분의 기준을 쓰시오.

① 1차

② 2차

③ 3차

해설

제조소 등에 대한 행정처분기준

위반사항	행정처분기준		
	1차	2차	3차
㉠ 제조소 등의 위치·구조 또는 설비를 변경한 때	경고 또는 사용정지 15일	사용정지 60일	허가취소
㉡ 완공검사를 받지 아니하고 제조소 등을 사용한 때	사용정지 15일	사용정지 60일	허가취소
㉢ 수리·개조 또는 이전의 명령에 위반한 때	사용정지 30일	사용정지 90일	허가취소
㉣ 위험물 안전관리자를 선임하지 아니한 때	사용정지 15일	사용정지 60일	허가취소
㉤ 대리자를 지정하지 아니한 때	사용정지 10일	사용정지 30일	허가취소
㉥ 정기점검을 하지 아니한 때	사용정지 10일	사용정지 30일	허가취소
㉦ 정기검사를 받지 아니한 때	사용정지 10일	사용정지 30일	허가취소
㉧ 저장·취급 기준 준수명령을 위반한 때	사용정지 30일	사용정지 60일	허가취소

해답

① 사용정지 15일

② 사용정지 60일

③ 허가취소

09 동소체로서 황린과 적린에 대해 비교한 도표이다. 빈칸 안을 알맞게 채우시오.

구분	색상	독성	연소생성물	CS₂에 대한 용해도	위험등급
황린					
적린					

해답

구분	색상	독성	연소생성물	CS₂에 대한 용해도	위험등급
황린	백색 또는 담황색	있음	P_2O_5	용해함	I
적린	암적색	없음	P_2O_5	용해하지 않음	II

10 특정 옥외저장탱크에 에뉼러판을 설치하여야 하는 경우 3가지를 쓰시오.

해설

옥외저장탱크의 밑판[에뉼러판(특정 옥외저장탱크의 옆판의 최하단 두께가 15mm를 초과하는 경우, 내경이 30m를 초과하는 경우 또는 옆판을 고장력강으로 사용하는 경우에 옆판의 직하에 설치하여야 하는 판을 말한다.)을 설치하는 특정 옥외저장탱크에 있어서는 에뉼러판을 포함한다.]을 지반면에 접하게 설치하는 경우에는 다음 기준에 따라 밑판 외면의 부식을 방지하기 위한 조치를 강구하여야 한다.
㉠ 탱크의 밑판 아래에 밑판의 부식을 유효하게 방지할 수 있도록 아스팔트샌드 등의 방식재료를 댈 것
㉡ 탱크의 밑판에 전기방식의 조치를 강구할 것
㉢ 밑판의 부식을 방지할 수 있는 조치를 강구할 것

해답
① 특정 옥외저장탱크 옆판의 최하단 두께가 15mm를 초과하는 경우
② 특정 옥외저장탱크의 내경이 30m를 초과하는 경우
③ 특정 옥외저장탱크의 옆판을 고장력강으로 사용하는 경우

11 황을 0.01wt% 함유한 1,000kg의 코크스를 과잉공기 중에서 완전연소 시켰을 때 발생되는 SO_2는 몇 g인지 구하시오.

해설

$$1,000\text{kg} \times \frac{0.01}{100} = 0.1\text{kg} = 100\text{g}$$

황의 연소반응식은 $S + O_2 \rightarrow SO_2$ 이므로

$$\frac{100\text{g} - S}{} \left| \frac{1\text{mol} - S}{32\text{g} - S} \right| \frac{1\text{mol} - SO_2}{1\text{mol} - S} \left| \frac{64\text{g} - SO_2}{1\text{mol} - SO_2} \right| = 200\text{g} - SO_2$$

해답
200g

12 위험물제조소의 배출설비에 대해 다음 물음에 답하시오.
① 전역방식과 국소방식에서의 배출능력
② 배출설비를 설치해야 하는 장소

해설

배출설비

가연성의 증기 또는 미분이 체류할 우려가 있는 건축물에는 그 증기 또는 미분을 옥외의 높은 곳으로 배출할 수 있도록 배출설비를 설치하여야 한다.

㉮ 배출설비는 국소방식으로 하여야 한다.

㉯ 배출설비는 배풍기, 배출덕트·후드 등을 이용하여 강제적으로 배출하는 것으로 하여야 한다.

㉰ 배출능력은 1시간당 배출장소 용적의 20배 이상인 것으로 하여야 한다. 다만, 전역방식의 경우에는 바닥면적 $1m^2$당 $18m^3$ 이상으로 할 수 있다.

㉱ 배출설비의 급기구 및 배출구는 다음의 기준에 의하여야 한다.
  ㉠ 급기구는 높은 곳에 설치하고, 가는 눈의 구리망 등으로 인화방지망을 설치할 것
  ㉡ 배출구는 지상 2m 이상으로서 연소의 우려가 없는 장소에 설치하고, 배출덕트가 관통하는 벽 부분의 바로 가까이에 화재 시 자동으로 폐쇄되는 방화댐퍼를 설치할 것

㉲ 배풍기는 강제배기방식으로 하고, 옥내 덕트의 내압이 대기압 이상이 되지 아니하는 위치에 설치하여야 한다.

해답

① 전역방식 : $1m^2$당 $18m^3$ 이상
  국소방식 : 1시간당 배출장소 용적의 20배 이상
② 가연성의 증기 또는 미분이 체류할 우려가 있는 건축물

13 표준상태에서 6g의 벤젠이 완전연소 시 생성되는 물질 중 이산화탄소의 부피(L)는 얼마인지 구하시오.

해설

무색투명하며 독특한 냄새를 가진 휘발성이 강한 액체로 위험성이 높으며 인화가 쉽고 다량의 흑연을 발생하고 뜨거운 열을 내며 연소한다.

$2C_6H_6 + 15O_2 \rightarrow 12CO_2 + 6H_2O$

$$\frac{6g-C_6H_6}{} \left| \frac{1mol-C_6H_6}{78g-C_6H_6} \right| \frac{12mol-CO_2}{2mol-C_6H_6} \left| \frac{22.4L-CO_2}{1mol-CO_2} \right| = 10.34L-CO_2$$

해답

10.34

14

1몰의 염화수소(HCl)와 0.5몰의 산소(O_2) 혼합물에 촉매를 넣고 400℃에서 평형에 도달될 때 0.39몰의 염(Cl_2)이 생성되었다. 이 반응이 다음 [보기]의 화학반응식을 통해 진행될 때 평형상태 도달 시 ① 전체 몰수의 합과 ② 전압 1atm 상태에서 4가지 성분에 대한 분압을 구하시오.

[보기] $4HCl + O_2 \rightarrow 2H_2O + 2Cl_2$

해설

$$4HCl \quad + \quad O_2 \quad \rightarrow \quad 2H_2O \quad + \quad 2Cl_2$$

| 1 | 0.5 | 0 | 0 | : 반응 전 몰수 |

[1-(2×0.39)] [0.5-(0.5×0.39)]   0.39   0.39 : 반응 후 몰수

① 전체 몰수의 합 : 0.22+0.305+0.39+0.39=1.305mol

② 각 성분의 분압

　㉠ 염화수소(HCl)=$1 \times \dfrac{0.22}{1.305} = 0.17$atm

　㉡ 산소(O_2)=$1 \times \dfrac{0.305}{1.305} = 0.23$atm

　㉢ 염소(Cl_2)=$1 \times \dfrac{0.39}{1.305} = 0.30$atm

　㉣ 수증기(H_2O)=$1 \times \dfrac{0.39}{1.305} = 0.30$atm

해답

① 1.305mol
② 염화수소 : 0.17atm, 산소 : 0.23atm, 염소 : 0.30atm, 수증기 : 0.30atm

15　제3류 위험물을 운반용기에 수납할 경우의 기준에 대해 쓰시오.

해답

① 자연발화성 물질에 있어서는 불활성기체를 봉입하여 밀봉하는 등 공기와 접하지 아니하도록 할 것
② 자연발화성 물질 외의 물품에 있어서는 파라핀·경유·등유 등의 보호액으로 채워 밀봉하거나 불활성기체를 봉입하여 밀봉하는 등 수분과 접하지 아니하도록 할 것
③ 자연발화성 물질 중 알킬알루미늄 등은 운반용기 내용적의 90% 이하의 수납률로 수납하되, 50℃의 온도에서 5% 이상의 공간용적을 유지하도록 할 것

16 제4류 위험물인 경유를 상부가 개방되어 있는 용기에 저장하는 경우 액체의 표면적이 50m²이고, 이곳에 국소방출방식의 분말소화설비를 설치할 경우 제3종 분말소화약제를 얼마나 저장해야 하는지 구하시오.

해설

국소방출방식의 분말소화설비는 다음의 ⊙ 또는 ⓒ에 의하여 산출된 양에 저장 또는 취급하는 위험물에 따라 [별표 2]에 정한 소화약제에 따른 계수를 곱하고 다시 1.1을 곱한 양 이상으로 할 것. 따라서 본 문제의 경우 면적식의 국소방출방식에 해당하므로

$Q = S \cdot K \cdot h$

여기서, Q : 약제량(kg)

S : 방호구역의 표면적(m²)

K : 방출계수(kg/m²)

h : 1.1(할증계수)

$Q = 50\text{m}^2 \times 5.2\text{kg/m}^2 \times 1.1 = 286\text{kg}$

⊙ 면적식의 국소방출방식

액체 위험물을 상부를 개방한 용기에 저장하는 경우 등 화재 시 연소면이 한 면에 한정되고 위험물이 비산할 우려가 없는 경우에는 다음 표에 정한 비율로 계산한 양

소화제의 종별	방호대상물의 표면적 1m²당 소화약제의 양(kg)
제1종 분말	8.8
제2종 분말 또는 제3종 분말	5.2
제4종 분말	3.6
제5종 분말	소화약제에 따라 필요한 양

ⓒ 용적식의 국소방출방식

⊙의 경우 외의 경우에는 다음 식에 의하여 구한 양에 방호공간의 체적을 곱한 양

$Q = X - Y\dfrac{a}{A}$

여기서, Q : 단위체적당 소화약제의 양(kg/m³)

a : 방호대상물 주위에 실제로 설치된 고정벽의 면적의 합계(m²)

A : 방호 공간 전체둘레의 면적(m²)

X 및 Y : 다음 표에 정한 소화약제의 종류에 따른 수치

소화약제의 종별	X의 수치	Y의 수치
제1종 분말	5.2	3.9
제2종 분말 또는 제3종 분말	3.2	2.4
제4종 분말	2.0	1.5
제5종 분말	소화약제에 따라 필요한 양	

해답

286kg

17 제3류 위험물인 트라이에틸알루미늄이 다음의 각 주어진 물질과 화학반응할 때 발생하는 가연성 가스를 화학식으로 적으시오.
① 물   ② 염소
③ 산   ④ 알코올

해설

트라이에틸알루미늄[$(C_2H_5)_3Al$]의 일반적 성질

㉠ 무색투명한 액체로 외관은 등유와 유사한 가연성으로 $C_1 \sim C_4$는 자연발화성이 강하다. 공기 중에 노출되어 공기와 접촉하여 백연을 발생하며 연소한다. 단, C_5 이상은 점화하지 않으면 연소하지 않는다.

$$2(C_2H_5)_3Al + 21O_2 \rightarrow 12CO_2 + Al_2O_3 + 15H_2O$$

㉡ 물, 산, 알코올과 접촉하면 폭발적으로 반응하여 에테인을 형성하고 이때 발열, 폭발에 이른다.

$$(C_2H_5)_3Al + 3H_2O \rightarrow Al(OH)_3 + 3C_2H_6$$

$$(C_2H_5)_3Al + HCl \rightarrow (C_2H_5)_2AlCl + C_2H_6$$

$$(C_2H_5)_3Al + 3CH_3OH \rightarrow Al(CH_3O)_3 + 3C_2H_6$$

㉢ 인화점의 측정치는 없지만 융점($-46℃$) 이하이기 때문에 매우 위험하며 $200℃$ 이상에서 폭발적으로 분해되어 가연성 가스가 발생한다.

$$(C_2H_5)_3Al \rightarrow (C_2H_5)_2AlH + C_2H_4$$

$$2(C_2H_5)_2AlH \rightarrow 2Al + 3H_2 + 4C_2H_4$$

㉣ 염소가스와 접촉하면 삼염화알루미늄이 생성된다.

$$(C_2H_5)_3Al + 3Cl_2 \rightarrow AlCl_3 + 3C_2H_5Cl$$

해답

① C_2H_6

② C_2H_5Cl

③ C_2H_6

④ C_2H_6

18 액체 위험물 저장탱크에 포소화설비 중 포방출구 Ⅲ형을 이용하기 위하여 저장 또는 취급 하는 위험물은 어떤 특성을 가져야 하는지 적으시오.

해설

Ⅲ형의 포방출구를 이용하는 것은 $20℃$의 물 $100g$에 용해되는 양이 $1g$ 미만인 위험물(이하 "비수용성"이라 한다)이면서 저장온도가 $50℃$ 이하 또는 동점도(動粘度)가 $100cSt$ 이하인 위험 물을 저장 또는 취급하는 탱크에 한하여 설치 가능하다.

해답

① 비수용성

② 저장온도 $50℃$ 이하

③ 동점도(動粘度)가 $100cSt$ 이하

19 다음은 위험물 운반 시 유별 위험물에 대한 주의사항을 나타낸 도표이다. 빈칸을 알맞게 채우시오.

위험물		주의사항
제1류 위험물	알칼리금속의 과산화물	(①)
	기타	화기·충격주의 및 가연물 접촉주의
제2류 위험물	금속분, 마그네슘	(②)
	인화성 고체	화기엄금
	기타	화기주의
제3류 위험물	자연발화성 물질	(③)
	금수성 물질	물기엄금
제4류 위험물		화기엄금
제5류 위험물		(④)
제6류 위험물		(⑤)

해설

유별	구분	주의사항
제1류 위험물 (산화성 고체)	알칼리금속의 무기과산화물	"화기·충격주의" "물기엄금" "가연물접촉주의"
	그 밖의 것	"화기·충격주의" "가연물접촉주의"
제2류 위험물 (가연성 고체)	철분·금속분·마그네슘	"화기주의" "물기엄금"
	인화성 고체	"화기엄금"
	그 밖의 것	"화기주의"
제3류 위험물 (자연발화성 및 금수성 물질)	자연발화성 물질	"화기엄금" "공기접촉엄금"
	금수성 물질	"물기엄금"
제4류 위험물 (인화성 액체)	–	"화기엄금"
제5류 위험물 (자기반응성 물질)	–	"화기엄금" 및 "충격주의"
제6류 위험물 (산화성 액체)	–	"가연물접촉주의"

해답

① 화기·충격주의, 물기엄금, 가연물접촉주의
② 화기주의, 물기엄금
③ 화기엄금, 공기접촉엄금
④ 화기엄금, 충격주의
⑤ 가연물접촉주의

20 제2류 위험물인 마그네슘이 다음의 물질과 반응할 때의 화학반응식을 적으시오.
① CO_2
② N_2
③ H_2O

해설

마그네슘분(Mg)－지정수량 500kg

마그네슘 또는 마그네슘을 함유한 것 중 2mm의 체를 통과하지 아니하는 덩어리는 제외한다.

㉮ 일반적 성질
  ㉠ 알칼리토금속에 속하는 대표적인 경금속으로 은백색의 광택이 있는 금속으로 공기 중에서 서서히 산화하여 광택을 잃는다.
  ㉡ 열전도율 및 전기전도도가 큰 금속이다.
  ㉢ 산 및 온수와 반응하여 많은 양의 열과 수소(H_2)가 발생한다.
    $Mg+2HCl \rightarrow MgCl_2+H_2$
    $Mg+2H_2O \rightarrow Mg(OH)_2+H_2$
  ㉣ 공기 중 부식성은 적지만, 산이나 염류에는 침식된다.
  ㉤ 원자량 24, 비중 1.74, 융점 650℃, 비점 1,107℃, 착화온도 473℃

㉯ 위험성
  ㉠ 공기 중에서 미세한 분말이 밀폐공간에 부유할 때 스파크 등 적은 점화원에 의해 분진 폭발한다.
  ㉡ 얇은 박, 부스러기도 쉽게 발화하고, PbO_2, Fe_2O_3, N_2O, 할로젠 및 제1류 위험물과 같은 강산화제와 혼합된 것은 약간의 가열, 충격, 마찰 등에 의해 발화, 폭발한다.
  ㉢ 상온에서는 물을 분해하지 못하여 안정하지만 뜨거운 물이나 과열 수증기와 접촉 시 격렬하게 수소가 발생하며 염화암모늄 용액과의 반응은 위험을 초래한다.
  ㉣ 가열하면 연소가 쉽고 양이 많은 경우 맹렬히 연소하며 강한 빛을 낸다. 특히 연소열이 매우 높기 때문에 온도가 높아지고 화세가 격렬하여 소화가 곤란하다.
    $2Mg+O_2 \rightarrow 2MgO$
  ㉤ CO_2 등 질식성 가스와 접촉 시에는 가연성 물질인 C와 유독성인 CO 가스가 발생한다.
    $2Mg+CO_2 \rightarrow 2MgO+2C$
    $Mg+CO_2 \rightarrow MgO+CO$
  ㉥ 사염화탄소(CCl_4)나 C_2H_4ClBr 등과 고온에서 작용 시에는 맹독성인 포스겐($COCl_2$)가스가 발생한다.
  ㉦ 가열된 마그네슘을 SO_2 속에 넣으면 SO_2가 산화제로 작용하여 연소한다.
    $3Mg+SO_2 \rightarrow 2MgO+MgS$
  ㉧ 질소 기체 속에서도 타고 있는 마그네슘을 넣으면 직접 반응하여 공기나 CO_2 속에서보다 활발하지는 않지만 연소한다.
    $3Mg+N_2 \rightarrow Mg_3N_2$

해답

① $2Mg+CO_2 \rightarrow 2MgO+C$, $Mg+CO_2 \rightarrow MgO+CO$
② $3Mg+N_2 \rightarrow Mg_3N_2$
③ $Mg+2H_2O \rightarrow Mg(OH)_2+H_2$

제55회
(2014년 5월 25일 시행)

위험물기능장 실기

01 지정수량 이상의 하이드록실아민 등을 취급하는 제조소의 안전거리를 구하는 공식을 쓰고, 각 기호가 의미하는 바를 쓰시오.

[해설]

하이드록실아민 등을 취급하는 제조소의 기준

㉮ 지정수량 이상의 하이드록실아민 등을 취급하는 제조소의 안전거리

$$D = 51.1 \times \sqrt[3]{N}$$

　　여기서, D : 거리(m)

　　　　　N : 해당 제조소에서 취급하는 하이드록실아민 등의 지정수량의 배수

㉯ 제조소의 주위에는 담 또는 토제(土堤)를 설치할 것

　㉠ 담 또는 토제는 해당 제조소의 외벽 또는 이에 상당하는 공작물의 외측으로부터 2m 이상 떨어진 장소에 설치할 것

　㉡ 담 또는 토제의 높이는 해당 제조소에 있어서 하이드록실아민 등을 취급하는 부분의 높이 이상으로 할 것

　㉢ 담은 두께 15cm 이상의 철근콘크리트조·철골철근콘크리트조 또는 두께 20cm 이상의 보강콘크리트블록조로 할 것

　㉣ 토제의 경사면의 경사도는 60° 미만으로 할 것

㉰ 하이드록실아민 등을 취급하는 설비에는 철이온 등의 혼입에 의한 위험한 반응을 방지하기 위한 조치를 강구할 것

[해답]

$$D = 51.1 \times \sqrt[3]{N}$$

　　여기서, D : 거리(m)

　　　　　N : 해당 제조소에서 취급하는 하이드록실아민 등의 지정수량의 배수

02 위험물안전관리법에 의한 고인화점 위험물의 정의를 적으시오.

[해답]

인화점이 100℃ 이상인 제4류 위험물

03 포소화설비에서 기계포소화약제 혼합장치의 종류 4가지를 쓰시오.

해설

포소화약제의 혼합장치
① 펌프 혼합 방식(펌프 프로포셔너 방식)
　펌프의 토출관과 흡입관 사이의 배관 도중에 설치한 흡입기에 펌프에서 토출된 물의 일부를 보내고 농도조절밸브에서 조정된 포소화약제의 필요량을 포소화약제탱크에서 펌프 흡입측으로 보내어 이를 혼합하는 방식
② 차압 혼합 방식(프레셔 프로포셔너 방식)
　펌프와 발포기 중간에 설치된 벤투리관의 벤투리작용과 펌프 가압수의 포소화약제 저장탱크에 대한 압력에 의하여 포소화약제를 흡입·혼합하는 방식
③ 관로 혼합 방식(라인 프로포셔너 방식)
　펌프와 발포기 중간에 설치된 벤투리관의 벤투리작용에 의해 포소화약제를 흡입하여 혼합하는 방식
④ 압입 혼합 방식(프레셔 사이드 프로포셔너 방식)
　펌프의 토출관에 압입기를 설치하여 포소화약제 압입용 펌프로 포소화약제를 압입시켜 혼합하는 방식

해답

① 펌프 프로포셔너 방식
② 프레셔 프로포셔너 방식
③ 라인 프로포셔너 방식
④ 프레셔 사이드 프로포셔너 방식

04 제2류 위험물인 알루미늄(Al)이 다음 물질과 반응하는 경우 화학반응식을 적으시오.
① 염산
② 알칼리 수용액

해설

알루미늄의 위험성
㉠ 알루미늄 분말이 발화하면 다량의 열이 발생하며, 광택 및 흰 연기를 내면서 연소하므로 소화가 곤란하다.
　$4Al + 3O_2 \rightarrow 2Al_2O_3$
㉡ 대부분의 산과 반응하여 수소가 발생한다(단, 진한질산 제외).
　$2Al + 6HCl \rightarrow 2AlCl_3 + 3H_2$
㉢ 알칼리 수용액과 반응하여 수소가 발생한다.
　$2Al + 2NaOH + 2H_2O \rightarrow 2NaAlO_2 + 3H_2$
㉣ 물과 반응하면 수소가스가 발생한다.
　$2Al + 6H_2O \rightarrow 2Al(OH)_3 + 3H_2$

해답

① $2Al + 6HCl \rightarrow 2AlCl_3 + 3H_2$
② $2Al + 2NaOH + 2H_2O \rightarrow 2NaAlO_2 + 3H_2$

05 제2류 위험물인 황화인 중 담황색 결정으로 분자량 222, 비중 2.09인 물질에 대해 다음 물음에 답하시오.
① 물과의 반응식
② 물과 접촉하여 생성되는 물질 중 유독성 가스와의 연소반응식

해설

오황화인은 분자량 222, 담황색 결정으로 비중은 2.09에 해당하며 알코올이나 이황화탄소(CS_2)에 녹고, 물이나 알칼리와 반응하면 분해되어 황화수소(H_2S)와 인산(H_3PO_4)으로 된다.
$$P_2S_5 + 8H_2O \rightarrow 5H_2S + 2H_3PO_4$$

해답

① $P_2S_5 + 8H_2O \rightarrow 5H_2S + 2H_3PO_4$, ② $2H_2S + 3O_2 \rightarrow 2H_2O + 2SO_2$

06 지하탱크저장소에는 액체 위험물의 누설을 검사하기 위한 관을 4개소 이상 설치하여야 하는데, 그 설치기준을 4가지 쓰시오.

해답

① 이중관으로 할 것(단, 소공이 없는 상부는 단관으로 할 수 있다.)
② 재료는 금속관 또는 경질 합성수지관으로 할 것
③ 관은 탱크 전용실의 바닥 또는 탱크의 기초까지 닿게 할 것
④ 관의 밑부분부터 탱크의 중심 높이까지의 부분에는 소공이 뚫려 있을 것. 다만, 지하수위가 높은 장소에 있어서는 지하수위 높이까지의 부분에 소공이 뚫려 있어야 한다.
⑤ 상부는 물이 침투하지 아니하는 구조로 하고, 뚜껑은 검사 시에 쉽게 열 수 있도록 할 것

07 위험물제조소 등에 예방 규정을 정하여야 하는 경우에 대해 괄호 안을 알맞게 채우시오.
① 지정수량의 (   )배 이상의 위험물을 취급하는 제조소
② 지정수량의 (   )배 이상의 위험물을 저장하는 옥외저장소
③ 지정수량의 (   ) 이상의 위험물을 저장하는 옥내저장소
④ 지정수량의 (   ) 이상을 저장하는 옥외탱크저장소

해설

예방 규정을 정하여야 하는 제조소 등
㉮ 지정수량의 10배 이상의 위험물을 취급하는 제조소
㉯ 지정수량의 100배 이상의 위험물을 저장하는 옥외저장소
㉰ 지정수량의 150배 이상의 위험물을 저장하는 옥내저장소
㉱ 지정수량의 200배 이상을 저장하는 옥외탱크저장소
㉲ 암반탱크저장소
㉳ 이송취급소
㉴ 지정수량의 10배 이상의 위험물 취급하는 일반취급소[다만, 제4류 위험물(특수 인화물을 제외한다)만을 지정수량의 50배 이하로 취급하는 일반취급소(제1석유류·알코올류의 취급량이 지정수량의 10배 이하인 경우에 한한다)로서 다음의 어느 하나에 해당하는 것을 제외]
　㉠ 보일러·버너 또는 이와 비슷한 것으로서 위험물을 소비하는 장치로 이루어진 일반취급소
　㉡ 위험물을 용기에 옮겨 담거나 차량에 고정된 탱크에 주입하는 일반취급소

해답

① 10, ② 100, ③ 150, ④ 200

08 다음 [보기]와 같은 위험물제조소에 대한 건축물의 총 소요단위를 구하시오.

> [보기] • 제조소 건축물의 구조 : 내화구조로 1, 2층 모두 제조소로 사용하며, 각층의
> 바닥면적은 1,000m²
> • 저장소 건축물의 구조 : 내화구조로 옥외에 설치높이 8m, 공작물의 최대수
> 평투영면적 200m²
> • 저장 또는 취급하는 위험물 : 다이에틸에터 3,000L, 경유 5,000L

해설

소요단위(소화설비의 설치대상이 되는 건축물의 규모 또는 위험물 양에 대한 기준단위)		
1단위	제조소 또는 취급소용 건축물의 경우	내화구조 외벽을 갖춘 연면적 100m²
		내화구조 외벽이 아닌 연면적 50m²
	저장소 건축물의 경우	내화구조 외벽을 갖춘 연면적 150m²
		내화구조 외벽이 아닌 연면적 75m²
	위험물의 경우	지정수량의 10배

총 소요단위= 제조소＋저장소＋위험물

$$= \frac{1{,}000\text{m}^2 \times 2\text{개층}}{100\text{m}^2} + \frac{200\text{m}^2}{150\text{m}^2} + \frac{3{,}000\text{L}}{50\text{L} \times 10} + \frac{5{,}000\text{L}}{1{,}000\text{L} \times 10}$$

$$= 20 + 1.33 + 6 + 0.5 = 27.83$$

해답

27.83

09 위험물의 성질란에 규정된 성상을 2가지 이상 포함하는 물품(이하에서 "복수성상물품"이라 한다)이 속하는 품명은 다음과 같이 정한다. 괄호 안을 알맞게 채우시오.

① 복수성상물품이 산화성 고체의 성상 및 가연성 고체의 성상을 가지는 경우 : 제
( )류

② 복수성상물품이 산화성 고체의 성상 및 자기반응성 물질의 성상을 가지는 경우 :
제( )류

③ 복수성상물품이 가연성 고체의 성상과 자연발화성 물질의 성상 및 금수성 물질의 성
상을 가지는 경우 : 제( )류

④ 복수성상물품이 자연발화성 물질의 성상, 금수성 물질의 성상 및 인화성 액체의 성상
을 가지는 경우 : 제( )류

⑤ 복수성상물품이 인화성 액체의 성상 및 자기반응성 물질의 성상을 가지는 경우 :
제( )류

해설

성질란에 규정된 성상을 2가지 이상 포함하는 물품(이하 이 호에서 "복수성상물품"이라 한다)이 속하는 품명은 다음의 하나에 의한다.

① 복수성상물품이 산화성 고체의 성상 및 가연성 고체의 성상을 가지는 경우 : 제2류
② 복수성상물품이 산화성 고체의 성상 및 자기반응성 물질의 성상을 가지는 경우 : 제5류
③ 복수성상물품이 가연성 고체의 성상과 자연발화성 물질의 성상 및 금수성 물질의 성상을 가지는 경우 : 제3류
④ 복수성상물품이 자연발화성 물질의 성상, 금수성 물질의 성상 및 인화성 액체의 성상을 가지는 경우 : 제3류
⑤ 복수성상물품이 인화성 액체의 성상 및 자기반응성 물질의 성상을 가지는 경우 : 제5류

해답

① 2, ② 5, ③ 3, ④ 3, ⑤ 5

10 과산화칼륨(K_2O_2)과 아세트산이 접촉하여 화학반응하는 경우 생성되는 제6류 위험물을 화학식으로 쓰시오.

해설

과산화칼륨은 에틸알코올에는 용해되며, 묽은산과 반응하여 과산화수소(H_2O_2)를 생성한다.
$K_2O_2 + 2CH_3COOH \rightarrow 2CH_3COOK + H_2O_2$

해답

H_2O_2

11 제3류 위험물인 탄화칼슘에 대해 다음 물음에 답하시오.
① 물과의 반응식
② 물과의 반응 시 발생하는 가연성 가스의 위험도

해설

① 탄화칼슘은 물과 강하게 반응하여 수산화칼슘과 아세틸렌을 만들며 공기 중 수분과 반응하여도 아세틸렌이 발생한다.
$CaC_2 + 2H_2O \rightarrow Ca(OH)_2 + C_2H_2$
② C_2H_2의 폭발범위 : 2.5~81%

$$위험도(H) = \frac{U-L}{L}$$
$$= \frac{81-2.5}{2.5} = 31.4$$

해답

① $CaC_2 + 2H_2O \rightarrow Ca(OH)_2 + C_2H_2$
② 31.4

12 CO₂ 소화설비 저장용기의 설치장소 기준을 쓰시오.

해답

① 방호구역 외의 장소에 설치할 것
② 온도가 40℃ 이하이고 온도 변화가 적은 장소에 설치할 것
③ 직사일광 및 빗물이 침투할 우려가 적은 장소에 설치할 것
④ 저장용기에는 안전장치를 설치할 것
⑤ 저장용기의 외면에 소화약제의 종류와 양, 제조연도 및 제조자를 표시할 것

13 제4류 위험물 중 분자량은 60, 인화점은 −19℃이고 달콤한 향이 나는 무색의 휘발성 액체인 물질이 가수분해되는 경우 반응식을 적으시오.

해설

의산메틸($HCOOCH_3$)
㉮ 일반적 성질
　㉠ 달콤한 향이 나는 무색의 휘발성 액체로 물 및 유기용제 등에 잘 녹는다.
　㉡ 분자량 60, 비중 0.98, 비점 32℃, 발화점 449℃, 인화점 −19℃, 연소범위 5~23%
　㉢ 수용성이지만, 위험물안전관리 세부기준에 의해 비수용성 위험물로 분류된다.
㉯ 위험성
　㉠ 인화 및 휘발의 위험성이 크다.
　㉡ 습기, 알칼리 등과의 접촉을 방지한다.
　㉢ 쉽게 가수분해되어 의산과 맹독성의 메탄올이 생성된다.
　　$HCOOCH_3 + H_2O \rightarrow HCOOH + CH_3OH$

해답

$HCOOCH_3 + H_2O \rightarrow HCOOH + CH_3OH$

14 제1류 위험물로서 분자량 101, 분해온도 400℃이며, 흑색화약의 원료이다. 다음 물음에 답하시오.
① 물질 명칭
② 분해반응식
③ 흑색화약에서의 역할

해설

KNO_3(질산칼륨, 질산카리, 초석)
㉮ 일반적 성질
　㉠ 분자량 101, 비중 2.1, 융점 339℃, 분해온도 400℃, 용해도 26
　㉡ 무색의 결정 또는 백색 분말로 차가운 자극성의 짠맛이 난다.
　㉢ 물이나 글리세린 등에는 잘 녹고, 알코올에는 녹지 않는다. 수용액은 중성이다.
　㉣ 약 400℃로 가열하면 분해되어 아질산칼륨(KNO_2)과 산소(O_2)가 발생하는 강산화제
　　$2KNO_3 \rightarrow 2KNO_2 + O_2$

ⓐ 위험성

　　㉠ 강한 산화제이므로 가연성 분말이나 유기물과 접촉 시 폭발한다.

　　㉡ 강력한 산화제로 가연성 분말, 유기물, 환원성 물질과 혼합 시 가열, 충격으로 폭발하며
　　　흑색화약(질산칼륨 75%＋황 10%＋목탄 15%)의 원료로 이용된다.

　　　$16KNO_3 + 3S + 21C \rightarrow 13CO_2 + 3CO + 8N_2 + 5K_2CO_3 + K_2SO_4 + 2K_2S$

해답

① 질산칼륨

② $2KNO_3 \rightarrow 2KNO_2 + O_2$

③ 산소공급원

---

15 다음은 이동식 포소화설비에 대한 설명이다. 괄호 안을 알맞게 채우시오.

이동식 포소화설비는 4개(호스접속구가 4개 미만인 경우에는 그 개수)의 노즐을 동시에 사용할 경우에 각 노즐선단의 방사압력은 (①)MPa 이상이고 방사량은 옥내에 설치한 것은 (②)L/min 이상, 옥외에 설치한 것은 (③)L/min 이상으로 30분간 방사할 수 있는 양

해답

① 0.35

② 200

③ 400

---

16 메테인 60vol%, 에테인 30vol%, 프로페인 10vol%로 혼합된 가스에 대한 공기 중 폭발하한값을 구하시오. (단, 폭발범위는 메테인 5~15%, 에테인 3~12.4%, 프로페인 2.1~9.5%이다.)

해설

르 샤틀리에(Le Chatelier)의 혼합가스 폭발범위를 구하는 식

$$\frac{100}{L} = \frac{V_1}{L_1} + \frac{V_2}{L_2} + \frac{V_3}{L_3} + \cdots$$

$$\therefore \ L = \frac{100}{\left(\dfrac{V_1}{L_1} + \dfrac{V_2}{L_2} + \dfrac{V_3}{L_3} + \cdots\right)} = \frac{100}{\left(\dfrac{60}{5} + \dfrac{30}{3} + \dfrac{10}{2.1}\right)} = 3.74$$

　　여기서, L : 혼합가스의 폭발한계치

　　　　　　L_1, L_2, L_3 : 각 성분의 단독 폭발한계치(vol%)

　　　　　　V_1, V_2, V_3 : 각 성분의 체적(vol%)

해답

3.74%

17

당밀, 고구마, 감자 등을 원료로 하는 발효방법 또는 인산을 촉매로 하여 에틸렌으로부터 제조하기도 하는 물질에 대해 다음 물음에 답하시오.
① 화학식
② 가장 우수한 소화약제
③ 상기 약제가 우수한 이유

해설

에틸알코올의 일반적 성질
㉠ 당밀, 고구마, 감자 등을 원료로 하는 발효방법으로 제조한다.
㉡ 무색투명하며 인화가 쉽고 공기 중에서 쉽게 산화한다. 또한 완전연소를 하므로 불꽃이 잘 보이지 않으며 그을음이 거의 없다.

$$C_2H_5OH + 3O_2 \rightarrow 2CO_2 + 3H_2O$$

㉢ 물에는 잘 녹고, 유기용매 등에는 농도에 따라 녹는 정도가 다르며, 수지 등을 잘 용해시킨다.
㉣ 산화되면 아세트알데하이드(CH_3CHO)가 되며, 최종적으로 초산(CH_3COOH)이 된다.
㉤ 에틸렌을 물과 합성하여 제조한다.

$$C_2H_4 + H_2O \xrightarrow[\text{300℃, 70kg/cm}^2]{\text{인산}} C_2H_5OH$$

㉥ 분자량 46, 비중 0.789(증기비중 1.6), 비점(78℃), 인화점(13℃), 발화점(363℃)이 낮으며 연소범위가 4.3~19%로 넓어서 용기 내 인화의 위험이 있으며 용기를 파열할 수도 있다.

해답

① C_2H_5OH, ② 알코올형 포소화약제
③ 파포되지 않으므로

18

제5류 위험물인 나이트로글리콜에 대해 다음 물음에 답하시오.
① 구조식
② 공업용 색상
③ 액비중
④ 분자 내 질소 함유량
⑤ 폭발속도

해설

㉮ 나이트로글리콜[$C_2H_4(ONO_2)_2$]

$$\begin{array}{c} H \quad H \\ | \quad\ | \\ H-C-C-H \\ | \quad\ | \\ ONO_2\ ONO_2 \end{array}$$

㉠ 액비중 1.5(증기비중은 5.2), 융점 −11.3℃, 비점 105.5℃, 응고점 −22℃, 발화점 215℃, 폭발속도 약 7,800m/s, 폭발열 1,550kcal/kg이다. 순수한 것은 무색이나, 공업용은 담황색 또는 분홍색의 무거운 기름상 액체로 유동성이 있다.
㉡ 알코올, 아세톤, 벤젠에 잘 녹는다.
㉢ 산의 존재하에 분해가 촉진되며, 폭발할 수 있다.
㉣ 다이너마이트 제조에 사용되며, 운송 시 부동제에 흡수시켜 운반한다.

㉯ 분자 내 질소 함유량은 $\dfrac{N_2}{(CH_2ONO_2)_2} \times 100 = \dfrac{28}{152} \times 100 = 18.42wt\%$

해답

①
```
      H   H
      |   |
  H - C - C - H
      |   |
    ONO₂ ONO₂
```

② 담황색

③ 1.5

④ 18.42wt%

⑤ 7,800m/s

19 이동탱크저장소의 위험물 운송 시 ① 운송책임자의 감독·지원을 받는 물품 2가지를 적고, ② 이들 위험물을 운송하는 운송책임자의 자격요건을 적으시오.

해답

① ㉠ 알킬알루미늄, ㉡ 알킬리튬

② ㉠ 해당 위험물의 취급에 관한 국가기술자격을 취득하고, 관련업무에 1년 이상 종사한 경력이 있는 자

  ㉡ 위험물의 운송에 관한 안전교육을 수료하고, 관련업무에 2년 이상 종사한 경력이 있는 자

20 옥내탱크저장소 중 탱크 전용실을 단층건물 외의 건축물에 설치할 수 있는 제2류 위험물의 종류 3가지를 적으시오.

해설

탱크 전용실을 단층건물 외의 건축물에 설치하는 것

㉮ 옥내저장탱크는 탱크 전용실에 설치할 것. 이 경우 제2류 위험물 중 황화인·적린 및 덩어리 황, 제3류 위험물 중 황린, 제6류 위험물 중 질산의 탱크 전용실은 건축물의 1층 또는 지하층에 설치하여야 한다.

㉯ 옥내저장탱크의 주입구 부근에는 해당 옥내저장탱크의 위험물의 양을 표시하는 장치를 설치할 것

㉰ 탱크 전용실이 있는 건축물에 설치하는 옥내저장탱크의 펌프설비 중 탱크 전용실 외의 장소에 설치하는 경우

  ㉠ 이 펌프실은 벽·기둥·바닥 및 보를 내화구조로 할 것

  ㉡ 펌프실은 상층이 있는 경우에 있어서는 상층의 바닥을 내화구조로 하고, 상층이 없는 경우에 있어서는 지붕을 불연재료로 하며, 천장을 설치하지 아니할 것

  ㉢ 펌프실에는 창을 설치하지 아니할 것. 다만, 제6류 위험물의 탱크 전용실에 있어서는 60분+방화문·60분방화문 또는 30분방화문이 있는 창을 설치할 수 있다.

  ㉣ 펌프실의 출입구에는 60분+방화문 또는 60분방화문을 설치할 것. 다만, 제6류 위험물의 탱크 전용실에 있어서는 30분방화문을 설치할 수 있다.

  ㉤ 펌프실의 환기 및 배출의 설비에는 방화상 유효한 댐퍼 등을 설치할 것

해답

황화인, 적린, 덩어리 황

제56회
(2014년 9월 14일 시행)

위험물기능장 실기

01 분자량 227g/mol, 융점 81℃, 순수한 것은 무색 결정 또는 담황색의 결정, 직사광선에 의해 다갈색으로 변하며, 톨루엔과 질산을 일정비율로 황산 촉매하에 반응시키면 얻어지는 물질이다. 다음 물음에 답하시오.
① 유별
② 품명

해설

트라이나이트로톨루엔은 제5류 위험물로서 나이트로화합물류에 속한다. 몇 가지 이성질체가 있으며 2, 4, 6-트라이나이트로톨루엔이 폭발력이 가장 강하다. 비중 1.66, 융점 81℃, 비점 280℃, 분자량 227, 발화온도 약 300℃이다. 1몰의 톨루엔과 3몰의 질산을 황산 촉매하에 반응시키면 나이트로화에 의해 T.N.T가 만들어진다.

$$C_6H_5CH_3 + 3HNO_3 \xrightarrow[\text{나이트로화}]{c-H_2SO_4} \underset{\substack{\\ NO_2}}{\overset{\substack{CH_3 \\ NO_2 \quad NO_2}}{\bigcirc}} + 3H_2O$$

해답

① 제5류 위험물
② 나이트로화합물

02 다음 제2류 위험물의 저장 및 취급 기준에 대한 설명이다. 괄호 안을 알맞게 채우시오.
제2류 위험물은 (①)와의 접촉·혼합이나 불티·불꽃·고온체와의 접근 또는 과열을 피하는 한편, 철분·금속분·마그네슘 및 이를 함유한 것에 있어서는 (②)이나 (③)과의 접촉을 피하고 인화성 고체에 있어서는 함부로 (④)를 발생시키지 아니하여야 한다.

해답

① 산화제
② 물
③ 산
④ 증기

03 제5류 위험물인 나이트로글리세린에 대한 다음 물음에 답하시오.
  ① 구조식
  ② 폭발 시 생성되는 가스

해설

나이트로글리세린의 일반적 성질

$$
\begin{array}{ccc}
\text{H} & \text{H} & \text{H} \\
| & | & | \\
\text{H} - \text{C} - \text{C} - \text{C} - \text{H} \\
| & | & | \\
\text{ONO}_2 & \text{ONO}_2 & \text{ONO}_2
\end{array}
$$

㉠ 다이너마이트, 로켓, 무연화약의 원료로 순수한 것은 무색투명한 기름성의 액체(공업용 시판품은 담황색)이며 점화하면 즉시 연소하고 폭발력이 강하다.
㉡ 물에는 거의 녹지 않으나 메탄올, 벤젠, 클로로폼, 아세톤 등에는 녹는다.
㉢ 다공질 물질을 규조토에 흡수시켜 다이너마이트를 제조한다.
㉣ 분자량 227, 비중 1.6, 융점 2.8℃, 비점 160℃
㉤ 위험성
  40℃에서 분해되기 시작하고 145℃에서 격렬히 분해되며 200℃ 정도에서 스스로 폭발한다.
  $4C_3H_5(ONO_2)_3 \rightarrow 12CO_2 + 10H_2O + 6N_2 + O_2$

해답

①
$$
\begin{array}{ccc}
\text{H} & \text{H} & \text{H} \\
| & | & | \\
\text{H} - \text{C} - \text{C} - \text{C} - \text{H} \\
| & | & | \\
\text{ONO}_2 & \text{ONO}_2 & \text{ONO}_2
\end{array}
$$

② CO_2, H_2O, N_2, O_2

04 다음 물질의 위험도를 구하시오.
  ① 다이에틸에터
  ② 아세톤

해설

① 다이에틸에터의 물성 : 분자량 74.12, 비중 0.72, 비점 34℃, 인화점 −40℃, 발화점 180℃로 매우 낮고 연소범위(1.9~48%)가 넓어 인화성, 발화성이 강하다.
$$H = \frac{U-L}{L} = \frac{48-1.9}{1.9} = 24.26$$
② 아세톤의 물성 : 분자량 58, 비중 0.79, 비점 56℃, 인화점 −18.5℃, 발화점 465℃, 연소범위 2.5~12.8%이며 휘발이 쉽고 상온에서 인화성 증기가 발생하며 작은 점화원에도 쉽게 인화한다.
$$H = \frac{U-L}{L} = \frac{12.8-2.5}{2.5} = 4.12$$

해답

① 24.26
② 4.12

05 황화인에 대한 연소반응식을 적으시오.
① P_4S_3
② P_2S_5

해답

① $P_4S_3 + 8O_2 \rightarrow 2P_2O_5 + 3SO_2$

② $2P_2S_5 + 15O_2 \rightarrow 2P_2O_5 + 10SO_2$

06 알루미늄분(Al)이 다음 물질과 접촉 시 반응식을 적으시오.
① 물
② 염산

해설

알루미늄의 위험성

㉠ 알루미늄 분말이 발화하면 다량의 열이 발생하며, 광택 및 흰 연기를 내면서 연소하므로 소화가 곤란하다.

$4Al + 3O_2 \rightarrow 2Al_2O_3$

㉡ 대부분의 산과 반응하여 수소가 발생한다(단, 진한질산 제외).

$2Al + 6HCl \rightarrow 2AlCl_3 + 3H_2$

㉢ 알칼리 수용액과 반응하여 수소가 발생한다.

$2Al + 2NaOH + 2H_2O \rightarrow 2NaAlO_2 + 3H_2$

㉣ 물과 반응하면 수소가스가 발생한다.

$2Al + 6H_2O \rightarrow 2Al(OH)_3 + 3H_2$

해답

① $2Al + 6H_2O \rightarrow 2Al(OH)_3 + 3H_2$

② $2Al + 6HCl \rightarrow 2AlCl_3 + 3H_2$

07 탱크 시험자가 갖추어야 할 기술장비 중 필수장비 4종류를 적으시오.

해설

탱크 시험자가 갖추어야 할 기술장비

㉮ 기술능력

  ㉠ 필수인력

    ⓐ 위험물기능장 · 위험물산업기사 또는 위험물기능사 중 1명 이상

    ⓑ 비파괴검사기술사 1명 이상 또는 방사선비파괴검사 · 초음파비파괴검사 · 자기비파괴검사 및 침투비파괴검사별로 기사 또는 산업기사 각 1명 이상

  ㉡ 필요한 경우에 두는 인력

    ⓐ 충 · 수압 시험, 진공시험, 기밀시험 또는 내압시험의 경우 : 누설비파괴검사 기사, 산업기사 또는 기능사

ⓑ 수직·수평도 시험의 경우 : 측량 및 지형공간정보 기술사, 기사, 산업기사 또는 측량기능사

ⓒ 필수인력의 보조 : 방사선비파괴검사·초음파비파괴검사·자기비파괴검사 또는 침투비
    파괴검사 기능사

㉯ 시설 : 전용사무실

㉰ 장비

㉠ 필수장비 : 방사선투과시험기, 초음파탐상시험기, 자기탐상시험기, 초음파두께측정기

㉡ 필요한 경우에 두는 장비

ⓐ 충·수압 시험, 진공시험, 기밀시험 또는 내압시험의 경우

• 진공능력 53kPa 이상의 진공누설시험기

• 기밀시험장치(안전장치가 부착된 것으로서 가압능력 200kPa 이상, 감압의 경우에
  는 감압능력 10kPa 이상·감도 10Pa 이하의 것으로서 각각의 압력 변화를 스스로
  기록할 수 있는 것)

ⓑ 수직·수평도 시험의 경우 : 수직·수평도 측정기

[해답]

① 방사선투과시험기

② 초음파탐상시험기

③ 자기탐상시험기

④ 초음파두께측정기

08 제1류 위험물인 과산화칼슘에 대해 다음 물음에 답하시오.
① 열분해반응식
② 염산과의 반응식

[해설]

CaO_2(과산화칼슘)

㉮ 일반적 성질

㉠ 분자량 72, 비중 1.7, 분해온도 275℃

㉡ 무정형의 백색 분말이며, 물에 녹기 어렵고 알코올이나 에터 등에는 녹지 않음

㉢ 수화물($CaO_2 \cdot 8H_2O$)은 백색 결정이며, 물에는 조금 녹고 온수에서는 분해

㉯ 위험성

㉠ 가열하면 275℃에서 분해되어 폭발적으로 산소를 방출

$$2CaO_2 \rightarrow 2CaO + O_2$$

㉡ 산(HCl)과 반응하여 과산화수소를 생성

$$CaO_2 + 2HCl \rightarrow CaCl_2 + H_2O_2$$

[해답]

① $2CaO_2 \rightarrow 2CaO + O_2$

② $CaO_2 + 2HCl \rightarrow CaCl_2 + H_2O_2$

09 에틸알코올 200g이 완전연소 시 필요한 이론산소량(g)을 구하시오.

해설

무색투명하며 인화가 쉽고 공기 중에서 쉽게 산화한다. 또한 완전연소를 하므로 불꽃이 잘 보이지 않으며 그을음이 거의 없다.

$C_2H_5OH + 3O_2 \rightarrow 2CO_2 + 3H_2O$

$$\frac{200g \, C_2H_5OH}{} \left| \frac{1mol \, C_2H_5OH}{46g \, C_2H_5OH} \right| \frac{3mol \, O_2}{1mol \, C_2H_5OH} \left| \frac{32g \, O_2}{1mol \, O_2} \right. = 417.39g \, O_2$$

해답

417.39g

10 제1류 위험물의 품명 중 행정안전부령이 정하는 품명 5가지를 적으시오.

해설

제1류 위험물의 종류와 지정수량

성질	위험등급	품명	대표 품목	지정수량
산화성 고체	I	1. 아염소산염류 2. 염소산염류 3. 과염소산염류 4. 무기과산화물류	$NaClO_2$, $KClO_2$ $NaClO_3$, $KClO_3$, NH_4ClO_3 $NaClO_4$, $KClO_4$, NH_4ClO_4 K_2O_2, Na_2O_2, MgO_2	50kg
	II	5. 브로민산염류 6. 질산염류 7. 아이오딘산염류	$KBrO_3$ KNO_3, $NaNO_3$, NH_4NO_3 KIO_3	300kg
	III	8. 과망가니즈산염류 9. 다이크로뮴산염류	$KMnO_4$ $K_2Cr_2O_7$	1,000kg
	I ~ III	10. 그 밖에 행정안전부령이 정하는 것 ① 과아이오딘산염류 ② 과아이오딘산 ③ 크로뮴, 납 또는 아이오딘의 산화물 ④ 아질산염류 ⑤ 차아염소산염류 ⑥ 염소화아이소사이아누르산 ⑦ 퍼옥소이황산염류 ⑧ 퍼옥소붕산염류 11. 1~10호의 하나 이상을 함유한 것	 KIO_4 HIO_4 CrO_3 $NaNO_2$ $LiClO$ $OCNClONClCONCl$ $K_2S_2O_8$ $NaBO_3$	50kg, 300kg 또는 1,000kg

해답

① 과아이오딘산염류
② 과아이오딘산
③ 크로뮴, 납 또는 아이오딘의 산화물
④ 아질산염류
⑤ 차아염소산염류

11 다음은 제1류, 제4류, 제5류 위험물에 대한 설명이다. 괄호 안을 적당히 채우시오.
① 제1류 위험물의 품명은 아염소산염류, 염소산염류, 과염소산염류, 무기과산화물류, 브로민산염류, 질산염류, (㉠), (㉡), (㉢), 그 밖에 행정안전부령이 정하는 것을 말한다.
② 제4류 위험물의 지정수량은 제1석유류의 비수용성은 (㉠)L, 수용성은 (㉡)L, 제2석유류의 비수용성은 (㉢)L, 수용성은 (㉣)L이다.
③ 제5류 위험물의 품명은 유기과산화물, 질산에스터류, 하이드록실아민, 하이드록실아민염류, 나이트로화합물류, 나이트로소화합물류, (㉠), (㉡), (㉢), 그 밖에 행정안전부령이 정하는 것을 말한다.

해답
① ㉠ 아이오딘산염류, ㉡ 과망가니즈산염류, ㉢ 다이크로뮴산염류
② ㉠ 200, ㉡ 400, ㉢ 1,000, ㉣ 2,000
③ ㉠ 아조화합물, ㉡ 다이아조화합물, ㉢ 하이드라진유도체

12 위험물을 소비하는 작업에 있어서의 취급기준 3가지를 적으시오.

해답
① 분사도장작업은 방화상 유효한 격벽 등으로 구획된 안전한 장소에서 실시할 것
② 담금질 또는 열처리작업은 위험물이 위험한 온도에 이르지 아니하도록 하여 실시할 것
③ 버너를 사용하는 경우에는 버너의 역화를 방지하고 위험물이 넘치지 아니하도록 할 것

13 다음 [보기] 중 옥외저장소에서 저장·취급할 수 있는 위험물을 쓰시오.

[보기] 이황화탄소, 질산, 에탄올, 아세톤, 질산에스터류, 과염소산염류, 황, 인화성 고체 (5℃ 이상)

해설
옥외저장소에 저장할 수 있는 위험물
㉠ 제2류 위험물 중 황, 인화성 고체(인화점이 0℃ 이상인 것에 한함)
㉡ 제4류 위험물 중 제1석유류(인화점이 0℃ 이상인 것에 한함), 제2석유류, 제3석유류, 제4석유류, 알코올류, 동식물유류
㉢ 제6류 위험물

해답
황, 질산, 에탄올, 인화성 고체(5℃ 이상)

14 제4류 위험물인 벤젠에 대하여 다음 물음에 답하시오.
① 연소반응식
② 분자량
③ 지정수량

해설

벤젠은 제4류 위험물로서 제1석유류에 속하며 비수용성 액체로서 지정수량은 200L에 해당한다. 분자량 78, 비중 0.9, 비점 80℃, 인화점 −11℃, 발화점 498℃, 연소범위 1.4~7.1%로 80.1℃에서 끓고, 5.5℃에서 응고된다. 겨울철에는 응고된 상태에서도 연소가 가능하다. 무색 투명하며 독특한 냄새를 가진 휘발성이 강한 액체로 위험성이 높으며 인화가 쉽고 다량의 흑연을 발생하고 뜨거운 열을 내며 연소한다.

$2C_6H_6 + 15O_2 \rightarrow 12CO_2 + 6H_2O$

해답

① $C_6H_6 + 7.5O_2 \rightarrow 6CO_2 + 3H_2O$

② 78g

③ 200L

---

15 제1종 분말소화약제의 주성분인 탄산수소나트륨의 분해반응식을 쓰고, 8.4g의 탄산수소나트륨이 반응하여 생성되는 이산화탄소의 부피(L)를 구하시오.

해설

탄산수소나트륨은 약 60℃ 부근에서 분해되기 시작하여 270℃에서 다음과 같이 열분해된다.

$2NaHCO_3 \rightarrow Na_2CO_3 + H_2O + CO_2$　　　(at 270℃)
(중탄산나트륨)　(탄산나트륨)　(수증기)　(탄산가스)

$$\frac{8.4g\text{-}NaHCO_3}{} \left| \frac{1mol\text{-}NaHCO_3}{84g\text{-}NaHCO_3} \right| \frac{1mol\text{-}CO_2}{2mol\text{-}NaHCO_3} \left| \frac{22.4L\text{-}CO_2}{1mol\text{-}CO_2} \right| = 1.12L$$

해답

1.12L

---

16 옥외저장소 특례에 의하면 위험물을 저장 또는 취급하는 장소에는 해당 위험물을 적당한 온도로 유지하기 위한 살수설비 등을 설치하여야 한다. 이 위험물의 종류를 쓰시오.

해설

인화성 고체, 제1석유류 또는 알코올류의 옥외저장소의 특례

㉠ 인화성 고체, 제1석유류 또는 알코올류를 저장 또는 취급하는 장소에는 해당 위험물을 적당한 온도로 유지하기 위한 살수설비 등을 설치하여야 한다.

㉡ 제1석유류 또는 알코올류를 저장 또는 취급하는 장소의 주위에는 배수구 및 집유설비를 설치하여야 한다. 이 경우 제1석유류(20℃의 물 100g에 용해되는 양이 1g 미만인 것에 한한다)를 저장 또는 취급하는 장소에 있어서는 집유설비에 유분리장치를 설치하여야 한다.

해답

① 인화성 고체

② 제1석유류

③ 알코올류

17 다음은 옥외탱크저장소의 방유제에 대한 설명이다. 괄호 안을 알맞게 채우시오.

① 방유제 내에 설치하는 옥외저장탱크의 수는 10[방유제 내에 설치하는 모든 옥외저장탱크의 용량이 (㉠)L 이하이고, 해당 옥외저장탱크에 저장 또는 취급하는 위험물의 인화점이 70℃ 이상, 200℃ 미만인 경우에는 20] 이하로 할 것. 다만, 인화점이 (㉡)℃ 이상인 위험물을 저장 또는 취급하는 옥외저장탱크에 있어서는 그러하지 아니하다.

② 방유제 외면의 2분의 1 이상은 자동차 등이 통행할 수 있는 (   )m 이상의 노면폭을 확보한 구내도로(옥외저장탱크가 있는 부지 내의 도로를 말한다. 이하 같다)에 직접 접하도록 할 것. 다만, 방유제 내에 설치하는 옥외저장탱크의 용량합계가 20만L 이하인 경우에는 소화활동에 지장이 없다고 인정되는 3m 이상의 노면폭을 확보한 도로 또는 공지에 접하는 것으로 할 수 있다.

③ 방유제는 옥외저장탱크의 지름에 따라 그 탱크의 옆판으로부터 다음에 정하는 거리를 유지할 것. 다만, 인화점이 200℃ 이상인 위험물을 저장 또는 취급하는 것에 있어서는 그러하지 아니하다.
　㉠ 지름이 15m 미만인 경우에는 탱크 높이의 (   ) 이상
　㉡ 지름이 15m 이상인 경우에는 탱크 높이의 (   ) 이상

해설

옥외탱크저장소의 방유제 설치기준

㉮ 설치목적 : 저장 중인 액체 위험물이 주위로 누설 시 그 주위에 피해 확산을 방지하기 위하여 설치한 담

㉯ 용량 : 방유제 안에 설치된 탱크가 하나인 때에는 그 탱크 용량의 110% 이상, 2기 이상인 때에는 그 탱크 용량 중 용량이 최대인 것의 용량의 110% 이상으로 한다. 다만, 인화성이 없는 액체 위험물의 옥외저장탱크의 주위에 설치하는 방유제는 "110%"를 "100%"로 본다.

㉰ 높이 0.5m 이상 3.0m 이하, 면적 80,000m² 이하, 두께 0.2m 이상, 지하매설깊이 1m 이상으로 할 것. 다만, 방유제와 옥외저장탱크 사이의 지반면 아래에 불침윤성 구조물을 설치하는 경우에는 지하매설깊이를 해당 불침윤성 구조물까지로 할 수 있다.

㉱ 방유제 외면의 2분의 1 이상은 자동차 등이 통행할 수 있는 3m 이상의 노면폭을 확보한 구내도로에 직접 접하도록 한다.

㉲ 하나의 방유제 안에 설치되는 탱크의 수 10기 이하(단, 방유제 내 전 탱크의 용량이 200kL 이하이고, 인화점이 70℃ 이상, 200℃ 미만인 경우에는 20기 이하)

㉳ 방유제와 탱크 측면과의 이격거리

　㉠ 탱크 지름이 15m 미만인 경우 : 탱크 높이의 $\frac{1}{3}$ 이상

　㉡ 탱크 지름이 15m 이상인 경우 : 탱크 높이의 $\frac{1}{2}$ 이상

해답

① ㉠ 20만, ㉡ 200
② 3
③ ㉠ $\frac{1}{3}$, ㉡ $\frac{1}{2}$

18 유량이 230L/s인 유체가 $D=250$mm에서 $D=400$mm로 관경이 확장되었을 때 손실수두는 얼마가 되는지 구하시오. (단, 손실계수는 무시)

해설

$Q=Au$에서 단면적 $A=A=\dfrac{\pi D^2}{4}$이므로

입구의 유속 $u_1=\dfrac{0.23\text{m}^3/\text{s}}{\dfrac{0.25^2\pi}{4}}=4.6855\text{m/s}=4.69\text{m/s}$

출구의 유속 $u_2=\dfrac{0.23\text{m}^3/\text{s}}{\dfrac{0.4^2\pi}{4}}=1.8323\text{m/s}=1.83\text{m/s}$

확대관의 손실수두 $h=\dfrac{(u_1-u_2)^2}{2g}=\dfrac{(4.69-1.83)^2}{2\times9.8}=0.417\fallingdotseq0.42$

해답

0.42m

19 주유취급소에 설치할 수 있는 건축물 5가지를 쓰시오.

해설

주유취급소에 설치할 수 있는 건축물
㉠ 주유 또는 등유 · 경유를 옮겨 담기 위한 작업장
㉡ 주유취급소의 업무를 행하기 위한 사무소
㉢ 자동차 등의 점검 및 간이정비를 위한 작업장
㉣ 자동차 등의 세정을 위한 작업장
㉤ 주유취급소에 출입하는 사람을 대상으로 한 점포 · 휴게음식점 또는 전시장
㉥ 주유취급소의 관계자가 거주하는 주거시설
㉦ 전기자동차용 충전설비(전기를 동력원으로 하는 자동차에 직접 전기를 공급하는 설비를 말한다. 이하 같다.)
㉧ 그 밖에 소방청장이 정하여 고시하는 건축물 또는 시설
㉨ 상기 ㉡, ㉢ 및 ㉤의 용도에 제공하는 부분의 면적의 합은 1,000m²를 초과할 수 없다.

해답

① 주유 또는 등유, 경유를 옮겨 담기 위한 작업장
② 주유취급소의 업무를 행하기 위한 사무소
③ 자동차 등의 점검 및 간이정비를 위한 작업장
④ 자동차 등의 세정을 위한 작업장
⑤ 주유취급소에 출입하는 사람을 대상으로 한 점포, 휴게음식점 또는 전시장
⑥ 주유취급소의 관계자가 거주하는 주거시설

20 강제 강화 플라스틱제 이중벽탱크의 누설감지설비의 기준에 대한 설명이다. 괄호 안을 알 맞게 채우시오.

① 감지층에 누설된 위험물 등을 감지하기 위한 센서는 (㉠) 또는 (㉡) 등으로 하고, 검지관 내로 누설된 위험물 등의 수위가 (㉢)cm 이상인 경우에 감지할 수 있는 성 능 또는 누설량이 (㉣)L 이상인 경우에 감지할 수 있는 성능이 있을 것

② 누설감지설비는 센서가 누설된 위험물 등을 감지한 경우에 경보신호(경보음 및 경보 표시)를 발하는 것으로 하되, 해당 경보신호가 쉽게 정지될 수 없는 구조로 하고 경 보음은 (   )dB 이상으로 할 것

[해설]

강제 강화 플라스틱제 이중벽탱크의 누설감지설비의 기준

㉮ 누설된 위험물을 감지할 수 있는 설비기준

㉠ 누설감지설비는 탱크 본체의 손상 등에 의하여 감지층에 위험물이 누설되거나 강화 플라 스틱 등의 손상 등에 의하여 지하수가 감지층에 침투하는 현상을 감지하기 위하여 감지 층에 접속하는 검지관에 설치된 센서 및 해당 센서가 작동한 경우에 경보를 발생하는 장 치로 구성되도록 할 것

㉡ 경보표시장치는 관계인이 상시 쉽게 감시하고 이상상태를 인지할 수 있는 위치에 설치할 것

㉢ 감지층에 누설된 위험물 등을 감지하기 위한 센서는 액체플로트센서 또는 액면계 등으로 하고, 검지관 내로 누설된 위험물 등의 수위가 3cm 이상인 경우에 감지할 수 있는 성능 또는 누설량이 1L 이상인 경우에 감지할 수 있는 성능이 있을 것

㉣ 누설감지설비는 센서가 누설된 위험물 등을 감지한 경우에 경보신호(경보음 및 경보표 시)를 발하는 것으로 하되, 해당 경보신호가 쉽게 정지될 수 없는 구조로 하고 경보음은 80dB 이상으로 할 것

㉯ 누설감지설비는 상기 규정에 따른 성능을 갖도록 이중벽탱크에 부착할 것. 다만, 탱크제작 지에서 탱크매설장소로 운반하는 과정 또는 매설 등의 공사작업 시 누설감지설비의 손상이 우려되거나 탱크매설 현장에서 부착하는 구조의 누설감지설비는 그러하지 아니하다.

[해답]

① ㉠ 액체플로트센서, ㉡ 액면계, ㉢ 3, ㉣ 1

② 80

제57회
(2015년 5월 23일 시행)

위험물기능장 실기

01 자일렌(크실렌) 이성질체의 구조식 3가지를 그리고, 각각의 이름을 명명하시오.

해설

자일렌$[C_6H_4(CH_3)_2]$은 비수용성 액체로서 벤젠핵에 메틸기($-CH_3$) 2개가 결합한 물질로 3가지의 이성질체가 있으며, 무색투명하고, 단맛이 있으며, 방향성이 있다.

명칭	ortho-자일렌	meta-자일렌	para-자일렌
비중	0.88	0.86	0.86
융점	$-25℃$	$-48℃$	$13℃$
비점	$144.4℃$	$139.1℃$	$138.4℃$
인화점	$32℃$	$25℃$	$25℃$
발화점	$106.2℃$	–	–
연소범위	1.0~6.0%	1.0~6.0%	1.1~7.0%
구조식			

해답

① o-자일렌

② m-자일렌

③ p-자일렌

02 제1류 위험물로서 흑색화약의 원료로 쓰이는 물질에 대해 다음 물음에 답하시오.
① 명칭
② 화학식
③ 400℃에서의 분해반응식

해설

KNO_3(질산칼륨)의 일반적 성질
㉠ 분자량 101, 비중 2.1, 융점 339℃, 분해온도 400℃, 용해도 26이다.
㉡ 무색의 결정 또는 백색 분말로 차가운 자극성의 짠맛이 난다.
㉢ 물이나 글리세린 등에는 잘 녹고, 알코올에는 녹지 않는다. 수용액은 중성이다.
㉣ 약 400℃로 가열하면 분해되어 아질산칼륨(KNO_2)과 산소(O_2)가 발생하는 강산화제이다.
$$2KNO_3 \rightarrow 2KNO_2 + O_2$$

해답

① 질산칼륨
② KNO_3
③ $2KNO_3 \rightarrow 2KNO_2 + O_2$

03 다음 위험물에 대한 구조식을 적으시오.
① 메틸에틸케톤
② 과산화벤조일

해답

①
```
    H       H   H
    |       |   |
H - C - C - C - C - H
    ‖       |   |
    H   O   H   H
```

②
```
⬡ - C - O - O - C - ⬡
    ‖           ‖
    O           O
```

04 이동탱크저장소의 상치장소에 대해 다음 괄호 안을 알맞게 채우시오.
① 옥외에 있는 상치장소는 화기를 취급하는 장소 또는 인근의 건축물로부터 (   ) 이상(인근의 건축물이 1층인 경우에는 3m 이상)의 거리를 확보하여야 한다.
② 옥내에 있는 상치장소는 벽·바닥·보·서까래 및 지붕이 (㉠) 또는 (㉡)로 된 건축물의 (㉢)층에 설치하여야 한다.

해답

① 5m
② ㉠ 내화구조, ㉡ 불연재료, ㉢ 1

05 포소화설비에서 고정식의 포소화설비의 포방출구 설치기준에 따라 포방출구를 다음과 같이 구분하는 경우 각각에 대해 포 방출방법을 설명하시오.
① Ⅰ형
② Ⅱ형
③ 특형
④ Ⅲ형
⑤ Ⅳ형

해설

포방출구의 구분
① Ⅰ형 : 고정지붕구조의 탱크에 상부 포주입법(고정포방출구를 탱크 옆판의 상부에 설치하여 액표면상에 포를 방출하는 방법을 말한다. 이하 같다.)을 이용하는 것으로서 방출된 포가 액면 아래로 몰입되거나 액면을 뒤섞지 않고 액면상을 덮을 수 있는 통계단 또는 미끄럼판 등의 설비 및 탱크 내의 위험물 증기가 외부로 역류되는 것을 저지할 수 있는 구조·기구를 갖는 포방출구
② Ⅱ형 : 고정지붕구조 또는 부상덮개부착 고정지붕구조(옥외저장탱크의 액상에 금속제의 플로팅, 팬 등의 덮개를 부착한 고정지붕구조의 것을 말한다. 이하 같다.)의 탱크에 상부 포주입법을 이용하는 것으로서 방출된 포가 탱크 옆판의 내면을 따라 흘러내려 가면서 액면 아래로 몰입되거나 액면을 뒤섞지 않고 액면상을 덮을 수 있는 반사판 및 탱크 내의 위험물 증기가 외부로 역류되는 것을 저지할 수 있는 구조·기구를 갖는 포방출구
③ 특형 : 부상지붕구조의 탱크에 상부 포주입법을 이용하는 것으로서 부상지붕의 부상부분상에 높이 0.9m 이상의 금속제의 칸막이(방출된 포의 유출을 막을 수 있고 충분한 배수능력을 갖는 배수구를 설치한 것에 한한다)를 탱크 옆판의 내측으로부터 1.2m 이상 이격하여 설치하고 탱크 옆판과 칸막이에 의하여 형성된 환상부분(이하 "환상부분"이라 한다)에 포를 주입하는 것이 가능한 구조의 반사판을 갖는 포방출구
④ Ⅲ형 : 고정지붕구조의 탱크에 저부 포주입법(탱크의 액면하에 설치된 포방출구로부터 포를 탱크 내에 주입하는 방법을 말한다.)을 이용하는 것으로서 송포관(발포기 또는 포발생기에 의하여 발생된 포를 보내는 배관을 말한다. 해당 배관으로 탱크 내의 위험물이 역류되는 것을 저지할 수 있는 구조·기구를 갖는 것에 한한다. 이하 같다.)으로부터 포를 방출하는 포방출구
⑤ Ⅳ형 : 고정지붕구조의 탱크에 저부 포주입법을 이용하는 것으로서 평상시에는 탱크의 액면하의 저부에 설치된 격납통(포를 보내는 것에 의하여 용이하게 이탈되는 캡을 갖는 것을 포함한다.)에 수납되어 있는 특수호스 등이 송포관의 말단에 접속되어 있다가 포를 보내는 것에 의하여 특수호스 등이 전개되어 그 선단이 액면까지 도달한 후 포를 방출하는 포방출구

해답

① Ⅰ형 : 고정지붕구조의 탱크에 상부 포주입법을 이용하는 것
② Ⅱ형 : 고정지붕구조 또는 부상덮개부착 고정지붕구조의 탱크에 상부 포주입법을 이용하는 것
③ 특형 : 부상지붕구조의 탱크에 상부 포주입법을 이용하는 것
④ Ⅲ형 : 고정지붕구조의 탱크에 저부 포주입법을 이용하는 것
⑤ Ⅳ형 : 고정지붕구조의 탱크에 저부 포주입법을 이용하는 것

06 제3류 위험물인 트라이에틸알루미늄에 대한 다음 물음에 답하시오.
① 물과의 반응식
② 물과의 반응식에서 발생된 가스의 위험도

해설

① 물과 접촉하면 폭발적으로 반응하여 에테인을 형성하고 이때 발열, 폭발에 이른다.

$$(C_2H_5)_3Al + 3H_2O \rightarrow Al(OH)_3 + 3C_2H_6$$

② 에테인의 연소범위는 3.0~12.4%이므로 위험도$(H) = \dfrac{12.4 - 3.0}{3.0} ≒ 3.13$

해답

① $(C_2H_5)_3Al + 3H_2O \rightarrow Al(OH)_3 + 3C_2H_6$

② 3.13

07 위험물제조소 등의 경우 일정 규모 이상인 경우 예방 규정을 작성해야 한다. 이때 포함되어야 할 내용을 5가지 이상 쓰시오.

해설

예방 규정의 작성내용
① 위험물의 안전관리업무를 담당하는 자의 직무 및 조직에 관한 사항
② 안전관리자가 여행·질병 등으로 인하여 그 직무를 수행할 수 없을 경우 그 직무의 대리자에 관한 사항
③ 자체소방대를 설치하여야 하는 경우에는 자체소방대의 편성과 화학소방자동차의 배치에 관한 사항
④ 위험물의 안전에 관계된 작업에 종사하는 자에 대한 안전교육 및 훈련에 관한 사항
⑤ 위험물 시설 및 작업장에 대한 안전순찰에 관한 사항
⑥ 위험물 시설·소방 시설, 그 밖의 관련시설에 대한 점검 및 정비에 관한 사항
⑦ 위험물 시설의 운전 또는 조작에 관한 사항
⑧ 위험물 취급작업의 기준에 관한 사항
⑨ 이송취급소에 있어서는 배관공사 현장책임자의 조건 등 배관공사 현장에 대한 감독체제에 관한 사항과 배관 주위에 있는 이송취급소 시설 외의 공사를 하는 경우 배관의 안전 확보에 관한 사항
⑩ 재난, 그 밖의 비상시의 경우에 취하여야 하는 조치에 관한 사항
⑪ 위험물의 안전에 관한 기록에 관한 사항
⑫ 제조소 등의 위치·구조 및 설비를 명시한 서류와 도면의 정비에 관한 사항
⑬ 그 밖에 위험물의 안전관리에 관하여 필요한 사항

해답

상기 해설 내용 중 택 5가지 이상 기술

08 위험물제조소 등에 대한 행정처분기준 내용 5가지를 쓰시오.

해설

제조소 등에 대한 행정처분기준

위반사항	행정처분기준		
	1차	2차	3차
㉠ 제조소 등의 위치·구조 또는 설비를 변경한 때	경고 또는 사용정지 15일	사용정지 60일	허가취소
㉡ 완공검사를 받지 아니하고 제조소 등을 사용한 때	사용정지 15일	사용정지 60일	허가취소
㉢ 수리·개조 또는 이전의 명령에 위반한 때	사용정지 30일	사용정지 90일	허가취소
㉣ 위험물 안전관리자를 선임하지 아니한 때	사용정지 15일	사용정지 60일	허가취소
㉤ 대리자를 지정하지 아니한 때	사용정지 10일	사용정지 30일	허가취소
㉥ 정기점검을 하지 아니한 때	사용정지 10일	사용정지 30일	허가취소
㉦ 정기검사를 받지 아니한 때	사용정지 10일	사용정지 30일	허가취소
㉧ 저장·취급 기준 준수명령을 위반한 때	사용정지 30일	사용정지 60일	허가취소

해답

① 사용정지 10일
② 사용정지 30일
③ 사용정지 60일
④ 사용정지 90일
⑤ 허가취소

09 제2류 위험물인 철분에 대한 다음 물음에 답하시오.
① 공기 중에서 산화하는 경우의 반응식
② 수증기와 접촉하는 경우의 반응식
③ 염산과 접촉하는 경우의 반응식

해설

철분의 일반적 성질
㉠ 비중 7.86, 융점 1,535℃, 비등점 2,750℃
㉡ 회백색의 분말이며 강자성체이지만 766℃에서 강자성을 상실한다.
㉢ 공기 중에서 서서히 산화하여 산화철(Fe_2O_3)이 되어 은백색의 광택이 황갈색으로 변한다.
$4Fe + 3O_2 \rightarrow 2Fe_2O_3$
㉣ 가열되거나 금속의 온도가 높은 경우 더운물 또는 수증기와 반응하면 수소가 발생하고 경우에 따라 폭발한다. 또한 묽은산과 반응하여 수소가 발생한다.
$2Fe + 3H_2O \rightarrow Fe_2O_3 + 3H_2$
$2Fe + 6HCl \rightarrow 2FeCl_3 + 3H_2$

해답

① $4Fe + 3O_2 \rightarrow 2Fe_2O_3$
② $2Fe + 3H_2O \rightarrow Fe_2O_3 + 3H_2$
③ $2Fe + 6HCl \rightarrow 2FeCl_3 + 3H_2$

10 100kPa, 30℃에서 100g의 드라이아이스의 부피(L)를 구하시오.

[해설]

드라이아이스는 이산화탄소(CO_2)를 의미한다.

$$\frac{100\text{kPa}}{} \left| \frac{1\text{atm}}{101.326\text{kPa}} \right| = 0.987\text{atm}$$

따라서, 이상기체 방정식을 이용하여 기체의 부피를 구할 수 있다.

$PV = nRT$

n은 몰(mole)수이며 $n = \dfrac{w(\text{g})}{M(\text{분자량})}$ 이므로

$PV = \dfrac{wRT}{M}$

$\therefore \ V = \dfrac{wRT}{PM} = \dfrac{100\text{g} \times 0.082\text{L} \cdot \text{atm/K} \cdot \text{mol} \times (30 + 273.15)}{0.987\text{atm} \times 44\text{g/mol}} = 57.24\text{L}$

[해답]

57.24L

11 제4류 위험물 중 ① 특수 인화물로서 특유한 향이 있고 분자량이 74인 물질과 ② 제1석유류로서 분자량이 53인 물질의 시성식을 적으시오.

[해설]

① 다이에틸에터($C_2H_5OC_2H_5$)의 일반적 성질
   ㉠ 무색투명한 유동성 액체로 휘발성이 크며, 에탄올과 나트륨이 반응하면 수소가 발생하지만 에터는 나트륨과 반응하여 수소가 발생하지 않으므로 구별할 수 있다.
   ㉡ 물에는 약간 녹고 알코올 등에는 잘 녹고, 증기는 마취성이 있다.
   ㉢ 전기의 부도체로서 정전기가 발생하기 쉽다.
   ㉣ 분자량 74.12, 비중 0.72, 비점 34℃, 인화점 −40℃, 발화점 180℃로 매우 낮고 연소범위(1.9~48%)가 넓어 인화성, 발화성이 강하다.
② 아크릴로나이트릴($CH_2=CHCN$)
   ㉠ 분자량 53, 액비중 0.81, 증기비중 1.8, 비점 77℃, 인화점 0℃, 발화점 481℃, 연소범위 3.0~18.0%
   ㉡ 증기는 공기보다 무겁고 공기와 혼합하여 아주 작은 점화원에 의해 인화, 폭발의 위험성이 높고, 낮은 곳에 체류하여 흐른다.

[해답]

① $C_2H_5OC_2H_5$
② $CH_2=CHCN$

12 지하저장탱크에 대해서는 용량에 따라 수압시험을 실시하여 새거나 변형되지 아니하여야 한다. 이와 같은 수압시험을 대신하여 2가지 시험을 동시에 실시하는 경우 대신할 수 있다. 이 2가지 시험방법은 무엇인지 쓰시오.

[해설]

지하저장탱크는 용량에 따라 압력탱크(최대상용압력이 46.7kPa 이상인 탱크를 말한다) 외의 탱크에 있어서는 70kPa의 압력으로, 압력탱크에 있어서는 최대상용압력의 1.5배의 압력으로 각각 10분간 수압시험을 실시하여 새거나 변형되지 아니하여야 한다. 이 경우 수압시험은 소방청장이 정하여 고시하는 기밀시험과 비파괴시험을 동시에 실시하는 방법으로 대신할 수 있다.

[해답]

① 기밀시험, ② 비파괴시험

13 제4류 위험물 중 알코올류에 해당하는 메탄올에 대해 다음 물음에 답하시오.
① 연소반응식
② 200kg의 메탄올이 연소하는 경우 이론산소량(m^3)

[해설]

① 메탄올의 경우 무색투명하고 인화가 쉬우며 완전연소를 하므로 불꽃이 잘 보이지 않는다.
   $2CH_3OH + 3O_2 \rightarrow 2CO_2 + 4H_2O$
② 이론산소량은 다음과 같이 구할 수 있다.
   $$\frac{200kg\text{-}CH_3OH}{} \left| \frac{1kmol\text{-}CH_3OH}{32kg\text{-}CH_3OH} \right| \frac{3kmol\text{-}O_2}{2kmol\text{-}CH_3OH} \left| \frac{22.4m^3}{1kmol\text{-}O_2} \right| = 210m^3$$

[해답]

① $2CH_3OH + 3O_2 \rightarrow 2CO_2 + 4H_2O$
② $210m^3$

14 12.6g의 $KNO_3 \cdot 10H_2O$에 물을 20g 추가하면 용해도는 얼마인지 구하시오.

[해설]

용해도 : 용매 100g에 용해하는 용질의 최대 g수, 즉 포화용액에서 용매 100g에 용해한 용질의 g수를 그 온도에서 용해도라 한다.
$KNO_3 \cdot 10H_2O$의 분자량 $= 39 + 14 + 16 \times 3 + 10 \times (2 + 16) = 281$

따라서, 순수한 용질 KNO_3는 $12.6 \times \dfrac{101}{281} = 4.53g$이며, 물의 경우 $12.6 \times \dfrac{180}{281} = 8.07$에 20g을 추가한다고 하였으므로 최종 28.07g이 된다.
$28.07 : 4.53 = 100 : x$
$\therefore \ x = 16.13$

[해답]

16.13

15 포소화약제의 혼합장치 중 다음 2가지에 대해 설명하시오.
① 프레셔 프로포셔너 방식
② 라인 프로포셔너 방식

해설

포소화약제의 혼합장치
㉠ 펌프 혼합 방식(펌프 프로포셔너 방식)
펌프의 토출관과 흡입관 사이의 배관 도중에 설치한 흡입기에 펌프에서 토출된 물의 일부를 보내고 농도조절밸브에서 조정된 포소화약제의 필요량을 포소화약제 탱크에서 펌프 흡입측으로 보내어 이를 혼합하는 방식
㉡ 차압 혼합 방식(프레셔 프로포셔너 방식)
펌프와 발포기 중간에 설치된 벤투리관의 벤투리작용과 펌프 가압수의 포소화약제 저장탱크에 대한 압력에 의하여 포소화약제를 흡입·혼합하는 방식
㉢ 관로 혼합 방식(라인 프로포셔너 방식)
펌프와 발포기 중간에 설치된 벤투리관의 벤투리작용에 의해 포소화약제를 흡입하여 혼합하는 방식
㉣ 압입 혼합 방식(프레셔 사이드 프로포셔너 방식)
펌프의 토출관에 압입기를 설치하여 포소화약제 압입용 펌프로 포소화약제를 압입시켜 혼합하는 방식

해답

① 펌프와 발포기 중간에 설치된 벤투리관의 벤투리작용과 펌프 가압수의 포소화약제 저장탱크에 대한 압력에 의하여 포소화약제를 흡입·혼합하는 방식
② 펌프와 발포기 중간에 설치된 벤투리관의 벤투리작용에 의해 포소화약제를 흡입하여 혼합하는 방식

16 알코올 10g과 물 20g이 혼합되었을 때 비중이 0.94라면 이때의 부피는 몇 mL인지 구하시오.

해설

$10g + 20g = 30g$

비중 $= \dfrac{W}{V}$ 에서 $V = \dfrac{W}{비중} = \dfrac{30g}{0.94g/mL} = 31.91mL$

해답

31.91mL

17 정전기 방전에 의해 가연성 증기나 기체 또는 분진을 점화시킬 수 있다. 이와 같은 정전기 에너지를 구하는 식은 다음과 같이 주어진다. 각 기호가 의미하는 바를 쓰시오.

$$E = \frac{1}{2}CV^2 = \frac{1}{2}QV$$

해답

E : 정전기에너지(J), C : 정전용량(F), V : 전압(V), Q : 전기량(C)

18 지하탱크저장소에는 액체 위험물의 누설을 검사하기 위한 관을 4개소 이상 설치하여야 하는데, 그 설치기준을 4가지 쓰시오.

해답

① 이중관으로 할 것(단, 소공이 없는 상부는 단관으로 할 수 있다.)
② 재료는 금속관 또는 경질 합성수지관으로 할 것
③ 관은 탱크 전용실의 바닥 또는 탱크의 기초까지 닿게 할 것
④ 관의 밑부분으로부터 탱크의 중심 높이까지의 부분에는 소공이 뚫려 있을 것. 다만, 지하수위가 높은 장소에 있어서는 지하수위 높이까지의 부분에 소공이 뚫려 있어야 한다.
⑤ 상부는 물이 침투하지 아니하는 구조로 하고, 뚜껑은 검사 시에 쉽게 열 수 있도록 할 것

19 무색 또는 오렌지색의 분말로 분자량 110인 제1류 위험물 중 무기과산화물류에 속하는 물질로서, 다음 물질과의 반응식을 쓰시오.
① 이산화탄소
② 아세트산

해설

K_2O_2(과산화칼륨)의 일반적 성질
㉠ 분자량 110, 비중은 20℃에서 2.9, 융점 490℃
㉡ 순수한 것은 백색이나 보통은 오렌지색의 분말 또는 과립상으로 흡습성, 조해성이 강하다.
㉢ 가열하면 열분해되어 산화칼륨(K_2O)과 산소(O_2)가 발생
    $2K_2O_2 \rightarrow 2K_2O + O_2$
㉣ 흡습성이 있으므로 물과 접촉하면 발열하며 수산화칼륨(KOH)과 산소(O_2)가 발생
    $2K_2O_2 + 2H_2O \rightarrow 4KOH + O_2$
㉤ 공기 중의 탄산가스를 흡수하여 탄산염을 생성
    $2K_2O_2 + 2CO_2 \rightarrow 2K_2CO_3 + O_2$
㉥ 에틸알코올에는 용해되며, 묽은산과 반응하여 과산화수소(H_2O_2)를 생성
    $K_2O_2 + 2CH_3COOH \rightarrow 2CH_3COOK + H_2O_2$

해답

① $2K_2O_2 + 2CO_2 \rightarrow 2K_2CO_3 + O_2$
② $K_2O_2 + 2CH_3COOH \rightarrow 2CH_3COOK + H_2O_2$

20 이산화탄소소화설비에서 전역방출방식과 국소방출방식에서의 선택밸브의 설치기준 3가지를 쓰시오.

해답

① 저장용기를 공용하는 경우에는 방호구역 또는 방호대상물마다 선택밸브를 설치할 것
② 선택밸브는 방호구역 외의 장소에 설치할 것
③ 선택밸브에는 "선택밸브"라고 표시하고 선택이 되는 방호구역 또는 방호대상물을 표시할 것

제58회
(2015년 9월 5일 시행)

위험물기능장 실기

01 다음은 지하탱크저장소 설치기준에 대한 설명이다. 괄호 안을 적당히 채우시오.
① 지하저장탱크의 윗부분은 지면으로부터 (   ) 이상 아래에 있어야 한다.
② 탱크 전용실은 지하의 가장 가까운 벽·피트·가스관 등의 시설물 및 대지경계선으로부터 (   ) 이상 떨어진 곳에 설치한다.
③ 탱크 전용실의 벽·바닥 및 뚜껑의 두께는 (   ) 이상이어야 한다.

해설

① 지하저장탱크의 윗부분은 지면으로부터 0.6m 이상 아래에 있어야 한다.
② 탱크 전용실은 지하의 가장 가까운 벽·피트·가스관 등의 시설물 및 대지경계선으로부터 0.1m 이상 떨어진 곳에 설치하고, 지하저장탱크와 탱크 전용실의 안쪽과의 사이는 0.1m 이상의 간격을 유지하도록 하며, 해당 탱크의 주위에 마른 모래 또는 습기 등에 의하여 응고되지 아니하는 입자지름 5mm 이하의 마른 자갈분을 채워야 한다.
③ 탱크 전용실은 벽·바닥 및 뚜껑을 다음에 정한 기준에 적합한 철근콘크리트구조 또는 이와 동등 이상의 강도가 있는 구조로 설치하여야 한다.
　㉠ 벽·바닥 및 뚜껑의 두께는 0.3m 이상일 것
　㉡ 벽·바닥 및 뚜껑의 내부에는 직경 9mm부터 13mm까지의 철근을 가로 및 세로로 5cm부터 20cm까지의 간격으로 배치할 것
　㉢ 벽·바닥 및 뚜껑의 재료에 수밀콘크리트를 혼입하거나 벽·바닥 및 뚜껑의 중간에 아스팔트층을 만드는 방법으로 적정한 방수조치를 할 것

해답

① 0.6m, ② 0.1m, ③ 0.3m

02 다음에 주어진 위험물에 대해 화학식과 품명을 적으시오.
① 메틸에틸케톤　　　　　　② 사이클로헥세인
③ 피리딘　　　　　　　　　④ 아닐린
⑤ 클로로벤젠

해답

화학식	품명	화학식	품명
① $CH_3COC_2H_5$	제1석유류(비수용성)	④ C_6H_7N	제3석유류(비수용성)
② C_6H_{12}	제1석유류(비수용성)	⑤ C_6H_5Cl	제2석유류(비수용성)
③ C_5H_5N	제1석유류(수용성)		

03 무색투명한 액체로 외관은 등유와 유사한 가연성인 제3류 위험물로서 분자량이 114인 물질이 물과 접촉 시의 반응식을 적으시오.

해설

트라이에틸알루미늄[$(C_2H_5)_3Al$]

① 무색투명한 액체로 외관은 등유와 유사한 가연성으로 $C_1 \sim C_4$는 자연발화성이 강하다. 공기 중에 노출되어 공기와 접촉하여 백연을 발생하며 연소한다. 단, C_5 이상은 점화하지 않으면 연소하지 않는다.

$2(C_2H_5)_3Al + 21O_2 \rightarrow 12CO_2 + Al_2O_3 + 15H_2O$

② 물과 접촉하면 폭발적으로 반응하여 에테인을 형성하고 이때 발열, 폭발에 이른다.

$(C_2H_5)_3Al + 3H_2O \rightarrow Al(OH)_3 + 3C_2H_6$

해답

$(C_2H_5)_3Al + 3H_2O \rightarrow Al(OH)_3 + 3C_2H_6$

04 제1류 위험물로서 분자량이 78g/mol, 융점 및 분해온도가 460℃인 물질에 대해 다음 물음에 답하시오.
① 물과의 반응식
② 초산과의 반응식

해설

Na_2O_2(과산화나트륨)

㉮ 일반적 성질
  ㉠ 분자량 78, 비중(20℃) 2.805, 융점 및 분해온도 460℃
  ㉡ 순수한 것은 백색이지만 보통은 담홍색을 띠고 있는 정방정계 분말
㉯ 위험성
  ㉠ 상온에서 물과 급격히 반응하며, 가열하면 분해되어 산소(O_2) 발생
  ㉡ 흡습성이 있으므로 물과 접촉하면 발열 및 수산화나트륨($NaOH$)과 산소(O_2) 발생
    $2Na_2O_2 + 2H_2O \rightarrow 4NaOH + O_2$
  ㉢ 공기 중의 탄산가스(CO_2)를 흡수하여 탄산염을 생성
    $2Na_2O_2 + 2CO_2 \rightarrow 2Na_2CO_3 + O_2$
  ㉣ 에틸알코올에는 녹지 않으나 묽은산과 반응하여 과산화수소(H_2O_2)를 생성
    $Na_2O_2 + 2CH_3COOH \rightarrow 2CH_3COONa + H_2O_2$

해답

① $2Na_2O_2 + 2H_2O \rightarrow 4NaOH + O_2$
② $Na_2O_2 + 2CH_3COOH \rightarrow 2CH_3COONa + H_2O_2$

05 위험물안전관리법상 액체와 기체에 대한 정의를 적으시오.

해설

"산화성 고체"라 함은 고체[액체(1기압 및 20℃에서 액상인 것 또는 20℃ 초과, 40℃ 이하에서 액상인 것을 말한다. 이하 같다.) 또는 기체(1기압 및 20℃에서 기상인 것을 말한다.) 외의 것을 말한다. 이하 같다]로서 산화력의 잠재적인 위험성 또는 충격에 대한 민감성을 판단하기 위하여 소방청장이 정하여 고시(이하 "고시"라 한다.)하는 시험에서 고시로 정하는 성질과 상태를 나타내는 것을 말한다. 이 경우 "액상"이라 함은 수직으로 된 시험관(안지름 30mm, 높이 120mm의 원통형 유리관을 말한다.)에 시료를 55mm까지 채운 다음 해당 시험관을 수평으로 하였을 때 시료액면의 선단이 30mm를 이동하는 데 걸리는 시간이 90초 이내에 있는 것을 말한다.

해답

① 액체 : 1기압 및 20℃에서 액상인 것 또는 20℃ 초과, 40℃ 이하에서 액상인 것
② 기체 : 1기압 및 20℃에서 기상인 것

06 허가를 받지 아니하고 해당 위험물제조소 등을 설치하거나 그 위치·구조 또는 설비를 변경할 수 있으며, 신고를 하지 아니하고 위험물의 품명·수량 또는 지정수량의 배수를 변경할 수 있는 경우 2가지를 적으시오.

해설

다음에 해당하는 제조소 등의 경우에는 허가를 받지 아니하고 해당 제조소 등을 설치하거나 그 위치·구조 또는 설비를 변경할 수 있으며, 신고를 하지 아니하고 위험물의 품명·수량 또는 지정수량의 배수를 변경할 수 있다.
① 주택의 난방시설(공동주택의 중앙난방시설을 제외한다)을 위한 저장소 또는 취급소
② 농예용·축산용 또는 수산용으로 필요한 난방시설 또는 건조시설을 위한 지정수량 20배 이하의 저장소

해답

① 주택의 난방시설을 위한 저장소 또는 취급소
② 농예용·축산용 또는 수산용으로 필요한 난방시설 또는 건조시설을 위한 지정수량 20배 이하의 저장소

07 제5류 위험물인 나이트로글리세린의 분해반응식을 적으시오.

해설

40℃에서 분해되기 시작하고 145℃에서 격렬히 분해되며 200℃ 정도에서 스스로 폭발한다.
$4C_3H_5(ONO_2)_3 \rightarrow 12CO_2 + 10H_2O + 6N_2 + O_2$

해답

$4C_3H_5(ONO_2)_3 \rightarrow 12CO_2 + 10H_2O + 6N_2 + O_2$

08 탱크 시험자가 갖추어야 할 기술장비 중 ① 필수장비 3가지와 ② 그 밖의 장비 2가지를 적으시오.

[**해설**]

탱크 시험자가 갖추어야 할 기술장비

㉮ 기술능력

   ㉠ 필수인력

      ⓐ 위험물기능장 · 위험물산업기사 또는 위험물기능사 중 1명 이상

      ⓑ 비파괴검사기술사 1명 이상 또는 방사선비파괴검사 · 초음파비파괴검사 · 자기비파괴검사 및 침투비파괴검사별로 기사 또는 산업기사 각 1명 이상

   ㉡ 필요한 경우에 두는 인력

      ⓐ 충 · 수압 시험, 진공시험, 기밀시험 또는 내압시험의 경우 : 누설비파괴검사 기사, 산업기사 또는 기능사

      ⓑ 수직 · 수평도 시험의 경우 : 측량 및 지형공간정보 기술사, 기사, 산업기사 또는 측량기능사

      ⓒ 필수 인력의 보조 : 방사선비파괴검사 · 초음파비파괴검사 · 자기비파괴검사 또는 침투비파괴검사 기능사

㉯ 시설 : 전용사무실

㉰ 장비

   ㉠ 필수장비 : 방사선투과시험기, 초음파탐상시험기, 자기탐상시험기, 초음파두께측정기

   ㉡ 필요한 경우에 두는 장비

      ⓐ 충 · 수압 시험, 진공시험, 기밀시험 또는 내압시험의 경우

        • 진공능력 53kPa 이상의 진공누설시험기

        • 기밀시험장치(안전장치가 부착된 것으로서 가압능력 200kPa 이상, 감압의 경우에는 감압능력 10kPa 이상 · 감도 10Pa 이하의 것으로서 각각의 압력 변화를 스스로 기록할 수 있는 것)

      ⓑ 수직 · 수평도 시험의 경우 : 수직 · 수평도 측정기

[**해답**]

① 필수장비 : 방사선투과시험기, 초음파탐상시험기, 자기탐상시험기, 초음파두께측정기(택 3 기술)
② 그 밖의 장비 : 진공누설시험기, 기밀시험장치, 수직 · 수평도 측정기(택 2 기술)

09 위험물을 취급하는 건축물의 옥내소화전이 3층 2개, 4층 5개가 설치되어 있을 때 다음 물음에 답하시오.
   ① 옥내소화전의 토출량   ② 비상전원 작동시간

[**해설**]

① 펌프의 토출량은 옥내소화전의 설치개수가 가장 많은 층에 대해 해당 설치개수(설치개수가 5개 이상인 경우에는 5개로 한다)에 260L/min을 곱한 양 이상이 되도록 할 것
   따라서, $260 \times 5 = 1,300$L/min
② 옥내소화전설비의 비상전원은 자가발전설비 또는 축전지설비에 의한다. 용량은 옥내소화전설비를 유효하게 45분 이상 작동시키는 것이 가능할 것

해답

① 1,300L/min

② 45분 이상

10 제3류 위험물 중 옥내저장소 2,000m²에 저장할 수 있는 품명 5가지를 적으시오.

해설

㉮ 옥내저장소 하나의 저장창고의 바닥면적

위험물을 저장하는 창고	바닥면적
㉠ 제1류 위험물 중 아염소산염류, 염소산염류, 과염소산염류, 무기과산화물, 그 밖에 지정수량이 50kg인 위험물 ㉡ 제3류 위험물 중 칼륨, 나트륨, 알킬알루미늄, 알킬리튬, 그 밖에 지정수량이 10kg인 위험물 및 황린 ㉢ 제4류 위험물 중 특수 인화물, 제1석유류 및 알코올류 ㉣ 제5류 위험물 중 유기과산화물, 질산에스터류, 그 밖에 지정수량이 10kg인 위험물 ㉤ 제6류 위험물	1,000m² 이하
㉠~㉤ 외의 위험물을 저장하는 창고	2,000m² 이하
내화구조의 격벽으로 완전히 구획된 실에 각각 저장하는 창고	1,500m² 이하

㉯ 제3류 위험물의 종류와 지정 수량

성질	위험 등급	품명	대표 품목	지정수량
자연 발화성 물질 및 금수성 물질	I	1. 칼륨(K) 2. 나트륨(Na) 3. 알킬알루미늄 4. 알킬리튬	$(C_2H_5)_3Al$ C_4H_9Li	10kg
		5. 황린(P_4)		20kg
	II	6. 알칼리금속류(칼륨 및 나트륨 제외) 및 알칼리토금속 7. 유기금속화합물(알킬알루미늄 및 알킬리튬 제외)	Li, Ca $Te(C_2H_5)_2$, $Zn(CH_3)_2$	50kg
	III	8. 금속의 수소화물 9. 금속의 인화물 10. 칼슘 또는 알루미늄의 탄화물	LiH, NaH Ca_3P_2, AlP CaC_2, Al_4C_3	300kg
		11. 그 밖에 행정안전부령이 정하는 것 　　염소화규소화합물	$SiHCl_3$	300kg

해답

① 알칼리금속류(칼륨 및 나트륨 제외) 및 알칼리토금속

② 유기금속화합물(알킬알루미늄 및 알킬리튬 제외)

③ 금속의 수소화물

④ 금속의 인화물

⑤ 칼슘 또는 알루미늄의 탄화물

11 제조소, 일반취급소에 대한 일반점검표 중에서 환기 · 배출 설비 등에 대한 점검내용 5가지를 적으시오.

해설

		제 조 소 일반취급소	일반점검표	점검연월일 : 점검자 :	. . . 서명(또는 인)
제조소 등의 구분		□ 제조소　　□ 일반취급소	설치허가 연월일 및 허가번호		
설 치 자			안전관리자		
사업소명		설치위치			
위험물 현황	품 명		허가량		지정수량의 배수
위험물 저장 · 취급 개요					
시설명/호칭번호					

점검항목		점검내용	점검방법	점검 결과	조치 연월일 및 내용
건 축 물	벽 · 기둥 · 보 · 지붕	균열 · 손상 등의 유무	육안		
	방화문	변형 · 손상 등의 유무 및 폐쇄기능의 적부	육안		
	바닥	체유 · 체수의 유무	육안		
		균열 · 손상 · 파임 등의 유무	육안		
	계단	변형 · 손상 등의 유무 및 고정상황의 적부	육안		
환기 · 배출 설비 등		변형 · 손상의 유무 및 고정상태의 적부	육안		
		인화방지망의 손상 및 막힘 유무	육안		
		방화댐퍼의 손상 유무 및 기능의 적부	육안 및 작동확인		
		팬의 작동상황의 적부	작동확인		
		가연성 증기 경보장치의 작동상황	작동확인		

해답

① 변형 · 손상 등의 유무 및 고정상태의 적부
② 인화방지망의 손상 및 막힘 유무
③ 방화댐퍼의 손상 유무 및 기능의 적부
④ 팬의 작동상황의 적부
⑤ 가연성 증기 경보장치의 작동상황

12 정전기를 방전하는 방법 3가지를 적으시오.

해설

방전 : 전지나 축전기 따위의 전기를 띤 물체에서 전기가 밖으로 흘러나오는 현상
① 기체방전 : 원래는 중성인 기체분자가 특정한 상황에서 이온화되어 방전하는 현상
② 진공방전 : 진공상태의 유리관 속에 있는 두 개의 전극 사이에 높은 전압을 흐르게 하였을 때 일어나는 방전
③ 글로방전 : 전압을 가하면 전류가 흐름에 따라 글로(희미한 빛)가 발생하는 현상
④ 아크방전 : 기체방전이 절정에 달하여 전극 재료의 일부가 증발하여 기체가 된 상태
⑤ 코로나방전 : 기체방전의 한 형태로서 불꽃방전이 일어나기 전에 대전체 표면의 전기장이 큰 곳이 부분적으로 절연, 파괴되어 발생하는 발광방전이며 빛은 약하다.
⑥ 불꽃방전 : 기체방전에서 전극 간의 절연이 완전히 파괴되어 강한 불꽃을 내면서 방전하는 현상

해답

① 기체방전
② 진공방전
③ 글로방전
④ 아크방전
⑤ 코로나방전
⑥ 불꽃방전
(상기 해답 중 택 3가지 기술)

13 다음은 위험물을 저장 또는 취급하는 간이탱크에 대한 설명이다. 괄호 안을 알맞게 채우시오.
① 하나의 간이탱크저장소에 설치하는 간이저장탱크는 그 수를 (   ) 이하로 하고, 동일한 품질의 위험물의 간이저장탱크를 2 이상 설치하지 아니하여야 한다.
② 간이저장탱크의 용량은 (   ) 이하이어야 한다.
③ 간이저장탱크는 두께 (   ) 이상의 강판으로 흠이 없도록 제작하여야 하며, 70kPa의 압력으로 10분간의 수압시험을 실시하여 새거나 변형되지 아니하여야 한다.
④ 간이저장탱크는 움직이거나 넘어지지 아니하도록 지면 또는 가설대에 고정시키되, 옥외에 설치하는 경우에는 그 탱크의 주위에 너비 (㉠) 이상의 공지를 두고, 전용실 안에 설치하는 경우에는 탱크와 전용실의 벽과의 사이에 (㉡) 이상의 간격을 유지하여야 한다.

해답

① 3
② 600L
③ 3.2mm
④ ㉠ 1m, ㉡ 0.5m

14 위험물은 그 운반용기의 외부에 운반 시 주의사항을 표시해야 한다. 다음에 주어진 위험물에 대한 주의사항을 적으시오.
① 질산
② 사이안화수소
③ 브로민산염류

해설

수납하는 위험물에 따라 주의사항을 표시한다.

유별	구분	주의사항
제1류 위험물 (산화성 고체)	알칼리금속의 무기과산화물	"화기·충격주의" "물기엄금" "가연물접촉주의"
	그 밖의 것	"화기·충격주의" "가연물접촉주의"
제2류 위험물 (가연성 고체)	철분·금속분·마그네슘	"화기주의" "물기엄금"
	인화성 고체	"화기엄금"
	그 밖의 것	"화기주의"
제3류 위험물 (자연발화성 및 금수성 물질)	자연발화성 물질	"화기엄금" "공기접촉엄금"
	금수성 물질	"물기엄금"
제4류 위험물 (인화성 액체)	–	"화기엄금"
제5류 위험물 (자기반응성 물질)	–	"화기엄금" 및 "충격주의"
제6류 위험물 (산화성 액체)	–	"가연물접촉주의"

해답

① 질산은 제6류 위험물이므로 "가연물접촉주의"
② 사이안화수소는 제4류 위험물이므로 "화기엄금"
③ 브로민산염류는 제1류 위험물이므로 "화기·충격주의", "가연물접촉주의"

15 위험물 옥외탱크에 포소화설비 설치 시 탱크의 직경에 따른 수 이상의 개수를 탱크 옆판의 외주에 균등한 간격으로 설치해야 한다. 탱크 구조와 포방출구의 종류에 따른 개수 설정 시 탱크 구조의 종류 3가지를 적으시오.

해설

탱크의 직경, 구조 및 포방출구의 종류에 따른 수 이상의 개수를 탱크 옆판의 외주에 균등한 간격으로 설치할 것. 이때 탱크의 직경에 따른 탱크의 구조(고정지붕구조, 부상덮개부착 고정지붕구조, 부상지붕구조)와 포방출구의 종류에 따른 위험물안전관리 세부기준의 규정의 개수로 정한다.

해답

① 고정지붕
② 부상지붕
③ 부상덮개부착 고정지붕

16 제5류 위험물로서 순수한 것은 무색이나 보통 공업용은 휘황색의 침전결정이며 찬물에는 거의 녹지 않으나 온수, 알코올, 에터, 벤젠 등에는 잘 녹는다. 비중 1.8, 융점 122.5℃인 이 물질에 대한 다음 물음에 답하시오.
① 구조식   ② 1분자 내 질소함유량

해설

① 트라이나이트로페놀[$C_6H_2(NO_2)_3OH$, 피크르산]

$$\underset{\underset{NO_2}{|}}{\overset{\overset{OH}{|}}{O_2N\bigcirc NO_2}}$$

㉮ 일반적 성질
  ㉠ 순수한 것은 무색이나 보통 공업용은 휘황색의 침전결정이며 충격, 마찰에 둔감하고 자연분해하지 않으므로 장기저장해도 자연발화의 위험 없이 안정하다.
  ㉡ 찬물에는 거의 녹지 않으나 온수, 알코올, 에터, 벤젠 등에는 잘 녹는다.
  ㉢ 비중 1.8, 융점 122.5℃, 인화점 150℃, 비점 255℃, 발화온도 약 300℃
  ㉣ 강한 쓴맛이 있고 유독하며 물에 전리되어 강한산이 된다.
  ㉤ 페놀을 진한황산에 녹여 질산으로 작용시켜 만든다.

$$C_6H_5OH + 3HNO_3 \xrightarrow{H_2SO_4} C_6H_2(OH)(NO_2)_3 + 3H_2O$$

  ㉥ 벤젠에 수은을 촉매로 하여 질산을 반응시켜 제조하는 물질로 DDNP(diazodinitro phenol)의 원료로 사용되는 물질이다.
㉯ 위험성
  ㉠ 강력한 폭약으로 점화하면 서서히 연소하나 뇌관으로 폭발시키면 폭굉한다. 금속과 반응하여 수소가 발생하고 금속분(Fe, Cu, Pb 등)과 금속염을 생성하여 본래의 피크르산보다 폭발강도가 예민하여 건조한 것은 폭발위험이 있다.
  ㉡ 산화되기 쉬운 유기물과 혼합된 것은 충격, 마찰에 의해 폭발한다. 300℃ 이상으로 급격히 가열하면 폭발한다. 폭발온도 3,320℃, 폭발속도 약 7,000m/s

$$2C_6H_2(NO_2)_3OH \rightarrow 4CO_2 + 6CO + 3N_2 + 2C + 3H_2$$

② $C_6H_2(NO_2)_3OH$에 대한 분자량은 $12 \times 6 + 1 \times 2 + (14 + 16 \times 2) \times 3 + 16 + 1 = 229$

따라서, 1분자 내 질소함유량은 $N(\%) = \dfrac{14 \times 3}{229} \times 100 = 18.34\%$

해답

①
$$\underset{\underset{NO_2}{|}}{\overset{\overset{OH}{|}}{O_2N\bigcirc NO_2}}$$
② 18.34%

17 1kg의 아연을 묽은염산에 녹였을 때 발생하는 가스의 부피는 0.5기압, 27℃에서 몇 L인지 구하시오. (단, 아연의 원자량은 65.38g/mol이다.)

[해설]

아연이 산과 반응하면 수소가스가 발생한다.

$Zn + 2HCl \rightarrow ZnCl_2 + H_2$

$$\frac{1{,}000g\text{-}Zn}{} \left| \frac{1mol\text{-}Zn}{65.38g\text{-}Zn} \right| \frac{1mol\text{-}H_2}{1mol\text{-}Zn} \left| \frac{2g\text{-}H_2}{1mol\text{-}H_2} \right. = 30.59g\text{-}H_2$$

따라서, 이상기체 방정식을 이용하여 기체의 부피를 구할 수 있다.

$PV = nRT$

n은 몰(mole)수이며 $n = \dfrac{w(g)}{M(분자량)}$ 이므로

$PV = \dfrac{wRT}{M}$

$V = \dfrac{wRT}{PM} = \dfrac{30.59 \times 0.082 \times (27 + 273.15)}{0.5 \times 2} = 752.89L$

[해답]

752.89L

18 정전기대전의 종류 중 유동대전에 대해 적으시오.

[해설]

정전기대전의 종류

㉠ 마찰대전 : 두 물체의 마찰에 의하여 발생하는 현상

㉡ 유동대전 : 부도체인 액체류를 파이프 등으로 수송할 때 발생하는 현상

㉢ 분출대전 : 분체류, 액체류, 기체류가 단면적이 작은 분출구에서 분출할 때 발생하는 현상

㉣ 박리대전 : 상호 밀착해 있는 물체가 벗겨질 때 발생하는 현상

㉤ 충돌대전 : 분체에 의한 입자끼리 또는 입자와 고체 표면과의 충돌에 의하여 발생하는 현상

㉥ 유도대전 : 대전 물체의 부근에 전열된 도체가 있을 때 정전유도를 받아 전하의 분포가 불균일하게 되어 대전되는 현상

㉦ 파괴대전 : 고체나 분체와 같은 물질이 파손 시 전하 분리로부터 발생하는 현상

㉧ 교반대전 및 침강대전 : 액체의 교반 또는 수송에 액체 상호 간에 마찰접촉 또는 고체와 액체 사이에서 발생하는 현상

[해답]

부도체인 액체류를 파이프 등으로 수송할 때 발생하는 현상

19 흐름계수 K가 0.94인 오리피스의 직경이 10mm이고 유량이 100L/min일 때의 압력은 몇 kPa인지 구하시오.

해설

$Q = 0.653KD^2\sqrt{10P}$ 의 공식에서 $P = \dfrac{\left(\dfrac{Q}{0.653KD^2}\right)^2}{10}$

여기서, Q : 유량(L/min)
$\qquad\quad$ K : 유량(흐름)계수
$\qquad\quad$ D : 직경(mm)
$\qquad\quad$ P : 압력(MPa)

$\therefore P = \dfrac{\left(\dfrac{Q}{0.653KD^2}\right)^2}{10} = \dfrac{\left(\dfrac{100}{0.653 \times 0.94 \times 10^2}\right)^2}{10} = 0.26541\text{MPa}$

$\dfrac{0.26541\text{MPa}}{} \left|\dfrac{10^6}{1\text{M}}\right| \dfrac{1\text{k}}{10^3} = 265.4\text{kPa}$

해답

265.4kPa

20 제3류 위험물로서 분자량 64, 비중 2.22, 융점 2,300℃로 순수한 것은 무색투명하나 보통은 흑회색의 괴상고체인 물질에 대해 다음 물음에 답하시오.
① 물과의 반응식
② 상기 반응식에서 생성되는 가연성 가스의 위험도

해설

① 탄화칼슘(CaC_2, 카바이드, 탄화석회, 칼슘아세틸레이트)의 일반적 성질
$\quad$ ㉠ 분자량 64, 비중 2.22, 융점 2,300℃로 순수한 것은 무색투명하나 보통은 흑회색이며 불규칙한 덩어리로 존재한다. 건조한 공기 중에서는 안정하나 350℃ 이상으로 가열 시 산화한다.
$\qquad$ $CaC_2 + 5O_2 \rightarrow 2CaO + 4CO_2$
$\quad$ ㉡ 물과 강하게 반응하여 수산화칼슘과 아세틸렌을 만들며 공기 중 수분과 반응하여도 아세틸렌이 발생한다.
$\qquad$ $CaC_2 + 2H_2O \rightarrow Ca(OH)_2 + C_2H_2$
② 아세틸렌의 연소범위는 2.5~81%이므로
$\quad$ 위험도 $H = \dfrac{U-L}{L} = \dfrac{81-2.5}{2.5} = 31.4$

해답

① $CaC_2 + 2H_2O \rightarrow Ca(OH)_2 + C_2H_2$
② 31.4

제59회
(2016년 5월 21일 시행)

위험물기능장 실기

01 지정수량의 3천 배 이상의 제4류 위험물을 취급하는 일반취급소로서 자체소방대의 설치 제외 대상인 일반취급소를 3가지 적으시오.

해답

① 보일러, 버너, 그 밖에 이와 유사한 장치로 위험물을 소비하는 일반취급소
② 이동저장탱크, 그 밖에 이와 유사한 것에 위험물을 주입하는 일반취급소
③ 용기에 위험물을 옮겨 담는 일반취급소
④ 유압장치, 윤활유 순환장치, 그 밖에 이와 유사한 장치로 위험물을 취급하는 일반취급소
⑤ 「광산보안법」의 적용을 받는 일반취급소
(상기 답안 중 택 3가지)

02 지정수량의 20배(저장창고 하나의 바닥면적이 150m² 이하인 경우에는 50배) 이하의 위험물을 저장 또는 취급하는 옥내저장소로서 안전거리 제외대상 건축물의 구조기준을 적으시오.

해답

① 저장창고의 벽 · 기둥 · 바닥 · 보 및 지붕이 내화구조일 것
② 저장창고의 출입구에 수시로 열 수 있는 자동폐쇄방식의 60분+방화문 또는 60분방화문이 설치되어 있을 것
③ 저장창고에 창을 설치하지 아니할 것

03 500g의 나이트로글리세린($M \cdot W$: 227g/mol)이 완전연소할 때 온도 1,000℃, 부피 320mL 용기에서 폭발하는 경우 압력은 얼마인지 구하시오. (단, 생성되는 기체는 이상기체로 가정한다.)

해설

$4C_3H_5(ONO_2)_3 \rightarrow 12CO_2 + 10H_2O + 6N_2 + O_2$에서 나이트로글리세린이 완전분해하는 경우 용기에서 생성되는 기체는 12mol+CO₂ → 12molCO₂+10H₂O+6N₂+1O₂로서 29mol에 해당한다. 따라서,

$$\frac{500g\text{-}C_3H_5(ONO_2)_3}{} \frac{1mol\text{-}C_3H_5(ONO_2)_3}{227g\text{-}C_3H_5(ONO_2)_3} \frac{29mol\text{-}gas}{4mol\text{-}C_3H_5(ONO_2)_3} = 15.97mol\text{-}gas$$

$PV = nRT$에서

$$\therefore P = \frac{nRT}{V} = \frac{15.97mol \times 0.082L \cdot atm/K \cdot mol \times (1,000+273.15)K}{0.32L} = 5210.13atm$$

해답

5210.13atm

04 방화상 유효한 담 그림의 ①, ②, ③ 부분의 명칭을 쓰시오.

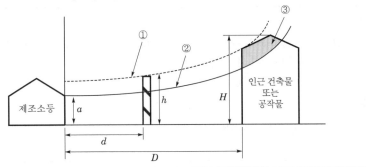

해답

① 보정연소한계곡선, ② 연소한계곡선, ③ 연소위험범위

05 운반용기 재질 중 5가지를 쓰시오.

해답

금속판, 강판, 삼, 합성섬유, 고무류, 양철판, 짚, 알루미늄판, 종이, 유리, 나무, 플라스틱, 섬유판
(상기 답안 중 택 5가지)

06 제4류 위험물 중 특수 인화물에 속하는 다이에틸에터에 관하여 다음 물음에 답하시오.
① 실험식
② 시성식
③ 증기비중

해답

① $C_4H_{10}O$
② $C_2H_5OC_2H_5$
③ $\dfrac{74}{29} = 2.55$

07 피리딘 400L, MEK 400L, 클로로벤젠 2,000L, 나이트로벤젠 2,000L의 지정수량 배수의 총 합을 구하시오.

해설

$$지정수량\ 배수의\ 합 = \frac{A품목\ 저장수량}{A품목\ 지정수량} + \frac{B품목\ 저장수량}{B품목\ 지정수량} + \frac{C품목\ 저장수량}{C품목\ 지정수량} + \cdots$$

$$= \frac{400L}{400L} + \frac{400L}{200L} + \frac{2,000L}{1,000L} + \frac{2,000L}{2,000L} = 6$$

해답

6

08 아세틸렌가스를 생성하는 제3류 위험물이 물과 반응하는 화학반응식을 적으시오.

해설

제3류 위험물인 탄화칼슘은 물과 강하게 반응하여 수산화칼슘과 아세틸렌을 만들며 공기 중 수분과 반응하여도 아세틸렌이 발생한다.

$CaC_2 + 2H_2O \rightarrow Ca(OH)_2 + C_2H_2$

해답

$CaC_2 + 2H_2O \rightarrow Ca(OH)_2 + C_2H_2$

09 ANFO폭약에 사용되는 위험물에 대하여 다음 물음에 답하시오.
① 분자식
② 동일 위험등급 품명 2가지
③ 폭발분해반응식

해설

질산암모늄은 강력한 산화제로 화약의 재료이며 200℃에서 열분해하여 산화이질소와 물을 생성한다. 특히 ANFO폭약은 NH_4NO_3와 경유를 94%와 6%로 혼합하여 기폭약으로 사용하며 단독으로도 폭발의 위험이 있다.

해답

① NH_4NO_3
② 브로민산염류, 아이오딘산염류
③ $2NH_4NO_3 \rightarrow 4H_2O + 2N_2 + O_2$

10 포소화설비에서 고정식 포소화설비의 포방출구 설치기준에 따라 포방출구를 다음과 같이 구분하는 경우 각각에 대해 포 방출구의 종류를 쓰시오.
① 고정지붕구조
② 부상지붕구조

해설

포방출구의 구분
㉠ Ⅰ형 : 고정지붕구조의 탱크에 상부 포주입법(고정포방출구를 탱크 옆판의 상부에 설치하여 액표면상에 포를 방출하는 방법을 말한다. 이하 같다)을 이용하는 것으로서 방출된 포가 액면 아래로 몰입되거나 액면을 뒤섞지 않고 액면상을 덮을 수 있는 통계단 또는 미끄럼판 등의 설비 및 탱크 내의 위험물 증기가 외부로 역류되는 것을 저지할 수 있는 구조·기구를 갖는 포방출구
㉡ Ⅱ형 : 고정지붕구조 또는 부상덮개부착 고정지붕구조(옥외저장탱크의 액상에 금속제의 플로팅, 팬 등의 덮개를 부착한 고정지붕구조의 것을 말한다. 이하 같다)의 탱크에 상부 포주입법을 이용하는 것으로서 방출된 포가 탱크 옆판의 내면을 따라 흘러내려 가면서 액면 아래로 몰입되거나 액면을 뒤섞지 않고 액면상을 덮을 수 있는 반사판 및 탱크 내의 위험물 증기가 외부로 역류되는 것을 저지할 수 있는 구조·기구를 갖는 포방출구

ⓒ 특형 : 부상지붕구조의 탱크에 상부 포주입법을 이용하는 것으로서 부상지붕의 부상부분상에 높이 0.9m 이상의 금속제의 칸막이(방출된 포의 유출을 막을 수 있고 충분한 배수능력을 갖는 배수구를 설치한 것에 한한다)를 탱크 옆판의 내측으로부터 1.2m 이상 이격하여 설치하고 탱크 옆판과 칸막이에 의하여 형성된 환상부분에 포를 주입하는 것이 가능한 구조의 반사판을 갖는 포방출구

ⓡ Ⅲ형 : 고정지붕구조의 탱크에 저부 포주입법(탱크의 액면하에 설치된 포방출구로부터 포를 탱크 내에 주입하는 방법을 말한다)을 이용하는 것으로서 송포관(발포기 또는 포발생기에 의하여 발생된 포를 보내는 배관을 말한다. 해당 배관으로 탱크 내의 위험물이 역류되는 것을 저지할 수 있는 구조·기구를 갖는 것에 한한다. 이하 같다)으로부터 포를 방출하는 포방출구

ⓜ Ⅳ형 : 고정지붕구조의 탱크에 저부 포주입법을 이용하는 것으로서 평상시에는 탱크의 액면하의 저부에 설치된 격납통(포를 보내는 것에 의하여 용이하게 이탈되는 캡을 갖는 것을 포함한다)에 수납되어 있는 특수호스 등이 송포관의 말단에 접속되어 있다가 포를 보내는 것에 의하여 특수호스 등이 전개되어 그 선단이 액면까지 도달한 후 포를 방출하는 포방출구

해답

① Ⅰ형, Ⅱ형, Ⅲ형, Ⅳ형
② 특형

11 적린, 황, 삼황화인의 완전연소반응식을 쓰시오.

해답

① 적린 : $4P + 5O_2 \rightarrow 2P_2O_5$
② 황 : $S + O_2 \rightarrow SO_2$
③ 삼황화인 : $P_4S_3 + 8O_2 \rightarrow 2P_2O_5 + 3SO_2$

12 차아염소산칼슘을 저장하는 옥내저장창고에 대해 다음 물음에 답하시오.
① 저장창고는 지면에서 처마까지의 높이(이하 "처마높이"라 한다)가 (   ) 미만인 단층건물로 한다.
② 저장창고 하나의 바닥면적은 (   )m² 이하로 한다.
③ 저장창고의 벽·기둥 및 바닥은 내화구조로 하고, 보와 서까래는 (   )로 하여야 한다.
④ 연소의 우려가 있는 외벽에 있는 출입구에는 수시로 열 수 있는 자동폐쇄식의 (   )을 설치하여야 한다.
⑤ 저장창고의 창 또는 출입구에 유리를 이용하는 경우에는 (   )로 하여야 한다.

해답

① 6m
② 1,000
③ 불연재료
④ 60분+방화문 또는 60분방화문
⑤ 망입유리

13 탱크 시험자가 갖추어야 할 ① 필수장비 3가지와 ② 필요한 경우에 두는 장비 2가지를 적으시오.

[해설]

① 필수장비 : 방사선투과시험기, 초음파탐상시험기, 자기탐상시험기, 초음파두께측정기
② 필요한 경우에 두는 장비
  ㉮ 충·수압 시험, 진공시험, 기밀시험 또는 내압시험의 경우
    ㉠ 진공능력 53kPa 이상의 진공누설시험기
    ㉡ 기밀시험장치(안전장치가 부착된 것으로서 가압능력 200kPa 이상, 감압의 경우에는 감압능력 10kPa 이상·감도 10Pa 이하의 것으로서 각각의 압력 변화를 스스로 기록할 수 있는 것)
  ㉯ 수직·수평도 시험의 경우 : 수직·수평도 측정기

[해답]

① 방사선투과시험기, 초음파탐상시험기, 자기탐상시험기, 초음파두께측정기
② 진공누설시험기, 기밀시험장치, 수직·수평도 측정기

14 전역방출방식의 불활성가스소화설비의 분사헤드 방사압력 기준에 대해 다음 물음에 답하시오.
① 이산화탄소 고압식의 것 : (   )MPa 이상
② 이산화탄소 저압식의 것 : (   )MPa 이상
③ 질소와 아르곤의 용량비가 50 대 50인 혼합물 : (   )MPa 이상
④ 질소와 아르곤과 이산화탄소의 용량비가 52 대 40 대 8인 혼합물 : (   )MPa 이상
⑤ 질소와 아르곤과 이산화탄소의 용량비가 52 대 40 대 8인 혼합물을 방사하는 것은 소화약제의 양의 95% 이상을 몇 초 이내 방사해야 하는지 쓰시오.

[해설]

전역방출방식의 불활성가스소화설비의 분사헤드
㉮ 방사된 소화약제가 방호구역의 전역에 균일하고 신속하게 방사할 수 있도록 설치할 것
㉯ 분사헤드의 방사압력
  ㉠ 이산화탄소를 방사하는 분사헤드 중 고압식의 것에 있어서는 2.1MPa 이상, 저압식의 것(소화약제가 영하 18℃ 이하의 온도로 용기에 저장되어 있는 것)에 있어서는 1.05MPa 이상
  ㉡ 질소(이하 "IG-100"이라 한다.), 질소와 아르곤의 용량비가 50 대 50인 혼합물(이하 "IG-55"라 한다.) 또는 질소와 아르곤과 이산화탄소의 용량비가 52 대 40 대 8인 혼합물(이하 "IG-541"이라 한다.)을 방사하는 분사헤드는 1.9MPa 이상
㉰ 이산화탄소를 방사하는 것은 소화약제의 양을 60초 이내에 균일하게 방사하고, IG-100, IG-55 또는 IG-541을 방사하는 것은 소화약제의 양의 95% 이상을 60초 이내에 방사

[해답]

① 2.1, ② 1.05, ③ 1.9, ④ 1.9, ⑤ 60

15 다음 구조물에 대한 평면도, 단면도를 보고 ① 명칭과 ② 설치목적을 적으시오.

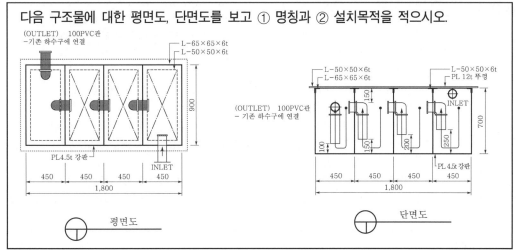

해답

① 명칭 : 유분리장치

② 설치목적 : 집유설비에 유입된 위험물이 배수구에 직접 흘러가지 않도록 위험물과 물의 비중 차이를 이용하여 위험물과 물을 분리시키기 위해 설치한다.

16 제3종 분말소화약제인 제1인산암모늄이 ① 올소인산, ② 피로인산, ③ 메타인산을 생성하는 열분해반응식을 각각 적으시오.

해답

① $NH_4H_2PO_4 \rightarrow NH_3 + H_3PO_4$ (인산, 올소인산)　　at 190℃

② $2H_3PO_4 \rightarrow H_2O + H_4P_2O_7$ (피로인산)　　at 215℃

③ $H_4P_2O_7 \rightarrow H_2O + 2HPO_3$ (메타인산)　　at 300℃

17 수소화나트륨이 물과 반응하는 경우 ① 화학반응식과 ② 생성가스의 위험도를 구하시오.

해설

수소화나트륨의 비중은 0.93이고, 분해온도는 약 800℃로 회백색의 결정 또는 분말이며, 불안정한 가연성 고체로 물과 격렬하게 반응하여 수소가 발생하고 발열하며, 이때 발생한 반응열에 의해 자연발화한다.

$NaH + H_2O \rightarrow NaOH + H_2$

수소가스의 연소범위는 4~75vol%에 해당한다.

따라서, $H = \dfrac{U-L}{L} = \dfrac{75-4}{4} = 17.75$

해답

① $NaH + H_2O \rightarrow NaOH + H_2$

② 17.75

18 다음은 포소화설비의 기동장치에 관한 기준이다. 괄호 안을 알맞게 채우시오.
① 자동식 기동장치는 (   )의 작동 또는 폐쇄형 스프링클러헤드의 개방과 연동하여 가
압송수장치, 일제개방밸브 및 포소화약제 혼합장치가 기동될 수 있도록 할 것
② 수동식 기동장치
　㉠ 직접조작 또는 (   )에 의하여 가압송수장치, 수동식 개방밸브 및 포소화약제 혼
합장치를 기동할 수 있을 것
　㉡ 2 이상의 방사구역을 갖는 포소화설비는 방사구역을 선택할 수 있는 구조로 할 것
　㉢ 기동장치의 조작부는 화재 시 접근이 용이하고 바닥면으로부터 (   ) 이상,
　　 (   ) 이하의 높이에 설치할 것
　㉣ 기동장치의 (   )에는 유리 등에 의한 방호조치가 되어 있을 것
　㉤ 기동장치의 조작부 및 호스 접속구에는 직근의 보기 쉬운 장소에 각각 "기동장치
의 조작부" 또는 "접속구"라고 표시할 것

해답
① 자동화재탐지설비의 감지기
② ㉠ 원격조작, ㉢ 0.8m, 1.5m, ㉣ 조작부

19 다음은 인화성 액체에 대한 신속평형법 인화점측정기에 의한 인화점측정에 관한 내용이다.
괄호 안을 알맞게 채우시오.
① 시험장소는 1기압, 무풍의 장소로 할 것
② 신속평형법 인화점측정기의 시료컵을 설정온도까지 가열 또는 냉각하여 시험물품(설
정온도가 상온보다 낮은 온도인 경우에는 설정온도까지 냉각한 것) (   )를 시료컵
에 넣고 즉시 뚜껑 및 개폐기를 닫을 것
③ 시료컵의 온도를 (   )분간 설정온도로 유지할 것
④ 시험불꽃을 점화하고 화염의 크기를 직경 (   )mm가 되도록 조정할 것
⑤ (   )분 경과 후 개폐기를 작동하여 시험불꽃을 시료컵에 (   )초간 노출시키고
닫을 것. 이 경우 시험불꽃을 급격히 상하로 움직이지 아니하여야 한다.

해답
② 2mL, ③ 1, ④ 4, ⑤ 1, 2.5

20 다음 빈칸에 알맞은 명칭, 시성식, 품명을 채우시오.

명 칭	시성식	품명
	C_2H_5OH	
에틸렌글리콜		제3석유류
	$C_3H_5(OH)_3$	

해답

명칭	시성식	품명
에틸알코올	C_2H_5OH	알코올류
에틸렌글리콜	$C_2H_4(OH)_2$	제3석유류
글리세린	$C_3H_5(OH)_3$	제3석유류

제60회 위험물기능장 실기
(2016년 8월 27일 시행)

01
① 트라이메틸알루미늄과 물이 반응하는 경우 화학반응식 및 생성가스의 완전연소반응식을 적으시오.
② 트라이에틸알루미늄과 물이 반응하는 경우 화학반응식 및 생성가스의 완전연소반응식을 적으시오.

[해답]
① 물과의 반응식 : $(CH_3)_3Al + 3H_2O \rightarrow Al(OH)_3 + 3CH_4$
  생성가스의 연소반응식 : $CH_4 + 2O_2 \rightarrow CO_2 + 2H_2O$
② 물과의 반응식 : $(C_2H_5)_3Al + 3H_2O \rightarrow Al(OH)_3 + 3C_2H_6$
  생성가스의 연소반응식 : $2C_2H_6 + 7O_2 \rightarrow 4CO_2 + 6H_2O$

02
용량이 (①) 이상인 옥외저장탱크의 주위에 설치하는 방유제에는 해당 탱크마다 칸막이둑을 설치해야 한다. 칸막이둑의 높이는 (②)[방유제 내에 설치되는 옥외저장탱크 용량의 합계가 2억L를 넘는 방유제에 있어서는 (③)] 이상으로 하되, 방유제의 높이보다 (④) 이상 낮게 해야 한다. 또한 칸막이둑의 용량은 칸막이둑 안에 설치된 탱크 용량의 (⑤)% 이상이어야 한다.

[해답]
① 1,000만L ② 0.3m ③ 1m ④ 0.2m ⑤ 10

03
제2류 위험물인 마그네슘에 대해 다음 물음에 답하시오.
① 물과의 반응식
② 염산과의 반응식

[해설]
마그네슘은 산 및 온수와 반응하여 많은 양의 열과 수소(H_2)가 발생한다.
$Mg + 2H_2O \rightarrow Mg(OH)_2 + H_2$
$Mg + 2HCl \rightarrow MgCl_2 + H_2$

[해답]
① $Mg + 2H_2O \rightarrow Mg(OH)_2 + H_2$
② $Mg + 2HCl \rightarrow MgCl_2 + H_2$

04 다음 제1종 분말소화약제에 대한 열분해반응식을 적으시오.
① 제1차
② 제2차

> **해설**

탄산수소나트륨은 약 60℃ 부근에서 분해되기 시작하여 270℃와 850℃ 이상에서 다음과 같이 열분해된다.

$2NaHCO_3 \rightarrow Na_2CO_3 + H_2O + CO_2$ 　　흡열반응(at 270℃)
(중탄산나트륨)　(탄산나트륨)　(수증기)　(탄산가스)

$2NaHCO_3 \rightarrow Na_2O + H_2O + 2CO_2$ 　　(at 850℃ 이상)

> **해답**

① $2NaHCO_3 \rightarrow Na_2CO_3 + H_2O + CO_2$
② $2NaHCO_3 \rightarrow Na_2O + H_2O + 2CO_2$

05 비중 7.86, 융점 1,530℃인 물질이 위험물이 되기 위한 조건을 적으시오.

> **해설**

철분의 일반적 성질
㉠ 비중 : 7.86, 융점 : 1,530℃, 비등점 : 2,750℃
㉡ 회백색의 분말이며 강자성체이지만 766℃에서 강자성을 상실한다.
㉢ 공기 중에서 서서히 산화하여 산화철(Fe_2O_3)이 되어 은백색의 광택이 황갈색으로 변한다.
　$4Fe + 3O_3 \rightarrow 2Fe_2O_3$
㉣ 강산화제인 발연질산에 넣었다 꺼내면 산화 피복을 형성하여 부동태가 된다.

> **해답**

철의 분말로서 53μm의 표준체를 통과하는 것이 50wt% 미만인 것은 제외한다.

06 초산에틸 200L, 사이클로헥세인 500L, 클로로벤젠 2,000L, 에탄올아민 2,000L인 경우 지정수량 배수의 합을 쓰시오.

> **해설**

지정수량 배수의 합 $= \dfrac{\text{A품목 저장수량}}{\text{A품목 지정수량}} + \dfrac{\text{B품목 저장수량}}{\text{B품목 지정수량}} + \dfrac{\text{C품목 저장수량}}{\text{C품목 지정수량}} + \cdots$

$= \dfrac{200}{200} + \dfrac{500}{200} + \dfrac{2,000}{1,000} + \dfrac{2,000}{4,000}$

$= 6$

> **해답**

6배

07 무색투명한 유동성 액체로 휘발성이 크며, 분자량(74.12), 비중(0.72), 비점(34℃), 인화점(-40℃), 발화점(180℃)이 매우 낮고 연소범위(1.9~48%)가 넓어 인화성, 발화성이 강하다. 공기 중에서 산화되어 구조불명의 불안정하고 폭발성의 과산화물을 만드는 이 물질에 대해 다음 물음에 답하시오.
① 명칭, 화학식, 지정수량을 적으시오.
② 위 물질의 품명에 대한 위험물안전관리법상 정의를 적으시오.
③ 위 물질을 저장할 때 보냉장치가 있는 경우 유지온도를 적으시오.

해답

① 다이에틸에터, $C_2H_5OC_2H_5$, 50L
② 특수 인화물 : 이황화탄소, 다이에틸에터, 그 밖의 1기압에서 발화점이 100℃ 이하인 것 또는 인화점이 영하 20℃ 이하이고 비점이 40℃ 이하인 것을 말한다.
③ 비점 이하

08 옥외저장소에 선반을 설치하는 경우 기준 3가지를 적으시오.

해답

옥외저장소의 선반설치 기준
① 선반은 불연재료로 만들고 견고한 지반면에 고정할 것
② 선반은 해당 선반 및 그 부속설비의 자중·저장하는 위험물의 중량·풍하중·지진의 영향 등에 의하여 생기는 응력에 대하여 안전할 것
③ 선반의 높이는 6m를 초과하지 아니할 것
④ 선반에는 위험물을 수납한 용기가 쉽게 낙하하지 아니하는 조치를 강구할 것
(상기 답안 중 택 3가지)

09 위험물안전관리법에 따른 일반취급소 특례기준을 적용받는 일반취급소의 종류 5가지를 적으시오.

해답

① 분무도장작업 등의 일반취급소
② 세정작업의 일반취급소
③ 열처리작업 등의 일반취급소
④ 보일러 등으로 위험물을 소비하는 일반취급소
⑤ 충전하는 일반취급소
⑥ 옮겨 담는 일반취급소
⑦ 유압장치 등을 설치하는 일반취급소
⑧ 절삭장치 등을 설치하는 일반취급소
⑨ 열매체유 순환장치를 설치하는 일반취급소
⑩ 화학실험의 일반취급소
(상기 일반취급소 중 택 5가지)

10 불활성가스소화설비가 전역방출방식일 때 안전장치 기준 3가지를 적으시오.

[해답]

① 기동장치의 방출용 스위치 등의 작동으로부터 저장용기의 용기밸브 또는 방출밸브의 개방까지의 시간이 20초 이상 되도록 지연장치를 설치할 것

② 수동기동장치에는 ①에서 정한 시간 내에 소화약제가 방출되지 않도록 조치를 할 것

③ 방호구역의 출입구 등 보기 쉬운 장소에 소화약제가 방출된다는 사실을 알리는 표시 등을 설치할 것

11 다음에 주어진 유별 위험물에 대한 위험등급 I인 품명을 모두 적으시오.
① 제1류
② 제3류
③ 제5류

[해답]

① 아염소산염류, 염소산염류, 과염소산염류, 무기과산화물, 그 밖에 지정수량이 50kg인 위험물

② 칼륨, 나트륨, 알킬알루미늄, 알킬리튬, 황린, 그 밖에 지정수량이 10kg인 위험물

③ 시험결과에 따라 제1종으로 분류되는 위험물

12 과산화칼륨에 대해 다음 물음에 답하시오.
① 물과의 반응식
② 아세트산과의 반응식
③ 염산과의 반응식

[해설]

㉠ 흡습성이 있으므로 물과 접촉하면 발열하며 수산화칼륨(KOH)과 산소(O_2)가 발생

$2K_2O_2 + 2H_2O \rightarrow 4KOH + O_2$

㉡ 묽은산과 반응하여 과산화수소(H_2O_2)를 생성

$K_2O_2 + 2CH_3COOH \rightarrow 2CH_3COOK + H_2O_2$

㉢ 염산과 반응하여 염화칼륨과 과산화수소를 생성

$K_2O_2 + 2HCl \rightarrow 2KCl + H_2O_2$

[해답]

① $2K_2O_2 + 2H_2O \rightarrow 4KOH + O_2$

② $K_2O_2 + 2CH_3COOH \rightarrow 2CH_3COOK + H_2O_2$

③ $K_2O_2 + 2HCl \rightarrow 2KCl + H_2O_2$

13 위험물저장소의 종류 8가지를 적으시오.

해답

① 옥내저장소 ② 옥외탱크저장소
③ 옥내탱크저장소 ④ 지하탱크저장소
⑤ 간이탱크저장소 ⑥ 이동탱크저장소
⑦ 옥외저장소 ⑧ 암반탱크저장소

14 70kPa, 30℃에서 탄화칼슘 10kg이 물과 반응하였을 때 발생하는 가스의 체적을 구하시오.

해설

$CaC_2 + 2H_2O \rightarrow Ca(OH)_2 + C_2H_2$

$$\frac{10kg-CaC_2}{} \frac{1kmol-CaC_2}{64kg-CaC_2} \frac{1kmol-C_2H_2}{1kmol-CaC_2} \frac{26kg-C_2H_2}{1kmol-C_2H_2} = 4.06kg-C_2H_2$$

$$\frac{70kPa}{} \frac{1atm}{101.35kPa} = 0.69atm$$

이상기체 상태방정식으로부터

$$\therefore\ V = \frac{wRT}{PM} = \frac{4.06kg \times 0.082atm \cdot m^3/kg \cdot mol \times (30+273.15)K}{0.69atm \times 26kg/mol} = 5.63m^3$$

해답

$5.63m^3$

15 다음 빈칸을 알맞게 채우시오.

문 항	법령내용	날 짜
①	제조소 등 용도폐지 처리기한	
②	안전관리자 재선임 기한	
③	안전관리자 선임 신고기한	
④	제조소 등 휴업·폐업 신고기한	
⑤	탱크 시험자 중요사항 변경 기한	
⑥	지정수량 배수 변경 기한	1일 전까지
⑦	제조소 등 설치자의 지위승계 기한	30일 이내

해답

① 14일 이내 ② 30일 이내 ③ 14일 이내 ④ 14일 이내 ⑤ 30일 이내

16 　25℃, 포화용액 80g 속에 용질이 25g 녹아 있다. 용해도를 구하시오.

해설

용해도란, 용매 100g에 녹아있는 용질의 g 수이다.
포화용액 80g 속에 용질이 25g 녹아 있다면 용매는 55g에 해당한다.
따라서, $55 : 25 = 100 : x$

$x = \dfrac{25}{55} \times 100 = 45.45$

해답

45.45

17 　다음은 주유취급소에 대한 주유공지 및 급유공지에 대한 기준이다. 빈칸에 알맞은 말을 쓰시오.
　㉠ 자동차 등에 직접 주유하기 위한 설비로서 너비 (①)m 이상, 길이 (②)m 이상의 콘크리트 등으로 포장한 공지를 보유해야 한다.
　㉡ 공지의 경우 바닥은 주위 지면보다 높게 하며, 표면을 적당히 경사지게 하여 새어나온 기름, 그 밖의 액체가 공지의 외부로 유출되지 아니하도록 (③)·(④) 및 (⑤)를 한다.

해답

㉠ ① 15, ② 6
㉡ ③ 배수구, ④ 집유설비, ⑤ 유분리장치

18 　옥외탱크저장소로서 각각 50만L, 30만L, 20만L의 탱크가 있을 때 방유제 용량은 몇 m³로 해야 하는가?

해설

방유제 안에 설치된 탱크가 하나인 때에는 그 탱크 용량의 110% 이상, 2기 이상인 때에는 그 탱크 용량 중 용량이 최대인 것의 용량의 110% 이상으로 한다. 다만, 인화성이 없는 액체 위험물의 옥외저장탱크의 주위에 설치하는 방유제는 "110%"를 "100%"로 본다. 따라서 최대용량이 50만L이므로 $500,000 \times 1.1 = 550,000L$

$$\frac{550,000 \text{L}}{} \left| \frac{1 \text{m}^3}{1,000 \text{L}} \right| = 550 \text{m}^3$$

해답

550m³

19 알킬알루미늄 등 및 아세트알데하이드 등의 취급기준에 관한 내용이다. 다음 빈칸을 알맞게 채우시오.
  ① 알킬알루미늄 등의 이동탱크저장소에 있어서 이동저장탱크로부터 알킬알루미늄 등을 꺼낼 때에는 동시에 (   )kPa 이하의 압력으로 불활성의 기체를 봉입할 것
  ② 아세트알데하이드 등의 이동탱크저장소에 있어서 이동저장탱크로부터 아세트알데하이드 등을 꺼낼 때에는 동시에 (   )kPa 이하의 압력으로 불활성의 기체를 봉입할 것
  ③ 아세트알데하이드 등의 제조소 또는 일반취급소에 있어서 아세트알데하이드 등을 취급하는 설비에는 연소성 혼합기체의 생성에 의한 폭발의 위험이 생겼을 경우에 불활성의 기체 또는 (   )를 봉입할 것

해답
① 200
② 100
③ 수증기

20 위험물안전관리법에서 정하는 위험물의 성상에 대해 다음 빈칸을 알맞게 채우시오.

화학식	품명	수용성 여부	지정수량	위험물의 기준
HCOOH				
C6H12				
C6H5NH2				70℃ 이상, 200℃ 미만
CH3CN		수용성		

해답

화학식	품명	수용성 여부	지정수량	위험물의 기준
HCOOH	제2석유류	수용성	2,000L	21℃ 이상, 70℃ 미만
C6H12	제1석유류	비수용성	200L	21℃ 미만
C6H5NH2	제3석유류	비수용성	2,000L	70℃ 이상, 200℃ 미만
CH3CN	제1석유류	수용성	400L	21℃ 미만

제61회
(2017년 4월 16일 시행)

위험물기능장 실기

01 다음은 위험물안전관리법에서 규정하고 있는 주유취급소의 고정주유설비 또는 고정급유설비에 대한 내용이다. 괄호 안을 알맞게 채우시오.

고정주유설비의 중심선을 기점으로 하여 도로경계선까지 (①) 이상, 부지경계선ㆍ담 및 건축물의 벽까지 (②)(개구부가 없는 벽까지는 1m) 이상의 거리를 유지하고, 고정급유설비의 중심선을 기점으로 하여 도로경계선까지 (③) 이상, 부지경계선 및 담까지 (④) 이상, 건축물의 벽까지 (⑤)(개구부가 없는 벽까지는 1m) 이상의 거리를 유지할 것. 또한, 고정주유설비와 고정급유설비의 사이에는 (⑥) 이상의 거리를 유지할 것

해답

① 4m   ② 2m   ③ 4m   ④ 1m   ⑤ 2m   ⑥ 4m

02 다음은 위험물안전관리법에서 규정하는 소화설비의 적응성에 대한 도표이다. 소화설비의 구분에 따라 대상물의 소화설비 적응성을 ○로 표시하시오.

소화설비의 구분		대상물의 구분 → 제1류 위험물 알칼리금속 과산화물 등	제1류 위험물 그 밖의 것	제2류 위험물 철분ㆍ금속분ㆍ마그네슘 등	제2류 위험물 인화성 고체	제2류 위험물 그 밖의 것	제3류 위험물 금수성 물품	제3류 위험물 그 밖의 것	제4류 위험물	제5류 위험물	제6류 위험물
물분무 등 소화 설비	물분무소화설비										
	포소화설비										
	불활성가스소화설비										
	할로젠화합물소화설비										
	분말 소화 설비 — 인산염류 등										
	분말 소화 설비 — 탄산수소염류 등										
	분말 소화 설비 — 그 밖의 것										

해답

소화설비의 구분			제1류 위험물		제2류 위험물			제3류 위험물		제4류 위험물	제5류 위험물	제6류 위험물
			알칼리금속 과산화물 등	그 밖의 것	철분·금속분·마그네슘 등	인화성 고체	그 밖의 것	금수성 물품	그 밖의 것			
물분무등소화설비	물분무소화설비			○		○	○		○	○	○	○
	포소화설비			○		○	○		○	○	○	○
	불활성가스소화설비					○			○			
	할로젠화합물소화설비					○			○			
	분말소화설비	인산염류 등		○		○	○		○	○		○
		탄산수소염류 등	○		○	○		○		○		
		그 밖의 것	○		○			○				

03 벤젠에 수은을 촉매로 하여 질산을 반응시켜 제조하는 물질로 DDNP(diazodinitro phenol)의 원료로 사용되는 물질로서 페놀을 진한황산에 녹여 질산으로 작용시켜 만들기도 한다. 이 물질에 대한 다음 물음에 답하시오.
① 위험물안전관리법상 품명
② 구조식을 그리시오.

해설

트라이나이트로페놀($C_6H_2(NO_2)_3OH$, 피크르산)

㉠ 순수한 것은 무색이나 보통 공업용은 휘황색의 침전결정이며 충격, 마찰에 둔감하고 자연 분해하지 않으므로 장기 저장해도 자연발화의 위험 없이 안정하다.

㉡ 비중 1.8, 융점 122.5℃, 인화점 150℃, 비점 255℃, 발화온도 약 300℃, 폭발온도 3,320℃, 폭발속도 약 7,000m/s

㉢ 위험물안전관리법상 제5류 위험물로서 나이트로화합물에 해당한다.

해답

① 나이트로화합물

②

04 다음 도표의 빈칸을 채우시오.

유별	품명	지정수량	유별	품명	지정수량
제1류	아염소산염류	50kg	제3류	칼륨	10kg
	염소산염류	50kg		나트륨	10kg
	과염소산염류	50kg		알킬알루미늄	10kg
	①	50kg		알킬리튬	10kg
제2류	황화인	100kg		④	20kg
	적린	100kg			
	②	100kg			
	③	500kg			
	철분	500kg			
	금속분	500kg			

해답

① 무기과산화물류   ② 황   ③ 마그네슘   ④ 황린

05 황을 0.01wt% 함유한 1,000kg의 코크스를 과잉공기 중에서 완전연소 시켰을 때 발생되는 SO_2는 몇 g인지 구하시오.

해설

$1,000\text{kg} \times \dfrac{0.01}{100} = 0.1\text{kg} = 100\text{g}$

황의 연소반응식은 $S + O_2 \rightarrow SO_2$이므로

$\dfrac{100\text{g}-S}{} \left| \dfrac{1\text{mol}-S}{32\text{g}-S} \right| \dfrac{1\text{mol}-SO_2}{1\text{mol}-S} \left| \dfrac{64\text{g}-SO_2}{1\text{mol}-SO_2} \right. = 200\text{g}-SO_2$

해답

200g

06 다음 주어진 위험물과 물과의 반응식을 적으시오. (단, 물과의 반응이 없는 경우 "반응 없음"이라고 기재)

① 과산화나트륨
② 과염소산나트륨
③ 트라이에틸알루미늄
④ 인화칼슘
⑤ 아세트알데하이드

해설

① 과산화나트륨 : 흡습성이 있으므로 물과 접촉하면 발열 및 수산화나트륨(NaOH)과 산소(O_2)를 발생한다.

$2Na_2O_2+2H_2O \rightarrow 4NaOH+O_2$

② 과염소산나트륨 : 물에 잘 녹는 물질이며, 가연성 물질과의 접촉으로 화재 시 물로 소화한다.

③ 트라이에틸알루미늄 : 물과 접촉하면 폭발적으로 반응하여 에테인을 형성하고 이때 발열, 폭발에 이른다.

$(C_2H_5)_3Al+3H_2O \rightarrow Al(OH)_3+3C_2H_6$

④ 인화칼슘 : 물과 반응하여 가연성이며 독성이 강한 인화수소(PH_3, 포스핀)가스를 발생한다.

$Ca_3P_2+6H_2O \rightarrow 3Ca(OH)_2+2PH_3$

⑤ 아세트알데하이드 : 물에 잘 녹고, 구리, 수은, 마그네슘, 은 및 그 합금으로 된 취급설비는 아세트알데하이드와 반응에 의해 이들 간에 중합반응을 일으켜 구조불명의 폭발성 물질을 생성한다.

해답

① $2Na_2O_2+2H_2O \rightarrow 4NaOH+O_2$

② 반응 없음

③ $(C_2H_5)_3Al+3H_2O \rightarrow Al(OH)_3+3C_2H_6$

④ $Ca_3P_2+6H_2O \rightarrow 3Ca(OH)_2+2PH_3$

⑤ 반응 없음

07

다음 [보기]는 어떤 물질의 제조방법 3가지를 설명하고 있다. 이러한 방법으로 제조되는 제4류 위험물에 대해 다음 물음에 답하시오.

[보기] • 에틸렌과 산소를 염화구리($CuCl_2$) 또는 염화팔라듐($PdCl_2$) 촉매하에서 반응시켜 제조
• 에탄올을 산화시켜 제조
• 황산수은(Ⅱ) 촉매하에서 아세틸렌에 물을 첨가시켜 제조

① 위험도는 얼마인가?
② 이 물질이 공기 중 산소에 의해 산화되어 다른 종류의 제4류 위험물이 생성되는 반응식을 쓰시오.

해설

아세트알데하이드의 일반적 성질

㉠ 무색이며 고농도는 자극성 냄새가 나며 저농도의 것은 과일 같은 향이 나는 휘발성이 강한 액체로서 물, 에탄올, 에터에 잘 녹고, 고무를 녹인다.

㉡ 산화 시 초산, 환원 시 에탄올이 생성된다.

$CH_3CHO+\dfrac{1}{2}O_2 \rightarrow CH_3COOH$ (산화작용)

$CH_3CHO+H_2 \rightarrow C_2H_5OH$ (환원작용)

㉢ 분자량(44), 비중(0.78), 비점(21℃), 인화점(−40℃), 발화점(175℃)이 매우 낮고 연소범위(4.1~57%)가 넓으나 증기압(750mmHg)이 높아 휘발이 잘 되고, 인화성, 발화성이 강하며 수용액상태에서도 인화의 위험이 있다.

ⓓ 제조방법

　　ⓐ 에틸렌의 직접 산화법 : 에틸렌을 염화구리 또는 염화팔라듐의 촉매하에서 산화반응시켜 제조한다.

$$2C_2H_4+O_2 \rightarrow 2CH_3CHO$$

　　ⓑ 에틸알코올의 직접 산화법 : 에틸알코올을 이산화망가니즈 촉매하에서 산화시켜 제조한다.

$$2C_2H_5OH+O_2 \rightarrow 2CH_3CHO+2H_2O$$

　　ⓒ 아세틸렌의 수화법 : 아세틸렌과 물을 수은 촉매하에서 수화시켜 제조한다.

$$C_2H_2+H_2O \rightarrow CH_3CHO$$

∴ 연소범위가 4~51%이므로 위험도(H)$= \dfrac{57-4.1}{4.1} ≒ 12.90$

해답

① 12.90

② $CH_3CHO + \dfrac{1}{2}O_2 \rightarrow CH_3COOH$

08 　위험물안전관리법에서 규정하고 있는 제조소 등에서 안전거리 및 보유공지에 대한 규제가 모두 해당되는 제조소 등의 명칭을 적으시오.

해설

위험물안전관리법상 "제조소 등"이라 함은 제조소, 저장소, 취급소를 말한다. 따라서 이에 해당하는 시설로는 위험물제조소, 옥내저장소, 옥외저장소, 옥외탱크저장소, 옥내탱크저장소, 지하탱크저장소, 이동탱크저장소, 간이탱크저장소, 암반탱크저장소, 주유취급소, 판매취급소, 이송취급소, 일반취급소가 있으며, 이 중 안전거리 및 보유공지의 규제를 받는 시설로는 옥내저장소, 옥외저장소, 옥외탱크저장소이다.

해답

옥내저장소, 옥외저장소, 옥외탱크저장소

09 　지하탱크저장소에는 액체위험물의 누설을 검사하기 위한 관을 4개소 이상 설치하여야 하는데, 그 설치기준을 4가지 쓰시오.

해답

① 이중관으로 한다(단, 소공이 없는 상부는 단관으로 할 수 있다).

② 재료는 금속관 또는 경질 합성수지관으로 한다.

③ 관은 탱크 전용실의 바닥 또는 탱크의 기초까지 닿게 한다.

④ 관의 밑부분부터 탱크의 중심 높이까지의 부분에는 소공이 뚫려 있어야 한다. 다만, 지하수위가 높은 장소에 있어서는 지하수위 높이까지의 부분에 소공이 뚫려 있어야 한다.

⑤ 상부는 물이 침투하지 아니하는 구조로 하고, 뚜껑은 검사 시에 쉽게 열 수 있도록 한다.

10

유별을 달리하는 위험물은 동일한 저장소에 저장하지 아니하여야 한다. 다만, 옥내저장소 또는 옥외저장소에 있어서 서로 1m 이상의 간격을 두는 경우에는 그러하지 아니하다. 다음 중 이에 해당하는 적당한 유별을 적으시오.

① 제1류 위험물(알칼리금속의 과산화물 또는 이를 함유한 것을 제외한다)

② 제6류 위험물

③ 제3류 위험물 중 자연발화성 물질(황린 또는 이를 함유한 것에 한한다)

④ 제2류 위험물 중 인화성 고체

해설

유별을 달리하는 위험물은 동일한 저장소(내화구조의 격벽으로 완전히 구획된 실이 2 이상 있는 저장소에 있어서는 동일한 실)에 저장하지 아니하여야 한다. 다만, 옥내저장소 또는 옥외저장소에 있어서 다음의 규정에 의한 위험물을 저장하는 경우로서 위험물을 유별로 정리하여 저장하는 한편, 서로 1m 이상의 간격을 두는 경우에는 그러하지 아니하다.

㉠ 제1류 위험물(알칼리금속의 과산화물 또는 이를 함유한 것을 제외한다)과 제5류 위험물을 저장하는 경우

㉡ 제1류 위험물과 제6류 위험물을 저장하는 경우

㉢ 제1류 위험물과 제3류 위험물 중 자연발화성 물질(황린 또는 이를 함유한 것에 한한다)을 저장하는 경우

㉣ 제2류 위험물 중 인화성 고체와 제4류 위험물을 저장하는 경우

㉤ 제3류 위험물 중 알킬알루미늄 등과 제4류 위험물(알킬알루미늄 또는 알킬리튬을 함유한 것에 한한다)을 저장하는 경우

㉥ 제4류 위험물과 제5류 위험물 중 유기과산화물 또는 이를 함유한 것을 저장하는 경우

해답

① 제5류 위험물

② 제1류 위험물

③ 제1류 위험물

④ 제4류 위험물

11

다음은 옥외저장소의 위치구조 및 설비의 기준에 대한 설명이다. 괄호 안을 알맞게 채우시오.

① (　　) 또는 (　　)을 저장하는 옥외저장소에는 불연성 또는 난연성의 천막 등을 설치하여 햇빛을 가릴 것

② 경계표시에는 황이 넘치거나 비산하는 것을 방지하기 위한 천막 등을 고정하는 장치를 설치하되, 천막 등을 고정하는 장치는 경계표시의 길이 (　　)마다 한 개 이상 설치할 것

③ 황을 저장 또는 취급하는 장소의 주위에는 (　　)와 (　　)를 설치할 것

해설

㉮ 과산화수소 또는 과염소산을 저장하는 옥외저장소의 기준

과산화수소 또는 과염소산을 저장하는 옥외저장소에는 불연성 또는 난연성의 천막 등을 설치하여 햇빛을 가릴 것

㉯ 옥외저장소 중 덩어리상태의 황만을 지반면에 설치한 경계표시의 안쪽에서 저장 또는 취급하는 것에 대한 기준

ⓐ 하나의 경계표시의 내부의 면적은 100m² 이하일 것

ⓑ 2 이상의 경계표시를 설치하는 경우에 있어서는 각각의 경계표시 내부의 면적을 합산한 면적은 1,000m² 이하로 하고, 인접하는 경계표시와 경계표시와의 간격은 공지의 너비의 2분의 1 이상으로 할 것. 다만, 저장 또는 취급하는 위험물의 최대수량이 지정수량의 200배 이상인 경우에는 10m 이상으로 하여야 한다.

ⓒ 경계표시는 불연재료로 만드는 동시에 황이 새지 아니하는 구조로 할 것

ⓓ 경계표시의 높이는 1.5m 이하로 할 것

ⓔ 경계표시에는 황이 넘치거나 비산하는 것을 방지하기 위한 천막 등을 고정하는 장치를 설치하되, 천막 등을 고정하는 장치는 경계표시의 길이 2m마다 한 개 이상 설치할 것

ⓕ 황을 저장 또는 취급하는 장소의 주위에는 배수구와 분리장치를 설치할 것

해답

① 과산화수소, 과염소산

② 2m

③ 배수구, 분리장치

12 위험물안전관리법상 제3류 위험물로서 비중 0.86, 융점 63.7℃, 비점 774℃인 은백색의 광택이 있는 경금속으로 녹는점 이상으로 가열하면 보라색 불꽃을 내면서 연소하는 물질이다. 이 물질에 대해 다음 물음에 답하시오.
  ① 지정수량   ② 연소반응식   ③ 물과의 반응식

해설

금속칼륨은 제3류 위험물로서 위험등급 Ⅰ에 해당하며 지정수량은 10kg이다.

녹는점 이상으로 가열하면 보라색 불꽃을 내면서 연소한다.

$4K + O_2 \rightarrow 2K_2O$

물과 격렬히 발열하고 반응하여 수산화칼륨과 수소가 발생한다.

$2K + 2H_2O \rightarrow 2KOH + H_2$

해답

① 10kg, ② $4K + O_2 \rightarrow 2K_2O$, ③ $2K + 2H_2O \rightarrow 2KOH + H_2$

13 어떤 화합물에 대한 질량을 분석한 결과 Na 58.97%, O 41.03%였다. 이 화합물의 ① 실험식과 ② 분자식을 구하시오. (단, 이 화합물의 분자량은 78g/mol이다.)

해설

① 실험식

  $Na : O = \dfrac{58.97}{23} : \dfrac{41.03}{16} = 2.56 : 2.56 = 1 : 1$

② 분자식

  분자식 = 실험식 × n, $Na_2O_2 = NaO \times 2$, $78 = 39 \times n$

  즉, 분자식은 Na_2O_2이다.

해답

① NaO, ② Na_2O_2

14 위험물안전관리법에 따라 옥내소화전 6개를 설치하는 제조소와 옥외소화전 3개를 설치하는 옥외탱크저장소의 경우 ① 수원의 용량이 가장 많은 소화설비와 ② 최소의 수원을 확보해야 할 용량을 구하시오.

해설

- 옥내소화전의 수원의 수량 : 가장 많이 설치된 층의 옥내소화전 설치개수(설치개수가 5개 이상인 경우는 5개)에 $7.8m^3$를 곱한 양 이상이 되도록 설치할 것

  수원의 양(Q) : $Q(m^3) = N \times 7.8m^3$(N, 5개 이상인 경우 5개)

  즉 $7.8m^3$란 법정 방수량 260L/min으로 30min 이상 기동할 수 있는 양

- 옥외소화전의 수원의 수량 : 옥외소화전의 설치개수(설치개수가 4개 이상인 경우는 4개의 옥외소화전)에 $13.5m^3$를 곱한 양 이상이 되도록 설치할 것

  수원의 양(Q) : $Q(m^3) = N \times 13.5m^3$($N$, 4개 이상인 경우 4개)

  즉 $13.5m^3$란 법정 방수량 450L/min으로 30min 이상 기동할 수 있는 양

문제에서 옥내소화전 6개를 설치하는 제조소의 경우

$Q(m^3) = N \times 7.8m^3 = 5 \times 7.8m^3 = 39m^3$

또한, 옥외소화전 3개를 설치하는 옥외탱크저장소의 경우

$Q(m^3) = N \times 13.5m^3 = N \times 13.5m^3 = 3 \times 13.5m^3 = 40.5m^3$

따라서 수원의 용량이 가장 많은 소화설비는 $40.5m^3$의 용량으로 옥외소화전 3개이며, 최소로 확보해야 하는 수원 또한 $40.5m^3$이다.

해답

① 옥외소화전

② $40.5m^3$

15 다음 그림과 같이 양쪽이 볼록한 타원형 탱크의 내용적(m^3)을 구하시오.

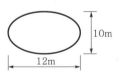

해설

$$V = \frac{\pi ab}{4}\left[l + \frac{l_1 + l_2}{3}\right] = \frac{\pi \times 12 \times 10}{4}\left[25 + \frac{3+3}{3}\right] = 2,544m^3$$

해답

$2,544m^3$

16 이송취급소의 지진 시 재해방지조치로서 진도계 4와 진도계 4 이상의 지진정보를 얻은 경우 재해의 발생 또는 확대를 방지하기 위하여 조치해야 하는 사항을 적으시오.

① 진도계 4   ② 진도계 5

해설

제137조(지진 시의 재해방지 조치) 규정에 의하여 지진을 감지하거나 지진의 정보를 얻은 경우에 재해의 발생 또는 확대를 방지하기 위하여 조치하여야 하는 사항은 다음과 같다.

1. 특정이송취급소에 있어서 규칙 별표 15 Ⅳ 제13호의 규정에 따른 감진장치가 가속도 40gal을 초과하지 아니하는 범위 내로 설정한 가속도 이상의 지진동을 감지한 경우에는 신속히 펌프의 정지, 긴급차단밸브의 폐쇄, 위험물을 이송하기 위한 배관 및 펌프 그리고 이것에 부속한 설비의 안전을 확인하기 위한 순찰 등 긴급 시에 적절한 조치가 강구되도록 준비할 것

2. 이송취급소를 설치한 지역에 있어서 **진도계 5 이상의 지진 정보를 얻은 경우에는 펌프의 정지 및 긴급차단밸브의 폐쇄를 행할 것**

3. 이송취급소를 설치한 지역에 있어서 **진도계 4 이상의 지진정보를 얻은 경우에는 해당 지역에 대한 지진재해정보를 계속 수집하고 그 상황에 따라 펌프의 정지 및 긴급차단밸브의 폐쇄를 행할 것**

4. 제2호의 규정에 의하여 펌프의 정지 및 긴급차단밸브의 폐쇄를 행한 경우 또는 규칙 별표 15 Ⅳ 제8호의 규정에 따른 안전제어장치가 지진에 의하여 작동되어 펌프가 정지되고 긴급차단밸브가 폐쇄된 경우에는 위험물을 이송하기 위한 배관 및 펌프에 부속하는 설비의 안전을 확인하기 위한 순찰을 신속히 실시할 것

5. 배관계가 강한 과도한 지진동을 받은 때에는 해당 배관에 관계된 최대상용압력의 1.25배의 압력으로 4시간 이상 수압시험(물 외의 적당한 기체 또는 액체를 이용하여 실시하는 시험을 포함한다. 제6호에 있어서 같다)을 하여 이상이 없음을 확인할 것

6. 제5호의 경우에 있어서 최대상용압력의 1.25배의 압력으로 수압시험을 하는 것이 적당하지 아니한 때에는 해당 최대상용압력의 1.25배 미만의 압력으로 수압시험을 실시할 것. 이 경우 해당 수압시험의 결과가 이상이 없다고 인정된 때에는 해당 시험압력을 1.25로 나눈 수치 이하의 압력으로 이송하여야 한다.

해답

① 해당 지역에 대한 지진재해정보를 계속 수집하고 그 상황에 따라 펌프의 정지 및 긴급차단밸브의 폐쇄

② 펌프의 정지 및 긴급차단밸브의 폐쇄

17 ┃ 다음은 위험물안전관리법상 옥내소화전의 가압송수장치 설치기준 중 압력수조를 이용하는 경우 필요한 압력을 구하는 공식이다. p_1, p_2, p_3 항목이 의미하는 바를 적으시오.
$$P = p_1 + p_2 + p_3 + 0.35\text{MPa}$$

해설

옥내소화전의 압력수조를 이용한 가압송수장치

$P = p_1 + p_2 + p_3 + 0.35\text{MPa}$

여기서, P : 필요한 압력(MPa), p_1 : 소방용 호스의 마찰손실수두압(MPa),

p_2 : 배관의 마찰손실수두압(MPa), p_3 : 낙차의 환산수두압(MPa)

해답

p_1 : 소방용 호스의 마찰손실수두압, p_2 : 배관의 마찰손실수두압, p_3 : 낙차의 환산수두압

18 위험물안전관리법령에 의하여 실시하는 위험물탱크 안전성능검사에서 침투탐상시험기준 결과의 판정기준 4가지를 적으시오.

[해답]

① 균열이 확인된 경우에는 불합격으로 할 것

② 선상 및 원형상의 결함 크기가 4mm를 초과할 경우에는 불합격으로 할 것

③ 2 이상의 결함지시모양이 동일선상에 연속해서 존재하고 그 상호간의 간격이 2mm 이하인 경우에는 상호간의 간격을 포함하여 연속된 하나의 결함지시모양으로 간주할 것. 다만, 결함지시모양 중 짧은 쪽의 길이가 2mm 이하이면서 결함지시모양 상호간의 간격 이하인 경우에는 독립된 결함지시모양으로 한다.

④ 결함지시모양이 존재하는 임의의 개소에 있어서 2,500mm^{2}의 사각형(한 변의 최대길이는 150mm로 한다) 내에 길이 1mm를 초과하는 결함지시모양의 길이의 합계가 8mm를 초과하는 경우에는 불합격으로 할 것

19 위험물안전관리법상 제1류 위험물 중 분자량 158, 비중 2.7이고 흑자색 또는 적자색의 결정으로 물에 녹으면 진한 보라색을 나타내는 물질에 대해 다음 물음에 답하시오.

① 명칭과 지정수량

② 분해반응식

③ 묽은황산과의 반응식

④ 진한황산과의 반응에서 생성되는 물질 2가지

[해설]

과망가니즈산칼륨(KMnO$_4$)의 일반적 성질과 위험성

㉮ 일반적 성질

　㉠ 분자량 : 158, 비중 : 2.7, 분해온도 : 약 200~250℃, 흑자색 또는 적자색의 결정

　㉡ 수용액은 산화력과 살균력(3%-피부살균, 0.25%-점막살균)을 나타낸다.

　㉢ 240℃에서 가열하면 망가니즈산칼륨, 이산화망가니즈, 산소가 발생한다.

　　$2KMnO_4 \rightarrow K_2MnO_4 + MnO_2 + O_2$

㉯ 위험성

　㉠ 에터, 알코올류, [진한황산+(가연성 가스, 염화칼륨, 테레빈유, 유기물, 피크르산)]과 혼촉되는 경우 발화하고 폭발의 위험성을 갖는다.

　　(묽은황산과의 반응식) $4KMnO_4 + 6H_2SO_4 \rightarrow 2K_2SO_4 + 4MnSO_4 + 6H_2O + 5O_2$

　　(진한황산과의 반응식) $2KMnO_4 + H_2SO_4 \rightarrow K_2SO_4 + 2HMnO_4$

　㉡ 고농도의 과산화수소와 접촉 시 폭발하며 황화인과 접촉 시 자연발화의 위험이 있다.

　㉢ 환원성 물질(목탄, 황 등)과 접촉 시 폭발할 위험이 있다.

　㉣ 망가니즈산화물의 산화성 크기 : $MnO < Mn_2O_3 < KMnO_2 < Mn_2O_7$

[해답]

① 과망가니즈산칼륨, 1,000kg

② $2KMnO_4 \rightarrow K_2MnO_4 + MnO_2 + O_2$

③ $4KMnO_4 + 6H_2SO_4 \rightarrow 2K_2SO_4 + 4MnSO_4 + 6H_2O + 5O_2$

④ 황산칼륨(K$_2$SO$_4$), 과망가니즈산(HMnO$_4$)

20 위험물안전관리법상 포소화설비의 설치기준에서 다음에서 주어진 각 고정포방출구의 지붕의 구조 및 주입법에 대하여 적으시오.
① Ⅰ형
② Ⅱ형
③ 특형

해설

포방출구의 구분

㉠ Ⅰ형 : 고정지붕구조의 탱크에 상부 포주입법(고정포방출구를 탱크 옆판의 상부에 설치하여 액표면상에 포를 방출하는 방법을 말한다. 이하 같다)을 이용하는 것으로서 방출된 포가 액면 아래로 몰입되거나 액면을 뒤섞지 않고 액면상을 덮을 수 있는 통계단 또는 미끄럼판 등의 설비 및 탱크 내의 위험물 증기가 외부로 역류되는 것을 저지할 수 있는 구조·기구를 갖는 포방출구

㉡ Ⅱ형 : 고정지붕구조 또는 부상덮개부착 고정지붕구조(옥외저장탱크의 액상에 금속제의 플로팅, 팬 등의 덮개를 부착한 고정지붕구조의 것을 말한다. 이하 같다)의 탱크에 상부 포주입법을 이용하는 것으로서 방출된 포가 탱크 옆판의 내면을 따라 흘러내려가면서 액면 아래로 몰입되거나 액면을 뒤섞지 않고 액면상을 덮을 수 있는 반사판 및 탱크 내의 위험물 증기가 외부로 역류되는 것을 저지할 수 있는 구조·기구를 갖는 포방출구

㉢ 특형 : 부상지붕구조의 탱크에 상부 포주입법을 이용하는 것으로서 부상지붕의 부상부분 상에 높이 0.9m 이상의 금속제 칸막이(방출된 포의 유출을 막을 수 있고 충분한 배수능력을 갖는 배수구를 설치한 것에 한한다)를 탱크 옆판의 내측으로부터 1.2m 이상 이격하여 설치하고 탱크 옆판과 칸막이에 의하여 형성된 환상부분(이하 "환상부분"이라 한다)에 포를 주입하는 것이 가능한 구조의 반사판을 갖는 포방출구

㉣ Ⅲ형 : 고정지붕구조의 탱크에 저부 포주입법(탱크의 액면하에 설치된 포방출구로부터 포를 탱크 내에 주입하는 방법을 말한다)을 이용하는 것으로서 송포관(발포기 또는 포발생기에 의하여 발생된 포를 보내는 배관을 말한다. 해당 배관으로 탱크 내의 위험물이 역류되는 것을 저지할 수 있는 구조·기구를 갖는 것에 한한다. 이하 같다)으로부터 포를 방출하는 포방출구(Ⅲ형의 포방출구를 설치하기 위한 위험물의 조건은 1. 비수용성, 2. 저장온도 50℃ 이하, 3. 동점도(動粘度) 100cSt 이하이다.)

㉤ Ⅳ형 : 고정지붕구조의 탱크에 저부 포주입법을 이용하는 것으로서 평상시에는 탱크의 액면하의 저부에 설치된 격납통(포를 보내는 것에 의하여 용이하게 이탈되는 캡을 갖는 것을 포함한다)에 수납되어 있는 특수호스 등이 송포관의 말단에 접속되어 있다가 포를 보내는 것에 의하여 특수호스 등이 전개되어 그 선단이 액면까지 도달한 후 포를 방출하는 포방출구

해답

① 고정지붕구조의 탱크에 상부 포주입법
② 고정지붕구조 또는 부상덮개부착 고정지붕구조의 탱크에 상부 포주입법
③ 부상지붕구조의 탱크에 상부 포주입법

제62회
(2017년 9월 9일 시행)

위험물기능장 실기

01 다음 주어진 물질 중에서 물과 반응하여 ① 발생하는 가스의 위험도가 가장 큰 물질의 물과의 반응식과 ② 발생하는 가스의 위험도를 구하시오.

> 인화알루미늄, 과산화마그네슘, 수소화칼륨, 탄화칼슘

해설

- $AlP + 3H_2O \rightarrow Al(OH)_3 + PH_3$
- $KH + H_2O \rightarrow KOH + H_2$
- $MgO_2 + H_2O \rightarrow Mg(OH)_2 + [O]$
- $CaC_2 + 2H_2O \rightarrow Ca(OH)_2 + C_2H_2$

$H = \dfrac{U-L}{L}$ 이므로 인화알루미늄의 물과의 접촉반응으로 발생하는 포스핀의 경우

연소범위는 1.6~95%이므로 $H = \dfrac{95-1.6}{1.6} = 58.38$

해답

① $AlP + 3H_2O \rightarrow Al(OH)_3 + PH_3$ ② 58.38

02 다음 주어진 동식물유류를 건성유와 불건성유로 구분하여 적으시오.

> 들기름, 아마인유, 동유, 정어리유, 올리브유, 피마자유, 동백유, 땅콩기름, 야자유

해설

아이오딘값 : 유지 100g에 부가되는 아이오딘의 g수. 불포화도가 증가할수록 아이오딘값이 증가하며, 자연발화의 위험이 있다.
㉠ 건성유 : 아이오딘값이 130 이상인 것
   이중결합이 많아 불포화도가 높기 때문에 공기 중에서 산화되어 액 표면에 피막을 만드는 기름
   예) 아마인유, 들기름, 동유, 정어리기유, 해바라기유 등
㉡ 반건성유 : 아이오딘값이 100~130인 것
   공기 중에서 건성유보다 얇은 피막을 만드는 기름
   예) 참기름, 옥수수기름, 청어기름, 채종유, 면실유(목화씨유), 콩기름, 쌀겨유 등
㉢ 불건성유 : 아이오딘값이 100 이하인 것
   공기 중에서 피막을 만들지 않는 안정된 기름
   예) 올리브유, 피마자유, 야자유, 땅콩기름, 동백유 등

해답

① 건성유 : 들기름, 아마인유, 동유, 정어리유
② 불건성유 : 올리브유, 피마자유, 동백유, 땅콩기름, 야자유

03 다음은 위험물을 취급하는 제조소 등에 대한 피난설비 설치기준이다. 괄호 안을 알맞게 채우시오.

① 주유취급소 중 건축물의 (㉮)층 이상의 부분을 점포·휴게음식점 또는 전시장의 용도로 사용하는 것에 있어서는 해당 건축물의 2층 이상으로부터 직접 주유취급소의 부지 밖으로 통하는 출입구와 해당 출입구로 통하는 통로·계단 및 출입구에 (㉯)을 설치하여야 한다.

② 옥내주유취급소에 있어서는 해당 사무소 등의 출입구 및 피난구와 해당 피난구로 통하는 통로·계단 및 출입구에 (   )을 설치하여야 한다.

③ 유도등에는 비상전원을 설치하여야 한다.

해답

① ㉮ 2, ㉯ 유도등

② 유도등

04 다음 주어진 위험물의 구조식을 그리시오.

① 나이트로글리세린

② 과산화벤조일

해설

① 나이트로글리세린의 일반적 성질

 ㉠ 다이너마이트, 로켓, 무연화약의 원료로 순수한 것은 무색투명한 기름성의 액체(공업용 시판품은 담황색)이며 점화하면 즉시 연소하고 폭발력이 강하다.

 ㉡ 물에는 거의 녹지 않으나 메탄올, 벤젠, 클로로폼, 아세톤 등에는 녹는다.

 ㉢ 다공질 물질을 규조토에 흡수시켜 다이너마이트를 제조한다.

 ㉣ 분자량 227, 비중 1.6, 융점 2.8℃, 비점 160℃

 ㉤ 40℃에서 분해되기 시작하고 145℃에서 격렬히 분해되며 200℃ 정도에서 스스로 폭발한다.

 $4C_3H_5(ONO_2)_3 \rightarrow 12CO_2 + 10H_2O + 6N_2 + O_2$

② 과산화벤조일의 일반적 성질

 ㉠ 무미, 무취의 백색분말 또는 무색의 결정성 고체로 물에는 잘 녹지 않으나 알코올 등에는 잘 녹는다.

 ㉡ 운반 시 30% 이상의 물을 포함시켜 풀 같은 상태로 수송된다.

 ㉢ 상온에서는 안정하나 산화작용을 하며, 가열하면 약 100℃ 부근에서 분해된다.

 ㉣ 비중 1.33, 융점 103~105℃, 발화온도 125℃

해답

①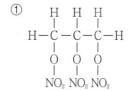

②

05 위험물제조소 등에 대한 위험물탱크안전성능검사의 종류를 4가지 적으시오.

[해설]

탱크안전성능검사의 대상이 되는 탱크 및 신청시기

① 기초·지반 검사	검사대상	옥외탱크저장소의 액체위험물 탱크 중 그 용량이 100만L 이상인 탱크
	신청시기	위험물탱크의 기초 및 지반에 관한 공사의 개시 전
② 충수·수압 검사	검사대상	액체위험물을 저장 또는 취급하는 탱크
	신청시기	위험물을 저장 또는 취급하는 탱크에 배관, 그 밖에 부속설비를 부착하기 전
③ 용접부검사	검사대상	①의 규정에 의한 탱크
	신청시기	탱크 본체에 관한 공사의 개시 전
④ 암반탱크검사	검사대상	액체위험물을 저장 또는 취급하는 암반 내의 공간을 이용한 탱크
	신청시기	암반탱크의 본체에 관한 공사의 개시 전

[해답]

① 기초·지반검사　② 충수·수압검사　③ 용접부검사　④ 암반탱크검사

06 다음은 위험물의 저장 및 취급에 관한 공통기준이다. 괄호 안을 알맞게 채우시오.
① 위험물을 저장 또는 취급하는 건축물, 그 밖의 공작물 또는 설비는 해당 위험물의 성질에 따라 (㉮) 또는 (㉯)를 해야 한다.
② 위험물을 (㉮) 중에 보존하는 경우에는 해당 위험물이 (㉯)으로부터 노출하지 아니하도록 하여야 한다.
③ 가연성의 액체·증기 또는 가스가 새거나 체류할 우려가 있는 장소 또는 가연성의 미분이 현저하게 부유할 우려가 있는 장소에서는 전선과 전기기구를 완전히 접속하고 ( )을 발하는 기계·기구·공구 등을 사용하거나 마찰에 의하여 불꽃을 발산하는 기계·기구·공구·신발 등을 사용하지 아니하여야 한다.

[해답]

① ㉮ 차광, ㉯ 환기
② ㉮ 보호액, ㉯ 보호액
③ 불꽃

07 이송취급소의 설치에 필요한 긴급차단밸브 및 차단밸브에 관한 첨부서류의 종류 5가지를 쓰시오.

[해설]

위험물안전관리법 시행규칙 [별표 1] 참조

[해답]

① 구조설명서
② 기능설명서
③ 강도에 관한 설명
④ 제어계통도
⑤ 밸브의 종류, 형식, 재료에 관하여 기재한 서류

08 위험물제조소의 경우 가연성의 증기 또는 미분이 체류할 우려가 있는 건축물에는 그 증기 또는 미분을 옥외의 높은 곳으로 배출할 수 있도록 배출설비를 국소방식으로 해야 한다. 전역방식으로 할 수 있는 경우 2가지를 적으시오.

해설

위험물제조소의 배출설비 기준

가연성의 증기 또는 미분이 체류할 우려가 있는 건축물에는 그 증기 또는 미분을 옥외의 높은 곳으로 배출할 수 있도록 다음의 기준에 의하여 배출설비를 설치하여야 한다.

㉮ 배출설비는 국소방식으로 하여야 한다. 다만, 다음의 어느 하나에 해당하는 경우에는 전역방식으로 할 수 있다.
 ㉠ 위험물취급설비가 배관이음 등으로만 된 경우
 ㉡ 건축물의 구조·작업장소의 분포 등의 조건에 의하여 전역방식이 유효한 경우
㉯ 배출설비는 배풍기·배출덕트·후드 등을 이용하여 강제적으로 배출하는 것으로 하여야 한다.
㉰ 배출능력은 1시간당 배출장소 용적의 20배 이상인 것으로 하여야 한다. 다만, 전역방식의 경우에는 바닥면적 1m²당 18m³ 이상으로 할 수 있다.

해답

① 위험물취급설비가 배관이음 등으로만 된 경우
② 건축물의 구조·작업장소의 분포 등의 조건에 의하여 전역방식이 유효한 경우

09 위험물안전관리법상 2가지 이상 포함하는 물품이 속하는 품명의 판단기준에 대해 다음 괄호 안을 알맞게 채우시오.
① 복수성상물품이 산화성 고체의 성상 및 가연성 고체의 성상을 가지는 경우
 : 제( )류에 의한 품명
② 복수성상물품이 산화성 고체의 성상 및 자기반응성 물질의 성상을 가지는 경우
 : 제( )류에 의한 품명
③ 복수성상물품이 가연성 고체의 성상과 자연발화성 물질의 성상 및 금수성 물질의 성상을 가지는 경우 : 제( )류에 의한 품명
④ 복수성상물품이 자연발화성 물질의 성상, 금수성 물질의 성상 및 인화성 액체의 성상을 가지는 경우 : 제( )류에 의한 품명
⑤ 복수성상물품이 인화성 액체의 성상 및 자기반응성 물질의 성상을 가지는 경우
 : 제( )류에 의한 품명

해설

위험물안전관리법 시행령 [별표 8]에서 위험물의 성질란에 규정된 성상을 2가지 이상 포함하는 물품(이하 이 호에서 "복수성상물품"이라 한다)이 속하는 품명의 판단기준은 다음과 같다.
① 복수성상물품이 산화성 고체의 성상 및 가연성 고체의 성상을 가지는 경우 : 제2류에 의한 품명
② 복수성상물품이 산화성 고체의 성상 및 자기반응성 물질의 성상을 가지는 경우 : 제5류에 의한 품명
③ 복수성상물품이 가연성 고체의 성상과 자연발화성 물질의 성상 및 금수성 물질의 성상을 가지는 경우 : 제3류에 의한 품명
④ 복수성상물품이 자연발화성 물질의 성상, 금수성 물질의 성상 및 인화성 액체의 성상을 가지는 경우 : 제3류에 의한 품명
⑤ 복수성상물품이 인화성 액체의 성상 및 자기반응성 물질의 성상을 가지는 경우 : 제5류에 의한 품명

해답

① 2, ② 5, ③ 3, ④ 3, ⑤ 5

10 제3류 위험물인 칼륨에 대해 다음 물음에 답하시오..
① 이산화탄소와의 반응식
② 에탄올과의 반응식
③ 사염화탄소와의 반응식

해설

①, ③ CO_2, CCl_4와 격렬히 반응하여 연소, 폭발의 위험이 있으며, 연소 중에 모래를 뿌리면 규소(Si) 성분과 격렬히 반응한다.

$4K + 3CO_2 \rightarrow 2K_2CO_3 + C$ (연소 · 폭발), $4K + CCl_4 \rightarrow 4KCl + C$ (폭발)

② 알코올과 반응하여 칼륨에틸레이트를 만들며 수소를 발생한다.

$2K + 2C_2H_5OH \rightarrow 2C_2H_5OK + H_2$

해답

① $4K + 3CO_2 \rightarrow 2K_2CO_3 + C$

② $2K + 2C_2H_5OH \rightarrow 2C_2H_5OK + H_2$

③ $4K + CCl_4 \rightarrow 4KCl + C$

11 다음 주어진 제조소 등의 구분에 따른 소화설비를 적으시오.

제조소 등의 구분			소화설비
옥내 저장소	처마높이가 6m 이상인 단층건물 또는 다른 용도의 부분이 있는 건축물에 설치한 옥내저장소		①
	그 밖의 것		옥외소화전설비, 스프링클러설비, 이동식 외의 물분무 등 소화설비 또는 이동식 포소화설비(포소화전을 옥외에 설치하는 것에 한한다)
옥외 탱크 저장소	지중탱크 또는 해상탱크 외의 것	황만을 저장, 취급하는 것	②
		인화점 70℃ 이상의 제4류 위험물만을 저장, 취급하는 것	③
		그 밖의 것	고정식 포소화설비(포소화설비가 적응성이 없는 경우에는 분말소화설비)
	지중탱크		고정식 포소화설비, 이동식 이외의 불활성가스소화설비 또는 이동식 이외의 할로젠화합물소화설비
	해상탱크		고정식 포소화설비, 물분무포소화설비, 이동식 이외의 불활성가스소화설비 또는 이동식 이외의 할로젠화합물소화설비

해답

① 스프링클러설비 또는 이동식 외의 물분무 등 소화설비
② 물분무소화설비
③ 물분무소화설비 또는 고정식 포소화설비

12 위험물제조소와 학교와의 거리가 20m로 위험물안전에 의한 안전거리를 충족할 수 없어서 방화상 유효한 담을 설치하고자 한다. 위험물제조소 외벽 높이 10m, 학교 높이 15m이며, 위험물제조소와 방화상 유효한 담의 거리는 5m인 경우 방화상 유효한 담의 높이를 쓰시오. (단, 학교건물은 방화구조이고, 위험물제조소에 면한 부분의 개구부에 방화문이 설치되어 있지 않다.)

해설

제조소 등의 안전거리의 단축기준

취급하는 위험물이 최대수량(지정수량 배수)의 10배 미만이고, 주거용 건축물, 문화재, 학교 등의 경우 불연재료로 된 방화상 유효한 담 또는 벽을 설치하는 경우에는 안전거리를 단축할 수 있다.

• 방화상 유효한 담의 높이

ㄱ $H \leq pD^2 + a$인 경우 : $h = 2$

ㄴ $H > pD^2 + a$인 경우 : $h = H - p(D^2 - d^2)$

ㄷ D, H, a, d, h 및 p는 다음과 같다.

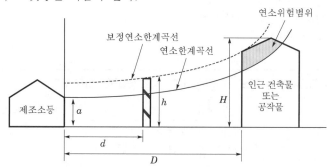

여기서, D : 제조소 등과 인근 건축물 또는 공작물과의 거리(m)

H : 인근 건축물 또는 공작물의 높이(m)

a : 제조소 등의 외벽의 높이(m)

d : 제조소 등과 방화상 유효한 담과의 거리(m)

h : 방화상 유효한 담의 높이(m)

인근 건축물 또는 공작물의 구분	p의 값
• 학교 · 주택 · 문화재 등의 건축물 또는 공작물이 목조인 경우 • 학교 · 주택 · 문화재 등의 건축물 또는 공작물이 방화구조 또는 내화구조이고, 제조소 등에 면한 부분의 개구부에 60분+방화문 · 60분방화문 또는 30분방화문이 설치되지 않은 경우	0.04
• 학교 · 주택 · 문화재 등의 건축물 또는 공작물이 방화구조인 경우 • 학교 · 주택 · 문화재 등의 건축물 또는 공작물이 방화구조 또는 내화구조이고, 제조소 등에 면한 부분의 개구부에 30분방화문이 설치된 경우	0.15
학교 · 주택 · 문화재 등의 건축물 또는 공작물이 내화구조이고, 제조소 등에 면한 개구부에 60분+방화문 또는 60분방화문이 설치된 경우	∞

따라서 학교건물은 방화구조이고, 위험물제조소에 면한 부분의 개구부에 방화문이 설치되지 않았으므로 상수 $p = 0.04$이고, $H \leq pD^2 + a$인 경우에 해당한다.

$15 > (0.04)(20)^2 + 10 = 26$ ∴ $h = 2$m로 해야 한다.

해답

2m

13 ANFO 폭약에 관하여 다음 물음에 답하시오.
① 분자식
② 분해반응식

해설

질산암모늄은 강력한 산화제로 화약의 재료이며, 200℃에서 열분해하여 산화이질소와 물을 생성한다. 특히 ANFO 폭약은 NH_4NO_3와 경유를 94%와 6%로 혼합하여 기폭약으로 사용하며 단독으로도 폭발의 위험이 있다. 그리고 약 220℃에서 가열할 때 분해되어 아산화질소(N_2O)와 수증기(H_2O)를 발생시키고 계속 가열하면 폭발한다.
$$NH_4NO_3 \rightarrow N_2O + 2H_2O(at\ 200℃)$$

해답

① NH_4NO_3
② $2NH_4NO_3 \rightarrow 2N_2 + 4H_2O + O_2$

14 뚜껑이 개방된 용기에 1기압 10℃의 공기가 있다. 이것을 400℃로 가열할 때 처음 공기량의 몇 %가 용기 밖으로 나오는지 구하시오.

해설

샤를의 법칙에서
$$\frac{V_1}{T_1} = \frac{V_2}{T_2}$$
$$V_2 = \frac{T_2 V_1}{T_1} = \frac{(400+273.15)\text{K} \cdot V_1}{(10+273.15)\text{K}} = 2.377 V_1$$
밖에 나온 공기량 $= 2.377 V_1 - V_1 = 1.377 V_1$

∴ 용기 밖으로 나온 공기량(%) $= \dfrac{밖으로\ 나온\ 공기량}{전체\ 공기량} \times 100 = \dfrac{1.377 V_1}{2.377 V_1} \times 100 = 57.93\%$

해답

57.93%

15 하이드록실아민 200kg을 취급하는 위험물제조소에서의 안전거리를 구하시오. (단, 하이드록실아민은 시험결과에 따라 제2종으로 분류되었다.)

해설

하이드록실아민(N_3NO)은 제5류 위험물로서, 시험결과에 따라 제2종으로 분류되었으므로 지정수량은 100kg이다.
지정수량 배수 $= \dfrac{저장수량}{지정수량} = \dfrac{200\text{kg}}{100\text{kg}} = 2$배
$$D = 51.1 \times \sqrt[3]{N}$$
여기서, D : 안전거리(m)
N : 해당 제조소에서 취급하는 하이드록실아민 등의 지정수량의 배수
즉, $D = 51.1 \times \sqrt[3]{2} = 64.38\text{m}$이다.

해답

64.38m

16 주유취급소에 설치하는 표지판과 게시판 기준에 대해 적으시오.

[해답]

① 주유 중 엔진 정지 표지판 기준
   ㉠ 규격 : 한 변의 길이 0.3m 이상, 다른 한 변의 길이 0.6m 이상
   ㉡ 색깔 : 황색바탕에 흑색문자
② 화기 엄금 게시판 기준
   ㉮ 규격 : 한 변의 길이 0.3m 이상, 다른 한 변의 길이 0.6m 이상
   ㉯ 색깔 : 적색바탕에 백색문자

17 할로젠원소의 오존층파괴지수인 ODP를 구하는 식을 적으시오.

[해설]

ODP(Ozone Depletion Potential) : 오존층 파괴지수

$$ODP = \frac{물질\ 1kg에\ 의해\ 파괴되는\ 오존량}{CFC-11\ 1kg에\ 의해\ 파괴되는\ 오존량}$$

[해답]

$$ODP = \frac{물질\ 1kg에\ 의해\ 파괴되는\ 오존량}{CFC-11\ 1kg에\ 의해\ 파괴되는\ 오존량}$$

18 다음은 포소화설비의 기동장치에 관한 기준이다. 괄호 안을 알맞게 채우시오.
① 자동식 기동장치는 (   )의 작동 또는 폐쇄형 스프링클러헤드의 개방과 연동하여 가압송수장치, 일제개방밸브 및 포소화약제 혼합장치가 기동될 수 있도록 할 것
② 수동식 기동장치
   ㉠ 직접조작 또는 (   )에 의하여 가압송수장치, 수동식 개방밸브 및 포소화약제 혼합 장치를 기동할 수 있을 것
   ㉡ 2 이상의 방사구역을 갖는 포소화설비는 방사구역을 선택할 수 있는 구조로 할 것
   ㉢ 기동장치의 조작부는 화재 시 접근이 용이하고 바닥면으로부터 (   ) 이상, (   ) 이하의 높이에 설치할 것
   ㉣ 기동장치의 (   )에는 유리 등에 의한 방호조치가 되어 있을 것
   ㉤ 기동장치의 조작부 및 호스 접속구에는 직근의 보기 쉬운 장소에 각각 "기동장치의 조작부" 또는 "접속구"라고 표시할 것

[해답]

① 자동화재탐지설비의 감지기
② ㉠ 원격조작
   ㉢ 0.8m, 1.5m
   ㉣ 조작부

19 다음 불활성기체 소화약제에 대한 구성성분을 쓰시오.
① 불연성·불활성 기체혼합가스(IG-01)
② 불연성·불활성 기체혼합가스(IG-100)
③ 불연성·불활성 기체혼합가스(IG-541)
④ 불연성·불활성 기체혼합가스(IG-55)

해설

소화설비에 적용되는 불활성기체 소화약제는 다음 표에서 정하는 것에 한한다.

소화약제	구성원소와 비율
불연성·불활성 기체혼합가스(IG-01)	$Ar : 100\%$
불연성·불활성 기체혼합가스(IG-100)	$N_2 : 100\%$
불연성·불활성 기체혼합가스(IG-541)	$N_2 : 52\%$, $Ar : 40\%$, $CO_2 : 8\%$
불연성·불활성 기체혼합가스(IG-55)	$N_2 : 50\%$, $Ar : 50\%$

해답

① Ar, ② N_2, ③ N_2, Ar, CO_2, ④ N_2, Ar

20 다음은 클리브랜드(Cleaveland)개방컵 인화점측정기에 의한 인화점 측정시험방법이다. 괄호 안을 알맞게 채우시오.
① 시험장소는 1기압, 무풍의 장소로 할 것
② 「인화점 및 연소점 시험방법-클리브랜드개방컵 시험방법」(KS M ISO 2592)에 의한 인화점측정기의 시료컵 표선까지 시험물품을 채우고 시험물품 표면의 기포를 제거할 것
③ 시험불꽃을 점화하고 화염의 크기를 직경 (㉮)mm가 되도록 조정할 것
④ 시험물품의 온도가 60초간 (㉯)℃의 비율로 상승하도록 가열하고 설정온도보다 55℃ 낮은 온도에 달하면 가열을 조절하여 설정온도보다 28℃ 낮은 온도에서 60초간 (㉰)℃의 비율로 온도가 상승하도록 할 것
⑤ 시험물품의 온도가 설정온도보다 28℃ 낮은 온도에 달하면 시험불꽃을 시료컵의 중심을 횡단하여 일직선으로 (㉱)초간 통과시킬 것. 이 경우 시험불꽃의 중심을 시료컵 위쪽 가장자리의 상방 (㉲)mm 이하에서 수평으로 움직여야 한다.
⑥ ⑤의 방법에 의하여 인화하지 않는 경우에는 시험물품의 온도가 2℃ 상승할 때마다 시험불꽃을 시료컵의 중심을 횡단하여 일직선으로 1초간 통과시키는 조작을 인화할 때까지 반복할 것
⑦ ⑥의 방법에 의하여 인화한 온도와 설정온도와의 차가 4℃를 초과하지 않는 경우에는 해당 온도를 인화점으로 할 것
⑧ ⑤의 방법에 의하여 인화한 경우 및 ⑥의 방법에 의하여 인화한 온도와 설정온도와의 차가 4℃를 초과하는 경우에는 ② 내지 ⑥과 같은 순서로 반복하여 실시할 것

해답

㉮ 4, ㉯ 14, ㉰ 5.5, ㉱ 1, ㉲ 2

제63회
(2018년 5월 26일 시행)

위험물기능장 실기

01 다음 주어진 내용에 대해 특정옥외저장탱크의 용접방법을 쓰시오.
① 에뉼러판과 에뉼러판
② 에뉼러판과 밑판
③ 옆판과 에뉼러판
④ 옆판의 세로이음 및 가로이음 용접

【해설】

특정옥외저장탱크의 용접방법
㉮ 옆판의 용접
　㉠ 세로이음 및 가로이음은 완전용입 맞대기용접으로 할 것
　㉡ 옆판의 세로이음은 단을 달리하는 옆판의 각각의 세로이음과 동일선상에 위치하지 아니하도록 할 것. 이 경우 해당 세로이음간의 간격은 서로 접하는 옆판 중 두꺼운 쪽 옆판의 5배 이상으로 하여야 한다.
㉯ 옆판과 에뉼러판(에뉼러판이 없는 경우에는 밑판)과의 용접은 부분용입 그룹용접 또는 이와 동등 이상의 용접강도가 있는 용접방법으로 용접할 것. 이 경우에 있어서 용접 비드(bead)는 매끄러운 형상을 가져야 한다.
㉰ 에뉼러판과 에뉼러판은 뒷면에 재료를 댄 맞대기용접으로 하고, 에뉼러판과 밑판 및 밑판과 밑판의 용접은 뒷면에 재료를 댄 맞대기용접 또는 겹치기용접으로 용접할 것. 이 경우에 에뉼러판과 밑판의 용접부의 강도 및 밑판과 밑판의 용접부의 강도에 유해한 영향을 주는 흠이 있어서는 아니된다.

【해답】

① 뒷면에 재료를 댄 맞대기용접
② 뒷면에 재료를 댄 맞대기용접 또는 겹치기용접
③ 부분용입 그룹용접
④ 완전용입 맞대기용접

02 지하저장탱크의 과충전방지장치의 설치기준 2가지를 쓰시오.

【해답】

① 탱크용량을 초과하는 위험물이 주입될 때 자동으로 그 주입구를 폐쇄하거나 위험물의 공급을 자동으로 차단하는 방법
② 탱크용량의 90%가 찰 때 경보음을 울리는 방법

03 특수인화물에 해당하는 아세트알데하이드를 다음과 같이 저장할 경우 유지해야 할 저장온도를 쓰시오.
① 보냉장치가 있는 이동저장탱크
② 보냉장치가 없는 이동저장탱크
③ 지하저장탱크 중 압력탱크에 저장하는 경우
④ 옥내저장탱크 중 압력탱크에 저장하는 경우
⑤ 옥외저장탱크 중 압력탱크 외에 저장하는 경우

해답

① 비점 이하
② 40℃ 이하
③ 40℃ 이하
④ 40℃ 이하
⑤ 15℃ 이하

04 454g의 나이트로글리세린이 완전연소해 분해할 때 발생하는 기체의 체적은 200℃, 1기압에서 몇 리터인지 쓰시오.

해설

㉮ 나이트로글리세린의 일반적 성질
  ㉠ 제5류 위험물 중 질산에스터류에 해당하며, 다이너마이트, 로켓, 무연화약의 원료로 순수한 것은 무색투명한 기름성의 액체(공업용 시판품은 담황색)이며, 점화하면 즉시 연소하고 폭발력이 강하다.
  $$4C_3H_5(ONO_2)_3 \rightarrow 12CO_2 + 10H_2O + 6N_2 + O_2$$
  ㉡ 물에는 거의 녹지 않으나 메탄올, 벤젠, 클로로폼, 아세톤 등에는 녹는다.
  ㉢ 다공질 물질을 규조토에 흡수시켜 다이너마이트를 제조한다.
  ㉣ 분자량 227, 비중 1.6, 융점 2.8℃, 비점 160℃
㉯ 완전연소할 때 발생하는 기체의 몰수는 생성물의 전체 몰수이므로 29몰에 해당한다.
$$\frac{454g-C_3H_5(ONO_2)_3}{} \left| \frac{1mol-C_3H_5(ONO_2)_3}{227g-C_3H_5(ONO_2)_3} \right| \frac{29mol-gas}{4mol-C_3H_5(ONO_2)_3} = 14.5mol-gas$$
㉰ 따라서 이상기체 상태방정식을 사용하여 기체의 부피를 구할 수 있다.
$$PV = nRT$$
$$V = \frac{nRT}{P}$$
$$\therefore V = \frac{nRT}{P} = \frac{14.5mol \times 0.082L \cdot atm/K \cdot mol \times (200+273.15)}{1atm} ≒ 562.57L$$

해답

562.57L

05 위험물안전관리법상 제4석유류로서 특수인화물에 해당하는 다이에틸에터에 대하여 다음 물음에 답하시오.
① 구조식
② 인화점
③ 비점
④ 햇빛에 의해 생성되는 물질
⑤ 햇빛에 의해 생성되는 물질 확인방법
⑥ 옥내저장소에서 2,550L를 저장할 때 확보해야 할 보유공지(단, 벽, 기둥 및 바닥의 내화구조로 된 건축물에 해당함)

해설

① 분자량 74.12, 비중 0.72, 비점 34℃, 인화점 −40℃, 발화점 180℃로 매우 낮고 연소범위 1.9~48%로 넓어 인화성, 발화성이 강하다.
② 직사광선에 분해되어 과산화물을 생성하므로 갈색병을 사용하여 밀전하고 냉암소 등에 보관하며 용기의 공간용적은 2% 이상으로 해야 한다.
③ 과산화물의 검출은 10% 아이오딘화칼륨(KI) 용액과의 황색반응으로 확인한다.
④ 옥내저장소의 보유공지

저장 또는 취급하는 위험물의 최대수량	공지의 너비	
	벽·기둥 및 바닥이 내화구조로 된 건축물	그 밖의 건축물
지정수량의 5배 이하	–	0.5m 이상
지정수량의 5배 초과 10배 이하	1m 이상	1.5m 이상
지정수량의 10배 초과 20배 이하	2m 이상	3m 이상
지정수량의 20배 초과 50배 이하	3m 이상	5m 이상
지정수량의 50배 초과 200배 이하	5m 이상	10m 이상
지정수량의 200배 초과	10m 이상	15m 이상

지정수량 배수의 합 $= \dfrac{\text{A품목 저장수량}}{\text{A품목 지정수량}} = \dfrac{2{,}550\text{L}}{50\text{L}} = 51$배이므로, 보유공지는 5m 이상 확보해야 한다.

해답

①
$$H-\overset{\overset{\displaystyle H}{|}}{\underset{\underset{\displaystyle H}{|}}{C}}-\overset{\overset{\displaystyle H}{|}}{\underset{\underset{\displaystyle H}{|}}{C}}-O-\overset{\overset{\displaystyle H}{|}}{\underset{\underset{\displaystyle H}{|}}{C}}-\overset{\overset{\displaystyle H}{|}}{\underset{\underset{\displaystyle H}{|}}{C}}-H$$

② −40℃
③ 34℃
④ 과산화물
⑤ 10% 아이오딘화칼륨(KI)
⑥ 5m 이상

06 다음 주어진 위험물질의 물과의 화학반응식과 발생기체의 연소반응식을 쓰시오.
　① 탄화칼슘
　　㉠ 물과의 반응식
　　㉡ 발생기체의 연소반응식
　② 탄화알루미늄
　　㉠ 물과의 반응식
　　㉡ 발생기체의 연소반응식

해답

① 탄화칼슘
　㉠ 물과의 반응식 : $CaC_2 + 2H_2O \rightarrow Ca(OH)_2 + C_2H_2$
　㉡ 발생기체의 연소반응식 : $2C_2H_2 + 5O_2 \rightarrow 4CO_2 + 2H_2O$
② 탄화알루미늄
　㉠ 물과의 반응식 : $Al_4C_3 + 12H_2O \rightarrow 4Al(OH)_3 + 3CH_4$
　㉡ 발생기체의 연소반응식 : $CH_4 + 2O_2 \rightarrow CO_2 + 2H_2O$

07 제3류 위험물인 트라이에틸알루미늄에 대해 다음 물음에 답하시오.
　① 연소반응식
　② 물과의 반응식
　③ 염산과의 반응식
　④ 에탄올과의 반응식

해설

트라이에틸알루미늄$[(C_2H_5)_3Al]$의 일반성질
㉠ 무색, 투명한 액체로 외관은 등유와 유사한 가연성으로 $C_1 \sim C_4$는 자연발화성이 강하다. 공기 중에 노출되어 공기와 접촉하여 백연을 발생하며 연소한다. 단, C_5 이상은 점화하지 않으면 연소하지 않는다.
　$2(C_2H_5)_3Al + 21O_2 \rightarrow Al_2O_3 + 15H_2O + 12CO_2$
㉡ 물, 산, 알코올과 접촉하면 폭발적으로 반응하여 에테인을 형성하고 이때 발열, 폭발에 이른다.
　$(C_2H_5)_3Al + 3H_2O \rightarrow Al(OH)_3 + 3C_2H_6$
　$(C_2H_5)_3Al + HCl \rightarrow (C_2H_5)_2AlCl + C_2H_6$
　$(C_2H_5)_3Al + 3C_2H_5OH \rightarrow Al(C_2H_5O)_3 + 3C_2H_6$

해답

① $2(C_2H_5)_3Al + 21O_2 \rightarrow Al_2O_3 + 15H_2O + 12CO_2$
② $(C_2H_5)_3Al + 3H_2O \rightarrow Al(OH)_3 + 3C_2H_6$
③ $(C_2H_5)_3Al + HCl \rightarrow (C_2H_5)_2AlCl + C_2H_6$
④ $(C_2H_5)_3Al + 3C_2H_5OH \rightarrow Al(C_2H_5O)_3 + 3C_2H_6$

08 위험물안전관리법상 관계인이 예방규정을 정하여야 할 제조소 등을 5가지 적으시오.

해답

① 지정수량의 10배 이상의 위험물을 취급하는 제조소
② 지정수량의 100배 이상의 위험물을 저장하는 옥외저장소
③ 지정수량의 150배 이상의 위험물을 저장하는 옥내저장소
④ 지정수량의 200배 이상의 위험물을 저장하는 옥외탱크저장소
⑤ 암반탱크저장소
⑥ 이송취급소
⑦ 지정수량의 10배 이상의 위험물을 취급하는 일반취급소. 다만, 제4류 위험물(특수인화물을 제외한다) 만을 지정수량의 50배 이하로 취급하는 일반취급소(제1석유류·알코올류의 취급량이 지정수량의 10배 이하인 경우에 한한다)로서 다음의 어느 하나에 해당하는 것을 제외한다.
 ㉠ 보일러·버너 또는 이와 비슷한 것으로서 위험물을 소비하는 장치로 이루어진 일반취급소
 ㉡ 위험물을 용기에 옮겨 담거나 차량에 고정된 탱크에 주입하는 일반취급소

09 다음은 위험물안전관리법상 지정수량이 50kg, 분자량이 138.5g/mol이고, 400℃에서 서서히 분해가 시작되어 610℃에서 완전분해하는 물질에 대한 내용이다. 주어진 물음에 답하시오.
① 화학식
② 분해반응식
③ 운반용기 외부에 표시해야 할 주의사항

해설

$KClO_4$(과염소산칼륨)
㉮ 일반적 성질
 ㉠ 분자량 138.5, 비중 2.52, 분해온도 400℃, 융점 610℃
 ㉡ 무색무취의 결정 또는 백색분말로 불연성이지만 강한 산화제
 ㉢ 물에 약간 녹으며, 알코올이나 에터 등에는 녹지 않는다.
 ㉣ 염소산칼륨보다는 안정하나 가열, 충격, 마찰 등에 의해 분해된다.
㉯ 위험성
 ㉠ 약 400℃에서 열분해하기 시작하여 약 610℃에서 완전분해되어 염화칼륨과 산소를 방출하며, 이산화망가니즈 존재 시 분해온도가 낮아진다.
  $KClO_4 \rightarrow KCl + 2O_2$
 ㉡ 진한 황산과 접촉하면 폭발성 가스를 생성하고 튀는 듯이 폭발할 위험이 있다.
 ㉢ 금속분, 황, 강환원제, 에터, 목탄 등의 가연물과 혼합된 경우 착화에 의해 급격히 연소를 일으키며, 충격, 마찰 등에 의해 폭발한다.

해답

① $KClO_4$
② $KClO_4 \rightarrow KCl + 2O_2$
③ 화기주의, 충격주의, 가연물접촉주의

10 위험물안전관리법상 2가지 이상 포함하는 물품이 속하는 품명의 판단기준에 대해 다음 괄호 안을 알맞게 채우시오.
① 복수성상물품이 산화성 고체의 성상 및 가연성 고체의 성상을 가지는 경우
   : 제( )류에 의한 품명
② 복수성상물품이 산화성 고체의 성상 및 자기반응성 물질의 성상을 가지는 경우
   : 제( )류에 의한 품명
③ 복수성상물품이 가연성 고체의 성상과 자연발화성 물질의 성상 및 금수성 물질의 성상을 가지는 경우 : 제( )류에 의한 품명
④ 복수성상물품이 자연발화성 물질의 성상, 금수성 물질의 성상 및 인화성 액체의 성상을 가지는 경우 : 제( )류에 의한 품명
⑤ 복수성상물품이 인화성 액체의 성상 및 자기반응성 물질의 성상을 가지는 경우
   : 제( )류에 의한 품명

해답
① 2, ② 5, ③ 3, ④ 3, ⑤ 5

11 위험물안전관리법상 인화성 고체에 대해 다음 물음에 답하시오.
① 정의
② 운반용기 외부에 표시해야 할 주의사항
③ 옥내저장소에서 1m 이상 간격을 두었을 경우 혼재 가능한 위험물의 유별을 모두 적으시오.

해답
① 고형알코올, 그 밖에 1기압에서 인화점이 40℃ 미만인 고체
② 화기엄금
③ 제4류 위험물

12 위험물안전관리법령상 다음 위험물의 정의를 쓰시오.
① 제1석유류
② 동식물유류

해답
① 아세톤, 휘발유, 그 밖에 1기압에서 인화점이 21℃ 미만인 것
② 동물의 지육 등 또는 식물의 종자나 과육으로부터 추출한 것으로서 1기압에서 인화점이 250℃ 미만인 것

13 휘발유를 취급하는 설비에서 할론 1301을 고정식 벽의 면적이 50m²이고, 전체 둘레면적이 200m²일 때 용적식 국소방출방식의 소화약제의 양(kg)을 쓰시오. (단, 방호공간의 체적은 600m³이다.)

해설

국소방출방식의 할로젠화물 소화설비는 다음에 의하여 산출된 양에 저장 또는 취급하는 위험물에 따라 [별표 2](휘발유=1.0)에 정한 소화약제에 따른 계수를 곱하고 다시 할론 2402 또는 할론 1211에 있어서는 1.1, 할론 1301에 있어서는 1.25를 각각 곱한 양 이상으로 할 것
다음 식에 의하여 구한 양에 방호공간의 체적을 곱한 양

$$Q = X - Y\frac{a}{A}$$

여기서, Q : 단위체적당 소화약제의 양(kg/m³)
  a : 방호대상물 주위에 실제로 설치된 고정벽 면적의 합계(m²)
  A : 방호공간 전체 둘레의 면적(m²)
  X 및 Y : 다음 표에 정한 소화약제의 종류에 따른 수치

소화약제의 종별	X의 수치	Y의 수치
할론 2402	5.2	3.9
할론 1211	4.4	3.3
할론 1301	4.0	3.0

따라서, $Q = 4.0 - 3.0\frac{50}{200} = 3.25$

그러므로 소화약제의 양은 방호공간의 체적×할론 1301 계수×1.25이므로
$600m³ × 1 × 1.25 × 3.25kg/m³ = 2,437.5kg$

해답

2,437.5kg

14 다음 물음에 알맞은 답을 쓰시오.
① 질산 분해반응식
② 과산화수소 분해반응식
③ 제6류 위험물 중 할로젠간화합물 1개

해답

① $4HNO_3 \rightarrow 2H_2O + 4NO_2\uparrow + O_2$

② $2H_2O_2 \xrightarrow{MnO_2(촉매)} 2H_2O + O_2$

③ ICl, IBr, BrF_3, IF_5, BrF_5 중 1개

15 다음 그림과 같이 양쪽이 볼록한 타원형 탱크의 내용적(m^3)을 구하시오.

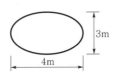 

해설

$$V = \frac{\pi ab}{4}\left[l + \frac{l_1 + l_2}{3}\right] = \frac{\pi \times 4 \times 3}{4}\left[10 + \frac{2+2}{3}\right] = 106.81 m^3$$

해답

$106.81m^3$

16 다음 보기에서 주어진 위험물에 대한 물음에 답하시오.

K_2O_2, Mg, K, CH_3CHO, CH_3COOH, $C_6H_5NO_2$, CH_3COCH_3, $C_6H_5NH_2$, H_2O_2, P_2S_5

① 차광막이 필요한 물질
② 방수천이 필요한 물질

해설

적재하는 위험물에 따른 조치사항

차광성이 있는 것으로 피복해야 하는 경우	방수성이 있는 것으로 피복해야 하는 경우
제1류 위험물 제3류 위험물 중 자연발화성 물질 제4류 위험물 중 특수인화물 제5류 위험물 제6류 위험물	제1류 위험물 중 알칼리금속의 과산화물 제2류 위험물 중 철분, 금속분, 마그네슘 제3류 위험물 중 금수성 물질

해답

① K_2O_2(과산화칼륨), CH_3CHO(아세트알데하이드), H_2O_2(과산화수소)
② K_2O_2(과산화칼륨), Mg(마그네슘), K(칼륨)

17 위험물제조소에 배출설비를 하려고 한다. 배출능력은 몇 m^3/h 이상이어야 하는지 쓰시오. (단, 전역방출방식이 아니며, 가로 8m, 세로 6m, 높이 4m이다.)

해설

배출능력은 1시간당 배출장소용적의 20배 이상인 것으로 하여야 한다.
따라서, $8 \times 6 \times 4 = 192m^3 \times 20$배 $= 3,840m^3$

해답

$3,840m^3/h$

18 경유 12,000L를 저장 중인 해상탱크에 설치하여야 하는 소화설비 3가지를 쓰시오.

해설

소화난이도 등급 Ⅰ의 제조소 등에 설치하여야 하는 소화설비

제조소 등의 구분			소화설비
옥외 탱크 저장소	지중탱크 또는 해상탱크 외의 것	황만을 저장 취급하는 것	물분무소화설비
		인화점 70℃ 이상의 제4류 위험물만을 저장 취급하는 것	물분무소화설비 또는 고정식 포소화설비
		그 밖의 것	고정식 포소화설비(포소화설비가 적응성이 없는 경우 에는 분말소화설비)
	지중탱크		고정식 포소화설비, 이동식 이외의 불활성가스소화설 비 또는 이동식 이외의 할로젠화합물소화설비
	해상탱크		고정식 포소화설비, 물분무포소화설비, 이동식 이외 의 불활성가스소화설비 또는 이동식 이외의 할로젠화 합물소화설비

해답

고정식 포소화설비, 물분무포소화설비, 이동식 이외의 불활성가스소화설비 또는 이동식 이외의 할로젠화합물소화설비

19 질산 600L, 과염소산 300L, 과산화수소 1,200L를 저장소에 저장할 때 지정수량의 몇 배수인지 쓰시오. (단, 질산 비중 1.51, 과염소산 비중 1.75, 과산화수소 비중 1.47이다.)

해설

제6류 위험물의 종류와 지정수량

성질	위험등급	품명	지정수량
산화성 액체	Ⅰ	1. 과염소산($HClO_4$)	300kg
		2. 과산화수소(H_2O_2)	
		3. 질산(HNO_3)	
		4. 그 밖의 행정안전부령이 정하는 것 　－ 할로젠간화합물(ICl, IBr, BrF_3, BrF_5, IF_5 등)	

문제에서 부피를 L로 주어졌으므로 kg으로 환산하여 계산하여야 한다.

$$지정수량\ 배수의\ 합 = \frac{A품목\ 저장수량}{A품목\ 지정수량} + \frac{B품목\ 저장수량}{B품목\ 지정수량} + \frac{C품목\ 저장수량}{C품목\ 지정수량} + \cdots$$

$$= \frac{600 \times 1.51}{300kg} + \frac{300 \times 1.75}{300kg} + \frac{1,200 \times 1.47}{300kg}$$

$$= 3.02 + 1.75 + 5.88$$

$$= 10.65$$

해답

10.65배

20 다음은 위험물안전관리법상 고객이 직접 주유하는 주유취급소에 관한 내용이다. 물음에 답하시오.
① 셀프용 고정주유설비에서 휘발유의 상한 연속주유량
② 셀프용 고정주유설비에서 경유의 상한 연속주유량
③ 셀프용 고정주유설비에서 휘발유와 경유의 주유시간 상한
④ 셀프용 고정급유설비 1회 연속 급유량 상한
⑤ 셀프용 고정급유설비 급유시간 상한

해설

고객이 직접 주유하는 주유취급소의 특례
① 셀프용 고정주유설비의 기준
  ㉮ 주유호스의 선단부에 수동개폐장치를 부착한 주유노즐을 설치할 것. 다만, 수동개폐장치를 개방한 상태로 고정시키는 장치가 부착된 경우에는 다음의 기준에 적합하여야 한다.
    ㉠ 주유작업을 개시함에 있어서 주유노즐의 수동개폐장치가 개방상태에 있는 때에는 해당 수동개폐장치를 일단 폐쇄시켜야만 다시 주유를 개시할 수 있는 구조로 할 것
    ㉡ 주유노즐이 자동차 등의 주유구로부터 이탈된 경우 주유를 자동적으로 정지시키는 구조일 것
  ㉯ 주유노즐은 자동차 등의 연료탱크가 가득 찬 경우 자동적으로 정지시키는 구조일 것
  ㉰ 주유호스는 200kg 중 이하의 하중에 의하여 파단(破斷) 또는 이탈되어야 하고, 파단 또는 이탈된 부분으로부터의 위험물 누출을 방지할 수 있는 구조일 것
  ㉱ 휘발유와 경유 상호간의 오인에 의한 주유를 방지할 수 있는 구조일 것
  ㉲ 1회의 연속주유량 및 주유시간의 상한을 미리 설정할 수 있는 구조일 것. 이 경우 연속주유량 및 주유시간의 상한은 다음과 같다.
    ㉠ 휘발유는 100L 이하, 4분 이하로 할 것
    ㉡ 경유는 600L 이하, 12분 이하로 할 것
② 셀프용 고정급유설비의 기준
  ㉮ 급유호스의 선단부에 수동개폐장치를 부착한 급유노즐을 설치할 것
  ㉯ 급유노즐은 용기가 가득찬 경우에 자동적으로 정지시키는 구조일 것
  ㉰ 1회의 연속급유량 및 급유시간의 상한을 미리 설정할 수 있는 구조일 것. 이 경우 급유량의 상한은 100L 이하, 급유시간의 상한은 6분 이하로 한다.

해답

① 100L 이하
② 600L 이하
③ 휘발유 4분 이하, 경유 12분 이하
④ 100L 이하
⑤ 6분 이하

제64회
(2018년 8월 25일 시행)

위험물기능장 실기

01 이산화탄소소화설비 일반점검표 중 수동기동장치의 점검사항 3가지를 적으시오.

해답

① 조작부 주위의 장애물의 유무
② 표지의 손상의 유무 및 기재사항의 적부
③ 기능의 적부

02 다음은 피크린산에 대한 물음이다. 알맞게 답하시오.
① 구조식   ② 1몰 중의 질소함량(wt%)

해설

트라이나이트로페놀[T.N.P., 피크린산, $C_6H_2(NO_2)_3OH$]

㉠ 제5류 위험물(자기반응성 물질), 나이트로화합물
㉡ 순수한 것은 무색이나 보통 공업용은 휘황색의 침전결정이며, 충격, 마찰에 둔감하고 자연분
  해하지 않으므로 장기 저장해도 자연발화의 위험 없이 안정하다.
㉢ 찬물에는 거의 녹지 않으나 온수, 알코올, 에터, 벤젠 등에는 잘 녹는다.
㉣ 화기, 충격, 마찰, 직사광선을 피하고 황, 알코올 및 인화점이 낮은 석유류와의 접촉을 멀리한다.
㉤ 운반 시 10~20%의 물로 습윤하면 안전하다.
㉥ 피크린산[$C_6H_2(NO_2)_3OH$]의 분자량 : 229g/mol, 원자량 – C : 12, H : 1, N : 14, O : 16

  피크린산[$C_6H_2(NO_2)_3OH$]의 질소 함유량 = $\dfrac{질소\ 함유량(g/mol)}{피크린산의\ 분자량(g/mol)} \times 100$

  $= \dfrac{42(g/mol)}{229(g/mol)} \times 100 = 18.34wt\%$

해답

①   ② 18.34wt%

03 다음 주어진 용어에 대해 설명하시오.
① 리프팅
② 역화

해답

① 연료가스의 분출속도가 연소속도보다 빠를 때 불꽃이 버너의 노즐에서 떨어져 나가서 연소하는 현상
② 연료가스의 분출속도가 연소속도보다 느릴 때 불꽃이 연소기의 내부로 들어가 혼합관 속에서 연소하는 현상

04 제3류 위험물 중 분자량이 144이고 물과 접촉하여 메테인을 생성시키는 물질의 반응식을 쓰시오

해설

탄화알루미늄(Al_4C_3)
㉮ 일반적 성질
　㉠ 순수한 것은 백색이나 보통은 황색의 결정이며, 건조한 공기 중에서는 안정하나 가열하면 표면에 산화피막을 만들어 반응이 지속되지 않는다.
　㉡ 비중은 2.36이고, 분해온도는 1,400℃ 이상이다.
㉯ 위험성
　물과 반응하여 가연성, 폭발성의 메테인가스를 만들며, 밀폐된 실내에서 메테인이 축적되는 경우 인화성 혼합기를 형성하여 2차 폭발의 위험이 있다.
　$Al_4C_3 + 12H_2O \rightarrow 4Al(OH)_3 + 3CH_4$

해답

$Al_4C_3 + 12H_2O \rightarrow 4Al(OH)_3 + 3CH_4$

05 [보기]에 주어진 위험물을 인화점이 낮은 것부터 순서대로 나열하시오.

[보기] 다이에틸에터, 벤젠, 이황화탄소, 에탄올, 아세톤, 산화프로필렌

해설

품목	다이에틸에터	벤젠	이황화탄소	에탄올	아세톤	산화프로필렌
품명	특수인화물	제1석유류	특수인화물	알코올류	제1석유류	특수인화물
인화점	−40℃	−11℃	−30℃	13℃	−18.5℃	−37℃

해답

다이에틸에터 → 산화프로필렌 → 이황화탄소 → 아세톤 → 벤젠 → 에탄올

06 제5류 위험물로서 담황색 결정을 가진 폭발성 고체로 보관 중 직사광선에 의해 다갈색으로 변색할 우려가 있는 물질로서 분자량이 227g/mol인 위험물에 대해 다음 물음에 답하시오.
① 명칭
② 위험물안전관리법상 품명
③ 구조식

해설

트라이나이트로톨루엔[T.N.T., $C_6H_2CH_3(NO_2)_3$]

㉮ 일반적 성질
  ㉠ 순수한 것은 무색 결정 또는 담황색의 결정이며, 직사광선에 의해 다갈색으로 변하고, 중성으로 금속과는 반응이 없으며, 장기 저장해도 자연발화의 위험 없이 안정하다.
  ㉡ 물에는 불용이며, 에터, 아세톤 등에는 잘 녹고, 알코올에는 가열하면 약간 녹는다.
  ㉢ 충격감도는 피크르산보다 둔하지만 급격한 타격을 주면 폭발한다.
  ㉣ 몇 가지 이성질체가 있으며, 2, 4, 6-트라이나이트로톨루엔이 폭발력이 가장 강하다.
  ㉤ 비중 1.66, 융점 81℃, 비점 280℃, 분자량 227, 발화온도 약 300℃
  ㉥ 제법 : 1몰의 톨루엔과 3몰의 질산을 황산 촉매하에 반응시키면 나이트로화에 의해 T.N.T.가 만들어진다.

$$C_6H_5CH_3 + 3HNO_3 \xrightarrow[\text{나이트로화}]{c-H_2SO_4} T.N.T. + 3H_2O$$

㉯ 위험성
  ㉠ 강력한 폭약으로 피크린산보다는 약하나 점화하면 연소하지만 기폭약을 쓰지 않으면 폭발하지 않는다.
  ㉡ K, KOH, HCl, $Na_2Cr_2O_7$과 접촉 시 조건에 따라 발화하거나 충격, 마찰에 민감하고 폭발 위험성이 있으며, 분해되면 다량의 기체가 발생하고, 불완전연소 시 유독성의 질소산화물과 CO를 생성한다.
  $$2C_6H_2CH_3(NO_2)_3 \rightarrow 12CO + 2C + 3N_2 + 5H_2$$
  ㉢ NH_4NO_3와 T.N.T.를 3 : 1wt%로 혼합하면 폭발력이 현저히 증가하여 폭파약으로 사용된다.

해답

① 트라이나이트로톨루엔
② 나이트로화합물
③

07 프로페인 45vol%, 에테인 30vol%, 뷰테인 25vol%로 된 혼합가스의 폭발하한계는 약 몇 vol%인지 구하시오. (단, 각 가스의 폭발하한계는 프로페인은 2.2vol%, 에테인은 3.0vol%, 뷰테인은 1.9vol%이다.)

해설

혼합가스의 폭발범위(르 샤틀리에의 공식)

$$\frac{100}{L} = \frac{V_1}{L_1} + \frac{V_2}{L_2} + \frac{V_3}{L_3} + \cdots \ (단, \ V_1 + V_2 + V_3 + \cdots + V_n = 100)$$

여기서, L : 혼합가스의 폭발하한계(%)

$\quad\quad L_1, \ L_2, \ L_3, \ \cdots$: 각 성분의 폭발하한계(%)

$\quad\quad V_1, \ V_2, \ V_3, \ \cdots$: 각 성분의 체적(%)

$$\frac{100}{L} = \frac{45}{2.2} + \frac{30}{3.0} + \frac{25}{1.9} ≒ 43.61$$

$$\therefore \ L = \frac{100}{43.61} ≒ 2.29$$

해답

2.29

08 제3류 위험물인 트라이에틸알루미늄이 다음의 각 주어진 물질과 화학반응할 때 발생하는 가연성 가스를 화학식으로 적으시오.
① 물 ② 염소 ③ 산 ④ 알코올

해설

트라이에틸알루미늄[$(C_2H_5)_3Al$]의 일반적 성질

㉠ 무색투명한 액체로 외관은 등유와 유사한 가연성으로 $C_1 \sim C_4$는 자연발화성이 강하며, 공기 중에 노출되어 공기와 접촉하여 백연을 발생하며 연소한다. 단, C_5 이상은 점화하지 않으면 연소하지 않는다.

$2(C_2H_5)_3Al + 21O_2 \rightarrow 12CO_2 + Al_2O_3 + 15H_2O$

㉡ 물, 산, 알코올과 접촉하면 폭발적으로 반응하여 에테인을 형성하고 이때 발열, 폭발에 이른다.

$(C_2H_5)_3Al + 3H_2O \rightarrow Al(OH)_3 + 3C_2H_6$

$(C_2H_5)_3Al + HCl \rightarrow (C_2H_5)_2AlCl + C_2H_6$

$(C_2H_5)_3Al + 3CH_3OH \rightarrow Al(CH_3O)_3 + 3C_2H_6$

㉢ 인화점의 측정치는 없지만 융점($-46℃$) 이하이기 때문에 매우 위험하며 $200℃$ 이상에서 폭발적으로 분해되어 가연성 가스가 발생한다.

$(C_2H_5)_3Al \rightarrow (C_2H_5)_2AlH + C_2H_4$

$2(C_2H_5)_2AlH \rightarrow 2Al + 3H_2 + 4C_2H_4$

㉣ 염소가스와 접촉하면 삼염화알루미늄이 생성된다.

$(C_2H_5)_3Al + 3Cl_2 \rightarrow AlCl_3 + 3C_2H_5Cl$

해답

① C_2H_6 ② C_2H_5Cl ③ C_2H_6 ④ C_2H_6

09 비중 0.8인 10L의 메탄올이 완전히 연소될 때 소요되는 ① 이론산소량(kg)과 ② 25℃, 1atm에서 생성되는 이산화탄소의 부피(m^3)를 계산하시오.

해설

① 메탄올의 무게는 10L×0.8kg/L=8kg

메탄올은 무색투명하며 인화가 쉽고, 연소는 완전연소를 하므로 불꽃이 잘 보이지 않는다.

$2CH_3OH+3O_2 \rightarrow 2CO_2+4H_2O$

$$\frac{8kg-CH_3OH}{} \left| \frac{1kmol-CH_3OH}{32kg-CH_3OH} \right| \frac{3kmol-O_2}{2kmol-CH_3OH} \left| \frac{32kg-O_2}{1kmol-O_2} \right| =12kg-O_2$$

② $$\frac{8kg-CH_3OH}{} \left| \frac{1kmol-CH_3OH}{32kg-CH_3OH} \right| \frac{2kmol-CO_2}{2kmol-CH_3OH} \left| \frac{44kg-CO_2}{1kmol-CO_2} \right| =11kg-CO_2$$

표준상태(0℃, 1atm)에서의 부피는 이상기체 방정식을 사용하여 구할 수 있다.

$PV=nRT$

n은 몰(mole)수이며 $n=\dfrac{w(g)}{M(분자량)}$ 이므로 $PV=\dfrac{wRT}{M}$

$\therefore \; V=\dfrac{wRT}{PM}=\dfrac{11\times10^3g\times0.082L\cdot atm/K\cdot mol\times(25+273.15)}{1atm\times44\times10^3g/mol}=6.11m^3-CO_2$

해답

① 12kg

② 6.11m^3

10 이동탱크의 내부압력이 상승할 경우 안전장치를 통하여 압력을 방출하여 탱크를 보호하기 위해 설치하는 안전장치가 다음 각각의 경우에 대해 작동해야 하는 압력의 기준을 쓰시오.
① 상용압력이 18kPa인 탱크
② 상용압력이 21kPa인 탱크

해설

안전장치의 작동압력

㉠ 설치목적 : 이동탱크의 내부압력이 상승할 경우 안전장치를 통하여 압력을 방출하여 탱크를 보호하기 위함.

㉡ 상용압력 20kPa 이하 : 20kPa 이상 24kPa 이하의 압력

㉢ 상용압력 20kPa 초과 : 상용압력의 1.1배 이하의 압력

해답

① 20kPa 이상 24kPa 이하의 압력

② 상용압력의 1.1배 이하의 압력이므로 21×1.1=23.1kPa 이하

11

제2류 위험물인 알루미늄(Al)이 다음 물질과 반응하는 경우 화학반응식을 적으시오.
① 염산
② 알칼리 수용액

해설

알루미늄의 위험성
㉠ 알루미늄 분말이 발화하면 다량의 열이 발생하며, 광택 및 흰 연기를 내면서 연소하므로 소화가 곤란하다.

$$4Al + 3O_2 \rightarrow 2Al_2O_3$$

㉡ 대부분의 산과 반응하여 수소가 발생한다(단, 진한질산 제외).

$$2Al + 6HCl \rightarrow 2AlCl_3 + 3H_2$$

㉢ 알칼리 수용액과 반응하여 수소가 발생한다.

$$2Al + 2NaOH + 2H_2O \rightarrow 2NaAlO_2 + 3H_2$$

㉣ 물과 반응하면 수소가스가 발생한다.

$$2Al + 6H_2O \rightarrow 2Al(OH)_3 + 3H_2$$

해답

① $2Al + 6HCl \rightarrow 2AlCl_3 + 3H_2$

② $2Al + 2NaOH + 2H_2O \rightarrow 2NaAlO_2 + 3H_2$

12

위험물안전관리법상 제1류 위험물로서 분자량이 138.5g/mol에 해당하는 물질에 관해 다음 각 물음에 답을 쓰시오.
① 지정수량
② 완전분해반응식을 쓰시오.
③ 이 물질 277g이 610℃에서 완전분해하여 생성되는 산소의 양은 0.8atm에서 부피는 몇 L에 해당하는가?

해설

과염소산칼륨($KClO_4$) : 분자량 138.5g/mol, 분해온도 400℃, 융점 610℃, 비중 2.52
약 400℃ 부근에서 열분해되기 시작하여 540~560℃에서 과염소산칼륨($KClO_4$)을 생성하고 다시 분해하여 염화칼륨(KCl)과 산소(O_2)를 방출한다.

$$\frac{277g\ KClO_4}{} \left| \frac{1mol\ KClO_4}{138.5g\ KClO_4} \right| \frac{2mol\ O_2}{1mol\ KClO_4} \left| \frac{32-O_2}{1mol\ O_2} \right| = 128g$$

$$V = \frac{wRT}{PM} = \frac{128g \cdot (0.082L \cdot atm/K \cdot mol) \cdot (610 + 273.15)K}{0.8atm \cdot 32g/mol} = 362.09L$$

해답

① 50kg

② $KClO_4 \rightarrow KCl + 2O_2$

③ 362.09L

13 다음 빈칸에 알맞은 명칭, 화학식, 증기비중, 품명을 채우시오.

명칭	화학식	증기비중	품명
에탄올	①	1.6	알코올류
프로판올	C_3H_7OH	②	③
n-뷰탄올	④	⑤	⑥
글리세린	⑦	3.2	⑧

해답

① C_2H_5OH ② 2.07 ③ 알코올류
④ C_4H_9OH ⑤ 2.55 ⑥ 제2석유류 ⑦ $C_3H_5(OH)_3$ ⑧ 제3석유류

14 제1류 위험물로서 분해온도가 400℃이고, 물이나 글리세린에 잘 녹으며, 흑색화약의 원료로 사용하는 물질에 대해 다음 물음에 답하시오.
① 분해반응식
② 위험물안전관리법상 위험등급
③ 표준상태에서 이 물질 1kg이 분해했을 때 발생하는 산소의 부피는 몇 L인가?

해설

KNO_3(질산칼륨, 질산카리, 초석)의 일반적 성질
㉠ 분자량 101, 비중 2.1, 융점 339℃, 분해온도 400℃, 용해도 26
㉡ 무색의 결정 또는 백색 분말로 차가운 자극성의 짠맛이 난다.
㉢ 물이나 글리세린 등에는 잘 녹고, 알코올에는 녹지 않으며, 수용액은 중성이다.
㉣ 약 400℃로 가열하면 분해되어 아질산칼륨(KNO_2)과 산소(O_2)가 발생하는 강산화제이다.
   $2KNO_3 \rightarrow 2KNO_2 + O_2$

$$\frac{1,000g\text{—}KNO_3}{} \left| \frac{1mol\text{—}KNO_3}{101g\text{—}KNO_3} \right| \frac{1mol\text{—}O_2}{2mol\text{—}KNO_3} \left| \frac{22.4L-O_2}{1mol\text{—}O_2} \right| = 110.89L$$

해답

① $2KNO_3 \rightarrow 2KNO_2 + O_2$
② Ⅱ등급
③ 110.89L

15 다음은 위험물안전관리법상 특정이송취급소에 관한 내용이다. 괄호 안을 알맞게 채우시오.

위험물을 이송하기 위한 배관의 연장(해당 배관의 기점 또는 종점이 2 이상인 경우에는 임의의 기점에서 임의의 종점까지의 해당 배관의 연장 중 최대의 것을 말한다. 이하 같다)이 (①)km를 초과하거나 위험물을 이송하기 위한 배관에 관계된 최대상용압력이 (②)kPa 이상이고 위험물을 이송하기 위한 배관의 연장이 (③)km 이상인 것

해답

① 15 ② 950 ③ 7

16 위험물제조소 설치 시 방화상 유효한 담을 설치하고자 할 때, 방화상 유효한 담의 높이를 구하는 공식을 쓰시오.

해설

제조소 등의 안전거리의 단축기준

취급하는 위험물이 최대수량(지정수량 배수)의 10배 미만이고, 주거용 건축물, 문화재, 학교 등의 경우 불연재료로 된 방화상 유효한 담 또는 벽을 설치하는 경우에는 안전거리를 단축할 수 있다.

해답

방화상 유효한 담의 높이

- $H \leq pD^2 + a$인 경우

  $h = 2$

- $H > pD^2 + a$인 경우

  $h = H - p(D^2 - d^2)$

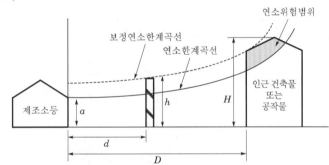

여기서, D : 제조소 등과 인근 건축물 또는 공작물과의 거리(m)

H : 인근 건축물 또는 공작물의 높이(m)

a : 제조소 등의 외벽의 높이(m)

d : 제조소 등과 방화상 유효한 담과의 거리(m)

h : 방화상 유효한 담의 높이(m)

17 위험물안전관리법상 선박주유취급소의 특례기준 중 수상구조물에 설치하는 고정주유설비의 설치기준 3가지를 적으시오.

해답

① 주유호스의 선단부에 수동개폐장치를 부착한 주유노즐을 설치하고, 개방한 상태로 고정시키는 장치를 부착하지 않을 것

② 주유노즐은 선박의 연료탱크가 가득 찬 경우 자동적으로 정지시키는 구조일 것

③ 주유호스는 200kg중 이하의 하중에 의하여 파단(破斷) 또는 이탈되어야 하고, 파단 또는 이탈된 부분으로부터의 위험물 누출을 방지할 수 있는 구조일 것

18 액체상태의 물 1m³가 표준대기압 100℃에서 기체상태로 될 때 수증기의 부피가 약 1,700배로 증가하는 것을 이상기체방정식으로 증명하시오. (물의 비중은 1,000kg/m³이다.)

해설

$$\frac{1m^3-H_2O}{} \left| \frac{1,000kg-H_2O}{1m^3-H_2O} \right| \frac{1,000g-H_2O}{1kg-H_2O} \left| \frac{1mol-H_2O}{18g-H_2O} \right| ≒ 55555.6mol-H_2O$$

$$V = \frac{nRT}{P}$$

$$= \frac{55555.6mol \cdot (0.08205L \cdot atm/K \cdot mol) \cdot (100+273.15)K}{1atm}$$

$$= 1,700,943L ≒ 1700.943m^3$$

따라서 액체상태의 물 1m³의 물은 100℃ 수증기로 증발할 때 부피는 약 1,700배가 된다.

해답

액체상태의 물 1m³의 물은 100℃ 수증기로 증발할 때 부피는 약 1,700배가 된다.

19 그림과 같이 옥외탱크저장소가 설치될 때 간막이둑에 대해 다음 물음에 답하시오.

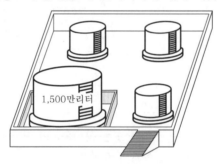

1,500만리터

① 최소높이
② 용량

해설

용량이 1,000만L 이상인 옥외저장탱크의 주위에 설치하는 방유제에는 다음의 규정에 따라 해당 탱크마다 간막이둑을 설치할 것
① 간막이둑의 높이는 0.3m(방유제 내에 설치되는 옥외저장탱크의 용량의 합계가 2억L를 넘는 방유제에 있어서는 1m) 이상으로 하되, 방유제의 높이보다 0.2m 이상 낮게 할 것
② 간막이둑은 흙 또는 철근콘크리트로 할 것
③ 간막이둑의 용량은 칸막이둑 안에 설치된 탱크용량의 10% 이상일 것
1,500만리터×0.1=150만리터 이상

해답

① 0.3m 이상
② 150만리터 이상

20 다음은 소화난이도 I등급인 옥외탱크저장소와 옥내탱크저장소의 설치기준이다. 빈칸을 알맞게 채우시오.

옥외탱크 저장소	액표면적이 (①)m² 이상인 것(제6류 위험물을 저장하는 것 및 고인화점 위험물만을 (②)℃ 미만의 온도에서 저장하는 것은 제외)
	지반면으로부터 탱크 옆판의 상단까지 높이가 (③)m 이상인 것(제6류 위험물을 저장하는 것 및 고인화점 위험물만을 (④)℃ 미만의 온도에서 저장하는 것은 제외)
	지중탱크 또는 해상탱크로서 지정수량의 (⑤)배 이상인 것(제6류 위험물을 저장하는 것 및 고인화점 위험물만을 (⑥)℃ 미만의 온도에서 저장하는 것은 제외)
	고체 위험물을 저장하는 것으로서 지정수량의 100배 이상인 것
옥내탱크 저장소	액표면적이 (⑦)m² 이상인 것(제6류 위험물을 저장하는 것 및 고인화점 위험물만을 (⑧)℃ 미만의 온도에서 저장하는 것은 제외)
	바닥면으로부터 탱크 옆판의 상단까지 높이가 (⑨)m 이상인 것(제6류 위험물을 저장하는 것 및 고인화점 위험물만을 (⑩)℃ 미만의 온도에서 저장하는 것은 제외)
	탱크 전용실이 단층건물 외의 건축물에 있는 것으로서 인화점 38℃ 이상, 70℃ 미만의 위험물을 지정수량의 (⑪)배 이상 저장하는 것(내화구조로 개구부 없이 구획된 것은 제외한다)

해답

① 40 ② 100 ③ 6 ④ 100 ⑤ 100 ⑥ 100

⑦ 40 ⑧ 100 ⑨ 6 ⑩ 100 ⑪ 5

제65회
(2019년 4월 13일 시행)

위험물기능장 실기

01 다음 [보기]에 주어진 위험물을 위험등급별로 구분하시오.

> [보기] 아염소산칼륨, 과산화나트륨, 과망가니즈산나트륨, 마그네슘, 황화인, 나트륨, 인화알루미늄, 휘발유, 나이트로글리세린

해답

① 위험등급 Ⅰ : 아염소산칼륨, 과산화나트륨, 나트륨, 나이트로글리세린
② 위험등급 Ⅱ : 황화인, 휘발유
③ 위험등급 Ⅲ : 과망가니즈산나트륨, 마그네슘, 인화알루미늄

02 안전관리대행기관의 지정기준에서 갖추어야 하는 장비 중 소화설비 점검기구에 해당하는 종류 5가지를 적으시오.

해설

안전관리대행기관의 지정기준
㉮ 기술인력
    ㉠ 위험물기능장 또는 위험물산업기사 1인 이상
    ㉡ 위험물산업기사 또는 위험물기능사 2인 이상
    ㉢ 기계분야 및 전기분야의 소방설비기사 1인 이상
㉯ 시설 : 전용사무실을 갖출 것
㉰ 장비
    ㉠ 절연저항계
    ㉡ 접지저항측정기(최소눈금 0.1Ω 이하)
    ㉢ 가스농도측정기(탄화수소계 가스의 농도 측정이 가능할 것)
    ㉣ 정전기전위측정기
    ㉤ 토크렌치
    ㉥ 진동시험기
    ㉦ 표면온도계($-10 \sim 300$℃)
    ㉧ 두께측정기($1.5 \sim 99.9$mm)
    ㉨ 안전용구(안전모, 안전화, 손전등, 안전로프 등)
    ㉩ 소화설비 점검기구(소화전밸브압력계, 방수압력측정계, 포콜렉터, 헤드렌치, 포콘테이너)

해답

소화전밸브압력계, 방수압력측정계, 포콜렉터, 헤드렌치, 포콘테이너

03 다음 주어진 위험물의 정의를 위험물안전관리법에 근거하여 적으시오.
① 황
② 철분
③ 인화성 고체

해답

① "황"은 순도가 60중량퍼센트 이상인 것을 말한다. 이 경우 순도 측정에 있어서 불순물은 활석 등 불연성 물질과 수분에 한한다.
② "철분"이라 함은 철의 분말로서 53마이크로미터의 표준체를 통과하는 것이 50중량퍼센트 미만인 것은 제외한다.
③ "인화성 고체"라 함은 고형알코올, 그 밖에 1기압에서 인화점이 섭씨 40도 미만인 고체를 말한다.

04 화학공장의 위험성 평가방법 중 정성적 평가방법과 정량적 평가방법의 종류를 각각 3가지 씩 적으시오.

해설

① 정성적 평가기법(HAZID) - Hazard Identification(Qualititative Assessment)
위험요소의 존재여부를 규명하고 확인하는 절차로서 정성적 평가방법을 사용한다.
  ⑦ 체크리스트법(Process check list) : 미리 준비된 체크리스트를 활용하여 최소한의 위험도를 인지하는 방법
  ⑭ 안전성 검토법(Safety review) : 공장의 운전과 유지절차가 설계목적과 기준에 부합되는지 확인하는 기법
  ⑮ 상대위험순위 분석법(Relative ranking) : 사고에 의한 피해 정도를 나타내는 상대적 위험순위와 정성적인 정보를 얻을 수 있는 방법
  ⑯ 예비위험 분석법(Preliminary hazard analysis) : 주목적은 위험을 일찍 인식하여 위험이 나중에 발견되었을 때 드는 비용을 절약하자는 것으로 공장개발의 초기단계에서 적용하여 공장입지 선정 시부터 유용하게 활용할 수 있는 기법
  ⑰ 위험과 운전성 분석법(Hazard & Operability study) : 설계의도에서 벗어나는 일탈현상(이상상태)을 찾아내어 공정의 위험요소와 운전상의 문제점을 도출하는 방법으로 여러 분야의 경험을 가진 전문가로 팀을 이루어서 토론에 의해 잠재적 위험요소를 도출하는 기법
  ⑱ 이상위험도 분석법(Failure modes, Effects and Criticality analysis)
    ㉠ Failure mode : 공정이나 공장 장치가 어떻게 고장 났는가에 대한 설명
    ㉡ Effects : 고장에 대해 어떤 결과가 발생될 것인가에 대한 설명
    ㉢ Criticality : 그 결과가 얼마나 치명적인가를 분석하여 위험도 순위를 만들어서 고장(Failure mode)의 영향을 파악하는 방법이다.
  ⑲ 작업자실수 분석법(Human error analysis) : 공장의 운전자, 보수반원, 기술자, 그리고 그 외의 다른 사람들의 작업에 영향을 미칠 수 있는 위험요소들을 평가하는 방법으로 사고를 일으킬 수 있는 실수가 생기는 상황을 알아내는 기법

㉺ 사고예상 질문법(What if …) : 정확하게 구체화되어 있지는 않지만 바람직하지 않은 결과를 초래할 수 있는 사건을 세심하게 고려해 보는 목적을 가지고 있으며, 설계, 건설, 운전단계, 공정의 수정 등에서 생길 수 있는 바람직하지 않은 결과를 조사하는 방법

② 정량적 평가기법(HAZAN) - Hazard Analysis(Quantitative Assessment)

정성적인 위험요소를 확률적으로 분석 평가하는 정량적 평가기법으로 분류할 수 있다.

㉮ 빈도 분석방법(Frequency analysis)

㉠ 결함수 분석법(Fault tree analysis) : 하나의 특정한 사고에 대하여 원인을 파악하는 연역적 기법으로 어떤 특정사고에 대해 원인이 되는 장치의 이상·고장과 운전자 실수의 다양한 조합을 표시하는 도식적 모델인 결함수 Diagram을 작성하여 장치 이상이나 운전자 실수의 상관관계를 도출하는 기법

㉡ 사건수 분석법(Event tree analysis) : 초기사건으로 알려진 특정장치의 이상이나 운전자의 실수로부터 발생되는 잠재적인 사고결과를 평가하는 귀납적 기법으로 도식적 모델인 사건수 Diagram을 작성하여 초기사건으로부터 후속사건까지의 순서 및 상관관계를 파악하는 방법

㉯ 사고 원인-결과 영향 분석방법(Cause-Consequence analysis) : 사고결과 분석(Consequence analysis)은 공정상에서 발생하는 화재, 폭발, 독성가스 누출 등의 중대산업 사고가 발생하였을 때 인간과 주변시설물에 어떻게 영향을 미치고 그 피해와 손실이 어느 정도인가를 평가하는 방법

㉰ 위험도 분석방법(Risk analysis)

㉠ 위험도 매트릭스(Risk Matrix)

㉡ F-N 커브(Frequence-Number Curve)

㉢ 위험도 형태(Risk Profile)

㉣ 위험도 밀도 커브(Risk Density Curve)

[해답]

① 정성적 위험성 평가방법 : 위 해설 중 택 3 기술
② 정량적 위험성 평가방법 : 위 해설 중 택 3 기술

05 **트라이에틸알루미늄에 대해 다음 물음에 알맞은 답을 쓰시오.**
① **물과의 반응식**
② **물과의 반응으로 생성된 기체의 위험도**

[해설]

트라이에틸알루미늄[$(C_2H_5)_3Al$]

① 물과 접촉하면 폭발적으로 반응하여 에테인을 형성하고 이때 발열, 폭발에 이른다.

$(C_2H_5)_3Al + 3H_2O \rightarrow Al(OH)_3 + 3C_2H_6$

② 에테인가스의 경우 연소범위는 3~12.4이므로

위험도 $H = \dfrac{(12.4-3.0)}{3.0} = 3.13$

[해답]

① $(C_2H_5)_3Al + 3H_2O \rightarrow Al(OH)_3 + 3C_2H_6$

② 3.13

06 다음에서 주어진 할론소화약제의 저장용기의 충전비를 쓰시오.

① 할론 2402(가압식)

② 할론 2402(축압식)

③ 할론 1211

④ 할론 1301

⑤ HFC－23

해설

저장용기 등의 충전비는 할론 2402 중에서 가압식 저장용기 등에 저장하는 것은 0.51 이상 0.67 이하, 축압식 저장용기 등에 저장하는 것은 0.67 이상 2.75 이하, 할론 1211은 0.7 이상 1.4 이하, 할론 1301 및 HFC－227ea는 0.9 이상 1.6 이하, HFC－23 및 HFC－125는 1.2 이상 1.5 이하일 것

해답

① 0.51 이상 0.67 이하

② 0.67 이상 2.75 이하

③ 0.7 이상 1.4 이하

④ 0.9 이상 1.6 이하

⑤ 1.2 이상 1.5 이하

07 다음에서 주어진 구조식에 해당하는 물질에 대해 다음 물음에 답하시오.

$$
\begin{array}{ccc}
\text{H} & \text{H} & \text{H} \\
| & | & | \\
\text{H}-\text{C}-\text{C}-\text{C}-\text{H} \\
| & | & | \\
\text{O} & \text{O} & \text{O} \\
| & | & | \\
\text{NO}_2 & \text{NO}_2 & \text{NO}_2
\end{array}
$$

① 명칭

② 유별

③ 품명

④ 지정수량

⑤ 구성물질을 기준으로 위험물의 제법을 적으시오.

해답

① 나이트로글리세린

② 제5류

③ 질산에스터류

④ 시험결과에 따라 제1종인 경우 10kg, 제2종인 경우 100kg에 해당한다.

⑤ 질산과 황산의 혼산 중에 글리세린을 반응시켜 제조한다.

$$C_3H_5(OH)_3 + 3HNO_3 \xrightarrow{H_2SO_4} C_3H_5(ONO_2)_3 + 3H_2O$$

08 위험물안전관리법상 제3류 위험물로서 은백색의 광택이 있으며 무른 경금속으로 융점이 97.7℃인 물질과 제4류 위험물로서 분자량이 46이고 지정수량 400리터에 해당하는 물질과의 화학반응식을 적으시오.

해설

㉠ 나트륨 : 제3류 위험물로 지정수량은 10kg이며, 은백색의 무른 금속으로 물보다 가볍고 노란색 불꽃을 내면서 연소한다. 원자량 23, 비중 0.97, 융점 97.7℃, 비점 880℃, 발화점 121℃
㉡ 에틸알코올 : 제4류 위험물 중 알코올류에 해당하며, 지정수량은 400L이고, 분자량 46, 증기비중 1.59, 인화점 13℃, 연소범위 4.3~19%
㉢ 나트륨은 알코올과 반응하여 나트륨에틸레이트와 수소가스를 발생한다.
$2Na + 2C_2H_5OH \rightarrow 2C_2H_5ONa + H_2$

해답

$2Na + 2C_2H_5OH \rightarrow 2C_2H_5ONa + H_2$

09 다음은 소화난이도 Ⅰ등급에 해당하는 제조소 등의 기준이다. 빈칸에 들어갈 알맞은 것을 쓰시오.

제조소 등의 구분	제조소 등의 규모, 저장 또는 취급하는 위험물의 품명 및 최대수량 등
①	액 표면적이 40m² 이상인 것(제6류 위험물을 저장하는 것 및 고인화점 위험물만을 100℃ 미만의 온도에서 저장하는 것은 제외)
	지반면으로부터 탱크 옆판의 상단까지 높이가 6m 이상인 것(제6류 위험물을 저장하는 것 및 고인화점 위험물만을 100℃ 미만의 온도에서 저장하는 것은 제외)
	지중탱크 또는 해상탱크로서 지정수량의 100배 이상인 것(제6류 위험물을 저장하는 것 및 고인화점 위험물만을 100℃ 미만의 온도에서 저장하는 것은 제외)
	고체위험물을 저장하는 것으로서 지정수량의 100배 이상인 것
②	액 표면적이 40m² 이상인 것(제6류 위험물을 저장하는 것 및 고인화점 위험물만을 100℃ 미만의 온도에서 저장하는 것은 제외)
	바닥면으로부터 탱크 옆판의 상단까지 높이가 6m 이상인 것(제6류 위험물을 저장하는 것 및 고인화점 위험물만을 100℃ 미만의 온도에서 저장하는 것은 제외)
	탱크전용실이 단층건물 외의 건축물에 있는 것으로서 인화점 38℃ 이상 70℃ 미만의 위험물을 지정수량의 5배 이상 저장하는 것(내화구조로 개구부 없이 구획된 것은 제외한다)
③	모든 대상

해답

① 옥외탱크저장소
② 옥내탱크저장소
③ 이송취급소

10 다음 탱크의 내용적을 구하는 공식을 보고 그에 따른 탱크의 그림을 그리시오.

① $V = \dfrac{\pi ab}{4}\left[l + \dfrac{l_1 - l_2}{3}\right]$

② $V = \pi r^2 l$

[해답]

①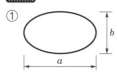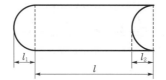

②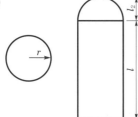

11 다음 주어진 물질들의 화학연소반응식을 쓰시오. (단, 연소반응이 없는 물질은 "없음"으로 적으시오.)
① 과염소산암모늄
② 과염소산
③ 메틸에틸케톤
④ 트라이에틸알루미늄
⑤ 메탄올

[해설]
① 과염소산암모늄 : 제1류 위험물(산화성 고체)로 불연성 물질에 해당하므로 연소반응이 없음.
② 과염소산 : 제6류 위험물(산화성 액체)로 불연성 물질에 해당하므로 연소반응이 없음.
③ 메틸에틸케톤 : 제4류 위험물 제1석유류
④ 트라이에틸알루미늄 : 제3류 위험물 중 알킬알루미늄
⑤ 메탄올 : 제4류 위험물

[해답]
① 없음
② 없음
③ $2CH_3COC_2H_5 + 11O_2 \rightarrow 8CO_2 + 8H_2O$
④ $2(C_2H_5)_3Al + 21O_2 \rightarrow 12CO_2 + 15H_2O + Al_2O_3$
⑤ $2CH_3OH + 3O_2 \rightarrow 2CO_2 + 4H_2O$

12

1,500만리터의 원유를 저장하는 옥외저장탱크와 500만리터의 원유를 저장하는 옥외저장탱크를 둘러싸고 있는 방유제와 간막이둑을 나타내는 그림을 참고하여 다음 물음에 알맞게 답하시오.

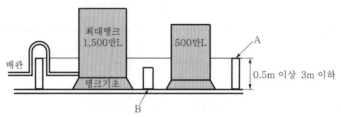

① A설비의 명칭
② A설비를 설치하는 이유
③ A설비의 최소용량
④ A설비의 용량범위에 대해 빗금으로 표시
⑤ B설비의 명칭
⑥ B의 최소높이
⑦ A와 B 사이의 높이
⑧ A와 B 중 재질을 흙으로 할 수 있는 설비 명칭
⑨ 이 경우 1인의 안전관리자를 중복하여 선임할 수 있는 옥외탱크 저장개수는?
⑩ 위의 옥외탱크저장소가 구조안전점검을 받아야 하는 시기는 완공검사필증을 교부받은 날부터 (　　) 이내, 최근의 정기검사를 받은 날부터 (　　) 이내에 실시하여야 한다.

해설

③ 방유제의 용량 : 방유제 안에 설치된 탱크가 하나인 때에는 그 탱크 용량의 110% 이상, 2기 이상인 때에는 그 탱크 중 용량이 최대인 것의 용량의 110% 이상으로 한다. 다만, 인화성이 없는 액체위험물의 옥외저장탱크의 주위에 설치하는 방유제는 "110%"를 "100%"로 본다. 따라서 1,500만리터×1.1=1,650만리터

⑥~⑧ 용량이 1,000만L 이상인 옥외저장탱크의 주위에 설치하는 방유제와 간막이둑의 설치기준
　　㉠ 간막이둑의 높이는 0.3m(방유제 내에 설치되는 옥외저장탱크의 용량의 합계가 2억L를 넘는 방유제에 있어서는 1m) 이상으로 하되, 방유제의 높이보다 0.2m 이상 낮게 할 것
　　㉡ 간막이둑은 흙 또는 철근콘크리트로 할 것
　　㉢ 간막이둑의 용량은 간막이둑 안에 설치된 탱크 용량의 10% 이상일 것

⑩ 해당 제조소 등의 관계인은 정기점검 외에 다음에 해당하는 기간 이내에 1회 이상 구조안전점검 실시
　　㉠ 제조소 등의 설치허가에 따른 완공검사필증을 교부받은 날부터 12년
　　㉡ 최근의 정기검사를 받은 날부터 11년
　　㉢ 기술원에 구조안전점검시기 연장신청을 하여 해당 안전조치가 적장한 것으로 인정받은 경우에는 최근의 정기검사를 받은 날부터 13년

해답

① 방유제

② 탱크로부터 누출된 위험물의 확산방지

③ 1,650만리터

④

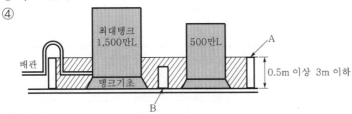

⑤ 간막이둑　　⑥ 0.3m

⑦ 0.2m　　⑧ 간막이둑

⑨ 30개　　⑩ 12년, 11년

13 다음은 이송취급소의 배관공사 시 설치해야 하는 주의표지이다. 각 번호에 알맞은 답을 쓰시오.

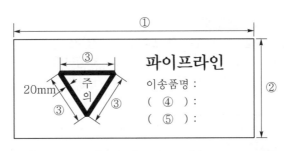

해설

주의표지는 지상배관의 경로에 설치할 것

㉮ 일반인이 접근하기 쉬운 장소, 기타 배관의 안전상 필요한 장소의 배관 직근에 설치할 것

㉯ 주의표지에 따른 주의사항

　㉠ 금속제의 판으로 할 것

　㉡ 바탕은 백색(역정삼각형 내는 황색)으로 하고, 문자 및 역정삼각형의 모양은 흑색으로 할 것

　㉢ 바탕색의 재료는 반사도료, 기타 반사성을 가진 것으로 할 것

　㉣ 역정삼각형 정점의 둥근 반경은 10mm로 할 것

　㉤ 이송품명에는 위험물의 화학명 또는 통칭명을 기재할 것

해답

① 1,000mm

② 500mm

③ 250mm

④ 이송자명

⑤ 긴급연락처

14 포방출구 형태에 따른 포수용액량을 적으시오.

구 분	Ⅰ형(L/m²)	Ⅱ형(L/m²)	특형(L/m²)
제4류 위험물 중 인화점이 21℃ 미만인 것			
제4류 위험물 중 인화점이 21℃ 이상 70℃ 미만인 것			
제4류 위험물 중 인화점이 70℃ 이상인 것			

해답

구 분	Ⅰ형(L/m²)	Ⅱ형(L/m²)	특형(L/m²)
제4류 위험물 중 인화점이 21℃ 미만인 것	120	220	240
제4류 위험물 중 인화점이 21℃ 이상 70℃ 미만인 것	80	120	160
제4류 위험물 중 인화점이 70℃ 이상인 것	60	100	120

15 이동탱크로부터 직접 위험물을 선박의 연료탱크에 주입하는 기준 3가지를 적으시오.

해답

① 선박이 이동하지 아니하도록 계류시킬 것
② 이동탱크저장소가 움직이지 않도록 조치를 강구할 것
③ 이동탱크저장소의 주입호스의 선단을 선박의 연료탱크의 급유구에 긴밀히 결합할 것
④ 이동탱크저장소의 주입설비를 접지할 것(택 3 기술)

16 에틸에터와 에틸알코올이 각각 4 : 1의 비율로 혼합되어 있는 위험물이 있다. 이 위험물의 폭발하한을 구하시오. (단, 에틸에터의 폭발범위는 1.91~48vol%, 에틸알코올의 폭발범위는 4.3~19vol%이다.)

해설

르 샤틀리에(Le Chatelier)의 혼합가스 폭발범위를 구하는 식

$$\frac{100}{L} = \frac{V_1}{L_1} + \frac{V_2}{L_2} + \frac{V_3}{L_3} + \cdots$$

$$L = \frac{100}{\left(\dfrac{V_1}{L_1} + \dfrac{V_2}{L_2} + \dfrac{V_3}{L_3} + \cdots\right)} = \frac{100}{\left(\dfrac{80}{1.91} + \dfrac{20}{4.3}\right)} ≒ 2.15$$

여기서, L : 혼합가스의 폭발한계치
L_1, L_2, L_3 : 각 성분의 단독 폭발한계치(vol%)
V_1, V_2, V_3 : 각 성분의 체적(vol%)

해답

2.15vol%

17

> 위험물안전관리법상 제4류 위험물로서 분자량이 78g/mol이고, 독성이 있으며, 인화점이
> −11℃인 물질 2kg이 ① 공기 중에서 완전연소할 때의 반응식과 ② 이론산소량은 얼마인
> 지 구하시오.

[해설]

벤젠(C_6H_6)의 일반적 성질

분자량	비중	비점	인화점	발화점	연소범위
78	0.9	80℃	−11℃	498℃	1.4~7.1%

① 80.1℃에서 끓고 5.5℃에서 응고되며, 겨울철에는 응고된 상태에서도 연소가 가능하다.

② 무색투명하며, 독특한 냄새를 가진 휘발성이 강한 액체로 위험성이 강하며, 인화가 쉽고,
　다량의 흑연을 발생하고 뜨거운 열을 내며 연소한다. 또한 연소 시 이산화탄소와 물이 생성
　된다.

$$2C_6H_6 + 15O_2 \rightarrow 12CO_2 + 6H_2O$$

③ $\dfrac{2kg\text{-}C_6H_6}{} \left| \dfrac{1kmol\text{-}C_6H_6}{78kg\text{-}C_6H_6} \right| \dfrac{15kmol\text{-}O_2}{2kmol\text{-}C_6H_6} \left| \dfrac{32kg\text{-}O_2}{1kmol\text{-}O_2} \right| = 6.15kg\text{-}O_2$

[해답]

① $2C_6H_6 + 15O_2 \rightarrow 12CO_2 + 6H_2O$

② 6.15kg

18

> 1kg의 금속나트륨이 석유 속에 보관되어 있는 용기의 공간은 2L이다. 이 용기 안에 물 18g
> 을 넣어 금속나트륨과 반응시킬 때 발생하는 기체의 최대압력은 몇 기압인지 구하시오. (단,
> 이 용기 내부의 온도 30℃, 공간의 부피 2L, 기체상수(R) 0.082L · atm/K · mol이다.)

[해설]

$2Na + 2H_2O \rightarrow 2NaOH + H_2$

① 1kg−Na과 18g−H_2O 중 한계반응물을 찾는다.

$\dfrac{1kg\text{-}Na}{} \left| \dfrac{10^3g\text{-}Na}{1kg\text{-}Na} \right| \dfrac{1mol\text{-}Na}{23g\text{-}Na} \left| \dfrac{2mol\text{-}H_2O}{2mol\text{-}Na} \right| \dfrac{18g\text{-}H_2O}{1mol\text{-}H_2O} = 782.61g\text{-}H_2O$

$\dfrac{18g\text{-}H_2O}{} \left| \dfrac{1mol\text{-}H_2O}{18g\text{-}H_2O} \right| \dfrac{2mol\text{-}Na}{2mol\text{-}H_2O} \left| \dfrac{23g\text{-}Na}{1mol\text{-}Na} \right| = 23g\text{-}Na$

② 한계반응물은 18g−H_2O로 여기에 해당하는 수소(H_2)의 몰(mol)을 구한다.

$\dfrac{18g\text{-}H_2O}{} \left| \dfrac{1mol\text{-}H_2O}{18g\text{-}H_2O} \right| \dfrac{1mol\text{-}H_2}{2mol\text{-}H_2O} = 0.5mol\text{-}H_2$

③ 0.5mol−H_2의 압력을 구한다.

$PV = nRT$

$P = \dfrac{nRT}{V} = \dfrac{0.5mol \cdot 0.082atm \cdot L/K \cdot mol \cdot (30+273.15)K}{2L}$

$\qquad = 6.21atm$

[해답]

6.21atm

19 옥내저장소의 설치기준에 대해 다음 괄호 안을 알맞게 채우시오.

① 저장창고의 출입구에는 60분+방화문·60분방화문 또는 30분방화문을 설치하되, 연소의 우려가 있는 외벽에 있는 출입구에는 수시로 열 수 있는 (   )을 설치하여야 한다.

② 저장창고의 창 또는 출입구에 유리를 이용하는 경우에는 (   )로 하여야 한다.

③ 제1류 위험물 중 알칼리금속의 과산화물 또는 이를 함유하는 것, 제2류 위험물 중 철분·금속분·마그네슘 또는 이 중 어느 하나 이상을 함유하는 것, 제3류 위험물 중 금수성 물질 또는 (   )의 저장창고의 바닥은 물이 스며 나오거나 스며들지 아니하는 구조로 하여야 한다.

④ (   )의 위험물의 저장창고의 바닥은 위험물이 스며들지 아니하는 구조로 하고, 적당하게 경사지게 하여 그 최저부에 (   )를 하여야 한다.

해답

① 자동폐쇄식의 60분+방화문 또는 60분방화문
② 망입유리
③ 제4류 위험물
④ 액상, 집유설비

제66회
(2019년 8월 24일 시행)

위험물기능장 실기

01 아세틸퍼옥사이드의 ① 구조식을 그리고, ② 증기비중을 구하시오.

해설

① 아세틸퍼옥사이드($(CH_3CO)_2O_2$)의 일반적 성질

$$H_3C-\overset{\overset{O}{\|}}{C}-O-O-\overset{\overset{O}{\|}}{C}-CH_3$$

㉠ 인화점 45℃, 발화점 121℃인 가연성 고체로 가열 시 폭발하며, 충격마찰에 의해서 분해한다.

㉡ 희석제 DMF를 75% 첨가시키고, 저장온도는 0~5℃를 유지한다.

② 아세틸퍼옥사이드의 분자량$=(12+3+12+16)\times2+16\times2=118$

그러므로 증기비중은 $\dfrac{118}{28.84}=4.09$이다.

해답

①
$$H_3C-\overset{\overset{O}{\|}}{C}-O-O-\overset{\overset{O}{\|}}{C}-CH_3$$

② 4.09

02 다음은 화학소방자동차에 갖추어야 하는 소화 능력 및 설비의 기준에 관한 설명이다. 괄호 안을 알맞게 채우시오.

화학소방자동차의 구분	소화 능력 및 설비의 기준
포수용액방사차	포수용액의 방사능력이 (①)L/분 이상일 것
	소화약액탱크 및 (②)를 비치할 것
	(③)L 이상의 포수용액을 방사할 수 있는 양의 소화약제를 비치할 것
분말방사차	분말의 방사능력이 35kg/초 이상일 것
	(④) 및 가압용 가스설비를 비치할 것
	(⑤)kg 이상의 분말을 비치할 것

해답

① 2,000 ② 소화약액혼합장치 ③ 10만
④ 분말탱크 ⑤ 1,400

03 방향족 탄화수소인 BTX에 대하여 BTX는 무엇의 약자인지 각 물질의 명칭과 화학식을 쓰시오.

해답

① B : 벤젠(Benzene), C_6H_6
② T : 톨루엔(Toluene), $C_6H_5CH_3$
③ X : 자일렌(Xylene), $C_6H_4(CH_3)_2$

04 위험물안전관리법상 제2류 위험물 중 삼황화인과 오황화인에 대해 다음 물음에 답하시오.
① 삼황화인과 오황화인의 연소반응식
② 오황화인과 물과의 반응식
③ 상기 ② 반응식에서 생성되는 증기의 연소반응식

해답

① ㉠ 삼황화인 : $P_4S_3 + 8O_2 \rightarrow 2P_2O_5 + 3SO_2$, ㉡ 오황화인 : $2P_2S_5 + 15O_2 \rightarrow 2P_2O_5 + 10SO_2$
② $P_2S_5 + 8H_2O \rightarrow 5H_2S + 2H_3PO_4$
③ $2H_2S + 3O_2 \rightarrow 2H_2O + 2SO_2$

05 위험물안전관리법상 제1류 위험물로서 분해온도가 400℃이며, 흑색화약의 원료로도 이용되는 물질에 대해 다음 물음에 답하시오.
① 화학식
② 지정수량
③ 위험등급
④ 이 물질 202g이 400℃에서 분해했을 때 생성되는 산소의 부피(L)

해설

KNO_3(질산칼륨, 질산카리, 초석)의 일반적 성질
㉠ 분자량 101, 비중 2.1, 융점 339℃, 분해온도 400℃, 용해도 26
㉡ 무색의 결정 또는 백색분말로 차가운 자극성의 짠맛이 난다.
㉢ 물이나 글리세린 등에는 잘 녹고 알코올에는 녹지 않으며, 수용액은 중성이다.
㉣ 약 400℃로 가열하면 분해하여 아질산칼륨(KNO_2)과 산소(O_2)가 발생하는 강산화제이다.
$2KNO_3 \rightarrow 2KNO_2 + O_2$

$$\frac{202g\text{-}KNO_3}{} \left| \frac{1mol\text{-}KNO_3}{101g\text{-}KNO_3} \right| \frac{1mol\text{-}O_2}{2mol\text{-}KNO_3} \left| \frac{22.4L\text{-}O_2}{1mol\text{-}O_2} \right. = 22.4L\text{-}O_2$$

샤를의 법칙에 따라 $\dfrac{V_1}{T_1} = \dfrac{V_2}{T_2}$

$T_1 = 0℃ + 273.15K = 273.15K$, $T_2 = 400℃ + 273.15K = 673.15K$

$V_1 = 22.4L$, $V_2 = \dfrac{V_1 T_2}{T_1} = \dfrac{22.4L \cdot 673.15K}{273.15K} ≒ 55.20L$

해답

① KNO_3 ② 300kg   ③ Ⅱ등급   ④ 55.20L

06 다음의 용어들에 대한 위험물안전관리법상 정의를 쓰시오.

① 지중탱크　　　　　　　　② 해상탱크
③ 특정 옥외탱크저장소　　　④ 준특정 옥외탱크저장소

[해답]

① 지중탱크 : 저부가 지반면 아래에 있고 상부가 지반면 이상에 있으며, 탱크 내 위험물의 최고액면이 지반면 아래에 있는 원통 세로형식의 위험물탱크
② 해상탱크 : 해상의 동일 장소에 정치(定置)되어 육상에 설치된 설비와 배관 등에 의하여 접속된 위험물탱크
③ 특정 옥외탱크저장소 : 저장 또는 취급하는 액체 위험물의 최대수량이 100만L 이상의 것
④ 준특정 옥외탱크저장소 : 저장 또는 취급하는 액체 위험물의 최대수량이 50만L 이상 100만L 미만의 것

07 다음은 위험물안전관리에 관한 세부기준 내용 중 용접부시험에 관한 내용이다. 괄호 안을 알맞게 채우시오.

- 방사선투과시험의 실시범위(이하 "촬영개소"라 한다)는 재질, 판 두께, 용접이음 등에 따라서 다르게 적용할 수 있으며, 옆판 용접선의 방사선투과시험의 촬영개소는 수직이음의 경우 용접사별로 용접한 이음의 (①)m마다 임의의 위치 2개소(T이음부가 수직이음 촬영개소 전체 중 25% 이상 적용되도록 한다)로 하고, 수평이음의 경우 용접사별로 용접한 이음의 (②)m마다 임의의 위치 2개소로 한다.
- 추가 촬영개소의 판 두께는 (③)mm 이하, (④)mm 초과 (⑤)mm 이하, (⑥)mm 초과로 구분한다.

[해설]

방사선투과시험의 방법 및 판정기준
용접부시험 중 방사선투과시험의 실시범위(이하 "촬영개소"라 한다)는 재질, 판 두께, 용접이음 등에 따라서 다르게 적용할 수 있으며, 옆판 용접선의 방사선투과시험의 촬영개소는 다음 원칙으로 한다.
㉮ 기본 촬영개소
　㉠ 수직이음은 용접사별로 용접한 이음(같은 단의 이음에 한한다. 이하 다음과 같다)의 30m마다 임의의 위치 2개소(T이음부가 수직이음 촬영개소 전체 중 25% 이상 적용되도록 한다)
　㉡ 수평이음은 용접사별로 용접한 이음의 60m마다 임의의 위치 2개소
㉯ 추가 촬영개소

판 두께	최하단	2단 이상의 단
10mm 이하	모든 수직이음의 임의의 위치 1개소	
10mm 초과 25mm 이하	모든 수직이음의 임의의 위치 2개소 (단, 1개소는 가장 아랫부분으로 한다.)	모든 수직·수평 이음의 접합점 및 모든 수직이음의 임의 위치 1개소
25mm 초과	모든 수직이음 100%(온길이)	

[해답]

① 30　　② 60
③ 10　　④ 10　　⑤ 25　　⑥ 25

08 다음 주어진 물질들과 물과 접촉 시 생성되는 기체의 화학식을 쓰시오.

> ① 인화아연   ② 수소화리튬   ③ 탄화칼슘
> ④ 탄화알루미늄   ⑤ 트라이에틸알루미늄

해설

① 인화아연 : $Zn_3P_2 + 6H_2O \rightarrow 3Zn(OH)_2 + 2PH_3$
② 수소화리튬 : $LiH + H_2O \rightarrow LiOH + H_2$
③ 탄화칼슘 : $CaC_2 + 2H_2O \rightarrow Ca(OH)_2 + C_2H_2$
④ 탄화알루미늄 : $Al_4C_3 + 12H_2O \rightarrow 4Al(OH)_3 + 3CH_4$
⑤ 트라이에틸알루미늄 : $(C_2H_5)_3Al + 3H_2O \rightarrow Al(OH)_3 + 3C_2H_6$

해답

① PH_3(포스핀)   ② H_2(수소)   ③ C_2H_2(아세틸렌)
④ CH_4(메테인)   ⑤ C_2H_6(에테인)

09 위험물안전관리법상 위험물 중 실온에서 테르밋반응을 하며, 산화피막을 형성하는 금속에 대해 다음 주어진 물질과의 반응식을 쓰시오.

> ① 황산   ② 수산화나트륨 수용액

해설

알루미늄(Al)의 일반적 성질
㉠ 녹는점 660℃, 비중 2.7, 연성(퍼짐성), 전성(뽑힘성)이 좋고, 열전도율, 전기전도도가 큰 은백색의 무른 금속으로, 진한 질산에서는 부동태가 되며 묽은 질산에는 잘 녹는다.
㉡ 공기 중에서는 표면에 산화피막(산화알루미늄)을 형성하여 내부를 부식으로부터 보호한다.
   $4Al + 3O_2 \rightarrow 2Al_2O_3$
㉢ 다른 금속산화물을 환원한다. 특히 Fe_3O_4와 강력한 산화반응을 한다.
   $3Fe_3O_4 + 8Al \rightarrow 4Al_2O_3 + 9Fe$(테르밋반응)

해답

① $2Al + 3H_2SO_4 \rightarrow Al_2(SO_4)_3 + 3H_2$ ② $2Al + 2NaOH + 2H_2O \rightarrow 2NaAlO_2 + 3H_2$

10 ① 제1류 위험물로서 과산화칼륨과 제4류 위험물로서 아세트산과의 반응식을 적고, ② 위 반응으로부터 생성된 제6류 위험물의 열분해반응식을 쓰시오.

해설

과산화칼륨의 경우 에틸알코올에 용해되며, 묽은 산과 반응하여 제6류 위험물인 과산화수소(H_2O_2)를 생성한다.
$K_2O_2 + 2CH_3COOH \rightarrow 2CH_3COOK + H_2O_2$
또한, 과산화수소의 경우 가열에 의해 산소가 발생한다.
$2H_2O_2 \rightarrow 2H_2O + O_2$

해답

① $K_2O_2 + 2CH_3COOH \rightarrow 2CH_3COOK + H_2O_2$ ② $2H_2O_2 \rightarrow 2H_2O + O_2$

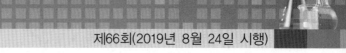

11

> ① 제1종 분말소화약제인 탄산수소나트륨의 850℃에서의 분해반응식과 ② 탄산수소나트륨 336kg이 1기압, 25℃에서 발생시키는 탄산가스의 체적(m^3)은 얼마인지 구하시오.

해설

탄산수소나트륨은 약 60℃ 부근에서 분해되기 시작하여 270℃와 850℃ 이상에서 다음과 같이 열분해된다.

$2NaHCO_3$ → Na_2CO_3 + H_2O + CO_2 흡열반응(at 270℃)
(중탄산나트륨)   (탄산나트륨)   (수증기)   (탄산가스)

$2NaHCO_3$ → $Na_2O+H_2O+2CO_2-Q[kcal]$ (at 850℃ 이상)

$$\frac{336kg-NaHCO_3}{} \left| \frac{1kmol-NaHCO_3}{84kg-NaHCO_3} \right| \frac{2kmol-CO_2}{2kmol-NaHCO_3} \left| \frac{22.4m^3-CO_2}{1kmol-CO_2} \right. = 89.6m^3-CO_2$$

따라서, 샤를의 법칙 $\dfrac{V_1}{T_1}=\dfrac{V_2}{T_2}$ 에 따르면 $V_2 = \dfrac{T_2 \cdot V_1}{T_1} = \dfrac{(273.15+25) \times 89.6}{273.15} ≒ 97.80m^3$

해답

① $2NaHCO_3$ → $Na_2O+H_2O+2CO_2$

② $97.80m^3$

12

> 위험물제조소 등의 관계인이 작성해야 하는 예방규정 작성내용 5가지를 적으시오. (단, 그 밖에 위험물의 안전관리에 관하여 필요한 사항은 제외)

해설

위험물제조소 등의 관계인이 작성해야 하는 예방규정 작성내용

㉠ 위험물의 안전관리업무를 담당하는 자의 직무 및 조직에 관한 사항

㉡ 안전관리자가 여행·질병 등으로 인하여 그 직무를 수행할 수 없을 경우 그 직무의 대리자에 관한 사항

㉢ 자체소방대를 설치하여야 하는 경우에는 자체소방대의 편성과 화학소방자동차의 배치에 관한 사항

㉣ 위험물의 안전에 관계된 작업에 종사하는 자에 대한 안전 교육 및 훈련에 관한 사항

㉤ 위험물시설 및 작업장에 대한 안전순찰에 관한 사항

㉥ 위험물시설·소방시설, 그 밖의 관련시설에 대한 점검 및 정비에 관한 사항

㉦ 위험물시설의 운전 또는 조작에 관한 사항

㉧ 위험물 취급작업의 기준에 관한 사항

㉨ 이송취급소에 있어서는 배관공사 현장책임자의 조건 등 배관공사 현장에 대한 감독체제에 관한 사항과 배관 주위에 있는 이송취급소시설 외의 공사를 하는 경우 배관의 안전확보에 관한 사항

㉩ 재난, 그 밖에 비상시의 경우에 취하여야 하는 조치에 관한 사항

㉪ 위험물의 안전에 관한 기록에 관한 사항

㉫ 제조소 등의 위치·구조 및 설비를 명시한 서류와 도면의 정비에 관한 사항

해답

위 해설 중 택 5 기술

13 | 152kPa, 100℃ 아세톤의 증기밀도를 구하시오.

[해설]

이상기체 상태방정식을 사용하여 증기밀도를 구할 수 있다.

$PV = nRT$

n은 몰(mole)수이며 $n = \dfrac{w(g)}{M(분자량)}$ 이므로

$PV = \dfrac{wRT}{M}$ 에서

$\dfrac{152kPa}{} \bigg| \dfrac{1atm}{101.326kPa} = 1.5atm$

$\rho = \dfrac{W}{V} = \dfrac{PM}{RT} = \dfrac{1.5atm \times 58g/mol}{0.082L \cdot atm/K \cdot mol \times (100+273.15)K} = 2.84g/L$

[해답]

2.84g/L

14 | 제3류 위험물인 트라이에틸알루미늄에 대한 다음 물음에 답하시오.
① 물과의 반응식
② 물과의 반응식에서 발생된 가스의 위험도

[해설]

① 물과 접촉하면 폭발적으로 반응하여 에테인을 형성하고 이때 발열, 폭발에 이른다.

$(C_2H_5)_3Al + 3H_2O \rightarrow Al(OH)_3 + 3C_2H_6$

② 에테인의 연소범위는 3.0~12.4%이므로 위험도$(H) = \dfrac{12.4-3.0}{3.0} ≒ 3.13$

[해답]

① $(C_2H_5)_3Al + 3H_2O \rightarrow Al(OH)_3 + 3C_2H_6$

② 3.13

15 | 다음 주어진 위험물 중 물보다 비중이 큰 것을 모두 물질명으로 적으시오.

CS_2, $C_6H_5CH_3$, MEK, HCOOH, CH_3COOH, C_6H_5Br

[해설]

CS_2(이황화탄소, 비중=1.26) $C_6H_5CH_3$(톨루엔, 비중=0.871)
MEK(메틸에틸케톤, 비중=0.806) HCOOH(의산, 비중=1.22)
CH_3COOH(초산, 비중=1.05) C_6H_5Br(브로모벤젠, 비중=1.5)

[해답]

이황화탄소, 의산, 초산, 브로모벤젠

16 다음은 위험물안전관리법상 제2류 위험물을 도표로 나타낸 것이다. 빈칸을 알맞게 채우시오.

품명	지정수량	위험등급
①	(⑦)kg	⑨
②		
황		
③	500kg	⑩
④		
⑤		
⑥	(⑧)kg	Ⅲ

해설

제2류 위험물의 종류와 지정수량

성질	위험등급	품명	지정수량
가연성 고체	Ⅱ	1. 황화인 2. 적린(P) 3. 황(S)	100kg
	Ⅲ	4. 철분(Fe) 5. 금속분 6. 마그네슘(Mg)	500kg
		7. 인화성 고체	1,000kg

해답

① 황화인　② 적린　③ 철분　④ 금속분　⑤ 마그네슘
⑥ 인화성 고체　⑦ 100　⑧ 1,000　⑨ Ⅱ　⑩ Ⅲ

17 ① 위험물안전관리법상 암반탱크저장소에서 암반탱크의 설치기준 3가지와 ② 암반탱크에 적합한 수리 조건 2가지를 적으시오.

해답

① 암반탱크저장소의 암반탱크의 설치기준
　㉠ 암반탱크는 암반투수계수가 1초당 10만분의 1m 이하인 천연암반 내에 설치할 것
　㉡ 암반탱크는 저장할 위험물의 증기압을 억제할 수 있는 지하수면하에 설치할 것
　㉢ 암반탱크의 내벽은 암반균열에 의한 낙반을 방지할 수 있도록 볼트·콘크리크 등으로 보강할 것
② 암반탱크의 수리조건
　㉠ 암반탱크 내로 유입되는 지하수의 양은 암반 내의 지하수 충전량보다 적을 것
　㉡ 암반탱크의 상부로 물을 주입하여 수압을 유지할 필요가 있는 경우에는 수벽공을 설치할 것
　㉢ 암반탱크에 가해지는 지하수압은 저장소의 최대운영압보다 항상 크게 유지할 것
　(이 중 택 2 기술)

18 다음은 위험물안전관리법상 주유취급소에 관한 내용이다. 다음 물음에 답하시오.

① 다음 주어진 그림의 설비명칭을 쓰시오.

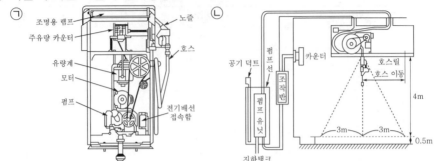

② ㉠ 자동차 등에 직접 주유하기 위한 설비로서 콘크리트 등으로 포장한 공간을 무엇이라 하며, ㉡ 그 크기는 얼마로 해야 하는가?

③ 유리를 부착하는 위치는 고정급유설비로부터 (㉠)m 이상 이격되어야 하며, 유리를 부착하는 범위는 전체의 담 또는 벽의 길이의 (㉡)를 초과하지 아니할 것

④ 주유관의 경우 노즐선단에 설치해야 하는 것은?

⑤ 자동차 등을 점검·정비하는 작업장 등에서 사용하는 폐유·윤활유 등의 위험물을 저장하는 탱크의 용량은?

⑥ 주유원 간이대기실의 바닥면적은 얼마로 해야 하는가?

⑦ 주유취급소에 출입하는 사람을 대상으로 한 휴게음식점의 경우 최대면적은?

⑧ 건축물 중 사무실, 그 밖의 화기를 사용하는 곳은 다음의 기준에 적합한 구조로 해야 한다. 그 이유를 쓰시오.
- 출입구는 건축물의 안에서 밖으로 수시로 개방할 수 있는 자동폐쇄식의 것으로 할 것
- 출입구 또는 사이통로의 문턱의 높이를 15cm 이상으로 할 것
- 높이 1m 이하의 부분에 있는 창 등은 밀폐시킬 것

⑨ 다음에 해당하는 옥내주유취급소는 소방청장이 정하여 고시하는 용도로 사용하는 부분이 없는 건축물에 설치할 수 있다. 괄호 안을 알맞게 채우시오.
- 건축물 안에 설치하는 주유취급소
- 캐노피·처마·차양·부연·발코니 및 루버의 (㉠)이 주유취급소의 (㉡)의 3분의 1을 초과하는 주유취급소

⑩ 해당 주유취급소의 경우 ㉠ 소화난이도 등급과 ㉡ 설치해야 하는 소화설비에 대해 쓰시오.

해설

② 주유공지 및 급유공지

㉮ 자동차 등에 직접 주유하기 위한 설비로서(현수식 포함) 너비 15m 이상 길이 6m 이상의 콘크리트 등으로 포장한 공지를 보유한다.

㉯ 공지의 기준
㉠ 바닥은 주위 지면보다 높게 한다.
㉡ 그 표면을 적당하게 경사지게 하여 새어나온 기름, 그 밖의 액체가 공지의 외부로 유출되지 아니하도록 배수구·집유설비 및 유분리장치를 한다.

③ 담 또는 벽의 설치기준
　㉮ 주유취급소의 주위에는 자동차 등이 출입하는 쪽 외의 부분에 높이 2m 이상의 내화구조 또는 불연재료의 담 또는 벽을 설치하되, 주유취급소의 인근에 연소의 우려가 있는 건축물이 있는 경우에는 소방청장이 정하여 고시하는 바에 따라 방화상 유효한 높이로 하여야 한다.
　㉯ 상기 내용에도 불구하고 다음 기준에 모두 적합한 경우에는 담 또는 벽의 일부분에 방화상 유효한 구조의 유리를 부착할 수 있다.
　　㉠ 유리를 부착하는 위치는 주입구, 고정주유설비 및 고정급유설비로부터 4m 이상 이격될 것
　　㉡ 유리를 부착하는 방법은 다음의 기준에 모두 적합할 것
　　　• 주유취급소 내의 지반면으로부터 70cm를 초과하는 부분에 한하여 유리를 부착할 것
　　　• 하나의 유리판의 가로의 길이는 2m 이내일 것
　　　• 유리판의 테두리를 금속제의 구조물에 견고하게 고정하고 해당 구조물을 담 또는 벽에 견고하게 부착할 것
　　　• 유리의 구조는 접합유리(두 장의 유리를 두께 0.76mm 이상의 폴리바이닐뷰티랄 필름으로 접합한 구조를 말한다)로 하되, 「유리구획부분의 내화시험방법(KS F 2845)」에 따라 시험하여 비차열 30분 이상의 방화성능이 인정될 것
　　㉢ 유리를 부착하는 범위는 전체의 담 또는 벽의 길이의 10분의 2를 초과하지 아니할 것
④ 주유관의 기준
　㉠ 고정주유설비 또는 고정급유설비의 주유관의 길이 : 5m 이내
　㉡ 현수식 주유설비 길이 : 지면 위 0.5m 반경 3m 이내
　㉢ 노즐선단에서는 정전기제거장치를 한다.
⑤ 탱크의 용량기준
　㉠ 자동차 등에 주유하기 위한 고정주유설비에 직접 접속하는 전용탱크는 50,000L 이하
　㉡ 고정급유설비에 직접 접속하는 전용탱크는 50,000L 이하
　㉢ 보일러 등에 직접 접속하는 전용탱크는 10,000L 이하
　㉣ 자동차 등을 점검·정비하는 작업장 등에서 사용하는 폐유·윤활유 등의 위험물을 저장하는 탱크 용량은 2,000L 이하
　㉤ 고속국도 도로변에 설치된 주유취급소의 탱크 용량은 60,000L
⑥ 주유원 간이대기실 설치기준
　㉠ 불연재료로 할 것
　㉡ 바퀴가 부착되지 아니한 고정식일 것
　㉢ 차량의 출입 및 주유작업에 장애를 주지 아니하는 위치에 설치할 것
　㉣ 바닥면적이 2.5m² 이하일 것
⑦ ㉠ 주유취급소의 업무를 행하기 위한 사무소
　㉡ 자동차 등의 점검 및 간이정비를 위한 작업장
　㉢ 주유취급소에 출입하는 사람을 대상으로 한 점포·휴게음식점 또는 전시장
　상기 ㉠, ㉡ 및 ㉢의 용도에 제공하는 부분의 면적의 합은 1,000m²를 초과할 수 없다.
⑩ ㉠ 소화난이도 등급 Ⅲ에 해당하는 제조소

주유취급소	옥내주유취급소 외의 것으로서 소화난이도 등급 Ⅰ의 제조소 등에 해당하지 아니하는 것

  ⓒ 소화난이도 등급 Ⅲ의 제조소 등에 설치하여야 하는 소화설비

그 밖의 제조소 등	소형수동식 소화기 등	능력단위의 수치가 건축물, 그 밖의 공작물 및 위험물의 소요단위의 수치에 이르도록 설치할 것. 다만, 옥내소화전설비, 옥외소화전설비, 스프링클러설비, 물분무 등 소화설비 또는 대형수동식 소화기를 설치한 경우에는 해당 소화설비의 방사능력범위 내의 부분에 대하여는 수동식 소화기 등을 그 능력단위의 수치가 해당 소요단위의 수치의 1/5 이상이 되도록 하는 것으로 족하다.

해답

① ㉠ 고정주유설비, ㉡ 현수식 주유설비
② ㉠ 주유공지
  ⓒ 자동차 등에 직접 주유하기 위한 설비로서(현수식 포함) 너비 15m 이상 길이 6m 이상의 콘크리트 등으로 포장한 공지를 보유한다.
③ ㉠ 4, ㉡ 10분의 2
④ 정전기제거장치
⑤ 2,000L 이하
⑥ 2.5m² 이하
⑦ 1,000m²
⑧ 누설한 가연성의 증기가 그 내부에 유입되지 아니하도록 해야 하기 때문에
⑨ ㉠ 수평투영면적, ㉡ 공지면적
⑩ ㉠ 소화난이도 등급 Ⅲ, ㉯ 소형수동식 소화기 등

19 | 포소화설비에서 포소화약제 혼합방법 3가지를 쓰시오.

해설

포소화약제의 혼합장치
㉠ 펌프혼합방식(펌프프로포셔너 방식) : 펌프의 토출관과 흡입관 사이의 배관 도중에 설치한 흡입기에 펌프에서 토출된 물의 일부를 보내고 농도조절밸브에서 조정된 포소화약제의 필요량을 포소화약제 탱크에서 펌프 흡입측으로 보내어 이를 혼합하는 방식
㉡ 차압혼합방식(프레셔프로포셔너 방식) : 펌프와 발포기 중간에 설치된 벤투리관의 벤투리작용과 펌프 가압수의 포소화약제 저장탱크에 대한 압력에 의하여 포소화약제를 흡입·혼합하는 방식
㉢ 관로혼합방식(라인프로포셔너 방식) : 펌프와 발포기 중간에 설치된 벤투리관의 벤투리 작용에 의해 포소화약제를 흡입하여 혼합하는 방식
㉣ 압입혼합방식(프레셔사이드프로포셔너 방식) : 펌프의 토출관에 압입기를 설치하여 포소화약제 압입용 펌프로 포소화약제를 압입시켜 혼합하는 방식

해답

① 펌프프로포셔너 방식 ② 프레셔프로포셔너 방식
③ 라인프로포셔너 방식 ④ 프레셔사이드프로포셔너 방식 (이 중 택 3 기술)

제67회
(2020년 6월 14일 시행)

위험물기능장 실기

01 할론 1301에 대하여 다음 각 물음에 답하시오. (단, 원자량은 C=12, F=19, Cl=35.5, Br =800이다.)
① 할론 1301의 각 숫자가 의미하는 원소
② 증기비중

[해설]

① 할론은 C, F, Cl, Br의 순서로 원소의 개수를 표시한다.
  즉, 할론 1301에서 1은 탄소의 개수, 3은 플루오린의 개수, 0은 염소의 개수, 1은 브로민의 개수를 의미한다.
② 증기비중 $= \dfrac{\text{분자량}}{\text{공기의 평균 분자량}} = \dfrac{149}{28.84} = 5.16$

[해답]

① 1-탄소, 3-플루오린, 0-염소, 1-브로민
② 5.16

02 제1류 위험물인 과산화칼륨이 다음 물질과 반응할 때의 화학반응식을 각각 적으시오. (단, 반응이 없으면 "반응 없음"으로 적으시오.)
① 물과의 반응
② 아세트산과의 반응
③ 염산과의 반응

[해설]

① 과산화칼륨은 흡습성이 있고, 물과 접촉하면 발열하며, 수산화칼륨(KOH)과 산소(O_2)를 발생한다.
  $2K_2O_2 + 2H_2O \rightarrow 4KOH + O_2$
② 에틸알코올에는 용해되며, 묽은 산과 반응하여 과산화수소(H_2O_2)를 생성한다.
  $K_2O_2 + 2CH_3COOH \rightarrow 2CH_3COOK + H_2O_2$
③ 염산과 반응하여 염화칼륨(KCl)과 과산화수소(H_2O_2)를 생성한다.
  $K_2O_2 + 2HCl \rightarrow 2KCl + H_2O_2$

[해답]

① $2K_2O_2 + 2H_2O \rightarrow 4KOH + O_2$
② $K_2O_2 + 2CH_3COOH \rightarrow 2CH_3COOK + H_2O_2$
③ $K_2O_2 + 2HCl \rightarrow 2KCl + H_2O_2$

03

위험물탱크 시험자가 갖추어야 할 ① 필수장비 3가지와 ② 그 외 필요한 경우에 갖추어야 할 장비 2가지를 적으시오.

해설

① 필수장비 : 자기탐상시험기, 초음파두께측정기 및 다음 ㉮ 또는 ㉯ 중 어느 하나
  ㉮ 영상초음파탐상시험기
  ㉯ 방사선투과시험기 및 초음파탐상시험기
② 필요한 경우에 두는 장비
  ㉮ 충·수압시험, 진공시험, 기밀시험 또는 내압시험의 경우
    ㉠ 진공능력 53kPa 이상의 진공누설시험기
    ㉡ 기밀시험장치(안전장치가 부착된 것으로서 가압능력 200kPa 이상, 감압의 경우에는 감압능력 10kPa 이상·감도 10Pa 이하의 것으로서 각각의 압력변화를 스스로 기록할 수 있는 것)
  ㉯ 수직·수평도 시험의 경우 : 수직·수평도 측정기
※ 둘 이상의 기능을 함께 가지고 있는 장비를 갖춘 경우에는 각각의 장비를 갖춘 것으로 본다.

해답

① 자기탐상시험기, 초음파두께측정기와 영상초음파탐상시험기 또는 방사선투과시험기 및 초음파탐상시험기
② 진공누설시험기, 기밀시험장치, 수직·수평도 측정기 中 2가지

04

다음 물음에 답하시오.
① 제조소를 구매한 자가 지위승계를 신고하고자 할 때 제출서류 3가지를 적으시오.
② 제조소 등의 위치·구조 또는 설비의 변경 없이 해당 제조소 등에서 저장하거나 취급하는 위험물의 품명·수량 또는 지정수량의 배수를 변경하고자 하는 자는 변경하고자 하는 날의 며칠 전까지 시·도지사에게 신고하여야 하는가?
③ B씨는 2019년 2월 1일 A씨로부터 위험물취급소를 인수한 후 수익성이 없는 것으로 보여 2019년 2월 20일 용도 폐지 후 2019년 3월 14일 용도 폐지 신청을 하였다.
  ㉠ 위반자는?
  ㉡ 위반내용은?
  ㉢ 벌금은?
④ 화재예방과 화재 등 재해발생 시의 비상조치를 위하여 기재하는 서류 및 제출시기를 적으시오.
⑤ 안전관리자 퇴임 후 재선임 시 선임신고 주체, 선임기한, 선임신고기한을 적으시오.
⑥ 다음 위험물취급자격자의 자격사항에 대하여 빈칸을 채우시오.

위험물취급자격자의 구분	취급할 수 있는 위험물
「국가기술자격법」에 따라 위험물기능장, 위험물산업기사, 위험물기능사의 자격을 취득한 사람	(㉠)
안전관리자교육이수자(법 제28조 제1항에 따라 소방청장이 실시하는 안전관리자 교육을 이수한 자)	(㉡)
소방공무원 경력자(소방공무원으로 근무한 경력이 3년 이상인 자)	(㉢)

해설

① 규정에 의하여 제조소 등의 설치자의 지위승계를 신고하고자 하는 자는 신고서(전자문서로 된 신고서를 포함한다)에 제조소 등의 완공검사필증과 지위승계를 증명하는 서류(전자문서를 포함한다)를 첨부하여 시·도지사 또는 소방서장에게 제출하여야 한다.

② 제조소 등의 위치·구조 또는 설비의 변경 없이 해당 제조소 등에서 저장하거나 취급하는 위험물의 품명·수량 또는 지정수량의 배수를 변경하고자 하는 자는 변경하고자 하는 날의 1일 전까지 행정안전부령이 정하는 바에 따라 시·도지사에게 신고하여야 한다.

③ 제조소 등의 관계인(소유자·점유자 또는 관리자를 말한다. 이하 같다)은 해당 제조소 등의 용도를 폐지(장래에 대하여 위험물시설로서의 기능을 완전히 상실시키는 것을 말한다)한 때에는 행정안전부령이 정하는 바에 따라 제조소 등의 용도를 폐지한 날부터 14일 이내에 시·도지사에게 신고하여야 한다. 기간 이내에 지위승계 신고를 하지 않는 경우 과태료 200만원 이하를 부과한다.

④ 대통령령이 정하는 제조소 등의 관계인은 해당 제조소 등의 화재예방과 화재 등 재해발생 시의 비상조치를 위하여 행정안전부령이 정하는 바에 따라 예방규정을 정하여 해당 제조소 등의 사용을 시작하기 전에 시·도지사에게 제출하여야 한다. 예방규정을 변경한 때에도 또한 같다.

⑤~⑥ 위험물안전관리자

  ㉠ 제조소 등[허가를 받지 아니하는 제조소 등과 이동탱크저장소(차량에 고정된 탱크에 위험물을 저장 또는 취급하는 저장소를 말한다)를 제외한다. 이하 여기서 같다]의 관계인은 위험물의 안전관리에 관한 직무를 수행하게 하기 위하여 제조소 등마다 대통령령이 정하는 위험물의 취급에 관한 자격이 있는 자(위험물취급자격자)를 위험물안전관리자(안전관리자)로 선임하여야 한다. 다만, 제조소 등에서 저장·취급하는 위험물이 「화학물질관리법」에 따른 유독물질에 해당하는 경우 등 대통령령이 정하는 경우에는 해당 제조소 등을 설치한 자는 다른 법률에 의하여 안전관리 업무를 하는 자로 선임된 자 가운데 대통령령이 정하는 자를 안전관리자로 선임할 수 있다.

  ㉡ ㉠의 규정에 따라 안전관리자를 선임한 제조소 등의 관계인은 그 안전관리자를 해임하거나 안전관리자가 퇴직한 때에는 해임하거나 퇴직한 날부터 30일 이내에 다시 안전관리자를 선임하여야 한다.

  ㉢ 제조소 등의 관계인은 ㉠ 및 ㉡에 따라 안전관리자를 선임한 경우에는 선임한 날부터 14일 이내에 행정안전부령으로 정하는 바에 따라 소방본부장 또는 소방서장에게 신고하여야 한다.

해답

① 신고서, 완공검사필증, 지위승계를 증명하는 서류
② 1일 전
③ ㉠ B씨
  ㉡ 용도를 폐지한 날부터 14일 이내에 시·도지사에게 신고하지 않음.
  ㉢ 200만원 이하의 과태료
④ 예방규정, 사용을 시작하기 전
⑤ 관계인, 30일 이내, 14일 이내
⑥ ㉠ [별표 1]의 모든 위험물
  ㉡ 제4류 위험물
  ㉢ 제4류 위험물

05 지정수량 50kg, 분자량 78, 비중 2.8인 어떤 물질이 아세트산과 반응하는 경우의 화학반응식을 적으시오.

해설

과산화나트륨(Na_2O_2)

㉮ 일반적 성질

   ㉠ 분자량이 78이고, 비중은 20℃에서 2.805이며, 녹는점 및 분해온도는 460℃이다.

   ㉡ 순수한 것은 백색이지만, 보통은 담홍색을 띠고 있는 정방정계 분말이다.

   ㉢ 가열하면 열분해하여 산화나트륨(Na_2O)과 산소(O_2)를 발생한다.

     $2Na_2O_2 \rightarrow 2Na_2O + O_2$

㉯ 위험성

   ㉠ 흡습성이 있으므로 물과 접촉하면 발열하며, 수산화나트륨($NaOH$)과 산소(O_2)를 발생한다.

     $2Na_2O_2 + 2H_2O \rightarrow 4NaOH + O_2$

   ㉡ 공기 중의 탄산가스(CO_2)를 흡수하여 탄산염이 생성된다.

     $2Na_2O_2 + 2CO_2 \rightarrow 2Na_2CO_3 + O_2$

   ㉢ 에틸알코올에는 녹지 않으나, 묽은 산과 반응하여 과산화수소(H_2O_2)를 생성한다.

     $Na_2O_2 + 2CH_3COOH \rightarrow 2CH_3COONa + H_2O_2$

해답

$Na_2O_2 + 2CH_3COOH \rightarrow 2CH_3COONa + H_2O_2$

06 인화점 -17℃, 분자량 27인 독성이 강한 제4류 위험물에 대하여 다음 물음에 답하시오.

① 물질명

② 구조식

③ 위험등급

해설

사이안화수소(HCN, 청산)

㉠ 제4류 위험물 제1석유류의 수용성 액체로서 위험등급은 Ⅱ등급이며, 지정수량은 400L에 해당한다.

분자량	액비중	증기비중	끓는점	인화점	발화점	연소범위
27	0.69	0.94	26℃	−17℃	540℃	6~41%

㉡ 독특한 자극성의 냄새가 나는 무색의 액체(상온)로, 물·알코올에 잘 녹으며 수용액은 약산성이다.

㉢ 맹독성 물질이며, 휘발성이 높아 인화 위험도 매우 높다. 증기는 공기보다 약간 가벼우며 연소하면 푸른 불꽃을 내면서 탄다.

해답

① 사이안화수소

② $H-C\equiv N$

③ Ⅱ등급

07 메테인 75%, 프로페인 25%로 구성된 혼합가스의 위험도를 구하시오.

[해설]

㉠ 혼합가스의 연소범위

르 샤틀리에(Le Chatelier)의 혼합가스 폭발범위를 구하는 식은 다음과 같다.

$$\frac{100}{L} = \frac{V_1}{L_1} + \frac{V_2}{L_2} + \frac{V_3}{L_3} + \cdots$$

여기서, L : 혼합가스의 폭발한계치

L_1, L_2, L_3 : 각 성분의 단독 폭발한계치(vol%)

V_1, V_2, V_3 : 각 성분의 체적(vol%)

이때, 메테인의 연소범위는 5~15vol%, 프로페인의 연소범위는 2.1~9.5vol%이므로,

$$L_{하한} = \frac{100}{\left(\dfrac{V_1}{L_1} + \dfrac{V_2}{L_2}\right)} = \frac{100}{\left(\dfrac{75}{5} + \dfrac{25}{2.1}\right)} ≒ 3.72$$

$$L_{상한} = \frac{100}{\left(\dfrac{V_1}{L_1} + \dfrac{V_2}{L_2}\right)} = \frac{100}{\left(\dfrac{75}{15} + \dfrac{25}{9.5}\right)} ≒ 13.10$$

∴ 혼합가스의 연소범위는 3.72~13.10이다.

㉡ 위험도(H)

가연성 혼합가스의 연소범위에 의해 결정되는 값이다.

$$H = \frac{U - L}{L} = \frac{13.10 - 3.72}{3.72} ≒ 2.52$$

여기서, H : 위험도

U : 연소 상한치(UEL)

L : 연소 하한치(LEL)

[해답]

2.52

08 1기압, 35℃에서 1,000m³의 부피를 갖는 공기에 이산화탄소를 투입하여 산소를 15vol%로 하려면 소요되는 이산화탄소의 양은 몇 kg인지 구하시오. (단, 처음 공기 중 산소의 농도는 21vol%이고, 압력과 온도는 변하지 않는다.)

[해설]

$$CO_2의\ 체적 = \frac{21 - O_2}{O_2} \times V(방호구역\ 체적,\ m^3) = \frac{21 - 15}{15} \times 1,000m^3 = 400m^2$$

$$PV = \frac{wRT}{M}$$

$$\therefore\ w = \frac{PVM}{RT} = \frac{1atm \times 400m^3 \times 44kg/kmol}{0.082m^3 \cdot atm/kmol \cdot K \times (35 + 273.15)} = 696.52kg$$

[해답]

696.5kg

09 칼륨 지정수량의 50배, 인화성 고체 지정수량의 50배가 저장된 옥내저장소에 대하여 다음 물음에 답하시오. (단, 옥내저장소는 내화구조의 격벽으로 완전히 구획되어 있다.)
① 저장창고 바닥의 최대면적
② 벽, 기둥 및 바닥이 내화구조로 된 건축물의 경우 공지의 너비
③ 저장창고의 출입구에는 (   )을 설치하되, 연소의 우려가 있는 외벽에 있는 출입구에는 수시로 열 수 있는 (   )을 설치하여야 한다.

해설

① 하나의 저장창고의 바닥면적

위험물을 저장하는 창고	바닥면적
㉠ 제1류 위험물 중 아염소산염류, 염소산염류, 과염소산염류, 무기과산화물, 그 밖에 지정수량이 50kg인 위험물 ㉡ 제3류 위험물 중 칼륨, 나트륨, 알킬알루미늄, 알킬리튬, 그 밖에 지정수량이 10kg인 위험물 및 황린 ㉢ 제4류 위험물 중 특수인화물, 제1석유류 및 알코올류 ㉣ 제5류 위험물 중 유기과산화물, 질산에스터류, 그 밖에 지정수량이 10kg인 위험물 ㉤ 제6류 위험물	$1,000m^2$ 이하
㉠~㉤ 외의 위험물을 저장하는 창고	$2,000m^2$ 이하
내화구조의 격벽으로 완전히 구획된 실에 각각 저장하는 창고	$1,500m^2$ 이하

② 옥내저장소의 보유공지

저장 또는 취급하는 위험물의 최대수량	공지의 너비	
	벽·기둥 및 바닥이 내화구조로 된 건축물	그 밖의 건축물
지정수량의 5배 이하	–	0.5m 이상
지정수량의 5배 초과, 10배 이하	1m 이상	1.5m 이상
지정수량의 10배 초과, 20배 이하	2m 이상	3m 이상
지정수량의 20배 초과, 50배 이하	3m 이상	5m 이상
지정수량의 50배 초과, 200배 이하	5m 이상	10m 이상
지정수량의 200배 초과	10m 이상	15m 이상

단, 지정수량의 20배를 초과하는 옥내저장소와 동일한 부지 내에 있는 다른 옥내저장소와의 사이에는 공지 너비의 $\frac{1}{3}$(해당 수치가 3m 미만인 경우는 3m)의 공지를 보유할 수 있다.

③ 저장창고의 출입구에는 60분+방화문 또는 60분방화문 또는 30분방화문을 설치하되, 연소의 우려가 있는 외벽에 있는 출입구에는 수시로 열 수 있는 자동폐쇄식의 60분+방화문 또는 60분방화문을 설치하여야 한다.

해답

① $1,500m^2$
② 5m 이상
③ 60분+방화문·60분방화문 또는 30분방화문, 자동폐쇄식의 60분+방화문 또는 60분방화문

10 제1종 분말소화약제의 주성분인 탄산수소나트륨의 분해반응식을 쓰고, 8.4g의 탄산수소나 트륨이 반응하여 생성되는 이산화탄소의 부피(L)를 구하시오.

해설

탄산수소나트륨은 약 60℃ 부근에서 분해되기 시작하여 270℃에서 다음과 같이 열분해된다.

$2NaHCO_3 \rightarrow Na_2CO_3 + H_2O + CO_2$ (at 270℃)
(중탄산나트륨)   (탄산나트륨) (수증기) (탄산가스)

$$\frac{8.4g\text{-}NaHCO_3}{} \bigg| \frac{1mol\text{-}NaHCO_3}{84g\text{-}NaHCO_3} \bigg| \frac{1mol\text{-}CO_2}{2mol\text{-}NaHCO_3} \bigg| \frac{22.4L\text{-}CO_2}{1mol\text{-}CO_2} = 1.12L$$

해답

1.12L

11 다음은 위험물저장탱크에 설치하는 포소화설비의 포방출구(I 형, II형, III형, IV형, 특형) 의 설명이다. 괄호 안을 알맞게 채우시오.

① (   )형 : 고정지붕 구조 또는 부상덮개부착 고정지붕 구조의 탱크에 상부포주입법을 이용하는 것으로서 방출된 포가 탱크 옆판의 내면을 따라 흘러내려가면서 액면 아래 로 몰입되거나 액면을 뒤섞지 않고 액면상을 덮을 수 있는 반사판 및 탱크 내의 위험 물 증기가 외부로 역류되는 것을 저지할 수 있는 구조·기구를 갖는 포방출구

② (   )형 : 고정지붕 구조의 탱크에 저부포주입법을 이용하는 것으로서 평상시에는 탱 크의 액면하의 저부에 설치된 격납통에 수납되어 있는 특수호스 등이 송포관의 말단 에 접속되어 있다가 포를 보내는 것에 의하여 특수호스 등이 전개되어 그 선단이 액 면까지 도달한 후 포를 방출하는 포방출구

③ (   )형 : 고정지붕 구조의 탱크에 상부포주입법을 이용하는 것으로서 방출된 포가 액면 아래로 몰입되거나 액면을 뒤섞지 않고 액면상을 덮을 수 있는 통계단 또는 미 끄럼판 등의 설비 및 탱크 내의 위험물 증기가 외부로 역류되는 것을 저지할 수 있는 구조·기구를 갖는 포방출구

④ (   )형 : 고정지붕 구조의 탱크에 저부포주입법(탱크의 액면하에 설치된 포방출구로 부터 포를 탱크 내에 주입하는 방법을 말한다)을 이용하는 것으로서 송포관(발포기 또는 포발생기에 의하여 발생된 포를 방출하는 포방출구

⑤ (   )형 : 부상지붕 구조의 탱크에 상부포주입법을 이용하는 것으로서 부상지붕의 부 상부분상에 높이 0.9m 이상의 금속제의 칸막이(방출된 포의 유출을 막을 수 있고 충 분한 배수능력을 갖는 배수구를 설치한 것에 한한다)를 탱크 옆판의 내측으로부터 1.2m 이상 이격하여 설치하고 탱크 옆판과 칸막이에 의하여 형성된 환상 부분에 포 를 주입하는 것이 가능한 구조의 반사판을 갖는 포방출구

해답

① II, ② IV, ③ I, ④ III, ⑤ 특

12 탄화리튬과 물과의 반응 시 생성되는 가연성 기체의 완전연소반응식을 적으시오.

해설

탄화리튬과 물은 반응 시 수산화리튬과 아세틸렌가스를 발생한다.

$Li_2C_2 + 2H_2O \rightarrow 2LiOH + C_2H_2$

가연성 가스인 아세틸렌가스의 연소방정식은 다음과 같다.

$2C_2H_2 + 5O_2 \rightarrow 4CO_2 + 2H_2O$

해답

$2C_2H_2 + 5O_2 \rightarrow 4CO_2 + 2H_2O$

13 이동탱크저장소에 방호틀을 설치하고자 한다. 스테인리스 규격이 130N/mm^{2}일 때 방파판과 방호틀의 두께는 얼마로 해야 하는지 구하시오.

해설

이동탱크저장소의 구조 및 재료 기준

㉠ 이동저장탱크의 탱크·칸막이·맨홀 및 주입관의 뚜껑

KS 규격품인 스테인리스강판, 알루미늄합금판, 고장력강판으로서, 두께는 다음 식에 의하여 산출된 수치(소수점 2자리 이하는 올림) 이상으로 하고 판 두께의 최소치는 2.8mm 이상일 것. 다만, 최대용량이 20kL를 초과하는 탱크를 알루미늄합금판으로 제작하는 경우에는 다음 식에 의하여 구한 수치에 1.1을 곱한 수치로 한다.

$$t = \sqrt[2]{\frac{400 \times 21}{\sigma \times A}} \times 3.2$$

여기서, t : 사용재질의 두께(mm), σ : 사용재질의 인장강도(N/mm^2), A : 사용재질의 신축률(%)

㉡ 이동저장탱크의 방파판

KS 규격품인 스테인리스강판, 알루미늄합금판, 고장력강판으로서, 두께가 다음 식에 의하여 산출된 수치(소수점 2자리 이하는 올림) 이상으로 한다.

$$t = \sqrt{\frac{270}{\sigma}} \times 1.6$$

여기서, t : 사용재질의 두께(mm), σ : 사용재질의 인장강도(N/mm^2)

$$\therefore t = \sqrt{\frac{270}{130}} \times 1.6 = 2.31 \text{mm}$$

㉢ 이동저장탱크의 방호틀

KS 규격품인 스테인리스강판, 알루미늄합금판, 고장력강판으로서, 두께가 다음 식에 의하여 산출된 수치(소수점 2자리 이하는 올림) 이상으로 한다.

$$t = \sqrt{\frac{270}{\sigma}} \times 2.3$$

여기서, t : 사용재질의 두께(mm), σ : 사용재질의 인장강도(N/mm^2)

$$\therefore t = \sqrt{\frac{270}{130}} \times 2.3 = 3.31 \text{mm}$$

해답

방파판 2.31mm 이상, 방호틀 3.31mm 이상

14 벤젠에 수은을 촉매로 하여 질산을 반응시켜 제조하는 물질로 DDNP(diazodinitro phenol)의 원료로 사용되는 물질로서 페놀을 진한 황산에 녹여 질산으로 작용시켜 만들기도 한다. 이 물질에 대한 다음 물음에 답하시오.
① 위험물안전관리법상 품명을 쓰시오.
② 구조식을 그리시오.

[해설]

트라이나이트로페놀[$C_6H_2(NO_2)_3OH$, 피크르산]

㉠ 순수한 것은 무색이나, 보통 공업용은 휘황색의 침전결정이며, 충격·마찰에 둔감하고 자연 분해하지 않으므로 장기 저장해도 자연발화의 위험 없이 안정하다.

㉡ 비중 1.8, 융점 122.5℃, 인화점 150℃, 비점 255℃, 발화온도 약 300℃, 폭발온도 3,320℃, 폭발속도 약 7,000m/s

㉢ 위험물안전관리법상 제5류 위험물로서 나이트로화합물에 해당한다.

[해답]

① 나이트로화합물, ②

$$\underset{NO_2}{\overset{OH}{\underset{O_2N}{\bigcirc}}} NO_2$$

15 제4류 위험물 지정수량 50리터, 살충제로 사용되며 증기비중이 2.6인 어떤 물질에 대하여 다음 물음에 답하시오.

> 옥외저장탱크는 벽 및 바닥이 두께가 (   )m 이상이고 누수가 되지 아니하는 (   )의 수조에 넣어 보관하여야 한다. 이 경우 보유공지, 통기관, (   )는 생략한다.

① 위의 괄호에 알맞은 답을 적으시오.
② 위에 저장하는 위험물의 완전연소반응식을 적으시오.

[해설]

이황화탄소(CS_2) - 비수용성 액체

분자량	비중	녹는점	끓는점	인화점	발화점	연소범위
76	1.26	−111℃	34.6℃	−30℃	90℃	1.0~50%

㉠ 이황화탄소의 옥외저장탱크는 벽 및 바닥의 두께가 0.2m 이상이고 누수가 되지 아니하는 철근콘크리트의 수조에 넣어 보관하여야 한다. 이 경우 보유공지·통기관 및 자동계량장치 는 생략할 수 있다.

㉡ 이황화탄소는 휘발하기 쉽고 발화점이 낮아 백열등, 난방기구 등의 열에 의해 발화하며, 점 화하면 청색을 내고 연소하는데, 연소생성물 중 SO_2는 유독성이 강하다.

$$CS_2 + 3O_2 \rightarrow CO_2 + 2SO_2$$

[해답]

① 0.2, 철근콘크리트, 자동계량장치
② $CS_2 + 3O_2 \rightarrow CO_2 + 2SO_2$

16 다음 소화설비의 능력단위에서 괄호 안을 알맞게 채우시오.

소화설비	용량	능력단위
마른모래	(①)L (삽 1개 포함)	0.5
팽창질석, 팽창진주암	160L (삽 1개 포함)	(③)
소화전용 물통	(②) L	0.3
수조	190L (소화전용 물통 6개 포함)	2.5
	80L (소화전용 물통 3개 포함)	(④)

[해설]

소화능력단위에 의한 분류

소화설비	용량	능력단위
마른모래	50L (삽 1개 포함)	0.5
팽창질석, 팽창진주암	160L (삽 1개 포함)	1
소화전용 물통	8L	0.3
수조	190L (소화전용 물통 6개 포함)	2.5
	80L (소화전용 물통 3개 포함)	1.5

[해답]

① 50, ② 8, ③ 1, ④ 1.5

17 70kPa, 30℃에서 탄화칼슘 10kg이 물과 반응하였을 때 발생하는 가스의 체적을 구하시오. (단, 1기압은 약 101.3kPa이다.)

[해설]

$CaC_2 + 2H_2O \rightarrow Ca(OH)_2 + C_2H_2$

$$\frac{10\text{kg}-CaC_2}{} \left| \frac{1\text{kmol}-CaC_2}{64\text{kg}-CaC_2} \right| \frac{1\text{kmol}-C_2H_2}{1\text{kmol}-CaC_2} \left| \frac{26\text{kg}-C_2H_2}{1\text{kmol}-C_2H_2} \right| = 4.06\text{kg}-C_2H_2$$

$$\frac{70\text{kPa}}{} \left| \frac{1\text{atm}}{101.35\text{kPa}} \right. = 0.69\text{atm}$$

따라서, 이상기체 상태방정식으로부터,

$$V = \frac{wRT}{PM} = \frac{4.06\text{kg} \times 0.082\text{atm} \cdot \text{m}^3/\text{kg} \cdot \text{mol} \times (30+273.15)\text{K}}{0.69\text{atm} \times 26\text{kg}/\text{mol}} = 5.63\text{m}^3$$

[해답]

5.63m^3

18 다음 물음에 답하시오.
① 화기 · 충격주의, 물기엄금, 가연물접촉주의 주의사항을 갖는 위험물을 덮을 때 쓰는 피복의 성질을 모두 적으시오.
② 제2류 위험물 중 방수성 피복 덮개를 사용해야 하는 위험물의 주의사항을 적으시오.
③ 차광성 피복 및 방수성 피복이 모두 덮여 있지 않은 위험물에 화기주의라고 표시되어 있다. 이에 해당하는 위험물의 품명을 모두 적으시오.

해설

㉠ 수납하는 위험물에 따른 주의사항

유별	구분	주의사항
제1류 위험물 (산화성 고체)	알칼리금속의 무기과산화물	"화기 · 충격주의" "물기엄금" "가연물접촉주의"
	그 밖의 것	"화기 · 충격주의" "가연물접촉주의"
제2류 위험물 (가연성 고체)	철분 · 금속분 · 마그네슘	"화기주의" "물기엄금"
	인화성 고체	"화기엄금"
	그 밖의 것	"화기주의"
제3류 위험물 (자연발화성 및 금수성 물질)	자연발화성 물질	"화기엄금" "공기접촉엄금"
	금수성 물질	"물기엄금"
제4류 위험물 (인화성 액체)	–	"화기엄금"
제5류 위험물 (자기반응성 물질)	–	"화기엄금" 및 "충격주의"
제6류 위험물 (산화성 액체)	–	"가연물접촉주의"

㉡ 적재하는 위험물에 따른 조치사항

차광성이 있는 것으로 피복해야 하는 경우	방수성이 있는 것으로 피복해야 하는 경우
• 제1류 위험물 • 제3류 위험물 중 자연발화성 물질 • 제4류 위험물 중 특수인화물 • 제5류 위험물 • 제6류 위험물	• 제1류 위험물 중 알칼리금속의 과산화물 • 제2류 위험물 중 철분, 금속분, 마그네슘 • 제3류 위험물 중 금수성 물질

해답

① 제1류 위험물에 대한 주의사항이므로 차광성, 방수성
② 화기주의, 물기엄금
③ 황화인, 적린, 황, 그 밖에 행정안전부령으로 정하는 것

19 주유취급소에는 자동차 등이 출입하는 쪽 외의 부분에 담 또는 벽의 일부분에 방화상 유효한 구조의 유리를 부착할 수 있다. 유리를 부착하는 방법에 대해 괄호 안을 알맞게 채우시오.
① 주유취급소 내의 지반면으로부터 (   )를 초과하는 부분에 한하여 유리를 부착할 것
② 하나의 유리판의 가로 길이는 (   ) 이내일 것
③ 유리를 부착하는 범위는 전체의 담 또는 벽의 길이의 (   )를 초과하지 아니할 것

해설

주유취급소의 담 또는 벽
㉮ 주유취급소의 주위에는 자동차 등이 출입하는 쪽 외의 부분에 높이 2m 이상의 내화구조 또는 불연재료의 담 또는 벽을 설치하되, 주유취급소의 인근에 연소의 우려가 있는 건축물이 있는 경우에는 소방청장이 정하여 고시하는 바에 따라 방화상 유효한 높이로 하여야 한다.
㉯ 상기 내용에도 불구하고 다음 기준에 모두 적합한 경우에는 담 또는 벽의 일부분에 방화상 유효한 구조의 유리를 부착할 수 있다.
　㉠ 유리를 부착하는 위치는 주입구, 고정주유설비 및 고정급유설비로부터 4m 이상 이격될 것
　㉡ 유리를 부착하는 방법은 다음의 기준에 모두 적합할 것
　　• 주유취급소 내의 지반면으로부터 70cm를 초과하는 부분에 한하여 유리를 부착할 것
　　• 하나의 유리판의 가로 길이는 2m 이내일 것
　　• 유리판의 테두리를 금속제의 구조물에 견고하게 고정하고 해당 구조물을 담 또는 벽에 견고하게 부착할 것
　　• 유리의 구조는 접합유리(두 장의 유리를 두께 0.76mm 이상의 폴리바이닐뷰티랄 필름으로 접합한 구조를 말한다)로 하되, 「유리구획 부분의 내화시험방법(KS F 2845)」에 따라 시험하여 비차열 30분 이상의 방화성능이 인정될 것
　㉢ 유리를 부착하는 범위는 전체의 담 또는 벽의 길이의 10분의 2를 초과하지 아니할 것

해답

① 70cm, ② 2m, ③ 10분의 2

제68회
(2020년 8월 29일 시행)
위험물기능장 실기

01 다음 보기에서 설명하는 물질에 대해 답하시오.

> • 제4류 위험물로 증기비중이 3.80이고, 벤젠을 철 촉매하에서 염소화시켜 제조한다.
> • 황산을 촉매로 하여 트라이클로로에탄올과 반응해서 DDT를 제조하는 데 사용한다.

① 구조식
② 위험등급
③ 지정수량
④ 이동탱크저장소 도선접지 유무

 해설

㉮ 클로로벤젠(C_6H_5Cl, 염화페닐) – 제2석유류(비수용성 1,000L)

분자량	비중	증기비중	녹는점	끓는점	인화점	발화점	연소범위
112.6	1.11	3.9	−45℃	132℃	27℃	638℃	1.3~7.1%

㉠ 일반적 성질
  • 마취성이 있고 석유와 비슷한 냄새를 가진 무색의 액체이다.
  • 물에는 녹지 않으나 유기용제 등에는 잘 녹고 천연수지, 고무, 유지 등을 잘 녹인다.
  • 벤젠을 염화철 촉매하에서 염소와 반응하여 만든다.
㉡ 위험성 : 마취성이 있고, 독성이 있으나 벤젠보다 약하다.
㉢ 저장·취급 방법 및 소화방법 : 등유에 준한다.
㉣ 용도 : 용제, 염료, 향료, DDT의 원료, 유기합성의 원료 등
㉯ 제4류 위험물 중 특수인화물, 제1석유류 또는 제2석유류의 이동탱크저장소에는 다음의 기준에 의하여 접지도선을 설치하여야 한다.
  ㉠ 양도체(良導體)의 도선에 비닐 등의 절연재료로 피복하여 선단에 접지전극 등을 결착시킬 수 있는 클립(clip) 등을 부착할 것
  ㉡ 도선이 손상되지 아니하도록 도선을 수납할 수 있는 장치를 부착할 것

해답

① Cl
⬡ (벤젠 고리 구조식)

② Ⅲ
③ 1,000L
④ 접지도선 설치

02 다음은 위험물제조소 등의 행정처분기준에 대한 내용이다. 빈칸을 알맞게 채우시오.

위반사항	행정처분기준		
	1차	2차	3차
규정에 의한 변경허가를 받지 아니하고, 제조소 등의 위치·구조 또는 설비를 변경한 때	경고 또는 사용정지 15일	①	허가취소
규정에 의한 완공검사를 받지 아니하고, 제조소 등을 사용한 때	②	③	허가취소
규정에 의한 정기검사를 받지 아니한 때	사용정지 10일	④	⑤

해설

위험물제조소 등에 대한 행정처분기준

위반사항	행정처분기준		
	1차	2차	3차
제조소 등의 위치·구조 또는 설비를 변경한 때	경고 또는 사용정지 15일	사용정지 60일	허가취소
완공검사를 받지 아니하고 제조소 등을 사용한 때	사용정지 15일	사용정지 60일	허가취소
수리·개조 또는 이전의 명령에 위반한 때	사용정지 30일	사용정지 90일	허가취소
위험물 안전관리자를 선임하지 아니한 때	사용정지 15일	사용정지 60일	허가취소
대리자를 지정하지 아니한 때	사용정지 10일	사용정지 30일	허가취소
정기점검을 하지 아니한 때	사용정지 10일	사용정지 30일	허가취소
정기검사를 받지 아니한 때	사용정지 10일	사용정지 30일	허가취소
저장·취급 기준 준수명령을 위반한 때	사용정지 30일	사용정지 60일	허가취소

해답

① 사용정지 60일, ② 사용정지 15일, ③ 사용정지 60일
④ 사용정지 30일, ⑤ 허가취소

03 위험물제조소 내의 위험물을 취급하는 배관의 재질에서 강관을 제외한 재질 3가지를 쓰시오.

해설

배관의 재질은 강관, 그 밖에 이와 유사한 금속성으로 하여야 한다. 다만, 다음의 기준에 적합한 경우에는 그러하지 아니하다.
㉠ 배관의 재질은 한국산업규격의 유리섬유강화플라스틱·고밀도폴리에틸렌 또는 폴리우레탄으로 할 것
㉡ 배관의 구조는 내관 및 외관의 이중으로 하고, 내관과 외관의 사이에는 틈새공간을 두어 누설 여부를 외부에서 쉽게 확인할 수 있도록 할 것. 다만, 배관의 재질이 취급하는 위험물에 의해 쉽게 열화될 우려가 없는 경우에는 그러하지 아니하다.
㉢ 국내 또는 국외의 관련 공인시험기관으로부터 안전성에 대한 시험 또는 인증을 받을 것
㉣ 배관은 지하에 매설할 것. 다만, 화재 등 열에 의하여 쉽게 변형될 우려가 없는 재질이거나 화재 등 열에 의한 악영향을 받을 우려가 없는 장소에 설치되는 경우에는 그러하지 아니하다.

해답

유리섬유강화플라스틱, 고밀도폴리에틸렌, 폴리우레탄

04 | 1기압, 25℃에서 에틸알코올 200g이 완전연소 시 필요한 이론공기량(g)을 구하시오.

[해설]

에틸알코올은 무색투명하며 인화가 쉽고, 공기 중에서 쉽게 산화한다. 또한 완전연소를 하므로 불꽃이 잘 보이지 않으며 그을음이 거의 없다.

$$C_2H_5OH + 3O_2 \rightarrow 2CO_2 + 3H_2O$$

$$\frac{200g-C_2H_5OH}{} \left|\frac{1mol-C_2H_5OH}{46g-C_2H_5OH}\right|\frac{3mol-O_2}{1mol-C_2H_5OH}\left|\frac{32g-O_2}{1mol-O_2}\right. = 417.39g-O_2$$

$$V = \frac{wRT}{PM} = \frac{417.39g \cdot (0.082atm \cdot L/K \cdot mol) \cdot (25+273.15)K}{1atm \cdot 32g/mol} = 318.92L$$

따라서,

$$\frac{318.92L-O_2}{} \left|\frac{1mol-O_2}{22.4L-O_2}\right|\frac{100mol-Air}{21mol-O_2}\left|\frac{28.84g-Air}{1mol-Air}\right. = 1955.28g-Air$$

[해답]

1955.28g

05 | 위험물안전관리법상 제4류 위험물 제1석유류로서 분자량은 60g/mol, 인화점은 −19℃, 비중 0.980이며, 가수분해하는 경우 제2석유류가 생성되는 물질에 대해 다음 물음에 답하시오.
① 가수분해하여 알코올류와 제2석유류를 생성하는 화학반응식을 적으시오.
② ①의 화학반응식에서 생성된 알코올류의 완전연소반응식을 적으시오.
③ ①의 화학반응식에서 생성된 제2석유류의 완전연소반응식을 적으시오.

[해설]

의산메틸($HCOOCH_3$)

분자량	비중	끓는점	발화점	인화점	연소범위
60	0.97	32℃	449℃	−19℃	5~23%

㉮ 일반적 성질
   달콤한 향이 나는 무색의 휘발성 액체로 물 및 유기용제 등에 잘 녹는다.
㉯ 위험성
   ㉠ 인화 및 휘발의 위험성이 크다.
   ㉡ 습기, 알칼리 등과의 접촉을 방지한다.
   ㉢ 쉽게 가수분해하여 폼산과 맹독성의 메탄올이 생성된다.
      $$HCOOCH_3 + H_2O \rightarrow HCOOH + CH_3OH$$
㉰ 저장 및 취급 방법
   통풍이 잘 되는 곳에 밀봉하여 저장하고, 방폭조치를 한다.

[해답]

① $HCOOCH_3 + H_2O \rightarrow CH_3OH + HCOOH$
② $2CH_3OH + 3O_2 \rightarrow 4H_2O + 2CO_2$
③ $2HCOOH + O_2 \rightarrow 2H_2O + 2CO_2$

06 100kPa, 30℃에서 100g 드라이아이스의 부피(L)를 구하시오.

[해설]

드라이아이스는 이산화탄소(CO_2)를 의미한다.

$$\frac{100kPa}{} \left| \frac{1atm}{101.326kPa} \right. = 0.987atm$$

따라서, 이상기체방정식을 이용하여 기체의 부피를 구할 수 있다.

$PV = nRT$

n은 몰(mole)수이며 $n = \dfrac{w(g)}{M(분자량)}$ 이므로, $PV = \dfrac{wRT}{M}$

$\therefore \ V = \dfrac{wRT}{PM} = \dfrac{100g \times 0.082L \cdot atm/K \cdot mol \times (30 + 273.15)}{0.987atm \times 44g/mol} = 57.24L$

[해답]

57.24L

07 다음은 옥외저장소의 위치·구조 및 설비의 기준에 대한 설명이다. 괄호 안에 들어갈 내용을 순서대로 쓰시오.
① (　　) 또는 (　　)을 저장하는 옥외저장소에는 불연성 또는 난연성의 천막 등을 설치하여 햇빛을 가릴 것
② 경계표시에는 황이 넘치거나 비산하는 것을 방지하기 위한 천막 등을 고정하는 장치를 설치하되, 천막 등을 고정하는 장치는 경계표시의 길이 (　　)마다 한 개 이상 설치할 것
③ 황을 저장 또는 취급하는 장소의 주위에는 (　　)와 (　　)를 설치할 것

[해설]

㉮ 과산화수소 또는 과염소산을 저장하는 옥외저장소의 기준
과산화수소 또는 과염소산을 저장하는 옥외저장소에는 불연성 또는 난연성의 천막 등을 설치하여 햇빛을 가릴 것
㉯ 옥외저장소 중 덩어리상태의 황만을 지반면에 설치한 경계표시의 안쪽에서 저장 또는 취급하는 것에 대한 기준
㉠ 하나의 경계표시 내부의 면적은 $100m^2$ 이하일 것
㉡ 2 이상의 경계표시를 설치하는 경우에 있어서는 각각의 경계표시 내부의 면적을 합산한 면적은 $1,000m^2$ 이하로 하고, 인접하는 경계표시와 경계표시와의 간격은 공지의 너비의 2분의 1 이상으로 할 것. 다만, 저장 또는 취급하는 위험물의 최대수량이 지정수량의 200배 이상인 경우에는 10m 이상으로 하여야 한다.
㉢ 경계표시는 불연재료로 만드는 동시에 황이 새지 아니하는 구조로 할 것
㉣ 경계표시의 높이는 1.5m 이하로 할 것
㉤ 경계표시에는 황이 넘치거나 비산하는 것을 방지하기 위한 천막 등을 고정하는 장치를 설치하되, 천막 등을 고정하는 장치는 경계표시의 길이 2m마다 한 개 이상 설치할 것
㉥ 황을 저장 또는 취급하는 장소의 주위에는 배수구와 분리장치를 설치할 것

[해답]

① 과산화수소, 과염소산, ② 2m, ③ 배수구, 분리장치

08 위험물안전관리법상 2가지 이상 포함하는 물품이 속하는 품명의 판단기준에 대해 다음 괄호 안을 알맞게 채우시오.
① 복수성상물품이 산화성 고체의 성상 및 가연성 고체의 성상을 가지는 경우
　　: 제( )류에 의한 품명
② 복수성상물품이 산화성 고체의 성상 및 자기반응성 물질의 성상을 가지는 경우
　　: 제( )류에 의한 품명
③ 복수성상물품이 가연성 고체의 성상과 자연발화성 물질의 성상 및 금수성 물질의 성상을 가지는 경우 : 제( )류에 의한 품명
④ 복수성상물품이 자연발화성 물질의 성상, 금수성 물질의 성상 및 인화성 액체의 성상을 가지는 경우 : 제( )류에 의한 품명
⑤ 복수성상물품이 인화성 액체의 성상 및 자기반응성 물질의 성상을 가지는 경우
　　: 제( )류에 의한 품명

해설

위험물안전관리법 시행령 [별표 8]에서 위험물의 성질란에 규정된 성상을 2가지 이상 포함하는 물품(복수성상물품)이 속하는 품명의 판단기준은 다음과 같다.
① 복수성상물품이 산화성 고체의 성상 및 가연성 고체의 성상을 가지는 경우 : 제2류에 의한 품명
② 복수성상물품이 산화성 고체의 성상 및 자기반응성 물질의 성상을 가지는 경우 : 제5류에 의한 품명
③ 복수성상물품이 가연성 고체의 성상과 자연발화성 물질의 성상 및 금수성 물질의 성상을 가지는 경우 : 제3류에 의한 품명
④ 복수성상물품이 자연발화성 물질의 성상, 금수성 물질의 성상 및 인화성 액체의 성상을 가지는 경우 : 제3류에 의한 품명
⑤ 복수성상물품이 인화성 액체의 성상 및 자기반응성 물질의 성상을 가지는 경우 : 제5류에 의한 품명

해답

① 2, ② 5, ③ 3, ④ 3, ⑤ 5

09 다공성 물질을 규조토에 흡수시켜 다이너마이트를 제조하는 제5류 위험물에 대한 다음 물음에 답하시오.
① 품명
② 화학식
③ 분해반응식

해설

나이트로글리세린은 다이너마이트, 로켓, 무연화약의 원료로 이용되며, 제5류 위험물로서 질산에스터류에 해당한다. 순수한 것은 무색투명한 기름성의 액체(공업용 시판품은 담황색)이며, 점화하면 즉시 연소하고 폭발력이 강하다. 40℃에서 분해되기 시작하고 145℃에서 격렬히 분해되며, 200℃ 정도에서 스스로 폭발한다.
$4C_3H_5(ONO_2)_3 \rightarrow 12CO_2 + 10H_2O + 6N_2 + O_2$

해답

① 질산에스터류
② $C_3H_5(ONO_2)_3$
③ $4C_3H_5(ONO_2)_3 \rightarrow 12CO_2 + 10H_2O + 6N_2 + O_2$

10 불활성가스소화설비에서 이산화탄소소화설비의 설치기준에 대하여 다음 괄호 안을 알맞게 채우시오.
① 이산화탄소를 방사하는 분사헤드 중 고압식의 것에 있어서는 (㉠)MPa 이상, 저압식의 것[소화약제가 (㉡) 이하의 온도로 용기에 저장되어 있는 것]에 있어서는 1.05MPa 이상
② 국소방출방식에서 소화약제의 양을 (   ) 이내에 균일하게 방사할 것

해설

① 전역방출방식 이산화탄소소화설비의 분사헤드
  ㉮ 방사된 소화약제가 방호구역의 전역에 균일하고 신속하게 방사할 수 있도록 설치할 것
  ㉯ 분사헤드의 방사압력
    ㉠ 이산화탄소를 방사하는 분사헤드 중 고압식의 것에 있어서는 2.1MPa 이상, 저압식의 것(소화약제가 영하 18℃ 이하의 온도로 용기에 저장되어 있는 것)에 있어서는 1.05MPa 이상
    ㉡ 질소(IG-100), 질소와 아르곤의 용량비가 50 대 50인 혼합물(IG-55) 또는 질소와 아르곤과 이산화탄소의 용량비가 52 대 40 대 8인 혼합물(IG-541)을 방사하는 분사헤드는 1.9MPa 이상
  ㉰ 이산화탄소를 방사하는 것은 소화약제의 양을 60초 이내에 균일하게 방사하고, IG-100, IG-55 또는 IG-541을 방사하는 것은 소화약제의 양의 95% 이상을 60초 이내에 방사
② 국소방출방식 이산화탄소소화설비의 분사헤드
  ㉮ 분사헤드는 방호대상물의 모든 표면이 분사헤드의 유효사정 내에 있도록 설치
  ㉯ 소화약제의 방사에 의해서 위험물이 비산되지 않는 장소에 설치
  ㉰ 소화약제의 양을 30초 이내에 균일하게 방사

해답

① ㉠ 2.1, ㉡ 영하 18℃
② 30초

11 다음에 주어진 위험물과 물과의 반응식을 각각 적으시오. (단, 물과의 반응이 없는 경우 "반응 없음"이라고 기재)
① 과산화나트륨
② 과염소산나트륨
③ 트라이에틸알루미늄
④ 인화칼슘
⑤ 아세트알데하이드

해설

① 과산화나트륨 : 흡습성이 있으므로 물과 접촉하면 발열 및 수산화나트륨($NaOH$)과 산소(O_2)를 발생한다.
  $2Na_2O_2 + 2H_2O \rightarrow 4NaOH + O_2$
② 과염소산나트륨 : 물에 잘 녹으며, 가연성 물질과의 접촉으로 화재 시 물로 소화한다.

③ 트라이에틸알루미늄 : 물과 접촉하면 폭발적으로 반응하여 에테인을 형성하고, 이때 발열 · 폭발에 이른다.

$(C_2H_5)_3Al + 3H_2O \rightarrow Al(OH)_3 + 3C_2H_6$

④ 인화칼슘 : 물과 반응하면 가연성의 독성이 강한 인화수소(PH_3, 포스핀)가스를 발생한다.

$Ca_3P_2 + 6H_2O \rightarrow 3Ca(OH)_2 + 2PH_3$

⑤ 아세트알데하이드 : 물에 잘 녹고, 구리, 수은, 마그네슘, 은 및 그 합금으로 된 취급설비는 아세트알데하이드와 반응에 의해 이들 간에 중합반응을 일으켜 구조불명의 폭발성 물질을 생성한다.

해답

① $2Na_2O_2 + 2H_2O \rightarrow 4NaOH + O_2$

② 반응 없음

③ $(C_2H_5)_3Al + 3H_2O \rightarrow Al(OH)_3 + 3C_2H_6$

④ $Ca_3P_2 + 6H_2O \rightarrow 3Ca(OH)_2 + 2PH_3$

⑤ 반응 없음

12 다음 보기에서 주어진 위험물제조소 설치 시 방화상 유효한 담을 설치하고자 할 때, 방화상 유효한 담의 높이를 구하시오.

- 위험물제조소 외벽의 높이 2m
- 인근 건축물과의 거리 5m
- 인근 건축물의 높이 6m
- 제조소 등과 방화상 유효한 담과의 거리 2.5m
- 상수 0.15

해설

제조소 등의 안전거리의 단축기준

취급하는 위험물이 최대수량(지정수량 배수)의 10배 미만이고, 주거용 건축물, 문화재, 학교 등의 경우 불연재료로 된 방화상 유효한 담 또는 벽을 설치하는 경우에는 안전거리를 단축할 수 있다. 방화상 유효한 담의 높이는 다음과 같이 구한다.

- $H \leq pD^2 + a$인 경우 : $h = 2$
- $H > pD^2 + a$인 경우 : $h = H - p(D^2 - d^2)$

여기서, D : 제조소 등과 인근 건축물 또는 공작물과의 거리(m)

$\quad\quad\quad H$: 인근 건축물 또는 공작물의 높이(m)

$\quad\quad\quad a$: 제조소 등의 외벽의 높이(m)

$\quad\quad\quad d$: 제조소 등과 방화상 유효한 담과의 거리(m)

$\quad\quad\quad h$: 방화상 유효한 담의 높이(m)

보기에서 주어진 조건으로 계산하면, $6m > 0.15 \times 5^2 + 2$인 경우에 해당하므로,

$h = H - p(D^2 - d^2) = 6 - 0.15(5^2 - 2.5^2) = 3.19m$

해답

3.19m

13 위험물안전관리법상 제4류 위험물 중 특수인화물에 해당하는 것으로 물속에 보관하는 물질에 대해 다음 물음에 답하시오.
① 증기비중
② 연소반응식
③ 옥외저장탱크에 저장하는 경우 탱크 벽의 두께
④ 옥외저장탱크에 저장하는 경우 탱크 바닥의 두께

해설

① $\dfrac{76}{28.84} = 2.64$

② 휘발하기 쉽고 발화점이 낮아 백열등, 난방기구 등의 열에 의해 발화하며, 점화하면 청색을 내고 연소하는데 연소생성물 중 SO_2는 유독성이 강하다.
$$CS_2 + 3O_2 \rightarrow CO_2 + 2SO_2$$

③ 이황화탄소의 옥외저장탱크는 벽 및 바닥의 두께가 0.2m 이상이고 누수가 되지 아니하는 철근콘크리트의 수조에 넣어 보관하여야 한다. 이 경우 보유공지·통기관 및 자동계량장치는 생략할 수 있다.

해답

① 2.64
② $CS_2 + 3O_2 \rightarrow CO_2 + 2SO_2$
③ 0.2m
④ 0.2m

14 과산화칼륨에 대해 다음 물음에 답하시오.
① 물과의 반응식
② 아세트산과의 반응식
③ 염산과의 반응식

해설

① 흡습성이 있으므로 물과 접촉하면 발열하며 수산화칼륨(KOH)과 산소(O_2)가 발생한다.
$$2K_2O_2 + 2H_2O \rightarrow 4KOH + O_2$$
② 묽은산과 반응하여 과산화수소(H_2O_2)를 생성한다.
$$K_2O_2 + 2CH_3COOH \rightarrow 2CH_3COOK + H_2O_2$$
③ 염산과 반응하여 염화칼륨과 과산화수소를 생성한다.
$$K_2O_2 + 2HCl \rightarrow 2KCl + H_2O_2$$

해답

① $2K_2O_2 + 2H_2O \rightarrow 4KOH + O_2$
② $K_2O_2 + 2CH_3COOH \rightarrow 2CH_3COOK + H_2O_2$
③ $K_2O_2 + 2HCl \rightarrow 2KCl + H_2O_2$

15 제3류 위험물 중 옥내저장소 2,000m²에 저장할 수 있는 품명 5가지를 적으시오.

해설

㉮ 옥내저장소 하나의 저장창고의 바닥면적

위험물을 저장하는 창고	바닥면적
㉠ 제1류 위험물 중 아염소산염류, 염소산염류, 과염소산염류, 무기과산화물, 그 밖에 지정수량이 50kg인 위험물 ㉡ 제3류 위험물 중 칼륨, 나트륨, 알킬알루미늄, 알킬리튬, 그 밖에 지정수량이 10kg인 위험물 및 황린 ㉢ 제4류 위험물 중 특수인화물, 제1석유류 및 알코올류 ㉣ 제5류 위험물 중 유기과산화물, 질산에스터류, 그 밖에 지정수량이 10kg인 위험물 ㉤ 제6류 위험물	1,000m² 이하
㉠~㉤ 외의 위험물을 저장하는 창고	2,000m² 이하
내화구조의 격벽으로 완전히 구획된 실에 각각 저장하는 창고	1,500m² 이하

㉯ 제3류 위험물의 종류와 지정수량

성질	위험등급	품명	대표 품목	지정수량
자연발화성 물질 및 금수성 물질	I	1. 칼륨(K) 2. 나트륨(Na) 3. 알킬알루미늄 4. 알킬리튬	$(C_2H_5)_3Al$ C_4H_9Li	10kg
		5. 황린(P_4)	–	20kg
	II	6. 알칼리금속류(칼륨 및 나트륨 제외) 및 알칼리토금속 7. 유기금속화합물(알킬알루미늄 및 알킬리튬 제외)	Li, Ca $Te(C_2H_5)_2$, $Zn(CH_3)_2$	50kg
	III	8. 금속의 수소화물 9. 금속의 인화물 10. 칼슘 또는 알루미늄의 탄화물	LiH, NaH Ca_3P_2, AlP CaC_2, Al_4C_3	300kg
		11. 그 밖에 행정안전부령이 정하는 것 　　염소화규소화합물	$SiHCl_3$	300kg

해답

① 알칼리금속류(칼륨 및 나트륨 제외) 및 알칼리토금속
② 유기금속화합물(알킬알루미늄 및 알킬리튬 제외)
③ 금속의 수소화물
④ 금속의 인화물
⑤ 칼슘 또는 알루미늄의 탄화물

16 위험물안전관리에 관한 세부기준에 따르면 배관 등의 용접부에는 방사선투과시험을 실시한다. 다만, 방사선투과시험을 실시하기 곤란한 경우 (   ) 안에 알맞은 비파괴시험을 쓰시오.
① 두께 6mm 이상인 배관에 있어서 (㉠) 및 (㉡)을 실시할 것. 다만, 강자성체 외의 재료로 된 배관에 있어서는 (㉢)을 (㉣)으로 대체할 수 있다.
② 두께 6mm 미만인 배관과 초음파탐상시험을 실시하기 곤란한 배관에 있어서는 (㉤)을 실시할 것

해설

배관 등에 대한 비파괴시험방법
배관 등의 용접부에는 방사선투과시험 또는 영상초음파탐상시험을 실시한다. 다만, 방사선투과시험 또는 영상초음파탐상시험을 실시하기 곤란한 경우에는 다음의 기준에 따른다.
① 두께가 6mm 이상인 배관에 있어서는 초음파탐상시험 및 자기탐상시험을 실시할 것. 다만, 강자성체 외의 재료로 된 배관에 있어서는 자기탐상시험을 침투탐상시험으로 대체할 수 있다.
② 두께가 6mm 미만인 배관과 초음파탐상시험을 실시하기 곤란한 배관에 있어서는 자기탐상시험을 실시할 것

해답

① ㉠ 초음파탐상시험
　 ㉡ 자기탐상시험
　 ㉢ 자기탐상시험
　 ㉣ 침투탐상시험
② ㉤ 자기탐상시험

17 다음 주어진 용어의 위험물안전관리법에 따른 정의를 적으시오.
① 액체
② 기체
③ 인화성 고체

해설

㉠ "산화성 고체"라 함은 고체[액체(1기압 및 20도에서 액상인 것 또는 20도 초과, 40도 이하에서 액상인 것) 또는 기체(1기압 및 20도에서 기상인 것) 외의 것]로서 산화력의 잠재적인 위험성 또는 충격에 대한 민감성을 판단하기 위하여 소방청장이 정하여 고시(이하 "고시")하는 시험에서 고시로 정하는 성질과 상태를 나타내는 것을 말한다. 이 경우 "액상"이라 함은 수직으로 된 시험관(안지름 30밀리미터, 높이 120밀리미터의 원통형 유리관)에 시료를 55밀리미터까지 채운 다음 해당 시험관을 수평으로 하였을 때 시료 액면의 선단이 30밀리미터를 이동하는데 걸리는 시간이 90초 이내에 있는 것을 말한다.
㉡ "인화성 고체"라 함은 고형 알코올, 그 밖에 1기압에서 인화점이 40도 미만인 고체를 말한다.

해답

① 1기압 및 20도에서 액상인 것 또는 20도 초과, 40도 이하에서 액상인 것
② 1기압 및 20도에서 기상인 것
③ 고형 알코올, 그 밖에 1기압에서 인화점이 40도 미만인 고체

18 다음 위험물제조소에 방화에 관하여 필요한 게시판 설치 시 표시하여야 할 주의사항을 적으시오. (단, 해당 없으면 "해당 없음"이라고 쓸 것)
① 과산화나트륨
② 적린
③ 인화성 고체
④ 질산
⑤ 질산암모늄

해설

표지 및 게시판의 설치기준

㉮ 제조소에는 보기 쉬운 곳에 다음의 기준에 따라 "위험물제조소"라는 표시를 한 표지를 설치하여야 한다.
　㉠ 표지는 한 변의 길이가 0.3m 이상, 다른 한 변의 길이가 0.6m 이상인 직사각형으로 할 것
　㉡ 표지의 바탕은 백색으로, 문자는 흑색으로 할 것
㉯ 제조소에는 보기 쉬운 곳에 다음의 기준에 따라 방화에 관하여 필요한 사항을 게시한 게시판을 설치하여야 한다.
　㉠ 게시판은 한 변의 길이가 0.3m 이상, 다른 한 변의 길이가 0.6m 이상인 직사각형으로 할 것
　㉡ 게시판에는 저장 또는 취급하는 위험물의 유별·품명 및 저장최대수량 또는 취급최대수량, 지정수량의 배수 및 안전관리자의 성명 또는 직명을 기재할 것
　㉢ ㉡의 게시판의 바탕은 백색으로, 문자는 흑색으로 할 것
　㉣ ㉡의 게시판 외에 저장 또는 취급하는 위험물에 따라 다음의 규정에 의한 주의사항을 표시한 게시판을 설치할 것
　　• 제1류 위험물 중 알칼리금속의 과산화물과 이를 함유한 것 또는 제3류 위험물 중 금수성 물질에 있어서는 "물기엄금"
　　• 제2류 위험물(인화성 고체를 제외한다)에 있어서는 "화기주의"
　　• 제2류 위험물 중 인화성 고체, 제3류 위험물 중 자연발화성 물질, 제4류 위험물 또는 제5류 위험물에 있어서는 "화기엄금"
　㉤ ㉣의 게시판의 색은 "물기엄금"을 표시하는 것에 있어서는 청색 바탕에 백색 문자로, "화기주의" 또는 "화기엄금"을 표시하는 것에 있어서는 적색 바탕에 백색 문자로 할 것

해답

① 물기엄금
② 화기주의
③ 화기엄금
④ 해당 없음
⑤ 해당 없음

19 A는 부산물(비수용성, 인화점 210℃)을 이용하여 석유제품(비수용성, 인화점 60℃)으로 정제 및 제조하기 위하여 위험물시설을 보유하고자 한다. A는 정제된 위험물 10만 리터를 옥외탱크에 저장하고, 이동탱크저장소를 이용하여 판매하는 동시에 추가로 2만 리터를 더 저장하여 판매하기 위한 공간을 마련할 계획이다. 이 사업장의 시설이 다음과 같을 경우, 물음에 답하시오.

〈사업장 시설〉
• 부산물을 수집하기 위한 탱크로리 용량 5천 리터 1대와 2만 리터 1대
• 위험물에 해당하는 부산물을 석유제품을 정제하기 위한 시설(지정수량 10배)
• 제조한 석유제품을 저장하기 위한 10만 리터 용량의 옥외탱크저장소 1기
• 제조한 위험물을 출하하기 위해 탱크로리에 주입하는 일반취급소
• 제조한 위험물을 판매처에 운송하기 위한 5천 리터 용량의 탱크로리 1대

① 위 사업장에서 허가받아야 하는 제조소 등의 종류를 모두 쓰시오.
② 위 사업장에서 선임해야 하는 안전관리자에 대해 다음 물음에 답하시오.
  ㉠ 위험물안전관리자 선임대상인 제조소 등의 종류를 모두 쓰시오.
  ㉡ 선임 가능한 자격 가능자를 쓰시오.
  ㉢ 중복하여 선임할 수 있는 안전관리자의 최소인원은 몇 명인가?
③ 위 사업장에서 정기점검대상에 해당하는 제조소 등을 모두 쓰시오.
④ 위 사업장의 제조소에 관해 다음 물음에 답하시오.
  ㉠ 위 제조소의 보유공지는 몇 m 이상인가?
  ㉡ 제조소와 인근에 위치한 종합병원과의 안전거리는 몇 m 이상인가? (단, 제조소와 종합병원 사이에는 방화상 유효한 격벽이 설치되어 있지 않음)

해설

㉮ 위험물취급자격자의 자격

위험물취급자격자의 구분	취급할 수 있는 위험물
「국가기술자격법」에 따라 위험물기능장, 위험물산업기사, 위험물기능사의 자격을 취득한 사람	「위험물안전관리법」 시행령 [별표 1]의 모든 위험물
안전관리자 교육 이수자(소방청장이 실시하는 안전관리자 교육을 이수한 자)	제4류 위험물
소방공무원 경력자(소방공무원으로 근무한 경력이 3년 이상인 자)	

㉯ 다수의 제조소 등을 설치한 자가 1인의 안전관리자를 중복하여 선임할 수 있는 경우
  ㉠ 위험물을 차량에 고정된 탱크 또는 운반용기에 옮겨 담기 위한 5개 이하의 일반취급소 (일반취급소 간의 거리가 300m 이내인 경우에 한한다)와 그 일반취급소에 공급하기 위한 위험물을 저장하는 저장소를 동일인이 설치한 경우
  ㉡ 다음의 기준에 모두 적합한 5개 이하의 제조소 등을 동일인이 설치한 경우
    • 각 제조소 등이 동일 구내에 위치하거나 상호 100m 이내의 거리에 있을 것
    • 각 제조소 등에서 저장 또는 취급하는 위험물의 최대수량이 지정수량의 3,000배 미만일 것(단, 저장소는 제외)
㉰ 정기점검대상인 제조소 등
  ㉠ 지정수량의 10배 이상의 위험물을 취급하는 제조소
  ㉡ 지정수량의 100배 이상의 위험물을 저장하는 옥외저장소

ⓒ 지정수량의 150배 이상의 위험물을 저장하는 옥내저장소

ⓓ 지정수량의 200배 이상을 저장하는 옥외탱크저장소

ⓔ 암반탱크저장소

ⓕ 이송취급소

ⓖ 지정수량의 10배 이상의 위험물을 취급하는 일반취급소[다만, 제4류 위험물(특수인화물을 제외한다)만을 지정수량의 50배 이하로 취급하는 일반취급소(제1석유류·알코올류의 취급량이 지정수량의 10배 이하인 경우에 한한다)로서 다음의 어느 하나에 해당하는 것을 제외]
  · 보일러·버너 또는 이와 비슷한 것으로서 위험물을 소비하는 장치로 이루어진 일반취급소
  · 위험물을 용기에 옮겨 담거나 차량에 고정된 탱크에 주입하는 일반취급소

ⓗ 지하탱크저장소

ⓘ 이동탱크저장소

ⓙ 제조소(지하탱크), 주유취급소 또는 일반취급소

㉘ 위험물제조소의 보유공지

취급하는 위험물의 최대수량	공지의 너비
지정수량 10배 이하	3m 이상
지정수량 10배 초과	5m 이상

㉙ 안전거리

제조소(제6류 위험물을 취급하는 제조소를 제외한다)는 건축물의 외벽 또는 이에 상당하는 공작물의 외측으로부터 해당 제조소의 외벽 또는 이에 상당하는 공작물의 외측까지의 사이에 규정에 의한 수평거리(안전거리)를 두어야 한다.

건축물	안전거리
사용전압 7,000V 초과 35,000V 이하의 특고압 가공전선	3m 이상
사용전압 35,000V 초과 특고압 가공전선	5m 이상
주거용으로 사용되는 것(제조소가 설치된 부지 내에 있는 것 제외)	10m 이상
고압가스, 액화석유가스 또는 도시가스를 저장 또는 취급하는 시설	20m 이상
학교, 병원(종합병원, 치과병원, 한방·요양 병원), 극장(공연장, 영화상영관, 수용인원 300명 이상 시설), 아동복지시설, 노인복지시설, 장애인복지시설, 모·부자복지시설, 보육시설, 성매매자를 위한 복지시설, 정신보건시설, 가정폭력피해자 보호시설, 수용인원 20명 이상의 다수인 시설	30m 이상
유형문화재, 지정문화재	50m 이상

해답

① 위험물제조소, 충전하는 일반취급소, 이동탱크저장소, 옥외탱크저장소

② ㉠ 제조소, 일반취급소, 옥외탱크저장소
   ㉡ 위험물기능장, 위험물산업기사, 위험물기능사, 안전관리자 교육이수자, 소방공무원 3년 이상 경력자
   ㉢ 2명

③ 제조소, 이동탱크저장소

④ ㉠ 3m, ㉡ 30m

제69회
(2021년 4월 3일 시행)

위험물기능장 실기

01 위험물안전관리법상 제1류 위험물 중 분자량 158, 지정수량 1,000kg이며 흑자색 결정으로 물에 녹으면 진한 보라색을 나타내는 물질에 대해 다음 물음에 답하시오.
① 240℃ 분해반응식
② 묽은황산과의 반응식

[해설]

과망가니즈산칼륨($KMnO_4$)

㉮ 일반적 성질
  ㉠ 분자량 : 158, 비중 : 2.7, 분해온도 : 약 200~250℃, 흑자색 또는 적자색의 결정
  ㉡ 수용액은 산화력과 살균력(3%-피부살균, 0.25%-점막살균)을 나타낸다.
  ㉢ 240℃에서 가열하면 망가니즈산칼륨, 이산화망가니즈, 산소가 발생한다.
      $2KMnO_4 \rightarrow K_2MnO_4 + MnO_2 + O_2$

㉯ 위험성
  ㉠ 에터, 알코올류, [진한황산+(가연성 가스, 염화칼륨, 테레빈유, 유기물, 피크르산)]과 혼촉되는 경우 발화하고 폭발의 위험성을 갖는다.
    (묽은황산과의 반응식) $4KMnO_4 + 6H_2SO_4 \rightarrow 2K_2SO_4 + 4MnSO_4 + 6H_2O + 5O_2$
    (진한황산과의 반응식) $2KMnO_4 + H_2SO_4 \rightarrow K_2SO_4 + 2HMnO_4$
  ㉡ 고농도의 과산화수소와 접촉 시 폭발하며, 황화인과 접촉 시 자연발화의 위험이 있다.
  ㉢ 환원성 물질(목탄, 황 등)과 접촉 시 폭발할 위험이 있다.
  ㉣ 망가니즈산화물의 산화성 크기 : $MnO < Mn_2O_3 < KMnO_2 < Mn_2O_7$

[해답]

① $2KMnO_4 \rightarrow K_2MnO_4 + MnO_2 + O_2$
② $4KMnO_4 + 6H_2SO_4 \rightarrow 2K_2SO_4 + 4MnSO_4 + 6H_2O + 5O_2$

02 위험물안전관리법상 인화성 고체에 대해 다음 물음에 답하시오.
① 정의
② 운반용기 외부에 표시해야 할 주의사항
③ 옥내저장소에서 1m 이상 간격을 두었을 경우 혼재 가능한 위험물의 유별(모두 기재)

[해답]

① 고형알코올, 그 밖에 1기압에서 인화점이 40℃ 미만인 고체
② 화기엄금
③ 제4류 위험물

03 제4류 위험물로서 벤젠핵에 수소원자대신 메틸기 1개가 치환된 무색투명하며 벤젠향과 같은 독특한 냄새를 가진 액체로 분자량이 92인 물질에 대해 다음 물음에 답하시오.
① 구조식
② 증기비중
③ 이 물질에 진한질산과 진한황산을 반응시키면 생성되는 위험물

해설

톨루엔($C_6H_5CH_3$) – 비수용성 액체
일반적 성질
㉠ 무색투명하며 벤젠향과 같은 독특한 냄새를 가진 액체로 진한질산과 진한황산을 반응시키면 나이트로화하여 T.N.T의 제조에 이용된다.
㉡ 분자량 92, 액비중 0.871(증기비중 3.19), 비점 111℃, 인화점 4℃, 발화점 490℃, 연소범위 1.4~6.7%로 벤젠보다 독성이 약하며 휘발성이 강하고 인화가 용이하며 연소할 때 자극성, 유독성 가스가 발생한다.
㉢ 증기는 공기와 혼합하여 연소범위를 형성하고 낮은 곳에 체류하며 이때 점화원에 의해 인화, 폭발한다.
㉣ 물에는 녹지 않으나 유기용제 및 수지, 유지, 고무를 녹이며 벤젠보다 휘발하기 어려우며, 강산화제에 의해 산화하여 벤조산(C_6H_5COOH, 안식향산)이 된다.

해답

①
CH_3

② 증기비중 $= \dfrac{\text{분자량(92)}}{\text{공기의 평균분자량(28.84)}} = 3.19$

③ 트라이나이트로톨루엔(T.N.T)

04 A 50vol%, B 15vol%, C 4vol%, 나머지는 D로 혼합된 가스에 대한 공기 중 폭발하한값을 구하시오. (단, 폭발범위는 A 2.1~9.5%, B 1.8~8.4%, C 3.0~12%, D 5.0~15vol%이다.)

해설

르 샤틀리에(Le Chatelier)의 혼합가스 폭발범위를 구하는 식

$$\frac{100}{L} = \frac{V_1}{L_1} + \frac{V_2}{L_2} + \frac{V_3}{L_3} + \cdots$$

$$\therefore \ L = \frac{100}{\left(\dfrac{V_1}{L_1} + \dfrac{V_2}{L_2} + \dfrac{V_3}{L_3} + \cdots\right)} = \frac{100}{\left(\dfrac{50}{2.1} + \dfrac{15}{1.8} + \dfrac{4}{3.0} + \dfrac{31}{5.0}\right)} = 2.52$$

여기서, L : 혼합가스의 폭발한계치
L_1, L_2, L_3 : 각 성분의 단독 폭발한계치(vol%)
V_1, V_2, V_3 : 각 성분의 체적(vol%)

해답

2.52%

05 위험물안전관리법상 2가지 이상 포함하는 물품이 속하는 품명의 판단기준에 대해 다음 괄호 안을 알맞게 채우시오.

① 복수성상물품이 산화성 고체의 성상 및 가연성 고체의 성상을 가지는 경우
   : 제( )류에 의한 품명
② 복수성상물품이 산화성 고체의 성상 및 자기반응성 물질의 성상을 가지는 경우
   : 제( )류에 의한 품명
③ 복수성상물품이 가연성 고체의 성상과 자연발화성 물질의 성상 및 금수성 물질의 성상을 가지는 경우 : 제( )류에 의한 품명
④ 복수성상물품이 자연발화성 물질의 성상과 금수성 물질의 성상 및 인화성 액체의 성상을 가지는 경우 : 제( )류에 의한 품명
⑤ 복수성상물품이 인화성 액체의 성상 및 자기반응성 물질의 성상을 가지는 경우
   : 제( )류에 의한 품명

해설

위험물안전관리법 시행령 [별표 8]에서 위험물의 성질란에 규정된 성상을 2가지 이상 포함하는 물품(이하 이 호에서 "복수성상물품"이라 한다)이 속하는 품명의 판단기준은 다음과 같다.
① 복수성상물품이 산화성 고체의 성상 및 가연성 고체의 성상을 가지는 경우 : 제2류에 의한 품명
② 복수성상물품이 산화성 고체의 성상 및 자기반응성 물질의 성상을 가지는 경우 : 제5류에 의한 품명
③ 복수성상물품이 가연성 고체의 성상과 자연발화성 물질의 성상 및 금수성 물질의 성상을 가지는 경우 : 제3류에 의한 품명
④ 복수성상물품이 자연발화성 물질의 성상과 금수성 물질의 성상 및 인화성 액체의 성상을 가지는 경우 : 제3류에 의한 품명
⑤ 복수성상물품이 인화성 액체의 성상 및 자기반응성 물질의 성상을 가지는 경우 : 제5류에 의한 품명

해답

① 2, ② 5, ③ 3, ④ 3, ⑤ 5

06 알킬알루미늄을 저장하는 이동탱크저장소에 대해 다음 물음에 답하시오.

① 이동탱크저장소에 저장할 수 있는 최대용량은 몇 L 미만인지 적으시오.
② 탱크 외면에 도장하는 색상을 적으시오.
③ 이동탱크저장소에 비치해야 하는 서류를 적으시오.
④ 운송책임자의 자격요건을 적으시오.
⑤ 알킬알루미늄 중 물과 반응 시 에테인을 발생하는 물질의 연소반응식을 적으시오.

해답

① 1,900L
② 적색
③ 완공검사필증(완공검사합격확인증), 정기점검기록
④ 위험물 국가기술자격을 취득하고 관련 업무에 1년 이상 종사한 경력이 있는 자 또는 위험물의 운송에 관한 안전교육을 수료하고 관련 업무에 2년 이상 종사한 경력이 있는 자
⑤ $2(C_2H_5)_3Al + 21O_2 \rightarrow Al_2O_3 + 12CO_2 + 15H_2O$

07

지하 7층, 지상 12층 건물에 경유를 저장하는 옥내저장탱크를 설치하고자 한다. 다음 물음에 답하시오.
① 옥내저장탱크를 설치할 수 있는 층을 모두 적으시오.
② 지상 3층에 옥내저장탱크를 설치하고자 하는 경우 용량은 몇 L로 해야 하는지 적으시오.
③ 지하 2층에 2개의 옥내저장탱크를 설치하고자 할 때 하나의 탱크용량이 1만 리터라면 나머지 1기의 탱크용량은 몇 L로 해야 하는지 적으시오.
④ 탱크전용실에 펌프를 설치하는 경우 그 주위에 불연재료로 된 턱을 몇 m 이상의 높이로 설치해야 하는지 적으시오.

해설

① 옥내저장탱크는 탱크전용실에 설치할 것. 이 경우 제2류 위험물 중 황화인·적린 및 덩어리 황, 제3류 위험물 중 황린, 제6류 위험물 중 질산의 탱크전용실은 건축물의 1층 또는 지하층에 설치하여야 한다.
② 옥내저장탱크의 용량(동일한 탱크전용실에 옥내저장탱크를 2 이상 설치하는 경우에는 각 탱크의 용량의 합계를 말한다)은 1층 이하의 층에 있어서는 지정수량의 40배(제4석유류 및 동식물유류 외의 제4류 위험물에 있어서 해당 수량이 2만L 초과할 때에는 2만L) 이하, 2층 이상의 층에 있어서는 지정수량의 10배(제4석유류 및 동식물유류 외의 제4류 위험물에 있어서 해당 수량이 5천L를 초과할 때에는 5천L) 이하일 것
③ 옥내저장탱크의 용량(동일한 탱크전용실에 옥내저장탱크를 2 이상 설치하는 경우에는 각 탱크용량의 합계를 말한다)은 지정수량의 40배(제4석유류 및 동식물유류 외의 제4류 위험물에 있어서 해당 수량이 20,000L를 초과할 때에는 20,000L) 이하일 것
④ 탱크전용실에 펌프설비를 설치하는 경우에는 견고한 기초 위에 고정한 다음 그 주위에는 불연재료로 된 턱을 0.2m 이상의 높이로 설치하는 등 누설된 위험물이 유출되거나 유입되지 아니하도록 하는 조치를 할 것

해답

① 모든 층, ② 5,000L, ③ 10,000L, ④ 0.2m

08

위험물안전관리법상 제4류 위험물로서 겨울철에 동결하고 독성이 강하며, 인화점이 −11℃인 위험물에 대해 다음 물음에 답하시오.
① 완전연소반응식
② 분자량
③ 위험등급

해설

① 무색투명하며 독특한 냄새를 가진 휘발성이 강한 액체로 위험성이 강하고 인화가 쉬우며 다량의 흑연을 발생하고 뜨거운 열을 내며 연소한다. 또한 연소 시 이산화탄소와 물이 생성된다.
$2C_6H_6 + 15O_2 \rightarrow 12CO_2 + 6H_2O$
② $12 \times 6 + 1 \times 6 = 78$

해답

① $2C_6H_6 + 15O_2 \rightarrow 12CO_2 + 6H_2O$, ② 78, ③ Ⅱ등급

09 휘발유를 저장하는 옥외탱크저장소의 방유제의 기준에 대해 다음 물음에 답하시오.
① 방유제의 재질을 적으시오.
② 하나의 방유제 안에 설치하는 모든 옥외저장탱크 용량의 합이 20만L 이하인 경우 설치할 수 있는 탱크의 개수를 적으시오.
③ 방유제에 계단을 설치하는 간격을 적으시오.
④ 방유제의 두께는 몇 m 이상으로 하는지 적으시오.
⑤ 방유제의 지하 매설깊이는 몇 m 이상으로 하는지 적으시오.

[해설]
방유제는 저장 중인 액체 위험물이 주위로 누설 시 그 주위에 피해 확산을 방지하기 위하여 설치한 담을 의미한다.
① 방유제는 철근콘크리트로 하고, 방유제와 옥외저장탱크 사이의 지표면은 불연성과 불침윤성이 있는 구조(철근콘크리트 등)로 할 것
② 하나의 방유제 안에 설치되는 탱크의 수 10기 이하(단, 방유제 내 전 탱크의 용량이 200kL 이하이고, 인화점이 70℃ 이상 200℃ 미만인 경우에는 20기 이하)로 할 것
③ 높이가 1m를 넘는 방유제 및 간막이둑의 안팎에는 방유제 내에 출입하기 위한 계단 또는 경사로를 약 50m마다 설치할 것
④, ⑤ 높이 0.5m 이상 3.0m 이하, 면적 80,000m² 이하, 두께 0.2m 이상, 지하 매설깊이 1m 이상으로 할 것

[해답]
① 철근콘크리트, ② 10개, ③ 50m, ④ 0.2m, ⑤ 1m

10 다음 위험물안전관리법상 일반취급소의 정의를, 취급하는 위험물과 양을 기준으로 적으시오.
① 분무도장작업 등의 일반취급소
② 세정작업의 일반취급소
③ 열처리작업 등의 일반취급소
④ 열매체유 순환장치를 설치하는 일반취급소
⑤ 절삭장치 등을 설치하는 일반취급소

[해답]
① 도장, 인쇄 또는 도포를 위하여 제2류 위험물 또는 제4류 위험물(특수인화물 제외)을 취급하는 일반취급소로서 지정수량의 30배 미만의 것
② 세정을 위하여 위험물(인화점이 40℃ 이상인 제4류 위험물에 한한다)을 취급하는 일반취급소로서 지정수량의 30배 미만의 것
③ 열처리작업 또는 방전가공을 위하여 위험물(인화점이 70℃ 이상인 제4류 위험물에 한한다)을 취급하는 일반취급소로서 지정수량의 30배 미만의 것
④ 위험물 외의 물건을 가열하기 위하여 위험물(고인화점 위험물에 한한다)을 이용한 열매체유 순환장치를 설치하는 일반취급소로서 지정수량의 30배 미만의 것
⑤ 절삭유의 위험물을 이용한 절삭장치, 연삭장치, 그 밖에 이와 유사한 장치를 설치하는 일반취급소(고인화점 위험물만을 100℃ 미만의 온도로 취급하는 것에 한한다)로서 지정수량의 30배 미만의 것

11 다음 괄호 안에 알맞은 답을 적으시오.

① 이동저장탱크로부터 알킬알루미늄 등을 저장하는 경우 (   )kPa 이하의 압력으로 불활성의 기체를 봉입해 두어야 한다.

② 옥외저장탱크 중 압력탱크에 아세트알데하이드 등을 저장하는 경우 (   )℃ 이하로 해야 한다.

③ 보냉장치가 있는 이동탱크저장소에 아세트알데하이드 등을 저장하는 경우 저장온도는 (   ) 이하로 해야 한다.

④ 보냉장치가 없는 이동탱크저장소에 아세트알데하이드 등을 저장하는 경우 저장온도는 (   )℃ 이하로 해야 한다.

⑤ 옥외저장탱크·옥내저장탱크 또는 지하저장탱크 중 압력탱크에 있어서는 아세트알데하이드 등의 취출에 의하여 해당 탱크 내의 압력이 (   ) 이하로 저하하지 아니하도록 불활성 기체를 봉입해야 한다.

해답

① 20, ② 40, ③ 비점, ④ 40, ⑤ 상용압력

12 다음 물음에 답하시오.

① 부피팽창계수가 0.00135/℃인 휘발유가 있다. 20L의 휘발유가 0℃에서 25℃로 될 때의 체적은 몇 L인지 구하시오.

② 휘발유를 저장하던 이동저장탱크에 등유나 경유를 주입할 때 또는 등유나 경유를 저장하던 이동저장탱크에 휘발유를 주입할 때에 대한 기준에 따라 다음 괄호 안을 알맞게 채우시오.

㉠ 이동저장탱크의 상부로부터 위험물을 주입할 때에는 위험물의 액표면이 주입관의 선단을 넘는 높이가 될 때까지 그 주입관 내의 유속을 초당 (   )m 이하로 할 것

㉡ 이동저장탱크의 밑부분으로부터 위험물을 주입할 때에는 위험물의 액표면이 주입관의 정상부분을 넘는 높이가 될 때까지 그 주입배관 내의 유속을 초당 (   )m 이하로 할 것

㉢ 그 밖의 방법에 의한 위험물의 주입은 이동저장탱크에 (   )가 잔류하지 아니하도록 조치하고 안전한 상태로 있음을 확인한 후에 해야 한다.

해설

$V = V_0(1 + \beta \Delta t)$

여기서, V : 최종부피

V_0 : 팽창 전 부피

β : 체적팽창계수

Δt : 온도변화량

$\therefore$ $V = 20\text{L} \times (1 + 0.00135/℃ \times (25-0)℃) = 20.68\text{L}$

해답

① 20.68L

② ㉠ 1, ㉡ 1, ㉢ 가연성 증기

13 아세트알데하이드를 은거울반응하면 발생하는 물질로서 융점이 16.6℃인 물질에 대해 다음 물음에 답하시오.
① 화학식
② 연소반응식
③ 지정수량

해설

① 아세트알데하이드 산화 시 초산이 생성된다.
$2CH_3CHO + O_2 \rightarrow 2CH_3COOH$(산화작용)
② 초산은 제2석유류로서 인화점은 40℃이며, 연소 시 파란 불꽃을 내면서 탄다.
$CH_3COOH + 2O_2 \rightarrow 2CO_2 + 2H_2O$

해답

① CH_3COOH
② $CH_3COOH + 2O_2 \rightarrow 2CO_2 + 2H_2O$
③ 2,000L

14 [보기]에 주어진 위험물 중 지정수량이 2,000L인 제4류 위험물을 고르시오.

[보기] 초산, 아세톤, 하이드라진, 아닐린, 글리세린, 나이트로벤젠

해설

제4류 위험물 중 제2, 제3 석유류의 종류와 지정수량

품명		품목	지정수량
제2석유류	비수용성	등유, 경유, 스타이렌, 자일렌(o-, m-, p-), 클로로벤젠, 장뇌유, 뷰틸알코올, 알릴알코올, 아밀알코올 등	1,000L
	수용성	폼산, 초산, 하이드라진, 아크릴산 등	2,000L
제3석유류	비수용성	중유, 크레오소트유, 아닐린, 나이트로벤젠, 나이트로톨루엔 등	2,000L
	수용성	에틸렌글리콜, 글리세린 등	4,000L

해답

초산, 하이드라진, 아닐린, 나이트로벤젠

15 90중량%의 염소산칼륨이 있다. 이것을 3중량%의 물질로 만들려면 염소산칼륨 1kg에 물 몇 kg을 더 첨가해야 하는지 구하시오.

해설

$3wt\% = \dfrac{1kg \times 0.9}{(1kg \times 0.9) + x} \times 100$, $3(0.9 + x) = 90$, $2.7 + 3x = 90$

$3x = 87.3$, $x = 29.1kg$

해답

29.1kg

16 제3류 위험물로서 수소화나트륨에 대해 다음 물음에 답하시오.
① 물과의 반응식을 적으시오.
② 물과 반응 시 발생하는 가스의 위험도를 구하시오.
　　㉠ 식
　　㉡ 답

[해설]

① 비중은 0.93이고, 분해온도는 약 800℃로 회백색의 결정 또는 분말이며, 불안정한 가연성 고체로 물과 격렬하게 반응하여 수소를 발생하고 발열하며, 이때 발생한 반응열에 의해 자연발화한다.

$NaH + H_2O \rightarrow NaOH + H_2$

② 위험도(H)

가연성 혼합가스의 연소범위에 의해 결정되는 값이다.

$$H = \frac{U - L}{L} = \frac{75 - 4}{4} = 17.75$$

여기서, H : 위험도
　　　　 U : 연소 상한치(UEL)
　　　　 L : 연소 하한치(LEL)

[해답]

① $NaH + H_2O \rightarrow NaOH + H_2$

② ㉠ $H = \dfrac{U - L}{L} = \dfrac{75 - 4}{4}$

　　㉡ 17.75

17 다음 [보기]에 주어진 위험물이 물과 접촉하는 경우의 화학반응식을 적으시오.

　[보기] 칼슘, 수소화칼슘, 탄화칼슘, 인화칼슘

① 칼슘
② 수소화칼슘
③ 탄화칼슘
④ 인화칼슘
⑤ [보기]의 물질이 물과 반응 시 공통으로 발생하는 물질의 명칭

[해답]

① $Ca + 2H_2O \rightarrow Ca(OH)_2 + H_2$

② $CaH_2 + 2H_2O \rightarrow Ca(OH)_2 + 2H_2$

③ $CaC_2 + 2H_2O \rightarrow Ca(OH)_2 + C_2H_2$

④ $Ca_3P_2 + 6H_2O \rightarrow 3Ca(OH)_2 + 2PH_3$

⑤ 수산화칼슘

18 다음 물음에 답하시오.

① 시도지사의 허가를 받지 아니하고 해당 제조소 등을 설치하거나 그 위치·구조 또는 설비를 변경할 수 있으며, 신고를 하지 아니하고 위험물의 품명·수량 또는 지정수량의 배수를 변경할 수 있는 제조소 등에 대해 괄호 안에 알맞은 말을 적으시오.
   ㉠ 주택의 난방시설(공동주택의 중앙난방시설을 제외한다)을 위한 (   ) 또는 (   )
   ㉡ 농예용·축산용 또는 수산용으로 필요한 난방시설 또는 건조시설을 위한 지정수량 (   )배 이하의 저장소

② 탱크안전성능검사의 종류 3가지를 적으시오.

③ 다음 제조소 등의 완공검사 신청시기를 적으시오.
   ㉠ 지하탱크가 있는 제조소 등
   ㉡ 이동탱크저장소

④ 지정수량 이상의 위험물을 제조소 등이 아닌 장소에서 저장·취급할 수 있는 경우

⑤ 소방산업기술원의 기술검토 대상이 되는 제조소의 종류를 모두 적으시오.

해설

② 탱크안전성능검사의 대상이 되는 탱크 및 신청시기

㉠ 기초·지반검사	검사대상	옥외탱크저장소의 액체위험물 탱크 중 그 용량이 100만L 이상인 탱크
	신청시기	위험물탱크의 기초 및 지반에 관한 공사의 개시 전
㉡ 충수·수압검사	검사대상	액체위험물을 저장 또는 취급하는 탱크
	신청시기	위험물을 저장 또는 취급하는 탱크에 배관, 그 밖에 부속설비를 부착하기 전
㉢ 용접부검사	검사대상	㉠의 규정에 의한 탱크
	신청시기	탱크 본체에 관한 공사의 개시 전
㉣ 암반탱크검사	검사대상	액체위험물을 저장 또는 취급하는 암반 내의 공간을 이용한 탱크
	신청시기	암반탱크의 본체에 관한 공사의 개시 전

해답

① ㉠ 저장소, 취급소
   ㉡ 20

② 기초지반검사, 충수수압검사, 용접부검사, 암반탱크검사 중 3개

③ ㉠ 지하탱크를 매설하기 전
   ㉡ 이동저장탱크를 완공하고 상치장소를 확보한 후

④ 90일 이내의 기간 동안 임시로 저장 또는 취급하는 장소, 군부대가 군사목적으로 임시로 저장 또는 취급하는 장소 중 1개

⑤ 지정수량의 1천배 이상의 위험물을 취급하는 제조소 또는 일반취급소, 50만L 이상인 옥외탱크저장소 또는 암반탱크저장소

19 다음에 주어진 제조소 등의 경우 소화난이도등급 I 의 제조소 등에 대해 설치해야 하는 소화설비는 무엇인지 적으시오.
① 처마높이 6m 이상인 단층건물 또는 다른 용도의 부분이 있는 건축물에 설치한 옥내저장소
② 황만을 저장하는 옥외탱크저장소
③ 인화점이 70℃ 이상인 제4류 위험물을 저장하는 옥외탱크저장소
④ 황만을 저장하는 옥내탱크저장소

해설

제조소 등의 구분			소화설비
옥내 저장소	처마높이가 6m 이상인 단층건물 또는 다른 용도의 부분이 있는 건축물에 설치한 옥내저장소		스프링클러설비 또는 이동식 외의 물분무 등 소화설비
	그 밖의 것		옥외소화전설비, 스프링클러설비, 이동식 외의 물분무 등 소화설비 또는 이동식 포소화설비(포소화전을 옥외에 설치하는 것에 한한다)
옥외 탱크 저장소	지중탱크 또는 해상탱크 외의 것	황만을 저장·취급하는 것	물분무소화설비
		인화점 70℃ 이상의 제4류 위험물 만을 저장·취급하는 것	물분무소화설비 또는 고정식 포소화설비
		그 밖의 것	고정식 포소화설비(포소화설비가 적응성이 없는 경우에는 분말소화설비)
옥내 탱크 저장소	황만을 저장·취급하는 것		물분무소화설비
	인화점 70℃ 이상의 제4류 위험물 만을 저장·취급하는 것		물분무소화설비, 고정식 포소화설비, 이동식 외의 불활성가스소화설비, 이동식 외의 할로젠화합물소화설비 또는 이동식 외의 분말소화설비
	그 밖의 것		고정식 포소화설비, 이동식 외의 불활성가스소화설비, 이동식 외의 할로젠화합물소화설비 또는 이동식 외의 분말소화설비

해답

① 스프링클러설비 또는 이동식 외의 물분무 등 소화설비
② 물분무소화설비
③ 물분무소화설비 또는 고정식 포소화설비
④ 물분무소화설비

제70회
(2021년 8월 21일 시행)
위험물기능장 실기

01 제1류 위험물로서 백색 결정이며, 분자량이 78g/mol, 비중은 2.80이고, 지정수량은 50kg인 물질에 대해 다음 물음에 답하시오.
① 물과의 반응식을 적으시오.
② 이산화탄소와의 반응식을 적으시오.

[해설]

Na_2O_2(과산화나트륨)의 일반적 성질

㉠ 분자량은 78, 비중은 20℃에서 2.805, 융점 및 분해온도는 460℃이다.

㉡ 순수한 것은 백색이지만, 보통은 담홍색을 띠고 있는 정방정계 분말이다.

㉢ 가열하면 열분해되어 산화나트륨(Na_2O)과 산소(O_2)를 발생한다.

$$2Na_2O_2 \rightarrow 2Na_2O + O_2$$

㉣ 흡습성이 있으므로 물과 접촉하면 발열하고, 수산화나트륨($NaOH$)과 산소(O_2)가 발생한다.

$$2Na_2O_2 + 2H_2O \rightarrow 4NaOH + O_2$$

㉤ 공기 중의 탄산가스(CO_2)를 흡수하여 탄산염을 생성한다.

$$2Na_2O_2 + 2CO_2 \rightarrow 2Na_2CO_3 + O_2$$

[해답]

① $2Na_2O_2 + 2H_2O \rightarrow 4NaOH + O_2$

② $2Na_2O_2 + 2CO_2 \rightarrow 2Na_2CO_3 + O_2$

02 다음에 주어진 각 위험물의 화학식과 품명(수용성 여부)을 적으시오.
① 메틸에틸케톤
② 사이클로헥세인
③ 피리딘
④ 아닐린
⑤ 클로로벤젠

[해답]

① $CH_3COC_2H_5$, 제1석유류(비수용성)

② C_6H_{12}, 제1석유류(비수용성)

③ C_5H_5N, 제1석유류(수용성)

④ C_6H_7N, 제3석유류(비수용성)

⑤ C_6H_5Cl, 제2석유류(비수용성)

03 다음 물음에 답하시오.
　① 제1종 분말소화약제(270℃)의 분해반응식을 적으시오.
　② 제3종 분말소화약제(190℃)의 분해반응식을 적으시오.

해설

① 탄산수소나트륨은 약 60℃ 부근에서 분해되기 시작하여 270℃와 850℃ 이상에서 다음과 같이 열분해된다.

$2NaHCO_3$ → Na_2CO_3 + H_2O + CO_2 　　　　흡열반응(at 270℃)
(중탄산나트륨)　(탄산나트륨)　(수증기)　(탄산가스)

$2NaHCO_3$ → Na_2O 　+ H_2O + $2CO_2$ − Q[kcal]　　(at 850℃ 이상)
　　　　　(산화나트륨)

② 제1인산암모늄의 열분해반응식은 다음과 같다.

$NH_4H_2PO_4$ → $NH_3 + H_2O + HPO_3$
$NH_4H_2PO_4$ → $NH_3 + H_3PO_4$ (인산, 오르토인산) at 190℃
$2H_3PO_4$ 　→ $H_2O + H_4P_2O_7$ (피로인산) 　　　at 215℃
$H_4P_2O_7$ 　→ $H_2O + 2HPO_3$ (메타인산) 　　　at 300℃
$2HPO_3$ 　　→ $P_2O_5 + H_2O$ 　　　　　　　　at 1,000℃

해답

① $2NaHCO_3$ → $Na_2CO_3 + H_2O + CO_2$
② $NH_4H_2PO_4$ → $NH_3 + H_3PO_4$

04 제2류 위험물인 알루미늄(Al)에 대해 다음 물음에 알맞게 답하시오.
　① 염산과의 반응식을 적으시오.
　② 수분과의 반응식을 적으시오.
　③ 공기와의 반응식을 적으시오.

해설

① 알루미늄은 대부분의 산과 반응하여 수소가 발생한다(단, 진한 질산 제외).
　$2Al + 6HCl$ → $2AlCl_3 + 3H_2$
② 알루미늄이 물과 반응하면 수소가스가 발생한다.
　$2Al + 6H_2O$ → $2Al(OH)_3 + 3H_2$
③ 알루미늄 분말이 발화하면 다량의 열이 발생하며, 광택과 흰 연기를 내면서 연소하므로 소화가 곤란하다.
　$4Al + 3O_2$ → $2Al_2O_3$

해답

① $2Al + 6HCl$ → $2AlCl_3 + 3H_2$
② $2Al + 6H_2O$ → $2Al(OH)_3 + 3H_2$
③ $4Al + 3O_2$ → $2Al_2O_3$

05

분자량 227g/mol, 융점 81℃, 순수한 것은 무색 결정 또는 담황색의 결정이고, 직사광선에 의해 다갈색으로 변하며, 톨루엔과 질산을 일정 비율로 황산 촉매하에 반응시키면 얻어지는 물질에 대해, 다음 물음에 답하시오.
① 유별을 적으시오.
② 품명을 적으시오.

해설

트라이나이트로톨루엔의 성질

㉠ 제5류 위험물로서 나이트로화합물류에 속한다.
㉡ 비중 1.66, 융점 81℃, 비점 280℃, 분자량 227, 발화온도 약 300℃이다.
㉢ 몇 가지 이성질체가 있으며, 2,4,6-트라이나이트로톨루엔의 폭발력이 가장 강하다.
㉣ 1몰의 톨루엔과 3몰의 질산을 황산 촉매하에 반응시키면 나이트로화에 의해 T.N.T가 만들어진다.

$$C_6H_5CH_3 + 3HNO_3 \xrightarrow[\text{나이트로화}]{c-H_2SO_4} \overset{\displaystyle CH_3}{\underset{\displaystyle NO_2}{\underset{\displaystyle }{NO_2 \bigcirc NO_2}}} + 3H_2O$$

해답

① 제5류 위험물, ② 나이트로화합물

06

지정수량 이상의 하이드록실아민 등을 취급하는 제조소의 안전거리를 구하는 공식을 쓰고, 각 기호가 의미하는 바를 쓰시오.

해설

하이드록실아민 등을 취급하는 제조소의 기준

㉮ 지정수량 이상의 하이드록실아민 등을 취급하는 제조소의 안전거리
$D = 51.1 \times \sqrt[3]{N}$
여기서, D : 거리(m)
　　　　N : 해당 제조소에서 취급하는 하이드록실아민 등의 지정수량 배수

㉯ 제조소의 주위에는 담 또는 토제를 설치할 것
　㉠ 담 또는 토제는 해당 제조소의 외벽 또는 이에 상당하는 공작물의 외측으로부터 2m 이상 떨어진 장소에 설치할 것
　㉡ 담 또는 토제의 높이는 해당 제조소에 있어서 하이드록실아민 등을 취급하는 부분의 높이 이상으로 할 것
　㉢ 담은 두께 15cm 이상의 철근콘크리트조·철골철근콘크리트조 또는 두께 20cm 이상의 보강콘크리트블록조로 할 것
　㉣ 토제 경사면의 경사도는 60° 미만으로 할 것

㉰ 하이드록실아민 등을 취급하는 설비에는 철이온 등의 혼입에 의한 위험 반응을 방지하기 위한 조치를 강구할 것

해답

$D = 51.1 \times \sqrt[3]{N}$
여기서, D : 거리(m), N : 해당 제조소에서 취급하는 하이드록실아민 등의 지정수량 배수

07 위험물안전관리법에서 정하는 안전교육대상자를 쓰시오.

해설

안전관리자 · 탱크시험자 · 위험물운송자 등 위험물의 안전관리와 관련된 업무를 수행하는 자로서 대통령령이 정하는 자는 해당 업무에 관한 능력의 습득 또는 향상을 위하여 소방청장이 실시하는 교육을 받아야 한다.

해답

안전관리자, 탱크시험자, 위험물운송자

08 위험물안전관리법상 액상의 정의에 대한 내용이다. 괄호 안을 알맞게 채우시오.

"액상"이라 함은 수직으로 된 시험관(안지름 (①)mm, 높이 (②)mm의 원통형 유리관을 말한다)에 시료를 (③)mm까지 채운 다음 해당 시험관을 수평으로 하였을 때 시료 액면의 선단이 (④)mm를 이동하는 데 걸리는 시간이 (⑤)초 이내에 있는 것을 말한다.

해답

① 30, ② 120, ③ 55, ④ 30, ⑤ 90

09 금속칼륨 50kg, 인화칼슘 6,000kg을 저장할 경우, 소화약제인 마른모래의 필요량은 몇 L 인지 구하시오.

해설

㉠ 소화능력단위에 의한 소화설비의 분류

소화설비	용량	능력단위
마른모래	50L(삽 1개 포함)	0.5
팽창질석, 팽창진주암	160L(삽 1개 포함)	1
소화전용 물통	8L	0.3
수조	190L(소화전용 물통 6개 포함)	2.5
	80L(소화전용 물통 3개 포함)	1.5

㉡ 소요단위(소화설비의 설치대상이 되는 건축물의 규모 또는 위험물 양에 대한 기준단위)

1단위	제조소 또는 취급소용 건축물의 경우	내화구조 외벽을 갖춘 연면적 100m^2
		내화구조 외벽이 아닌 연면적 50m^2
	저장소 건축물의 경우	내화구조 외벽을 갖춘 연면적 150m^2
		내화구조 외벽이 아닌 연면적 75m^2
	위험물의 경우	지정수량의 10배

총 소요단위 $= \dfrac{\text{저장수량}}{\text{지정수량의 10배}} = \dfrac{50kg}{10kg \times 10} + \dfrac{6000kg}{300kg \times 10} = 2.5$

0.5단위당 50L이므로, 2.5단위에 대한 마른모래의 필요량은 250L이다.

해답

250L

10 위험물안전관리법에서 정의하는 위험물안전관리 대행기관의 지정기준에 대해 다음 물음에 알맞게 답하시오.

① 대행기관의 지정을 받을 때 갖추어야 할 장비 2가지를 적으시오. (단, 두께측정기, 안전용구 및 소화설비 점검기구는 제외한다.)

② 1인의 기술인력을 다수의 제조소 등의 안전관리자로 중복하여 지정하는 경우에는 안전관리자의 업무를 성실히 대행할 수 있는 범위 내에서 관리하는 제조소등의 수가 몇 개를 초과하지 않아야 하는지 적으시오.

③ 안전관리 대행기관의 영업소재지 및 대표자의 변경에 대한 ㉠ 변경신고기한과 ㉡ 행정기관의 장을 적으시오.

④ 1인의 안전관리자를 중복하여 선임할 수 있는 옥외탱크저장소는 몇 개인지 적으시오.

⑤ 안전관리자로 지정된 안전관리 대행기관의 기술인력은 위험물의 취급작업에 참여하여 안전관리자의 책무를 성실히 수행하여야 하며, 기술인력이 위험물의 취급작업에 참여하지 아니하는 경우에 기술인력은 점검 및 감독을 매월 (㉠)회(저장소의 경우에는 매월 (㉡)회) 이상 실시하여야 한다.

⑥ 안전관리 대행업체의 지정취소 사유 2가지를 적으시오.

[해설]

① 위험물안전관리 대행기관의 지정기준

기술인력	㉠ 위험물기능장 또는 위험물산업기사 1인 이상 ㉡ 위험물산업기사 또는 위험물기능사 2인 이상 ㉢ 기계분야 및 전기분야의 소방설비기사 1인 이상
시설	전용사무실을 갖출 것
장비	㉠ 절연저항계 ㉡ 접지저항측정기(최소눈금 0.1Ω 이하) ㉢ 가스농도측정기 ㉣ 정전기전위측정기 ㉤ 토크렌치 ㉥ 진동시험기 ㉦ 안전밸브시험기 ㉧ 표면온도계(-10~300℃) ㉨ 두께측정기(1.5~99.9mm) ㉩ 유량계, 압력계 ㉪ 안전용구(안전모, 안전화, 손전등, 안전로프 등) ㉫ 소화설비 점검기구(소화전밸브압력계, 방수압력측정계, 포컬렉터, 헤드렌치, 포컨테이너)

※ 2 이상의 기술인력을 동일인이 겸할 수 없다.

② 안전관리 대행기관은 규정에 의하여 기술인력을 안전관리자로 지정함에 있어서 1인의 기술인력을 다수의 제조소 등의 안전관리자로 중복하여 지정하는 경우에는 규정에 적합하게 지정하거나 안전관리자의 업무를 성실히 대행할 수 있는 범위 내에서 관리하는 제조소 등의 수가 25를 초과하지 아니하도록 지정하여야 한다. 이 경우 각 제조소 등(지정수량의 20배 이하를 저장하는 저장소는 제외한다)의 관계인은 해당 제조소 등마다 위험물의 취급에 관한 국가기술자격자 또는 법에 따른 안전교육을 받은 자를 안전관리원으로 지정하여 대행기관이 지정한 안전관리자의 업무를 보조하게 하여야 한다.

③ 안전관리 대행기관은 지정받은 사항의 변경이 있는 때에는 그 사유가 있는 날부터 14일 이내에, 휴업·재개업 또는 폐업을 하고자 하는 때에는 휴업·재개업 또는 폐업하고자 하는 날의 14일 전에 다음의 구분에 의한 해당 서류(전자문서를 포함한다)를 첨부하여 소방청장에게 제출하여야 한다.
   ㉠ 영업소의 소재지, 법인명칭 또는 대표자를 변경하는 경우 : 위험물안전관리 대행기관 지정서
   ㉡ 기술인력을 변경하는 경우 : 기술인력자의 연명부, 변경된 기술인력자의 기술자격증
   ㉢ 휴업·재개업 또는 폐업을 하는 경우 : 위험물안전관리 대행기관 지정서
④ 다수의 위험물저장소를 설치한 자가 1인의 안전관리자를 중복하여 선임할 수 있는 경우
   ㉠ 10개 이하의 옥내저장소
   ㉡ 30개 이하의 옥외탱크저장소
   ㉢ 옥내탱크저장소
   ㉣ 지하탱크저장소
   ㉤ 간이탱크저장소
   ㉥ 10개 이하의 옥외저장소
   ㉦ 10개 이하의 암반탱크저장소
⑤ 안전관리자로 지정된 안전관리 대행기관의 기술인력 또는 안전관리원으로 지정된 자는 위험물의 취급작업에 참여하여 안전관리자의 책무를 성실히 수행하여야 하며, 기술인력이 위험물의 취급작업에 참여하지 아니하는 경우에 기술인력은 점검 및 감독을 매월 4회(저장소의 경우에는 매월 2회) 이상 실시하여야 한다.
⑥ 안전관리 대행기관의 지정취소 사유
   ㉠ 허위, 그 밖의 부정한 방법으로 지정을 받은 때
   ㉡ 탱크 시험자의 등록 또는 다른 법령에 의하여 안전관리업무를 대행하는 기관의 지정·승인 등이 취소된 때
   ㉢ 다른 사람에게 지정서를 대여한 때
   ㉣ 안전관리 대행기관의 지정기준에 미달되는 때
   ㉤ 규정에 의한 소방청장의 지도·감독에 정당한 이유 없이 따르지 아니하는 때
   ㉥ 규정에 의한 변경·휴업 또는 재개업의 신고를 연간 2회 이상 하지 아니한 때
   ㉦ 안전관리 대행기관의 기술인력이 규정에 의한 안전관리 업무를 성실하게 수행하지 아니한 때

해답
① ㉠ 절연저항계
   ㉡ 접지저항측정기(최소눈금 0.1Ω 이하)
   ㉢ 가스농도측정기
   ㉣ 정전기전위측정기
   ㉤ 토크렌치
   ㉥ 진동시험기
   ㉦ 안전밸브시험기
   ㉧ 표면온도계(-10~300℃)
   ㉨ 유량계, 압력계
   위 ㉠~㉨ 중 2가지
② 25개
③ ㉠ 14일 이내, ㉡ 소방청장
④ 30개
⑤ ㉠ 4, ㉡ 2
⑥ 위 해설의 ㉠~㉦ 중 2가지

11 위험물안전관리법령에 따른 이송취급소의 배관 설치기준 중 해상에 설치하는 경우의 기준에 대해 적으시오.

[해답]

① 배관은 지진·풍압·파도 등에 대하여 안전한 구조의 지지물에 의하여 지지할 것
② 배관은 선박 등의 항행에 의하여 손상을 받지 아니하도록 해면과의 사이에 필요한 공간을 확보하여 설치할 것
③ 선박의 충돌 등에 의해서 배관 또는 그 지지물이 손상을 받을 우려가 있는 경우에는 견고하고 내구력이 있는 보호설비를 설치할 것
④ 배관은 다른 공작물(해당 배관의 지지물을 제외한다)에 대하여 배관의 유지관리상 필요한 간격을 보유할 것

12 제3류 위험물로, 지정수량 300kg, 비중 2.5, 녹는점 1,600℃의 적갈색 고체 분말인 물질에 대해 다음 물음에 답하시오.
① 물과의 반응식을 적으시오.
② 위험등급을 적으시오.

[해설]

① 인화칼슘은 물과 반응하면 가연성의 독성이 강한 인화수소(PH_3, 포스핀)가스가 발생한다.
$Ca_3P_2 + 6H_2O \rightarrow 3Ca(OH)_2 + 2PH_3$
② 제3류 위험물의 종류와 지정수량

성질	위험등급	품명	대표 품목	지정 수량
자연 발화성 물질 및 금수성 물질	I	1. 칼륨(K) 2. 나트륨(Na) 3. 알킬알루미늄 4. 알킬리튬	$(C_2H_5)_3Al$ C_4H_9Li	10kg
		5. 황린(P_4)	–	20kg
	II	6. 알칼리금속류(칼륨 및 나트륨 제외) 및 알칼리토금속 7. 유기금속화합물(알킬알루미늄 및 알킬리튬 제외)	Li, Ca $Te(C_2H_5)_2$, $Zn(CH_3)_2$	50kg
	III	8. 금속의 수소화물 9. 금속의 인화물 10. 칼슘 또는 알루미늄의 탄화물	LiH, NaH Ca_3P_2, AlP CaC_2, Al_4C_3	300kg
		11. 그 밖에 행정안전부령이 정하는 것 염소화규소화합물	$SiHCl_3$	300kg

[해답]

① $Ca_3P_2 + 6H_2O \rightarrow 3Ca(OH)_2 + 2PH_3$
② III등급

13 위험물안전관리법상 옥외탱크저장소에는 피뢰침을 설치해야 하지만, 설치하지 않아도 되는 경우 3가지를 적으시오.

해설

지정수량의 10배 이상인 옥외탱크저장소(제6류 위험물의 옥외탱크저장소를 제외한다)에는 규정에 준하여 피뢰침을 설치하여야 한다. 다만, 탱크에 저항이 5Ω 이하인 접지시설을 설치하거나 인근 피뢰설비의 보호범위 내에 들어가는 등 주위의 상황에 따라 안전상 지장이 없는 경우에는 피뢰침을 설치하지 아니할 수 있다.

해답

① 제6류 위험물의 옥외탱크저장소
② 탱크에 저항이 5Ω 이하인 접지시설을 설치한 경우
③ 인근 피뢰설비의 보호범위 내에 들어가는 등 주위의 상황에 따라 안전상 지장이 없는 경우

14 위험물안전관리법령에서 정하는 불활성가스 소화설비에 대하여 다음 물음에 답하시오.

- IG-100, IG-55, IG-541을 방사하는 분사헤드의 방사압력은 (㉠)MPa 이상으로 한다.
- 이산화탄소를 방사하는 분사헤드의 방사압력은 고압식의 것에 있어서는 (㉡)MPa 이상, 저압식의 것에 있어서는 (㉢)MPa 이상으로 한다.

① 위의 괄호 안에 알맞은 답을 적으시오.
② IG-100, IG-55, IG-541의 구성성분과 각 성분의 비율을 각각 적으시오.

해설

전역방출방식 불활성가스 소화설비의 분사헤드
㉮ 방사된 소화약제가 방호구역의 전역에 균일하고 신속하게 방사할 수 있도록 설치할 것
㉯ 분사헤드의 방사압력
　㉠ 이산화탄소를 방사하는 분사헤드 중 고압식의 것에 있어서는 2.1MPa 이상, 저압식의 것(소화약제가 영하 18℃ 이하의 온도로 용기에 저장되어 있는 것)에 있어서는 1.05MPa 이상으로 한다.
　㉡ 질소(IG-100), 질소와 아르곤의 용량비가 50 대 50인 혼합물(IG-55) 또는 질소와 아르곤과 이산화탄소의 용량비가 52 대 40 대 8인 혼합물(IG-541)을 방사하는 분사헤드는 1.9MPa 이상으로 한다.
㉰ 이산화탄소를 방사하는 것은 소화약제의 양을 60초 이내에 균일하게 방사하고, IG-100, IG-55 또는 IG-541을 방사하는 것은 소화약제 양의 95% 이상을 60초 이내에 방사한다.

해답

① ㉠ 1.9, ㉡ 2.1, ㉢ 1.05
② IG-100 : N_2 100%
　IG-55 : N_2 50%, Ar 50%
　IG-541 : N_2 52%, Ar 40%, CO_2 8%

15 위험물제조소에 다음 표의 위험물을 저장·취급하는 경우, 위험물안전관리법령에 따라 방화에 관하여 필요한 게시판 설치 시 표시하여야 할 주의사항과 운반용기 외부에 표시하여야 하는 주의사항을 빈칸에 알맞게 적으시오. (단, 표시할 내용이 없는 경우 "없음"이라 쓰시오.)

구분	위험물제조소	운반용기
트라이나이트로페놀	①	②
철	③	④
적린	⑤	⑥
과염소산	⑦	⑧
과아이오딘산	⑨	⑩

해설

㉮ 문제에서 주어진 위험물의 유별은 다음과 같다.
　㉠ 트라이나이트로페놀 : 제5류 위험물
　㉡ 철 : 제2류 위험물
　㉢ 적린 : 제2류 위험물
　㉣ 과염소산 : 제6류 위험물
　㉤ 과아이오딘산 : 제1류 위험물
㉯ 위험물제조소에 저장 또는 취급하는 위험물에 따라, 다음의 규정에 의한 주의사항을 표시한 게시판을 설치할 것
　㉠ 제1류 위험물 중 알칼리금속의 과산화물과 이를 함유한 것 또는 제3류 위험물 중 금수성 물질에 있어서는 "물기엄금"
　㉡ 제2류 위험물(인화성 고체를 제외한다)에 있어서는 "화기주의"
　㉢ 제2류 위험물 중 인화성 고체, 제3류 위험물 중 자연발화성 물질, 제4류 위험물 또는 제5류 위험물에 있어서는 "화기엄금"
㉰ 수납하는 위험물에 따른 주의사항

유별	구분	주의사항
제1류 위험물 (산화성 고체)	알칼리금속의 무기과산화물	"화기·충격주의" "물기엄금" "가연물접촉주의"
	그 밖의 것	"화기·충격주의" "가연물접촉주의"
제2류 위험물 (가연성 고체)	철분·금속분·마그네슘	"화기주의" "물기엄금"
	인화성 고체	"화기엄금"
	그 밖의 것	"화기주의"
제5류 위험물 (자기반응성 물질)	–	"화기엄금" 및 "충격주의"
제6류 위험물 (산화성 액체)	–	"가연물접촉주의"

해답
① 화기엄금
② 화기엄금, 충격주의
③ 화기주의
④ 화기주의, 물기엄금
⑤ 화기주의
⑥ 화기주의
⑦ 없음
⑧ 가연물접촉주의
⑨ 없음
⑩ 화기주의, 충격주의, 가연물접촉주의

16 알코올 10g과 물 20g이 혼합되었을 때 비중이 0.94라면, 이때의 부피는 몇 mL인지 구하시오.

해설

$10g + 20g = 30g$

비중 $= \dfrac{W}{V}$ 에서, $V = \dfrac{W}{비중} = \dfrac{30g}{0.94g/mL} = 31.91mL$

해답

31.91mL

17 제6류 위험물에 대하여 다음 물음에 답하시오.
① 크산토프로테인 반응을 하는 어떤 물질이 위험물안전관리법상 위험물이 되는 조건을 적으시오.
② N_2H_4와 반응하여 물과 질소를 생성하는 어떤 물질의 분해반응식을 적으시오.
③ 할로젠간화합물 3가지를 화학식으로 적으시오.

해설
① 질산은 피부에 닿으면 노란색으로 변색이 되는 크산토프로테인 반응(단백질 검출)을 한다.
② 과산화수소는 하이드라진과 접촉 시 발화 또는 폭발한다.
   $2H_2O_2 + N_2H_4 \rightarrow 4H_2O + N_2$

해답
① 비중 1.49 이상

② $2H_2O_2 \xrightarrow{MnO_2(촉매)} 2H_2O + O_2$

③ ICl, IBr, BrF₃, IF₅, BrF₅ 중 3가지

18 위험물제조소의 건축물 구조기준에 대한 설명이다. 다음 물음에 답하시오.
① 위험물이 스며들 우려가 있는 부분에 대하여 아스팔트, 그 밖에 부식되지 아니하는 재료로 피복하여야 하는 위험물을 적으시오.
② 액체의 위험물을 취급하는 건축물의 바닥기준을 적으시오.
③ 다음 괄호 안을 알맞게 채우시오.

> • 지붕은 (　　　　　　　　　㉠　　　　　　　　　)로 덮어야 한다.
> • 위험물을 취급하는 건축물의 창 및 출입구에 유리를 이용하는 경우에는 (　㉡　) 로 한다.

해설

제조소 건축물의 구조기준
㉮ 지하층이 없도록 하여야 한다.
㉯ 벽·기둥·바닥·보·서까래 및 계단은 불연재료로 하고, 연소의 우려가 있는 외벽은 개구부가 없는 내화구조의 벽으로 하여야 한다. 연소의 우려가 있는 외벽은 다음에 정한 선을 기산점으로 하여 3m(2층 이상의 층에 대해서는 5m) 이내에 있는 제조소 등의 외벽을 말한다.
　㉠ 제조소 등이 설치된 부지의 경계선
　㉡ 제조소 등에 인접한 도로의 중심선
　㉢ 제조소 등의 외벽과 동일 부지 내 다른 건축물의 외벽 간의 중심선
㉰ 지붕은 폭발력이 위로 방출될 정도의 가벼운 불연재료로 덮어야 한다.
㉱ 출입구와 비상구는 60분+방화문·60분방화문 또는 30분방화문으로 설치하되, 연소의 우려가 있는 외벽에 설치하는 출입구에는 수시로 열 수 있는 자동폐쇄식의 60분+방화문 또는 60분방화문을 설치하여야 한다.
㉲ 위험물을 취급하는 건축물의 창 및 출입구에 유리를 이용하는 경우에는 망입유리로 하여야 한다.
㉳ 액체의 위험물을 취급하는 건축물의 바닥은 위험물이 스며들지 못하는 재료를 사용하고, 적당한 경사를 두어 그 최저부에 집유설비를 설치하여야 한다.

해답

① 제6류 위험물
② 위험물이 스며들지 못하는 재료를 사용하고, 적당한 경사를 두어 그 최저부에 집유설비를 설치한다.
③ ㉠ 폭발력이 위로 방출될 정도의 가벼운 불연재료
　 ㉡ 망입유리

19 다음은 위험물안전관리법상 지정과산화물을 저장하는 옥내저장소의 저장창고에 대한 기준이다. 괄호 안을 알맞게 채우시오.

- 저장창고는 (　①　)m² 이내마다 격벽으로 완전하게 구획할 것. 이 경우 해당 격벽은 두께 (　②　)cm 이상의 철근콘크리트조 또는 철골철근콘크리트조로 하거나 두께 40cm 이상의 보강콘크리트블록조로 하고, 해당 저장창고의 양측 외벽으로부터 1m 이상, 상부의 지붕으로부터 (　③　)cm 이상 돌출하게 하여야 한다.
- 저장창고의 외벽은 두께 (　④　)cm 이상의 철근콘크리트조나 철골철근콘크리트조 또는 두께 (　⑤　)cm 이상의 보강콘크리트블록조로 할 것
- 저장창고의 창은 바닥면으로부터 (　⑥　)m 이상의 높이에 두되, 하나의 벽면에 두는 창의 면적의 합계를 해당 벽면의 면적의 (　⑦　)분의 1 이내로 하고, 하나의 창의 면적을 (　⑧　)m² 이내로 할 것

해설

지정과산화물을 저장 또는 취급하는 옥내저장소의 저장창고 기준

㉮ 저장창고는 150m² 이내마다 격벽으로 완전하게 구획할 것. 이 경우 해당 격벽은 두께 30cm 이상의 철근콘크리트조 또는 철골철근콘크리트조로 하거나 두께 40cm 이상의 보강콘크리트블록조로 하고, 해당 저장창고의 양측 외벽으로부터 1m 이상, 상부의 지붕으로부터 50cm 이상 돌출하게 하여야 한다.

㉯ 저장창고의 외벽은 두께 20cm 이상의 철근콘크리트조나 철골철근콘크리트조 또는 두께 30cm 이상의 보강콘크리트블록조로 할 것

㉰ 저장창고의 지붕
  ㉠ 중도리 또는 서까래의 간격은 30cm 이하로 할 것
  ㉡ 지붕의 아래쪽 면에는 한 변의 길이가 45cm 이하인 환강·경량형강 등으로 된 강제의 격자를 설치할 것
  ㉢ 지붕의 아래쪽 면에 철망을 쳐서 불연재료의 도리·보 또는 서까래에 단단히 결합할 것
  ㉣ 두께 5cm 이상, 너비 30cm 이상의 목재로 만든 받침대를 설치할 것

㉱ 저장창고의 출입구에는 60분+방화문 또는 60분방화문을 설치할 것

㉲ 저장창고의 창은 바닥면으로부터 2m 이상의 높이에 두되, 하나의 벽면에 두는 창의 면적의 합계를 해당 벽면의 면적의 80분의 1 이내로 하고, 하나의 창의 면적을 0.4m² 이내로 할 것

해답

① 150, ② 30, ③ 50, ④ 20
⑤ 30, ⑥ 2, ⑦ 80, ⑧ 0.4

제71회
(2022년 5월 7일 시행)

위험물기능장 실기

01 위험물안전관리법에 따라, 다음 빈칸을 알맞게 채우시오.

유별	성질	품명	지정수량
제1류	산화성 고체	브로민산염류, (①), 질산염류	300kg
제2류	가연성 고체	황화인, 적린, (②)	100kg
		(③)	1,000kg
제3류	자연발화성 물질 및 금수성 물질	금속의 수소화물, (④), 칼슘 또는 알루미늄의 탄화물	300kg

해답

① 아이오딘산염류, ② 황, ③ 인화성 고체, ④ 금속의 인화물

02 위험물안전관리법상 제1류 위험물에 해당하며, 안포폭약의 주원료로 사용되는 물질에 대해 다음 물음에 답하시오.
① 화학식을 적으시오.
② 품명을 적으시오.
③ 위험등급을 적으시오.
④ 폭발반응식을 적으시오.

해설

질산암모늄(NH_4NO_3)의 일반적 성질
㉠ 제1류 위험물 중 질산염류에 해당하며, 지정수량은 300kg, 위험등급은 Ⅱ등급이다.
㉡ 강력한 산화제로 화약의 재료이며, 200℃에서 열분해되어 산화이질소와 물을 생성한다. 특히 안포폭약은 질산암모늄(NH_4NO_3)과 경유를 94%와 6%로 혼합하여 기폭약으로 사용하며, 급격한 가열이나 충격을 주면 단독으로 폭발한다.
$$2NH_4NO_3 \rightarrow 4H_2O + 2N_2 + O_2$$

해답

① NH_4NO_3, ② 질산염류, ③ Ⅱ등급
④ $2NH_4NO_3 \rightarrow 4H_2O + 2N_2 + O_2$

03 제3류 위험물인 트라이에틸알루미늄에 대해 다음 물음에 답하시오.
① 물과의 반응식을 적으시오.
② 메탄올과의 반응식을 적으시오.
③ 공기 중에서 연소하는 반응식을 적으시오.

해설

트라이에틸알루미늄[$(C_2H_5)_3Al$]의 일반적 성질

㉠ 무색투명한 액체로 외관은 등유와 유사한 가연성이며, C_1~C_4는 자연발화성이 강하다. 공기 중에 노출되면 공기와 접촉하여 백연을 발생하며 연소한다.
단, C_5 이상은 점화하지 않으면 연소하지 않는다.
$$2(C_2H_5)_3Al + 21O_2 \rightarrow 12CO_2 + Al_2O_3 + 15H_2O$$

㉡ 물, 산, 알코올과 접촉하면 폭발적으로 반응하여 에테인을 형성하고, 이때 발열·폭발에 이른다.
$$(C_2H_5)_3Al + 3H_2O \rightarrow Al(OH)_3 + 3C_2H_6$$
$$(C_2H_5)_3Al + HCl \rightarrow (C_2H_5)_2AlCl + C_2H_6$$
$$(C_2H_5)_3Al + 3CH_3OH \rightarrow Al(CH_3O)_3 + 3C_2H_6$$

해답

① $(C_2H_5)_3Al + 3H_2O \rightarrow Al(OH)_3 + 3C_2H_6$
② $(C_2H_5)_3Al + 3CH_3OH \rightarrow Al(CH_3O)_3 + 3C_2H_6$
③ $2(C_2H_5)_3Al + 21O_2 \rightarrow 12CO_2 + Al_2O_3 + 15H_2O$

04 위험물제조소 등에 대한 위험물탱크 안전성능검사의 종류를 4가지 적으시오.

해설

위험물탱크 안전성능검사의 대상이 되는 탱크 및 신청시기

① 기초·지반검사	검사대상	옥외탱크저장소의 액체 위험물탱크 중 그 용량이 100만L 이상인 탱크
	신청시기	위험물탱크의 기초 및 지반에 관한 공사의 개시 전
② 충수·수압검사	검사대상	액체 위험물을 저장 또는 취급하는 탱크
	신청시기	위험물을 저장 또는 취급하는 탱크에 배관, 그 밖에 부속설비를 부착하기 전
③ 용접부검사	검사대상	①의 규정에 의한 탱크
	신청시기	탱크 본체에 관한 공사의 개시 전
④ 암반탱크검사	검사대상	액체 위험물을 저장 또는 취급하는 암반 내의 공간을 이용한 탱크
	신청시기	암반탱크의 본체에 관한 공사의 개시 전

해답

① 기초·지반검사
② 충수·수압검사
③ 용접부검사
④ 암반탱크검사

05 위험물안전관리법상 옥외탱크저장소에 대한 내용이다. 다음 물음에 알맞게 답하시오.

① 보유공지에 대한 내용이다. 빈칸을 알맞게 채우시오.

저장 또는 취급하는 위험물의 최대수량	공지의 너비
지정수량의 500배 이하	3m 이상
지정수량의 500배 초과, 1,000배 이하	(㉠)m 이상
지정수량의 1,000배 초과, 2,000배 이하	(㉡)m 이상
지정수량의 2,000배 초과, 3,000배 이하	12m 이상
지정수량의 3,000배 초과, 4,000배 이하	15m 이상

② 지정수량의 2,500배를 저장하는 옥외탱크저장소(원주 50m)의 보유공지를 6m로 하기 위해 물분무소화설비를 설치하는 경우, 물분무소화설비의 방수량(L/min)을 구하시오.

③ 해당 소화설비의 수원의 양(L)을 구하시오.

해설

② 옥외저장탱크에 물분무설비로 방호조치를 하는 경우에는 보유공지를 규정에 의한 보유공지의 2분의 1 이상의 너비(최소 3m 이상)로 할 수 있다. 이 경우 공지 단축 옥외저장탱크의 화재 시 $1m^2$당 20kW 이상의 복사열에 노출되는 표면을 갖는 인접한 옥외저장탱크가 있으면 해당 표면에도 다음 기준에 적합한 물분무설비로 방호조치를 함께 하여야 한다.

㉠ 탱크의 표면에 방사하는 물의 양은 탱크의 원주길이 1m에 대하여 분당 37L 이상으로 할 것

㉡ 수원의 양은 ㉠의 규정에 의한 수량으로 20분 이상 방사할 수 있는 수량으로 할 것

따라서, 물분무소화설비의 방수량은 원주 $50m \times \dfrac{37L/min}{m} = 1,850L/min$

③ 수원의 양은 $1,850L/min \times 20min = 37,000L$

해답

① ㉠ 5, ㉡ 9

② 1,850L/min

③ 37,000L

06 제1류 위험물인 과산화칼륨에 대해 다음 물음에 답하시오.

① 초산과 접촉 시의 화학반응식을 쓰시오.

② 위 ①의 반응식에서 생성되는 제6류 위험물의 열분해반응식을 쓰시오.

해설

① 과산화칼륨은 에틸알코올에 용해되며, 묽은 산과 반응하여 과산화수소(H_2O_2)를 생성한다.

$K_2O_2 + 2CH_3COOH \rightarrow 2CH_3COOK + H_2O_2$

② 과산화수소는 가열에 의해 산소가 발생한다.

$2H_2O_2 \rightarrow 2H_2O + O_2$

해답

① $K_2O_2 + 2CH_3COOH \rightarrow 2CH_3COOK + H_2O_2$

② $2H_2O_2 \rightarrow 2H_2O + O_2$

07 다음 [보기]는 어떤 물질의 제조방법 3가지를 설명하고 있다. 이러한 방법으로 제조되는 제4류 위험물에 대해 각 물음에 답하시오.

> [보기]
> • 에틸렌과 산소를 염화구리($CuCl_2$) 또는 염화팔라듐($PdCl_2$) 촉매하에서 반응시켜 제조
> • 에탄올을 산화시켜 제조
> • 황산수은(Ⅱ) 촉매하에서 아세틸렌에 물을 첨가시켜 제조

① 이 물질의 위험도는 얼마인가?
② 이 물질이 공기 중 산소에 의해 산화되어 다른 종류의 제4류 위험물이 생성되는 반응식을 쓰시오.

해설

아세트알데하이드의 일반적 성질

㉮ 무색이며, 고농도는 자극성 냄새가 나고 저농도의 것은 과일 향이 나는 휘발성이 강한 액체로서, 물 · 에탄올 · 에터에 잘 녹고, 고무를 녹인다.

㉯ 산화 시 초산, 환원 시 에탄올이 생성된다.

$2CH_3CHO + O_2 \rightarrow 2CH_3COOH$(산화작용)

$CH_3CHO + H_2 \rightarrow C_2H_5OH$(환원작용)

㉰ 분자량(44), 비중(0.78), 비점(21℃), 인화점(−39℃), 발화점(175℃)이 매우 낮고 연소범위(4.1~57%)가 넓으나, 증기압(750mmHg)이 높아 휘발이 잘 되고, 인화성 · 발화성이 강하며, 수용액 상태에서도 인화의 위험이 있다.

㉱ 연소범위가 4.1~57%이므로, 위험도(H) $= \dfrac{57-4.1}{4.1} \fallingdotseq 12.90$

㉲ 제조방법

㉠ 에틸렌의 직접산화법 : 에틸렌을 염화구리 또는 염화팔라듐의 촉매하에서 산화반응시켜 제조한다.

$2C_2H_4 + O_2 \rightarrow 2CH_3CHO$

㉡ 에틸알코올의 직접산화법 : 에틸알코올을 이산화망가니즈 촉매하에서 산화시켜 제조한다.

$2C_2H_5OH + O_2 \rightarrow 2CH_3CHO + 2H_2O$

㉢ 아세틸렌의 수화법 : 아세틸렌과 물을 수은 촉매하에서 수화시켜 제조한다.

$C_2H_2 + H_2O \rightarrow CH_3CHO$

해답

① 12.90

② $2CH_3CHO + O_2 \rightarrow 2CH_3COOH$

08 위험물안전관리법상 제3류 위험물로서 은백색의 광택이 있는 무른 경금속이며 융점이 97.7℃인 물질과 제4류 위험물로서 분자량이 46이고 지정수량 400L에 해당하는 물질과의 화학반응식을 적으시오.

[해설]

㉠ 나트륨 : 제3류 위험물로 지정수량이 10kg인 은백색의 무른 금속으로, 물보다 가볍고 노란색 불꽃을 내면서 연소한다. 원자량 23, 비중 0.97, 융점 97.7℃, 비점 880℃, 발화점 121℃이다.

㉡ 에틸알코올 : 제4류 위험물 중 알코올류에 해당하며, 지정수량은 400L이고, 분자량 46, 증기 비중 1.59, 인화점 13℃, 연소범위 4.3~19%이다.

㉢ 나트륨은 알코올과 반응하여 나트륨에틸레이트와 수소가스를 발생한다.

$2Na + 2C_2H_5OH \rightarrow 2C_2H_5ONa + H_2$

[해답]

$2Na + 2C_2H_5OH \rightarrow 2C_2H_5ONa + H_2$

09 다음 제5류 위험물에 대한 구조식을 각각 적으시오.
① 나이트로글리세린
② 과산화벤조일

[해답]

10 다음 설명에 해당하는 제4류 위험물에 대하여, 각 물질의 명칭과 시성식을 적으시오.
① 특수인화물로서 분자량 74.12, 액비중 0.72, 비점 34℃, 인화점 −40℃, 발화점 180℃로 매우 낮고, 연소범위가 1.9~48%로 넓어 인화성·발화성이 강하다.
② 제1석유류로서 분자량 53, 액비중 0.8, 증기는 공기보다 무겁고, 공기와 혼합하여 아주 작은 점화원에 의해 인화·폭발의 위험성이 높으며, 낮은 곳에 체류하여 흐른다.
③ 제2석유류로서 분자량 46, 액비중 1.22, 무색투명한 액체로 강한 자극성 냄새가 있고, 강한 산성이며, 신맛이 난다.

[해답]

① 다이에틸에터, $C_2H_5OC_2H_5$
② 아크릴로나이트릴, $CH_2=CHCN$
③ 폼산, $HCOOH$

11 위험물안전관리법상 성상을 2가지 이상 포함하는 물품이 속하는 품명의 판단기준에 대해 다음 괄호 안을 알맞게 채우시오.

① 복수성상물품이 산화성 고체의 성상 및 가연성 고체의 성상을 가지는 경우
: 제(　)류에 의한 품명

② 복수성상물품이 산화성 고체의 성상 및 자기반응성 물질의 성상을 가지는 경우
: 제(　)류에 의한 품명

③ 복수성상물품이 가연성 고체의 성상과 자연발화성 물질의 성상 및 금수성 물질의 성상을 가지는 경우
: 제(　)류에 의한 품명

④ 복수성상물품이 자연발화성 물질의 성상, 금수성 물질의 성상 및 인화성 액체의 성상을 가지는 경우
: 제(　)류에 의한 품명

⑤ 복수성상물품이 인화성 액체의 성상 및 자기반응성 물질의 성상을 가지는 경우
: 제(　)류에 의한 품명

[해답]

① 2, ② 5, ③ 3, ④ 3, ⑤ 5

12 다음 [보기]에서 설명하는 위험물에 대해 묻는말에 알맞게 답하시오.

[보기]	지정수량	비중	비점	인화점	발화점	연소범위
	50L	0.83	34℃	−37℃	465℃	2.5~38.5%

① 구조식을 쓰시오.
② 증기비중을 구하시오.
③ 지하저장탱크 중 압력탱크에 저장하는 경우 유지하여야 할 온도(℃)는?
④ 보냉장치가 없는 이동저장탱크에 저장하는 경우 유지하여야 할 온도(℃)는?

[해설]

③ 옥외저장탱크, 옥내저장탱크 또는 지하저장탱크 중 압력탱크에 저장하는 아세트알데하이드 등 또는 다이에틸에터 등의 온도는 40℃ 이하로 유지할 것

④ 보냉장치가 없는 이동저장탱크에 저장하는 아세트알데하이드 등 또는 다이에틸에터 등의 온도는 40℃ 이하로 유지할 것

※ 보냉장치가 있는 이동저장탱크에 저장하는 아세트알데하이드 등 또는 다이에틸에터 등의 온도는 해당 위험물의 비점으로 유지할 것

[해답]

①
```
    H  H  H
    |  |  |
H—C—C—C—H
    \ /  |
     O   H
```

② 증기비중 $= \dfrac{\text{분자량}(58)}{\text{공기의 평균분자량}(28.84)} = 2.01$

③ 40℃ 이하, ④ 40℃ 이하

13 제4류 위험물인 경유를 상부가 개방되어 있는 용기에 저장하려고 한다. 액체의 표면적이 $50m^2$이고 이곳에 국소방출방식의 분말소화설비를 설치할 경우, 제3종 분말소화약제를 얼마나 저장해야 하는지 구하시오.

해설

면적식 국소방출방식의 경우 분말소화약제의 저장량

$Q = S \cdot K \cdot h$

여기서, Q : 약제량(kg)

$\quad\quad S$: 방호구역의 표면적(m^2)

$\quad\quad K$: 방출계수(kg/m^2)

$\quad\quad h$: 1.1(할증계수)

해답

$Q = 50m^2 \times 5.2kg/m^2 \times 1.1 = 286kg$

14 다음 [보기]에서 설명하는 위험물에 대해 묻는 말에 알맞게 답하시오.

[보기]
- 백색 또는 담황색의 왁스상 가연성·자연발화성 고체이다.
- 증기는 공기보다 무겁고, 매우 자극적이며, 맹독성 물질이다.
- 물에는 녹지 않으나, 벤젠, 알코올에는 약간 녹고, 이황화탄소 등에는 잘 녹는다.

① 공기 중에서 연소하는 경우 생성되는 물질의 명칭과 화학식을 쓰시오.
② 수산화칼륨 수용액과의 반응식을 쓰시오.
③ 옥내저장소에 저장하는 경우 바닥면적은 몇 m^2 이하이어야 하는가?

해설

① 황린은 공기 중에서 격렬하게 오산화인의 백색 연기를 내며 연소하고, 일부 유독성의 포스핀(PH_3)도 발생하며, 환원력이 강하여 산소농도가 낮은 분위기에서도 연소한다.

$\quad P_4 + 5O_2 \rightarrow 2P_2O_5$

② 황린은 수산화칼륨 수용액 등 강한 알칼리 용액과 반응하여 가연성·유독성의 포스핀가스를 발생한다.

$\quad P_4 + 3KOH + 3H_2O \rightarrow PH_3 + 3KH_2PO_2$

③ 유별 위험물 중 위험등급 Ⅰ군의 경우 바닥면적 $1,000m^2$ 이하로 한다(다만, 제4류 위험물 중 위험등급 Ⅱ군에 속하는 제1석유류와 알코올류의 경우 인화점이 상온 이하이므로 $1,000m^2$ 이하로 함).

해답

① 오산화인, P_2O_5
② $P_4 + 3KOH + 3H_2O \rightarrow PH_3 + 3KH_2PO_2$
③ $1,000m^2$

15 위험물안전관리에 관한 세부기준에 따른 불활성가스 소화설비와 분말소화설비 저장기준에 대해 다음 빈칸을 알맞게 채우시오.

가. 불활성가스 소화설비의 저장용기 기준
  • 온도가 (①)℃ 이하이고, 온도 변화가 적은 장소에 설치할 것
  • (②) 및 빗물이 침투할 우려가 적은 장소에 설치할 것

나. 분말소화설비의 저장용기 기준
  • 저장용기(축압식인 것은 내압력이 (③)MPa인 것에 한한다)에는 용기 밸브를 설치할 것
  • 가압식의 저장용기 등에는 (④)를 설치할 것
  • 보기 쉬운 장소에 충전소화약제량, 소화약제의 종류, (⑤)(가압식인 것에 한한다), 제조년월 및 제조자명을 표시할 것

해설

가. 불활성가스 소화설비의 저장용기 기준
  ㉠ 방호구역 외의 장소에 설치할 것
  ㉡ 온도가 40℃ 이하이고 온도 변화가 적은 장소에 설치할 것
  ㉢ 직사일광 및 빗물이 침투할 우려가 적은 장소에 설치할 것
  ㉣ 저장용기에는 안전장치(용기 밸브에 설치되어 있는 것을 포함한다)를 설치할 것
  ㉤ 저장용기의 외면에 소화약제의 종류와 양, 제조년도 및 제조자를 표시할 것

나. 분말소화설비의 저장용기 기준
  ㉠ 저장탱크는 「압력용기-설계 및 제조 일반」(KS B 6750)의 기준에 적합한 것 또는 이와 동등 이상의 강도 및 내식성이 있는 것을 사용할 것
  ㉡ 저장용기 등에는 안전장치를 설치할 것
  ㉢ 저장용기(축압식인 것은 내압력이 1.0MPa인 것에 한한다)에는 용기 밸브를 설치할 것
  ㉣ 가압식의 저장용기 등에는 방출밸브를 설치할 것
  ㉤ 보기 쉬운 장소에 충전소화약제량, 소화약제의 종류, 최고사용압력(가압식인 것에 한한다), 제조년월 및 제조자명을 표시할 것

해답

① 40
② 직사일광
③ 1
④ 방출밸브
⑤ 최고사용압력

16 다음 [보기]의 위험물 중 열분해하여 산소가 생성되는 물질을 모두 찾아 분해반응식을 적으시오.

[보기] 염소산나트륨, 질산칼륨, 나이트로글리세린, 에탄올, 트라이에틸알루미늄

해설

㉠ 염소산나트륨($NaClO_3$)은 300℃에서 가열분해하여 염화나트륨($NaCl$)과 산소(O_2)가 발생한다.

$$2NaClO_3 \rightarrow 2NaCl + 3O_2$$

㉡ 질산칼륨(KNO_3)은 약 400℃로 가열하면 분해하여 아질산칼륨(KNO_2)과 산소(O_2)가 발생하는 강산화제이다.

$$2KNO_3 \rightarrow 2KNO_2 + O_2$$

㉢ 나이트로글리세린[$C_3H_5(ONO_2)_3$]은 40℃에서 분해하기 시작하고, 145℃에서 격렬히 분해하며, 200℃ 정도에서 스스로 폭발한다.

$$4C_3H_5(ONO_2)_3 \rightarrow 12CO_2 + 10H_2O + 6N_2 + O_2$$

해답

염소산나트륨 : $2NaClO_3 \rightarrow 2NaCl + 3O_2$

질산칼륨 : $2KNO_3 \rightarrow 2KNO_2 + O_2$

나이트로글리세린 : $4C_3H_5(ONO_2)_3 \rightarrow 12CO_2 + 10H_2O + 6N_2 + O_2$

17 다음 주어진 문장의 빈칸을 알맞게 채우시오.

적재하는 위험물의 성질에 따라 일광의 직사 또는 빗물의 침투를 방지하기 위하여 유효하게 피복하는 등 다음 각 목에서 정하는 기준에 따른 조치를 하여야 한다.

가. 제1류 위험물, 제3류 위험물 중 자연발화성 물질, 제4류 위험물 중 특수인화물, (①) 위험물 또는 (②) 위험물은 차광성이 있는 피복으로 가릴 것

나. 제1류 위험물 중 (③)의 과산화물 또는 이를 함유한 것, 제2류 위험물 중 (④)·(⑤)·(⑥) 또는 이들 중 어느 하나 이상을 함유한 것 또는 제3류 위험물 중 금수성 물질은 방수성이 있는 피복으로 덮을 것

다. 제5류 위험물 중 (⑦)℃ 이하의 온도에서 분해될 우려가 있는 것은 보냉 컨테이너에 수납하는 등 적정한 온도관리를 할 것

라. 액체 위험물 또는 위험등급 (⑧)의 고체 위험물을 기계에 의하여 하역하는 구조로 된 운반용기에 수납하여 적재하는 경우에는 해당 용기에 대한 충격 등을 방지하기 위한 조치를 강구할 것. 다만, 위험등급 (⑧)의 고체 위험물을 플렉시블(flexible)의 운반용기, 파이버판제의 운반용기 및 목제의 운반용기 외의 운반용기에 수납하여 적재하는 경우에는 그러하지 아니하다.

해답

① 제5류, ② 제6류

③ 알칼리금속, ④ 철분, ⑤ 금속분, ⑥ 마그네슘

⑦ 55, ⑧ Ⅱ

18 다음 [보기]의 물질들을 주어진 비율대로 혼합하여, 그 반응으로 인해 생성된 기체의 폭발 하한값을 구하시오.

[보기]
- 탄화알루미늄과 물이 반응하여 생성된 기체 30vol%
- 탄화칼슘과 물이 반응하여 생성된 기체 45vol%
- 아연과 황산이 반응하여 생성된 기체 25vol%

해설

㉠ 탄화알루미늄은 물과 반응하여 가연성·폭발성의 메테인가스를 만들며, 밀폐된 실내에서 메테인이 축적되는 경우 인화성 혼합기를 형성하여 2차 폭발의 위험이 있다.

$$Al_4C_3 + 12H_2O \rightarrow 4Al(OH)_3 + 3CH_4$$

㉡ 탄화칼슘은 물과 격렬하게 반응하여 수산화칼슘과 아세틸렌을 만들며, 공기 중 수분과 반응하여도 아세틸렌이 발생한다.

$$CaC_2 + 2H_2O \rightarrow Ca(OH)_2 + C_2H_2$$

㉢ 아연이 산과 반응하면 수소가스가 발생한다.

$$Zn + H_2SO_4 \rightarrow ZnSO_4 + H_2$$

위에서 발생한 각 기체에 대한 연소범위는 메테인(CH_4) 5~15.0vol%, 아세틸렌(C_2H_2) 2.5~81vol%, 수소(H_2) 4~75vol%이며, 르샤틀리에(Le Chatelier)의 혼합가스 폭발범위를 구하는 식에 따라 폭발한계치를 구하면 다음과 같다.

$$\frac{100}{L} = \frac{V_1}{L_1} + \frac{V_2}{L_2} + \frac{V_3}{L_3} + \cdots$$

여기서, L : 혼합가스의 폭발한계치

L_1, L_2, L_3 : 각 성분의 단독 폭발한계치(vol%)

V_1, V_2, V_3 : 각 성분의 체적(vol%)

$$\therefore L = \frac{100}{\left(\dfrac{V_1}{L_1} + \dfrac{V_2}{L_2} + \dfrac{V_3}{L_3} + \cdots \right)} = \frac{100}{\left(\dfrac{30}{5} + \dfrac{45}{2.5} + \dfrac{25}{4} \right)} ≒ 3.31$$

해답

3.31%

19

위험물안전관리법령에서 정한 포소화설비에 대한 내용이다. 다음 물음에 알맞은 답을 적으시오.

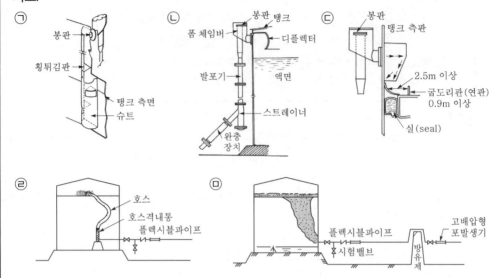

① 위 그림을 보고 각 기호에 해당하는 포방출구의 종류를 적으시오.
② 고정지붕구조의 탱크에 상부포 주입법을 이용하는 덧으로서, 방출된 포가 액면 아래로 몰입되거나 액면을 뒤섞지 않고 액면상을 덮을 수 있는 통계단 또는 미끄럼판 등의 설비 및 탱크 내의 위험물 증기가 외부로 역루되는 것을 저지할 수 있는 구조의 기구를 갖는 포방출구를 위 그림에서 찾아 기호를 적으시오.
③ 포소화약제의 혼합방식 종류를 2가지 적으시오.
④ 포헤드방식의 포헤드 설치기준에 대한 다음 내용에서, 괄호 안을 알맞게 채우시오.
방호대상물의 표면적(건축물의 경우에는 바닥면적) (㉠)m²당 1개 이상의 헤드를, 방호대상물의 표면적 1m²당의 방사량이 (㉡)L/min 이상의 비율로 계산한 양의 포 수용액을 표준방사량으로 방사할 수 있도록 설치할 것

[해설]

① 포방출구의 분류

㉮ 포방출구(Foam outlet)란 포소화설비에서 포가 방출되는 최종 말단으로서, 방출구의 종류에는 고정포 방출구, 포헤드, 포소화전, 호스릴포, 포모니터 등이 있다.

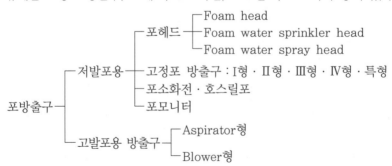

㉯ 고정포 방출구 : 주로 위험물 옥외탱크저장소에 Foam chamber를 설치하여 포를 방출하는
　　　　방식의 방출구로서 옥외위험물탱크 이외에 공장, 창고, 주차장, 격납고 등에 설치할 수 있다.
　　　　탱크의 직경, 포방출구의 종류에 따라 일정한 수량의 방출구를 탱크 측면에 설치한다.
　　　㉰ Foam chamber의 종류
　　　　㉠ Ⅰ형(cone roof tank에 사용하는 통, tube 등의 부대시설이 있는 경우)
　　　　㉡ Ⅱ형(반사판이 있는 경우)
　　　　㉢ Ⅲ형(표면하 주입식 방출구)
　　　　㉣ Ⅳ형(반표면하 주입식 방출구)
　　　　㉤ 특형(floating roof tank에 사용하는 경우) 등이 있다.
　③ 포소화약제의 혼합장치
　　　㉮ 펌프혼합방식(펌프프로포셔너 방식) : 펌프의 토출관과 흡입관 사이의 배관 도중에 설치한
　　　　흡입기에 펌프에서 토출된 물의 일부를 보내고 농도조절밸브에서 조정된 포소화약제의
　　　　필요량을 포소화약제 탱크에서 펌프 흡입 측으로 보내어 이를 혼합하는 방식
　　　㉯ 차압혼합방식(프레셔프로포셔너 방식) : 펌프와 발포기 중간에 설치된 벤투리관의 벤투리
　　　　작용과 펌프 가압수의 포소화약제 저장탱크에 대한 압력에 의하여 포소화약제를 흡입·
　　　　혼합하는 방식
　　　㉰ 관로혼합방식(라인프로포셔너 방식) : 펌프와 발포기 중간에 설치된 벤투리관의 벤투리
　　　　작용에 의해 포소화약제를 흡입·혼합하는 방식
　　　㉱ 압입혼합방식(프레셔사이드프로포셔너 방식) : 펌프의 토출관에 압입기를 설치하여 포소
　　　　화약제 압입용 펌프로 포소화약제를 압입시켜 혼합하는 방식
　④ 포헤드방식의 포헤드는 다음 ㉮ 내지 ㉰에 정한 것에 의하여 설치할 것
　　　㉮ 포헤드는 방호대상물의 모든 표면이 포헤드의 유효사정 내에 있도록 설치할 것
　　　㉯ 방호대상물의 표면적(건축물의 경우에는 바닥면적) $9m^2$당 1개 이상의 헤드를, 방호대상물의
　　　　표면적 $1m^2$당의 방사량이 6.5L/min 이상의 비율로 계산한 양의 포수용액을 표준방사량으
　　　　로 방사할 수 있도록 설치할 것
　　　㉰ 방사구역은 $100m^2$ 이상(방호대상물의 표면적이 $100m^2$ 미만인 경우에는 해당 표면적)으
　　　　로 할 것

해답

① ㉠ Ⅰ형, ㉡ Ⅱ형, ㉢ 특형, ㉣ Ⅳ형, ㉤ Ⅲ형

② ㉠

③ 펌프혼합방식, 차압혼합방식, 관로혼합방식, 압입혼합방식
　(상기 해답 중 택 2가지 기술)

④ ㉠ 9, ㉡ 6.5

제72회
(2022년 8월 14일 시행)

위험물기능장 실기

01 위험물제조소에 국소배출방식으로 가로 6m, 세로 8m, 높이 4m에 해당하는 배출설비를 설치하려고 한다. 이때의 배출용량을 구하시오.

해설

배출능력은 1시간당 배출장소 용적의 20배 이상인 것으로 하여야 한다. 다만, 전역방식의 경우에는 바닥면적 $1m^2$당 $18m^3$ 이상으로 할 수 있다.

따라서, 8m×6m×4m×20배=3,840m^3/h

해답

3,840m^3/h

02 인화점 −17℃, 분자량 27인 독성이 강한 제4류 위험물에 대하여 다음 물음에 답하시오.
① 물질명
② 시성식
③ 품명
④ 증기비중(계산식 포함)

해설

사이안화수소(HCN, 청산)의 일반적 성질

㉠ 제4류 위험물, 제1석유류의 수용성 액체로서 위험등급은 Ⅱ등급이며, 지정수량은 400L에 해당한다.

분자량	액비중	증기비중	끓는점	인화점	발화점	연소범위
27	0.69	0.94	26℃	−17℃	540℃	6~41%

㉡ 독특한 자극성의 냄새가 나는 무색의 액체(상온)로, 물·알코올에 잘 녹으며, 수용액은 약산성이다.

㉢ 맹독성 물질이며, 휘발성이 높아 인화 위험도 매우 높다. 증기는 공기보다 약간 가벼우며, 연소하면 푸른 불꽃을 내면서 탄다.

해답

① 사이안화수소
② HCN
③ 제1석유류
④ 증기비중= $\dfrac{\text{기체의 분자량(27g/mol)}}{\text{공기의 분자량(28.84g/mol)}}$ =0.94

03 다음은 위험물제조소 등의 방화상 유효한 담의 높이를 산정하는 방법에 관한 그림이다. 물음에 답하시오.

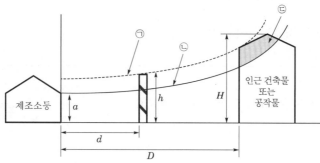

① 그림에서 ㉠, ㉡, ㉢ 부분의 명칭을 쓰시오.

② $H > pD^2 + a$인 경우, 방화상 유효한 담의 높이를 산정하는 공식을 쓰시오.

해설

제조소 등의 안전거리의 단축기준

취급하는 위험물이 최대수량(지정수량 배수)의 10배 미만이고, 주거용 건축물, 문화재, 학교 등의 경우 불연재료로 된 방화상 유효한 담 또는 벽을 설치하는 경우에는 안전거리를 단축할 수 있다.

[방화상 유효한 담의 높이]

㉠ $H \leqq pD^2 + a$인 경우 : $h = 2$

㉡ $H > pD^2 + a$인 경우 : $h = H - p(D^2 - d^2)$

㉢ D, H, a, d, h 및 p는 다음과 같다.

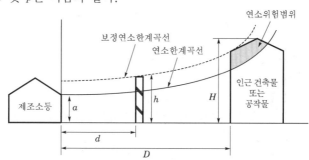

여기서, D : 제조소 등과 인근 건축물 또는 공작물과의 거리(m)

H : 인근 건축물 또는 공작물의 높이(m)

a : 제조소 등의 외벽의 높이(m)

d : 제조소 등과 방화상 유효한 담과의 거리(m)

h : 방화상 유효한 담의 높이(m)

해답

① ㉠ 보정 연소한계곡선, ㉡ 연소한계곡선, ㉢ 연소위험범위

② $h = H - p(D^2 - d^2)$

04 제5류 위험물로서 담황색 결정을 가진 폭발성 고체로, 보관 중 직사광선에 의해 다갈색으로 변색할 우려가 있는 있으며 분자량이 227g/mol인 위험물에 대해, 다음 물음에 답하시오.
① 이 물질의 제조반응식을 쓰시오.
② 분해반응식을 쓰시오.

해설

트라이나이트로톨루엔[T.N.T., $C_6H_2CH_3(NO_2)_3$]

㉮ 일반적 성질
　㉠ 순수한 것은 무색 결정 또는 담황색의 결정이며, 직사광선에 의해 다갈색으로 변하고, 중성으로 금속과는 반응이 없으며, 장기 저장해도 자연발화의 위험 없이 안정하다.
　㉡ 물에는 불용이며, 에터, 아세톤 등에는 잘 녹고, 알코올에는 가열하면 약간 녹는다.
　㉢ 충격감도는 피크르산보다 둔하지만, 급격한 타격을 주면 폭발한다.
　㉣ 몇 가지 이성질체가 있으며, 2, 4, 6-트라이나이트로톨루엔의 폭발력이 가장 강하다.
　㉤ 비중 1.66, 융점 81℃, 비점 280℃, 분자량 227, 발화온도 약 300℃이다.
　㉥ 제법 : 1몰의 톨루엔과 3몰의 질산을 황산 촉매하에 반응시키면 나이트로화에 의해 T.N.T.가 만들어진다.

$$C_6H_5CH_3 + 3HNO_3 \xrightarrow[\text{나이트로화}]{c-H_2SO_4} T.N.T. + 3H_2O$$

㉯ 위험성
　㉠ 강력한 폭약으로 피크린산보다는 약하며, 점화하면 연소하지만 기폭약을 쓰지 않으면 폭발하지 않는다.
　㉡ K, KOH, HCl, $Na_2Cr_2O_7$과 접촉 시 조건에 따라 발화하거나 충격·마찰에 민감하고 폭발 위험성이 있으며, 분해되면 다량의 기체가 발생하고, 불완전연소 시 유독성의 질소산화물과 CO를 생성한다.

$$2C_6H_2CH_3(NO_2)_3 \rightarrow 12CO + 2C + 3N_2 + 5H_2$$

　㉢ NH_4NO_3와 T.N.T.를 3 : 1wt%로 혼합하면 폭발력이 현저히 증가하여 폭파약으로 사용된다.

해답

① $C_6H_5CH_3 + 3HNO_3 \xrightarrow[\text{나이트로화}]{c-H_2SO_4} T.N.T. + 3H_2O$
② $2C_6H_2CH_3(NO_2)_3 \rightarrow 12CO + 2C + 3N_2 + 5H_2$

05 제1류 위험물로서 분자량 85g/mol, 비중 2.27, 녹는점 308℃인 물질로, 380℃에 분해하기 시작하며 액체 암모니아에 녹는 물질에 대해, 다음 물음에 답하시오.

① 분해반응식(380℃)을 쓰시오.
② 위험등급을 쓰시오.
③ 플라스틱 용기에 저장 시 최대용량(L)을 쓰시오. (단, 드럼은 아니다.)

해설

$NaNO_3$(질산나트륨, 칠레초석, 질산소다)의 일반적 성질

㉠ 분자량 85, 비중 2.27, 융점 308℃, 분해온도 380℃이며, 무색의 결정 또는 백색 분말로 조해성 물질이다.
㉡ 물이나 글리세린 등에는 잘 녹고, 알코올에는 녹지 않는다.
㉢ 약 380℃에서 분해되어 아질산나트륨($NaNO_2$)과 산소(O_2)를 생성한다.
  $2NaNO_3 \rightarrow 2NaNO_2 + O_2$

해답

① $2NaNO_3 \rightarrow 2NaNO_2 + O_2$
② Ⅱ등급, ③ 10L

06 제4류 위험물 중 다음의 2가지 조건을 모두 충족시키는 위험물의 품명을 2가지 이상 쓰시오.

• 옥내저장소에 저장할 때 바닥면적을 1,000m² 이하로 하여야 하는 위험물
• 옥외저장소에 저장·취급할 수 없는 위험물

해설

㉮ 옥내저장소 하나의 저장창고의 바닥면적

위험물을 저장하는 창고	바닥면적
㉠ 제1류 위험물 중 아염소산염류, 염소산염류, 과염소산염류, 무기과산화물, 그 밖에 지정수량이 50kg인 위험물 ㉡ 제3류 위험물 중 칼륨, 나트륨, 알킬알루미늄, 알킬리튬, 그 밖에 지정수량이 10kg인 위험물 및 황린 ㉢ 제4류 위험물 중 특수인화물, 제1석유류 및 알코올류 ㉣ 제5류 위험물 중 유기과산화물, 질산에스터류, 그 밖에 지정수량이 10kg인 위험물 ㉤ 제6류 위험물	1,000m² 이하
㉠~㉤ 외의 위험물을 저장하는 창고	2,000m² 이하
내화구조의 격벽으로 완전히 구획된 실에 각각 저장하는 창고	1,500m² 이하

㉯ 옥외저장소에 저장할 수 있는 위험물
  ㉠ 제2류 위험물 중 황, 인화성 고체(인화점이 0℃ 이상인 것에 한함)
  ㉡ 제4류 위험물 중 제1석유류(인화점이 0℃ 이상인 것에 한함), 제2석유류, 제3석유류, 제4석유류, 알코올류, 동식물유류
  ㉢ 제6류 위험물

해답

특수인화물, 제1석유류(인화점이 0℃ 미만인 것)

07 | 이송취급소 배관 용접장소의 침투탐상시험 합격기준 3가지를 적으시오.

해답

① 균열이 확인된 경우에는 불합격으로 할 것
② 선상 및 원형상의 결함 크기가 4mm를 초과할 경우에는 불합격으로 할 것
③ 2 이상의 결함지시모양이 동일선상에 연속해서 존재하고 그 상호 간의 간격이 2mm 이하인 경우에는 상호 간의 간격을 포함하여 연속된 하나의 결함지시모양으로 간주할 것. 다만, 결함지시모양 중 짧은 쪽의 길이가 2mm 이하이면서 결함지시모양 상호 간의 간격 이하인 경우에는 독립된 결함지시모양으로 한다.
④ 결함지시모양이 존재하는 임의의 개소에 있어서 2,500mm²의 사각형(한 변의 최대길이는 150mm로 한다) 내에 길이 1mm를 초과하는 결함지시모양의 길이의 합계가 8mm를 초과하는 경우에는 불합격으로 할 것
(상기 해답 중 택 3가지 기술)

08 | 80wt% 아세톤 300kg을 저장하고 있는 저장탱크에 화재가 발생한 경우 다량의 물로 희석하여 소화를 하려고 한다. 아세톤 농도를 3wt% 이하로 하고, 실제 소화용수의 양은 이론양의 1.5배를 준비해야 한다면, 저장하여야 하는 소화용수의 양(kg)을 구하시오.

해답

$$\frac{300 \times 0.8(아세톤의\ 양)}{300 + X(물의\ 양)} \times 100 = 3\%$$

$3(300 + X) = 24,000$
$900 + 3X = 24,000$
$3X = 23,100$
$X = 7,700 \rightarrow$ 이론 양의 1.5배 준비
$\therefore\ 7,700 \times 1.5 = 11,550$kg

09 | 위험물안전관리법상 제6류 위험물에 대하여 다음 각 물음에 답하시오.
① 질산의 열분해반응식을 적으시오.
② 과산화수소의 분해반응식을 적으시오.
③ 제6류 위험물 중 할로겐간화합물을 1개만 적으시오.

해답

① $4HNO_3 \rightarrow 2H_2O + 4NO_2 \uparrow + O_2$
② $2H_2O_2 \xrightarrow{MnO_2(촉매)} 2H_2O + O_2$
③ ICl, IBr, BrF_3, IF_5, BrF_5
　(상기 해답 중 택 1가지 기술)

10 제3류 위험물인 트라이에틸알루미늄이 다음에 주어진 물질과 반응하는 화학반응식을 각각 적으시오.
① 물
② 산소
③ 염산

해설

트라이에틸알루미늄[$(C_2H_5)_3Al$]의 일반적 성질

㉠ 무색투명한 액체로 외관은 등유와 유사한 가연성이며, C_1~C_4는 자연발화성이 강하다. 공기 중에 노출되면 공기와 접촉하여 백연을 발생하며 연소한다. 단, C_5 이상은 점화하지 않으면 연소하지 않는다.

$$2(C_2H_5)_3Al + 21O_2 \rightarrow 12CO_2 + Al_2O_3 + 15H_2O$$

㉡ 물, 산, 알코올과 접촉하면 폭발적으로 반응하여 에테인을 형성하고, 이때 발열·폭발에 이른다.

$$(C_2H_5)_3Al + 3H_2O \rightarrow Al(OH)_3 + 3C_2H_6$$
$$(C_2H_5)_3Al + HCl \rightarrow (C_2H_5)_2AlCl + C_2H_6$$
$$(C_2H_5)_3Al + 3CH_3OH \rightarrow Al(CH_3O)_3 + 3C_2H_6$$

해답

① $(C_2H_5)_3Al + 3H_2O \rightarrow Al(OH)_3 + 3C_2H_6$
② $2(C_2H_5)_3Al + 21O_2 \rightarrow 12CO_2 + Al_2O_3 + 15H_2O$
③ $(C_2H_5)_3Al + HCl \rightarrow (C_2H_5)_2AlCl + C_2H_6$

11 위험물안전관리법상 제4류 위험물로서 분자량이 78g/mol이고 독성이 있으며, 인화점이 $-11°C$인 물질 2kg에 대해 다음 물음에 답하시오.
① 공기 중에서 완전연소할 때의 반응식을 쓰시오.
② 이론산소량은 얼마인지 구하시오.

해설

벤젠(C_6H_6)의 일반적 성질

분자량	비중	비점	인화점	발화점	연소범위
78	0.9	80°C	$-11°C$	498°C	1.4~7.1%

㉠ 80.1°C에서 끓고, 5.5°C에서 응고되며, 겨울철에는 응고된 상태에서도 연소가 가능하다.
㉡ 무색투명하며, 독특한 냄새를 가진 휘발성이 강한 액체로, 위험성이 강하며 인화가 쉽고, 다량의 흑연을 발생하고 뜨거운 열을 내며 연소한다. 또한 연소 시 이산화탄소와 물이 생성된다.

$$2C_6H_6 + 15O_2 \rightarrow 12CO_2 + 6H_2O$$

㉢ $\dfrac{2kg-C_6H_6}{} \left| \dfrac{1kmol-C_6H_6}{78kg-C_6H_6} \right| \dfrac{15kmol-O_2}{2kmol-C_6H_6} \left| \dfrac{32kg-O_2}{1kmol-O_2} \right. = 6.15kg-O_2$

해답

① $2C_6H_6 + 15O_2 \rightarrow 12CO_2 + 6H_2O$
② 6.15kg

12

> 위험물안전관리법상 옥외저장탱크 중 압력탱크 외의 탱크에 있어서는 밸브 없는 통기관 또는 대기밸브 부착 통기관을 설치해야 한다. 다음 물음에 답하시오.
> ① 압력탱크의 정의를 적으시오.
> ② 저장할 수 있는 유별 위험물의 종류를 적으시오.
> ③ 안전장치 종류를 2가지 적으시오.
> ④ 인화점이 몇 ℃ 미만의 위험물을 저장 또는 취급하는 탱크에 설치하는 통기관에는 화염방지장치를 설치해야 하는가?

해설

옥외저장탱크 중 압력탱크(최대상용압력이 부압 또는 정압 5kPa을 초과하는 탱크를 말한다) 외의 탱크(제4류 위험물의 옥외저장탱크에 한한다)에 있어서는 밸브 없는 통기관 또는 대기밸브 부착 통기관을 다음에 정하는 바에 의하여 설치하여야 하고, 압력탱크에 있어서는 규정에 의한 안전장치를 설치하여야 한다.
㉮ 밸브 없는 통기관
 ㉠ 지름은 30mm 이상일 것
 ㉡ 끝부분은 수평면보다 45° 이상 구부려 빗물 등의 침투를 막는 구조로 할 것
 ㉢ 인화점이 38℃ 미만인 위험물만을 저장 또는 취급하는 탱크에 설치하는 통기관에는 화염방지장치를 설치하고, 그 외의 탱크에 설치하는 통기관에는 40메시(mesh) 이상의 구리망 또는 동등 이상의 성능을 가진 인화방지장치를 설치할 것. 다만, 인화점이 70℃ 이상인 위험물만을 해당 위험물의 인화점 미만의 온도로 저장 또는 취급하는 탱크에 설치하는 통기관에는 인화방지장치를 설치하지 않을 수 있다.
 ㉣ 가연성의 증기를 회수하기 위한 밸브를 통기관에 설치하는 경우에 있어서는 해당 통기관의 밸브는 저장탱크에 위험물을 주입하는 경우를 제외하고는 항상 개방되어 있는 구조로 하는 한편, 폐쇄하였을 경우에 있어서는 10kPa 이하의 압력에서 개방되는 구조로 할 것. 이 경우 개방된 부분의 유효단면적은 777.15mm^2 이상이어야 한다.
㉯ 대기밸브 부착 통기관
 ㉠ 5kPa 이하의 압력 차이로 작동할 수 있을 것
 ㉡ '㉮'의 '㉢'의 기준에 적합할 것

해답

① 최대상용압력이 부압 또는 정압 5kPa을 초과하는 탱크
② 제4류 위험물
③ 자동적으로 압력의 상승을 정지시키는 장치,
 감압 측에 안전밸브를 부착한 감압밸브,
 안전밸브를 병용하는 경보장치,
 파괴판(위험물의 성질에 따라 안전밸브의 작동이 곤란한 가압설비에 한한다)
 (상기 해답 중 택 2가지 기술)
④ 38℃

13 옥내저장소에 [보기]의 물질을 저장하고 있으며, 유별이 다른 위험물은 내화구조의 격벽으로 완전 구획하여 보관하고 있다. 다음 물음에 답하시오.

[보기]
• 제2석유류 비수용성 2,000L
• 제3석유류 비수용성 4,000L
• 유기과산화물 100kg

① 학교로부터 안전거리 32m를 확보할 경우, 설치 가능한지 여부
② 주택가로부터 안전거리 20m를 확보할 경우, 설치 가능한지 여부
③ 무형문화재로부터 안전거리 52m를 확보할 경우, 설치 가능한지 여부

해설

안전거리

제조소(제6류 위험물을 취급하는 제조소를 제외한다)는 건축물의 외벽 또는 이에 상당하는 공작물의 외측으로부터 해당 제조소의 외벽 또는 이에 상당하는 공작물의 외측까지의 사이에 규정에 의한 수평거리(안전거리)를 두어야 한다.

건축물	안전거리
사용전압 7,000V 초과 35,000V 이하의 특고압 가공전선	3m 이상
사용전압 35,000V 초과 특고압 가공전선	5m 이상
주거용으로 사용되는 것(제조소가 설치된 부지 내에 있는 것 제외)	10m 이상
고압가스, 액화석유가스 또는 도시가스를 저장 또는 취급하는 시설	20m 이상
학교, 병원(종합병원, 치과병원, 한방·요양 병원), 극장(공연장, 영화상영관, 수용인원 300명 이상 시설), 아동복지시설, 노인복지시설, 장애인복지시설, 모·부자복지시설, 보육시설, 성매매자를 위한 복지시설, 정신보건시설, 가정폭력피해자 보호시설, 수용인원 20명 이상의 다수인 시설	30m 이상
유형문화재, 지정문화재	50m 이상

해답

① 가능
② 가능
③ 가능

14 제2류 위험물인 마그네슘에 대해, 다음 물음에 답하시오.
① 연소반응식을 쓰시오.
② 물과의 반응식을 쓰시오.
③ 물과 반응 시 발생한 가스의 위험도를 구하시오.

해설

① 마그네슘은 가열하면 연소가 쉽고, 양이 많은 경우 맹렬히 연소하며 강한 빛을 낸다. 특히 연소열이 매우 높기 때문에 온도가 높아지고 화세가 격렬하여 소화가 곤란하다.

$$2Mg + O_2 \rightarrow 2MgO$$

② 온수와 반응하여 많은 양의 열과 수소(H_2)가 발생한다.

$$Mg + 2H_2O \rightarrow Mg(OH)_2 + H_2$$

③ 수소의 폭발범위는 4~75%이며, 위험도(H)는 가연성 혼합가스의 연소범위에 의해 결정되는 값이다.

$$H = \frac{U - L}{L} \text{ (여기서, } H : \text{위험도, } U : \text{연소상한치}(UEL), L : \text{연소하한치}(LEL))$$

$$\therefore H = \frac{75 - 4}{4} = 17.75$$

해답

① $2Mg + O_2 \rightarrow 2MgO$

② $Mg + 2H_2O \rightarrow Mg(OH)_2 + H_2$

③ 17.75

15 제5류 위험물인 나이트로글리콜에 대해, 다음 물음에 답하시오.
① 구조식을 적으시오.
② 공업용의 색상을 적으시오.
③ 액비중을 적으시오.
④ 분자 내 질소 함유량을 구하시오.
⑤ 폭발속도를 적으시오.

해설

㉮ 나이트로글리콜[$C_2H_4(ONO_2)_2$]의 일반적 성질

　㉠ 액비중 1.5(증기비중은 5.2), 융점 −11.3℃, 비점 105.5℃, 응고점 −22℃, 발화점 215℃, 폭발속도 약 7,800m/s, 폭발열 1,550kcal/kg이다. 순수한 것은 무색이나, 공업용은 담황색 또는 분홍색의 무거운 기름상 액체로 유동성이 있다.

　㉡ 알코올, 아세톤, 벤젠에 잘 녹는다.

　㉢ 산의 존재하에 분해가 촉진되며, 폭발할 수 있다.

　㉣ 다이너마이트 제조에 사용되며, 운송 시 부동제에 흡수시켜 운반한다.

㉯ 나이트로글리콜 분자 내 질소 함유량

$$\frac{N_2}{(CH_2ONO_2)_2} \times 100 = \frac{28}{152} \times 100 = 18.42wt\%$$

해답

①
```
     H   H
     |   |
 H - C - C - H
     |   |
   ONO₂ ONO₂
```

② 담황색, ③ 1.5, ④ 18.42wt%, ⑤ 7,800m/s

16 제4류 위험물인 아세트알데하이드에 대하여, 다음 물음에 답하시오.
① 품명을 쓰시오.
② 시성식을 쓰시오.
③ 연소반응식을 쓰시오.
④ 아세트알데하이드 등을 저장 또는 취급하는 지하탱크저장소에 대하여, 강화되는 특례기준 2가지를 적으시오.

해설

아세트알데하이드 등을 저장 또는 취급하는 지하탱크저장소에 대하여 강화되는 기준
㉮ 지하저장탱크는 지반면 하에 설치된 탱크 전용실에 설치할 것
㉯ 지하저장탱크의 설비는 다음의 규정에 의한 아세트알데하이드 등의 옥외저장탱크의 설비기준을 준용할 것. 다만, 지하저장탱크가 아세트알데하이드 등의 온도를 적당한 온도로 유지할 수 있는 구조인 경우에는 냉각장치 또는 보냉장치를 설치하지 아니할 수 있다.
　㉠ 옥외저장탱크의 설비는 동·마그네슘·은·수은 또는 이들을 성분으로 하는 합금으로 만들지 아니할 것
　㉡ 옥외저장탱크에는 냉각장치 또는 보냉장치, 그리고 연소성 혼합기체의 생성에 의한 폭발을 방지하기 위한 불활성의 기체를 봉입하는 장치를 설치할 것

해답

① 특수인화물
② CH_3CHO
③ $2CH_3CHO+5O_2 \rightarrow 4CO_2+4H_2O$
④ 가. 지하저장탱크는 지반면 하에 설치된 탱크 전용실에 설치할 것
　나. 지하저장탱크의 설비는 규정(옥외저장탱크의 설비는 동·마그네슘·은·수은 또는 이들을 성분으로 하는 합금으로 만들지 아니할 것, 옥외저장탱크에는 냉각장치 또는 보냉장치, 그리고 연소성 혼합기체의 생성에 의한 폭발을 방지하기 위한 불활성의 기체를 봉입하는 장치를 설치할 것)에 의한 아세트알데하이드등의 옥외저장탱크의 설비의 기준을 준용할 것. 다만, 지하저장탱크가 아세트알데하이드등의 온도를 적당한 온도로 유지할 수 있는 구조인 경우에는 냉각장치 또는 보냉장치를 설치하지 아니할 수 있다.

17 위험물안전관리법에 따른 판매취급소에 대해, 다음 물음에 답하시오.
① 판매취급소의 배합실에서 배합할 수 있는 위험물의 품명을 2가지 이상 적으시오.
② 다음 괄호 안을 알맞게 채우시오.
・제2종 판매취급소의 용도로 사용하는 부분에 상층이 있는 경우에 있어서는 상층의 바닥을 (㉠)구조로 하는 동시에 상층으로의 (㉡)를 방지하기 위한 조치를 강구하고, 상층이 없는 경우에는 지붕을 (㉠)구조로 할 것
・제2종 판매취급소의 용도로 사용하는 부분 중 연소의 우려가 없는 부분에 한하여 창을 두되, 해당 창에는 (㉢)을 설치할 것

해설

① 제2종 판매취급소 작업실에서 배합할 수 있는 위험물의 종류
  ㉠ 황
  ㉡ 도료류
  ㉢ 제1류 위험물 중 염소산염류 및 염소산염류만을 함유한 것
② 제2종 판매취급소의 위치·구조 및 설비의 기준
  ㉠ 제2종 판매취급소의 용도로 사용하는 부분은 벽·기둥·바닥 및 보를 내화구조로 하고, 천장이 있는 경우에는 이를 불연재료로 하며, 판매취급소로 사용되는 부분과 다른 부분과의 격벽은 내화구조로 할 것
  ㉡ 제2종 판매취급소의 용도로 사용하는 부분에 상층이 있는 경우에 있어서는 상층의 바닥을 내화구조로 하는 동시에 상층으로의 연소를 방지하기 위한 조치를 강구하고, 상층이 없는 경우에는 지붕을 내화구조로 할 것
  ㉢ 제2종 판매취급소의 용도로 사용하는 부분 중 연소의 우려가 없는 부분에 한하여 창을 두되, 해당 창에는 60분+방화문·60분방화문 또는 30분방화문을 설치할 것
  ㉣ 제2종 판매취급소의 용도로 사용하는 부분의 출입구에는 60분+방화문·60분방화문 또는 30분방화문을 설치할 것. 다만, 해당 부분 중 연소의 우려가 있는 벽에 설치하는 출입구에는 수시로 열 수 있는 자동폐쇄식의 60분+방화문 또는 60분방화문을 설치해야 한다.

해답

① 염소산염류, 황
② ㉠ 내화, ㉡ 연소, ㉢ 60분+방화문·60분방화문 또는 30분방화문

---

18 다음은 위험물안전관리법에서 정하는 불활성가스 소화설비에 대한 내용이다. 다음 소화설비에 대한 저장용기의 충전비를 각각 적으시오.
① 이산화탄소 저압식
② 이산화탄소 고압식
③ 할론 2402 가압식
④ 할론 2402 축압식
⑤ HFC-125

해설

㉮ 이산화탄소 저장용기의 충전비 기준
  이산화탄소를 소화약제로 하는 경우에 저장용기의 충전비는 고압식인 경우에는 1.5 이상 1.9 이하이고, 저압식인 경우에는 1.1 이상 1.4 이하일 것
㉯ 전역방출방식 또는 국소방출방식의 할로젠화합물 소화설비 기준
  ㉠ 할로젠화합물 소화설비에 사용하는 소화약제는 할론 2402, 할론 1211, 할론 1301, HFC-23, HFC-125 또는 HFC-227ea로 할 것
  ㉡ 저장용기 등의 충전비는 할론 2402 중에서 가압식 저장용기 등에 저장하는 것은 0.51 이상 0.67 이하, 축압식 저장용기 등에 저장하는 것은 0.67 이상 2.75 이하, 할론 1211은 0.7 이상 1.4 이하, 할론 1301 및 HFC-227ea는 0.9 이상 1.6 이하, HFC-23 및 HFC-125는 1.2 이상 1.5 이하일 것

해답

① 1.1 이상 1.4 이하, ② 1.5 이상 1.9 이하, ③ 0.51 이상 0.67 이하
④ 0.67 이상 2.75 이하, ⑤ 1.2 이상 1.5 이하

19 다음은 위험물안전관리법에 따른 주유취급소의 기준에 대한 설명이다. 묻는 말에 답하시오.
① 고정주유설비와 도로경계선 간의 거리 산정에 있어서 기산점은?
② 고정주유설비와 고정급유설비 간의 거리 산정에 있어서 기산점은?
③ 주유취급소 내에 이동탱크저장소의 상치장소를 확보하는 경우의 기준을 2가지 적으시오.
④ 괄호 안에 들어갈 알맞은 내용을 쓰시오.

> 지하에 매설하지 아니하는 폐유탱크 등의 위치·구조 및 설비는 규정에 의한 (㉠)
> 저장탱크의 위치·구조·설비 또는 (㉡)에 정하는 지정수량 미만인 탱크의 위치
> ·구조 및 설비의 기준을 준용할 것

⑤ 압축수소충전설비를 설치한 주유취급소에 다음 [보기]의 탱크 외에 지하에 매설할 수
있는 탱크와 그 탱크의 최대용량을 적으시오.

> [보기] • 고정주유설비 또는 고정급유설비에 직접 접속하는 전용탱크
> • 보일 등에 직접 접속하는 전용탱크
> • 자동차 등을 점검·정비하는 작업장 등에서 사용하는 폐유탱크
> • 고정주유설비 또는 고정급유설비에 직접 접속하는 간이탱크

해설

① 고정주유설비의 중심선을 기점으로 하여 도로경계선까지 4m 이상, 부지경계선·담 및 건축
물의 벽까지 2m(개구부가 없는 벽까지는 1m) 이상의 거리를 유지
② 고정급유설비의 중심선을 기점으로 하여 도로경계선까지 4m 이상, 부지경계선 및 담까지
1m 이상, 건축물의 벽까지 2m(개구부가 없는 벽까지는 1m) 이상의 거리를 유지
③ 이동탱크저장소의 상치장소는 다음의 기준에 적합하여야 한다.
　㉠ 옥외에 있는 상치장소는 화기를 취급하는 장소 또는 인근의 건축물로부터 5m 이상(인근의
　　건축물이 1층인 경우에는 3m 이상)의 거리를 확보하여야 한다. 다만, 하천의 공지나 수면,
　　내화구조 또는 불연재료의 담 또는 벽 그 밖에 이와 유사한 것에 접하는 경우를 제외한다.
　㉡ 옥내에 있는 상치장소는 벽·바닥·보·서까래 및 지붕이 내화구조 또는 불연재료로 된
　　건축물의 1층에 설치하여야 한다.
④ 지하에 매설하지 아니하는 폐유탱크 등의 위치·구조 및 설비는 규정에 의한 옥내저장탱크
의 위치·구조·설비 또는 시·도의 조례에 정하는 지정수량 미만인 탱크의 위치·구조 및
설비의 기준을 준용할 것
⑤ 압축수소충전설비 설치 주유취급소에는 인화성 액체를 원료로 하여 수소를 제조하기 위한
개질장치에 접속하는 원료탱크(50,000L 이하의 것에 한정한다)를 설치할 수 있다. 이 경우
원료탱크는 지하에 매설한다.

해답

① 고정주유설비의 중심선, ② 고정급유설비의 중심선
③ ㉠ 옥외에 있는 상치장소는 화기를 취급하는 장소 또는 인근의 건축물로부터 5m 이상(인근의
　　건축물이 1층인 경우에는 3m 이상)의 거리를 확보하여야 한다. 다만, 하천의 공지나 수면,
　　내화구조 또는 불연재료의 담 또는 벽 그 밖에 이와 유사한 것에 접하는 경우를 제외한다.
　㉡ 옥내에 있는 상치장소는 벽·바닥·보·서까래 및 지붕이 내화구조 또는 불연재료로 된
　　건축물의 1층에 설치하여야 한다.
④ ㉠ 옥내, ㉡ 시·도의 조례
⑤ 원료탱크, 50,000L 이하

제73회

(2023년 3월 25일 시행)

위험물기능장 실기

01 다음에 주어진 동식물유류를 건성유와 불건성유로 구분하여 적으시오.

들기름, 아마인유, 동유, 정어리유, 올리브유, 피마자유, 동백유, 땅콩기름, 야자유

해설

아이오딘값 : 유지 100g에 부가되는 아이오딘의 g수로, 불포화도가 증가할수록 아이오딘값이 증가하며 자연발화의 위험이 있다.

㉠ 건성유 : 아이오딘값이 130 이상인 것

이중결합이 많아 불포화도가 높기 때문에 공기 중에서 산화되어 액 표면에 피막을 만드는 기름

㉮ 아마인유, 들기름, 동유, 정어리기름, 해바라기유 등

㉡ 반건성유 : 아이오딘값이 100~130인 것

공기 중에서 건성유보다 얇은 피막을 만드는 기름

㉮ 참기름, 옥수수기름, 청어기름, 채종유, 면실유(목화씨유), 콩기름, 쌀겨유 등

㉢ 불건성유 : 아이오딘값이 100 이하인 것

공기 중에서 피막을 만들지 않는 안정된 기름

㉮ 올리브유, 피마자유, 야자유, 땅콩기름, 동백유 등

해답

① 건성유 : 들기름, 아마인유, 동유, 정어리유
② 불건성유 : 올리브유, 피마자유, 동백유, 땅콩기름, 야자유

02 다음 표는 위험물안전관리법상 소화난이도등급 Ⅱ의 제조소 등에 설치하여야 하는 소화설비에 대한 내용이다. 괄호 안을 알맞게 채우시오.

제조소 등의 구분	소화설비
제조소, 옥내저장소, 옥외저장소, (①), (②), (③)	방사능력범위 내의 해당 건축물, 그 밖의 공작물 및 위험물이 포함되도록 대형 수동식 소화기를 설치하고, 해당 위험물 소요단위의 1/5 이상에 해당되는 능력단위의 소형 수동식 소화기 등을 설치할 것
옥외탱크저장소, 옥내탱크저장소	(④) 및 (⑤) 등을 각각 1개 이상 설치할 것

해답

① 주유취급소, ② 판매취급소, ③ 일반취급소
④ 대형 수동식 소화기, ⑤ 소형 수동식 소화기

03 다음에 주어진 할론 소화약제 저장용기의 충전비를 각각 쓰시오.
① 할론 2402(가압식)
② 할론 2402(축압식)
③ 할론 1211
④ 할론 1301
⑤ HFC−23

【해답】

① 0.51 이상 0.67 이하
② 0.67 이상 2.75 이하
③ 0.7 이상 1.4 이하
④ 0.9 이상 1.6 이하
⑤ 1.2 이상 1.5 이하

04 1kg의 T.N.T가 폭발한 경우 표준상태에서 기체의 부피는 830L이다. 1기압, 2,217℃에서 기체의 부피는 고체상태일 때 T.N.T의 몇 배인지 구하시오. (단, 고체상태일 때 T.N.T의 밀도는 1.65kg/L이다.)

【해설】

T.N.T는 K, KOH, HCl, $Na_2Cr_2O_7$과 접촉 시 조건에 따라 발화한다. 충격·마찰에 민감하고 폭발 위험성이 있으며, 분해되면 다량의 기체가 발생하고, 불완전연소 시 유독성의 질소산화물과 CO를 생성한다.

$2C_6H_2CH_3(NO_2)_3 \rightarrow 12CO + 2C + 3N_2 + 5H_2$

㉠ 폭발 전 고체상태 T.N.T 1kg의 부피(V_1)

　T.N.T의 밀도는 1.65kg/L이므로, $\dfrac{1kg}{V_1} = \dfrac{1.65kg}{1L}$

　$V_1 = \dfrac{1}{1.65} L$

㉡ 1기압 2,217℃에서 폭발한 기체의 부피(V_2)

　샤를의 법칙에 따라, $\dfrac{V_1}{T_1} = \dfrac{V_2}{T_2}$, $V_2 = \dfrac{T_2 V_1}{T_1}$

　$V_2 = 830L \times \dfrac{(2,217+273.15)}{273.15} = 7556.628L$

∴ $\dfrac{V_2}{V_1} = \dfrac{7556.628}{1/1.65} = 12468.44$배

【해답】

12468.44배

05 다음은 지정수량 15배 미만의 소규모 옥내저장소의 설치기준에 대한 내용이다. 괄호 안을 알맞게 채우거나 묻는 말에 적절하게 답하시오.
① 하나의 저장창고의 바닥면적은 (　　　)m² 이하로 할 것
② 저장창고의 처마높이는 (　　　)m 미만으로 할 것
③ 저장창고는 벽·기둥·바닥·보 및 지붕을 (　　　　)로 할 것
④ 저장창고의 출입구에는 수시로 개방할 수 있는 (　　　　　　)을 설치할 것
⑤ 벽에 창문을 설치할 수 있는지 여부

해설

소규모 옥내저장소의 특례
지정수량의 50배 이하인 소규모 옥내저장소 중 저장창고의 처마높이가 6m 미만인 것으로서 저장창고가 다음 기준에 적합한 것에 대하여는 기존의 옥내저장소 규정은 적용하지 아니한다.
㉠ 저장창고의 주위에는 다음 표에 정하는 너비의 공지를 보유할 것

저장 또는 취급하는 위험물의 최대수량	공지의 너비
지정수량의 5배 이하	–
지정수량의 5배 초과, 20배 이하	1m 이상
지정수량의 20배 초과, 50배 이하	2m 이상

㉡ 하나의 저장창고의 바닥면적은 150m² 이하로 할 것
㉢ 저장창고는 벽·기둥·바닥·보 및 지붕을 내화구조로 할 것
㉣ 저장창고의 출입구에는 수시로 개방할 수 있는 자동폐쇄방식의 60분+방화문 또는 60분방화문을 설치할 것
㉤ 저장창고에는 창을 설치하지 아니할 것

해답
① 150
② 6
③ 내화구조
④ 자동폐쇄방식의 60분+방화문 또는 60분방화문
⑤ 창을 설치하지 아니할 것

06 위험물안전관리법에서 정한 이송취급소 허가신청의 첨부서류 중 긴급차단밸브 및 차단밸브의 첨부서류 5가지를 적으시오.

해답
① 구조설명서(부대설비 포함)
② 기능설명서
③ 강도에 관한 설명서
④ 제어계통도
⑤ 밸브의 종류, 형식 및 재료에 관하여 기재한 서류

07 다음 구조식을 보고, 각 질문에 답하시오.

① 의 지정수량과 위험등급을 적으시오.
② 의 증기비중을 구하시오.
③ 을 기계에 의하여 하역하는 구조가 아닌, 용기만을 겹쳐 쌓을 경우의 최대높이를 적으시오.

해설

① 피리딘은 제1석유류 수용성이며, 지정수량은 400L이다.

② 톨루엔의 증기비중 = $\dfrac{\text{톨루엔의 분자량}(92)}{\text{공기의 평균 분자량}(28.84)}$ = 3.19

③ 클로로벤젠은 제2석유류에 해당한다.
　옥내저장소에서 위험물을 저장하는 경우에는 다음의 규정에 의한 높이를 초과하여 용기를 겹쳐 쌓지 아니하여야 한다(옥외저장소에서 위험물을 저장하는 경우에 있어서도 본 규정에 의한 높이를 초과하여 용기를 겹쳐 쌓지 아니하여야 한다).
　㉠ 기계에 의하여 하역하는 구조로 된 용기만을 겹쳐 쌓는 경우에 있어서는 6m
　㉡ 제4류 위험물 중 제3석유류, 제4석유류 및 동식물유류를 수납하는 용기만을 겹쳐 쌓는 경우에 있어서는 4m
　㉢ 그 밖의 경우에 있어서는 3m

해답

① 400L, 위험등급 Ⅱ
② 3.19, ③ 3m

08 탄화칼슘과 탄화알루미늄에 대하여 물과의 화학반응식과 발생기체의 연소반응식을 각각 쓰시오.
① 탄화칼슘
　㉠ 물과의 화학반응식
　㉡ 발생기체의 연소반응식
② 탄화알루미늄
　㉠ 물과의 화학반응식
　㉡ 발생기체의 연소반응식

해답

① 탄화칼슘
　㉠ 물과의 화학반응식 : $CaC_2 + 2H_2O \rightarrow Ca(OH)_2 + C_2H_2$
　㉡ 발생기체의 연소반응식 : $2C_2H_2 + 5O_2 \rightarrow 4CO_2 + 2H_2O$
② 탄화알루미늄
　㉠ 물과의 화학반응식 : $Al_4C_3 + 12H_2O \rightarrow 4Al(OH)_3 + 3CH_4$
　㉡ 발생기체의 연소반응식 : $CH_4 + 2O_2 \rightarrow CO_2 + 2H_2O$

09 다음과 같은 건축물의 구조에 위험물을 저장하는 경우, 소요단위 또는 능력단위를 각각 구하시오.
① 300m²의 내화구조인 위험물취급소의 소요단위
② 300m²의 내화구조가 아닌 위험물제조소의 소요단위
③ 300m²의 내화구조가 아닌 위험물저장소의 소요단위
④ 삽 1개를 포함하는 마른 모래 800L의 능력단위
⑤ 소화전용물통 3개를 포함하는 수조 800L의 능력단위

해설

㉠ 소요단위(소화설비의 설치대상이 되는 건축물의 규모 또는 위험물 양에 대한 기준단위)

1단위	제조소 또는 취급소용 건축물의 경우	내화구조 외벽을 갖춘 연면적 100m²
		내화구조 외벽이 아닌 연면적 50m²
	저장소 건축물의 경우	내화구조 외벽을 갖춘 연면적 150m²
		내화구조 외벽이 아닌 연면적 75m²
	위험물의 경우	지정수량의 10배

① $\dfrac{300\text{m}^2}{100\text{m}^2} = 3$소요단위

② $\dfrac{300\text{m}^2}{50\text{m}^2} = 6$소요단위

③ $\dfrac{300\text{m}^2}{75\text{m}^2} = 4$소요단위

㉡ 소화능력단위에 의한 분류

소화설비	용량	능력단위
마른 모래	50L (삽 1개 포함)	0.5
팽창질석, 팽창진주암	160L (삽 1개 포함)	1
소화전용물통	8L	0.3
수조	190L (소화전용물통 6개 포함)	2.5
	80L (소화전용물통 3개 포함)	1.5

④ 800L÷50L×0.5 = 8능력단위
⑤ 800L÷80L×1.5 = 15능력단위

해답

① 3소요단위
② 6소요단위
③ 4소요단위
④ 8능력단위
⑤ 15능력단위

10 제3류 위험물인 칼륨이 이산화탄소, 에탄올, 사염화탄소와 반응할 때의 반응식을 각각 쓰시오.

해설

금속칼륨의 위험성
㉠ 고온에서 수소와 수소화물(KH)을 형성하며, 수은과 반응하여 아말감을 만든다.
㉡ 가연성 고체로 농도가 낮은 산소 중에서도 연소 위험이 있으며, 연소 시 불꽃이 붙은 용융상태에서 비산하여 화재를 확대하거나 몸에 접촉하면 심한 화상을 초래한다.
㉢ 물과 격렬히 반응하여 발열하고 수산화칼륨과 수소가 발생한다. 이때 발생된 열은 점화원의 역할을 한다.
　$2K + 2H_2O \rightarrow 2KOH + H_2$
㉣ CO_2, CCl_4와 격렬히 반응하여 연소·폭발의 위험이 있으며, 연소 중에 모래를 뿌리면 규소(Si) 성분과 격렬히 반응한다.
　$4K + 3CO_2 \rightarrow 2K_2CO_3 + C$ (연소·폭발)
　$4K + CCl_4 \rightarrow 4KCl + C$ (폭발)
㉤ 알코올과 반응하여 칼륨에틸레이트를 만들며 수소가 발생한다.
　$2K + 2C_2H_5OH \rightarrow 2C_2H_5OK + H_2$
㉥ 대량의 금속칼륨이 연소할 때 적당한 소화방법이 없으므로 매우 위험하다.

해답

① 이산화탄소와 반응 시 : $4K + 3CO_2 \rightarrow 2K_2CO_3 + C$
② 에탄올과 반응 시 : $2K + 2C_2H_5OH \rightarrow 2C_2H_5OK + H_2$
③ 사염화탄소와 반응 시 : $4K + CCl_4 \rightarrow 4KCl + C$

11 제2류 위험물로 분자량이 27이며, 공기 중에서 표면에 산화피막을 형성하여 내부를 보호하는 물질에 대해 다음 물음에 답하시오.
① 이 물질의 물과의 반응식을 쓰시오.
② 2기압, 30℃에서 이 물질 50g이 물과 반응하여 생성되는 기체의 부피를 구하시오.

해설

① 알루미늄은 물과 반응하면 수소가스가 발생한다.
②　$\dfrac{50g\text{-}Al}{} \left| \dfrac{1mol\text{-}Al}{27g\text{-}Al} \right| \dfrac{3mol\text{-}H_2}{2mol\text{-}Al} \left| \dfrac{2g\text{-}H_2}{1mol\text{-}H_2} \right. = 5.56g\text{-}H_2$

　이상기체 상태방정식에 따라, $PV = \dfrac{wRT}{M}$

　$\therefore V = \dfrac{wRT}{PM} = \dfrac{5.56g \times 0.082L \cdot atm/K \cdot mol \times (30 + 273.15)}{2atm \times 2g/mol} = 34.55L$

해답

① $2Al + 6H_2O \rightarrow 2Al(OH)_3 + 3H_2$
② 34.55L

12

인화점 −17℃, 분자량 27인 독성이 강한 제4류 위험물에 대하여 다음 물음에 답하시오.
① 물질명을 쓰시오.
② 구조식을 쓰시오.
③ 위험등급을 쓰시오.

해설

사이안화수소(HCN, 청산)

분자량	액비중	증기비중	끓는점	인화점	발화점	연소범위
27	0.69	0.94	26℃	−17℃	540℃	6~41%

㉠ 제4류 위험물 제1석유류의 수용성 액체로서 위험등급은 Ⅱ등급이며, 지정수량은 400L에 해당한다.

㉡ 독특한 자극성의 냄새가 나는 무색 액체(상온)로, 물·알코올에 잘 녹으며, 수용액은 약산성이다.

㉢ 맹독성 물질이며, 휘발성이 높아 인화 위험도 매우 높다. 증기는 공기보다 약간 가벼우며, 연소하면 푸른 불꽃을 내면서 탄다.

해답

① 사이안화수소, ② H−C≡N, ③ Ⅱ등급

13

R-CHO에 해당하는 특수인화물에 대해 다음 물음에 답하시오.
① 시성식을 쓰시오.
② 산화하면 제2석유류가 생성되는 반응식을 적으시오.
③ 지하탱크저장소의 압력탱크에 저장할 때의 온도는 몇 ℃ 이하로 해야 하는지 적으시오. (단, 온도에 대한 별도의 기준이 없을 경우 "해당 없음"으로 표기하시오.)
④ 옥외탱크저장소의 압력탱크 외의 탱크에 저장할 때의 온도는 몇 ℃ 이하로 해야 하는지 적으시오. (단, 온도에 대한 별도의 기준이 없을 경우 "해당 없음"으로 표기하시오.)

해설

② 아세트알데하이드는 산화 시 초산이 생성된다.
   $2CH_3CHO + O_2 \rightarrow 2CH_3COOH$ (산화작용)

③ 옥외저장탱크·옥내저장탱크 또는 지하저장탱크 중 압력탱크에 저장하는 아세트알데하이드 등 또는 다이에틸에터 등의 온도는 40℃ 이하로 유지할 것

④ 옥외저장탱크·옥내저장탱크 또는 지하저장탱크 중 압력탱크 외의 탱크에 저장하는 다이에틸에터 등 또는 아세트알데하이드 등의 온도는 산화프로필렌과 이를 함유한 것 또는 다이에틸에터 등에 있어서는 30℃ 이하로, 아세트알데하이드 또는 이를 함유한 것에 있어서는 15℃ 이하로 각각 유지할 것

해답

① CH_3CHO

② $2CH_3CHO + O_2 \rightarrow 2CH_3COOH$

③ 40℃ 이하

④ 15℃ 이하

14 다음은 위험물안전관리법상 옥내저장소에 대한 설치기준에 대한 내용이다. 질문에 적절하게 답하시오.
① 저장창고의 벽·기둥 및 바닥은 내화구조로 하고, 보와 서까래는 불연재료로 하여야 한다. 단, 연소의 우려가 없는 벽·기둥 및 바닥을 예외적으로 불연재료로 할 수 있는데, 이는 어떤 경우인가?
② 저장창고는 지붕을 폭발력이 위로 방출될 정도의 가벼운 불연재료로 하고, 천장을 만들지 않아야 한다. 다음 각 물음에 답하시오.
　㉠ 지붕을 내화구조로 할 수 있는 경우는?
　㉡ 천장을 불연재료 또는 난연재료로 할 수 있는 경우는?

해설

① 저장창고의 벽·기둥 및 바닥은 내화구조로 하고, 보와 서까래는 불연재료로 하여야 한다. 다만, 지정수량의 10배 이하의 위험물의 저장창고 또는 제2류 위험물(인화성 고체는 제외)과 제4류 위험물(인화점이 70℃ 미만인 것은 제외)만의 저장창고에 있어서는 연소의 우려가 없는 벽·기둥 및 바닥은 불연재료로 할 수 있다.
② 저장창고는 지붕을 폭발력이 위로 방출될 정도의 가벼운 불연재료로 하고, 천장을 만들지 않아야 한다. 다만, 제2류 위험물(분말상태의 것과 인화성 고체를 제외)과 제6류 위험물만의 저장창고에 있어서는 지붕을 내화구조로 할 수 있고, 제5류 위험물만의 저장창고에 있어서는 해당 저장창고 내의 온도를 저온으로 유지하기 위하여 난연재료 또는 불연재료로 된 천장을 설치할 수 있다.

해답

① 지정수량의 10배 이하의 위험물 저장창고 또는 제2류 위험물(인화성 고체는 제외)과 제4류 위험물(인화점이 70℃ 미만인 것은 제외)만의 저장창고
② ㉠ 제2류 위험물(분말상태의 것과 인화성 고체를 제외)과 제6류 위험물만의 저장창고
　㉡ 제5류 위험물만의 저장창고

15 이동탱크의 내부 압력이 상승할 경우 안전장치를 통해 압력을 방출하여 탱크를 보호하기 위해 설치하는 안전장치가 다음의 경우에 대해 작동해야 하는 압력의 기준을 각각 쓰시오.
① 상용압력이 18kPa인 탱크
② 상용압력이 21kPa인 탱크

해설

이동탱크의 내부 압력이 상승할 경우 안전장치를 통해 압력을 방출하여 탱크를 보호하기 위하여 안전장치를 설치한다.
㉠ 상용압력 20kPa 이하 : 20kPa 이상 24kPa 이하의 압력
㉡ 상용압력 20kPa 초과 : 상용압력의 1.1배 이하의 압력

해답

① 20kPa 이상 24kPa 이하의 압력
② 21×1.1＝23.1kPa 이하의 압력

16 다음은 위험물안전관리법상 안전관리 대행기관의 지정기준에 관한 내용이다. 바르지 못한 부분을 3가지만 찾아 바르게 고쳐 적으시오.

기술인력	1. 위험물기능장 또는 위험물산업기사 2인 이상 2. 위험물산업기사 또는 위험물기능사 3인 이상 3. 기계분야 및 전기분야의 소방설비기사 1인 이상
시설	전용사무실을 갖출 것
장비	1. 절연저항계 2. 접지저항 측정기(최소눈금 0.1Ω 이하) 3. 가스농도 측정기 4. 정전기전위 측정기 5. 토크렌치 6. 진공펌프 7. 안전밸브시험기 8. 냉각가열기(-10~300℃) 9. 두께측정기(1.5~99.9mm) 10. 유량계, 압력계 11. 안전용구(안전모, 안전화, 손전등, 안전로프 등) 12. 소화설비 점검기구(소화전밸브 압력계, 방수압력 측정계, 포컬렉터, 헤드렌치, 포컨테이너)

※ 2 이상의 기술인력을 동일인이 겸할 수 있다.

해답

① 위험물기능장 또는 위험물산업기사 2인 이상 → 위험물기능장 또는 위험물산업기사 1인 이상
② 위험물산업기사 또는 위험물기능사 3인 이상 → 위험물산업기사 또는 위험물기능사 2인 이상
③ 진공펌프 → 진동시험기
④ 냉각가열기 → 표면온도계
⑤ 2 이상의 기술인력을 동일인이 겸할 수 있다. → 2 이상의 기술인력을 동일인이 겸할 수 없다.
(상기 해답 중 택 3가지 기술)

17 다음 표는 위험물안전관리법에 따른 운반용기 최대용적기준에 대한 내용이다. 적응성이 있는 곳에 ○ 표시를 하시오.

운반용기				수납 위험물의 종류		
내장 용기	최대용적 또는 중량	외장 용기	최대용적 또는 중량	아염소산 나트륨	질산 나트륨	과망가니즈산 나트륨
유리 용기 또는 플라스틱 용기	10L	나무 상자 또는 플라스틱 상자	125kg			
금속제 용기	30L	파이버판 상자	55kg			
플라스틱필름 포대 또는 종이 포대	5kg	나무 상자 또는 플라스틱 상자	50kg			

해설

고체 위험물 운반용기의 최대용적 또는 중량

운반용기				수납 위험물의 종류		
내장 용기		외장 용기		제1류		
용기의 종류	최대용적 또는 중량	용기의 종류	최대용적 또는 중량	I	II	III
유리 용기 또는 플라스틱 용기	10L	나무 상자 또는 플라스틱 상자(필요에 따라 불활성의 완충재를 채울 것)	125kg	○	○	○
			225kg		○	○
		파이버판 상자(필요에 따라 불활성의 완충재를 채울 것)	40kg	○	○	○
			55kg		○	○
금속제 용기	30L	나무 상자 또는 플라스틱 상자	125kg	○	○	○
			225kg		○	○
		파이버판 상자	40kg	○	○	○
			55kg		○	○
플라스틱필름 포대 또는 종이 포대	5kg	나무 상자 또는 플라스틱 상자	50kg	○	○	○
	50kg		50kg	○	○	○
	125kg		125kg		○	○
	225kg		225kg			○
	5kg	파이버판 상자	40kg	○	○	○
	40kg		40kg	○	○	○
	55kg		55kg			○

제1류 위험물 중 아염소산나트륨은 I등급, 질산나트륨은 II등급, 과망가니즈산나트륨은 III등급에 해당한다.

해답

운반용기				수납 위험물의 종류		
내장 용기	최대용적 또는 중량	외장 용기	최대용적 또는 중량	아염소산 나트륨	질산 나트륨	과망가니즈산 나트륨
유리 용기 또는 플라스틱 용기	10L	나무 상자 또는 플라스틱 상자	125kg	○	○	○
금속제 용기	30L	파이버판 상자	55kg		○	○
플라스틱필름 포대 또는 종이 포대	5kg	나무 상자 또는 플라스틱 상자	50kg	○	○	○

18 제1류 위험물로서 분자량이 101, 분해온도가 400℃이며, 흑색화약의 원료인 물질에 대해 다음 물음에 답하시오.
① 물질의 명칭을 쓰시오.
② 분해반응식을 쓰시오.
③ 흑색화약에서의 역할을 쓰시오.

해설

KNO_3(질산칼륨, 질산카리, 초석)
㉮ 일반적 성질
　㉠ 분자 101, 비중 2.1, 융점 339℃, 분해온도 400℃, 용해도 26
　㉡ 무색 결정 또는 백색 분말로, 차가우며 자극성의 짠맛이 난다.
　㉢ 물이나 글리세린 등에는 잘 녹고, 알코올에는 녹지 않는다. 수용액은 중성이다.
　㉣ 약 400℃로 가열하면 분해되어 아질산칼륨(KNO_2)과 산소(O_2)가 발생하는 강산화제이다.
　　$2KNO_3 \rightarrow 2KNO_2 + O_2$
㉯ 위험성
　㉠ 강한 산화제이므로, 가연성 분말이나 유기물과 접촉 시 폭발한다.
　㉡ 가연성 분말, 유기물, 환원성 물질과 혼합 시 가열·충격으로 폭발하며, 흑색화약(질산칼륨 75%+황 10%+목탄 15%)의 원료로 이용된다.
　　$16KNO_3 + 3S + 21C \rightarrow 13CO_2 + 3CO + 8N_2 + 5K_2CO_3 + K_2SO_4 + 2K_2S$

해답

① 질산칼륨
② $2KNO_3 \rightarrow 2KNO_2 + O_2$
③ 산소공급원

19 다음 [보기]를 보고 아래 질문에 알맞은 답을 쓰시오.

[보기]
㉮ 휘발유 50만리터를 저장하는 옥외탱크저장소
㉯ 경유 100만리터를 저장하는 옥외탱크저장소
㉰ 동식물유류 100만리터를 저장하는 옥외탱크저장소
㉱ 경유 1,000리터를 2개월 이내 임시 사용하는 옥외탱크저장소
㉲ 경유 900리터를 2개월 이내 임시 사용하는 옥외탱크저장소
㉳ 경유 2,000리터를 4개월 이내 임시 사용하는 옥외탱크저장소
㉴ 경유 10만리터를 저장하는 지하탱크저장소
㉵ 휘발유 100리터의 지하매설탱크를 포함하는 지정수량 1천배의 위험물제조소
㉶ 휘발유 1,000리터의 옥외취급탱크를 포함하는 지정수량 3천배의 위험물제조소

① 한국소방산업기술원에 기술검토를 받아야 하는 제조소등에 해당하는 것을 모두 골라 기호를 쓰시오.
② 제조소등의 설치허가 없이 임시로 저장 또는 취급할 수 있는 제조소등에 해당하는 것을 모두 골라 기호를 쓰시오.
③ 연 1회 실시하는 정기점검을 받아야 하는 제조소등에 해당하는 것을 모두 골라 기호를 쓰시오.
④ 정기검사대상인 제조소등에 해당하는 것을 모두 골라 기호를 쓰시오.
⑤ [보기]에서 반드시 허가를 받아야 하는 제조소등은 총 몇 개인지 쓰시오.

해설

① 다음의 제조소등은 다음에서 정한 사항에 대하여 한국소방산업기술원의 기술검토를 받고 그 결과가 행정안전부령으로 정하는 기준에 적합한 것으로 인정될 것

  ㉠ 지정수량의 1천배 이상의 위험물을 취급하는 제조소 또는 일반취급소 : 구조ㆍ설비에 관한 사항

  ㉡ 옥외탱크저장소(저장용량이 50만리터 이상인 것만 해당) 또는 암반탱크저장소 : 위험물탱크의 기초ㆍ지반, 탱크 본체 및 소화설비에 관한 사항

② 다음의 어느 하나에 해당하는 경우에는 제조소등이 아닌 장소에서 지정수량 이상의 위험물을 취급할 수 있다. 이 경우 임시로 저장 또는 취급하는 장소에서의 저장 또는 취급의 기준과 임시로 저장 또는 취급하는 장소의 위치ㆍ구조 및 설비의 기준은 시ㆍ도의 조례로 정한다.

  ㉠ 시ㆍ도의 조례가 정하는 바에 따라 관할소방서장의 승인을 받아 지정수량 이상의 위험물을 90일 이내의 기간 동안 임시로 저장 또는 취급하는 경우

  ㉡ 군부대가 지정수량 이상의 위험물을 군사목적으로 임시로 저장 또는 취급하는 경우

  즉, 경유 1,000리터를 2개월 이내 임시 사용하는 옥외탱크저장소는 90일 이내이므로 완공허가를 받지 않고 임시 사용승인을 받아 사용 가능하다.

③ 정기점검의 대상인 제조소등

  ㉠ 예방규정을 정하여야 하는 제조소등

   – 지정수량의 10배 이상의 위험물을 취급하는 제조소

   – 지정수량의 100배 이상의 위험물을 저장하는 옥외저장소

   – 지정수량의 150배 이상의 위험물을 저장하는 옥내저장소

   – 지정수량의 200배 이상을 저장하는 옥외탱크저장소

   – 암반탱크저장소

   – 이송취급소

   – 지정수량의 10배 이상의 위험물을 취급하는 일반취급소

  ㉡ 지하탱크저장소

  ㉢ 이동탱크저장소

  ㉣ 위험물을 취급하는 탱크로서 지하에 매설된 탱크가 있는 제조소ㆍ주유취급소 또는 일반취급소

④ 정기검사의 대상인 제조소 등 : 액체 위험물을 저장 또는 취급하는 50만L 이상의 옥외탱크저장소

⑤ ㈜는 90일 이내이나 "시ㆍ도조례"와 "관할소방서장"에 대한 언급이 없다.

  ㈜는 지정수량 미만이다.

  ㈜는 90일을 초과한다.

해답

① ㉮, ㉯, ㉰, ㉪, ㉫

② ㉣

③ ㉮, ㉯, ㉦, ㉪, ㉫

④ ㉮, ㉯, ㉰

⑤ 8개

제74회
(2023년 8월 12일 시행)

위험물기능장 실기

01 다음 기준에 따라 아래 보기의 위험물과 1m 이상의 간격을 두는 경우 저장이 가능한 위험물을 각각 쓰시오.

> 유별을 달리하는 위험물은 동일한 저장소에 저장하지 아니하여야 한다. 다만, 옥내저장소 또는 옥외저장소에 있어서 서로 1m 이상의 간격을 두는 경우에는 그러하지 아니하다.

① 제1류 위험물(알칼리금속의 과산화물 또는 이를 함유한 것을 제외한다.)
② 제6류 위험물
③ 제3류 위험물 중 자연발화성 물질(황린 또는 이를 함유한 것에 한한다.)
④ 제2류 위험물 중 인화성 고체
⑤ 제3류 위험물 중 알킬알루미늄 등

해설

유별을 달리하는 위험물은 동일한 저장소(내화구조의 격벽으로 완전히 구획된 실이 2 이상 있는 저장소에 있어서는 동일한 실)에 저장하지 아니하여야 한다. 다만, 옥내저장소 또는 옥외저장소에 있어서 다음의 규정에 의한 위험물을 저장하는 경우로서 위험물을 유별로 정리하여 저장하는 한편, 서로 1m 이상의 간격을 두는 경우에는 그러하지 아니하다.
㉠ 제1류 위험물(알칼리금속의 과산화물 또는 이를 함유한 것을 제외)과 제5류 위험물을 저장하는 경우
㉡ 제1류 위험물과 제6류 위험물을 저장하는 경우
㉢ 제1류 위험물과 제3류 위험물 중 자연발화성 물질(황린 또는 이를 함유한 것에 한함)을 저장하는 경우
㉣ 제2류 위험물 중 인화성 고체와 제4류 위험물을 저장하는 경우
㉤ 제3류 위험물 중 알킬알루미늄 등과 제4류 위험물(알킬알루미늄 또는 알킬리튬을 함유한 것에 한함)을 저장하는 경우
㉥ 제4류 위험물과 제5류 위험물 중 유기과산화물 또는 이를 함유한 것을 저장하는 경우

해답

① 제5류 위험물
② 제1류 위험물
③ 제1류 위험물
④ 제4류 위험물
⑤ 제4류 위험물(알킬알루미늄 또는 알킬리튬을 함유한 것에 한한다.)

02 제3종 분말소화약제인 제1인산암모늄이 다음의 물질을 생성하는 열분해반응식을 각각 적으시오.
① 오르토인산
② 피로인산
③ 메타인산

[해답]

① $NH_4H_2PO_4 \longrightarrow NH_3 + H_3PO_4$ (at 190℃)

② $2H_3PO_4 \longrightarrow H_2O + H_4P_2O_7$ (at 215℃)

③ $H_4P_2O_7 \longrightarrow H_2O + 2HPO_3$ (at 300℃)

03 질산 31.5g이 물에 녹아 질산수용액 360g이 되었다. 이때, 다음 각 물음에 답하시오.
① 질산과 물의 몰분율을 각각 구하시오.
② 질산수용액의 몰농도를 구하시오. (단, 수용액의 비중은 1.10이다.)

[해설]

① 질산의 몰수 $= \dfrac{31.5g-HNO_3}{} \bigg| \dfrac{1mol-HNO_3}{63g-HNO_3} = 0.5mol-HNO_3$

물의 양 $= 360 - 31.5 = 328.5g$이므로,

물의 몰수 $= \dfrac{328.5g-H_2O}{} \bigg| \dfrac{1mol-H_2O}{18g-H_2O} = 18.25mol-H_2O$

따라서, 질산의 몰분율 $= \dfrac{0.5}{0.5+18.25} = 0.0267$

물의 몰분율 $= \dfrac{18.25}{0.5+18.25} = 0.973$

② 질산수용액 360g을 부피로 환산하면,

비중 $= \dfrac{W}{V} = 1.1$에서, $V = \dfrac{360}{1.1} = 327.27mL$

몰농도(M)는 용액 1L(1,000mL)에 포함된 용질의 몰수이므로,

몰농도 $= \dfrac{용질의\ 몰수}{용액의\ 부피(L)} = \dfrac{\dfrac{g}{M_w}}{\dfrac{V}{1,000}} = \dfrac{\dfrac{31.5}{63}}{\dfrac{327.27}{1,000}} = 1.53M$

여기서, g : 용질의 g수

M_w : 분자량

V : 용액의 부피(mL)

[해답]

① 질산의 몰분율 : 0.0267, 물의 몰분율 : 0.973

② 1.53M

04 다음은 옥외저장소의 위치·구조 및 설비의 기준에 대한 설명이다. 괄호 안에 들어갈 적절한 내용을 순서대로 적으시오.
① (   ) 또는 (   )을 저장하는 옥외저장소에는 불연성 또는 난연성의 천막 등을 설치하여 햇빛을 가릴 것
② 경계표시에는 황이 넘치거나 비산하는 것을 방지하기 위한 천막 등을 고정하는 장치를 설치하되, 천막 등을 고정하는 장치는 경계표시의 길이 (   )마다 한 개 이상 설치할 것
③ 황을 저장 또는 취급하는 장소의 주위에는 (   )와 (   )를 설치할 것

해설

옥외저장소 중 덩어리상태의 황만을 지반면에 설치한 경계표시의 안쪽에서 저장 또는 취급하는 것에 대한 기준
㉠ 하나의 경계표시의 내부의 면적은 100m² 이하일 것
㉡ 2 이상의 경계표시를 설치하는 경우에 있어서는 각각의 경계표시 내부의 면적을 합산한 면적은 1,000m² 이하로 하고, 인접하는 경계표시와 경계표시와의 간격은 공지의 너비의 2분의 1 이상으로 할 것. 다만, 저장 또는 취급하는 위험물의 최대수량이 지정수량의 200배 이상인 경우에는 10m 이상으로 하여야 한다.
㉢ 경계표시는 불연재료로 만드는 동시에 황이 새지 아니하는 구조로 할 것
㉣ 경계표시의 높이는 1.5m 이하로 할 것
㉤ 경계표시에는 황이 넘치거나 비산하는 것을 방지하기 위한 천막 등을 고정하는 장치를 설치하되, 천막 등을 고정하는 장치는 경계표시의 길이 2m마다 한 개 이상 설치할 것
㉥ 황을 저장 또는 취급하는 장소의 주위에는 배수구와 분리장치를 설치할 것

해답

① 과산화수소, 과염소산
② 2m
③ 배수구, 분리장치

05 ANFO 폭약의 원료로 사용하는 물질에 대해, 다음 물음에 답하시오.
① 제1류 위험물에 해당하는 물질의 단독 완전분해 폭발반응식을 쓰시오.
② 제4류 위험물에 해당하는 물질의 지정수량과 위험등급을 쓰시오.

해설

① 질산암모늄은 강력한 산화제로 화약의 재료이며, 200℃에서 열분해되어 산화이질소와 물을 생성한다. 특히 ANFO 폭약은 NH_4NO_3와 경유를 94%와 6%로 혼합하여 기폭약으로 사용하며, 급격한 가열이나 충격을 주면 단독으로 폭발한다.
② 경유는 제4류 위험물 중 제2석유류에 해당하며, 비수용성이므로 지정수량은 1,000L이고, 위험등급은 Ⅲ등급이다.

해답

① $2NH_4NO_3 \rightarrow 4H_2O + 2N_2 + O_2$
② 1,000L, Ⅲ등급

06 50L의 휘발유(부피팽창계수 = 0.00135/℃)가 5℃에서 25℃로 온도가 상승했다고 한다. 이때 다음 물음에 답하시오.
① 최종 부피를 구하시오.
② 부피증가율을 구하시오.

해설

① $V = V_0(1 + \beta \cdot \Delta t)$

여기서, V : 최종 부피, V_0 : 팽창 전 부피, β : 체적팽창계수, Δt : 온도변화량

$V = 50L \times (1 + 0.00135/℃ \times (25 - 5)℃) = 51.35L$

② 부피증가율 $= \dfrac{51.35 - 50}{50} \times 100 = 2.7\%$

해답

① 51.35L

② 2.7%

07 제2류 위험물인 황화인 중 담황색 결정이며 분자량이 222, 비중이 2.09인 물질에 대해 다음 물음에 답하시오.
① 물과의 반응식을 쓰시오.
② 물과 접촉하여 생성되는 물질 중 유독성 가스의 연소반응식을 쓰시오.

해설

오황화인은 담황색 결정으로 분자량 222, 비중 2.09에 해당하며, 알코올이나 이황화탄소(CS_2)에 녹고, 물이나 알칼리와 반응하면 분해되어 황화수소(H_2S)와 인산(H_3PO_4)으로 된다.

해답

① $P_2S_5 + 8H_2O \rightarrow 5H_2S + 2H_3PO_4$

② $2H_2S + 3O_2 \rightarrow 2H_2O + 2SO_2$

08 제3류 위험물인 트라이에틸알루미늄에 대해 다음 물음에 답하시오.
① 물과의 반응식을 쓰시오.
② 물과의 반응식에서 발생된 가스의 위험도는 얼마인지 구하시오.

해설

① 트라이에틸알루미늄은 물과 접촉하면 폭발적으로 반응하여 에테인을 형성하고, 이때 발열·폭발에 이른다.

② 에테인의 연소범위는 3.0~12.4%이므로, 위험도(H) $= \dfrac{12.4 - 3.0}{3.0} ≒ 3.13$

해답

① $(C_2H_5)_3Al + 3H_2O \rightarrow Al(OH)_3 + 3C_2H_6$

② 3.13

09 다음은 위험물안전관리법에서 정하는 소요단위의 계산방법이다. 괄호 안을 알맞게 채우시오.
① 제조소 또는 취급소용 건축물의 경우 내화구조 외벽을 갖춘 연면적 (   )m²를 1소요단위로 한다.
② 제조소 또는 취급소용 건축물의 경우 내화구조 외벽이 아닌 연면적 (   )m²를 1소요단위로 한다.
③ 저장소 건축물의 경우 내화구조 외벽을 갖춘 연면적 (   )m²를 1소요단위로 한다.
④ 저장소 건축물의 경우 내화구조 외벽이 아닌 연면적 (   )m²를 1소요단위로 한다.
⑤ 제조소 등의 옥외에 설치된 공작물은 외벽이 내화구조인 것으로 간주하고 공작물의 (   )면적을 연면적으로 간주하여 소요단위를 산정한다.

해설

소요단위 : 소화설비의 설치대상이 되는 건축물의 규모 또는 위험물 양에 대한 기준단위

1단위	제조소 또는 취급소용 건축물의 경우	내화구조 외벽을 갖춘 연면적 100m²
		내화구조 외벽이 아닌 연면적 50m²
	저장소 건축물의 경우	내화구조 외벽을 갖춘 연면적 150m²
		내화구조 외벽이 아닌 연면적 75m²
	위험물의 경우	지정수량의 10배

해답

① 100, ② 50, ③ 150, ④ 75, ⑤ 최대수평투영

10 다음 주어진 물질들의 화학연소반응식을 각각 쓰시오. (단, 연소반응이 없는 물질은 "없음"이라고 적으시오.)
① 과염소산암모늄
② 과염소산
③ 메틸에틸케톤
④ 트라이에틸알루미늄
⑤ 메탄올

해설

① 과염소산암모늄 : 제1류 위험물(산화성 고체)로 불연성 물질에 해당하므로, 연소반응이 없다.
② 과염소산 : 제6류 위험물(산화성 액체)로 불연성 물질에 해당하므로, 연소반응이 없다.
③ 메틸에틸케톤 : 제4류 위험물 중 제1석유류
④ 트라이에틸알루미늄 : 제3류 위험물 중 알킬알루미늄
⑤ 메탄올 : 제4류 위험물

해답

① 없음.
② 없음.
③ $2CH_3COC_2H_5 + 11O_2 \rightarrow 8CO_2 + 8H_2O$
④ $2(C_2H_5)_3Al + 21O_2 \rightarrow 12CO_2 + 15H_2O + Al_2O_3$
⑤ $2CH_3OH + 3O_2 \rightarrow 2CO_2 + 4H_2O$

11 제5류 위험물의 담황색 결정을 가진 폭발성 고체로, 보관 중 직사광선에 의해 다갈색으로 변색할 우려가 있는 물질로서, 벤젠의 수소원자 1개를 메틸기 1개로 치환한 물질에 대해 다음 물음에 답하시오.
① 구조식을 적으시오.
② 분해반응식을 적으시오.
③ 이 물질 1몰에 해당되는 질소 함유량(wt%)은 얼마인지 구하시오.

해설

트라이나이트로톨루엔[T.N.T, $C_6H_2CH_3(NO_2)_3$]

㉮ 일반적 성질
　㉠ 순수한 것은 무색 또는 담황색 결정으로 직사광선에 의해 다갈색으로 변하며, 중성으로 금속과는 반응이 없고, 장기 저장해도 자연발화의 위험 없이 안정하다.
　㉡ 물에는 불용이며, 에터, 아세톤 등에는 잘 녹고, 알코올에는 가열하면 약간 녹는다.
　㉢ 몇 가지 이성질체가 있으며, 2,4,6-트라이나이트로톨루엔이 폭발력이 가장 강하다.
　㉣ 비중 1.66, 융점 81℃, 비점 280℃, 분자량 227, 발화온도 약 300℃이다.
　㉤ 제법 : 1몰의 톨루엔과 3몰의 질산을 황산 촉매하에 반응시키면 나이트로화에 의해 T.N.T가 만들어진다.

$$C_6H_5CH_3 + 3HNO_3 \xrightarrow[\text{나이트로화}]{c-H_2SO_4} T.N.T + 3H_2O$$

㉯ 위험성
　㉠ 강력한 폭약으로 피크르산보다는 약하고 점화하면 연소하고, 급격한 타격을 주면 폭발하지만, 기폭약을 쓰지 않으면 폭발하지 않는다.
　㉡ K, KOH, HCl, $Na_2Cr_2O_7$과 접촉 시 조건에 따라 발화하거나 충격·마찰에 민감하고 폭발 위험성이 있으며, 분해하면 다량의 기체가 발생하고 불완전연소 시 유독성의 질소산화물과 CO를 생성한다.
　㉢ NH_4NO_3와 T.N.T를 3 : 1wt%로 혼합하면 폭발력이 현저히 증가하여 폭파약으로 사용된다.
　㉣ 분자량은 227g/mol, 원자량은 C : 12, H : 1, N : 14, O : 16이다.
㉰ 트라이나이트로톨루엔[$C_6H_2CH_3(NO_2)_3$]의 질소 함유량

$$= \frac{\text{질소 함유량(g/mol)}}{\text{트라이나이트로톨루엔의 분자량(g/mol)}} \times 100$$

$$= \frac{42(g/mol)}{227(g/mol)} \times 100 = 18.5 wt\%$$

해답

①

② $2C_6H_2CH_3(NO_2)_3 \longrightarrow 12CO + 2C + 3N_2 + 5H_2$

③ 18.5wt%

12

용량이 1,000만L인 옥외저장탱크의 주위에 설치하는 방유제에 해당 탱크마다 간막이둑을
설치하여야 할 때, 다음 사항에 대한 기준을 쓰시오. (단, 방유제 내에 설치되는 옥외저장탱크
용량의 합계가 2억L를 넘지 않는다.)
① 간막이둑의 높이
② 간막이둑의 재질
③ 간막이둑의 용량

해설

용량이 1,000만L 이상인 옥외저장탱크의 주위에 설치하는 방유제에는 다음 규정에 따라 해당
탱크마다 간막이둑을 설치하여야 한다.
① 간막이둑의 높이는 0.3m(방유제 내에 설치되는 옥외저장탱크 용량의 합계가 2억L를 넘는
   방유제에 있어서는 1m) 이상으로 하되, 방유제의 높이보다 0.2m 이상 낮게 할 것
② 간막이둑은 흙 또는 철근콘크리트로 할 것
③ 간막이둑의 용량은 간막이둑 안에 설치된 탱크 용량의 10% 이상일 것

해답

① 0.3m 이상으로 하되, 방유제 높이보다 0.2m 이상 낮게 한다.
② 흙 또는 철근콘크리트로 한다.
③ 간막이둑 안에 설치된 탱크 용량의 10% 이상으로 한다.

13

인화점 −17℃, 분자량 27인 독성이 강한 제4류 위험물에 대하여 다음 물음에 답하시오.
① 물질명과 구조식을 적으시오.
② 위험등급을 적으시오.
③ 질소 등이 생성되는 연소반응식을 적으시오.

해설

사이안화수소(HCN, 청산)

분자량	액비중	증기비중	끓는점	인화점	발화점	연소범위
27	0.69	0.94	26℃	−17℃	540℃	6~41%

㉠ 제4류 위험물 제1석유류의 수용성 액체로서 위험등급은 Ⅱ등급이며, 지정수량은 400L에 해당한다.

㉡ 독특한 자극성의 냄새가 나는 무색 액체(상온)로, 물·알코올에 잘 녹으며, 수용액은 약산성이다.

㉢ 맹독성 물질이며, 휘발성이 높아 인화 위험도 매우 높다. 증기는 공기보다 약간 가벼우며,
   연소하면 푸른 불꽃을 내면서 탄다.

해답

① 사이안화수소, $H-C \equiv N$
② Ⅱ등급
③ $4HCN + 5O_2 \rightarrow 2N_2 + 4CO_2 + 2H_2O$

14 제1~5류 위험물에 대하여 위험등급 Ⅰ에 해당하는 품명을 각 유별로 모두 적으시오. (단, 없는 경우 "없음"이라고 적으시오.)
① 제1류
② 제2류
③ 제3류
④ 제4류

해설

위험물의 위험등급
㉮ 위험등급 Ⅰ의 위험물
　ⓐ 제1류 위험물 중 아염소산염류, 염소산염류, 과염소산염류, 무기과산화물, 그 밖에 지정수량이 50kg인 위험물
　ⓑ 제3류 위험물 중 칼륨, 나트륨, 알킬알루미늄, 알킬리튬, 황린, 그 밖에 지정수량이 10kg인 위험물
　ⓒ 제4류 위험물 중 특수인화물
　ⓓ 제5류 위험물 중 유기과산화물, 질산에스터류, 그 밖에 지정수량이 10kg인 위험물
　ⓔ 제6류 위험물
㉯ 위험등급 Ⅱ의 위험물
　ⓐ 제1류 위험물 중 브로민산염류, 질산염류, 아이오딘산염류, 그 밖에 지정수량이 300kg인 위험물
　ⓑ 제2류 위험물 중 황화인, 적린, 황, 그 밖에 지정수량이 100kg인 위험물
　ⓒ 제3류 위험물 중 알칼리금속(칼륨 및 나트륨을 제외) 및 알칼리토금속, 유기금속화합물(알킬알루미늄 및 알킬리튬을 제외), 그 밖에 지정수량이 50kg인 위험물
　ⓓ 제4류 위험물 중 제1석유류 및 알코올류
　ⓔ 제5류 위험물 중 ㉮의 ⓓ에 정하는 위험물 외의 것
㉰ 위험등급 Ⅲ의 위험물
　㉮ 및 ㉯에 정하지 아니한 위험물

해답

① 아염소산염류, 염소산염류, 과염소산염류, 무기과산화물, 차아염소산염류
② 없음.
③ 칼륨, 나트륨, 알킬알루미늄, 알킬리튬, 황린
④ 특수인화물

15 다음은 동소체로서 황린과 적린에 대해 비교한 도표이다. 빈칸을 알맞게 채우시오.

구분	색상	독성	연소생성물	CS₂에 대한 용해도	위험등급
황린					
적린					

해답

구분	색상	독성	연소생성물	CS₂에 대한 용해도	위험등급
황린	백색 또는 담황색	있음	P_2O_5	용해함	Ⅰ
적린	암적색	없음	P_2O_5	용해하지 않음	Ⅱ

16 다음은 위험물안전관리법에 따른 이송취급소에 대한 기준이다. 물음에 알맞게 답하시오.
① 다음 각 장소에 설치해야 하는 경보설비를 모두 적으시오.
  ㉠ 이송기지
  ㉡ 가연성 증기를 발생하는 위험물을 취급하는 펌프실
② 다음 괄호에 들어갈 적절한 내용을 쓰시오.
  • 제거조치로써 배관에는 서로 인접하는 2개의 긴급차단밸브 사이의 구간마다 해당 배관의 위험물을 안전하게 (㉠) 또는 (㉡)로 치환할 수 있는 조치를 하여야 한다.
  • 배관의 경로에는 안전상 필요한 장소와 25km의 거리마다 (㉢) 및 (㉣)를 설치하여야 한다.
③ 다음 괄호 안에 공통적으로 들어가는 단어를 쓰시오.
  • ( )장치는 배관의 강도와 동등 이상의 강도를 가질 것
  • ( )장치는 해당 장치의 내부 압력을 안전하게 방출할 수 있고 내부 압력을 방출한 후가 아니면 피그를 삽입하거나 배출할 수 없는 구조로 할 것
  • ( )장치는 배관 내에 이상응력이 발생하지 아니하도록 설치할 것
  • ( )장치를 설치한 장소의 바닥은 위험물이 침투하지 아니하는 구조로 하고 누설한 위험물이 외부로 유출되지 아니하도록 배수구 및 집유설비를 설치할 것
  • ( )장치의 주변에는 너비 3m 이상의 공지를 보유할 것. 다만, 펌프실 내에 설치하는 경우에는 그러하지 아니하다.

해설

이송취급소에는 다음의 기준에 의하여 경보설비를 설치하여야 한다.
㉠ 이송기지에는 비상벨장치 및 확성장치를 설치할 것
㉡ 가연성 증기를 발생하는 위험물을 취급하는 펌프실 등에는 가연성 증기 경보설비를 설치할 것

해답
① ㉠ 비상벨장치 및 확성장치
  ㉡ 가연성 증기 경보설비
② ㉠ 물, ㉡ 불연성 기체
  ㉢ 지진감지장치, ㉣ 강진계
③ 피그

17 다음은 위험물안전관리법상 옥외탱크저장소의 물분무소화설비에 대한 기준이다. 괄호 안에 들어갈 적절한 내용을 순서대로 적으시오.

① 옥외저장탱크에 물분무설비로 방호조치를 하는 경우에는 탱크의 표면에 방사하는 물의 양은 탱크 원주 길이 1m에 대하여 분당 (   )L 이상으로 하며, 수원의 양은 규정에 의한 수량으로 (   )분 이상 방사할 수 있는 수량으로 할 것

② 물분무소화설비의 방사구역은 (   )m² 이상(방호대상물의 표면적이 (   )m² 미만인 경우에는 해당 표면적)으로 할 것

③ 수원의 수량은 분무헤드가 가장 많이 설치된 방사구역의 모든 분무헤드를 동시에 사용할 경우에 해당 방사구역의 표면적 1m²당 1분당 (   )L의 비율로 계산한 양으로 (   )분간 방사할 수 있는 양 이상이 되도록 설치할 것

해답

① 37, 20

② 150, 150

③ 20, 30

18 위험물제조소 등에 대한 행정처분사항 중 위험물 안전관리자를 선임하지 아니한 때의 1차·2차·3차 행정처분기준을 각각 쓰시오.

① 1차

② 2차

③ 3차

해설

제조소 등에 대한 행정처분기준

위반사항	행정처분기준		
	1차	2차	3차
제조소 등의 위치·구조 또는 설비를 변경한 때	경고 또는 사용정지 15일	사용정지 60일	허가취소
완공검사를 받지 아니하고 제조소 등을 사용한 때	사용정지 15일	사용정지 60일	허가취소
수리·개조 또는 이전의 명령에 위반한 때	사용정지 30일	사용정지 90일	허가취소
위험물 안전관리자를 선임하지 아니한 때	사용정지 15일	사용정지 60일	허가취소
대리자를 지정하지 아니한 때	사용정지 10일	사용정지 30일	허가취소
정기점검을 하지 아니한 때	사용정지 10일	사용정지 30일	허가취소
정기검사를 받지 아니한 때	사용정지 10일	사용정지 30일	허가취소
저장·취급 기준 준수명령을 위반한 때	사용정지 30일	사용정지 60일	허가취소

해답

① 사용정지 15일

② 사용정지 60일

③ 허가취소

19 아래 그림은 지하탱크저장소이다. 위험물안전관리법령에서 정하는 지하탱크저장소의 기준에 대해 다음 물음에 알맞은 답을 쓰시오.

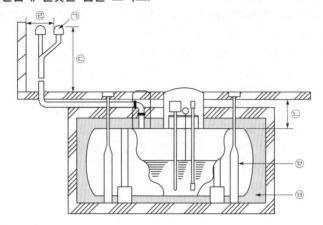

① ㉠의 명칭을 쓰시오.
② ㉡의 높이는 몇 m 이상을 의미하는지 쓰시오.
③ ㉢의 높이는 몇 m 이상을 의미하는지 쓰시오.
④ ㉣의 거리는 몇 m 이상을 의미하는지 쓰시오.
⑤ ㉤에 해당하는 설비의 명칭을 쓰고, 몇 개 이상을 설치해야 하는지 적으시오.
⑥ ㉥의 시공방법을 적으시오.
⑦ 강제 단일벽탱크와 이중벽탱크 중 이중벽탱크의 종류 2가지를 적으시오.
⑧ 압력탱크 외의 탱크에 수압시험을 할 경우 압력과 시간, 확인하여야 할 사항 등에 관한 기준을 적으시오.
⑨ 수압시험을 대신할 수 있는 경우를 적으시오.
⑩ 과충전 방지장치의 설치기준 2가지를 적으시오.

해설

①~④ 지하탱크저장소의 구조
㉮ 지하저장탱크의 윗부분은 지면으로부터 0.6m 이상 아래에 있어야 한다.
㉯ 지하저장탱크를 2 이상 인접해 설치하는 경우에는 그 상호 간에 1m(해당 2 이상의 지하저장탱크 용량의 합계가 지정수량의 100배 이하인 때에는 0.5m) 이상의 간격을 유지하여야 한다. 다만, 그 사이에 탱크 전용실의 벽이나 두께가 20cm 이상인 콘크리트 구조물이 있는 경우에는 그러하지 아니하다.
㉰ 액체 위험물의 지하저장탱크에는 위험물의 양을 자동적으로 표시하는 장치 및 계량구를 설치하고, 계량구 직하에 있는 탱크의 밑판에 그 손상을 방지하기 위한 조치를 하여야 한다.
⑤ 액체 위험물의 누설을 검사하기 위한 관을 기준에 따라 4개소 이상 적당한 위치에 설치하여야 한다.
⑥ 탱크 전용실은 해당 탱크의 주위에 마른 모래 또는 습기 등에 의하여 응고되지 아니하는 입자지름 5mm 이하의 마른 자갈분을 채워야 한다.
⑨ 수압시험은 소방청장이 정하여 고시하는 기밀시험과 비파괴시험을 동시에 실시하는 방법으로 대신할 수 있다.

해답

① 통기관

② 0.6m 이상

③ 4m 이상

④ 1.5m 이상

⑤ 누유검사관, 4개 이상

⑥ 마른 모래 또는 습기 등에 의하여 응고되지 아니하는 입자 지름 5mm 이하의 마른 자갈분을 채워야 한다.

⑦ 강화플라스틱제 이중벽탱크, 강제 이중벽탱크

⑧ 70kPa의 압력으로 10분간 수압시험을 실시하여 새거나 변형되지 아니하여야 한다.

⑨ 기밀시험과 비파괴시험을 동시에 실시하는 경우

⑩ • 탱크 용량을 초과하는 위험물이 주입될 때 자동으로 그 주입구를 폐쇄하거나 위험물의 공급을 자동으로 차단하는 방법
  • 탱크 용량의 90%가 찰 때 경보음을 울리는 방법

제75회
(2024년 3월 16일 시행)

위험물기능장 실기

01

다음 물음에 답하시오.

① 제1종, 제2종, 제3종 분말소화약제의 주성분에 대한 화학식을 각각 적으시오.
② 분자량이 84인 소화약제로 주방화재에 사용할 경우 가장 효과가 있는 소화약제는 몇 종인지 적으시오.
③ 제3종 분말소화약제가 열분해에 의해 가연물의 표면에 유리상의 피막을 형성하는 물질이 무엇인지 적으시오.

해설

① 분말소화약제의 종류

종류	주성분	화학식	착색	적응화재
제1종	탄산수소나트륨(중탄산나트륨)	$NaHCO_3$	–	B·C급 화재
제2종	탄산수소칼륨(중탄산칼륨)	$KHCO_3$	담회색	B·C급 화재
제3종	제1인산암모늄	$NH_4H_2PO_4$	담홍색 또는 황색	A·B·C급 화재
제4종	탄산수소칼륨+요소	$KHCO_3 + CO(NH_2)_2$	–	B·C급 화재

② 제1종 분말소화약제 소화효과

CO_2에 의한 질식, H_2O에 의한 냉각, Na 이온에 의한 부촉매 소화효과 외에, 일반요리용 기름화재 시 기름과 중탄산나트륨이 반응하면 금속비누가 만들어지고 거품을 생성하여 기름의 표면을 덮어 질식소화효과 및 재발화 억제·방지 효과를 나타내는 비누화현상이 나타난다.

③ 제3종 분말소화약제 소화효과
  ㉠ 열분해 시 흡열반응에 의한 냉각효과
  ㉡ 열분해 시 발생되는 불연성 가스(NH_3, H_2O 등)에 의한 질식효과
  ㉢ 반응과정에서 생성된 메타인산(HPO_3)의 방진효과
  ㉣ 열분해 시 유리된 NH_4^+와 분말 표면의 흡착에 의한 부촉매효과

해답

① 제1종 분말소화약제 : $NaHCO_3$
   제2종 분말소화약제 : $KHCO_3$
   제3종 분말소화약제 : $NH_4H_2PO_4$
② 제1종 분말소화약제
③ 메타인산

02 500g의 나이트로글리세린($MW=227$g/mol)이 완전연소할 때 온도 1,000℃, 부피 320mL 용기에서 폭발하는 경우 압력은 얼마인지 구하시오. (단, 생성되는 기체는 이상기체로 가정한다.)

해설

$4C_3H_5(ONO_2)_3 \rightarrow 12CO_2 + 10H_2O + 6N_2 + O_2$

위 반응식에서 나이트로글리세린이 완전분해하는 경우 용기에서 생성되는 기체는 12mol$CO_2 + 10H_2O + 6N_2 + 1O_2$로서 29mol에 해당한다.

따라서, $\dfrac{500\text{g}-C_3H_5(ONO_2)_3}{} \left| \dfrac{1\text{mol}-C_3H_5(ONO_2)_3}{227\text{g}-C_3H_5(ONO_2)_3} \right| \dfrac{29\text{mol}-\text{gas}}{4\text{mol}-C_3H_5(ONO_2)_3} = 15.97\text{mol}-\text{gas}$

$PV = nRT$

$\therefore P = \dfrac{nRT}{V} = \dfrac{15.97\text{mol} \times 0.082\text{L} \cdot \text{atm/K} \cdot \text{mol} \times (1,000+273.15)\text{K}}{0.32\text{L}} = 5210.13\text{atm}$

해답

5210.13atm

03 다음은 지정과산화물을 10배 초과 20배 이하로 저장하는 옥내저장창고의 안전거리에 관한 기준이다. ①~③의 건축물 주위에 담 또는 토제를 설치한 경우 확보해야 할 안전거리와 담 또는 토제를 설치하지 않은 경우 확보해야 할 안전거리를 각각 적으시오.

구분	담 또는 토제를 설치한 경우	담 또는 토제를 설치하지 않은 경우
① 주거용 건축물		
② 병원		
③ 문화재		

해설

지정과산화물의 옥내저장창고 안전거리 기준

저장 또는 취급하는 위험물의 최대수량	주거용 건축물		학교, 병원, 극장		문화재	
	담 또는 토제를 설치한 경우	왼쪽 칸에 정하는 경우 외의 경우	담 또는 토제를 설치한 경우	왼쪽 칸에 정하는 경우 외의 경우	담 또는 토제를 설치한 경우	왼쪽 칸에 정하는 경우 외의 경우
10배 이하	20m 이상	40m 이상	30m 이상	50m 이상	50m 이상	60m 이상
10배 초과 20배 이하	22m 이상	45m 이상	33m 이상	55m 이상	54m 이상	65m 이상

해답

구분	담 또는 토제를 설치한 경우	담 또는 토제를 설치하지 않은 경우
① 주거용 건축물	22m 이상	45m 이상
② 병원	33m 이상	55m 이상
③ 문화재	54m 이상	65m 이상

04 [보기]에 주어진 위험물을 인화점이 낮은 것부터 순서대로 나열하시오.

[보기] 다이에틸에터, 벤젠, 톨루엔, 에탄올, 아세톤, 산화프로필렌

해설

품목	다이에틸에터	벤젠	톨루엔	에탄올	아세톤	산화프로필렌
품명	특수인화물	제1석유류	제1석유류	알코올류	제1석유류	특수인화물
인화점	$-40℃$	$-11℃$	$4℃$	$13℃$	$-18.5℃$	$-37℃$

해답

다이에틸에터 - 산화프로필렌 - 아세톤 - 벤젠 - 톨루엔 - 에탄올

05 다음 [보기]에 주어진 위험물의 위험등급을 분류하시오.

[보기] 칼륨, 나이트로셀룰로스, 염소산칼륨, 황, 리튬, 질산칼륨, 아세톤, 에탄올, 클로로벤젠, 아세트산

해설

㉮ 위험등급 Ⅰ의 위험물
  ㉠ 제1류 위험물 중 아염소산염류, 염소산염류, 과염소산염류, 무기과산화물, 그 밖에 지정수량이 50kg인 위험물
  ㉡ 제3류 위험물 중 칼륨, 나트륨, 알킬알루미늄, 알킬리튬, 황린, 그 밖에 지정수량이 10kg인 위험물
  ㉢ 제4류 위험물 중 특수인화물
  ㉣ 제5류 위험물 중 유기과산화물, 질산에스터류, 그 밖에 지정수량이 10kg인 위험물
  ㉤ 제6류 위험물
㉯ 위험등급 Ⅱ의 위험물
  ㉠ 제1류 위험물 중 브로민산염류, 질산염류, 아이오딘산염류, 그 밖에 지정수량이 300kg인 위험물
  ㉡ 제2류 위험물 중 황화인, 적린, 황, 그 밖에 지정수량이 100kg인 위험물
  ㉢ 제3류 위험물 중 알칼리금속(칼륨 및 나트륨을 제외한다) 및 알칼리토금속, 유기금속화합물(알킬알루미늄 및 알킬리튬을 제외한다), 그 밖에 지정수량이 50kg인 위험물
  ㉣ 제4류 위험물 중 제1석유류 및 알코올류
  ㉤ 제5류 위험물 중 ㉮의 ㉣에 정하는 위험물 외의 것
㉰ 위험등급 Ⅲ의 위험물
  ㉮ 및 ㉯에 정하지 아니한 위험물

해답

① 위험등급 Ⅰ : 칼륨, 염소산칼륨, 나이트로셀룰로스
② 위험등급 Ⅱ : 황, 질산칼륨, 아세톤, 에탄올, 리튬
③ 위험등급 Ⅲ : 클로로벤젠, 아세트산

06 다음 불활성 기체 소화약제에 대한 구성 성분을 각각 쓰시오.
① 불연성·불활성 기체 혼합가스(IG-100)
② 불연성·불활성 기체 혼합가스(IG-541)
③ 불연성·불활성 기체 혼합가스(IG-55)

해설

소화설비에 적용되는 불활성 기체 소화약제는 다음 표에서 정하는 것에 한한다.

소화약제	구성원소와 비율
불연성·불활성 기체 혼합가스(IG-01)	$Ar : 100\%$
불연성·불활성 기체 혼합가스(IG-100)	$N_2 : 100\%$
불연성·불활성 기체 혼합가스(IG-541)	$N_2 : 52\%$, $Ar : 40\%$, $CO_2 : 8\%$
불연성·불활성 기체 혼합가스(IG-55)	$N_2 : 50\%$, $Ar : 50\%$

해답

① N_2
② N_2, Ar, CO_2
③ N_2, Ar

07 직경 6m, 높이 5m의 원통형 탱크에 글리세린을 90% 저장한다고 했을 때, 이 탱크에 저장 가능한 글리세린은 지정수량의 몇 배까지 가능한지 구하시오.

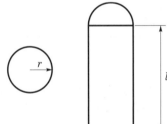

해설

$V = \pi r^2 l = \pi \times 3^2 \times 5 = 141.3\text{m}^3 = 141,300\text{L}$
내용적의 90%를 저장한다고 했으므로,
$141,300\text{L} \times 0.9 = 127,170\text{L}$
글리세린은 제4류 위험물 중 제3석유류 수용성에 해당하므로, 지정수량은 4,000L이다.
따라서, $\dfrac{127,170}{4,000} = 31.79$

해답

31.79배

08 다음은 위험물안전관리법에서 정하는 위험물의 정의에 대한 내용이다. 괄호 안을 알맞게 채우시오.

- "알코올류"라 함은 1분자를 구성하는 탄소원자의 수가 1개부터 3개까지인 포화 1가 알코올 (변성 알코올을 포함한다)을 말한다. 다만, 다음 각 목의 1에 해당하는 것은 제외한다.
  가. 1분자를 구성하는 탄소원자의 수가 1개 내지 3개의 포화 1가 알코올의 함유량이 (①)중량퍼센트 미만인 수용액
  나. 가연성 액체량이 (②)중량퍼센트 미만이고 인화점 및 연소점(태그개방식 인화점 측정기에 의한 연소점을 말한다)이 에틸알코올 (③)중량퍼센트 수용액의 인화점 및 연소점을 초과하는 것
- "금속분"이라 함은 알칼리금속 · 알칼리토류금속 · 철 및 마그네슘 외의 금속의 분말을 말하고, 구리분 · 니켈분 및 150마이크로미터의 체를 통과하는 것이 (④)중량퍼센트 미만인 것은 제외한다.
- "철분"이라 함은 철의 분말로서 53마이크로미터의 표준체를 통과하는 것이 (⑤)중량퍼센트 미만인 것은 제외한다.

해답

① 60, ② 60, ③ 60, ④ 50, ⑤ 50

09 당밀, 고구마, 감자 등을 원료로 하는 발효방법 또는 인산을 촉매로 하여 에틸렌으로부터 제조하기도 하는 물질에 대해 다음 물음에 답하시오.
① 화학식
② 가장 우수한 소화약제
③ 상기 약제가 우수한 이유

해설

에틸알코올의 일반적 성질
㉠ 당밀, 고구마, 감자 등을 원료로 하는 발효방법으로 제조한다.
㉡ 무색투명하며 인화가 쉽고 공기 중에서 쉽게 산화한다. 또한 완전연소를 하므로 불꽃이 잘 보이지 않으며 그을음이 거의 없다.
$C_2H_5OH + 3O_2 \rightarrow 2CO_2 + 3H_2O$
㉢ 물에는 잘 녹고, 유기용매 등에는 농도에 따라 녹는 정도가 다르며, 수지 등을 잘 용해시킨다.
㉣ 산화되면 아세트알데하이드(CH_3CHO)가 되며, 최종적으로 초산(CH_3COOH)이 된다.
㉤ 에틸렌을 물과 합성하여 제조한다.

$$C_2H_4 + H_2O \xrightarrow[300℃, \ 70kg/cm^2]{인산} C_2H_5OH$$

㉥ 분자량 46, 비중 0.789(증기비중 1.6), 비점 78℃이고, 인화점은 13℃, 발화점은 363℃로 낮으며, 연소범위가 4.3~19%로 넓어서 용기 내 인화 위험이 있고 용기를 파열할 수도 있다.

해답

① C_2H_5OH
② 알코올형 포소화약제
③ 파포되지 않기 때문

10 다음 주어진 위험물에 대하여 공기 중 연소반응식과 물과의 반응식을 각각 적으시오. (단, 해당 없으면 "없음"이라 적으시오.)
① 트라이에틸알루미늄
② 금속나트륨
③ 하이드라진

[해답]

① 트라이에틸알루미늄
  – 공기 중 연소반응식 : $2(C_2H_5)_3Al + 21O_2 \rightarrow 12CO_2 + Al_2O_3 + 15H_2O$
  – 물과의 반응식 : $(C_2H_5)_3Al + 3H_2O \rightarrow Al(OH)_3 + 3C_2H_6$
② 금속나트륨
  – 공기 중 연소반응식 : $4Na + O_2 \rightarrow 2Na_2O$
  – 물과의 반응식 : $2Na + 2H_2O \rightarrow 2NaOH + H_2$
③ 하이드라진
  – 공기 중 연소반응식 : $N_2H_4 + O_2 \rightarrow N_2 + 2H_2O$
  – 물과의 반응식 : 없음.

11 무색 또는 오렌지색의 분말로, 분자량 110이며 제1류 위험물 중 무기과산화물류에 속하는 물질에 대해 다음 물질과의 반응식을 쓰시오.
① 물
② 이산화탄소
③ 황산

[해설]

K_2O_2(과산화칼륨)의 일반적 성질
㉠ 분자량은 110, 비중은 20℃에서 2.9, 융점은 490℃이다.
㉡ 순수한 것은 백색이나 보통은 오렌지색의 분말 또는 과립상으로, 흡습성·조해성이 강하다.
㉢ 가열하면 열분해되어 산화칼륨(K_2O)과 산소(O_2)가 발생한다.
  $2K_2O_2 \rightarrow 2K_2O + O_2$
㉣ 흡습성이 있으므로 물과 접촉하면 발열하며 수산화칼륨(KOH)과 산소(O_2)가 발생한다.
  $2K_2O_2 + 2H_2O \rightarrow 4KOH + O_2$
㉤ 공기 중의 탄산가스를 흡수하여 탄산염을 생성한다.
  $2K_2O_2 + 2CO_2 \rightarrow 2K_2CO_3 + O_2$
㉥ 에틸알코올에는 용해되며, 묽은산과 반응하여 과산화수소(H_2O_2)를 생성한다.
  $K_2O_2 + 2CH_3COOH \rightarrow 2CH_3COOK + H_2O_2$
㉦ 황산과 반응하여 황산칼륨과 과산화수소를 생성한다.
  $K_2O_2 + H_2SO_4 \rightarrow K_2SO_4 + H_2O_2$

[해답]

① $2K_2O_2 + 2H_2O \rightarrow 4KOH + O_2$
② $2K_2O_2 + 2CO_2 \rightarrow 2K_2CO_3 + O_2$
③ $K_2O_2 + H_2SO_4 \rightarrow K_2SO_4 + H_2O_2$

12 위험물안전관리법에 따른 옥내탱크저장소에 대한 다음 질문에 답하시오.
① 옥내저장탱크와 탱크 전용실의 벽과의 사이 및 옥내저장탱크의 상호간에는 몇 m 이상의 간격을 유지해야 하는가?
② 탱크 전용실의 벽, 기둥, 바닥을 불연재료로 할 수 있는 경우를 적으시오.
③ 탱크 전용실의 경우 천장 설치 가능 여부를 적으시오.
④ 탱크 전용실의 창에 유리 설치 가능 여부를 적으시오.

해설
① 옥내저장탱크와 탱크 전용실의 벽과의 사이 및 옥내저장탱크의 상호간에는 0.5m 이상의 간격을 유지할 것. 다만, 탱크의 점검 및 보수에 지장이 없는 경우에는 그러하지 아니하다.
② 탱크 전용실은 벽·기둥 및 바닥을 내화구조로 하고, 보를 불연재료로 하며, 연소의 우려가 있는 외벽은 출입구 외에는 개구부가 없도록 할 것. 다만, 인화점이 70℃ 이상인 제4류 위험물만의 옥내저장탱크를 설치하는 탱크 전용실에 있어서는 연소의 우려가 없는 외벽·기둥 및 바닥을 불연재료로 할 수 있다.
③ 탱크 전용실은 지붕을 불연재료로 하고, 천장을 설치하지 아니할 것
④ 탱크 전용실의 창 또는 출입구에 유리를 이용하는 경우에는 망입유리로 할 것

해답
① 0.5m
② 인화점이 70℃ 이상인 제4류 위험물만의 옥내저장탱크를 설치하는 경우
③ 불가능
④ 가능

13 위험물안전관리법상 휘발유를 저장하는 옥외탱크저장소에 대해 다음 물음에 답하시오.
① 방유제의 높이를 적으시오.
② 펌프실 외의 장소에 설치하는 턱의 높이는 몇 m 이상으로 해야 하는가?
③ 집유설비에 유분리장치를 설치해야 하는 위험물은 몇 류 위험물인지 적으시오. (단, 해당 위험물의 조건이 있다면 조건을 포함하여 작성하시오.)

해설
① 방유제의 경우 높이 0.5m 이상 3.0m 이하, 면적 80,000m² 이하, 두께 0.2m 이상, 지하매설깊이 1m 이상으로 할 것. 다만, 방유제와 옥외저장탱크 사이의 지반면 아래에 불침윤성 구조물을 설치하는 경우에는 지하매설깊이를 해당 불침윤성 구조물까지로 할 수 있다.
②, ③ 펌프실 외의 장소에 설치하는 펌프설비에는 그 직하의 지반면의 주위에 높이 0.15m 이상의 턱을 만들고 해당 지반면은 콘크리트 등 위험물이 스며들지 아니하는 재료로 적당히 경사지게 하여 그 최저부에는 집유설비를 할 것. 이 경우 제4류 위험물(온도 20℃의 물 100g에 용해되는 양이 1g 미만인 것에 한한다)을 취급하는 펌프설비에 있어서는 해당 위험물이 직접 배수구에 유입하지 아니하도록 집유설비에 유분리장치를 설치하여야 한다.

해답
① 0.5m 이상 3m 이하
② 0.15m
③ 제4류 위험물(온도 20℃의 물 100g에 용해되는 양이 1g 미만인 것에 한한다)

14 다음 빈칸을 알맞게 채우시오.

명칭(물질명)	화학식	품명
(①)	$(CH_3)_2CHOH$	(②)
에틸렌글리콜	(③)	(④)
(⑤)	$C_3H_5(OH)_3$	(⑥)

해답

① 아이소프로필알코올
② 알코올류
③ $C_2H_4(OH)_2$
④ 제3석유류
⑤ 글리세린
⑥ 제3석유류

15 다음은 위험물안전관리법령상 기계에 의하여 하역하는 구조로 된 운반용기의 수납기준이다. 다음 빈칸을 알맞게 채우시오.

- 금속제의 운반용기, 경질 플라스틱제의 운반용기 또는 플라스틱 내용기 부착의 운반용기에 있어서는 다음에 정하는 시험 및 점검에서 누설 등 이상이 없을 것
  - (①)년 6개월 이내에 실시한 기밀시험(액체의 위험물 또는 10kPa 이상의 압력을 가하여 수납 또는 배출하는 고체의 위험물을 수납하는 운반용기에 한한다)
  - (①)년 6개월 이내에 실시한 운반용기의 외부의 점검 · 부속 설비의 기능 점검 및 5년 이내의 사이에 실시한 운반용기의 내부의 점검
- 액체 위험물을 수납하는 경우에는 55℃의 온도에서의 증기압이 (②)kPa 이하가 되도록 수납할 것
- 경질 플라스틱제의 운반용기 또는 플라스틱 내용기 부착의 운반용기에 액체 위험물을 수납하는 경우에는 해당 운반용기는 제조된 때로부터 (③)년 이내의 것으로 할 것
- 휘발유, 벤젠, 그 밖의 (④)에 의한 재해가 발생할 우려가 있는 액체의 위험물을 운반용기에 수납 또는 배출할 때에는 해당 재해의 발생을 방지하기 위한 조치를 강구할 것
- 복수의 폐쇄장치가 연속하여 설치되어 있는 운반용기에 위험물을 수납하는 경우에는 (⑤)에 가까운 폐쇄장치를 먼저 폐쇄할 것

해답

① 2
② 130
③ 5
④ 정전기
⑤ 용기 본체

16 다음은 위험물안전관리에 관한 세부기준에 따른 고정식 포소화설비의 포방출구에 대한 기준이다. 물음에 알맞게 답하시오.

- 부상덮개 부착 고정지붕구조
- 직경 46m
- 제2류 위험물(비수용성)

① 포방출구 종류는 몇 형인지 적으시오.
② 포방출구의 개수는 몇 개인지 적으시오.

해설

① 위험물안전관리에 관한 세부기준 제133조(포소화설비의 기준)
   Ⅱ형 : 고정지붕구조 또는 부상덮개 부착 고정지붕구조(옥외저장탱크의 액상에 금속제의 플로팅, 팬 등의 덮개를 부착한 고정지붕구조의 것을 말한다)의 탱크에 상부포주입법을 이용하는 것으로서 방출된 포가 탱크 옆판의 내면을 따라 흘러내려가면서 액면 아래로 몰입되거나 액면을 뒤섞지 않고 액면상을 덮을 수 있는 반사판 및 탱크 내의 위험물 증기가 외부로 역류되는 것을 저지할 수 있는 구조·기구를 갖는 포방출구
② 탱크 직경 46m 이상 53m 미만의 경우 부상덮개 부착 고정지붕구조의 경우 포방출구는 8개

해답

① Ⅱ형, ② 8개

17 다음 각 물음에 답하시오.
① 탄화칼슘 100kg이 물과 반응할 경우 생성되는 가스의 부피(m^3)를 구하시오. (단, 1기압, 100℃ 기준이다.)
② 위에서 생성되는 가스의 위험도를 구하시오. (단, 생성되는 가연성 기체의 폭발상한계는 81%이다.)

해설

① 탄화칼슘은 물과 강하게 반응하여 수산화칼슘과 아세틸렌을 만들며, 공기 중 수분과 반응하여도 아세틸렌이 발생한다.
   $$CaC_2 + 2H_2O \rightarrow Ca(OH)_2 + C_2H_2$$

   $$\frac{100kg-CaC_2}{} \left| \frac{1kmol-CaC_2}{64kg-CaC_2} \right| \frac{1kmol-C_2H_2}{1kmol-CaC_2} \left| \frac{22.4m^3-C_2H_2}{1kmol-C_2H_2} \right. = 35m^3-C_2H_2$$

   샤를의 법칙에서, $\dfrac{V_1}{T_1} = \dfrac{V_2}{T_2}$

   $\therefore V_2 = \dfrac{T_2 V_1}{T_1} = \dfrac{(100+273.15)K \times 35}{(0+273.15)K} = 47.81m^3$

② C_2H_2의 폭발범위 : 2.5~81%

   위험도(H) $= \dfrac{U-L}{L} = \dfrac{81-2.5}{2.5} = 31.4$

해답

① 47.81m^3, ② 31.4

18

다음은 위험물안전관리법에 따른 제조소의 배출설비기준에 관한 설명이다. 물음에 알맞게 답하시오.

① 위험물제조소의 경우 가연성의 증기 또는 미분이 체류할 우려가 있는 건축물에는 그 증기 또는 미분을 옥외의 높은 곳으로 배출할 수 있도록 배출설비를 국소방식으로 해야 한다. 이때, 전역방식으로 할 수 있는 경우 2가지를 적으시오.

② 가로 100m, 세로 50m, 높이 10m일 때, 다음 배출량을 각각 구하시오.
  ㉠ 국소방출방식
  ㉡ 전역방출방식

③ 다음 괄호에 들어갈 적절한 내용을 쓰시오.
  배풍기는 강제배기방식으로 하고, 옥내 덕트의 내압이 (   ) 이상이 되지 아니하는 위치에 설치하여야 한다.

해설

① 위험물제조소의 배출설비기준

가연성의 증기 또는 미분이 체류할 우려가 있는 건축물에는 그 증기 또는 미분을 옥외의 높은 곳으로 배출할 수 있도록 다음의 기준에 의하여 배출설비를 설치하여야 한다.

㉮ 배출설비는 국소방식으로 하여야 한다. 다만, 다음의 어느 하나에 해당하는 경우에는 전역방식으로 할 수 있다.
  ㉠ 위험물취급설비가 배관이음 등으로만 된 경우
  ㉡ 건축물의 구조 · 작업장소의 분포 등의 조건에 의하여 전역방식이 유효한 경우

㉯ 배출설비는 배풍기 · 배출덕트 · 후드 등을 이용하여 강제적으로 배출하는 것으로 하여야 한다.

㉰ 배출능력은 1시간당 배출장소 용적의 20배 이상인 것으로 하여야 한다. 다만, 전역방식의 경우에는 바닥면적 $1m^2$당 $18m^3$ 이상으로 할 수 있다.

② 국소방식은 1시간당 배출장소 용적의 20배 이상이므로,
  국소방출방식의 배출량$=100\times50\times10\times20=1,000,000m^3/hr$
  전역방식은 $1m^2$당 $18m^3$ 이상이므로,
  전역방출방식의 배출량$=100\times50\times10\times18=90,000m^3$

③ 배풍기는 강제배기방식으로 하고, 옥내 덕트의 내압이 대기압 이상이 되지 아니하는 위치에 설치하여야 한다.

해답

① 위험물취급설비가 배관이음 등으로만 된 경우, 건축물의 구조 · 작업장소의 분포 등의 조건에 의하여 전역방식이 유효한 경우

② ㉠ 국소방출방식 $1,000,000m^3/hr$
  ㉡ 전역방출방식 $90,000m^3$

③ 대기압

19 다음 [보기]는 주유취급소에 설치된 시설물이다. 물음에 알맞게 답하시오.

[보기]
㉠ 고정급유설비에 직접 접속하는 휘발유 전용탱크로서 5만리터
㉡ 고정주유설비에 직접 접속하는 경유 전용탱크로서 5만리터
㉢ 보일러 등에 직접 접속하는 지하저장탱크로서 2만리터
㉣ 보일러 등에 직접 접속하는 옥외저장탱크로서 1,000리터
㉤ 폐유 등의 위험물을 저장하는 지하저장탱크로서 2,000리터
㉥ 폐유 등의 위험물을 저장하는 옥외저장탱크로서 1,000리터
㉦ 전기를 동력원으로 하는 자동차에 직접 전기를 공급하는 전기자동차용 충전설비
㉧ 전기를 원동력으로 하는 자동차 등에 수소를 충전하기 위한 압축수소 충전설비

① 위험물안전관리법상 시설별 설치가 잘못된 것을 찾고, 그 이유를 설명하시오. (단, 없으면 "없음"이라고 적으시오.)
② 주유 또는 그에 부대하는 업무를 위하여 사용되는 건축물 또는 시설 중 주유취급소 직원 외의 자가 출입하는 용도에 제공하는 부분의 면접을 제한할 수 있는 시설을 모두 적으시오.
③ 주유취급소의 소화난이도등급 Ⅰ등급을 결정하는 조건 중 건축물의 면적 외의 다른 조건을 적으시오.
④ 괄호 안에 들어갈 적절한 내용을 순서대로 적으시오.
자가용 주유취급소는 주유취급소의 위치, 구조 및 설비의 기준에 대하여 (   )와 (   )를 적용받지 아니한다.

해답

① ㉢ 2만리터 → 10,000리터 이하
㉤과 ㉥은 합계용량이 2,000L 이하이므로, ㉤과 ㉥ 중 1개만 설치 가능
② 주유취급소의 업무를 행하기 위한 사무소, 자동차 등의 점검 및 간이정비를 위한 작업장, 주유취급소에 출입하는 사람을 대상으로 한 점포ㆍ휴게음식점 또는 전시장
③ 용도(시설의 용도)
④ 주유공지, 급유공지

제76회
(2024년 8월 18일 시행)

위험물기능장 실기

01 다음은 주유취급소의 구조 및 설비에 대한 설명이다. 괄호 안을 알맞게 채우시오.
① 주유취급소의 고정주유설비 주위에는 주유를 받으려는 자동차 등이 출입할 수 있도록 너비 (㉠) 이상, 길이 (㉡) 이상의 콘크리트 등으로 포장한 공지(주유공지)를 보유하여야 한다.
② 고정급유설비를 설치하는 경우에는 고정급유설비의 ( ) 주위에 필요한 공지(급유공지)를 보유하여야 한다.
③ 공지의 바닥은 주위 지면보다 높게 하고, 그 표면을 적당하게 경사지게 하여 새어나온 기름, 그 밖의 액체가 공지의 외부로 유출되지 아니하도록 (㉠), (㉡) 및 (㉢)를 하여야 한다.

[해답]
① ㉠ 15m, ㉡ 6m
② 호스기기
③ ㉠ 배수구, ㉡ 집유설비, ㉢ 유분리장치

02 위험물안전관리법상 제3류 위험물로서 비중 0.86, 융점 63.7℃, 비점 774℃인 은백색의 광택이 있는 경금속으로, 녹는점 이상으로 가열하면 보라색 불꽃을 내면서 연소하는 물질에 대해 다음 물음에 답하시오.
① 이 물질의 지정수량을 쓰시오.
② 이 물질의 연소반응식을 쓰시오.
③ 이 물질과 물과의 반응식을 쓰시오.

[해설]
칼륨(K)의 일반적 성질
㉠ 금속칼륨은 제3류 위험물로서 위험등급 I에 해당하며 지정수량은 10kg이다.
㉡ 녹는점 이상으로 가열하면 보라색 불꽃을 내면서 연소한다.
㉢ 물과 격렬히 반응하여 발열하고 수산화칼륨과 수소가 발생한다.

[해답]
① 10kg
② $4K + O_2 \rightarrow 2K_2O$
③ $2K + 2H_2O \rightarrow 2KOH + H_2$

03 다음 표는 소화난이도등급Ⅰ의 제조소 등에 설치하여야 할 소화설비를 나타낸 것이다. 괄호 안을 적절하게 채우시오.

제조소 등의 구분			소화설비
옥외 탱크 저장소	지중탱크 또는 해상탱크 외의 것	황만을 저장·취급하는 것	(①)
		인화점 70℃ 이상의 제4류 위험물만을 저장·취급하는 것	(②)
	지중탱크		(③)
	해상탱크		고정식 포소화설비, 물분무 포소화설비, 이동식 이외의 불활성가스 소화설비 또는 이동식 이외의 할로젠화합물 소화설비

해답

① 물분무소화설비
② 물분무소화설비 또는 고정식 포소화설비
③ 고정식 포소화설비, 이동식 이외의 불활성가스 소화설비 또는 이동식 이외의 할로젠화합물 소화설비

04 위험물안전관리법에 따른 포소화설비 중 가압송수장치의 설치기준에 따라, 다음 각 문제에서 설명하는 낙차, 압력, 전양정을 구하는 식을 주어진 [보기]의 기호를 이용하여 쓰시오.
① 고가수조를 이용한 가압송수장치의 필요 낙차(H)
② 압력수조를 이용한 가압송수장치의 필요 압력(P)
③ 펌프를 이용한 가압송수장치의 펌프 전양정(H)

[보기]
㉠ 배관의 마찰손실수두(m)
㉡ 배관의 마찰손실수두압(MPa)
㉢ 배관의 설계수두(m)
㉣ 고정식 포방출구의 설계압력 또는 이동식 포소화설비의 노즐 방사압력(MPa)
㉤ 고정식 포방출구의 설계압력 환산수두 또는 이동식 포소화설비의 노즐 방사압력 환산수두(m)
㉥ 고정식 포방출구의 설계압력 환산수두 또는 이동식 포소화설비의 노즐 선단 방사압력 환산수두(m)
㉦ 이동식 포소화설비의 소방용 호스 마찰손실수두압(MPa)
㉧ 이동식 포소화설비의 소방용 호스 마찰손실수두(m)
㉨ 낙차의 환산수두압(MPa)
㉩ 낙차(m)
㉪ 대기압(MPa)

해설

포소화설비의 가압송수장치 설치기준

① 고가수조를 이용하는 가압송수장치

$H = h_1 + h_2 + h_3$

여기서, H : 필요 낙차(m)

h_1 : 고정식 포방출구의 설계압력 환산수두 또는 이동식 포소화설비의 노즐 방사압력 환산수두(m)

h_2 : 배관의 마찰손실수두(m)

h_3 : 이동식 포소화설비의 소방용 호스 마찰손실수두(m)

② 압력수조를 이용하는 가압송수장치

$P = p_1 + p_2 + p_3 + p_4$

여기서, P : 필요 압력(MPa)

p_1 : 고정식 포방출구의 설계압력 또는 이동식 포소화설비의 노즐 방사압력(MPa)

p_2 : 배관의 마찰손실수두압(MPa)

p_3 : 낙차의 환산수두압(MPa)

p_4 : 이동식 포소화설비의 소방용 호스 마찰손실수두압(MPa)

③ 펌프를 이용하는 가압송수장치

$H = h_1 + h_2 + h_3 + h_4$

여기서, H : 펌프의 전양정(m)

h_1 : 고정식 포방출구의 설계압력 환산수두 또는 이동식 포소화설비의 노즐 선단 방사압력 환산수두(m)

h_2 : 배관의 마찰손실수두(m)

h_3 : 낙차(m)

h_4 : 이동식 포소화설비의 소방용 호스 마찰손실수두(m)

해답

① $H = ⓪ + ㉠ + ⊙$

② $P = ② + ⓛ + ㉽ + ⊘$

③ $H = ⑪ + ㉠ + ㉿ + ⊙$

---

05 제1종 분말소화약제의 주성분인 탄산수소나트륨의 분해반응식을 쓰고, 8.4g의 탄산수소나트륨이 반응하여 생성되는 이산화탄소의 부피(L)를 구하시오.

해설

탄산수소나트륨은 약 60℃ 부근에서 분해되기 시작하여 270℃에서 다음과 같이 열분해된다.

$2NaHCO_3 \rightarrow Na_2CO_3 + H_2O + CO_2$ (at 270℃)

(중탄산나트륨)　　(탄산나트륨)　(수증기) (탄산가스)

$$\frac{8.4g\text{-}NaHCO_3}{} \left| \frac{1mol\text{-}NaHCO_3}{84g\text{-}NaHCO_3} \right| \frac{1mol\text{-}CO_2}{2mol\text{-}NaHCO_3} \left| \frac{22.4L\text{-}CO_2}{1mol\text{-}CO_2} \right| = 1.12L$$

해답

1.12L

06 휘발유를 취급하는 설비에서 고정식 벽의 면적이 50m²이고, 전체 둘레 면적이 200m²일 때 용적식 국소방출방식의 할론 1301 소화약제의 양(kg)을 구하시오. (단, 방호공간의 체적은 600m³이다.)

해설

국소방출방식의 할로젠화물 소화설비는 다음에 의하여 산출된 양에 저장 또는 취급하는 위험물에 따라 「위험물안전관리법」에 정한 소화약제에 따른 계수(휘발유는 1.0)를 곱하고, 다시 할론 2402 또는 할론 1211에 있어서는 1.1, 할론 1301에 있어서는 1.25를 각각 곱한 양 이상으로 한다.

다음 식에 의하여 구한 양에 방호공간의 체적을 곱한 양

$$Q = X - Y \frac{a}{A}$$

여기서, Q : 단위체적당 소화약제의 양(kg/m³)

a : 방호대상물 주위에 실제로 설치된 고정벽 면적의 합계(m²)

A : 방호공간 전체 둘레의 면적(m²)

X 및 Y : 다음 표에 정한 소화약제의 종류에 따른 수치

소화약제의 종별	X의 수치	Y의 수치
할론 2402	5.2	3.9
할론 1211	4.4	3.3
할론 1301	4.0	3.0

따라서, $Q = 4.0 - 3.0 \times \dfrac{50}{200} = 3.25$

소화약제의 양은 방호공간의 체적×휘발유 계수×할론 1301 계수×단위체적당 소화약제의 양이므로

600m³×1×1.25×3.25=2437.5kg

해답

2437.5kg

07 액체상태의 물 1m³가 표준대기압 100℃에서 기체상태로 될 때 수증기의 부피가 약 1,700배로 증가하는 것을 이상기체방정식으로 증명하시오. (단, 물의 비중은 1,000kg/m³이다.)

해답

$$\frac{1m^3 - H_2O}{} \left| \frac{1,000kg - H_2O}{1m^3 - H_2O} \right| \frac{1,000g - H_2O}{1kg - H_2O} \left| \frac{1mol - H_2O}{18g - H_2O} \right. ≒ 55555.6mol - H_2O$$

$$V = \frac{nRT}{P}$$

$$= \frac{55555.6mol \cdot (0.08205L \cdot atm/K \cdot mol) \cdot (100 + 273.15)K}{1atm}$$

$$= 1,700,943L ≒ 1700.943m^3$$

따라서, 액체상태의 물 1m³가 100℃ 수증기로 증발할 때 부피는 약 1,700배가 된다.

08 위험물안전관리법에 따라, 다음에 주어진 위험물의 운반용기 외부에 표시해야 하는 주의사항을 적으시오.
① 질산
② 사이안화수소
③ 브로민산칼륨
④ 과산화나트륨
⑤ 아연

해설

수납하는 위험물에 따른 주의사항

유별	구분	주의사항
제1류 위험물 (산화성 고체)	알칼리금속의 무기과산화물	"화기 · 충격주의" "물기엄금" "가연물접촉주의"
	그 밖의 것	"화기 · 충격주의" "가연물접촉주의"
제2류 위험물 (가연성 고체)	철분 · 금속분 · 마그네슘	"화기주의" "물기엄금"
	인화성 고체	"화기엄금"
	그 밖의 것	"화기주의"
제3류 위험물 (자연발화성 및 금수성 물질)	자연발화성 물질	"화기엄금" "공기접촉엄금"
	금수성 물질	"물기엄금"
제4류 위험물 (인화성 액체)	–	"화기엄금"
제5류 위험물 (자기반응성 물질)	–	"화기엄금" 및 "충격주의"
제6류 위험물 (산화성 액체)	–	"가연물접촉주의"

해답

① 가연물접촉주의
② 화기엄금
③ 화기주의, 충격주의, 가연물접촉주의
④ 화기주의, 충격주의, 물기엄금, 가연물접촉주의
⑤ 화기주의, 물기엄금

09 다음은 위험물안전관리법상 금속분에 대한 설명이다. 물음에 답하시오.

- "금속분"이라 함은 알칼리금속·알칼리토류금속·(㉠) 및 (㉡) 외의 금속 분말을 말하고, 구리분·니켈분 및 150마이크로미터의 체를 통과하는 것이 50중량퍼센트 미만인 것은 제외한다.
- "(㉠)분"이라 함은 (㉠)의 분말로서 53마이크로미터의 표준체를 통과하는 것이 50중량퍼센트 미만인 것은 제외한다.
- (㉢)은 순도가 60중량퍼센트 이상인 것을 말한다. 이 경우 순도 측정에 있어서 불순물은 활석 등 불연성 물질과 수분에 한한다.

① ㉠에 해당하는 물질의 운반용기 외부에 표시해야 하는 주의사항을 모두 적으시오.
② ㉡에 해당하는 물질의 화재에 이산화탄소 소화기를 사용하면 안 되는 이유를 설명하시오.
③ ㉡에 해당하는 물질을 저장하는 경우 해당 옥내저장소의 바닥은 어떤 구조로 하여야 하는지 적으시오.
④ ㉢ 물질의 완전연소반응식을 적으시오.
⑤ ㉠, ㉡, ㉢ 중 지정수량이 가장 작은 물질을 고르시오. (단, 복수일 경우 모두 적으시오.)

해설

- "금속분"이라 함은 알칼리금속·알칼리토류금속·철 및 마그네슘 외의 금속의 분말을 말하고, 구리분·니켈분 및 150마이크로미터의 체를 통과하는 것이 50중량퍼센트 미만인 것은 제외한다.
- "철분"이라 함은 철의 분말로서 53마이크로미터의 표준체를 통과하는 것이 50중량퍼센트 미만인 것은 제외한다.
- 황은 순도가 60중량퍼센트 이상인 것을 말한다. 이 경우 순도 측정에 있어서 불순물은 활석 등 불연성 물질과 수분에 한한다.

① 제2류 위험물(가연성 고체)의 주의사항

구분	주의사항
철분·금속분·마그네슘	"화기주의" "물기엄금"
인화성 고체	"화기엄금"
그 밖의 것	"화기주의"

② 제2류 위험물인 마그네슘의 경우 CO_2 등 질식성 가스와 접촉 시에는 가연성 물질인 C와 유독성인 CO 가스를 발생한다.

$2Mg + CO_2 \rightarrow 2MgO + C$

$Mg + CO_2 \rightarrow MgO + CO$

③ 제2류 위험물 중 철분·금속분·마그네슘 또는 이중 어느 하나 이상을 함유하는 것을 옥내저장소에 저장하는 경우 바닥은 물이 스며나오거나 스며들지 아니하는 구조로 해야 한다.

④ 황은 공기 중에서 연소하면 푸른 빛을 내며 아황산가스를 발생하며 아황산가스는 독성이 있다.

⑤ 제2류 위험물의 종류와 지정수량

위험등급	품명	대표품목	지정수량
II	1. 황화인 2. 적린(P) 3. 황(S)	P_4S_3, P_2S_5, P_4S_7	100kg
III	4. 철분(Fe) 5. 금속분 6. 마그네슘(Mg)	Al, Zn	500kg
	7. 인화성 고체	고형 알코올	1,000kg

해답

① 화기주의, 물기엄금

② 마그네슘이 CO_2 등 질식성 가스와 접촉 시 가연성 물질인 C와 유독성의 CO 가스를 발생하므로

③ 물이 스며나오거나 스며들지 아니하는 구조

④ $S + O_2 \rightarrow SO_2$

⑤ ⓒ

10 방향족 탄화수소를 의미하는 BTX는 무엇의 약자인지 각 물질의 명칭과 화학식을 쓰시오.

해답

① B : 벤젠(Benzene), C_6H_6

② T : 톨루엔(Toluene), $C_6H_5CH_3$

③ X : 자일렌(Xylene), $C_6H_4(CH_3)_2$

11 위험물안전관리법령에서 정하는 위험물제조소 등의 설치 및 변경 허가 시 한국소방산업기술원에 기술검토를 받아야 하는 제조소 등을 모두 적으시오.

해답

① 지정수량의 1천배 이상의 위험물을 취급하는 제조소 또는 일반취급소

② 옥외탱크저장소(저장용량이 50만리터 이상인 것만 해당)

③ 암반탱크저장소

12 아세트알데하이드를 은거울반응하면 발생하는 물질로서 융점이 16.6℃인 물질에 대해 다음 물음에 답하시오.

① 화학식

② 연소반응식

③ 지정수량

해설

㉠ 아세트알데하이드의 산화 시 초산이 생성된다.

$2CH_3CHO + O_2 \rightarrow 2CH_3COOH$(산화작용)

㉡ 초산은 제2석유류로서 인화점은 40℃이며, 연소 시 파란 불꽃을 내면서 탄다.

$CH_3COOH + 2O_2 \rightarrow 2CO_2 + 2H_2O$

해답

① CH_3COOH

② $CH_3COOH + 2O_2 \rightarrow 2CO_2 + 2H_2O$

③ 2,000L

13 다음 [보기]에 주어진 위험물이 물과 접촉하는 경우 생성되는 가연성 가스가 서로 동일한 물질에 대하여, 해당 물질과 물과의 반응식을 각각 적으시오.

[보기] 리튬, 나트륨, 트라이에틸알루미늄, 수소화리튬, 메틸리튬, 인화칼슘

해설

보기에 주어진 물질과 물과의 반응식은 각각 다음과 같다.
㉠ 리튬 : $2Li+2H_2O \rightarrow 2LiOH+H_2$
㉡ 나트륨 : $2Na+2H_2O \rightarrow 2NaOH+H_2$
㉢ 트라이에틸알루미늄 : $(C_2H_5)3Al+3H_2O \rightarrow Al(OH)_3+3C_2H_6$
㉣ 수소화리튬 : $LiH+H_2O \rightarrow LiOH+H_2$
㉤ 메틸리튬 : $CH_3OH+H_2O \rightarrow LiOH+CH_4$
㉥ 인화칼슘 : $Ca3P_2+6H_2O \rightarrow 3Ca(OH)_2+2PH_3$

해답

① $2Li+2H_2O \rightarrow 2LiOH+H_2$
② $2Na+2H_2O \rightarrow 2NaOH+H_2$
③ $LiH+H_2O \rightarrow LiOH+H_2$

14 다음은 위험물안전관리법상 이송취급소의 배관을 지상에 설치하는 경우의 설치기준에 대한 내용이다. 빈칸을 알맞게 채우시오.

안전거리 확보 대상물	안전거리
철도 또는 도로의 경계선	(①)m 이상
고압가스, 액화석유가스, 도시가스 시설	(②)m 이상
학교, 종합병원, 병원, 치과병원, 한방병원, 요양병원, 공연장, 영화상영관, 복지시설	(③)m 이상
수도시설 중 위험물이 유입될 가능성이 있는 것	(④)m 이상
유형문화재, 지정문화재 시설	(⑤)m 이상

해설

지상 설치에 대한 배관 설치 안전거리기준
㉠ 철도(화물 수송용으로만 쓰이는 것을 제외한다) 또는 도로의 경계선으로부터 25m 이상
㉡ 학교, 종합병원, 병원, 치과병원, 한방병원, 요양병원, 공연장, 영화상영관, 복지시설로부터 45m 이상
㉢ 유형문화재, 지정문화재 시설로부터 65m 이상
㉣ 고압가스, 액화석유가스, 도시가스 시설로부터 35m 이상
㉤ 공공공지 또는 도시공원으로부터 45m 이상
㉥ 판매시설 · 숙박시설 · 위락시설 등 불특정다중을 수용하는 시설 중 연면적 $1,000m^2$ 이상인 것으로부터 45m 이상
㉦ 1일 평균 20,000명 이상 이용하는 기차역 또는 버스터미널로부터 45m 이상
㉧ 수도시설 중 위험물이 유입될 가능성이 있는 것으로부터 300m 이상
㉨ 주택 또는 ㉠ 내지 ㉧과 유사한 시설 중 다수의 사람이 출입하거나 근무하는 것으로부터 25m 이상

해답

① 25, ② 35, ③ 45, ④ 300, ⑤ 65

15

다음 할론 소화약제에 대한 화학식을 각각 쓰시오.
① 할론 1301
② 할론 2402
③ 할론 1211
④ 할론 1011
⑤ 할론 1001

해설

할론 소화약제 명명법
할론 X A B C
　　　　└→ Br 원자의 개수
　　　└→ Cl 원자의 개수
　　└→ F 원자의 개수
　└→ C 원자의 개수

해답

① CF_3Br, ② $C_2F_4Br_2$, ③ CF_2ClBr, ④ CF_2ClBr, ⑤ CH_2ClBr

16

다음은 위험물안전관리법령에 따른 위험물의 저장 및 취급에 관한 기준이다. 물음에 알맞은 답을 쓰시오.
① 안전관리자법령에서 정한 이동탱크저장소의 취급기준에 따르면 휘발유, 벤젠, 그 밖에 정전기에 의한 재해 발생 우려가 있는 액체의 위험물을 이동저장탱크 상부로 주입하는 때에는 주입관을 사용하되, 어떠한 조치를 하여야 하는지 쓰시오. (단, 컨테이너식 이동탱크저장소는 제외한다.)
② 휘발유를 저장하던 이동탱크저장소에 등유나 경유를 주입할 때 또는 등유나 경유를 저장하던 이동저장탱크에 휘발유를 주입할 때에는 다음의 기준에 따라 정전기 등에 의한 재해를 방지하기 위한 조치를 하여야 한다. 다음 상황에 따른 조치에 대해 설명하시오.
　㉠ 이동저장탱크 상부로부터 위험물을 주입할 경우
　㉡ 이동저장탱크의 밑부분으로부터 위험물을 주입할 경우
　㉢ 그 밖의 방법으로 위험물을 주입하는 경우

해답

① 주입관의 끝부분을 이동저장탱크의 밑바닥에 밀착할 것
② ㉠ 위험물의 액표면이 주입관의 끝부분을 넘는 높이가 될 때까지 그 주입관내의 유속을 초당 1m 이하로 할 것
　㉡ 위험물의 액표면이 주입관의 정사부분을 넘는 높이가 될 때까지 그 주입배관 내의 유속을 초당 1m 이하로 할 것
　㉢ 이동저장탱크에 가연성 증기가 잔류하지 아니하도록 조치하고 안전한 상태로 있음을 확인한 후에 할 것

17 다음 [보기]와 같은 위험물제조소에 대한 건축물의 총소요단위를 구하시오.

> [보기] • 제조소 건축물의 구조 : 내화구조이며, 1층과 2층을 모두 제조소로 사용하고, 각 층의 바닥면적이 1,000m²
> • 저장소 건축물의 구조 : 내화구조이며, 옥외에 설치높이 8m, 공작물의 최대 투영면적 200m²
> • 저장 또는 취급하는 위험물 : 다이에틸에터 3,000L, 경유 50,000L

해설

소요단위(소화설비의 설치대상이 되는 건축물의 규모 또는 위험물 양에 대한 기준단위)		
1단위	제조소 또는 취급소용 건축물의 경우	내화구조 외벽을 갖춘 연면적 100m²
		내화구조 외벽이 아닌 연면적 50m²
	저장소 건축물의 경우	내화구조 외벽을 갖춘 연면적 150m²
		내화구조 외벽이 아닌 연면적 75m²
	위험물의 경우	지정수량의 10배

총소요단위＝제조소＋저장소＋위험물

$$= \frac{1,000\text{m}^2 \times 2\text{개층}}{100\text{m}^2} + \frac{200\text{m}^2}{150\text{m}^2} + \frac{3,000\text{L}}{50\text{L} \times 10} + \frac{5,000\text{L}}{1,000\text{L} \times 10}$$

$$= 20 + 1.33 + 6 + 5 = 32.33$$

해답

32.33

18 위험물안전관리법애 따른 옥내저장소에 관한 기준이다. 다음 물음에 알맞은 답을 쓰시오.
① 단층 구조의 일반 옥내저장소 외의 다른 용도의 옥내저장소의 종류 2가지를 쓰시오.
② 옥내저장소에서 기술기준 완화를 받는 특례기준에 적용받는 옥내저장소의 종류 4가지를 쓰시오.
③ 옥내저장소에 저장 및 취급할 경우 성질에 따라 강화되는 위험물의 품명 2가지를 쓰시오.
④ 격벽으로 완전히 구획된 옥내저장소에 특수인화물과 경유를 다음과 같이 보관 중이다. 물음에 알맞은 답을 쓰시오.

A	B
특수인화물+경유	경유

㉠ A저장소에 해당 위험물을 저장할 경우 최대허용면적(m²)을 쓰시오.
㉡ A저장소가 최대허용면적일 경우 B저장소의 면적(m²)을 쓰시오.

해답

① 다층 건물의 옥내저장소, 복합용도 건축물의 옥내저장소
② 소규모 옥내저장소, 고인화점 위험물의 단층 건물 옥내저장소, 고인화점 위험물의 소규모 옥내저장소
③ 유기과산화물, 알킬알루미늄, 하이드록실아민
④ ㉠ 500, ㉡ 1,000

인생의 희망은
늘 괴로운 언덕길 너머에서 기다린다.
-폴 베를렌(Paul Verlaine)-

☆

어쩌면 지금이 언덕길의 마지막 고비일지도 모릅니다.
다시 힘을 내서 힘차게 넘어보아요.
희망이란 녀석이 우릴 기다리고 있을 테니까요.^^

위험물기능장 필기+실기

2017. 1. 5. 초 판 1쇄 발행
2018. 1. 5. 개정 1판 1쇄 발행
2019. 1. 7. 개정 2판 1쇄 발행
2019. 5. 30. 개정 3판 1쇄 발행
2020. 1. 6. 개정 4판 1쇄 발행
2021. 1. 5. 개정 5판 1쇄 발행
2022. 1. 5. 개정 6판 1쇄 발행
2022. 1. 20. 개정 6판 2쇄 발행
2023. 1. 11. 개정 7판 1쇄 발행
2023. 3. 18. 개정 7판 2쇄 발행
2024. 1. 3. 개정 8판 1쇄 발행
2024. 4. 24. 개정 8판 2쇄 발행
2025. 1. 8. 개정 9판 1쇄 발행

지은이 │ 현성호
펴낸이 │ 이종춘
펴낸곳 │ **BM** ㈜도서출판 **성안당**

주소 │ 04032 서울시 마포구 양화로 127 첨단빌딩 3층(출판기획 R&D 센터)
       10881 경기도 파주시 문발로 112 파주 출판 문화도시(제작 및 물류)
전화 │ 02) 3142-0036
       031) 950-6300
팩스 │ 031) 955-0510
등록 │ 1973. 2. 1. 제406-2005-000046호
출판사 홈페이지 │ **www.cyber.co.kr**
ISBN │ 978-89-315-8434-9 (13570)
정가 │ **53,000원**

이 책을 만든 사람들
책임 │ 최옥현
진행 │ 이용화, 곽민선
교정 │ 곽민선
전산편집 │ 이다혜, 오정은
표지 디자인 │ 박현정
홍보 │ 김계향, 임진성, 김주승, 최정민
국제부 │ 이선민, 조혜란
마케팅 │ 구본철, 차정욱, 오영일, 나진호, 강호묵
마케팅 지원 │ 장상범
제작 │ 김유석